世界白蚁中文名录

CHINESE CATALOG OF THE TERMITES

主　编：宋晓钢　程冬保
副主编：李志强　胡　寅　于保庭　曹建春
组　编：全国白蚁防治中心

图书在版编目（CIP）数据

世界白蚁中文名录 / 宋晓钢，程冬保主编. -- 杭州:
浙江大学出版社, 2020.12

ISBN 978-7-308-20822-2

Ⅰ. ①世… Ⅱ. ①宋… ②程… Ⅲ. ①等翅目－世界
－名录 Ⅳ. ①Q969.29-62

中国版本图书馆CIP数据核字(2020)第235885号

世界白蚁中文名录

宋晓钢 程冬保 主编

责任编辑 季 峥（really@zju.edu.cn）
责任校对 张 鸽
封面设计 陈宇航
排 版 杭州林智广告有限公司
出版发行 浙江大学出版社
（杭州市天目山路148号 邮政编码 310007）
（网址：http://www.zjupress.com）
印 刷 浙江印刷集团有限公司
开 本 787mm×1092mm 1/16
印 张 52
字 数 1331千
版 印 次 2020年12月第1版 2020年12月第1次印刷
书 号 ISBN 978-7-308-20822-2
定 价 286.00元

编委会名单

主　编　宋晓钢　程冬保

副主编　李志强　胡　寅　于保庭　曹建春

组　编　全国白蚁防治中心

主要参写人员

程冬保　李志强　于保庭　柯云玲　张大羽　曹建春

曹婷婷　齐　飞　钱明辉　厉嘉辉

序

白蚁是古老的社会性昆虫，距今已有至少1.5亿年的生存历史。白蚁在漫长的种族繁衍过程中，不断适应环境的变化，演化出了形态各异、种类繁多的生命群体。许多相关领域的科研工作者对此产生了浓厚的兴趣，在白蚁分类学研究工作中投入了极大的热情和精力，也创出了丰硕的学术成果。1949年，美国学者T. E. 斯奈德（T. E. Snyder）出版了《世界白蚁名录》[*Catalog of the termites* (*Isoptera*) *of the world*]一书；2013年，美国学者K. 克里希纳（K. Krishna）、M. S. 恩格尔（M. S. Engel）等出版了《世界等翅目论述》(*Treatise on the Isoptera of the world*) 这一里程碑式的白蚁分类学鸿篇巨制。2000年，我国也出版了《中国动物志 昆虫纲 第十七卷 等翅目》一书。近些年来，白蚁分类学又取得了一系列新成就，分类理论、体系、技术、方法等基础性研究得到突破和极大丰富，不断有新的种类被定名，原有的名录也在接轨国际、深入研究的基础上得到了进一步梳理和优化。为使读者站在现今科技水平上了解世界白蚁的分类、分布、重要属的生物学特性、部分种类的危害情况以及白蚁化石情况，全国白蚁防治中心组织有关机构和专家，对世界白蚁名录进行整理、提炼，汇编成书。

本书论述了白蚁分类学基本概念、方法、研究、应用的现状及发展趋势，整理了全世界范围内已经发现的2900多种白蚁现生种和200多种白蚁化石种名录，编撰了主要白蚁种类的生物学特性、白蚁标本相关知识和白蚁分类拉丁学名的拉中对照表。本书作为第一本世界白蚁中文名录，填补了我国在世界白蚁名录方面的空白，丰富了我国白蚁学知识体系，有利于我国白蚁学的教学和对外学术交流。此外，本书首次将中国的白蚁种类编录至世界名录，对进一步扩大中国白蚁研究在世界学术领域的影响力具有重要的意义。随着“一带一路”倡议的推进，我国作为“一带一路”倡议的发起国，在白蚁防治领域也应有自己的声音。本书的出版不仅有利于我国白蚁防治人员了解国外白蚁的分布和危害情况，而且为我国白蚁防治从业人员踏出国门、拓展国际合作奠定了坚实的基础。

编写人员在编写过程中查阅了大量的文献资料，尤其是将几千种白蚁拉丁学名译成恰当的中文名称，将一系列古老地名译成现代地名，其工作量之大、工作之艰苦可想而知，特此感谢编写专家们的辛勤付出！

由于编写时间紧、任务重，本书难免存在不足和疏漏之处，请广大读者不吝指出。

包立奎

2020 年 8 月

目录

第一章 白蚁分类学概况

第一节 白蚁分类学的概念

一、白蚁分类学定义

中国古代把白蚁和蚂蚁同称为蚁、蠡、螱等，“白蚁”一词始于宋代。白蚁是最原始的真社会性昆虫，触角念珠状，口器咀嚼式，胸部各节相似、并合不紧密，腹末具一对分节尾须，不完全变态。白蚁属典型的多形态昆虫，不同品级体形变化显著：有翅成虫品级具膜质翅，前后翅脉序、大小相似；兵蚁品级上颚发达，常不对称；工蚁品级在群体中个体数量最多，外部形态特征变化少。白蚁是热带、亚热带甚至温带地区纤维素类物质最重要的分解者，一些种类还是农林树木和建筑设施的重要害虫。全球白蚁种类近 3000 种，人们必须对白蚁进行分类。分类学是最古老的生物学科，是对生物分类的原理、基础、程序和规则所进行的理论研究，而白蚁分类学是昆虫学及生物分类学的分支领域。

白蚁分类学是关于白蚁分类、鉴定、命名原理和方法的学科，是研究白蚁类别及其异同、历史渊源关系，并据此建立分类体系，以总结进化历史、反映自然谱系的一门基础科学。

二、白蚁分类学内涵

白蚁分类学涉及白蚁的分类、鉴定、描述、命名和亲缘关系等方面的研究。白蚁为典型的多形态昆虫，具复杂的品级分化，不同白蚁品级之间形态差异极大，物种分类描述时一般以兵蚁（soldier）、有翅成虫（alate）的分类特征为依据。随着学科的发展，白蚁分类学的内涵包括三个层次：白蚁分类（termite classification）、白蚁分类学（termite taxonomy）、白蚁系统分类学（termite systematics）。

白蚁分类是对白蚁类群进行分类的技术，是根据大量的性状及性状演变系列将白蚁群体或类群集合归类的过程，起到方便检索识别的作用。白蚁分类学是对白蚁不同类群进行鉴定和命名的学科，根据已有的分类研究结果对白蚁标本进行鉴别（identification），以及根据《国际动物命名法规》（*International Code of Zoological Nomenclature*）对白蚁新阶元进行命名（nomenclature）或对白蚁已有阶元进行修订（revision）。白蚁系统分类学是在分类、鉴定和命名的基础上，进一步探讨白蚁类群的系统发育（phylogeny）和进化（evolution），以建立符合自然历史亲缘关系的白蚁分类系统。

三、白蚁分类学外延

（一）目的与任务

生物分类学是认识自然界的基础，因此，白蚁分类学的研究目的就是通过不断修正全球已有白蚁之间的界限，发现全部白蚁，进而建立一个合理而稳定的白蚁分类系统，将其作为信息存贮和复原的索引体系，使人类能更方便地认识自然界，探索并揭示自然界规律。白蚁分类研究首先要区分和确定各个物种，并予以命名，加以描述，提供正确辨别种类的知识和资料；其次要根据物种之间在形态、分子序列等方面的异同，确定所属分类阶元层级，建立相应的分类系统，进一步探寻不同分类单元之间的亲缘关系，追溯其进化过程。

白蚁营群体生活，品级分化复杂，通常具有繁殖蚁、兵蚁、工蚁（拟工蚁）等品级的分化。白蚁群体内呈现极大范围的形态特征变化，而生殖器官的结构又高度退化，因此，白蚁分类学研究有一定的难度，且系统发育或系统学的思想和方法已成为白蚁分类学研究的重要基础。

（二）鉴定、描述和命名

鉴定是根据已有的分类研究成果（检索表、特征描述、特征图等）对白蚁标本进行鉴别，是分类工作最基本的任务。鉴定工作一般包括如下几个步骤。

1. 确定大类。就昆虫而言，先根据经验或查阅资料，可鉴定到目或目下阶元。就白蚁标本而言，分类工作者依据经验通常可直接鉴定到科，对于某些大的或者常见的属，有时也可凭经验直观判断；但是对于一些小的或者少见的属，仍需通过查阅资料加以鉴定。

2. 大类确定后，应尽量依靠最近出版的该类群的分类专著（monograph）做进一步鉴定。中国分布的白蚁种类鉴定主要可依据《中国动物志 昆虫纲 第十七卷 等翅目》《中国经济昆虫志 第八册 等翅目 白蚁》和物种的原始描述，以及参考2000年后新发表的白蚁分类论文。此外，近年我国出版了若干地区性白蚁专著，如《浙江白蚁》《广西白蚁》《澳门白蚁》等，都可用于辅助邻近地区的白蚁种类鉴定。这类资料可能并不全面，依靠它们鉴定一般只能得到初步的、不十分肯定的结果。只有当标本与检索表、特征描述、特征图均完全相符时，结果才比较可靠。对于国外分布的种类，常参考带有“monograph”“revision”“treatise”“survey”“review”等字样的白蚁文献进行鉴定。总之，初次接触某一类群的鉴定工作时一定要慎重。

3. 在无法获得上述资料，或依靠上述资料仍未得到准确的鉴定结果，或为了进一步研究时，可查找该类群最近出版的分类目录（catalogue）。2013年，Krishna等编著的《世界等翅目论述》（*Treatise on the Isoptera of the world*）一书，是目前包含白蚁种类（包括化石种类）较多、分类信息汇总较全面的一本白蚁分类工具书。

4. 通过查找分类目录，可掌握该类群已知种类、地理分布及有关文献的出处等信息，此时需要根据这些信息收集并查阅相关原始资料，可先从与目的类群有关的资料开始，再逐步扩大范围。同行之间，特别是与国际同行之间的资料交换或赠予是资料收集的重要途径。获得原始资料以后，应仔细阅读对某一种的原始描述，在建立对该种的全貌性印象以后，着重体会文中指出的鉴别特征（diagnosis），加以核对并认真做出判断。然而，由于有些资料中的描述含糊、特征选用不当、绘图模棱两可，可能会导致最后仍无法得出准确的鉴定结果，但这也是发现问题的过程。

5. 在完成上述过程的基础上，如有可能，可将待确认鉴定结果的标本与专家已鉴定过的相关白蚁标本加以对比，从而做出进一步的判断。此过程既要尊重专家的意见，又不能唯专家是从，应以尊重事实依据的审慎态度做出科学判断。

6. 鉴定是否正确，严格来说，最终要依据对模式标本的精确核对。这一步在近代分类学研究工作中是极为重要、应尽量做到的环节。

根据在上述一系列过程中所发现的问题，白蚁分类工作者可以进一步开展自己的独立研究。例如，记载和描述新的分类单元；进一步研究分析，发现新的分类依据；建立新系统，做出更合理的分类安排等。

描述是按照一定的顺序（如从头部至腹部、从背面至腹面等），对标本具有的各种特征进行表述。对于真社会性的白蚁，若能同时获得兵蚁和有翅成虫，则需对兵蚁和有翅成虫分别加以描述。兵蚁通常是先描述头壳、上颚、上唇、后颏、触角、前胸背板、足的颜色及毛被，再按照从前往后的顺序依次描述头部和胸部上述主要结构的一般形态特征，包括头壳形状，上颚形状及弯曲程度，上颚是否具齿及齿的数目、相对位置，上唇形状及末端是否具透明区，后颏形状，触角节数及粗细，前胸背板形状及前后缘中央凹入或凸出情况，足腿节是否有膨大及膨大程度等。有翅成虫主要描述头壳、上颚、上唇、后唇基、触角、复眼、单眼、前胸背板、翅（具翅成虫）或翅鳞（脱翅成虫）的颜色、斑纹及毛被，然后按照从前往后的顺序依次描述头部和胸部上述主要结构的一般形态特征，包括头壳形状，上颚齿的数目和相对位置，上唇形状，后唇基形状，触角节数及粗细，单复眼形状，前胸背板形状及前后缘中央凹入或凸出情况，前后翅相对宽度及翅脉、前翅鳞与后翅鳞是否重叠、重叠程度等。之后，还需列出这些主要结构的长度、宽度等具体量度特征值。有时也需要对工蚁头壳、上颚、前胸背板、足等结构进行颜色、毛被和一般形态特征的描述，特别是在工蚁存在多型的情况下。具有二型或三型兵蚁的种类，需对各型分别描述并说明差异程度。

描述时，行文力求简洁准确。对于原始记载或早期描述过于简单的种类，常需进行重新描述。基于正确鉴定的、合格的重新描述，其意义和作用常远大于原始记载。

除文字描述之外，绘图是对形态特征进行描述的另一种方式。绘图首先要确保科学性，应客观、真实地反映标本的形态特征；对于近缘种或相似种，应提供详细的、可供比较的鉴别特征的特写图以体现细微的差别。在条件允许的情况下，可提供标本形态特征的照片。

命名新的分类单元时要十分慎重，需在对该类群的分类工作有整体的认识，在充分研究与该类群有关的全部分类单元完整资料或模式标本以后方可进行。新分类单元的命名必须严格遵守《国际动物命名法规》的规定。

（三）物种的概念

白蚁物种的衡量标准是白蚁分类学研究的重要内容之一。物种是生物分类最基本的阶元，但是随着人类认识的不断深入，判别物种的客观标准存在极大的争议。历史上很多学者都尝试过给物种一个恰当的定义，然而地球上的物种数量庞大，相互之间在生物学、形态以及基因间隔程度上的差异千变万化，存在各种可能，客观上增加了定义物种的难度。因此，物种的概念表述纷繁众多，具有科学意义的定义在20种以上，如模式物种、生物学类物种、进化类物种、系统发育类物种等。其中，生物学类的物种概念、系统发育类的物种概念和进化类的物种概念之间的争论构成了物种概念争论的主体。

1. 生物学类物种

涉及林奈物种概念、种群物种概念、识别物种概念、遗传物种概念等诸多概念，但最具代表性的是生物学物种概念（biological species concept, BSC）（谢强, 卜文俊, 2010）。Mayr（1942）生物学物种概念的影响最大：一个物种就是一个种群集合，它们因为地理或生态原因而间断，种群之间是逐渐过渡的且在接触过程中会杂交产生后代，而种群集合（物种）之间尽管有产生后代的潜能，但因有地理或生态隔离的存在而不能杂交。BSC强调物种是一个客观实体，将生殖隔离作为唯一客观的标准，虽然只适用于有性繁殖生物，但由于其客观性而具有优势，依然受到广泛关注和接受。

2. 系统发育类物种

涉及无性物种概念、自有衍征物种概念、分支物种概念、系谱物种概念等，但最具代表性的是系统发育物种概念（phylogenetic species concept，PSC）（谢强, 卜文俊, 2010）。Cracraft（1983, 1989）认为物种是最小可鉴别的、具有祖-裔关系的一个生物有机体支系。Nixon和Wheeler（1990）认为物种是可用某种特定性状组合鉴别的最小种群或无性系的最小集合体。而de Queiroz和Donoghue（1988）认为物种是具共同特征的最小单系群。PSC强调特征或衍征，因此可能带有主观性判断因素。

3. 进化类物种

涉及进化显著单元物种概念、进化物种概念、演替（时间）物种概念，其中最具代表性的是进化物种概念（evolutionary species concept，EvSC）。这个物种概念最早由古生物学家提出。Simpson（1951）将物种概念表述为：一个物种就是一个世系（交配繁殖种群的祖-裔系列），它独立演化，有自己特有的、单一的进化角色和趋势，是进化的基本单元；Wiley（1978）的表述是：进化物种是与其他世系保持独立并具独特的进化趋势、历史命运的祖-裔系列；Wiley和Mayden（1985）的表述是：在时空中与其他世系保持独立并具独特的进化命运、历史趋势的生物种群实体。这类物种概念强调物种在时间上的延续，忽视了种与种之间的区别和间断（周长发，杨光，2011），只看到了前进进化，而忽视了分支进化，没有提供区分不同种群的较客观的标准。

（四）分类阶元

常用的基本分类阶元（category）由高到低依次为界（kingdom）、门（phylum）、纲（class）、目（order）、科（family）、属（genus）、种（species），其中，物种是生物分类的最基本分类阶元，每一个白蚁物种都要归入这些基本的分类层次。在法定的分类阶元上研究的白蚁类群被称为分类单元（taxon），分类单元可以是任一分类阶元或等级的白蚁类群。

当然，为了使用方便，除了这些基本分类阶元之外，还有一些辅助阶元，如在基本阶元或等级之前加前缀super-、epi-、infra-、sub-等表示总等级、领等级、次等级和亚等级。

例如总科 Superfamily，蜚蠊总科 Blattoidea；领科 Epifamily，白蚁领科 Termitoidae；亚科 Subfamily，白蚁亚科 Termitinae 等。此外，亚种（subspecies）是分类工作中最小的分类阶元，我国白蚁分类工作者极少使用亚种，但国外同行多有使用，例如暗黑散白蚁亚种 *Reticulitermes lucifugus lucifugus* Rossi, 1792、*Reticulitermes lucifugus corsicus* Clément, 1977，栖北散白蚁亚种 *Reticulitermes speratus speratus* (Kolbe, 1885)、*Reticulitermes speratus kyushuensis* Morimoto, 1968、*Reticulitermes speratus leptolabralis* Morimoto, 1968 等。以栖北散白蚁为例，按照 Krishna 等（2013）的分类体系，其阶元层级如下：

界 Kindom　　动物界 Animalia
门 Phylum　　节肢动物门 Arthropoda
纲 Class　　昆虫纲 Insecta
亚纲 Subclass　　有翅亚纲 Pterygota
目 Order　　蜚蠊目 Blattaria
次目 Infraorder　　等翅目次目 Isoptera
科 Family　　鼻白蚁科 Rhinotermitidae
亚科 Subfamily　　异白蚁亚科 Heterotermitinae
属 Genus　　散白蚁属 *Reticulitermes*
种 Species　　栖北散白蚁 *R. speratus*
亚种 Subspecies　　九州亚种 *R. s. kyushuensis*

一般认为，种是生物分类的基本单位。种以下的阶元层级称为种下阶元（infraspecific categories），种以上的阶元层级称为种上阶元或高级阶元（higher categories）。在各阶元层级中，只有种下阶元和种级阶元是真实存在的实体，但区分它们的标准往往也具有一定的主观性；种以上的高级阶元都是分类学家根据物种或物类之间遗传变异的相对程度人为划分的，因此，高级阶元所包括的内容可能会随之发生变化，难以给不同高级阶元以规定的含义，但是随着对系统发育研究的深入及对自然分类系统认识的不断提高，高级阶元的划分也带有一定的客观性。

属是日常分类学具体工作中除种以外涉及最多的分类阶元。一个属可以包括很多个种，也可以只包括一个种，后者被称为单种属或单型属（monotypic genus）。对于包含种类过多的属，往往需要划分亚属，以便进一步研究。属的划分、转移、合并等问题，是分类修订工作的重要内容。

科由一个至若干个属集合而成。与属相比，科级分类单元的类群之间在形态等方面的界限比较明确，划分也比较稳定。

（五）学名与命名法规

命名是在分类学研究中依据法规的规定给予生命有机体名称的行为。所依据的法规为《国际动物命名法规》（以下简称《法规》），其中包含命名的制度、方法及对其所进行的解释，目的在于保证动物名称最大限度的准确性和稳定性，能够长期延续使用、克服混乱，并使动物名称能与分类学家分类判断方面可能发生的变化相适应。

白蚁的规范命名对于研究的交流沟通至关重要，当新分类阶元名称依据《法规》在公开发行的出版物上发表，这个名字就有了合法的地位。

1. 双名法

一个动物物种的科学名称（scientific name）是指用拉丁文或已拉丁化的文字组成的名称，一般采用双名法（binominal nomenclature），即由属名（generic name）和种本名（specific name）构成，而且必须在词性上一致，其后常加上命名人及命名年代，其中属名首字母大写，种本名首字母小写且不能脱离属名单独使用。如台湾乳白蚁的学名是 *Coptotermes formosanus*，*Coptotermes* 是其属的属名，*formosanus* 是其种本名。

《法规》规定的最小分类阶元是亚种，亚种的学名是三个名称的组合，即属名+种本名+亚种本名，其中属名首字母大写，种本名和亚种本名首字母均小写，且亚种本名不能脱离属名和种本名单独使用。包含相应物种载名模式在内的亚种称为“指名亚种”（nominal subspecies），其亚种本名与种本名相同。如栖北散白蚁的载名模式亚种学名为 *Reticulitermes speratus speratus*。

高级分类阶元的命名使用单名（uninomen），也没有种名那么严格。科级以上分类阶元可不与模式相关联，也可不受优先权的约束。

2. 可用名

要使一个名称成为可用名（available name），必须具备以下条件。

1）对于种级分类单元的名称，必须符合双名法。

2）必须由拉丁文字或已拉丁化的文字组成。

3）不能用若干字母的随机排列，除非这个组合是作为一个词来使用的。

4）必须是 1758 年 1 月 1 日及其后在正式期刊或书籍中公开发表。

5）科级分类单元的名称必须是一个主格、复数的名词，并来源于可用属名的词干，发表时或修改后以科级类群名称的后缀结尾。

6）属级分类单元的名称必须是包括两个或两个以上字母的主格、单数形式的名词。

7）种级分类单元的名称必须是两个或两个以上字母的一个词或复合词。

8）1930 年以后发表的新名称（nomina nova）必须伴有一项用文字叙述的描述或定义，并说明模式标本情况或指定模式种。

9）1950 年以后发表的新名称不能为匿名作者。

10）1999 年以后发表的新名称或新替代名（nomen novum），必须明确指出这是新的名称。新的科级分类单元名称必须附模式属的名称；新的种级分类单元名称必须指明正模或群模及其存放地点。

凡未附有描述、未经发表等不符合上述条件的名称，被称为“无记述名”或“裸记名称”（nomen nudum）。在编写分类目录或名录时不应将其列入；如果列入，必须注明为裸记名称。

一个名称一旦成为可用名，就将继续保持，与其随后因成为次异名、次同名、理由不充分的修订、不必要的替代名或已被禁止的名称而导致的无效无关，它的名称仍然是可用的（谢强, 等, 2012）。

3. 优先权和有效名

《法规》规定任何分类单元的正确名称应为最早正确出现的名称，此规定称为优先权（law of priority）。优先权是指出版上的优先，如果一个分类单元同时具有两个以上可用名，则只有在出版物中出现时间较早的才能成为有效名（valid name）。若两个或更多名称出现在同一出版物中，则应取页数靠前者；如果在同一页上，则应取行次靠前者。

优先权适用于总科及以下的分类阶元，目的是保证一物一名，消除混乱。严格地使用优先权，有时会使一些长期习用的名称被废弃，而代之以人们较不熟悉的名称，或使两个大家均已熟悉的分类单元名称互换，造成新的混乱。在这种情况下，《法规》并非绝对要求采取优先权，而是提出在规定的手续和条件下，可以由该类群的分类专家提出正式的书面建议，提交国际动物学命名委员会做出处理。

4. 异名关系

1）首异名和次异名。一个分类单元具有两个或两个以上可用名的现象，称为异名关系或同物异名关系，所有这些名称均称为“异名”（synonym），其中只有有效名被采用，最早发表的异名称为“首异名”（senior synonym），其余的称为“次异名”（junior synonym）。

2）客观异名和主观异名。衡量不同的名称是否为异名，标准如下：对于种级分类单元，要看它是否与同一模式标本相符，如是，则这种异名称为“客观异名”（objective synonym）；对于属级分类单元，两个具有不同属模的属名，由于分类学研究上的变动，这两个属模被认为属于同一属时，尽管所根据的模式不同，这两个名称也将被视为异名，有时这样的变动可能再次发生，这种异名可能随人的主观意见而变化，故称之为“主观异名”（subjective synonym）。

5. 同名关系

凡两个或两个以上的分类单元采用了完全相同的名称时，称为同名关系或异物同名关系（homonym）。

1）原同名和后同名。不同作者分别在命名时用同一名称称呼两个不同的种，这种同名称为“原同名”（primary homonym）。当两个原来独立的属由于分类学上的变动而合并为一个属或由原来的属移往另一属时，如果种本名相同，则将出现同名关系，这种同名称为“后同名”（secondary homonym）。

2）首同名和次同名。在同名关系中，发表时间在前的为“首同名”（senior hononym），发表时间在后的为“次同名”（junior hononym）。

原同名中的次同名是无效的，对应分类单元应命以新名；后同名中的次同名也是无效的，但可能随属的分类学变动而恢复有效。次同名关系也常被称为“某名已被占用”（preoccupied）。如果在分类学研究工作中发现同名关系，必须给原来带有次同名的物种以新替代名，并应在所命新名的后面加上“新名”或“nomen novum”或“nom. nov.”或“nom. n.”或“n. n.”字样，并将原来的次同名列于新名之下，附以该名第一次发表时的出处，并在次同名后加上“preoccupied”或“被占用”字样。命名新替代名时需谨慎，应先仔细查明该种是否还有其他名称（即次异名）可用，否则命名新替代名后又将增加新的同物异名。如有次异名可用，需注意该异名是否为客观异名。如为主观异名，则应慎重审查有无可能再发生属的转移，以免采用此名后又发生新的问题。

（六）分类阶元的名称构成

1. 种级分类阶元

一个物种的学名在语法上可由形容词、主格形式的名词、属格形式的名词和动词分词这 4 种词类组成。

1）以形容词为种本名。由于属名均为主格，当种本名为形容词时，也需为主格，性别与属名一致。形容词形式的种名应用最多，词尾变化有以下几类（见表 1）。

表 1　形容词的词尾变化类型

类别		阳性	阴性	中性
第一类	字尾	*-us*	*-a*	*-um*
	举例	*longus*	*longa*	*longum*
	字尾	*-er*	*-a*	*-um*
	举例	*algbrer*	*glabra*	*glabrum*
第二类	字尾	*-is*	*-is*	*-e*
	举例	*brevis*	*brevis*	*brevis*
第三类	字尾	*-x*	*-x*	*-x*
	举例	*simplex*	*simplex*	*simplex*
	字尾	*-or*	*-or*	*-or*
	举例	*bicolor*	*bicolor*	*bicolor*
	字尾	*-ens/-ans*	*-ens/-ans*	*-ens/-ans*
	举例	*repens*	*repens*	*repens*

其他以*-pes*、*-ceps*、*-cuspis*、*-oides*、*-odes* 等为字尾的情况也不随性别改变。

2）以名词主格为种本名，在语法上作为同位语。属名与种本名完全相同[称为重名（tautonym）]，在动物学命名中为合法，如 *Rattus rattus*、*Cossus cossus* 等。

3）以名词属格（即所有格）为种本名。如家蚕 *Bombyx mori*，*mori* 是 *morus*（桑）的属格形式。

4）以动词的分词为种本名。如果是现在分词以*-ans*、*-ens*、*-scens* 为字尾，指动作此类字尾不随性别变化；如果是过去分词，字尾变化同形容词。

另外，如果种本名是由现代人的名字直接构成的属格名词，那么当它为一个男性名字时，需要在人名后加*-i*；若为一个女性名字，则加*-ae*；若为多个男性名字或若干男性名字和若干女性名字时，加*-orum*；若为多个女性名字，加*-arum*。如我国云南分布的尹氏散白蚁 *Reticulitermes yinae*，就是以我国著名女昆虫学家尹文英院士的名字命名的；而蔡氏杆白蚁 *Stylotermes tsaii* 则是以我国著名昆虫学家蔡邦华先生的名字命名的。

如果种本名的词根是地名，可用名词属格形式或形容词形式。当用形容词形式时，常用字尾有*-ensis* [按上述第 1）条中的第二类情况进行变化，中性形式为*-ense*]、*-icus* 和*-anus* [按上述第 1）条中的第一类情况进行变化，阴性形式为*-ica* 和*-ana*，中性形式为*-icum* 和*-anum*]。中国白蚁分类学研究者在发表新种时有时喜用地名为词根，该做法一方面容易使具有这种名称的种类被误解为狭分布种或特有种；另一方面，如果应用过多，不但出现千篇一律的情况，并且有可能造成同名。例如，蔡白蚁属的湖南蔡白蚁 *Tsaitermes hunanensis*，由于蔡白蚁属已被降为散白蚁属的次异名（Ahmad, Akhtar, 2002），原来属于蔡白蚁属的种类被合并到散白蚁属，因此，湖南蔡白蚁成为湖南散白蚁的次同名，这种情况就是由过多使用地名作为种本名的词根造成的。因此，以地名命名更适宜用于亚种本名或已确知是狭窄分布的特有种的种本名。

命名种本名时，尤其是在包含种类较多的属中命名时，除查阅了解本属内是否已有相同名称外，还应包含临近属，以避免未来可能由于属的合并、转移等变动造成同名。此外还需注意，除有效名外，还应了解其他所有可用名（异名），以避免新的同名现象产生。

2. 属级分类阶元

属级（包括属、亚属）分类单元名称一定是单数、主格，性别随词的语法属性而异。《法规》规定属名就有唯一性，因此命名新属名时，需要慎重，避免重复。

属级分类单元名称是参照它所代表的分类单元的模式种来确定的。一个属级分类单元的载名模式是一个种。定新属名时应采取一些避免错误与重复的"捷径"，如以人名或地名为字根（较大地方的地名仍有相对高的重复可能性），或在临近属的属名上加前缀 *para-*、*pseudo-*、*meta-*、*allo-*、*eu-*或后缀*-dius*、*-opsis* 等。属名也可生造，即将字母组成若干音节堆砌而成，不具任何含义，只要能念即可。这种生造的属名如从字尾不能判别其语法上的性别，则需在第一次发表此名时加以注明。中国学者常用汉语中的动物名称或分布地名称的音译建立新属名。如用复合词作为属名的词根，则需注意两个或数个组成成分均应源自同一种文字。

3. 科级分类阶元

科级（包括总科、科、亚科、族、亚族）分类单元的名称是模式属名称的词干加特定后缀构成的。其中，总科的后缀是-oidea，科的是-idae，亚科的是-inae，族的是-ini，亚族的是-ina。

为任何一科级分类单元建立的名称，被认为是为基于同一模式属的其他各级别科级分类单元同时建立了具有相应后缀的名称，各级别名称具有相同的作者身份和日期。如果模式属名称为次同名，相应科级分类单元的名称无效；如果模式属名称为次异名，相应科级分类单元名称的有效性不受影响（谢强, 等, 2012）。

（七）模式

为了避免同物异名、异物同名，命名者必须指定模式标本（type specimen）或正模式（holotype）作为命名原型，同时还要有能表示其变异程度的副模式（paratype）。每一个分类阶元实际上或者潜在地都具有一个它们各自科学名称的载体，即载名模式（name-bearing type），它们是国际上在动物命名体制中提供客观参考的标准。

1. 种级分类阶元

为使白蚁的名称能与其所指的物种间建立起固定的、可以核查的依据，在命名一个物种时，除文字描述之外，还需将当时确立该种所用的全部标本以及之后有关的某些标本赋予特殊意义，并长期妥善保存，作为今后核查的最重要最直观的标准。这些标本就构成模式系列（type series），主要包括以下类别。

正模（holotype）：正模指原始出版物中建立该种的作者专门指定作为此种的主要模式的单个标本。正模是其所承载的物种名称的主要依据，有时甚至是唯一可靠依据。正模标本的性别、存放地点、采集时间和地点等信息均应在新种记载的文章中注明。标本使用红色标签，其上注明“正模”字样、学名和定名人姓名。

副模（paratype）：副模指原始出版物中作者在建立该种时所依据的除正模以外的其余标本。在新种记载的文章中应注明副模标本的性别以及各自的个体数。标本使用黄色标签，其上注明“副模”字样。

群模（syntype）：早期的分类学工作者建立模式时，往往并不选出或指定某一标本为正模，而是将研究所用的一系列标本同等对待。这样的一系列未分出正模的模式标本总称为群模。

选模（lectotype）：近代作者从早期分类学者制定的群模中选出一个相当于正模的模式标本，称为选模标本。因此，选模标本在一定程度上具有与正模相当的重要意义。选模标本需附以注明“选模”字样的颜色标签，并写明制定者的姓名和年份。当原有的正模（或选模、群模）标本已经被证实确系完全丢失或损坏时，可以而且需要重新指定新的模式，以代替原有正模（或选模、群模），这种模式称为新模（neotype）。新模的制定必须伴随分类修订工作同时进行，在一般的标本整理或保管过程中，往往不具备制定新模的条件。

配模（allotype）：是由原作者在副模中指定的一个与正模性别相对的标本，是副模的成员之一。一般选用与正模产地、采集日期尽量相同的副模作为配模。记载要求同正模。

2. 属级分类阶元

属级分类单元（属或亚属）的载名模式是模式种（type species）。《法规》规定，在建立一个新属时必须在发表新属名称的文章中同时指定该属的模式种。模式种可以是制定该属时属内包括的任何一个种，但一般建议选用其中较常见的、经济上较重要的、可以找到模式标本的、发表时间最早的或该属内最大亚属的成员。

在分类学研究中，常出现一个种由原来所在的属转入另一属的现象。这种现象主要由以下原因造成：①A 属为异质性的属，其中的种需分入 A、B 两个属中，则转入 B 属的种其属名由 A 变为 B；②A、B 两属合并，根据优先权原则采用 B 属为属名，则原先 A 属全部种的属名由 A 变为 B；③A、B 两属为异名关系，根据优先权原则采用 B 属属名，则原先 A 属全部种的属名由 A 变为 B。

由于被用作属的模式的是一个物种，而不是物种的名称，因此，当模式种的名称在历史上发生改变时，并不会使其作为模式种的资格受到影响，并且在正式记载中，模式种应以其最初命名时的形式出现，附以命名人和命名年份。

3. 科级分类阶元

科级分类单元的载名模式是模式属（type genus）。在建立一个新的科级分类单元时，作者可以选择其内所包含的任一有效属作为模式属。模式属的选择将决定所命名的科级分类单元的名称的字根。例如，鼻白蚁科的模式属是鼻白蚁属 *Rhinotermes*，即决定了鼻白蚁科学名 Rhinotermitidae 的字根，反过来，由科名也可以反推该科的模式属。

（八）自然分类与系统发育

白蚁分类及分类系统应尽可能反映或重建白蚁类群的自然属性或进化历程。尽管在研究过程中不可避免地带有人为或主观判断的因素，但是不能错误地认为生物的分类与非生物的分类在原则上基本类似。随着研究的深入与新技术的发展应用，现有分类或分类系统不断地向其自然分类系统接近。

通过鉴定、描述和命名等活动认识物种后，分类学工作者还需根据各物种的谱系关系远近建立分类系统，并为每个已知物种在分类系统中安排一个合适的位置，揭示物种间谱系关系，阐明其进化过程。系统发育（phylogenetics）研究涉及：①研究分类单元的选取；②分类性状的分析；③反映一定系统发育关系的支序图的建立；④支序图的比较和优化；⑤根据谱系关系修改现行分类系统，从而揭示已知物种的自然分类系统。

随着系统发育方法的应用、白蚁系统发育和白蚁系统分类学的融合，白蚁分类工作也必然更注重系统发育的研究，以期减少并系（paraphyletic）、多系（polyphyletic）现象的发生，增加单系（monophyletic）类群，不断揭示和接近白蚁自然系统发生的历史。

（九）功能分类

结合白蚁分类或系统发育关系，白蚁功能分类（functional classification）及功能分类群（functional taxonomic groups，FTGs）的概念被提出。根据白蚁的消化道的形态结构、消化道的内容物，Donovan 等（2001）将白蚁分为 4 个功能分类群：①低等白蚁，除草白蚁科包括部分草食性种类外，均为木食性；②食木、食枯枝落叶和培菌性的白蚁科白蚁；③腐食性白蚁科白蚁；④取食有机质含量较低的土壤的白蚁科白蚁。在此基础上，结合白蚁蚁巢与食物位置的分离程度，Eggleton 和 Tayasu（2001）将上述功能群①和②进一步细分，分为 8 个功能群或生活类型。

（十）地理分布及区系划分

每个物种都有一定的分布范围，白蚁分类学问题常常要涉及或利用各分类单元的地理分布，同时可研究一个区域有哪些类群分布及分布形成的原因。通常不同生物在地理分布上都有一定的局限性，具有大致相似的地理分布，分类学家把这种分布相似类型加以归纳，形成分类单元的区系性质和区域的区系成分。白蚁区系划分或地理区划的研究，是对白蚁分布格局与规律的深入研究。

生物地理分布格局的解释，主要从历史的原因和生态的原因两个方面来阐述，也因此形成了历史生物地理学（historical biogeography）和生态生物地理学（ecological biogeography），这也是白蚁生物地理研究的主要的基础理论，特别是其中历史生物地理学的扩散（dispersal）与隔离分化（vicariance）两个过程。

四、中文名称及其命名原则

已有拉丁学名白蚁物种的汉语名称，称为白蚁中文名称，简称中名。白蚁中名的命名虽然不受《法规》约束，灵活性较高，但为了便于我国白蚁相关领域的研究者和工作人员使用、交流，在给白蚁物种赋予中名时，分类学者还是应遵循一定的原则，以规范白蚁中名，特别是种本名，以形成一个统一、稳定、使用方便及避免误会的称呼。

（一）系统性

白蚁中名在构成上需与拉丁学名一致，以保证中名的稳定性和唯一性，避免引起混淆。首先，一个符合要求的中名应能反映该物种的分类地位。通常中名都会以该物种所在属的属名作为名称的一部分，例如黑翅土白蚁 *Odontotermes formosanus*、海南土白蚁 *Odontotermes hainanensis*，仅从中名即可判断它们都隶属于白蚁科土白蚁属。其次，基于拉丁学名的种本名，中名里也要能够代表该物种独特之处。因此，可以说中名与拉丁学名一样，也要符合“双名法”，但二者不同的是，拉丁学名是“属名+种本名”，而中名顺序相反，是“种本名+属名”。

（二）忠实性

中名应忠实于拉丁学名，白蚁中名由拉丁学名的原意翻译而来，以在交流使用过程中保持其稳定性。白蚁中名通常有以下几种情况。

1. 形态特征

拉丁学名如以形态特征命名，中名则根据该类群或物种所具有的独特或显著的体色、形态等分类特征加以命名。多数以形态特征命名的中名都属于此种情况，这种情况在白蚁中名中居多，尤其是我国白蚁分类学者自己命名描述的种类，中名由将其含义直接翻译而得。如卵唇散白蚁，其拉丁学名为 *Reticulitermes ovatilabrum*，种本名“*ovatilabrum*”表示卵圆形的上唇；高额散白蚁 *Reticulitermes hypsofrons* 的种本名“*hypsofrons*”即表示凸出高起的额；柠黄散白蚁 *Reticulitermes citrinus* 的种本名“*citrinus*”即表示有翅成虫体表为柠檬黄色；长颚乳白蚁 *Coptotermes longignathus* 的种本名“*longignathus*”表示长的上颚；尖齿土白蚁 *Odontotermes acutidens* 的种本名“*acutidens*”表示尖锐的上颚齿。

2. 生物学特性

拉丁学名源自该类群或种的生活习性、食性等生物学特点，中名直接翻译使用。如双工土白蚁 *Odontotermes dimorphus*，拉丁种本名含义为“二型”，是因其工蚁具有大、小二型而得名，因而中名为双工土白蚁。

3. 模式产地或分布地

根据模式产地或者分布地命名，在拉丁学名的命名中较为常见，多数情况下这类学名都会被直译成中名。例如，日本学者命名的恒春新白蚁 *Neotermes koshunensis*，其模式标本采集于台湾恒春 Koshun（日本拼写方式）；瑞典白蚁分类学家命名的锡兰乳白蚁 *Coptotermes ceylonicus*，其模式产地为斯里兰卡。我国白蚁分类学家命名描述的种类，以此种方式命名的情况更多。如海南堆砂白蚁 *Cryptotermes hainanensis*、海南乳白蚁 *Coptotermes hainanensis*、海南散白蚁 *Reticulitermes hainanensis*、海南土白蚁 *Odontotermes hainanensis*、海南大白蚁 *Macrotermes hainanensis* 等，模式产地都是海南省。此外，对于某些拉丁学名以模式产地或分布地命名的白蚁种，我国学者在其中名中会用简称代替省份全称，如闽华扭白蚁 *Sinocapritermes fujianensis*、桂华扭白蚁 *Sinocapritermes guangxiensis*、滇华扭白蚁 *Sinocapritermes yunnanensis* 等。

4. 人名

以某位对白蚁学研究做出重要贡献的科学家、著名的生物学家、标本采集人的姓来命名的种本名，中名都是直接将姓翻译过来的；对于以外国人名定名的拉丁学名，通常直接将其音译过来。如克里希纳距白蚁 *Calcaritermes krishnai*，拉丁学名源自著名白蚁分类学家 Krishna 的姓，中名直接音译而得，但同时要简洁。以中国人名定名的拉丁学名，中名只取其姓，不用全名。如 *Nasutitermes tsaii*、*Stylotermes tsaii* 和 *Glyptotermes tsaii* 等，都是以我国著名昆虫学家蔡邦华先生的姓命名的，中名由其姓“蔡”加“氏”字，再加属名构成，因此，上述几种白蚁的中名分别为蔡氏象白蚁、蔡氏杆白蚁和蔡氏树白蚁。

5. 寄主植物

根据该类群或该种主要危害的寄主植物来命名。中名拟自寄主植物的白蚁种，都是从其拉丁学名译意的，因此，中名与拉丁学名在字面上的意思完全相符。如红树楹白蚁 *Incisitermes rhyzophorae*，其模式标本采集于一个正在腐烂的红树 *Rhyzophra apiculata* 树桩，*Rhyzophra* 为红树属属名；芒果新白蚁 *Neotermes mangiferae*，主要危害芒果树，其种本名来自寄主植物芒果树的属名 *Mangifera*；可可锯白蚁 *Microcerotermes theobromae*，危害可可树，其种本名来自可可属的属名 *Theobroma*。我国白蚁分类学家较少以此种方式命名描述白蚁种类，仅见少数几种。如幽兰散白蚁 *Reticulitermes cymbidii*，这种白蚁的寄主植物是蕙兰 *Cymbidium faberi*，该种白蚁是以兰属属名 *Cymbidium* 命名的；榕树白蚁 *Glyptotermes ficus*，种本名来源于其寄主榕树的属名 *Ficus*，中名直接译意而得。

（三）简洁性

白蚁中名还应尽可能简短、易读，以使其便于记忆和应用，特别是翻译不要太晦涩，音译时不要形成冗长名，同时要考虑系统性和科学性。此外，白蚁中某些具有重要经济意义的种类可能还会有俗名。最著名的例子就是台湾乳白蚁，因其栖居和造成破坏的环境多与人居环境密切相关，所以也被称为“家白蚁”或“台湾家白蚁”。俗名是大众中流传的对于某类或某种昆虫比较通俗的习惯性称谓。较之于中名，俗名虽然更加通俗和易于记忆，但科学性和系统性欠缺，在教学和科研中不提倡使用。

（四）连贯性

历史上已长期使用而稳定下来的白蚁中名，如表达规范应予以沿用。①形态特征拟定中名。拉丁学名并非以形态特征命名，但中名则根据该类群或该种显著而独特的形态特征加以拟定，中名和拉丁学名字面意思不一致。如钝颚白蚁属 *Ahmaditermes*，其拉丁文来自巴基斯坦白蚁学家 Ahmad 的姓，但中名没有直接翻译人名，而是根据该属兵蚁上颚无端刺这一明显特征而命名；再如黄翅大白蚁 *Macrotermes barneyi*，其种本名来自模式标本的采集人 Barney 的姓，但我国学者根据其有翅成虫的翅为黄色，命名为“黄翅大白蚁”；还有如长颚堆砂白蚁 *Cryptotermes dudleyi*，拉丁学名来自巴拿马白蚁专家 Dudley 的姓，但我国白蚁分类学者据其上颚与同属其他种相比长度更长，称之为“长颚堆砂白蚁”。②生物学特性拟定中名。有些白蚁拉丁学名并非以生物学特性命名，但中名是以该类群或该种的生物学特性定名。如土白蚁属 *Odontotermes*，拉丁名意为“齿白蚁属”，是根据该属兵蚁左上颚内缘有 1 枚大的尖齿而定名，但因该属白蚁均为土栖性，筑巢于地下，故而我国白蚁分类学者称之为“土白蚁属”，而不是齿白蚁属；再如土垄大白蚁 *Macrotermes annandalei*，种本名来自印度一位博物馆馆长的姓，因该种白蚁会在地上筑起明显的土垄，因此便得中名“土垄大白蚁”；还有山林原白蚁 *Hodotermopsis sjöstedti*，种本名来自瑞典动物学家 Sjöstedt 的姓，但因其生活在山林之中，故我国白蚁分类学研究者给予其中名“山林原白蚁”。③以地名命名中名。拉丁学名并非以地名命名，但中名是以该类群或种的主要分布地定名，没有直接将拉丁学名译意。如北美散白蚁 *Reticulitermes flavipes*，其拉丁语意为“黄足散白蚁”，但中国学者习惯使用“北美散白蚁”。

五、白蚁分类的作用与意义

白蚁分类学作为一门白蚁学研究的基础性学科，为人类认识白蚁在生态系统物质循环、能量流动中的作用及白蚁资源利用和有害白蚁防控提供必要的科学依据，因此具有重要的作用和意义。

1. 认识需要

昆虫分类学可以使人类对自然界中种类和数量最庞大的昆虫进行分门别类，可以使人类了解它们的起源、进化历史和相互之间的关系，这本身就是昆虫分类学这门学科最原始的科学意义。因此，为了人们认识白蚁的需要，白蚁分类学必须对白蚁进行分门别类，如白蚁科最为进化，被称为高等白蚁（higher termites），而其他白蚁被称为低等白蚁（lower termites）。

2. 科学研究

昆虫分类学还是昆虫学和动物分类学的一个重要分支学科，同时也是昆虫学其他分支学科的基础。因此，通过昆虫分类学的研究使昆虫种类得到准确鉴定，使各种类之间的亲缘关系得到明确，这对于其他昆虫学分支学科研究工作的顺利开展也具有重要意义。首先，白蚁大多数种类已被命名，但仍有新种有待发现，有待研究人员进行描述和命名；一些异名现象仍然存在，有待分类学家进行修订。其次，为了建立一个有高度预见性的自然分类系统，白蚁分类学的研究为白蚁自然历史或系统发育体系的构建提供基础，为白蚁社会性进化假说提供样本。

3. 应用需要

分类学能提供一个丰富、有价值的信息系统，为害虫防治和益虫利用提供科学依据。首先，对于有害种类的防控，应先了解造成危害的是何种昆虫，才能根据害虫种类、危害特点等制定有针对性的防控策略。其次，对于有益种类的利用，主要体现在生物防治领域，只有了解了天敌的种类、来源、分布、寄主范围等，才能使其在生物防治中发挥应有的作用。另外，药用昆虫的利用，也离不开种类鉴定。

4. 植物检疫

随着交通运输和国际贸易的迅速发展，检疫性害虫通过各种货物及其包装材料从起源地进入新地域的机会越来越多。就白蚁类群而言，截至2015年，全世界已经确认有27种白蚁从起源地成功入侵新地域，比1969年增加了13种（柯云玲, 等, 2015）。对检疫性白蚁及其他潜在的危险性种类进行准确鉴定是检疫机构做好其他工作的前提，不论开展风险分析还是疫情处理，都要以种类鉴定为基础和工作依据。

第二节 白蚁分类学研究方法

一、形态学方法

外部形态特征是最直观、最常用的特征，目前形态学分类仍是白蚁分类研究最基本的方法。形态学分类方法是根据昆虫明显而稳定的形态学特征对物种进行命名、描述和分类的一种分类学研究方法。通常在昆虫分类中，雌、雄虫外生殖器的形态特征是最明显且稳定的，但在白蚁这个真社会性昆虫类群中，除最低等的澳白蚁科外，其余种类的雌、雄外生殖器均退化，分类学价值不大。因此，白蚁形态学分类主要依据的是兵蚁、有翅成虫的头部、胸部及其附肢的特征，包括头长与宽、上唇长与宽、左上颚长、后颏长与宽、前胸背板长与宽、后胫长，以及有翅成虫复眼、前翅鳞等。

由于白蚁群体内一般同时存在兵蚁、工蚁、繁殖蚁等多个品级，品级间外部形态迥异，进行鉴定和分类时，应综合考察各品级的外部形态特征，得到的结果才比较可靠。然而，工蚁的外部形态变异较小，难以应用于分类学研究；有翅成虫的出现具有较强的季节性，只有在分飞繁殖时才易于采集（详见附录一），使其在白蚁形态学分类研究中的价值无法充分发挥。在大多数白蚁类群中，兵蚁都是一个比较普遍存在的品级，容易获得。兵蚁由于适应特殊的功能，其形态特征相比工蚁和有翅成虫发生了剧烈变化，特别是头部和胸部，这些特征在类群内部较稳定，且随种类不同，差异通常较为显著，为高级阶元的划分提供很多依据，对于种类鉴定更是具有重要价值。因此，兵蚁的外部形态特征是白蚁种类鉴定和分类中最常用的特征。当兵蚁的外部形态特征难以有效区分种间差异时，或者当研究的类群为无兵蚁白蚁类群时，结合有翅成虫的形态特征，将会提高鉴定和分类的准确性。

（一）重要形态特征及其记述、测量

白蚁形态学分类常用的外部形态特征主要包括两类：一类为测量特征；另一类为非测量特征。

最重要的测量特征有15个，分别是头长至上颚基、头最宽（成虫为头连复眼宽）、左上颚长、后颏中长、后颏宽、后颏狭、前胸背板长、前胸背板宽、后足胫节长以及只针对成虫的复眼长径、复眼短径、单眼长径、单眼短径、前翅鳞长。

头长至上颚基（length of head to lateral base of mandible，见图1，AA′）：虫体背面向上水平放置，头壳最后缘至上颚基部关节外侧之间的距离。

头最宽（maximum width of head，见图1a，BB′）：头壳两侧最宽处之间的距离（若有

复眼，则包括复眼）。

左上颚长（maximum length of left mandible，见图 1b，CC′）：左上颚基部关节处凹刻至上颚末端的距离。

复眼长径（maximum diameter of compound eye with ocular sclerite，见图 1c，DD′）：复眼外侧缘（包括眼眶）相对的两侧最宽处之间的距离。

复眼短径（minimum diameter of compound eye with ocular sclerite，见图 1c，EE′）：复眼外侧缘（包括眼眶）相对的两侧最窄处之间的距离。

单眼长径（maximum diameter of lateral ocellus，见图 1c，FF′）：单眼相对的两侧最宽处之间的距离。

单眼短径（minimum diameter of lateral ocellus，见图 1c，GG′）：单眼相对的两侧最窄处之间的距离。

后颏中长（median length of postmentum，见图 1d，HH′）：虫体腹面向上水平放置，后颏最末端（前缘）至后缘与后头孔之前最清晰的内侧界限间的距离。

后颏宽（maximum width of postmentum，见图 1d，II′）：后颏两侧最宽处之间的距离。

后颏狭（minimum width of postmentum，见图 1d，JJ′）：后颏两侧最窄处之间的距离。

前胸背板长（maximum length of pronotum，见图 1e，KK′）：前胸背板前、后缘之间的最大距离（包括边缘的刺或棘，但不包括毛）。

前胸背板宽（maximum width of pronotum，见图 1e，LL′）：前胸背板两侧最宽处之间的距离（包括边缘的刺或棘，但不包括毛）。

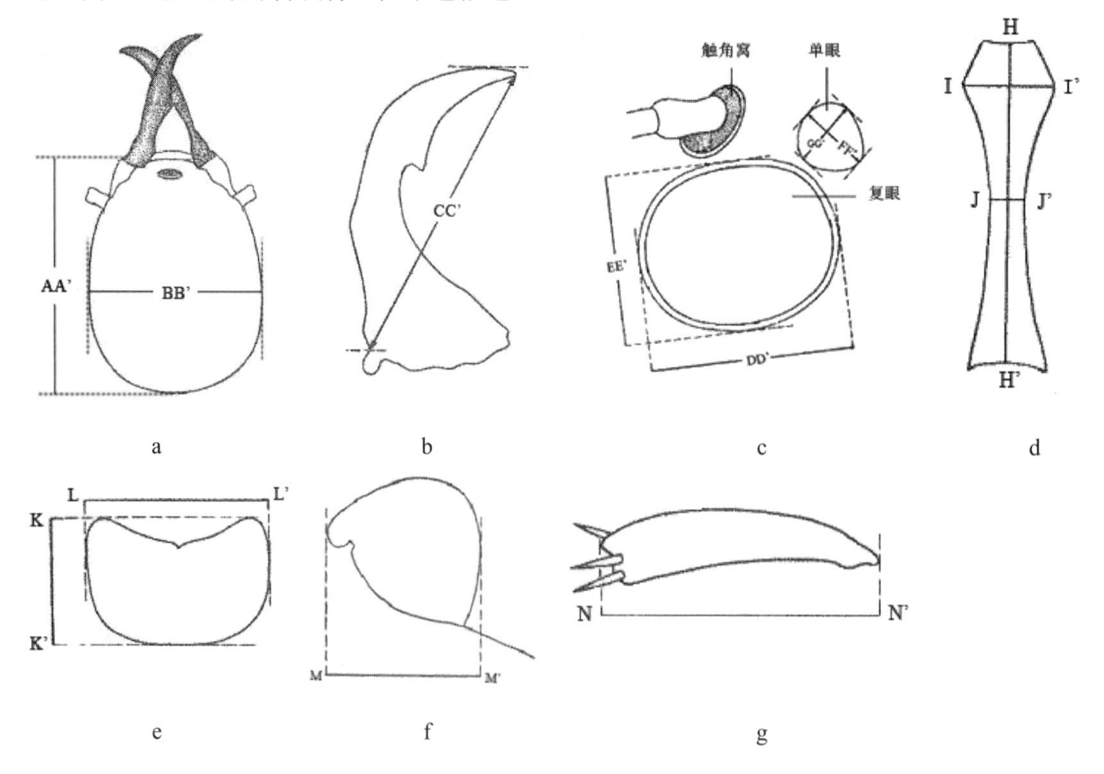

图 1　白蚁测量特征示意图（引自 Roonwal, 1969）

前翅鳞长（maximum length of forewing scale，见图 1f，MM′）：前翅翅基关节处至翅鳞末端之间的距离。

后足胫节长（length of hind tibia，见图 1g，NN′）：胫节基部至末端的距离（不包括胫节端距）。

此外，体长（连翅）、体长（不连翅）、头长至上颚端、头在颚基宽、上唇长、上唇宽、头高（连后颏）、前翅长（连前翅鳞）、后翅长（连后翅鳞）、后翅鳞长等特征也是比较常用的测量特征。对于一些外部形态发生特化的类群，如乳白蚁和象白蚁等，还会用到囟孔宽、囟孔高以及象鼻长等特征。

在上述测量特征的基础上，为了确定某些构造的形状或者形态，还会用到一些测量特征的比值，其中比较常用的有头指数、颚头指、腰缩指数和前胸背指等。

头指数=头最宽/头长至上颚基。根据头指数的大小，可以了解头部形状。当该指数小于 1 时，头长大于头宽，头部较长；当该指数大于 1 时，头宽大于头长，头部较宽；当该指数等于 1 时，头部长宽相等，头形为近圆形或近方形。

颚头指=左上颚长/头长至上颚基。根据颚头指的大小，可以对上颚的相对长度有所了解。

腰缩指数（腰指）=后颏狭/后颏宽。根据腰指的大小，可以了解后颏的形状。

前胸背指=前胸背板宽/前胸背板长。根据前胸背指的大小，可以了解前胸背板的形状。

白蚁形态学分类可用的非测量特征主要有体形，头部形状，上颚形状及弯曲程度，上颚缘齿形状及排列方式，上唇形状，唇基隆起程度，单、复眼形状，后颏形状，前胸背板形状等表示形态的特征，以及触角节数，上颚缘齿数目，上唇、后颏和前胸背板的毛被数量及排列方式，足胫节端距数和跗节分节数等表示数量的特征。在利用有翅成虫的形态特征进行鉴定和分类时，翅脉的变化也是一个重要特征（见图 2）。

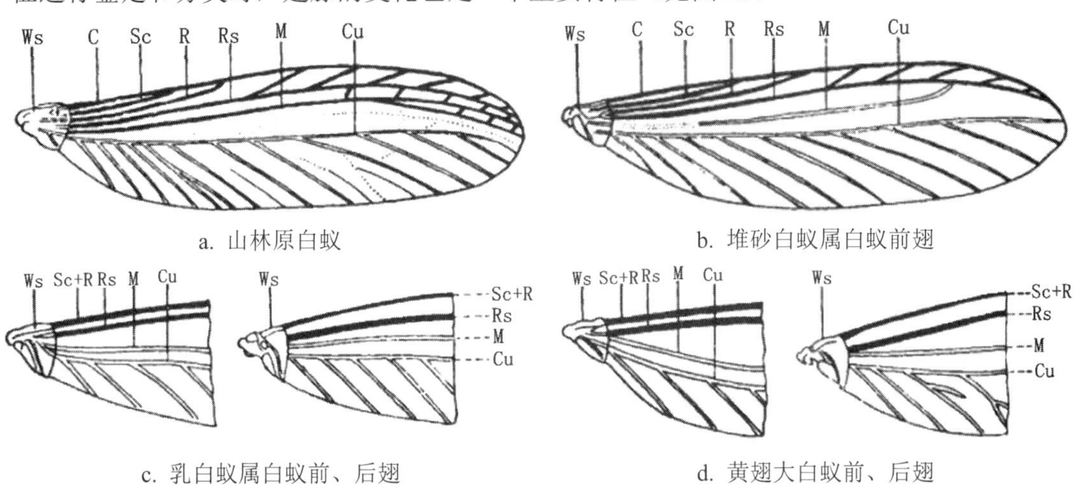

a. 山林原白蚁　　b. 堆砂白蚁属白蚁前翅

c. 乳白蚁属白蚁前、后翅　　d. 黄翅大白蚁前、后翅

图 2　白蚁成虫的翅脉（引自黄复生，等，2000）

（二）显微和亚显微特征

在对白蚁进行鉴定和分类时，依据目前常用的兵蚁和有翅成虫的外部形态特征鉴定某些类群有时可能并不十分有效。为了增加鉴定和分类的准确性，近几十年来，白蚁分类学

研究者一直在不断探索新的形态特征，尤其是一些体表细微结构的显微特征，甚至亚显微特征的分类学意义。这些细微结构主要包括如下几个。

1. 翅面微刻点（microsculpturing）

Roonwal、Sen-Sarma 和 Chhotani 等是最早利用扫描电镜研究成虫翅面细微结构的，他们在 1977—1987 年连续发表多篇文章报道他们所发现的不同类型的翅面微刻点，并对其分类学意义进行了讨论。我国昆虫学家张方耀、高其康、李参等在 20 世纪 90 年代也曾对草白蚁科、木白蚁科、鼻白蚁科和白蚁科部分种类成虫的翅面微刻点进行观察报道，他们认为翅面微刻点的类型、形态、大小、密度和分布情况在区分近似种时可以作为一个辅助特征，但前提条件是必须先获得成虫的翅，因而限制了其应用。

2. 兵蚁和工蚁上颚臼齿板（molar plate）

兵蚁上颚臼齿板的发育程度和工蚁上颚臼齿板脊的有无、臼齿和臼齿突的相对位置、臼齿突的形态等在近年逐渐引起白蚁分类学家的重视。这些特征对于某些种类的鉴定及属的修订具有一定的参考价值（Roisin, et al, 1996; Constantino, Carvalho, 2012; Rocha, et al, 2012）。

3. 蚁卵（egg）

Roonwal（1975）、Roonwal 和 Rathore（1979）对白蚁卵的形状（宽度/长度）、卵壳表面微刻及卵孔特征进行过研究，并探讨了它们在种类鉴定和系统发育关系推断中的作用。

虽然外部形态学分类在白蚁种类鉴定和分类体系的建立上具有重要的、不可替代的作用，但在研究某些外部形态特征相似的类群时，该方法也表现出一定的局限性。例如鼻白蚁科 Rhinotermitidae 乳白蚁属 *Coptotermes*，其种内形态变异大、种间形态差异小，单纯依靠形态学特征进行分类研究很容易产生同物异名的情况。白蚁分类史上，台湾乳白蚁 *C. formosanus* 的一系列次异名就是将种内变异放大为种间差异而造成的。另外，单纯依靠某一品级的形态学特征进行分类也容易出现错误。哈维兰乳白蚁 *C. havilandi* 和格斯特乳白蚁 *C. gestroi* 的异名关系就是在没有同时采集到有翅成虫和兵蚁的情况下分别以同种的不同品级描述新种而产生的。随着近年来分子生物学技术的迅猛发展，许多白蚁种类以及某些类群的分类地位得到了修订。综合运用形态学、分子生物学、化学甚至生态学、行为学等特征已成为白蚁分类学研究的必然趋势。只有联合多方面特征进行白蚁分类学研究，才能保证种类鉴定的准确性，才能保证所建立的分类系统最大限度地接近自然分类系统。

二、解剖学方法

从 20 世纪中叶开始，白蚁分类学家就进行白蚁工蚁消化道的解剖形态学研究，注意到工蚁消化道解剖特征，如肠道形状，砂囊（gizzard）形态，马氏管（malpighian tubules）形态和数目，P1 回肠（ileum）形状，P2 肠瓣（enteric valve）肉垫形状、数量以及着生物差异，P3 后肠盲囊（paunch）扭转和膨大程度等具有重要的分类学意义。

白蚁科的尖白蚁亚科 Apicotermitinae 即是 Grassé 和 Noirot（1955）依据消化道特征从白蚁亚科和弓白蚁亚科 Amitermitinae 中分出的。对于无兵蚁品级的类群，该特征则具有更加重要的分类价值。非洲白蚁科无兵蚁类群的修订（Sands, 1972）、新北界多米尼加共和国尖白蚁亚科的研究（Bahder, 2009）、新热带界白蚁科无兵蚁类群新属的建立（Bourguignon, et al, 2016; Castro, et al, 2018）都是以工蚁消化道解剖特征作为重要依据。自从这些特征被用于白蚁分类以来，大量属级修订和新分类单元在发表时，即使有兵蚁品级的类群，也会对工蚁消化道形态特征进行描述与绘图（Constantino, 1991; Scheffrahn, Roisin, 1995; Sands, 1995; Roisin, et al, 1996; Cancello, Cuezzo, 2007; Scheffrahn, 2010; Rocha, et al, 2012; Chiu, et al, 2016）。鉴于工蚁消化道形态在白蚁分类学中的重要性，Donovan 等（2001）、Bitsch 和 Noirot（2002）都将其作为构建白蚁科级阶元系统发育树的主要特征之一。我国从 20 世纪 80 年代末开始也有少量针对不同种白蚁消化道的比较形态学研究（陈镈尧, 等, 1992；张方耀, 等, 1994；赵鹏飞, 等, 2016）。

三、细胞遗传学方法

该方法主要是从细胞学的角度，特别是从染色体的结构、功能以及染色体与其他细胞器的关系来研究遗传现象，阐明遗传和变异机制。这种研究方法应用于白蚁分类学研究始于 20 世纪 30 年代（Benkert, 1930; Vincke, Tilquin, 1978; Luykx, Syren, 1979; Bedo, 1987; Luykx, l990），主要是给白蚁的起源和演化提供线索，对种类鉴定并不能提供太多证据。

四、生物化学方法

生物化学方法主要是指以表皮碳氢化合物（cuticular hydrocarbon, CHC）、兵蚁防御性分泌物及繁殖蚁成虫腹腺分泌物（即性信息素）等作为分类特征的研究方法（李志强, 等, 2009）。昆虫 CHC 是表皮蜡层的主要成分。在多种昆虫（包括白蚁）中，它还是一类信息化合物，在不同种类之间，其组分和含量存在差异，对于区分近缘种具有重要的参考价值。Moore（1969）首先报道了破坏象白蚁 *Nasutitermes exitiosus* CHC 的组成，随后有关白蚁 CHC 的鉴定和生物合成有所增加（Howard, et al, 1978; Blomquist, et al, 1979a, 1979b），直至 1982 年 Howard 等提出 CHC 可作为白蚁种间识别和品级识别的信息化合物。通过研究近缘种或相似种 CHC 的表现型（CHC 的组成），可以为某些低等白蚁，如古白蚁科动白蚁属 *Zootermopsis*（Haverty, 1988）、鼻白蚁科散白蚁属 *Reticulitermes*（Haverty, Nelson, 1997; Clément, et al, 2001; Uva, et al, 2004; Copren, et al, 2005）等类群发现隐存种提供预测，也可以为发现同物异名提供证据（Takematsu, Yamaoka, 1997）。但是，Marten 等（2009）对高等白蚁大白蚁属 *Macrotermes* 不同种类不同巢个体的 CHC 和线粒体 COI 基因进行研究，发现同种不同巢的个体 CHC 也存在不同的表现型，但线粒体 COI 基因序列差异距离却比种间的小得多，说明 CHC 表现型不能反映隐种，据此认为，不同类群的白蚁的 CHC 的功能和进化途径可能存在差异。因此，CHC 的表现型仅能作为种类区分的辅助手段，需与其他方法结合使用。

除了 CHC，兵蚁防御性分泌物和性信息素对鼻白蚁科散白蚁属、白蚁科瓢白蚁属 *Bulbitermes* 等类群种类的鉴定和分类混淆的澄清也有一定的参考价值（Clément, et al, 2001; Quintana, et al, 2003; Chuah, 2005）。还有研究发现，一些干木白蚁和湿木白蚁排泄物颗粒中碳氢化合物成分和含量具有种、属特异性，可以辅助白蚁种类鉴定（Haverty, et al, 2005）。生物化学方法虽然是传统形态学分类方法的有效补充，但当所得的多种复杂组分检测和研究难度大、易受非目标组分影响、样品处理和检测过程烦琐时，应用有限。

五、分子生物学方法

分子生物学技术的发展并应用于白蚁分类学，弥补了传统分类形态学的不足，使许多由白蚁形态分类学的局限性造成的错误鉴定、同物异名等分类上的混乱和模糊不清得以解决。分子生物学方法有许多优点：白蚁标本数量的限制较少，不受白蚁品级的限制，并且受人为因素影响小，能够相对准确、客观地提取到所需的分类特征且信息量巨大。因此，分子生物学方法已广泛应用于白蚁分类学研究的各个方面，包括种群结构研究、种类鉴定、异名订正以及系统发育关系推断等，并已成为白蚁分类学研究的重要手段之一。

（一）同工酶

同工酶（isozyme）是生物体内具有相同或相似催化功能但分子结构不同的一组酶，由染色体上不同的基因位点或同一位点的等位基因编码，因而具有种属和组织特异性，可作为白蚁分类的辅助方法。张贞华和唐奇峰（1985）、张方耀等（1992）分别对浙江 2 科 4 属 5 种和 4 科 8 属 9 种白蚁进行了酯酶同工酶的比较研究，发现不同种类酶带数目和位置明显不同；杨兆芬等（1993）通过研究发现，酯酶同工酶可反映白蚁与蜚蠊的进化关系，为白蚁进化研究提供依据。

（二）限制性酶切片段长度多态性

限制性酶切片段长度多态性（restriction fragment length polymorphism, RFLP）技术最早于 1980 年提出，它是第一代 DNA 分子标记技术，可用于检测不同个体或不同种类 DNA 水平的差异（即多态性）。利用限制性内切酶处理线粒体基因（mitochondrial gene，mtDNA），得到的 RFLP 具有种、属稳定性，能反映种、属间的进化关系。邢连喜等（1999）将 RFLP 技术用于分析我国异白蚁和散白蚁的系统关系，认为该技术得出的结果与形态学、解剖学和分子生物学等其他手段得出的结果一致，是探讨种间亲缘关系的一种有效分子标记技术。Szalanski 等（2003）在对美国中南部散白蚁鉴定时证实，RFLP 技术可用于白蚁种类的分子鉴定。

（三）随机扩增多态性 DNA

随机扩增多态性 DNA（random amplified polymorphic DNA，RAPD）技术是在 PCR 技术的基础上于 20 世纪 90 年代发展起来的大分子多态性检测技术，主要用于研究白蚁种间亲缘关系、鉴定近缘种、发现隐存种等。该技术不需要设计引物，简便快速且灵敏度高，但是受反应条件影响较大，可重复性也较差，目前应用较少。应用 RAPD 技术分析我国异白蚁和散白蚁的系统关系时，得出的结果与应用 RFLP 技术的结果相互印证（邢连喜, 等, 2001）。

（四）扩增片段长度多态性

扩增片段长度多态性（amplified fragment length polymorphism, AFLP）技术是 RFLP 技

术与 PCR 技术相结合的产物，它结合了 RFLP 和 RAPD 两种技术的优点，具有分辨率高、稳定性好、效率高的优点；但它操作烦琐，检测周期长，成本也较高。AFLP 技术可用于白蚁种群遗传结构的研究（Garcia, et al, 2002, 2006）。

（五）微卫星

微卫星（microsatelite）DNA 是 20 世纪 80 年代后期分离出来的一种具有很短（1～6bp）的重复单元的卫星 DNA，又被称作短串联重复序列（short tandem repeat，STR）或简单重复序列（simple sequence repeat，SSR）。微卫星 DNA 具有较高的多态性，广泛分布在基因组中。通过对多位点微卫星 DNA 的分析，可以得到 DNA 指纹图谱；可检测出的多态性高于 RAPD 技术，可用于白蚁种群生态学、种群遗传结构等研究（Vargo, Henderson, 2000; Yeap, et al, 2009）；除多位点指纹外，还可对单个微卫星位点进行 PCR 扩增，单位点重复序列可用于物种鉴定。

（六）DNA 序列分析

DNA 序列分析是通过测定生物体内 DNA，比较不同类群个体同源 DNA 的核苷酸排列顺序，以此构建分子系统发育树，推测类群间的系统进化关系。它可用于区分近缘种、相似种，检测同物异名，辅助种类鉴定，以及系统发育和分子进化的研究，已被白蚁分类学研究者普遍接受和广泛采用。目前，分子系统学研究中用于序列分析的基因有 4 类：①核基因，包括 18S 和 28S 基因；②线粒体基因（mtDNA），包括 13 个蛋白编码基因（PCG）、22 个转运 RNA（tRNA）编码基因和 2 个核糖体 RNA（rRNA）编码基因；③核基因蛋白质编码基因（nuPCG）；④表达序列标签（expressed sequence tag, EST）、转录组（transcriptome, 即高通量测序的 EST）和核基因组编码区等组学（-omics）数据。这 4 类基因当中，mtDNA 相对分子质量小，进化速率快，几乎都遵循母系遗传，重组水平较低，在分子系统学研究中得到了广泛应用，特别是 COI、COII、ND5 和 16S rDNA 基因均有用于白蚁分类学研究的大量报道（Austin, et al, 2005; Lo, et al, 2006; Su, et al, 2006）。

综上所述，在白蚁分类学研究中，不论是作为主要研究手段的形态学方法，还是解剖学方法、细胞遗传学方法、生物化学方法、分子生物学方法，都有其各自的优缺点及适用范围。在充分了解各种方法的特点之后，尽可能多地联合运用，将会使白蚁分类研究结果的可靠性和工作效率明显提升。

第三节 白蚁分类学研究进展

一、白蚁分类学发展简史

白蚁分类学的发展历程与昆虫或动物学的发展历程是同步的，经历了林奈时期、现代分类时期、当代分类时期等阶段。

（一）分类地位

有关白蚁的记录最早出现于 Linnaeus 在 1758 年发表的《自然系统》（*Systema naturae*）第 10 版中，当时白蚁被划归 2 个完全无关的类群中：一是无翅目 Aptera，其介于跳虫（*Podura*，即现在的弹尾纲跳虫科 Poduridae）和虱（*Pediculus*，即现在的虱科 Pediculidae）之间的一个类群，且仅包括 1 种真正的白蚁，即祸根白蚁 *Termes fatale* 的兵蚁和工蚁；二是脉翅目（Neuroptera）中的属 *Hemerobius*，包括 2 种有翅成虫。此后，Linnaeus 的学生 Fabricius 又将白蚁与蚂蚁划分至同一个类群。

直至 1802 年，Latreille 才为白蚁建立第一个科级名称“Termitidae”（白蚁科）。1832 年，Brullé 建立了昆虫纲中的目“Isoptères”（希腊语，意为相等的翅），用以同当时的直翅目和半翅目相区分，白蚁即包含于这个目中。对于这种划分，当时只有部分研究者认同，多数研究者，包括 Hagen、Haviland 和 Froggatt 还是将白蚁作为脉翅目、直翅目或网翅总目（Dictyoptera）中的一个科来对待。

1895 年，Comstock 等正式使用“Isoptera”来代表白蚁这个类群，尽管当时对于应该给予它目、亚目还是其他分类级别仍然存在争议，但是，这个正式的名称很快就被与 Froggatt 同时代的许多重要的白蚁研究者所采纳。这其中最著名的是 Desneux，他将 Isoptera 作为一个目，仅包含白蚁科。在此之后一个世纪，白蚁的分类地位一直比较稳定，多数研究者都将其归为昆虫纲等翅目，并认为它是与蜚蠊目 Blattaria 和螳螂目 Mantodea 近缘的一个低等昆虫类群。然而，给予白蚁与蜚蠊目和螳螂目同级别的分类地位在近十多年间已逐渐受到越来越多的质疑。早在 1934 年，Cleveland 等就发现了一些低等白蚁与蜚蠊目隐尾蠊属 *Cryptocercus* 消化道内存在相似的共生原生生物，之后更多研究还发现二者具有相似的食性、营巢习性以及相似的前胃和上颚齿系，推测二者可能具有很近的亲缘关系。最终，分子生物学证据证实了白蚁与木食性蟑螂隐尾蠊属的姐妹群关系。也就是说，白蚁其实只是高度特化的社会性蟑螂，这一观点如今已得到普遍认可。由于昆虫分类学家要建立的是反映不同昆虫类群真实进化历史和系统发育关系的自然系统，而不是人为系统，那就面临一个给白蚁何种分类地位的问题。根据白蚁与蟑螂的系统发育关系推断，将白蚁作为与蜚蠊目同一级别的目级分类阶元显然是不合适的。对于这个问题的处理，白蚁分类学界也有不同意见。Engel 等（2009）和 Krishna 等（2013）保留了“Isoptera”的名称，将它作为蜚蠊目下的一个次目（infraorder）处理，同时对蜚蠊目内少数分类单元的级别做了微调，这样的处理既保证了目前白蚁分类系统的稳定性，又能在最大程度上反映白蚁与蜚蠊的系统发育关系。鉴于目前仍有争议，为了减少使用中不必要的混乱，本书沿用等翅目 Isoptera 来表示白蚁类群。

（二）分类体系

1. 现代白蚁分类学建立之前（林奈时期）

自 1758 年 Linnaeus 的《自然系统》第 10 版出版后，白蚁才开始成为分类学研究的对象。此后的一百年时间里，对于白蚁的研究多停留在种类描述阶段，基本没有形成体系，至多也只是将所有已描述的种类集中归入一个科级或者目级分类单元中。

2. 现代白蚁分类学建立时期

19 世纪中期，Hagen 在其发表的白蚁专著中将白蚁划分为似白蚁属 *Termopsis*、草白蚁属 *Hodotermes*、木白蚁属 *Kalotermes* 和白蚁属 *Termes* 四大类群。Hagen 被称为现代白蚁分类学的创立者。此后，Haviland 沿用了 Hagen 对白蚁的总体划分意见，但他认为白蚁属 *Termes* 的异质性很强，并将其划分为若干亚类群。

19 世纪末，Froggatt 建立了新的白蚁分类体系，试图反映不同类群的进化关系。在他的分类系统中，白蚁仍然被看作 1 个科级分类单元，即白蚁科，但在科内又建立了 4 个明确的亚科，分别是木白蚁亚科 Calotermitinae、鼻白蚁亚科 Rhinotermitinae、树白蚁亚科 Glyptotermitinae 和异白蚁亚科 Heterotermitinae，而把 Latreille 建立的白蚁科降为亚科，从而形成了他的 1 科 5 亚科分类体系。

1895 年，Comstock 等正式使用“Isoptera”来代表白蚁类群后， Desneux 率先采用该名称作为白蚁分类体系的最高阶元，下设白蚁科。在他的分类体系中，白蚁被划分为 1 目 1 科 3 亚科 4 族（见表 2）。最初被 Froggatt 划归木白蚁亚科的澳白蚁属 *Mastotermes* 因具有许多较为原始的特征而被单独分出，提升成澳白蚁亚科 Mastotermitinae；根据草白蚁属 *Hodotermes*、胄白蚁属 *Stolotermes* 和洞白蚁属 *Porotermes* 独特的生物学和解剖学特征，Desneux 还首次引入族级阶元，将这 3 个类群连同似白蚁属 *Termopsis* 合并为木白蚁亚科的草白蚁族 Hodotermitini。

表 2 Desneux 的白蚁分类体系

<table>
<tr><th>目</th><th>科</th><th>亚科</th><th>族</th><th>属</th></tr>
<tr><td rowspan="9">等翅目 Isoptera</td><td rowspan="9">白蚁科 Termitidae</td><td>澳白蚁亚科 Mastotermitinae</td><td>/</td><td>澳白蚁属 Mastotermes</td></tr>
<tr><td rowspan="5">木白蚁亚科 Calotermitinae</td><td rowspan="4">草白蚁族 Hodotermitini</td><td>草白蚁属 Hodotermes</td></tr>
<tr><td>洞白蚁属 Porotermes</td></tr>
<tr><td>胄白蚁属 Stolotermes</td></tr>
<tr><td>似白蚁属（化石）Termopsis</td></tr>
<tr><td>木白蚁族 Calotermitini</td><td>木白蚁属 Calotermes</td></tr>
<tr><td rowspan="3">白蚁亚科 Termitinae</td><td rowspan="2">鼻白蚁族 Rhinotermitini</td><td>鼻白蚁属 Rhinotermes</td></tr>
<tr><td>近鼻白蚁属 Arrhinotermes*</td></tr>
<tr><td>白蚁族 Termitini</td><td>白蚁属 Termes</td></tr>
</table>

注：*为乳白蚁属 *Coptotermes* 的异名。

3. 现代白蚁分类学发展时期

20 世纪 10 年代，Holmgren 在对白蚁进行外部形态、内部组织解剖和生物学研究之后，首先建立了白蚁的 3 科 10 亚科系统，随后又修订为 4 科（见表 3）。这个分类系统不但预见性地提出了目前分类系统中已被普遍接受的几乎全部的主要类群，而且相互之间的谱系关系也较为清晰。在这个系统中，Holmgren 认为澳白蚁科 Mastotermitidae 是最低等的类群；

新建的前白蚁科 Protermitidae 基本可看作目前所采用的分类系统中的真等翅目 Euisoptera，前白蚁科包含的 4 个亚科（原白蚁亚科 Termopsinae、草白蚁亚科 Hodotermitinae、胄白蚁亚科 Stolotermitinae 和木白蚁亚科 Kalotermitinae）大体与现在的原白蚁科 Termopsidae、草白蚁科 Hodotermitidae、胄白蚁科 Stolotermitidae 和木白蚁科 Kalotermitidae 相对应；新建的中白蚁科 Mesotermitidae 的系统地位介于前白蚁科和另一新建科后白蚁科 Metatermitidae 之间，这个科除了包含现在的齿白蚁科 Serritermitidae 和杆白蚁科 Stylotermitidae 以外，大体与现在的鼻白蚁科 Rhinotermitidae 相当；新建的后白蚁科则对应于现在的白蚁科。在此之后，其他研究者提出的各种分类系统多是在此系统的基础上进行修订和完善的。

表 3　Holmgren 的白蚁分类体系

科	亚科
澳白蚁科 Mastotermitidae	/
前白蚁科 Protermitidae	原白蚁亚科 Termopsinae
	草白蚁亚科 Hodotermitinae
	胄白蚁亚科 Stolotermitinae
	木白蚁亚科 Calotermitinae
中白蚁科 Mesotermitidae	沙白蚁亚科 Psammotermitinae
	白白蚁亚科 Leucotermitinae[1]
	乳白蚁亚科 Coptotermitinae
	寡脉白蚁亚科 Termitogetoninae
	鼻白蚁亚科 Rhinotermitinae
	齿白蚁亚科 Serritermitinae
后白蚁科 Metatermitidae	白蚁亚科 Termitinae（白蚁属系列 *Termes*-Reihe）
	锯白蚁亚科 Microcerotermitinae[2]（锯白蚁属系列 *Microcerotermes*-Reihe）
	伪小白蚁亚科 Pseudomicrotermitinae[3]（伪小白蚁属系列 *Pseudomicrotermes*-Reihe）
	孔白蚁亚科 Foraminitermitinae（孔白蚁属系列 *Foraminitermes*-Reihe）
	聚白蚁属系列 *Syntermes*-Reihe
	弓钩白蚁属系列 *Hamitermes*-Reihe
	瘤白蚁属系列 *Mirocapritermes*-Reihe

注：[1] 为异白蚁亚科 Heterotermitinae 的异名；[2] 为白蚁亚科 Termitinae 的异名；[3] 为孔白蚁亚科 Foraminitermitinae 的异名。

从 20 世纪 20 年代开始，Emerson 通过世界范围的广泛采集、同行交换等途径获得大量世界白蚁标本，并为白蚁标本制作了卡片式目录，以此为基础，建立了新的分类系统。Snyder 在 1949 年出版了著名的《世界白蚁名录》[*Catalog of the termites* (*Isoptera*) *of the world*]一书。他们所采用的分类系统将白蚁划分为 6 科（包括 1 化石科）18 亚科（包括 2 化石亚科）（见表 4）。

表 4 Snyder 和 Emerson 的白蚁分类体系

科	亚科
†乌拉尔白蚁科 Uralotermitidae[1]	/
澳白蚁科 Mastotermitidae	/
木白蚁科 Kalotermitidae	†琥珀白蚁亚科 Electrotermitinae[2]
	木白蚁亚科 Kalotermitinae
草白蚁科 Hodotermitidae	原白蚁亚科 Termopsinae
	胄白蚁亚科 Stolotermitinae
	洞白蚁亚科 Porotermitinae
	草白蚁亚科 Hodotermitinae
	†白垩白蚁亚科 Cretatermitinae[3]
鼻白蚁科 Rhinotermitidae	沙白蚁亚科 Psammotermitinae
	异白蚁亚科 Heterotermitinae
	杆白蚁亚科 Stylotermitinae
	乳白蚁亚科 Coptotermitinae
	寡脉白蚁亚科 Termitogetoninae
	鼻白蚁亚科 Rhinotermitinae
白蚁科 Termitidae	齿白蚁亚科 Serritermitinae[4]
	弓白蚁亚科 Amitermitinae[5]
	白蚁亚科 Termitinae
	大白蚁亚科 Macrotermitinae
	象白蚁亚科 Nasutitermitinae

注：†为化石类群（fossil group），下同；[1]为乌拉尔白蚁科，目前已知为非白蚁类群；[2]为木白蚁亚科 Kalotermitinae 的异名；[3]为 Emerson（1968a）增加该亚科；[4]为 Emerson（1965）将其提升为科；[5]为白蚁亚科 Termitinae 的异名（Snyder, 1949; Emerson, 1955, 1968a, 1968b; Krishna, 1970）。

Grassé 在对白蚁生物学、分类学、行为学近 60 年的研究过程中，先后出版多部著作，发表多篇文章。在其 1949 年的著作《动物学论著》（*Traité de Zoologie*）中，白蚁被划分为 6 科 17 亚科（见表 4）。与 Snyder 和 Emerson 的分类体系相比，Grassé 的分类体系中将原白蚁亚科提升成科；相应地，原白蚁亚科、洞白蚁亚科和胄白蚁亚科都从草白蚁科中转移至该科。1982—1985 年，Grassé 又相继出版《白蚁学》（*Termitologia*）一书的第 1、2、3 卷。在这部书中，Grassé 基本沿用了其 1949 年的分类体系，比较大的调整是把齿白蚁亚科 Serritermitinae 提升成科（见表 5）。

表 5 Grassé 的白蚁分类体系

科	亚科
澳白蚁科 Mastotermitidae	/
木白蚁科 Calotermitidae[1]	†琥珀白蚁亚科 Electrotermitinae**
	木白蚁亚科 Calotermitinae[2]

（续表）

科	亚科
原白蚁科 Termopsidae	原白蚁亚科 Termopsinae
	洞白蚁亚科 Porotermitinae
	胄白蚁亚科 Stolotermitinae
	白垩白蚁亚科†Cretatermitinae[*]
草白蚁科 Hodotermitidae	/
鼻白蚁科 Rhinotermitidae153B	沙白蚁亚科 Psammotermitinae
	异白蚁亚科 Heterotermitinae
	乳白蚁亚科 Coptotermitinae
	近鼻白蚁亚科 Arrhinotermitinae[3**]
	原鼻白蚁亚科 Prorhinotermitinae[*]
	杆白蚁亚科 Stylotermitinae[*]
	寡脉白蚁亚科 Termitogetoninae
	鼻白蚁亚科 Rhinotermitinae
齿白蚁科 Serritermitidae[4]	/
白蚁科 Termitidae	大白蚁亚科 Macrotermitinae
	象白蚁亚科 Nasutitermitinae
	白蚁亚科 Termitinae[*]
	尖白蚁亚科 Apicotermitinae[*]
	弓白蚁亚科 Amitermitinae[5**]
	奇扭白蚁亚科 Mirocapritermitinae[6**]
	锯白蚁亚科 Microcerotermitinae[**]

注：[*]为 Grassé (1982, 1984, 1985) 增加该亚科；**为 Grassé (1982, 1984, 1985) 去掉该亚科；[1]为 Grassé (1982, 1984, 1985) 将其改为 Kalotermitidae；[2]为 Grassé (1982, 1984, 1985)将其改为 Kalotermitinae；[3]为乳白蚁亚科 Coptotermitinae 的异名；[4]为 Grassé (1949) 将其作为亚科；[5]为白蚁亚科 Termitinae 的异名；[6]为白蚁亚科 Termitinae 的异名。

20 世纪后半叶，世界各地实验室开始探索白蚁研究的新方法和新手段。Roonwal 和他的学生 Chhotani 在进行白蚁比较形态学研究时，也开始尝试通过电子显微镜观察白蚁体部及蚁卵表面超微结构特征。根据所得的研究结果，他们于 1989 年出版的印度白蚁分类专著中所采用的白蚁分类体系包括 9 科 13 亚科（包括 1 化石亚科）（见表 6）。该系统与 Grassé（1982, 1984, 1985）的 7 科 15 亚科分类体系在多数类群的处理上是一致的，主要区别在于杆白蚁的系统地位不同，Roonwal 和 Chhotani 将其由鼻白蚁科内的亚科提升成科；他们将洞白蚁亚科和胄白蚁亚科从原白蚁科中转移回草白蚁科，即与 Snyder 和 Emerson 分类体系中对这两个类群的划分意见相同；他们还基于南亚、东南亚分布的印白蚁属 *Indotermes* 白蚁所有品级均具有 3 节跗节的特征，新建立了印白蚁科 Indotermitidae，并认为该科与白蚁科亲缘关系较近。

表 6 Roonwal 和 Chhotani 的白蚁分类体系

科	亚科
澳白蚁科 Mastotermitidae	/
原白蚁科 Termopsidae	/
草白蚁科 Hodotermitidae	胄白蚁亚科 Stolotermitinae
	洞白蚁亚科 Porotermitinae
	草白蚁亚科 Hodotermitinae
	†白垩白蚁亚科 Cretatermitinae
木白蚁科 Kalotermitidae	/
杆白蚁科 Stylotermitidae	/
鼻白蚁科 Rhinotermitidae	沙白蚁亚科 Psammotermitinae
	乳白蚁亚科 Coptotermitinae
	寡脉白蚁亚科 Termitogetoninae
	鼻白蚁亚科 Rhinotermitinae
	异白蚁亚科 Heterotermitinae
齿白蚁科 Serritermitidae	/
印白蚁科 Indotermitidae	/
白蚁科 Termitidae	弓白蚁亚科 Amitermitinae*
	白蚁亚科 Termitinae
	大白蚁亚科 Macrotermitinae
	象白蚁亚科 Nasutitermitinae

注：*为白蚁亚科 Termitinae 的异名。

4. 当代白蚁分类学建立与发展时期

从 20 世纪 80 年代开始，白蚁分类学研究已不仅仅依靠形态学方法，化学、解剖学、细胞学、生物学、生态学、行为学，尤其是分子生物学的融入对白蚁分类学的发展起到了巨大的推动作用。除了多学科、多手段的融合，各国研究者的交流与合作也明显加强。这一阶段比较有影响力的研究包括 Donovan 等（2001）、Thompson 等（2000）、Inward 等（2007）、Legendre 等（2008）及 Engel 等（2009）关于白蚁主要类群间进化关系的研究。

Donovan 等（2001）综合 189 个形态学特征（工蚁特征 96 个，兵蚁特征 93 个）和 7 个生物学特征，对白蚁主要类群间的系统发育关系进行了研究。在他们的研究结果中，除了澳白蚁科这个最低等的类群外，草白蚁科最为原始，其次是原白蚁科，与之前 Roonwal 和 Chhotani（1989）的分类体系将洞白蚁亚科归入草白蚁科不同，Donovan 等（2001）支持 Grassé 分类体系中将洞白蚁亚科归入原白蚁科的意见。此外，他认为木白蚁科是比草白蚁科和原白蚁科高等的类群，这与 Roonwal 和 Chhotani（1989）的意见相同，而与 Snyder 和 Emerson、Grassé 的意见不同。

Thompson 等（2000）通过对 rRNA 和 COII 基因序列分析，研究了当时被普遍接受的澳白蚁科、草白蚁科、原白蚁科、木白蚁科、齿白蚁科、鼻白蚁科和白蚁科等 7 科之间的系统发育关系。他同样认为澳白蚁科是最低等的类群，但草白蚁科与原白蚁科互为姐妹群关系，且均比木白蚁科低等。与 Grassé 的分类意见一致，他的结果也支持胄白蚁属归入原白蚁科。

Inward 等（2007）根据 COII、12S rRNA、28S rRNA 基因序列和工蚁的 40 个形态学特征，研究了上述 7 科近 250 种白蚁的系统发育关系，发现澳白蚁科是最低等的类群，其次是原白蚁科和草白蚁科，其中草白蚁科是单系群，原白蚁科则并非单系类群，隶属其中的原白蚁属与草白蚁科聚为一支，似与其亲缘关系更近，而洞白蚁属和胄白蚁属则单独分出，系统位置介于（原白蚁属+草白蚁科）和木白蚁科之间。此外，他的研究认为齿白蚁科应归入鼻白蚁科。

Legendre 等（2008）对 7 科 40 属 40 个代表种的 12S rDNA、16S rDNA、18S rDNA、28S rDNA、COI、COII 和 Cytb 基因序列研究后认为，澳白蚁科最低等且与白蚁其他所有类群构成姐妹群关系，其次是木白蚁科，原白蚁科与草白蚁科形成一个单系群，并与齿白蚁科、鼻白蚁科和白蚁科所形成的单系群构成姐妹群关系。与 Inward 等（2007）的研究结果相比，二者对原白蚁科与草白蚁科之间的系统发育关系、木白蚁科的系统位置以及齿白蚁的系统地位都有不同的解析。

Engel 等（2009）对 7 科 36 属 38 个现生种和 25 属 56 个化石种的成虫、兵蚁、工蚁共 108 个形态学和生物学特征进行了研究，并以此为依据重建了白蚁主要类群的系统发育关系。他们的结果在解析基部比较低等的类群间关系时与 Inward 等（2007）的结果类似，但 Engel 等（2009）将最基部的化石类群单独建立为克拉图澳白蚁科 Cratomastotermitidae；将原白蚁科中未与其他类群聚在一起的洞白蚁属和胄白蚁属共同建立胄白蚁科 Stolotermitidae，而原白蚁科其他类群也不再称为原白蚁科，而是给予新的科名——古白蚁科 Archotermopsidae；原来的科名原白蚁科赋予包含似白蚁属 *Termopsis* 的化石类群；对于木白蚁科的系统地位，Engel 等（2009）的结果与 Donovan 等（2001）、Thompson 等（2000）、Inward 等（2007）的结果一致；但是齿白蚁科的系统地位却不同，Engel 等认为它与白蚁科构成姐妹群关系；对于杆白蚁的系统地位，Engel 等赞同 Roonwal 和 Chhotani（1989）的划分意见，认为应恢复其科的地位。此外，他们还新建了 2 个进化分支，分别是真等翅目 Euisoptera 和新等翅目 Neoisoptera：真等翅目包括除克拉图澳白蚁科和澳白蚁科以外的全部类群；新等翅目包括所有头部具囟的类群，即化石科古鼻白蚁科 Archeorhinotermitidae，现生科杆白蚁科、鼻白蚁科、齿白蚁科和白蚁科。

这一阶段的研究使各国白蚁分类学家对许多过去悬而未决或有争议的分类学问题达成了共识，包括：①白蚁与网翅总目其他 2 个主要类群蜚蠊目和螳螂目的系统发育关系，目前已明确白蚁与蜚蠊目隐尾蠊属为姐妹群关系；②澳白蚁科是所有现生类群中最原始的一科；③除澳白蚁科外，其他现生白蚁类群为一个单系类群；④木白蚁科为单系群；⑤洞白蚁属+胄白蚁属为单系群；⑥狭义的草白蚁科（包括无刺白蚁属 *Anacanthotermes*、草白蚁属 *Hodotermes* 和小草白蚁属 *Microhodotermes* 3 属）为单系群；⑦具囟的类群（新等翅目）为单系群；⑧白蚁科为单系群。对于其他仍存在争议的类群的处理，较多白蚁分类学家倾向于采纳 Engel 等（2009）的分类体系（见表 7）。2013 年出版的由 Krishna 等编著的《世界等翅目论述》（*Treatise on the Isoptera of the world*）一书中也采纳了该分类体系。在该书中，白蚁被纳入蜚蠊目。

表 7 Engel 的白蚁分类体系

目	科	亚科
蜚蠊目 Blattaria	†克拉图澳白蚁科 Cratomastotermitidae	/
	澳白蚁科 Mastotermitidae	/
	†元白蚁科 Termopsidae	/
	草白蚁科 Hodotermitidae	/
	古白蚁科 Archotermopsidae	/
	胄白蚁科 Stolotermitidae	洞白蚁亚科 Porotermitinae
		胄白蚁亚科 Stolotermitinae
	木白蚁科 Kalotermitidae	/
	†古鼻白蚁科 Archeorhinotermitidae	/
	杆白蚁科 Stylotermitidae	/
	鼻白蚁科 Rhinotermitidae	沙鼻白蚁亚科 Psammotermitinae
		寡脉白蚁亚科 Termitogetoninae
		原鼻白蚁亚科 Prorhinotermitinae
		鼻白蚁亚科 Rhinotermitinae
		乳白蚁亚科 Coptotermitinae
		异白蚁亚科 Heterotermitinae
	齿白蚁科 Serritermitidae	/
	白蚁科 Termitidae	圆球白蚁亚科 Sphaerotermitinae
		大白蚁亚科 Macrotermitinae
		孔白蚁亚科 Foraminitermitinae
		尖白蚁亚科 Apicotermitinae
		聚白蚁亚科 Syntermitinae
		象白蚁亚科 Nasutitermitinae
		方白蚁亚科 Cubitermitinae
		白蚁亚科 Termitinae

《中国动物志 昆虫纲 第十七卷 等翅目》一书采用的是 Emerson（1965）的分类体系，即把等翅目分为澳白蚁科、草白蚁科、木白蚁科、鼻白蚁科、齿白蚁科和白蚁科共 6 科，但没有亚科的具体划分。在这个体系中，杆白蚁被置于鼻白蚁科中。由于近年来杆白蚁亚科的单系性已有多方面证据支持，而且根据形态、分子和生物学特征构建的系统发育树所反映的杆白蚁亚科的系统位置，作者认为恢复其科的地位是合适的。此外，根据系统发育分析的结果（Engel, et al, 2009），原白蚁属从草白蚁科中转移出来，归入新建的古白蚁科似乎更有利于各类群之间进化关系的解释。综合以上两点，本书后面章节采用的就是 Engel 等（2009）的分类体系（见表 8）。

表 8　白蚁分类体系简表

目	科
等翅目 Isoptera	澳白蚁科 Mastotermitidae
	草白蚁科 Hodotermitidae
	古白蚁科 Archotermopsidae
	木白蚁科 Kalotermitidae
	胄白蚁科 Stolotermitidae
	杆白蚁科 Stylotermitidae
	齿白蚁科 Serritermitidae
	鼻白蚁科 Rhinotermitidae
	白蚁科 Termitidae

二、白蚁分类学研究进展

世界白蚁的分类，Synder（1949）在出版的《世界白蚁名录》[*Catalog of the termites (Isoptera) of the world*]一书中，记录了现生白蚁、化石白蚁共 1773 种，涉及 6 科 153 属；Krishna 等（2013）出版的《世界等翅目论述》（*Treatise on the Isoptera of the world*）一书中，根据新的白蚁分类体系，分为 12 科（9 现生科、3 化石科）334 属（282 现生属、52 化石属），共 3106 种（2933 现生种、173 化石种）。在此基础上，Beccaloni 和 Eggleton（2013）认为有现生白蚁 2929 种；程冬保和杨兆芬（2014）认为有 335 属（283 现生属、52 化石属）3108 种（2935 现生种、173 化石种）；而 Mahapatro 等（2015）认为白蚁现生与化石种类共计 3138 种。截至 2019 年 12 月 31 日，《世界白蚁中文名录》统计现生白蚁共有 9 科 301 属 2968 种。

近年来，白蚁物种修订、新种描述不断被报道，本书整理了白蚁各个分类阶元的拉丁学名和中文名称对照表（附录四、五、六、七）、入侵白蚁类名录（附录八）。

现就近几年白蚁分类的有关研究工作，概述如下。

（一）白蚁的系统发生

白蚁既具有重要的生态功能，又是重要的经济害虫，更是真社会性昆虫的典型代表，但是人们对白蚁系统发生的研究并不充分。长期以来，白蚁作为等翅目 Isoptera 与蜚蠊目、螳螂目进化关系较近的昆虫并被不断讨论，等翅目内部也建立了被广泛采用的 7 科分类系统，即澳白蚁科 Mastotermitidae、草白蚁科 Hodotermitidae、原白蚁科 Termopsidae、木白蚁科 Kalotermitidae、鼻白蚁科 Rhinotermitidae、齿白蚁科 Serritermitidae 和白蚁科 Termitidae。

直至近十几年来，基于密切相关类群之间的系统发育关系的分析，部分学者认为蜚蠊目是一个并系类群，隐尾蠊科 Cryptocercidae 是白蚁的姐妹群，等翅目应并入蜚蠊目，但原来等翅目昆虫在蜚蠊目的分类地位存有争议。比较有代表性的学术观点有以下几种。

1. 不使用等翅目 Isoptera，而用广义的白蚁科（Termitidae, s.l.）来代表白蚁这个类群，将原来白蚁分类系统中的科都降为亚科（Inward, et al, 2007）。

2. 保留等翅目的分类地位，或者在蜚蠊目内安排总科来容纳白蚁。白蚁在蜚蠊目中的确切演化地位尚待进一步论证，同时，蜚蠊目内部的系统发育亦未完全解决，而等翅目Isoptera已被广泛使用（Lo, et al, 2007）。

3. 等翅目降为次目（infraorder），保留 Isoptera，以维持白蚁类群拉丁学名的稳定（Krishna, et al, 2013）。

Beccaloni 和 Eggleton（2013）认为，为了减少蜚蠊目高级阶元原有分类体系的剧烈变动，将等翅目列为领科（epifamily），即白蚁领科 Termitoidae，归属蜚蠊总科 Blattoidea。

此外，也有学者提出根据白蚁与蜚蠊的历史分化时间进行系统性地重命名，例如将隐尾蠊与白蚁共称为 Tutricablattae（Evangelista, et al, 2019）。因此，白蚁的分类地位和分类体系目前或在未来一段时间内仍处于一种过渡或稍显混乱的状态，白蚁作为等翅目的分类地位目前仍然有学者保留，也有报道开始使用蜚蠊目作为白蚁的目级阶元，以白蚁领科 Termitoidae 或者白蚁总科 Termitoidea 作为等翅目替代分类阶元名称。

关于白蚁的科级阶元分类体系、白蚁内部各科的单系性以及各科之间的系统发育关系的讨论仍在继续。澳白蚁科、木白蚁科和白蚁科分别被认为是单系群，而原白蚁科和鼻白蚁科可能是两个并系群。现生白蚁的 9 科分类系统，依进化顺序由低到高依次为：澳白蚁科 Mastotermitidae、古白蚁科 Archotermopsidae、草白蚁科 Hodotermitidae、胄白蚁科 Stolotermitidae、木白蚁科 Kalotermitidae、杆白蚁科 Stylotermitidae、鼻白蚁科 Rhinotermitidae、齿白蚁科 Serritermitidae 和白蚁科 Termitidae（Engel, et al, 2009）。原来的原白蚁科则被定义为一个化石类群；草白蚁科的组成也被重新定义为仅包括现生种类；此外，建立的一个新科古白蚁科 Archotermopsidae 包括了早期原白蚁科的部分类群；胄白蚁科 Stolotermitidae、杆白蚁科 Stylotermitidae 的科级地位又被重新提出。Lo 和 Eggleton(2011）综合了 Inward 等（2007）、Legendre 等（2008）、Engel 等（2009）的研究结果，提出了一个新的系统发育关系。其中，白蚁科是一个单系群，包括了白蚁 70%以上的种类，但其 8 个亚科之间的关系目前仍难以令人满意，其中，Inward 等（2007）的研究认为大白蚁亚科（培菌白蚁）是白蚁科最早分化的一个支系，支持（大白蚁亚科 Macrotermitinae）（孔白蚁亚科 Foraminitermitinae，球白蚁亚科 Sphaerotermitinae）（尖白蚁亚科 Apicotermitinae）（白蚁亚科 Termitinae+象白蚁亚科 Nasutitermitinae）的关系。

总之，白蚁高级阶元的系统发育关系已基本建立，但是目前的分类系统与白蚁的自然分类系统仍有巨大的差距，无论是科级水平的分类，还是科下分类阶元的关系，仍可能产生较大的变化。

（二）近十年白蚁新种描述与分类修订概述

1. 白蚁鉴定与分类特征

1）关于白蚁形态鉴定特征。白蚁的外部形态在种间表述上存在明显的局限性，现有的形态特征已不能提供足够的信息用于种类鉴定，尽管如此，目前形态特征仍依靠量度特征来做种间的示差鉴别。工蚁的内部形态也可以用于物种分类，尤其是食土白蚁种间工蚁消化道形态特征（Noirot, 2001）。2019 年有研究尝试使用圆筒白蚁属 *Cylindrotermes* 和武白蚁属 *Hoplotermes* 白蚁工蚁的肠道嗉囊、肠瓣及直肠表面的微形态特征进行分类，认为其提供了有价值的分类特征（Rocha, Cuezzo, 2019）。

2）关于白蚁分子特征。随着白蚁分子系统学的发展，分子标记在分子鉴定与系统发育分析中得到了广泛的应用。主要是线粒体基因 mtDNA、16S、COI、COII、D-loop、trnL等基因的序列得到运用，其次是核基因 ITS2、28S 等也得到一定使用。随着分子生物学技术的不断发展，加之受分子标记片段大小的影响，基因组学技术逐渐得到更广泛的应用，特别是线粒体全基因组序列较 mtDNA 分子标记的序列片段信息量更大，也更准确。

此外，白蚁行为、兵蚁化学防御物质、表皮碳氢化合物的特征也被用于白蚁分类学研究。多种类型特征的联合使用，如基于形态特征与 16S rRNA 基因序列分析研究认为，鼻白蚁科和白蚁科的种类可以得到分类界定（Vidyashree, et al, 2018）；利用表皮碳氢化合物和 COI 基因序列分析了入侵种内华达动白蚁 *Zootermopsis nevadensis*，得出日本分布的该种白蚁不同于现行的两个亚种（Yashiro, et al, 2018）。

2. 白蚁新种与新记录的发现

木白蚁科 Kalotermitidae：黄颈木白蚁 *Kalotermes flavicollis* 长期以来一直被认为是欧洲分布的唯一一种木白蚁。2013 年，第二种木白蚁意大利木白蚁 *Kalotermes italicus* 被定名，该种白蚁的有翅成虫前胸背板颜色、爪中垫大小、兵蚁复眼大小与黄颈木白蚁明显不同（Ghesini, Marini, 2013）。2015 年，依据分子特征，欧洲第三种木白蚁被命名为腓尼基木白蚁 *Kalotermes phoeniciae*，它在黎凡特（Levant）地区曾被视为黄颈木白蚁 (Ghesini, Marini, 2015)，且仍有可能存在隐含种（Scicchitano, et al, 2018）。洪都拉斯发现一种堆砂白蚁属新种加利福纳堆砂白蚁 *Cryptotermes garifunae*（Scheffrahn, 2018a）。Yashiro 等（2019）基于形态与分子证据发表一种新白蚁属新种杉尾新白蚁 *Neotermes sugioi*，它分布于琉球群岛，与分布于台湾的恒春新白蚁 *N. koshunensis* 近似。我国报道了一种新白蚁属新种屏山新白蚁 *N. pingshanensis*；秘鲁也报道了一种新白蚁属新种干海岸新白蚁 *N. costaseca*（谭速进和彭晓涛, 2009; Scheffrahn, 2018b）。此外，木白蚁科描述一新属罗伊辛白蚁属 *Roisinitermes*、一新种埃博戈罗伊辛白蚁 *R. ebogoensis*，这种白蚁成虫无单眼，兵蚁攻击时会敲击上颚（Scheffrahn, et al, 2018）。

鼻白蚁科 Rhinotermitidae：欧洲白蚁主要是散白蚁属白蚁，共有 9 种（包括 1 亚种）。2003 年城市散白蚁 *Reticulitermes urbis* 被确定，该种的种群在法国南部，意大利北部波河平原亚得里亚海一侧和东北部、东南部的 8 个城市区域（特别是威尼托区、中北部艾米利亚-罗马涅区和阿普利亚区），希腊西部和南部的伯罗奔尼撒半岛，克罗地亚相继被发现，其可能是人为引入的结果，也有观点认为它是意大利的土著种（Marini, Mantovani, 2002; Luchetti, et al, 2004, 2007; Leniaud, et al, 2010; Ghesini, Marini, 2012）。Ghesini 和 Marini（2015）描述了爱琴散白蚁 *R. aegeus*，分布于塞浦路斯、爱琴海等地区。

杆白蚁科 Stylotermitidae：杆白蚁科仅有一个属，即杆白蚁属 *Stylotermes*，分布于东亚地区。台湾发现一新种穿山甲杆白蚁 *Stylotermes halumicus*（Liang, et al, 2017）。

白蚁科 Termitidae：主要的报道在尖白蚁亚科居多，依据的分类特征有 COI 序列、头部形态、肠道及肠瓣骨化结构（enteric valve cushion）等。在亚马孙北部发现一新种，即刺棘弯肠白蚁 *Aparatermes thornatus*（Pinzón Florian, et al, 2019）。非洲已知的体形最小的无兵蚁白蚁是小天使无甲白蚁新种 *Anenteotermes cherubimi*（Scheffrahn, Roisin, 2018）。南美发现了新属奇囟白蚁属 *Tonsuritermes*，额区具 2 列刺状刚毛，以及 2 个新种塔克奇囟白蚁 *T. tucki* 和马修斯奇囟白蚁 *T. mathewsi*（Constantini, et al, 2018）；1 个新属多刺白蚁属 *Echinotermes*、1 个新种比里巴多刺白蚁 *Echinotermes biriba*（Castro, et al, 2018）。此外，双戟白蚁属 *Dihoplotermes*（白蚁亚科）曾为单型属，基于内部与外部形态的比较，2019 年报道了该属的第二个种公牛双戟白蚁 *Dihoplotermes taurus*（de Azevedo, et al, 2019）。我国报道了宜宾近扭白蚁 *Pericapritermes yibinensis* 新种（谭速进, 等, 2013）。锡兰白蚁属一新种保洛斯锡兰白蚁 *Ceylonitermes paulosus*（象白蚁亚科），基于印度白蚁标本的形态特征确立（Ipe, Mathew, 2019）。

关于白蚁新记录的报道，各国或各地区均有零星报道，但可查阅的信息有限。我国报道了一个中国新记录种罗夫顿古白蚁 *Archotermopsis wroughtoni*，四川也报道了一系列四川省新记录种。

3. 白蚁分类修订

基于白蚁物种有翅成虫为原始型、兵蚁趋同进化以及白蚁分布的重叠等原因，白蚁形态分类受到极大的限制，也因此导致了白蚁分类研究中存在大量的分类学问题需要修订。早期涉及科、属的异名现象较多，其中，属级阶元的分类修订有蔡白蚁属 *Tsaitermes*（它是散白蚁属的异名），奇象白蚁属 *Mironasutitermes*、歧颚白蚁属 *Havilanditermes*、鸡骨常山白蚁属 *Alstonitermes* 均为象白蚁属的异名等。

目前，白蚁分类修订多集中于种的分类修订，涉及乳白蚁属、散白蚁属、象白蚁属、弯肠白蚁属、土白蚁属、原鼻白蚁属、近扭白蚁属等，部分属的物种修订分述如下。

首先，乳白蚁属 *Coptotermes* 白蚁分布于全球，世界 110 种乳白蚁中，有 42 种存在异名问题（Chouvenc, et al, 2015）。例如，已报道的哈维兰乳白蚁 *C. havilandi*、破坏乳白蚁 *C. vastator*、崖县乳白蚁 *C. yaxianensis*、斜孔乳白蚁 *C. obliquus* 为格斯特乳白蚁 *C. gestroi* 的次异名；广州乳白蚁 *C. guangzhouensis*、贵州乳白蚁 *C. guizhouensis*、苏州乳白蚁 *C. suzhouensis*、赭黄乳白蚁 *C. ochraceus* 是台湾乳白蚁的异名（Li, et al, 2012；柯云玲, 等, 2016）。乳白蚁属分类修订仍然是有待解决的问题。

其次，全世界散白蚁属 *Reticulitermes* 白蚁约有 138 种，其中多数集中于我国，亟待修订。暗黑散白蚁 *R. lucifugus* 是一个复合种，目前亚种仅有暗黑亚种 *R. lucifugus lucifugus*、科西嘉亚种 *R. lucifugus corsicus*，原有的一些暗黑散白蚁亚种被提升为种，包括大唇散白蚁 *R. clypeatus*、格拉塞散白蚁 *R. grassei*、巴尼于勒散白蚁 *R. banyulensis*、巴尔干散白蚁 *R. balkanensis*。欧洲的桑顿散白蚁 *R. santonensis* 就是通过贸易往来由北美传入欧洲的北美散白蚁 *R. flavipes*，它是北美散白蚁的次异名。双色散白蚁 *R. dichrous* 是广州散白蚁 *R. guangzhouensis* 的新异名（Ke, et al, 2017）。

此外，腹爆白蚁属 *Ruptitermes*、解甲白蚁属 *Anoplotermes*、稀白蚁属 *Speculitermes* 物种的属级分类地位有待修订。西尔韦斯特里弯肠白蚁 *Aparatermes silvestrii* 曾被作为环带弯肠白蚁 *Aparatermes cingulatus* 的异名，但这两个种间断分布且有翅成虫可以区分，因此目前被认为该种仍然成立（Serrao Acioli, Constantino, 2015; Pinzón Florian, et al, 2019）。

4. 白蚁物种的重新描述

2019 年，印度尼西亚分布的基斯特纳长足白蚁 *Longipeditermes kistneri* 和长足长足白

蚁 *L. longipes* 被重新描述，进一步从形态上对这两种露天觅食白蚁加以区别，两种分布于不同的海拔高度（Syaukani, et al, 2019）。2019 年，印度分布的短尾树白蚁 *Glyptotermes brevicaudatus* 和具尾树白蚁 *G. caudomunitus* 被重新描述（Sengupta, et al, 2019），进一步明确了其在印度的分布。此外，智利新白蚁 *N. chilensis* 也被重新描述（Scheffrahn, 2018b）。因分类地位的变化，新渡户近扭白蚁 *Pericapritermes nitobei* 被重新描述（陈亭旭，等, 2015）。

（三）白蚁蚁客及共生生物

协同进化是白蚁共生体物种形成的重要驱动力，近年来报道的有白蚁虫生真菌、螨类、甲虫、肠道共生微生物等。

近年报道的线虫草属 *Ophiocordyceps* 虫生真菌有 7 种：*O. asiatica*、*O. brunneirubra*、*O. khokpasiensis*、*O. mosingtoensis*、*O. pseudocommunis*、*O. pseudorhizoidea*、*O. termiticola*。

螨类和鞘翅目类群报道较多。白蚁科的似三脉三脉白蚁 *Trinervitermes trinervoides* 群体内分离出微离螨科 Microdispidae 的一个新属及新种 *Sidorchukdispus ekaterinae*（Khaustov, et al, 2019）。在西尔韦斯特里角象白蚁 *Cornitermes silvestrii* 中描述了 Eremellidae 科的一新种螨虫 *Eremella vazdemelloi*（Ermilov, Frolov, 2019）。在巴尼于勒散白蚁 *Reticulitermes banyulensis* 群体中描述了一种螨虫 *Imparipes clementis*（Baumann, Ferragut, 2019）。鞘翅目蚁客报道的新种有 *Corotoca pseudomelantho*（Zilberman, Casari, 2018），以及象白蚁巢甲虫蚁客 *Termitomorpha sinuosa*、*Termitomorpha alata*（Caron, et al, 2018）等。

2018 年首次报道了白蚁陆生等足目卷壳虫科 Armadillidae 的蚁客新种 *Ctenorillo meyeri*（Taiti, 2018），它不同于已有报道的舒氏潮虫科 Schoebliidae、泰坦潮虫科 Titaniidae、杆潮虫科 Styloniscidae、都兰潮虫科 Turanoniscidae、蚁虱科 Platyarthridae 等类群。

此外，白蚁肠道共生微生物的分类鉴定与系统发育也常有报道。其中，原生动物通过低等白蚁肛饲在群体间垂直传递。有报道利用分子方法研究了动白蚁属 *Zootermopsis* 白蚁与其后肠共生原生动物 Parabasalia 之间的共同进化关系，认为动白蚁共生体没有发现协同成种的证据，也不能完全排除该类群共生生物交换的可能性，认为这种模式是不完全协同进化关系（Taerum, et al, 2018）。

三、白蚁分类学发展趋势

因为白蚁具有独特而复杂的社会生物学现象、有翅成虫保持了更多的原始特征、兵蚁趋同进化严重、具有分类学价值的特征有限且变异较大，所以白蚁分类研究有一定的难度，也直接导致了白蚁分类学存在一些问题，主要包括：①分类系统仍不稳定；②同物异名问题较为严重；③隐含种仍然存在；④有翅成虫的描述较少；⑤缺少与模式标本的比对；⑥各国或各白蚁区系的研究不平衡。因此，白蚁分类学未来的发展将表现出如下特点。

1. 白蚁高级阶元的系统发育研究仍是一个重要的方向，今后白蚁的分类体系随着分类学研究的深入仍将发生变化。

2. 白蚁分子系统学方法将占有更重要的地位，新技术不断发展将不断渗透并得到应用，如 DNA 条形编码技术（DNA bar coding）、线粒体基因组学、转录组学、代谢组学。

3. 白蚁量度特征作为种级阶元的重要分类特征还是作为一个特征状态，将被重新审视；有翅成虫甚至工蚁品级的内部形态特征将受到关注。

4. 多种分类特征联合使用将成为必然，如外部形态与内部形态特征的联合使用、形态特征与分子特征的联合使用。

5. 白蚁分类修订工作的比重将提高，特别是我国有大量的白蚁分类修订工作亟待推进。

6. 白蚁新种仍将陆续被发现，主要是因为热带地区的白蚁调查不够充分。

此外，关于白蚁共生生物的分类学研究，如蚁客、肠道共生微生物新种或新类群的报道，关系到白蚁自然分类系统的建立，未来仍然是一个独特的领域。

第二章 白蚁现生种类名录及简明生物学

本书采用了 Engel 等（2009）关于白蚁的分类体系（参见附录二），以 Krishna 等 2013 年所编著的里程碑式巨著《世界等翅目论述》（*Treatise on the Isoptera of the world*）一书中收集的白蚁种类为基础，参考了《非洲无兵蚁白蚁（等翅目：白蚁科）》[*The soldierless termites of Africa* (*Isoptera: Termitidae*)，1972 年]、《非洲和中东土壤中白蚁各属工蚁品级的识别》（*The identification of worker castes of termite genera from soils of Africa and the Middle East*，1998 年）、《中国动物志 昆虫纲 第十七卷 等翅目》（2000 年）、《白蚁学》（2014 年）、印度动物志《印度动物志等翅目》（*Isoptera*，上册 1989 年、下册 1997 年）、《澳大利亚白蚁》（*Australian Termites*，第三版，2008 年）等众多著作，广泛收集了 2014 后陆续发表的白蚁分类学论文（截止时间为 2019 年 12 月 31 日），不断在名录中增加白蚁新属和新种，剔除白蚁异名，补充白蚁生物学知识、白蚁危害性和新的分布范围。目前，共收录白蚁现生种 2968 种、化石种 209 种，合计 3177 种（详见附录三）。书中还对疑难属名和种名进行了解释，给大量白蚁异名、白蚁的遗迹化石确定了适宜的中文名称。

第一节 澳白蚁科 Mastotermitidae Desneux, 1904

异名：上新白蚁亚科 Pliotermitinae Pongrácz, 1917、中新白蚁亚科 Miotermitinae Pongrácz, 1926。

模式属：澳白蚁属 *Mastotermes* Froggatt, 1897。

种类：1 属 1 种。

分布：澳洲界、巴布亚界。

一、澳白蚁属 *Mastotermes* Froggatt, 1897

异名：上新白蚁属 *Pliotermes* Pongrácz, 1917。

模式种：达尔文澳白蚁 *Mastotermes darwiniensis* Froggatt, 1897。

种类：1 种。

分布：澳洲界、巴布亚界。

1. 达尔文澳白蚁 ***Mastotermes darwiniensis* Froggatt, 1897**

异名：游荡白蚁 *Termes errabundus* Froggatt, 1898。

模式标本：新模（雌成虫）保存在澳大利亚国家昆虫馆。

模式产地：澳大利亚北领地达尔文市。

分布：澳洲界的澳大利亚（北领地、西澳大利亚州）；巴布亚界的巴布亚新几内亚

（传入）。

生物学：群体中有蚁王、蚁后、工蚁、兵蚁、若蚁等品级，蚁后不膨腹。它筑地下巢，也可在树干内或树根部筑巢。大多数地下蚁路位于距土壤表层30cm内，活动距离可达70m。蚁后每次产卵约20粒，并形成一团。群体内个体数可达10万个以上。当环境中食物丰富时，群体可分裂成相互独立的2个群体，次生群体中可产生补充型繁殖蚁。

危害性：它是澳大利亚体形最大、危害最严重的地下白蚁。它危害房屋建筑、桥梁、木杆、动植物制品、树木、农作物（可严重危害甘蔗）。其由于体形大，造成危害的速度比其他白蚁快，几周内就可将贮存的橡胶轮胎、塑料破坏掉。它可将活树环状剥皮，导致树木死亡。它是一种入侵白蚁，其原产地为澳大利亚，第二次世界大战期间或战后，经运输途径传到了巴布亚新几内亚，并在该国危害建筑物和树木。它是一种热带白蚁，目前尚没有其向温带区域传播的报道。

第二节 木白蚁科 Kalotermitidae Froggatt, 1897

异名：木白蚁亚科 Calotermitinae Froggatt, 1897、琥珀白蚁亚科 Electrotermitinae Emerson, 1942、树白蚁亚科 Glyptotermitinae Froggatt, 1897。

模式属：木白蚁属 *Kalotermes* Hagen, 1853。

种类：23属465种。

分布：非洲界、澳洲界、东洋界、新热带界、新北界、古北界、巴布亚界。

一、奇白蚁属 *Allotermes* Wasmann, 1910

模式种：奇异奇白蚁 *Allotermes paradoxus* Wasmann, 1910。

种类：3种。

分布：非洲界。

1. 小齿奇白蚁 *Allotermes denticulatus* Krishna, 1962

模式标本：正模（兵蚁）、副模（兵蚁、若蚁）保存在美国自然历史博物馆。

模式产地：马达加斯加（Tsihombe以东39km处）。

分布：非洲界的马达加斯加。

2. 乳突奇白蚁 *Allotermes papillifer* Krishna, 1962

模式标本：正模（兵蚁）、副模（成虫、兵蚁、工蚁）保存在美国自然历史博物馆。

模式产地：马达加斯加（Mahabo以南8km处）。

分布：非洲界的马达加斯加。

3. 奇异奇白蚁 *Allotermes paradoxus* Wasmann, 1910

模式标本：正模（兵蚁）、副模（兵蚁、若蚁）保存在美国自然历史博物馆。

模式产地：马达加斯加（Tuléar）。

分布：非洲界的马达加斯加。

二、双角白蚁属 *Bicornitermes* Krishna, 1961

属名释义：兵蚁侧额区有圆形凸起（似双角），凸起之间下沉至后唇基。
模式种：双角双角白蚁 *Bicornitermes bicornis* Krishna, 1961。
种类：4 种。
分布：非洲界。

1. 双角双角白蚁 *Bicornitermes bicornis* Krishna, 1961

模式标本：正模（兵蚁）、副模（成虫、兵蚁、若蚁）保存在美国自然历史博物馆，副模（成虫、兵蚁）保存在南非国家昆虫馆。
模式产地：刚果民主共和国（Camp Putnam）。
分布：非洲界的刚果民主共和国、乌干达。

2. 埃默森双角白蚁 *Bicornitermes emersoni* Krishna, 1962

种名释义：种名来自美国著名白蚁学家 A. E. Emerson 教授的姓。
模式标本：正模（兵蚁）、副模（若蚁）保存在美国自然历史博物馆。
模式产地：刚果民主共和国（Leopoldville）。
分布：非洲界的刚果民主共和国。

3. 突额双角白蚁 *Bicornitermes exsertifrons* (Wilkinson, 1958)

曾称为：突额木白蚁 *Kalotermes exsertifrons* Wilkinson, 1958。
模式标本：正模（雌成虫）、副模（成虫、兵蚁、若蚁）保存在英国自然历史博物馆，副模（兵蚁、若蚁）保存在美国自然历史博物馆，副模（兵蚁）保存在南非国家昆虫馆。
模式产地：尼日利亚东部地区（Nkpoku）。
分布：非洲界的尼日利亚。

4. 刺颈双角白蚁 *Bicornitermes spinicollis* (Wilkinson, 1958)

曾称为：刺颈木白蚁 *Kalotermes spinicollis* Wilkinson, 1958。
模式标本：正模（雌成虫）、副模（成虫、兵蚁、若蚁）保存在英国自然历史博物馆，副模（成虫、兵蚁、若蚁）保存在美国自然历史博物馆，副模（成虫、兵蚁）保存在南非国家昆虫馆。
模式产地：尼日利亚东部地区（Nkpoku）。
分布：非洲界的加纳、尼日利亚、坦桑尼亚。

三、双裂白蚁属 *Bifiditermes* Krishna, 1961

模式种：马达加斯加双裂白蚁 *Bifiditermes madagascariensis* (Wasmann, 1897)。
种类：12 种。
分布：非洲界、东洋界、澳洲界、古北界。
生物学：湿木白蚁，群体小，生活于枯死的树木中，筑向四处延伸的蚁道，也可生活于地上的木柱中。
危害性：它可危害树的不同高度，危害处常伴有疤痕、枯枝，并能由此处进入健康的材质中。它也危害桉树树桩、木柱。

1. 角状双裂白蚁 *Bifiditermes angulatus* (Wilkinson, 1959)

曾称为：角状木白蚁 *Kalotermes angulatus* Wilkinson, 1959。

模式标本：正模（雌成虫）、副模（成虫、兵蚁、工蚁）保存在英国自然历史博物馆，副模（成虫、兵蚁、若蚁）保存在美国自然历史博物馆，副模（成虫、兵蚁）保存在南非国家昆虫馆。

模式产地：坦桑尼亚（East Usambara）。

分布：非洲界的坦桑尼亚。

2. 比森双裂白蚁 *Bifiditermes beesoni* (Gardner, 1945)

种名释义：种名来自英国森林昆虫学家 C. Beesoon 的姓。

曾称为：比森木白蚁 *Kalotermes beesoni* Gardner, 1945。

模式标本：选模（兵蚁）、副选模（拟工蚁）保存在印度森林研究所，副选模（兵蚁、拟工蚁）保存在美国自然历史博物馆，副选模（拟工蚁）保存在印度动物调查所。

模式产地：印度北阿坎德邦（Haldwani）。

分布：东洋界的印度（德里、哈里亚纳、北方邦）、巴基斯坦。

生物学：这种白蚁的蚁巢为细小、狭窄的纵向隧道，其内有干燥、压缩的粪便颗粒。它栖息在许多种树内。实验室群体在 6—8 月出现有翅成虫，群体中有翅成虫、兵蚁、拟工蚁的比例为 1∶5∶94。

危害性：在印度，它可危害菠萝蜜树、孟加拉榕树、枣树和苹果树等树木，但危害性不大，也危害林木和房屋木构件。

3. 德班双裂白蚁 *Bifiditermes durbanensis* (Haviland, 1898)

曾称为：德班木白蚁 *Calotermes durbanensis* Haviland, 1898。

异名：布朗斯木白蚁 *Calotermes braunsi* Fuller, 1921。

模式标本：选模（兵蚁）、副选模（若蚁）保存在荷兰马斯特里赫特自然历史博物馆，副选模（兵蚁、若蚁）分别保存在美国自然历史博物馆和英国剑桥大学动物学博物馆，副选模（兵蚁）保存在瑞典自然历史博物馆。

模式产地：南非纳塔尔省（Durban）。

分布：非洲界的肯尼亚、南非、坦桑尼亚。

4. 不诚双裂白蚁 *Bifiditermes improbus* (Hagen, 1858)

曾称为：不诚木白蚁 *Calotermes improbus* Hagen, 1858。

异名：康登木白蚁（木白蚁亚属）*Calotermes* (*Calotermes*) *condonensis* Hill, 1922、奥德菲尔德木白蚁（木白蚁亚属）*Calotermes* (*Calotermes*) *oldfeldi* Hill, 1925、奥德菲尔德木白蚁（木白蚁亚属）华丽亚种 *Calotermes* (*Calotermes*) *oldfeldi chryseus* Hill, 1926。

模式标本：正模（成虫）保存在德国柏林冯博大学自然博物馆。

模式产地：澳大利亚塔斯马尼亚州。

分布：澳洲界的澳大利亚（首都地区、新南威尔士州、昆士兰州、南澳大利亚州、塔斯马尼亚州、维多利亚州和西澳大利亚州）、新西兰（传入）。

危害性：在澳大利亚，它危害林木。

5. 印度双裂白蚁 *Bifiditermes indicus* (Holmgren, 1913)

曾称为：印度木白蚁（木白蚁亚属）*Calotermes* (*Calotermes*) *indicus* Holmgren, 1913。

模式标本：全模（成虫）分别保存在德国柏林冯博大学自然博物馆、奥地利自然历史博物馆和美国自然历史博物馆。

模式产地：印度尼西亚（苏拉威西、乌戎潘当）和泰国（曼谷）。

分布：东洋界的印度尼西亚（苏拉威西）、泰国。

6. 让内尔双裂白蚁 *Bifiditermes jeannelanus* (Sjöstedt, 1915)

曾称为：让内尔木白蚁 *Calotermes jeannelanus* Sjöstedt, 1915。

模式标本：正模（雄成虫）保存在法国自然历史博物馆。

模式产地：坦桑尼亚（Kilimanjaro）。

分布：非洲界的肯尼亚、坦桑尼亚和乌干达。

7. 马达加斯加双裂白蚁 *Bifiditermes madagascariensis* (Wasmann, 1897)

曾称为：马达加斯加木白蚁 *Calotermes madagascariensis* Wasmann, 1897。

模式标本：全模（工蚁）保存在瑞典自然历史博物馆，全模（兵蚁、若蚁）保存在荷兰马斯特里赫特自然历史博物馆，全模（成虫）保存在美国自然历史博物馆。

模式产地：马达加斯加（Nossi Bé）。

分布：非洲界的马达加斯加。

危害性：它危害可可树。

8. 榕树双裂白蚁 *Bifiditermes mutubae* (Harris, 1948)

种名释义：Mutuba 是一种产于乌干达的榕树 *Ficus natalensis*，其树皮可用于绘画。

曾称为：榕树木白蚁 *Kalotermes mutubae* Harris, 1948。

模式标本：全模（成虫、兵蚁）分别保存在英国自然历史博物馆、美国自然历史博物馆和南非国家昆虫馆。

模式产地：乌干达（卡旺达农业研究站）。

分布：非洲界的刚果民主共和国、肯尼亚、苏丹、坦桑尼亚和乌干达。

危害性：在乌干达，它危害房屋木构件。

9. 平托双裂白蚁 *Bifiditermes pintoi* (Kemner, 1932)

曾称为：平托木白蚁 *Kalotermes pintoi* Kemner, 1932。

模式标本：选模（兵蚁）、副选模（成虫、兵蚁、拟工蚁）保存在瑞典隆德大学动物研究所，副选模（成虫、兵蚁、拟工蚁）保存在美国自然历史博物馆，副选模（兵蚁、拟工蚁）保存在印度森林研究所。

模式产地：斯里兰卡（Talawila）。

分布：东洋界的印度（奥里萨邦）和斯里兰卡。

10. 罗吉尔双裂白蚁 *Bifiditermes rogierae* Hollande, 1982

种名释义：罗吉尔 *Rogiera* 是一类开花植物的属名。

模式标本：全模（成虫、兵蚁）保存在法国巴黎大学生物进化实验室。
模式产地：西班牙加那利群岛（Tenerife、Punta de Teno）。
分布：古北界的西班牙（加那利群岛）。

11. 斯巴艺双裂白蚁 *Bifiditermes sibayiensis* (Coaton, 1949)

曾称为：斯巴艺木白蚁 *Kalotermes sibayiensis* Coaton, 1949。
模式标本：正模（有翅成虫）、副模（成虫、兵蚁）保存在南非国家昆虫馆，副模（成虫、兵蚁、若蚁）保存在美国自然历史博物馆。
模式产地：南非（Diki Bush）。
分布：非洲界的纳米比亚、南非、斯威士兰、坦桑尼亚和赞比亚。

12. 森林双裂白蚁 *Bifiditermes sylvaticus* (Wilkinson, 1959)

曾称为：森林木白蚁 *Kalotermes sylvaticus* Wilkinson, 1959。
模式标本：正模（成虫）、副模（成虫、兵蚁）保存在英国自然历史博物馆，副模（成虫）分别保存在美国自然历史博物馆和南非国家昆虫馆。
模式产地：乌干达（Ankole District）。
分布：非洲界的肯尼亚和乌干达。

四、距白蚁属 *Calcaritermes* Snyder, 1925

模式种：悬垂距白蚁 *Calcaritermes imminens* (Snyder, 1925)。
种类：12 种。
分布：新热带界、东洋界、新北界。

1. 短颈距白蚁 *Calcaritermes brevicollis* (Banks, 1918)

曾称为：短颈堆砂白蚁 *Cryptotermes brevicollis* Banks, 1918。
模式标本：正模（成虫、兵蚁）保存在美国自然历史博物馆（可疑），副模（成虫、兵蚁）分别保存在哈佛大学比较动物学博物馆和美国国家博物馆。
模式产地：巴拿马。
分布：新热带界的尼加拉瓜和巴拿马。
生物学：它栖息在低地森林中。

2. 科尔距白蚁 *Calcaritermes colei* Krishna, 1962

种名释义：种名来自标本采集人 R. M. Cole 的姓。
模式标本：正模（兵蚁）、副模（兵蚁、拟工蚁）保存在美国自然历史博物馆，副模（兵蚁、拟工蚁）分别保存在美国国家博物馆和印度森林研究所。
模式产地：墨西哥（San Luis Potosi）。
分布：新热带界的墨西哥。

3. 刻颈距白蚁 *Calcaritermes emarginicollis* (Snyder, 1925)

曾称为：刻颈木白蚁（树白蚁亚属）*Kalotermes* (*Glyptotermes*) *emarginicollis* Snyder, 1925。
模式标本：正模（兵蚁）保存在美国国家博物馆，副模（兵蚁、拟工蚁）保存在美国自然历史博物馆。

模式产地：巴拿马（Canal Zone）。

分布：新热带界的哥斯达黎加和巴拿马。

4. 危地马拉距白蚁 *Calcaritermes guatemalae* (Snyder, 1926)

曾称为：危地马拉木白蚁（距白蚁亚属）*Kalotermes* (*Calcaritermes*) *guatemalae* Snyder, 1926。

模式标本：全模（兵蚁）保存在美国国家博物馆，全模（成虫、兵蚁、拟工蚁）保存在美国自然历史博物馆。

模式产地：危地马拉（Mixco）。

分布：新热带界的危地马拉。

5. 悬垂距白蚁 *Calcaritermes imminens* (Snyder, 1925)

曾称为：悬垂木白蚁（距白蚁亚属）*Kalotermes* (*Calcaritermes*) *imminens* Snyder, 1925。

模式标本：正模（兵蚁）保存在美国国家博物馆，副模（兵蚁、拟工蚁）保存在美国自然历史博物馆。

模式产地：哥伦比亚（Cincinnati）。

分布：新热带界的哥伦比亚。

6. 克里希纳距白蚁 *Calcaritermes krishnai* (Maiti and Chakraborty, 1981)

种名释义：种名来自美国印裔著名白蚁分类学家 Krishna 的姓。

曾称为：克里希纳树白蚁 *Glyptotermes krishnai* Maiti and Chakraborty, 1981。

模式标本：正模（兵蚁）、副模（成虫、兵蚁、拟工蚁）保存在印度动物调查所，副模（兵蚁、拟工蚁）保存在印度森林研究所。

模式产地：印度尼科巴群岛。

分布：东洋界的印度（尼科巴群岛）。

7. 新北距白蚁 *Calcaritermes nearcticus* (Snyder, 1933)

曾称为：新北木白蚁（距白蚁亚属）*Kalotermes* (*Calcaritermes*) *nearcticus* Snyder, 1933。

模式标本：正模（成虫）、副模（成虫）保存在美国国家博物馆。

模式产地：美国佛罗里达州（Clay）。

分布：新北界的美国（佛罗里达州、佐治亚州）。

8. 黑头距白蚁 *Calcaritermes nigriceps* (Emerson, 1925)

曾称为：黑头木白蚁（叶白蚁亚属）*Kalotermes* (*Lobitermes*) *nigriceps* Emerson, 1925。

异名：短额木白蚁（距白蚁亚属）*Kalotermes* (*Calcaritermes*) *recessifrons* Snyder, 1925。

模式标本：正模（成虫）、副模（成虫、兵蚁、拟工蚁）保存在美国自然历史博物馆，副模（成虫、兵蚁）保存在南非国家昆虫馆。

模式产地：圭亚那（Kartabo）。

分布：新热带界的巴西亚马孙流域、哥伦比亚、圭亚那、特立尼达和多巴哥。

9. 小背距白蚁 *Calcaritermes parvinotus* (Light, 1933)

曾称为：小背木白蚁（距白蚁亚属）*Kalotermes* (*Calcaritermes*) *parvinotus* Light, 1933。

模式标本：正模（兵蚁）保存在美国自然历史博物馆。

模式产地：墨西哥（Colima）。

分布：新热带界的墨西哥。

10. 里约距白蚁 *Calcaritermes rioensis* Krishna, 1962

模式标本：正模（兵蚁）、副模（若蚁）保存在美国自然历史博物馆。

模式产地：巴西里约州（Ilha Grande）。

分布：新热带界的巴西。

11. 斯奈德距白蚁 *Calcaritermes snyderi* Krishna, 1962

种名释义：种名来自美国白蚁分类学家 T. E. Snyder 的姓。

模式标本：正模（兵蚁）、副模（成虫、兵蚁、若蚁）保存在美国自然历史博物馆。

模式产地：萨尔瓦多（Volcan de Santa Ana）。

分布：新热带界的萨尔瓦多和巴拿马。

12. 切头距白蚁 *Calcaritermes temnocephalus* (Silvestri, 1901)

曾称为：切头木白蚁 *Calotermes temnocephalus* Silvestri, 1901。

异名：汤姆森木白蚁（距白蚁亚属）*Kalotermes* (*Calcaritermes*) *thompsonae* Snyder, 1926、费尔柴尔德木白蚁（距白蚁亚属）*Kalotermes* (*Calcaritermes*) *fairchildi* Snyder, 1926。

模式标本：选模（兵蚁）保存在丹麦大学动物学博物馆，副模（成虫）保存在南非国家昆虫馆。

模式产地：委内瑞拉（Las Trincheras）。

分布：新热带界的哥斯达黎加、多米尼克、马提尼克、圣卢西亚、圣文森特和格林纳丁斯、特立尼达和多巴哥、委内瑞拉。

五、角木白蚁属 *Ceratokalotermes* Krishna, 1961

模式种：掠夺角木白蚁 *Ceratokalotermes spoliator* (Hill, 1932)。

种类：1 种。

分布：澳洲界。

1. 掠夺角木白蚁 *Ceratokalotermes spoliator* (Hill, 1932)

曾称为：掠夺木白蚁 *Calotermes spoliator* Hill, 1932。

模式标本：选模（兵蚁）、副选模（兵蚁）保存在澳大利亚国家昆虫馆，副选模（兵蚁、若蚁）保存在美国自然历史博物馆。

模式产地：澳大利亚首都地区（Uriarra）。

分布：澳洲界的澳大利亚（首都地区、新南威尔士州、昆士兰州、维多利亚州）。

生物学：它属于湿木白蚁，群体小。群体栖息在有裂缝树枝的基部或直立死树几米高处，可通过伤疤进入健康材质中。

危害性：它危害林木和房屋木构件。它取食活树的死亡组织，也可进入活树的心材，导致其商业价值降低。它可通过伤疤进入观赏树木的树干。

六、毛白蚁属 *Comatermes* Krishna, 1961

模式种：完美毛白蚁 *Comatermes perfectus* (Hagen, 1858)。

种类：1 种。

分布：新热带界。

1. 完美毛白蚁 *Comatermes perfectus* (Hagen, 1858)

曾称为：完美木白蚁 *Calotermes perfectus* Hagen, 1858。

异名：曼木白蚁（新白蚁亚属）*Kalotermes* (*Neotermes*) *manni* Snyder, 1926。

模式标本：正模（成虫）保存在英国自然历史博物馆。

模式产地：不详。

分布：新热带界的玻利维亚、哥伦比亚、多米尼克、马提尼克、尼加拉瓜、巴拿马、秘鲁、圣卢西亚、特立尼达和多巴哥。

危害性：在秘鲁、哥伦比亚、特立尼达和多巴哥，它危害咖啡树。

七、堆砂白蚁属 *Cryptotermes* Banks, 1906

属名释义：crypto 取自希腊语 kryptos，意为“隐蔽的”。因该属白蚁排出的粪便干燥且呈颗粒状，并不断地从被蛀物的表面小孔中被推出来，落在下方物体表面上，集成砂堆状，故中国学者称之为“堆砂白蚁”。我国早期曾称之为“铲头螱属”。

异名：扁砂白蚁属 *Planocryptotermes* Light, 1921、龙头白蚁属 *Carinotermes* Van Boven, 1969（裸记名称）。

模式种：凹额堆砂白蚁 *Cryptotermes cavifrons* Banks, 1906。

种类：71 种。

分布：澳洲界、非洲界、新北界、新热带界、东洋界、古北界、巴布亚界。

生物学：它属于干木白蚁，不建单个大型巢，可在枯枝端、树桩、木柱、火烧遗迹中筑巢，也有种类在房屋木构件中筑巢。一旦木材受到堆砂白蚁的危害，松软的年轮将被蛀空，形成许多小腔室，小腔室之间由连接孔相连。属内种类间种群数量的变化较大，有的种类（如昆士兰堆砂白蚁 *C. queenslandis*）群体内有几千个个体，有的种类群体内个体数量较少。

危害性：这些白蚁的分布区域有严格的限制。按堆砂白蚁的取食特点，可将其危害分两类：一类危害树木的死亡部分材料、火烧或受伤的伤疤、树桩、木柱；一类危害正在使用的木材，如木地板、木构架、细木工制品和家具。麻头堆砂白蚁、犬头堆砂白蚁、截头堆砂白蚁、长颚堆砂白蚁、叶额堆砂白蚁危害严重，属于入侵白蚁。

1. 陡额堆砂白蚁 *Cryptotermes abruptus* Scheffrahn and Křeček, 1998

模式标本：正模（兵蚁）保存在美国自然历史博物馆，副模（成虫、兵蚁）分别保存在美国国家博物馆和佛罗里达州节肢动物标本馆。

模式产地：墨西哥（Quintana Root）。

分布：新热带界的墨西哥。

2. 等角堆砂白蚁 *Cryptotermes aequacornis* Scheffrahn and Křeček, 1999

模式标本：正模（兵蚁）保存在美国自然历史博物馆，副模（兵蚁）保存在佛罗里达大学研究与教育中心。

模式产地：特立尼达和多巴哥（特立尼达）。

分布：新热带界的特立尼达和多巴哥。

3. 白足堆砂白蚁 *Cryptotermes albipes* (Holmgren and Holmgren, 1915)

曾称为：白足木白蚁（堆砂白蚁亚属）*Calotermes* (*Cryptotermes*) *albipes* Holmgren and Holmgren, 1915。

模式标本：选模（成虫）、副选模（成虫）保存在美国自然历史博物馆，副选模（成虫）分别保存在美国国家博物馆、南非国家昆虫馆和瑞士自然历史博物馆。

模式产地：新喀里多尼亚（Loyalty Islands）。

分布：巴布亚界的新喀里多尼亚和瓦努阿图。

4. 狭背堆砂白蚁 *Cryptotermes angustinotus* Gao and Peng, 1983

模式标本：正模（兵蚁）、副模（成虫、兵蚁）保存在中国科学院上海昆虫研究所，副模（成虫、兵蚁）分别保存在南京市白蚁防治研究所、宜宾市白蚁防治研究所。

模式产地：中国四川省江安县。

分布：东洋界的中国（贵州和四川）。

5. 澳大利亚堆砂白蚁 *Cryptotermes austrinus* Gay and Watson, 1982

模式标本：正模（兵蚁）、副模（成虫、兵蚁、工蚁）保存在澳大利亚国家昆虫馆，副模（成虫、兵蚁、工蚁）保存在美国自然历史博物馆。

模式产地：澳大利亚西澳大利亚州。

分布：澳洲界的澳大利亚（新南威尔士州、北领地、南澳大利亚州、维多利亚州、西澳大利亚州）。

6. 孟加拉堆砂白蚁 *Cryptotermes bengalensis* (Snyder, 1934)

曾称为：孟加拉木白蚁（堆砂白蚁亚属）*Kalotermes* (*Cryptotermes*) *bengalensis* Snyder, 1934。

异名：叶额堆砂白蚁 *Cryptotermes havilandi* (Sjöstedt), 1897、短颚木白蚁（堆砂白蚁亚属）*Calotermes* (*Cryptotermes*) *brachygnathus* Jepson, 1931、锡兰木白蚁（堆砂白蚁亚属）*Calotermes* (*Cryptotermes*) *ceylonicus* Jepson, 1931、角状堆砂白蚁 *Cryptotermes angulatus* Pinto, 1941（后三种均为裸记名称）。

模式标本：选模（兵蚁）、副选模（成虫、兵蚁）保存在英国自然历史博物馆，副选模（成虫、兵蚁）分别保存在印度森林研究所、美国国家博物馆和美国自然历史博物馆。

模式产地：印度西孟加拉邦（Sunderbans）。

分布：孟加拉国、中国（海南）、印度（安达曼群岛、尼科巴群岛、安得拉邦、阿萨姆邦、古吉拉特邦、卡纳塔克邦、中央邦、奥里萨邦、拉贾斯坦邦、特里普拉邦、北方邦、西孟加拉邦）、斯里兰卡和泰国。

生物学：这种干木白蚁生活在野生或半野生栖息地，栖息于榕树等树木以及成型木材内，也能栖息于房屋的木结构中。它的巢为狭窄、纵向的隧道和扁平的腔室，其内部堆有松散的粪便颗粒。它每年 5—6 月分飞。

危害性：在孟加拉国和印度，它危害茶树和房屋木构件。

7. 布拉克特堆砂白蚁 *Cryptotermes bracketti* Scheffrahn and Křeček, 2006

种名释义：种名来自 Terminix 公司技术官员 T. Brackett 的姓。

模式标本：正模（兵蚁）、副模（成虫、兵蚁）保存在佛罗里达大学研究与教育中心。

模式产地：巴哈马（San Salvador Island、Dixon Settlement）。

分布：新热带界的巴哈马。

8. 麻头堆砂白蚁 *Cryptotermes brevis* (Walker, 1853)

种名释义：brevi 的拉丁语意为“短”，中国学者根据其头部特征，习惯称之为“麻头堆砂白蚁”。

曾称为：短白蚁 *Termes brevis* Walker, 1853。

异名：犹豫白蚁 *Termes indecisus* Walker, 1853、格拉塞木白蚁（堆砂白蚁亚属）*Calotermes* (*Cryptotermes*) *grassii* Janicki, 1911（裸记名称）、伪短堆砂白蚁 *Cryptotermes pseudobrevis* Fuller, 1921、沥青堆砂白蚁 *Cryptotermes piceatus* Snyder, 1922、罗斯皮格利亚斯堆砂白蚁 *Cryptotermes rospigliosi* Snyder, 1922、*Lagena samanica* Berry, 1928。

模式标本：选模（成虫）保存在英国自然历史博物馆。

模式产地：牙买加。

分布：澳洲界的澳大利亚（新南威尔士州、昆士兰州、东北和东南海岸）；非洲界的阿森松岛、刚果民主共和国、冈比亚、加纳、马达加斯加、尼日利亚、留尼旺、圣赫勒拿、塞内加尔、塞拉利昂、南非、乌干达、美国（大陆）、加拿大；新热带界的阿根廷（布宜诺斯艾利斯）、巴哈马、巴巴多斯、百慕大、巴西、秘鲁、英属维尔京群岛、开曼群岛、智利、哥伦比亚、哥斯达黎加、古巴、荷属安的列斯（库拉索岛）、多米尼克、多米尼加共和国、委内瑞拉、厄瓜多尔、萨尔瓦多、格林纳达、瓜德罗普、圭亚那、海地、牙买加、马提尼克、墨西哥、危地马拉、蒙特塞拉特、尼加拉瓜、秘鲁、波多黎各、圣克罗伊岛、圣基茨和尼维斯、圣卢西亚、圣托马斯、圣文森特和格林纳丁斯、苏里南、特立尼达和多巴哥、特克斯和凯科斯群岛、乌拉圭；东洋界的中国（香港）；古北界的佛得角群岛、埃及、意大利、葡萄牙、西班牙；巴布亚界的范宁岛、斐济、法属波利尼西亚（马克萨斯群岛）、中途岛、太平洋群岛（复活节岛）、美国（夏威夷）。

生物学：它属于干木白蚁。它不建集中巢，在木材中可以存在许多小的分隔群体，可以自由繁殖。

危害性：它主要危害房屋木构件。它可危害木材的边材，也可危害木材的心材及正在使用的木材。它是世界上危害最严重的白蚁之一，木材被损坏时才能发现它的存在。它是一种入侵白蚁。它的危害区域广，包括中美洲、南美洲、西非、南非、马达加斯加和澳大利亚。

9. 卡纳拉堆砂白蚁 *Cryptotermes canalensis* (Holmgren and Holmgren, 1915)

曾称为：卡纳拉木白蚁（前砂白蚁亚属）*Calotermes* (*Procryptotermes*) *canalensis* Holmgren and Holmgren, 1915。

模式标本：选模（成虫）保存在英国自然历史博物馆，副选模（成虫）保存在美国自然历史博物馆。

模式产地：新喀里多尼亚（Canala）。

分布：巴布亚界的新喀里多尼亚。

10. 凹额堆砂白蚁 *Cryptotermes cavifrons* Banks, 1906

模式标本：全模（成虫、兵蚁）保存在哈佛大学比较动物学博物馆，全模（成虫、兵蚁、若蚁）保存在美国自然历史博物馆。

模式产地：美国佛罗里达州（Kissimee）。

分布：新北界的美国（佛罗里达）；新热带界的巴哈马（Nassau、New Providence）、百慕大、开曼群岛、哥斯达黎加、古巴、多米尼加共和国、危地马拉、海地、牙买加、波多黎各、美属维尔京群岛（St. Croix）。

危害性：它危害林木。

11. 锡兰堆砂白蚁 *Cryptotermes ceylonicus* Ranaweera, 1962

模式标本：全模（兵蚁）保存在美国自然历史博物馆。

模式产地：斯里兰卡（Hewaheta）。

分布：东洋界的斯里兰卡。

生物学：它栖息于活树及加工后的木材、木结构中。

12. 查科堆砂白蚁 *Cryptotermes chacoensis* Roisin, 2003

种名释义：模式标本采集于大查科（Gran Chaco）。

模式标本：正模（兵蚁）、副模（蚁后、成虫、兵蚁）保存在比利时皇家自然科学研究所，副模（成虫、兵蚁）分别保存在美国自然历史博物馆、巴西巴西利亚大学动物学系和佛罗里达大学研究与教育中心。

模式产地：阿根廷（Parque Nacional Rio Pilcomayo）。

分布：新热带界的阿根廷（福莫萨）、巴拉圭。

13. 蔡斯堆砂白蚁 *Cryptotermes chasei* Scheffrahn, 1993

模式标本：正模（兵蚁）、副模（成虫）保存在美国国家博物馆，副模（兵蚁、成虫）保存在美国自然历史博物馆，副模（成虫、兵蚁、蚁后、若蚁）保存在佛罗里达州节肢动物标本馆。

模式产地：多米尼加共和国（La Altagracia）。

分布：新热带界的多米尼加共和国。

14. 哥伦比亚堆砂白蚁 *Cryptotermes colombianus* Casalla,Scheffrahn,and Korb,2016

模式标本：正模（脱翅成虫、拟工蚁、兵蚁）、副模（兵蚁）保存在德国弗莱堡大学。

模式产地：哥伦比亚（Magdalena）。

分布：新热带界的哥伦比亚。

危害性：它危害房屋木结构和家具。

15. 短颚堆砂白蚁 *Cryptotermes contognathus* Constantino, 2000

模式标本：正模（兵蚁）、副模（成虫、兵蚁）保存在巴西巴西利亚大学动物学系，副模（成虫、兵蚁）保存在巴西圣保罗大学动物学博物馆。

模式产地：巴西（Espírito Santo）。

分布：新热带界的巴西（Espírito Santo）。

16. 粗角堆砂白蚁 *Cryptotermes crassicornis* (Holmgren, 1911)

曾称为：粗角木白蚁（堆砂白蚁亚属）*Calotermes* (*Cryptotermes*) *crassicornis* Holmgren, 1911。

模式标本：全模（成虫、兵蚁）保存在荷兰马斯特里赫特自然历史博物馆，全模（兵蚁）保存在美国自然历史博物馆。

模式产地：南非纳塔尔省（Durban）。

分布：非洲界的南非。

17. 高额堆砂白蚁 *Cryptotermes cristatus* Gay and Watson, 1982

模式标本：正模（兵蚁）、副模（成虫、兵蚁、若蚁）保存在澳大利亚国家昆虫馆。

模式产地：澳大利亚的北领地。

分布：澳洲界的澳大利亚（北领地）。

18. 隐颚堆砂白蚁 *Cryptotermes cryptognathus* Scheffrahn and Křeček, 1999

模式标本：正模（兵蚁）、副模（成虫）保存在美国自然历史博物馆，副模（成虫、兵蚁）保存在佛罗里达大学研究与教育中心。

模式产地：牙买加（Booby South Point）。

分布：新热带界的牙买加。

19. 方头堆砂白蚁 *Cryptotermes cubicoceps* (Emerson, 1925)

曾称为：方头木白蚁（堆砂白蚁亚属）*Kalotermes* (*Cryptotermes*) *cubicoceps* Emerson, 1925。

模式标本：正模（兵蚁）、副模（成虫、若蚁）保存在美国自然历史博物馆。

模式产地：圭亚那（Kartabo）。

分布：新热带界的圭亚那。

危害性：它危害果树、可可树和房屋木构件。

20. 筒头堆砂白蚁 *Cryptotermes cylindroceps* Scheffrahn and Křeček, 1999

模式标本：正模（兵蚁）、副模（成虫）保存在美国自然历史博物馆，副模（成虫、兵蚁、若蚁）保存在佛罗里达大学研究与教育中心。

模式产地：荷属安的列斯库拉索岛（Santa Barbara）。

分布：新热带界的阿鲁巴。

21. 波额堆砂白蚁 *Cryptotermes cymatofrons* Scheffrahn and Křeček, 1999

模式标本：正模（兵蚁）、副模（成虫）保存在美国自然历史博物馆，副模（成虫、兵蚁）保存在佛罗里达大学研究与教育中心。

模式产地：巴哈马（Cat Island、Hermitage）。

分布：新热带界的巴哈马和古巴。

22. 犬头堆砂白蚁 *Cryptotermes cynocephalus* Light, 1921

异名：茂物堆砂白蚁 *Cryptotermes buitenzorgi* Kemner, 1934。

模式标本：正模（兵蚁）、副模（成虫、兵蚁、若蚁）保存在美国自然历史博物馆。

模式产地：菲律宾马尼拉。

分布：澳洲界的澳大利亚（昆士兰州）；东洋界的印度尼西亚（爪哇、加里曼丹、苏拉威西）、马来西亚（大陆、沙巴）、菲律宾（吕宋）、斯里兰卡（传入）；巴布亚界的美国（夏威夷）、巴布亚新几内亚（新不列颠）。

危害性：在马来西亚和菲律宾，它危害房屋木构件。它是一种入侵白蚁。

23. 达林顿堆砂白蚁 *Cryptotermes darlingtonae* Scheffrahn and Křeček, 1999

种名释义：种名来自标本采集者 J. Darlinton 的姓。

模式标本：正模（兵蚁）、副模（成虫）保存在美国自然历史博物馆，副模（成虫、兵蚁）保存在佛罗里达大学研究与教育中心。

模式产地：多米尼克（Springfield Station）。

分布：新热带界的多米尼克、瓜德罗普、蒙特塞拉特。

24. 达尔文堆砂白蚁 *Cryptotermes darwini* (Light, 1935)

种名释义：种名来自英国著名博物学家 C. Darwin 的姓。

曾称为：达尔文木白蚁（堆砂白蚁亚属）*Kalotermes* (*Cryptotermes*) *darwini* Light, 1935。

模式标本：全模（成虫）保存在美国加利福尼亚州科学院，副模（成虫、兵蚁、若蚁）保存在美国自然历史博物馆。

模式产地：厄瓜多尔（加拉帕戈斯群岛、Charles Island）。

分布：新热带界的厄瓜多尔。

25. 道尔特堆砂白蚁 *Cryptotermes daulti* Rathore, 1994

模式标本：正模（兵蚁）、副模（成虫、兵蚁、拟工蚁）保存在印度动物调查所，副模（脱翅成虫、兵蚁）保存在印度森林研究所，副模（成虫、兵蚁、拟工蚁）保存在印度动物调查所沙漠分站。

模式产地：印度古吉拉特邦（Mt. Taranga）。

分布：东洋界的印度。

26. 铲头堆砂白蚁 *Cryptotermes declivis* Tsai and Chen, 1963

模式标本：正模（兵蚁）、副模（成虫、兵蚁、拟工蚁）保存在中国科学院动物研究所。

模式产地：中国广东省潮州市。

分布：东洋界的中国（福建、广东、广西、贵州、海南、四川、云南、浙江）。

危害性：它危害果树。

27. 多尔堆砂白蚁 *Cryptotermes dolei* (Light, 1932)

种名释义：种名来自白蚁调查支持者 J. Dole 的姓。

曾称为：多尔木白蚁（堆砂白蚁亚属）*Kalotermes* (*Cryptotermes*) *dolei* Light, 1932。

模式标本：全模（成虫、兵蚁、若蚁）保存在美国自然历史博物馆。

模式产地：法属波利尼西亚（马克萨斯群岛）。

分布：巴布亚界的法属波利尼西亚（马克萨斯群岛）。

28. 截头堆砂白蚁 *Cryptotermes domesticus* (Haviland, 1898)

种名释义：domesticus 的拉丁语意为“家养的”。中国学者根据其兵蚁头形（头前端呈垂直或大于垂直角度的截断面），习惯称之为“截头堆砂白蚁”。

曾称为：家栖木白蚁 *Calotermes domesticus* Haviland, 1898。

异名：台湾木白蚁（堆砂白蚁亚属）*Calotermes* (*Cryptotermes*) *formosae* Holmgren, 1912、兰屿木白蚁 *Calotermes kotoensis* Oshima, 1912、小笠原木白蚁（堆砂白蚁亚属）*Calotermes* (*Cryptotermes*) *ogasawaraensis* Oshima, 1913、具齿木白蚁（堆砂白蚁亚属）*Calotermes* (*Cryptotermes*) *dentatus* Oshima, 1914、坎贝尔堆砂白蚁 *Cryptotermes campbelli* Light, 1924、赫尔姆斯堆砂白蚁 *Cryptotermes hermsi* Kirby, 1925、巴克斯顿木白蚁（堆砂白蚁亚属）*Calotermes* (*Cryptotermes*) *buxtoni* Hill, 1926、短角木白蚁（堆砂白蚁亚属）*Kalotermes* (*Cryptotermes*) *breviarticulatus* Snyder, 1926、贪食木白蚁（堆砂白蚁亚属）*Calotermes* (*Cryptotermes*) *gulosus* Hill, 1927、爬行木白蚁（堆砂白蚁亚属）*Calotermes* (*Cryptotermes*) *repentinus* Hill, 1927、托里斯木白蚁（堆砂白蚁亚属）*Calotermes* (*Cryptotermes*) *torresi* Hill, 1927、木栖木白蚁（堆砂白蚁亚属）*Calotermes* (*Cryptotermes*) *lignarius* Jepson, 1931（裸记名称）、遮盖木白蚁（堆砂白蚁亚属）*Calotermes* (*Cryptotermes*) *tectus* Jepson, 1931（裸记名称）。

模式标本：选模（兵蚁）、副模（成虫、兵蚁、拟工蚁）保存在英国剑桥大学动物学博物馆，副模（成虫、兵蚁、拟工蚁）保存在美国自然历史博物馆，副模（成虫）保存在南非国家昆虫馆。

模式产地：马来西亚婆罗洲的砂拉越。

分布：澳洲界的澳大利亚（北领地、昆士兰州）；非洲界的特罗姆林岛（传入）；新北界的加拿大（拦截到）；新热带界的巴拿马、特立尼达和多巴哥；东洋界的中国（福建、广东、广西、海南、台湾、云南）、印度（喀拉拉邦）、印度尼西亚（爪哇、加里曼丹、苏拉威西、苏门答腊、喀拉喀托）、马来西亚（大陆和砂拉越）、日本（琉球群岛、小笠原群岛）、新加坡、斯里兰卡（哈格勒、科伦坡）、泰国、越南；巴布亚界的库克群岛、基里巴斯（范宁岛）、斐济、马里亚纳群岛、法属波利尼西亚（南方群岛、马克萨斯群岛、社会群岛）、巴布亚新几内亚、萨摩亚、所罗门群岛、澳大利亚（星期四岛）。

生物学：它是一种典型的干木白蚁。群体在房屋木材（或枯木）内挖掘形式不同的隧道，“食住”同在一处，粪便和木屑被推出巢外，形成堆砂。兵蚁的头形适于堵塞隧道的外口，防止外敌入侵。

危害性：它是一种重要的入侵白蚁。在中国、日本、南亚和东南亚，它主要危害房屋建筑的干燥或风干的木构件，也可危害种植的乔木和灌木。

29. 长颚堆砂白蚁 *Cryptotermes dudleyi* Banks, 1918

种名释义：种名来自研究巴拿马白蚁的专家 P. H. Dudley 的姓。中国学者习惯称之为“长颚堆砂白蚁”。

异名：哈维兰木白蚁寄生亚种 *Calotermes havilandi parasita* Wasmann, 1910、雅各布森木白蚁（堆砂白蚁亚属）*Calotermes* (*Cryptotermes*) *jacobsoni* Holmgren, 1913、伤害扁砂白蚁 *Planocryptotermes nocens* Light, 1921、汤普森堆砂白蚁 *Cryptotermes thompsonae* Snyder, 1922、第一堆砂白蚁（扁砂白蚁亚属）*Cryptotermes* (*Planocryptotermes*) *primus* Kemner, 1932、爪哇堆砂白蚁（扁砂白蚁亚属）*Cryptotermes* (*Planocryptotermes*) *javanicus* Kemner, 1934、梅洛堆砂白蚁 *Cryptotermes melloi* Chhotani, 1970（裸记名称）。

模式标本：全模（成虫、兵蚁）分别保存在美国自然历史博物馆和哈佛大学比较动物学博物馆，全模（兵蚁）保存在印度森林研究所。

模式产地：巴拿马。

分布：澳洲界的澳大利亚（新南威尔士州和北领地）；非洲界的肯尼亚、马达加斯加、毛里求斯、索马里、坦桑尼亚、乌干达；新北界的加拿大（拦截到）；新热带界的巴西、哥伦比亚、哥斯达黎加、特立尼达和多巴哥、牙买加、尼加拉瓜、巴拿马；东洋界的孟加拉国、中国（广东、海南）、澳大利亚（科科斯群岛）、印度（安达曼群岛、达曼、果阿邦、喀拉拉邦、奥里萨邦、西孟加拉邦）、印度尼西亚（爪哇、加里曼丹、苏门答腊）、马来西亚（大陆）、菲律宾、斯里兰卡；古北界的阿曼；巴布亚界的斐济、关岛、基里巴斯、马绍尔群岛、巴布亚新几内亚、萨摩亚、所罗门群岛、澳大利亚（星期四岛）。

生物学：它是典型的干木白蚁。每年 3—5 月分飞。分布主要限于沿海地区，偶尔也可进入内陆。

危害性：它是一种入侵白蚁。在澳大利亚、东南亚、南亚、东非、巴西等地，它严重危害房屋建筑的木构件，也危害家具、木柱。

30. 简单堆砂白蚁 *Cryptotermes fatulus* (Light, 1935)

曾称为：简单木白蚁（堆砂白蚁亚属）*Kalotermes* (*Cryptotermes*) *fatulus* Light, 1935。

异名：西部木白蚁（堆砂白蚁亚属）*Kalotermes* (*Cryptotermes*) *occidentalis* Light, 1933。

模式标本：全模（成虫）分别保存在加利福尼亚州科学院和美国自然历史博物馆。

模式产地：墨西哥（Maria Madre Island）。

分布：新热带界的厄瓜多尔（加拉帕戈斯群岛）、墨西哥。

31. 加利福纳堆砂白蚁 *Cryptotermes garifunae* Scheffrahn, 2018

种名释义：种名来自洪都拉斯海岸线上居住的加利福纳人（Garifuna people）的名称。

模式标本：正模（兵蚁、有翅成虫）保存在美国佛罗里达大学研究与教育中心。

模式产地：新热带界的洪都拉斯。

分布：新热带界的洪都拉斯。

32. 吉尔里堆砂白蚁 *Cryptotermes gearyi* (Hill, 1942)

曾称为：吉尔里木白蚁（堆砂白蚁亚属）*Calotermes* (*Cryptotermes*) *gearyi* Hill, 1942。

模式标本：正模（兵蚁）、副模（成虫、兵蚁、若蚁）保存在澳大利亚国家昆虫馆，副模（成虫、兵蚁、若蚁）保存在美国自然历史博物馆，副模（成虫、兵蚁）保存在南非国家昆虫馆。

模式产地：澳大利亚昆士兰州（Dalby）。

分布：澳洲界的澳大利亚（昆士兰州）。

33. 海南堆砂白蚁 *Cryptotermes hainanensis* Ping, 1987

模式标本：正模（兵蚁、成虫）、副模（成虫、兵蚁、若蚁）保存在广东省科学院动物研究所。

模式产地：中国海南省三亚市。

分布：东洋界的中国（海南）。

34. 叶额堆砂白蚁 *Cryptotermes havilandi* (Sjöstedt, 1900)

种名释义：种名来自英国白蚁学家 G. D. Haviland 的姓。中国学者习惯称之为“叶额堆砂白蚁”。

曾称为：哈维兰木白蚁 *Calotermes havilandi* Sjöstedt, 1900。

异名：家栖木白蚁 *Calotermes domesticus* Sjöstedt, 1898、拉曼木白蚁 *Calotermes lamanianus* Sjöstedt, 1911、塞内加尔堆砂白蚁 *Cryptotermes senegalensis* Silvestri, 1914。

模式标本：选模（成虫、兵蚁）保存在瑞典自然历史博物馆，副选模（成虫、兵蚁、若蚁）保存在美国自然历史博物馆。

模式产地：赤道几内亚费尔南多波岛。

分布：非洲界的喀麦隆、科摩罗、刚果共和国、刚果民主共和国、赤道几内亚、欧罗巴岛、冈比亚、加纳、科特迪瓦、肯尼亚、马达加斯加、莫桑比克、纳米比亚、尼日利亚、塞内加尔、塞拉利昂、南非、斯威士兰、坦桑尼亚、津巴布韦；新热带界的安提瓜和巴布达、巴巴多斯、巴西、瓜德罗普、圭亚那、圣基茨和尼维斯、圣卢西亚、圣文森特和格林纳丁斯、苏里南、特立尼达和多巴哥、美属维尔京群岛。

危害性：它是一种入侵白蚁。它在西非、巴西、特立尼达和多巴哥、盖亚那、巴巴多斯等地主要危害房屋建筑的木构件。它也危害芒果树、多种榕树等树木，危害可延伸到活的组织中，但整体上对树木的危害都不严重。（注：这种白蚁在中国并没有分布，《中国动物志 昆虫纲 第十七卷 等翅目》第 174、175 页所记载的叶额堆砂白蚁 *Cryptotermes havilandi* (Sjöstedt), 1897 应是“孟加拉堆砂白蚁”。）

35. 半圆堆砂白蚁 *Cryptotermes hemicyclius* Bacchus, 1987

模式标本：正模（兵蚁）、副模（蚁后、兵蚁、若蚁）保存在美国自然历史博物馆。

模式产地：牙买加（Portland Ridge）。

分布：新热带界的牙买加。

36. 希尔堆砂白蚁 *Cryptotermes hilli* Gay and Watson, 1982

种名释义：种名来自澳大利亚白蚁学家 G. F. Hill 的姓。

模式标本：正模（兵蚁）、副模（成虫、兵蚁、若蚁）保存在澳大利亚国家昆虫馆，副模（成虫、兵蚁、若蚁）保存在美国自然历史博物馆。

模式产地：澳大利亚昆士兰州（Marlborough）。

分布：澳洲界的澳大利亚（昆士兰州）。

37. 胡利安堆砂白蚁 *Cryptotermes juliani* Scheffrahn and Křeček, 1999

种名释义：种名来自标本采集人 Ing. Julián de la Rosa Guzmán 父亲的姓。

模式标本：正模（兵蚁）、副模（成虫）保存在美国自然历史博物馆，副模（成虫、兵蚁）保存在佛罗里达大学研究与教育中心。

模式产地：多米尼加共和国（Peravia）。

分布：新热带界的多米尼加共和国。

38. 卡拉奇堆砂白蚁 *Cryptotermes karachiensis* Akhtar, 1974

模式标本：正模（兵蚁）、副模（成虫）保存在巴基斯坦旁遮普大学动物学系，副模（成虫、兵蚁）保存在巴基斯坦森林研究所，副模（兵蚁、若蚁）保存在美国自然历史博物馆，副模（兵蚁）分别保存在英国自然历史博物馆和美国密西西比港湾森林试验站。

模式产地：巴基斯坦卡拉奇。

分布：东洋界的巴基斯坦。

生物学：它栖息于沿海地区，蛀食榕树的坏死部分，在榕树内修筑不规则的隧道。

39. 柯比堆砂白蚁 *Cryptotermes kirbyi* Moszkowski, 1955

种名释义：种名来自美国 H. Kirby 教授的姓。

模式标本：正模（成虫）、副模（成虫、兵蚁、若蚁）保存在美国自然历史博物馆，副模（成虫、兵蚁、若蚁）保存在荷兰马斯特里赫特自然历史博物馆，副模（成虫、兵蚁）保存在南非国家昆虫馆。

模式产地：马达加斯加（Ambovombe）。

分布：非洲界的马达加斯加。

40. 科罗尔堆砂白蚁 *Cryptotermes kororensis* Bacchus, 1987

模式标本：正模（成虫）、副模（成虫、兵蚁、若蚁、蚁王、蚁后）保存在美国自然历史博物馆。

模式产地：帕劳科罗尔岛。

分布：巴布亚界的帕劳。

41. 长颈堆砂白蚁 *Cryptotermes longicollis* Banks, 1918

曾称为：长颈木白蚁（叶白蚁亚属）*Kalotermes* (*Lobitermes*) *longicollis* Snyder, 1925。

模式标本：全模（兵蚁）分别保存在美国自然历史博物馆和哈佛大学比较动物学博物馆。

模式产地：巴拿马。

分布：新热带界的伯利兹、多米尼加共和国、萨尔瓦多、危地马拉、海地、墨西哥、蒙特塞拉特、尼加拉瓜、巴拿马、波多黎各、特立尼达和多巴哥。

危害性：它危害栅栏桩、死树木。

42. 罗甸堆砂白蚁 *Cryptotermes luodianis* Xia, Gao, and Deng, 1983

模式标本：正模（兵蚁、成虫）、副模（成虫、兵蚁、若蚁）保存在中国科学院上海昆虫研究所，副模（成虫、兵蚁、若蚁）分别保存在成都市白蚁防治研究所和南京市白蚁防治研究所。

模式产地：中国贵州省罗甸县。

分布：东洋界的中国（贵州）。

43. 曼戈尔德堆砂白蚁 *Cryptotermes mangoldi* Scheffrahn and Křeček, 1999

种名释义：种名来自城市昆虫学家 J. R. Mangold 博士的姓。

模式标本：正模（兵蚁）、副模（成虫）保存在美国自然历史博物馆，副模（成虫、兵蚁）保存在佛罗里达大学研究与教育中心。

模式产地：多米尼加共和国（La Altagracia）。

分布：新热带界的多米尼加共和国。

44. 默维堆砂白蚁 *Cryptotermes merwei* Fuller, 1921

异名：哈维兰龙头白蚁 *Carinotermes havilandi* Van Boven, 1969（裸记名称）。

模式标本：选模（成虫）、副选模（成虫、兵蚁）保存在南非国家昆虫馆，副选模（成虫、兵蚁、若蚁）保存在美国自然历史博物馆，副选模（成虫）保存在印度森林研究所。

模式产地：南非纳塔尔省（Pinetown、Illovo）。

分布：非洲界的南非。

45. 诺代堆砂白蚁 *Cryptotermes naudei* Coaton, 1950

模式标本：选模（成虫）、副选模（成虫、兵蚁）保存在南非国家昆虫馆。

模式产地：南非祖鲁兰。

分布：非洲界的南非。

46. 光亮堆砂白蚁 *Cryptotermes nitens* Scheffrahn and Křeček, 1999

模式标本：正模（兵蚁）、副模（成虫）保存在美国自然历史博物馆，副模（兵蚁、成虫）保存在佛罗里达大学研究与教育中心。

模式产地：开曼群岛（小开曼岛）。

分布：新热带界的开曼群岛、牙买加。

47. 亮头堆砂白蚁 *Cryptotermes nitidus* Gay and Watson, 1982

模式标本：正模（兵蚁）、副模（成虫、兵蚁）保存在澳大利亚国家昆虫馆。

模式产地：澳大利亚昆士兰州（Goondivindi）。

分布：澳洲界的澳大利亚（昆士兰州）。

48. 苍白堆砂白蚁 *Cryptotermes pallidus* (Rambur, 1842)

曾称为：苍白白蚁 *Termes pallidus* Rambur, 1842。

模式标本：全模（成虫）保存在英国牛津大学昆虫学系。

模式产地：毛里求斯。

分布：非洲界的毛里求斯、留尼旺。

危害性：在毛里求斯，它危害房屋木构件。

49. 丘翅堆砂白蚁 *Cryptotermes papulosus* Gay and Watson, 1982

模式标本：正模（兵蚁）、副模（成虫、兵蚁）保存在澳大利亚国家昆虫馆。

模式产地：澳大利亚南澳大利亚州（Lameroo）。

分布：澳洲界的澳大利亚（南澳大利亚州）。

50. 小额堆砂白蚁 *Cryptotermes parvifrons* Scheffrahn and Křeček, 1999

模式标本：正模（兵蚁）、副模（成虫）保存在美国自然历史博物馆，副模（成虫、兵蚁）保存在佛罗里达大学研究与教育中心。

模式产地：特立尼达和多巴哥（特立尼达、Williams Bay）。

分布：新热带界的格林纳达、特立尼达和多巴哥。

51. 佩奥鲁堆砂白蚁 *Cryptotermes penaoru* Roisin, 2011

种名释义：模式标本采集于瓦努阿图的佩奥鲁村（Penaoru）。

模式标本：正模（兵蚁）、副模（成虫、兵蚁）保存在比利时皇家自然科学研究所。

模式产地：瓦努阿图（Sanma、Espiritu Santo）。

分布：巴布亚界的瓦努阿图。

52. 穿孔堆砂白蚁 *Cryptotermes perforans* Kemner, 1932

模式标本：选模（兵蚁）、副选模（成虫）保存在瑞典隆德大学动物研究所，副选模（成虫、若蚁、前翅、兵蚁）保存在美国自然历史博物馆。

模式产地：斯里兰卡科伦坡。

分布：东洋界的斯里兰卡。

生物学：在斯里兰卡海拔低于 610m 的区域内常能见到这种白蚁。

危害性：它危害房屋木结构。它是刨光木材的害虫。

53. 平阳堆砂白蚁 *Cryptotermes pingyangensis* He and Xia, 1983

模式标本：正模（兵蚁）、副模（脱翅成虫、兵蚁）保存在中国科学院上海昆虫研究所。

模式产地：中国浙江省平阳县。

分布：东洋界的中国（浙江）。

54. 第一堆砂白蚁 *Cryptotermes primus* (Hill, 1921)

曾称为：第一木白蚁（堆砂白蚁亚属）*Calotermes* (*Cryptotermes*) *primus* Hill, 1921。

异名：关闭木白蚁（堆砂白蚁亚属）*Calotermes* (*Cryptotermes*) *arcanus* Hill, 1925。

模式标本：选模（兵蚁）、副选模（成虫、兵蚁）保存在澳大利亚维多利亚博物馆，副选模（成虫、兵蚁）分别保存在美国自然历史博物馆、澳大利亚国家昆虫馆和荷兰马斯特里赫特自然历史博物馆。

模式产地：澳大利亚昆士兰州（Townsville）。

分布：澳洲界的澳大利亚（新南威尔士州、昆士兰州）。

危害性：它危害林木和房屋木构件。

55. 锅房堆砂白蚁 *Cryptotermes pyrodomus* Bacchus, 1987

模式标本：正模（兵蚁）、副模（兵蚁、若蚁）保存在美国自然历史博物馆。

模式产地：巴巴多斯（Highland 锅炉房）。

分布：新热带界的巴巴多斯、圣文森特和格林纳丁斯。

56. 昆士兰堆砂白蚁 *Cryptotermes queenslandis* (Hill, 1933)

曾称为：昆士兰木白蚁（堆砂白蚁亚属）*Calotermes* (*Cryptotermes*) *queenslandis* Hill, 1933。

模式标本：选模（兵蚁）、副选模（成虫、兵蚁）保存在澳大利亚国家昆虫馆，副选模（成虫、兵蚁、若蚁）保存在美国自然历史博物馆，副选模（兵蚁）保存在南非国家昆虫馆。

模式产地：澳大利亚昆士兰州（Toowoomba）。

分布：澳洲界的澳大利亚（昆士兰州）。

57. 喙头堆砂白蚁 *Cryptotermes rhicnocephalus* Bacchus, 1987

模式标本：正模（兵蚁）、副模（兵蚁、若蚁）保存在美国自然历史博物馆。

模式产地：特立尼达和多巴哥（Balandra Bay）。

分布：新热带界的特立尼达和多巴哥。

58. 里弗赖纳堆砂白蚁 *Cryptotermes riverinae* Gay and Watson, 1982

种名释义：模式标本采集于澳大利亚的里弗赖纳（Riverina）。

模式标本：正模（兵蚁）、副选模（成虫、兵蚁、拟工蚁）保存在澳大利亚国家昆虫馆。

模式产地：澳大利亚新南威尔士州（Yanco）。

分布：澳洲界的澳大利亚（新南威尔士州）。

59. 鲁恩沃堆砂白蚁 *Cryptotermes roonwali* Chhotani, 1970

种名释义：种名来自印度著名白蚁学家 M. L. Roonwal 教授的姓。

模式标本：正模（兵蚁）、副模（兵蚁、拟工蚁）保存在印度森林研究所，副模（兵蚁、拟工蚁）分别保存在美国自然历史博物馆和印度动物调查所。

模式产地：印度喀拉拉邦（North Malabar）。

分布：东洋界的印度（卡纳塔克邦、喀拉拉邦）。

生物学：在锯好的印度龙脑香 *Vateria indica* 小块木材中曾发现这种白蚁。

危害性：它危害房屋木构件。

60. 圆头堆砂白蚁 *Cryptotermes rotundiceps* Scheffrahn and Křeček, 1999

模式标本：正模（兵蚁）保存在美国自然历史博物馆，副模（成虫、兵蚁）保存在佛罗里达大学研究与教育中心。

模式产地：多米尼加共和国（La Romana）。

分布：新热带界的多米尼加共和国和波多黎各。

61. 第二堆砂白蚁 *Cryptotermes secundus* (Hill, 1925)

曾称为：第二木白蚁（堆砂白蚁亚属）*Calotermes* (*Cryptotermes*) *secundus* Hill, 1925。

模式标本：正模（兵蚁）保存在美国自然历史博物馆，副模（拟工蚁）保存在澳大利亚维多利亚博物馆。

模式产地：澳大利亚北领地达尔文市。

分布：澳洲界的澳大利亚（北领地、昆士兰州、西澳大利亚州）；巴布亚界的巴布亚新几内亚。

62. 西尔韦斯特里堆砂白蚁 *Cryptotermes silvestrii* Bacchus, 1987

种名释义：种名来自意大利白蚁学家 F. Silvestri 的姓。

模式标本：正模（兵蚁）、副模（成虫、兵蚁）保存在英国自然历史博物馆，副模（成虫、兵蚁）保存在美国自然历史博物馆。

模式产地：尼日利亚（Nlpoku）。

分布：非洲界的尼日利亚、刚果共和国、刚果民主共和国。

63. 似昆士兰堆砂白蚁 *Cryptotermes simulatus* Gay and Watson, 1982

模式标本：正模（兵蚁）、副模（成虫、兵蚁、拟工蚁）保存在澳大利亚国家昆虫馆。

模式产地：澳大利亚新南威尔士州。

分布：澳洲界的澳大利亚（新南威尔士州、维多利亚州）。

64. 剑额堆砂白蚁 *Cryptotermes spathifrons* Scheffrahn and Křeček, 1999

模式标本：正模（兵蚁）、副模（成虫）保存在美国自然历史博物馆，副模（兵蚁、成虫）保存在佛罗里达大学研究与教育中心。

模式产地：开曼群岛（小开曼岛）。

分布：新热带界的开曼群岛、古巴、多米尼加共和国。

65. 苏高堆砂白蚁 *Cryptotermes sukauensis* Thapa, 1982

模式标本：正模（兵蚁）、副模（兵蚁、拟工蚁）保存在印度森林研究所。

模式产地：马来西亚沙巴（Sukau）。

分布：东洋界的马来西亚（沙巴）。

66. 苏门答腊堆砂白蚁 *Cryptotermes sumatrensis* Kemner, 1930

模式标本：选模（兵蚁）、副选模（成虫、兵蚁、拟工蚁）保存在瑞典隆德大学动物研究所，副选模（成虫、兵蚁、若蚁）保存在美国自然历史博物馆，副选模（成虫、兵蚁、拟工蚁）保存在瑞典动物研究所，副选模（成虫）保存在南非国家昆虫馆。

模式产地：印度尼西亚苏门答腊。

分布：东洋界的印度尼西亚（喀拉喀托、苏门答腊）。

67. 泰国堆砂白蚁 *Cryptotermes thailandis* Ahmad, 1965

中文名称：我国学者曾称之为“泰城堆砂白蚁”。

模式标本：正模（兵蚁）、副模（成虫）保存在巴基斯坦旁遮普大学动物学系，副模（成虫）保存在美国自然历史博物馆。

模式产地：泰国（Klang Dong）。

分布：东洋界的马来西亚（大陆）和泰国。

68. 热带堆砂白蚁 *Cryptotermes tropicalis* Gay and Watson, 1982

模式标本：正模（兵蚁）、副模（成虫、兵蚁、拟工蚁）保存在澳大利亚国家昆虫馆。

模式产地：澳大利亚昆士兰州（Gadgarra State Forest）。

分布：澳洲界的澳大利亚（昆士兰州）。

69. 纹头堆砂白蚁 *Cryptotermes undulans* Scheffrahn and Křeček, 1999

模式标本：正模（兵蚁）、副模（成虫）保存在美国自然历史博物馆，副模（成虫、兵蚁）保存在佛罗里达大学研究与教育中心。

模式产地：波多黎各。

分布：新热带界的波多黎各、美属维尔京群岛。

70. 委内瑞拉堆砂白蚁 *Cryptotermes venezolanus* (Holmgren, 1911)

曾称为：委内瑞拉木白蚁（堆砂白蚁亚属）*Calotermes* (*Cryptotermes*) *venezolanus* Holmgren, 1911。

模式标本：全模（成虫）保存在瑞典自然历史博物馆，但现在找不到该标本。

模式产地：美洲。

分布：新热带界的委内瑞拉。

71. 多疣堆砂白蚁 *Cryptotermes verruculosus* (Emerson, 1925)

曾称为：多疣木白蚁（堆砂白蚁亚属）*Kalotermes* (*Cryptotermes*) *verruculosis* Emerson, 1925。

模式标本：正模（兵蚁）、副模（成虫、兵蚁、若蚁）保存在美国自然历史博物馆。

模式产地：圭亚那（Kartabo）。

分布：新热带界的圭亚那。

八、上木白蚁属 *Epicalotermes* Silvestri, 1918

模式种：埃塞俄比亚上木白蚁 *Epicalotermes aethiopicus* Silvestri, 1918。

种类：6 种。

分布：非洲界、古北界。

1. 埃塞俄比亚上木白蚁 *Epicalotermes aethiopicus* Silvestri, 1918

模式标本：全模（兵蚁、若蚁）保存在美国自然历史博物馆，全模（成虫、兵蚁）保存在意大利农业昆虫研究所，全模（兵蚁）保存在瑞典自然历史博物馆。

模式产地：厄立特里亚（Mayabal）。

分布：非洲界的厄立特里亚、埃塞俄比亚、肯尼亚、也门；古北界的沙特阿拉伯。

生物学：它属于干木白蚁。

危害性：在沙特阿拉伯，它危害林木。

2. 肯帕上木白蚁 *Epicalotermes kempae* (Wilkinson, 1954)

曾称为：肯帕木白蚁 *Kalotermes kempae* Wilkinson, 1954。

模式标本：正模（雌成虫）、副模（成虫、兵蚁）保存在英国自然历史博物馆，副模（成虫、兵蚁）分别保存在美国自然历史博物馆和南非国家昆虫馆。

模式产地：坦桑尼亚（Tanga District）。

分布：非洲界的肯尼亚、坦桑尼亚。

3. 摩库兹上木白蚁 *Epicalotermes mkuzii* (Coaton, 1949)

曾称为：摩库兹木白蚁 *Kalotermes mkuzii* Coaton, 1949。

模式标本：正模（成虫）、副模（成虫、兵蚁）保存在南非国家昆虫馆，副模（成虫、兵蚁、若蚁）保存在美国自然历史博物馆。

模式产地：南非（Lower Mkuzi Drift）。

分布：非洲界的南非、斯威士兰、坦桑尼亚。

4. 芒罗上木白蚁 *Epicalotermes munroi* (Coaton, 1949)

曾称为：芒罗木白蚁 *Kalotermes munroi* Coaton, 1949。

模式标本：正模（成虫）、副模（成虫、兵蚁）保存在南非国家昆虫馆，副模（成虫、兵蚁）保存在美国自然历史博物馆。

模式产地：南非（Saltpan）。

分布：非洲界的南非。

5. 巴基斯坦上木白蚁 *Epicalotermes pakistanicus* Akhtar, 1974

模式标本：正模（兵蚁）、副模（成虫、兵蚁）保存在巴基斯坦旁遮普大学动物学系，副模（成虫、兵蚁）分别保存在巴基斯坦森林研究所、美国密西西比港湾森林试验站和英国自然历史博物馆，副模（成虫、兵蚁、若蚁）保存在美国自然历史博物馆。

模式产地：巴基斯坦俾路支省。

分布：古北界的巴基斯坦（俾路支省）。

6. 扁额上木白蚁 *Epicalotermes planifrons* Krishna, 1962

模式标本：正模（兵蚁）、副模（蚁王、蚁后、兵蚁、若蚁）保存在美国自然历史博物馆，副模（兵蚁）保存在南非国家昆虫馆。

模式产地：马达加斯加（Tuléar 东面 15km 处）。

分布：非洲界的马达加斯加。

九、真砂白蚁属 *Eucryptotermes* Holmgren, 1911

模式种：哈根木白蚁 *Calotermes Hagenii* Müller, 1873。

种类：2 种。

分布：新热带界。

1. 短头真砂白蚁 *Eucryptotermes breviceps* Constantino, 1997

模式标本：正模（兵蚁）、副模（成虫、兵蚁）保存在巴西亚马孙探索国家研究所，副模（成虫、兵蚁、若蚁）保存在巴西圣保罗大学动物学博物馆。

模式产地：巴西亚马孙州（Balbina）。

分布：新热带界的巴西（亚马孙州）。

2. 哈根真砂白蚁 *Eucryptotermes hagenii* (Müller, 1873)

曾称为：哈根木白蚁 *Calotermes Hagenii* Müller, 1873。

异名：惠勒真砂白蚁 *Eucryptotermes wheeleri* Snyder and Emerson, 1949。

模式标本：全模（成虫、兵蚁、若蚁）保存在美国自然历史博物馆，全模（兵蚁）保存在瑞典自然历史博物馆，全模（成虫、兵蚁）保存在意大利农业昆虫研究所。

模式产地：巴西（Santa Caterina）。

分布：新热带界的巴西（Santa Caterina）。

危害性：它对房屋建筑有轻微的危害。

十、树白蚁属 *Glyptotermes* Froggatt, 1897

属名释义：拉丁语意为“雕刻白蚁属”。

异名：叶白蚁属 *Lobitermes* Holmgren, 1911。

模式种：具瘤树白蚁 *Glyptotermes tuberculatus* Froggatt, 1897。

种类：128 种。

分布：主要分布在东洋界，其次为新热带界，非洲界、巴布亚界、澳洲界、古北界有零星分布。

生物学：它属于湿木白蚁，群体小，生活于地下死亡木材中及树木的受伤疤痕处。无工蚁品级，有拟工蚁品级。

危害性：它蛀食地下的死木材、树桩、活树的死亡木材，有些种类可从边材处进入完好的心材。在澳大利亚，树白蚁属白蚁曾是未做白蚁预防处理的电杆的重要害虫。在印度，有些种类是橡胶树、茶树的重要害虫。

1. 亚当森树白蚁 *Glyptotermes adamsoni* Krishna and Emerson, 1962

种名释义：种名来自特立尼达和多巴哥热带农业皇家学院动物学教授 A. M. Adamson（模式标本采集人之一）的姓。

模式标本：正模（兵蚁）、副模（成虫、兵蚁、若蚁）保存在美国自然历史博物馆。

模式产地：特立尼达和多巴哥（Arima）。

分布：新热带界的特立尼达和多巴哥。

2. 阿尔莫拉树白蚁 *Glyptotermes almorensis* Gardner, 1945

模式标本：选模（兵蚁）、副选模（成虫、兵蚁、若蚁）保存在印度森林研究所，副选模（成虫、拟工蚁）保存在英国自然历史博物馆，副选模（成虫、兵蚁、若蚁）保存在美国自然历史博物馆。

模式产地：印度北阿坎德邦（Almora）。

分布：东洋界的印度（北阿坎德邦）。

生物学：它栖居在欧洲朴 *Celtis australis*、芒果树、菠萝蜜树的干死树枝和主干中。

危害性：它危害果树和房屋木构件。它是印度库毛恩山区主要的木材害虫。它所侵染的树木内充满了“隧道”，有时可损毁整棵树木。

3. 大型树白蚁 *Glyptotermes amplus* Scheffrahn, Su, and Křeček, 2001

模式标本：正模（兵蚁）、副模（兵蚁）保存在美国自然历史博物馆，副模（成虫、兵蚁）分别保存在美国国家博物馆和佛罗里达州节肢动物标本馆，副模（兵蚁）保存在佛罗里达大学研究与教育中心。

模式产地：圣卢西亚（Edmond 森林保护区）。

分布：新热带界的圣卢西亚。

4. 狭胸树白蚁 *Glyptotermes angustithorax* Ping and Xu, 1986

模式标本：正模（兵蚁）、副模（成虫、兵蚁）保存在广东省科学院动物研究所。

模式产地：中国海南。

分布：东洋界的中国（海南）。

5. 变狭树白蚁 *Glyptotermes angustus* (Snyder, 1925)

曾称为：变狭木白蚁（树白蚁亚属）*Kalotermes* (*Glyptotermes*) *angustus* Snyder, 1925。

异名：巴伯木白蚁（树白蚁亚属）*Kalotermes* (*Glyptotermes*) *barbouri* Snyder, 1925。

模式标本：正模（兵蚁）、副模（成虫、兵蚁、若蚁）保存在美国国家博物馆，副模（成虫）保存在荷兰马斯特里赫特自然历史博物馆。

模式产地：巴拿马运河区（Rio Chinilla）。

分布：新热带界的哥斯达黎加、尼加拉瓜、巴拿马。

生物学：它生活在高山雨林中。

6. 阿沙德树白蚁 *Glyptotermes arshadi* Akhtar, 1975

模式标本：正模（兵蚁）、副模（兵蚁）保存在巴基斯坦旁遮普大学动物学系，副模（兵蚁）分别保存在巴基斯坦森林研究所、美国国家博物馆、英国自然历史博物馆和美国自然历史博物馆。

模式产地：孟加拉国（Adampur）。

分布：东洋界的孟加拉国。

生物学：它生活于雨林内的腐烂原木内，筑不规则、纵向的隧道，隧道内有相联通的三角形孔。它也可在番樱桃树的外层栖居。

7. 粗糙树白蚁 *Glyptotermes asperatus* (Snyder, 1926)

曾称为：粗糙木白蚁（距白蚁亚属）*Kalotermes* (*Calcaritermes*) *asperatum* Snyder, 1926。

模式标本：全模（成虫、兵蚁）保存在美国国家博物馆，全模（成虫、兵蚁、若蚁）保存在美国自然历史博物馆。

模式产地：哥斯达黎加（Santa Clara）。

分布：新热带界的哥斯达黎加。

8. 花唇树白蚁 *Glyptotermes baliochilus* Ping and Xu, 1986

模式标本：正模（兵蚁）、副模（兵蚁）保存在广东省科学院动物研究所。

模式产地：中国海南昌江县。

分布：东洋界的中国（海南）。

9. 巴雷特树白蚁 *Glyptotermes barretti* Eldridge, 1996

种名释义：种名来自为澳大利亚白蚁研究做出杰出贡献的 R. A. Barrett 先生的姓。

模式标本：正模（成虫）、副模（成虫、兵蚁、工蚁）保存在澳大利亚国家昆虫馆。

模式产地：澳大利亚昆士兰州（Cape Bedford 西北 29km 处）。
分布：澳洲界的澳大利亚（昆士兰州）。

10. 贝萨树白蚁 *Glyptotermes besarensis* Thakur, 1989

模式标本：正模（兵蚁）、副模（兵蚁、拟工蚁）保存在印度森林研究所。
模式产地：印度尼西亚（Rakata Besar）。
分布：东洋界的印度尼西亚（爪哇）。

11. 双裂树白蚁 *Glyptotermes bilobatus* (Snyder, 1934)

曾称为：双裂木白蚁（树白蚁亚属）*Kalotermes* (*Glyptotermes*) *bilobatus* Snyder, 1934。
模式标本：正模（兵蚁）、副模（兵蚁）保存在美国国家博物馆，副模（兵蚁、若蚁）保存在美国自然历史博物馆。
模式产地：哥斯达黎加（Santa Clara）。
分布：新热带界的哥斯达黎加。

12. 双斑树白蚁 *Glyptotermes bimaculifrons* Ping and Liu, 1985

模式标本：正模（兵蚁）、副模（兵蚁、若蚁）保存在广东省科学院动物研究所。
模式产地：中国四川省凉山州西昌市。
分布：东洋界的中国（四川、云南）。

13 婆罗树白蚁 *Glyptotermes borneensis* (Haviland, 1898)

曾称为：婆罗木白蚁 *Calotermes borneensis* Haviland, 1898。
模式标本：全模（成虫、兵蚁、工蚁）保存在英国剑桥大学动物学博物馆，全模（成虫、兵蚁）保存在美国自然历史博物馆。
模式产地：马来西亚砂拉越。
分布：东洋界的马来西亚（大陆、砂拉越）。

14. 短胸树白蚁 *Glyptotermes brachythorax* Ping and Xu, 1986

模式标本：正模（兵蚁）、副模（兵蚁、成虫）保存在广东省科学院动物研究所。
模式产地：中国海南省三亚市。
分布：东洋界的中国（海南）。

15. 短尾树白蚁 *Glyptotermes brevicaudatus* (Haviland, 1898)

曾称为：短尾木白蚁 *Calotermes brevicaudatus* Haviland, 1898
模式标本：全模（成虫、兵蚁、工蚁）保存在英国剑桥大学动物学博物馆，全模（成虫、兵蚁、若蚁）保存在美国自然历史博物馆。
模式产地：马来西亚砂拉越。
分布：东洋界的印度尼西亚（爪哇、加里曼丹、苏拉威西、苏门答腊、喀拉喀托）、马来西亚（沙巴、砂拉越）、泰国、印度。

16. 短角树白蚁 *Glyptotermes brevicornis* Froggatt, 1897

异名：近缘木白蚁（树白蚁亚属）*Calotermes* (*Glyptotermes*) *affinis* Mjöberg, 1920、可疑木白蚁（树白蚁亚属）*Calotermes* (*Glyptotermes*) *dubius* Mjöberg, 1920、三线木白蚁（树

白蚁亚属）*Calotermes* (*Glyptotermes*) *trilineatus* Mjöberg, 1920、黑唇木白蚁（树白蚁亚属）*Calotermes* (*Glyptotermes*) *nigrolabrum* Hill, 1921、亮翅木白蚁（树白蚁亚属）*Calotermes* (*Glyptotermes*) *claripennis* Hill, 1925、极狭木白蚁（树白蚁亚属）*Calotermes* (*Glyptotermes*) *perangustus* Hill, 1926。

模式标本：全模（成虫、若蚁）保存在美国自然历史博物馆。

模式产地：澳大利亚昆士兰州（Macka）。

分布：澳洲界的澳大利亚（Lord Howe Island、新南威尔士州、Norfolk Island、昆士兰州）、新西兰。

危害性：在澳大利亚，它危害林木。

17. 巴特里彭树白蚁 *Glyptotermes buttelreepeni* (Holmgren, 1914)

曾称为：巴特里彭木白蚁（树白蚁亚属）*Calotermes* (*Glyptotermes*) *buttelreepeni* Holmgren, 1914。

模式标本：全模（成虫）保存在美国自然历史博物馆。

模式产地：马来西亚（Selangor）。

分布：东洋界的马来西亚（大陆）。

18. 卡内尔树白蚁 *Glyptotermes canellae* (Müller, 1873)

曾称为：卡内尔木白蚁 *Calotermes canellae* Müller, 1873。

异名：裂头木白蚁 *Calotermes lobicephalus* Silvestri, 1901。

模式标本：全模（成虫、兵蚁、若蚁）保存在美国自然历史博物馆。

模式产地：巴西圣卡塔琳娜州。

分布：新热带界的阿根廷（Misiones）、巴西（圣卡塔琳娜州、圣保罗）。

19. 具尾树白蚁 *Glyptotermes caudomunitus* Kemner, 1932

模式标本：全模（成虫、兵蚁）分别保存在瑞典隆德大学动物研究所和美国自然历史博物馆。

模式产地：印度尼西亚爪哇（Depok）。

分布：东洋界的印度尼西亚（爪哇、喀拉喀托）、马来西亚（沙巴）、印度。

20. 锡兰树白蚁 *Glyptotermes ceylonicus* (Holmgren, 1911)

曾称为：锡兰木白蚁（树白蚁亚属）*Calotermes* (*Glyptotermes*) *ceylonicus* Holmgren, 1911。

异名：锡兰木白蚁（树白蚁亚属）圆筒亚种 *Calotermes* (*Glyptotermes*) *ceylonicus cylindricus* Jepson, 1931（裸记名称）。

模式标本：正模（成虫）保存在奥地利自然历史博物馆。

模式产地：斯里兰卡（Peradeniya）。

分布：东洋界的斯里兰卡。

生物学：这种白蚁在斯里兰卡并不是常见种。它生活于海拔 450～600m 的区域，栖息于橡胶树、金合欢树、菠萝蜜树等树的死亡的（或正在腐烂的）原木或树枝里，也危害活树。蚁巢为纵向的蚁道。

危害性：它危害茶树和橡胶树，但对树木的危害不严重。

21. 查普曼树白蚁 *Glyptotermes chapmani* Light, 1930

种名释义：种名来自标本采集人 J. W. Chapman 的姓。

模式标本：正模（成虫）保存地不详，可能在美国国家博物馆，副模（成虫、兵蚁、若蚁）保存在美国自然历史博物馆，副模（成虫、兵蚁）分别保存在美国国家博物馆、南非国家昆虫馆和印度森林研究所。

模式产地：菲律宾（Leyte）。

分布：东洋界的菲律宾（Leyte）。

生物学：它栖息于倒地的原木中或死亡的直立树桩中。

22. 查特杰树白蚁 *Glyptotermes chatterjii* Thapa, 1982

种名释义：种名来自印度白蚁分类学家 P. N. Chatterji 教授的姓。

模式标本：正模（兵蚁）、副模（成虫、兵蚁、工蚁）保存在印度森林研究所。

模式产地：马来西亚沙巴（Lamag District）。

分布：东洋界的马来西亚（沙巴）。

23. 金平树白蚁 *Glyptotermes chinpingensis* Tsai and Chen, 1963

模式标本：正模（兵蚁）、副模（成虫、兵蚁）保存在中国科学院动物研究所。

模式产地：中国云南省金平县。

分布：东洋界的中国（福建、广西、湖南、云南）；古北界的中国（西藏）。

生物学：它栖息于树木枝干中，筑许多狭窄的孔道。

24. 常绿树白蚁 *Glyptotermes chiraharitae* Amina and Rajmohana, 2016

模式标本：正模（兵蚁）、副模（成虫、兵蚁、拟工蚁）保存在印度动物调查所。

模式产地：印度南印度（马拉巴野生动物保护区）。

分布：东洋界的印度（喀拉拉邦）。

生物学：它生活于常绿森林地上高湿度的死亡原木中。

25. 凹额树白蚁 *Glyptotermes concavifrons* Krishna and Emerson, 1962

模式标本：正模（兵蚁）、副模（兵蚁、若蚁）保存在美国自然历史博物馆。

模式产地：印度尼西亚爪哇（Sengkong VII、Bandjar）。

分布：东洋界的印度尼西亚（爪哇）。

26. 缩角树白蚁 *Glyptotermes contracticornis* (Snyder, 1925)

曾称为：缩角木白蚁 *Kalotermes contracticornis* Snyder, 1925。

模式标本：正模（兵蚁）、副模（兵蚁）保存在美国国家博物馆，副模（兵蚁）保存在美国自然历史博物馆。

模式产地：哥斯达黎加（Navarro）。

分布：新热带界的哥斯达黎加、尼加拉瓜、巴拿马。

生物学：它生活于高山雨林中。

27. 古尔格树白蚁 *Glyptotermes coorgensis* (Holmgren and Holmgren, 1917)

曾称为：古尔格木白蚁（树白蚁亚属）*Calotermes* (*Glyptotermes*) *coorgensis* Holmgren and Holmgren, 1917。

异名：黑额树白蚁 *Glyptotermes nigrifrons* Mathur and Sen-Sarma, 1960。

模式标本：全模（兵蚁、拟工蚁）分别保存在瑞典动物研究所和美国自然历史博物馆，全模（拟工蚁）保存在印度森林研究所。

模式产地：印度卡纳塔克邦（Coorg）。

分布：东洋界的印度（卡纳塔克邦、喀拉拉邦、泰米尔纳德邦）。

生物学：其巢位于菩提树、铅笔柏、银橡木树的死亡部分中，可缓慢地延伸到树的活的部分中。蚁道和腔室内堆有微黑的粪便团。在倒地死亡的原木中也可找到这种白蚁。

危害性：它危害房屋木构件。

28. 短头树白蚁 *Glyptotermes curticeps* Fan and Xia, 1980

模式标本：正模（兵蚁）保存在中国科学院上海昆虫研究所。

模式产地：中国福建省漳平市。

分布：东洋界的中国（福建）。

29. 戴云树白蚁 *Glyptotermes daiyunensis* Li and Huang, 1986

模式标本：正模（兵蚁）、副模（兵蚁）保存在广东省科学院动物研究所。

模式产地：中国福建省戴云山。

分布：东洋界的中国（福建）。

30. 大围山树白蚁 *Glyptotermes daweishanensis* Huang, Zhu, Ping, He, Li, and Gao, 2000

异名：黑额叶白蚁 *Lobitermes nigrifrons* Tsai and Chen, 1963。

模式标本：正模（兵蚁）、副模（兵蚁、工蚁）保存在中国科学院动物研究所。

模式产地：中国云南省屏边苗族自治县大围山。

分布：东洋界的中国（云南）。

31. 具齿树白蚁 *Glyptotermes dentatus* (Haviland, 1898)

曾称为：具齿木白蚁 *Calotermes dentatus* Haviland, 1898。

模式标本：全模（成虫、兵蚁、工蚁）保存在英国剑桥大学动物学博物馆，全模（兵蚁、若蚁）保存在美国自然历史博物馆。

模式产地：马来西亚砂拉越。

分布：东洋界的马来西亚（沙巴、砂拉越）。

32. 延伸树白蚁 *Glyptotermes dilatatus* (Bugnion and Popoff, 1910)

曾称为：延伸木白蚁 *Calotermes dilatatus* Bugnion and Popoff, 1910。

模式标本：全模（兵蚁、若蚁）保存在荷兰马斯特里赫特自然历史博物馆。

模式产地：斯里兰卡（Ambalangoda）。

分布：东洋界的斯里兰卡。

生物学：它生活在斯里兰卡海拔低于 900m 的地方，可栖息在许多种树内。蚁巢为纵向的、内部互通的隧道，可延伸进入心材部分，使木材呈蜂窝状，但树的外表无危害迹象。群体从卵到产生有翅成虫需 5 年时间。

危害性：它是一种茶树的主要害虫，对茶树的危害率可达 80%。它也能危害其他植物，如橡胶树、咖啡树、可可树、果树和林木。

33. 峨嵋树白蚁 *Glyptotermes emei* (Gao, Zhu, Gong, and Han, 1981)

曾称为：峨嵋叶白蚁 *Lobitermes emei* Gao, Zhu, Gong, and Han, 1981。

模式标本：正模（兵蚁）、副模（兵蚁）保存在中国科学院上海昆虫研究所，副模（兵蚁）分别保存在成都市白蚁防治所和南京市白蚁防治研究所。

模式产地：中国四川省峨眉山。

分布：东洋界的中国（四川）。

34. 桉树树白蚁 *Glyptotermes eucalypti* Froggatt, 1897

异名：新小瘤木白蚁（树白蚁亚属）*Calotermes* (*Glyptotermes*) *neotuberculatus* Hill, 1933。

模式标本：选模（雄成虫）、副选模（成虫、若蚁）保存在澳大利亚维多利亚博物馆，副选模（成虫）分别保存在美国自然历史博物馆、美国国家博物馆和南澳大利亚博物馆。

模式产地：澳大利亚新南威尔士州悉尼。

分布：澳洲界的澳大利亚（首都地区、新南威尔士州、昆士兰州、维多利亚州）。

35. 宽头树白蚁 *Glyptotermes euryceps* Gao, Zhu, and Gong, 1981

模式标本：正模（兵蚁）、副模（兵蚁）保存在中国科学院上海昆虫研究所，副模（兵蚁）分别保存在成都市白蚁防治所和南京市白蚁防治研究所。

模式产地：中国四川省成都市。

分布：东洋界的中国（四川）。

36. 榕树白蚁 *Glyptotermes ficus* Ping and Xu, 1986

模式标本：正模（兵蚁）、副模（兵蚁、若蚁）保存在广东省科学院动物研究所，副模（兵蚁、若蚁）保存在贵州省林业研究所。

模式产地：中国贵州省榕江县。

分布：东洋界的中国（贵州）。

37. 菲尼根树白蚁 *Glyptotermes fnniganensis* Eldridge, 1996

模式标本：正模（成虫）、副模（成虫、兵蚁、工蚁）保存在澳大利亚国家昆虫馆。

模式产地：澳大利亚昆士兰州（Mt. Finnigan 附近）。

分布：澳洲界的澳大利亚（昆士兰州）。

38. 弗朗西亚树白蚁 *Glyptotermes franciae* Snyder, 1958

模式标本：正模（兵蚁）、副模（兵蚁）保存在美国国家博物馆，副模（兵蚁、若蚁）保存在美国自然历史博物馆。

模式产地：菲律宾吕宋（Laguna）。

分布：东洋界的菲律宾（吕宋）。

39. 福建树白蚁 *Glyptotermes fujianensis* Ping, 1983

模式标本：正模（兵蚁）、副模（兵蚁、若蚁）保存在广东省科学院动物研究所。

模式产地：中国福建省平和县。

分布：东洋界的中国（福建、广东、海南、湖北、四川、云南、台湾）；古北界的日本。

40. 黑树白蚁 *Glyptotermes fuscus* Oshima, 1912

异名：保泽木白蚁（树白蚁亚属）*Calotermes* (*Glyptotermes*) *hozawae* Holmgren, 1912。

模式标本：全模（成虫、兵蚁）保存地不详。

模式产地：中国台湾省。

分布：东洋界的中国（广西、湖北、湖南、台湾）、日本（小笠原群岛、琉球群岛）。

生物学：它栖息于腐朽树干或落地枝干中，筑不规则的孔道，在白杨、芒果树、菠萝蜜树、茄冬树及其他杂木中曾发现它。

41. 关岛树白蚁 *Glyptotermes guamensis* Krishna and Emerson, 1962

模式标本：正模（兵蚁）保存在夏威夷 Bernice P. Bishop 博物馆，副模（若蚁）保存在美国自然历史博物馆。

模式产地：关岛。

分布：巴布亚界的关岛。

42. 圭亚那树白蚁 *Glyptotermes guianensis* (Emerson, 1925)

曾称为：圭亚那木白蚁（树白蚁亚属）*Kalotermes* (*Glyptotermes*) *guianensis* Emerson, 1925。

模式标本：正模（兵蚁）、副模（成虫、蚁后、兵蚁、若蚁）保存在美国自然历史博物馆，副模（兵蚁）保存在南非国家昆虫馆，副模（兵蚁、拟工蚁）保存在印度森林研究所。

模式产地：圭亚那（Kartabo）。

分布：新热带界的法属圭亚那、圭亚那。

43. 贵州树白蚁 *Glyptotermes guizhouensis* Ping and Xu, 1986

模式标本：正模（兵蚁）、副模（兵蚁、若蚁）保存在广东省科学院动物研究所，副模（兵蚁、若蚁）保存在贵州省林业研究所。

模式产地：中国贵州省榕江县。

分布：东洋界的中国（贵州）。

44. 合江树白蚁 *Glyptotermes hejiangensis* Gao, 1984

模式标本：正模（兵蚁）、副模（兵蚁、蚁王）保存在中国科学院上海昆虫研究所，副模（兵蚁）保存在南京市白蚁防治研究所。

模式产地：中国四川省合江县。

分布：东洋界的中国（四川）。

45. 亨德里克斯树白蚁 *Glyptotermes hendrickxi* Krishna and Emerson, 1962

种名释义：种名来自刚果学者 M. F. L. Hendrickx 的姓。

模式标本：正模（兵蚁）、副模（兵蚁、若蚁）保存在美国自然历史博物馆，副模（兵蚁）保存在南非国家昆虫馆。

模式产地：刚果民主共和国（Tchiinda Forest）。

分布：非洲界的刚果民主共和国。

46. 川西树白蚁 *Glyptotermes hesperus* Gao, Zhu, and Han, 1981

模式标本：正模（兵蚁）、副模（兵蚁）保存在中国科学院上海昆虫研究所，副模（兵蚁）分别保存在南京市白蚁防治研究所和成都市白蚁防治研究所。

模式产地：中国四川省成都市。

分布：东洋界的中国（四川）。

47. 客居树白蚁 *Glyptotermes hospitalis* (Emerson, 1925)

曾称为：客居木白蚁（树白蚁亚属）*Kalotermes* (*Glyptotermes*) *hospitalis* Emerson, 1925。

模式标本：正模（兵蚁）、副模（成虫、兵蚁、若蚁）保存在美国自然历史博物馆，副模（兵蚁）分别保存在南非国家昆虫馆和荷兰马斯特里赫特自然历史博物馆，副模（兵蚁、拟工蚁）保存在印度森林研究所。

模式产地：圭亚那（Kartabo）。

分布：新热带界的圭亚那。

48. 忽视树白蚁 *Glyptotermes ignotus* Wilkinson, 1959

模式标本：正模（雌成虫）、副模（成虫、兵蚁）保存在英国自然历史博物馆，副模（成虫、兵蚁）保存在南非国家昆虫馆。

模式产地：乌干达（离 Kampalal 14.5km 的 Jinia 公路旁）。

分布：非洲界的乌干达。

49. 岛栖树白蚁 *Glyptotermes insulanus* Silvestri, 1912

曾称为：细小树白蚁岛栖亚种 *Glyptotermes parvulus insulanus* Sjöstedt, 1912。

模式标本：全模（成虫、兵蚁）保存在瑞典自然历史博物馆，全模（成虫、兵蚁、若蚁）保存在美国自然历史博物馆。

模式产地：普林西比。

分布：非洲界的圣多美和普林西比。

50. 虹翅树白蚁 *Glyptotermes iridipennis* Froggatt, 1897

模式标本：新模（雌成虫）保存在澳大利亚维多利亚博物馆。

模式产地：澳大利亚墨尔本。

分布：澳洲界的澳大利亚（新南威尔士州、南澳大利亚州、维多利亚州）。

51. 缙云树白蚁 *Glyptotermes jinyunensis* Chen and Ping, 1985

模式标本：正模（兵蚁）、副模（兵蚁、若蚁）保存在广东省科学院动物研究所。

模式产地：中国重庆市缙云山。

分布：东洋界的中国（重庆）。

52. 朱里翁树白蚁 *Glyptotermes jurioni* Krishna and Emerson, 1962

种名释义：种名来自刚果一研究所所长 M. F. Jurion 的姓。

模式标本：正模（兵蚁）、副模（成虫、若蚁）保存在美国自然历史博物馆。
模式产地：刚果民主共和国（Yangambi）。
分布：非洲界的刚果民主共和国。

53. 卡冲树白蚁 *Glyptotermes kachongensis* Ahmad, 1965

模式标本：正模（兵蚁）保存在巴基斯坦旁遮普大学动物学系，副模（兵蚁、若蚁）保存在美国自然历史博物馆。
模式产地：泰国（Ka-chong）。
分布：东洋界的马来西亚（大陆）和泰国。

54. 卡旺达树白蚁 *Glyptotermes kawandae* Wilkinson, 1954

模式标本：正模（雄成虫）、副模（雌成虫、兵蚁）保存在英国自然历史博物馆，副模（成虫、兵蚁）分别保存在美国自然历史博物馆和南非国家昆虫馆。
模式产地：乌干达卡旺达。
分布：非洲界的乌干达。
危害性：它危害林木。

55. 柯比树白蚁 *Glyptotermes kirbyi* Krishna and Emerson, 1962

种名释义：种名来自模式标本采集人、美国加利福尼亚大学伯克利分校动物学教授 H. Kirby 的姓。
模式标本：正模（兵蚁）、副模（成虫、兵蚁、若蚁）保存在美国自然历史博物馆。
模式产地：印度尼西亚苏门答腊（Kateman 沼泽森林）。
分布：东洋界的印度尼西亚（苏门答腊）。

56. 库纳克树白蚁 *Glyptotermes kunakensis* Thapa, 1982

模式标本：正模（兵蚁）、副模（兵蚁、工蚁）保存在印度森林研究所。
模式产地：马来西亚沙巴（Kunak）。
分布：东洋界的马来西亚（沙巴）。

57. 宽尾树白蚁 *Glyptotermes laticaudomunitus* Thapa, 1982

模式标本：正模（兵蚁）、副模（兵蚁、工蚁）保存在印度森林研究所。
模式产地：马来西亚沙巴（Lamag District）。
分布：东洋界的马来西亚（沙巴）。

58. 阔颚树白蚁 *Glyptotermes latignathus* Gao and Zhu, 1982

模式标本：正模（兵蚁）保存在中国科学院上海昆虫研究所，副模（兵蚁、若蚁）分别保存在成都市白蚁防治研究所和南京市白蚁防治研究所。
模式产地：中国四川省成都市。
分布：东洋界的中国（四川）。

59. 宽胸树白蚁 *Glyptotermes latithorax* Fan and Xia, 1980

模式标本：正模（品级没有说明）保存在中国科学院上海昆虫研究所。

模式产地：中国海南省儋州市那大镇。

分布：东洋界的中国（海南）。

60. 凉山树白蚁 *Glyptotermes liangshanensis* Gao, Zhu, and Gong, 1982

模式标本：正模（兵蚁、蚁后）、副模（兵蚁、蚁后、蚁王）保存在中国科学院上海昆虫研究所，副模（兵蚁、蚁后、蚁王）分别保存在成都市白蚁防治研究所和南京市白蚁防治研究所。

模式产地：中国四川省凉山州金阳县。

分布：东洋界的中国（四川）。

61. 自由树白蚁 *Glyptotermes liberatus* (Snyder, 1929)

曾称为：自由木白蚁（木白蚁亚属）*Kalotermes* (*Kalotermes*) *liberatus* Snyder, 1929。

模式标本：正模（兵蚁）、副模（兵蚁）保存在美国自然历史博物馆（可能均已遗失）。

模式产地：牙买加（Cinchona）。

分布：新热带界的古巴、多米尼加共和国、海地、牙买加、波多黎各、维尔京群岛。

62. 莱特树白蚁 *Glyptotermes lighti* Krishna and Emerson, 1962

种名释义：种名来自加利福尼亚大学伯克利分校动物学教授、白蚁分类学家 S. F. Light 的姓。

模式标本：正模（兵蚁）、副模（成虫）保存在美国国家博物馆，副模（成虫、兵蚁、若蚁）保存在美国自然历史博物馆。

模式产地：马绍尔群岛（Ine Island）。

分布：巴布亚界的马绍尔群岛、所罗门群岛。

63. 黎母岭树白蚁 *Glyptotermes limulingensis* Ping and Xu, 1986

模式标本：正模（兵蚁）、副模（兵蚁、成虫）保存在广东省科学院动物研究所。

模式产地：中国海南省琼中县黎母岭。

分布：东洋界的中国（海南）。

64. 长翅树白蚁 *Glyptotermes longipennis* Krishna and Emerson, 1962

模式标本：正模（成虫）、副模（成虫）保存在美国自然历史博物馆。

模式产地：哥伦比亚（San Antonio）。

分布：新热带界的哥伦比亚。

65. 陇南树白蚁 *Glyptotermes longnanensis* Gao and Zhu, 1980

模式标本：正模（兵蚁、蚁后）、副模（兵蚁、蚁后）保存在中国科学院上海昆虫研究所，副模（兵蚁）保存在南京市白蚁防治研究所。

模式产地：中国甘肃省文县。

分布：东洋界的中国（甘肃、湖北、四川成都）；古北界的中国（甘肃）。

66. 稍长树白蚁 *Glyptotermes longuisculus* Krishna and Emerson, 1962

模式标本：正模（成虫）、副模（成虫、兵蚁、若蚁）保存在美国自然历史博物馆，副模（成虫、兵蚁）保存在南非国家昆虫馆，副模（成虫、兵蚁、若蚁）保存在印度森林研究所，副模（成虫）保存在印度动物调查所。

模式产地：刚果民主共和国（Rutshuru 以南 45km 处）。

分布：非洲界的刚果民主共和国。

67. 蜡黄树白蚁 *Glyptotermes luteus* Kemner, 1931

模式标本：全模（成虫、兵蚁）保存在瑞典隆德大学动物研究所，全模（兵蚁、若蚁）保存在美国自然历史博物馆。

模式产地：印度尼西亚马鲁古。

分布：巴布亚界的印度尼西亚（马鲁古）。

68. 麻额树白蚁 *Glyptotermes maculifrons* Ping and Li, 1983

模式标本：正模（兵蚁）、副模（兵蚁、若蚁）保存在广东省科学院动物研究所。

模式产地：中国福建省南平市建阳区黄坑。

分布：东洋界的中国（福建）。

69. 大眼树白蚁 *Glyptotermes magnioculus* Ping and Liu, 1985

模式标本：正模（兵蚁）、副模（兵蚁、若蚁）保存在广东省科学院动物研究所。

模式产地：中国四川省都江堰市。

分布：东洋界的中国（四川）。

70. 麦格塞塞树白蚁 *Glyptotermes magsaysayi* Snyder, 1958

种名释义：种名来自 R. Magsaysay 的姓。

模式标本：正模（成虫）、副模（成虫、兵蚁）保存在美国国家博物馆，副模（成虫、兵蚁、若蚁）保存在美国自然历史博物馆。

模式产地：菲律宾吕宋。

分布：东洋界的菲律宾（吕宋）。

71. 翘颚树白蚁 *Glyptotermes mandibulicinus* Ping and Xu, 1986

模式标本：正模（兵蚁）、副模（兵蚁）保存在广东省科学院动物研究所。

模式产地：中国海南省三亚市。

分布：东洋界的中国（海南）。

72. 马拉特树白蚁 *Glyptotermes marlatti* (Snyder, 1926)

曾称为：马拉特木白蚁（树白蚁亚属）*Kalotermes* (*Glyptotermes*) *marlatti* Snyder, 1926。

模式标本：全模（有翅成虫、兵蚁）保存在美国国家博物馆。

模式产地：哥斯达黎加（Santa Clara）。

分布：新热带界的哥斯达黎加。

73. 较小树白蚁 *Glyptotermes minutus* Kemner, 1932

模式标本：选模（兵蚁）、副选模（成虫）保存在瑞典隆德大学动物研究所，副选模（兵蚁、若蚁）保存在美国自然历史博物馆。

模式产地：斯里兰卡（Peradeniya）。

分布：东洋界的斯里兰卡。

生物学：它栖息于雨树 *Samanea saman* 的死亡木材中和活的柏树中。

74. 高山树白蚁 *Glyptotermes montanus* Kemner, 1934

模式标本：全模（成虫、兵蚁、若蚁）分别保存在美国国家博物馆和美国自然历史博物馆。

模式产地：印度尼西亚爪哇（Tjitjourouk、Tjibodas）。

分布：东洋界的印度尼西亚（爪哇）。

75. 那大树白蚁 *Glyptotermes nadaensis* Li, 1987

模式标本：正模（兵蚁）、副模（兵蚁）保存在广东省科学院动物研究所。

模式产地：中国海南省儋州市那大镇。

分布：东洋界的中国（海南）。

76. 中岛树白蚁 *Glyptotermes nakajimai* Morimoto, 1973

种名释义：种名来自日本 S. Nakajima 教授的姓。

异名：儿玉树白蚁 *Glyptotermes kodamai* Mori, 1976、串本树白蚁 *Glyptotermes kushimensis* Mori, 1978。

模式标本：正模（兵蚁）、副模（成虫、兵蚁）保存在日本九州大学昆虫实验室。

模式产地：日本高知县（Cape Ashizuri）。

分布：东洋界的日本（小笠原群岛）；古北界的日本（高知、本州、九州）。

77. 新婆罗树白蚁 *Glyptotermes neoborneensis* Thapa, 1982

模式标本：正模（兵蚁）、副模（兵蚁、工蚁）保存在印度森林研究所。

模式产地：马来西亚沙巴（Keningau、Tambunan）。

分布：东洋界的马来西亚（沙巴）。

78. 内韦曼树白蚁 *Glyptotermes nevermani* (Snyder, 1926)

曾称为：内韦曼木白蚁（树白蚁亚属）*Kalotermes* (*Glyptotermes*) *nevermani* Snyder, 1926。

模式标本：全模（兵蚁、若蚁）分别保存在美国国家博物馆和美国自然历史博物馆。

模式产地：哥斯达黎加（Irazú 火山的西坡）。

分布：新热带界的哥斯达黎加。

79. 尼科巴树白蚁 *Glyptotermes nicobarensis* Maiti and Chakraborty, 1981

模式标本：正模（兵蚁）、副模（成虫、兵蚁、拟工蚁）保存在印度动物调查所，副模（成虫）分别保存在印度森林研究所和美国自然历史博物馆。

模式产地：印度尼科巴群岛中的大尼科巴岛。

分布：东洋界的印度（安达曼群岛、尼科巴群岛）。

80. 黑色树白蚁 *Glyptotermes niger* Kemner, 1934

模式标本：全模（成虫、兵蚁）保存在瑞典隆德大学动物研究所，全模（成虫、兵蚁、若蚁）保存在美国自然历史博物馆，全模（成虫）保存在美国国家博物馆。

模式产地：印度尼西亚（爪哇的南部海岸）。

分布：东洋界的印度尼西亚（爪哇）。

81. 尼桑树白蚁 *Glyptotermes nissanensis* Krishna and Emerson, 1962

模式标本：正模（兵蚁）、副模（若蚁）保存在美国自然历史博物馆。

模式产地：巴布亚新几内亚尼桑岛。

分布：巴布亚界的巴布亚新几内亚。

82. 直颚树白蚁 *Glyptotermes orthognathus* Ping and Chen, 1985

模式标本：正模（兵蚁）、副模（兵蚁、若蚁）保存在广东省科学院动物研究所。

模式产地：中国四川省达县。

分布：东洋界的中国（四川、重庆）。

83. 帕劳树白蚁 *Glyptotermes palauensis* Krishna and Emerson, 1962

模式标本：正模（兵蚁）、副模（成虫、若蚁）保存在美国国家博物馆，副模（成虫、兵蚁、若蚁）保存在美国自然历史博物馆。

模式产地：帕劳科罗尔岛。

分布：巴布亚界的帕劳、密克罗尼西亚。

84. 巴拉依丹树白蚁 *Glyptotermes panaitanensis* Thakur, 1989

模式标本：正模（兵蚁）、副模（成虫、拟工蚁）保存在印度森林研究所。

模式产地：印度尼西亚巴拉依丹岛。

分布：东洋界的印度尼西亚（爪哇）。

85. 似具尾树白蚁 *Glyptotermes paracaudomunitus* Thapa, 1982

模式标本：正模（兵蚁）、副模（成虫、兵蚁、工蚁）保存在印度森林研究所。

模式产地：马来西亚沙巴（Sepilok 森林保护区）。

分布：东洋界的马来西亚（沙巴）。

86. 似具瘤树白蚁 *Glyptotermes paratuberculatus* Thapa, 1982

模式标本：正模（兵蚁）、副模（成虫、兵蚁、工蚁）保存在印度森林研究所。

模式产地：马来西亚沙巴（Lamag District）。

分布：东洋界的马来西亚（沙巴）。

87. 帕克树白蚁 *Glyptotermes parki* Krishna and Emerson, 1962

种名释义：种名来自芝加哥大学动物学教授 T. Park 的姓。

模式标本：正模（兵蚁）、副模（成虫、兵蚁、若蚁）保存在美国自然历史博物馆，副模（兵蚁）保存在南非国家昆虫馆。

模式产地：卢旺达（Kakitummba）。

分布：非洲界的刚果民主共和国、卢旺达、乌干达。

88. 小眼树白蚁 *Glyptotermes parvoculatus* Krishna and Emerson, 1962

模式标本：正模（兵蚁）、副模（成虫、兵蚁、若蚁）保存在美国自然历史博物馆。

模式产地：特立尼达和多巴哥（Northern Range）。

分布：新热带界的特立尼达和多巴哥。

89. 细小树白蚁 *Glyptotermes parvulus* (Sjöstedt, 1907)

曾称为：细小木白蚁 *Calotermes parvulus* Sjöstedt, 1907。

模式标本：全模（蚁后、兵蚁、工蚁）保存在瑞典自然历史博物馆，全模（兵蚁、若蚁）保存在美国自然历史博物馆。

模式产地：刚果民主共和国（Mukumbungu）。

分布：非洲界的刚果民主共和国、加纳、科特迪瓦、乌干达。

90. 小树白蚁 *Glyptotermes parvus* Fan and Xia, 1980

模式标本：正模（品级不详）保存在中国科学院上海昆虫研究所。

模式产地：中国云南省勐海县。

分布：东洋界的中国（云南）。

91. 清晰树白蚁 *Glyptotermes pellucidus* (Emerson, 1925)

曾称为：清晰木白蚁（树白蚁亚属）*Kalotermes* (*Glyptotermes*) *pellucidus* Emerson, 1925。

模式标本：正模（有翅成虫）、副模（成虫）保存在美国自然历史博物馆。

模式产地：圭亚那（Kartabo）。

分布：新热带界的巴西（可疑）、圭亚那、委内瑞拉。

危害性：在圭亚那和委内瑞拉，它危害果树和房屋木构件。

92. 极小树白蚁 *Glyptotermes perparvus* (Emerson, 1925)

曾称为：极小木白蚁（树白蚁亚属）*Kalotermes* (*Glyptotermes*) *perparvus* Emerson, 1925。

模式标本：正模（成虫）、副模（成虫、兵蚁、若蚁）保存在美国自然历史博物馆，副模（成虫）保存在荷兰马斯特里赫特自然历史博物馆，副模（成虫、兵蚁、拟工蚁）保存在印度森林研究所。

模式产地：圭亚那（Kartabo）。

分布：新热带界的圭亚那。

93. 槟榔树白蚁 *Glyptotermes pinangae* (Haviland, 1898)

曾称为：槟榔木白蚁 *Calotermes pinangae* Haviland, 1898。

模式标本：全模（成虫、兵蚁、工蚁）保存在英国剑桥大学动物学博物馆，全模（兵蚁、若蚁）保存在美国自然历史博物馆，全模（拟工蚁）保存在印度森林研究所。

模式产地：马来西亚砂拉越。

分布：东洋界的马来西亚（大陆、沙巴、砂拉越）、泰国。

94. 平扁树白蚁 *Glyptotermes planus* (Snyder, 1925)

曾称为：平扁木白蚁（树白蚁亚属）*Kalotermes* (*Glyptotermes*) *planus* Snyder, 1925。

模式标本：正模（兵蚁）、副模（成虫、兵蚁、若蚁）保存在美国国家博物馆，副模（成虫、兵蚁、若蚁）保存在美国自然历史博物馆。

模式产地：哥斯达黎加（Colombiana）。

分布：新热带界的哥斯达黎加。

95. 后部树白蚁 *Glyptotermes posticus* (Hagen, 1858)

曾称为：后部木白蚁 *Calotermes posticus* Hagen, 1858。

模式标本：全模（成虫）分别保存在德国柏林冯博大学自然博物馆和哈佛大学比较动物学博物馆。

模式产地：美属维尔京群岛（St. Thomas）。

分布：新热带界的古巴、海地、牙买加、美属维尔京群岛。

96. 柔毛树白蚁 *Glyptotermes pubescens* Snyder, 1924

模式标本：正模（脱翅成虫）保存在南非斯泰伦博斯大学，副模（成虫、兵蚁、若蚁）保存在美国国家博物馆，副模（兵蚁、若蚁）保存在美国自然历史博物馆。

模式产地：波多黎各（Aibonito）。

分布：新热带界的波多黎各。

危害性：它危害林木和咖啡树。

97. 似网树白蚁 *Glyptotermes reticulatus* Wilkinson, 1954

模式标本：正模（雌有翅成虫）、副模（雄有翅成虫、兵蚁）保存在英国自然历史博物馆，副模（成虫、若蚁）保存在美国自然历史博物馆。

模式产地：坦桑尼亚（Zanzibar Island）。

分布：非洲界的坦桑尼亚（Zanzibar Island）。

98. 圆额树白蚁 *Glyptotermes rotundifrons* Krishna and Emerson, 1962

模式标本：正模（兵蚁）、副模（成虫、兵蚁、若蚁）保存在美国自然历史博物馆。

模式产地：巴拿马运河区域（Barro Colorade Island）。

分布：新热带界的巴拿马运河区域。

99. 赤树白蚁 *Glyptotermes satsumensis* (Matsumura, 1907)

种名释义：种名来自日本旧地名萨摩国（Satsuma）。

曾称为：萨摩白蚁 *Termes satsumensi* Matsumura, 1907。

异名：萨摩木白蚁（树白蚁亚属）*Calotermes* (*Glyptotermes*) *satsumaensis* Holmgren, 1912、长头树白蚁 *Glyptotermes longicephalus* Oshima, 1912。

模式标本：全模（成虫）保存地不详。

模式产地：中国台湾省。

分布：东洋界的中国（广东、广西、海南、湖南、四川、云南、台湾）、日本（琉球群岛）；古北界的中国（西藏）。

生物学：群体在树木枝干中筑隧道，不筑复杂的巢。

危害性：它危害橡胶树及其他枯树。

100. 施密德树白蚁 *Glyptotermes schmidti* Krishna and Emerson, 1962

种名释义：种名来自芝加哥自然历史博物馆 K. P. Schmidt 博士的姓。

模式标本：正模（兵蚁）、副模（若蚁）保存在美国自然历史博物馆。

模式产地：瓦努阿图（Espiritu Santo Island）。
分布：巴布亚界的瓦努阿图。

101. 斯科特树白蚁 *Glyptotermes scotti* (Holmgren, 1910)

曾称为：斯科特木白蚁（树白蚁亚属）*Calotermes* (*Glyptotermes*) *scotti* Holmgren, 1910。
模式标本：全模（成虫、兵蚁）保存在瑞典动物研究所，全模（成虫、兵蚁、若蚁）保存在美国自然历史博物馆。
模式产地：塞舌尔（Silhouette）。
分布：非洲界的塞舌尔。

102. 西弗斯树白蚁 *Glyptotermes seeversi* Krishna and Emerson, 1962

种名释义：种名来自美国罗斯福大学动物学教授 C. H. Seevers 的姓。
模式标本：正模（兵蚁）、副模（成虫、兵蚁、若蚁）保存在美国自然历史博物馆。
模式产地：墨西哥（Veracruz）。
分布：新热带界的墨西哥（Veracruz）。

103. 森萨尔马树白蚁 *Glyptotermes sensarmai* Maiti, 1976

种名释义：种名来自印度白蚁分类学家 P. K. Sen-Sarma 教授的姓。
模式标本：正模（兵蚁）、副模（兵蚁、拟工蚁）保存在印度动物所，副模（兵蚁、拟工蚁）保存在印度森林研究所。
模式产地：印度西孟加拉邦（Koch Bihar District）。
分布：东洋界的孟加拉国、印度（西孟加拉邦）。

104. 西比洛克树白蚁 *Glyptotermes sepilokensis* Thapa, 1982

模式标本：正模（兵蚁）、副模（兵蚁、工蚁）保存在印度森林研究所。
模式产地：马来西亚沙巴（Sepilok 森林保护区）。
分布：东洋界的印度尼西亚（苏拉威西）、马来西亚（沙巴）。

105. 陕西树白蚁 *Glyptotermes shaanxiensis* Huang and Zhang, 1986

模式标本：正模（兵蚁）、副模（兵蚁、成虫）保存在中国科学院动物研究所。
模式产地：中国陕西省白河县。
分布：古北界的中国（陕西）。

106. 西克树白蚁 *Glyptotermes sicki* Krishna and Emerson, 1962

种名释义：模式标本由 H. Sick 和 H. Muth 采集，种名来自前者的姓。
模式标本：正模（兵蚁）、副模（成虫、兵蚁、若蚁、蚁王、蚁后）保存在美国自然历史博物馆，副模（兵蚁）保存在南非国家昆虫馆。
模式产地：巴西里约热内卢。
分布：新热带界的巴西（里约热内卢）。

107. 思茅树白蚁 *Glyptotermes simaoensis* Li, 1987

模式标本：正模（品级不详）、副模（成虫、兵蚁）保存在广东省科学院动物研究所。

模式产地：中国云南省普洱市思茅区。

分布：东洋界的中国（云南）。

108. 弯翅树白蚁 *Glyptotermes sinomalatus* Krishna and Emerson, 1962

模式标本：正模（兵蚁）、副模（成虫、兵蚁、若蚁）保存在美国自然历史博物馆，副模（兵蚁、成虫）保存在南非国家昆虫馆。

模式产地：刚果民主共和国（Epulu）。

分布：非洲界的刚果民主共和国。

109. 琥珀树白蚁 *Glyptotermes succineus* Ping and Gong, 1986

模式标本：正模（兵蚁）、副模（兵蚁、若蚁）保存在广东省科学院动物研究所，副模（兵蚁、若蚁）保存在贵州省林业研究所。

模式产地：中国贵州省荔波县。

分布：东洋界的中国（贵州）。

110. 缝合树白蚁 *Glyptotermes suturis* (Snyder, 1925)

曾称为：缝合木白蚁（树白蚁亚属）*Kalotermes* (*Glyptotermes*) *suturis* Snyder, 1925。

模式标本：正模（兵蚁）、副模（有翅成虫、若蚁）保存在美国国家博物馆。

模式产地：哥斯达黎加（La Carpentera）。

分布：新热带界的哥斯达黎加。

111. 塔鲁恩树白蚁 *Glyptotermes taruni* Bose, 1999

种名释义：种名来自模式标本的采集者 Tarun K. Pal 博士的名字。

模式标本：正模（兵蚁）、副模（拟工蚁）保存在印度动物调查所。

模式产地：中国。

分布：东洋界的中国。

112. 塔韦乌尼树白蚁 *Glyptotermes taveuniensis* (Hill, 1926)

曾称为：塔韦乌尼木白蚁（树白蚁亚属）*Calotermes* (*Glyptotermes*) *taveuniensis* Hill, 1926。

模式标本：选模（兵蚁）、副选模（兵蚁）保存在澳大利亚维多利亚博物馆，副选模（兵蚁）保存在美国自然历史博物馆。

模式产地：斐济塔韦乌尼岛。

分布：巴布亚界的斐济。

113. 代格纳夫树白蚁 *Glyptotermes teknafensis* Akhtar, 1975

模式标本：正模（兵蚁）、副模（兵蚁、成虫、若蚁）保存在巴基斯坦旁遮普大学动物学系，副模（成虫、若蚁）分别保存在巴基斯坦森林研究所、美国国家博物馆、美国自然历史博物馆、英国自然历史博物馆。

模式产地：孟加拉国（Teknaf）。

分布：东洋界的孟加拉国、印度（西孟加拉邦）。

生物学：在孟加拉国，它生活在番樱桃树的死亡部分，建纵向的隧道，隧道间通过小孔相互联通。

114. 泰国树白蚁 *Glyptotermes thailandis* Morimoto, 1973

模式标本：正模（兵蚁）、副模（兵蚁）保存在日本九州大学昆虫实验室。

模式产地：泰国（Khao Yai）。

分布：东洋界的泰国。

115. 铁卡德树白蚁 *Glyptotermes tikaderi* Chhotani and Bose, 1985

种名释义：种名来自印度动物调查所原所长 B. K. Tikader 先生的姓。

模式标本：正模（兵蚁）、副模（兵蚁、拟工蚁、若蚁）保存在印度动物调查所，副模（兵蚁、拟工蚁）保存在印度森林研究所。

模式产地：中国。

分布：东洋界的中国。

116. 特里普拉树白蚁 *Glyptotermes tripurensis* Thakur, 1975

模式标本：正模（兵蚁）、副模（兵蚁、拟工蚁）保存在印度森林研究所，副模（兵蚁、拟工蚁）保存在印度动物调查所。

模式产地：印度特里普拉邦（Tiliamura）。

分布：东洋界的印度（特里普拉邦）。

117. 伤残树白蚁 *Glyptotermes truncatus* Krishna and Emerson, 1962

模式标本：正模（兵蚁）、副模（兵蚁、成虫）保存在美国自然历史博物馆，副模（成虫、兵蚁）保存在英国自然历史博物馆。

模式产地：哥伦比亚（Rio Porce）。

分布：新热带界的哥伦比亚。

118. 蔡氏树白蚁 *Glyptotermes tsaii* Huang and Zhu, 1986

模式标本：正模（兵蚁）、副模（兵蚁、成虫）保存在中国科学院昆明动物研究所。

模式产地：中国云南省贡山县。

分布：东洋界的中国（云南）。

119. 具瘤树白蚁 *Glyptotermes tuberculatus* Froggatt, 1897

模式标本：选模（兵蚁）、副选模（雄成虫）保存在澳大利亚国家昆虫馆，副选模（成虫）保存在美国自然历史博物馆。

模式产地：澳大利亚新南威尔士州（Uralla）。

分布：澳洲界的澳大利亚（新南威尔士州、昆士兰州）、新西兰。

危害性：它危害林木和房屋木构件。

120. 具疣树白蚁 *Glyptotermes tuberifer* Krishna and Emerson, 1962

模式标本：正模（兵蚁）、副模（若蚁、兵蚁、成虫）保存在美国自然历史博物馆，副模（成虫、若蚁）保存在英国自然历史博物馆。

模式产地：圣文森特和格林纳丁斯（Sand Bay）。

分布：新热带界的圣文森特和格林纳丁斯。

121. 韦莱树白蚁 *Glyptotermes ueleensis* Coaton, 1955

异名：具钩树白蚁 *Glyptotermes hamatilis* Mathur and Thapa, 1962（裸记名称）。

模式标本：全模（成虫、兵蚁）分别保存在美国自然历史博物馆、南非国家昆虫馆和比利时非洲中心皇家博物馆。

模式产地：刚果民主共和国（Uele Forest）。

分布：非洲界的刚果民主共和国、乌干达。

122. 乌吉亚树白蚁 *Glyptotermes ukhiaensis* Akhtar, 1975

模式标本：正模（兵蚁）、副模（兵蚁、成虫、若蚁）保存在巴基斯坦旁遮普大学动物学系，副模（成虫、若蚁）分别保存在巴基斯坦森林研究所、美国国家博物馆、美国自然历史博物馆和英国自然历史博物馆。

模式产地：孟加拉国（Ukhia）。

分布：东洋界的孟加拉国、印度（西孟加拉邦）。

123. 疣多树白蚁 *Glyptotermes verrucosus* (Hagen, 1858)

曾称为：粗糙木白蚁 *Calotermes verrucosus* Hagen, 1858。

模式标本：全模（成虫）保存在哈佛大学比较动物学博物馆。

模式产地：不详。

分布：新热带界的哥斯达黎加。

124. 黄唇树白蚁 *Glyptotermes xantholabrum* (Hill, 1926)

曾称为：黄唇木白蚁（树白蚁亚属）*Calotermes* (*Glyptotermes*) *xantholabrum* Hill, 1926。

异名：贾得木白蚁（树白蚁亚属）*Kalotermes* (*Glyptotermes*) *juddi* Light, 1932。

模式标本：选模（兵蚁）、副选模（成虫、若蚁、兵蚁、工蚁）保存在澳大利亚维多利亚博物馆，副选模（成虫、兵蚁、工蚁）保存在美国自然历史博物馆，副选模（成虫）保存在英国自然历史博物馆。

模式产地：萨摩亚（Upolu Island）。

分布：巴布亚界的法属波利尼西亚（马克萨斯群岛）、瓦努阿图、巴布亚新几内亚（新不列颠）、萨摩亚。

125. 厦门树白蚁 *Glyptotermes xiamenensis* Li and Huang, 1986

模式标本：正模（兵蚁）、副模（兵蚁、若蚁）保存在广东省科学院动物研究所。

模式产地：中国福建省厦门市。

分布：东洋界的中国（福建）。

126. 英德树白蚁 *Glyptotermes yingdeensis* Li, 1987

模式标本：正模（兵蚁）、副模（兵蚁、若蚁）保存在广东省科学院动物研究所。

模式产地：中国广东省英德市滑水山林场。

分布：东洋界的中国（广东）。

127. 尤氏树白蚁 *Glyptotermes yui* Ping and Xu, 1986

模式标本：正模（兵蚁）、副模（兵蚁、成虫）保存在广东省科学院动物研究所。

模式产地：中国海南省万宁市。

分布：东洋界的中国（海南）。

128. 赵氏树白蚁 *Glyptotermes zhaoi* Ping, 1984

模式标本：正模（兵蚁）、副模（兵蚁、工蚁）保存在广东省科学院动物研究所。

模式产地：中国福建省建瓯市。

分布：东洋界的中国（福建）。

十一、楹白蚁属 *Incisitermes* Krishna, 1961

模式种：施瓦茨楹白蚁 *Incisitermes schwarzi* (Banks, 1919)。

种类：30 种。

分布：新北界、新热带界、东洋界、巴布亚界、澳洲界、古北界。

1. 班克斯楹白蚁 *Incisitermes banksi* (Snyder, 1920)

种名释义：种名来自美国白蚁分类学家 N. Banks 的姓。

曾称为：班克斯木白蚁 *Kalotermes banksi* Snyder, 1920。

异名：得克萨斯木白蚁 *Kalotermes texanus* Banks, 1920、莱特木白蚁 *Kalotermes lighti* Snyder, 1926。

模式标本：正模（雄成虫）保存在美国国家博物馆，副模（成虫）保存在美国自然历史博物馆。

模式产地：美国亚利桑那州（Mt. Santa Catalina）。

分布：新北界的美国（亚利桑那州、得克萨斯州）。

2. 巴雷特楹白蚁 *Incisitermes barretti* Gay, 1976

模式标本：正模（兵蚁）、副模（成虫、兵蚁、工蚁）保存在澳大利亚国家昆虫馆，副模（成虫、兵蚁）保存在美国自然历史博物馆。

模式产地：澳大利亚昆士兰州（Cairns 西北 33km 处）。

分布：澳洲界的澳大利亚（昆士兰州）。

3. 贝奎特楹白蚁 *Incisitermes bequaerti* (Snyder, 1929)

曾称为：贝奎特木白蚁（木白蚁亚属）*Kalotermes* (*Kalotermes*) *bequaerti* Snyder, 1929。

模式标本：全模（成虫、兵蚁）分别保存在美国国家博物馆、美国自然历史博物馆和哈佛大学比较动物学博物馆，全模（成虫）保存在南非国家昆虫馆。

模式产地：古巴（Oriente）。

分布：新热带界的百慕大、古巴、多米尼加共和国、波多黎各、特克斯和凯科斯群岛、美属维尔京群岛。

4. 迪德瓦纳楹白蚁 *Incisitermes didwanaensis* Roonwal and Verma 1973

模式标本：正模（兵蚁）、副模（兵蚁、拟工蚁、成虫）保存在印度动物调查所，副模（兵蚁、拟工蚁）分别保存在印度森林研究所和印度动物调查所沙漠分站。

模式产地：印度拉贾斯坦邦（Didwana）。

分布：东洋界的印度（拉贾斯坦邦）。

5. 埃默森楹白蚁 *Incisitermes emersoni* (Light, 1933)

曾称为：埃默森木白蚁（木白蚁亚属）*Kalotermes* (*Kalotermes*) *emersoni* Light, 1933。

模式标本：全模（成虫、若蚁）保存在美国自然历史博物馆。

模式产地：墨西哥（Jala）。

分布：新热带界的墨西哥（Colima）。

6. 蛀果楹白蚁 *Incisitermes fruticavus* Rust, 1979

模式标本：正模（兵蚁）、副模（成虫、兵蚁）保存在美国自然历史博物馆，副模（成虫、兵蚁）分别保存在美国国家博物馆、加利福尼亚州科学院、加利福尼亚大学。

模式产地：美国加利福尼亚州（Aguanga）。

分布：新北界的美国（加利福尼亚州）。

7. 暗黑楹白蚁 *Incisitermes furvus* Scheffrahn, 1994

模式标本：正模（有翅成虫）、副模（兵蚁）保存在美国国家博物馆，副模（成虫、兵蚁）分别保存在美国自然历史博物馆和佛罗里达州节肢动物标本馆。

模式产地：波多黎各（Guajataca）。

分布：新热带界的波多黎各。

8. 加拉帕戈斯楹白蚁 *Incisitermes galapagoensis* (Banks, 1901)

曾称为：加拉帕戈斯木白蚁 *Calotermes galapagoensis* Banks, 1901。

模式标本：正模（成虫）保存在加利福尼亚州科学院。

模式产地：厄瓜多尔加拉帕戈斯群岛（Wenman Island）。

分布：新热带界的厄瓜多尔（加拉帕戈斯群岛）。

9. 移境楹白蚁 *Incisitermes immigrans* (Snyder, 1922)

曾称为：移境木白蚁 *Kalotermes immigrans* Snyder, 1922。

异名：马乔里木白蚁 *Kalotermes marjoriae* Snyder, 1924、克利夫兰木白蚁（木白蚁亚属）*Kalotermes* (*Kalotermes*) *clevelandi* Snyder, 1926、弯胸木白蚁（木白蚁亚属）*Calotermes* (*Calotermes*) *curvithorax* Kelsey, 1944。

模式标本：正模（有翅成虫）、副模（有翅和脱翅成虫）保存在美国国家博物馆。

模式产地：美国（夏威夷）。

分布：新热带界的厄瓜多尔（加拉帕戈斯群岛）、萨尔瓦多、危地马拉、尼加拉瓜、巴拿马运河区域、秘鲁；古北界的日本；巴布亚界的基里巴斯（Fanning Island、Phoenix Islands）、法属波利尼西亚（马克萨斯群岛）、美国（夏威夷及太平洋中的许多其他小岛）。

危害性：在厄瓜多尔和秘鲁，它危害椰子树、房屋木构件、栅栏桩和死树木。它是一种入侵白蚁。

10. 稻村楹白蚁 *Incisitermes inamurai* (Oshima, 1912)

种名释义：种名来自模式标本采集人 T. Inamura 的姓。

曾称为：稻村木白蚁 *Calotermes inamurae* Oshima, 1912、台湾木白蚁 *Kalotermes inamurae* Oshima, 1912。

模式标本：新模（有翅成虫）保存在台湾自然科学博物馆，副选模（成虫、兵蚁）分别保存在台湾大学昆虫系和台湾森林研究所。

模式产地：中国台湾省屏东县。

分布：东洋界的中国（台湾）。

11. 切割楹白蚁 *Incisitermes incisus* (Silvestri, 1901)

曾称为：切割木白蚁 *Calotermes incises* Silvestri, 1901。

模式标本：全模（成虫、兵蚁、若蚁）保存在丹麦大学动物学博物馆。

模式产地：委内瑞拉（St. Jean）。

分布：新热带界的巴哈马、巴巴多斯、多米尼克、瓜德罗普、尼加拉瓜（Guana）、莫纳、蒙特塞拉特、波多黎各、美属维尔京群岛、英属维尔京群岛、委内瑞拉。

危害性：在委内瑞拉，它是一种害虫，危害对象不详。

12. 侧角楹白蚁 *Incisitermes laterangularis* Han, 1982

模式标本：正模（兵蚁、若蚁）保存在中国科学院上海昆虫研究所。

模式产地：中国浙江省宁海县（从国外传入）。

分布：东洋界的中国（江苏和浙江）（注：这种白蚁是否是小楹白蚁的异名，存在争议）。

13. 缘翅楹白蚁 *Incisitermes marginipennis* (Latreille, 1817)

曾称为：缘翅白蚁 *Termes marginipenne* Latreille, 1817。

异名：墨西哥白蚁 *Termes mexicanus* Walker, 1853、高山木白蚁 *Kalotermes montanus* Snyder, 1922、瘤额木白蚁 *Kalotermes tuberculifrons* Snyder, 1922。

模式标本：选模（成虫）保存在比利时皇家自然科学研究所。

模式产地：墨西哥。

分布：新热带界的危地马拉、墨西哥、巴拿马。

危害性：在墨西哥和危地马拉，它危害房屋木构件。

14. 马里亚纳楹白蚁 *Incisitermes marianus* (Holmgren, 1912)

曾称为：马里亚纳木白蚁 *Calotermes marianus* Holmgren, 1912。

模式标本：全模（成虫）保存在德国柏林冯博大学自然博物馆。

模式产地：马里亚纳群岛。

分布：巴布亚界的马里亚纳群岛。

15. 麦格雷戈楹白蚁 *Incisitermes mcgregori* (Light, 1921)

曾称为：麦格雷戈木白蚁 *Kalotermes mcgregori* Light, 1921。

模式标本：选模（兵蚁）、副选模（兵蚁、拟工蚁）保存在印度森林研究所，副选模（兵蚁、若蚁）保存在美国自然历史博物馆，副选模（兵蚁）保存在南非国家昆虫馆。

模式产地：菲律宾吕宋（Rizal）。

分布：东洋界的菲律宾。

16. 米勒楹白蚁 *Incisitermes milleri* (Emerson, 1943)

曾称为：米勒木白蚁 *Kalotermes milleri* Emerson, 1943。

模式标本：正模（成虫）、副模（成虫、兵蚁、若蚁）保存在美国自然历史博物馆，副模（兵蚁）分别保存在美国国家博物馆、南非国家昆虫馆、哈佛大学比较动物学博物馆和美国自然历史野外博物馆。

模式产地：美国佛罗里达州（Elliot Key）。

分布：新北界的美国（佛罗里达州）；新热带界的开曼群岛、古巴、多米尼加共和国、牙买加。

17. 小楹白蚁 *Incisitermes minor* (Hagen, 1858)

曾称为：缘翅木白蚁小型亚种 *Calotermes marginipennis minor* Hagen, 1858。

异名：亚利桑那木白蚁 *Kalotermes arizonensis* Snyder, 1926、小木白蚁变型亚种 *Kalotermes minor varius* Snyder, 1926。

模式标本：全模（成虫）保存在哈佛大学比较动物学博物馆。

模式产地：美国加利福尼亚州的圣迭哥。

分布：新北界的墨西哥（Baja California、Sonora）、美国[亚利桑那州、加利福尼亚州、佐治亚州、依阿华州、路易斯安那州、马里兰州、内华达州、新泽西州、纽约州、俄克拉何马州、宾夕法尼亚州（传入）、得克萨斯州]、加拿大[多伦多（传入）]；巴布亚界的美国[夏威夷（传入）]；古北界的日本（传入）；东洋界的中国（传入）。

危害性：在美国、日本和中国（上海等地），它危害房屋木构件。

18. 黑色楹白蚁 *Incisitermes nigritus* (Snyder, 1946)

曾称为：黑色木白蚁 *Kalotermes nigritus* Snyder, 1946。

模式标本：全模（成虫、兵蚁、若蚁）分别保存在美国国家博物馆和自然历史博物馆。

模式产地：危地马拉。

分布：新北界的美国[加利福尼亚州（传入）]；新热带界的危地马拉、墨西哥、尼加拉瓜。

危害性：它危害栅栏和死树木。

19. 西村楹白蚁 *Incisitermes nishimurai* Scheffrahn, 2014

种名释义：种名来自日本白蚁学者 R. Y. Nishimura 博士的姓。他 2002 年进入佛罗里达大学白蚁研究团队，研究过中美洲的白蚁。

模式标本：正模（兵蚁）、副模（兵蚁、有翅成虫、拟工蚁）保存在佛罗里达大学研究与教育中心。

模式产地：洪都拉斯（Parque Nacional La Tigra 访问中心）。

分布：新热带界的洪都拉斯。

生物学：它生活在洪都拉斯高原，即它具有在高海拔地区生存的能力。

20. 太平洋楹白蚁 *Incisitermes pacifcus* (Banks, 1901)

曾称为：太平洋木白蚁 *Calotermes pacifcus* Banks, 1901。

模式标本：全模（成虫、兵蚁）保存在加利福尼亚州科学院，但标本在 1906 年遭地震和火灾损坏，美国自然历史博物馆有 Banks 采集的新模。

模式产地：厄瓜多尔加拉帕戈斯群岛。

分布：新热带界的厄瓜多尔。

21. 宽头楹白蚁 *Incisitermes platycephalus* (Light, 1933)

曾称为：宽头木白蚁（木白蚁亚属）*Kalotermes* (*Kalotermes*) *platycephalus* Light, 1933。

模式标本：全模（兵蚁、若蚁）保存在美国自然历史博物馆。

模式产地：墨西哥（Madrid）。

分布：新热带界的墨西哥。

22. 转变楹白蚁 *Incisitermes repandus* (Hill, 1926)

曾称为：转变木白蚁（木白蚁亚属）*Calotermes* (*Calotermes*) *repandus* Hill, 1926。

模式标本：选模（成虫）、副选模（成虫、兵蚁）保存在英国自然历史博物馆，副选模（成虫、兵蚁）保存在美国自然历史博物馆，副选模（兵蚁）保存在南非国家昆虫馆。

模式产地：萨摩亚（Upolu Island）。

分布：澳洲界的澳大利亚（昆士兰州）；巴布亚界的中部和东南部太平洋群岛、斐济、马绍尔群岛、萨摩亚。

危害性：在斐济，它危害房屋木构件。

23. 红树楹白蚁 *Incisitermes rhyzophorae* Hernandez, 1994

种名释义：模式标本采集于一个正在腐烂的红树 *Rhyzophra apiculata* 树桩。*Rhyzophra* 为红树属属名。

模式标本：正模（兵蚁）、副模（兵蚁、成虫）保存在古巴生态系统研究所。

模式产地：古巴（Las Tunas）。

分布：新热带界的巴哈马、古巴。

24. 施瓦茨楹白蚁 *Incisitermes schwarzi* (Banks, 1919)

种名释义：种名来自 E. A. Schwarz 博士的姓。

曾称为：施瓦茨木白蚁 *Kalotermes schwarzi* Banks, 1919。

模式标本：全模（成虫、兵蚁）保存在美国国家博物馆，全模（成虫、兵蚁、若蚁）保存在美国自然历史博物馆。

模式产地：古巴、牙买加、美国（佛罗里达州）。

分布：新北界的美国（佛罗里达州）；新热带界的巴哈马、古巴、牙买加、墨西哥（Yucatan）。

生物学：兵蚁分大、小二型。

危害性：在美国，它危害房屋木构件。

25. 西弗斯楹白蚁 *Incisitermes seeversi* (Snyder and Emerson, 1949)

种名释义：种名来自动物学教授 C. H. Seevers 的姓。

曾称为：西弗斯木白蚁 *Kalotermes seeversi* Snyder and Emerson, 1949。

异名：极小木白蚁（木白蚁亚属）*Kalotermes* (*Kalotermes*) *perparvus* Light, 1933。

模式标本：全模（成虫）分别保存在加利福尼亚州科学院和美国自然历史博物馆。
模式产地：墨西哥（Maria Madre Island）。
分布：新热带界的墨西哥（Tres Marias Islands）。

26. 半月楹白蚁 *Incisitermes semilunaris* (Holmgren and Holmgren, 1915)

曾称为：半月木白蚁（新白蚁亚属）*Calotermes* (*Neotermes*) *semilunaris* Holmgren and Holmgren, 1915。
模式标本：全模（兵蚁）保存在瑞士自然历史博物馆，全模（兵蚁、若蚁）保存在美国自然历史博物馆。
模式产地：新喀里多尼亚（Loyalty Islands）。
分布：巴布亚界的新喀里多尼亚（Loyalty Islands）。

27. 斯奈德楹白蚁 *Incisitermes snyderi* (Light, 1933)

种名释义：种名来自美国白蚁分类学家 T. E. Snyder 教授的姓。
曾称为：斯奈德木白蚁（木白蚁亚属）*Kalotermes* (*Kalotermes*) *snyderi* Light, 1933。
模式标本：选模（兵蚁）、副选模（兵蚁、成虫）保存在美国自然历史博物馆，副选模（成虫、兵蚁）保存在美国国家博物馆。
模式产地：美国得克萨斯州（Cameron）。
分布：新北界的美国（佛罗里达州、佐治亚州、路易斯安那州、密西西比州、南卡罗来纳州、得克萨斯州）；新热带界的巴哈马、百慕大、哥斯达黎加、古巴、墨西哥、波多黎各（Mona Island）、巴拿马。
危害性：在美国和波多黎各，它危害林木和房屋木构件。

28. 坚硬楹白蚁 *Incisitermes solidus* (Hagen, 1858)

曾称为：坚硬木白蚁 *Calotermes solidus* Hagen, 1858。
模式标本：正模（成虫）保存在英国自然历史博物馆。
模式产地：不详。
分布：不详。

29. 塔沃加楹白蚁 *Incisitermes tabogae* (Snyder, 1924)

曾称为：塔沃加木白蚁 *Kalotermes tabogae* Snyder, 1924。
模式标本：正模（成虫）保存在美国国家博物馆，副模（成虫）保存在美国自然历史博物馆。
模式产地：巴拿马（Taboga Island）。
分布：新热带界的伯利兹、开曼群岛、多米尼克、瓜德罗普、洪都拉斯、马提尼克、尼加拉瓜、巴拿马、特立尼达和多巴哥。
危害性：它危害木栅栏和死树木。

30. 泰勒楹白蚁 *Incisitermes taylori* (Light, 1930)

曾称为：泰勒木白蚁 *Kalotermes taylori* Light, 1930。
模式标本：选模（兵蚁）、副选模（兵蚁、若蚁）保存在美国自然历史博物馆，选模（兵蚁、拟工蚁）保存在印度森林研究所。

模式产地：菲律宾棉兰老岛（Zamboanga、Santa Cruz）。

分布：东洋界的菲律宾（棉兰老岛）。

十二、木白蚁属 *Kalotermes* Hagen, 1853

中文名称：我国早期曾称之为“木居蠻属”。

异名：木白蚁属 *Calotermes* Hagen, 1858、前树白蚁属 *Proglyptotermes* Emerson, 1949。

模式种：黄颈木白蚁 *Kalotermes flavicollis* (Fabricius, 1793)。

种类：21 种。

分布：新北界、古北界、新热带界、非洲界、东洋界、澳洲界。

生物学：它属于湿木白蚁，群体小，在死亡的木材中筑巢，蛀食枯死的树枝、直立的死树、受伤的伤疤。可在具有伤疤、死树枝的树上发现它。

危害性：除对木材有轻微的损坏外，它几乎无危害性。

1. 竞争木白蚁 *Kalotermes aemulus* Sewell and Gay, 1978

模式标本：正模（兵蚁）、副模（成虫、兵蚁、工蚁）保存在澳大利亚国家昆虫馆。

模式产地：澳大利亚西澳大利亚州（Victoria Park）。

分布：澳洲界的澳大利亚（西澳大利亚州）。

生物学：它栖息于潮湿的死亡原木及树桩中、活树的潮湿且枯死部分中。群体内个体数为 259～559 个，兵蚁占比为 9.3%。

2. 临近木白蚁 *Kalotermes approximatus* Snyder, 1920

模式标本：正模（兵蚁）保存在美国国家博物馆。

模式产地：美国佛罗里达州（Ortega）。

分布：新北界的美国（佛罗里达州、佐治亚州、路易斯安那州、得克萨斯州、弗吉尼亚州）；新热带界的百慕大。

危害性：在百慕大，它危害林木。

3. 黑色木白蚁 *Kalotermes atratus* Hill, 1933

曾称为：黑色木白蚁（堆砂白蚁亚属）*Calotermes* (*Cryptotermes*) *atratus* Hill, 1933。

模式标本：选模（兵蚁）、副选模（成虫、兵蚁、工蚁）保存在澳大利亚国家昆虫馆，副选模（成虫、兵蚁、若蚁）保存在美国自然历史博物馆，副选模（成虫）分别保存在美国国家博物馆和南非国家昆虫馆，副选模（成虫、兵蚁、拟工蚁）保存在印度森林研究所，副选模（成虫、兵蚁）保存在印度动物调查所。

模式产地：澳大利亚新南威尔士州（Appin 附近）。

分布：澳洲界的澳大利亚（首都地区、Fisher Island、新南威尔士州、塔斯马尼亚州、维多利亚州）。

4. 山龙眼木白蚁 *Kalotermes banksiae* Hill, 1942

种名释义：种名来自澳大利亚代表性植物名 Banksia（山茂樫，俗称山龙眼），这种植物仅生活在大洋洲大陆。Banksia 的植物名，来自跟随库克船长（Captain Cook）一起环球航海探险的植物学家 J. Banks 的姓。

曾称为：山龙眼木白蚁 *Calotermes banksiae* Hill, 1942。

模式标本：正模（兵蚁）、副模（成虫、兵蚁、工蚁）保存在澳大利亚国家昆虫馆，副模（成虫、兵蚁、若蚁）分别保存在美国自然历史博物馆和美国国家博物馆，副模（成虫、兵蚁）分别保存在南非国家昆虫馆和印度动物调查所，副模（成虫、兵蚁、拟工蚁）保存在印度森林研究所。

模式产地：澳大利亚维多利亚州（Mallacoota）。

分布：澳洲界的澳大利亚（Lord Howe Island、新南威尔士州、Norfolk Island、昆士兰州、南澳大利亚州、维多利亚州）、新西兰。

危害性：它是一种入侵白蚁。

5. 布龙木白蚁 *Kalotermes brouni* Froggatt, 1897

曾称为：布龙木白蚁 *Calotermes brouni* Froggatt, 1897。

模式标本：新模（兵蚁）保存在澳大利亚国家昆虫馆。

模式产地：新西兰（Westfield）。

分布：澳洲界的新西兰（Chatham Island）。

危害性：它危害房屋木构件。

6. 开普敦木白蚁 *Kalotermes capicola* Coaton, 1949

模式标本：正模（雄成虫）、副模（兵蚁）保存在南非国家昆虫馆，副模（兵蚁）保存在美国自然历史博物馆。

模式产地：南非开普敦。

分布：非洲界的南非。

7. 共生木白蚁 *Kalotermes cognatus* Gay, 1976

模式标本：正模（兵蚁）、副模（成虫、兵蚁）保存新西兰节肢动物学院。

模式产地：新西兰（Kermadec Islands）。

分布：澳洲界的澳大利亚（Lord Howe Island、Norfolk Island）、新西兰（Kermadec Islands）。

8. 凸木白蚁 *Kalotermes convexus* (Walker, 1853)

曾称为：凸白蚁 *Termes convexus* Walker, 1853。

异名：蒂利亚德木白蚁 *Calotermes tillyardi* Hill, 1932。

模式标本：正模（雄成虫）保存在英国自然历史博物馆。

模式产地：澳大利亚塔斯马尼亚州。

分布：澳洲界的澳大利亚（新南威尔士州、南澳大利亚州、塔斯马尼亚州、维多利亚州）。

9. 不同木白蚁 *Kalotermes dispar* Grassé, 1938

曾称为：不同木白蚁 *Calotermes dispar* Grassé, 1938。

模式标本：全模（成虫、兵蚁）保存在法国巴黎大学生物进化实验室，全模（兵蚁、若蚁）保存在美国自然历史博物馆，全模（兵蚁）保存在南非国家昆虫馆。

模式产地：西班牙加那利群岛（La Palma）。

分布：古北界的西班牙（加那利群岛）。

10. 黄颈木白蚁 *Kalotermes flavicollis* (Fabricius, 1793)

曾称为：黄颈白蚁 *Termes flavicolle* Fabricius, 1793。

异名：摩洛哥木白蚁 *Calotermes maroccoensis* Sjöstedt, 1904。

模式标本：选模（成虫）保存在丹麦哥本哈根大学动物学博物馆。

模式产地：巴巴里海岸。

分布：古北界从阿尔及利亚到埃及、黎瓦特（在希腊与西埃及之间）、小亚细亚（叙利亚、 高加索山脉西北）、法国、以色列、意大利（Sardinia、Sicily）、利比亚、摩洛哥、葡萄牙、西班牙、突尼斯、土耳其、原南斯拉夫地区。

危害性：它危害果树、林木和房屋木构件。

11. 细颚木白蚁 *Kalotermes gracilignathus* Emerson, 1924

曾称为：细颚木白蚁（新白蚁亚属）*Kalotermes* (*Neotermes*) *gracilignathus* Emerson, 1924。

模式标本：正模（成虫）保存在瑞典自然历史博物馆，副模（成虫、兵蚁、若蚁）保存在美国自然历史博物馆，副模（成虫、兵蚁）保存在南非国家昆虫馆。

模式产地：智利（Juan Fernandez Islands）。

分布：新热带界的智利（Juan Fernandez Islands）、秘鲁。

12. 希尔木白蚁 *Kalotermes hilli* (Emerson, 1949)

曾称为：希尔前树白蚁 *Proglyptotermes hilli* Emerson, 1949。

异名：昏暗白蚁 *Termes obscurus* Walker, 1853。

模式标本：正模（雌成虫）保存在英国自然历史博物馆。

模式产地：澳大利亚西澳大利亚州（Swan River）。

分布：澳洲界的澳大利亚（西澳大利亚州）。

生物学：它栖息于潮湿的死亡原木及树桩中、活树的潮湿且枯死部分中。

13. 伊萨卢木白蚁 *Kalotermes isaloensis* (Cachan, 1949)

曾称为：伊萨卢新白蚁 *Neotermes isaloensis* Cachan, 1949。

模式标本：全模（兵蚁）分别保存在南非国家昆虫馆和比利时非洲中心皇家博物馆，全模（兵蚁、若蚁）保存在美国自然历史博物馆。

模式产地：马达加斯加（Isalo）。

分布：非洲界的马达加斯加。

14. 意大利木白蚁 *Kalotermes italicus* Ghesini and Marini, 2013

模式标本：全模（有翅成虫）、副模（兵蚁、有翅成虫）保存在意大利博洛尼亚大学生物科学系。

模式产地：意大利（Tuscany）。

分布：古北界的意大利。

15. 杰普森木白蚁 *Kalotermes jepsoni* Kemner, 1932

种名释义：种名来自研究斯里兰卡白蚁的 F. P. Jepson 先生的姓。

模式标本：选模（兵蚁）、副选模（成虫）保存在瑞典隆德大学动物研究所，副选模（成虫、兵蚁、若蚁）保存在美国自然历史博物馆。

模式产地：斯里兰卡（Maskeliya）。

分布：东洋界的斯里兰卡（Maskeliya、Pundaluoya）。

生物学：它分布于海拔 900～1200m 的区域，喜蛀死亡的或正在腐烂的木材（如树桩），也可栖息于一些活的树木的树干（如合欢树、茶树）。它在树干内挖掘纵向隧道。

危害性：它是茶树害虫，但对茶树的危害不严重。

16. 山栖木白蚁 *Kalotermes monticola* Sjöstedt, 1925

模式产地：阿尔及利亚（Massif de L'Edough）。

分布：古北界的阿尔及利亚。

亚种：1）山栖木白蚁短头亚种 *Kalotermes monticola brachycephala* Sjöstedt, 1926

曾称为：山栖木白蚁短头亚种 *Calotermes monticola brachycephala* Sjöstedt, 1926。

模式标本：全模（兵蚁、工蚁）保存在瑞典自然历史博物馆。

2）山栖木白蚁山栖亚种 *Kalotermes monticola monticola* Sjöstedt, 1925

曾称为：山栖木白蚁 *Calotermes monticola* Sjöstedt, 1925。

模式标本：全模（兵蚁）分别保存在法国自然历史博物馆和瑞典自然历史博物馆。

17. 白背木白蚁 *Kalotermes pallidinotum* Hill, 1942

曾称为：白背木白蚁 *Calotermes pallidinotum* Hill, 1942。

模式标本：正模（成虫）、副模（成虫、兵蚁）保存在澳大利亚国家昆虫馆，副模（成虫、兵蚁、工蚁）保存在美国自然历史博物馆，副模（成虫、兵蚁）分别保存在印度森林研究所和南非国家昆虫馆。

模式产地：澳大利亚新南威尔士州（Pigeon House Range）。

分布：澳洲界的澳大利亚（新南威尔士州）。

18. 腓尼基木白蚁 *Kalotermes phoeniciae* Ghesini and Marini, 2015

模式标本：正模（雌性成虫）、副模（雌雄成虫、兵蚁）保存在意大利博洛尼亚大学 M. Marini 标本馆。

模式产地：塞浦路斯、黎巴嫩和以色列。

分布：古北界的塞浦路斯、黎巴嫩、以色列。

生物学：它生活于多种环境中的树桩、原木内以及多种树木的树皮下。

19. 红背木白蚁 *Kalotermes rufnotum* Hill, 1925

曾称为：红背木白蚁（木白蚁亚属）*Calotermes* (*Calotermes*) *rufnotum* Hill, 1925。

模式标本：选模（雄成虫）、副选模（成虫、兵蚁、工蚁、若蚁）保存在澳大利亚维多利亚博物馆，副选模（成虫、兵蚁、工蚁、若蚁）保存在美国自然历史博物馆，副选模（兵蚁、成虫）保存在南非国家昆虫馆，副选模（兵蚁、成虫、拟工蚁）保存在印度森林研究所。

模式产地：澳大利亚维多利亚州（Seaford）。

分布：澳洲界的澳大利亚（首都地区、新南威尔士州、维多利亚州）。

20. 细锯齿木白蚁 *Kalotermes serrulatus* Gay, 1977

模式标本：正模（兵蚁）、副模（成虫、兵蚁、工蚁）保存在澳大利亚国家昆虫馆。

模式产地：澳大利亚昆士兰州。

分布：澳洲界的澳大利亚（昆士兰州）。

21. 乌姆塔塔木白蚁 *Kalotermes umtatae* (Coaton, 1949)

曾称为：乌姆塔塔树白蚁 *Glyptotermes umtatae* Coaton, 1949。

模式标本：正模（兵蚁）、副模（兵蚁、若蚁）保存在南非国家昆虫馆，副模（兵蚁）保存在美国自然历史博物馆。

模式产地：南非（Umtata 海岸地带）。

分布：非洲界的南非。

十三、头长白蚁属 *Longicaputermes* Ghesini, Simon, and Marini, 2014

属名释义：拉丁文 longus 意指“长”，拉丁文 *caput* 意指“头”，拉丁属名意指此属兵蚁的头部特别细长。

模式种：西奈头长白蚁 *Longicaputermessinaicus* (Kemner, 1932)。

种类：1 种。

分布：古北界。

1. 西奈头长白蚁 *Longicaputermes sinaicus* (Kemner, 1932)

曾称为：西奈木白蚁 *Kalotermes sinaicus* Kemner, 1932。

模式标本：全模（兵蚁、若蚁）保存在英国自然历史博物馆，全模（若蚁）保存在美国自然历史博物馆。

模式产地：埃及西奈半岛（Gabr. Amir.）。

分布：古北界的埃及、以色列。

危害性：在以色列，它危害房屋木构件。

十四、边白蚁属 *Marginitermes* Krishna, 1961

属名释义：此属白蚁兵蚁的额与头顶之间有一明显的脊，中国曾称此属为“缘白蚁属”“缘木白蚁属”。

模式种：哈伯德边白蚁 *Marginitermes hubbardi* (Banks, 1920)。

种类：3 种。

分布：新北界、新热带界、澳洲界。

生物学：边白蚁属白蚁均是干木白蚁。

1. 遥远边白蚁 *Marginitermes absitus* Scheffrahn, 2013

模式标本：正模（兵蚁、拟工蚁）保存在澳大利亚国家昆虫馆，其余标本保存在佛罗里达大学研究与教育中心。

模式产地：澳大利亚昆士兰州（Cape York）和北领地（Cape Arnhem）。

分布：澳洲界的澳大利亚（昆士兰州、北领地）。

生物学：它生活于热带季风地区，栖息于海边高潮水位以上的漂流木中，在木材中修建弯曲和扩散的蚁道。

2. 食刺边白蚁 *Marginitermes cactiphagus* Myles, 1997

模式标本：正模（兵蚁）保存在加拿大安大略皇家博物馆昆虫部，副模（兵蚁、若蚁）保存在美国国家博物馆。

模式产地：墨西哥（Baja California del Sur）。

分布：新热带界的墨西哥（Baja California del Sur）。

生物学：它喜食仙人掌的死骨架以及其他树木。

3. 哈伯德边白蚁 *Marginitermes hubbardi* (Banks, 1920)

中文名称：中国许多文献曾称之为“胡氏边白蚁”。

曾称为：哈伯德木白蚁 *Kalotermes hubbardi* Banks, 1920。

模式标本：正模（成虫）保存在美国国家博物馆，副模（成虫）分别保存在美国自然历史博物馆和哈佛大学比较动物学博物馆。

模式产地：美国亚利桑那州（Tucson）。

分布：新北界的墨西哥（Baja California Sur、Sonora）、美国（亚利桑那州、加利福尼亚州）；新热带界的墨西哥（Colima、Socorro Island）、尼加拉瓜。

生物学：它栖息于死杨树、三角叶杨、胡桃木、仙人掌、砖木结构的椽子。

危害性：它危害死树木，在美国和墨西哥，尤其喜爱危害室内木结构。

十五、新白蚁属 *Neotermes* Holmgren, 1911

中文名称：我国早期曾称之为“新木螱”。

模式种：栗色新白蚁 *Neotermes castaneus* (Burmeister, 1839)。

种类：120 种。

分布：东洋界、新北界、新热带界、非洲界、巴布亚界、澳洲界。

生物学：它生活在含有一定水分的潮湿木材和活树干中，所以属于湿木白蚁。

危害性：新白蚁属种类危害树木、木结构的房屋建筑。

1. 阿布里新白蚁 *Neotermes aburiensis* Sjöstedt, 1926

模式标本：全模（兵蚁）分别保存在英国自然历史博物馆、瑞典自然历史博物馆和南非国家昆虫馆，全模（兵蚁、若蚁）保存在美国自然历史博物馆。

模式产地：加纳（Aburi）。

分布：非洲界的刚果民主共和国、加纳、科特迪瓦、尼日利亚。

危害性：在西非，它危害可可树。

2. 宜人新白蚁 *Neotermes acceptus* Mathews, 1977

模式标本：正模（成虫）、副模（成虫）保存在巴西圣保罗大学动物学博物馆，副模（成虫）保存在美国自然历史博物馆。

模式产地：巴西马托格罗索州（Serra do Roncador）。

分布：新热带界的巴西（马托格罗索州）。

3. 阿达姆普尔新白蚁 *Neotermes adampurensis* Akhtar, 1975

模式标本：正模（兵蚁）、副模（成虫、若蚁、兵蚁）保存在巴基斯坦旁遮普大学动物学系，副模（成虫、若蚁、兵蚁）分别保存在美国国家博物馆、美国自然历史博物馆和巴基斯坦森林研究所。

模式产地：孟加拉国（Adampur）。

分布：东洋界的孟加拉国。

生物学：模式标本采集于孟加拉国湿润地区的菠萝蜜树中，它在死亡的和正在腐烂的树枝内筑纵向的隧道。它对树的危害可延伸到活的部分。每年 2 月，成熟群体的蚁巢中可采集到有翅成虫。

4. 轻快新白蚁 *Neotermes agilis* (Sjöstedt, 1902)

曾称为：轻快木白蚁 *Calotermes agilis* Sjöstedt, 1902。

模式标本：全模（成虫）分别保存在德国柏林冯博大学自然博物馆和瑞典自然历史博物馆。

模式产地：喀麦隆（Johann Albrechtshöle）。

分布：非洲界的喀麦隆、尼日利亚。

5. 宽唇新白蚁 *Neotermes amplilabralis* Xu and Han, 1985

模式标本：正模（兵蚁）、副模（兵蚁、若蚁）保存在广东省科学院动物研究所。

模式产地：中国云南省河口县。

分布：东洋界的中国（云南）。

6. 安达曼新白蚁 *Neotermes andamanensis* (Snyder, 1933)

曾称为：安达曼木白蚁（新白蚁亚属）*Kalotermes* (*Neotermes*) *andamanensis* Snyder, 1933。

模式标本：正模（雌成虫）、副模（若蚁）保存在英国自然历史博物馆。

模式产地：印度的安达曼群岛的北安达曼岛。

分布：东洋界的印度（安达曼群岛）。

生物学：它蛀食正在腐烂的树木和原木。

危害性：它危害房屋木构件。

7. 细颏新白蚁 *Neotermes angustigulus* Han, 1984

模式标本：正模（兵蚁）保存在中国科学院上海昆虫研究所。

模式产地：中国云南省德宏州芒市。

分布：东洋界的中国（云南）。

8. 阿拉瓜新白蚁 *Neotermes araguaensis* Snyder, 1959

模式标本：正模（有翅成虫）、副模（有翅成虫）保存在美国国家博物馆，副模（有翅成虫）分别保存在美国自然历史博物馆和委内瑞拉中部大学。

模式产地：委内瑞拉阿拉瓜州（Rancho Grande）。

分布：新热带界的委内瑞拉。

9. 干新白蚁 *Neotermes aridus* Wilkinson, 1959

模式标本：正模（雌成虫）、副模（成虫、兵蚁）保存在英国自然历史博物馆，副模（成虫、兵蚁）分别保存在美国自然历史博物馆和南非国家昆虫馆。

模式产地：肯尼亚（Voi）。

分布：非洲界的埃塞俄比亚、肯尼亚。

10. 阿图尔米勒新白蚁 *Neotermes arthurimuelleri* (Rosen, 1912)

曾称为：阿图尔米勒木白蚁（新白蚁亚属）*Calotermes* (*Neotermes*) *arthurimuelleri* Rosen, 1912。

模式标本：正模（有翅成虫）保存在德国巴伐利亚州动物学博物馆。

模式产地：巴西里约热内卢（Corcovado）。

分布：新热带界的巴西（里约热内卢）。

11. 阿托卡尔佩新白蚁 *Neotermes artocarpi* (Haviland, 1898)

曾称为：阿托卡尔佩木白蚁 *Calotermes artocarpi* Haviland, 1898。

模式标本：全模（成虫、兵蚁、拟工蚁、若蚁）保存在英国剑桥大学动物学博物馆，全模（成虫、兵蚁、若蚁）保存在美国自然历史博物馆，全模（拟工蚁）分别保存在印度森林研究所和印度动物调查所。

模式产地：马来西亚砂拉越。

分布：东洋界的印度尼西亚（苏门答腊）、马来西亚（大陆、砂拉越）、缅甸。

生物学：它在菠萝蜜树中筑巢。

12. 阿萨姆新白蚁 *Neotermes assamensis* Maiti and Saha, 2000

模式标本：正模（兵蚁）、副模（兵蚁、拟工蚁）保存在印度动物调查所。

模式产地：印度阿萨姆邦（Dibrugarh）。

分布：东洋界的印度（阿萨姆邦）。

13. 阿斯穆斯新白蚁 *Neotermes assmuthi* (Holmgren, 1913)

曾称为：阿斯穆斯木白蚁（新白蚁亚属）*Calotermes* (*Neotermes*) *assmuthi* Holmgren, 1913。

模式标本：全模（成虫、兵蚁、若蚁）保存在美国自然历史博物馆，全模（工蚁）保存在印度森林研究所。

模式产地：印度卡纳塔克邦（Bangalore）。

分布：东洋界的印度（果阿邦、卡纳塔克邦）。

生物学：它在树的死亡部分筑长长的、狭窄的隧道和不规则的腔室作为蚁巢。隧道可向树的活组织延伸。隧道不规则，其内有湿粪便颗粒堆成的小团，有的隧道被粪便堵塞。

危害性：它危害菠萝蜜树、芒果树等果树，也危害房屋木构件。

14. 双凹新白蚁 *Neotermes binovatus* Han, 1984

模式标本：正模（成虫、兵蚁、拟工蚁）保存在中国科学院上海昆虫研究所。

模式产地：中国海南省乐会县。

分布：东洋界的中国（海南）。

15. 布莱尔新白蚁 *Neotermes blairi* Maiti and Chakraborty, 1994

模式标本：正模（兵蚁）、副模（成虫、兵蚁、拟工蚁）保存在印度动物调查所，副模（兵蚁、拟工蚁）保存在印度森林研究所。

模式产地：印度安达曼群岛中的南安达曼岛的布莱尔港。

分布：东洋界的印度（安达曼群岛）。

16. 鲍斯新白蚁 *Neotermes bosei* (Snyder, 1933)

种名释义：种名来自印度女白蚁分类学家 G. Bose 教授的姓。

曾称为：鲍斯木白蚁（新白蚁亚属）*Kalotermes* (*Neotermes*) *bosei* Snyder, 1933。

异名：加德纳木白蚁（新白蚁亚属）*Kalotermes* (*Neotermes*) *gardneri* Snyder, 1933。

模式标本：正模（兵蚁）保存在英国自然历史博物馆，副模（若蚁）分别保存在美国国家博物馆和印度森林研究所。

模式产地：印度北阿坎德邦德拉敦（Mathranwala）。

分布：东洋界的不丹、印度（北阿坎德邦、北方邦、西孟加拉邦）。

生物学：它在印度的杜恩山谷中非常常见。它栖居在几种树内，如菠萝蜜树、滇菠萝蜜树、芒果树、榕树等。它的巢是不规则、较大、互通的隧道，隧道顺着植物纤维方向发展，可深入到心材中。隧道内有近棕色的粪便颗粒，粪便具有吸水性，可能能帮助蚁巢保持湿度。成熟群体每年 2—7 月分飞。

危害性：在印度，它危害果树和林木，但危害不严重。

17. 扁胸新白蚁 *Neotermes brachynotum* Xu and Han, 1985

模式标本：正模（兵蚁）、副模（兵蚁、若蚁）保存在广东省科学院动物研究所。

模式产地：中国海南省乐东县。

分布：东洋界的中国（海南）。

18. 短背新白蚁 *Neotermes brevinotus* (Snyder, 1932)

曾称为：短背木白蚁（新白蚁亚属）*Kalotermes* (*Neotermes*) *brevinotus* Snyder, 1932。

模式标本：正模（兵蚁）保存在美国国家博物馆，副模（成虫、若蚁）保存在美国自然历史博物馆，副模（成虫）保存在乌拉圭大学。

模式产地：哥斯达黎加（Sandalo）。

分布：新热带界的哥斯达黎加。

19. 布克萨新白蚁 *Neotermes buxensis* Roonwal and Sen-Sarma, 1960

模式标本：正模（兵蚁）、副模（成虫、兵蚁、拟工蚁）保存在印度森林研究所，副模（成虫、兵蚁）保存在美国自然历史博物馆，副模（兵蚁）保存在印度动物调查所。

模式产地：印度西孟加拉邦（Buxa Forest Division）。

分布：东洋界的印度（西孟加拉邦）。

危害性：它危害房屋木构件。

20. 喀麦隆新白蚁 *Neotermes camerunensis* (Sjöstedt, 1900)

曾称为：喀麦隆木白蚁 *Calotermes camerunensis* Sjöstedt, 1900。

异名：粗壮木白蚁 *Calotermes robustus* Sjöstedt, 1898、金头木白蚁 *Calotermes auriceps* Sjöstedt, 1904。

模式标本：不详。

模式产地：喀麦隆。

分布：非洲界的喀麦隆、尼日利亚、圣多美和普林西比、塞内加尔。

危害性：它危害可可种植园以及多种林木、果树等。

21. 栗色新白蚁 *Neotermes castaneus* (Burmeister, 1839)

曾称为：栗色白蚁 *Termes castaneus* Burmeister, 1839。

异名：在前白蚁 *Termes anticus* Walker, 1853、危地马拉白蚁 *Termes guatimalae* Walker, 1853、高位新白蚁 *Neotermes elevatus* Banks, 1919、小眼新白蚁 *Neotermes angustoculus* Snyder, 1924。

模式标本：全模（成虫）保存在德国柏林冯博大学自然博物馆。

模式产地：波多黎各。

分布：新北界的美国（佛罗里达州）；新热带界的百慕大、巴西、智利、哥伦比亚、古巴、多米尼克、危地马拉、海地、洪都拉斯、牙买加、蒙特塞拉特、尼加拉瓜、波多黎各、特立尼达和多巴哥、特克斯和凯科斯群岛、委内瑞拉。

生物学：它生活于活的或死的红树林中。

危害性：在西印度群岛、巴西、智利、委内瑞拉和哥伦比亚，它危害果树和房屋木构件。

22. 智利新白蚁 *Neotermes chilensis* (Blanchard, 1851)

曾称为：智利白蚁 *Termes chilensis* Blanchard, 1851。

异名：智利木白蚁萨帕亚尔亚种 *Calotermes chilensis zapallarensis* Goetsch, 1933。

模式标本：全模（成虫、兵蚁）保存在法国自然历史博物馆。

模式产地：智利。

分布：新热带界的智利。

危害性：它对房屋建筑有轻微危害，也危害果树。

23. 科勒特新白蚁 *Neotermes collarti* Coaton, 1955

模式标本：正模（雌有翅成虫）保存在比利时非洲中心皇家博物馆。

模式产地：刚果民主共和国（Ituri）。

分布：非洲界的刚果民主共和国。

24. 连接新白蚁 *Neotermes connexus* Snyder, 1922

异名：连接新白蚁大型亚种 *Neotermes connexus major* Snyder, 1922。

模式标本：正模（成虫）、副模（成虫、兵蚁）保存在美国国家博物馆，副模（成虫、兵蚁）保存在美国自然历史博物馆。

模式产地：美国夏威夷（Kauai）。

分布：巴布亚界的美国（夏威夷）、马里亚纳群岛。

25. 干海岸新白蚁 *Neotermes costaseca* Scheffrahn, 2018

种名释义：种名来自西班牙语，意为“干燥的海岸”，指其栖息地（海岸沙漠）。

模式标本：正模（有翅成虫、兵蚁、拟工蚁）保存在美国佛罗里达大学研究与教育中心。

模式产地：秘鲁海岸沙漠。

分布：新热带界的秘鲁。

26. 隐秘新白蚁 *Neotermes cryptops* (Sjöstedt, 1900)

曾称为：隐秘木白蚁 *Calotermes cryptops* Sjöstedt, 1900。

模式标本：全模（兵蚁）保存在德国柏林冯博大学自然博物馆。

模式产地：坦桑尼亚（Ugalla River）。

分布：非洲界的坦桑尼亚、乌干达。

27. 古巴新白蚁 *Neotermes cubanus* (Snyder, 1922)

曾称为：古巴木白蚁 *Kalotermes cubanus* Snyder, 1922。

模式标本：正模（兵蚁）、副模（兵蚁）保存在美国国家博物馆，副模（兵蚁）保存在美国自然历史博物馆。

模式产地：古巴（Pinar del Rio）。

分布：新热带界的古巴。

28. 黄檀新白蚁 *Neotermes dalbergiae* (Kalshoven, 1930)

种名释义：*Dalbergia* 为黄檀属属名。

曾称为：黄檀木白蚁 *Kalotermes dalbergiae* Kalshoven, 1930。

模式标本：全模（成虫、兵蚁）保存地不详。

模式产地：印度尼西亚爪哇（Banjoemas）。

分布：东洋界的印度尼西亚（爪哇）。

29. 德纳新白蚁 *Neotermes desneuxi* (Sjöstedt, 1904)

种名释义：种名来自早期白蚁分类学家 J. Desneux 的姓。

曾称为：德纳木白蚁 *Calotermes desneuxi* Sjöstedt, 1904。

模式标本：全模（成虫、兵蚁）分别保存在美国自然历史博物馆、瑞典自然历史博物馆和比利时皇家自然科学研究所。

模式产地：马达加斯加。

分布：非洲界的马达加斯加。

30. 迪伦德拉新白蚁 *Neotermes dhirendrai* Bose, 1984

种名释义：种名来自 Dhirendra Nath Raychaudhuri 教授的名字。

模式标本：正模（兵蚁）、副模（拟工蚁）保存在印度动物调查所。

模式产地：印度泰米尔纳德邦（Salem）。
分布：东洋界的印度（泰米尔纳德邦）。
生物学：它在芒果树的死亡木材中筑狭窄、不规则的隧道。

31. 长颚新白蚁 *Neotermes dolichognathus* Xu and Han, 1985

模式标本：正模（兵蚁）、副模（兵蚁、若蚁）保存在广东省科学院动物研究所。
模式产地：中国广东省紫金县。
分布：东洋界的中国（广东、香港）。

32. 异距新白蚁 *Neotermes dubiocalcaratus* Han, 1984

模式标本：正模（兵蚁）保存在中国科学院上海昆虫研究所。
模式产地：中国云南省德宏州芒市。
分布：东洋界的中国（云南）。

33. 埃莉诺新白蚁 *Neotermes eleanorae* Bose, 1984

种名释义：种名来自白蚁分类学家 Emerson 教授的夫人 Eleanor Emerson 的名字。
模式标本：正模（兵蚁）、副模（成虫、兵蚁、拟工蚁）保存在印度动物调查所。
模式产地：印度卡纳塔克邦（Mangalore）。
分布：东洋界的印度（卡纳塔克邦）。
生物学：它栖息在芒果树死树枝中，蚁巢为狭窄、纵向、互通的隧道，隧道内有粪便颗粒。成熟群体中，每年 11 月有有翅成虫。

34. 微红新白蚁 *Neotermes erythraeus* Silvestri, 1918

模式标本：全模（蚁后、兵蚁、工蚁）保存在意大利农业昆虫研究所，全模（兵蚁、若蚁）保存在美国自然历史博物馆，全模（兵蚁）保存在瑞典自然历史博物馆。
模式产地：厄立特里亚（Nefasit）。
分布：非洲界的厄立特里亚、埃塞俄比亚。

35. 欧罗巴新白蚁 *Neotermes europae* (Wasmann, 1910)

曾称为：欧罗巴木白蚁 *Calotermes europae* Wasmann, 1910。
异名：凹额新白蚁 *Neotermes concavifrons* Cachan, 1949。
模式标本：全模（成虫、兵蚁）分别保存在荷兰马斯特里赫特自然历史博物馆和瑞典动物研究所，全模（成虫、兵蚁、若蚁）保存在美国自然历史博物馆，全模（成虫）保存在南非国家昆虫馆。
模式产地：欧罗巴岛和留尼旺。
分布：非洲界的欧罗巴岛、马达加斯加、留尼旺。

36. 锈色新白蚁 *Neotermes ferrugineus* (Holmgren, 1911)

曾称为：锈色木白蚁（新白蚁亚属）*Calotermes* (*Neotermes*) *ferrugineus* Holmgren, 1911。
模式标本：全模（成虫）保存在瑞典动物研究所。
模式产地：巴布亚新几内亚（Kela、Huon-Golf、Sammoa-Hafen）。
分布：巴布亚界的巴布亚新几内亚。

37. 弗莱彻新白蚁 *Neotermes fletcheri* (Holmgren and Holmgren, 1917)

种名释义：种名来自早期研究印度白蚁分类的专家 T. B. Fletcher 先生的姓。

曾称为：弗莱彻木白蚁（新白蚁亚属）*Calotermes* (*Neotermes*) *fletcheri* Holmgren and Holmgren, 1917。

模式标本：选模（兵蚁）、副选模（成虫、兵蚁、工蚁）保存在印度森林研究所，副选模（成虫、兵蚁、工蚁）分别保存在德国汉堡动物学博物馆和印度农业研究所昆虫学分部，副选模（成虫、兵蚁、若蚁）分别保存在美国自然历史博物馆和美国国家博物馆，副选模（成虫、兵蚁）保存在瑞典动物研究所。

模式产地：印度泰米尔纳德邦（Coimbattore）。

分布：东洋界的孟加拉国、印度（古吉拉特邦、喀拉拉邦、泰米尔纳德邦）、斯里兰卡。

生物学：它栖息于芒果树、翼籽辣木 *Moringa pterygosperma*、凤凰木 *Delonix regia* 等树的树干和树枝，以及死亡的原木上。蚁巢为不规则的隧道，内有粪便颗粒。每年 9—12 月，成熟群体内有有翅成虫。

危害性：在印度，它危害果树、林木和房屋。

38. 洼额新白蚁 *Neotermes fovefrons* Xu and Han, 1985

模式标本：正模（兵蚁）、副模（兵蚁、若蚁）保存在广东省科学院动物研究所。

模式产地：中国云南省景洪市。

分布：东洋界的中国（云南）。

39. 强壮新白蚁 *Neotermes frmus* (Sjöstedt, 1911)

曾称为：强壮木白蚁 *Calotermes frmus* Sjöstedt, 1911。

模式标本：正模（成虫）保存在瑞典自然历史博物馆。

模式产地：肯尼亚（River Luazomela）。

分布：非洲界的肯尼亚。

40. 福建新白蚁 *Neotermes fujianensis* Ping, 1983

模式标本：正模（兵蚁）保存在广东省科学院动物研究所。

模式产地：中国福建省南靖县。

分布：东洋界的中国（福建）。

41. 金黄新白蚁 *Neotermes fulvescens* (Silvestri, 1901)

曾称为：金黄木白蚁 *Calotermes fulvescens* Silvestri, 1901。

模式标本：全模（成虫、兵蚁）保存在意大利农业昆虫研究所，全模（成虫、兵蚁、若蚁）保存在美国自然历史博物馆，全模（成虫）保存在南非国家昆虫馆。

模式产地：巴西（Cuyaba）。

分布：新热带界的阿根廷（Chaco、Corrientes）、巴西、巴拉圭。

危害性：在巴西和阿根廷，它危害果树。

42. 盖斯特新白蚁 *Neotermes gestri* Silvestri, 1912

模式标本：全模（成虫、兵蚁、若蚁）保存在瑞典自然历史博物馆，全模（成虫、兵蚁）保存在美国自然历史博物馆。

模式产地：普林西比。

分布：非洲界的喀麦隆、赤道几内亚（费尔南多波岛）、尼日利亚、圣多美和普林西比。

危害性：在费尔南多波岛、圣多美和普林西比，它危害可可树。

43. 光滑新白蚁 *Neotermes glabriusculus* Oliveira, 1979

模式标本：正模（兵蚁）、副模（成虫、兵蚁）保存在巴西圣保罗大学动物学博物馆，副模（成虫、兵蚁）保存在巴西巴拉联邦大学动物学系。

模式产地：巴西圣保罗。

分布：新热带界的巴西（圣保罗）。

44. 铁颚新白蚁 *Neotermes gnathoferrum* Ware, Lal and Grimaldi, 2010

模式标本：正模（兵蚁）保存在斐济林业部，副模（兵蚁、成虫、拟工蚁）保存在美国自然历史博物馆。

模式产地：斐济（Colo-i-Suva）。

分布：巴布亚界的斐济。

危害性：它危害林木。

45. 细齿新白蚁 *Neotermes gracilidens* Sjöstedt, 1925

模式标本：全模（兵蚁）保存在瑞典自然历史博物馆，全模（成虫）保存在美国自然历史博物馆。

模式产地：马达加斯加。

分布：非洲界的马达加斯加。

46. 大新白蚁 *Neotermes grandis* Light, 1930

模式标本：选模（兵蚁）、副选模（拟工蚁）保存在印度森林研究所，副选模（兵蚁、若蚁）保存在美国自然历史博物馆，副选模（兵蚁）保存在南非国家昆虫馆。

模式产地：菲律宾吕宋（Mt. Maquiling）。

分布：东洋界的菲律宾（吕宋）。

47. 格林新白蚁 *Neotermes greeni* (Desneux, 1908)

曾称为：格林木白蚁 *Calotermes greeni* Desneux, 1908。

模式标本：全模（成虫、兵蚁）保存地不详。

模式产地：斯里兰卡。

分布：东洋界的斯里兰卡。

危害性：它是一种具有危害性的茶树害虫，但只危害植株地面上的部分。它还危害其他林木。

48. 粗毛新白蚁 *Neotermes hirtellus* (Silvestri, 1901)

曾称为：粗毛木白蚁 *Calotermes hirtellus* Silvestri, 1901。

模式标本：全模（成虫、兵蚁）保存在意大利农业昆虫研究所，全模（成虫、兵蚁、若蚁）保存在美国自然历史博物馆。

模式产地：巴西马托格罗索州（Cuiaba）。

分布：新热带界的阿根廷（Chaco、Corrientes、Santiago del Estero）、巴西（马托格罗索州）。

49. 霍姆格伦新白蚁 *Neotermes holmgreni* Banks, 1918

种名释义：种名来自瑞典白蚁学家 N. Holmgren 教授的姓。

异名：克利瑞木白蚁（新白蚁亚属）*Kalotermes* (*Neotermes*) *clearei* Emerson, 1925。

模式标本：全模（成虫）分别保存在美国国家博物馆和哈佛大学比较动物学博物馆。

模式产地：巴拿马（Taboga Island）。

分布：新热带界的圭亚那、巴拿马、特立尼达和多巴哥。

50. 小新白蚁 *Neotermes humilis* Han, 1984

模式标本：正模（兵蚁）保存在中国科学院上海昆虫研究所。

模式产地：中国广西壮族自治区弄岗自然保护区。

分布：东洋界的中国（广西）。

51. 岛生新白蚁 *Neotermes insularis* (Walker, 1853)

曾称为：岛生白蚁 *Termes insularis* Walker, 1853。

异名：非规木白蚁 *Calotermes irregularis* Froggatt, 1897、长头木白蚁 *Calotermes longiceps* Froggatt, 1897、粗壮木白蚁 *Calotermes robustus* Froggatt, 1897、具眼木白蚁（新白蚁亚属）*Calotermes* (*Neotermes*) *oculifer* Mjöberg, 1920、平头木白蚁（新白蚁亚属）*Calotermes* (*Neotermes*) *paralleliceps* Mjöberg, 1920、马兰达木白蚁 *Calotermes malandensis* Mjöberg, 1920、多伊奎特木白蚁（新白蚁亚属）*Calotermes* (*Neotermes*) *deuqueti* Hill, 1926。

模式标本：选模（成虫）、副选模（成虫）保存在英国自然历史博物馆。

模式产地：新西兰。

分布：澳洲界的澳大利亚（首都地区、新南威尔士州、北领地、昆士兰州、维多利亚州、西澳大利亚州）、新西兰。

生物学：它属于湿木白蚁，个体较大，群体内个体数比其他湿木白蚁多，成熟的群体中个体数量可达几千个。

危害性：它是澳大利亚东海岸重要的林业害虫。它主要危害桉树，可在桉树松软的年轮中蛀出无数的孔洞。它也危害观赏植物的树枝疤痕处。

52. 茎内新白蚁 *Neotermes intracaulis* Scheffrahn and Křeček, 2003

模式标本：正模（成虫）、副模（成虫、兵蚁）保存在佛罗里达大学研究与教育中心。

模式产地：美属维尔京群岛（St. Croix）。

分布：新热带界的美属维尔京群岛。

53. 茹泰尔新白蚁 *Neotermes jouteli* (Banks, 1919)

曾称为：茹泰尔木白蚁 *Kalotermes jouteli* Banks, 1919。

模式标本：全模（兵蚁、若蚁）保存在美国自然历史博物馆，全模（兵蚁）分别保存在美国国家博物馆和哈佛大学比较动物学博物馆。

模式产地：美国佛罗里达州（Adam Key）、古巴（Cayamas、Woodfred Inn、Pinares）、墨西哥（Veracruz、Tampico、Bahamas）。

分布：新北界的美国（佛罗里达州）；新热带界的巴哈马、古巴、特克斯和凯科斯群岛、墨西哥（Sinaloa、Socorro Island、Tampico、Veracruz）。

54. 噶伦堡新白蚁 *Neotermes kalimpongensis* Maiti, 1975

模式标本：正模（兵蚁）、副模（兵蚁、拟工蚁）保存在印度动物调查所，副模（兵蚁、拟工蚁）分别保存在印度森林研究所和美国自然历史博物馆。

模式产地：印度西孟加拉邦（Kalimpong）。

分布：东洋界的印度（西孟加拉邦）。

生物学：它栖息在活榕树上。

55. 凯恩希拉新白蚁 *Neotermes kanehirai* (Oshima, 1917)

种名释义：种名来自标本采集人 R. Kanehhira 先生的姓。

曾称为：凯恩希拉木白蚁（新白蚁亚属）*Calotermes* (*Neotermes*) *kanehirae* Oshima, 1917。

模式标本：全模（成虫）保存地不详。

模式产地：加罗林群岛（Palao Island）。

分布：巴布亚界的帕劳。

56. 卡尔塔波新白蚁 *Neotermes kartaboensis* (Emerson, 1925)

曾称为：卡尔塔波木白蚁（新白蚁亚属）*Kalotermes* (*Neotermes*) *kartaboensis* Emerson, 1925。

模式标本：正模（成虫）、副模（成虫）保存在美国自然历史博物馆。

模式产地：圭亚那（Kartabo）。

分布：新热带界的圭亚那。

57. 凯姆勒新白蚁 *Neotermes kemneri* Roonwal and Sen-Sarma, 1960

种名释义：种名来自白蚁分类学家 N. A. Kemner 的姓。

模式标本：正模（兵蚁）、副模（兵蚁、拟工蚁）保存在瑞典隆德大学动物研究所，副模（兵蚁、拟工蚁）分别保存在美国自然历史博物馆、印度森林研究所和印度动物调查所。

模式产地：斯里兰卡（Peradeniya）。

分布：东洋界的斯里兰卡。

58. 喀拉拉新白蚁 *Neotermes keralai* Roonwal and Verma, 1972

模式标本：正模（兵蚁）、副模（兵蚁、拟工蚁）保存在印度动物调查所，副模（兵蚁、拟工蚁）分别保存在印度森林研究所和印度喀拉拉大学动物学系。

模式产地：印度喀拉拉邦（Trivandrum）。

分布：东洋界的印度（喀拉拉邦）。

59. 凯特拉新白蚁 *Neotermes ketelensis* Kemner, 1932

模式标本：选模（兵蚁）、副选模（兵蚁、拟工蚁）保存在瑞典隆德大学动物研究所，副选模（兵蚁）保存在美国自然历史博物馆，副选模（拟工蚁）保存在印度森林研究所。

模式产地：印度尼西亚（Djampea Island）。

分布：东洋界的印度尼西亚（Djampea Island、苏拉威西）。

60. 恒春新白蚁 *Neotermes koshunensis* (Shiraki, 1909)

种名释义：模式标本采集于台湾的恒春（Koshun，这是日本拼写方式）。

曾称为：恒春木白蚁 *Calotermes koshunensis* Shiraki, 1909。

异名：恒春木白蚁（新白蚁亚属）*Calotermes* (*Neotermes*) *koshunensis* Holmgren, 1912。

模式标本：全模（成虫）保存地不详。

模式产地：中国台湾省恒春。

分布：东洋界的中国（福建、广东、广西、海南、台湾、云南、浙江）、日本（琉球群岛）。

生物学：它栖息在活树干的已死而未腐的木质部内，或倒地的枝干内，在树干内筑不规则的隧道。

61. 克里希纳新白蚁 *Neotermes krishnai* Bose, 1984

模式标本：正模（兵蚁）、副模（兵蚁、拟工蚁）保存在印度动物调查所。

模式产地：印度泰米尔纳德邦（Salem）。

分布：东洋界的印度（泰米尔纳德邦）。

62. 内湖新白蚁 *Neotermes lagunensis* (Oshima, 1920)

曾称为：内湖木白蚁（新白蚁亚属）*Calotermes* (*Neotermes*) *lagunensis* Oshima, 1920。

模式标本：全模（兵蚁、工蚁）保存在美国自然历史博物馆。

模式产地：菲律宾吕宋内湖省（Paete）。

分布：东洋界的菲律宾（吕宋）。

63. 拉森新白蚁 *Neotermes larseni* (Light, 1935)

曾称为：拉森木白蚁（新白蚁亚属）*Kalotermes* (*Neotermes*) *larseni* Light, 1935。

模式标本：全模（成虫、兵蚁、若蚁）分别保存在美国自然历史博物馆和瑞典动物研究所。

模式产地：哥斯达黎加（Cocos Island）。

分布：新热带界的哥斯达黎加、墨西哥。

64. 宽颈新白蚁 *Neotermes laticollis* (Holmgren, 1910)

曾称为：宽颈木白蚁（木白蚁亚属）*Calotermes* (*Calotermes*) *laticollis* Holmgren, 1910。

模式标本：全模（成虫、兵蚁、拟工蚁）保存在瑞典动物研究所，全模（成虫、兵蚁、若蚁）保存在美国自然历史博物馆，全模（成虫）保存在美国国家博物馆，全模（成虫、若蚁）保存在哈佛大学比较动物学博物馆。

模式产地：塞舌尔（Morne Blanc）。

分布：非洲界的塞舌尔。

危害性：它危害可可树和房屋木构件。

65. 勒佩索纳新白蚁 *Neotermes lepersonneae* Coaton, 1955

模式标本：正模（雄成虫）、副模（成虫、兵蚁）保存在比利时非洲中心皇家博物馆，副模（成虫、兵蚁）分别保存在美国自然历史博物馆和南非国家昆虫馆。

模式产地：刚果民主共和国（Mongbwalu）。

分布：非洲界的刚果民主共和国。

66. 长头新白蚁 *Neotermes longiceps* Xu and Han, 1985

模式标本：正模（兵蚁）、副模（若蚁、兵蚁）保存在广东省科学院动物研究所。

模式产地：中国海南省东方市。

分布：东洋界的中国（海南、香港）。

67. 长翅新白蚁 *Neotermes longipennis* Kemner, 1930

模式标本：正模（成虫）保存在瑞典隆德大学动物研究所。

模式产地：印度尼西亚苏门答腊（Fort de Kock）。

分布：东洋界的印度尼西亚（苏门答腊）。

68. 卢伊克斯新白蚁 *Neotermes luykxi* Nickle and Collins, 1989

种名释义：种名来自美国学者 P. Luykx 的姓。

模式标本：正模（兵蚁）、副模（成虫、兵蚁、若蚁）保存在美国国家博物馆，副模（成虫、兵蚁、若蚁）保存在美国自然历史博物馆。

模式产地：美国佛罗里达州（Broward）。

分布：新北界的美国（佛罗里达州）；新热带界的巴哈马、特克斯和凯科斯群岛。

69. 大眼新白蚁 *Neotermes magnoculus* (Snyder, 1926)

曾称为：大眼木白蚁（新白蚁亚属）*Kalotermes* (*Neotermes*) *magnoculus* Snyder, 1926。

模式标本：正模（有翅成虫）保存在美国国家博物馆。

模式产地：玻利维亚（Huachi）。

分布：新热带界的玻利维亚、巴西（马托格罗索州）。

70. 马拉蒂新白蚁 *Neotermes malatensis* (Oshima, 1917)

曾称为：马拉蒂木白蚁（新白蚁亚属）*Calotermes* (*Neotermes*) *malatensis* Oshima, 1917。

模式标本：全模（成虫、兵蚁）保存在美国自然历史博物馆，全模（成虫）保存在印度森林研究所。

模式产地：菲律宾吕宋（Malate）。

分布：东洋界的菲律宾（吕宋）。

危害性：它危害果树。

71. 芒果新白蚁 *Neotermes mangiferae* Roonwal and Sen-Sarma, 1960

种名释义：种名来自寄主芒果树的属名 *Mangifera*。

模式标本：正模（兵蚁）、副模（兵蚁、拟工蚁）保存在印度森林研究所，副模（兵蚁、拟工蚁）分别保存在印度动物调查所和美国自然历史博物馆。

模式产地：印度的东部地区。

分布：东洋界的印度（特里普拉邦）。

危害性：它危害芒果树等果树和桑树，也危害房屋木构件。

72. 中部新白蚁 *Neotermes medius* Oshima, 1923

模式标本：全模（成虫）保存在荷兰国家自然历史博物馆，全模（雌成虫）保存在美国自然历史博物馆。

模式产地：印度尼西亚苏门答腊（Simeulue）。

分布：东洋界的印度尼西亚（苏门答腊）。

73. 巨眼新白蚁 *Neotermes megaoculatus* Roonwal and Sen-Sarma, 1960

亚种：1）巨眼新白蚁勒金布尔亚种 *Neotermes megaoculatus lakhimpuri* Roonwal and Sen-Sarma, 1960

模式标本：正模（兵蚁）、副模（兵蚁、拟工蚁）保存在印度森林研究所，副模（兵蚁、拟工蚁）分别保存在美国自然历史博物馆和印度动物调查所。

模式产地：印度阿萨姆邦（Lakhimpur）。

分布：东洋界的印度（阿萨姆邦）。

2）巨眼新白蚁巨眼亚种 *Neotermes megaoculatus megaoculatus* Roonwal and Sen-Sarma, 1960

模式标本：正模（兵蚁）、副模（兵蚁、拟工蚁）保存在印度森林研究所，副模（兵蚁、拟工蚁）分别保存在美国自然历史博物馆和印度动物调查所。

模式产地：印度北阿坎德邦德拉敦。

分布：东洋界的印度（北阿坎德邦）。

危害性：它危害果树和房屋木构件。

74. 梅鲁新白蚁 *Neotermes meruensis* (Sjöstedt, 1907)

曾称为：梅鲁木白蚁 *Calotermes meruensis* Sjöstedt, 1907。

异名：阿西木白蚁 *Calotermes athii* Sjöstedt, 1915。

模式标本：全模（兵蚁）分别保存在瑞典自然历史博物馆、美国自然历史博物馆和南非国家昆虫馆。

模式产地：坦桑尼亚（Meru）。

分布：非洲界的肯尼亚、坦桑尼亚。

75. 小眼新白蚁 *Neotermes microculatus* Roonwal and Sen-Sarma, 1960

模式标本：正模（兵蚁）、副模（兵蚁、拟工蚁）保存在印度森林研究所，副模（兵蚁、拟工蚁）保存在美国自然历史博物馆，副模（拟工蚁）保存在印度动物调查所。

模式产地：印度北阿坎德邦德拉敦。

分布：东洋界的印度（北阿坎德邦）。

危害性：它危害房屋木构件。

76. 小眸新白蚁 *Neotermes microphthalmus* Light, 1930

模式标本：选模（成虫）、副选模（拟工蚁）保存在印度森林研究所，副选模（成虫、若蚁）保存在美国自然历史博物馆。

模式产地：菲律宾（Negros）。

分布：东洋界的菲律宾。

77. 微小新白蚁 *Neotermes minutus* Thapa, 1982

模式标本：正模（兵蚁）、副模（兵蚁、工蚁）保存在印度森林研究所。

模式产地：马来西亚沙巴（Lamag District）。

分布：东洋界的马来西亚（沙巴）。

78. 奇头新白蚁 *Neotermes miracapitalis* Xu and Han, 1985

模式标本：正模（兵蚁）、副模（兵蚁、若蚁）保存在广东省科学院动物研究所。

模式产地：中国云南省金平县。

分布：东洋界的中国（云南）。

79. 适度新白蚁 *Neotermes modestus* (Silvestri, 1901)

曾称为：适度木白蚁 *Calotermes modestus* Silvestri, 1901。

模式标本：全模（脱翅成虫、兵蚁）保存在意大利农业昆虫研究所。

模式产地：阿根廷（Corrientes）。

分布：新热带界的阿根廷（Corrientes）。

80. 莫纳新白蚁 *Neotermes mona* (Banks, 1919)

曾称为：莫纳木白蚁 *Kalotermes mona* Banks, 1919。

模式标本：全模（兵蚁、若蚁）分别保存在美国自然历史博物馆和哈佛大学比较动物学博物馆。

模式产地：波多黎各（Mona Island）。

分布：新热带界的美属维尔京群岛、英属维尔京群岛、多米尼加共和国、海地、波多黎各、特克斯和凯科斯群岛。

81. 尼日利亚新白蚁 *Neotermes nigeriensis* (Sjöstedt, 1911)

曾称为：尼日利亚木白蚁 *Calotermes nigeriensis* Sjöstedt, 1911。

模式标本：正模（有翅成虫）保存在英国自然历史博物馆。

模式产地：尼日利亚（Oban District）。

分布：非洲界的尼日利亚。

82. 尼伦布尔新白蚁 *Neotermes nilamburensis* Thakur, 1978

模式标本：正模（兵蚁）、副模（成虫、兵蚁、拟工蚁）保存在印度森林研究所，副模（成虫、兵蚁、拟工蚁）保存在印度动物调查所。

模式产地：印度喀拉拉邦（Nilambur）。

分布：东洋界的印度（喀拉拉邦）。

83. 卵形新白蚁 *Neotermes ovatus* Kemner, 1931

模式标本：全模（成虫、兵蚁）分别保存在瑞典隆德大学动物研究所和美国自然历史博物馆。

模式产地：印度尼西亚马鲁古。

分布：东洋界的印度尼西亚（马鲁古）。

84. 灰颈新白蚁 *Neotermes pallidicollis* (Sjöstedt, 1902)

曾称为：灰颈木白蚁 *Calotermes pallidicollis* Sjöstedt, 1902。

模式标本：全模（成虫）分别保存在德国柏林冯博大学自然博物馆、美国自然历史博物馆和瑞典自然历史博物馆。

模式产地：喀麦隆（Johann Albrechtshöle）。

分布：非洲界的喀麦隆、尼日利亚、圣多美和普林西比。

85. 巴布亚新白蚁 *Neotermes papua* (Desneux, 1905)

曾称为：巴布亚木白蚁 *Calotermes papua* Desneux, 1905。

模式标本：选模（兵蚁）保存在比利时皇家自然科学研究所，副选模（兵蚁、若蚁）保存在美国自然历史博物馆，副选模（兵蚁）保存在匈牙利自然历史博物馆。

模式产地：巴布亚新几内亚（Simbang）。

分布：巴布亚界的巴布亚新几内亚。

危害性：它危害可可树。

86. 帕拉新白蚁 *Neotermes paraensis* (Costa Lima, 1942)

曾称为：帕拉木白蚁（新白蚁亚属）*Kalotermes* (*Neotermes*) *paraensis* Costa Lima, 1942。

模式标本：全模（成虫、兵蚁）保存在巴西里约热内卢联邦农业大学昆虫系。

模式产地：巴西（Pará）。

分布：新热带界的巴西（Pará）。

危害性：它危害果树。

87. 帕拉蒂新白蚁 *Neotermes paratensis* Sen-Sarma and Thakur, 1975

模式标本：选模（兵蚁）、副选模（成虫、兵蚁、拟工蚁）保存在印度森林研究所。

模式产地：印度特里普拉邦（Paratia）。

分布：东洋界的印度（特里普拉邦）。

88. 小盾新白蚁 *Neotermes parviscutatus* Light, 1930

模式标本：全模（蚁后、蚁王、兵蚁、若蚁）保存在美国自然历史博物馆。

模式产地：菲律宾（Negros）。

分布：东洋界的菲律宾。

89. 护穴新白蚁 *Neotermes phragmosus* Křeček and Scheffrahn, 2003

模式标本：正模（雌成虫）、副模（成虫、兵蚁）保存在美国自然历史博物馆，副模（成虫、兵蚁）分别保存在美国国家博物馆、佛罗里达州节肢动物标本馆和佛罗里达大学研究与教育中心。

模式产地：古巴（Guantánamo）。

分布：新热带界的古巴。

90. 屏山新白蚁 *Neotermes pingshanensis* Tan and Peng, 2009

模式标本：正模（兵蚁）保存在成都市白蚁防治研究所。

模式产地：中国四川省宜宾市屏山县。

分布：东洋界的中国（四川）。

91. 宽额新白蚁 *Neotermes platyfrons* Křeček and Scheffrahn, 2001

模式标本：正模（雄成虫）、副模（成虫、兵蚁）保存在美国自然历史博物馆，副模（成虫、兵蚁）分别保存在美国国家博物馆、佛罗里达州节肢动物标本馆和佛罗里达大学研究与教育中心。

模式产地：多米尼加共和国（La Altagracia）。

分布：新热带界的多米尼加共和国。

92. 前海桑新白蚁 *Neotermes prosonneratiae* Akhtar, 1975

种名释义：*Sonneratia* 为海桑属属名。

模式标本：正模（兵蚁）、副模（成虫、兵蚁）保存在巴基斯坦旁遮普大学动物学系，副模（成虫、兵蚁）分别保存在美国国家博物馆、英国自然历史博物馆和印度森林研究所，副模（成虫、兵蚁、若蚁）保存在美国自然历史博物馆。

模式产地：孟加拉国（Dariadigh）。

分布：东洋界的孟加拉国。

93. 雷恩鲍新白蚁 *Neotermes rainbowi* (Hill, 1926)

曾称为：雷恩鲍木白蚁（新白蚁亚属）*Calotermes* (*Neotermes*) *rainbowi* Hill, 1926。

模式标本：选模（成虫）、副选模（成虫、兵蚁）保存在澳大利亚维多利亚博物馆，副选模（成虫、兵蚁、若蚁）保存在美国自然历史博物馆，副选模（成虫）保存在南非国家昆虫馆。

模式产地：图瓦卢（Nanumea Island）。

分布：巴布亚界的基里巴斯、马绍尔群岛、苏沃罗夫岛、图瓦卢（Ellice Islands）。

危害性：在图瓦卢，它危害椰子树。

94. 红树新白蚁 *Neotermes rhizophorae* Maiti and Chakraborty, 1994

种名释义：*Rhizophora* 为红树属属名。

模式标本：正模（兵蚁）、副模（成虫、兵蚁、拟工蚁）保存在印度动物调查所，副模（兵蚁、拟工蚁）保存在印度森林研究所。

模式产地：印度尼科巴群岛（Nancowry）。

分布：东洋界印度的尼科巴群岛。

95. 鲁新白蚁 *Neotermes rouxi* (Holmgren and Holmgren, 1915)

曾称为：鲁木白蚁（新白蚁亚属）*Calotermes* (*Neotermes*) *rouxi* Holmgren and Holmgren, 1915。

模式标本：全模（兵蚁）保存在瑞士自然历史博物馆，全模（兵蚁、若蚁）保存在美国自然历史博物馆。

模式产地：新喀里多尼亚（Mt. Canala）。

分布：巴布亚界的新喀里多尼亚。

96. 萨莱尔新白蚁 *Neotermes saleierensis* Kemner, 1932

模式标本：选模（兵蚁）、副选模（成虫、兵蚁、拟工蚁）保存在瑞典隆德大学动物研究所，副选模（兵蚁、拟工蚁）保存在美国自然历史博物馆，副选模（拟工蚁）保存在印度森林研究所。

模式产地：印度尼西亚苏拉威西（Saleier Island）。

分布：东洋界的印度尼西亚（苏拉威西）。

97. 萨摩亚新白蚁 *Neotermes samoanus* (Holmgren, 1912)

曾称为：萨摩亚木白蚁 *Calotermes samoanus* Holmgren, 1912。

模式标本：选模（成虫）保存在德国柏林冯博大学自然博物馆，副选模（成虫）保存在瑞典动物研究所。

模式产地：萨摩亚（Apia）。

分布：巴布亚界的萨摩亚。

危害性：它危害可可树。

98. 圣克鲁斯新白蚁 *Neotermes sanctaecrucis* (Snyder, 1925)

曾称为：圣克鲁斯木白蚁（新白蚁亚属）*Kalotermes* (*Neotermes*) *sanctaecrucis* Snyder, 1925。

模式标本：正模（成虫）、副模（成虫、兵蚁）保存在哈佛大学比较动物学博物馆，副模（成虫、兵蚁）分别保存在美国国家博物馆和澳大利亚维多利亚博物馆，副模（成虫、兵蚁、若蚁）保存在美国自然历史博物馆。

模式产地：所罗门群岛（Santa Cruz）。

分布：巴布亚界的巴布亚新几内亚、瓦努阿图、所罗门群岛（Santa Cruz）。

99. 萨拉赞新白蚁 *Neotermes sarasini* (Holmgren and Holmgren, 1915)

曾称为：萨拉赞木白蚁（新白蚁亚属）*Calotermes* (*Neotermes*) *sarasini* Holmgren and Holmgren, 1915。

模式标本：全模（成虫、兵蚁）保存在瑞士自然历史博物馆，全模（成虫、兵蚁、若蚁）保存美国自然历史博物馆。

模式产地：新喀里多尼亚（Prony）、洛亚蒂群岛（Lifou）。

分布：巴布亚界的新喀里多尼亚、萨摩亚。

危害性：在萨摩亚，它危害可可树。

100. 舒尔茨新白蚁 *Neotermes schultzei* (Holmgren, 1911)

曾称为：舒尔茨木白蚁（新白蚁亚属）*Calotermes* (*Neotermes*) *schultzei* Holmgren, 1911。

模式标本：全模（成虫、兵蚁）分别保存在德国柏林冯博大学自然博物馆和瑞典动物研究所，全模（成虫、兵蚁、若蚁）保存在美国自然历史博物馆，全模（成虫）保存在美国国家博物馆。

模式产地：巴布亚新几内亚（Sepik）。

分布：巴布亚界的巴布亚新几内亚。

101. 森萨尔马新白蚁 *Neotermes sen-sarmai* Thakur, Tyagi and Kumar, 2011

种名释义：种名来自印度白蚁分类学家 P. K. Sen-Sarma 的姓。

模式标本：正模（兵蚁、拟工蚁）、副模（兵蚁、拟工蚁）保存在印度森林研究所。

模式产地：印度北阿坎德邦德拉敦（Asarori Forest）。

分布：东洋界的印度（北阿坎德邦）。

102. 缺跗垫新白蚁 *Neotermes sepulvillus* (Emerson, 1928)

种名释义：成虫跗节无跗垫。

曾称为：缺跗垫木白蚁（新白蚁亚属）*Kalotermes* (*Neotermes*) *sepulvillus* Emerson, 1928。

模式标本：正模（有翅成虫）保存在美国自然历史博物馆。

模式产地：刚果民主共和国（Kisangani）。

分布：非洲界的刚果民主共和国。

103. 刚毛新白蚁 *Neotermes setifer* Snyder, 1957

模式标本：正模（有翅成虫）、副模（有翅成虫）保存在美国国家博物馆，副模（成虫）保存在美国自然历史博物馆。

模式产地：巴拿马（Almirante）。

分布：新热带界的巴拿马。

104. 希莫加新白蚁 *Neotermes shimogensis* Thakur, 1975

模式标本：选模（兵蚁）、副选模（兵蚁、拟工蚁）保存在印度森林研究所，副选模（兵蚁、拟工蚁）保存在印度动物调查所。

模式产地：印度卡纳塔克邦（Shimoga）。

分布：东洋界的印度（卡纳塔克邦）。

105. 中华新白蚁 *Neotermes sinensis* (Light, 1924)

曾称为：中华木白蚁 *Kalotermes sinensis* Light, 1924。

模式标本：正模（兵蚁）保存在美国自然历史博物馆。

模式产地：中国广东省肇庆市鼎湖山。

分布：东洋界的中国（广东）。

106. 舍斯泰特新白蚁 *Neotermes sjöstedti* (Desneux, 1908)

曾称为：舍斯泰特木白蚁 *Calotermes sjöstedti* Desneux, 1908。

模式标本：全模（成虫、兵蚁）保存在法国自然历史博物馆，全模（成虫）保存在美国自然历史博物馆。

模式产地：瓦努阿图（Espiritu Santo）。

分布：巴布亚界的瓦努阿图。

107. 海桑新白蚁 *Neotermes sonneratiae* Kemner, 1932

种名释义：*Sonneratia* 是海桑属属名。

模式标本：选模（兵蚁）、副选模（成虫、工蚁）保存在瑞典隆德大学动物研究所，副选模（兵蚁）保存在美国自然历史博物馆，副选模（成虫、工蚁）保存在印度森林研究所。

模式产地：印度尼西亚爪哇（Batavia）。
分布：东洋界的印度尼西亚（爪哇）。

108. 楔头新白蚁 *Neotermes sphenocephalus* Xu and Han, 1985

模式标本：正模（兵蚁）、副模（兵蚁、若蚁）保存在广东省科学院动物研究所。
模式产地：中国海南省万宁市。
分布：东洋界的中国（海南）。

109. 杉尾新白蚁 *Neotermes sugioi* Yashiro, 2019

种名释义：种名来自日本昆虫学家 K. Sugio 教授的姓。
模式标本：正模（雄兵蚁）保存在日本兵库县自然与人类活动博物馆，副模（兵蚁、成虫、拟工蚁）分别保存在兵库县自然和人类活动博物馆、东京自然与科学国家博物馆、京都大学昆虫生态学实验室。
模式产地：日本琉球群岛。
分布：东洋界的日本琉球群岛（冲绳群岛和先岛群岛）。

110. 充裕新白蚁 *Neotermes superans* Silvestri, 1928

模式标本：全模（成虫、兵蚁、工蚁）保存在意大利农业昆虫研究所，全模（成虫、兵蚁）保存在美国自然历史博物馆。
模式产地：埃塞俄比亚（Djem-Diem）。
分布：非洲界的埃塞俄比亚。

111. 台山新白蚁 *Neotermes taishanensis* Xu and Han, 1985

模式标本：正模（兵蚁）、副模（兵蚁、若蚁）保存在广东省科学院动物研究所。
模式产地：中国广东省台山市。
分布：东洋界的中国（广东）。

112. 柚木新白蚁 *Neotermes tectonae* (Dammerman, 1916)

种名释义：*Tectona* 为柚木属属名。
曾称为：柚木木白蚁 *Calotermes tectonae* Dammerman, 1916。
模式标本：全模（成虫、兵蚁、工蚁）可能保存在荷兰阿姆斯特丹大学动物学博物馆，全模（成虫、兵蚁、若蚁）保存在美国自然历史博物馆。
模式产地：印度尼西亚爪哇（Samarang 附近）。
分布：东洋界的印度尼西亚（爪哇、苏拉威西、苏门答腊）、马来西亚（大陆、沙巴）；巴布亚界的印度尼西亚（Irian Jaya）。
危害性：在印度尼西亚，它危害林木。

113. 丘颏新白蚁 *Neotermes tuberogulus* Xu and Han, 1985

模式标本：正模（兵蚁）、副模（兵蚁、若蚁）保存在广东省科学院动物研究所。
模式产地：中国广东省广州市。
分布：东洋界的中国（广东、香港、澳门）。

114. 波颚新白蚁 *Neotermes undulatus* Xu and Han, 1985

模式标本：正模（兵蚁）、副模（兵蚁、若蚁）保存在广东省科学院动物研究所。

模式产地：中国广东湛江市徐闻县。

分布：东洋界的中国（广东、香港）。

115. 文卡特斯沃拉新白蚁 *Neotermes venkateshwara* Bose, 1984

种名释义：种名来自 L. Venkateshwara 的姓。

模式标本：正模（兵蚁）、副模（兵蚁、拟工蚁）保存在印度动物调查所。

模式产地：印度泰米尔纳德邦（Topslip）。

分布：东洋界的印度（泰米尔纳德邦）。

116. 弗尔特科新白蚁 *Neotermes voeltzkowi* (Wasmann, 1897)

种名释义：种名来自 A. Voeltzkow 的姓。

曾称为：弗尔特科木白蚁 *Calotermes voeltzkowi* Wasmann, 1897。

模式标本：全模（兵蚁、若蚁）分别保存在瑞典自然历史博物馆、美国自然历史博物馆和美国国家博物馆。

模式产地：马达加斯加（Majunga）。

分布：非洲界的马达加斯加。

117. 瓦格纳新白蚁 *Neotermes wagneri* (Desneux, 1904)

曾称为：瓦格纳木白蚁 *Calotermes wagneri* Desneux, 1904。

模式标本：全模（兵蚁）保存在法国巴黎自然历史博物馆。

模式产地：巴西里约热内卢。

分布：新热带界的巴西（巴伊州）。

危害性：它危害果树和可可树。

118. 云南新白蚁 *Neotermes yunnanensis* Xu and Han, 1985

模式标本：正模（兵蚁）、副模（兵蚁、若蚁）保存在广东省科学院动物研究所。

模式产地：中国云南省景洪市。

分布：东洋界的中国（云南）。

119. 镰刀新白蚁 *Neotermes zanclus* Oliveira, 1979

模式标本：正模（兵蚁）、副模（兵蚁）保存在巴西圣保罗大学动物学博物馆。

模式产地：巴西（Minas Gerais）。

分布：新热带界的巴西（马托格罗索州、Minas Gerais、里约热内卢）。

120. 祖鲁新白蚁 *Neotermes zuluensis* (Holmgren, 1913)

曾称为：祖鲁木白蚁（新白蚁亚属）*Calotermes* (*Neotermes*) *zuluensis* Holmgren, 1913。

模式标本：全模（兵蚁）保存在瑞典自然历史博物馆，全模（兵蚁、若蚁）保存在美国自然历史博物馆。

模式产地：南非祖鲁兰（Lake Sibayi）。

分布：非洲界的南非。

十六、近新白蚁属 *Paraneotermes* Light, 1934

模式种：简角近新白蚁 *Paraneotermes simplicicornis* (Banks, 1920)。
种类：1 种。
分布：新北界。

1. 简角近新白蚁 *Paraneotermes simplicicornis* (Banks, 1920)

曾称为：简角木白蚁 *Kalotermes simplicicornis* Banks, 1920。
异名：烟熏堆砂白蚁 *Cryptotermes infumatus* Banks, 1920。
模式标本：正模（兵蚁）保存在美国国家博物馆，副模（兵蚁）保存在哈佛大学比较动物学博物馆。
模式产地：美国得克萨斯州（Laguna）。
分布：新北界的墨西哥（Nayarit、Baja California）、美国（亚利桑那州、加利福尼亚州、内华达州、得克萨斯州）。
生物学：它是木白蚁科中唯一与土壤接触的白蚁。
危害性：在美国，它危害果树和林木。

十七、后琥珀白蚁属 *Postelectrotermes* Krishna, 1961

模式种：早熟后琥珀白蚁 *Postelectrotermes praecox* (Hagen, 1858)。
种类：15 种。
分布：东洋界、非洲界、古北界。

1. 大后琥珀白蚁 *Postelectrotermes amplus* (Sjöstedt, 1925)

曾称为：大新白蚁 *Neotermes amplus* Sjöstedt, 1925。
模式标本：全模（兵蚁）保存在瑞典自然历史博物馆。
模式产地：马达加斯加。
分布：非洲界的马达加斯加。

2. 比姆后琥珀白蚁 *Postelectrotermes bhimi* Roonwal and Maiti, 1965

模式标本：正模（兵蚁）、副模（拟工蚁）保存在印度动物调查所，副模（拟工蚁）分别保存在印度森林研究所和美国自然历史博物馆。
模式产地：印度喀拉拉邦（Kottayam District）。
分布：东洋界的印度（喀拉拉邦）。
危害性：它栖息于茶树内，对茶树危害不严重。

3. 二齿后琥珀白蚁 *Postelectrotermes bidentatus* Ravan and Akhtar, 1999

模式标本：正模（大兵蚁）、副模（大兵蚁、小兵蚁、若蚁）保存在巴基斯坦旁遮普大学动物学系。
模式产地：伊朗（Zabul）。
分布：古北界的伊朗。

4. 栗头后琥珀白蚁 *Postelectrotermes castaneiceps* (Sjöstedt, 1914)

曾称为：栗头木白蚁 *Calotermes castaneiceps* Sjöstedt, 1914。

模式标本：正模（有翅成虫）保存在瑞典自然历史博物馆。

模式产地：马达加斯加（Fenonarivo Atsinanana）。

分布：非洲界的马达加斯加。

5. 合华后琥珀白蚁 *Postelectrotermes howa* (Wasmann, 1897)

曾称为：合华木白蚁 *Calotermes howa* Wasmann, 1897。

异名：合华新白蚁毛里求斯亚种 *Neotermes howa mauritiana* Sjöstedt, 1926。

模式标本：选模（兵蚁）、副选模（若蚁）保存在荷兰马斯特里赫特自然历史博物馆，副选模（兵蚁）保存在美国自然历史博物馆。

模式产地：马达加斯加（Fenonarivo Atsinanana）。

分布：非洲界的马达加斯加、毛里求斯、留尼旺。

6. 长头后琥珀白蚁 *Postelectrotermes longiceps* (Cachan, 1949)

曾称为：长头树白蚁 *Glyptotermes longiceps* Cachan, 1949。

异名：阿劳特拉树白蚁 *Glyptotermes alaotranus* Cachan, 1951。

模式标本：全模（兵蚁）分别保存在美国自然历史博物馆和南非国家昆虫馆，全模（兵蚁、若蚁）保存在比利时马达加斯加科学研究所。

模式产地：马达加斯加（La Mandaka）。

分布：非洲界的马达加斯加。

7. 长后琥珀白蚁 *Postelectrotermes longus* (Holmgren, 1910)

曾称为：长木白蚁（树白蚁亚属）*Calotermes* (*Glyptotermes*) *longus* Holmgren, 1910。

异名：多芬前新白蚁 *Proneotermes delphinensis* Cachan, 1951。

模式标本：全模（兵蚁）分别保存在瑞典动物研究所和美国自然历史博物馆。

模式产地：塞舌尔（Aldabra）。

分布：非洲界的马达加斯加、塞舌尔。

8. 好斗后琥珀白蚁 *Postelectrotermes militaris* (Desneux, 1904)

曾称为：好斗木白蚁 *Calotermes militaris* Desneux, 1904。

异名：好斗木白蚁单齿亚种 *Calotermes militaris unidentatus* Kemner, 1926。

模式标本：全模（兵蚁）保存在比利时皇家自然科学研究所，全模（兵蚁、若蚁）保存在美国自然历史博物馆。

模式产地：斯里兰卡（Bogawantalawa）。

分布：东洋界的斯里兰卡。

生物学：它可分布在海拔 1000～1300m 的区域。它的宿主为茶树及其他许多植物。巢在心材中，由不规则腔室和蚁道组成。群体小，但有时候，1 个茶树丛中可采到 3000～4000 个个体。

危害性：它对茶树危害严重，主要危害树根、树干和树枝。它还危害其他林木。

9. 纳亚尔后琥珀白蚁 *Postelectrotermes nayari* Roonwal and Verma, 1971

模式标本：正模（兵蚁）、副模（兵蚁、拟工蚁）保存在印度动物调查所，副模（兵蚁、拟工蚁）分别保存在印度森林研究所和印度喀拉拉大学动物学系，副模（兵蚁）保存在美国自然历史博物馆。

模式产地：印度喀拉拉邦（Trivandrum）。

分布：东洋界的印度（喀拉拉邦）。

生物学：它通常蛀食死木材或正在腐烂的木材。巢由简单的蚁道组成。蚁道内无任何粪便颗粒，但废弃的腔室中有许多粪便颗粒。

*****巴基斯坦后琥珀白蚁 *Postelectrotermes pakistanicus* Ahmad, 1986（裸记名称）**

分布：古北界的巴基斯坦（俾路支省）。

10. 伯斯尼后琥珀白蚁 *Postelectrotermes pasniensis* Akhtar, 1974

模式标本：正模（兵蚁）保存在巴基斯坦旁遮普大学动物学系，副模（成虫、兵蚁、若蚁）分别保存在美国自然历史博物馆、英国自然历史博物馆、巴基斯坦森林研究所和美国密西西比港湾试验站。

模式产地：巴基斯坦（Pasni）。

分布：古北界的伊朗、巴基斯坦（俾路支省）。

生物学：它栖息在榕树、金合欢树、枣树以及木杆中。它对树的危害仅限于已死亡的部分。它筑纵向隧道，隧道内有松散的粪便颗粒。每年 3 月，成熟群体中有有翅成虫。

11. 比欣后琥珀白蚁 *Postelectrotermes pishinensis* (Ahmad, 1955)

曾称为：比欣新白蚁 *Neotermes pishinensis* Ahmad, 1955。

模式标本：正模（兵蚁）保存在巴基斯坦旁遮普大学动物学系，副模（兵蚁、若蚁）保存在美国自然历史博物馆。

模式产地：巴基斯坦俾路支省（Pishin）。

分布：古北界的巴基斯坦（俾路支省）。

生物学：模式标本采集于一棵活的柳树内。

危害性：它危害林木。

12. 早熟后琥珀白蚁 *Postelectrotermes praecox* (Hagen, 1858)

曾称为：早熟木白蚁 *Calotermes praecox* Hagen, 1858。

异名：巴雷托木白蚁 *Calotermes barretoi* Grassé, 1939。

模式标本：选模（成虫）、副选模（雄成虫）保存在英国自然历史博物馆。

模式产地：葡萄牙马德拉群岛。

分布：古北界的葡萄牙（马德拉群岛）。

危害性：在马德拉群岛，它危害房屋木构件。

*****留尼旺后琥珀白蚁 *Postelectrotermes reunionensis* (Paulian, 1957)（裸记名称）**

曾称为：留尼旺新白蚁 *Neotermes reunionensis* Paulian, 1957（裸记名称）。

分布：非洲界的留尼旺。

13. 索德瓦纳后琥珀白蚁 *Postelectrotermes sordwanae* (Coaton, 1949)

曾称为：索德瓦纳树白蚁 *Glyptotermes sordwanae* Coaton, 1949。

模式标本：正模（兵蚁）、副模（兵蚁）保存在南非国家昆虫馆，副模（兵蚁、若蚁）保存在美国自然历史博物馆，副模（兵蚁）保存在印度森林研究所。

模式产地：南非（Sordwana Beach）。

分布：非洲界的南非。

14. 同艾后琥珀白蚁 *Postelectrotermes tongyaii* Ahmad, 1965

模式标本：正模（成虫）保存在巴基斯坦旁遮普大学动物学系。

模式产地：泰国（Ka-chong）。

分布：东洋界的泰国。

15. 扎布尔后琥珀白蚁 *Postelectrotermes zabuliensis* Raven and Akhtar, 1999

模式标本：正模（大兵蚁）、副模（大兵蚁、小兵蚁、若蚁）保存在巴基斯坦旁遮普大学动物学系。

模式产地：伊朗（Zabul）。

分布：古北界的伊朗。

十八、前砂白蚁属 *Procryptotermes* Holmgren, 1910

中文名称：我国学者曾称之为“原堆砂白蚁属”“原砂白蚁属”。

模式种：弗赖尔前砂白蚁 *Procryptotermes fryeri* (Holmgren, 1910)。

种类：14 种。

分布：新热带界、非洲界、东洋界、巴布亚界、澳洲界。

1. 澳大利亚前砂白蚁 *Procryptotermes australiensis* Gay, 1976

模式标本：正模（兵蚁）、副模（兵蚁、成虫、工蚁、若蚁）保存在澳大利亚国家昆虫馆，副模（兵蚁、成虫）保存在美国自然历史博物馆。

模式产地：澳大利亚昆士兰州（Bowen 附近）。

分布：澳洲界的澳大利亚（北领地、昆士兰州）。

2. 角头前砂白蚁 *Procryptotermes corniceps* (Snyder, 1923)

曾称为：角头树白蚁 *Glyptotermes corniceps* Snyder, 1923。

模式标本：正模（脱翅成虫）、副模（成虫、兵蚁、工蚁）保存在美国国家博物馆，副模（成虫、兵蚁、若蚁）保存在美国自然历史博物馆。

模式产地：波多黎各（Boqueron-Salinas）。

分布：新热带界的巴哈马、古巴、多米尼加共和国、瓜德罗普、牙买加、波多黎各、特克斯和凯科斯群岛、英属维尔京群岛、美属维尔京群岛。

3. 达尔前砂白蚁 *Procryptotermes dhari* Roonwal and Chhotani, 1963

模式标本：正模（兵蚁）、副模（兵蚁、拟工蚁）保存在印度动物调查所，副模（兵蚁、拟工蚁）分别保存在印度森林研究所、美国自然历史博物馆和印度农业研究所昆虫学分部。

模式产地：印度泰米尔纳德邦（Coimbatore）。

分布：东洋界的印度（泰米尔纳德邦）。

4. 迪奥斯屈阿前砂白蚁 *Procryptotermes dioscurae* Harris, 1954

模式标本：正模（雌有翅成虫）、副模（有翅成虫）保存在英国自然历史博物馆。

模式产地：也门（Socotra）。

分布：非洲界的也门。

5. 爱德华兹前砂白蚁 *Procryptotermes edwardsi* Scheffrahn, 1999

种名释义：种名来自 PCO 公司负责人 J. Edwards 的姓。

模式标本：正模（兵蚁）、副模（成虫、兵蚁）保存在美国自然历史博物馆，副模（成虫、兵蚁）分别保存在美国国家博物馆和佛罗里达大学研究与教育中心。

模式产地：牙买加（Cousin Cave）。

分布：新热带界的开曼群岛、古巴、牙买加。

6. 具镰前砂白蚁 *Procryptotermes falcifer* Krishna, 1962

模式标本：正模（兵蚁）、副模（若蚁、兵蚁）保存在美国自然历史博物馆，副模（兵蚁）保存在南非国家昆虫馆。

模式产地：留尼旺。

分布：非洲界的毛里求斯、留尼旺。

7. 弗赖尔前砂白蚁 *Procryptotermes fryeri* (Holmgren, 1910)

曾称为：弗赖尔木白蚁（前砂白蚁亚属）*Calotermes* (*Procryptotermes*) *fryeri* Holmgren, 1910。

模式标本：全模（成虫、兵蚁、拟工蚁）分别保存在美国自然历史博物馆和瑞典动物研究所，副模（兵蚁）保存在意大利农业昆虫研究所。

模式产地：塞舌尔（Aldabra）。

分布：非洲界的塞舌尔。

8. 西部前砂白蚁 *Procryptotermes hesperus* Scheffrahn and Křeček, 2001

模式标本：正模（兵蚁）、副模（成虫、兵蚁）保存在佛罗里达大学研究与教育中心。

模式产地：巴哈马（North Andros Island）。

分布：新热带界的巴哈马、古北、墨西哥。

9. 洪苏尔前砂白蚁 *Procryptotermes hunsurensis* Thakur, 1975

模式标本：正模（兵蚁）、副模（成虫、兵蚁、拟工蚁）保存在印度森林研究所，副模（兵蚁、拟工蚁）保存在印度动物调查所。

模式产地：印度卡纳塔克邦（Mysore）。

分布：东洋界的印度（卡纳塔克邦）。

10. 克里希纳前砂白蚁 *Procryptotermes krishnai* Emerson, 1961

模式标本：全模（兵蚁）分别保存在澳大利亚国家昆虫馆和美国自然历史博物馆。

模式产地：新喀里多尼亚（Noumea）。

分布：巴布亚界的新喀里多尼亚。

11. 背风群岛前砂白蚁 *Procryptotermes leewardensis* Scheffrahn and Křeček, 2001

种名释义：种名以背风群岛（Leeward Islands）命名。

模式标本：正模（兵蚁）、副模（成虫、兵蚁）保存在佛罗里达大学研究与教育中心。

模式产地：圣马丁。

分布：新热带界的安圭拉、瓜德罗普、蒙特塞拉特、圣基茨和尼维斯、圣马丁、圣巴特勒米岛。

*****马勒库拉前砂白蚁 *Procryptotermes malekulae* Gross, 1975（裸记名称）**

种名释义：种名来自瓦努阿图的马勒库拉岛（Malekula）。

分布：巴布亚界的瓦努阿图。

12. 拉帕前砂白蚁 *Procryptotermes rapae* (Light and Zimmerman, 1936)

曾称为：拉帕木白蚁 *Kalotermes rapae* Light and Zimmerman, 1936。

模式标本：正模（兵蚁）、副模（成虫）保存在夏威夷 Bernice P. Bishop 博物馆，副模（蚁后、成虫、兵蚁、拟工蚁）保存在美国自然历史博物馆，副模（兵蚁、拟工蚁）保存在美国国家博物馆，副模（兵蚁）保存在南非国家昆虫馆。

模式产地：法属波利尼西亚拉帕。

分布：巴布亚界的法属波利尼西亚（拉帕）。

13. 斯派泽前砂白蚁 *Procryptotermes speiseri* (Holmgren and Holmgren, 1915)

曾称为：斯派泽木白蚁（前砂白蚁亚属）*Calotermes* (*Procryptotermes*) *speiseri* Holmgren and Holmgren, 1915。

模式标本：全模（兵蚁）保存在瑞士自然历史博物馆。

模式产地：瓦努阿图（Ambrym）。

分布：巴布亚界的瓦努阿图。

14. 瓦莱里前砂白蚁 *Procryptotermes valeriae* Bose, 1979

种名释义：种名来自著名白蚁分类学家 Krishna 的夫人 Valerie Krishna 的名字。

模式标本：正模（兵蚁）、副模（成虫、兵蚁、拟工蚁）保存在印度动物调查所。

模式产地：印度泰米尔纳德邦。

分布：东洋界的印度（泰米尔纳德邦）。

十九、前新白蚁属 *Proneotermes* Holmgren, 1911

中文名称：我国学者曾称此属为“原新白蚁属”。

模式种：佩雷斯前新白蚁 *Proneotermes perezi* (Holmgren, 1911)。

种类：3 种。

分布：新热带界。

1. 宽额前新白蚁 *Proneotermes latifrons* (Silvestri, 1901)

曾称为：宽额木白蚁 *Calotermes latifrons* Silvestri, 1901。

模式标本：全模（兵蚁、若蚁）保存在丹麦大学动物学博物馆，全模（成虫、兵蚁、若蚁）保存在美国自然历史博物馆。

模式产地：委内瑞拉（Las Trincheras）。

分布：新热带界的委内瑞拉。

2. 马康多前新白蚁 *Proneotermes macondianus* Casalla, Scheffrahn and Korb, 2016

种名释义：种名来自小说中的马康多（Macondo）小镇镇名。

模式标本：正模（兵蚁）、副模（兵蚁、拟工蚁）保存在哥伦比亚波哥达亚历山大洪堡研究所自然历史博物馆，副模（兵蚁）保存在美国自然历史博物馆。

模式产地：哥伦比亚。

分布：新热带界的哥伦比亚。

3. 佩雷斯前新白蚁 *Proneotermes perezi* (Holmgren, 1911)

曾称为：佩雷斯木白蚁（前新白蚁亚属）*Calotermes* (*Proneotermes*) *perezi* Holmgren, 1911。

模式标本：全模（成虫、兵蚁）保存在瑞典自然历史博物馆，全模（成虫）保存在美国自然历史博物馆。

模式产地：哥斯达黎加（San José）。

分布：新热带界的哥斯达黎加。

二十、翅白蚁属 *Pterotermes* Holmgren, 1911

模式种：西部翅白蚁 *Pterotermes occidentis* (Walker, 1853)。

种类：1 种。

分布：新北界。

1. 西部翅白蚁 *Pterotermes occidentis* (Walker, 1853)

曾称为：西部白蚁 *Termes occidentis* Walker, 1853。

模式标本：全模（兵蚁）保存在英国自然历史博物馆。

模式产地：美国西海岸。

分布：新北界的墨西哥（Baja California、Sonora）、美国（亚利桑那州、得克萨斯州）。

二十一、罗伊辛白蚁属 *Roisinitermes* Scheffrahn, 2018

属名释义：属名来自著名白蚁学家 Y. Roisin 的姓。

模式种：埃博戈罗伊辛白蚁 *Roisinitermes ebogoensis* Scheffrahn, 2018。

种类：1 种。

分布：非洲界。

1. 埃博戈罗伊辛白蚁 *Roisinitermes ebogoensis* Scheffrahn, 2018

种名释义：种名来自标本采集地附近 Ebogo 村的名字。

模式标本：正模（兵蚁、有翅成虫、拟工蚁、若蚁、幼蚁、蚁卵）、副模（兵蚁、脱翅成虫、短翅若蚁）保存在美国佛罗里达大学研究与教育中心。

模式产地：喀麦隆（Mbalmayo 附近，在 Nyong 河 Ebogo 村旁的一个岛上）

分布：非洲界的喀麦隆。

生物学：它生活于活树枝或死树枝内，群体内约有 2000 个个体。

二十二、皱白蚁属 *Rugitermes* Holmgren, 1911

异名：次新白蚁属 *Metaneotermes* Light, 1932。

模式种：结节皱白蚁 *Rugitermes nodulosus* (Hagen, 1858)。

种类：13 种。

分布：新热带界、巴布亚界。

1. 阿瑟顿皱白蚁 *Rugitermes athertoni* (Light, 1932)

种名释义：种名来自 F. C. Atherton 的姓。

曾称为：阿瑟顿木白蚁（次新白蚁亚属）*Kalotermes* (*Metaneotermes*) *athertoni* Light, 1932。

模式标本：全模（兵蚁、成虫、若蚁）保存在美国自然历史博物馆。

模式产地：法属波利尼西亚（马克萨斯群岛）。

分布：巴布亚界的法属波利尼西亚（马克萨斯群岛、社会群岛、塔希提岛）。

2. 双色皱白蚁 *Rugitermes bicolor* (Emerson, 1925)

曾称为：双色木白蚁（皱白蚁亚属）*Kalotermes* (*Rugitermes*) *bicolor* Emerson, 1925。

模式标本：正模（蚁后）、副模（成虫、兵蚁、若蚁）保存在美国自然历史博物馆，副模（兵蚁）分别保存在南非国家昆虫馆和荷兰马斯特里赫特自然历史博物馆。

模式产地：圭亚那（Kartabo）。

分布：新热带界的圭亚那。

3. 哥斯达黎加皱白蚁 *Rugitermes costaricensis* (Snyder, 1926)

曾称为：哥斯达黎加木白蚁（皱白蚁亚属）*Kalotermes* (*Rugitermes*) *costaricensis* Snyder, 1926。

模式标本：全模（有翅成虫、兵蚁、若蚁）保存在美国国家博物馆，全模（成虫、兵蚁、若蚁）保存在美国自然历史博物馆。

模式产地：哥斯达黎加（Santa Clara）。

分布：新热带界的哥斯达黎加。

4. 金黄皱白蚁 *Rugitermes flavicinctus* (Emerson, 1925)

曾称为：金黄木白蚁（皱白蚁亚属）*Kalotermes* (*Rugitermes*) *flavicinctus* Emerson, 1925。

模式标本：正模（蚁后）、副模（兵蚁、若蚁）保存在美国自然历史博物馆。

模式产地：圭亚那（Kartabo）。

分布：新热带界的圭亚那。

5. 柯比皱白蚁 *Rugitermes kirbyi* (Snyder, 1926)

曾称为：柯比木白蚁（皱白蚁亚属）*Kalotermes* (*Rugitermes*) *kirbyi* Snyder, 1926。

模式标本：正模（兵蚁）、副模（成虫）保存在美国国家博物馆，副模（兵蚁、若蚁）保存在美国自然历史博物馆。

模式产地：哥斯达黎加（Cartago）。

分布：新热带界的哥斯达黎加、巴拿马。

6. 宽颈皱白蚁 *Rugitermes laticollis* Snyder, 1957

模式标本：正模（有翅成虫）、副模（成虫）保存在美国国家博物馆，副模（成虫）保存在美国自然历史博物馆。

模式产地：玻利维亚（La Paz）。

分布：新热带界的玻利维亚。

7. 大背皱白蚁 *Rugitermes magninotus* (Emerson, 1925)

曾称为：大背木白蚁（皱白蚁亚属）*Kalotermes* (*Rugitermes*) *magninotus* Emerson, 1925。

模式标本：正模（蚁王）、副模（兵蚁、若蚁）保存在美国自然历史博物馆，副模（兵蚁）保存在南非国家昆虫馆。

模式产地：圭亚那（Kartabo）。

分布：新热带界的圭亚那。

8. 黑色皱白蚁 *Rugitermes niger* Oliveira, 1979

模式标本：正模（兵蚁）、副模（成虫、兵蚁）保存在巴西巴拉那联邦大学动物学系。

模式产地：巴西（Paraná）。

分布：新热带界的巴西（Paraná）。

9. 结节皱白蚁 *Rugitermes nodulosus* (Hagen, 1858)

曾称为：结节木白蚁 *Calotermes nodulosus* Hagen, 1858。

模式标本：正模（成虫）保存在德国柏林冯博大学自然博物馆。

模式产地：巴西（Minas Gerais）。

分布：新热带界的巴西（Minas Gerais）。

10. 西部皱白蚁 *Rugitermes occidentalis* (Silvestri, 1901)

曾称为：皱纹木白蚁西部亚种 *Calotermes rugosus occidentalis* Silvestri, 1901。

模式标本：全模（成虫）分别保存在意大利农业昆虫研究所和美国自然历史博物馆。

模式产地：阿根廷（Tucumán）。

分布：新热带界的阿根廷（Jujuy、Mendoza、Salta、Tucumán）、巴西（里约热内卢）。

危害性：它危害果树。

11. 巴拿马皱白蚁 *Rugitermes panamae* (Snyder, 1925)

曾称为：巴拿马木白蚁 *Kalotermes panama* Snyder, 1925。

异名：伊斯姆木白蚁（皱白蚁亚属）*Kalotermes* (*Rugitermes*) *isthmi* Snyder, 1925。

模式标本：正模（兵蚁）、副模（兵蚁、若蚁）保存在美国国家博物馆，副模（兵蚁、若蚁）保存在美国自然历史博物馆。

模式产地：巴拿马运河区域（Rio Chinilla）。

分布：新热带界的巴拿马。

12. 皱纹皱白蚁 *Rugitermes rugosus* (Hagen, 1858)

曾称为：皱纹木白蚁 *Calotermes rugosus* Hagen, 1858。

模式标本：全模（成虫）保存在哈佛大学比较动物学博物馆。

模式产地：巴西里约热内卢（Teresópolis）。

分布：新热带界的阿根廷（Buenos Aires、Córdoba、Corrientes、福莫萨、Misiones）、巴西（Minas Gerais、里约热内卢、圣保罗）、乌拉圭。

13. 单色皱白蚁 *Rugitermes unicolor* Snyder, 1952

模式标本：全模（有翅成虫、兵蚁、若蚁）保存在美国国家博物馆，全模（成虫、兵蚁、若蚁）保存在美国自然历史博物馆。

模式产地：危地马拉（Salacóc）。

分布：新热带界的危地马拉。

二十三、牛白蚁属 *Tauritermes* Krishna, 1961

属名释义：此属白蚁兵蚁额部有两个非常明显的凸起（似牛角），凸起之间有宽阔的内凹。

模式种：牛头牛白蚁 *Tauritermes taurocephalus* (Silvestri, 1901)。

种类：3 种。

分布：新热带界。

1. 牛头牛白蚁 *Tauritermes taurocephalus* (Silvestri, 1901)

曾称为：牛头木白蚁 *Calotermes taurocephalus* Silvestri, 1901。

模式标本：全模（兵蚁、若蚁）分别保存在意大利农业昆虫研究所和美国自然历史博物馆。

模式产地：巴西马托格罗索州（Corumbá）。

分布：新热带界的阿根廷（Chaco、Corrientes、福莫萨、Salta）、巴西（马托格罗索州）。

2 . 三混气牛白蚁 *Tauritermes triceromegas* (Silvestri, 1901)

曾称为：三混气木白蚁 *Calotermes triceromegas* Silvestri, 1901。

模式标本：全模（兵蚁）保存在意大利农业昆虫研究所。

模式产地：阿根廷（Cosquin）。

分布：新热带界的阿根廷（Córdoba、Corrientes、福莫萨、Salta）。

3. 公犊牛白蚁 *Tauritermes vitulus* Araujo and Fontes, 1979

模式标本：正模（兵蚁）、副模（成虫、兵蚁、工蚁）保存在巴西圣保罗大学动物学博物馆。

模式产地：巴西（Santa Caterina）。

分布：新热带界的巴西（Santa Caterina）。

危害性：它危害果树，对房屋建筑有轻微危害。

第三节 古白蚁科

Archotermopsidae Engel, Grimaldi, and Krishna, 2009

模式属：古白蚁属 *Archotermopsis* Desneux, 1904。
种类：3 属 6 种。
分布：东洋界、古北界、新北界。

一、古白蚁属 *Archotermopsis* Desneux, 1904

模式种：罗夫顿古白蚁 *Archotermopsis wroughtoni* (Desneux, 1904)。
种类：2 种。
分布：东洋界、古北界。

1. 库兹涅佐夫古白蚁 *Archotermopsis kuznetsovi* Beljaeva, 2004

模式标本：正模（雄成虫）、副模（成虫、兵蚁、拟工蚁）保存在莫斯科州立大学。
模式产地：越南（Mt. Shapa）。
分布：东洋界的越南。

2. 罗夫顿古白蚁 *Archotermopsis wroughtoni* (Desneux, 1904)

种名释义：种名来自印度孟买自然历史协会秘书（寄标本人）的姓。印度称这种白蚁为“喜马拉雅白蚁”（the Himalayan termite）。

曾称为：罗夫顿似白蚁 *Termopsis wroughtoni* Desneux, 1904。

异名：拉德克利夫似白蚁 *Termopsis radcliffei* Radcliffe, 1904、雪松古白蚁 *Archotermopsis deodarae* Chatterjee and Thakur, 1967。

模式标本：全模（成虫、兵蚁）保存地不详。

模式产地：克什米尔山谷。

分布：东洋界的中国（云南）、印度的西北部（喜马偕尔邦、北方邦）、巴基斯坦（西北部山区）、克什米尔地区；古北界的阿富汗（Barikot）。

生物学：它生活于高海拔地区（900～3000m）的针叶林中，蛀食正在腐烂的木材，不危害活树，群体小，只有 30～40 个个体，无工蚁，有拟工蚁，群体生活于长长的垂直蚁道中。它在树木内进行繁殖，分飞发生在每年的 6—8 月。

危害性：无危害性。

二、原白蚁属 *Hodotermopsis* Holmgren, 1911

模式种：山林原白蚁 *Hodotermopsis sjöstedti* Holmgren, 1911。
种类：1 种。
分布：东洋界、古北界。
生物学：它属于湿木白蚁。

1. 山林原白蚁 *Hodotermopsis sjöstedti* Holmgren, 1911

种名释义：种名来自瑞典动物学家舍斯泰特 Y. Sjöstedt 的姓。中国学者因其生活在山林之中，习惯称之为“山林原白蚁”。

异名：尖叉原白蚁 *Hodotermopsis japonicus* Holmgren, 1912（也有称“日本原白蚁”）、连山原白蚁 *Hodotermopsis lianshanensis* Ping, 1986（裸记名称）、东方原白蚁 *Hodotermopsis orientalis* Li and Ping, 1988、尤氏原白蚁 *Hodotermopsis yui* Li and Ping, 1988、二型原白蚁 *Hodotermopsis dimorphus* Zhu and Huang, 1991、梵净山原白蚁 *Hodotermopsis fanjingshanensis* Zhu and Wang, 1991。

模式标本：全模（兵蚁、若蚁）分别保存在瑞典动物研究所和美国自然历史博物馆。

模式产地：越南（Tonkin）。

分布：东洋界的中国（福建、广东、广西、贵州、海南、湖南、江西、四川、云南、浙江、台湾）、越南；古北界的日本。

生物学：它一般生活在高山潮湿森林内，蛀食潮湿原木。它属于木栖白蚁，筑巢于朽树（包括树桩）或活树内，从不在泥土中筑巢，常在阴湿的溪边、山沟或林内建巢，很少在山顶、山脊建巢。每年 8 月分飞。多王多后栖居一块，卵粒集中。除了夜晚偶尔有少数工蚁、兵蚁出巢活动外，一般都是躲在树木内取食，即使迁巢他处，也往往是通过蛀空的朽树根或地下蚁道。

危害性：它对林木造成严重危害，使木材的质量和产量都受到一定的影响。它主要危害原始森林及次生林，除了危害活树木外，也蛀食树桩，甚至危害民房及古建筑。

三、动白蚁属 *Zootermopsis* Emerson, 1933

模式种：狭颈动白蚁 *Zootermopsis angusticollis* (Hagen, 1858)。

种类：3 种。

分布：新北界。

生物学：属于湿木白蚁。

1. 狭颈动白蚁 *Zootermopsis angusticollis* (Hagen, 1858)

中文名称：我国学者曾称之为“美古白蚁”“太平洋湿木白蚁”。

曾称为：狭颈似白蚁 *Termopsis angusticollis* Hagen, 1858。

异名：加利福尼亚白蚁 *Termes californiae* Walker, 1853（裸记名称）。

模式标本：全模（成虫）分别保存在哈佛大学比较动物学博物馆、奥地利自然历史博物馆、英国自然历史博物馆和俄罗斯科学院动物学研究所。

模式产地：美国加利福尼亚州和路易斯安那州。

分布：新北界的从加拿大西南经美国到墨西哥的西北；巴布亚界的美国[夏威夷（传入，已建群）]。

危害性：它是一种入侵白蚁。在美国，它危害房屋木构件。

2. 宽头动白蚁 *Zootermopsis laticeps* (Banks, 1906)

曾称为：宽头似白蚁 *Termopsis laticeps* Banks, 1906。

模式标本：全模（成虫、兵蚁）保存在哈佛大学比较动物学研究所。
模式产地：美国亚利桑那州。
分布：新北界的墨西哥（Sonora、Chihuahua）、美国（亚利桑那州、新墨西哥州、得克萨斯州）。

3. 内华达动白蚁 *Zootermopsis nevadensis* (Hagen, 1874)

亚种：1）内华达动白蚁内华达亚种 *Zootermopsis nevadensis nevadensis* (Hagen, 1874)
曾称为：狭颈似白蚁内华达亚种 *Termopsis angusticollis nevadensis* Hagen, 1874。
模式标本：全模（成虫）保存在哈佛大学比较动物学研究所。
模式产地：美国内华达州（Truckee）。
分布：新北界的墨西哥（Baja California）、美国（加利福尼亚州、蒙大拿州、内华达州）。
2）内华达动白蚁纳丁亚种 *Zootermopsis nevadensis nuttingi* Haverty and Torne, 1989
种名释义：亚种名来自 W. L. Nutting 教授的姓。
模式标本：全模（兵蚁）保存地不详。
模式产地：美国加利福尼亚州（Pacific Grove）。
分布：新北界的美国（加利福尼亚州）。
危害性：它是一种入侵白蚁。它危害房屋木构件。

第四节 胄白蚁科 Stolotermitidae Holmgren, 1910

模式属：胄白蚁属 *Stolotermes* Hagen, 1858。
种类：2 属 10 种。
分布：澳洲界、非洲界、新热带界。

一、洞白蚁亚科 Porotermitinae Emerson, 1942

（一）洞白蚁属 *Porotermes* Hagen, 1858

中文名称：我国学者曾称之为“盲白蚁属”。
异名：扁白蚁属 *Planitermes* Holmgren, 1911。
模式种：方颈洞白蚁 *Porotermes quadricollis* (Rambur, 1842)。
种类：3 种。
分布：澳洲界、非洲界、新热带界。
生物学：它是典型的湿木白蚁，在树木（主要是桉树）、原木、正在腐烂的树桩内筑巢。这种湿木白蚁需要腐烂木材来创建群体，当在树木中筑巢时，巢体被棕色的、如泥巴样的材料（由粪便、木材加工物组成）包裹。群体中有蚁王、蚁后、工蚁、兵蚁、繁殖蚁，蚁后不膨腹。群体向外有蚁道相通。它不筑泥线（或泥被）或过多的地下蚁道。
危害性：在森林中，它是树木害虫。很少发现它危害房屋。危害最初出现在有腐烂木材的地方，它可从此处开始，逐渐转移到相邻的健康木材中。高地上的房屋、木柱比海滨的房屋、木柱更易遭受它的危害。

1. 亚当森洞白蚁 *Porotermes adamsoni* (Froggatt, 1897)

曾称为：亚当森木白蚁 *Calotermes adamsoni* Froggatt, 1897。

异名：大洞白蚁（扁白蚁亚属）*Porotermes* (*Planitermes*) *grandis* Holmgren, 1912、弗洛格特洞白蚁 *Porotermes froggatti* Holmgren, 1912。

模式标本：选模（雄成虫）、副选模（兵蚁）保存在澳大利亚国家昆虫馆，副选模（兵蚁、前兵蚁、工蚁）保存在澳大利亚维多利亚博物馆。

模式产地：澳大利亚新南威尔士州（Uralla）。

分布：澳洲界的澳大利亚（首都地区、新南威尔士州、昆士兰州、南澳大利亚州、塔斯马尼亚州、维多利亚州）、新西兰（拦截到）。

危害性：它是一种入侵白蚁。在澳大利亚，它危害林木。

2. 扁头洞白蚁 *Porotermes planiceps* (Sjöstedt, 1904)

曾称为：扁头木白蚁 *Calotermes planiceps* Sjöstedt, 1904。

异名：可爱木白蚁 *Calotermes amabilis* Sjöstedt, 1911。

模式标本：全模（兵蚁）分别保存在美国自然历史博物馆、瑞典自然历史博物馆和南非国家博物馆。

模式产地：南非开普省（可疑）。

分布：非洲界的南非。

3. 方颈洞白蚁 *Porotermes quadricollis* (Rambur, 1842)

曾称为：方颈白蚁 *Termes quadricollis* Rambur, 1842。

异名：智利木白蚁卡尤特尤亚种 *Calotermes chilensis cayutuensis* Goetsch, 1933。

模式标本：正模（成虫）保存在比利时皇家自然科学研究所。

模式产地：智利。

分布：新热带界的阿根廷（Chubut、Neuquen、Río Negro）、智利。

二、胄白蚁亚科 Stolotermitinae Holmgren, 1910

（一）胄白蚁属 *Stolotermes* Hagen, 1858

模式种：棕角胄白蚁 *Stolotermes brunneicornis* (Hagen, 1858)。

种类：7 种。

分布：澳洲界、非洲界。

生物学：群体中有蚁王、蚁后、工蚁、兵蚁、繁殖蚁，蚁后不膨腹。它属于典型的湿木白蚁，在树桩或非常潮湿的、正在腐烂的原木内筑巢。

危害性：这类白蚁很少能遇到，几乎无危害性。

1. 非洲胄白蚁 *Stolotermes africanus* Emerson, 1942

模式标本：正模（兵蚁）、副模（兵蚁、若蚁）保存在美国自然历史博物馆，副模（兵蚁、若蚁）分别保存在荷兰马斯特里赫特自然历史博物馆和德国汉堡动物学博物馆，副模（兵蚁）保存在南非国家昆虫馆。

模式产地：南非开普省。

分布：非洲界的南非。

2. 澳大利亚胄白蚁 *Stolotermes australicus* Mjöberg, 1920

模式标本：选模（兵蚁）、副选模（兵蚁、工蚁）保存在瑞典自然历史博物馆，副选模（兵蚁、工蚁）保存在澳大利亚国家昆虫馆，副选模（兵蚁、若蚁）保存在美国自然历史博物馆。

模式产地：澳大利亚昆士兰州（Ravenshoe）。

分布：澳洲界的澳大利亚（昆士兰州）。

3. 棕角胄白蚁 *Stolotermes brunneicornis* (Hagen, 1858)

曾称为：棕角草白蚁（胄白蚁亚属）*Hodotermes* (*Stolotermes*) *brunneicornis* Hagen, 1858。

模式标本：选模（雄成虫）、副选模（雄成虫）保存在德国柏林冯博大学自然博物馆，副选模（后翅）保存在美国自然历史博物馆，副选模（成虫）保存在哈佛大学比较动物学博物馆。

模式产地：澳大利亚塔斯马尼亚州。

分布：澳洲界的澳大利亚（塔斯马尼亚州）。

4. 未料胄白蚁 *Stolotermes inopinus* Gay, 1969

模式标本：正模（雄成虫）、副模（成虫、兵蚁、若蚁）保存在新西兰节肢动物学院，副模（成虫、兵蚁、若蚁）保存在美国自然历史博物馆。

模式产地：新西兰惠灵顿。

分布：澳洲界的新西兰。

5. 昆士兰胄白蚁 *Stolotermes queenslandicus* Mjöberg, 1920

模式标本：选模（兵蚁）、副选模（兵蚁、成虫）保存在瑞典自然历史博物馆，副选模（兵蚁、若蚁、成虫）分别保存在美国自然历史博物馆和美国国家博物馆。

模式产地：澳大利亚昆士兰州（Ravenshoe）。

分布：澳洲界的澳大利亚（昆士兰州）。

6. 红头胄白蚁 *Stolotermes rufceps* Brauer, 1865

模式标本：选模（成虫）保存在奥地利自然历史博物馆。

模式产地：新西兰（Patria）。

分布：澳洲界的新西兰。

危害性：它危害房屋木构件。

7. 维多利亚胄白蚁 *Stolotermes victoriensis* Hill, 1921

模式标本：选模（雌成虫）、副选模（兵蚁、工蚁）保存在澳大利亚维多利亚博物馆。

模式产地：澳大利亚维多利亚州（Beaconsfield）。

分布：澳洲界的澳大利亚（首都地区、新南威尔士州、昆士兰州、维多利亚州）。

第五节 草白蚁科 Hodotermitidae Desneux, 1904

模式属：草白蚁属 *Hodotermes* Hagen, 1853。
种类：3 属 21 种。
分布：东洋界、古北界、非洲界。

（一）无刺白蚁属 *Anacanthotermes* Jacobson, 1905

中文名称：中国学者曾称之为“无棘白蚁属”“眼白蚁属”“缺刺白蚁属”。
模式种：黄赭无刺白蚁 *Anacanthotermes ochraceus* (Burmeister, 1839)。
种类：16 种。
分布：东洋界、古北界、非洲界。
生物学：此属白蚁主要食草，也能取食木质材料。巢主要筑在地下，偶尔筑无固定形状的土垄。一般成群觅食，但在半干旱沙漠中食物分散时，则不成群觅食。
危害性：它能危害农作物。

1. 安格无刺白蚁 *Anacanthotermes ahngerianus* (Jacobson, 1905)

曾称为：安格草白蚁（无刺白蚁亚属）*Hodotermes* (*Anacanthotermes*) *ahngerianus* Jacobson, 1905。
异名：安格无刺白蚁暗色亚种 *Anacanthotermes ahngerianus opacus* Luppova, 1958。
模式标本：全模（成虫）保存在美国自然历史博物馆。
模式产地：土库曼斯坦（Jagly-olum）。
分布：古北界的伊朗、哈萨克斯坦、土库曼斯坦、乌兹别克斯坦。
危害性：在土库曼斯坦，它危害牧草。

2. 贝克曼无刺白蚁 *Anacanthotermes baeckmannianus* (Vasiljev, 1911)

曾称为：贝克曼草白蚁 *Hodotermes baeckmannianus* Vasiljev, 1911。
模式标本：全模（成虫、兵蚁、工蚁）保存地不详。
模式产地：哈萨克斯坦（Syr-dara-Geibet）。
分布：古北界的哈萨克斯坦。

*****巴盖里无刺白蚁 *Anacanthotermes bagherii* Ghayourfar, 2000（裸记名称）**
分布：古北界的伊朗。

3. 俾路支无刺白蚁 *Anacanthotermes baluchistanicus* Akhtar, 1974

模式标本：正模（兵蚁）、副模（兵蚁）保存在巴基斯坦旁遮普大学动物学系。
模式产地：巴基斯坦俾路支省（Chaman）。
分布：古北界的巴基斯坦（俾路支省）。
生物学：它的兵蚁分大、小二型，它筑纵向蚁道。
危害性：它危害原木。

4. 艾斯梅尔无刺白蚁 *Anacanthotermes esmailii* Ghayourfar, 1998

模式标本：正模（成虫、兵蚁）、副模（成虫、兵蚁）保存在伊朗植物害虫及疾病研究所昆虫分类研究部昆虫博物馆。

模式产地：伊朗霍拉桑省北部（Sarakhs、Khangiran）。

分布：古北界的伊朗。

5. 戈尔甘无刺白蚁 *Anacanthotermes gurganiensis* Raven and Akhtar, 1999

模式标本：正模（大兵蚁）、副模（大兵蚁、小兵蚁、若蚁）保存在巴基斯坦旁遮普大学动物学系。

模式产地：伊朗（Gurgan）。

分布：古北界的伊朗。

6. 伊朗无刺白蚁 *Anacanthotermes iranicus* Ravan and Akhtar, 1993

模式标本：正模（兵蚁）、副模（兵蚁）保存在巴基斯坦旁遮普大学动物学系。

模式产地：伊朗（Gona-Abad）。

分布：古北界的伊朗。

7. 大头无刺白蚁 *Anacanthotermes macrocephalus* (Desneux, 1906)

曾称为：大头草白蚁 *Hodotermes macrocephalus* Desneux, 1906。

异名：白沙瓦无刺白蚁 *Anacanthotermes peshawarensis* Akhtar, 1974。

模式标本：全模（成虫、兵蚁、工蚁）分别保存在美国自然历史博物馆和比利时皇家自然科学研究所。

模式产地：巴基斯坦信德省的卡拉奇。

分布：东洋界的印度（古吉拉特邦、旁遮普邦、拉贾斯坦邦）、巴基斯坦；古北界的阿富汗、伊朗、巴基斯坦（俾路支省）。

生物学：它建圆锥形蚁垄，垄高 60～250mm，直径 100～800mm。巢筑在垄下，有腔室贮存食物。夜间工蚁外出觅食。在印度，它 8 月分飞，分飞后 10～16 天产卵，第一批卵 5～18 粒。

危害性：在印度、巴基斯坦，它是草地害虫，还能危害小麦、玉米以及仓贮用的麻袋，也能危害一些森林树木、果树的树皮。

8. 穆尔加布无刺白蚁 *Anacanthotermes murgabicus* (Vasiljev, 1911)

曾称为：穆尔加布草白蚁 *Hodotermes murgabicus* Vasiljev, 1911。

模式标本：全模（兵蚁、工蚁）保存在俄罗斯科学院动物学研究所。

模式产地：土库曼斯坦（Kreise Merv von Transkaspien，在穆尔加布河附近）。

分布：古北界的土库曼斯坦。

9. 黄赭无刺白蚁 *Anacanthotermes ochraceus* (Burmeister, 1839)

曾称为：黄赭白蚁 *Termes ochraceus* Burmeister, 1839。

异名：突尼斯无刺白蚁 *Anacanthotermes tunisiensis* Sjöstedt, 1935。

模式标本：选模（成虫）保存在比利时皇家自然科学研究所，副选模（成虫）分别保存在哈佛大学比较动物学博物馆和德国柏林冯博大学自然博物馆。

模式产地：埃及。

分布：非洲界的苏丹、也门；古北界的阿尔及利亚、埃及、以色列、科威特、利比亚、摩洛哥、阿曼、卡塔尔、沙特阿拉伯、突尼斯、西撒哈拉。

危害性：在苏丹、埃及、沙特阿拉伯、阿尔及利亚、利比亚等地，它危害果树和房屋木构件。

10. 沙特无刺白蚁 *Anacanthotermes saudiensis* Chhotani and Bose, 1982

模式标本：正模（成虫）、副模（成虫、工蚁）保存在瑞士自然历史博物馆，副模（成虫、工蚁）保存在印度动物调查所。

模式产地：沙特阿拉伯（Jebel Banban）。

分布：古北界的沙特阿拉伯。

11. 塞瓦无刺白蚁 *Anacanthotermes sawensis* Al-Alawy, Abdul-Rassoul, and Al-Azawi, 1990

模式标本：正模（兵蚁）、副模（兵蚁）保存在伊拉克自然历史博物馆。

模式产地：伊拉克（Al-Mothana，在塞瓦湖附近）。

分布：古北界的伊拉克。

12. 北方无刺白蚁 *Anacanthotermes septentrionalis* (Jacobson, 1905)

曾称为：游荡草白蚁（无刺白蚁亚属）北方亚种 *Hodotermes* (*Anacanthotermes*) *vagans septentrionalis* Jacobson, 1905。

模式标本：全模（成虫）保存在美国自然历史博物馆。

模式产地：伊朗（Chosassan）、土库曼斯坦。

分布：古北界的阿富汗、伊朗、土库曼斯坦。

危害性：它危害房屋木构件。

13. 土耳其斯坦无刺白蚁 *Anacanthotermes turkestanicus* (Jacobson, 1905)

曾称为:土耳其斯坦草白蚁(无刺白蚁亚属)*Hodotermes* (*Anacanthotermes*) *turkestanicus* Jacobson, 1905。

模式标本：全模（成虫、兵蚁、工蚁）分别保存在美国自然历史博物馆和荷兰马斯特里赫特自然历史博物馆。

模式产地：哈萨克斯坦（Hungersteppe）。

分布：古北界的伊朗、哈萨克斯坦、塔吉克斯坦、土库曼斯坦、乌兹别克斯坦。

14. 乌巴齐无刺白蚁 *Anacanthotermes ubachi* (Navás, 1911)

曾称为：乌巴齐草白蚁 *Hodotermes ubachi* Navás, 1911。

模式标本：全模（成虫）保存地不详。

模式产地：巴勒斯坦（Cercanîas del Mar Muerto）。

分布：古北界的伊拉克、以色列、约旦、沙特阿拉伯、土耳其。

15. 游荡无刺白蚁 *Anacanthotermes vagans* (Hagen, 1858)

曾称为：游荡草白蚁 *Hodotermes vagans* Hagen, 1858。

模式标本：全模（成虫）分别保存在奥地利自然历史博物馆和哈佛大学比较动物学博物馆。

模式产地：伊朗（Shiraz）。

分布：古北界的阿富汗、伊朗、伊拉克、科威特、巴基斯坦（俾路支省）、沙特阿拉伯。

生物学：它喜生活在干燥的区域，可生活在海拔 2450m 的区域。它栖息在地下狭窄的蚁道中，筑低矮、无规则的土垄，主要食草，也危害木柱及房屋木构件。

危害性：在阿富汗、伊朗、伊拉克、巴基斯坦，它危害木柱，也危害室内木构件。

16. 小径无刺白蚁 *Anacanthotermes viarum* (König, 1779)

曾称为：小径白蚁 *Termes viarum* König, 1779。

异名：柯尼希草白蚁（无刺白蚁亚属）*Hodotermes* (*Anacanthotermes*) *koenigi* Holmgren and Holmgren, 1917、皱额无刺白蚁 *Anacanthotermes rugifrons* Mathur and Sen-Sarma, 1958。

模式标本：新模（兵蚁）保存在印度动物调查所。

模式产地：印度泰米尔纳德邦（Coimbatore）。

分布：东洋界的印度（泰米尔纳德邦）、斯里兰卡。

生物学：它栖息在地下蚁道中，取食草及其他植物材料。它筑矮土垄，垄高 7～13cm。在印度，它每年 10 月的后半月分飞。

（二）草白蚁属 *Hodotermes* Hagen, 1853

中文名称：我国学者早期曾称之为“食草螱属”。

异名：大草白蚁属 *Macrohodotermes* Fuller, 1921。

模式种：莫桑比克草白蚁 *Hodotermes mossambicus* (Hagen, 1853)。

种类：2 种。

分布：非洲界。

生物学：它是东非和中非的食草白蚁。地下巢中有较大的腔室，地面上有圆锥形的小土堆，小土堆内有觅食孔。有狭窄的蚁路通向觅食孔。觅食孔内有 1、2 只兵蚁保护觅食工蚁。几龄工蚁均有硬化的上颚和外骨骼。为防止被蚂蚁捕食，觅食孔常改变对外方向。工蚁单独觅食或组成小组觅食。觅食通常发生在晚上或凉爽的白天。觅食结束时，草由工蚁运回巢中，部分草散落在觅食孔周围。有翅成虫的分飞发生在雨后，雄性成虫在裸露的潮湿土壤中挖出一个小洞，“招引”雌性成虫进入。初始的王室离地面只有几英寸。

危害性：它是东部、南部非洲牧场的严重害虫。不过，适当的管理（如防止过度放牧）可以防止白蚁与有蹄类之间的竞争。另外，在草皮覆盖好的地方，草白蚁属白蚁不能良好发展，只能在过度放牧导致退化的草地中（裸露土壤中）筑巢生存。

1. 厄立特里亚草白蚁 *Hodotermes erithreensis* Sjöstedt, 1912

异名：厄立特里亚草白蚁小型亚种 *Hodotermes erithreensis minor* Harris, 1946。

模式标本：全模（兵蚁、工蚁）分别保存在美国自然历史博物馆、瑞典自然历史博物馆和意大利自然历史博物馆。

模式产地：厄立特里亚（Assab）。

分布：非洲界的厄立特里亚、埃塞俄比亚、索马里。

危害性：在埃塞俄比亚和索马里，它危害牧草。

2. 莫桑比克草白蚁 *Hodotermes mossambicus* (Hagen, 1853)

曾称为：莫桑比克白蚁（草白蚁亚属）*Termes* (*Hodotermes*) *mossambicus* Hagen, 1853。

异名：哈维兰草白蚁 *Hodotermes havilandi* Sharp, 1895、美丽草白蚁 *Hodotermes pulcher* Sjöstedt, 1905、大胸草白蚁 *Hodotermes macrothorax* Sjöstedt, 1914、布雷恩草白蚁 *Hodotermes braini* Fuller, 1915、卡鲁草白蚁 *Hodotermes karrooensis* Fuller, 1915、比勒陀利亚草白蚁 *Hodotermes pretoriensis* Fuller, 1915、德南士瓦草白蚁 *Hodotermes transvaalensis* Fuller, 1915、沃伦草白蚁 *Hodotermes warreni* Fuller, 1915、苍白草白蚁（大草白蚁亚属）*Hodotermes* (*Macrohodotermes*) *pallidus* Fuller, 1921、布隆方丹草白蚁（草白蚁亚属）*Hodotermes* (*Hodotermes*) *bloemfonteinsis* Sjöstedt, 1926。

模式标本：全模（雌成虫）保存在哈佛大学比较动物学博物馆，全模（工蚁）保存在比利时皇家自然科学研究所。

模式产地：莫桑比克。

分布：非洲界的安哥拉、博茨瓦纳、埃塞俄比亚、肯尼亚、马拉维、莫桑比克、纳米比亚、南非、坦桑尼亚、乌干达、赞比亚。

危害性：在南非和东非，它危害谷类植物、牧草、田间农作物和房屋木构件。

（三）小草白蚁属 *Microhodotermes* Sjöstedt, 1926

模式种：旅游小草白蚁 *Microhodotermes viator* (Latreille, 1804)。

种类：3 种。

分布：非洲界、古北界。

生物学：与草白蚁属类似。

危害性：与草白蚁属类似。

1. 摩洛哥小草白蚁 *Microhodotermes maroccanus* (Sjöstedt, 1926)

曾称为：摩洛哥草白蚁（小草白蚁亚属）*Hodotermes* (*Microhodotermes*) *maroccanus* Sjöstedt, 1926。

模式标本：全模（兵蚁）保存在瑞典自然历史博物馆，全模（兵蚁、工蚁）保存在美国自然历史博物馆。

模式产地：摩洛哥。

分布：古北界的摩洛哥。

2. 旅游小草白蚁 *Microhodotermes viator* (Latreille, 1804)

曾称为：旅游白蚁 *Termes viator* Latreille, 1804、旅游白蚁 *Termes voyageur* Latreille, 1804。

异名：奥里维尔草白蚁 *Hodotermes aurivillii* Sjöstedt, 1900、富尔草白蚁（草白蚁亚属）

Hodotermes (*Hodotermes*) *faurei* Fuller, 1921、佩里格伊草白蚁（草白蚁亚属）*Hodotermes* (*Hodotermes*) *peringueyi* Fuller, 1921、西尔韦斯特里草白蚁（草白蚁亚属）*Hodotermes* (*Hodotermes*) *silvestrii* Fuller, 1921、汤姆森草白蚁（草白蚁亚属）*Hodotermes* (*Hodotermes*) *thomseni* Fuller, 1921、旅游草白蚁哈根亚种 *Hodotermes viator hageni* Fuller, 1921。

模式标本：正模（工蚁）保存在比利时皇家自然科学研究所。

模式产地：南非（好望角）。

分布：非洲界的纳米比亚、南非。

危害性：在南非，它危害牧草和房屋木构件。

3. 沃斯曼小草白蚁 *Microhodotermes wasmanni* (Sjöstedt, 1900)

曾称为：沃斯曼草白蚁 *Hodotermes wasmanni* Sjöstedt, 1900。

模式标本：全模（成虫、兵蚁、工蚁）分别保存在德国柏林冯博大学自然博物馆和瑞典自然历史博物馆，全模（成虫、工蚁）保存在美国自然历史博物馆。

模式产地：利比亚（Uadi M'bellum）。

分布：古北界的埃及、以色列、利比亚、突尼斯。

第六节 鼻白蚁科 Rhinotermitidae Froggatt, 1897

中文名称：我国学者曾称之为“尖鼻蛩科”“犀白蚁科”。

异名：中白蚁科 Mesotermitidae Holmgren, 1910、散白蚁科 Reticulitermatidae Szalanski et al., 2003（裸记名称）。

模式属：鼻白蚁属 *Rhinotermes* Hagen, 1858。

种类：12 属 310 种。

分布：东洋界、巴布亚界、非洲界、澳洲界、新热带界、古北界、新北界。

一、乳白蚁亚科 Coptotermitinae Holmgren, 1910

异名：近鼻白蚁亚科 Arrhinotermitinae Sjöstedt, 1926。

模式属：乳白蚁属 *Coptotermes* Wasmann, 1896。

种类：1 属 63 种。

分布：东洋界、巴布亚界、非洲界、澳洲界、新热带界、古北界、新北界。

（一）乳白蚁属 *Coptotermes* Wasmann, 1896

中文名称：我国学者早期曾称之为“泌乳蛩属”“家白蚁属”。

异名：近鼻白蚁属 *Arrhinotermes* Wasmann, 1902、破坏白蚁属 *Vastitermes* Sjöstedt, 1926、寡毛乳白蚁亚属 *Oligocrinitermes* Xia and He, 1986、多毛乳白蚁亚属 *Polycrinitermes* Xia and He, 1986。

模式种：格斯特乳白蚁 *Coptotermes gestroi* (Wasmann, 1896)。

种类：63 种。

分布：东洋界、巴布亚界、非洲界、澳洲界、新热带界、古北界、新北界。

生物学：此属白蚁为土木两栖性白蚁。它主要取食正在腐烂的木材，一些活树（如橡胶树、加勒比松）因为真菌感染或受到小的创伤，被白蚁进一步危害。种类不同、生活环境不同，其巢的类型也不同：有的种类可筑蚁垄，如澳大利亚的乳色乳白蚁；有的种类可在树干内筑巢；有的种类可在土壤内筑巢；有的种类可在室内筑巢。大多数种类群体内个体数量较大，常可超过 50 万个。

危害性：不同种类乳白蚁的危害性不同，台湾乳白蚁、短刀乳白蚁、弗伦奇乳白蚁、格斯特乳白蚁、舍斯泰特乳白蚁、曲颚乳白蚁为入侵白蚁，其中尤以台湾乳白蚁的危害性最大、传播性最强。

1. 短刀乳白蚁 *Coptotermes acinaciformis* (Froggatt, 1898)

亚种：1）短刀乳白蚁短刀亚种 *Coptotermes acinaciformis acinaciformis* (Froggatt, 1898)

曾称为：短刀白蚁 *Termes acinaciformis* Froggatt, 1898。

模式标本：选模（雄成虫）、副选模（成虫、兵蚁）保存在美国自然历史博物馆，副选模（兵蚁）保存在澳大利亚国家昆虫馆，副选模（成虫、兵蚁工蚁）保存在澳大利亚维多利亚博物馆。

模式产地：澳大利亚西澳大利亚州（Halls Creek）。

分布：澳洲界的澳大利亚（首都地区、新南威尔士州、北领地、昆士兰州、南澳大利亚州、维多利亚州、西澳大利亚州）、新西兰（传入并建群）。

2）短刀乳白蚁拉夫雷亚种 *Coptotermes acinaciformis raffrayi* Wasmann, 1900

曾称为：拉夫雷白蚁（乳白蚁亚属）*Termes* (*Coptotermes*) *raffrayi* Wasmann, 1900。

模式标本：正模（兵蚁）保存在荷兰马斯特里赫特自然历史博物馆。

模式产地：澳大利亚西澳大利亚州（Swan River）。

分布：澳洲界的澳大利亚（西澳大利亚州）。

生物学：它在澳大利亚的大多数地方均不筑垄，但在昆士兰州和其他热带地区可筑垄。它常在树干内、树桩内、木柱内、填埋木材的庭院内筑巢。常被筑巢的树木有桉树、干胡椒树、英国橡树。群体常在根球部或中空树干的底部栖息。

危害性：它是澳大利亚最具危害性的白蚁之一，是一种入侵白蚁。短刀乳白蚁的分布区域几乎覆盖整个澳大利亚。它危害各种木结构、林木、甘蔗、观赏树木和果树。由于它危害电缆护套，曾引起过火灾、电力中断和通信中断。

2. 阿马尼乳白蚁 *Coptotermes amanii* (Sjöstedt, 1911)

曾称为：阿马尼真白蚁（乳白蚁亚属）*Eutermes* (*Coptotermes*) *amanii* Sjöstedt, 1911。

模式标本：全模（兵蚁、工蚁）分别保存在瑞典自然历史博物馆、美国自然历史博物馆和意大利农业昆虫研究所，全模（兵蚁）保存在南非国家昆虫馆。

模式产地：坦桑尼亚（Amani）。

分布：非洲界的埃塞俄比亚、肯尼亚、马拉维、索马里、南非、坦桑尼亚、赞比亚、津巴布韦。

危害性：在肯尼亚、马拉维、索马里、坦桑尼亚、赞比亚、津巴布韦，它危害林木、房屋木构件和田间作物。

3. 安汶乳白蚁 *Coptotermes amboinensis* Kemner, 1931

模式标本：全模（成虫、兵蚁、工蚁）分别保存在美国自然历史博物馆和瑞典隆德大学动物研究所。

模式产地：印度尼西亚（Amboina）。

分布：巴布亚界的印度尼西亚（马鲁古）。

*****窄背乳白蚁 *Coptotermes angustinotus* Lin, Jiang and, Huang, 1994（裸记名称）**

分布：东洋界的中国（广西）。

4. 版纳乳白蚁 *Coptotermes bannaensis* Xia and He, 1986

曾称为：版纳乳白蚁（寡毛乳白蚁亚属）*Coptotermes* (*Oligocrinitermes*) *bannaensis* Xia and He, 1986。

模式标本：正模（兵蚁）、副模（兵蚁、工蚁）保存在中国科学院上海昆虫研究所。

模式产地：中国云南省景洪市。

分布：东洋界的中国（云南）。

5. 贝克乳白蚁 *Coptotermes beckeri* Mathur and Chhotani, 1969

模式标本：正模（兵蚁）、副模（兵蚁、拟工蚁）保存在印度森林研究所，副模（兵蚁）分别保存在美国自然历史博物馆和印度动物调查所。

模式产地：印度泰米尔纳德邦（Chennai）。

分布：东洋界的印度（泰米尔纳德邦）。

6. 文冬乳白蚁 *Coptotermes bentongensis* Krishna, 1956

模式标本：正模（兵蚁）、副模（兵蚁）保存在美国自然历史博物馆，副模（兵蚁）保存在英国自然历史博物馆。

模式产地：马来西亚（Bentong）。

分布：东洋界的马来西亚（大陆）。

7. 博顿乳白蚁 *Coptotermes boetonensis* Kemner, 1934

模式标本：全模（兵蚁、工蚁）分别保存在美国自然历史博物馆和瑞典隆德大学动物研究所。

模式产地：印度尼西亚苏拉威西（Boeton Island）。

分布：东洋界的印度尼西亚（爪哇、苏拉威西）。

8. 深棕乳白蚁 *Coptotermes brunneus* Gay, 1955

模式标本：正模（雌成虫）、副模（成虫、兵蚁、工蚁）保存在澳大利亚国家昆虫馆，副模（成虫、兵蚁、工蚁）保存在美国自然历史博物馆，副模（成虫、兵蚁）保存在南非国家昆虫馆。

模式产地：澳大利亚西澳大利亚州。

分布：澳洲界的澳大利亚（西澳大利亚州）。

生物学：这是一种筑垄的乳白蚁。

***雕刻乳白蚁 *Coptotermes carvinatus* **Scheffrahn, Křeček, Maharajh, Su, Chase, Mangold, Szalanski, Austin, and Nixon, 2004**（裸记名称）

分布：东洋界的马来西亚（大陆）。

9. 锡兰乳白蚁 *Coptotermes ceylonicus* Holmgren, 1911

模式标本：全模（成虫、兵蚁）保存在奥地利自然历史博物馆，全模（成虫、兵蚁、拟工蚁）分别保存在美国自然历史博物馆和意大利农业昆虫研究所，全模（成虫、兵蚁）保存在美国国家博物馆，全模（兵蚁）保存在印度森林研究所。

模式产地：斯里兰卡。

分布：东洋界的中国（云南）、印度（安得拉邦、喀拉拉邦、泰米尔纳德邦）、斯里兰卡。

生物学：它是斯里兰卡海拔低于 1200m 的区域和印度南部常见白蚁。它在地下筑巢或在树干中筑巢。它蛀食树的死亡或生病的部分，可延伸到活的组织。树干中的蚁巢是呈海绵状的木屑团。树干被蛀空后可导致树木死亡。每年 2、3、7 月，在南印度的成熟群体中可见到成虫。在斯里兰卡，12 月可采到成虫。在中国，它在 4 月分飞。

危害性：在斯里兰卡和印度，它是一种非常常见的蛀木白蚁。它危害多种树木和种植物，常见的危害对象为橡胶树、茶树、椰子树、原木、房屋中的木结构、包装材料、仓库中的木材与纸张等。

10. 长泰乳白蚁 *Coptotermes changtaiensis* Xia and He, 1986

曾称为：长泰乳白蚁（多毛乳白蚁亚属）*Coptotermes* (*Polycrinitermes*) *changtaiensis* Xia and He, 1986。

异名：刚毛家白蚁 *Coptotermes setosus* Li, 1986。

模式标本：正模（兵蚁）、副模（兵蚁、工蚁）保存在中国科学院上海昆虫研究所。

模式产地：中国福建省长泰县。

分布：东洋界的中国（福建、广东、浙江）；古北界的中国（安徽）。

11. 巢县乳白蚁 *Coptotermes chaoxianensis* Huang and Li, 1985

曾称为：异头乳白蚁巢县亚种 *Coptotermes varicapitatus chaoxianensis* Tsai et al., 1985。

异名：异头乳白蚁小型亚种 *Coptotermes varicapitatus minutus* Li and Huang, 1985。

模式标本：正模（兵蚁、有翅成虫、工蚁）保存在中国科学院动物研究所，副模（兵蚁、有翅成虫、工蚁）分别保存在广东省科学院动物研究所和南京市白蚁防治研究所。

模式产地：中国安徽省巢湖市。

分布：东洋界的中国（广东）；古北界的中国（安徽）。

12. 匙颏乳白蚁 *Coptotermes cochlearus* Xia and He, 1986

曾称为：匙颏乳白蚁（寡毛乳白蚁亚属）*Coptotermes* (*Oligocrinitermes*) *cochlearus* Xia and He, 1986。（注：Yeap 等 2009 年从分子生物学角度推测这种白蚁可能是台湾乳白蚁的异名。）

模式标本：正模（兵蚁）、副模（兵蚁、工蚁）保存在中国科学院上海昆虫研究所。

模式产地：中国云南省景洪市。

分布：东洋界的中国（云南）。

13. 库鲁拉乳白蚁 *Coptotermes cooloola* Lee, Evans, Cammeron, Ho, Namyatova, and Lo, 2017

种名释义：Cooloola 为模式标本采集地（Cooloola 位于澳大利亚 Great Sandy 国家公园内）。

模式标本：正模（兵蚁）、副模（兵蚁）保存在澳大利亚国家博物馆（Australian Museum）。

模式产地：澳大利亚昆士兰州布里斯班（Springfield）。

分布：澳洲界的澳大利亚（昆士兰州）。

14. 厚重乳白蚁 *Coptotermes crassus* Snyder, 1922

模式标本：正模（兵蚁）、副模（兵蚁）保存在美国国家博物馆，副模（兵蚁）保存在美国自然历史博物馆。

模式产地：洪都拉斯（La Ceiba、San Juan Pueblo）。

分布：新北界的美国（得克萨斯州）（传入）；新热带界的哥斯达黎加、危地马拉、洪都拉斯、墨西哥、尼加拉瓜、巴拿马。

生物学：它在地下筑巢。

危害性：在危地马拉、洪都拉斯和墨西哥，它危害房屋木构件。

15. 曲颚乳白蚁 *Coptotermes curvignathus* Holmgren, 1913

中文名称：中国学者曾称之为“曲颚泌乳白蚁”“弯颚乳白蚁”“大家白蚁”。

异名：宏壮乳白蚁 *Coptotermes robustus* Holmgren, 1913、黄头乳白蚁 *Coptotermes flavicephalus* Oshima, 1914。（注：王建国教授认为它是端明乳白蚁的异名。）

模式标本：全模（兵蚁、工蚁）分别保存在瑞典动物研究所和美国自然历史博物馆。

模式产地：马来西亚（砂拉越）、缅甸、新加坡。

分布：非洲界的南非（拦截到）；东洋界的中国（广东的东兴和海南的那大）、印度尼西亚（爪哇、加里曼丹、Panaitan Island、苏拉威西、苏门答腊）、马来西亚（大陆、沙巴）、缅甸、菲律宾（吕宋）、新加坡、泰国、越南、文莱、越南（南部）。

危害性：它对多种经济林木造成严重危害。它能危害活树，如橡胶树、椰子树及果树，新种的芽接树和实生树在 3～4 周可被其蛀断，大树受蛀后，常被风折断。它还蛀蚀埋地电缆、森林中的仪器装置。它也入室危害，可危害各类木质包装物。它是一种入侵白蚁，常随原木、锯材和木质包装材料传播。

16. 圆头乳白蚁 *Coptotermes cyclocoryphus* Zhu, Li and Ma, 1984

模式标本：正模（兵蚁）、副模（成虫、兵蚁、工蚁）保存在广东省科学院动物研究所。

模式产地：中国广东省肇庆市。

分布：东洋界的中国（广东、香港）。

17. 二型乳白蚁 *Coptotermes dimorphus* Xia and He, 1986

曾称为：二型乳白蚁（寡毛乳白蚁亚属）*Coptotermes* (*Oligocrinitermes*) *dimorphus* Xia and He, 1986。

模式标本：正模（兵蚁）、副模（成虫、兵蚁、工蚁）保存在中国科学院上海昆虫研究所。

模式产地：中国云南省河口县。

分布：东洋界的中国（云南）。

18. 多波乳白蚁 *Coptotermes dobonicus* Oshima, 1914

模式标本：全模（兵蚁、工蚁）保存在美国自然历史博物馆。

模式产地：巴布亚新几内亚（Dobo）。

分布：巴布亚界的巴布亚新几内亚。

19. 雷德霍恩乳白蚁 *Coptotermes dreghorni* Hill, 1942

模式标本：正模（成虫）、副模（成虫、兵蚁、工蚁）保存在澳大利亚国家昆虫馆，副模（成虫、兵蚁、工蚁）保存在美国自然历史博物馆，副模（兵蚁）分别保存在美国国家博物馆和南非国家昆虫馆，副模（成虫、兵蚁）保存在印度森林研究所。

模式产地：澳大利亚昆士兰州（Timber Reserve）。

分布：澳洲界的澳大利亚（昆士兰州）。

20. 端明乳白蚁 *Coptotermes elisae* (Desneux, 1905)

种名释义：拉丁学名意为“埃莉萨乳白蚁”，我国学者习惯称其为“端明乳白蚁”。

曾称为：埃莉萨白蚁（乳白蚁亚属）*Termes* (*Coptotermes*) *elisae* Desneux, 1905。

异名：亮尖乳白蚁 *Coptotermes hyaloapex* Holmgren, 1911。

模式标本：选模（成虫）、副选模（成虫）保存在比利时皇家自然科学研究所，副选模（成虫）保存在美国自然历史博物馆。

模式产地：巴布亚新几内亚（Huon Gulf）。

分布：巴布亚界的巴布亚新几内亚；东洋界的印度尼西亚（爪哇、苏门答腊）、马来西亚（大陆、沙巴、砂拉越）。

危害性：在巴布亚新几内亚，它危害林木和房屋木构件。

21. 埃默森乳白蚁 *Coptotermes emersoni* Ahmad, 1953

中文名称：中国学者曾称之为“小家白蚁”。

模式标本：正模（兵蚁）保存在斯里兰卡科伦坡博物馆，副模（兵蚁、拟工蚁）分别保存在美国自然历史博物馆、印度森林研究所和巴基斯坦旁遮普大学动物学系。

模式产地：斯里兰卡科伦坡。

分布：东洋界的中国（广东的韶关、汕头、平远）、斯里兰卡。

危害性：它曾危害斯里兰卡科伦坡博物馆的电线。

22. 台湾乳白蚁 *Coptotermes formosanus* Shiraki, 1909

种名释义：模式标本采集于台湾，台湾的拉丁学名为Formosa，意为“美丽的”。

异名：台湾乳白蚁 *Coptotermes formosae* Holmgren, 1911、香港乳白蚁 *Coptotermes hongkonensis* Oshima, 1914、入侵乳白蚁 *Coptotermes intrudens* Oshima, 1920、远方乳白蚁 *Coptotermes remotus* Silvestri, 1927、桉树乳白蚁 *Coptotermes eucalyptus* Ping, 1984、小良乳

白蚁 *Coptotermes xiaoliangensis* Ping, 1984、广州乳白蚁 *Coptotermes guangzhouensis* Ping, 1985、贵州乳白蚁 *Coptotermes guizhouensis* He and Qui, 1992、异型乳白蚁 *Coptotermes heteromorphus* Ping, 1985、普见乳白蚁（多毛乳白蚁亚属）*Coptotermes* (*Polycrinitermes*) *communis* Xia and He, 1986、直孔乳白蚁 *Coptotermes rectangularis* Ping and Zhu, 1986、镇远乳白蚁 *Coptotermes zhenyuanensis* He and Qui, 1990、赭黄乳白蚁 *Coptotermes ochraceus* Ping and Xu, 1986、苏州乳白蚁 *Coptotermes suzhouensis* Xia and He, 1986、仙人洞乳白蚁 *Coptotermes xianrendongensis* Ping and Xu, 1993、角囟乳白蚁（多毛乳白蚁亚属）*Coptotermes* (*Polycrinitermes*) *anglefontanalis* Gao, Lau, and He, 1995。

模式标本：全模（成虫）保存地不详。

模式产地：中国台湾省台北市。

分布：非洲界的肯尼亚、南非、乌干达；新北界的美国（阿拉巴马州、佐治亚州、佛罗里达州、路易斯安那州、密西西比州、北卡罗来纳州、南卡罗来纳州、田纳西州、得克萨斯州）；新热带界的巴西；东洋界的中国（江西、福建、广东、广西、贵州、海南、香港、湖北、湖南、江苏、上海、四川、台湾、云南、浙江）、日本（琉球群岛）、巴基斯坦、菲律宾（吕宋）、斯里兰卡；古北界的中国（安徽、山东）、日本（本州岛、九州岛、四国）；巴布亚界的马绍尔群岛、中途岛、马里亚纳群岛、美国（夏威夷）。

生物学：它的原产地为中国，但通过贸易和浮木被带到非常远的地方，现在成为世界上分布非常广的白蚁种类。它一般栖息在林地、庭院的土壤里或树干内，以及建筑木材或墓地的棺木内，也可在衣箱与书柜等家具内、靠近丰富纤维素的空间内生存。它的成熟群体庞大，个体总数可达几百万头。它喜食受潮的木材。它的巢有主、副巢之分。一般在每年 4—6 月分飞，分飞孔的形状因木结构、树种、木材的不同而不同。由于环境不同，巢的形状亦不一致。群体中原始型蚁王、蚁后缺失后，可产生补充型繁殖蚁。

危害性：在中国、日本、斯里兰卡、南非、美国夏威夷及美国本土，它危害树木、房屋木结构、木制品、含纤维素的材料，能严重危害许多活树，尤其对马尾松危害最严重。它还危害花生、谷类植物和田间种植物。在夏威夷，它对甘蔗和果树造成严重危害。它是一种入侵白蚁，第二次世界大战中物质的大规模运输促进了这种白蚁在世界范围内的传播。目前，它是危害性最大的入侵白蚁，也是世界上最引人关注的检疫害虫之一。

23. 弗伦奇乳白蚁 *Coptotermes frenchi* Hill, 1932

中文名称：中国学者早期习惯称之为“大唇乳白蚁”“澳洲果树家白蚁”，由于其异名中有“大唇乳白蚁”，故建议这种白蚁根据其拉丁语意称为“弗伦奇乳白蚁”。

异名：黄色乳白蚁 *Coptotermes flavus* Hill, 1926、大唇乳白蚁 *Coptotermes labiosus* Hill, 1926。

模式标本：选模（雄成虫）、副选模（兵蚁、工蚁）保存在澳大利亚维多利亚博物馆，副选模（成虫、兵蚁、工蚁）保存在美国自然历史博物馆。

模式产地：澳大利亚维多利亚州（墨尔本、Hawthorne）。

分布：澳洲界的澳大利亚（首都地区、新南威尔士州、昆士兰州、南澳大利亚州、维多利亚州、西澳大利亚州）、新西兰（传入并建群）。

生物学：它在树的根球、活树树干（尤其是桉树）的底部筑巢。它在澳大利亚南部分布区、新南威尔士州西部等地筑蚁垄。

危害性：它是一种入侵白蚁。在澳大利亚，它是一种危害活树（尤其是果树）的森林害虫，可导致原木损失相当严重；在墨尔本及其周围郊区，它可对房屋造成相当严重的危害；它也危害新南威尔士州和维多利亚州的木建筑、其他建筑的木结构；在堪培拉附近区域，它是一种重要的害虫。

24. 烟翅乳白蚁 *Coptotermes fumipennis* (Walker, 1853)

曾称为：烟翅白蚁 *Termes fumipennis* Walker, 1853。

模式标本：全模（成虫）保存在英国自然历史博物馆。

模式产地：澳大利亚。

分布：澳洲界的澳大利亚。

25. 甘布里努斯乳白蚁 *Coptotermes gambrinus* Bourguignon and Roisin, 2011

模式标本：正模（兵蚁）、副模（兵蚁、工蚁）保存在比利时皇家自然科学研究所。

模式产地：巴布亚新几内亚（Morobe）。

分布：巴布亚界的巴布亚新几内亚。

26. 高瑞乳白蚁 *Coptotermes gaurii* Roonwal and Krishna, 1955

异名：严密乳白蚁 *Coptotermes exiguus* Jepson, 1930（裸记名称）。

模式标本：正模（兵蚁）和副模（兵蚁、拟工蚁）保存在印度森林研究所，副模（兵蚁、拟工蚁）保存在印度动物调查所，副模（兵蚁）保存在美国自然历史博物馆。

模式产地：斯里兰卡（Marambekana）。

分布：东洋界的印度（尼科巴群岛）、斯里兰卡。

危害性：在斯里兰卡，它严重危害茶树，也危害房屋木构件。

27. 格斯特乳白蚁 *Coptotermes gestroi* (Wasmann, 1896)

曾称为：格斯特白蚁（乳白蚁亚属）*Termes* (*Coptotermes*) *gestroi* Wasmann, 1896。

异名：哈维兰乳白蚁 *Coptotermes havilandi* Holmgren, 1911、太平洋乳白蚁 *Coptotermes pacifcus* Light, 1932、爪哇乳白蚁 *Coptotermes javanicus* Kemner, 1934、单毛乳白蚁勐仑亚种 *Coptotermes monosetosus menglunensis* Tsai and Huang, 1985、斜孔乳白蚁（寡毛乳白蚁亚属）*Coptotermes* (*Oligocrinitermes*) *obliquus* Xia and He, 1986、崖县乳白蚁 *Coptotermes yaxianensis* Li, 1986、破坏乳白蚁（也称“菲岛乳白蚁”）*Coptotermes vastator* Light, 1929。

模式标本：全模（兵蚁）分别保存在意大利自然历史博物馆和美国自然历史博物馆。

模式产地：缅甸（Bhamo）。

分布：非洲界的马达加斯加、毛里求斯、留尼旺；新北界的美国（传入佛罗里达州，俄亥俄州曾拦截到）；新热带界的安提瓜和巴布达、巴巴多斯、巴西（里约热内卢、圣保罗）、开曼群岛、古巴、特克斯和凯科斯群岛（大特克、普罗维登西亚莱斯岛）、牙买加、墨西哥、蒙特塞拉特、波多黎各；东洋界的孟加拉国、中国（广东、海南、云南、台湾）、印度（安达曼群岛、阿萨姆邦、梅加拉亚邦、尼科巴群岛、奥里萨邦、锡金邦、特里普拉邦、西孟加拉邦）、印度尼西亚（爪哇、加里曼丹）、马来西亚（大陆、砂拉越）、缅甸、斯里兰卡、泰国、菲律宾（宿雾、吕宋、棉兰老岛、民都洛、内格罗斯、巴拉望、班乃、萨马）；巴布亚界的法属波利尼西亚（马克萨斯群岛）、美国（夏威夷）、关岛。

生物学：成熟群体的分飞与大气压（1009～1010hPa）、温度（27～28℃）有关，与降雨关系不大。

危害性：它是一种入侵白蚁，它的原产地为东洋界，现已扩散到世界许多地区（如南美洲的巴西和非洲的马达加斯加）。它对房屋建筑造成严重危害，还危害可可树、甘蔗。在东南亚（马来西亚、泰国、印度），其危害性较大。在菲律宾和夏威夷，它危害甘蔗和房屋木构件。

28. 庞头乳白蚁 *Coptotermes grandiceps* Snyder, 1925

异名：所罗门乳白蚁 *Coptotermes solomonensis* Snyder, 1925、所罗门乳白蚁 *Coptotermes solomonensis* Hill, 1927、易怒乳白蚁 *Coptotermes obiratus* Hill, 1927、弗洛格特乳白蚁 *Coptotermes froggatti* Light and Davis, 1929、希尔乳白蚁 *Coptotermes hilli* Light and Davis, 1929。

模式标本：正模（兵蚁）、副模（兵蚁、工蚁）保存在哈佛大学比较动物学博物馆，副模（兵蚁、工蚁）分别保存在美国国家博物馆和美国自然历史博物馆。

模式产地：所罗门群岛（Tulagi Island）。

分布：巴布亚界的印度尼西亚（Papua）、巴布亚新几内亚、所罗门群岛。

危害性：在所罗门群岛、巴布亚新几内亚，它危害房屋木构件。

29. 大头乳白蚁 *Coptotermes grandis* Li and Huang, 1985

模式标本：正模（兵蚁）、副模（兵蚁、工蚁）保存在中国科学院动物研究所。

模式产地：中国福建省连江县。

分布：东洋界的中国（福建、浙江金华）。

30. 广东乳白蚁 *Coptotermes guangdongensis* Ping, 1985

异名：厚头乳白蚁 *Coptotermes crassus* Ping, 1985、平氏乳白蚁 *Coptotermes pingi* Myles, 1990。

模式标本：正模（兵蚁）、副模（兵蚁、工蚁）保存在广东省科学院动物研究所。

模式产地：中国广东省广州市。

分布：东洋界的中国（广东）。

31. 鼓浪屿乳白蚁 *Coptotermes gulangyuensis* Li and Huang, 1986

模式标本：正模（兵蚁）、副模（兵蚁、工蚁）保存在广东省科学院动物研究所。

模式产地：中国福建省厦门市鼓浪屿。

分布：东洋界的中国（福建）。

32. 海南乳白蚁 *Coptotermes hainanensis* Li and Tsai, 1985

异名：嘉兴乳白蚁（多毛乳白蚁亚属）*Coptotermes* (*Polycrinitermes*) *jiaxingensis* Xia and He, 1986。

模式标本：正模（兵蚁）、副模（兵蚁、工蚁）保存在中国科学院动物研究所。

模式产地：中国海南省儋州市那大镇。

分布：东洋界的中国（广东、广西、海南、香港、浙江）。

***哈里斯乳白蚁 *Coptotermes harrisi* Roonwal and Chhotani, 1960（裸记名称）
种名释义：种名来自英国著名白蚁分类学家 W. V. Harris 的姓。
分布：非洲界的乌干达。

***哈特曼乳白蚁 *Coptotermes hartmanni* Holmgren, 1911（裸记名称）
分布：新热带界的巴西。

33. 埃姆乳白蚁 *Coptotermes heimi* (Wasmann, 1902)

种名释义：种名来自法国真菌学家 R. Heim 的姓。

曾称为：埃姆近鼻白蚁 *Arrhinotermes heimi* Wasmann, 1902、细小乳白蚁 *Coptotermes parvulus* Holmgren, 1913。

模式标本：全模（成虫）分别保存在美国国家博物馆、美国自然历史博物馆和芬兰马斯特里赫特自然历史博物馆。

模式产地：印度马哈拉施特拉邦（Ahmadnagar District）。

分布：东洋界的孟加拉国、不丹、印度（安达曼群岛、安得拉邦、阿萨姆邦、比哈尔邦、达曼、德里、古吉拉特邦、哈里亚纳邦、喜马偕尔邦、卡纳塔克邦、喀拉拉邦、中央邦、马哈拉施特拉邦、奥里萨邦、旁遮普邦、拉贾斯坦邦、泰米尔纳德邦、北方邦、西孟加拉邦）、印度尼西亚（爪哇）、尼泊尔、巴基斯坦、克什米尔地区；古北界的阿曼（可能是传入的）、巴基斯坦（俾路支省）。

生物学：它在土壤中筑巢，也可在树木的死亡部分（原木或房屋木结构）筑巢。巢为暗灰色、多孔海绵状，由木屑纤维和粪便组成。成熟群体通常在 1—8 月分飞，主要在 3—7 月分飞。

危害性：它广泛分布于印度、巴基斯坦、孟加拉国和不丹，是当地一种非常常见的种类，对房屋木结构、木制品、包装材料、火车枕木、纸张、衣服及含纤维素的仓贮物品造成严重危害，也是橡胶树、甘蔗、小麦、果树和林业的重要害虫。

34. 河口乳白蚁 *Coptotermes hekouensis* Xia and He, 1986

曾称为：河口乳白蚁（多毛乳白蚁亚属）*Coptotermes* (*Polycrinitermes*) *hekouensis* Xia and He, 1986。

模式标本：正模（兵蚁）、副模（成虫、兵蚁、工蚁）保存在中国科学院上海昆虫研究所。

模式产地：中国云南省河口县。

分布：东洋界的中国（云南）。

35. 中间乳白蚁 *Coptotermes intermedius* Silvestri, 1912

异名：中间乳白蚁次新亚种 *Coptotermes intermedius subintacta* Silvestri, 1914、伤残乳白蚁缩小亚种 *Coptotermes truncatus reducta* Sjöstedt, 1926。

模式标本：全模（兵蚁、工蚁）分别保存在意大利农业昆虫研究所和美国自然历史博物馆。

模式产地：几内亚比绍（Rio Cassine）。

分布：非洲界的布基纳法索、加纳、几内亚比绍、科特迪瓦、尼日利亚、塞内加尔、塞拉利昂；古北界的阿曼。

危害性：在西非（从塞内加尔到尼日利亚），它危害房屋木构件。

*****尖峰岭乳白蚁 *Coptotermes jianfenglingensis* Ping and Xu, 1995（裸记名称）**

分布：东洋界的中国（海南）。

36. 卡尔斯霍芬乳白蚁 *Coptotermes kalshoveni* Kemner, 1934

中文名称：我国学者曾称之为“卡肖乳白蚁”。

模式标本：选模（兵蚁）、副选模（兵蚁）保存在瑞典隆德大学动物研究所，副选模（兵蚁）保存在美国自然历史博物馆。

模式产地：印度尼西亚爪哇（Semarang）。

分布：东洋界的印度尼西亚（爪哇、加里曼丹、苏门答腊）。

危害性：它主要危害城市房屋建筑木结构，也危害公园活树木、低地人工林。

37. 基绍乳白蚁 *Coptotermes kishori* Roonwal and Chhotani, 1962

模式标本：正模（兵蚁）、副模（兵蚁、拟工蚁）保存在印度森林研究所，副模（兵蚁）保存在美国自然历史博物馆，副模（兵蚁、拟工蚁）保存在印度动物调查所。

模式产地：印度西孟加拉邦（Murshidabad District）。

分布：东洋界的印度（阿萨姆邦、古吉拉特邦、哈里亚纳邦、喀拉拉邦、中央邦、拉贾斯坦邦、特里普拉邦、西孟加拉邦）。

危害性：它危害果树和房屋木构件。

38. 乳色乳白蚁 *Coptotermes lacteus* (Froggatt, 1898)

中文名称：我国学者早期曾称之为“澳洲土垄家白蚁”。

曾称为：乳色白蚁 *Termes lacteus* Froggatt, 1898。

异名：乳汁乳白蚁 *Termes lactis* Froggatt, 1897、勤勉乳白蚁 *Coptotermes sedulus* Hill, 1923。

模式标本：选模（雄成虫）、副选模（兵蚁、工蚁）保存在澳大利亚国家昆虫馆，副选模（成虫、兵蚁、工蚁）分别保存在澳大利亚维多利亚博物馆和美国自然历史博物馆，副选模（成虫、兵蚁）保存在南非国家昆虫馆。

模式产地：澳大利亚新南威尔士州（Shoalhaven）。

分布：澳洲界的澳大利亚（首都地区、新南威尔士州、昆士兰州、维多利亚州）。

生物学：它是一种筑垄白蚁，其蚁垄高度可达 2m，蚁垄外层厚且坚硬。

危害性：它蛀食土壤中的枯死木材（如倒树、木杆），也危害房屋建筑，但由于它要建明显的蚁垄，在它还没有产生严重危害前，人们就很容易消灭它。

39. 长颚乳白蚁 *Coptotermes longignathus* Xia and He, 1986

曾称为：长颚乳白蚁（寡毛乳白蚁亚属）*Coptotermes* (*Oligocrinitermes*) *longignathus* Xia and He, 1986。

模式标本：正模（兵蚁）、副模（兵蚁、工蚁）保存在中国科学院上海昆虫研究所。

模式产地：中国云南省河口县。

分布：东洋界的中国（云南）。

40. 长带乳白蚁 *Coptotermes longistriatus* Li and Huang, 1985

模式标本：正模（兵蚁）、副模（兵蚁、工蚁）保存在中国科学院动物研究所。

模式产地：中国广东省佛山市南海区。

分布：东洋界的中国（广东、浙江）。

41. 毛里求斯乳白蚁 *Coptotermes mauricianus* (Rambur, 1842)

曾称为：毛里求斯白蚁 *Termes mauricianus* Rambur, 1842。

模式标本：全模（成虫）保存在英国牛津大学昆虫学系。

模式产地：毛里求斯。

分布：非洲界的毛里求斯。

42. 黑带乳白蚁 *Coptotermes melanoistriatus* Gao, Lau and He, 1995

曾称为：黑带乳白蚁（多毛乳白蚁亚属）*Coptotermes* (*Polycrinitermes*) *melanoistriatus* Gao, Lau and He, 1995。

模式标本：正模（兵蚁）、副模（兵蚁、工蚁）保存在中国科学院上海昆虫研究所，副模（兵蚁、工蚁）保存在南京市白蚁防治研究所。

模式产地：中国香港。

分布：东洋界的中国（香港）。

43. 万鸦东乳白蚁 *Coptotermes menadoae* Oshima, 1914

模式标本：全模（成虫）保存在美国自然历史博物馆。

模式产地：印度尼西亚（Menado）。

分布：东洋界的印度尼西亚（苏拉威西）。

44. 米夏埃尔森乳白蚁 *Coptotermes michaelseni* Silvestri, 1909

模式标本：选模（雌成虫）、副选模（成虫、兵蚁、工蚁）保存在德国汉堡动物学博物馆，副选模（兵蚁、工蚁）保存在美国自然历史博物馆。

模式产地：澳大利亚西澳大利亚州（Mundijong）。

分布：澳洲界的澳大利亚（西澳大利亚州）。

危害性：它危害房屋木构件。

45. 最小乳白蚁 *Coptotermes minutissimus* Kemner, 1934

模式标本：选模（兵蚁）、副选模（兵蚁、工蚁）保存在瑞典隆德大学动物研究所，副选模（兵蚁、工蚁）保存在美国自然历史博物馆。

模式产地：印度尼西亚。

分布：东洋界的印度尼西亚（苏拉威西）。

46. 单毛乳白蚁 *Coptotermes monosetosus* Tsai and Li, 1985

模式标本：正模（兵蚁）、副模（成虫、兵蚁、工蚁）保存在中国科学院动物研究所。

模式产地：中国海南省三亚市。

分布：东洋界的中国（海南、云南）。

47. 侏儒乳白蚁 *Coptotermes nanus* Lee, Evans, Cammeron, Ho, Namyatova, and Lo, 2017

模式标本：正模（兵蚁）、副模（兵蚁）保存在澳大利亚国家博物馆。

模式产地：澳大利亚西澳大利亚州（Kununurra）。

分布：澳洲界的澳大利亚（西澳大利亚州）。

48. 黑色乳白蚁 *Coptotermes niger* Snyder, 1922

模式标本：正模（有翅成虫）、副模（成虫）保存在美国国家博物馆，副模（成虫）保存在美国自然历史博物馆。

模式产地：巴拿马（Juan Mina）。

分布：新热带界的伯利兹、巴西（可疑）、哥伦比亚、哥斯达黎加、危地马拉、尼加拉瓜、巴拿马。

生物学：它在地下筑巢。

危害性：它既危害房屋建筑，又危害椰子树、果树和棕榈树。

*****直颚乳白蚁 *Coptotermes orthognathus* Gao, Zu, and Wang, 1982（裸记名称）**

分布：东洋界的中国。

49. 大岛乳白蚁 *Coptotermes oshimai* Light and Davis, 1929

种名释义：种名来自日本动物学家大岛正满 M. Oshima 的姓。

模式标本：全模（兵蚁）保存在美国自然历史博物馆。

模式产地：印度尼西亚（苏拉威西、Maros）。

分布：东洋界的印度尼西亚（苏拉威西）。

50. 帕穆亚乳白蚁 *Coptotermes pamuae* Snyder, 1925

模式标本：正模（兵蚁）、副模（兵蚁、工蚁）保存在哈佛大学比较动物学博物馆，副模（兵蚁、工蚁）保存在美国国家博物馆，副模（兵蚁）保存在美国自然历史博物馆。

模式产地：所罗门群岛（San Crisstobal Island）。

分布：巴布亚界的巴布亚新几内亚、所罗门群岛。

危害性：在所罗门群岛，它危害房屋木构件。

51. 奇异乳白蚁 *Coptotermes paradoxus* (Sjöstedt, 1911)

曾称为：奇异木白蚁 *Calotermes paradoxus* Sjöstedt, 1911。

模式标本：正模（成虫）保存在瑞典自然历史博物馆。

模式产地：多哥（Bismarckburg）。

分布：非洲界的多哥。

*****庞格乳白蚁 *Coptotermes pargrandis* Gao, Zu and Wang, 1982（裸记名称）**

分布：东洋界的中国。

52. 陌生乳白蚁 *Coptotermes peregrinator* Kemner, 1934

模式标本：全模（兵蚁、工蚁）分别保存在瑞典隆德大学动物研究所、印度森林研究所和美国自然历史博物馆。

模式产地：印度尼西亚（Saleier Islands）。
分布：东洋界的印度尼西亚（苏拉威西）。

53. 普雷姆阿斯米乳白蚁 *Coptotermes premrasmii* Ahmad, 1965

模式标本：正模（兵蚁）、副模（成虫、工蚁）保存在巴基斯坦旁遮普大学动物学系，副模（成虫、兵蚁、工蚁）保存在美国自然历史博物馆。
模式产地：泰国（Ka-chong）。
分布：东洋界的印度（尼科巴群岛）（可疑）、泰国。

54. 远方乳白蚁 *Coptotermes remotus* Hill, 1927

模式标本：选模（兵蚁）、副选模（兵蚁、工蚁）保存在澳大利亚维多利亚博物馆，副选模（兵蚁、工蚁）保存在美国自然历史博物馆。
模式产地：巴布亚新几内亚（新爱尔兰岛）。
分布：巴布亚界的帕劳、巴布亚新几内亚（新爱尔兰岛）。

55. 塞庞乳白蚁 *Coptotermes sepangensis* Krishna, 1956

异名：艾尔弗雷德乳白蚁 *Coptotermes alfredi* Mathur and Thapa, 1962（裸记名称）。
模式标本：正模（兵蚁）、副模（兵蚁、工蚁）保存在美国自然历史博物馆，副模（兵蚁、工蚁）分别保存在英国自然历史博物馆和印度森林研究所。
模式产地：马来西亚（Sepang）。
分布：东洋界的印度尼西亚（加里曼丹、苏门答腊）、马来西亚（大陆、沙巴）、文莱。
危害性：在文莱，它严重危害房屋建筑。

56. 上海乳白蚁 *Coptotermes shanghaiensis* Xia and He, 1986

曾称为：上海乳白蚁（多毛乳白蚁亚属）*Coptotermes* (*Polycrinitermes*) *shanghaiensis* Xia and He, 1986。
模式标本：正模（兵蚁）、副模（成虫、兵蚁、工蚁）保存在中国科学院上海昆虫研究所。
模式产地：中国上海市。
分布：东洋界的中国（江苏、上海、浙江）。

57. 森林乳白蚁 *Coptotermes silvaticus* Harris, 1968

模式标本：正模（兵蚁）、副模（兵蚁、工蚁）保存在比利时非洲中心皇家博物馆，副模（兵蚁、工蚁）分别保存在美国自然历史博物馆和英国自然历史博物馆。
模式产地：加蓬（Belinga）。
分布：非洲界的加蓬。

58. 锡纳邦乳白蚁 *Coptotermes sinabangensis* Oshima, 1923

模式标本：全模（兵蚁）分别保存在荷兰自然历史博物馆和美国自然历史博物馆。
模式产地：印度尼西亚（苏门答腊等地）。
分布：东洋界的印度尼西亚（苏门答腊）、马来西亚（大陆）。
危害性：在印度尼西亚，它危害椰子树。

59. 舍斯泰特乳白蚁 *Coptotermes sjöstedti* Holmgren, 1911

异名：阿尔达白蚁 *Termes arda* Fabricius, 1781、舍斯泰特乳白蚁小型亚种 *Coptotermes sjöstedti modica* Silvestri, 1914。

模式标本：全模（兵蚁、工蚁）保存在瑞典自然历史博物馆，全模（兵蚁）保存在美国自然历史博物馆。

模式产地：喀麦隆（Bonge、Cape Debubdscha）。

分布：非洲界的安哥拉、喀麦隆、刚果民主共和国、冈比亚、加纳、几内亚、科特迪瓦、莫桑比克、尼日利亚、塞内加尔、塞拉利昂、索马里、苏丹、圣多美和普林西比、坦桑尼亚、乌干达；新热带界的瓜德罗普（传入）。

危害性：它是一种入侵白蚁。在西非（从塞内加尔到喀麦隆）、刚果民主共和国、安哥拉、乌干达，它危害可可树、田间农作物和房屋木构件。

60. 厚壳乳白蚁 *Coptotermes testaceus* (Linnaeus, 1758)

曾称为：*Hemerobius testaceus* Linnaeus, 1758。

异名：*Perla fusca* De Geer, 1773、傻瓜白蚁 *Termes morio* Fabricius, 1793、马拉比塔纳斯白蚁（真白蚁亚属）*Termes* (*Eutermes*) *marabitanas* Hagen, 1858。

模式标本：正模（成虫）保存地不详，肯定已丢失。

模式产地：苏里南。

分布：新热带界的阿根廷、巴哈马、巴巴多斯（可疑）、玻利维亚、巴西（Pará）、智利（Valparaiso）、哥伦比亚、古巴、多米尼加共和国、厄瓜多尔、法属圭亚那、瓜德罗普、圭亚那、海地、牙买加、蒙特塞拉特、尼加拉瓜、巴拿马、秘鲁、波多黎各、苏里南、特立尼达和多巴哥、委内瑞拉。

生物学：它在地下筑巢。

危害性：在巴哈马、西印度群岛、委内瑞拉、特立尼达和多巴哥、苏里南、巴西、智利、秘鲁、玻利维亚和圭亚那，它可对房屋造成轻微危害，也可危害桉树、可可树、甘蔗、果树、橡胶树以及田间农作物（如木薯）。

61. 南亚乳白蚁 *Coptotermes travians* (Haviland, 1898)

曾称为：南亚白蚁（乳白蚁亚属）*Termes* (*Coptotermes*) *travians* Haviland, 1898。

异名：婆罗乳白蚁 *Coptotermes bornensis* Oshima, 1914。

模式标本：选模（兵蚁）、副选模（成虫、兵蚁、拟工蚁、若蚁）保存在英国剑桥大学动物学博物馆，副选模（成虫、兵蚁、拟工蚁）保存在美国自然历史博物馆，副选模（兵蚁）保存在南非国家昆虫馆，副选模（兵蚁、拟工蚁）保存在印度森林研究所。

模式产地：马来西亚砂拉越（Marudi）。

分布：东洋界的印度尼西亚（加里曼丹、苏门答腊）、马来西亚（大陆、沙巴、砂拉越）、新加坡。

生物学：它在木桩的地下部分中筑巢，也可在地上的木材内或木船内筑巢。1、2、8、10月，成熟群体中可发现其成虫。

危害性：它危害堆木场的木材及多种树木，也危害马来西亚的房屋木构件。

62. 伤残乳白蚁 *Coptotermes truncatus* (Wasmann, 1897)

曾称为：伤残白蚁（乳白蚁亚属）*Termes* (*Coptotermes*) *truncatus* Wasmann, 1897。

模式标本：选模（兵蚁）、副选模（兵蚁）保存在荷兰马斯特里赫特自然历史博物馆，副选模（兵蚁）保存在美国自然历史博物馆。

模式产地：马达加斯加（Nossi Bé）。

分布：非洲界的马达加斯加、塞舌尔。

危害性：它危害椰子树和房屋木构件。

63. 异头乳白蚁 *Coptotermes varicapitatus* Tsai and Li, 1985

模式标本：正模（兵蚁）、副模（兵蚁、工蚁）保存在中国科学院动物研究所。

模式产地：中国海南省。

分布：东洋界的中国（广西、海南）。

*****厦门乳白蚁 *Coptotermes xiamensis* Ahmad and Akhtar, 2002（裸记名称）**

分布：东洋界的中国（福建）。

二、异白蚁亚科 Heterotermitinae Froggatt, 1897

异名：白白蚁亚科 Leucotermitinae Holmgren, 1910。

模式属：异白蚁属 *Heterotermes* Froggatt, 1897。

种类：2 属 169 种。

分布：东洋界、澳洲界、新热带界、新北界、古北界、非洲界。

（一）异白蚁属 *Heterotermes* Froggatt, 1897

异名：白白蚁属 *Leucotermes* Silvestri, 1901、剪白蚁属 *Psalidotermes* Silvestri, 1909。

模式种：宽头异白蚁 *Heterotermes platycephalus* Froggatt, 1897。

种类：30 种。

分布：东洋界、澳洲界、新热带界、新北界、古北界、非洲界。

生物学：它主要食木，群体极小，地下筑巢，或在死亡原木、树桩内筑巢。它栖息在树桩、地上的原木、正在腐烂的木材附近，甚至栖息在其他白蚁的蚁垄边上。它出巢觅食时需筑蚁路。

危害性：它危害房屋、农作物（如甘蔗）和树木，不过危害较轻，一般只危害已经风化或腐烂的木结构（如围栏、房屋外的平台木板、木杆）。然而，也有异白蚁种类对健康木材造成轻微危害的零星报道，主要危害对象是松木地板。有 5 种异白蚁属于入侵白蚁，它们的危害较重。

1. 埃塞俄比亚异白蚁 *Heterotermes aethiopicus* (Sjöstedt, 1911)

曾称为：埃塞俄比亚真白蚁 *Eutermes aethiopicus* Sjöstedt, 1911。

模式标本：全模（工蚁、兵蚁）分别保存在美国自然历史博物馆、瑞典自然历史博物馆和法国自然历史博物馆。

模式产地：埃塞俄比亚（Kottouki Dagaga）。

分布：非洲界的埃塞俄比亚、也门、苏丹；古北界的阿曼、沙特阿拉伯、阿联酋。

危害性：在苏丹和南阿拉伯半岛，它危害房屋木构件。

2. 大异白蚁 *Heterotermes assu* Constantino, 2000

种名释义：种名来自巴西图皮语，意为“大”。

模式标本：正模（兵蚁）、副模（兵蚁、工蚁、成虫）保存在巴西巴西利亚大学动物学系。

模式产地：巴西（Espírito Santo）。

分布：新热带界的巴西（Espírito Santo、Minas Gerais、圣保罗）。

危害性：它对房屋建筑有轻微危害。

3. 金黄异白蚁 *Heterotermes aureus* (Snyder, 1920)

曾称为：金黄散白蚁 *Reticulitermes aureus* Snyder, 1920。

异名：小散白蚁霍弗亚种 *Reticulitermes humilis hoferi* Banks, 1920、中间异白蚁 *Heterotermes intermedius* Light, 1933。

模式标本：正模（成虫）、副模（成虫）保存在美国国家博物馆，副模（成虫）保存在美国自然历史博物馆。

模式产地：美国亚利桑那州（Mt. Santa Catarina）。

分布：新北界的墨西哥（Baja California Sur、Nayarit、Sinola、Sonora）、美国（亚利桑那州、加利福尼亚州）；新热带界的墨西哥。

危害性：它危害林木和房屋木构件。

4. 巴尔万特异白蚁 *Heterotermes balwanti* Mathur and Chhotani, 1969

模式标本：正模（兵蚁）、副模（兵蚁、拟工蚁）保存在印度森林研究所，副模（兵蚁、拟工蚁）分别保存印度动物调查所和美国自然历史博物馆。

模式产地：印度奥里萨邦（Balukhand Forest）。

分布：东洋界的印度（果阿邦、卡纳塔克邦、奥里萨邦）。

危害性：它危害房屋木构件。

5. 短链异白蚁 *Heterotermes brevicatena* Watson and Miller, 1989

模式标本：正模（雄成虫）、副模（成虫、兵蚁、工蚁）保存在澳大利亚国家昆虫馆。

模式产地：澳大利亚新南威尔士州（Binya Forest）。

分布：澳洲界的澳大利亚（首都地区、新南威尔士州、维多利亚州）。

*****沟额异白蚁 *Heterotermes canalifrons* Mathur and Thapa, 1962（裸记名称）**

分布：新热带界的巴西（Pernambuco）。

6. 卡丁异白蚁 *Heterotermes cardini* (Snyder, 1924)

种名释义：种名来自古巴研究白蚁的 Cardin 教授的姓。

曾称为：卡丁白白蚁 *Leucotermes cardini* Snyder, 1924。

模式标本：正模（成虫）、副模（成虫、兵蚁、工蚁）保存在美国国家博物馆，副模（成虫、兵蚁、工蚁）分别保存在美国自然历史博物馆和哈佛大学比较动物学博物馆。

模式产地：巴哈马（Andros Island）。

分布：新热带界的巴哈马、古巴、加勒比海（伊斯帕尼奥拉岛）、巴拿马。

危害性：在古巴，它危害甘蔗。

7. 锡兰异白蚁 *Heterotermes ceylonicus* (Holmgren, 1911)

曾称为：锡兰白白蚁 *Leucotermes ceylonicus* Holmgren, 1911。

模式标本：全模（成虫、兵蚁、拟工蚁）分别保存在瑞典动物研究所和美国自然历史博物馆，全模（兵蚁、工蚁）保存在美国国家博物馆。

模式产地：斯里兰卡（Peradeniya）。

分布：东洋界的斯里兰卡。

生物学：它的兵蚁分为二型。它栖息于橡胶树等树木内，有时可在暗头地白蚁的蚁垄内发现它。

危害性：它啃食树桩，也危害房屋木结构。

8. 凸背异白蚁 *Heterotermes convexinotatus* (Snyder, 1924)

中文名称：我国学者曾称之为“显凸异白蚁”。

曾称为：凸背白白蚁 *Leucotermes convexinotatus* Snyder, 1924。

异名：直颚异白蚁 *Heterotermes orthognathus* Light, 1933、苍白异白蚁 *Heterotermes pallidus* Light, 1935。

模式标本：正模（成虫）、副模（成虫、兵蚁、工蚁）保存在美国国家博物馆，副模（成虫、兵蚁、工蚁）保存在美国自然历史博物馆，副模（成虫、兵蚁、若蚁）保存在荷兰马斯特里赫特自然历史博物馆。

模式产地：巴拿马（Colón）。

分布：新北界的美国（佛罗里达州、路易斯安那州、得克萨斯州）；新热带界的巴巴多斯、哥斯达黎加、古巴、危地马拉、海地、牙买加、墨西哥、尼加拉瓜、巴拿马、波多黎各、委内瑞拉、美属维尔京群岛。

生物学：它在地下筑巢。

危害性：它是一种入侵白蚁。在西印度群岛、巴拿马、委内瑞拉和危地马拉，它严重危害房屋建筑，还能危害百香果、玉米。

9. 密毛异白蚁 *Heterotermes crinitus* (Emerson, 1924)

曾称为：密毛白白蚁 *Leucotermes crinitus* Snyder, 1924。

模式标本：选模（成虫）、副选模（成虫、兵蚁、工蚁）保存在美国自然历史博物馆，副选模（成虫）分别保存在印度森林研究所和荷兰马斯特里赫特自然历史博物馆。

模式产地：圭亚那（Kartabo）。

分布：新热带界的巴西、圭亚那、委内瑞拉。

危害性：它危害甘蔗、桃树等。

10. 好斗异白蚁 *Heterotermes ferox* (Froggatt, 1898)

曾称为：好斗白蚁 *Termes ferox* Froggatt, 1898。

模式标本：选模（雌成虫）、副选模（兵蚁、工蚁）保存在澳大利亚国家昆虫馆，副选模（兵蚁、工蚁）分别保存在美国自然历史博物馆和印度森林研究所。

模式产地：澳大利亚新南威尔士州（Thornleigh）。

分布：澳洲界的澳大利亚（首都地区、新南威尔士州、昆士兰州、南澳大利亚州、维多利亚州、西澳大利亚州）。

危害性：它危害房屋木构件。

11. 格特鲁德异白蚁 *Heterotermes gertrudae* Roonwal, 1953

模式标本：正模（兵蚁）、副模（兵蚁、拟工蚁）保存在美国自然历史博物馆，副模（兵蚁、工蚁）保存在印度动物调查所，副模（兵蚁）保存在印度森林研究所。

模式产地：印度北阿坎德邦（Almora）。

分布：东洋界的印度（古吉拉特邦、喜马偕尔邦、拉贾斯坦邦、北阿坎德邦、北方邦）。

12. 印度异白蚁 *Heterotermes indicola* (Wasmann, 1902)

曾称为：印度白白蚁 *Leucotermes indicola* Wasmann, 1902。

模式标本：选模（兵蚁）、副选模（成虫、兵蚁、拟工蚁）保存在荷兰马斯特里赫特自然历史博物馆，副选模（成虫、兵蚁、拟工蚁）分别保存在美国自然历史博物馆和美国国家博物馆。

模式产地：印度孟买。

分布：东洋界的孟加拉国、印度（古吉拉特邦、哈里亚纳邦、喜马偕尔邦、马哈拉施特拉邦、旁遮普邦、拉贾斯坦邦、北方邦）、尼泊尔、巴基斯坦、克什米尔地区；古北界的阿富汗、伊朗、巴基斯坦（俾路支省）。

生物学：在印度次大陆，这种蛀木白蚁非常常见，它分布于印度次大陆北纬 20°以北的所有区域，并延伸进入阿富汗等地。它在地下筑巢，通过在墙体和天花上筑蚁路到达木结构。它的分飞发生在雨季。

危害性：在印度北部，它对房屋木结构、木家具造成严重的损坏，还损坏纸张、档案、皮革、棉织品和麻织品，被破坏的木材最后只剩下一层外壳，所以它是一种具有严重危害性的白蚁。它还危害印度的果树。在巴基斯坦和阿富汗，它危害果树和房屋木构件。

13. 中间异白蚁 *Heterotermes intermedius* Hill, 1932

模式标本：选模（雌成虫）、副选模（成虫、兵蚁、工蚁）保存在澳大利亚国家昆虫馆，副选模（成虫、兵蚁、工蚁）保存在美国自然历史博物馆，副选模（成虫、兵蚁）分别保存在南非国家昆虫馆和印度森林研究所。

模式产地：澳大利亚西澳大利亚州。

分布：澳洲界的澳大利亚（西澳大利亚州）。

14. 长链异白蚁 *Heterotermes longicatena* Watson and Miller, 1989

模式标本：正模（雄成虫）、副模（成虫、兵蚁、工蚁）保存在澳大利亚国家昆虫馆。

模式产地：澳大利亚新南威尔士州（Binya Forest）。

分布：澳洲界的澳大利亚（新南威尔士州）。

15. 长头异白蚁 *Heterotermes longiceps* (Snyder, 1924)

曾称为：长头白白蚁 *Leucotermes longiceps* Snyder, 1924。

模式标本：正模（兵蚁）、副模（兵蚁、工蚁）保存在美国国家博物馆，副模（兵蚁、工蚁）保存在美国自然历史博物馆，副模（工蚁、若蚁）保存在印度森林研究所。

模式产地：巴西（Coxipó、Cuyabá）。

分布：新热带界的阿根廷（Chaco、Corrientes、福莫萨、Misiones、Salta、Santiago del Estero）、巴西（巴伊州、Distrito Federal、Espírito Santo、马托格罗索州、Minas Gerais、Paraíba、Pernambuco、圣保罗）、巴拉圭。

危害性：在巴西和阿根廷，它对房屋建筑有轻微危害，可严重危害甘蔗。

16. 斑点异白蚁 *Heterotermes maculatus* Light, 1933

模式标本：全模（成虫）分别保存在美国自然历史博物馆和美国国家博物馆。

模式产地：墨西哥（Guadalajara）。

分布：新热带界的墨西哥。

17. 马拉巴尔异白蚁 *Heterotermes malabaricus* Snyder, 1933

种名释义：Malabar 指印度历史上的西北区域。

模式标本：选模（兵蚁）、副选模（成虫、兵蚁、拟工蚁）保存在印度森林研究所，副选模（成虫、兵蚁、拟工蚁）分别保存在美国国家博物馆、美国自然历史博物馆和英国自然历史博物馆。

模式产地：印度泰米尔纳德邦（Madars）。

分布：东洋界的印度（安得拉邦、达曼、古吉拉特邦、卡纳塔克邦、喀拉拉邦、中央邦、马哈拉施特拉邦、泰米尔纳德邦）。

生物学：它分布在印度次大陆北纬 20°以南的区域。它在地下筑巢。

危害性：它通过修筑蚁道危害许多树木（如桉树和榕树等）和种植物。它主要危害树木的树干和树根。它危害芒果树的心材，也危害竹子、木架、档案以及房屋的木构件。

18. 西部异白蚁 *Heterotermes occiduus* (Hill, 1927)

曾称为：西部白白蚁 *Leucotermes occiduus* Hill, 1927。

模式标本：选模（雌成虫）、副选模（雄成虫、兵蚁、工蚁）保存在澳大利亚维多利亚博物馆，副选模（成虫、兵蚁、工蚁）保存在美国自然历史博物馆。

模式产地：澳大利亚西澳大利亚州（Mundaring）。

分布：澳洲界的澳大利亚（北领地、南澳大利亚州、西澳大利亚州）。

19. 阿曼异白蚁 *Heterotermes omanae* Chhotani, 1988

模式标本：正模（大兵蚁）、副模（大兵蚁、小兵蚁、工蚁）保存在阿曼自然历史博物馆，副模（兵蚁、工蚁）保存在印度动物调查所。

模式产地：阿曼（Bayt al Falaj Compound）。

分布：古北界的阿曼。

20 . 帕马塔塔异白蚁 *Heterotermes pamatatensis* Kemner, 1934

模式标本：全模（兵蚁、工蚁）分别保存在瑞典隆德大学动物研究所和美国自然历史博物馆。

模式产地：印度尼西亚（Pamatata）。

分布：东洋界的印度尼西亚（苏拉威西）。

21. 奇异异白蚁 *Heterotermes paradoxus* (Froggatt, 1898)

曾称为：奇异白蚁 *Termes paradoxus* Froggatt, 1898。

异名：巴雷特白白蚁 *Leucotermes barretti* Hill, 1927。

模式标本：选模（雌成虫）、副选模（兵蚁、工蚁）保存在澳大利亚国家昆虫馆，副选模（兵蚁、工蚁）保存在澳大利亚维多利亚博物馆和美国自然历史博物馆。

模式产地：澳大利亚昆士兰州（Mackay）。

分布：澳洲界的澳大利亚（新南威尔士州、北领地、昆士兰州、南澳大利亚州、西澳大利亚州、托雷斯海峡）；巴布亚界的印度尼西亚（Papua）、巴布亚新几内亚。

危害性：在澳大利亚，它危害甘蔗。

22. 危险异白蚁 *Heterotermes perfidus* (Silvestri, 1936)

曾称为：危险白白蚁 *Leucotermes perfdus* Silvestri, 1936。

模式标本：全模（兵蚁、工蚁）保存在意大利农业昆虫研究所。

模式产地：圣赫勒拿。

分布：非洲界的圣赫勒拿。

危害性：它是一种入侵白蚁。它危害林木和房屋木构件。

23. 菲律宾异白蚁 *Heterotermes philippinensis* (Light, 1921)

曾称为：菲律宾白白蚁 *Leucotermes philippinensis* Light, 1921。

模式标本：全模（兵蚁、工蚁）保存在美国自然历史博物馆，全模（兵蚁）保存在南非国家昆虫馆。

模式产地：菲律宾吕宋（Manila）。

分布：东洋界的菲律宾（吕宋）；非洲界的毛里求斯、马达加斯加。

危害性：它是一种入侵白蚁。它危害甘蔗和房屋木构件。

24. 宽头异白蚁 *Heterotermes platycephalus* Froggatt, 1897

异名：克拉克白白蚁 *Leucotermes clarki* Hill, 1922。

模式标本：新模（雌成虫）保存在澳大利亚国家昆虫馆。

模式产地：澳大利亚（Kangaroo Island）。

分布：澳洲界的澳大利亚（南澳大利亚州、西澳大利亚州）。

25. 具沟异白蚁 *Heterotermes sulcatus* Mathews, 1977

模式标本：正模（兵蚁）、副模（成虫、兵蚁、工蚁）保存在巴西圣保罗大学动物学博物馆，副模（成虫、兵蚁、工蚁）保存在美国自然历史博物馆。

模式产地：巴西马托格罗索州（Serra do Roncador）。

分布：新热带界的巴西（马托格罗索州）。

危害性：它对房屋建筑有轻微危害。

26. 细长异白蚁 *Heterotermes tenuior* (Haviland, 1898)

曾称为：细长白蚁 *Termes tenuior* Haviland, 1898。

模式标本：全模（成虫、兵蚁、工蚁）分别保存在美国自然历史博物馆和英国剑桥大学动物学博物馆。

模式产地：马来西亚砂拉越。

分布：东洋界的印度尼西亚（加里曼丹、苏门答腊）、马来西亚（大陆、沙巴）。

27. 细瘦异白蚁 *Heterotermes tenuis* (Hagen, 1858)

曾称为：细瘦白蚁（真白蚁亚属）*Termes* (*Eutermes*) *tenuis* Hagen, 1858。

异名：黄足白白蚁帕拉亚种 *Leucotermes flavipes paraensis* Wasmann, 1902、树皮白蚁 *Termes corticola* Snyder, 1924。

模式标本：全模（成虫）分别保存在哈佛大学比较动物学博物馆和德国柏林冯博大学自然博物馆。

模式产地：多米尼加共和国（St Dominigo）、海地、巴西。

分布：新热带界的阿根廷（Chaco、Misiones、Salta）、巴巴多斯、玻利维亚、巴西、哥伦比亚、古巴、多米尼加共和国、法属圭亚那、格林纳达、瓜德罗普、危地马拉、圭亚那、海地、牙买加、墨西哥、巴拿马、巴拉圭、秘鲁、波多黎各、圣文森特和格林纳丁斯、苏里南、特立尼达和多巴哥、委内瑞拉。

危害性：它是一种入侵白蚁。在西印度群岛、圭亚那、巴西、巴拉圭、阿根廷、秘鲁、巴拿马，它对房屋建筑可造成轻微危害，对甘蔗、桉树可造成严重危害，还危害其他田间农作物。

28. 游荡异白蚁 *Heterotermes vagus* (Hill, 1927)

曾称为：游荡白白蚁 *Leucotermes vagus* Hill, 1927。

异名：优雅白白蚁 *Leucotermes venustus* Hill, 1927。

模式标本：选模（兵蚁）、副选模（兵蚁、工蚁）保存在澳大利亚维多利亚博物馆，副选模（兵蚁、工蚁）保存在美国自然历史博物馆，副选模（成虫）保存在南非国家昆虫馆。

模式产地：澳大利亚北领地达尔文市。

分布：澳洲界的澳大利亚（北领地、格鲁特岛、Rimbija Island、昆士兰州、西澳大利亚州、托雷斯海峡）；巴布亚界的巴布亚新几内亚。

29. 健壮异白蚁 *Heterotermes validus* Hill, 1915

模式标本：选模（成虫）、副选模（兵蚁、工蚁）保存在澳大利亚维多利亚博物馆，副选模（兵蚁、工蚁）保存在美国自然历史博物馆，副选模（兵蚁）保存在南非国家昆虫馆。

模式产地：澳大利亚北领地达尔文市。

分布：澳洲界的澳大利亚（北领地、西澳大利亚州）。

30. 威特默异白蚁 *Heterotermes wittmeri* Chhotani and Bose, 1982

模式标本：正模（兵蚁）、副模（成虫、兵蚁、工蚁）保存在瑞士自然历史博物馆，副模（成虫、兵蚁、工蚁）保存在印度动物调查所。

模式产地：沙特阿拉伯（Hakimah）。

分布：古北界的沙特阿拉伯。

（二）散白蚁属 *Reticulitermes* Holmgren, 1913

中文名称：我国学者早期曾称之为“长头螱属”。

模式种：北美散白蚁 *Reticulitermes flavipes* (Kollar, 1837)。

种类：139 种。

分布：东洋界、古北界、新北界、新热带界、非洲界。

异名：*Hemerobites* Germar, 1813、*Maresa* Giebel, 1856、隆额散白蚁亚属 *Frontotermes* Tsai et Huang, 1977、平额散白蚁亚属 *Planifrontotermes* Tsai et Huang, 1977、蔡白蚁属 *Tsaitermes* Li and Ping, 1983。

生物学：此属白蚁喜食被真菌腐蚀的木材，但也能取食健康的木材。它可在树干、树桩或房屋木结构内筑巢，其蚁巢分散。它在地面上筑蚁路连接蚁巢和取食点。

危害性：有许多种类为建筑害虫，在美国、中东、欧洲、中国等地，散白蚁危害相当严重，其中北美散白蚁、格拉塞散白蚁属于入侵白蚁。

1. 尖唇散白蚁 *Reticulitermes aculabialis* Tsai and Huang, 1977

曾称为：尖唇散白蚁（平额散白蚁亚属）*Reticulitermes* (*Planifrontotermes*) *aculabialis* Tsai and Huang, 1977。

模式标本：正模（兵蚁）、副模（兵蚁、工蚁）保存在中国科学院动物研究所，副模（兵蚁、工蚁）保存在广东省科学院动物研究所。

模式产地：中国四川省成都市。

分布：东洋界的中国（福建、广东、广西、贵州、湖北、湖南、江苏、江西、四川、云南、浙江）；古北界的中国（安徽、甘肃、河南、陕西）。

2. 爱琴散白蚁 *Reticulitermes aegeus* Ghesini and Marini, 2015

种名释义：这种白蚁分布于爱琴海附近的大陆。

模式标本：正模（雄有翅成虫）、副模（雄有翅成虫、兵蚁）保存在意大利博洛尼亚大学。

模式产地：塞浦路斯（Kakopetria）。

分布：希腊（东北部）、土耳其（北部）、塞浦路斯、克罗地亚。

3. 肖若散白蚁 *Reticulitermes affinis* Hsia and Fan, 1965

模式标本：正模（兵蚁）、副模（成虫、兵蚁、工蚁）保存在中国科学院上海昆虫研究所。

模式产地：中国福建省南平市。

分布：东洋界的中国（福建、广东、广西、贵州、海南、香港、湖北、湖南、江苏、江西、四川、云南、浙江）；古北界的中国（安徽、河南）。

4. 高山散白蚁 *Reticulitermes altus* Gao, Pan, Ma and Shi, 1982

曾称为：高山散白蚁（隆额散白蚁亚属）*Reticulitermes* (*Frontotermes*) *altus* Gao et al., 1982。

模式标本：正模（兵蚁）、副模（兵蚁）保存在中国科学院上海昆虫研究所，副模（兵蚁）分别保存成都市白蚁防治研究所、南京市白蚁防治研究所和重庆市白蚁防治研究所。

模式产地：中国四川省成都市。

分布：东洋界的中国（福建、贵州、广西、四川）。

5. 奄美散白蚁 *Reticulitermes amamianus* Morimoto, 1968

曾称为：黄胸散白蚁奄美亚种 *Reticulitermes flaviceps amamianus* Morimoto, 1968。

模式标本：全模（兵蚁、工蚁）保存在日本九州大学昆虫实验室。

模式产地：日本（Amami-Oshima、Yuwandake、Yoron Island）。

分布：古北界的日本。

6. 扩头散白蚁 *Reticulitermes ampliceps* Wang and Li, 1984

曾称为：扩头散白蚁（平额散白蚁亚属）*Reticulitermes* (*Planifrontotermes*) *ampliceps* Wang and Li, 1984。

模式标本：全模（成虫、兵蚁、工蚁）保存在中国科学院上海昆虫研究所。

模式产地：中国河南省商城县。

分布：古北界的中国（河南）。

7. 钩颚散白蚁 *Reticulitermes ancyleus* Ping, 1986

模式标本：正模（兵蚁）、副模（成虫、工蚁、兵蚁）保存在中国科学院上海昆虫研究所。

模式产地：中国广西壮族自治区武鸣大明山。

分布：东洋界的中国（广西）。

8. 狭胸散白蚁 *Reticulitermes angustatus* He and Qiu, 1990

曾称为：狭胸散白蚁（平额散白蚁亚属）*Reticulitermes* (*Planifrontotermes*) *angustatus* He and Qiu, 1990。

模式标本：正模（兵蚁）、副模（工蚁、兵蚁）保存在中国科学院上海昆虫研究所。

模式产地：中国贵州省江口县。

分布：东洋界的中国（贵州、湖北、四川）。

9. 窄头散白蚁 *Reticulitermes angusticephalus* Ping and Xu, 1983

曾称为：窄头散白蚁（隆额散白蚁亚属）*Reticulitermes* (*Frontotermes*) *angusticephalus* Ping and Xu, 1983。

模式标本：正模（兵蚁、蚁后）、副模（兵蚁、工蚁）保存在广东省科学院动物研究所。

模式产地：中国福建省崇安县三港。

分布：东洋界的中国（福建、广东、湖北）。

10. 沙栖散白蚁 *Reticulitermes arenincola* Goellner, 1931

拼写：也写作 *Reticulitermes arenicola* Goellner, 1931。

模式标本：全模（成虫、兵蚁、工蚁）分别保存在美国自然历史博物馆和德国汉堡动物学博物馆，全模（成虫、兵蚁、若蚁、工蚁）保存在印度森林研究所。

模式产地：美国印第安纳州（Pine）。

分布：新北界的美国（印第安纳州、马萨诸塞州、密歇根州、田纳西州）。

11. 突额散白蚁 *Reticulitermes assamensis* Gardner, 1945

种名释义：模式标本采集于印度的阿萨姆邦（Assam），其拉丁语意为“阿萨姆散白蚁”。中国学者习惯称之为“突额散白蚁”。

模式标本：选模（兵蚁）、副选模（兵蚁、拟工蚁）保存在印度森林研究所，副选模（兵蚁、拟工蚁）保存在美国自然历史博物馆。

模式产地：印度阿萨姆邦（Sadiya）。

分布：东洋界的不丹、中国（湖南、云南）、印度（阿萨姆邦、曼尼普尔邦、梅加拉亚邦、米佐拉姆邦、锡金邦、西孟加拉邦）；古北界的中国（西藏）。

生物学：它栖息在丛林地表的死亡木材中。在中国，云南松 *Pinus yunnanensis* 是它的寄主。

危害性：在印度，它非常常见，危害林木和房屋木构件。

12. 橙黄散白蚁 *Reticulitermes aurantius* Ping and Xu, 1987

曾称为：橙黄散白蚁（隆额散白蚁亚属）*Reticulitermes* (*Frontotermes*) *aurantius* Ping and Xu, 1987。

模式标本：正模（兵蚁）、副模（兵蚁、工蚁）保存在广东省科学院动物研究所，副模（兵蚁、工蚁）保存在贵州省林业研究所。

模式产地：中国贵州省丹寨县。

分布：东洋界的中国（贵州、四川）。

13. 巴尔干散白蚁 *Reticulitermes balkanensis* Clément, 1984

曾称为：暗黑散白蚁巴尔干亚种 *Reticulitermes lucifugus balkanensis* Clément, 1984。

模式标本：全模（成虫、兵蚁、工蚁）保存在法国自然历史博物馆。

模式产地：希腊和前南斯拉夫（具体位置不详）。

分布：古北界的阿尔巴尼亚、希腊、前南斯拉夫。

14. 巴尼于勒散白蚁 *Reticulitermes banyulensis* Clément, 1977

曾称为：暗黑散白蚁巴尼于勒亚种 *Reticulitermes lucifugus banyulensis* Clément, 1977。

模式标本：全模（成虫）保存在法国巴黎大学生物进化实验室。

模式产地：法国（位置不详，可能是 Roussillon）。

分布：古北界的法国、西班牙。

15. 双瘤散白蚁 *Reticulitermes bicristatus* He and Qiu, 1990

曾称为：双瘤散白蚁（平额散白蚁亚属）*Reticulitermes* (*Planifrontotermes*) *bicristatus* He and Qiu, 1990。

模式标本：正模（兵蚁）、副模（兵蚁、工蚁）保存在中国科学院上海昆虫研究所。

模式产地：中国贵州省荔波县。

分布：东洋界的中国（贵州）。

16. 双峰散白蚁 *Reticulitermes bitumulus* Ping and Xu, 1987

曾称为：双峰散白蚁（隆额散白蚁亚属）*Reticulitermes* (*Frontotermes*) *bitumulus* Ping and Xu, 1987。

模式标本：正模（兵蚁）、副模（兵蚁、工蚁）保存在广东省科学院动物研究所，副模（兵蚁、工蚁）保存在贵州省林业研究所。

模式产地：中国贵州省黎平县。

分布：东洋界的中国（广东、广西、贵州、湖北、四川、海南）。

17. 短颚散白蚁 *Reticulitermes brachygnathus* Li, Ping, and Ji, 1982

曾称为：短颚散白蚁（平额散白蚁亚属）*Reticulitermes* (*Planifrontotermes*) *brachygnathus* Li et al., 1982。

模式标本：正模（兵蚁）、副模（兵蚁、工蚁）保存在广东省科学院动物研究所。

模式产地：中国四川省苍溪县白合山。

分布：东洋界的中国（湖北、四川）。

18. 短弯颚散白蚁 *Reticulitermes brevicurvatus* Ping and Xu, 1983

曾称为：短弯颚散白蚁（隆额散白蚁亚属）*Reticulitermes* (*Frontotermes*) *brevicurvatus* Ping and Xu, 1983。

模式标本：正模（兵蚁）、副模（兵蚁）保存在广东省科学院动物研究所。

模式产地：中国贵州省雷山县。

分布：东洋界的中国（贵州、云南）。

19. 蟹腿散白蚁 *Reticulitermes cancrifemuris* Zhu, 1984

曾称为：蟹腿散白蚁（隆额散白蚁亚属）*Reticulitermes* (*Frontotermes*) *cancrifemuris* Zhu, 1984。

模式标本：正模（兵蚁）、副模（兵蚁、工蚁）保存在广东省科学院动物研究所。

模式产地：中国广东省连山林场。

分布：东洋界的中国（广东）。

20. 褐胸散白蚁 *Reticulitermes castanus* Ping, 1986

曾称为：褐胸散白蚁（隆额散白蚁亚属）*Reticulitermes* (*Frontotermes*) *castanus* Ping, 1986。

模式标本：正模（兵蚁）、副模（成虫、兵蚁、工蚁）保存在广东省科学院动物研究所。

模式产地：中国广西壮族自治区武鸣县大明山。

分布：东洋界的中国（广西）。

21. 察隅散白蚁 *Reticulitermes chayuensis* Tsai and Huang, 1975

曾称为：察隅散白蚁（平额散白蚁亚属）*Reticulitermes* (*Planifrontotermes*) *chayuensis* Tsai and Huang, 1975。

模式标本：正模（兵蚁）、副模（兵蚁）保存在中国科学院动物研究所。

模式产地：中国西藏自治区察隅县。

分布：古北界的中国（西藏）。

22. 黑胸散白蚁 *Reticulitermes chinensis* Snyder, 1923

中文名称：模式标本采集于中国（四川），拉丁语意为“中国散白蚁”，中国学者根据其体色，习惯称之为“黑胸散白蚁”。

曾称为：中国白白蚁（散白蚁亚属）*Leucotermes* (*Reticulitermes*) *chinensis* Snyder 1931、黑胸散白蚁（平额散白蚁亚属）*Reticulitermes* (*Planifrontotermes*) *chinensis* Snyder, 1923。

模式标本：正模（成虫）、副模（成虫、兵蚁、拟工蚁）保存在美国国家博物馆，副模（成虫、兵蚁、拟工蚁）保存在美国自然历史博物馆，副模（成虫、兵蚁头、工蚁）保存在印度森林研究所。

模式产地：中国四川省宜宾市。

分布：东洋界的中国（福建、广东、广西、湖北、湖南、海南、江苏、江西、上海、四川、云南、浙江）、印度（阿萨姆邦）、越南；古北界的中国（安徽、河北、北京、甘肃、河南、山东、山西、陕西）。

生物学：它属土木两栖性白蚁，群体小，巢群分散，蚁巢结构简单，无主、副巢之分，无定型王室，适应性强，易于产生补充型繁殖蚁。

危害性：它危害枕木、电杆、房屋、树木及农作物（如向日葵）等，在长江流域，它是危害建筑物的主要白蚁种类之一。

23. 周氏散白蚁 *Reticulitermes choui* Ping and Zhang, 1989

曾称为：周氏散白蚁（平额散白蚁亚属）*Reticulitermes* (*Planifrontotermes*) *choui* Ping and Zhang, 1989。

模式标本：正模（兵蚁）、副模（兵蚁、工蚁）保存在广东省科学院动物研究所。

模式产地：中国陕西省宝鸡县和周至县。

分布：古北界的中国（陕西）。

24. 金黄散白蚁 *Reticulitermes chryseus* Ping, 1986

曾称为：金黄散白蚁（平额散白蚁亚属）*Reticulitermes* (*Planifrontotermes*) *chrysens* Ping, 1986。

模式标本：正模（兵蚁）、副模（蚁后、兵蚁、工蚁）保存在广东省科学院动物研究所。

模式产地：中国广西壮族自治区武鸣县大明山。

分布：东洋界的中国（广西）。

25. 柠黄散白蚁 *Reticulitermes citrinus* Ping and Li, 1982

曾称为：柠黄散白蚁（平额散白蚁亚属）*Reticulitermes* (*Planifrontotermes*) *citrinus* Ping and Li, 1982、柠黄散白蚁（隆额散白蚁亚属）*Reticulitermes* (*Frontotermes*) *citrinus* Ping and Li, 1982。

模式标本：正模（兵蚁）、副模（成虫、兵蚁、工蚁）保存在广东省科学院动物研究所。

模式产地：中国浙江省丽水市龙泉市。

分布：东洋界的中国（浙江）。

26. 大唇散白蚁 *Reticulitermes clypeatus* Lash, 1952

模式标本：正模（成虫）、副模（成虫）保存在美国自然历史博物馆，副模（成虫）保存在南非国家昆虫馆，副模（兵蚁、工蚁）保存在印度森林研究所。

模式产地：以色列（Jerusalem）。

分布：古北界的伊朗、伊拉克、以色列、罗马尼亚。

27. 凹头散白蚁 *Reticulitermes coelceps* (Zhu, Huang, and Wang, 1993)

曾称为：凹头异白蚁 *Heterotermes coelceps* Zhu et al., 1993、凹头散白蚁（平额散白蚁亚属）*Reticulitermes* (*Planifrontotermes*) *coelceps* (Zhu, Huang, and Wang, 1993)。

模式标本：正模（兵蚁）、副模（兵蚁、工蚁）保存在中国科学院昆明动物研究所。

模式产地：中国重庆市黔江区。

分布：东洋界的中国（重庆）。

28. 锥颚散白蚁 *Reticulitermes conus* Xia and Fan, 1981

曾称为：锥颚异白蚁 *Heterotermes conus* (Xia and Fan, 1981)、锥颚散白蚁（平额散白蚁亚属）*Reticulitermes* (*Planifrontotermes*) *conus* Xia and Fan, 1981。

模式标本：正模（兵蚁）、副模（兵蚁、工蚁）保存在中国科学院上海昆虫研究所。

模式产地：中国四川省峨眉山。

分布：东洋界的中国（广西、湖北、四川）；古北界的中国（河南）。

29. 深黄散白蚁 *Reticulitermes croceus* Ping and Xu, 1982

曾称为：深黄散白蚁（平额散白蚁亚属）*Reticulitermes* (*Planifrontotermes*) *croceus* Ping and Xu, 1982。

模式标本：正模（兵蚁）、副模（成虫、兵蚁、工蚁）保存在广东省科学院动物研究所。

模式产地：中国湖南省会同县。

分布：东洋界的中国（贵州、湖北、湖南）。

30. 短头散白蚁 *Reticulitermes curticeps* Yang, Zhu and Huang, 1992

曾称为：短头散白蚁（平额散白蚁亚属）*Reticulitermes* (*Planifrontotermes*) *curticeps* Yang, Zhu and Huang, 1992。

模式标本：正模（兵蚁）、副模（兵蚁、工蚁）保存在中国科学院昆明动物研究所，副模（兵蚁、工蚁）保存在中国科学院动物研究所。

模式产地：中国云南省绿春县。

分布：东洋界的中国（云南）。

31. 弯颚散白蚁 *Reticulitermes curvatus* Hsia and Fan, 1965

曾称为：弯颚散白蚁（平额散白蚁亚属）*Reticulitermes* (*Planifrontotermes*) *curvatus* Hsia and Fan, 1965、弯颚散白蚁（散白蚁亚属）*Reticulitermes* (*Reticulitermes*) *curvatus* Hsia and Fan, 1965。

模式标本：正模（兵蚁）、副模（兵蚁、工蚁）保存在中国科学院上海昆虫研究所。

模式产地：中国浙江省丽水市庆元县百山祖。

分布：东洋界的中国（福建、广西、浙江）。

32. 幽兰散白蚁 *Reticulitermescymbidii* Ping and Xu, 1993

曾称为：幽兰散白蚁（隆额散白蚁亚属）*Reticulitermes* (*Frontotermes*) *cymbidii* Ping and Xu, 1993。

模式标本：正模（兵蚁）、副模（成虫、兵蚁、工蚁）保存在广东省科学院动物研究所，副模（成虫、兵蚁、工蚁）保存在武汉市白蚁防治研究所。

模式产地：中国湖北省英山县。

分布：东洋界的中国（湖北）。

33. 大别山散白蚁 *Reticulitermes dabieshanensis* Wang and Li, 1984

曾称为：大别山散白蚁（平额散白蚁亚属）*Reticulitermes* (*Planifrontotermes*) *dabieshanensis* Wang and Li, 1984。

模式标本：全模（成虫、兵蚁、工蚁）保存在中国科学院上海昆虫研究所。

模式产地：中国河南省商城县。

分布：东洋界的中国（湖北、浙江）；古北界的中国（河南）。

34. 丹徒散白蚁 *Reticulitermes dantuensis* Gao and Zhu, 1982

曾称为：丹徒散白蚁（隆额散白蚁亚属）*Reticulitermes* (*Frontotermes*) *dantuensis* Gao and Zhu, 1982。

模式标本：正模（兵蚁）、副模（兵蚁）保存在中国科学院上海昆虫研究所，副模（兵蚁）保存在南京市白蚁防治研究所。

模式产地：中国江苏省镇江市丹徒区。

分布：东洋界的中国（四川、江苏）；古北界的中国（安徽）。

35. 大庸散白蚁 *Reticulitermes dayongensis* (Zhu, Huang, and Wang, 1993)

曾称为：大庸异白蚁 *Heterotermes dayongensis* Zhu, Huang, and Wang, 1993、大庸散白蚁（平额散白蚁亚属）*Reticulitermes* (*Planifrontotermes*) *dayongensis* (Zhu, Huang, and Wang, 1993)。

模式标本：正模（兵蚁）、副模（兵蚁、工蚁）保存在中国科学院昆明动物研究所。

模式产地：中国湖南省张家界市。

分布：东洋界的中国（湖南）。

36. 鼎湖散白蚁 *Reticulitermes dinghuensis* Ping, Zhu, and Li, 1980

曾称为：鼎湖散白蚁（隆额散白蚁亚属）*Reticulitermes* (*Frontotermes*) *dinghuensis* Ping, Zhu, and Li, 1980。

模式标本：正模（兵蚁）保存在广东省科学院动物研究所。

模式产地：中国广东省肇庆市鼎湖山。

分布：东洋界的中国（广东、广西、贵州、香港）。

37. 峨嵋散白蚁 *Reticulitermes emei* Gao, Zhu, Gong, and Han, 1981

曾称为：峨嵋散白蚁（平额散白蚁亚属）*Reticulitermes* (*Planifrontotermes*) *emei* Gao, Zhu, Gong, and Han, 1981。

模式标本：正模（兵蚁）、副模（兵蚁）保存在中国科学院上海昆虫研究所，副模（兵蚁）分别保存在南京市白蚁防治研究所和成都市白蚁防治研究所。

模式产地：中国四川省峨眉山。

分布：东洋界的中国（四川）。

38. 丰都散白蚁 *Reticulitermes fengduensis* Ping and Chen, 1984

曾称为：丰都散白蚁（平额散白蚁亚属）*Reticulitermes* (*Planifrontotermes*) *fengduensis* Ping and Chen, 1984。

模式标本：正模（兵蚁）、副模（兵蚁、工蚁）保存在广东省科学院动物研究所，副模（兵蚁、工蚁）保存在成都市白蚁防治研究所。

模式产地：中国重庆市丰都县。

分布：东洋界的中国（重庆）。

39. 黄胸散白蚁 *Reticulitermes flaviceps* (Oshima, 1911)

中文名称：中国学者曾称之为“黄肢散白蚁”，其拉丁语意为“黄头散白蚁”。

曾称为：黄头白白蚁 *Leucotermes flaviceps* Oshima, 1911、黄胸散白蚁（隆额散白蚁亚属）*Reticulitermes* (*Frontotermes*) *flaviceps* (Oshima, 1911)。

模式标本：全模（成虫、兵蚁、工蚁）保存地不详。

模式产地：中国台湾省。

分布：东洋界的中国（福建、广东、广西、湖北、湖南、江苏、江西、四川、云南、浙江、台湾）、越南；古北界的中国（安徽、甘肃、河北、河南、陕西、山东）、日本。

生物学：它与黑胸散白蚁相类似。分飞在每年的 2—4 月。

危害性：它危害房屋的木结构，是中国危害较严重的种类之一。

40. 北美散白蚁 *Reticulitermes flavipes* (Kollar, 1837)

中文名称：其拉丁语意为“黄足散白蚁”，中国学者习惯称之为“北美散白蚁”。

曾称为：黄足白蚁 *Termes flavipes* Kollar, 1837。

异名：额白蚁 *Termes frontalis* Haldeman, 1844、亮翅散白蚁 *Reticulitermes claripennis* Banks, 1920、北美散白蚁桑顿亚种 *Reticulitermes flavipes santonensis* Feytaud, 1950、桑顿散白蚁 *Reticulitermes santonensis* Becker, 1970。

模式标本：全模（成虫）保存在哈佛大学比较动物学博物馆。

模式产地：奥地利（Schönbrunn）。

分布：新北界的墨西哥（Nuevo Leon）、美国（阿拉巴马州、亚利桑那州、阿肯色州、佛罗里达州、堪萨斯州、缅因州、马里兰州、密西西比州、新罕布什尔州、新泽西州、纽约、俄亥俄州、俄克拉何马州、俄勒冈州、宾夕法尼亚州）；新热带界的巴哈马（Grand Bahama Island）、智利、危地马拉、墨西哥、乌拉圭；古北界的奥地利、法国、德国。

危害性：它是一种入侵白蚁。在美国、加拿大、欧洲（德国、奥地利）、南美洲（墨西哥、智利），它可严重危害房屋建筑的木结构。它也危害甘蔗。

41. 花胸散白蚁 *Reticulitermes fukienensis* Light, 1924

中文名称：模式标本采集于中国福建，拉丁语意为“福建散白蚁”，夏凯龄教授曾称之为“福建散白蚁”，我国不少学者习惯称之为“花胸散白蚁”。

曾称为：花胸散白蚁（隆额散白蚁亚属）*Reticulitermes* (*Frontotermes*) *fukienensis* Light, 1924。

模式标本：全模（蚁后、蚁王、兵蚁、工蚁）保存在美国自然历史博物馆，副模（兵蚁、工蚁）保存在印度森林研究所。

模式产地：中国福建省福州市附近的山上。

分布：东洋界的中国（福建、广东、广西、海南、香港、江苏、云南、浙江）。

生物学：它栖息在活树的已死部分或砍伐后的树桩及树根内。

42. 褐缘散白蚁 *Reticulitermes fulvimarginalis* Wang and Li, 1984

曾称为：褐缘散白蚁（隆额散白蚁亚属）*Reticulitermes* (*Frontotermes*) *fulvimarginalis* Wang and Li, 1984。

模式标本：全模（成虫、兵蚁、工蚁）保存在中国科学院上海昆虫研究所。

模式产地：中国河南省商城县。

分布：东洋界的中国（湖北、湖南）；古北界的中国（河南）。

43. 恒湖散白蚁 *Reticulitermes ganga* Bose, 1999

模式标本：正模（兵蚁）、副模（工蚁）保存在印度动物调查所。

模式产地：中国。

分布：东洋界的中国。

44. 大囟散白蚁 *Reticulitermes gaoshi* Li and Ma, 1987

种名释义：模式标本由高春亭同志采集，种名来自其姓，但种名写法似乎不妥。

曾称为：大囟散白蚁（平额散白蚁亚属）*Reticulitermes* (*Planifrontotermes*) *gaoshi* Li and Ma, 1987。

模式标本：正模（兵蚁）、副模（成虫、兵蚁）保存在广东省科学院动物研究所。

模式产地：中国河南省信阳市鸡公山。

分布：古北界的中国（河南）。

45. 高要散白蚁 *Reticulitermes gaoyaoensis* Tsai and Li, 1977

曾称为：高要散白蚁（平额散白蚁亚属）*Reticulitermes* (*Planifrontotermes*) *gaoyaoensis* Tsai and Li, 1977。

模式标本：正模（兵蚁）、副模（工蚁、兵蚁）保存在广东省科学院动物研究所，副模（工蚁、兵蚁）保存在中国科学院动物研究所。

模式产地：中国广东省肇庆市高要区。

分布：东洋界的中国（福建、广东、广西、湖南）。

46. 大头散白蚁 *Reticulitermes grandis* Hsia and Fan, 1965

曾称为：大头散白蚁（隆额散白蚁亚属）*Reticulitermes* (*Frontotermes*) *grandis* Hsia and Fan, 1965。

模式标本：正模（兵蚁）、副模（兵蚁、工蚁）保存在中国科学院上海昆虫研究所。

模式产地：中国云南省红河州金平县。

分布：东洋界的中国（广西、贵州、重庆、云南）。

47. 格拉塞散白蚁 *Reticulitermes grassei* Clément, 1977

种名释义：种名来自法国白蚁学家 P. P. Grassé 的姓。

曾称为：暗黑散白蚁格拉塞亚种 *Reticulitermes lucifugus grassei* Clément, 1977。

模式标本：全模（成虫）保存在法国巴黎大学生物进化实验室。

模式产地：法国。

分布：古北界的法国、葡萄牙、西班牙、英国（传入）。

危害性：它是一种入侵白蚁。它危害房屋。

48. 广州散白蚁 *Reticulitermes guangzhouensis* Ping, 1985

曾称为：广州散白蚁（隆额散白蚁亚属）*Reticulitermes* (*Frontotermes*) *guangzhouensis* Ping, 1985。

异名：双色散白蚁 *Reticulitermes dichrous* Ping, 1985。

模式标本：正模（兵蚁）、副模（成虫、工蚁、兵蚁）保存在广东省科学院动物研究所。

模式产地：中国广东省广州市。

分布：东洋界的中国（广东、广西、香港）。

49. 桂林散白蚁 *Reticulitermes guilinensis* Li and Xiao, 1989

曾称为：桂林散白蚁（隆额散白蚁亚属）*Reticulitermes* (*Frontotermes*) *guilinensis* Li and Xiao, 1989。

模式标本：正模（兵蚁）、副模（兵蚁）保存在广东省科学院动物研究所。

模式产地：中国广西壮族自治区桂林市。

分布：东洋界的中国（广西）。

50. 贵阳散白蚁 *Reticulitermes guiyangensis* He and Qiu, 1990

曾称为：贵阳散白蚁（平额散白蚁亚属）*Reticulitermes* (*Planifrontotermes*) *guiyangensis* He and Qiu, 1990。

模式标本：正模（兵蚁）、副模（工蚁、兵蚁）保存在中国科学院上海昆虫研究所。

模式产地：中国贵州省。

分布：东洋界的中国（贵州、湖南、四川）。

51. 贵州散白蚁 *Reticulitermes guizhouensis* Ping and Xu, 1987

曾称为：贵州散白蚁（隆额散白蚁亚属）*Reticulitermes* (*Frontotermes*) *guizhouensis* Ping and Xu, 1987。

模式标本：正模（兵蚁）、副模（工蚁、兵蚁）保存在广东省科学院动物研究所，副模（工蚁、兵蚁）保存在贵州省林业研究所。

模式产地：中国贵州省榕江县。

分布：东洋界的中国（贵州、广西）。

52. 古蔺散白蚁 *Reticulitermes gulinensis* Gao, Pan, Ma, and Shi, 1982

曾称为：古蔺散白蚁（隆额散白蚁亚属）*Reticulitermes* (*Frontotermes*) *gulinensis* Gao, Pan,

Ma, and Shi, 1982。

模式标本：正模（兵蚁、成虫）、副模（成虫、兵蚁）保存在中国科学院上海昆虫研究所，副模（成虫、兵蚁）保存在南京市白蚁防治研究所、成都市白蚁防治研究所和重庆市白蚁防治研究所。

模式产地：中国四川省古蔺县。

分布：东洋界的中国（广西、贵州、江西、四川）。

53. 哈根散白蚁 *Reticulitermes hageni* Banks, 1920

种名释义：种名来自美国白蚁分类学家 H. A. Hagen 的姓。

模式标本：全模（成虫、兵蚁）保存在美国国家博物馆，全模（成虫）分别保存在美国自然历史博物馆和哈佛大学比较动物学博物馆。

模式产地：美国弗吉尼亚州（Falls 教堂）。

分布：新北界的美国（阿肯色州、佛罗里达州、伊利诺斯州、印第安纳州、堪萨斯州、肯塔基州、路易斯安那州、马里兰州、密西西比州、密苏里州、新泽西州、北卡罗来纳州、俄克拉何马州、俄勒冈州、南卡罗来纳州、田纳西州、得克萨斯州、弗吉尼亚州）。

危害性：它危害房屋木构件。

54. 海南散白蚁 *Reticulitermes hainanensis* Tsai and Huang, 1977

曾称为：海南散白蚁（平额散白蚁亚属）*Reticulitermes* (*Planifrontotermes*) *hainanensis* Tsai and Huang, 1977、海南异白蚁 *Heterotermes hainanensis* Tsai and Huang, 1983。

模式标本：正模（兵蚁）、副模（成虫、兵蚁）保存在广东省科学院动物研究所，副模（成虫、兵蚁）保存在中国科学院动物研究所。

模式产地：中国海南省。

分布：东洋界的中国（福建、广东、广西、贵州、海南、湖南、江西、浙江）。

55. 西部散白蚁 *Reticulitermes hesperus* Banks, 1920

模式标本：正模（有翅成虫）、副模（成虫、兵蚁）保存在美国国家博物馆，副模（成虫）分别保存在哈佛大学比较动物学博物馆和美国自然历史博物馆。

模式产地：美国加利福尼亚州（San Bernardino）。

分布：新北界的加拿大（British Columbia）、墨西哥、美国（加利福尼亚州、爱达荷州、内华达州、俄勒冈州、华盛顿州）；新热带界的智利。

危害性：在美国，它危害房屋木构件。

56. 黄氏散白蚁 *Reticulitermes huangi* Krishna, 2013

异名：湖南蔡白蚁 *Tsaitermes hunanensis* Li and Ping, 1983。

模式标本：正模（兵蚁）、副模（成虫、兵蚁）保存在广东省科学院动物研究所。

模式产地：中国湖南省宜章县莽山。

分布：东洋界的中国（广西、湖南）。

57. 花坪散白蚁 *Reticulitermes huapingensis* Li, 1980

曾称为：花坪散白蚁（隆额散白蚁亚属）*Reticulitermes* (*Frontotermes*) *huapingensis* Li,

1980。

模式标本：正模（兵蚁）、副模（成虫、兵蚁）保存在广东省科学院动物研究所。

模式产地：中国广西壮族自治区花坪自然保护区。

分布：东洋界的中国（福建、广东、广西、贵州、湖北）。

58. 湖北散白蚁 *Reticulitermes hubeiensis* Ping and Huang, 1992

曾称为：湖北散白蚁（平额散白蚁亚属）*Reticulitermes* (*Planifrontotermes*) *hubeiensis* Ping and Huang, 1992。

模式标本：正模（兵蚁）、副模（成虫、兵蚁）保存在广东省科学院动物研究所。

模式产地：中国湖北省咸宁市崇阳县。

分布：东洋界的中国（湖北）。

59. 湖南散白蚁 *Reticulitermes hunanensis* Tsai and Peng, 1980

曾称为：湖南散白蚁（平额散白蚁亚属）*Reticulitermes* (*Planifrontotermes*) *hunanensis* Tsai and Peng, 1980。

模式标本：正模（兵蚁）、副模（工蚁、兵蚁）保存在中国科学院动物研究所，副模（兵蚁、工蚁）保存在湖南省林业研究所。

模式产地：中国湖南省宜章县。

分布：东洋界的中国（福建、广西、贵州、湖北、湖南、四川）。

60. 高额散白蚁 *Reticulitermes hypsofrons* Ping and Li, 1981

曾称为：高额散白蚁（隆额散白蚁亚属）*Reticulitermes* (*Frontotermes*) *hypsofrons* Ping and Li, 1981。

模式标本：正模（兵蚁）、副模（成虫、兵蚁、工蚁）保存在广东省科学院动物研究所，副模（成虫、兵蚁、工蚁）保存在福建省生物研究所。

模式产地：中国福建省南平市建阳区大竹岗。

分布：东洋界的中国（福建）。

*****尖峰岭散白蚁 *Reticulitermes jianfenglingensis* Ping and Xu, 1995（裸记名称）**

分布：东洋界的中国（海南）。

61. 江城散白蚁 *Reticulitermes jiangchengensis* Yang, Zhu, and Huang, 1992

曾称为：江城散白蚁（隆额散白蚁亚属）*Reticulitermes* (*Frontotermes*) *jiangchengensis* Yang, Zhu, and Huang, 1992。

模式标本：正模（兵蚁）、副模（成虫、兵蚁）保存在中国科学院昆明动物研究所。

模式产地：中国云南省普洱市江城县。

分布：东洋界的中国（云南）。

62. 关门散白蚁 *Reticulitermes kanmonensis* Takematsu, 1999

模式标本：正模（兵蚁）、副模（成虫、兵蚁、工蚁）保存在日本九州大学昆虫实验室。

模式产地：日本山口县。

分布：古北界的日本。

*****考艾散白蚁 *Reticulitermes khaoyaiensis* Sornnuwat, Vongkaluang, and Takematsu, 2004（裸记名称）**

分布：东洋界的泰国。

63. 圆唇散白蚁 *Reticulitermes labralis* Hsia and Fan, 1965

曾称为：圆唇散白蚁（平额散白蚁亚属）*Reticulitermes* (*Planifrontotermes*) *labralis* Hsia and Fan, 1965。

模式标本：正模（兵蚁）、副模（成虫、兵蚁、工蚁）保存在中国科学院上海昆虫研究所。

模式产地：中国上海市。

分布：东洋界的中国（广东、香港、湖北、江苏、江西、上海、四川、浙江）；古北界的中国（安徽、河南、陕西）。

64. 大型散白蚁 *Reticulitermes largus* Li and Ma, 1984

曾称为：大型散白蚁（平额散白蚁亚属）*Reticulitermes* (*Planifrontotermes*) *largus* Li and Ma, 1984。

模式标本：正模（兵蚁）、副模（兵蚁）保存在广东省科学院动物研究所。

模式产地：中国福建省连城梅花山。

分布：东洋界的中国（福建、广东）。

65. 宽唇散白蚁 *Reticulitermes latilabris* Ping, 1986

曾称为：宽唇散白蚁（平额散白蚁亚属）*Reticulitermes* (*Planifrontotermes*) *latilabrum* Ping, 1986。

模式标本：正模（兵蚁）、副模（蚁后、兵蚁、工蚁）保存在广东省科学院动物研究所。

模式产地：中国广西壮族自治区金秀瑶族自治县大瑶山。

分布：东洋界的中国（广西）。

66. 雷波散白蚁 *Reticulitermes leiboensis* Gao and Xia, 1983

曾称为：雷波散白蚁（平额散白蚁亚属）*Reticulitermes* (*Planifrontotermes*) *leiboensis* Gao and Xia, 1983。

模式标本：正模（兵蚁）、副模（兵蚁）保存在中国科学院上海昆虫研究所，副模（兵蚁）分别保存在成都市白蚁防治研究所和南京市白蚁防治研究所。

模式产地：中国四川省雷波县。

分布：东洋界的中国（四川）。

67. 雷公山散白蚁 *Reticulitermes leigongshanensis* (Zhu, Huang, Wang, and Han, 1993)

曾称为：雷公山异白蚁 *Heterotermes leigongshanensis* Zhu, Huang, Wang, and Han, 1993、雷公山散白蚁（平额散白蚁亚属）*Reticulitermes* (*Planifrontotermes*) *leigongshanensis* (Zhu, Huang, Wang, and Han, 1993)。

模式标本：正模（兵蚁）、副模（工蚁、兵蚁）保存在中国科学院昆明动物研究所。

模式产地：中国贵州省雷公山。

分布：东洋界的中国（贵州）。

68. 细颏散白蚁 *Reticulitermes leptogulus* Ping and Xu, 1981

曾称为：细颏散白蚁（平额散白蚁亚属）*Reticulitermes* (*Planifrontotermes*) *leptogulus* Ping and Xu, 1981。

模式标本：正模（兵蚁）、副模（成虫、兵蚁、工蚁）保存在广东省科学院动物研究所，副模（成虫、兵蚁、工蚁）保存在福建省生物研究所。

模式产地：中国福建省崇安县黄岗山。

分布：东洋界的中国（福建、贵州）。

69. 细颚散白蚁 *Reticulitermes leptomandibularis* Hsia and Fan, 1965

曾称为：细颚散白蚁 *Reticulitermes chinensis leptomandibularis* Hsia and Fan, 1965、细颚散白蚁（平额散白蚁亚属）*Reticulitermes* (*Planifrontotermes*) *leptomandibularis* Hsia and Fan, 1965。

模式标本：正模（兵蚁）、副模（成虫、兵蚁、工蚁）保存在中国科学院上海昆虫研究所。

模式产地：中国福建省三明市永安市。

分布：东洋界的中国（福建、广东、广西、贵州、海南、湖南、江苏、江西、四川、浙江、台湾）；古北界的中国（安徽、河南）。

70. 隆头散白蚁 *Reticulitermes levatoriceps* He and Qiu, 1990

曾称为：隆头散白蚁（平额散白蚁亚属）*Reticulitermes* (*Planifrontotermes*) *levatoriceps* He and Qiu, 1990。

模式标本：正模（兵蚁）、副模（兵蚁、工蚁）保存在中国科学院上海昆虫研究所。

模式产地：中国贵州省贵阳市。

分布：东洋界的中国（贵州）。

71. 连城散白蚁 *Reticulitermes lianchengensis* Li and Ma, 1984

曾称为：连城散白蚁（隆额散白蚁亚属）*Reticulitermes* (*Frontotermes*) *lianchengensis* Li and Ma, 1984、连城散白蚁（散白蚁亚属）*Reticulitermes* (*Reticulitermes*) *lianchengensis* Li and Ma, 1984。

模式标本：正模（兵蚁）、副模（兵蚁）保存在广东省科学院动物研究所。

模式产地：中国福建省龙岩市连城县梅花山。

分布：东洋界的中国（福建）。

72. 李氏散白蚁 *Reticulitermes lii* Ping and Huang, 1993

曾称为：李氏散白蚁（隆额散白蚁亚属）*Reticulitermes* (*Frontotermes*) *lii* Ping and Huang, 1993。

模式标本：正模（兵蚁）、副模（兵蚁、成虫、工蚁）保存在广东省科学院动物研究所，副模（兵蚁、成虫、工蚁）保存在武汉市白蚁防治研究所。

模式产地：中国湖北省赤壁市。

分布：东洋界的中国（湖北）。

73. 舌唇散白蚁 *Reticulitermes lingulatus* Ping, 1986

曾称为：舌唇散白蚁（隆额散白蚁亚属）*Reticulitermes* (*Frontotermes*) *lingulatus* Ping, 1986。

模式标本：正模（兵蚁）、副模（兵蚁、工蚁）保存在广东省科学院动物研究所。

模式产地：中国广西壮族自治区金秀瑶族自治县大瑶山。

分布：东洋界的中国（广西）。

74. 长头散白蚁 *Reticulitermes longicephalus* Tsai and Chen, 1963

曾称为：长头散白蚁（隆额散白蚁亚属）*Reticulitermes* (*Frontotermes*) *longicephalus* Tsai and Chen, 1963、长头散白蚁（散白蚁亚属）*Reticulitermes* (*Reticulitermes*) *longicephalus* Tsai and Chen, 1963。

模式标本：正模（兵蚁）、副模（兵蚁、工蚁）保存在中国科学院动物研究所。

模式产地：中国福建省龙岩市长汀县。

分布：东洋界的中国（福建、浙江）。

75. 长颏散白蚁 *Reticulitermes longigulus* Ping and Li, 1993

曾称为：长颏散白蚁（隆额散白蚁亚属）*Reticulitermes* (*Frontotermes*) *longigulus* Ping and Li, 1993。

模式标本：正模（兵蚁）、副模（兵蚁、成虫、工蚁）保存在广东省科学院动物研究所，副模（兵蚁、成虫、工蚁）保存在武汉市白蚁防治研究所。

模式产地：中国湖北省黄冈市麻城市。

分布：东洋界的中国（湖北）。

76. 长翅散白蚁 *Reticulitermes longipennis* Wang and Li, 1984

曾称为：长翅散白蚁（隆额散白蚁亚属）*Reticulitermes* (*Frontotermes*) *longipennis* Wang and Li, 1984。

模式标本：全模（成虫、兵蚁、工蚁）保存在中国科学院上海昆虫研究所。

模式产地：中国河南省商城县。

分布：东洋界的中国（湖北）；古北界的中国（河北、河南）。

77. 暗黑散白蚁 *Reticulitermes lucifugus* (Rossi, 1792)

中文名称：我国海关系统白蚁检疫人员称之为“欧洲散白蚁”。

亚种：1）暗黑散白蚁科西嘉亚种 *Reticulitermes lucifugus corsicus* Clément, 1977

模式标本：全模（成虫）保存在法国巴黎大学生物进化实验室。

模式产地：法国科西嘉。

分布：古北界的法国（科西嘉）、意大利（Sardinia）。

2）暗黑散白蚁暗黑亚种 *Reticulitermes lucifugus lucifugus* Rossi, 1792

曾称为：夜行白蚁 *Termes lucifugum* Rossi, 1792。

异名：干燥白蚁 *Termes arda* Forskål, 1775、*Hemerobius raphidioides* Villers, 1789、树根白蚁 *Termes radicum* Latreille, 1794、细小白蚁 *Termes parvulum* Illiger, 1807、极小白蚁

Termes pusillus Walker, 1853、马德拉白蚁 *Termes madeirensis* Hagen, 1858（裸记名称）。

模式标本：全模（成虫）保存在德国柏林冯博大学自然博物馆。

模式产地：地中海岸边。

分布：古北界的阿尔及利亚、奥地利、阿塞拜疆、塞浦路斯、达尔马提亚（Bosnia、Herzegovina、Croatia and Yugoslavia）、埃及、法国、德国（传入汉堡）、希腊、伊拉克、伊朗、意大利、摩洛哥、葡萄牙、罗马尼亚、俄罗斯、西班牙、瑞士（Basel）、土耳其、乌克兰。

危害性：在欧洲、阿尔及利亚、以色列，它危害果树和房屋木构件。在南美洲的乌拉圭（传入），它可严重危害房屋和农作物。

78. 罗浮散白蚁 *Reticulitermes luofunicus* Zhu, Ma, and Li, 1982

曾称为：罗浮散白蚁（平额散白蚁亚属）*Reticulitermes* (*Planifrontotermes*) *luofunicus* Zhu, Ma, and Li, 1982。

模式标本：正模（兵蚁）、副模（兵蚁、工蚁）保存在广东省科学院动物研究所。

模式产地：中国广东省博罗县罗浮山。

分布：东洋界的中国（广东、贵州、浙江金华）。

79. 马格达莱纳散白蚁 *Reticulitermes magdalenae* (Bathellier, 1927)

曾称为：马格达莱纳白白蚁（散白蚁亚属）*Leucotermes* (*Reticulitermes*) *magdalenae* Bathellier, 1927。

模式标本：全模（兵蚁、工蚁）分别保存在意大利农业昆虫研究所和美国自然历史博物馆。

模式产地：越南（Chapa）。

分布：东洋界的越南。

80. 麻江散白蚁 *Reticulitermes majiangensis* (Zhu, Huang, and Wang, 1993)

曾称为：麻江异白蚁 *Heterotermes majiangensis* Zhu, Huang, and Wang, 1993、麻江散白蚁（平额散白蚁亚属）*Reticulitermes* (*Planifrontotermes*) *majiangensis* (Zhu, Huang, and Wang, 1993)。

模式标本：正模（兵蚁）、副模（兵蚁、工蚁）保存在中国科学院昆明动物研究所。

模式产地：中国贵州省麻江县。

分布：东洋界的中国（贵州）。

81. 马利特散白蚁 *Reticulitermes malletei* Howard and Clément, 1985

模式标本：正模（品级不详）保存地不详（注：使用生化特征定种）。

模式产地：美国佐治亚州（Athens）（可疑）。

分布：新北界的美国（特拉华州、佐治亚州、马里兰州、北卡罗来纳州、南卡罗来纳州）。

82. 莽山散白蚁 *Reticulitermes mangshanensis* (Li and Ping, 1983)

曾称为：莽山蔡白蚁 *Tsaitermes mangshanensis* Li and Ping, 1983。

模式标本：正模（兵蚁）、副模（兵蚁）保存在广东省科学院动物研究所。

模式产地：中国湖南省宜章县莽山。

分布：东洋界的中国（广东、湖南）。

83 毛坪散白蚁 *Reticulitermes maopingensis* (Zhu, Huang, and Wang, 1993)

曾称为：毛坪异白蚁 *Heterotermes maopingensis* Zhu, Huang, and Wang, 1993、毛坪散白蚁（平额散白蚁亚属）*Reticulitermes* (*Planifrontotermes*) *maopingensis* (Zhu, Huang, and Wang, 1993)。

模式标本：正模（兵蚁）、副模（兵蚁、工蚁）保存在中国科学院昆明动物研究所。

模式产地：中国贵州省毛坪（原文没说明毛坪所在地，贵州省多个城市都有毛坪）。

分布：东洋界的中国（贵州）。

84. 小头散白蚁 *Reticulitermes microcephalus* Zhu, 1984

曾称为：小头散白蚁（隆额散白蚁亚属）*Reticulitermes* (*Frontotermes*) *microcephalus* Zhu, 1984。

模式标本：正模（兵蚁）、副模（兵蚁、工蚁）保存在广东省科学院动物研究所。

模式产地：中国广东省汕尾市海丰县。

分布：东洋界的中国（广东、广西、贵州）。

85. 侏儒散白蚁 *Reticulitermes minutus* Ping and Xu, 1983

曾称为：侏儒散白蚁（隆额散白蚁亚属）*Reticulitermes* (*Frontotermes*) *minutes* Ping and Xu, 1983。

模式标本：正模（兵蚁）、副模（兵蚁、工蚁）保存在广东省科学院动物研究所。

模式产地：中国福建省龙岩市。

分布：东洋界的中国（福建、广东、广西）。

86. 奇颏散白蚁 *Reticulitermes mirogulus* He and Qiu, 1990

曾称为：奇颏散白蚁（平额散白蚁亚属）*Reticulitermes* (*Planifrontotermes*) *mirogulus* He and Qui, 1990。

模式标本：正模（兵蚁）、副模（兵蚁、工蚁）保存在中国科学院上海昆虫研究所。

模式产地：中国贵州省梵净山。

分布：东洋界的中国（贵州）。

87. 陌宽散白蚁 *Reticulitermes mirus* Gao, Zhu, and Zhao, 1985

曾称为：陌宽散白蚁（隆额散白蚁亚属）*Reticulitermes* (*Frontotermes*) *mirus* Gao, Zhu, and Zhao, 1985。

模式标本：正模（兵蚁）、副模（兵蚁、工蚁）保存在中国科学院上海昆虫研究所，副模（兵蚁、工蚁）保存在南京市白蚁防治研究所。

模式产地：中国广东省肇庆市。

分布：东洋界的中国（广东、四川）。

88. 宫武散白蚁 *Reticulitermes miyatakei* Morimoto, 1968

模式标本：全模（兵蚁、工蚁）保存在日本九州大学昆虫实验室。

模式产地：日本（Amaami-Oshima、Santaro-toge、Ohara、Tokunoshima）。

分布：古北界的日本。

89. 南江散白蚁 *Reticulitermes nanjiangensis* Chen and Ping, 1984

曾称为：南江散白蚁（平额散白蚁亚属）*Reticulitermes* (*Planifrontotermes*) *nanjiangensis* Chen and Ping, 1984。

模式标本：正模（兵蚁）、副模（兵蚁、工蚁）保存在广东省科学院动物研究所。

模式产地：中国四川省南江县。

分布：东洋界的中国（四川）。

90. 纳尔逊散白蚁 *Reticulitermes nelsonae* Lim and Forschler, 2012

模式标本：正模（成虫）、副模（成虫）保存在美国自然历史博物馆，副模（成虫、兵蚁、工蚁）分别保存在美国国家博物馆和美国佐治亚大学节肢动物自然历史博物馆。

模式产地：美国佐治亚州（McIntosh）。

分布：新北界的美国（佛罗里达州、佐治亚州、北卡罗来纳州）。

91. 新中华散白蚁 *Reticulitermes neochinensis* Li and Huang, 1986

曾称为：新中华散白蚁（平额散白蚁亚属）*Reticulitermes* (*Planifrontotermes*) *neochinensis* Li and Huang, 1986。

模式标本：正模（兵蚁）、副模（兵蚁）保存在广东省科学院动物研究所。

模式产地：中国福建省武夷山。

分布：东洋界的中国（福建）。

*****奥卡纳根散白蚁 *Reticulitermes okanaganensis* Szalanski, Austin, McKern, and Messenger,2006（裸记名称）**

分布：新北界的加拿大（British Columbia）、美国（加利福尼亚州、爱达荷州、内华达州、俄勒冈州）。

92. 冲绳散白蚁 *Reticulitermes okinawanus* Morimoto, 1968

曾称为：栖北散白蚁冲绳亚种 *Reticulitermes speratus okinawanus* Morimoto, 1968。

模式标本：全模（成虫、兵蚁、工蚁）保存在日本九州大学昆虫实验室。

模式产地：日本（Gogasan、冲绳、Shuri、Yona）。

分布：古北界的日本。

93. 蛋头散白蚁 *Reticulitermes oocephalus* (Ping and Li), 1981

曾称为：蛋头蔡白蚁 *Tsaitermes oocephalus* Ping and Li, 1981。

模式标本：正模（兵蚁）、副模（兵蚁、工蚁）保存在广东省科学院动物研究所，副模（兵蚁、工蚁）保存在福建省生物研究所。

模式产地：中国福建省南平市建阳区。

分布：东洋界的中国（福建）。

94. 喜山散白蚁 *Reticulitermes oreophilus* (Ping and Li, 1983)

曾称为：喜山蔡白蚁 *Tsaitermes oreophilus* Ping and Li, 1983。

模式标本：正模（兵蚁）、副模（兵蚁）保存在广东省科学院动物研究所。
模式产地：中国广西龙胜花坪林区。
分布：东洋界的中国（广西）。

95. 卵唇散白蚁 *Reticulitermes ovatilabrum* Xia and Fan, 1981

曾称为：卵唇散白蚁（隆额散白蚁亚属）*Reticulitermes* (*Frontotermes*) *ovatilabrum* Xia and Fan, 1981。
模式标本：正模（兵蚁）、副模（兵蚁、工蚁）保存在中国科学院上海昆虫研究所。
模式产地：中国广西壮族自治区宁明县。
分布：东洋界的中国（广西）。

96. 似暗散白蚁 *Reticulitermes paralucifugus* Ping and Zhang, 1989

曾称为：似暗散白蚁（平额散白蚁亚属）*Reticulitermes* (*Planifrontotermes*) *paralucifugus* Ping and Zhang, 1989。
模式标本：正模（兵蚁）、副模（兵蚁、工蚁）保存在广东省科学院动物研究所。
模式产地：中国陕西省宁陕县。
分布：古北界的中国（陕西）。

97. 小散白蚁 *Reticulitermes parvus* Li, 1979

曾称为：小散白蚁（隆额散白蚁亚属）*Reticulitermes* (*Frontotermes*) *parvus* Li, 1979。
模式标本：正模（兵蚁）、副模（兵蚁、工蚁）保存在浙江农业大学植物保护系。
模式产地：中国浙江省丽水市龙泉市。
分布：东洋界的中国（香港、湖南、浙江）。

98. 狭颏散白蚁 *Reticulitermes perangustus* Gao, Shi, and Zhu, 1984

曾称为：狭颏散白蚁（平额散白蚁亚属）*Reticulitermes* (*Planifrontotermes*) *perangustus* Gao, Shi, and Zhu, 1984。
模式标本：正模（兵蚁）、副模（兵蚁、工蚁）保存在中国科学院上海昆虫研究所，副模（兵蚁、工蚁）分别保存在南京市白蚁防治研究所和成都市白蚁防治研究所。
模式产地：中国重庆市石柱县。
分布：东洋界的中国（重庆）。

99. 近黄胸散白蚁 *Reticulitermes periflaviceps* Ping and Xu, 1993

曾称为：近黄胸散白蚁（隆额散白蚁亚属）*Reticulitermes* (*Frontotermes*) *periflaviceps* Ping and Xu, 1993。
模式标本：正模（兵蚁）、副模（兵蚁、工蚁）保存在广东省科学院动物研究所。
模式产地：中国广东省始兴县车八岭自然保护区。
分布：东洋界的中国（广东）。

100. 近圆唇散白蚁 *Reticulitermes perilabralis* Ping and Xu, 1992

曾称为：近圆唇散白蚁（平额散白蚁亚属）*Reticulitermes* (*Planifrontotermes*) *perilabralis* Ping and Xu, 1992。

模式标本：正模（兵蚁）、副模（兵蚁、工蚁）保存在广东省科学院动物研究所。

模式产地：中国湖北省英山县。

分布：东洋界的中国（湖北）。

101. 近暗散白蚁 *Reticulitermes perilucifugus* Ping, 1985

曾称为：近暗散白蚁（平额散白蚁亚属）*Reticulitermes* (*Planifrontotermes*) *perilucifugus* Ping, 1985。

模式标本：正模（兵蚁）、副模（兵蚁、工蚁）保存在广东省科学院动物研究所。

模式产地：中国广东省广州市。

分布：东洋界的中国（广东、广西）。

102. 平江散白蚁 *Reticulitermes pingjiangensis* Tsai and Peng, 1983

曾称为：平江散白蚁（隆额散白蚁亚属）*Reticulitermes* (*Frontotermes*) *pingjiangensis* Tsai and Peng, 1983。

模式标本：正模（兵蚁）、副模（兵蚁、工蚁）保存在中国科学院动物研究所。

模式产地：中国湖南省平江县。

分布：东洋界的中国（贵州、香港、湖南）。

103. 平额散白蚁 *Reticulitermes planifrons* Li and Ping, 1981

曾称为：平额散白蚁（平额散白蚁亚属）*Reticulitermes* (*Planifrontotermes*) *planifrons* Li and Ping, 1981。

模式标本：正模（兵蚁）、副模（兵蚁、工蚁）保存在广东省科学院动物研究所，副模（兵蚁、工蚁）保存在福建省生物研究所。

模式产地：中国福建省崇安县黄岗山。

分布：东洋界的中国（福建）。

104. 平颏散白蚁 *Reticulitermes planimentus* (Zhu, Huang, and Wang, 1993)

曾称为：平颏异白蚁 *Heterotermes planimentus* Zhu, Huang, and Wang, 1993、平颏散白蚁（平额散白蚁亚属）*Reticulitermes* (*Planifrontotermes*) *planimentus* (Zhu, Huang, and Wang, 1993)。

模式标本：正模（兵蚁）、副模（兵蚁、工蚁）保存在中国科学院昆明动物研究所。

模式产地：中国重庆市黔江区。

分布：东洋界的中国（重庆）。

105. 拟尖唇散白蚁 *Reticulitermes pseudaculabialis* Gao, Pan, Ma, and Shi, 1982

曾称为：拟尖唇散白蚁（平额散白蚁亚属）*Reticulitermes* (*Planifrontotermes*) *pseudaculabialis* Gao, Pan, Ma, and Shi, 1982。

模式标本：正模（兵蚁、成虫）、副模（成虫、兵蚁）保存在中国科学院上海昆虫研究所，副模（成虫、兵蚁）分别保存在南京市白蚁防治研究所、成都市白蚁研究所和重庆市白蚁防治研究所。

模式产地：中国四川省南充市。

分布：东洋界的中国（四川）。

106. 青岛散白蚁 *Reticulitermes qingdaoensis* Li and Ma, 1987

曾称为：青岛散白蚁（散白蚁亚属）*Reticulitermes* (*Reticulitermes*) *qingdaoensis* Li and Ma, 1987。

模式标本：正模（兵蚁）、副模（兵蚁、成虫）保存在广东省科学院动物研究所。

模式产地：中国山东省青岛市。

分布：古北界的中国（山东）。

107. 清江散白蚁 *Reticulitermes qingjiangensis* Gao and Wang, 1982

曾称为：清江散白蚁（平额散白蚁亚属）*Reticulitermes* (*Planifrontotermes*) *qingjiangensis* Gao and Wang, 1982。

模式标本：正模（兵蚁）、副模（兵蚁）保存在中国科学院上海昆虫研究所，副模（兵蚁）保存在南京市白蚁防治研究所。

模式产地：中国江苏省淮安市淮阴区。

分布：东洋界的中国（江苏、浙江）；古北界的中国（安徽、河南）。

108. 直缘散白蚁 *Reticulitermes rectis* Xia and Fan, 1981

曾称为：直缘散白蚁（平额散白蚁亚属）*Reticulitermes* (*Planifrontotermes*) *rectis* Xia and Fan, 1981。

模式标本：正模（兵蚁）、副模（兵蚁、工蚁）保存在中国科学院上海昆虫研究所。

模式产地：中国湖南省莽山。

分布：东洋界的中国（湖南）；古北界的中国（安徽）。

109. 萨拉斯瓦特散白蚁 *Reticulitermes saraswati* Roonwal and Chhotani, 1962

模式标本：正模（兵蚁）、副模（兵蚁、拟工蚁）保存在印度动物调查所。

模式产地：印度梅加拉亚邦（Khasi-Jaintia）。

分布：东洋界的印度（梅加拉亚邦）。

生物学：工蚁分大、小二型。

危害性：它危害房屋木构件。

110. 刚毛散白蚁 *Reticulitermes setosus* Li and Xiao, 1989

曾称为：刚毛散白蚁（平额散白蚁亚属）*Reticulitermes* (*Planifrontotermes*) *setosus* Li and Xiao, 1989。

模式标本：正模（兵蚁）、副模（兵蚁）保存在广东省科学院动物研究所。

模式产地：中国广西壮族自治区武鸣县大明山。

分布：东洋界的中国（广西）。

111. 粗颚散白蚁 *Reticulitermes solidimandibulas* (Li and Xiao, 1989)

曾称为：粗颚异白蚁 *Heterotermes solidimandibulas* Li and Xiao, 1989、粗颚散白蚁（平额散白蚁亚属）*Reticulitermes* (*Planifrontotermes*) *solidimandibulas* (Li and Xiao, 1989)。

模式标本：正模（兵蚁）、副模（兵蚁）保存在广东省科学院动物研究所。

模式产地：中国广西壮族自治区武鸣县大明山。

分布：东洋界的中国（广西）。

112. 栖北散白蚁 *Reticulitermes speratus* (Kolbe, 1885)

亚种：1）栖北散白蚁九州亚种 *Reticulitermes speratus kyushuensis* Morimoto, 1968

模式标本：全模（成虫、兵蚁、工蚁）保存在日本九州大学昆虫实验室。

模式产地：日本（Asa、Asacho、福冈、广岛、香椎）。

分布：古北界的日本、韩国。

2）栖北散白蚁细唇亚种 *Reticulitermes speratus leptolabralis* Morimoto, 1968

模式标本：全模（成虫、兵蚁、工蚁）保存在日本九州大学昆虫实验室。

模式产地：日本（Aichi、Kasugai、Tokushima、Yami）。

分布：古北界的日本。

3）栖北散白蚁栖北亚种 *Reticulitermes speratus speratus* (Kolbe, 1885)

曾称为：栖北白蚁 *Termes speratus* Kolbe, 1885、栖北白蚁（白白蚁亚属）*Termes* (*Leucotermes*) *speratus* Kolbe, 1885、栖北白白蚁 *Leucotermes speratus* Kolbe, 1885、栖北散白蚁（隆额散白蚁亚属）*Reticulitermes* (*Frontotermes*) *speratus* (Kolbe, 1885)。

模式标本：全模（兵蚁、工蚁）保存在德国柏林冯博大学自然博物馆。

模式产地：日本（Hakodate、Kaga-Yashiki、Mohezi、Yedo）。

分布：东洋界的中国（福建、广东、广西、贵州、湖北、江西、四川、云南、浙江、台湾）、日本（琉球群岛）；古北界的中国（安徽、北京、甘肃、河北、河南、辽宁、陕西、山东、天津、西藏）、俄罗斯东部、日本、韩国；巴布亚界的美国[夏威夷（拦截到）]。

危害性：在中国北方省份及台湾、韩国、日本，它危害房屋木构件和甘蔗。

113. 近舌唇散白蚁 *Reticulitermes subligulosus* Ping and Xu, 1992

曾称为：近舌唇散白蚁（平额散白蚁亚属）*Reticulitermes* (*Planifrontotermes*) *subligulosus* Ping and Xu, 1992。

模式标本：正模（兵蚁）、副模（兵蚁）保存在广东省科学院动物研究所，副模（兵蚁）保存在宜昌市白蚁防治研究所。

模式产地：中国湖北省兴山县。

分布：东洋界的中国（湖北）。

114. 似长头散白蚁 *Reticulitermes sublongicapitatus* Ping, 1986

曾称为：似长头散白蚁（散白蚁亚属）*Reticulitermes* (*Reticulitermes*) *sublongicapitatus* Ping, 1986。

模式标本：正模（兵蚁）、副模（兵蚁、工蚁）保存在广东省科学院动物研究所。

模式产地：中国广西壮族自治区龙胜花坪林区。

分布：东洋界的中国（广西、江西）。

115. 林海散白蚁 *Reticulitermes sylvestris* Ping and Xu, 1993

曾称为：林海散白蚁（隆额散白蚁亚属）*Reticulitermes* (*Frontotermes*) *sylvestris* Ping and Xu, 1993。

模式标本：正模（兵蚁）、副模（兵蚁、成虫、工蚁）保存在广东省科学院动物研究所。

模式产地：中国广东省始兴县车八岭自然保护区。

分布：东洋界的中国（广东）。

116. 龟唇散白蚁 *Reticulitermes testudineus* Li and Ping, 1981

曾称为：龟唇散白蚁（隆额散白蚁亚属）*Reticulitermes* (*Frontotermes*) *testudineus* Li and Ping, 1981。

模式标本：正模（兵蚁）、副模（兵蚁、工蚁）保存在广东省科学院动物研究所，副模（兵蚁、工蚁）保存在福建省生物研究所。

模式产地：中国福建省南平市建阳区。

分布：东洋界的中国（福建、广西、浙江）；古北界的中国（安徽）。

117. 天平山散白蚁 *Reticulitermes tianpingshanensis* Zhu and Huang, 1993

曾称为：天平山散白蚁（平额散白蚁亚属）*Reticulitermes* (*Planifrontotermes*) *tianpingshanensis* Zhu and Huang, 1993。

模式标本：正模（兵蚁）、副模（兵蚁、工蚁）保存在中国科学院昆明动物研究所。

模式产地：中国湖南省张家界市桑植县天平山自然保护区。

分布：东洋界的中国（湖南）。

118. 西藏散白蚁 *Reticulitermes tibetanus* (Huang and Han, 1988)

曾称为：西藏异白蚁 *Heterotermes tibetanus* Huang and Han, 1988、西藏散白蚁（平额散白蚁亚属）*Reticulitermes* (*Planifrontotermes*) *tibetanus* (Huang and Han, 1988)。

模式标本：正模（兵蚁）、副模（兵蚁、工蚁）保存在中国科学院动物研究所。

模式产地：中国西藏自治区墨脱县。

分布：古北界的中国（西藏）。

119. 黑胫散白蚁 *Reticulitermes tibialis* Banks, 1920

异名：矮小散白蚁 *Reticulitermes humilis* Banks, 1920、膨头散白蚁 *Reticulitermes tumiceps* Banks, 1920。

模式标本：正模（成虫）、副模（成虫、兵蚁）保存在美国国家博物馆，副模（成虫）分别保存在美国自然历史博物馆和哈佛大学比较动物学博物馆。

模式产地：美国得克萨斯州（Beeville）。

分布：新北界的墨西哥（Baja California Sur）、美国（亚利桑那州、阿肯色州、加利福尼亚州、科罗拉多州、爱达荷州、伊利诺斯州、印第安纳州、依阿华州、堪萨斯州、密苏里州、蒙大拿州、内布拉斯加州、内华达州、新墨西哥州、北达科他州、俄克拉何马州、得克萨斯州、犹他州、怀俄明州）。

危害性：它危害房屋木构件。

120. 特拉普散白蚁 *Reticulitermes tirapi* Chhotani and Das, 1983

模式标本：正模（兵蚁）、副模（兵蚁、拟工蚁）保存在印度动物调查所，副模（兵蚁、拟工蚁）保存在印度森林研究所。

模式产地：中国。

分布：东洋界的中国。

121. 端明散白蚁 *Reticulitermes translucens* Ping and Xu, 1983

曾称为：端明散白蚁（平额散白蚁亚属）*Reticulitermes* (*Planifrontotermes*) *translucens* Ping and Xu, 1983、端明散白蚁（散白蚁亚属）*Reticulitermes* (*Reticulitermes*) *translucens* Ping and Xu, 1983。

模式标本：正模（兵蚁）、副模（兵蚁、工蚁）保存在广东省科学院动物研究所。

模式产地：中国贵州省绥阳县宽阔水自然保护区。

分布：东洋界的中国（贵州、湖南）。

122. 毛头散白蚁 *Reticulitermes trichocephalus* Ping, 1985

曾称为：毛头散白蚁（隆额散白蚁亚属）*Reticulitermes* (*Frontotermes*) *trichocephalus* Ping, 1985。

模式标本：正模（兵蚁）、副模（兵蚁、工蚁）保存在广东省科学院动物研究所。

模式产地：中国广东省肇庆市鼎湖山。

分布：东洋界的中国（广东）。

123. 毛唇散白蚁 *Reticulitermes tricholabralis* Ping and Li, 1992

曾称为：毛唇散白蚁（平额散白蚁亚属）*Reticulitermes* (*Planifrontotermes*) *tricholabralis* Ping and Li, 1992。

模式标本：正模（兵蚁）、副模（兵蚁、工蚁）保存在广东省科学院动物研究所。

模式产地：中国湖北省麻城市。

分布：东洋界的中国（湖北）；古北界的中国（河南）。

124. 毛胸散白蚁 *Reticulitermes trichothorax* Ping and Xu, 1983

曾称为：毛胸散白蚁（隆额散白蚁亚属）*Reticulitermes* (*Frontotermes*) *trichothorax* Ping and Xu, 1983。

模式标本：正模（兵蚁）、副模（兵蚁、工蚁）保存在广东省科学院动物研究所。

模式产地：中国贵州省水城县。

分布：东洋界的中国（贵州）。

125. 三色散白蚁 *Reticulitermes tricolorus* Ping and Li, 1982

曾称为：三色散白蚁（隆额散白蚁亚属）*Reticulitermes* (*Frontotermes*) *tricolorus* Ping and Li, 1982。

模式标本：全模（兵蚁、工蚁、成虫）分别保存在广东省科学院动物研究所和重庆市白蚁防治研究所。

模式产地：中国重庆市南桐。

分布：东洋界的中国（广西、贵州、湖南、重庆）。

126. 城市散白蚁 *Reticulitermes urbis* Bagnères, Uva, and Clément, 2003

模式标本：全模（成虫）保存在法国自然历史博物馆。

模式产地：法国（Isère）。

分布：古北界的法国。

127. 弗吉尼亚散白蚁 *Reticulitermes virginicus* (Banks, 1907)

曾称为：弗吉尼亚白蚁 *Termes virginicus* Banks, 1907。

模式标本：全模（成虫、兵蚁）保存在哈佛大学比较动物学博物馆。

模式产地：美国弗吉尼亚州的 Falls 教堂以及华盛顿特区。

分布：新北界的美国（阿拉巴马州、特拉华州、佛罗里达州、佐治亚州、伊利诺斯州、印第安纳州、肯塔基州、路易斯安那州、马里兰州、密西西比州、北卡罗来纳州、俄亥俄州、俄克拉何马州、南卡罗来纳州、田纳西州、得克萨斯州、弗吉尼亚州）。

危害性：它危害房屋木构件。

128. 武冈散白蚁 *Reticulitermes wugangensis* Huang and Yin, 1983

曾称为：武冈散白蚁（隆额散白蚁亚属）*Reticulitermes* (*Frontotermes*) *wugangensis* Huang and Yin, 1983。

模式标本：正模（兵蚁）、副模（兵蚁、工蚁）保存在中国科学院动物研究所。

模式产地：中国湖南省武冈市云山国家森林公园。

分布：东洋界的中国（湖南）。

129. 武宫散白蚁 *Reticulitermes wugongensis* Li and Huang, 1986

曾称为：武宫散白蚁（隆额散白蚁亚属）*Reticulitermes* (*Frontotermes*) *wugongensis* Li and Huang, 1986。

模式标本：正模（兵蚁）、副模（兵蚁）保存在广东省科学院动物研究所。

模式产地：中国福建省武夷山的武夷宫。

分布：东洋界的中国（福建）。

130. 武夷山散白蚁 *Reticulitermes wuyishanensis* Li and Huang, 1986

曾称为：武夷山散白蚁（隆额散白蚁亚属）*Reticulitermes* (*Frontotermes*) *wuyishanensis* Li and Huang, 1986。

模式标本：正模（兵蚁）、副模（兵蚁）保存在广东省科学院动物研究所。

模式产地：中国福建省武夷山。

分布：东洋界的中国（福建）。

131. 兴山散白蚁 *Reticulitermes xingshanensis* Ping and Liu, 1992

曾称为：兴山散白蚁（平额散白蚁亚属）*Reticulitermes* (*Planifrontotermes*) *xingshanensis* Ping and Liu, 1992。

模式标本：正模（兵蚁）、副模（兵蚁）保存在广东省科学院动物研究所，副模（兵蚁）保存在宜昌市白蚁防治研究所。

模式产地：中国湖北省兴山县。

分布：东洋界的中国（湖北）。

132. 兴义散白蚁 *Reticulitermes xingyiensis* Ping and Xu, 1983

曾称为：兴义散白蚁（隆额散白蚁亚属）*Reticulitermes* (*Frontotermes*) *xingyiensis* Ping and Xu, 1983。

模式标本：正模（兵蚁）、副模（兵蚁、工蚁）保存在广东省科学院动物研究所。
模式产地：中国贵州省兴义县。
分布：东洋界的中国（贵州）。

133. 八重山散白蚁 *Reticulitermes yaeyamanus* Morimoto, 1968

曾称为：栖北散白蚁八重山亚种 *Reticulitermes speratus yaeyamanus* Morimoto, 1968。
模式标本：全模（兵蚁、工蚁）保存在日本九州大学昆虫实验室。
模式产地：日本（Iriomote、Shirihama、Hateruma-mori、Ishigaki、Yoshihara、Omotodake）。
分布：古北界的日本；东洋界的中国（香港）。

134. 尹氏散白蚁 *Reticulitermes yinae* (Zhu, Huang, and Li, 1986)

曾称为：尹氏异白蚁 *Heterotermes yinae* Zhu, Huang, and Li, 1986、尹氏散白蚁（平额散白蚁亚属）*Reticulitermes* (*Planifrontotermes*) *yinae* (Zhu, Huang, and Li, 1986)。
模式标本：正模（兵蚁）、副模（兵蚁、工蚁）保存在中国科学院昆明动物研究所。
模式产地：中国云南省普洱市思茅区。
分布：东洋界的中国（云南）。

135. 英德散白蚁 *Reticulitermes yingdeensis* (Tsai and Li, 1977)

曾称为：英德蔡白蚁 *Tsaitermes yingdeensis* Tsai and Li, 1977、英德散白蚁（平额散白蚁亚属）*Reticulitermes* (*Planifrontotermes*) *yingdeensis* Tsai and Li, 1977。
模式标本：正模（兵蚁）、副模（兵蚁、工蚁）保存在广东省科学院动物研究所，副模（兵蚁、工蚁）保存在中国科学院动物研究所。
模式产地：中国广东省清远市英德市。
分布：东洋界的中国（广东、广西、湖南、四川）。

136. 宜章散白蚁 *Reticulitermes yizhangensis* Huang and Tong, 1980

曾称为：宜章散白蚁（隆额散白蚁亚属）*Reticulitermes* (*Frontotermes*) *yizhangensis* Huang and Tong, 1980。
模式标本：正模（兵蚁）、副模（兵蚁、工蚁）保存在中国科学院动物研究所，副模（兵蚁、工蚁）保存在湖南省林业研究所。
模式产地：中国湖南省宜章县。
分布：东洋界的中国（广西、香港、湖南、四川、云南）。

137. 永定散白蚁 *Reticulitermes yongdingensis* Ping, 1984

曾称为：永定散白蚁（隆额散白蚁亚属）*Reticulitermes* (*Frontotermes*) *yongdingensis* Ping, 1984。
模式标本：正模（兵蚁）、副模（兵蚁、工蚁）保存在广东省科学院动物研究所。
模式产地：中国福建省永定县。
分布：东洋界的中国（福建）。

138. 云寺散白蚁 *Reticulitermes yunsiensis* (Li and Huang, 1986)

曾称为：云寺异白蚁 *Heterotermes yunsiensis* Li and Huang, 1986、云寺散白蚁（平额散

白蚁亚属）*Reticulitermes* (*Planifrontotermes*) *yunsiensis* (Li and Huang, 1986)。

模式标本：正模（兵蚁）、副模（兵蚁）保存在广东省科学院动物研究所。

模式产地：中国福建省戴云山。

分布：东洋界的中国（福建）。

危害性：它严重危害建筑物木结构。

139. 赵氏散白蚁 *Reticulitermes zhaoi* Ping and Li, 1983

曾称为：赵氏散白蚁（隆额散白蚁亚属）*Reticulitermes* (*Frontotermes*) *zhaoi* Ping and Li, 1983。

模式标本：正模（兵蚁）、副模（兵蚁、若蚁）保存在广东省科学院动物研究所。

模式产地：中国福建省南平市建阳区。

分布：东洋界的中国（福建、广西、海南）。

三、沙白蚁亚科 Psammotermitinae Holmgren, 1911

中文名称：我国学者曾称之为“砂白蚁亚科”。

模式属：沙白蚁属 *Psammotermes* Desneux, 1902。

种类：1 属 6 种。

分布：非洲界、古北界、东洋界。

（一）沙白蚁属 *Psammotermes* Desneux, 1902

模式种：弯嘴沙白蚁 *Psammotermes hybostoma* Desneux, 1902。

种类：6 种。

分布：非洲界、古北界、东洋界。

生物学：该属白蚁分布在沙漠中或干旱地区，所以被称为“沙漠白蚁”。它属于食木白蚁，甚至可以取食埋在沙漠中的古树根。它筑地下巢。

危害性：该属白蚁无明显危害性。

1. 奇白沙白蚁 *Psammotermes allocerus* Silvestri, 1908

模式标本：全模（兵蚁、工蚁）分别保存在美国自然历史博物馆、意大利农业昆虫研究所和瑞典自然历史博物馆，全模（兵蚁）分别保存在印度森林研究所、印度动物调查所和荷兰马斯特里赫特自然历史博物馆。

模式产地：纳米比亚（Lüderitz）。

分布：非洲界的博茨瓦纳、纳米比亚、南非；古北界的埃及。

生物学：兵蚁分大、小二型。

危害性：在南非，它危害房屋木构件。

2. 弯嘴沙白蚁 *Psammotermes hybostoma* Desneux, 1902

中文名称：我国学者曾称之为“突孔漠白蚁”。

异名：暗腿白蚁 *Termes fuscofemoralis* Sjöstedt, 1904、阿斯旺沙白蚁 *Psammotermes assuanensis* Sjöstedt, 1912。

模式标本：全模（兵蚁、工蚁）保存在荷兰马斯特里赫特自然历史博物馆，全模（兵蚁）分别保存在美国自然历史博物馆和瑞典自然历史博物馆。

模式产地：阿尔及利亚（Biskra、Souf）。

分布：非洲界的厄立特里亚、毛里塔尼亚、尼日尔、也门、塞内加尔、南非、苏丹；古北界的阿尔及利亚、巴林、埃及、以色列、科威特、利比亚、阿曼、沙特阿拉伯。

危害性：在北非（从阿尔及利亚到埃及）、塞内加尔，它危害牧草、田间农作物和房屋木构件。

3. 似弯嘴沙白蚁 *Psammotermes prohybostoma* Raven and Akhtar, 1999

模式标本：正模（大兵蚁）、副模（大兵蚁、小兵蚁、工蚁）保存在巴基斯坦旁遮普大学动物学系。

模式产地：伊朗（Chabahar）。

分布：古北界的伊朗。

4. 拉贾斯坦沙白蚁 *Psammotermes rajasthanicus* Roonwal and Bose, 1960

模式标本：正模（兵蚁）、副模（兵蚁）保存在印度动物调查所。

模式产地：印度拉贾斯坦邦（Jaisalmer District）。

分布：东洋界的印度（古吉拉特邦、拉贾斯坦邦）、巴基斯坦；古北界的伊朗、巴基斯坦（俾路支省）。

生物学：它喜分布于干燥、低降水量的地区，常见于沙土中石头下。它在地下筑巢。兵蚁分大、中、小三型，其中小兵蚁常见，其他二型稀少。

危害性：在印度，它危害大树及苗圃中的幼苗，也危害房屋中的木结构。在巴基斯坦，它危害田间农作物。

5. 塞内加尔沙白蚁 *Psammotermes senegalensis* Sjöstedt, 1924

模式标本：全模（大兵蚁、小兵蚁）保存地不详。

模式产地：塞内加尔达喀尔。

分布：非洲界的尼日利亚、塞内加尔。

6. 弗尔特科沙白蚁 *Psammotermes voeltzkowi* Wasmann, 1910

模式标本：全模（兵蚁、工蚁）分别保存在美国自然历史博物馆和荷兰马斯特里赫特自然历史博物馆。

模式产地：马达加斯加（Tuléar）。

分布：非洲界的马达加斯加。

危害性：它危害房屋木构件。

四、寡脉白蚁亚科 Termitogetoninae Holmgren, 1910

模式属：寡脉白蚁属 *Termitogeton* Desneux, 1904。

种类：1 属 2 种。

分布：东洋界。

（一）寡脉白蚁属 *Termitogeton* Desneux, 1904

中文名称：我国学者曾称之为“棘突白蚁属”“棘胸白蚁属”“扁白蚁属”。
种类：2 种。
模式种：平坦寡脉白蚁 *Termitogeton planus* (Haviland, 1898)。
分布：东洋界。

1. 平坦寡脉白蚁 ***Termitogeton planus*** **(Haviland, 1898)**

曾称为：平坦白蚁 *Termes planus* Haviland, 1898。
异名：小寡脉白蚁 *Termitogeton minor* Thapa, 1982。
模式标本：全模（成虫、兵蚁、工蚁）分别保存在英国剑桥大学动物学博物馆和美国自然历史博物馆，全模（成虫、兵蚁）保存在印度森林研究所，全模（成虫）保存在美国国家博物馆。
模式产地：马来西亚砂拉越。
分布：东洋界的印度尼西亚（Papua）、马来西亚（大陆、沙巴、砂拉越）。

2. 中凹寡脉白蚁 ***Termitogeton umbilicatus*** **(Hagen, 1858)**

曾称为：中凹白蚁 *Termes umbilicatus* Hagen, 1858。
模式标本：全模（兵蚁、拟工蚁、成虫）保存在哈佛大学比较动物学博物馆，全模（兵蚁、拟工蚁）保存在美国自然历史博物馆，全模（兵蚁）保存在美国国家博物馆。
模式产地：斯里兰卡（Rainbodde）。
分布：东洋界的斯里兰卡。

五、鼻白蚁亚科 Rhinotermitinae Froggatt, 1897

模式属：鼻白蚁属 *Rhinotermes* Hagen, 1858。
种类：6 属 60 种。
分布：新热带界、东洋界、古北界、澳洲界、巴布亚界、非洲界。

（一）尖鼻白蚁属 *Acorhinotermes* Emerson, 1949

模式种：棕头尖鼻白蚁 *Acorhinotermes subfusciceps* (Emerson, 1925)。
种类：1 种。
分布：新热带界。

1. 棕头尖鼻白蚁 ***Acorhinotermes subfusciceps*** **(Emerson, 1925)**

曾称为：棕头鼻白蚁（鼻白蚁亚属）*Rhinotermes* (*Rhinotermes*) *subfusciceps* Emerson, 1925。
模式标本：正模（蚁后）、副模（兵蚁、工蚁）保存在美国自然历史博物馆，副模（兵蚁）保存在荷兰马斯特里赫特自然历史博物馆，副模（蚁王、蚁后、兵蚁、工蚁）保存在印度森林研究所。

模式产地：圭亚那（Kartabo）。
分布：新热带界的法属圭亚那、圭亚那。
生物学：它的兵蚁分大、小二型。

（二）狭鼻白蚁属 *Dolichorhinotermes* Snyder and Emerson, 1949

中文名称：我国学者曾称之为“长鼻白蚁属”“狭长鼻白蚁属”。
模式种：长唇狭鼻白蚁 *Dolichorhinotermes longilabius* Emerson, 1925。
种类：7 种。
分布：新热带界。
生物学：兵蚁分大、小二型。

1. 雅普拉狭鼻白蚁 *Dolichorhinotermes japuraensis* Constantino, 1991

模式标本：正模（大兵蚁）、副模（大兵蚁、小兵蚁、工蚁）保存在巴西贝伦自然历史博物馆。
模式产地：巴西亚马孙州（Municipality Maraã）。
分布：新热带界的巴西（亚马孙州）。

2. 矛唇狭鼻白蚁 *Dolichorhinotermes lanciarius* Engel and Krishna, 2007

异名：哈根狭鼻白蚁 *Dolichorhinotermes hageni* Mathur and Thapa, 1962（裸记名称）。
模式标本：正模（大兵蚁）、副模（大兵蚁、小兵蚁、工蚁）保存在美国自然历史博物馆。
模式产地：厄瓜多尔（Morona-Santiago）。
分布：新热带界的厄瓜多尔。

3. 宽唇狭鼻白蚁 *Dolichorhinotermes latilabrum* (Snyder, 1926)

曾称为：宽唇鼻白蚁 *Rhinotermes latilabrum* Snyder, 1926。
异名：中间鼻白蚁 *Rhinotermes intermedius* Snyder, 1924（裸记名称）。
模式标本：正模（大兵蚁）、副模（小兵蚁、工蚁）保存在美国国家博物馆，副模（小兵蚁、工蚁）保存在美国自然历史博物馆，副模（兵蚁、工蚁）保存在印度森林研究所。
模式产地：玻利维亚（Rio Ivon）。
分布：新热带界的玻利维亚。
危害性：它危害房屋木构件。

4. 长齿狭鼻白蚁 *Dolichorhinotermes longidens* (Snyder, 1924)

曾称为：长齿鼻白蚁 *Rhinotermes longidens* Snyder, 1924。
模式标本：正模（大兵蚁）、副模（小兵蚁）保存在美国国家博物馆，副模（小兵蚁、工蚁）保存在美国自然历史博物馆。
模式产地：巴拿马（Rio Chinilla）。
分布：新热带界的巴拿马。

5. 长唇狭鼻白蚁 *Dolichorhinotermes longilabius* (Emerson, 1925)

曾称为：长唇鼻白蚁 *Rhinotermes longilabius* Snyder, 1924。

模式标本：选模（大兵蚁）、副选模（成虫、大兵蚁、小兵蚁、工蚁）保存在美国自然历史博物馆，副选模（成虫、兵蚁、工蚁）保存在印度森林研究所。

模式产地：圭亚那（Kartabo）。

分布：新热带界的巴西、法属圭亚那、圭亚那、特立尼达和多巴哥。

6. 内尔狭鼻白蚁 *Dolichorhinotermes neli* Ensaf and Betsch, 2002

模式标本：正模（兵蚁）保存在法国自然历史博物馆。

模式产地：法属圭亚那（Route de Cacao）。

分布：新热带界的法属圭亚那。

7. 暗色狭鼻白蚁 *Dolichorhinotermes tenebrosus* (Emerson, 1925)

曾称为：暗色鼻白蚁（鼻白蚁亚属）*Rhinotermes* (*Rhinotermes*) *tenebrosus* Emerson, 1925。

模式标本：正模（大兵蚁）、副选模（成虫、大兵蚁、小兵蚁、工蚁）保存在美国自然历史博物馆，副模（成虫、兵蚁、工蚁）保存在印度森林研究所，副模（大兵蚁、小兵蚁、成虫）保存在荷兰马斯特里赫特自然历史博物馆，副模（大兵蚁、小兵蚁）保存在南非国家昆虫馆。

模式产地：圭亚那（Kartabo）。

分布：新热带界的圭亚那。

（三）大鼻白蚁属 *Macrorhinotermes* Holmgren, 1913

模式种：最大大鼻白蚁 *Macrorhinotermes maximus* (Holmgren, 1913)。

种类：1 种。

分布：东洋界。

1. 最大大鼻白蚁 *Macrorhinotermes maximus* (Holmgren, 1913)

曾称为：最大鼻白蚁（大鼻白蚁亚属）*Rhinotermes* (*Macrorhinotermes*) *maximus* Holmgren, 1913、最大长鼻白蚁 *Schedorhinotermes maximus* Snyder, 1949。

模式标本：正模（成虫）保存在德国汉堡动物学博物馆。

模式产地：印度尼西亚加里曼丹（Tandjong）。

分布：东洋界的印度尼西亚（加里曼丹）、马来西亚（大陆）。

（四）棒鼻白蚁属 *Parrhinotermes* Holmgren, 1910

属名释义：因该属兵蚁的上唇延长似棒状，所以中国学者称之为“棒鼻白蚁属”，属名拉丁语意为“近鼻白蚁属”。

模式种：相等棒鼻白蚁 *Parrhinotermes aequalis* (Haviland, 1898)。

种类：13 种。

分布：东洋界、澳洲界、古北界、巴布亚界。

生物学：它的兵蚁为单型。

1. 相等棒鼻白蚁 *Parrhinotermes aequalis* (Haviland, 1898)

曾称为：相等白蚁 *Termes aequalis* Haviland, 1898。

模式标本：全模（成虫、兵蚁、工蚁）保存在英国剑桥大学动物学博物馆，全模（兵蚁、工蚁）保存在美国自然历史博物馆。

模式产地：马来西亚砂拉越。

分布：东洋界的印度尼西亚（苏门答腊、加里曼丹）、马来西亚（大陆、沙巴、砂拉越）。

2. 毛颏棒鼻白蚁 *Parrhinotermes barbatus* Bourguignon and Roisin, 2011

模式标本：正模（兵蚁）、副模（成虫、若蚁）保存在比利时皇家自然科学研究所。

模式产地：巴布亚新几内亚（Southern Highlands）。

分布：巴布亚界的印度尼西亚（Papua）、巴布亚新几内亚。

3. 布朗棒鼻白蚁 *Parrhinotermes browni* (Harris, 1958)

曾称为：布朗长鼻白蚁 *Schedorhinotermes browni* Harris, 1958。

模式标本：正模（大兵蚁）、副模（大兵蚁、工蚁）保存在英国自然历史博物馆，副模（兵蚁、工蚁）保存在美国自然历史博物馆，副模（小兵蚁）保存在南非国家昆虫馆。

模式产地：所罗门群岛（Guadalcanal）。

分布：巴布亚界的印度尼西亚（Papua）、巴布亚新几内亚、所罗门群岛。

4. 巴特里彭棒鼻白蚁 *Parrhinotermes buttelreepeni* Holmgren, 1913

模式标本：全模（兵蚁、工蚁）分别保存美国自然历史博物馆、印度森林研究所和瑞典动物研究所。

模式产地：马来西亚（Taiping、Mt. Maxwell）和印度尼西亚苏门答腊（Bandar Baroe）。

分布：东洋界的印度尼西亚（苏门答腊、加里曼丹）、马来西亚（大陆、沙巴）。

5. 不等棒鼻白蚁 *Parrhinotermes inaequalis* (Haviland, 1898)

曾称为：不等白蚁 *Termes inaequalis* Haviland, 1898。

模式标本：全模（兵蚁、工蚁）分别保存在美国自然历史博物馆和英国剑桥大学动物学博物馆，全模（兵蚁）保存在印度森林研究所。

模式产地：马来西亚砂拉越。

分布：东洋界的印度尼西亚（加里曼丹）、马来西亚（大陆、沙巴、砂拉越）。

6. 卡西棒鼻白蚁 *Parrhinotermes khasii* Roonwal and Sen-Sarma, 1956

模式标本：正模（兵蚁）、副模（兵蚁、拟工蚁）保存在印度动物调查所，副模（兵蚁、拟工蚁）分别保存在印度森林研究所和美国自然历史博物馆。

模式产地：印度阿萨姆邦（Khasi Hills）。

分布：东洋界的中国（云南）、印度（梅加拉亚邦、西孟加拉邦）；古北界的中国（西藏）。

7. 小齿棒鼻白蚁 *Parrhinotermes microdentiformis* Thapa, 1982

模式标本：正模（兵蚁）、副模（兵蚁、工蚁）保存在印度森林研究所。

模式产地：马来西亚沙巴（Kota Kinabalu District）。

分布：东洋界的马来西亚（沙巴）。

8. 似小齿棒鼻白蚁 *Parrhinotermes microdentiformisoides* Thapa, 1982

模式标本：正模（兵蚁）、副模（兵蚁、工蚁）保存在印度森林研究所。

模式产地：马来西亚沙巴（Beaufort）。
分布：东洋界的马来西亚（沙巴）。

9. 小棒鼻白蚁 *Parrhinotermes minor* Thapa, 1982

模式标本：正模（兵蚁）、副模（兵蚁、工蚁）保存在印度森林研究所。
模式产地：马来西亚沙巴（Kalumpang）。
分布：东洋界的印度尼西亚（加里曼丹）、马来西亚（沙巴）。

10. 侏儒棒鼻白蚁 *Parrhinotermes pygmaeus* John, 1925

模式标本：全模（若蚁、兵蚁、工蚁）保存在美国自然历史博物馆，全模（兵蚁、工蚁）保存在巴基斯坦旁遮普大学动物学系，全模（工蚁）保存在印度森林研究所。
模式产地：印度尼西亚苏门答腊（Siak）和马来西亚（Kuala Lumpur）。
分布：东洋界的印度尼西亚（苏门答腊）、马来西亚（大陆、沙巴）。

11. 昆士兰棒鼻白蚁 *Parrhinotermes queenslandicus* Mjöberg, 1920

异名：澳大利亚棒鼻白蚁 *Parrhinotermes australicus* Mjöberg, 1920。
模式标本：选模（兵蚁）、副选模（兵蚁、工蚁）保存在澳大利亚国家昆虫馆，副选模（兵蚁、工蚁）保存在美国自然历史博物馆。
模式产地：澳大利亚昆士兰州（Malanda）。
分布：澳洲界的澳大利亚（首都地区、新南威尔士州、北领地、昆士兰州、南澳大利亚州、维多利亚州、西澳大利亚州）。
危害性：它只蛀蚀潮湿的原木，几乎没有危害性。

12. 瑞丽棒鼻白蚁 *Parrhinotermes ruiliensis* Tsai and Huang, 1982

曾称为：卡西棒鼻白蚁瑞丽亚种 *Parrhinotermes khasii ruiliensis* Tsai and Huang, 1982。
模式标本：正模（兵蚁）、副模（兵蚁、工蚁）保存在中国科学院动物研究所。
模式产地：中国云南省瑞丽市。
分布：东洋界的中国（云南）。

13. 沙明棒鼻白蚁 *Parrhinotermes shamimi* Bose, 1999

种名释义：种名来自印度动物调查所原所长 Shamin Jairajpuri 教授的名字。
模式标本：正模（兵蚁）、副模（兵蚁、工蚁）保存在印度森林研究所。
模式产地：中国。
分布：东洋界的中国。

（五）鼻白蚁属 *Rhinotermes* Hagen, 1858

模式种：大鼻鼻白蚁 *Rhinotermes nasutus* (Perty, 1833)。
种类：4 种。
分布：新热带界。
生物学：兵蚁分大、小二型。

1. 多毛鼻白蚁 *Rhinotermes hispidus* Emerson, 1925

曾称为：多毛鼻白蚁（鼻白蚁亚属）*Rhinotermes* (*Rhinotermes*) *hispidus* Emerson, 1925。

模式标本：正模（大兵蚁）、副模（大兵蚁、小兵蚁、工蚁）保存在美国自然历史博物馆。

模式产地：圭亚那（Kartabo）。

分布：新热带界的巴西（亚马孙流域）、圭亚那、委内瑞拉。

2. 曼鼻白蚁 *Rhinotermes manni* Snyder, 1924

模式标本：全模（小兵蚁、大兵蚁、工蚁）保存在美国自然历史博物馆。

模式产地：玻利维亚（Rurrenabaque）。

分布：新热带界的玻利维亚。

3. 微小鼻白蚁 *Rhinotermes marginalis* (Linnaeus, 1758)

曾称为：*Hemerobius marginalis* Linnaeus, 1758。

异名：*Perla nasuta* De Geer, 1773。

模式标本：全模（成虫）保存地不详。

模式产地：苏里南。

分布：新热带界的巴巴多斯、玻利维亚、巴西（Pará）、法属圭亚那、瓜德罗普、圭亚那、海地、马提尼克、秘鲁、苏里南。

生物学：它的有翅成虫体形小。

危害性：在巴西的亚马孙州和圭亚那，它可对房屋和农作物产生轻微危害。

4. 大鼻鼻白蚁 *Rhinotermes nasutus* (Perty, 1833)

曾称为：大鼻白蚁 *Termes nasutus* Perty, 1833。

异名：公牛鼻白蚁 *Rhinotermes taurus* Desneux, 1904。

模式标本：正模（成虫）保存在德国巴伐利亚州动物学博物馆。

模式产地：巴西北部。

分布：新热带界的巴巴多斯、玻利维亚、巴西、多米尼加共和国、法属圭亚那、圭亚那、海地、马提尼克、秘鲁、苏里南。

（六）长鼻白蚁属 *Schedorhinotermes* Silvestri, 1909

属名释义：因该属小兵蚁上唇延伸极长，盖住了上颚的尖端，所以被称为“长鼻白蚁属”。

模式种：中间长鼻白蚁 *Schedorhinotermes intermedius* (Brauer, 1865)。

种类：34 种。

分布：东洋界、巴布亚界、澳洲界、非洲界。

生物学：兵蚁分大、小二型。蚁巢一般筑于树木内或树干中间的空穴部位，有的种类在树桩筑巢，有的种类在活树、死树、病树的根球处筑巢。它也可在埋地木材中筑巢。群体数量可达几千头。群体中先出现小兵蚁，群体发展到一定程度后才出现大兵蚁。大兵蚁的出现，标志着这种白蚁危害木结构潜能的提升。

危害性：它主要危害成活树木和枯死倒地的原木，也危害硬质直立木电杆和房屋建筑与地面接近部位的木结构。多种长鼻白蚁是木结构的严重害虫，通过蚁道和蚁路进入室内，危害室内木结构和家具。

1. 活跃长鼻白蚁 *Schedorhinotermes actuosus* (Hill, 1933)

曾称为：中间鼻白蚁活跃亚种 *Rhinotermes intermedius actuosus* Hill, 1933。

模式标本：选模（大兵蚁）、副选模（成虫、兵蚁、工蚁）保存在澳大利亚维多利亚博物馆，副选模（成虫、兵蚁、工蚁）分别保存在澳大利亚国家昆虫馆、印度森林研究所和美国自然历史博物馆，副选模（成虫）保存在印度动物调查所。

模式产地：澳大利亚北领地达尔文市。

分布：澳洲界的澳大利亚（新南威尔士州、北领地、昆士兰州、南澳大利亚州、西澳大利亚州、格鲁特岛、巴瑟斯特岛、Rimbija Island、托雷斯海峡）。

2. 双齿长鼻白蚁 *Schedorhinotermes bidentatus* (Oshima, 1920)

曾称为：双齿鼻白蚁（长鼻白蚁亚属）*Rhinotermes* (*Schedorhinotermes*) *bidentatus* Oshima, 1920。

模式标本：全模（大兵蚁、小兵蚁）保存在美国自然历史博物馆。

模式产地：菲律宾班乃。

分布：东洋界的菲律宾（班乃）。

3. 短头长鼻白蚁 *Schedorhinotermes brachyceps* Kemner, 1931

异名：安汶长鼻白蚁 *Schedorhinotermes amboinensis* Kemner, 1934（裸记名称）。

模式标本：全模（大兵蚁、小兵蚁、工蚁）保存在瑞典隆德大学动物研究所，全模（小兵蚁、工蚁）保存在美国自然历史博物馆。

模式产地：印度尼西亚马鲁古。

分布：巴布亚界的印度尼西亚（马鲁古）。

4. 布赖内尔长鼻白蚁 *Schedorhinotermes breinli* (Hill, 1921)

种名释义：种名来自澳大利亚热带医学研究所原所长 A. Breinl 博士的姓。

曾称为：布赖内尔鼻白蚁 *Rhinotermes breinli* Hill, 1921。

模式标本：选模（大兵蚁）、副选模（雌成虫、小兵蚁、工蚁）保存在澳大利亚维多利亚博物馆，副选模（成虫、兵蚁、工蚁）分别保存在印度森林研究所和美国自然历史博物馆，副选模（成虫、兵蚁）保存在南非国家昆虫馆，副选模（兵蚁）保存在印度动物调查所。

模式产地：澳大利亚昆士兰州（Rollingstone）。

分布：澳洲界的澳大利亚（北领地、昆士兰州、西澳大利亚州）。

危害性：它曾危害澳大利亚热带医学研究所的房屋木结构。

5. 短翅长鼻白蚁 *Schedorhinotermes brevialatus* (Haviland, 1898)

曾称为：短翅白蚁 *Termes brevialatus* Haviland, 1898。

模式标本：全模（成虫、兵蚁、工蚁）分别保存在英国剑桥大学动物学博物馆（可疑）

和美国自然历史博物馆。

模式产地：马来西亚砂拉越。

分布：东洋界的印度尼西亚（爪哇、加里曼丹、苏拉威西）、马来西亚（沙巴、砂拉越）。

6. 巴特尔长鼻白蚁 *Schedorhinotermes butteli* (Holmgren, 1914)

曾称为：巴特尔鼻白蚁（长鼻白蚁亚属）*Rhinotermes* (*Schedorhinotermes*) *butteli* Holmgren, 1914。

模式标本：全模（成虫）保存在美国自然历史博物馆。

模式产地：马来西亚（Mt. Maxwell）。

分布：东洋界的马来西亚（大陆）。

7. 流浪长鼻白蚁 *Schedorhinotermes derosus* (Hill, 1933)

曾称为：中间鼻白蚁流浪亚种 *Rhinotermes intermedius derosus* Hill, 1933。

模式标本：选模（大兵蚁）、副选模（雄成虫、小兵蚁、工蚁）保存在澳大利亚维多利亚博物馆，副选模（成虫、兵蚁、工蚁）保存在美国自然历史博物馆，副选模（大兵蚁）保存在澳大利亚国家昆虫馆。

模式产地：澳大利亚西澳大利亚州（Derby）。

分布：澳洲界的澳大利亚（北领地、昆士兰州、西澳大利亚州）。

生物学：兵蚁分大、小二型。工蚁食木，也可食草。夜间露天觅食，可蛀干燥的木材。

8. 埃莉诺长鼻白蚁 *Schedorhinotermes eleanorae* Roonwal and Bose, 1970

种名释义：种名来自美国 Emerson 教授的夫人 Eleanora Emerson 的名字。

模式标本：正模（兵蚁）、副模（成虫、兵蚁、拟工蚁）保存在印度动物调查所，副模（兵蚁、拟工蚁）分别保存在印度森林研究所和美国自然历史博物馆。

模式产地：印度安达曼群岛的小安达曼岛。

分布：东洋界的印度（安达曼群岛、尼科巴群岛）。

9. 强颚长鼻白蚁 *Schedorhinotermes fortignathus* Xia and He, 1980

模式标本：正模（大兵蚁）、副模（兵蚁、工蚁）保存在中国科学院上海昆虫研究所。

模式产地：中国云南省普洱市思茅区。

分布：东洋界的中国（云南）。

10. 橄榄坝长鼻白蚁 *Schedorhinotermes ganlanbaensis* Xia and He, 1980

模式标本：正模（大兵蚁）、副模（兵蚁、工蚁）保存在中国科学院上海昆虫研究所。

模式产地：中国云南省景洪市。

分布：东洋界的中国（云南）。

11. 霍姆格伦长鼻白蚁 *Schedorhinotermes holmgreni* Emerson, 1949

模式标本：全模（成虫、兵蚁、工蚁）保存在美国自然历史博物馆，全模（兵蚁、工蚁）保存在印度森林研究所。

模式产地：印度尼西亚苏门答腊等多地。

分布：东洋界的印度尼西亚（苏门答腊）。

12. 异盟长鼻白蚁 *Schedorhinotermes insolitus* Xia and He, 1980

模式标本：正模（大兵蚁）、副模（兵蚁、工蚁）保存在中国科学院上海昆虫研究所。

模式产地：中国云南省景洪市。

分布：东洋界的中国（云南）。

13. 中间长鼻白蚁 *Schedorhinotermes intermedius* (Brauer, 1865)

曾称为：中间鼻白蚁 *Rhinotermes intermedius* Brauer, 1865。

模式标本：正模（雄成虫）保存在奥地利自然历史博物馆。

模式产地：澳大利亚新南威尔士州的悉尼。

分布：澳洲界的澳大利亚（新南威尔士州、昆士兰州）。

危害性：它危害甘蔗和房屋木构件。

14. 拉曼长鼻白蚁 *Schedorhinotermes lamanianus* (Sjöstedt, 1911)

中文名称：中国学者曾长期称之为“油梨长鼻白蚁”。

曾称为：拉曼鼻白蚁 *Rhinotermes lamanianus* Sjöstedt, 1911。

异名：贝奎特鼻白蚁 *Rhinotermes bequaertianus* Sjöstedt, 1913、拉曼鼻白蚁（长鼻白蚁亚属）贝奎特亚种 *Rhinotermes* (*Schedorhinotermes*) *lamanianus bequaertianus* Emerson, 1928、臭鼬长鼻白蚁南方亚种 *Schedorhinotermes putorius australis* Fuller, 1921、拉曼鼻白蚁（长鼻白蚁亚属）角状亚种 *Rhinotermes* (*Schedorhinotermes*) *lamanianus angulatus* Emerson, 1928、采食长鼻白蚁 *Schedorhinotermes provisorius* Grassé, 1937、哈维兰鼻白蚁 *Rhinotermes havilandi* Van Boven, 1969（裸记名称）。

模式标本：全模（成虫、兵蚁）保存在瑞典自然历史博物馆，全模（大兵蚁、小兵蚁、工蚁）保存在美国自然历史博物馆。

模式产地：刚果民主共和国（Kingoyi、Mukimbungu）。

分布：非洲界的安哥拉、刚果民主共和国、刚果共和国、加纳、几内亚、科特迪瓦、肯尼亚、马拉维、莫桑比克、纳米比亚、尼日利亚、塞拉利昂、南非、斯威士兰、坦桑尼亚、乌干达、津巴布韦。

危害性：在坦桑尼亚和南非，它危害果树、林木和房屋木构件。

15. 利奥波德长鼻白蚁 *Schedorhinotermes leopoldi* Kemner, 1933

曾称为：长喙长鼻白蚁利奥波德亚种 *Schedorhinotermes longirostris leopoldi* Kemner, 1933。

模式标本：全模（成虫）保存在瑞典隆德大学动物研究所。

模式产地：印度尼西亚苏门答腊（Bierun）。

分布：东洋界的印度尼西亚（苏门答腊）。

16. 长喙长鼻白蚁 *Schedorhinotermes longirostris* (Brauer, 1866)

曾称为：长喙白蚁 *Termes longirostris* Brauer, 1866。

异名：二型鼻白蚁 *Rhinotermes dimorphus* Desneux, 1905。

模式标本：选模（兵蚁）、副选模（兵蚁、拟工蚁）保存在奥地利自然历史博物馆，副选模（兵蚁、拟工蚁）分别保存在印度动物调查所和美国自然历史博物馆。

模式产地：印度尼科巴群岛（Kondul Island）。

分布：东洋界的印度（安达曼群岛、尼科巴群岛）、马来西亚（大陆）；巴布亚界的印度尼西亚（Papua）、帕劳、巴布亚新几内亚。

危害性：在马来西亚，它危害油椰子树。

17. 大长鼻白蚁 *Schedorhinotermes magnus* Tsai and Chen, 1963

模式标本：正模（兵蚁）、副模（大兵蚁、小兵蚁、工蚁）保存在中国科学院动物研究所。

模式产地：中国云南省红河州金平县。

分布：东洋界的中国（广东、广西、云南）。

生物学：它蛀蚀堆放在地面上的木材及倒卧于地面的树干。蛀蚀严重时，树干内部呈片状，稍加敲打即成碎片。

18. 望加锡长鼻白蚁 *Schedorhinotermes makassarensis* Kemner, 1934

模式标本：全模（成虫、大兵蚁、小兵蚁、工蚁）分别保存在美国自然历史博物馆和瑞典隆德大学动物研究所，全模（兵蚁、工蚁、若蚁）保存在印度森林研究所。

模式产地：印度尼西亚苏门答腊的望加锡。

分布：东洋界的印度尼西亚（苏拉威西）。

19. 马吉岭长鼻白蚁 *Schedorhinotermes makilingensis* Acda, 2007

模式标本：正模（大兵蚁）、副模（小兵蚁）保存在菲律宾洛斯巴尼奥斯大学自然历史博物馆，副模（兵蚁、工蚁）保存在美国自然历史博物馆。

模式产地：菲律宾吕宋（Laguna、Mt. Makiling）。

分布：东洋界的菲律宾。

20. 马六甲长鼻白蚁 *Schedorhinotermes malaccensis* (Holmgren, 1913)

曾称为：马六甲鼻白蚁（长鼻白蚁亚属）*Rhinotermes* (*Schedorhinotermes*) *malaccensis* Holmgren, 1913。

异名：砂拉越鼻白蚁（长鼻白蚁亚属）*Rhinotermes* (*Schedorhinotermes*) *sarawakensis* Holmgren, 1913、大型长鼻白蚁 *Schedorhinotermes magnifcus* Silvestri, 1914。

模式标本：全模（兵蚁、工蚁）保存在瑞典动物研究所，全模（兵蚁）保存在美国自然历史博物馆。

模式产地：马来西亚（Malacca）。

分布：东洋界的柬埔寨、印度、印度尼西亚（加里曼丹、苏门答腊）、马来西亚（大陆、沙巴、砂拉越）、缅甸、新加坡、泰国、越南；巴布亚界的印度尼西亚（Papua）。

危害性：在马来西亚，它危害油椰子树和房屋木构件。

21. 中暗长鼻白蚁 *Schedorhinotermes medioobscurus* (Holmgren, 1914)

曾称为：短翅鼻白蚁（长鼻白蚁亚属）中暗亚种 *Rhinotermes* (*Schedorhinotermes*) *brevialatus medioobscurus* Holmgren, 1914。

异名：打拉根鼻白蚁（长鼻白蚁亚属）*Rhinotermes* (*Schedorhinotermes*) *tarakanensis* Oshima, 1914（中国曾称“小长鼻白蚁”）、爪哇长鼻白蚁 *Schedorhinotermes javanicus* Kemner,

1934。

模式标本：全模（成虫、兵蚁、工蚁）保存在美国自然历史博物馆。

模式产地：马来西亚马六甲、印度尼西亚苏门答腊（Tandjong Slamat）。

分布：东洋界的柬埔寨、印度（安达曼群岛、尼科巴群岛）、印度尼西亚（爪哇、加里曼丹、喀拉喀托、Panaitan Island、苏拉威西、苏门答腊）、马来西亚（大陆、沙巴、砂拉越）、菲律宾（吕宋）、新加坡、泰国、越南。

危害性：主要危害房屋建筑，在城市和乡村都可危害，但破坏力不强。

22. 楠考里长鼻白蚁 *Schedorhinotermes nancowriensis* Maiti and Chakraborty, 1994

模式标本：正模（大兵蚁）、副模（大兵蚁、小兵蚁、工蚁）保存在印度动物调查所，副模（大兵蚁、小兵蚁、工蚁）保存在印度森林研究所。

模式产地：印度尼科巴群岛（Nancowry）。

分布：东洋界的印度（尼科巴群岛）。

23. 臭鼬长鼻白蚁 *Schedorhinotermes putorius* (Sjöstedt, 1896)

曾称为：臭鼬白蚁 *Termes putorius* Sjöstedt, 1896。

异名：臭鼬长鼻白蚁岛生亚种 *Schedorhinotermes putorius insularis* Sjöstedt, 1926。

模式标本：全模（成虫）保存在瑞典自然历史博物馆，全模（成虫、小兵蚁）保存在美国自然历史博物馆，全模（兵蚁、工蚁）保存在荷兰马斯特里赫特自然历史博物馆，全模（成虫、兵蚁、工蚁）保存在德国汉堡动物学博物馆。

模式产地：喀麦隆（Kitta）。

分布：非洲界的安哥拉、喀麦隆、中非共和国、刚果民主共和国、赤道几内亚（Annobón Island、Bioka）、加蓬、加纳、几内亚、几内亚比绍、科特迪瓦、尼日利亚、塞拉利昂、圣多美和普林西比、乌干达。

危害性：在圣多美，它危害可可树和房屋木构件。

24. 梨头长鼻白蚁 *Schedorhinotermes pyricephalus* Xia and He, 1980

模式标本：正模（大兵蚁）、副模（兵蚁、工蚁）保存在中国科学院上海昆虫研究所。

模式产地：中国云南省勐腊县。

分布：东洋界的中国（云南）。

25. 直角长鼻白蚁 *Schedorhinotermes rectangularis* Ahmad, 1965

模式标本：正模（大兵蚁）、副模（大兵蚁、小兵蚁、工蚁）保存在巴基斯坦旁遮普大学动物学系，副模（大兵蚁、小兵蚁、工蚁）保存在美国自然历史博物馆。

模式产地：泰国（Chantaburi）。

分布：东洋界的泰国。

26. 网状长鼻白蚁 *Schedorhinotermes reticulatus* (Froggatt, 1897)

曾称为：网状鼻白蚁 *Rhinotermes reticulatus* Froggatt, 1897。

模式标本：选模（雌成虫）、副选模（小兵蚁、工蚁）保存在澳大利亚国家昆虫馆，副选模（成虫、小兵蚁、工蚁、若蚁）保存在澳大利亚维多利亚博物馆，副选模（成虫、小兵蚁、工蚁）保存在美国自然历史博物馆，副选模（成虫）保存在印度森林研究所。

模式产地：澳大利亚西澳大利亚州（Kalgoorlie）。

分布：澳洲界的澳大利亚（新南威尔士州、昆士兰州、南澳大利亚州、维多利亚州、西澳大利亚州）。

27. 强壮长鼻白蚁 *Schedorhinotermes robustior* Silvestri, 1909

曾称为：二型长鼻白蚁强壮亚种 *Schedorhinotermes dimorphus robustior* Silvestri, 1909。

模式标本：全模（大兵蚁、小兵蚁、工蚁）保存在意大利农业昆虫研究所。

模式产地：巴布亚新几内亚新不列颠。

分布：巴布亚界的巴布亚新几内亚（Bismark Island、新不列颠、新爱尔兰岛）。

28. 圣克鲁斯长鼻白蚁 *Schedorhinotermes sanctaecrucis* (Snyder, 1925)

曾称为：圣克鲁斯鼻白蚁（长鼻白蚁亚属）*Rhinotermes* (*Schedorhinotermes*) *sanctaecrucis* Snyder, 1925。

模式标本：正模（大兵蚁）、副模（大兵蚁、小兵蚁、工蚁）保存在哈佛大学比较动物学博物馆。

模式产地：所罗门群岛（Santa Cruz Archipelago）。

分布：巴布亚界的所罗门群岛（Santa Cruz）。

29. 隐遁长鼻白蚁 *Schedorhinotermes seclusus* (Hill, 1933)

曾称为：中间鼻白蚁隐遁亚种 *Rhinotermes intermedius seclusus* Hill, 1933。

模式标本：选模（大兵蚁）、副选模（雄成虫、小兵蚁、工蚁）保存在澳大利亚维多利亚博物馆，副选模（成虫、大兵蚁、小兵蚁、工蚁、若蚁）保存在美国自然历史博物馆。

模式产地：澳大利亚昆士兰州（Babinda）。

分布：澳洲界的澳大利亚（新南威尔士州、昆士兰州）；巴布亚界的巴布亚新几内亚。

30. 所罗门长鼻白蚁 *Schedorhinotermes solomonensis* (Snyder, 1925)

曾称为：所罗门鼻白蚁（长鼻白蚁亚属）*Rhinotermes* (*Schedorhinotermes*) *solomonensis* Snyder, 1925。

模式标本：正模（大兵蚁）、副模（大兵蚁、小兵蚁、工蚁）保存在哈佛大学比较动物学博物馆，副模（大兵蚁、小兵蚁、工蚁）保存在美国国家博物馆，副模（大兵蚁、小兵蚁）保存在美国自然历史博物馆。

模式产地：所罗门群岛（San Cristobal Island）。

分布：巴布亚界的所罗门群岛。

危害性：它危害房屋木构件。

31. 细瘦长鼻白蚁 *Schedorhinotermes tenuis* (Oshima, 1923)

曾称为：细瘦小白蚁 *Microtermes tenuis* Oshima, 1923。

模式标本：全模（成虫）分别保存在荷兰国家自然历史博物馆和瑞典隆德大学动物研究所。

模式产地：印度尼西亚苏门答腊（Sinabang）。

分布：东洋界的印度尼西亚（苏门答腊）。

32. 蒂瓦里长鼻白蚁 *Schedorhinotermes tiwarii* Roonwal and Thakur, 1963

种名释义：种名来自印度动物调查所 K. K. Tiwari 博士的姓。

模式标本：正模（兵蚁）、副模（兵蚁、拟工蚁）保存在印度动物调查所，副模（兵蚁、拟工蚁）保存在印度森林研究所。

模式产地：印度安达曼群岛南安达曼岛（Chouldhari）。

分布：东洋界的印度（安达曼群岛、尼科巴群岛）。

33. 透明长鼻白蚁 *Schedorhinotermes translucens* (Haviland, 1898)

曾称为：透明白蚁 *Termes translucens* Haviland, 1898。

异名：西里伯斯鼻白蚁（长鼻白蚁亚属）*Rhinotermes* (*Schedorhinotermes*) *celebensis* Holmgren, 1911、马乔里鼻白蚁（长鼻白蚁亚属）*Rhinotermes* (*Schedorhinotermes*) *marjoriae* Snyder, 1925。

模式标本：全模（成虫、兵蚁、拟工蚁）分别保存在美国自然历史博物馆和英国剑桥大学动物学博物馆，全模（工蚁）保存在印度森林研究所。

模式产地：马来西亚砂拉越。

分布：东洋界的孟加拉国、印度（梅加拉亚邦）、印度尼西亚（爪哇、苏拉威西、苏门答腊）、马来西亚（大陆、砂拉越）；巴布亚界的印度尼西亚（Papua）、巴布亚新几内亚、所罗门群岛。

危害性：在马来西亚，它危害房屋木构件。

34. 隐蔽长鼻白蚁 *Schedorhinotermes umbraticus* (Hill, 1927)

曾称为：隐蔽鼻白蚁 *Rhinotermes umbraticus* Hill, 1927。

模式标本：选模（雄成虫）、副选模（成虫、大兵蚁、小兵蚁、工蚁）保存在澳大利亚维多利亚博物馆，副选模（成虫、大兵蚁、小兵蚁、工蚁）保存在美国自然历史博物馆，副选模（兵蚁、工蚁）保存在印度森林研究所。

模式产地：巴布亚新几内亚新不列颠（Bai）。

分布：巴布亚界的巴布亚新几内亚（新不列颠）。

六、原鼻白蚁亚科

Prorhinotermitinae Quennedey and Deligne, 1975

模式属：原鼻白蚁属 *Prorhinotermes* Silvestri, 1909。

种类：1 属 9 种。

分布：东洋界、新热带界、巴布亚界、非洲界、新北界、澳洲界。

（一）原鼻白蚁属 *Prorhinotermes* Silvestri, 1909

异名：前乳白蚁属 *Procoptotermes* Holmgren, 1909、近白蚁属 *Paratermes* Oshima, 1912、小寡脉白蚁属 *Termitogetonella* Oshima, 1920、近鼻白蚁属 *Arrhinotermes* Wasmann, 1902。

模式种：意外原鼻白蚁 *Prorhinotermes inopinatus* Silvestri, 1909。

种类：9 种。

分布：东洋界、新热带界、巴布亚界、非洲界、新北界、澳洲界。

生物学：兵蚁单型。

1. 沟额原鼻白蚁 *Prorhinotermes canalifrons* (Sjöstedt, 1904)

曾称为：沟额白蚁 *Termes canalifrons* Sjöstedt, 1904。

模式标本：全模（兵蚁、工蚁）分别保存在法国自然历史博物馆、美国自然历史博物馆和瑞典自然历史博物馆，全模（兵蚁）保存在德国汉堡动物学博物馆。

模式产地：马达加斯加（Toamasina、Tamatave）。

分布：非洲界的查戈斯群岛、澳大利亚（科科斯群岛）、科摩罗、马达加斯加、留尼旺、塞舌尔。

2. 黄色原鼻白蚁 *Prorhinotermes flavus* (Bugnion and Popoff, 1910)

曾称为：黄色乳白蚁 *Coptotermes flavus* Bugnion and Popoff, 1910。

异名：东洋近鼻白蚁 *Arrhinotermes japonicus* Holmgren, 1912、日本原鼻白蚁 *Prorhinotermes japonicus* (Holmgren), 1912、喀拉喀托近鼻白蚁 *Arrhinotermes krakataui* Holmgren, 1913、第博小寡脉白蚁 *Termitogetonella tibiaoensis* Oshima, 1920、吕宋原鼻白蚁 *Prorhinotermes luzonensis* Light, 1921、细瘦原鼻白蚁 *Prorhinotermes gracilis* Light, 1921、湿婆原鼻白蚁 *Prorhinotermes shiva* Roonwal and Thakur, 1963、似第博原鼻白蚁 *Prorhinotermes tibiaoensiformis* Ahmad, 1965、拉瓦那原鼻白蚁 *Prorhinotermes ravani* Roonwal and Maiti, 1966、巴娜依丹原鼻白蚁 *Prorhinotermes panaitanensis* Thakur and Thakur, 1992、海南原鼻白蚁 *Prorhinotermes hainanensis* Ping and Xu, 1989、西沙原鼻白蚁 *Prorhinotermes xishaensis* Li and Tsai 1976、沟额近白蚁 *Paratermes canalifrons* (Sjöstedt): Oshima 1912。

模式标本：全模（兵蚁、拟工蚁）保存在荷兰马斯特里赫特自然历史博物馆，全模（成虫、兵蚁、拟工蚁）保存在美国自然历史博物馆。

模式产地：斯里兰卡（Ambalangoda）。

分布：东洋界的孟加拉国、中国（海南、台湾）、印度（安达曼群岛、尼科巴群岛、卡纳塔克邦）、印度尼西亚（爪哇、喀拉喀托、苏拉威西）、马来西亚（大陆、沙巴）、菲律宾、斯里兰卡、泰国。

生物学：它栖息在死树干内，筑不规则的巢。

危害性：在印度，它危害果树。在菲律宾，它危害房屋木构件。

3. 意外原鼻白蚁 *Prorhinotermes inopinatus* Silvestri, 1909

异名：贾鲁伊特近鼻白蚁 *Arrhinotermes jaluiti* Holmgren, 1911（裸记名称）、曼原鼻白蚁 *Prorhinotermes manni* Snyder, 1925、所罗门原鼻白蚁 *Prorhinotermes solomonensis* Snyder, 1925。

模式标本：选模（成虫、兵蚁、工蚁、若蚁）、副选模（成虫、工蚁、若蚁）保存在德国柏林冯博大学自然博物馆，副选模（成虫、兵蚁、工蚁、若蚁）保存在美国自然历史博物馆，副选模（成虫、工蚁）保存在印度森林研究所。

模式产地：有争议，可能是汤加的 Niuafo'ou。

分布：澳洲界的澳大利亚（北领地、昆士兰州、托雷斯海峡）；巴布亚界的美国（埃利斯岛）、马里亚纳群岛、斐济、印度尼西亚（Papua）、基里巴斯、马绍尔群岛、新喀里多尼亚、巴布亚新几内亚、所罗门群岛、汤加、瓦努阿图、瓦利斯和富图纳、西萨摩亚。

危害性：在关岛，它危害房屋木构件。

4. 莫利诺原鼻白蚁 *Prorhinotermes molinoi* Snyder, 1924

异名：沃斯曼近鼻白蚁 *Arrhinotermes wasmanni* Holmgren, 1911（裸记名称）。

模式标本：正模（有翅成虫）、副模（成虫、兵蚁）保存在美国国家博物馆，副模（成虫）保存在美国自然历史博物馆。

模式产地：巴拿马（Largo Remo Island）。

分布：新热带界的哥斯达黎加、巴拿马。

5. 海洋原鼻白蚁 *Prorhinotermes oceanicus* (Wasmann, 1902)

曾称为：海洋近鼻白蚁 *Arrhinotermes oceanicus* Wasmann, 1902。

异名：岛生白白蚁 *Leucotermes insularis* Wasmann, 1902。

模式标本：选模（成虫）保存在荷兰马斯特里赫特自然历史博物馆，副选模（成虫）保存在美国自然历史博物馆。

模式产地：哥斯达黎加（Cocos Island）。

分布：新热带界的哥斯达黎加（Cocos Island）。

6. 波纳佩原鼻白蚁 *Prorhinotermes ponapensis* (Oshima, 1917)

曾称为：波纳佩近鼻白蚁 *Arrhinotermes ponapensis* Oshima, 1917。

模式标本：全模（成虫）保存地不详。

模式产地：密克罗尼西亚（Carolina Islands）。

分布：巴布亚界的密克罗尼西亚（Carolina Islands、波恩佩）、帕劳。

7. 具皱原鼻白蚁 *Prorhinotermes rugifer* Kemner, 1931

模式标本：全模（成虫、兵蚁、工蚁）保存在瑞典隆德大学动物研究所，全模（兵蚁、工蚁）保存在美国自然历史博物馆。

模式产地：印度尼西亚（Amboina）。

分布：巴布亚界的印度尼西亚（马鲁古）。

8. 简单原鼻白蚁 *Prorhinotermes simplex* (Hagen, 1858)

曾称为：简单白蚁（鼻白蚁亚属）*Termes* (*Rhinotermes*) *simplex* Hagen, 1858。

模式标本：全模（成虫）分别保存在奥地利自然历史博物馆和哈佛大学比较动物学博物馆。

模式产地：古巴。

分布：新北界的美国（佛罗里达州）；新热带界的巴哈马、古巴、牙买加、波多黎各。

危害性：在美国、古巴、牙买加和波多黎各，它危害房屋木构件。

9. 奇丽原鼻白蚁 *Prorhinotermes spectabilis* Ping and Xu, 1989

模式标本：正模（兵蚁）、副模（兵蚁）保存在广东省科学院动物研究所。

模式产地：中国云南省河口瑶族自治县。
分布：东洋界的中国（云南）。

第七节 杆白蚁科

Stylotermitidae Holmgren and Holmgren, 1917

模式属：杆白蚁属 *Stylotermes* Holmgren and Holmgren, 1917。
种类：1 属 45 种。
分布：东洋界、古北界、新北界。

一、杆白蚁属 *Stylotermes* Holmgren and Holmgren, 1917

中文名称：我国大陆学者曾称之为“木鼻白蚁属”，台湾学者现仍称之为“木鼻白蚁属”。
异名：盖白蚁属 *Operculitermes* Yu and Ping, 1964、*Sarvaritermes* Chatterjee and Thakur, 1964。
模式种：弗莱彻杆白蚁 *Stylotermes fletcheri* Holmgren and Holmgren, 1917。
种类：45 种。
分布：东洋界、古北界、新北界。
生物学：此属白蚁属于食木白蚁，栖息于死树、活树，更喜爱活树。
危害性：一般危害较轻，或无危害。据报道，凹状杆白蚁 *S. faveolus* 危害成年的健康树木。

1. 丘额杆白蚁 *Stylotermes acrofrons* Ping and Liu, 1981

模式标本：正模（兵蚁）、副模（兵蚁）保存在广东省科学院动物研究所。
模式产地：中国四川省凉山州宁南县。
分布：东洋界的中国（四川）。

2. 阿哈默德杆白蚁 *Stylotermes ahmadi* Akhtar, 1975

种名释义：种名来自巴基斯坦白蚁分类学家 M. Ahmad 的姓。
模式标本：正模（兵蚁）、副模（兵蚁、若蚁）保存在巴基斯坦旁遮普大学动物学系，副模（兵蚁、若蚁）分别保存在印度森林研究所、美国国家博物馆、美国自然历史博物馆和英国自然历史博物馆。
模式产地：孟加拉国（Ukhia）。
分布：东洋界的孟加拉国。

3. 高山杆白蚁 *Stylotermes alpinus* Ping, 1983

模式标本：正模（兵蚁）、副模（兵蚁、工蚁）保存在广东省科学院动物研究所。
模式产地：中国云南省腾冲县高黎贡山。
分布：东洋界的中国（云南）。

4. 细颚杆白蚁 *Stylotermes angustignathus* Gao, Zhu, and Gong, 1982

模式标本：正模（兵蚁）、副模（兵蚁）保存在中国科学院上海昆虫研究所，副模（兵蚁）分别保存在成都市白蚁防治研究所和南京市白蚁防治研究所。

模式产地：中国四川省攀枝花市普威镇。

分布：东洋界的中国（四川）。

5. 比森杆白蚁 *Stylotermes beesoni* Thakur, 1975

种名释义：种名来自英国著名森林昆虫学家 C. F. C. Beeson 的姓，他于 1913—1941 年在印度研究昆虫。

模式标本：正模（兵蚁）、副模（兵蚁、拟工蚁）保存在印度森林研究所。

模式产地：印度特里普拉邦（Tiliamura）。

分布：东洋界的印度（特里普拉邦）。

危害性：它危害房屋木构件。

6. 西孟加拉杆白蚁 *Stylotermes bengalensis* Mathur and Chhotani, 1959

模式标本：正模（兵蚁）、副模（兵蚁、拟工蚁）保存在印度森林研究所，副模（兵蚁、拟工蚁）保存在美国自然历史博物馆。

模式产地：印度西孟加拉邦（Darjeeling Division）。

分布：东洋界的印度（北方邦、西孟加拉邦）。

生物学：它的寄主为杜鹃、长果桑、灰白毛栎等树。

危害性：它危害房屋木构件和林木。

7. 杰格拉达杆白蚁 *Stylotermes chakratensis* Mathur and Thapa, 1963

模式标本：正模（兵蚁）、副模（兵蚁、拟工蚁）保存在印度森林研究所，副模（兵蚁、拟工蚁）保存在美国自然历史博物馆，副模（拟工蚁）保存在印度动物调查所。

模式产地：印度北阿坎德邦（Chakrata 林场）。

分布：东洋界的印度（北阿坎德邦）。

危害性：它危害房屋木构件。

8. 长汀杆白蚁 *Stylotermes changtingensis* Fan and Xia, 1981

模式标本：正模（兵蚁）保存在中国科学院上海昆虫研究所。

模式产地：中国福建省长汀县。

分布：东洋界的中国（福建）。

9. 成都杆白蚁 *Stylotermes chengduensis* Gao and Zhu, 1980

模式标本：正模（兵蚁）、副模（兵蚁、工蚁）保存在中国科学院上海昆虫研究所。

模式产地：中国四川省成都市。

分布：东洋界的中国（四川）。

10. 重庆杆白蚁 *Stylotermes chongqingensis* Chen and Ping, 1983

模式标本：正模（兵蚁）、副模（兵蚁、工蚁）保存在重庆市白蚁防治研究所，副模（兵蚁）保存在广东省科学院动物研究所。

模式产地：中国重庆市缙云山。

分布：东洋界的中国（重庆）。

11. 周氏杆白蚁 *Stylotermes choui* Ping and Xu, 1981

模式标本：正模（兵蚁）、副模（兵蚁）保存在广东省科学院动物研究所。

模式产地：中国湖南省会同县。

分布：东洋界的中国（湖南）。

12. 多毛杆白蚁 *Stylotermes crinis* Gao, Zhu, and Gong, 1981

模式标本：正模（兵蚁）、副模（兵蚁）保存在中国科学院上海昆虫研究所，副模（兵蚁）分别保存在成都市白蚁防治研究所和南京市白蚁防治研究所。

模式产地：中国四川省成都市。

分布：东洋界的中国（四川）。

13. 弯颚杆白蚁 *Stylotermes curvatus* Ping and Xu, 1984

模式标本：正模（兵蚁）、副模（兵蚁、工蚁）保存在广东省科学院动物研究所，副模（兵蚁、工蚁）保存在贵州省林业研究所。

模式产地：中国贵州省黎平县。

分布：东洋界的中国（贵州）。

14. 德拉敦杆白蚁 *Stylotermes dunensis* Thakur, 1975

模式标本：正模（兵蚁）、副模（成虫、兵蚁、拟工蚁）保存在印度森林研究所。

模式产地：印度北阿坎德邦德拉敦（New Forest）。

分布：东洋界的印度（北阿坎德邦）。

危害性：它危害房屋木构件。

15. 凹胸杆白蚁 *Stylotermes faveolus* (Chatterjee and Thakur, 1964)

种名释义：其成虫、兵蚁、工蚁的前胸背板前缘均内凹。

曾称为：*Sarvaritermes faveolus* Chatterjee and Thakur, 1964。

模式标本：正模（兵蚁）、副模（成虫、兵蚁、拟工蚁）保存在印度森林研究所，副模（成虫、兵蚁、拟工蚁）分别保存在印度动物调查所和美国自然历史博物馆。

模式产地：印度喜马偕尔邦（Kulu）。

分布：东洋界的印度（喜马偕尔邦）。

生物学：它在树木死亡部分中挖掘纵向隧道，蚁巢可延伸到树的活的部分。隧道内有潮湿的、稍黑的粪便颗粒。10—11 月，成熟群体的有翅成虫出现在蚁巢中。

危害性：它危害芒果树和其他树木。

16. 弗莱彻杆白蚁 *Stylotermes fletcheri* Holmgren and Holmgren, 1917

种名释义：种名来自印度白蚁研究专家 T. B. Fletcher 的姓。

模式标本：全模（成虫、兵蚁、拟工蚁）保存在瑞典动物研究所，全模（成虫、若蚁）保存在印度动物调查所，全模（成虫、兵蚁、拟工蚁、若蚁）保存在美国自然历史博物馆，全模（成虫）保存在南非国家昆虫馆。

模式产地：印度泰米尔纳德邦（Coimbatore）。

分布：东洋界的印度（卡纳塔克邦、泰米尔纳德邦）。

危害性：它分布于印度南部，主要蛀食芒果树的死亡和腐烂部分，也可危害活的部分，但危害性不大。它还危害房屋木构件。

17. 长囟杆白蚁 *Stylotermes fontanellus* Gao, Zhu, and Han, 1982

模式标本：正模（兵蚁）、副模（兵蚁）保存在中国科学院上海昆虫研究所，副模（兵蚁）分别保存在成都市白蚁防治研究所和南京市白蚁防治研究所。

模式产地：中国四川省米易县普威乡。

分布：东洋界的中国（四川）。

18. 贵阳杆白蚁 *Stylotermes guiyangensis* Ping and Gong, 1984

模式标本：正模（兵蚁）、副模（兵蚁、工蚁）保存在广东省科学院动物研究所，副模（兵蚁、工蚁）保存在贵州省林业研究所。

模式产地：中国贵州省贵阳市。

分布：东洋界的中国（贵州）。

19. 穿山甲杆白蚁 *Stylotermes halumicus* Liang, Wu, and Li, 2017

模式标本：正模（兵蚁）保存在台湾的台中自然科学博物馆，副模（雌有翅成虫、兵蚁）保存在台中的中兴大学昆虫系。

模式产地：中国台湾省台中市。

分布：东洋界的中国（台湾）。

生物学：工蚁、兵蚁、若蚁采自活榉树的枯死枝，它的蚁道是纵向的，能穿透到树的活树干中。蚁道内有潮湿、松软的深棕色泥土和白蚁的粪便材料。

20. 汉源杆白蚁 *Stylotermes hanyuanicus* Ping and Liu, 1981

模式标本：正模（兵蚁）、副模（兵蚁）保存在广东省科学院动物研究所。

模式产地：中国四川省雅安市汉源县。

分布：东洋界的中国（四川）。

21. 倾头杆白蚁 *Stylotermes inclinatus* (Yu and Ping, 1964)

曾称为：中华盖白蚁倾头亚种 *Operculitermes sinensis inclinatus* Yu and Ping, 1964。

模式标本：正模（兵蚁）、副模（兵蚁、工蚁）保存在华南亚热带作物科学研究所。

模式产地：中国海南省儋州市。

分布：东洋界的中国（海南）。

22. 缙云杆白蚁 *Stylotermes jinyunicus* Ping and Chen, 1981

模式标本：正模（兵蚁）、副模（兵蚁）保存在广东省科学院动物研究所。

模式产地：中国重庆市缙云山。

分布：东洋界的中国（重庆）。

23. 圆唇杆白蚁 *Stylotermes labralis* Ping and Liu, 1981

模式标本：正模（兵蚁）、副模（兵蚁）保存在广东省科学院动物研究所。

模式产地：中国四川省凉山州德昌县。
分布：东洋界的中国（贵州、四川）。

24. 阔腿杆白蚁 *Stylotermes laticrus* Ping and Xu, 1981

模式标本：正模（兵蚁）、副模（兵蚁）保存在广东省科学院动物研究所。
模式产地：中国四川省米易县。
分布：东洋界的中国（四川）。

25. 宽唇杆白蚁 *Stylotermes latilabrum* (Tsai and Chen, 1963)

曾称为：宽唇异白蚁 *Heterotermes latilabrum* Tsai and Chen, 1963。
模式标本：正模（兵蚁）、副模（兵蚁、工蚁）保存在中国科学院动物研究所。
模式产地：中国云南省景洪市。
分布：东洋界的中国（广西、云南）。

26. 阔颏杆白蚁 *Stylotermes latipedunculus* (Yu and Ping, 1964)

曾称为：中华盖白蚁阔颏亚种 *Operculitermes sinensis latipedunculus* Yu and Ping, 1964。
模式标本：正模（兵蚁）、副模（兵蚁、工蚁）保存在华南亚热带作物科学研究所。
模式产地：中国云南省河口县南溪。
分布：东洋界的中国（广西、云南）。

*****乐东杆白蚁 *Stylotermes ledongensis* Ping and Xu, 1995（裸记名称）**

分布：东洋界的中国。

27. 连平杆白蚁 *Stylotermes lianpingensis* Ping, 1983

模式标本：正模（兵蚁）、副模（兵蚁、工蚁）保存在广东省科学院动物研究所。
模式产地：中国广东省连平县。
分布：东洋界的中国（广东）。

28. 长颚杆白蚁 *Stylotermes longignathus* Gao, Zhu, and Han, 1981

模式标本：正模（兵蚁）、副模（兵蚁）保存在中国科学院上海昆虫研究所，副模（兵蚁）分别保存在成都市白蚁防治研究所和南京市白蚁防治研究所。
模式产地：中国四川省成都市。
分布：东洋界的中国（四川）。

29. 长头杆白蚁 *Stylotermes mecocephalus* Ping and Li, 1978

模式标本：正模（兵蚁）保存在华南亚热带作物科学研究所、副模（兵蚁、工蚁）保存在中国科学院动物研究所。
模式产地：中国广西壮族自治区靖西县。
分布：东洋界的中国（广西）。

30. 侏儒杆白蚁 *Stylotermes minutus* (Yu and Ping, 1964)

曾称为：侏儒盖白蚁 *Operculitermes minutus* Yu and Ping, 1964。
模式标本：正模（兵蚁、成虫）、副模（成虫、兵蚁、工蚁）保存在华南亚热带作物科学研究所。

模式产地：中国海南省五指山。

分布：东洋界的中国（海南）。

31. 颏奇杆白蚁 *Stylotermes mirabilis* He and Qiu, 1990

模式标本：正模（兵蚁）、副模（兵蚁、工蚁）保存在中国科学院上海昆虫研究所。

模式产地：中国贵州省铜仁市。

分布：东洋界的中国（贵州）。

32. 直颚杆白蚁 *Stylotermes orthognathus* Ping and Xu, 1984

模式标本：正模（兵蚁）、副模（兵蚁、工蚁）保存在广东省科学院动物研究所，副模（兵蚁、工蚁）保存在贵州省林业研究所。

模式产地：中国贵州省荔波县。

分布：东洋界的中国（贵州）。

33. 似西孟加拉杆白蚁 *Stylotermes parabengalensis* Maiti, 1975

模式标本：正模（兵蚁）、副模（兵蚁、拟工蚁）保存在印度动物调查所，副模（兵蚁、拟工蚁）分别保存在印度森林研究所和美国自然历史博物馆。

模式产地：印度西孟加拉邦。

分布：东洋界的印度（西孟加拉邦）。

34. 平额杆白蚁 *Stylotermes planifrons* Chen, 1984

模式标本：正模（兵蚁）、副模（兵蚁、工蚁）保存在重庆市白蚁防治研究所，副模（兵蚁、工蚁）保存在广东省科学院动物研究所。

模式产地：中国重庆市缙云山。

分布：东洋界的中国（重庆）。

35. 宏壮杆白蚁 *Stylotermes robustus* Ping and Li, 1981

模式标本：正模（兵蚁）、副模（兵蚁）保存在广东省科学院动物研究所。

模式产地：中国四川省凉山州西昌市。

分布：东洋界的中国（四川）。

36. 鲁恩沃杆白蚁 *Stylotermes roonwali* Thapa, 1982

种名释义：种名来自印度白蚁学家 M. L. Roonwal 教授的姓。

模式标本：正模（兵蚁）、副模（兵蚁、工蚁）保存在印度森林研究所。

模式产地：马来西亚沙巴（Sandakan）。

分布：东洋界的文莱、马来西亚（沙巴）。

37. 刚毛杆白蚁 *Stylotermes setosus* Li and Ping, 1978

模式标本：正模（兵蚁）保存在广东省科学院动物研究所。

模式产地：中国广西壮族自治区龙胜县。

分布：东洋界的中国（广西）。

38. 中华杆白蚁 *Stylotermes sinensis* (Yu and Ping, 1964)

曾称为：中华盖白蚁中华亚种 *Operculitermes sinensis sinensis* Yu and Ping, 1964。

模式标本：正模（兵蚁）、副模（成虫、兵蚁、工蚁）保存在华南亚热带作物科学研究所。

模式产地：中国海南省。

分布：东洋界的中国（广西、海南）。

39. 苏氏杆白蚁 *Stylotermes sui* Ping and Xu, 1993

模式标本：正模（兵蚁）、副模（兵蚁、工蚁）保存在广东省科学院动物研究所。

模式产地：中国广东省始兴县车八岭的仙人洞。

分布：东洋界的中国（广东）。

40. 三平杆白蚁 *Stylotermes triplanus* Ping and Liu, 1981

模式标本：正模（兵蚁）、副模（兵蚁）保存在广东省科学院动物研究所。

模式产地：中国四川省凉山州会理县。

分布：东洋界的中国（四川）。

41. 蔡氏杆白蚁 *Stylotermes tsaii* Gao, Zhu, yang, Ji, and Ma, 1982

模式标本：正模（兵蚁）、副模（兵蚁、成虫、工蚁）保存在中国科学院上海昆虫研究所，副模（兵蚁、成虫、工蚁）分别保存在成都市白蚁防治研究所和南京市白蚁防治研究所。

模式产地：中国四川省阆中市。

分布：东洋界的中国（四川）。

42. 波颚杆白蚁 *Stylotermes undulatus* Ping and Li, 1978

模式标本：正模（兵蚁）、副模（兵蚁、工蚁）保存在广东省科学院动物研究所。

模式产地：中国广西壮族自治区百色市。

分布：东洋界的中国（广西）。

43. 短盖杆白蚁 *Stylotermes valvules* Tsai and Ping, 1978

模式标本：正模（兵蚁）保存在中国科学院动物研究所，副模（兵蚁、工蚁）保存在华南亚热带作物科学研究所。

模式产地：中国广西壮族自治区金秀瑶族自治县。

分布：东洋界的中国（福建、广西、云南）。

44. 武夷杆白蚁 *Stylotermes wuyinicus* Li and Ping, 1981

模式标本：正模（兵蚁）、副模（兵蚁）保存在广东省科学院动物研究所。

模式产地：中国福建省邵武市。

分布：东洋界的中国（福建）。

45. 西昌杆白蚁 *Stylotermes xichangensis* Huang and Zhu, 1986

模式标本：正模（兵蚁）、副模（兵蚁）保存在中国科学院动物研究所。

模式产地：中国四川省凉山州西昌市。

分布：东洋界的中国（四川）。

第八节 齿白蚁科 Serritermitidae Holmgren, 1910

模式属：齿白蚁属 *Serritermes* Wasmann, 1897。
种类：2 属 3 种。
分布：新热带界。

一、舌白蚁属 *Glossotermes* Emerson, 1950

模式种：眼显舌白蚁 *Glossotermes oculatus* Emerson, 1950。
种类：2 种。
分布：新热带界。
生物学：它生活于海拔 600m 的雨林中。

1. 眼显舌白蚁 ***Glossotermes oculatus*** Emerson, 1950

模式标本：正模（兵蚁）保存在美国自然历史博物馆。
模式产地：圭亚那（Mt. Acary）。
分布：新热带界的法属圭亚那、圭亚那。

2. 具纹舌白蚁 ***Glossotermes sulcatus*** Cancello and DeSouza, 2005

模式标本：正模（兵蚁）保存在巴西圣保罗大学动物学博物馆，副模（成虫、兵蚁、工蚁）保存在巴西亚马孙探索国家研究所，副模（兵蚁、工蚁）分别保存在巴西帕拉伊巴联邦大学和巴西维科萨联邦大学昆虫学博物馆。
模式产地：巴西（Manaus）。
分布：新热带界的巴西。

二、齿白蚁属 *Serritermes* Wasmann, 1897

模式种：锯齿白蚁 *Serritermes serrifer* (Hagen and Bates, 1858)。
种类：1 种。
分布：新热带界。

1. 锯齿白蚁 ***Serritermes serrifer*** (Hagen and Bates, 1858)

曾称为：锯齿木白蚁 *Calotermes serrifer* Hagen and Bates, 1858
模式标本：选模（兵蚁）保存在英国自然历史博物馆，副选模（兵蚁）保存在哈佛大学比较动物学博物馆。
模式产地：巴西（Pará）。
分布：新热带界的巴西（Pará）。
生物学：它的种群不大，常栖息于其他白蚁的蚁垄中。

第九节 白蚁科 Termitidae Latreille, 1802

异名：后白蚁科 Metatermitidae Holmgren, 1910、Isopteridae Haupt, 1956（裸记名称）。
模式属：白蚁属 *Termes* Linnaeus，1758。
种类：253 属 2102 种。
分布：澳洲界、非洲界、古北界、新北界、东洋界、新热带界、巴布亚界。

一、尖白蚁亚科 Apicotermitinae Grassé and Noirot, 1955

异名：印白蚁科 Indotermitidae Roonwal, 1958。
模式属：尖白蚁属 *Apicotermes* Holmgren, 1912。
种类：51 属 222 种。
分布：非洲界、新热带界、东洋界、新北界。

（一）顺白蚁属 *Acholotermes* Sands, 1972

模式种：体大顺白蚁 *Acholotermes tithasus* Sands, 1972。
种类：5 种。
分布：非洲界。

生物学：此属白蚁没有兵蚁品级。它分布于雨林或热带稀树草原，栖息在其他属白蚁所建的蚁垄中。短小顺白蚁发现于刺胸刺白蚁的蚁垄内。热带稀树草原上的种类栖息于方白蚁或大白蚁的蚁垄中。此属白蚁均属于食土白蚁。

危害性：它没有危害性。

1. 短小顺白蚁 *Acholotermes chirotus* Sands, 1972

模式标本：正模（雌成虫）、副模（成虫、工蚁）保存在美国自然历史博物馆，副模（成虫、工蚁）保存在英国自然历史博物馆。
模式产地：刚果民主共和国（Epulu River）。
分布：非洲界的刚果共和国、刚果民主共和国。

2. 椭囟顺白蚁 *Acholotermes epius* Sands, 1972

模式标本：正模（雌成虫）、副模（成虫、工蚁）保存在英国自然历史博物馆。
模式产地：利比亚（Lusaka）。
分布：非洲界的赞比亚、津巴布韦。

3. 和平顺白蚁 *Acholotermes imbellis* Sands, 1972

模式标本：正模（蚁后）、副模（蚁王、工蚁）保存在美国自然历史博物馆。
模式产地：刚果民主共和国（Katanga）。
分布：非洲界的刚果民主共和国。

4. 社会顺白蚁 *Acholotermes socialis* (Sjöstedt, 1899)

曾称为：社会真白蚁 *Eutermes socialis* Sjöstedt, 1899。

模式标本：选模（雌成虫）保存在瑞典自然历史博物馆，副选模（成虫）保存在德国格赖夫斯瓦尔德州博物馆。

模式产地：喀麦隆（Mungo River）。

分布：非洲界的喀麦隆、尼日利亚。

5. 体大顺白蚁 *Acholotermes tithasus* Sands, 1972

模式标本：正模（雌成虫）、副模（成虫、工蚁）保存在美国自然历史博物馆，副模（成虫、工蚁）保存在英国自然历史博物馆。

模式产地：刚果民主共和国（Yangambi）。

分布：非洲界的刚果民主共和国。

（二）虚白蚁属 *Acidnotermes* Sands, 1972

模式种：短肠虚白蚁 *Acidnotermes praus* Sands, 1972。

种类：1 种。

分布：非洲界。

1. 短肠虚白蚁 *Acidnotermes praus* Sands, 1972

模式标本：正模（雌成虫）、副模（成虫、工蚁）保存在美国自然历史博物馆，副模（成虫、工蚁）分别保存在英国自然历史博物馆和刚果民主共和国鲁汶大学。

模式产地：刚果民主共和国（Stanleyville）。

分布：非洲界的刚果民主共和国、喀麦隆、尼日利亚。

生物学：它没有兵蚁品级。它在刚果民主共和国林区相当常见，分布延伸到了喀麦隆。巢直径只有 10～15cm，分布在地面上或地面下，或在其他白蚁的蚁垄里，或在残渣表面，或在死木下面。它应是食土白蚁，但从它的上颚形状看，应能消化植物材料（如须根）。

危害性：它没有危害性。

（三）尖齿白蚁属 *Acutidentitermes* Emerson, 1959

模式种：奥斯本尖齿白蚁 *Acutidentitermes osborni* Emerson, 1959。

种类：1 种。

分布：非洲界。

1. 奥斯本尖齿白蚁 *Acutidentitermes osborni* Emerson, 1959

种名释义：种名来自纽约动物学会前主席 H. F. Osborn 的姓。

模式标本：正模（兵蚁）、副模（工蚁）保存在美国自然历史博物馆。

模式产地：刚果民主共和国（Epulu River）。

分布：非洲界的刚果民主共和国。

生物学：此属白蚁有兵蚁品级。它属于食土白蚁。巢由几个几厘米大小的卵形腔室组成，连接的蚁道较狭窄。它的蚁巢系统常筑在方白蚁蚁垄（活的或死的）下，或穿过蚁垄。

危害性：它没有危害性。

（四）和白蚁属 *Adaiphrotermes* Sands, 1972

模式种：灵动和白蚁 *Adaiphrotermes cuniculator* Sands, 1972。

种类：3 种。

分布：非洲界。

生物学：此属白蚁没有兵蚁品级。有人曾用健康的木材作为诱集桩诱到过乔安和白蚁、中凹和白蚁。从土壤取样点中也曾采到过这属白蚁。这属白蚁还寄居于蚁垄上，主要是大白蚁蚁垄或土白蚁蚁垄，也从方白蚁或三脉白蚁的蚁垄中发现过它。它的栖息地为雨林、半干旱稀树草原。它属于食土白蚁，但从上颚齿的形状看，应还能取食须根。

危害性：它没有危害性。

1. 乔安和白蚁 *Adaiphrotermes choanensis* (Fuller, 1925)

曾称为：乔安奇异白蚁（前方白蚁亚属）*Mirotermes* (*Procubitermes*) *choanensis* Fuller, 1925。

模式标本：选模（雌成虫）、副选模（成虫）保存在南非国家昆虫馆，副选模（成虫）保存在美国自然历史博物馆。

模式产地：南非比勒陀利亚（Arcadia）。

分布：非洲界的肯尼亚、马拉维、南非、斯威士兰、坦桑尼亚、津巴布韦。

2. 灵动和白蚁 *Adaiphrotermes cuniculator* Sands, 1972

模式标本：正模（雌成虫）、副模（成虫、工蚁）保存在英国自然历史博物馆，副模（成虫、工蚁）分别保存在美国自然历史博物馆和南非国家昆虫馆。

模式产地：加纳。

分布：非洲界的冈比亚、加纳、尼日利亚、塞内加尔。

3. 中凹和白蚁 *Adaiphrotermes scapheutes* Sands, 1972

模式标本：正模（蚁后）、副模（工蚁）保存在南非国家昆虫馆。

模式产地：赞比亚（Kitwe）。

分布：非洲界的马拉维、赞比亚。

（五）谐白蚁属 *Aderitotermes* Sands, 1972

模式种：挖掘谐白蚁 *Aderitotermes fossor* Sands, 1972。

种类：2 种。

分布：非洲界。

生物学：它没有兵蚁品级。它生活于西非的雨林中，属于食土白蚁。从大白蚁的蚁垄、树根部、土壤取样点、林地空旷地上长满草的小土堆中均能找到它。分飞发生于白天。

危害性：它没有危害性。

1. 中空谐白蚁 *Aderitotermes cavator* Sands, 1972

模式标本：正模（蚁）、副模（蚁王、成虫、工蚁）保存在英国自然历史博物馆。

模式产地：尼日利亚北部地区（Samaru）。

分布：非洲界的喀麦隆、冈比亚、科特迪瓦、尼日利亚。

2. 挖掘谐白蚁 *Aderitotermes fossor* Sands, 1972

模式标本：正模（雌成虫）、副模（成虫、工蚁）保存在英国自然历史博物馆，副模（成虫、工蚁）保存在美国自然历史博物馆和南非国家昆虫馆。

模式产地：乌干达（Kampala）。

分布：非洲界的喀麦隆、肯尼亚、马拉维、坦桑尼亚、乌干达、赞比亚。

（六）弱白蚁属 *Adynatotermes* Sands, 1972

模式种：莫特拉弱白蚁 *Adynatotermes moretelae* (Fuller, 1925)。

种类：1 种。

分布：非洲界。

1. 莫特拉弱白蚁 *Adynatotermes moretelae* (Fuller, 1925)

曾称为：莫特拉奇异白蚁（前方白蚁亚属）*Mirotermes* (*Procubitermes*) *moretelae* Fuller, 1925。

模式标本：选模（雄成虫）、副选模（成虫）保存在南非国家昆虫馆，副模（成虫、工蚁、若蚁）保存在美国自然历史博物馆。

模式产地：南非德南士瓦省（Moretele）。

分布：非洲界的南非。

生物学：它没有兵蚁品级。它栖息在半干旱稀树草原上的纳塔尔大白蚁垄壁内。它属于食土白蚁。

危害性：它没有危害性。

（七）雅白蚁属 *Aganotermes* Sands, 1972

模式种：挖者雅白蚁 *Aganotermes oryctes* Sands, 1972。

种类：1 种。

分布：非洲界。

1. 挖者雅白蚁 *Aganotermes oryctes* Sands, 1972

模式标本：正模（雌成虫）、副模（成虫、工蚁）保存在南非国家昆虫馆，副模（成虫、工蚁）分别保存在美国自然历史博物馆和英国自然历史博物馆。

模式产地：南非德南士瓦省（Letaba）。

分布：非洲界的南非、赞比亚、津巴布韦。

生物学：它没有兵蚁品级。大白蚁属、土白蚁属白蚁蚁垄内可以发现它，它属于食土白蚁。

危害性：它没有危害性。

（八）异颚白蚁属 *Allognathotermes* Silvestri, 1914

模式种：地下异颚白蚁 *Allognathotermes hypogeus* Silvestri, 1914。

种类：3 种。

分布：非洲界。

生物学：它有兵蚁品级，属于食土白蚁，生活在西非相对潮湿的稀树草原上。蚁巢常在方白蚁蚁垄（死的或活的）之下，但也可能穿过蚁垄，还存在离蚁垄较远的现象。

危害性：它没有危害性。

1. 阿布里异颚白蚁 *Allognathotermes aburiensis* (Sjöstedt, 1926)

曾称为：阿布里尖白蚁 *Apicotermes aburiensis* Sjöstedt, 1926。

模式标本：全模（兵蚁）分别保存在瑞典自然历史博物馆、美国自然历史博物馆和英国自然历史博物馆。

模式产地：加纳（Aburi）。

分布：非洲界的加纳、几内亚、尼日利亚。

2. 地下异颚白蚁 *Allognathotermes hypogeus* Silvestri, 1914

模式标本：全模（兵蚁、工蚁）分别保存在意大利农业昆虫研究所和美国自然历史博物馆。

模式产地：几内亚（Kakoulima）。

分布：非洲界的几内亚、科特迪瓦、尼日利亚、塞拉利昂。

3. 象牙海岸异颚白蚁 *Allognathotermes ivorensis* Grassé and Noirot, 1955

模式标本：全模（工蚁、兵蚁、若蚁）保存在法国巴黎大学生物进化实验室，全模（兵蚁、工蚁）保存在美国自然历史博物馆。

模式产地：科特迪瓦。

分布：非洲界的冈比亚、几内亚、科特迪瓦、尼日利亚。

（九）逃白蚁属 *Alyscotermes* Sands, 1972

模式种：乞力马扎罗逃白蚁 *Alyscotermes kilimandjaricus* (Sjöstedt, 1907)。

种类：2 种。

分布：非洲界。

生物学：它没有兵蚁品级。它不筑自己的巢，而寄居在方白蚁的蚁垄里，或生活在岩石下。它用自爆的方式来防御。它属于食土白蚁。

危害性：它没有危害性。

1. 乞力马扎罗逃白蚁 *Alyscotermes kilimandjaricus* (Sjöstedt, 1907)

曾称为：乞力马扎罗真白蚁 *Eutermes kilimandjaricus* Sjöstedt, 1907。

异名：双裂白蚁 *Termes bilobatus* Haviland, 1898、纳塔尔奇异白蚁（方白蚁亚属）*Mirotermes* (*Cubitermes*) *natalensis* Holmgren, 1913、纳塔尔奇异白蚁（方白蚁亚属）昏暗亚种 *Mirotermes* (*Cubitermes*) *natalensis obscurus* Holmgren, 1913、梅弗洛兹奇异白蚁（前方白

蚁亚属）*Mirotermes* (*Procubitermes*) *mfolozii* Fuller, 1925、好望角解甲白蚁 *Anoplotermes capensis* Mathur and Thapa, 1962（裸记名称）。

模式标本：选模（雌成虫）、副选模（成虫）保存在瑞典自然历史博物馆，副选模（雌成虫）保存在美国自然历史博物馆。

模式产地：坦桑尼亚（Kilimanjaro）。

分布：非洲界的刚果民主共和国、冈比亚、几内亚、科特迪瓦、肯尼亚、马拉维、尼日利亚、南非、坦桑尼亚、乌干达、津巴布韦。

2. 懦夫逃白蚁 *Alyscotermes trestus* Sands, 1972

模式标本：正模（雌成虫）、副模（成虫、工蚁）保存在英国自然历史博物馆。

模式产地：肯尼亚（Narok）。

分布：非洲界的埃塞俄比亚、肯尼亚。

（十）软白蚁属 *Amalotermes* Sands, 1972

模式种：暗头软白蚁 *Amalotermes phaeocephalus* Sands, 1972。

种类：1 种。

分布：非洲界。

1. 暗头软白蚁 *Amalotermes phaeocephalus* Sands, 1972

模式标本：正模（雌成虫）、副模（成虫、工蚁、若蚁）保存在英国自然历史博物馆，副模（工蚁）保存在美国自然历史博物馆。

模式产地：尼日利亚东部地区。

分布：非洲界的喀麦隆、刚果民主共和国、刚果共和国、加蓬、尼日利亚。

生物学：它没有兵蚁品级。它虽然在每一地分布密度都不大，但分布范围广，在刚果林区有广泛的分布，并延伸到了喀麦隆和尼日利亚，但没有进入贝宁。从正在衰败的旧蚁垄中可以发现它，也可从正在腐烂的木材中发现它，它有时还在树皮下栖息。从其上颚的形状看，它应能消化柔软的植物材料。

危害性：它没有危害性。

（十一）善白蚁属 *Amicotermes* Sands, 1972

模式种：盖伦善白蚁 *Amicotermes galenus* Sands, 1972。

种类：12 种。

分布：非洲界。

生物学：它属于食土白蚁，没有兵蚁品级，生活在喀麦隆的雨林或热带稀树草原的林地内，栖息于方白蚁蚁垄或其他食土白蚁的蚁垄中。

危害性：它没有危害性。

1. 自爆善白蚁 *Amicotermes autothysius* Sands, 1999

模式标本：正模（工蚁）、副模（工蚁）保存在英国自然历史博物馆。

模式产地：喀麦隆姆巴尔马约森林保护区。

分布：非洲界的喀麦隆。

2. 喀麦隆善白蚁 *Amicotermes camerunensis* Sands, 1999

模式标本：正模（工蚁）、副模（工蚁）保存在英国自然历史博物馆。

模式产地：喀麦隆姆巴尔马约森林保护区。

分布：非洲界的喀麦隆。

3. 刚果善白蚁 *Amicotermes congoensis* Sands, 1999

模式标本：正模（工蚁）、副模（工蚁）保存在英国自然历史博物馆。

模式产地：刚果共和国马永贝。

分布：非洲界的刚果共和国。

4. 冠毛善白蚁 *Amicotermes cristatus* Sands, 1999

模式标本：正模（工蚁）、副模（工蚁）保存在英国自然历史博物馆。

模式产地：刚果共和国马永贝。

分布：非洲界的刚果共和国。

5. 迪博格善白蚁 *Amicotermes dibogi* Sands, 1999

种名释义：种名来自 L. Dibog 博士的姓。

模式标本：正模（工蚁）、副模（工蚁）保存在英国自然历史博物馆。

模式产地：喀麦隆姆巴尔马约森林保护区。

分布：非洲界的喀麦隆。

6. 盖伦善白蚁 *Amicotermes galenus* Sands, 1972

模式标本：正模（蚁后）、副模（工蚁）保存在美国自然历史博物馆，副模（工蚁）保存在英国自然历史博物馆。

模式产地：刚果民主共和国（Katanga）。

分布：非洲界的刚果民主共和国、尼日利亚。

7. 腰肠善白蚁 *Amicotermes gasteruptus* Sands, 1999

模式标本：正模（工蚁）、副模（工蚁）保存在英国自然历史博物馆。

模式产地：喀麦隆姆巴尔马约森林保护区。

分布：非洲界的喀麦隆。

8. 象牙海岸善白蚁 *Amicotermes ivorensis* Sands, 1999

模式标本：正模（工蚁）、副模（工蚁）保存在英国自然历史博物馆。

模式产地：科特迪瓦。

分布：非洲界的科特迪瓦。

9. 马永贝善白蚁 *Amicotermes mayombei* Sands, 1999

模式标本：正模（工蚁）、副模（工蚁）保存在英国自然历史博物馆。

模式产地：刚果共和国马永贝。

分布：非洲界的刚果共和国。

10. 姆巴尔马约善白蚁 *Amicotermes mbalmayoensis* Sands, 1999

模式标本：正模（工蚁）、副模（工蚁）保存在英国自然历史博物馆。
模式产地：喀麦隆姆巴尔马约森林保护区。
分布：非洲界的喀麦隆。

11. 多刺善白蚁 *Amicotermes multispinus* Sands, 1999

模式标本：正模（工蚁）、副模（工蚁）保存在英国自然历史博物馆。
模式产地：刚果共和国马永贝。
分布：非洲界的刚果共和国。

12. 具针善白蚁 *Amicotermes spiculatus* Sands, 1999

模式标本：正模（工蚁）、副模（工蚁）保存在英国自然历史博物馆。
模式产地：喀麦隆（Ebolowa）。
分布：非洲界的喀麦隆。

（十二）大腿白蚁属 *Amplucrutermes* Bourguignon and Roisin, 2016

模式种：椭圆大腿白蚁 *Amplucrutermes infltus* Bourguignon and Roisin, 2016。
种类：1 种。
分布：新热带界。

1. 椭圆大腿白蚁 *Amplucrutermes infltus* Bourguignon and Roisin, 2016

模式标本：正模（工蚁）、副模（工蚁、成虫）保存在比利时皇家自然科学研究所。
模式产地：法属圭亚那。
分布：新热带界的法属圭亚那。
生物学：它属于食土白蚁，没有兵蚁品级。它取食高度分解的土壤有机质，可能栖息在较深的土壤层。
危害性：它没有危害性。

（十三）无戟白蚁属 *Anaorotermes* Sands, 1972

模式种：海胆肠无戟白蚁 *Anaorotermes echinocolon* Sands, 1972。
种类：1 种。
分布：新北界。

1. 海胆肠无戟白蚁 *Anaorotermes echinocolon* Sands, 1972

模式标本：正模（雌成虫）、副模（成虫、工蚁）保存在英国自然历史博物馆。
模式产地：尼日利亚。
分布：非洲界的尼日利亚。
生物学：它属于食土白蚁，没有兵蚁品级，生活在相对潮湿的热带稀树草原的林地内，寄居在土垄内。
危害性：它没有危害性。

（十四）无甲白蚁属 *Anenteotermes* Sands, 1972

模式种：不斗无甲白蚁 *Anenteotermes disluctans* Sands, 1972。

种类：11 种。

分布：非洲界。

生物学：它属于食土白蚁，没有兵蚁品级。它生活在雨林和半干旱稀树草原。大多数种类寄居于其他属白蚁的蚁垄里，如方白蚁属、前方白蚁属、大白蚁属、土白蚁属的蚁垄。有一种白蚁可以自己建造小的、松软的土垄。在树根附近松软的土壤中也可以找到它。

危害性：它没有危害性。

1. 无刀无甲白蚁 *Anenteotermes amachetus* Sands, 1972

模式标本：正模（蚁后）、副模（工蚁）保存在美国自然历史博物馆。

模式产地：刚果民主共和国金沙萨。

分布：非洲界的刚果共和国、刚果民主共和国。

2. 无锐无甲白蚁 *Anenteotermes ateuchestes* Sands, 1972

模式标本：正模（雄成虫）、副模（成虫、工蚁）保存在英国自然历史博物馆。

模式产地：冈比亚。

分布：非洲界的喀麦隆、冈比亚。

3. 小天使无甲白蚁 *Anenteotermes cherubimi* Scheffrahn and Roisin, 2018

种名释义：Cherubim 意思为“圣经中守卫小天使（带翅膀的胖男孩）”，指这种白蚁工蚁肠瓣骨架形状像小天使的翅膀一样。

模式标本：正模（工蚁）、副模（工蚁）保存在美国佛罗里达大学研究与教育中心。

模式产地：喀麦隆（Korup National Park）。

分布：非洲界的喀麦隆、刚果共和国。

4. 温顺无甲白蚁 *Anenteotermes cicur* Sands, 1972

模式标本：正模（雌成虫）、副模（成虫、工蚁）保存在美国自然历史博物馆，副模（成虫、工蚁）保存在英国自然历史博物馆，副模（工蚁）保存在瑞士热带研究所。

模式产地：刚果民主共和国（Yase）。

分布：非洲界的刚果民主共和国。

5. 笨神无甲白蚁 *Anenteotermes cnaphorus* Sands, 1972

模式标本：正模（蚁后）、副模（蚁王、工蚁）保存在美国自然历史博物馆，副模（工蚁）保存在英国自然历史博物馆。

模式产地：刚果民主共和国（Katanga）。

分布：非洲界的马拉维、刚果共和国、刚果民主共和国。

*****刺胞无甲白蚁 *Anenteotermes cnidarius* Eggleton, Bignell, Hauser, Dibog, Norgrove, and Madong, 2002（裸记名称）**

分布：非洲界的喀麦隆。

6. 不斗无甲白蚁 *Anenteotermes disluctans* Sands, 1972

异名：吕舍尔解甲白蚁 *Anoplotermes luescheri* Mathur and Thapa, 1962。

模式标本：正模（雌成虫）、副模（成虫、工蚁）保存在英国自然历史博物馆，副模（蚁后、成虫、工蚁）保存在美国自然历史博物馆。

模式产地：乌干达卡旺达。

分布：非洲界的刚果民主共和国、乌干达、赞比亚。

7. 肱骨无甲白蚁 *Anenteotermes hemerus* Sands, 1972

模式标本：正模（雌成虫）、副模（成虫、工蚁）保存在美国自然历史博物馆，副模（成虫、工蚁）保存在英国自然历史博物馆。

模式产地：苏丹（Mt. Bangenze）。

分布：非洲界的苏丹。

8. 无备无甲白蚁 *Anenteotermes improcinctus* Sands, 1972

模式标本：正模（雌成虫）、副模（成虫、工蚁）保存在英国自然历史博物馆，副模（成虫、工蚁）保存在南非国家昆虫馆，副模（成虫）保存在美国自然历史博物馆。

模式产地：尼日利亚北部地区。

分布：非洲界的科特迪瓦、尼日利亚。

9. 不变无甲白蚁 *Anenteotermes improelatans* Sands, 1972

模式标本：正模（雌成虫）、副模（成虫、工蚁）保存在英国自然历史博物馆，副模（成虫、工蚁）分别保存在美国自然历史博物馆和南非国家昆虫馆。

模式产地：肯尼亚。

分布：非洲界的肯尼亚、马拉维。

10. 侏儒无甲白蚁 *Anenteotermes nanus* (Sjöstedt, 1911)

曾称为：侏儒真白蚁 *Eutermes nanus* Sjöstedt, 1911。

模式标本：选模（雌成虫）、副选模（成虫、工蚁）保存在瑞典自然历史博物馆，副模（成虫、工蚁）保存在美国自然历史博物馆。

模式产地：刚果民主共和国（Mukumbungu）。

分布：非洲界的喀麦隆、刚果共和国、刚果民主共和国。

11. 多魁无甲白蚁 *Anenteotermes polyscolus* Sands, 1972

模式标本：正模（雌成虫）、副模（成虫、工蚁）保存在英国自然历史博物馆，副模（成虫、工蚁）分别保存在南非国家昆虫馆和美国自然历史博物馆。

模式产地：加纳。

分布：非洲界的喀麦隆、刚果民主共和国、加纳、几内亚、科特迪瓦、尼日利亚、塞拉利昂。

（十五）解甲白蚁属 *Anoplotermes* Müller, 1873

中文名称：我国学者早期曾称之为“无兵白蚁属”。

模式种：太平洋解甲白蚁 *Anoplotermes pacifcus* Müller, 1873。
种类：23 种。
分布：新热带界、新北界。
生物学：此属无兵蚁品级。

1. 暗黑解甲白蚁 *Anoplotermes ater* (Hagen, 1858)

曾称为：暗黑白蚁（真白蚁亚属）*Termes* (*Eutermes*) *ater* Hagen, 1858。
模式标本：全模（成虫）分别保存在英国自然历史博物馆、哈佛大学比较动物学博物馆和德国马丁路德大学。
模式产地：巴西（Neu Freiburg）、哥伦比亚。
分布：新热带界的阿根廷（Corrientes）、巴西（马托格罗索州、里约热内卢、圣卡塔琳娜州）、哥伦比亚、巴拉圭、秘鲁（可疑）。

2. 巴哈马解甲白蚁 *Anoplotermes bahamensis* Scheffrahn and Křeček, 2006

模式标本：正模（成虫）、副模（成虫、工蚁）保存在佛罗里达大学研究与教育中心，副模（成虫、工蚁）分别保存在美国自然历史博物馆和美国国家博物馆。
模式产地：巴哈马（Eleuthera Island）。
分布：新热带界的巴哈马。

3. 班克斯解甲白蚁 *Anoplotermes banksi* Emerson, 1925

种名释义：种名来自美国杰出昆虫学家 N. Banks 的姓。
曾称为：班克斯解甲白蚁（解甲白蚁亚属）*Anoplotermes* (*Anoplotermes*) *banksi* Emerson, 1925。
模式标本：正模（有翅成虫）、副模（成虫、工蚁、若蚁）保存在美国自然历史博物馆。
模式产地：圭亚那（Kartabo）。
分布：新热带界的巴西、厄瓜多尔、法属圭亚那、圭亚那、秘鲁、特立尼达和多巴哥。
生物学：它在树木或棕榈树上离地 0.5～2.5m 处筑树栖巢，巢直径可达 40cm。它分布于低洼地区，尤其是棕榈沼泽地，筑树栖巢是对水淹的一种适应措施。它取食有机质丰富的土壤层。

4. 玻利维亚解甲白蚁 *Anoplotermes bolivianus* Snyder, 1926

曾称为：玻利维亚解甲白蚁（解甲白蚁亚属）*Anoplotermes* (*Anoplotermes*) *bolivianus* Snyder, 1926。
模式标本：正模（有翅成虫）、副模（成虫）保存在美国国家博物馆。
模式产地：玻利维亚（Tumupasa）。
分布：新热带界的玻利维亚。

5. 布鲁斯解甲白蚁 *Anoplotermes brucei* Snyder, 1955

模式标本：全模（成虫、工蚁）分别保存在美国国家博物馆和美国自然历史博物馆。
模式产地：玻利维亚（Rosario）。
分布：新热带界的玻利维亚。

6. 伯迈斯特解甲白蚁 *Anoplotermes burmeisteri* (Czerwinski, 1901)

曾称为：伯迈斯特真白蚁 *Eutermes burmeisteri* Czerwinski, 1901。

模式标本：全模（成虫、工蚁）保存地不详。

模式产地：巴西（Rio Grande）。

分布：新热带界的巴西。

7. 遥远解甲白蚁 *Anoplotermes distans* Snyder, 1926

曾称为：遥远解甲白蚁（解甲白蚁亚属）*Anoplotermes* (*Anoplotermes*) *distans* Snyder, 1926。

模式标本：正模（成虫）、副模（成虫、工蚁）保存在美国国家博物馆，副模（工蚁）保存在美国自然历史博物馆。

模式产地：玻利维亚（Rosario）。

分布：新热带界的玻利维亚、巴西。

8. 烟色解甲白蚁 *Anoplotermes fumosus* (Hagen, 1860)

曾称为：烟色白蚁 *Termes fumosus* Hagen, 1860。

模式标本：全模（成虫）保存在哈佛大学比较动物学博物馆。

模式产地：墨西哥（Veracruz）。

分布：新北界的墨西哥（Veracruz）、美国（亚利桑那州、得克萨斯州）。

9. 细瘦解甲白蚁 *Anoplotermes gracilis* Snyder, 1922

模式标本：正模（有翅成虫）、副模（成虫）保存在美国国家博物馆，副模（成虫）保存在美国自然历史博物馆。

模式产地：巴拿马（Ancon）。

分布：新热带界的法属圭亚那、巴拿马运河区域。

10. 大额解甲白蚁 *Anoplotermes grandifrons* Snyder, 1926

曾称为：大额解甲白蚁（解甲白蚁亚属）*Anoplotermes* (*Anoplotermes*) *grandifrons* Snyder, 1926。

模式标本：正模（脱翅成虫）保存在美国国家博物馆。

模式产地：玻利维亚（Rosario）。

分布：新热带界的玻利维亚。

11. 洪都拉斯解甲白蚁 *Anoplotermes hondurensis* Snyder, 1924

模式标本：正模（有翅成虫）、副模（成虫）保存在美国国家博物馆，副模（成虫）保存在美国自然历史博物馆。

模式产地：洪都拉斯（La Ceiba）。

分布：新热带界的洪都拉斯。

12. 霍华德解甲白蚁 *Anoplotermes howardi* Snyder, 1926

曾称为：霍华德解甲白蚁（解甲白蚁亚属）*Anoplotermes* (*Anoplotermes*) *howardi* Snyder, 1926。

模式标本：正模（脱翅成虫）、副模（成虫）保存在美国国家博物馆。

模式产地：玻利维亚（Rosario）。

分布：新热带界的玻利维亚、巴西（圣保罗）。

*****伊波吉解甲白蚁 *Anoplotermes hypogei* Silvestri, 1947（裸记名称）**

分布：新热带界的巴西（圣保罗）。

13. 意外解甲白蚁 *Anoplotermes inopinatus* Scheffrahn and Křeček, 2006

模式标本：正模（雄成虫）、副模（成虫、工蚁）保存在佛罗里达大学研究与教育中心，副模（成虫、工蚁）保存在美国自然历史博物馆。

模式产地：巴哈马（Eleuthera Island）。

分布：新热带界的巴哈马。

14. 门神解甲白蚁 *Anoplotermes janus* Bourguignon and Roisin, 2010

模式标本：正模（工蚁）、副模（成虫、工蚁）保存在比利时皇家自然科学研究所，副模（工蚁）保存在佛罗里达大学研究与教育中心。

模式产地：法属圭亚那。

分布：新热带界的法属圭亚那、特立尼达和多巴哥。

生物学：它生活于森林中，不筑地上巢。群体中有多王共栖现象。它栖息于原木下的蚁道内，取食中度腐殖化土壤中的有机质。

15. 南方解甲白蚁 *Anoplotermes meridianus* Emerson, 1925

曾称为：南方解甲白蚁（解甲白蚁亚属）*Anoplotermes* (*Anoplotermes*) *meridianus* Emerson, 1925。

模式标本：全模（成虫、工蚁）分别保存在意大利农业昆虫研究所、美国自然历史博物馆和美国国家博物馆。

模式产地：阿根廷、乌拉圭。

分布：新热带界的阿根廷（Buenos Aires、Córdoba、Entre Ríos、Santa Fe）、巴西（Pará）、多米尼加共和国、危地马拉、海地、马提尼克、巴拿马、巴拉圭、波多黎各、乌拉圭、委内瑞拉。

16. 太平洋解甲白蚁 *Anoplotermes pacifcus* Müller, 1873

异名：不显解甲白蚁（解甲白蚁亚属）*Anoplotermes* (*Anoplotermes*) *indistinctus* Snyder, 1926。

模式标本：全模（成虫）分别保存在哈佛大学比较动物学博物馆和美国自然历史博物馆。

模式产地：巴西圣卡塔琳娜州。

分布：新热带界的阿根廷（北部）、玻利维亚、巴西（里约热内卢、圣卡塔琳娜州、圣保罗）、巴拉圭、秘鲁。

生物学：它筑约 30cm 高的蚁垄，在巴西东南部很常见。

危害性：它危害林木（主要是桉树）和甘蔗等多种农作物。

17. 小解甲白蚁 *Anoplotermes parvus* Snyder, 1923

异名：短毛解甲白蚁（解甲白蚁亚属）*Anoplotermes* (*Anoplotermes*) *brevipilus* Emerson,

1925、大唇解甲白蚁（解甲白蚁亚属）*Anoplotermes* (*Anoplotermes*) *clypeatus* Snyder, 1926、明显解甲白蚁（解甲白蚁亚属）*Anoplotermes* (*Anoplotermes*) *distinctus* Snyder, 1926、最新解甲白蚁（解甲白蚁亚属）*Anoplotermes* (*Anoplotermes*) *proximus* Snyder, 1926。

模式标本：正模（有翅成虫）、副模（成虫、工蚁）保存在美国国家博物馆。

模式产地：巴拿马（Frijoles）。

分布：新热带界的玻利维亚、巴西、哥斯达黎加、厄瓜多尔、法属圭亚那、危地马拉、圭亚那、洪都拉斯、尼加拉瓜、巴拿马、特立尼达和多巴哥、委内瑞拉。

生物学：它筑蚁垄，取食有机质丰富的土壤。群体通常由原始繁殖蚁主持，有一些群体中出现成蚁型补充繁殖蚁。在巴拿马，成熟群体 5 月分飞。这种白蚁在新热带界的北部广泛分布。

18. 具点解甲白蚁 *Anoplotermes punctatus* Snyder, 1926

曾称为：具点解甲白蚁（解甲白蚁亚属）*Anoplotermes* (*Anoplotermes*) *punctatus* Snyder, 1926。

模式标本：正模（脱翅成虫）、副模（蚁后、工蚁）保存在美国国家博物馆，副模（工蚁）保存在美国自然历史博物馆。

模式产地：玻利维亚（Rosario）。

分布：新热带界的玻利维亚。

19. 梨形解甲白蚁 *Anoplotermes pyriformis* Snyder, 1934

曾称为：梨形解甲白蚁（解甲白蚁亚属）*Anoplotermes* (*Anoplotermes*) *pyriformis* Snyder, 1934。

模式标本：全模（有翅成虫）分别保存在美国国家博物馆和美国自然历史博物馆。

模式产地：哥斯达黎加（Hamburg Farm）。

分布：新热带界的哥斯达黎加。

20. 球形解甲白蚁 *Anoplotermes rotundus* Snyder, 1926

曾称为：球形解甲白蚁（解甲白蚁亚属）*Anoplotermes* (*Anoplotermes*) *rotundus* Snyder, 1926。

模式标本：正模（有翅成虫）、副模（工蚁）保存在美国国家博物馆，副模（成虫）保存在美国自然历史博物馆。

模式产地：玻利维亚（Rosario）。

分布：新热带界的玻利维亚。

21. 施瓦茨解甲白蚁 *Anoplotermes schwarzi* Banks, 1919

模式标本：正模（成虫）保存在美国国家博物馆。

模式产地：古巴（Cayamas）。

分布：新热带界的古巴。

危害性：它危害甘蔗。

22. 地下解甲白蚁 *Anoplotermes subterraneus* Emerson, 1925

曾称为：地下解甲白蚁（解甲白蚁亚属）*Anoplotermes* (*Anoplotermes*) *subterraneus*

Emerson, 1925。

模式标本：正模（有翅成虫）、副模（成虫、工蚁）保存在美国自然历史博物馆。

模式产地：圭亚那（Kartabo）。

分布：新热带界的圭亚那、委内瑞拉。

23. 黑暗解甲白蚁 *Anoplotermes tenebrosus* (Hagen, 1858)

曾称为：黑暗白蚁（真白蚁亚属）*Termes* (*Eutermes*) *tenebrosus* Hagen, 1858。

模式标本：全模（成虫）分别保存在奥地利自然历史博物馆、美国自然历史博物馆、美国国家博物馆、哈佛大学比较动物学博物馆和比利时皇家自然科学研究所。

模式产地：巴西圣保罗。

分布：新热带界的阿根廷、委内瑞拉、巴西（圣保罗）。

（十六）疲白蚁属 *Apagotermes* Sands, 1972

模式种：愚蠢疲白蚁 *Apagotermes stolidus* Sands, 1972。

种类：1 种。

分布：非洲界。

1. 愚蠢疲白蚁 *Apagotermes stolidus* Sands, 1972

模式标本：正模（雌成虫）、副模（成虫、工蚁）保存在美国自然历史博物馆，副模（成虫、工蚁）保存在英国自然历史博物馆，副模（工蚁）保存在瑞士热带研究所。

模式产地：刚果民主共和国（Epulu River）。

分布：非洲界的刚果共和国、刚果民主共和国、尼日利亚。

生物学：它属于食土白蚁，没有兵蚁品级，寄居于前爬前白蚁的上层蚁垄中，在其他白蚁的蚁垄中也曾发现过它。

危害性：它没有危害性。

（十七）弯肠白蚁属 *Aparatermes* Fontes, 1986

种类：4 种。

模式种：缩短弯肠白蚁 *Aparatermes abbreviatus* (Silvestri, 1901)。

分布：新热带界。

生物学：此属白蚁没有兵蚁品级。

危害性：它危害水稻。

1. 缩短弯肠白蚁 *Aparatermes abbreviatus* (Silvestri, 1901)

曾称为：环带解甲白蚁缩短亚种 *Anoplotermes cingulatus abbreviatus* Silvestri, 1901。

模式标本：全模（成虫、工蚁）分别保存在意大利农业昆虫研究所、美国自然历史博物馆和美国国家博物馆。

模式产地：阿根廷（Santa Fe）。

分布：新热带界的阿根廷（Buenos Aires、Corrientes、Córdoba、Jujuy、Salta、San Luis、Santa Fe、Santiago del Estero、Tucuman）。

2. 环带弯肠白蚁 *Aparatermes cingulatus* (Burmeister, 1839)

曾称为：环带白蚁 *Termes cingulatus* Burmeister, 1839。

模式标本：全模（成虫）分别保存在德国马丁路德大学和哈佛大学比较动物学博物馆。

模式产地：巴西（Porta Allegro）。

分布：新热带界的阿根廷（Buenos Aires、Chaco、Corrientes、Córdoba、Entre Ríos、Misiones、Santa Fe）、巴西（马托格罗索州、Rio Grande do Sol）、法属圭亚那、巴拉圭、乌拉圭、特立尼达和多巴哥。

3. 西尔韦斯特里弯肠白蚁 *Aparatermes silvestrii* Emerson, 1925

曾称为：西尔韦斯特里解甲白蚁（解甲白蚁亚属）*Anoplotermes* (*Anoplotermes*) *silvestrii* Emerson, 1925。

模式标本：正模（有翅成虫）、副模（成虫、蚁王、蚁后、工蚁、若蚁）保存在美国自然历史博物馆，副模（成虫、工蚁）保存在荷兰马斯特里赫特自然历史博物馆，副模（成虫）保存在南非国家昆虫馆，副模（成虫、工蚁、若蚁）保存在印度森林研究所，副模（工蚁）保存在印度动物调查所总部。

模式产地：圭亚那（Kartabo）。

分布：新热带界的圭亚那、特立尼达和多巴哥、法属圭亚那、巴西（Roraima、Maracá Island）。

4. 刺棘弯肠白蚁 *Aparatermes thornatus* Pinzón and Scheffrahn, 2019

模式标本：正模（工蚁）将保存在 Universidad Distrital（FranciscoJose de Caldas）。

模式产地：厄瓜多尔。

分布：新热带界的厄瓜多尔、哥伦比亚、特立尼达和多巴哥、法属圭亚那。

（十八）尖白蚁属 *Apicotermes* Holmgren, 1912

模式种：特雷高尖白蚁 *Apicotermes tragardhi* Holmgren, 1912。

种类：13 种。

分布：非洲界。

生物学：它属于食土白蚁，没有兵蚁品级。它以精致的蚁巢而闻名，有的白蚁学家根据蚁巢的形态来进行种类鉴别。有的白蚁只有 1 个聚集的蚁巢，有的白蚁有 4～5 个卵形蜂窝状的副巢。蚁巢离地面几厘米到 50cm，大多数都筑在方白蚁的蚁垄底下。

危害性：它没有危害性。

1. 狭窄尖白蚁 *Apicotermes angustatus* Sjöstedt, 1924

模式标本：全模（兵蚁、工蚁）分别保存在比利时非洲中心皇家博物馆、美国自然历史博物馆和美国国家博物馆。

模式产地：刚果民主共和国（Kasaï）。

分布：非洲界的安哥拉、刚果民主共和国。

2. 阿奎尔尖白蚁 *Apicotermes arquieri* Grassé and Noirot, 1955

异名：韦莱尖白蚁 *Apicotermes uelensis* Desneux, 1953（裸记名称）。

模式标本：全模（蚁王、蚁后、兵蚁、工蚁）保存在法国巴黎大学生物进化实验室，全模（兵蚁、工蚁）保存在美国自然历史博物馆。

模式产地：中非共和国（Bossembélé）。

分布：非洲界的中非共和国、刚果民主共和国、尼日利亚。

生物学：它生活在热带稀树草原上。

3. 德纳尖白蚁 *Apicotermes desneuxi* Emerson, 1953

种名释义：种名来自早期白蚁分类学家 J. Desneux 的姓。

模式标本：正模（兵蚁）、副模（蚁后、兵蚁、工蚁）保存在比利时非洲中心皇家博物馆，副模（兵蚁）保存在美国自然历史博物馆。

模式产地：刚果民主共和国（Inkisi）。

分布：非洲界的刚果民主共和国。

4. 埃默森尖白蚁 *Apicotermes emersoni* Bouillon, 1966

模式标本：全模（兵蚁、工蚁、若蚁）分别保存在美国自然历史博物馆和刚果民主共和国鲁汶大学，全模（兵蚁）保存在南非国家昆虫馆。

模式产地：刚果民主共和国。

分布：非洲界的安哥拉、刚果民主共和国。

5. 格斯瓦尔德尖白蚁 *Apicotermes goesswaldi* Bouillon, 1966

模式标本：全模（兵蚁、工蚁、若蚁）分别保存在美国自然历史博物馆和刚果民主共和国鲁汶大学，全模（兵蚁）保存在南非国家昆虫馆。

模式产地：刚果民主共和国马永贝。

分布：非洲界的安哥拉、刚果民主共和国。

6. 喉头尖白蚁 *Apicotermes gurgulifex* Emerson, 1956

异名：马乔度尖白蚁 *Apicotermes machodoensis* Weidner, 1955（裸记名称）。

模式标本：正模（兵蚁）保存在英国自然历史博物馆，副模（工蚁）保存在美国自然历史博物馆。

模式产地：安哥拉（Lunda）。

分布：非洲界的安哥拉、刚果民主共和国。

生物学：它在沙土里筑圆球形蚁巢，有成行的凸起均匀排列在表面。

7. 霍姆格伦尖白蚁 *Apicotermes holmgreni* Emerson, 1956

模式标本：正模（兵蚁）、副模（蚁后）保存在英国自然历史博物馆。

模式产地：马拉维（Mt. Nsakaru 附近）。

分布：非洲界的马拉维、坦桑尼亚。

生物学：它在有树的草原上筑低矮、坚硬的灰色蚁垄。

8. 基桑图尖白蚁 *Apicotermes kisantuensis* Sjöstedt, 1924

模式标本：全模（兵蚁）分别保存在瑞典自然历史博物馆、比利时非洲中心皇家博物馆和美国自然历史博物馆。

模式产地：刚果民主共和国（Inkisi-Kisantu）。

分布：非洲界的刚果民主共和国。

9. 拉曼尖白蚁 *Apicotermes lamani* (Sjöstedt, 1924)

曾称为：拉曼白蚁（土白蚁亚属）*Termes* (*Odontotermes*) *lamani* Sjöstedt, 1924。

模式标本：全模（兵蚁、工蚁）分别保存在瑞典自然历史博物馆和美国自然历史博物馆。

模式产地：刚果共和国（Madzia）。

分布：非洲界的安哥拉、刚果共和国、刚果民主共和国、坦桑尼亚。

10. 隐蔽尖白蚁 *Apicotermes occultus* Silvestri, 1914

模式标本：全模（兵蚁、工蚁）保存在意大利农业昆虫研究所，全模（工蚁）保存在美国自然历史博物馆。

模式产地：几内亚（Kakoulima）。

分布：非洲界的几内亚、尼日利亚。

11. 具孔尖白蚁 *Apicotermes porifex* Emerson, 1953

模式标本：正模（兵蚁、工蚁）保存在比利时非洲中心皇家博物馆，副模（兵蚁、工蚁）保存在美国自然历史博物馆。

模式产地：刚果民主共和国（Luluabourg）。

分布：非洲界的刚果民主共和国。

12. 裂缝尖白蚁 *Apicotermes rimulifex* Emerson, 1956

模式标本：正模（兵蚁、工蚁）保存在比利时非洲中心皇家博物馆，副模（兵蚁、工蚁）分别保存在美国自然历史博物馆、美国国家博物馆、英国自然历史博物馆、瑞典自然历史博物馆和法国巴黎大学生物进化实验室，副模（兵蚁）保存在南非国家昆虫馆。

模式产地：刚果民主共和国（Katanga）。

分布：非洲界的刚果民主共和国。

13. 特雷高尖白蚁 *Apicotermes tragardhi* Holmgren, 1912

模式标本：全模（兵蚁、工蚁）保存在瑞典动物研究所，全模（成虫、兵蚁、工蚁）保存在美国自然历史博物馆。

模式产地：南非祖鲁兰（Mkosi）。

分布：非洲界的莫桑比克、南非、坦桑尼亚、津巴布韦。

（十九）无剑白蚁属 *Asagarotermes* Sands, 1972

模式种：冠毛无剑白蚁 *Asagarotermes coronatus* Sands, 1972。

种类：1 种。

分布：非洲界。

1. 冠毛无剑白蚁 *Asagarotermes coronatus* Sands, 1972

模式标本：正模（蚁后）、副模（蚁王、蚁后、工蚁）保存在美国自然历史博物馆。

模式产地：刚果民主共和国（Katanga）。

分布：非洲界的刚果民主共和国。

生物学：它属于食土白蚁，没有兵蚁品级，均生活于排水不畅的地方，发现于方白蚁的蚁垄中。

危害性：没有危害性。

（二十）无利器白蚁属 *Astalotermes* Sands, 1972

模式种：团结无利器白蚁 *Astalotermes concilians* (Silvestri, 1914)。

种类：17 种。

分布：非洲界。

生物学：它都是食土白蚁，没有兵蚁品级，分布于雨林至半干旱稀树草原。它栖息在其他白蚁的蚁垄中，尤其是食土白蚁（如方白蚁属白蚁）的蚁垄中，偶尔也能在倒地原木下、树根部（死亡或活的）发现它。在西非和刚果的雨林中，宁静无利器白蚁筑地上巢，它将直径约 15cm 的巢附着在灌木、幼树和藤本植物上。不过，这种白蚁也可在西非稀树草原其他白蚁的蚁垄中找到。此属有几种白蚁在遇到蚂蚁等捕食者时，可自爆。

危害性：它没有危害性。

1. 阿彻鲁斯无利器白蚁 *Astalotermes acholus* Sands, 1972

模式标本：正模（雌成虫）、副模（成虫、工蚁）保存在比利时非洲中心皇家博物馆，副模（成虫、工蚁）分别保存在英国自然历史博物馆和刚果民主共和国鲁汶大学。

模式产地：刚果民主共和国（Bas-Congo）。

分布：非洲界的刚果民主共和国。

2. 温柔无利器白蚁 *Astalotermes aganus* Sands, 1972

模式标本：正模（雌成虫）、副模（成虫、工蚁）保存在南非国家昆虫馆，副模（成虫、工蚁）分别保存在英国自然历史博物馆和美国自然历史博物馆。

模式产地：南非纳塔尔省（Mahlabatini）。

分布：非洲界的南非。

***无私无利器白蚁 *Astalotermes altruisticus* Sugimoto, Inoue, Tayasu, Miller, and Takeichi, 1997（裸记名称）

分布：非洲界的喀麦隆。

3. 仁爱无利器白蚁 *Astalotermes amicus* Sands, 1972

模式标本：正模（雌成虫）、副模（成虫、工蚁）保存在英国自然历史博物馆。

模式产地：坦桑尼亚（Amani）。

分布：非洲界的坦桑尼亚。

4. 仁慈无利器白蚁 *Astalotermes benignus* Sands, 1972

模式标本：正模（雌成虫）、副模（成虫、工蚁）保存在美国自然历史博物馆，副模（成虫、工蚁）分别保存在英国自然历史博物馆和意大利农业昆虫研究所。

模式产地：几内亚（Mt. Nimba）。

分布：非洲界的几内亚、科特迪瓦、尼日利亚。

5. 短小无利器白蚁 *Astalotermes brevior* (Holmgren, 1913)

曾称为：纳塔尔奇异白蚁（方白蚁亚属）短小亚种 *Mirotermes* (*Cubitermes*) *natalensis brevior* Holmgren, 1913。

异名：神圣解甲白蚁 *Anoplotermes sanctus* Silvestri, 1914、姆巴茨瓦纳奇异白蚁（前方白蚁亚属）*Mirotermes* (*Procubitermes*) *mbazwanicus* Fuller, 1925、姆弗洛齐奇异白蚁（前方白蚁亚属）沃伦亚种 *Mirotermes* (*Procubitermes*) *mfolozii warreni* Fuller, 1925。

模式标本：全模（雄成虫）保存在美国自然历史博物馆，全模（成虫）保存在德国汉堡动物学博物馆和瑞典哥德堡自然历史博物馆。

模式产地：南非祖鲁兰（Mkosi）。

分布：非洲界的安哥拉、纳米比亚、南非、斯威士兰、赞比亚、津巴布韦。

6. 友好无利器白蚁 *Astalotermes comis* Sands, 1972

模式标本：正模（雌成虫）、副模（成虫、工蚁）保存在南非国家昆虫馆，副模（成虫、工蚁）分别保存在美国自然历史博物馆和英国自然历史博物馆。

模式产地：南非纳塔尔省（Ubombo）。

分布：非洲界的南非。

7. 团结无利器白蚁 *Astalotermes concilians* (Silvestri, 1914)

异名：温和解甲白蚁 *Anoplotermes placidus* Silvestri, 1914。

模式标本：选模（雌成虫）、副选模（雌成虫、工蚁）保存在意大利农业昆虫研究所，副选模（成虫、工蚁）分别保存在美国自然历史博物馆和英国自然历史博物馆。

模式产地：几内亚（Kindia）。

分布：非洲界的几内亚、尼日利亚。

8. 棘头无利器白蚁 *Astalotermes empodius* Sands, 1972

模式标本：正模（雌成虫）、副模（成虫、工蚁）保存在南非国家昆虫馆，副模（成虫、工蚁）分别保存在美国自然历史博物馆和英国自然历史博物馆。

模式产地：南非纳塔尔省（Haviland Rail）。

分布：非洲界的南非。

9. 蜾蠃无利器白蚁 *Astalotermes eumenus* Sands, 1972

模式标本：正模（雌成虫）、副模（成虫、工蚁）保存在美国自然历史博物馆，副模（成虫、工蚁）保存在英国自然历史博物馆。

模式产地：刚果民主共和国（Mukimbungu）。

分布：非洲界的刚果民主共和国。

10. 哈帕勒斯无利器白蚁 *Astalotermes hapalus* Sands, 1972

模式标本：正模（雌成虫）、副模（成虫、工蚁）保存在英国自然历史博物馆，副模（成虫、工蚁）保存在美国自然历史博物馆，副模（成虫）保存在南非国家昆虫馆。

模式产地：肯尼亚（Mt. Ngong）。

分布：非洲界的肯尼亚。

11. 懒惰无利器白蚁 *Astalotermes ignavus* Sands, 1972

模式标本：正模（蚁后）、副模（蚁王、工蚁）保存在美国自然历史博物馆，副模（蚁后、工蚁）保存在英国自然历史博物馆。

模式产地：刚果共和国。

分布：非洲界的刚果共和国。

12. 慢行无利器白蚁 *Astalotermes impedians* Sands, 1972

模式标本：正模（雌成虫）、副模（雄成虫、工蚁）保存在南非国家昆虫馆。

模式产地：赞比亚（Ndola）。

分布：非洲界的赞比亚。

13. 和平无利器白蚁 *Astalotermes irrixosus* Sands, 1972

模式标本：正模（雌成虫）、副模（雄成虫、工蚁、若蚁）保存在美国自然历史博物馆，副模（雌成虫、工蚁）保存在英国自然历史博物馆。

模式产地：苏丹（Mt. Imatong）。

分布：非洲界的苏丹。

14. 温和无利器白蚁 *Astalotermes mitis* Sands, 1972

模式标本：正模（蚁后）、副模（工蚁）保存在英国自然历史博物馆。

模式产地：马拉维（Mt. Zomba）。

分布：非洲界的马拉维。

15. 懦弱无利器白蚁 *Astalotermes murcus* Sands, 1972

模式标本：正模（雌成虫）、副模（成虫、工蚁）保存在南非国家昆虫馆，副模（成虫、工蚁）分别保存在美国自然历史博物馆和英国自然历史博物馆。

模式产地：赞比亚（Ndola）。

分布：非洲界的刚果、赞比亚。

16. 阻碍无利器白蚁 *Astalotermes obstructus* Sands, 1972

模式标本：正模（雌成虫）、副模（成虫、工蚁、蚁后）保存在美国自然历史博物馆，副模（成虫、工蚁）保存在英国自然历史博物馆。

模式产地：刚果民主共和国（Epulu River）。

分布：非洲界的刚果民主共和国。

17. 宁静无利器白蚁 *Astalotermes quietus* (Silvestri, 1914)

曾称为：宁静解甲白蚁 *Anoplotermes quietus* Silvestri, 1914。

模式标本：选模（雌成虫）、副选模（成虫、工蚁、若蚁）保存在意大利农业昆虫研究所，副选模（雌成虫、工蚁）保存在美国自然历史博物馆，副选模（成虫）保存在美国国家博物馆。

模式产地：加纳（Aburi）。

分布：非洲界的喀麦隆、刚果民主共和国、刚果共和国、加纳、几内亚、科特迪瓦、尼日利亚、塞拉利昂、卢旺达。

生物学：它筑蚁垄。

（二十一）无刃白蚁属 *Astratotermes* Sands, 1972

模式种：大型无刃白蚁 *Astratotermes prosenus* Sands, 1972。

种类：6种。

分布：非洲界。

生物学：它属于食土白蚁，无兵蚁品级，生活在热带稀树草原林区中的方白蚁属、土白蚁属和三脉白蚁属白蚁的蚁垄里。

危害性：它没有危害性。

1. 赞比亚无刃白蚁 *Astratotermes aneristus* Sands, 1972

模式标本：正模（蚁后）、副模（工蚁）保存在南非国家昆虫馆。

模式产地：赞比亚（Kitwe）。

分布：非洲界的赞比亚。

2. 小囟无刃白蚁 *Astratotermes apocnetus* Sands, 1972

模式标本：正模（雌成虫）、副模（成虫、工蚁）保存在美国自然历史博物馆，副模（成虫、工蚁）保存在英国自然历史博物馆。

模式产地：肯尼亚（Kisumu）。

分布：非洲界的肯尼亚。

3. 高兴无刃白蚁 *Astratotermes hilarus* Sands, 1972

模式标本：正模（蚁后）、副模（蚁王、工蚁）保存在美国自然历史博物馆，副模（蚁后、工蚁）保存在英国自然历史博物馆。

模式产地：刚果民主共和国（Katanga）。

分布：非洲界的刚果民主共和国。

4. 驯服无刃白蚁 *Astratotermes mansuetus* Sands, 1972

模式标本：正模（雄成虫）、副模（雄成虫、工蚁）保存在英国自然历史博物馆。

模式产地：肯尼亚。

分布：非洲界的肯尼亚、马拉维。

5. 平静无刃白蚁 *Astratotermes pacatus* (Silvestri, 1914)

曾称为：平静解甲白蚁 *Anoplotermes pacatus* Silvestri, 1914。

异名：安定解甲白蚁 *Anoplotermes sedatus* Silvestri, 1914。

模式标本：选模（雌成虫）、副选模（成虫、工蚁）保存在意大利农业昆虫研究所，副模（成虫、工蚁）保存在美国自然历史博物馆。

模式产地：几内亚（Kindia）。

分布：非洲界的刚果民主共和国、刚果共和国、几内亚。

6. 大型无刃白蚁 ***Astratotermes prosenus*** **Sands, 1972**

模式标本：正模（雌成虫）、副模（成虫、工蚁）保存在英国自然历史博物馆。

模式产地：尼日利亚北部地区。

分布：非洲界的几内亚、尼日利亚。

（二十二）无锐白蚁属 *Ateuchotermes* Sands, 1972

模式种：梳痕无锐白蚁 *Ateuchotermes pectinatus* Sands, 1972。

种类：8 种。

分布：非洲界。

生物学：它属于食土白蚁，没有兵蚁品级，生活在雨林和热带稀树草原，也能生活于海拔 3000m 的山地牧场。它通常栖居在其他白蚁，如方白蚁属、土白蚁属、刻痕白蚁属的蚁垄内。有两种白蚁可以自筑不规则的低矮蚁垄。一种白蚁发现于正在腐烂的木残渣中和木残渣下。所有的无锐白蚁种类均能通过自爆进行防御。

危害性：它没有危害性。

1. 梳肠无锐白蚁 ***Ateuchotermes ctenopher*** **Sands, 1972**

模式标本：正模（蚁后）、副模（蚁后、工蚁）保存在比利时非洲中心皇家博物馆，副模（蚁王、工蚁）保存在英国自然历史博物馆。

模式产地：加蓬。

分布：非洲界的喀麦隆、刚果民主共和国、加蓬。

2. 胆怯无锐白蚁 ***Ateuchotermes muricatus*** **Sands, 1972**

模式标本：正模（雌成虫）、副模（工蚁、成虫）保存在南非国家昆虫馆，副模（工蚁、成虫）保存在美国自然历史博物馆，副模（蚁王、工蚁）保存在英国自然历史博物馆。

模式产地：南非德南士瓦省（Sibasa）。

分布：非洲界的马拉维、南非、斯威士兰。

3. 梳痕无锐白蚁 ***Ateuchotermes pectinatus*** **Sands, 1972**

模式标本：正模（雌成虫）、副模（成虫、工蚁）保存在英国自然历史博物馆，副模（成虫）分别保存在美国自然历史博物馆和南非国家昆虫馆，副模（工蚁）保存在瑞士热带研究所。

模式产地：肯尼亚（Kaptagat）。

分布：非洲界的刚果民主共和国、肯尼亚、乌干达。

4. 耙痕无锐白蚁 ***Ateuchotermes rastratus*** **Sands, 1972**

模式标本：正模（雌成虫）、副模（成虫、工蚁、蚁后）保存在英国自然历史博物馆，副模（工蚁）保存在美国自然历史博物馆。

模式产地：肯尼亚（Mt. Nyambeni）。

分布：非洲界的埃塞俄比亚、肯尼亚、坦桑尼亚。

5. 刚果无锐白蚁 ***Ateuchotermes retifaciens*** **Sands, 1972**

模式标本：正模（蚁后）、副模（工蚁）保存在英国自然历史博物馆，副模（工蚁）保存在美国自然历史博物馆，副模（蚁王）保存在瑞士热带研究所。

模式产地：刚果民主共和国（Kivu）。

分布：非洲界的刚果民主共和国。

6. 多刺无锐白蚁 *Ateuchotermes sentosus* Sands, 1972

模式标本：正模（雄脱翅成虫）、副模（工蚁）保存在英国自然历史博物馆，副模（工蚁）保存在美国自然历史博物馆。

模式产地：尼日利亚（Port Harcourt）。

分布：非洲界的喀麦隆、刚果共和国、刚果民主共和国、几内亚、尼日利亚。

7. 小刺无锐白蚁 *Ateuchotermes spinulatus* Sands, 1972

模式标本：正模（蚁后）、副模（工蚁、若蚁）保存在美国自然历史博物馆。

模式产地：刚果民主共和国（Katanga）。

分布：非洲界的刚果民主共和国。

8. 宁静无锐白蚁 *Ateuchotermes tranquillus* (Silvestri, 1914)

曾称为：宁静解甲白蚁 *Anoplotermes tranquillus* Silvestri, 1914。

模式标本：选模（雌成虫）、副选模（蚁后、成虫、工蚁、若蚁）保存在意大利农业昆虫研究所，副选模（成虫、工蚁、若蚁）保存在美国自然历史博物馆。

模式产地：几内亚（Mamou）。

分布：非洲界的几内亚。

（二十三）肠刺白蚁属 *Compositermes* Scheffrahn, 2013

模式种：文达肠刺白蚁 *Compositermes vindai* Scheffrahn, 2013。

种类：2 种。

分布：新热带界。

生物学：它属于食土白蚁，没有兵蚁品级。

危害性：它没有危害性。

1 . 班恩肠刺白蚁 *Compositermes bani* Carrjo, Scheffrahn,and Křeček,2015

种名释义：种名来自佛罗里达大学的白蚁研究者 P. Ban 的姓。

模式标本：正模（工蚁）保存在佛罗里达大学研究与教育中心。

模式产地：玻利维亚。

分布：新热带界的玻利维亚。

2. 文达肠刺白蚁 *Compositermes vindai* Scheffrahn, 2013

种名释义：种名来自特立尼达和多巴哥的白蚁调查者 M. Vinda 的姓。

模式标本：正模（工蚁）保存在佛罗里达大学研究与教育中心。

模式产地：特立尼达和多巴哥（Mt. Saint Benedict）。

分布：新热带界的特立尼达和多巴哥、法属圭亚那、巴拿马、巴拉圭、阿根廷。

生物学：它常栖息于距地表土层 0～10cm 的土壤中，可筑巢。它也寄居在成堆角象白蚁的蚁垄中，常占用其地下或侧面的部分。当成堆角象白蚁放弃其蚁垄时，文达肠刺白蚁可以单独或与其他白蚁科白蚁一起占领这一蚁垄。在巴拉圭，它除了寄居在角象白蚁的蚁垄中，还可寄居在迟钝聚白蚁、栗头利颚白蚁的蚁垄中，但不寄居在同一地方筑垄的里奥格兰德白蚁的蚁垄中。在倒地或部分腐烂的原木及树枝中、牛粪下，也可发现文达肠刺白蚁。

（二十四）基白蚁属 *Coxotermes* Grassé and Noirot, 1955

模式种：布科科基白蚁 *Coxotermes boukokoensis* Grassé and Noirot, 1955。

种类：1 种。

分布：非洲界。

1. 布科科基白蚁 *Coxotermes boukokoensis* Grassé and Noirot, 1955

模式标本：全模（蚁后、兵蚁、工蚁）保存在法国巴黎大学生物进化实验室，全模（兵蚁、工蚁）保存在美国自然历史博物馆。

模式产地：中非共和国（Boukoko）。

分布：非洲界的喀麦隆、中非共和国、刚果民主共和国。

生物学：它属于食土白蚁，有兵蚁品级，生活于西非森林地带，其蚁巢大多与方白蚁蚁垄（活的或死的）有关。它的蚁巢系统常筑在方白蚁蚁垄下，或穿过蚁垄，或与蚁垄有一定的距离。

危害性：它没有危害性。

（二十五）间断白蚁属 *Disjunctitermes* Scheffrahn, 2017

属名释义：属名指其分布点相距较远，中间间断。

模式种：岛生间断白蚁 *Disjunctitermes insularis* Scheffrahn, 2017。

种类：1 种。

分布：新热带界。

1. 岛生间断白蚁 *Disjunctitermes insularis* Scheffrahn, 2017

模式标本：正模（工蚁）、副模（工蚁）保存在佛罗里达大学研究与教育中心。

模式产地：瓜德罗普。

分布：新热带界的瓜德罗普、秘鲁。

生物学：它属于食土白蚁，没有兵蚁品级，不筑蚁垄，生活于雨林的岩石和石头下，取食土壤的有机碎屑。

危害性：它没有危害性。

（二十六）双齿白蚁属 *Duplidentitermes* Emerson, 1959

模式种：叉齿双齿白蚁 *Duplidentitermes furcatidens* (Sjöstedt, 1924)。

种类：3 种。

分布：非洲界。

生物学：它属于食土白蚁，有兵蚁品级。巢由几个几厘米大小的卵形腔室组成，连接的蚁道较狭窄。它的蚁巢系统常筑在其他食土白蚁蚁垄（活的或死的）下，或穿过蚁垄。这些筑蚁垄的食土白蚁包括方白蚁属、胸白蚁属和无毛白蚁属白蚁。

危害性：它没有危害性。

1. 叉齿双齿白蚁 *Duplidentitermes furcatidens* (Sjöstedt, 1924)

曾称为：叉齿锐颚白蚁 *Hoplognathotermes furcatidens* Sjöstedt, 1924。

模式标本：全模（兵蚁）保存在比利时非洲中心皇家博物馆，全模（成虫、兵蚁、工蚁）保存在美国自然历史博物馆。

模式产地：中非共和国（Bania、Nola）。

分布：非洲界的喀麦隆、中非共和国、刚果共和国、加纳。

2. 朱里翁双齿白蚁 *Duplidentitermes jurioni* Emerson, 1959

模式标本：正模（兵蚁）、副模（兵蚁、工蚁）保存在美国自然历史博物馆，副模（兵蚁、工蚁）分别保存在意大利农业昆虫研究所、比利时非洲中心皇家博物馆和荷兰马斯特里赫特自然历史博物馆。

模式产地：刚果民主共和国（Yongambi）。

分布：非洲界的安哥拉、刚果民主共和国。

3. 宽颏双齿白蚁 *Duplidentitermes latimentonis* Emerson, 1959

模式标本：正模（兵蚁）保存在美国自然历史博物馆。

模式产地：刚果民主共和国（Epulu River）。

分布：非洲界的刚果民主共和国。

（二十七）象牙白蚁属 *Eburnitermes* Noirot, 1966

模式种：格拉塞象牙白蚁 *Eburnitermes grassei* Noirot, 1966。

种类：1 种。

分布：非洲界。

1. 格拉塞象牙白蚁 *Eburnitermes grassei* Noirot, 1966

模式标本：正模（兵蚁）、副模（兵蚁、工蚁）保存在法国巴黎大学生物进化实验室，副模（兵蚁、工蚁）保存在美国自然历史博物馆，副模（兵蚁）保存在南非国家昆虫馆。

模式产地：科特迪瓦（Adiopodoumé）。

分布：非洲界的科特迪瓦、尼日利亚。

生物学：它有兵蚁品级，群体生活在西非的雨林中。它的巢深不到 20cm，巢室大而分散，蚁道狭窄。

危害性：它没有危害性。

（二十八）多刺白蚁属 *Echinotermes* Castro, Scheffrahn, and Carrijo, 2018

属名释义：属名来自其肠瓣的形态。

模式种：比里巴多刺白蚁 *Echinotermes biriba* Castro, Scheffrahn, and Carrijo, 2018。

种类：1 种。

分布：新热带界。

1. 比里巴多刺白蚁 *Echinotermes biriba* Castro, Scheffrahn, and Carrijo, 2018

种名释义：种名来自巴西本地语言，意指亚马孙流域的一种水果——瓣立楼林果 *Rollinia mucosa*，这种水果的表面有许多肉质刺，其外表与这种白蚁的肠瓣形态相似。

模式标本：正模（工蚁）、副模（工蚁）保存在佛罗里达大学研究与教育中心。

模式产地：哥伦比亚（Caquetá）。

分布：新热带界的秘鲁、哥伦比亚。

生物学：它属于食土白蚁，无兵蚁品级，生活于林地地表下 0～10cm 的土壤内，取食土壤有机质。

危害性：它没有危害性。

（二十九）亮白蚁属 *Euhamitermes* Holmgren, 1912

属名释义：此属兵蚁上颚强弯如钩，此属的拉丁语意应是“真钩白蚁属”。中国学者（平正明、李桂祥等）曾称其为“钩白蚁属”，后期称该属为“亮白蚁属”，因其躯体白亮。

模式种：多毛亮白蚁 *Euhamitermes hamatus* (Holmgren, 1912)。

种类：24 种。

分布：东洋界。

生物学：它生活于地下草根边，取食腐烂植物，群体小，兵蚁体形小，群体大都缺少兵蚁。

1. 阿鲁纳亮白蚁 *Euhamitermes aruna* Chhotani, 1975

模式标本：正模（兵蚁）、副模（工蚁）保存在印度动物调查所。

模式产地：中国。

分布：东洋界的中国。

2. 双齿亮白蚁 *Euhamitermes bidentatus* Ping and Xu, 1987

模式标本：正模（兵蚁）、副模（兵蚁、工蚁）保存在广东省科学院动物研究所。

模式产地：中国海南省澄迈县。

分布：东洋界的中国（海南）。

3. 乔塔里亮白蚁 *Euhamitermes chhotanii* Maiti, 1983

种名释义：种名来自印度白蚁分类学家 O. B. Chhotani 教授的姓。

模式标本：正模（兵蚁）、副模（兵蚁、工蚁）保存在印度动物调查所。

模式产地：印度西孟加拉邦（Cooch Behar Forest）。

分布：东洋界的印度（西孟加拉邦）。

4. 匙颏亮白蚁 *Euhamitermes concavigulus* Ping and Liu, 1987

模式标本：正模（兵蚁）、副模（兵蚁、工蚁）保存在广东省科学院动物研究所。

模式产地：中国四川省米易县。

分布：东洋界的中国（四川）。

5. 大围亮白蚁 *Euhamitermes daweishanensis* Ping, 1987

模式标本：正模（兵蚁）保存在斯里兰卡科伦坡博物馆，副模（成虫、兵蚁、工蚁）保存在广东省科学院动物研究所。

模式产地：中国云南省屏边苗族自治县的大围山。

分布：东洋界的中国（云南）。

6. 具齿亮白蚁 *Euhamitermes dentatus* Thakur and Chatterjee, 1974

种名释义：兵蚁上颚具有明显锋利的齿。

模式标本：正模（兵蚁）、副模（工蚁、若蚁）保存在印度森林研究所，副模（工蚁）保存在印度动物调查所。

模式产地：印度安得拉邦（Khammam Division）。

分布：东洋界的印度（安得拉邦）。

7. 贵州亮白蚁 *Euhamitermes guizhouensis* Gao and Gong, 1985

模式标本：正模（兵蚁）、副模（兵蚁）保存在广东省科学院动物研究所，副模（兵蚁）保存在南京市白蚁防治研究所。

模式产地：中国贵州省册亨县。

分布：东洋界的中国（贵州）。

8. 多毛亮白蚁 *Euhamitermes hamatus* (Holmgren, 1912)

曾称为：多毛弓钩白蚁（亮白蚁亚属）*Hamitermes* (*Euhamitermes*) *hamatus* Holmgren, 1912。

模式标本：全模（兵蚁）分别保存在瑞典动物研究所和美国自然历史博物馆。

模式产地：新加坡。

分布：东洋界的孟加拉国、中国（江西、浙江、广东、广西、贵州、云南）、缅甸、马来西亚（大陆）、新加坡、泰国。

生物学：它栖居土中，在土中穿筑细狭的隧道，兵蚁数量极少。

9. 印度亮白蚁 *Euhamitermes indicus* (Holmgren and Holmgren, 1917)

曾称为：印度弓钩白蚁（亮白蚁亚属）*Hamitermes* (*Euhamitermes*) *indicus* Holmgren and Holmgren, 1917。

模式标本：全模（兵蚁、工蚁）保存在瑞典动物研究所，全模（兵蚁）保存在美国自然历史博物馆。

模式产地：印度泰米尔纳德邦（Mt. Shevaroy）。

分布：印度（泰米尔纳德邦）。

10. 甘哈亮白蚁 *Euhamitermes kanhaensis* Roonwal and Chhotani, 1965

模式标本：正模（兵蚁）、副模（工蚁）保存在印度动物调查所，副模（工蚁）分别保存在印度森林研究所、美国自然历史博物馆和印度农业研究所昆虫学分部。

模式产地：印度中央邦的甘哈国家公园。

分布：东洋界的孟加拉国（Shishak Forest）、印度（中央邦）、中国。

11. 卡纳塔克亮白蚁 *Euhamitermes karnatakensis* Roonwal and Chhotani, 1965

模式标本：正模（兵蚁）、副模（兵蚁、工蚁）保存在印度动物调查所，副模（兵蚁、工蚁）分别保存在印度森林研究所、美国自然历史博物馆和印度农业研究所昆虫学分部。

模式产地：印度卡纳塔克邦（Dhharwar）。

分布：东洋界的印度（卡纳塔克邦、中央邦）。

12. 莱特亮白蚁 *Euhamitermes lighti* (Snyder, 1933)

曾称为：莱特弓白蚁（亮白蚁亚属）*Amitermes* (*Euhamitermes*) *lighti* Snyder, 1933。

模式标本：正模（兵蚁）保存在美国国家博物馆。

模式产地：印度北阿坎德邦德拉敦。

分布：东洋界的印度（北阿坎德邦）、尼泊尔。

13. 黑头亮白蚁 *Euhamitermes melanocephalus* Ping and Li, 1987

模式标本：正模（兵蚁）、副模（兵蚁、工蚁）保存在广东省科学院动物研究所。

模式产地：中国云南省河口县。

分布：东洋界的中国（云南）。

14. 孟定亮白蚁 *Euhamitermes mengdingensis* Zhu and Li, 1987

模式标本：正模（兵蚁）、副模（兵蚁、工蚁）保存在中国科学院昆明动物研究所。

模式产地：中国云南省耿马县。

分布：东洋界的中国（云南）。

15. 小头亮白蚁 *Euhamitermes microcephalus* Ping and Li, 1987

模式标本：正模（兵蚁）、副模（兵蚁、工蚁）保存在广东省科学院动物研究所。

模式产地：中国贵州省罗甸县。

分布：东洋界的中国（广东、广西、贵州、海南）。

16. 方头亮白蚁 *Euhamitermes quadratceps* Ping and Li, 1987

模式标本：正模（兵蚁）、副模（成虫）保存在广东省科学院动物研究所。

模式产地：中国广东省梅州市大埔县。

分布：东洋界的中国（广东、广西）。

17. 凹唇亮白蚁 *Euhamitermes retusus* Ping and Xu, 1987

模式标本：正模（兵蚁）、副模（工蚁）保存在广东省科学院动物研究所。

模式产地：中国云南省孟连县。

分布：东洋界的中国（云南）。

18. 西隆亮白蚁 *Euhamitermes shillongensis* (Roonwal and Chhotani, 1960)

曾称为：西隆解甲白蚁 *Anoplotermes shillongensis* Roonwal and Chhotani, 1960。

模式标本：选模（工蚁）、副选模（工蚁）保存在印度动物调查所，副选模（工蚁）分别保存在印度森林研究所和美国自然历史博物馆。

模式产地：印度阿萨姆邦（Shillong）。

分布：东洋界的印度（梅加拉亚邦、阿萨姆邦）。

19. 乌尔巴尼亮白蚁 *Euhamitermes urbanii* Roonwal and Chhotani, 1977

模式标本：正模（成虫）保存在瑞士自然历史博物馆，副模（成虫）保存在印度动物调查所。

模式产地：不丹（Changra）。

分布：东洋界的不丹。

20. 威特默亮白蚁 *Euhamitermes wittmeri* Roonwal and Chhotani, 1977

模式标本：正模（成虫）、副模（成虫、工蚁）保存在瑞士自然历史博物馆，副模（成虫、工蚁）分别保存在印度动物调查所和美国自然历史博物馆。

模式产地：不丹（Samchi）。

分布：东洋界的不丹。

21. 尤氏亮白蚁 *Euhamitermes yui* Ping, 1987

模式标本：正模（兵蚁）、副模（成虫、兵蚁、工蚁）保存在广东省科学院动物研究所。

模式产地：中国海南省琼中县。

分布：东洋界的中国（海南）。

22. 云南亮白蚁 *Euhamitermes yunnanensis* Ping and Xu, 1987

模式标本：正模（兵蚁）、副模（成虫、工蚁）保存在广东省科学院动物研究所。

模式产地：中国云南省西双版纳的大勐龙。

分布：东洋界的中国（广西、云南）。

23. 云台山亮白蚁 *Euhamitermes yuntaishanensis* Zhu and Huang, 1987

模式标本：正模（兵蚁）、副模（兵蚁、工蚁）保存在中国科学院昆明动物研究所。

模式产地：中国云南省永平县云台山。

分布：东洋界的中国（云南）。

24. 浙江亮白蚁 *Euhamitermes zhejianensis* He and Xia, 1983

模式标本：正模（兵蚁）、副模（兵蚁、工蚁）保存在中国科学院上海昆虫研究所。

模式产地：中国浙江省衢州市衢江区。

分布：东洋界的中国（浙江）。

（三十）宽白蚁属 *Eurytermes* Wasmann, 1902

中文名称：我国学者曾称此属为“露螱属”“笨白蚁属”（因兵蚁头极笨大）。

异名：比森白蚁属 *Beesonitermes* Chatterjee and Thapa, 1963。

模式种：阿斯穆斯宽白蚁 *Eurytermes assmuthi* Wasmann, 1902。

种类：6 种。

分布：东洋界。

生物学：它属于食土白蚁，有兵蚁品级，但兵蚁稀少。

1. 阿斯穆斯宽白蚁 *Eurytermes assmuthi* Wasmann, 1902

亚种：1）阿斯穆斯宽白蚁阿斯穆斯亚种 *Eurytermes assmuthi assmuthi* Wasmann, 1902

曾称为：阿斯穆斯宽白蚁 *Eurytermes assmuthi* Wasmann, 1902。

模式标本：选模（兵蚁）、副选模（成虫、工蚁、若蚁）保存在荷兰马斯特里赫特自然历史博物馆，副选模（成虫、工蚁、若蚁）保存在美国自然历史博物馆。

模式产地：印度马哈拉施特拉邦（Khandala）。

分布：东洋界的印度（卡纳塔克邦、马哈拉施特拉邦、奥里萨邦、泰米尔纳德邦）。

2）阿斯穆斯宽白蚁温和亚种 *Eurytermes assmuthi modestior* Silvestri, 1923

模式标本：全模（成虫、兵蚁、工蚁）保存在意大利农业昆虫研究所，全模（工蚁）分别保存在美国自然历史博物馆和印度森林研究所。

模式产地：印度奥里萨邦（Barkuda Island）。

分布：东洋界的印度（奥里萨邦）。

2. 博文宽白蚁 *Eurytermes boveni* Roonwal and Chhotani, 1966

模式标本：正模（兵蚁）、副模（成虫、工蚁）保存在印度动物调查所，副模（成虫、工蚁）分别保存在印度森林研究所、美国自然历史博物馆和印度农业研究所昆虫学分部。

模式产地：印度中央邦的甘哈国家公园。

分布：东洋界的印度（中央邦）。

3. 大佛宽白蚁 *Eurytermes buddha* Bose and Maiti, 1966

模式标本：正模（兵蚁）、副模（兵蚁、工蚁）保存在印度动物调查所，副模（工蚁）分别保存在印度森林研究所和美国自然历史博物馆。

模式产地：印度泰米尔纳德邦（Coimbatore）。

分布：东洋界的印度（卡纳塔克邦、泰米尔纳德邦、西孟加拉邦）。

4. 锡兰宽白蚁 *Eurytermes ceylonicus* Holmgren, 1913

异名：小锡兰真白蚁 *Eutermes ceyloniellus* Kemner, 1926。

模式标本：全模（成虫、工蚁）分别保存在瑞典动物研究所、美国自然历史博物馆和印度森林研究所。

模式产地：斯里兰卡。

分布：东洋界的斯里兰卡。

危害性：它危害茶树。

5. 莫罕娜宽白蚁 *Eurytermes mohana* Rathore, 1995

模式标本：正模（兵蚁）、副模（兵蚁、工蚁）保存在印度动物调查所，副模（兵蚁、工蚁）保存在印度动物调查所沙漠分站。

模式产地：印度拉贾斯坦邦（Mandal）。

分布：东洋界的印度（拉贾斯坦邦）。

6. 托普斯利普宽白蚁 *Eurytermes topslipensis* (Chatterjee and Thapa, 1963)

曾称为：托普斯利普比森白蚁 *Beesonitermes topslipensis* Chatterjee and Thapa, 1963。

模式标本：正模（兵蚁）、副模（工蚁）保存在印度森林研究所，副模（工蚁）保存在印度动物调查所。

模式产地：印度泰米尔纳德邦（Topslip）。

分布：东洋界的印度（喀拉拉邦、泰米尔纳德邦）。

（三十一）坚白蚁属 *Firmitermes* Sjöstedt, 1926

模式种：阿比西尼亚坚白蚁 *Firmitermes abyssinicus* (Sjöstedt, 1911)。

种类：1 种。

分布：非洲界。

1. 阿比西尼亚坚白蚁 *Firmitermes abyssinicus* (Sjöstedt, 1911)

曾称为：阿比西尼亚真白蚁 *Eutermes abyssinicus* Sjöstedt, 1911。

异名：的黎波里塔那真白蚁 *Eutermes tripolitanus* Sjöstedt, 1912。

模式标本：正模（兵蚁）保存在法国自然历史博物馆。

模式产地：埃塞俄比亚（Hicka）。

分布：非洲界的埃塞俄比亚。

生物学：它属于食土白蚁，有兵蚁品级，生活于埃塞俄比亚海拔 2000m 的地方，主要栖息在大白蚁的蚁垄里和木材残渣下。

危害性：它没有危害性。

（三十二）灰白蚁属 *Grigiotermes* Mathews, 1977

模式种：独神灰白蚁 *Grigiotermes metoecus* Mathews, 1977。

种类：1 种。

分布：新热带界。

1. 哈根灰白蚁 *Grigiotermes hageni* (Snyder and Emerson, 1949)

曾称为：哈根解甲白蚁 *Anoplotermes hageni* Snyder and Emerson, 1949。

异名：黑暗解甲白蚁 *Anoplotermes tenebrosus* (Hag.) Silvestri, 1901、黑暗解甲白蚁 *Anoplotermes tenebrosus* (Koll, 1903)、独神灰白蚁 *Grigiotermes metoecus* Mathews, 1977、旅居灰白蚁 *Grigiotermes inquilinus* Mathews, 1977（裸记名称）。

模式标本：全模（工蚁、有翅成虫）保存在美国自然历史博物馆。

模式产地：巴西马托格罗索州。

分布：新热带界的巴西（马托格罗索州）、阿根廷（Corrientes）、巴拉圭、法属圭亚那、特立尼达和多巴哥、委内瑞拉。

生物学：它没有兵蚁品级，筑中型圆顶形蚁垄，常有其他白蚁或蚂蚁侵占。蚁道的底板光滑，为土壤色，顶拱为小石粒拼成的“天花板”。蚁垄表面可以看见白蚁用于建垄的粪便材料。垄大小曾有一记录，其高、长、宽分别为 29.6cm、60.2cm、47.2cm。

危害性：它危害水稻。

（三十三）埃姆白蚁属 *Heimitermes* Grassé and Noirot, 1955

属名释义：属名来自法国真菌学家 R. Heim 的姓。

异名：拳白蚁属 *Pugnitermes* Emerson, 1955（裸记名称）。

模式种：宽头埃姆白蚁 *Heimitermes laticeps* Grassé and Noirot, 1955。

种类：2 种。

分布：非洲界。

生物学：它属于食土白蚁，有兵蚁品级，生活于西非森林地带和潮湿的稀树草原。其蚁巢大多筑在方白蚁蚁垄下，或穿过蚁垄。

危害性：它没有危害性。

1. 宽头埃姆白蚁 *Heimitermes laticeps* Grassé and Noirot, 1955

模式标本：全模（兵蚁、工蚁）保存在法国巴黎大学生物进化实验室。

模式产地：刚果共和国（Ebana）。

分布：非洲界的刚果共和国、加蓬、尼日利亚。

2. 摩尔埃姆白蚁 *Heimitermes moorei* Emerson, 1959

种名释义：种名来自定名人所在单位领导（芝加哥大学动物学系系主任）C. R. Moore 博士的姓。

模式标本：正模（兵蚁）、副模（兵蚁、工蚁）保存在美国自然历史博物馆。

模式产地：刚果民主共和国（Pygmy Camp）。

分布：非洲界的刚果民主共和国。

（三十四）锐颚白蚁属 *Hoplognathotermes* Silvestri, 1914

中文名称：我国学者曾称之为“棘颚白蚁属”“阔颚白蚁属”。

模式种：土栖锐颚白蚁 *Hoplognathotermes subterraneus* Silvestri, 1914。

种类：3 种。

分布：非洲界。

生物学：它属于食土白蚁，有兵蚁品级。巢由几个几厘米大小的卵形腔室组成，连接的蚁道较狭窄。它的巢常筑在方白蚁蚁垄（活的或死的）下，或穿过方白蚁蚁垄。

危害性：它没有危害性。

1. 安哥拉锐颚白蚁 *Hoplognathotermes angolensis* Weidner, 1974

模式标本：正模（蚁王）、副模（兵蚁、工蚁）保存在安哥拉敦多博物馆。

模式产地：安哥拉。

分布：非洲界的安哥拉。

2. 地下锐颚白蚁 *Hoplognathotermes submissus* Silvestri, 1914

模式标本：全模（工蚁）分别保存在意大利农业昆虫研究所和美国自然历史博物馆。

模式产地：喀麦隆（Victoria）。

分布：非洲界的喀麦隆。

3. 土栖锐颚白蚁 *Hoplognathotermes subterraneus* Silvestri, 1914

异名：土栖锐颚白蚁超级亚种 *Hoplognathotermes subterraneus superior* Silvestri, 1914。

模式标本：全模（兵蚁、工蚁、若蚁）保存在意大利农业昆虫研究所，全模（兵蚁、工蚁）保存在美国自然历史博物馆。

模式产地：几内亚。

分布：非洲界的几内亚、科特迪瓦。

（三十五）腐殖白蚁属 *Humutermes* Bourguignon and Roisin, 2016

属名释义：此属白蚁取食腐殖质，以其食性定的属名。

模式种：克里希纳腐殖白蚁 *Humutermes krishnai* Bourguignon and Roisin, 2016。

种类：2 种。

分布：新热带界。

生物学：它属于食土白蚁，没有兵蚁品级。

危害性：它没有危害性。

1. 克里希纳腐殖白蚁 *Humutermes krishnai* Bourguignon and Roisin, 2016

模式标本：正模（工蚁）、副模（工蚁、有翅成虫）保存在比利时皇家自然科学研究所。

模式产地：法属圭亚那。

分布：新热带界的法属圭亚那、哥伦比亚、厄瓜多尔、秘鲁、委内瑞拉、特立尼达和多巴哥。

生物学：它生活在森林中，取食刚刚分解的土壤有机物。在法属圭亚那，有翅成虫 1 月分飞。

2. 努瓦罗腐殖白蚁 *Humutermes noiroti* Bourguignon and Roisin, 2016

种名释义：种名来自法国白蚁学家 C. Noirot 的姓。

模式标本：正模（工蚁）、副模（工蚁、有翅成虫）保存在比利时皇家自然科学研究所。

模式产地：巴拿马运河区域（Barro Colorade Island）。

分布：新热带界的巴拿马、秘鲁、玻利维亚、哥斯达黎加。

生物学：工蚁在土壤中觅食。在巴拿马中部，这种白蚁 5—6 月分飞。

（三十六）海德瑞克白蚁属 *Hydrecotermes* Bourguignon and Roisin, 2016

模式种：惊人海德瑞克白蚁 *Hydrecotermes arienesho* Bourguignon and Roisin, 2016。

种类：2 种。

分布：新热带界。

生物学：它没有兵蚁品级。

危害性：它没有危害性。

1. 惊人海德瑞克白蚁 *Hydrecotermes arienesho* Bourguignon and Roisin, 2016

模式标本：模（工蚁）、副模（工蚁、成虫）保存在比利时皇家自然科学研究所。

模式产地：法属圭亚那。

分布：新热带界的法属圭亚那、玻利维亚、特立尼达和多巴哥、委内瑞拉。

生物学：它生活在各种类型森林中。有翅成虫在 4 月的雨季分飞。

2. 可爱海德瑞克白蚁 *Hydrecotermes kawaii* Bourguignon and Roisin, 2016

模式标本：模（工蚁）、副模（工蚁、成虫）保存在比利时皇家自然科学研究所。

模式产地：法属圭亚那。

分布：新热带界的法属圭亚那、特立尼达和多巴哥、巴拿马、巴拉圭。

生物学：它属于食土白蚁，取食高度降解的有机物。有翅成虫在 1 月末分飞。

（三十七）印白蚁属 *Indotermes* Roonwal and Sen-Sarma, 1958

异名：杜恩白蚁属 *Doonitermes* Chatterjee and Thakur, 1965、华白蚁属 *Sinotermes* He and Xia, 1981。

模式种：眉妙印白蚁 *Indotermes maymensis* Roonwal and Sen-Sarma, 1958。

种类：10 种。

分布：东洋界。

生物学：它有兵蚁品级。

1. 阿沙德印白蚁 *Indotermes arshadi* Akhtar, 1975

模式标本：正模（兵蚁）、副模（兵蚁、工蚁）保存在巴基斯坦旁遮普大学动物学系，副模（兵蚁、工蚁）分别保存在巴基斯坦森林研究所、美国自然历史博物馆、美国国家博物馆和英国自然历史博物馆。

模式产地：孟加拉国（Adampur）。

分布：东洋界的孟加拉国。

生物学：它是土栖种类，筑地下巢。巢由小腔室组成，腔室间通过狭窄的蚁道连接。腔室除用于白蚁栖息外，还贮存了半消化的木材。

2. 多毛印白蚁 *Indotermes capillosus* (Chatterjee and Thakur, 1965)

曾称为：多毛杜恩白蚁 *Doonitermes capillosus* Chatterjee and Thakur, 1965。

模式标本：正模（兵蚁）、副模（兵蚁、工蚁）保存在印度森林研究所，副模（兵蚁、工蚁）保存在印度动物调查所，副模（成虫、兵蚁、工蚁、若蚁）保存在美国自然历史博物馆。

模式产地：印度北阿坎德邦德拉敦。

分布：东洋界的印度（北阿坎德邦）。

3. 海南印白蚁 *Indotermes hainanensis* (He and Xia, 1981)

曾称为：海南华白蚁 *Sinotermes hainanensis* He and Xia, 1981。

模式标本：正模（兵蚁）、副模（成虫、兵蚁）保存在中国科学院上海昆虫研究所。

模式产地：中国海南省。

分布：东洋界的中国（海南）。

4. 等齿印白蚁 *Indotermes isodentatus* (Tsai and Chen, 1963)

曾称为：等齿笨白蚁 *Eurytermes isodentatus* Tsai and Chen, 1963（也即“等齿宽白蚁”）。

模式标本：正模（兵蚁）、副模（兵蚁、工蚁）保存在中国科学院动物研究所。

模式产地：中国云南省景洪市的勐罕镇。

分布：东洋界的中国（广东、广西、海南、云南）。

生物学：它栖居土中，常与其他白蚁杂居在同一地点。

5. 潞西印白蚁 *Indotermes luxiensis* (Huang and Zhu, 1984)

曾称为：潞西华白蚁 *Sinotermes luxiensis* Huang and Zhu, 1984。

模式标本：正模（兵蚁）、副模（兵蚁、工蚁）保存在中国科学院昆明动物研究所，副模（兵蚁、工蚁）保存在中国科学院动物研究所。

模式产地：中国云南省德宏州芒市勐戛。

分布：东洋界的中国（云南）。

6. 眉妙印白蚁 *Indotermes maymensis* Roonwal and Sen-Sarma, 1958

模式标本：选模（兵蚁）、副选模（兵蚁）保存在印度森林研究所，副选模（兵蚁）分别保存在美国自然历史博物馆、印度动物调查所、巴基斯坦旁遮普大学动物学系。

模式产地：缅甸眉妙植物园。

分布：东洋界的缅甸。

7. 勐戛印白蚁 *Indotermes menggarensis* Tsai and Zhu, 1984

模式标本：正模（兵蚁）、副模（兵蚁、工蚁）保存在中国科学院昆明动物研究所，副模（兵蚁、工蚁）保存在中国科学院动物研究所。

模式产地：中国云南省德宏州芒市勐戛。

分布：东洋界的中国（云南）。

8. 龙格伦吉里印白蚁 *Indotermes rongrensis* (Roonwal and Chhotani, 1962)

曾称为：巨人稀白蚁龙格伦吉里亚种 *Speculitermes cyclops rongrensis* Roonwal and Chhotani, 1962。

异名：巴基斯坦印白蚁 *Indotermes pakistanicus* Chaudhry et al., 1972（裸记名称）、孟加拉印白蚁 *Indotermes bangladeshiensis* Akhtar, 1975、布克萨杜恩白蚁 *Doonitermes buxensis* Thakur and Sen-Sarma, 1980。

模式标本：正模（工蚁）、副模（工蚁）保存在印度动物调查所，副模（工蚁）分别保存在美国自然历史博物馆、印度森林研究所和印度农业研究所昆虫学分部。

模式产地：印度阿萨姆邦（Rongrengiri）。

分布：东洋界的孟加拉国、不丹、印度（梅加拉亚邦、特里普拉邦、西孟加拉邦、阿萨姆邦）、泰国。

9. 泰国印白蚁 *Indotermes thailandis* Ahmad, 1963

模式标本：正模（兵蚁）、副模（工蚁）保存在巴基斯坦旁遮普大学动物学系，副模（工蚁、兵蚁）保存在美国自然历史博物馆。

模式产地：泰国（Tung Sa-Lang 国家公园）。

分布：东洋界的泰国。

10. 云南印白蚁 *Indotermes yunnanensis* (He and Xia, 1981)

曾称为：云南华白蚁 *Sinotermes yunnanensis* He and Xia, 1981。

模式标本：正模（兵蚁）、副模（兵蚁、工蚁）保存在中国科学院上海昆虫研究所。

模式产地：中国云南省景洪市。

分布：东洋界的中国（云南）。

（三十八）岗白蚁属 *Jugositermes* Emerson, 1928

中文名称：我国学者曾称之为“鸠鸽白蚁属”，应是音译。

模式种：具瘤岗白蚁 *Jugositermes tuberculatus* Emerson, 1928。

种类：1 种。

分布：非洲界。

1. 具瘤岗白蚁 *Jugositermes tuberculatus* Emerson, 1928

模式标本：正模（兵蚁）保存在美国自然历史博物馆。

模式产地：喀麦隆（Bipindi）。

分布：非洲界的喀麦隆、中非共和国、刚果民主共和国、加蓬、尼日利亚。

生物学：它属于食土白蚁，有兵蚁品级。其栖息地为西非和从刚果民主共和国到贝宁的森林、潮湿的稀树草原。它的蚁巢系统常筑在其他食土白蚁蚁垄下，或穿过蚁垄。蚁道和菌室也可在蚁垄以外树下的土壤中。

危害性：它没有危害性。

*****仙人掌白蚁属 *Kaktotermes* Donovan, 2002（裸记名称）**

种类：1 种。

分布：非洲界。

*****劳顿仙人掌白蚁 *Kaktotermes lawtoni* Donovan, 2002（裸记名称）**

分布：非洲界的喀麦隆。

（三十九）钳白蚁属 *Labidotermes* Deligne and Pasteels, 1969

模式种：塞利斯钳白蚁 *Labidotermes celisi* Deligne and Pasteels, 1969。

种类：1 种。

分布：非洲界。

1. 塞利斯钳白蚁 *Labidotermes celisi* Deligne and Pasteels, 1969

模式标本：正模（兵蚁）、副模（成虫、兵蚁、工蚁）保存在比利时非洲中心皇家博物馆，副模（兵蚁、工蚁）分别保存在美国自然历史博物馆、英国自然历史博物馆和刚果民主共和国鲁汶大学，副模（兵蚁）保存在南非国家昆虫馆。

模式产地：刚果民主共和国（Butembo）。

分布：非洲界的刚果民主共和国。

生物学：它是刚果民主共和国热带雨林中的 1 种食土白蚁，有兵蚁品级。

危害性：它没有危害性。

（四十）长工白蚁属 *Longustitermes* Bourguignon and Roisin, 2010

模式种：曼长工白蚁 *Longustitermes manni* (Snyder, 1922)。
种类：1 种。
分布：新热带界。

1. 曼长工白蚁 *Longustitermes manni* (Snyder, 1922)

曾称为：曼解甲白蚁 *Anoplotermes manni* Snyder, 1922。
异名：线性解甲白蚁（解甲白蚁亚属）*Anoplotermes* (*Anoplotermes*) *linearis* Snyder, 1926。
模式标本：正模（工蚁）保存在美国国家博物馆，副模（工蚁）保存在美国自然历史博物馆。
模式产地：洪都拉斯（Lombardia）。
分布：新热带界的玻利维亚、哥斯达黎加、法属圭亚那、洪都拉斯、巴拿马。
生物学：它没有兵蚁品级，属于食土白蚁，取食高度矿化的有机质，适应于多种栖息地。它广泛分布于中美洲和南美洲北部。在巴拿马，它的有翅成虫 5 月分飞。

（四十一）剑白蚁属 *Machadotermes* Weidner, 1974

模式种：过高剑白蚁 *Machadotermes inflatus* Weidner, 1974。
种类：3 种。
分布：非洲界。
生物学：它属于食土白蚁，有兵蚁品级。巢由几个几厘米大小的卵形腔室组成，连接的蚁道狭窄。它的蚁巢系统常筑在其他食土白蚁蚁垄（活的或死的）下，或穿过蚁垄。这些筑蚁垄的食土白蚁包括方白蚁属、胸白蚁属和无毛白蚁属白蚁。
危害性：它没有危害性。

1. 过高剑白蚁 *Machadotermes inflatus* Weidner, 1974

模式标本：正模（兵蚁）、副模（兵蚁、工蚁）保存在安哥拉敦多博物馆，副模（兵蚁、工蚁）保存在德国汉堡动物学博物馆。
模式产地：安哥拉敦多。
分布：非洲界的安哥拉、喀麦隆。

2. 宽剑白蚁 *Machadotermes latus* Weidner, 1974

模式标本：正模（兵蚁）、副模（兵蚁、工蚁）保存在安哥拉敦多博物馆，副模（兵蚁、工蚁）保存在德国汉堡动物学博物馆。
模式产地：安哥拉敦多。
分布：非洲界的安哥拉、刚果民主共和国。

3. 强直剑白蚁 *Machadotermes rigidus* Collins, 1977

模式标本：正模（兵蚁）、副模（兵蚁、工蚁）保存在英国自然历史博物馆。
模式产地：喀麦隆（Edea-Marienberg 森林保护区）。
分布：非洲界的喀麦隆。

（四十二）帕塔瓦白蚁属 *Patawatermes* Bourguignon and Roisin, 2016

属名释义：属名来自 Patawa 营地及其经营者的姓，定名人在 Patawa 营地完成了几次采集样品的任务。

模式种：土栖帕塔瓦白蚁 *Patawatermes turricola*（Silvestri, 1901）。

种类：2 种。

分布：新热带界。

生物学：它属于食土白蚁，没有兵蚁品级。

危害性：它没有危害性。

1. 黑点帕塔瓦白蚁 *Patawatermes nigripunctatus* (Emerson, 1925)

曾称为：黑点解甲白蚁 *Anoplotermes nigripunctatus* Emerson, 1925。

异名：黑点解甲白蚁（解甲白蚁亚属）*Anoplotermes* (*Anoplotermes*) *nigripunctatus* Emerson, 1925。

模式标本：正模（蚁后）、副模（蚁王、蚁后、工蚁、若蚁）保存在美国自然历史博物馆。

模式产地：圭亚那（Kartabo）。

分布：新热带界的法属圭亚那、圭亚那、玻利维亚、厄瓜多尔、秘鲁。

生物学：它生活于富含有机质的基层，如其他白蚁放弃的蚁巢、棕榈树的基部。1 月，巢中发现了有翅成虫。

2. 土栖帕塔瓦白蚁 *Patawatermes turricola* (Silvestri, 1901)

曾称为：土栖解甲白蚁 *Anoplotermes turricola* Silvestri, 1901。

异名：贝奎特灰白蚁 *Grigiotermes bequaerti* (Snyder and Emerson, 1949)、贝奎特解甲白蚁 *Anoplotermes bequaerti* Snyder and Emerson, 1949。

模式标本：全模（成虫）保存在意大利农业昆虫研究所，全模（成虫、工蚁、若蚁）保存在美国自然历史博物馆，全模（成虫、工蚁）保存在美国国家博物馆。

模式产地：巴西（Cuyaba）。

分布：新热带界的阿根廷（Corrientes、Misiones）、巴西（Minas Gerais、圣保罗）、巴拉圭。

（四十三）锐白蚁属 *Phoxotermes* Collins, 1977

模式种：三头犬锐白蚁 *Phoxotermes cerberus* Collins, 1977。

种类：1 种。

分布：非洲界。

1. 三头犬锐白蚁 *Phoxotermes cerberus* Collins, 1977

模式标本：正模（兵蚁）、副模（兵蚁、工蚁）保存在英国自然历史博物馆。

模式产地：喀麦隆（Edea-Marienberg 森林保护区）。

分布：非洲界的喀麦隆、刚果民主共和国。

生物学：它属于食土白蚁，有兵蚁品级。它在喀麦隆原始雨林土壤中相当常见。巢由几个几厘米大小的卵形腔室组成，连接的蚁道狭窄。它的蚁巢系统常筑在林中其他筑垄食土白蚁蚁垄（活的或死的）下，或穿过蚁垄。这些筑垄食土白蚁包括方白蚁属、胸白蚁属、无毛白蚁属白蚁。

危害性：它没有危害性。

（四十四）突吻白蚁属 *Rostrotermes* Grassé, 1943

模式种：具角突吻白蚁 *Rostrotermes cornutus* Grassé, 1943。

种类：1 种。

分布：非洲界。

1. 具角突吻白蚁 *Rostrotermes cornutus* Grassé, 1943

模式标本：全模（成虫、兵蚁、工蚁）保存在法国巴黎大学生物进化实验室，副模（兵蚁、工蚁）保存在美国自然历史博物馆。

模式产地：科特迪瓦（Danané）。

分布：非洲界的几内亚、科特迪瓦、利比里亚、尼日利亚、塞拉利昂。

生物学：它属于食土白蚁，没有兵蚁品级。栖息地为从西非到贝宁的森林和潮湿的稀树草原。它的蚁巢系统常筑在其他食土白蚁蚁垄下，或穿过蚁垄。蚁道和菌室也可在蚁垄以外树下的土壤中。

危害性：它没有危害性。

（四十五）变红白蚁属 *Rubeotermes* Bourguignon and Roisin, 2016

属名释义：此属白蚁在酒精中浸泡后变红。

模式种：耶林变红白蚁 *Rubeotermes jheringi* (Holmgren, 1906)。

种类：1 种。

分布：新热带界。

1. 耶林变红白蚁 *Rubeotermes jheringi* (Holmgren, 1906)

曾称为：耶林解甲白蚁 *Anoplotermes jheringi* Holmgren, 1906。

模式标本：全模（成虫、工蚁）分别保存在美国自然历史博物馆和瑞典自然历史博物馆，全模（成虫）保存在美国国家博物馆。

模式产地：秘鲁（Carabaya）。

分布：新热带界的秘鲁、法属圭亚那、巴拉圭、委内瑞拉、特立尼达和多巴哥。

生物学：它属于食土白蚁，没有兵蚁品级。工蚁在土壤中觅食，取食高度降解的有机质。

危害性：它没有危害性。

（四十六）腹爆白蚁属 *Ruptitermes* Mathews, 1977

模式种：黄袍腹爆白蚁 *Ruptitermes xanthochiton* Mathews, 1977。

种类：13 种。

分布：新热带界。

生物学：它没有兵蚁品级，夜间露天觅食，取食枯枝落叶。用自爆腹部的方式进行防御。除树栖腹爆白蚁外，均筑地下巢。

危害性：它没有危害性。

1. 阿劳若腹爆白蚁 *Ruptitermes araujoi* Acioli and Constantino, 2015

种名释义：种名来自巴西昆虫学家 R. L. Araujo 的姓。

模式标本：正模（工蚁）、副模（工蚁）保存在巴西巴西利亚大学动物学系。

模式产地：巴西圣保罗（Pitangueiras）。

分布：新热带界的巴西（Cerrado、Caatinga）。

生物学：它在森林中生活，筑地下巢。

2. 树栖腹爆白蚁 *Ruptitermes arboreus* (Emerson, 1925)

曾称为：树栖解甲白蚁（稀白蚁亚属）*Anoplotermes* (*Speculitermes*) *arboreus* Emerson, 1925。

模式标本：正模（蚁后）、副模（工蚁、若蚁）保存在美国自然历史博物馆，副模（工蚁）保存在荷兰马斯特里赫特自然历史博物馆，副模（工蚁、若蚁）分别保存在印度动物调查所和印度森林研究所。

模式产地：圭亚那（Kartabo）。

分布：新热带界的巴西、圭亚那、苏里南。

生物学：它生活于森林中，筑树栖小巢，离地面几米高，有蚁路与地面相通。在巴西，它生活在亚马孙原始雨林中。

3. 硬毛腹爆白蚁 *Ruptitermes atyra* Acioli and Constantino, 2015

种名释义：种名来自巴西图皮语，意为“硬毛”。

模式标本：正模（工蚁）、副模（工蚁）保存在巴西巴西利亚大学动物学系。

模式产地：巴西亚马孙州（Benjamin Constant、Nova Alianca）。

分布：新热带界的从巴拿马到巴西亚马孙流域的西部。

生物学：它在林地栖息。

4. 班德诺腹爆白蚁 *Ruptitermes bandeirai* Acioli and Constantino, 2015

种名释义：种名来自巴西白蚁学家 A. G. Bandeira 的姓。

模式标本：正模（工蚁）、副模（工蚁）保存在巴西圣保罗大学动物学博物馆。

模式产地：巴西（Alagoas）。

分布：新热带界的巴西（Atlantic Forest）。

生物学：它在林地栖息，体小，具有过高的前足。

5. 圆头腹爆白蚁 *Ruptitermes cangua* Acioli and Constantino, 2015

种名释义：种名来自巴西图皮语，意为“圆头”，意指工蚁头型。

模式标本：正模（工蚁）、副模（工蚁）保存在巴西巴西利亚大学动物学系。

模式产地：巴西（Rondônia）。

分布：新热带界的巴西（中部地区）。

6. 弗朗西斯科腹爆白蚁 *Ruptitermes franciscoi* (Snyder, 1959)

曾称为：弗朗西斯科解甲白蚁 *Anoplotermes franciscoi* Snyder, 1959。

模式标本：正模（有翅成虫）、副模（成虫）保存在美国国家博物馆，副模（成虫）保存在美国自然历史博物馆。

模式产地：委内瑞拉（Bolivar）。

分布：新热带界的委内瑞拉、巴西（Roraima）。

7. 林栖腹爆白蚁 *Ruptitermes kaapora* Acioli and Constantino, 2015

种名释义：种名来自巴西图皮语，意为“林地栖息者”。

模式标本：正模（工蚁）、副模（工蚁）保存在巴西巴西利亚大学动物学系。

模式产地：巴西（Paraná）。

分布：新热带界的巴拉圭（Boquerón）、巴西（Paraná）。

生物学：它生活于林地。

8. 克里希纳腹爆白蚁 *Ruptitermes krishnai* Acioli and Constantino, 2015

模式标本：正模（工蚁）、副模（工蚁）保存在巴西巴西利亚大学动物学系。

模式产地：特立尼达和多巴哥北部地区。

分布：新热带界的特立尼达和多巴哥。

生物学：它生活在特立尼达岛的北部森林中。

9. 马拉卡腹爆白蚁 *Ruptitermes maraca* Acioli and Constantino, 2015

种名释义：种名来自模式标本的采集地 Ilha de Maracá 地名。

模式标本：正模（工蚁）、副模（工蚁）保存在巴西亚马孙探索国家研究所。

模式产地：巴西（Roraima）。

分布：新热带界的巴西（Roraima）。

生物学：它生活在草地中。

10. 毛头腹爆白蚁 *Ruptitermes piliceps* Acioli and Constantino, 2015

模式标本：正模（工蚁）、副模（工蚁）保存在巴西巴西利亚大学动物学系。

模式产地：巴西戈亚斯州。

分布：新热带界的巴西中部到北部。

生物学：它通常栖息于林地。

11. 红头腹爆白蚁 *Ruptitermes pitan* Acioli and Constantino, 2015

种名释义：种名来自巴西图皮语，意为“红”，指工蚁的头部发红。

模式标本：正模（工蚁）、副模（工蚁）保存在巴西巴西利亚大学动物学系。

模式产地：巴西（Distrito Federal）。

分布：新热带界的巴西（Cerrado 的西南地区）。

生物学：它栖息于稀树草原（自然栖息地），也可生活于城市及桉树种植区。

12. 隐匿腹爆白蚁 *Ruptitermes reconditus* (Silvestri, 1901)

曾称为：隐匿解甲白蚁 *Anoplotermes reconditus* Silvestri, 1901。

异名：隐匿白蚁（真白蚁亚属）*Termes* (*Eutermes*) *reconditus* Desneux, 1904、隐匿解甲白蚁（稀白蚁亚属）*Anoplotermes* (*Speculitermes*) *reconditus* Homlgren, 1912、隐匿稀白蚁 *Speculitermes reconditus* Snyder, 1949、前端腹爆白蚁 *Ruptitermes proratus* (Emerson, 1949)、前端稀白蚁 *Speculitermes prorates* Emerson, 1949。

模式标本：全模（成虫、工蚁）分别保存在意大利农业昆虫研究所、美国自然历史博物馆和意大利自然历史博物馆。

模式产地：阿根廷、巴西、巴拉圭。

分布：新热带界的阿根廷（Chaco、Misiones、Salta、Santiago del Estero）、玻利维亚、巴西（马托格罗索州）、秘鲁、巴拉圭。

生物学：它是本属中最常见、分布最广泛的种类，南美洲大部分地区均有，尤其在巴西的 Cerrado 地区，也常生活于被干扰的栖息地和城市区域。工蚁夜间在地面上觅食，取食枯枝落叶。

13. 黄袍腹爆白蚁 *Ruptitermes xanthochiton* Mathews, 1977

异名：大腹爆白蚁 *Ruptitermes grandis* Mathews, 1977（裸记名称）。

模式标本：正模（雌成虫）、副模（成虫、工蚁）保存在巴西圣保罗大学动物学博物馆，副模（成虫、工蚁）分别保存在英国自然历史博物馆和美国自然历史博物馆。

模式产地：巴西马托格罗索州（Serra do Roncador）。

分布：新热带界的巴西（马托格罗索州）。

生物学：它主要分布于巴西中部的 Cerrado 地区，生活于被干扰的栖息地、稀疏植被中。在亚马孙的稀树草原上也偶有发现。

（四十七）洁白蚁属 *Skatitermes* Coaton, 1971

模式种：喜沙洁白蚁 *Skatitermes psammophilus* Coaton, 1971。

种类：2 种。

分布：非洲界。

生物学：它没有兵蚁品级。离地表 15cm 处有扁平的腔室，有蚁道将之与主巢和地面相联通。它夜间出地表觅食，食物为树叶、细枝、草屑、有蹄类粪便，这些食物采回后，贮存在扁平的腔室内。喜沙洁白蚁的蚁巢常筑在三脉白蚁属或弓白蚁属白蚁的蚁垄内，后两类白蚁栖息在相对干燥的生态系统中。它具有强有力的腹部，在防御时，可向捕食动物（如蚂蚁）头部喷出粪滴。

危害性：它没有危害性。

1. 喜沙洁白蚁 *Skatitermes psammophilus* Coaton, 1971

模式标本：正模（雄成虫）、副模（成虫、工蚁）保存在南非国家昆虫馆，副模（成虫、工蚁、若蚁）保存在美国自然历史博物馆，副模（成虫、工蚁）保存在英国自然历史博物馆。

模式产地：纳米比亚。

分布：非洲界的纳米比亚。

2. 瓦特洁白蚁 *Skatitermes watti* Coaton, 1971

模式标本：正模（雄成虫）、副模（成虫、工蚁）保存在南非国家昆虫馆，副模（成虫、工蚁）分别保存在美国自然历史博物馆和英国自然历史博物馆。

模式产地：纳米比亚。

分布：非洲界的纳米比亚。

（四十八）稀白蚁属 *Speculitermes* Wasmann, 1902

模式种：巨人稀白蚁 *Speculitermes cyclops* Wasmann, 1902。

种类：12 种。

分布：东洋界。

生物学：它属于食土白蚁，有兵蚁品级，分布在印度、巴基斯坦、斯里兰卡、泰国和中国局部（云南）。

1. 狭颏稀白蚁 *Speculitermes angustigulus* He, 1985

模式标本：正模（兵蚁）、副模（兵蚁、工蚁）保存在中国科学院上海昆虫研究所。

模式产地：中国云南省景洪市。

分布：东洋界的中国（云南）。

2. 查达稀白蚁 *Speculitermes chadaensis* Chatterjee and Thapa, 1964

模式标本：正模（工蚁）、副模（工蚁）保存在印度森林研究所，副模（工蚁）保存在美国自然历史博物馆和印度动物调查所。

模式产地：印度中央邦（Karanjia 林区）。

分布：东洋界的印度（中央邦）。

3. 巨人稀白蚁 *Speculitermes cyclops* Wasmann, 1902

种名释义：种名意为“独眼巨人”，它来自希腊和罗马神话。

模式标本：选模（工蚁）、副选模（成虫）保存在印度森林研究所，副选模（成虫、工蚁、若蚁）保存在美国自然历史博物馆，副选模（成虫、工蚁）保存在荷兰马斯特里赫特自然历史博物馆。

模式产地：印度孟买附近。

分布：东洋界的巴基斯坦（旁遮普省）、印度（安得拉邦、古吉拉特邦、卡纳塔克邦、中央邦、马哈拉施特拉邦、奥里萨邦、旁遮普邦、拉贾斯坦邦、北阿坎德邦、北方邦）、克什米尔地区。

4. 德干稀白蚁 *Speculitermes deccanensis* Roonwal and Chhotani, 1962

曾称为：德干稀白蚁德干亚种 *Speculitermes deccanensis deccanensis* Roonwal and Chhotani, 1962。

模式标本：正模（工蚁）、副模（工蚁）保存在印度动物调查所，副模（工蚁）分别保存在印度森林研究所和美国自然历史博物馆。

模式产地：印度卡纳塔克邦（Bababudin 山区）。

分布：东洋界的印度（卡纳塔克邦）。

5. 塔尔瓦尔稀白蚁 *Speculitermes dharwarensis* Roonwal and Chhotani, 1964

模式标本：正模（成虫）、副模（工蚁）保存在印度动物调查所，副模（工蚁）分别保存在印度森林研究所、美国自然历史博物馆和印度农业研究所昆虫学分部。

模式产地：印度卡纳塔克邦（Dharwar）。

分布：东洋界的印度（安得拉邦、古吉拉特邦、卡纳塔克邦）。

6. 埃默森稀白蚁 *Speculitermes emersoni* Bose, 1984

模式标本：正模（成虫）、副模（成虫、工蚁）保存在印度动物调查所。

模式产地：印度喀拉拉邦（Thekkadi）。

分布：东洋界的印度（卡纳塔克邦、喀拉拉邦）。

*****暗色稀白蚁 *Speculitermes fuscus* Mathur and Thapa, 1962（裸记名称）**

分布：新热带界的巴西（圣保罗）。

*****大型稀白蚁 *Speculitermes giganteus* Mathur and Thapa, 1962（裸记名称）**

分布：新热带界的巴西（圣保罗）。

7. 格斯瓦尔德稀白蚁 *Speculitermes goesswaldi* Roonwal and Chhotani, 1964

模式标本：正模（成虫）、副模（成虫、工蚁）保存在印度动物调查所，副模（成虫、工蚁）分别保存在印度森林研究所和美国自然历史博物馆。

模式产地：印度卡纳塔克邦（Dharwar）。

分布：东洋界的印度（卡纳塔克邦、中央邦）。

8. 大齿稀白蚁 *Speculitermes macrodentatus* Ahmad, 1965

模式标本：正模（兵蚁）、副模（成虫、工蚁）保存在巴基斯坦旁遮普大学动物学系，副模（兵蚁、工蚁）保存在美国自然历史博物馆。

模式产地：泰国（Tung Sa-Lang Luang 国家公园）。

分布：东洋界的泰国。

9. 派瓦稀白蚁 *Speculitermes paivai* Roonwal and Chhotani, 1962

曾称为：德干稀白蚁派瓦亚种 *Speculitermes deccanensis paivai* Roonwal and Chhotani, 1962。

模式标本：正模（工蚁）、副模（工蚁）保存在印度动物调查所，副模（工蚁）保存在美国自然历史博物馆。

模式产地：印度比哈尔邦（Santal Parganas District）。

分布：东洋界的印度（比哈尔邦、西孟加拉邦）。

10. 鲁恩沃稀白蚁 *Speculitermes roonwali* Maiti, 1983

模式标本：正模（雌成虫）、副模（雌雄成虫）保存在印度动物调查所。

模式产地：印度西孟加拉邦（Midnapore）。

分布：东洋界的印度（西孟加拉邦）。

11. 僧伽罗稀白蚁 *Speculitermes sinhalensis* Roonwal and Sen-Sarma, 1960

曾称为：巨人稀白蚁僧伽罗亚种 *Speculitermes cyclops sinhalensis* Roonwal and Sen-Sarma, 1960。

模式标本：正模（工蚁）、副模（工蚁）保存在印度森林研究所，副模（工蚁）分别保存在印度动物调查所、美国自然历史博物馆和斯里兰卡科伦坡博物馆。

模式产地：斯里兰卡（Vavuniya）。

分布：东洋界的斯里兰卡、印度（安得拉邦、古吉拉特邦、卡纳塔克邦、喀拉拉邦、中央邦、马哈拉施特拉邦、奥里萨邦、泰米尔纳德邦）。

生物学：它在地下筑细长、狭窄的蚁道，蚁道直径为2～5mm，蚁道可深达50cm。地面上的开口为单个或4～5个。开口通常在石头下或干燥的牛粪下。3—4月，成熟群体中出现有翅成虫，9—11月出现若蚁。群体中兵蚁极少，兵、工蚁占比分别为0.02%～0.44%、99.56%～99.98%。

12. 三角稀白蚁 *Speculitermes triangularis* Roonwal and Sen-Sarma, 1960

种名释义：指这种白蚁工蚁头部背面中央有三角形斑点。

模式标本：正模（工蚁）、副模（工蚁）保存在印度森林研究所，副模（工蚁）分别保存在印度动物调查所和美国自然历史博物馆。

模式产地：印度北阿坎德邦德拉敦。

分布：东洋界的印度（古吉拉特邦、北阿坎德邦）。

（四十九）足白蚁属 *Tetimatermes* Fontes, 1986

模式种：橄榄树足白蚁 *Tetimatermes oliveirae* Fontes, 1986。

种类：1种。

分布：新热带界。

1. 橄榄树足白蚁 *Tetimatermes oliveirae* Fontes, 1986

模式标本：正模（工蚁）、副模（工蚁）保存在巴西圣保罗大学动物学博物馆。

模式产地：巴西圣保罗（Macatuba）。

分布：新热带界的巴西（圣保罗）。

生物学：它没有兵蚁品级。

（五十）奇囟白蚁属 *Tonsuritermes* Cancello and Constantini, 2018

属名释义：属名来自拉丁语 tonsura，意为“修剪”，指这种白蚁头部（尤其是工蚁）形态与圣方济各修道士的发式相似。此属白蚁工蚁的囟具有不同于其他属白蚁的特点（额腺凸出，具有二层表皮）。

模式种：塔克奇囟白蚁 *Tonsuritermes tucki* Cancello and Constantini, 2018。

种类：2种。

分布：新热带界。

1. 马修斯奇囟白蚁 *Tonsuritermes mathewsi* Cancello and Constantini, 2018

种名释义：种名来自巴西 M. Grossso 当地的白蚁学家 A. G. A. Mathews 的姓。

模式标本：正模（工蚁）、副模（工蚁）保存在巴西圣保罗大学动物学博物馆。

模式产地：巴西马托格里索州（Chapada dos Guimarães）。

分布：新热带界的巴西。

生物学：它没有兵蚁，工蚁单型。有些栖息于角象白蚁属白蚁废弃的巢中。

2. 塔克奇囟白蚁 *Tonsuritermes tucki* Cancello and Constantini, 2018

种名释义：种名来自圣方济各修道士 F. Tuck 的姓。

模式标本：正模（工蚁）、副模（工蚁）保存在巴西圣保罗大学动物学博物馆。

模式产地：巴西圣卡塔琳娜州（Compos Novos）。

分布：新热带界的巴西、哥伦比亚、法属圭亚那、巴拉圭和秘鲁。

生物学：它没有兵蚁，工蚁二型，生活于地下蚁道、树基、腐烂的原木下、垃圾与枯枝之间。

（五十一）发白蚁属 *Trichotermes* Sjöstedt, 1924

模式种：毛额发白蚁 *Trichotermes villifrons* (Sjöstedt, 1911)。

种类：3 种。

分布：非洲界。

生物学：它属于食土白蚁，有兵蚁品级。巢由几个几厘米大小的卵形腔室组成，连接的蚁道狭窄。它的蚁巢系统常筑在林中其他食土白蚁蚁垄（活的或死的）下，或穿过。这些食土白蚁包括方白蚁属、胸白蚁属、无毛白蚁属白蚁。

危害性：它没有危害性。

1. 首领发白蚁 *Trichotermes ducis* (Sjöstedt, 1914)

曾称为：首领真白蚁 *Eutermes ducis* Sjöstedt, 1914。

模式标本：选模（兵蚁）、副选模（兵蚁）保存在德国汉堡动物学博物馆。

模式产地：刚果民主共和国（Kimuenza）。

分布：非洲界的刚果民主共和国。

2. 马查多发白蚁 *Trichotermes machadoi* Weidner, 1974

模式标本：正模（兵蚁）、副模（兵蚁、工蚁）保存在安哥拉敦多博物馆，副模（兵蚁、工蚁）保存在德国汉堡动物学博物馆。

模式产地：安哥拉敦多。

分布：非洲界的安哥拉。

3. 毛额发白蚁 *Trichotermes villifrons* (Sjöstedt, 1911)

曾称为：毛额真白蚁 *Eutermes villifrons* Sjöstedt, 1911。

模式标本：全模（兵蚁、工蚁）分别保存在瑞典自然历史博物馆、美国自然历史博物馆和印度森林研究所。

模式产地：刚果民主共和国（Mukimbungu）。

分布：非洲界的中非共和国、刚果民主共和国。

二、方白蚁亚科 Cubitermitinae Weidner, 1956

模式属：方白蚁属 *Cubitermes* Wasmann, 1906。
种类：24 属 152 种。
分布：非洲界。

（一）无毛白蚁属 *Apilitermes* Holmgren, 1912

中文名称：我国学者曾称之为“无棘白蚁属”。
模式种：长头无毛白蚁 *Apilitermes longiceps* (Sjöstedt, 1899)。
种类：1 种。
分布：非洲界。

1. 长头无毛白蚁 *Apilitermes longiceps* (Sjöstedt, 1899)

曾称为：长头真白蚁 *Eutermes longiceps* Sjöstedt, 1899。

模式标本：全模（兵蚁、工蚁）分别保存在瑞典自然历史博物馆、美国自然历史博物馆和德国格赖夫斯瓦尔德博物馆。

模式产地：喀麦隆（Victoria）。

分布：非洲界的喀麦隆、中非共和国、刚果民主共和国、加蓬、尼日利亚。

生物学：它属于食土白蚁，生活于雨林的低地中，不筑巢，寄居于其他白蚁蚁垄中，主要是方白蚁蚁垄。

危害性：它没有危害性。

（二）基齿白蚁属 *Basidentitermes* Holmgren, 1912

模式种：奥里维尔基齿白蚁 *Basidentitermes aurivillii* (Sjöstedt, 1897)。
种类：8 种。
分布：非洲界。

生物学：它属于食土白蚁，生活在相对潮湿的栖息地，如雨林或潮湿的稀树草原。它寄居于其他白蚁属白蚁的蚁垄里，如方白蚁属白蚁蚁垄。

危害性：它没有危害性。

1. 友善基齿白蚁 *Basidentitermes amicus* Harris, 1936

模式标本：正模（兵蚁）保存在英国自然历史博物馆。
模式产地：坦桑尼亚（Songea）。
分布：非洲界的坦桑尼亚。

2. 奥里维尔基齿白蚁 *Basidentitermes aurivillii* (Sjöstedt, 1897)

曾称为：奥里维尔真白蚁 *Eutermes aurivillii* Sjöstedt, 1897。

模式标本：全模（成虫）分别保存在瑞典自然历史博物馆、美国自然历史博物馆和德国格赖夫斯瓦尔德博物馆。

模式产地：喀麦隆（Mungo Fluss）。

分布：非洲界的喀麦隆、刚果共和国、刚果民主共和国、冈比亚、加纳、尼日利亚、苏丹、乌干达。

3. 德穆兰基齿白蚁 *Basidentitermes demoulini* Harris, 1963

模式标本：正模（兵蚁）保存在格赖夫斯瓦尔德博物馆，副模（兵蚁）分别保存在英国自然历史博物馆和比利时非洲中心皇家博物馆。

模式产地：刚果民主共和国（Garamba）。

分布：非洲界的喀麦隆、刚果民主共和国。

4. 裂额基齿白蚁 *Basidentitermes diversifrons* Silvestri, 1914

模式标本：全模（大、小兵蚁，工蚁）保存在意大利农业昆虫研究所，全模（兵蚁、工蚁）保存在美国自然历史博物馆。

模式产地：喀麦隆（Victoria）。

分布：非洲界的喀麦隆、刚果共和国。

5. 荣耀基齿白蚁 *Basidentitermes mactus* (Sjöstedt, 1911)

亚种：1）荣耀基齿白蚁荣耀亚种 *Basidentitermes mactus mactus* (Sjöstedt, 1911)

曾称为：荣耀真白蚁 *Eutermes mactus* Sjöstedt, 1911。

异名：二型基齿白蚁 *Basidentitermes bivalens* Silvestri, 1914。

模式标本：全模（兵蚁）分别保存在瑞典自然历史博物馆和美国自然历史博物馆。

模式产地：几内亚。

分布：非洲界的喀麦隆、加纳、几内亚、科特迪瓦、尼日利亚。

2）荣耀基齿白蚁上方亚种 *Basidentitermes mactus supera* Silvestri, 1914

模式标本：全模（兵蚁、工蚁）分别保存在意大利农业昆虫研究所和美国自然历史博物馆。

模式产地：尼日利亚（Olokemeji）。

分布：非洲界的尼日利亚。

6. 马雷拉基齿白蚁 *Basidentitermes malelaensis* (Emerson, 1928)

曾称为：马雷拉奇异白蚁（基齿白蚁亚属）*Mirotermes* (*Basidentitermes*) *malelaensis* Emerson, 1928。

模式标本：正模（兵蚁）、副模（兵蚁、工蚁）保存在美国自然历史博物馆，副模（兵蚁、工蚁）保存在印度森林研究所，副模（兵蚁）保存在南非国家昆虫馆。

模式产地：刚果民主共和国（Malela）。

分布：非洲界的刚果民主共和国、加蓬。

7. 强壮基齿白蚁 *Basidentitermes potens* Silvestri, 1914

模式标本：全模（蚁后、蚁王、兵蚁、工蚁）保存在意大利农业昆虫研究所，全模（兵蚁、工蚁）保存在美国自然历史博物馆。

模式产地：几内亚（Camayenne、Conakry、Mamou）。

分布：非洲界的冈比亚、几内亚、科特迪瓦、尼日利亚。

8. 三裂基齿白蚁 *Basidentitermes trilobatus* Noirot, 1955

模式标本：全模（大、小兵蚁，工蚁）分别保存在美国自然历史博物馆、安哥拉敦多博物馆和德国汉堡动物学博物馆。

模式产地：安哥拉（Luimbale）。

分布：非洲界的安哥拉。

（三）铲白蚁属 *Batillitermes* Uys, 1994

模式种：僧侣铲白蚁 *Batillitermes monachus* Uys, 1994。

种类：2 种。

分布：非洲界。

生物学：它属于食土白蚁，生活在林地中，寄居于大白蚁属、方白蚁属、三脉白蚁属和土白蚁属白蚁蚁垄里。

危害性：它没有危害性。

1. 大唇铲白蚁 *Batillitermes clypeatus* Sands, 1995

模式标本：正模（兵蚁）、副模（兵蚁、工蚁）保存在英国自然历史博物馆。

模式产地：尼日利亚。

分布：非洲界的尼日利亚。

生物学：生活在林地包围的开阔草地，寄居于方白蚁属、三脉白蚁属和土白蚁属白蚁蚁垄里。

2. 僧侣铲白蚁 *Batillitermes monachus* Uys, 1994

模式标本：正模（兵蚁）、副模（兵蚁、工蚁）保存在南非国家昆虫馆。

模式产地：津巴布韦（Insiza）。

分布：非洲界的津巴布韦。

（四）刻痕白蚁属 *Crenetermes* Silvestri, 1912

中文名称：我国学者曾称之为“泉白蚁属”“方齿白蚁属”。

异名：沟白蚁属 *Sulcitermes* Holmgren, 1912（裸记名称）。

模式种：白跗刻痕白蚁 *Crenetermes albotarsalis* (Sjöstedt, 1897)。

种类：5 种。

分布：非洲界。

生物学：它属于食土白蚁，生活于雨林和有湿润植被的干燥稀树草原。有的种类生活于海拔达 2500m 的高地草原。它偶尔也自建小土垄，但更多是寄居在方白蚁的蚁垄（上层）。

危害性：它没有危害性。

1. 白跗刻痕白蚁 *Crenetermes albotarsalis* (Sjöstedt, 1897)

曾称为：白跗真白蚁 *Eutermes albotarsalis* Sjöstedt, 1897。

模式标本：全模（成虫）分别保存在德国柏林冯博大学自然博物馆、瑞典自然历史博物馆和美国自然历史博物馆。

模式产地：喀麦隆（Yaunde、Kribi）。

分布：非洲界的喀麦隆、刚果共和国、刚果民主共和国、尼日利亚、卢旺达、坦桑尼亚、赞比亚。

2. 细长刻痕白蚁 *Crenetermes elongatus* Weidner, 1974

模式标本：正模（兵蚁）、副模（成虫、兵蚁、工蚁）保存在安哥拉敦多博物馆，副模（成虫、兵蚁）保存在德国汉堡动物学博物馆。

模式产地：安哥拉（Cameia）。

分布：非洲界的安哥拉。

3. 可爱刻痕白蚁 *Crenetermes fruitus* Harris, 1958

模式标本：正模（兵蚁）、副模（成虫）保存在比利时非洲中心皇家博物馆，副模（兵蚁）保存在英国自然历史博物馆。

模式产地：刚果民主共和国（Lusinga）。

分布：非洲界的刚果民主共和国。

4. 大颚刻痕白蚁 *Crenetermes mandibulatus* Weidner, 1974

模式标本：正模（兵蚁）、副模（兵蚁）保存在安哥拉敦多博物馆，副模（兵蚁）保存在德国汉堡动物学博物馆。

模式产地：安哥拉。

分布：非洲界的安哥拉。

5. 混杂刻痕白蚁 *Crenetermes mixtus* Williams, 1962

模式标本：正模（兵蚁）、副模（兵蚁、工蚁、蚁王）保存在英国自然历史博物馆，副模（兵蚁、工蚁）保存在美国自然历史博物馆。

模式产地：坦桑尼亚（Usambara、Daluni）。

分布：非洲界的肯尼亚、坦桑尼亚。

（五）方白蚁属 *Cubitermes* Wasmann, 1906

属名释义：兵蚁头形接近方形。

异名：等颚白蚁属 *Isognathotermes* Sjöstedt, 1926。

模式种：双裂方白蚁 *Cubitermes bilobatus* (Haviland, 1898)。

种类：65 种。

分布：非洲界。

生物学：它生活在非洲撒哈拉沙漠以南，栖息地多样，如原始的低地雨林、半干旱稀树草原、赤道附近地区、海拔达 3000m 的高地草原。它均是食土白蚁。它的蚁垄上通常无植被。蚁垄上常有食土白蚁寄居，最多曾记录有 16 种白蚁寄居于 1 个方白蚁蚁垄。不光食土白蚁寄居于它的蚁垄，食木白蚁（如锯白蚁属白蚁）也曾被发现寄居在其蚁垄上。在有些地区，食草的三脉白蚁与食土的方白蚁共享 1 个蚁垄。蚁垄大多为蘑菇形。

危害性：有方白蚁取食甘薯块茎的零星报道。

1. 竞争方白蚁 *Cubitermes aemulus* Silvestri, 1914

模式标本：全模（蚁后、蚁王、兵蚁、工蚁）分别保存在意大利农业昆虫研究所和美国自然历史博物馆。

模式产地：几内亚（Camayenne、Conakry）。

分布：非洲界的几内亚。

2. 近残废方白蚁 *Cubitermes anatruncatus* (Fuller, 1925)

曾称为：近残废奇异白蚁（方白蚁亚属）*Mirotermes* (*Cubitermes*) *anatruncatus* Fuller, 1925。

模式标本：选模（兵蚁）、副选模（成虫、兵蚁、工蚁）保存在南非国家昆虫馆，副选模（成虫、兵蚁、工蚁）分别保存在美国国家博物馆和美国自然历史博物馆。

模式产地：南非纳塔尔省（Conjeni）。

分布：非洲界的南非。

3. 凶猛方白蚁 *Cubitermes atrox* (Smeathman, 1781)

曾称为：凶猛白蚁 *Termes atrox* Smeathman, 1781。

模式标本：全模（成虫、兵蚁、工蚁）保存在英国自然历史博物馆。

模式产地：塞拉利昂。

分布：非洲界的塞拉利昂、南非。

4. 班克斯方白蚁 *Cubitermes banksi* (Emerson, 1928)

曾称为：班克斯奇异白蚁（方白蚁亚属）*Mirotermes* (*Cubitermes*) *banksi* Emerson, 1928。

模式标本：正模（兵蚁）、副模（成虫、兵蚁、工蚁）保存在密歇根大学，副模（兵蚁、工蚁）保存在美国自然历史博物馆。

模式产地：喀麦隆（Bipindi）。

分布：非洲界的喀麦隆。

5. 似双裂方白蚁 *Cubitermes bilobatodes* Silvestri, 1912

模式标本：全模（成虫、大兵蚁、小兵蚁、工蚁）保存在意大利自然历史博物馆，全模（大兵蚁、工蚁）保存在美国自然历史博物馆。

模式产地：几内亚比绍（Bolama）。

分布：非洲界的冈比亚、几内亚比绍、塞内加尔。

6. 双裂方白蚁 *Cubitermes bilobatus* (Haviland, 1898)

曾称为：双裂白蚁 *Termes bilobatus* Haviland, 1898。

异名：双裂方白蚁短小亚种 *Cubitermes bilobatus curta* Sjöstedt, 1926。

模式标本：全模（成虫、兵蚁、工蚁）分别保存在瑞典自然历史博物馆和英国剑桥大学动物学博物馆，全模（蚁后、成虫、兵蚁、工蚁）保存在荷兰马斯特里赫特自然历史博物馆，全模（兵蚁、工蚁）分别保存在美国自然历史博物馆和印度森林研究所，全模（兵蚁）分别保存在南非国家昆虫馆和印度动物调查所。

模式产地：南非纳塔尔省（Estcourt）。
分布：非洲界的南非。

*****博尔顿方白蚁 *Cubitermes boultoni* Mathur and Thapa, 1962（裸记名称）**
分布：非洲界的津巴布韦。

*****布雷多方白蚁 *Cubitermes bredoi* Mathur and Thapa, 1962（裸记名称）**
分布：非洲界的津巴布韦。

7. 短头方白蚁 *Cubitermes breviceps* (Sjöstedt, 1913)

曾称为：短头真白蚁（方白蚁亚属）*Eutermes* (*Cubitermes*) *breviceps* Sjöstedt, 1913。
模式标本：全模（兵蚁、工蚁）分别保存在瑞典自然历史博物馆和美国自然历史博物馆。
模式产地：津巴布韦（Harare）。
分布：非洲界的津巴布韦。

8. 布格塞拉方白蚁 *Cubitermes bugeserae* Bouillon and Vincke, 1971

模式标本：正模（成虫）、副模（兵蚁）保存在比利时非洲中心皇家博物馆，副模（兵蚁）分别保存在南非国家昆虫馆和刚果民主共和国鲁汶大学。
模式产地：卢旺达（Bugesera）。
分布：非洲界的卢旺达。

9. 球额方白蚁 *Cubitermes bulbifrons* Sjöstedt, 1924

异名：海格方白蚁 *Cubitermes heghi* Sjöstedt, 1924。
模式标本：全模（兵蚁、工蚁）分别保存在瑞典自然历史博物馆、美国自然历史博物馆和法国自然历史博物馆。
模式产地：刚果民主共和国（Mukimbungu）。
分布：非洲界的喀麦隆、乍得、刚果民主共和国、加蓬。

10. 凯撒方白蚁 *Cubitermes caesareus* (Sjöstedt, 1911)

曾称为：凯撒真白蚁 *Eutermes caesareus* Sjöstedt, 1911。
模式标本：全模（成虫）分别保存在瑞典自然历史博物馆和美国自然历史博物馆。
模式产地：刚果民主共和国（Mukimbungu）。
分布：非洲界的刚果民主共和国。

11. 科姆斯托克方白蚁 *Cubitermes comstocki* (Emerson, 1928)

种名释义：种名来自定名人的昆虫研究启蒙老师 J. H. Comstock 教授的姓。
曾称为：科姆斯斯托克奇异白蚁（方白蚁亚属）*Mirotermes* (*Cubitermes*) *comstocki* Emerson, 1928。
模式标本：正模（兵蚁）、副模（蚁后、兵蚁、工蚁）保存在密歇根大学，副模（兵蚁、工蚁）保存在美国自然历史博物馆。
模式产地：喀麦隆（Bipindi）。
分布：非洲界的喀麦隆。

12. 刚果方白蚁 *Cubitermes congoensis* (Emerson, 1928)

曾称为：刚果奇异白蚁（方白蚁亚属）*Mirotermes* (*Cubitermes*) *congoensis* Emerson, 1928。

模式标本：正模（兵蚁）、副模（兵蚁、工蚁）保存在美国自然历史博物馆，副模（兵蚁）保存在南非国家昆虫馆。

模式产地：刚果民主共和国（Banana）。

分布：非洲界的刚果民主共和国。

13. 康杰尼方白蚁 *Cubitermes conjenii* (Fuller, 1925)

曾称为：康杰尼奇异白蚁（方白蚁亚属）*Mirotermes* (*Cubitermes*) *conjenii* Fuller, 1925。

模式标本：选模（雄成虫）、副选模（成虫、工蚁）保存在南非国家昆虫馆，副选模（成虫、工蚁）保存在美国自然历史博物馆。

模式产地：南非（Conjeni）。

分布：非洲界的南非。

14. 剪短方白蚁 *Cubitermes curtatus* Silvestri, 1914

模式标本：全模（成虫、兵蚁、工蚁）分别保存在意大利农业昆虫研究所和美国自然历史博物馆，全模（兵蚁、工蚁）保存在美国国家博物馆，全模（兵蚁）保存在南非国家昆虫馆。

模式产地：几内亚（Kindia、Mamou）。

分布：非洲界的加纳、几内亚、塞内加尔。

15. 成双方白蚁 *Cubitermes duplex* (Holmgren, 1913)

曾称为：成双奇异白蚁（方白蚁亚属）*Mirotermes* (*Cubitermes*) *duplex* Holmgren, 1913。

模式标本：全模（成虫、兵蚁、工蚁）保存在瑞典自然历史博物馆，全模（兵蚁、工蚁）分别保存在美国自然历史博物馆、南非国家昆虫馆和德国汉堡动物学博物馆。

模式产地：南非祖鲁兰。

分布：非洲界的南非。

16. 短小方白蚁 *Cubitermes exiguus* Mathot, 1964

模式标本：正模（兵蚁）、副模（蚁后、成虫、兵蚁、工蚁）保存在刚果民主共和国鲁汶大学，全模（成虫、兵蚁、工蚁）保存在美国自然历史博物馆，全模（成虫、兵蚁）保存在南非国家昆虫馆。

模式产地：刚果民主共和国（金沙萨以南 10km 处）。

分布：非洲界的刚果民主共和国。

17. 具镰方白蚁 *Cubitermes falcifer* Williams, 1966

模式标本：正模（蚁后）、副模（成虫、兵蚁、工蚁）保存在英国自然历史博物馆，副模（成虫、兵蚁、工蚁）保存在美国自然历史博物馆，副模（成虫、兵蚁）保存在南非国家昆虫馆。

模式产地：坦桑尼亚（Sao Hill）。

分布：非洲界的坦桑尼亚。

18. 边界方白蚁 *Cubitermes finitimus* Schmitz, 1916

模式标本：全模（蚁后、兵蚁、工蚁）保存在美国自然历史博物馆。

模式产地：刚果民主共和国（Stanleyville）。

分布：非洲界的刚果民主共和国。

19. 暗黄方白蚁 *Cubitermes fulvus* Williams, 1966

模式标本：正模（雌成虫）、副模（成虫、兵蚁、工蚁）保存在英国自然历史博物馆，副模（成虫、兵蚁、工蚁）保存在美国自然历史博物馆，副模（成虫、兵蚁）保存在南非国家昆虫馆。

模式产地：坦桑尼亚（Ugunga、Kakoma）。

分布：非洲界的坦桑尼亚。

20. 菌丝方白蚁 *Cubitermes fungifaber* (Sjöstedt, 1896)

种名释义：拉丁语意为“培菌方白蚁”。我国学者习惯称之为“菌丝方白蚁”。

曾称为：培菌真白蚁 *Eutermes fungifaber* Sjöstedt, 1896。

异名：菌丝方白蚁细长亚种 *Cubitermes fungifaber elongata* Sjöstedt, 1924。

模式标本：全模（成虫、兵蚁、工蚁）保存在瑞典自然历史博物馆，全模（蚁后、成虫、兵蚁、工蚁）分别保存在美国自然历史博物馆和荷兰马斯特里赫特自然历史博物馆。

模式产地：喀麦隆。

分布：非洲界的喀麦隆、乍得、刚果共和国、刚果民主共和国、赤道几内亚、科特迪瓦、尼日利亚、塞拉利昂、苏丹。

生物学：它筑高度为 50cm 的蘑菇形蚁垄。

21. 盖杰方白蚁 *Cubitermes gaigei* (Emerson, 1928)

种名释义：种名来自 F. M. Gaige 博士的姓。

曾称为：盖杰奇异白蚁（方白蚁亚属）*Mirotermes* (*Cubitermes*) *gaigei* Emerson, 1928。

模式标本：正模（兵蚁）保存在密歇根大学，副模（兵蚁、工蚁）保存在美国自然历史博物馆。

模式产地：喀麦隆（Bipindi）。

分布：非洲界的喀麦隆、加蓬、冈比亚、几内亚、科特迪瓦、尼日利亚。

22. 弯额方白蚁 *Cubitermes gibbifrons* Sjöstedt, 1924

模式标本：全模（兵蚁、工蚁）分别保存在瑞典自然历史博物馆、意大利农业昆虫研究所和美国自然历史博物馆，全模（兵蚁）保存在荷兰马斯特里赫特自然历史博物馆。

模式产地：刚果民主共和国（Mukimbungu）。

分布：非洲界的刚果民主共和国。

23. 产孢方白蚁 *Cubitermes glebae* (Sjöstedt, 1913)

曾称为：产孢真白蚁（方白蚁亚属）*Eutermes* (*Cubitermes*) *glebae* Sjöstedt, 1913。

模式标本：全模（兵蚁、工蚁）分别保存在瑞典自然历史博物馆和美国自然历史博物馆。

模式产地：坦桑尼亚（Kilimanjaro）。

分布：非洲界的肯尼亚、坦桑尼亚、乌干达。

24. 具钩方白蚁 *Cubitermes hamatus* Sjöstedt, 1926

模式标本：全模（兵蚁、工蚁）保存在瑞典自然历史博物馆。

模式产地：刚果共和国布拉柴维尔。

分布：非洲界的刚果共和国。

25. 闻名方白蚁 *Cubitermes inclitus* Silvestri, 1912

曾称为：双裂方白蚁闻名亚种 *Cubitermes bilobatus inclitus* Silvestri, 1912。

异名：家生真白蚁（方白蚁亚属）*Eutermes* (*Cubitermes*) *domifaber* Sjöstedt, 1913。

模式标本：全模（蚁后、兵蚁、工蚁）保存在意大利农业昆虫研究所。

模式产地：赞比亚（Banguelo）。

分布：非洲界的刚果共和国、刚果民主共和国、肯尼亚、马拉维、卢旺达、坦桑尼亚、乌干达、赞比亚。

26. 夹层方白蚁 *Cubitermes intercalatus* Silvestri, 1914

模式标本：全模（成虫、兵蚁、工蚁）分别保存在意大利农业昆虫研究所和美国自然历史博物馆。

模式产地：刚果共和国布拉柴维尔。

分布：非洲界的安哥拉、刚果共和国、刚果民主共和国。

27. 潜藏方白蚁 *Cubitermes latens* Williams, 1966

模式标本：正模（雄成虫）、副模（成虫、兵蚁、工蚁）保存在英国自然历史博物馆，副模（成虫、兵蚁、工蚁）保存在美国自然历史博物馆，副模（兵蚁）保存在南非国家昆虫馆。

模式产地：坦桑尼亚（Ugunda、Kakoma）。

分布：非洲界的坦桑尼亚。

28. 卢贝齐方白蚁 *Cubitermes loubetsiensis* Sjöstedt, 1924

模式标本：全模（兵蚁、工蚁）保存在瑞典自然历史博物馆，全模（兵蚁）保存在荷兰马斯特里赫特自然历史博物馆。

模式产地：刚果共和国（Loubetsi）。

分布：非洲界的刚果共和国、刚果民主共和国。

生物学：它筑蘑菇形蚁垄，在森林中常见。

29. 小双方白蚁 *Cubitermes microduplex* (Fuller, 1925)

曾称为：小双奇异白蚁（方白蚁亚属）*Mirotermes* (*Cubitermes*) *microduplex* Fuller, 1925。

模式标本：选模（兵蚁）、副选模（成虫、兵蚁、工蚁）保存在南非国家昆虫馆，副选模（成虫、兵蚁、工蚁）保存在美国自然历史博物馆。

模式产地：南非纳塔尔省（Pondweni）。

分布：非洲界的南非。

30. 威胁方白蚁 *Cubitermes minitabundus* (Sjöstedt, 1913)

曾称为：威胁真白蚁（方白蚁亚属）*Eutermes* (*Cubitermes*) *minitabundus* Sjöstedt, 1913。

模式标本：全模（兵蚁）保存在比利时非洲中心皇家博物馆。

模式产地：刚果民主共和国（Katanga）。

分布：非洲界的刚果民主共和国、马拉维、赞比亚。

31. 平静方白蚁 *Cubitermes modestior* Silvestri, 1914

曾称为：恶劣方白蚁平静亚种 *Cubitermes severus modestior* Silvestri, 1914。

模式标本：全模（蚁后、兵蚁、工蚁）保存在意大利农业昆虫研究所，全模（蚁王、兵蚁、工蚁）保存在美国自然历史博物馆，全模（兵蚁）保存在南非国家昆虫馆。

模式产地：几内亚（Kindia）。

分布：非洲界的几内亚、科特迪瓦、塞拉利昂。

32. 高山方白蚁 *Cubitermes montanus* Williams, 1966

模式标本：正模（蚁后）、副模（蚁王、成虫、兵蚁、工蚁）保存在英国自然历史博物馆，副模（成虫、兵蚁、工蚁）保存在美国自然历史博物馆，副模（成虫、兵蚁）保存在南非国家昆虫馆。

模式产地：马拉维（Nyikka 高原）。

分布：非洲界的马拉维、坦桑尼亚、赞比亚。

33. 受雇方白蚁 *Cubitermes muneris* (Sjöstedt, 1913)

曾称为：受雇真白蚁（方白蚁亚属）*Eutermes* (*Cubitermes*) *muneris* Sjöstedt, 1913。

异名：双沟真白蚁（方白蚁亚属）*Eutermes* (*Cubitermes*) *bisulcatus* Sjöstedt, 1914。

模式标本：全模（兵蚁）分别保存在瑞典自然历史博物馆和比利时非洲中心皇家博物馆。

模式产地：刚果民主共和国（Katanga）。

分布：非洲界的刚果民主共和国、肯尼亚、马拉维、坦桑尼亚、赞比亚。

34. 尼奥科洛方白蚁 *Cubitermes niokoloensis* Roy-Noël, 1969

模式标本：正模（成虫）、副模（成虫、兵蚁）保存在塞内加尔达喀尔大学动物学实验室，副模（成虫、兵蚁）保存在美国自然历史博物馆。

模式产地：塞内加尔（Niokolo-Koba）。

分布：非洲界的塞内加尔。

35. 快乐方白蚁 *Cubitermes oblectatus* Harris, 1958

模式标本：正模（兵蚁）、副模（蚁后、兵蚁、工蚁）保存在比利进非洲中心皇家博物馆，副模（成虫、兵蚁、工蚁）保存在英国自然历史博物馆，副模（兵蚁）保存在南非国家昆虫馆。

模式产地：刚果民主共和国（Lusinga）。

分布：非洲界的刚果民主共和国、马拉维、坦桑尼亚、赞比亚。

36. 眼显方白蚁 *Cubitermes oculatus* Silvestri, 1914

模式标本：全模（蚁后、兵蚁、工蚁）分别保存在意大利农业昆虫研究所和美国自然历史博物馆，全模（兵蚁）保存在南非国家昆虫馆。

模式产地：几内亚（Camayenne）。

分布：非洲界的加纳、几内亚、尼日利亚、塞内加尔、苏丹。

37. 直颚方白蚁 *Cubitermes orthognathus* (Emerson, 1928)

曾称为：直颚奇异白蚁（方白蚁亚属）*Mirotermes* (*Cubitermes*) *orthgnathus* Emerson, 1928。

模式标本：正模（兵蚁）、副模（蚁后、兵蚁、工蚁、若蚁）保存在美国自然历史博物馆，副模（兵蚁、工蚁）保存在南非国家昆虫馆。

模式产地：刚果民主共和国（Faradje）。

分布：非洲界的刚果民主共和国、肯尼亚、马拉维、坦桑尼亚、乌干达、赞比亚。

生物学：它筑蘑菇形的蚁垄，垄内常有其他属白蚁栖居。

38. 白头方白蚁 *Cubitermes pallidiceps* (Sjöstedt, 1913)

曾称为：白头真白蚁（方白蚁亚属）*Eutermes* (*Cubitermes*) *pallidiceps* Sjöstedt, 1913。

模式标本：全模（兵蚁、工蚁）分别保存在比利时非洲中心皇家博物馆、瑞典自然历史博物馆和美国自然历史博物馆。

模式产地：刚果民主共和国（Katanga）。

分布：非洲界的刚果民主共和国、马拉维、坦桑尼亚、赞比亚、津巴布韦。

39. 平额方白蚁 *Cubitermes planifrons* Sjöstedt, 1924

模式标本：全模（成虫、兵蚁、工蚁）分别保存在瑞典自然历史博物馆和美国自然历史博物馆。

模式产地：刚果民主共和国（Mukimbungu）。

分布：非洲界的刚果民主共和国。

40. 比勒陀利亚方白蚁 *Cubitermes pretorianus* Silvestri, 1914

亚种：1）比勒陀利亚方白蚁海德堡亚种 *Cubitermes pretorianus heidelbergi* (Fuller, 1925)

曾称为：比勒陀利亚奇异白蚁（方白蚁亚属）海德堡亚种 *Mirotermes* (*Cubitermes*) *pretorianus heidelbergi* Fuller, 1925。

模式标本：选模（兵蚁）、副选模（蚁后、兵蚁）保存在南非国家昆虫馆，副选模（兵蚁）保存在美国自然历史博物馆。

模式产地：南非德南士瓦省（Heidelberg）。

分布：非洲界的南非。

2）比勒陀利亚方白蚁比勒陀利亚亚种 *Cubitermes pretorianus pretorianus* Silvestri, 1914

曾称为：比勒陀利亚方白蚁 *Cubitermes pretorianus* Silvestri, 1914。

模式标本：全模（兵蚁、工蚁）分别保存在意大利农业昆虫研究所和美国自然历史博物馆。

模式产地：南非德南士瓦省（Pretoria）。

分布：非洲界的南非。

41. 临近方白蚁 *Cubitermes proximatus* Silvestri, 1914

模式标本：全模（蚁后、成虫、兵蚁、工蚁）保存在意大利农业昆虫研究所，全模（成虫、兵蚁、工蚁）保存在美国自然历史博物馆，全模（兵蚁、工蚁）保存在美国国家博物馆。

模式产地：几内亚（Kindia、Mamou）。

分布：非洲界的冈比亚、几内亚。

42. 圣卢西亚方白蚁 *Cubitermes sanctaeluciae* (Fuller, 1925)

曾称为：圣卢西亚奇异白蚁（方白蚁亚属）*Mirotermes* (*Cubitermes*) *sanctaeluciae* Fuller, 1925。

模式标本：选模（兵蚁）、副选模（成虫、兵蚁、工蚁）保存在南非国家昆虫馆，副选模（成虫、兵蚁、工蚁）保存在美国自然历史博物馆。

模式产地：南非纳塔尔省（Nibele）。

分布：非洲界的南非、赞比亚。

43. 桑库鲁方白蚁 *Cubitermes sankurensis* Wasmann, 1911

异名：方头真白蚁（方白蚁亚属）*Eutermes* (*Cubitermes*) *cubicephalus* Sjöstedt, 1913、锡比提真白蚁 *Eutermes sibitiensis* Sjöstedt, 1925、桑库鲁方白蚁细长亚种 *Cubitermes sankurensis elongata* Sjöstedt, 1926。

模式标本：全模（蚁后、成虫、兵蚁、工蚁）保存在荷兰马斯特里赫特自然历史博物馆，全模（成虫、兵蚁、工蚁）保存在美国自然历史博物馆。

模式产地：刚果民主共和国（Sankuru）。

分布：非洲界的安哥拉、刚果共和国、刚果民主共和国、肯尼亚、马拉维、坦桑尼亚、赞比亚、津巴布韦。

44. 谢勒方白蚁 *Cubitermes schereri* (Rosen, 1912)

曾称为：谢勒奇异白蚁（方白蚁亚属）*Mirotermes* (*Cubitermes*) *schereri* Rosen, 1912。

模式标本：正模（兵蚁）、副模（成虫、兵蚁、工蚁）保存在德国巴伐利亚州动物学博物馆，副模（成虫、兵蚁、工蚁）分别保存在美国自然历史博物馆和荷兰马斯特里赫特自然历史博物馆。

模式产地：利比里亚（Kap Mesurado）。

分布：非洲界的刚果民主共和国、利比里亚、塞拉利昂。

45. 施密德方白蚁 *Cubitermes schmidti* (Emerson, 1928)

种名释义：种名来自 K. P. Schmidt 先生的姓。

曾称为：施密德奇异白蚁（方白蚁亚属）*Mirotermes* (*Cubitermes*) *schmidti* Emerson, 1928。

模式标本：正模（兵蚁）、副模（蚁后、兵蚁、工蚁）保存在美国自然历史博物馆。

模式产地：喀麦隆（Bipindi）。

分布：非洲界的喀麦隆。

46. 恶劣方白蚁 *Cubitermes severus* Silvestri, 1914

模式标本：全模（蚁后、兵蚁、工蚁）保存在意大利农业昆虫研究所，全模（兵蚁、工蚁）保存在美国自然历史博物馆。

模式产地：几内亚（Conakry）。

分布：非洲界的冈比亚、几内亚、科特迪瓦、尼日利亚、苏丹。

47. 塞拉利昂方白蚁 *Cubitermes sierraleonicus* (Sjöstedt, 1911)

曾称为：塞拉利昂真白蚁 *Eutermes sierraleonicus* Sjöstedt, 1911。

模式标本：全模（兵蚁、工蚁）分别保存在瑞典自然历史博物馆和美国自然历史博物馆。

模式产地：塞拉利昂。

分布：非洲界的塞拉利昂。

48. 西尔韦斯特里方白蚁 *Cubitermes silvestrii* Sjöstedt, 1925

模式标本：全模（兵蚁、工蚁）分别保存在瑞典自然历史博物馆和美国自然历史博物馆。

模式产地：几内亚（Kakoulima）。

分布：非洲界的几内亚。

49. 美丽方白蚁 *Cubitermes speciosus* Sjöstedt, 1924

模式标本：全模（成虫、兵蚁、工蚁）分别保存在比利时非洲中心皇家博物馆和美国自然历史博物馆。

模式产地：刚果民主共和国（Moto）。

分布：非洲界的刚果民主共和国、乌干达。

50. 稍拱方白蚁 *Cubitermes subarquatus* Sjöstedt, 1926

模式标本：全模（兵蚁、成虫）保存在美国自然历史博物馆，全模（成虫、兵蚁、工蚁）保存在瑞典自然历史博物馆。

模式产地：刚果民主共和国（Kisangani、Stanleyville）。

分布：非洲界的喀麦隆、刚果民主共和国、加蓬。

51. 似钝齿方白蚁 *Cubitermes subcrenulatus* Silvestri, 1914

模式标本：全模（蚁后、兵蚁、工蚁）保存在意大利农业昆虫研究所，全模（蚁王、兵蚁、工蚁）保存在美国自然历史博物馆，全模（兵蚁）保存在南非国家昆虫馆。

模式产地：几内亚（Kakoulima）。

分布：非洲界的加纳、几内亚、科特迪瓦、尼日利亚。

52. 皱额方白蚁 *Cubitermes sulcifrons* Wasmann, 1911

模式标本：选模（雄成虫）、副选模（蚁后、成虫、兵蚁、工蚁、若蚁）保存在荷兰马斯特里赫特自然历史博物馆，副选模（兵蚁、工蚁）保存在美国自然历史博物馆，副选模（兵蚁）保存在瑞典自然历史博物馆。

模式产地：喀麦隆（Lolodorf）。

分布：非洲界的喀麦隆、刚果民主共和国、尼日利亚。

53. 细头方白蚁 *Cubitermes tenuiceps* (Sjöstedt, 1913)

曾称为：细头真白蚁（方白蚁亚属）*Eutermes* (*Cubitermes*) *tenuiceps* Sjöstedt, 1913。

模式标本：全模（兵蚁、工蚁）分别保存在比利时非洲中心皇家博物馆、瑞典自然历史博物馆和美国自然历史博物馆。

模式产地：刚果民主共和国（Lubumbashi、Elisabethville）。

分布：非洲界的刚果民主共和国、马拉维、坦桑尼亚、赞比亚。

54. 厚壳方白蚁 *Cubitermes testaceus* Williams, 1966

模式标本：正模（雌成虫）、副模（成虫、兵蚁、工蚁）保存在英国自然历史博物馆，副模（成虫、兵蚁、工蚁）保存在美国自然历史博物馆，副模（成虫、兵蚁）保存在南非国家昆虫馆。

模式产地：乌干达（Kampala、Kawanda）。

分布：非洲界的肯尼亚、卢旺达、南非、乌干达。

55. 德南士瓦方白蚁 *Cubitermes transvaalensis* (Fuller, 1925)

曾称为：德南士瓦奇异白蚁（方白蚁亚属）*Mirotermes* (*Cubitermes*) *transvaalensis* Fuller, 1925。

模式标本：选模（兵蚁）、副选模（成虫、兵蚁、工蚁）保存在南非国家昆虫馆，副选模（成虫、兵蚁、工蚁）保存在美国自然历史博物馆。

模式产地：南非德南士瓦省（De Wildt）。

分布：非洲界的南非、赞比亚。

56. 似伤残方白蚁 *Cubitermes truncatoides* (Fuller, 1925)

曾称为：似伤残奇异白蚁（方白蚁亚属）*Mirotermes* (*Cubitermes*) *truncatoide*s Fuller, 1925。

模式标本：选模（兵蚁）、副选模（成虫、兵蚁）保存在南非国家昆虫馆，副选模（成虫、兵蚁）保存在美国自然历史博物馆。

模式产地：南非纳塔尔省（Mbazwane）。

分布：非洲界的南非。

57. 伤残方白蚁 *Cubitermes truncatus* (Holmgren, 1913)

曾称为：伤残奇异白蚁（方白蚁亚属）*Mirotermes* (*Cubitermes*) *truncates* Holmgren, 1913。

异名：成双奇异白蚁恩杜马亚种 *Mirotermes* (*Cubitermes*) *duplex nduma* Fuller, 1925。

模式标本：全模（兵蚁、工蚁）保存在南非国家昆虫馆，全模（成虫、兵蚁、工蚁）保存在美国自然历史博物馆。

模式产地：南非祖鲁兰。

分布：非洲界的南非。

58. 乌干达方白蚁 *Cubitermes ugandensis* Fuller, 1923

异名：触角方白蚁 *Cubitermes antennalis* Sjöstedt, 1924。

模式标本：全模（成虫、兵蚁）分别保存在英国自然历史博物馆和南非国家昆虫馆，全模（成虫、工蚁、兵蚁）保存在美国自然历史博物馆。

模式产地：乌干达。

分布：非洲界的刚果民主共和国、肯尼亚、马拉维、卢旺达、坦桑尼亚、乌干达。

59. 阴暗方白蚁 *Cubitermes umbratus* Williams, 1954

模式标本：正模（蚁后）、副模（蚁王、兵蚁、工蚁）保存在英国自然历史博物馆，副模（兵蚁、工蚁）保存在美国自然历史博物馆。

模式产地：坦桑尼亚（Mt. Daluni）。

分布：非洲界的肯尼亚、马拉维、坦桑尼亚。

60. 波颚方白蚁 *Cubitermes undulatus* (Fuller, 1925)

曾称为：波颚奇异白蚁（方白蚁亚属）*Mirotermes* (*Cubitermes*) *undulatus* Fuller, 1925。

模式标本：选模（兵蚁）、副选模（蚁后、兵蚁、工蚁）保存在南非国家昆虫馆，副选模（兵蚁、工蚁）保存在美国自然历史博物馆。

模式产地：南非比勒陀利亚。

分布：非洲界的南非。

61. 韦斯方白蚁 *Cubitermes weissi* Silvestri, 1912

模式标本：全模（成虫、兵蚁、工蚁）保存在意大利农业昆虫研究所，全模（成虫、工蚁）保存在美国自然历史博物馆。

模式产地：刚果共和国布拉柴维尔。

分布：非洲界的刚果共和国。

62. 扎瓦塔里方白蚁 *Cubitermes zavattarii* Ghidini, 1937

模式标本：正模（兵蚁）保存在意大利自然历史博物馆。

模式产地：埃塞俄比亚（Galla Borana）。

分布：非洲界的埃塞俄比亚、肯尼亚、坦桑尼亚。

63. 岑克尔方白蚁 *Cubitermes zenkeri* Desneux, 1904

异名：凯姆勒奇异白蚁（方白蚁亚属）*Mirotermes* (*Cubitermes*) *kemneri* Emerson, 1928。

模式标本：全模（成虫、兵蚁、工蚁）分别保存在瑞典自然历史博物馆、美国自然历史博物馆、荷兰马斯特里赫特自然历史博物馆和比利时皇家自然科学研究所，全模（成虫、工蚁）保存在德国汉堡动物学博物馆。

模式产地：喀麦隆。

分布：非洲界的喀麦隆、刚果民主共和国。

64. 祖鲁兰方白蚁 *Cubitermes zulucola* Sjöstedt, 1924

异名：伪成双奇异白蚁（方白蚁亚属）*Mirotermes* (*Cubitermes*) *pseudoduplex* Fuller, 1925。

模式标本：全模（兵蚁、工蚁）分别保存在瑞典自然历史博物馆和美国自然历史博物馆。

模式产地：南非祖鲁兰（Mkosi）。

分布：非洲界的南非。

65. 祖鲁方白蚁 *Cubitermes zuluensis* (Holmgren, 1913)

曾称为：祖鲁奇异白蚁（方白蚁亚属）*Mirotermes* (*Cubitermes*) *zuluensis* Holmgren, 1913。

模式标本：全模（蚁后）保存在美国自然历史博物馆。

模式产地：南非祖鲁兰。

分布：非洲界的南非。

（六）真唇白蚁属 *Euchilotermes* Silvestri, 1914

中文名称：我国学者曾称之为“优喙白蚁属”。

模式种：拉长真唇白蚁 *Euchilotermes tensus* Silvestri, 1914。

种类：4 种。

分布：非洲界。

生物学：它属于食土白蚁，生活在森林和稀树草原的林地中，一般将其他白蚁所建的蚁垄挖出一个腔室供自己使用。蚁垄通常是方白蚁属白蚁所建造。

危害性：它没有危害性。

1. 尖齿真唇白蚁 *Euchilotermes acutidens* Silvestri, 1914

曾称为：拉长真唇白蚁尖齿亚种 *Euchilotermes tensus acutidens* Silvestri, 1914。

模式标本：全模（兵蚁、工蚁）分别保存在意大利农业昆虫研究所和美国自然历史博物馆。

模式产地：加纳（Aburi）。

分布：非洲界的加纳、几内亚、科特迪瓦、尼日利亚。

2. 方头真唇白蚁 *Euchilotermes quadriceps* (Emerson, 1928)

曾称为：方头奇异白蚁（真唇白蚁亚属）*Mirotermes* (*Euchilotermes*) *quadriceps* Emerson, 1928。

模式标本：正模（兵蚁）保存在美国自然历史博物馆。

模式产地：刚果民主共和国（Yakuluku）。

分布：非洲界的刚果民主共和国、马拉维。

生物学：它栖居在直颚方白蚁所筑的蘑菇形蚁垄中。

3. 拉长真唇白蚁 *Euchilotermes tensus* Silvestri, 1914

亚种：1）拉长真唇白蚁弯曲亚种 *Euchilotermes tensus arcuata* Silvestri, 1914

模式标本：全模（蚁后、兵蚁、工蚁）保存在意大利农业昆虫研究所，全模（兵蚁、工蚁）分别保存在美国自然历史博物馆和印度森林研究所。

模式产地：几内亚（Camayenne、Conakry、Kakoulima）。

分布：非洲界的几内亚。

2）拉长真唇白蚁拉长亚种 *Euchilotermes tensus tensus* Silvestri, 1914

曾称为：拉长真唇白蚁 *Euchilotermes tensus* Silvestri, 1914。

模式标本：全模（蚁后、兵蚁、工蚁）保存在意大利农业昆虫研究所，全模（兵蚁、工蚁）保存在美国自然历史博物馆。

模式产地：几内亚（Mamou）。

分布：非洲界的喀麦隆、冈比亚、加纳、几内亚、科特迪瓦、尼日利亚、塞拉利昂。

4. 隐蔽真唇白蚁 *Euchilotermes umbraticola* (Williams, 1954)

曾称为：隐蔽刻痕白蚁 *Crenetermes umbraticola* Williams, 1954。

模式标本：正模（雌成虫）、副模（成虫、兵蚁、工蚁、蚁王、蚁后）保存在英国自然历史博物馆。

模式产地：坦桑尼亚（East Usambara）。

分布：非洲界的肯尼亚、坦桑尼亚。

（七）峰白蚁属 *Fastigitermes* Sjöstedt, 1924

中文名称：我国学者曾称之为“举白蚁属”。

模式种：可爱峰白蚁 *Fastigitermes jucundus* (Sjöstedt, 1907)。

种类：1 种。

分布：非洲界。

1. 可爱峰白蚁 *Fastigitermes jucundus* (Sjöstedt, 1907)

曾称为：可爱真白蚁 *Eutermes jucundus* Sjöstedt, 1907。

模式标本：全模（兵蚁、工蚁）分别保存在瑞典自然历史博物馆、美国自然历史博物馆和美国国家博物馆，全模（兵蚁）保存在印度森林研究所。

模式产地：刚果民主共和国（Mukimbungu）。

分布：非洲界的安哥拉、喀麦隆、中非共和国、刚果共和国、刚果民主共和国、尼日利亚。

生物学：它是一种食土白蚁，生活于西非和刚果雨林中，体形较小，寄居在别的属的白蚁蚁垄（如方白蚁属白蚁蚁垄）里。其由于巢体小、蚁道狭窄，所以难以发现。不过在土壤取样坑中也曾发现过它。

危害性：它没有危害性。

（八）叉白蚁属 *Furculitermes* Emerson, 1960

属名释义：兵蚁的上唇一般较长，前端呈叉状（“U”字形）。

种类：8 种。

分布：非洲界。

生物学：它都是食土白蚁，生活在森林和稀树草原的林地中，一般将活的或死的蚁垄挖出一个腔室供自己使用。蚁垄通常是方白蚁属白蚁所建造。

危害性：它没有危害性。

1. 短唇叉白蚁 *Furculitermes brevilabius* Emerson, 1960

模式标本：正模（兵蚁）、副模（蚁后、兵蚁、工蚁）保存在美国自然历史博物馆，副模（兵蚁）保存在南非国家昆虫馆。

模式产地：刚果民主共和国（Pygmy Camp）。

分布：非洲界的刚果民主共和国。

2. 短颚叉白蚁 *Furculitermes brevimalatus* Emerson, 1960

模式标本：正模（兵蚁）、副模（兵蚁、工蚁）保存在美国自然历史博物馆，副模（兵蚁）保存在南非国家昆虫馆。

模式产地：刚果民主共和国（Kisangani、Stanleyville）。

分布：非洲界的刚果民主共和国。

3. 急弯叉白蚁 *Furculitermes cubitalis* Emerson, 1960

模式标本：正模（兵蚁）、副模（兵蚁、工蚁）保存在美国自然历史博物馆，副模（兵蚁）保存在南非国家昆虫馆。

模式产地：刚果民主共和国（Kisangani、Stanleyville）。

分布：非洲界的刚果民主共和国。

4. 亨德里克斯叉白蚁 *Furculitermes hendrickxi* Emerson, 1960

种名释义：种名来自曾协助定名人调查白蚁的刚果同事 M. F. L. Hendrickx 的姓。

模式标本：正模（兵蚁）保存在美国自然历史博物馆。

模式产地：刚果民主共和国（Camp Putnam）。

分布：非洲界的刚果民主共和国。

5. 长唇叉白蚁 *Furculitermes longilabius* Emerson, 1960

模式标本：正模（兵蚁）、副模（兵蚁、工蚁）保存在美国自然历史博物馆，副模（兵蚁）保存在南非国家昆虫馆。

模式产地：刚果民主共和国（Camp Putnam）。

分布：非洲界的刚果民主共和国。

6. 小头叉白蚁 *Furculitermes parviceps* Emerson, 1960

模式标本：正模（兵蚁）、副模（兵蚁、工蚁）保存在美国自然历史博物馆，副模（兵蚁）保存在南非国家昆虫馆。

模式产地：刚果民主共和国（Camp Putnam）。

分布：非洲界的刚果民主共和国。

7. 索耶叉白蚁 *Furculitermes soyeri* Emerson, 1960

种名释义：种名来自刚果的 M. L. Soyer 的姓，他曾给定名人研究白蚁提供协助。

模式标本：正模（兵蚁）、副模（兵蚁、工蚁）保存在美国自然历史博物馆，副模（兵蚁）保存在南非国家昆虫馆。

模式产地：刚果民主共和国（Katanga）。

分布：非洲界的布隆迪、刚果民主共和国、赞比亚。

8. 威尼弗雷德叉白蚁 *Furculitermes winifredae* Emerson, 1960

种名释义：种名来自定名人已故妻子 Winifred Jelliffe Emerson 的名字。

模式标本：正模（兵蚁）、副模（兵蚁、工蚁、蚁后、若蚁）保存在美国自然历史博物馆，副模（兵蚁）保存在南非国家昆虫馆。

模式产地：刚果民主共和国（Camp Putnam）。

分布：非洲界的喀麦隆、刚果民主共和国、加蓬、尼日利亚。

（九）鳞白蚁属 *Lepidotermes* Sjöstedt, 1924

模式种：比勒陀利亚鳞白蚁 *Lepidotermes pretoriensis* (Sjöstedt, 1914)。

种类：9 种。

分布：非洲界。

生物学：它属于食土白蚁，生活于稀树草原上，以及东、中、南部非洲沙漠地区外的稀树草原森林嵌合体。它主要寄居在方白蚁属和大白蚁属白蚁的蚁垄里，偶尔也寄居在弓白蚁属、三脉白蚁属和土白蚁属白蚁的蚁垄里。它偶尔独自筑垄，垄呈圆顶形。它常在草丛下或在草丛中、岩石下、倒地原木下，甚至牛科动物粪便下。

危害性：它没有危害性。

1. 幽暗鳞白蚁 *Lepidotermes amydrus* Uys, 1994

模式标本：正模（兵蚁）、副模（兵蚁、工蚁）保存在南非国家昆虫馆。

模式产地：纳米比亚。

分布：非洲界的纳米比亚。

2. 戈利亚特鳞白蚁 *Lepidotermes goliathi* (Williams, 1954)

曾称为：戈利亚特前方白蚁 *Procubitermes goliathi* Williams, 1954。

模式标本：正模（兵蚁）、副模（兵蚁、工蚁）保存在英国自然历史博物馆，副模（兵蚁、工蚁）分别保存在美国自然历史博物馆和南非国家昆虫馆。

模式产地：坦桑尼亚（Tanga District）。

分布：非洲界的坦桑尼亚、赞比亚、津巴布韦。

3. 劳恩斯伯里鳞白蚁 *Lepidotermes lounsburyi* (Silvestri, 1914)

曾称为：劳恩斯伯里前方白蚁 *Procubitermes lounsburyi* Silvestri, 1914。

模式标本：选模（兵蚁）、副选模（工蚁）保存在美国自然历史博物馆，副选模（兵蚁、工蚁）分别保存在南非国家昆虫馆和意大利农业昆虫研究所。

模式产地：南非比勒陀利亚。

分布：非洲界的南非。

4. 姆图瓦卢米鳞白蚁 *Lepidotermes mtwalumi* (Fuller, 1925)

曾称为：姆特瓦伦米奇异白蚁（前方白蚁亚属）*Mirotermes* (*Procubitermes*) *mtwalumi* Fuller, 1925。

模式标本：选模（兵蚁）、副选模（成虫、兵蚁、工蚁）保存在南非国家昆虫馆，副选模（成虫、兵蚁、工蚁）保存在美国自然历史博物馆，副选模（成虫）保存在印度森林研究所。

模式产地：南非纳塔尔省姆图瓦卢米河上游。

分布：非洲界的南非、津巴布韦。

5. 扁形鳞白蚁 *Lepidotermes planifacies* (Williams, 1954)

曾称为：扁形前方白蚁 *Procubitermes planifacies* Williams, 1954。

模式标本：正模（兵蚁）、副模（兵蚁、工蚁）保存在英国自然历史博物馆，副模（兵蚁、工蚁）分别保存在美国自然历史博物馆和南非国家昆虫馆。

模式产地：坦桑尼亚（Tanga District）。

分布：非洲界的马拉维、坦桑尼亚、津巴布韦。

6. 比勒陀利亚鳞白蚁 *Lepidotermes pretoriensis* (Sjöstedt, 1914)

曾称为：比勒陀利亚真白蚁（方白蚁亚属）*Eutermes* (*Cubitermes*) *pretoriensis* Sjöstedt, 1914。

模式标本：选模（兵蚁）、副选模（兵蚁、工蚁）保存在瑞典自然历史博物馆，副模（兵蚁、工蚁）分别保存在美国自然历史博物馆和南非国家昆虫馆。

模式产地：南非比勒陀利亚。

分布：非洲界的南非、津巴布韦。

7. 斜角肌鳞白蚁 *Lepidotermes scalenus* Uys, 1994

模式标本：正模（兵蚁）、副模（兵蚁、工蚁）保存在南非国家昆虫馆。

模式产地：南非开普省。

分布：非洲界的纳米比亚、南非。

8. 简单鳞白蚁 *Lepidotermes simplex* (Holmgren, 1913)

曾称为：简单奇异白蚁（方白蚁亚属）*Mirotermes* (*Cubitermes*) *simplex* Holmgren, 1913。

异名：哈维兰奇异白蚁（前方白蚁亚属）*Mirotermes* (*Procubitermes*) *havilandicus* Fuller, 1925。

模式标本：选模（兵蚁）、副选模（兵蚁、工蚁）保存在南非国家昆虫馆，副选模（兵蚁、工蚁）保存在美国自然历史博物馆。

模式产地：南非纳塔尔省（Amanzimtoti）。

分布：非洲界的南非、津巴布韦。

9. 空闲鳞白蚁 *Lepidotermes vastus* Uys, 1994

模式标本：正模（兵蚁）、副模（成虫、兵蚁、工蚁）保存在南非国家昆虫馆。

模式产地：南非开普省。

分布：非洲界的纳米比亚、南非。

（十）大颚白蚁属 *Megagnathotermes* Silvestri, 1914

模式种：标记大颚白蚁 *Megagnathotermes notandus* Silvestri, 1914。

种类：2 种。

分布：非洲界。

生物学：它属于食土白蚁，生活在稀树草原的林地中，有时自建具有相当大腔室的土垄，在其他属白蚁的蚁垄里也能发现它。

危害性：它没有危害性。

1. 加丹加大颚白蚁 *Megagnathotermes katangensis* Sjöstedt, 1927

模式标本：全模（兵蚁、工蚁）分别保存在瑞典自然历史博物馆和美国自然历史博

物馆。

模式产地：刚果民主共和国（Katanga）。

分布：非洲界的刚果民主共和国、赞比亚。

2. 标记大颚白蚁 *Megagnathotermes notandus* Silvestri, 1914

模式标本：全模（兵蚁、工蚁）分别保存在意大利农业昆虫研究所、美国自然历史博物馆和印度森林研究所。

模式产地：几内亚（Mamou）。

分布：非洲界的刚果民主共和国、冈比亚、几内亚、科特迪瓦、尼日利亚、塞拉利昂。

（十一）锐尖白蚁属 *Mucrotermes* Emerson, 1960

模式种：奥斯本锐尖白蚁 *Mucrotermes osborni* Emerson, 1960。

种类：2 种。

分布：非洲界。

生物学：它属于食土白蚁，生活在森林和潮湿的稀树草原上，寄居于别的种类的白蚁蚁垄里。

危害性：它没有危害性。

1. 异唇锐尖白蚁 *Mucrotermes heterochilus* (Silvestri, 1914)

曾称为：异唇前方白蚁 *Procubitermes heterochilus* Silvestri, 1914。

模式标本：全模（兵蚁、工蚁）分别保存在意大利农业昆虫研究所、美国自然历史博物馆和印度森林研究所。

模式产地：贝宁（Segboroué）。

分布：非洲界的贝宁、刚果民主共和国、加纳、几内亚、尼日利亚。

2. 奥斯本锐尖白蚁 *Mucrotermes osborni* Emerson, 1960

模式标本：正模（兵蚁）、副模（兵蚁、工蚁）保存在美国自然历史博物馆，副模（兵蚁）保存在南非国家昆虫馆。

模式产地：刚果民主共和国（Pygmy Camp）。

分布：非洲界的刚果民主共和国。

（十二）净白蚁属 *Nitiditermes* Emerson, 1960

中文名称：我国学者曾称之为“尼菲白蚁属”。

模式种：伯格净白蚁 *Nitiditermes berghei* Emerson, 1960。

种类：1 种。

分布：非洲界。

1. 伯格净白蚁 *Nitiditermes berghei* Emerson, 1960

种名释义：种名来自非洲的白蚁专家 L. van den Berghe 博士的姓。

模式标本：正模（兵蚁）、副模（蚁王、成虫、兵蚁、工蚁）保存在美国自然历史博物馆，副模（兵蚁）分别保存在南非国家昆虫馆、荷兰马斯特里赫特自然历史博物馆和德国汉堡动物学博物馆。

模式产地：刚果民主共和国（Keyberg）。

分布：非洲界的刚果民主共和国、赞比亚。

（十三）节白蚁属 *Noditermes* Sjöstedt, 1924

模式种：拉曼节白蚁 *Noditermes lamanianus* (Sjöstedt, 1905)。

种类：7 种。

分布：非洲界。

生物学：它属于食土白蚁，生活在雨林中，延伸到潮湿的稀树草原林地中。拉曼节白蚁筑宝塔形蚁垄，而其他种类则筑圆锥形蚁垄，高度可达 70cm。节白蚁也常在其他白蚁种类的蚁垄中寄居，将其他白蚁的一部分蚁垄转变成它的小腔室。

危害性：它没有危害性。

1. 安哥拉节白蚁 *Noditermes angolensis* Weidner, 1974

模式标本：正模（兵蚁）、副模（兵蚁）保存在安哥拉敦多博物馆，副模（兵蚁）保存在德国汉堡动物学博物馆。

模式产地：安哥拉（Alto Chicapa）。

分布：非洲界的安哥拉。

2. 毛额节白蚁 *Noditermes cristifrons* (Wasmann, 1911)

曾称为：毛额方白蚁 *Cubitermes cristifrons* Wasmann, 1911。

模式标本：全模（蚁后、蚁王、兵蚁、工蚁）保存在荷兰马斯特里赫特自然历史博物馆，全模（兵蚁、工蚁）分别保存在意大利农业昆虫研究所、美国自然历史博物馆和美国国家博物馆。

模式产地：刚果民主共和国（Sankuru、Kassai）。

分布：非洲界的安哥拉、刚果民主共和国。

3. 欢乐节白蚁 *Noditermes festivus* Harris, 1958

模式标本：正模（兵蚁）、副模（雌雄成虫）保存在比利时非洲中心皇家博物馆，副模（兵蚁、工蚁）保存在英国自然历史博物馆。

模式产地：刚果民主共和国。

分布：非洲界的刚果民主共和国。

4. 因多节白蚁 *Noditermes indoensis* Sjöstedt, 1926

模式标本：全模（兵蚁）分别保存在瑞典自然历史博物馆和美国自然历史博物馆。

模式产地：刚果共和国（Indo）。

分布：非洲界的喀麦隆、刚果共和国、刚果民主共和国、加蓬、坦桑尼亚。

5. 拉曼节白蚁 *Noditermes lamanianus* (Sjöstedt, 1905)

曾称为：拉曼真白蚁 *Eutermes lamanianus* Sjöstedt, 1905。

模式标本：全模（兵蚁、若蚁）保存在美国自然历史博物馆，全模（兵蚁）保存在瑞典自然历史博物馆。

模式产地：刚果民主共和国（Mukimbungu）。

分布：非洲界的安哥拉、喀麦隆、刚果民主共和国。

6. 工作日节白蚁 *Noditermes profestus* (Sjöstedt, 1926)

曾称为：工作日真白蚁 *Eutermes profestus* Sjöstedt, 1926。

模式标本：全模（成虫）分别保存在美国自然历史博物馆和瑞典动物研究所。

模式产地：刚果民主共和国（Tumbwe）。

分布：非洲界的刚果民主共和国。

7. 瓦森巴拉节白蚁 *Noditermes wasambaricus* Williams, 1954

模式标本：正模（雌成虫）、副模（成虫、兵蚁、工蚁、蚁王、蚁后）保存在英国自然历史博物馆，副模（成虫、兵蚁、工蚁）保存在美国自然历史博物馆，副模（成虫、兵蚁）保存在南非国家昆虫馆。

模式产地：坦桑尼亚（Amani）。

分布：非洲界的肯尼亚、坦桑尼亚。

（十四）奥卡万戈白蚁属 *Okavangotermes* Coaton, 1971

模式种：吉斯奥卡万戈白蚁 *Okavangotermes giessi* Coaton, 1971。

种类：2 种。

分布：非洲界。

生物学：没有关于它的巢结构的报道。它生活在林地、森林和稀树草原，取食半埋土中原木的正在腐烂的基部外表。

危害性：它没有危害性。

1. 吉斯奥卡万戈白蚁 *Okavangotermes giessi* Coaton, 1971

模式标本：正模（兵蚁）、副模（兵蚁、工蚁）保存在南非国家昆虫馆，副模（兵蚁、工蚁）保存在美国自然历史博物馆。

模式产地：纳米比亚。

分布：非洲界的安哥拉、纳米比亚。

2. 几内亚奥卡万戈白蚁 *Okavangotermes guineensis* Sands, 1995

种名释义：该白蚁分布于几内亚稀树草原。

模式标本：正模（雌成虫）、副模（成虫、兵蚁、工蚁）保存在英国自然历史博物馆。

模式产地：加纳。

分布：非洲界的加纳。

生物学：它是食土白蚁。蚁后体形小且膨腹。它生活于开阔的几内亚林地包围的灰壤草地，寄居于方白蚁属或三脉白蚁属白蚁蚁垄上。

（十五）蛇白蚁属 *Ophiotermes* Sjöstedt, 1924

模式种：显颚蛇白蚁 *Ophiotermes mandibularis* (Sjöstedt, 1905)。

种类：7 种。

分布：非洲界。

生物学：它是食土白蚁，生活在森林和稀树草原的林地中，一般将活的或死的蚁垄挖出一个腔室供自己使用。蚁垄通常是方白蚁属白蚁所建造的。

危害性：它没有危害性。

1. 细瘦蛇白蚁 *Ophiotermes gracilis* Weidner, 1974

模式标本：正模（兵蚁）、副模（兵蚁）保存在安哥拉敦多博物馆。

模式产地：安哥拉。

分布：非洲界的安哥拉。

2. 大唇蛇白蚁 *Ophiotermes grandilabius* (Emerson, 1928)

曾称为：大唇奇异白蚁（蛇白蚁亚属）*Mirotermes* (*Ophiotermes*) *grandilabius* Emerson, 1928。

模式标本：正模（兵蚁）保存在密歇根大学，副模（兵蚁、工蚁）分别保存在美国自然历史博物馆和印度森林研究所。

模式产地：喀麦隆（Bipindi）。

分布：非洲界的喀麦隆、刚果民主共和国、加蓬、加纳、科特迪瓦、尼日利亚。

3. 显颚蛇白蚁 *Ophiotermes mandibularis* (Sjöstedt, 1905)

曾称为：显颚真白蚁 *Eutermes mandibularis* Sjöstedt, 1905。

模式标本：正模（兵蚁）保存在瑞典自然历史博物馆。

模式产地：刚果民主共和国（Mukimbungu）。

分布：非洲界的刚果共和国、刚果民主共和国、加蓬。

4. 惊奇蛇白蚁 *Ophiotermes mirandus* (Sjöstedt, 1905)

曾称为：惊奇真白蚁 *Eutermes mirandus* Sjöstedt, 1905。

模式标本：全模（兵蚁）保存在瑞典自然历史博物馆。

模式产地：刚果民主共和国（Mukimbungu）。

分布：非洲界的安哥拉、刚果民主共和国。

5. 接受蛇白蚁 *Ophiotermes receptus* (Sjöstedt, 1913)

曾称为：接受真白蚁 *Eutermes receptus* Sjöstedt, 1913。

模式标本：全模（成虫）分别保存在比利时非洲中心皇家博物馆、美国自然历史博物馆和瑞典自然历史博物馆。

模式产地：刚果民主共和国（Kondué、Kasai）。

分布：非洲界的刚果民主共和国。

6. 沙巴蛇白蚁 *Ophiotermes shabaensis* Bouillon and Vincke, 1973

模式标本：全模（兵蚁）保存在比利时非洲中心皇家博物馆。

模式产地：刚果民主共和国。

分布：非洲界的刚果民主共和国。

7. 乌干达蛇白蚁 *Ophiotermes ugandaensis* Sjöstedt, 1925

模式标本：全模（兵蚁）保存在瑞典自然历史博物馆。

模式产地：乌干达（Kamozi）。

分布：非洲界的安哥拉、刚果民主共和国、卢旺达、乌干达。

（十六）直白蚁属 *Orthotermes* Silvestri, 1914

模式种：陷额直白蚁 *Orthotermes depressifrons* Silvestri, 1914。

种类：2 种。

分布：非洲界。

生物学：它是食土白蚁，生活在雨林中。它寄居在其他属白蚁蚁垄里，如方白蚁属白蚁蚁垄。它的蚁道和蚁巢腔室极小，很难发现它。

危害性：它没有危害性。

1. 陷额直白蚁 *Orthotermes depressifrons* Silvestri, 1914

模式标本：正模（兵蚁）保存在意大利农业昆虫研究所。

模式产地：加纳（Aburi）。

分布：非洲界的喀麦隆、刚果共和国、加蓬、加纳、科特迪瓦、尼日利亚。

2. 顺从直白蚁 *Orthotermes mansuetus* (Sjöstedt, 1911)

曾称为：顺从真白蚁 *Eutermes mansuetus* Sjöstedt, 1911。

模式标本：全模（成虫、兵蚁、工蚁）分别保存在瑞典自然历史博物馆、美国自然历史博物馆和印度森林研究所。

模式产地：刚果民主共和国（Mukimbungu）。

分布：非洲界的安哥拉、刚果民主共和国、加蓬。

（十七）奥万博兰白蚁属 *Ovambotermes* Coaton, 1971

模式种：林地奥万博兰白蚁 *Ovambotermes sylvaticus* Coaton, 1971。

种类：1 种。

分布：非洲界。

1. 林地奥万博兰白蚁 *Ovambotermes sylvaticus* Coaton, 1971

模式标本：正模（兵蚁）、副模（成虫、兵蚁、工蚁）保存在南非国家昆虫馆，副模（成虫、兵蚁、工蚁）分别保存在美国自然历史博物馆和英国自然历史博物馆。

模式产地：纳米比亚。

分布：非洲界的纳米比亚、赞比亚。

生物学：其巢为黑色扁椭圆形的聚集体，其外表疏松，发现于沙中原木下。由于沙壤土中缺乏腐殖质，这种食土白蚁只能取食高度腐烂的木材。

危害性：它没有危害性。

（十八）棘白蚁属 *Pilotermes* Emerson, 1960

模式种：兰棘白蚁 *Pilotermes langi* Emerson, 1960。
种类：1种。
分布：非洲界。

1. 兰棘白蚁 *Pilotermes langi* Emerson, 1960

种名释义：种名来自早期研究刚果白蚁的 H. Lang 先生的姓。

模式标本：正模（兵蚁）、副模（成虫、兵蚁、工蚁）保存在美国自然历史博物馆，副模（成虫、兵蚁、工蚁）保存在荷兰马斯特里赫特自然历史博物馆，副模（兵蚁）保存在南非国家昆虫馆。

模式产地：刚果民主共和国（Pygmy Camp）。

分布：非洲界的刚果民主共和国。

生物学：现在只知其寄居于其他食土白蚁的蚁垄中，如方白蚁属、小白蚁属白蚁的蚁垄以及具瘤岗白蚁的蚁垄。

危害性：它没有危害性。

（十九）象鼻白蚁属 *Proboscitermes* Sjöstedt, 1924

模式种：具管象鼻白蚁 *Proboscitermes tubuliferus* (Sjöstedt, 1907)。
种类：2种。
分布：非洲界。

生物学：它的兵蚁品级类似于独角白蚁属。它属于食土白蚁，生活在雨林和高地草原，寄居于其他属白蚁的蚁垄中，也曾在岩石下、土壤取样坑中发现它。

危害性：它没有危害性。

1. 麦克格鲁象鼻白蚁 *Proboscitermes mcgrewi* Scheffrahn, 2010

模式标本：正模（兵蚁）、副模（兵蚁、工蚁）保存在佛罗里达大学研究与教育中心，副模（兵蚁、工蚁）保存在佛罗里达州节肢动物标本馆。

模式产地：坦桑尼亚（Gombe Stream 国家公园）。

分布：非洲界的坦桑尼亚。

2. 具管象鼻白蚁 *Proboscitermes tubuliferus* (Sjöstedt, 1907)

曾称为：具管真白蚁 *Eutermes tubuliferus* Sjöstedt, 1907。

模式标本：全模（兵蚁、工蚁）保存在瑞典自然历史博物馆，全模（兵蚁）保存在美国自然历史博物馆。

模式产地：刚果民主共和国（Mukimbungu）。

分布：非洲界的喀麦隆、刚果民主共和国、加蓬、尼日利亚。

（二十）前方白蚁属 *Procubitermes* Silvestri, 1914

中文名称：我国学者曾称之为“原方白蚁属”“原古巴白蚁属”。“原古巴白蚁属”应是误译。

模式种：树栖前方白蚁 *Procubitermes arboricola* (Sjöstedt, 1897)。

种类：9 种。

分布：非洲界。

生物学：它属于食土白蚁，分布于非洲撒哈拉沙漠以南，栖息于雨林和潮湿的稀树草原林地。它可建独立的蚁垄，也建傍树的蚁垄，在其他属白蚁蚁垄中也曾发现它。

危害性：它没有危害性。

1. 阿布里前方白蚁 *Procubitermes aburiensis* Sjöstedt, 1926

模式标本：全模（兵蚁）分别保存在瑞典自然历史博物馆和英国自然历史博物馆，全模（兵蚁、工蚁）保存在美国自然历史博物馆。

模式产地：加纳（Accra）。

分布：非洲界的加纳、几内亚、科特迪瓦、尼日利亚。

2. 树栖前方白蚁 *Procubitermes arboricola* (Sjöstedt, 1897)

曾称为：树栖真白蚁 *Eutermes arboricola* Sjöstedt, 1897。

模式标本：全模（成虫）分别保存在瑞典自然历史博物馆、

模式产地：喀麦隆（Bonge）。

分布：非洲界的喀麦隆、刚果共和国、刚果民主共和国、尼日利亚。

3. 弯曲前方白蚁 *Procubitermes curvatus* Silvestri, 1914

模式标本：全模（蚁后、兵蚁、工蚁）保存在意大利农业昆虫研究所，全模（蚁王、兵蚁、工蚁）保存在美国自然历史博物馆。

模式产地：几内亚（Camayenne）。

分布：非洲界的加纳、几内亚、科特迪瓦、利比里亚。

4. 尼亚普前方白蚁 *Procubitermes niapuensis* (Emerson, 1928)

曾称为：尼亚普奇异白蚁（方白蚁亚属）*Mirotermes* (*Cubitermes*) *niapuensis* Emerson, 1928。

模式标本：正模（兵蚁）、副模（蚁后、兵蚁、工蚁）保存在美国自然历史博物馆，副模（兵蚁、工蚁）保存在印度森林研究所，副模（兵蚁）保存在南非国家昆虫馆。

模式产地：刚果民主共和国（Niapu）。

分布：非洲界的喀麦隆、刚果共和国、刚果民主共和国。

生物学：它在树旁筑垄，垄高通常为 30～60cm，也有高达 3.3m 的垄。

5. 扭曲前方白蚁 *Procubitermes sinuosus* Silvestri, 1914

曾称为：弯曲前方白蚁扭曲亚种 *Procubitermes curvatus sinuosa* Silvestri, 1914。

模式标本：全模（蚁后、兵蚁）保存在意大利自然历史博物馆，全模（兵蚁、工蚁）分别保存在美国自然历史博物馆和意大利农业昆虫研究所。

模式产地：几内亚（Kakoulima、Mamou）。

分布：非洲界的几内亚。

6. 舍斯泰特前方白蚁 *Procubitermes sjöstedti* (Rosen, 1912)

曾称为：舍斯泰特奇异白蚁（方白蚁亚属）*Mirotermes* (*Cubitermes*) *sjöstedti* Rosen, 1912。

模式标本：全模（兵蚁、工蚁）分别保存在德国巴伐利亚州动物学博物馆和美国自然历史博物馆。

模式产地：利比里亚。

分布：非洲界的冈比亚、几内亚、科特迪瓦、利比里亚、尼日利亚、塞内加尔。

7. 韦莱前方白蚁 *Procubitermes ueleensis* Sjöstedt, 1924

模式标本：全模（兵蚁、工蚁）分别保存在瑞典自然历史博物馆和美国自然历史博物馆。

模式产地：刚果民主共和国（Moto、Haute Uele）。

分布：非洲界的刚果民主共和国、加蓬、乌干达。

8. 波纹前方白蚁 *Procubitermes undulans* Schmitz, 1917

模式标本：全模（蚁后、兵蚁、工蚁）保存在美国自然历史博物馆，全模（兵蚁）保存在南非国家昆虫馆。

模式产地：刚果民主共和国（Kisangani、Stanleyville）。

分布：非洲界的刚果民主共和国。

9. 沃斯曼前方白蚁 *Procubitermes wasmanni* (Emerson, 1928)

种名释义：种名来自奥地利昆虫学家 E. Wasman 的姓。

曾称为：沃斯曼奇异白蚁（前方白蚁亚属）*Mirotermes* (*Procubitermes*) *wasmanni* Emerson, 1928。

模式标本：全模（兵蚁、成虫）保存在密歇根大学，全模（兵蚁）保存在美国自然历史博物馆。

模式产地：喀麦隆（Bipindi）。

分布：非洲界的喀麦隆。

（二十一）前峰白蚁属 *Profastigitermes* Emerson, 1960

模式种：帕特南前峰白蚁 *Profastigitermes putnami* Emerson, 1960。

种类：1 种。

分布：非洲界。

1. 帕特南前峰白蚁 *Profastigitermes putnami* Emerson, 1960

种名释义：种名来自 P. Putnam 的姓，他与其夫人曾帮助定名人采集白蚁标本。

模式标本：正模（兵蚁）保存在美国自然历史博物馆。

模式产地：刚果民主共和国（Camp Putnam）。

分布：非洲界的喀麦隆、刚果民主共和国。

生物学：它是一种食土白蚁。它至今只在土壤取样坑中被发现过。

危害性：它没有危害性。

（二十二）胸白蚁属 *Thoracotermes* Wasmann, 1911

模式种：大胸胸白蚁 *Thoracotermes macrothorax* (Sjöstedt, 1899)。

种类：4 种。

分布：非洲界。

生物学：它是食土白蚁，属于典型的森林白蚁种类。它建圆柱形的蚁垄，有时候几个相邻的圆柱形的蚁垄还互相连接，且有圆顶。蚁垄高约 1m，大多数自由站立，也有不少依靠在树的基部。

危害性：它没有危害性。

1. 短背胸白蚁 *Thoracotermes brevinotus* Silvestri, 1914

模式标本：全模（成虫、兵蚁、工蚁）保存在意大利农业昆虫研究所，全模（兵蚁、工蚁、若蚁）分别保存在美国自然历史博物馆和美国国家博物馆，全模（工蚁、若蚁）保存在印度森林研究所。

模式产地：几内亚（Mamou）。

分布：非洲界的几内亚、科特迪瓦。

2. 格瑞维勒胸白蚁 *Thoracotermes grevillensis* Weidner, 1974

模式标本：正模（兵蚁）、副模（兵蚁）保存在安哥拉农业调查研究所，副模（兵蚁）保存在德国汉堡动物学博物馆。

模式产地：安哥拉（Muquitixe）。

分布：非洲界的安哥拉。

3. 卢森加胸白蚁 *Thoracotermes lusingensis* Harris, 1958

模式标本：正模（兵蚁）、副模（蚁后、蚁王、成虫、兵蚁）保存在比利时非洲中心皇家博物馆，副模（成虫、兵蚁）保存在英国自然历史博物馆，副模（兵蚁）保存在南非国家昆虫馆。

模式产地：刚果民主共和国（Lusinga）。

分布：非洲界的安哥拉、刚果民主共和国、赞比亚。

4. 大胸胸白蚁 *Thoracotermes macrothorax* (Sjöstedt, 1899)

种名释义：兵蚁的前胸背板两侧明显向外延伸，导致明显大于中胸背板。

曾称为：大胸真白蚁 *Eutermes macrothorax* Sjöstedt, 1899。

模式标本：全模（兵蚁、工蚁）分别保存在瑞典自然历史博物馆和德国柏林冯博大学自然博物馆，全模（兵蚁、若蚁）保存在美国自然历史博物馆。

模式产地：喀麦隆（Lollodorf）。

分布：非洲界的安哥拉、喀麦隆、刚果共和国、刚果民主共和国、加蓬、加纳、几内亚、科特迪瓦、利比里亚、尼日利亚、塞拉利昂。

（二十三）爪白蚁属 *Unguitermes* Sjöstedt, 1924

模式种：双齿爪白蚁 *Unguitermes bidentatus* (Silvestri, 1914)。

种类：7 种。

分布：非洲界。

生物学：它属于食土白蚁，生活于雨林和潮湿的稀树草原中。爪白蚁通常在其他白蚁（如方白蚁和刺白蚁）的蚁垄中寄居，也可在原木下或土壤取样坑中发现它。

危害性：它没有危害性。

1. 尖额爪白蚁 *Unguitermes acutifrons* (Silvestri, 1914)

曾称为：尖额前方白蚁 *Procubitermes acutifrons* Silvestri, 1914。

模式标本：全模（兵蚁、工蚁）分别保存在意大利农业昆虫研究所和美国自然历史博物馆。

模式产地：几内亚（Camayenne）。

分布：非洲界的几内亚、塞拉利昂。

2. 双齿爪白蚁 *Unguitermes bidentatus* (Silvestri, 1914)

曾称为：双齿前方白蚁 *Procubitermes bidentatus* Silvestri, 1914。

模式标本：全模（兵蚁、工蚁）分别保存在意大利农业昆虫研究所和美国自然历史博物馆。

模式产地：喀麦隆（Victoria）。

分布：非洲界的喀麦隆、刚果民主共和国、尼日利亚。

3. 布永爪白蚁 *Unguitermes bouilloni* Harris, 1965

模式标本：正模（兵蚁）、副模（兵蚁、工蚁）保存在英国自然历史博物馆，副模（兵蚁）保存在美国自然历史博物馆。

模式产地：刚果民主共和国（Takundi）。

分布：非洲界的刚果民主共和国。

4. 大爪白蚁 *Unguitermes magnus* Ruelle, 1973

模式标本：正模（兵蚁）、副模（兵蚁、工蚁）保存在英国自然历史博物馆，副模（兵蚁）保存在南非国家昆虫馆。

模式产地：尼日利亚东部地区。

分布：非洲界的尼日利亚。

5. 前斜额爪白蚁 *Unguitermes proclivifrons* Ruelle, 1973

模式标本：正模（兵蚁）、副模（兵蚁、工蚁）保存在南非国家昆虫馆。

模式产地：赞比亚。

分布：非洲界的赞比亚。

6. 三针爪白蚁 *Unguitermes trispinosus* Ruelle, 1973

模式标本：正模（兵蚁）、副模（兵蚁）保存在美国自然历史博物馆。

模式产地：刚果民主共和国（Camp Putnam）。

分布：非洲界的喀麦隆、刚果民主共和国。

7. 单齿爪白蚁 *Unguitermes unidentatus* Ruelle, 1973

模式标本：正模（兵蚁）、副模（兵蚁、工蚁）保存在南非国家昆虫馆。

模式产地：纳米比亚。

分布：非洲界的纳米比亚。

（二十四）独角白蚁属 *Unicornitermes* Coaton, 1971

模式种：盖尔德独角白蚁 *Unicornitermes gaerdesi* Coaton, 1971。

种类：1 种。

分布：非洲界。

1. 盖尔德独角白蚁 *Unicornitermes gaerdesi* Coaton, 1971

模式标本：正模（兵蚁）、副模（兵蚁、工蚁）保存在南非国家昆虫馆，副模（兵蚁、工蚁）保存在美国自然历史博物馆。

模式产地：纳米比亚（Lüderitz District）。

分布：非洲界的纳米比亚。

生物学：它生活在多肉质植物的干草原和矮生灌木稀树草原。它在地下土壤中觅食，也曾发现它在旅游小草白蚁的粪便堆表面觅食。

危害性：它没有危害性。

三、孔白蚁亚科 Foraminitermitinae Holmgren, 1912

异名：伪小白蚁亚科 Pseudomicrotermitinae Holmgren, 1912。

模式属：孔白蚁属 *Foraminitermes* Holmgren, 1912。

种类：3 属 10 种。

分布：非洲界、东洋界。

（一）孔白蚁属 *Foraminitermes* Holmgren, 1912

异名：角白蚁属 *Ceratotermes* Silvestri, 1914。

模式种：瘤额孔白蚁 *Foraminitermes tubifrons* Holmgren, 1912。

种类：6 种。

分布：非洲界。

生物学：关于此属的生物学知识甚少。它生活于石头下、原木下、土壤中的蚁道内。有些种类生活于海拔 1000～2000m 的山地草原中，有的种类生活于低海拔的森林和潮湿的稀树草原。

1. 科顿孔白蚁 *Foraminitermes coatoni* Krishna, 1963

种名释义：种名来自南非白蚁分类学家 W. G. H. Coaton 的姓。

异名：贝奎特角木白蚁 *Ceratotermes bequaerti* Van Boven, 1969（裸记名称）。

模式标本：正模（兵蚁）、副模（成虫、兵蚁、工蚁）保存在美国自然历史博物馆，副模（成虫、兵蚁）保存在南非国家昆虫馆。

模式产地：刚果民主共和国金沙萨（Kalina Woods）。

分布：非洲界的安哥拉、刚果民主共和国。

2. 具角孔白蚁 *Foraminitermes corniferus* (Sjöstedt, 1905)

种名释义：囟孔向外凸出，形状似角。

曾称为：具角真白蚁 *Eutermes corniferus* Sjöstedt, 1905。

模式标本：全模（兵蚁、工蚁）分别保存在瑞典自然历史博物馆、美国自然历史博物馆和印度森林研究所。

模式产地：刚果民主共和国（Mukkimbungu）。

分布：非洲界的刚果民主共和国。

3. 哈里斯孔白蚁 *Foraminitermes harrisi* Krishna, 1963

模式标本：正模（兵蚁）、副模（兵蚁、工蚁）保存在美国自然历史博物馆。

模式产地：刚果民主共和国（Keyberg）。

分布：非洲界的刚果民主共和国。

4. 犀牛孔白蚁 *Foraminitermes rhinoceros* (Sjöstedt, 1905)

曾称为：犀牛真白蚁 *Eutermes rhinoceros* Sjöstedt, 1905。

模式标本：全模（兵蚁、工蚁）分别保存在瑞典自然历史博物馆和美国自然历史博物馆。

模式产地：刚果民主共和国（Mukimbungu）。

分布：非洲界的安哥拉、刚果民主共和国、肯尼亚、苏丹、坦桑尼亚、乌干达。

5. 瘤额孔白蚁 *Foraminitermes tubifrons* Holmgren, 1912

模式标本：选模（成虫）、副选模（成虫）保存在德国柏林冯博大学自然博物馆，副选模（成虫）保存在美国自然历史博物馆。

模式产地：喀麦隆（Lolodorf）。

分布：非洲界的喀麦隆、几内亚、科特迪瓦、尼日利亚。

6. 强健孔白蚁 *Foraminitermes valens* (Silvestri, 1914)

曾称为：强健角木白蚁 *Ceratotermes valens* Silvestri, 1914。

模式标本：正模（兵蚁）、副模（工蚁）保存在意大利农业昆虫研究所。

模式产地：几内亚（Mamou）。

分布：非洲界的喀麦隆、刚果民主共和国、几内亚、科特迪瓦、尼日利亚。

（二）唇白蚁属 *Labritermes* Holmgren, 1914

模式种：巴特里彭唇白蚁 *Labritermes buttelreepeni* Holmgren, 1914。

种类：3 种。

分布：东洋界。

1. 巴特里彭唇白蚁 *Labritermes buttelreepeni* Holmgren, 1914

模式标本：选模（兵蚁）、副选模（成虫、工蚁、若蚁）保存在美国自然历史博物馆，副选模（成虫、兵蚁、工蚁）保存在印度森林研究所。

模式产地：印度尼西亚苏门答腊（Tandjong Slamat）。

分布：东洋界的印度尼西亚（加里曼丹、苏门答腊）、马来西亚（大陆、砂拉越、沙巴）。

生物学：模式标本采集于原始雨林的土壤中，它在树叶、枯枝落叶下的土壤中筑巢，曾有一巢的大小为3.8cm×3.8cm×5.1cm。

2. 埃默森唇白蚁 *Labritermes emersoni* Krishna and Adams, 1982

模式标本：正模（兵蚁）、副模（兵蚁、工蚁）保存在美国自然历史博物馆。

模式产地：马来西亚砂拉越。

分布：东洋界的印度尼西亚（加里曼丹、苏门答腊）、马来西亚（大陆、砂拉越、沙巴）、新加坡。

3. 基斯特纳唇白蚁 *Labritermes kistneri* Krishna and Adams, 1982

种名释义：种名来自模式标本的采集者加利福尼亚大学 D. Kistner 博士的姓。

模式标本：正模（兵蚁）、副模（兵蚁、工蚁）保存在美国自然历史博物馆。

模式产地：马来西亚（Selangor）。

分布：东洋界的印度尼西亚（加里曼丹、苏门答腊）、马来西亚（大陆、砂拉越、沙巴）。

生物学：它栖息于河堤的表层土壤下、小树的根部。

（三）伪小白蚁属 *Pseudomicrotermes* Holmgren, 1912

中文名称：我国学者曾称之为“伪蛮白蚁属”。

模式种：白黑伪小白蚁 *Pseudomicrotermes alboniger* (Wasmann, 1911)。

种类：1 种。

分布：非洲界。

1. 白黑伪小白蚁 *Pseudomicrotermes alboniger* (Wasmann, 1911)

曾称为：白黑小白蚁 *Microtermes alboniger* Wasmann, 1911。

模式标本：全模（成虫、兵蚁、工蚁）分别保存在荷兰马斯特里赫特自然历史博物馆和美国自然历史博物馆。

模式产地：刚果民主共和国（Sankuru）。

分布：非洲界的喀麦隆、刚果民主共和国、尼日利亚、津巴布韦。

生物学：它的生物学不详，只知它从小的分飞孔中分飞。在雨林的土壤取样点中曾采集到它。

四、白蚁亚科 Termitinae Latreille, 1802

异名：弓白蚁亚科 Amitermitinae Kemner, 1934、锯白蚁亚科 Microcerotermitinae Holmgren, 1910、奇扭白蚁亚科 Mirocapritermitinae Kemner, 1934、奇白蚁亚科 Mirotermitini Weidner, 1956、扭白蚁亚科 Capritermitini Weidner, 1956。

模式属：白蚁属 *Termes* Linnaeus, 1758。

种类：64 属 643 种。
分布：澳洲界、非洲界、新北界、古北界、新热带界、东洋界、巴布亚界。

（一）无钩白蚁属 *Ahamitermes* Mjöberg, 1920

中文名称：我国学者曾称之为“缺钩白蚁属”。
模式种：栖巢无钩白蚁 *Ahamitermes nidicola* Mjöberg, 1920。
种类：3 种。
分布：澳洲界。

1. 希尔无钩白蚁 *Ahamitermes hillii* Nicholls, 1929

种名释义：种名来自澳大利亚白蚁分类学家 G. F. Hill 的姓。
模式标本：选模（雌成虫）、副选模（成虫、兵蚁、工蚁）保存在澳大利亚国家昆虫馆，副选模（成虫、兵蚁、工蚁）保存在美国自然历史博物馆，副选模（成虫、兵蚁）分别保存在南非国家昆虫馆和印度森林研究所。
模式产地：澳大利亚西澳大利亚州。
分布：澳洲界的澳大利亚（西澳大利亚州）。

2. 栖垄无钩白蚁 *Ahamitermes inclusus* Gay, 1955

模式标本：正模（兵蚁）、副模（蚁后、兵蚁、工蚁）保存在澳大利亚国家昆虫馆，副模（兵蚁、工蚁）保存在美国自然历史博物馆，副模（兵蚁）保存在南非国家昆虫馆。
模式产地：澳大利亚西澳大利亚州。
分布：澳洲界的澳大利亚（西澳大利亚州）。

3. 栖巢无钩白蚁 *Ahamitermes nidicola* Mjöberg, 1920

异名：缺齿无钩白蚁 *Ahamitermes edentatus* Mjöberg, 1920（裸记名称）。
模式标本：正模（兵蚁）保存在瑞典自然历史博物馆。
模式产地：澳大利亚昆士兰州（Cape York、Alice River）。
分布：澳洲界的澳大利亚（北领地、昆士兰州）。

（二）弓白蚁属 *Amitermes* Silvestri, 1901

中文名称：我国学者早期曾称之为“丫白蚁属”。
异名：颚齿白蚁属 *Dentitermes* Wasmann, 1901（裸记名称）、弓钩白蚁属 *Hamitermes* Silvestri, 1903、单齿白蚁属 *Monodontermes* Silvestri, 1909、双白蚁属 *Amphidotermes* Sjöstedt, 1924。
模式种：弓颚弓白蚁 *Amitermes amifer* Silvestri, 1901。
种类：111 种。
分布：澳洲界、非洲界、新北界、古北界、新热带界、东洋界、巴布亚界。
生物学：它生活于热带地区。有些种类取食有机物。一些种类修建高大的蚁垄（如南方弓白蚁），其中群体较大。巴西的优秀弓白蚁傍树所建的带有“防水帽”的蚁垄高达 15m。南方弓白蚁在澳大利亚所建的罗盘垄也相当壮观。完胜弓白蚁在西非所建的蚁垄与罗盘垄差不多高，但没有规则的形状，或顶多呈圆柱形。在干旱的地方，完胜弓白蚁完全生活在地下，也栖居于方白蚁或三脉白蚁的蚁垄中，甚至接管它们的蚁垄来为自己独用。它也生活于大白蚁的蚁垄中。有些种类属食草白蚁，筑地下巢，且群体小。大多数生活于其他白蚁蚁垄的白蚁属于食土白蚁。有几种生活于干旱地区的白蚁取食死亡的木材、有蹄类的粪便、厚皮动物（如大象）的粪便。

危害性：除完胜弓白蚁外，其他绝大多数种类几乎没有危害性。

1. 陡额弓白蚁 *Amitermes abruptus* Gay, 1968

模式标本：正模（兵蚁）、副模（兵蚁、工蚁）保存在澳大利亚国家昆虫馆，副模（兵蚁、工蚁）保存在美国自然历史博物馆。

模式产地：澳大利亚西澳大利亚州（Abydos 农庄）。

分布：澳洲界的澳大利亚（北领地、西澳大利亚州）。

2. 锋颚弓白蚁 *Amitermes accinctus* Gay, 1968

模式标本：正模（兵蚁）、副模（兵蚁、工蚁）保存在澳大利亚国家昆虫馆，副模（兵蚁、工蚁）保存在美国自然历史博物馆。

模式产地：澳大利亚西澳大利亚州（Eurardy Station）。

分布：澳洲界的澳大利亚（西澳大利亚州）。

3. 短刀弓白蚁 *Amitermes acinacifer* Sands, 1959

模式标本：正模（兵蚁）、副模（兵蚁、工蚁）保存在英国自然历史博物馆，副模（兵蚁、工蚁）保存在美国自然历史博物馆，副模（兵蚁）保存在南非国家昆虫馆。

模式产地：肯尼亚（Masabit）。

分布：非洲界的埃塞俄比亚、肯尼亚。

生物学：它取食死木材，群体内个体数量较大。

4. 钩颚弓白蚁 *Amitermes aduncus* Gay, 1968

模式标本：正模（兵蚁）、副模（兵蚁、工蚁）保存在澳大利亚国家昆虫馆，副模（兵蚁、工蚁）保存在美国自然历史博物馆。

模式产地：澳大利亚西澳大利亚州（Eurardy Station）。

分布：澳洲界的澳大利亚（西澳大利亚州）。

5. 野外弓白蚁 *Amitermes agrilus* Gay, 1968

模式标本：正模（雌成虫）、副模（成虫、兵蚁、工蚁、若蚁）保存在澳大利亚国家昆虫馆，副模（成虫、兵蚁、工蚁）保存在美国自然历史博物馆。

模式产地：澳大利亚新南威尔士州（Griffith）。

分布：澳洲界的澳大利亚（新南威尔士州、北领地、昆士兰州、南澳大利亚州）。

6. 阿米克弓白蚁 *Amitermes amicki* Scheffrahn, 1999

种名释义：种名来自 B. Amick 先生的姓。

模式标本：正模（兵蚁）保存在美国自然历史博物馆，副模（兵蚁）分别保存在美国国家博物馆、佛罗里达大学研究与教育中心和佛罗里达州节肢动物标本馆。

模式产地：阿鲁巴（Palm Beach）。

分布：新热带界的阿鲁巴。

7. 弓颚弓白蚁 *Amitermes amifer* Silvestri, 1901

异名：弓颚弓钩白蚁 *Hamitermes hamifer* Silvestri, 1903。

模式标本：全模（成虫、兵蚁、工蚁）保存在意大利农业昆虫研究所，全模（工蚁）保存在印度森林研究所。

模式产地：巴西（马托格罗索州）、巴拉圭、阿根廷。

分布：新热带界的巴西、巴拉圭、阿根廷（Catamarga、Chaco、Corrientes、福莫萨、La Rioja、Mendoza、Salta、San Juan、San luis、Santiago del Estero、Tucumán）。

危害性：它对房屋建筑有轻微危害。

8. 阿波雷马弓白蚁 *Amitermes aporema* Constantino, 1993

模式标本：正模（兵蚁）、副模（兵蚁、工蚁）保存在巴西贝伦自然历史博物馆，副模（兵蚁、工蚁）保存在巴西圣保罗大学动物学博物馆。

模式产地：巴西（Aporema）。

分布：新热带界的巴西（Amapá）。

9. 树栖弓白蚁 *Amitermes arboreus* Roisin, 1990

模式标本：正模（兵蚁）、副模（兵蚁、工蚁）保存在比利时皇家自然科学研究所，副模（兵蚁、工蚁）保存在澳大利亚国家昆虫馆。

模式产地：巴布亚新几内亚西部省（Wipim）。

分布：澳洲界的澳大利亚（北领地、昆士兰州）；巴布亚界的巴布亚新几内亚。

生物学：它建树栖巢。

10. 弧颚弓白蚁 *Amitermes arcuatus* Gay, 1968

模式标本：正模（兵蚁）、副模（兵蚁、工蚁、若蚁）保存在澳大利亚国家昆虫馆，副模（兵蚁、工蚁）保存在美国自然历史博物馆。

模式产地：澳大利亚昆士兰州。

分布：澳洲界的澳大利亚（新南威尔士州、北领地、昆士兰州、南澳大利亚州、西澳大利亚州）。

*****阿兹马耶斯法尔德弓白蚁 *Amitermes azmayeshfardi* Ghayourfar, 2000（裸记名称）。**

分布：古北界的伊朗。

11. 俾路支弓白蚁 *Amitermes baluchistanicus* Akhtar, 1974

模式标本：正模（兵蚁）、副模（兵蚁、工蚁）保存在巴基斯坦旁遮普大学动物学系，副模（兵蚁、工蚁）分别保存在美国自然历史博物馆、英国自然历史博物馆、巴基斯坦森林研究所和美国密西西比港湾森林试验站。

模式产地：巴基斯坦俾路支省（Mastung）。

分布：古北界的伊朗、巴基斯坦（俾路支省）。

危害性：在巴基斯坦，它危害果树。

12. 基齿弓白蚁 *Amitermes basidens* (Sjöstedt, 1899)

曾称为：基齿白蚁 *Termes basidens* Sjöstedt, 1899。

模式标本：全模（兵蚁、工蚁）分别保存在瑞典自然历史博物馆、美国自然历史博物馆、英国自然历史博物馆和德国柏林冯博大学自然博物馆，全模（工蚁）保存在印度森林研究所。

模式产地：多哥（Bismarkburg）。

分布：非洲界的多哥。

13. 博蒙特弓白蚁 *Amitermes beaumonti* Banks, 1918

种名释义：种名来自在巴拿马采集白蚁标本的 J. Beaumont 先生的姓。

异名：最小白蚁 *Termes minimus* Dudley, 1890（裸记名称）。

模式标本：选模（兵蚁）、副选模（兵蚁、若蚁）保存在美国自然历史博物馆，副选模（兵蚁、工蚁、若蚁）保存在哈佛大学比较动物学博物馆。

模式产地：巴拿马。

分布：新热带界的伯利兹、哥斯达黎加、古巴、危地马拉、墨西哥、尼加拉瓜、巴拿马。

生物学：它栖息于地上的死木材中。

14. 贝尔弓白蚁 *Amitermes belli* (Desneux, 1906)

曾称为：贝尔白蚁 *Termes belli* Desneux, 1906。

模式标本：全模（兵蚁、工蚁）分别保存在美国自然历史博物馆和比利时皇家自然科学研究所，全模（工蚁）保存在印度森林研究所。

模式产地：巴基斯坦信德省的卡拉奇。

分布：东洋界的印度（德里、古吉拉特邦、中央邦、拉贾斯坦邦）、巴基斯坦（信德省、旁遮普省）；古北界的伊朗、巴基斯坦（俾路支省）。

生物学：它在印度楝树、桉树的树桩内筑巢。

危害性：在印度和巴基斯坦，它危害房屋木构件。

15. 北方弓白蚁 *Amitermes boreus* Gay, 1968

模式标本：正模（兵蚁）、副模（若蚁、兵蚁、工蚁）保存在澳大利亚国家昆虫馆，副模（兵蚁、工蚁）保存在美国自然历史博物馆。

模式产地：澳大利亚西澳大利亚州（Hooley 农庄）。

分布：澳洲界的澳大利亚（西澳大利亚州）。

16. 布劳恩斯弓白蚁 *Amitermes braunsi* (Fuller, 1922)

曾称为：布劳恩斯弓钩白蚁 *Hamitermes braunsi* Fuller, 1922。

模式标本：选模（兵蚁）、副选模（成虫）保存在南非国家昆虫馆，副选模（成虫、工蚁）保存在美国自然历史博物馆。

模式产地：南非开普省（Willowmore）。

分布：非洲界的南非。

17. 卡拉比弓白蚁 *Amitermes calabyi* Gay, 1968

模式标本：正模（雄成虫）、副模（成虫、兵蚁、工蚁、若蚁）保存在澳大利亚国家昆虫馆，副模（成虫、兵蚁、工蚁）保存在美国自然历史博物馆。

模式产地：澳大利亚西澳大利亚州。

分布：澳洲界的澳大利亚（西澳大利亚州）。

生物学：它生活在短刀乳白蚁和红头镰白蚁的垄壁中。

18. 大头弓白蚁 *Amitermes capito* (Hill, 1935)

曾称为：大头弓钩白蚁 *Hamitermes capito* Hill, 1935。

模式标本：选模（兵蚁）、副选模（兵蚁、工蚁）保存在澳大利亚国家昆虫馆，副选模（兵蚁、工蚁）保存在美国自然历史博物馆。

模式产地：澳大利亚西澳大利亚州（Mullewa）。

分布：澳洲界的澳大利亚（北领地、西澳大利亚州）。

19. 科切拉弓白蚁 *Amitermes coachellae* Light, 1930

模式标本：全模（成虫、兵蚁、工蚁）分别保存在美国自然历史博物馆和印度森林研究所。

模式产地：美国加利福尼亚州（Coachella Valley 等多地）。

分布：新北界的美国（亚利桑那州、加利福尼亚州、内华达州）。

20. 小山弓白蚁 *Amitermes colonus* (Hill, 1942)

曾称为：小山弓钩白蚁（弓钩白蚁亚属）*Hamitermes* (*Hamitermes*) *colonus* Hill, 1942。

模式标本：正模（兵蚁）、副模（兵蚁、若蚁、工蚁）保存在澳大利亚国家昆虫馆，副模（兵蚁、工蚁）保存在美国自然历史博物馆。

模式产地：澳大利亚新南威尔士州（Griffith）。

分布：澳洲界的澳大利亚（新南威尔士州、南澳大利亚州、西澳大利亚州）。

21 相似弓白蚁 *Amitermes conformis* Gay, 1968

模式标本：正模（雌成虫）、副模（兵蚁、若蚁、工蚁、成虫）保存在澳大利亚国家昆虫馆，副模（成虫、兵蚁、工蚁）保存在美国自然历史博物馆。

模式产地：澳大利亚西澳大利亚州（Perth）。

分布：澳洲界的澳大利亚（西澳大利亚州）。

22. 肥胖弓白蚁 *Amitermes corpulentus* Al-Alawy, Abdul-Rassoul, and Al-Azawi, 1990

模式标本：正模（兵蚁）、副模（兵蚁、工蚁）保存在伊拉克自然历史博物馆，副模（兵蚁、工蚁）分别保存在英国自然历史博物馆和印度动物调查所。

模式产地：伊拉克（Arbil、Salahdden）。

分布：古北界的伊朗、伊拉克。

23. 隐齿弓白蚁 *Amitermes cryptodon* Light, 1930

模式标本：全模（兵蚁、工蚁）保存在美国国家博物馆。

模式产地：墨西哥（Madrid）。

分布：新热带界的墨西哥、尼加拉瓜。

24. 达尔文弓白蚁 *Amitermes darwini* (Hill, 1922)

曾称为：达尔文弓钩白蚁 *Hamitermes darwini* Hill, 1922。

异名：威林斯弓钩白蚁 *Hamitermes willingsi* Hill, 1935。

模式标本：选模（兵蚁）、副选模（工蚁）保存在澳大利亚维多利亚博物馆，副选模（兵蚁、工蚁）保存在美国自然历史博物馆。

模式产地：澳大利亚北领地达尔文市。

分布：澳洲界的澳大利亚（北领地、西澳大利亚州）。

25. 具齿弓白蚁 *Amitermes dentatus* (Haviland, 1898)

曾称为：具齿白蚁 *Termes dentatus* Haviland, 1898。

异名：小型弓钩白蚁（弓钩白蚁亚属）*Hamitermes* (*Hamitermes*) *minor* Holmgren, 1914。

模式标本：全模（成虫、兵蚁、工蚁）分别保存在英国剑桥大学动物学博物馆和印度森森研究所，全模（兵蚁、工蚁）分别保存在美国自然历史博物馆、英国自然历史博物馆和印度动物调查所，全模（兵蚁）保存在美国国家博物馆。

模式产地：马来西亚砂拉越。

分布：东洋界的印度尼西亚（苏门答腊）、马来西亚（大陆、沙巴、砂拉越）、新加坡、泰国。

26. 多齿弓白蚁 *Amitermes dentosus* (Hill, 1935)

曾称为：多齿弓钩白蚁 *Hamitermes dentosus* Hill, 1935。

模式标本：选模（兵蚁）、副选模（成虫、兵蚁、工蚁）保存在澳大利亚国家昆虫馆，副选模（成虫、兵蚁、工蚁）保存在美国自然历史博物馆。

模式产地：澳大利亚西澳大利亚州（Ghooli）。

分布：澳洲界的澳大利亚（新南威尔士州、北领地、昆士兰州、南澳大利亚州、西澳大利亚州）。

27. 变平弓白蚁 *Amitermes deplanatus* Gay, 1968

模式标本：正模（兵蚁）、副模（兵蚁、工蚁）保存在澳大利亚国家昆虫馆，副模（兵蚁、工蚁）保存在美国自然历史博物馆。

模式产地：澳大利亚西澳大利亚州。

分布：澳洲界的澳大利亚（西澳大利亚州）。

28. 遗弃弓白蚁 *Amitermes desertorum* (Desneux, 1902)

曾称为：遗弃真白蚁 *Eutermes desertorum* Desneux, 1902。

异名：桑塔茨弓钩白蚁 *Hamitermes santschi* Silvestri, 1911。

模式标本：全模（成虫、工蚁）分别保存在瑞典自然历史博物馆和比利时皇家自然科学研究所，全模（成虫）分别保存在美国自然历史博物馆和荷兰马斯特里赫特自然历史博物馆。

模式产地：阿尔及利亚。

分布：古北界的阿尔及利亚、埃及、利比亚、突尼斯。

29. 埃默森弓白蚁 *Amitermes emersoni* Light, 1930

模式标本：全模（兵蚁、工蚁）保存在美国国家博物馆。

模式产地：美国加利福尼亚州（Coachella Valley）。

分布：新北界的美国（亚利桑那州、加利福尼亚州）。

30. 剑颚弓白蚁 *Amitermes ensifer* Light, 1930

模式标本：全模（兵蚁、工蚁）分别保存在美国自然历史博物馆和美国国家博物馆。

模式产地：墨西哥（Jala）。

分布：新北界的墨西哥。

31. 尤卡尔普特弓白蚁 *Amitermes eucalypti* (Hill, 1922)

曾称为：尤卡尔普特弓钩白蚁 *Hamitermes eucalypti* Hill, 1922。

模式标本：选模（兵蚁）、副选模（成虫、兵蚁、工蚁、若蚁）保存在美国自然历史博物馆，副选模（成虫、兵蚁、工蚁）保存在澳大利亚国家昆虫馆。

模式产地：澳大利亚昆士兰州（Magnetic Island）。

分布：澳洲界的澳大利亚（昆士兰州）。

32. 完胜弓白蚁 *Amitermes evuncifer* (Silvestri, 1912)

中文名称：我国学者曾称之为“中非弓白蚁”。

曾称为：完胜弓钩白蚁 *Hamitermes evuncifer* Silvestri, 1912。

异名：完胜弓钩白蚁异膜亚种 *Hamitermes evuncifer heterocera* Silvestri, 1914。

模式标本：全模（兵蚁、工蚁）分别保存在意大利自然历史博物馆和美国自然历史博物馆。

模式产地：几内亚比绍（Bolama）。

分布：非洲界的安哥拉、贝宁、刚果民主共和国、埃塞俄比亚、厄立特里亚、加纳、几内亚比绍、科特迪瓦、肯尼亚、利比里亚、尼日利亚、塞内加尔、塞拉利昂、苏丹、乍得、多哥、乌干达。

生物学：它取食各种死亡木材，所筑的暗棕色木屑垄和土垄很常见。它也常寄居在其他白蚁蚁垄里，尤其是方白蚁属、三脉白蚁属、土白蚁属和大白蚁属白蚁蚁垄。

危害性：在尼日利亚和乌干达，它危害甘薯、花生、甘蔗、木薯、树苗和比较成熟的树木，还危害房屋木构件。

33. 优秀弓白蚁 *Amitermes excellens* (Silvestri, 1923)

曾称为：优秀弓钩白蚁 *Hamitermes excellens* Silvestri, 1923。

模式标本：全模（成虫、兵蚁）保存在意大利农业昆虫研究所，全模（成虫、兵蚁、工蚁）保存在美国自然历史博物馆。

模式产地：圭亚那（Kartabo）。

分布：新热带界的巴西、圭亚那。

危害性：它危害花生、大豆、木薯、腰果、林木、果树和房屋木构件。

34. 纤细弓白蚁 *Amitermes exilis* (Hill, 1935)

曾称为：纤细弓钩白蚁 *Hamitermes exilis* Hill, 1935。

模式标本：选模（兵蚁）、副选模（工蚁）保存在澳大利亚国家昆虫馆。

模式产地：澳大利亚西澳大利亚州（Mullewa）。

分布：澳洲界的澳大利亚（新南威尔士州、北领地、南澳大利亚州、西澳大利亚州）。

35. 镰颚弓白蚁 *Amitermes falcatus* Gay, 1968

模式标本：正模（兵蚁）、副模（兵蚁、工蚁）保存在澳大利亚国家昆虫馆，副模（兵蚁、工蚁）保存在美国自然历史博物馆。

模式产地：澳大利亚西澳大利亚州。

分布：澳洲界的澳大利亚（西澳大利亚州）。

36. 佛罗里达弓白蚁 *Amitermes floridensis* Scheffrahn, Su, and Mangold, 1989

模式标本：正模（兵蚁）、副模（成虫、兵蚁、工蚁）保存在佛罗里达州节肢动物标本馆，副模（成虫、兵蚁、若蚁）保存在美国自然历史博物馆，副模（兵蚁、工蚁）保存在美国国家博物馆。

模式产地：美国佛罗里达州（Pinellas Co.）。

分布：新北界的美国（佛罗里达州）。

37. 福雷尔弓白蚁 *Amitermes foreli* Wasmann, 1902

异名：柱形白蚁 *Termes columnar* Dudley, 1890（裸记名称）、柱形白蚁 *Termes columnaris* Dudley, 1890（裸记名称）、中型弓白蚁 *Amitermes medius* Banks, 1918。

模式标本：选模（兵蚁）、副选模（兵蚁、工蚁、若蚁）保存在荷兰马斯特里赫特自然历史博物馆。

模式产地：哥伦比亚（Baranguilla）。

分布：新热带界的哥伦比亚、巴拿马、委内瑞拉。

危害性：它危害百香果。

38. 坚颚弓白蚁 *Amitermes frmus* Gay, 1968

模式标本：正模（兵蚁）、副模（兵蚁、工蚁）保存在澳大利亚国家昆虫馆，副模（兵蚁、工蚁）保存在美国自然历史博物馆。

模式产地：澳大利亚西澳大利亚州。

分布：澳洲界的澳大利亚（西澳大利亚州）。

39. 加拉格尔弓白蚁 *Amitermes gallagheri* Chhotani, 1988

模式标本：正模（兵蚁）、副模（兵蚁、工蚁）保存在阿曼自然历史博物馆，副模（兵蚁、工蚁）保存在印度动物调查所。

模式产地：阿曼（Jabal Hamar）。

分布：非洲界的也门；古北界的阿曼、沙特阿拉伯。

40. 芽弓白蚁 *Amitermes germanus* (Hill, 1915)

曾称为：芽白蚁 *Termes germana* Hill, 1915。

异名：金伯利弓钩白蚁（弓钩白蚁亚属）*Hamitermes* (*Hamitermes*) *kimberleyensis* Mjöberg, 1920。

模式标本：选模（兵蚁）、副选模（兵蚁）保存在美国自然历史博物馆。

模式产地：澳大利亚北领地达尔文市。

分布：澳洲界的澳大利亚（新南威尔士州、北领地、昆士兰州、南澳大利亚州、西澳大利亚州）。

41. 客栖弓白蚁 *Amitermes gestroanus* (Sjöstedt, 1912)

曾称为：客栖真白蚁 *Eutermes gestroanus* Sjöstedt, 1912。

模式标本：正保（成虫）保存在意大利自然历史博物馆。

模式产地：埃塞俄比亚（Scioa）。

分布：非洲界的埃塞俄比亚。

42. 细瘦弓白蚁 *Amitermes gracilis* Gay, 1968

模式标本：正模（兵蚁）、副模（兵蚁、工蚁）保存在澳大利亚国家昆虫馆，副模（兵蚁、工蚁）保存在美国自然历史博物馆。

模式产地：澳大利亚昆士兰州。

分布：澳洲界的澳大利亚（北领地、昆士兰州）。

43. 几内亚弓白蚁 *Amitermes guineensis* Sands, 1992

模式标本：正模（雌成虫）、副模（成虫、兵蚁、工蚁）保存在英国自然历史博物馆。

模式产地：尼日利亚。

分布：非洲界的冈比亚、加纳、尼日利亚。

44. 哈特迈耶弓白蚁 *Amitermes hartmeyeri* (Silvestri, 1909)

曾称为：哈特迈耶单齿白蚁 *Monodontermes hartmeyeri* Silvestri, 1909。

模式标本：选模（兵蚁）、副选模（工蚁）保存在德国汉堡动物学博物馆。

模式产地：澳大利亚西澳大利亚州（Daydawn）。

分布：澳洲界的澳大利亚（北领地、西澳大利亚州）。

45. 长矛弓白蚁 *Amitermes hastatus* (Haviland, 1898)

曾称为：长矛白蚁 *Termes hastatus* Haviland, 1898。

异名：食草弓钩白蚁 *Hamitermes runconifer* Silvestri, 1908、长矛弓钩白蚁头颈亚种 *Hamitermes hastatus capicola* Silvestri, 1914、亚特兰蒂斯弓钩白蚁 *Hamitermes atlanticus* Fuller, 1922（我国早期曾称之为“南非黑冢白蚁”）、冈恩弓钩白蚁 *Hamitermes gunni* Fuller, 1922、凯利弓钩白蚁 *Hamitermes kellyi* Fuller, 1922、肯哈特弓钩白蚁 *Hamitermes kenhardti* Fuller, 1922、自由弓钩白蚁 *Hamitermes libertatis* Fuller, 1922、东伦敦弓钩白蚁 *Hamitermes londonensis* Fuller, 1922、默里伯格弓钩白蚁 *Hamitermes murraysburgi* Fuller, 1922、斯库比弓钩白蚁 *Hamitermes schoombiensis* Fuller, 1922、苏尔伯格弓钩白蚁 *Hamitermes zuurbergi* Fuller, 1922。

模式标本：全模（成虫、兵蚁、工蚁）分别保存在瑞典自然历史博物馆和英国剑桥大学动物学博物馆，全模（成虫、兵蚁、工蚁、若蚁）保存在美国自然历史博物馆。

模式产地：南非（Port Elizabeth）。

分布：非洲界的安哥拉、博茨瓦纳、纳米比亚、南非、坦桑尼亚。

46. 赫伯特弓白蚁 *Amitermes herbertensis* (Mjöberg, 1920)

曾称为：赫伯特弓钩白蚁（弓钩白蚁亚属）*Hamitermes* (*Hamitermes*) *herbertensis* Mjöberg, 1920。

模式标本：选模（兵蚁）、副选模（成虫、兵蚁、工蚁）保存在美国自然历史博物馆，副选模（兵蚁、工蚁）保存在印度森林研究所，副选模（工蚁）保存在印度动物调查所。

模式产地：澳大利亚昆士兰州（Cedar Creek）。

分布：澳洲界的澳大利亚（昆士兰州）。

危害性：它危害甘蔗和房屋木构件。

47. 火罐弓白蚁 *Amitermes heteraspis* (Silvestri, 1906)

曾称为：火罐真白蚁 *Eutermes heteraspis* Silvestri, 1906。

模式标本：全模（成虫、工蚁）分别保存在意大利农业昆虫研究所和美国自然历史博物馆，全模（成虫）保存在意大利佛罗伦萨大学动物学博物馆。

模式产地：厄立特里亚（Abi Ugri）。

分布：非洲界的厄立特里亚、埃塞俄比亚。

48. 异颚弓白蚁 *Amitermes heterognathus* (Silvestri, 1909)

曾称为：异颚弓钩白蚁 *Hamitermes heterognathus* Silvestri, 1909。

模式标本：选模（兵蚁）保存在德国汉堡动物学博物馆。

模式产地：澳大利亚西澳大利亚州。

分布：澳洲界的澳大利亚（西澳大利亚州）。

49. 粗鲁弓白蚁 *Amitermes importunus* Sands, 1959

模式标本：正模（兵蚁）、副模（兵蚁、工蚁）保存在英国自然历史博物馆，副模（兵蚁、工蚁）保存在美国自然历史博物馆，副模（兵蚁）保存在南非国家昆虫馆。

模式产地：马拉维中央省。

分布：非洲界的马拉维、赞比亚、津巴布韦。

生物学：它生活在热带稀树草原的林地中，寄居在其他属白蚁蚁垄内，最常见的是方白蚁属白蚁蚁垄。它也在土白蚁属和大白蚁属白蚁蚁垄里寄居。

50. 无害弓白蚁 *Amitermes innoxius* Gay, 1968

模式标本：正模（兵蚁）、副模（兵蚁、工蚁）保存在澳大利亚国家昆虫馆，副模（兵蚁、工蚁）保存在美国自然历史博物馆。

模式产地：澳大利亚西澳大利亚州（Eurardy）。

分布：澳洲界的澳大利亚（北领地、昆士兰州、西澳大利亚州、巴罗岛）。

51. 无助弓白蚁 *Amitermes inops* Gay, 1968

模式标本：正模（兵蚁）、副模（兵蚁、工蚁）保存在澳大利亚国家昆虫馆，副模（兵蚁）保存在美国自然历史博物馆。

模式产地：澳大利亚西澳大利亚州（Port Hedland）。

分布：澳洲界的澳大利亚（北领地、西澳大利亚州、巴罗岛）。

52. 异常弓白蚁 *Amitermes insolitus* Gay, 1968

模式标本：正模（雄成虫）、副模（成虫、兵蚁、工蚁）保存在澳大利亚国家昆虫馆，副模（成虫、兵蚁、工蚁）保存在美国自然历史博物馆。

模式产地：澳大利亚西澳大利亚州。

分布：澳洲界的澳大利亚（西澳大利亚州）。

53. 粗颚弓白蚁 *Amitermes inspissatus* Gay, 1968

模式标本：正模（兵蚁）、副模（兵蚁、工蚁）保存在澳大利亚国家昆虫馆，副模（兵蚁、工蚁）保存在美国自然历史博物馆。

模式产地：澳大利亚西澳大利亚州（Port Hedland）。

分布：澳洲界的澳大利亚（西澳大利亚州）。

54. 伊朗弓白蚁 *Amitermes iranicus* Ghayourfar, 1999

模式标本：正模（兵蚁）、副模（兵蚁、工蚁）保存在伊朗植物害虫及疾病研究所昆虫分类研究部昆虫博物馆。

模式产地：伊朗（Kermanshah）。

分布：古北界的伊朗。

55. 哈尔拉兹弓白蚁 *Amitermes kharrazii* Ghayourfar, 1999。

模式标本：正模（成虫、兵蚁、工蚁）、副模（兵蚁、工蚁）保存在伊朗植物害虫及疾病研究所昆虫分类研究部昆虫博物馆。

模式产地：伊朗（Tehran）。

分布：古北界的伊朗。

56. 具矛弓白蚁 *Amitermes lanceolatus* Gay, 1968

模式标本：选模（兵蚁）、副选模（兵蚁、工蚁）保存在美国自然历史博物馆，副选模（兵蚁、工蚁）保存在美国国家博物馆。

模式产地：澳大利亚西澳大利亚州。

分布：澳洲界的澳大利亚（北领地、西澳大利亚州）。

57. 宽齿弓白蚁 *Amitermes latidens* (Mjöberg, 1920)

曾称为：宽齿弓钩白蚁（弓钩白蚁亚属）*Hamitermes* (*Hamitermes*) *latidens* Mjöberg, 1920。

模式标本：选模（兵蚁）、副选模（兵蚁、工蚁）保存在美国自然历史博物馆，副选模（兵蚁、工蚁）保存在美国国家博物馆。

模式产地：澳大利亚昆士兰州。

分布：澳洲界的澳大利亚（新南威尔士州、北领地、昆士兰州、西澳大利亚州）。

危害性：它危害甘蔗。

58. 宽腹弓白蚁 *Amitermes lativentris* (Mjöberg, 1920)

曾称为：宽腹弓钩白蚁（弓钩白蚁亚属）*Hamitermes* (*Hamitermes*) *lativentris* Mjöberg, 1920。

模式标本：选模（成虫）、副选模（成虫、兵蚁、工蚁）保存在瑞典自然历史博物馆，副选模（成虫、兵蚁、工蚁）保存在美国自然历史博物馆。

模式产地：澳大利亚昆士兰州。

分布：澳洲界的澳大利亚（新南威尔士州、北领地、昆士兰州、南澳大利亚州、西澳大利亚州）。

59. 劳拉弓白蚁 *Amitermes laurensis* (Mjöberg, 1920)

曾称为：劳拉弓钩白蚁（弓钩白蚁亚属）*Hamitermes* (*Hamitermes*) *laurensis* Mjöberg, 1920。

异名：混乱弓钩白蚁 *Hamitermes perplexus* Hill, 1922、威尔逊弓钩白蚁 *Hamitermes wilsoni* Hill, 1922。

模式标本：选模（成虫）、副选模（成虫、兵蚁、工蚁）保存在瑞典自然历史博物馆，副选模（成虫、兵蚁、工蚁）保存在美国自然历史博物馆。

模式产地：澳大利亚昆士兰州（Laura）。

分布：澳洲界的澳大利亚（北领地、昆士兰州）；巴布亚界的巴布亚新几内亚。

生物学：它筑罗盘垄。

60. 细颚弓白蚁 *Amitermes leptognathus* Gay, 1968

模式标本：正模（成虫）、副模（成虫、兵蚁、工蚁）保存在瑞典自然历史博物馆，副模（成虫、兵蚁、工蚁）保存在美国自然历史博物馆。

模式产地：澳大利亚北领地（Sandy Blight Junction）。

分布：澳洲界的澳大利亚（北领地）。

61. 伦伯格弓白蚁 *Amitermes loennbergianus* (Sjöstedt, 1911)

曾称为：伦伯格真白蚁 *Eutermes loennbergianus* Sjöstedt, 1911。

异名：强壮弓白蚁 *Amitermes lacertosus* Ghidini, 1941。

模式标本：全模（兵蚁、工蚁）分别保存在瑞典自然历史博物馆和美国自然历史博物馆。

模式产地：肯尼亚。

分布：非洲界的埃塞俄比亚、厄立特里亚、肯尼亚、索马里、坦桑尼亚、乌干达、也门。

生物学：在死亡的木材里和动物粪便里常能见到它。它可能筑地下巢。曾发现它寄居在一个低矮的蚁垄里。它很少寄居在其他白蚁的蚁垄里，寄居的蚁垄主要是方白蚁属白蚁的蚁垄。

危害性：在肯尼亚，它危害房屋木构件。

62. 卢纳弓白蚁 *Amitermes lunae* Scheffrahn and Huchet, 2010

模式标本：正模（兵蚁）、副模（兵蚁、工蚁）佛罗里达大学研究与教育中心，副模（兵蚁、工蚁）分别保存在佛罗里达州节肢动物标本馆和法国自然历史博物馆。

模式产地：秘鲁（Huaca de la Luna）。

分布：新热带界的秘鲁。

63. 南方弓白蚁 *Amitermes meridionalis* (Froggatt, 1898)

中文名称：我国学者早期曾称之为“指南针白蚁”。

曾称为：南方白蚁 *Termes meridionalis* Froggatt, 1898。

模式标本：新模（兵蚁）保存在澳大利亚国家昆虫馆。

模式产地：澳大利亚北领地达尔文港以南 19km 处。

分布：澳洲界的澳大利亚（北领地）。

生物学：它修建高大的蚁垄，其内白蚁个体较多。

64. 墨西拿弓白蚁 *Amitermes messinae* (Fuller, 1922)

异名：哈利弓白蚁 *Amitermes harleyi* Harris, 1957。

模式标本：选模（雄成虫）、副选模（兵蚁、工蚁）保存在南非国家昆虫馆，副选模（无头成虫、工蚁）保存在美国自然历史博物馆。

模式产地：南非德南士瓦省（Messina）。

分布：非洲界的埃塞俄比亚、肯尼亚、马拉维、南非、苏丹、坦桑尼亚、也门、赞比亚；古北界的埃及、伊朗、沙特阿拉伯。

生物学：可以在死亡的木材、粪便中找到它，偶尔在其他白蚁的蚁垄里也能发现它，尤其是大白蚁属白蚁的蚁垄。

65. 最小弓白蚁 *Amitermes minimus* Light, 1932

曾称为：最小弓白蚁（弓白蚁亚属）*Amitermes* (*Amitermes*) *minimus* Light, 1932。

模式标本：选模（成虫）保存在美国国家博物馆，副选模（成虫）保存在美国自然历史博物馆。

模式产地：美国得克萨斯州（Brownsville）。

分布：新北界的美国（亚利桑那州、加利福尼亚州、内华达州、得克萨斯州）。

66. 米切尔弓白蚁 *Amitermes mitchelli* Sands, 1992

模式标本：正模（雌成虫）、副模（成虫、兵蚁、工蚁）保存在津巴布韦国家博物馆，副模（成虫、兵蚁、工蚁）保存在英国自然历史博物馆。

模式产地：津巴布韦（Chiredzi）。

分布：非洲界的津巴布韦。

67. 中等弓白蚁 *Amitermes modicus* (Hill, 1942)

曾称为：中等弓钩白蚁（弓钩白蚁亚属）*Hamitermes* (*Hamitermes*) *modicus* Hill, 1942。

模式标本：正模（兵蚁）、副模（若蚁、兵蚁、工蚁）保存在澳大利亚国家昆虫馆，副模（兵蚁、工蚁）保存在美国自然历史博物馆。

模式产地：澳大利亚新南威尔士州（Griffith）。

分布：澳洲界的澳大利亚（新南威尔士州、南澳大利亚州、维多利亚州、西澳大利亚州）。

68. 新芽弓白蚁 *Amitermes neogermanus* (Hill, 1922)

曾称为：新芽弓钩白蚁 *Hamitermes neogermanus* Hill, 1922。

异名：混乱弓钩白蚁维多利亚亚种 *Hamitermes perplexus victoriensis* Hill, 1922。

模式标本：选模（兵蚁）、副选模（若蚁、工蚁）保存在澳大利亚南澳大利亚博物馆。

模式产地：澳大利亚南澳大利亚州（Mt. Lofty）。

分布：澳洲界的澳大利亚（首都地区、新南威尔士州、昆士兰州、南澳大利亚州、维多利亚州、西澳大利亚州）。

危害性：它危害牧草。

69. 东北弓白蚁 *Amitermes nordestinus* Mélo and Fontes, 2003

模式标本：正模（兵蚁）、副模（兵蚁、工蚁）保存在巴西帕拉伊巴联邦大学，副模（兵蚁、工蚁）保存在巴西费拉迪圣安娜州立大学。

模式产地：巴西巴伊州（Itaberaba）。

分布：新热带界的巴西（Alagoas、巴伊州、Paraíba）。

70. 相会弓白蚁 *Amitermes obeuntis* (Silvestri, 1909)

曾称为：相会弓钩白蚁 *Hamitermes obeuntis* Silvestri, 1909。

模式标本：选模（兵蚁）、副选模（工蚁）保存在德国汉堡动物学博物馆，副选模（成虫、兵蚁、工蚁）保存在美国自然历史博物馆。

模式产地：澳大利亚西澳大利亚州（Serpentine）。

分布：澳洲界的澳大利亚（西澳大利亚州）。

危害性：它危害房屋木构件。

71. 钝齿弓白蚁 *Amitermes obtusidens* (Mjöberg, 1920)

曾称为：钝齿弓钩白蚁（弓钩白蚁亚属）*Hamitermes* (*Hamitermes*) *obtusidens* Mjöberg, 1920。

模式标本：选模（兵蚁）、副选模（成虫、兵蚁、工蚁）保存在美国自然历史博物馆，副模（雌成虫）保存在澳大利亚国家昆虫馆，副模（成虫）保存在美国国家博物馆。

模式产地：澳大利亚昆士兰州（Colosseum）。

分布：澳洲界的澳大利亚（新南威尔士州、北领地、昆士兰州、南澳大利亚州、西澳大利亚州）。

危害性：它危害甘蔗。

72. 灰头弓白蚁 *Amitermes pallidiceps* Gay, 1969

模式标本：正模（雄成虫）、副模（成虫、兵蚁、工蚁、若蚁）保存在澳大利亚国家昆虫馆，副模（成虫、兵蚁、工蚁）保存在美国自然历史博物馆。

模式产地：澳大利亚西澳大利亚州。

分布：澳洲界的澳大利亚（西澳大利亚州）。

73. 苍白弓白蚁 *Amitermes pallidus* Light, 1932

曾称为：苍白弓白蚁（弓白蚁亚属）*Amitermes* (*Amitermes*) *pallidus* Light, 1932。

模式标本：正模（成虫）保存在美国国家博物馆，副模（成虫）保存在美国自然历史博物馆。

模式产地：美国亚利桑那州（Sabino Canyon）。

分布：新北界的美国（亚利桑那州）。

74. 弯曲弓白蚁 *Amitermes pandus* Gay, 1968

模式标本：正模（兵蚁）、副模（兵蚁、工蚁）保存在澳大利亚国家昆虫馆，副模（兵蚁、工蚁）保存在美国自然历史博物馆。

模式产地：澳大利亚西澳大利亚州。

分布：澳洲界的澳大利亚（西澳大利亚州）。

75. 巴布亚弓白蚁 *Amitermes papuanus* Roisin, 1990

模式标本：正模（兵蚁）、副模（兵蚁、工蚁）保存在比利时皇家自然科学研究所。

模式产地：巴布亚新几内亚西部省（Morehead）。

分布：巴布亚界的巴布亚新几内亚。

76. 似具齿弓白蚁 *Amitermes paradentatus* Ahmad, 1955

模式标本：正模（兵蚁）、副模（兵蚁、工蚁）保存在巴基斯坦旁遮普大学动物学系，副模（兵蚁、工蚁）保存在美国自然历史博物馆。

模式产地：巴基斯坦信德省（Dadu）。

分布：东洋界的巴基斯坦（信德省）。

77. 平行弓白蚁 *Amitermes parallelus* Gay, 1968

模式标本：正模（兵蚁）、副模（兵蚁、工蚁、若蚁）保存在澳大利亚国家昆虫馆，副模（兵蚁、工蚁）保存在美国自然历史博物馆。

模式产地：澳大利亚西澳大利亚州。

分布：澳洲界的澳大利亚（西澳大利亚州）。

78. 似讨厌弓白蚁 *Amitermes paravilis* Raven and Akhtar, 1999

模式标本：正模（兵蚁）、副模（兵蚁、工蚁）保存在巴基斯坦旁遮普大学动物学系。

模式产地：伊朗（Dezful）。

分布：古北界的伊朗。

79. 小齿弓白蚁 *Amitermes parvidens* Gay, 1968

模式标本：正模（兵蚁）、副模（兵蚁、工蚁、若蚁）保存在澳大利亚国家昆虫馆，副模（兵蚁、工蚁）保存在美国自然历史博物馆。

模式产地：澳大利亚西澳大利亚州。

分布：澳洲界的澳大利亚（西澳大利亚州）。

80. 幼小弓白蚁 *Amitermes parvulus* Light, 1932

曾称为：幼小弓白蚁（弓白蚁亚属）*Amitermes* (*Amitermes*) *parvulus* Light, 1932。

模式标本：全模（成虫、兵蚁、工蚁）保存在美国自然历史博物馆，全模（成虫、兵蚁）保存在美国国家博物馆。

模式产地：美国得克萨斯州（San Antonio）。

分布：新北界的美国（亚利桑那州、得克萨斯州）、墨西哥。

81. 微小弓白蚁 *Amitermes parvus* (Hill, 1922)

曾称为：微小弓钩白蚁 *Hamitermes parvus* Hill, 1922。

模式标本：选模（雄成虫）、副选模（成虫、兵蚁、工蚁）保存在美国自然历史博物馆，副选模（雌成虫、工蚁）保存在澳大利亚维多利亚博物馆。

模式产地：澳大利亚昆士兰州（Townsville）。

分布：澳洲界的澳大利亚（北领地、昆士兰州、西澳大利亚州）。

82. 寡脉弓白蚁 *Amitermes paucinervius* (Silvestri, 1908)

曾称为：寡脉真白蚁 *Eutermes paucinervius* Silvestri, 1908。

模式标本：正模（成虫）保存在意大利农业昆虫研究所。

模式产地：博茨瓦纳（Kalahari）。

分布：非洲界的博茨瓦纳。

83. 胆小弓白蚁 *Amitermes pavidus* (Hill, 1942)

曾称为：胆小弓钩白蚁（弓钩白蚁亚属）*Hamitermes* (*Hamitermes*) *pavidus* Hill, 1942。

模式标本：正模（雌成虫）、副模（成虫、兵蚁、工蚁）保存在澳大利亚国家昆虫馆，副模（成虫、兵蚁、工蚁）保存在美国自然历史博物馆。

模式产地：澳大利亚昆士兰州（Townsville）。

分布：澳洲界的澳大利亚（北领地、昆士兰州、西澳大利亚州）。

84. 全武弓白蚁 *Amitermes perarmatus* (Silvestri, 1909)

曾称为：全武单齿白蚁 *Monodontermes perarmatus* Silvestri, 1909。

模式标本：选模（兵蚁）保存在德国汉堡动物学博物馆。

模式产地：澳大利亚西澳大利亚州（Yalgoo）。

分布：澳洲界的澳大利亚（北领地、南澳大利亚州、西澳大利亚州）。

85. 真帅弓白蚁 *Amitermes perelegans* (Hill, 1935)

曾称为：真帅弓钩白蚁 *Hamitermes perelegans* Hill, 1935。

模式标本：选模（雌成虫）、副选模（成虫、兵蚁、工蚁）保存在澳大利亚国家昆虫馆，副选模（成虫、兵蚁、工蚁）保存在美国自然历史博物馆。

模式产地：澳大利亚北领地（Marrakai）。

分布：澳洲界的澳大利亚（北领地、昆士兰州、西澳大利亚州）。

86. 佩里弓白蚁 *Amitermes perryi* Gay, 1968

模式标本：正模（雌成虫）、副模（成虫、兵蚁、工蚁）保存在澳大利亚国家昆虫馆，副模（成虫、兵蚁、工蚁）保存在美国自然历史博物馆。

模式产地：澳大利亚西澳大利亚州（Badgingarra）。

分布：澳洲界的澳大利亚（西澳大利亚州）。

87. 长颚弓白蚁 *Amitermes procerus* Gay, 1968

模式标本：正模（雄成虫）、副模（成虫、兵蚁、工蚁、若蚁）保存在澳大利亚国家昆虫馆，副模（成虫、兵蚁、工蚁）保存在美国自然历史博物馆。

模式产地：澳大利亚西澳大利亚州。

分布：澳洲界的澳大利亚（北领地、南澳大利亚州、西澳大利亚州）。

88. 方头弓白蚁 *Amitermes quadratus* Gay, 1968

模式标本：正模（兵蚁）、副模（兵蚁、工蚁）保存在澳大利亚国家昆虫馆，副模（兵蚁、工蚁）保存在美国自然历史博物馆。

模式产地：澳大利亚西澳大利亚州。

分布：澳洲界的澳大利亚（西澳大利亚州）。

89. 茶色弓白蚁 *Amitermes ravus* (Hill, 1942)

曾称为：茶色弓钩白蚁（弓钩白蚁亚属）*Hamitermes* (*Hamitermes*) *ravus* Hill, 1942。

模式标本：正模（兵蚁）、副模（兵蚁、工蚁）保存在澳大利亚国家昆虫馆，副模（兵蚁、工蚁）保存在美国自然历史博物馆。

模式产地：澳大利亚昆士兰州（Rollingstone）。

分布：澳洲界的澳大利亚（昆士兰州）。

90. 圆腹弓白蚁 *Amitermes rotundus* Gay, 1968

模式标本：正模（兵蚁）、副模（兵蚁、工蚁）保存在澳大利亚国家昆虫馆，副模（兵蚁、工蚁）保存在美国自然历史博物馆。

模式产地：澳大利亚西澳大利亚州（Port Hedland）。

分布：澳洲界的澳大利亚（西澳大利亚州）。

91. 夏安盖洛姆弓白蚁 *Amitermes sciangallorum* Ghidini, 1941

异名：弯曲弓白蚁 *Amitermes curvatus* Sands, 1959（裸记名称）。

模式标本：全模（兵蚁、工蚁）分别保存在美国自然历史博物馆和意大利自然历史博物馆，全模（兵蚁）保存在南非国家昆虫馆。

模式产地：埃塞俄比亚（Murlè）。

分布：非洲界的埃塞俄比亚、肯尼亚、苏丹、坦桑尼亚。

生物学：它主要生活在死亡的原木和树桩里，也可与其他弓白蚁一起寄居在三脉白蚁的蚁垄里。

92. 峭壁弓白蚁 *Amitermes scopulus* (Mjöberg, 1920)

曾称为：峭壁弓钩白蚁（弓钩白蚁亚属）*Hamitermes* (*Hamitermes*) *scopulus* Mjöberg, 1920。

模式标本：选模（兵蚁）、副选模（兵蚁、工蚁、若蚁、补充型）保存在瑞典自然历史博物馆，副选模（补充型蚁后、兵蚁、工蚁）保存在澳大利亚国家昆虫馆，副选模（补充型蚁后、蚁王、兵蚁、工蚁）保存在美国自然历史博物馆，副选模（蚁王、兵蚁、工蚁）保存在美国国家博物馆。

模式产地：澳大利亚昆士兰州（Cape York Peninsula）。

分布：澳洲界的澳大利亚（昆士兰州）。

93. 知半弓白蚁 *Amitermes seminotus* (Silvestri, 1908)

曾称为：知半真白蚁 *Eutermes seminotus* Silvestri, 1908。

模式标本：全模（成虫、工蚁）分别保存在意大利农业昆虫研究所和美国自然历史博物馆。

模式产地：博茨瓦纳（Kalahari）。

分布：非洲界的博茨瓦纳、南非。

94. 西尔韦斯特里弓白蚁 *Amitermes silvestrianus* Light, 1930

模式标本：全模（兵蚁、工蚁、若蚁）保存在美国国家博物馆，全模（兵蚁）保存在美国自然历史博物馆。

模式产地：美国加利福尼亚州（Coachella Valley 上部）。

分布：新北界的美国（加利福尼亚州）。

95. 斯奈德弓白蚁 *Amitermes snyderi* Light, 1930

种名释义：种名来自美国白蚁分类学家 T. E. Snyder 的姓。

模式标本：全模（工蚁）保存在美国自然历史博物馆。

模式产地：美国加利福尼亚州的圣迭哥。

分布：新北界的美国（加利福尼亚州）。

96. 索科特拉弓白蚁 *Amitermes socotrensis* Harris, 1954

模式标本：正模（兵蚁）、副模（兵蚁、工蚁）保存在英国自然历史博物馆，副模（兵蚁）保存在美国自然历史博物馆。

模式产地：也门（Socotra）。

分布：非洲界的也门。

97. 索马里弓白蚁 *Amitermes somaliensis* Sjöstedt, 1927

模式标本：全模（兵蚁）保存在瑞典自然历史博物馆。

模式产地：索马里（Villagio Duka Abrizzi）。

分布：非洲界的埃塞俄比亚、肯尼亚、马拉维、索马里。

生物学：它寄居在勇猛大白蚁的蚁垄外壁。

98. 具刺弓白蚁 *Amitermes spinifer* (Silvestri, 1914)

曾称为：具刺弓钩白蚁 *Hamitermes spinifer* Silvestri, 1914。

异名：尖齿弓白蚁 *Amitermes acutidens* Sands, 1959（裸记名称）。

模式标本：全模（兵蚁、工蚁）分别保存在意大利农业昆虫研究所和美国自然历史博物馆。

模式产地：塞内加尔（达喀尔、Hann、Thies）。

分布：非洲界的几内亚、肯尼亚、尼日利亚、塞内加尔、塞拉利昂、坦桑尼亚、乌干达。

生物学：它的体形小。它通常寄居在其他属白蚁的蚁垄里，主要是方白蚁属白蚁的蚁垄，在死亡的木材里也偶有发现。

99. 斯蒂芬森弓白蚁 *Amitermes stephensoni* Harris, 1957

模式标本：正模（兵蚁）、副模（兵蚁、工蚁）保存在英国自然历史博物馆，副模（兵蚁、工蚁）保存在美国自然历史博物馆。

模式产地：也门（Hadhramaut、Seiyun）。

分布：非洲界的几内亚、肯尼亚、尼日利亚、苏丹、也门；古北界的伊朗、阿曼、沙特阿拉伯。

生物学：偶尔在死亡的木材中能发现它。它通常寄居在其他同属白蚁或其他属白蚁所筑的蚁垄里，其中主要是大白蚁属和三脉白蚁属白蚁的蚁垄，少数是土白蚁属和方白蚁属白蚁的蚁垄。

100. 微型弓白蚁 *Amitermes subtilis* Gay, 1968

模式标本：正模（兵蚁）、副模（兵蚁、工蚁、若蚁）保存在澳大利亚国家昆虫馆，副模（兵蚁、工蚁）保存在美国自然历史博物馆。

模式产地：澳大利亚昆士兰州。

分布：澳洲界的澳大利亚（北领地、昆士兰州、西澳大利亚州）。

101. 畸齿弓白蚁 *Amitermes truncatidens* Sands, 1959

模式标本：正模（雌成虫）、副模（成虫、兵蚁、工蚁）保存在英国自然历史博物馆，副模（成虫、兵蚁、工蚁）保存在美国自然历史博物馆。

模式产地：坦桑尼亚（Nachingwea）。

分布：非洲界的安哥拉、刚果民主共和国、马拉维、坦桑尼亚、赞比亚、津巴布韦。

生物学：它生活在热带稀树草原的林地中，在死亡的木材中和自建的蚁巢中可以发现它，也曾被发现寄居在大白蚁亚科白蚁所建的蚁垄中。

102. 钩刺弓白蚁 *Amitermes uncinatus* Gay, 1968

模式标本：正模（雌成虫）、副模（成虫、兵蚁、工蚁）保存在澳大利亚国家昆虫馆，副模（成虫、兵蚁、工蚁）保存在美国自然历史博物馆。

模式产地：澳大利亚西澳大利亚州（Berkshhire Valley）。

分布：澳洲界的澳大利亚（昆士兰州、西澳大利亚州）。

103. 单齿弓白蚁 *Amitermes unidentatus* (Wasmann, 1897)

曾称为：单齿白蚁 *Termes unidentatus* Wasmann, 1897。

异名：梅鲁真白蚁 *Eutermes meruensis* Sjöstedt, 1911、细长弓钩白蚁 *Hamitermes elongatus* Silvestri, 1914、林波波弓钩白蚁 *Hamitermes limpopoensis* Fuller, 1922、大头弓白蚁 *Amitermes macrocephalus* Ghidini, 1941。

模式标本：选模（兵蚁）、副选模（兵蚁、工蚁、若蚁）保存在荷兰马斯特里赫特自然历史博物馆。

模式产地：坦桑尼亚（Bawi）。

分布：非洲界的安哥拉、刚果民主共和国、埃塞俄比亚、肯尼亚、马拉维、卢旺达、南非、苏丹、坦桑尼亚、乌干达、赞比亚。

生物学：它是东非最常见和分布最广的种类。大多栖居在死树桩、死树枝及类似栖息地。它也常常自建低矮的、由泥土和木屑混合而成的硬垄。极少数情况下，它寄居在其他白蚁建造的蚁垄里，如方白蚁属和伪刺白蚁属白蚁的蚁垄。

104. 近邻弓白蚁 *Amitermes vicinus* Gay, 1968

模式标本：正模（兵蚁）、副模（兵蚁、工蚁、若蚁）保存在澳大利亚国家昆虫馆，副模（兵蚁、工蚁）保存在美国自然历史博物馆。

模式产地：澳大利亚西澳大利亚州（Yandanooka）。

分布：澳洲界的澳大利亚（西澳大利亚州）。

105. 讨厌弓白蚁 *Amitermes vilis* (Hagen, 1858)

曾称为：讨厌白蚁（白蚁亚属）*Termes* (*Termes*) *vilis* Hagen, 1858。

异名：瓦曼弓白蚁 *Amitermes wahrmani* Spaeth, 1964、食根弓白蚁 *Amitermes rhizophagus* Belyaeva, 1974。

模式标本：全模（成虫）分别保存在奥地利自然历史博物馆、美国自然历史博物馆和瑞典动物研究所。

模式产地：伊朗（Shiraz）。

分布：非洲界的也门；古北界的埃及、阿富汗、伊朗、伊拉克、以色列、约旦、阿曼、沙特阿拉伯、土库曼斯坦。

危害性：在伊朗和土库曼斯坦，它危害房屋木构件。

106. 强壮弓白蚁 *Amitermes viriosus* Gay, 1968

模式标本：正模（雌成虫）、副模（兵蚁、工蚁）保存在澳大利亚国家昆虫馆，副模（兵蚁、工蚁）保存在美国自然历史博物馆。

模式产地：澳大利亚西澳大利亚州。

分布：澳洲界的澳大利亚（北领地、西澳大利亚州）。

生物学：它筑罗盘垄。

107. 凶残弓白蚁 *Amitermes vitiosus* (Hill, 1935)

曾称为：凶残弓钩白蚁 *Hamitermes vitiosus* Hill, 1935。

模式标本：正模（兵蚁）、副模（成虫、兵蚁、工蚁）保存在澳大利亚国家昆虫馆，副模（成虫、兵蚁、工蚁）保存在美国自然历史博物馆。

模式产地：澳大利亚西澳大利亚州（Newcastle Waters）。

分布：澳洲界的澳大利亚（新南威尔士州、北领地、昆士兰州、西澳大利亚州、格鲁特岛）。

108. 西澳弓白蚁 *Amitermes westraliensis* (Hill, 1929)

曾称为：西澳弓钩白蚁 *Hamitermes westraliensis* Hill, 1929。

模式标本：选模（兵蚁）、副选模（成虫、兵蚁、工蚁）保存在美国自然历史博物馆，副选模（雄成虫、兵蚁）保存在澳大利亚国家昆虫馆。

模式产地：澳大利亚西澳大利亚州（Darlot）。

分布：澳洲界的澳大利亚（北领地、南澳大利亚州、西澳大利亚州）。

109. 惠勒弓白蚁 *Amitermes wheeleri* (Desneux, 1906)

曾称为：惠勒白蚁 *Termes wheeleri* Desneux, 1906。

异名：亚利桑那弓白蚁 *Amitermes arizonensis* Banks, 1920、加利福尼亚弓白蚁 *Amitermes californicus* Banks, 1920、小点弓白蚁（弓白蚁亚属）*Amitermes* (*Amitermes*) *parvipunctus* Light, 1932、栗色弓白蚁（弓白蚁亚属）*Amitermes* (*Amitermes*) *spadix* Light, 1932。

模式标本：全模（兵蚁、工蚁）分别保存在比利时皇家自然科学研究所和美国自然历史博物馆。

模式产地：美国得克萨斯州（Belton）。

分布：新北界的美国（亚利桑那州、加利福尼亚州、内华达州、得克萨斯州）；新热带界的墨西哥。

110. 食木弓白蚁 *Amitermes xylophagus* (Hill, 1935)

曾称为：食木弓钩白蚁 *Hamitermes xylophagus* Hill, 1935。

模式标本：选模（兵蚁）、副选模（成虫、兵蚁、工蚁）保存在澳大利亚国家昆虫馆，副选模（雄成虫、兵蚁）保存在美国自然历史博物馆。

模式产地：澳大利亚首都地区（Canberra）。

分布：澳洲界的澳大利亚（首都地区、新南威尔士州、南澳大利亚州、维多利亚州、西澳大利亚州）。

111. 亚苏季弓白蚁 *Amitermes yasujensis* Ghayourfar, 2005

模式标本：正模（兵蚁）、副模（兵蚁、工蚁）保存在伊朗植物害虫及疾病研究所昆虫分类研究部昆虫博物馆。

模式产地：伊朗（Yasuj）。

分布：古北界的伊朗。

（三）角白蚁属 *Angulitermes* Sjöstedt, 1924

属名释义：兵蚁头部有一明显的角状凸起。

模式种：显额角白蚁 *Angulitermes frontalis* (Silvestri, 1908)。

种类：29 种。

分布：东洋界、古北界、非洲界。

生物学：它生活在干燥的稀树草原以及更干燥的地带。它的蚁道可以穿过大白蚁或土白蚁的菌室，有时它还进入被遗弃的菌室中取食菌圃。它的巢小，蚁道狭窄。它似乎能够取食植物残渣，但主要还是以食土为主。

危害性：除德拉敦角白蚁外，一般没有危害性。

1. 锋利角白蚁 *Angulitermes acutus* Mathur and Sen-Sarma, 1961

模式标本：正模（兵蚁）、副模（兵蚁、工蚁）保存在印度森林研究所，副模（兵蚁、工蚁）保存在美国自然历史博物馆。

模式产地：印度泰米尔纳德邦（Tinnevelly）。
分布：东洋界的印度（泰米尔纳德邦、北方邦）。

2. 艾豪瑞赛恩角白蚁 *Angulitermes akhorisainensis* Chatterjee and Thakur, 1964

模式标本：正模（兵蚁）、副模（成虫、兵蚁、工蚁）保存在印度森林研究所，副模（成虫、兵蚁、工蚁）分别保存在美国自然历史博物馆和印度动物调查所。
模式产地：印度北方邦（Akhorisain）。
分布：东洋界的印度（北方邦）。

3. 阿拉伯角白蚁 *Angulitermes arabiae* Chhotani and Bose, 1979

模式标本：正模（兵蚁）、副模（兵蚁、工蚁）保存在瑞士自然历史博物馆，副模（兵蚁、工蚁）保存在印度动物调查所。
模式产地：沙特阿拉伯（Qaraahh）。
分布：古北界的沙特阿拉伯。

4. 阿西尔角白蚁 *Angulitermes asirensis* Chhotani and Bose, 1991

模式标本：正模（兵蚁）、副模（工蚁）保存在瑞士自然历史博物馆。
模式产地：沙特阿拉伯（Asir）。
分布：古北界的沙特阿拉伯。

5. 珀格苏纳格角白蚁 *Angulitermes bhagsunagensis* Thakur, 2008

模式标本：正模（兵蚁）、副模（兵蚁、工蚁）保存在印度森林研究所。
模式产地：印度喜马偕尔邦（Bhagsunag、Dharamshala）。
分布：东洋界的印度（喜马偕尔邦）。

6. 布劳恩斯角白蚁 *Angulitermes braunsi* (Wasmann, 1908)

曾称为：布劳恩斯奇异白蚁 *Mirotermes braunsi* Wasmann, 1908。
模式标本：全模（兵蚁、工蚁、若蚁）保存在荷兰马斯特里赫特自然历史博物馆，全模（兵蚁、工蚁）保存在美国自然历史博物馆。
模式产地：南非（Port Elizabeth）。
分布：非洲界的南非。

7. 锡兰角白蚁 *Angulitermes ceylonicus* (Holmgren, 1914)

曾称为：锡兰奇异白蚁（奇异白蚁亚属）*Mirotermes* (*Mirotermes*) *ceylonicus* Holmgren, 1914。
异名：莱特白蚁 *Termes lighti* Snyder, 1949。
模式标本：全模（兵蚁、工蚁）保存在瑞典动物研究所。
模式产地：斯里兰卡（Maha-Iluppalama）。
分布：东洋界的斯里兰卡。

8. 德拉敦角白蚁 *Angulitermes dehraensis* (Gardner, 1945)

模式标本：全模（成虫、兵蚁、工蚁）分别保存在印度森林研究所、英国自然历史博物馆和美国自然历史博物馆，全模（成虫、兵蚁）保存在南非国家昆虫馆。

模式产地：印度北阿坎德邦德拉敦。

分布：东洋界的印度（古吉拉特邦、喜马偕尔邦、拉贾斯坦邦、北阿坎德邦）、巴基斯坦、克什米尔地区；古北界的阿富汗。

危害性：在巴基斯坦，它危害房屋木构件。

9. 埃尔森伯格角白蚁 *Angulitermes elsenburgi* (Fuller, 1925)

曾称为：埃森伯格奇异白蚁（奇异白蚁亚属）*Mirotermes* (*Mirotermes*) *elsenburgi* Fuller, 1925。

模式标本：选模（兵蚁）、副选模（兵蚁）保存在南非国家昆虫馆，副选模（兵蚁）保存在美国自然历史博物馆。

模式产地：南非开普敦（Elsenburg）。

分布：非洲界的南非。

10. 埃默森角白蚁 *Angulitermes emersoni* Akhtar, 1975

模式标本：正模（兵蚁）、副模（成虫、兵蚁、工蚁）保存在巴基斯坦旁遮普大学动物学系，副模（成虫、兵蚁、工蚁）分别保存在巴基斯坦森林研究所、英国自然历史博物馆和美国自然历史博物馆，副模（成虫、兵蚁）保存在美国国家博物馆。

模式产地：孟加拉国（Dariadighi）。

分布：东洋界的孟加拉国。

11. 弗莱彻角白蚁 *Angulitermes fletcheri* (Holmgren and Holmgren, 1917)

曾称为：弗莱彻奇异白蚁（奇异白蚁亚属）*Mirotermes* (*Mirotermes*) *fletcheri* Holmgren and Holmgren, 1917。

模式标本：选模（兵蚁）、副选模（兵蚁、工蚁）保存在印度动物调查所，副选模（兵蚁、工蚁）保存在瑞典动物研究所。

模式产地：印度卡纳塔克邦。

分布：东洋界的印度（卡纳塔克邦）。

12. 显额角白蚁 *Angulitermes frontalis* (Silvestri, 1908)

曾称为：显额奇异白蚁 *Mirotermes frontalis* Silvestri, 1908。

模式标本：全模（兵蚁、工蚁）分别保存在意大利农业昆虫研究所和美国自然历史博物馆。

模式产地：博茨瓦纳（Kalahari）。

分布：非洲界的博茨瓦纳、南非。

13. 侯赛因角白蚁 *Angulitermes hussaini* Ahmad, 1955

模式标本：正模（兵蚁）、副模（兵蚁、工蚁）保存在巴基斯坦旁遮普大学动物学系，副模（兵蚁）保存在美国自然历史博物馆。

模式产地：巴基斯坦（Larkana）。

分布：东洋界的巴基斯坦（旁遮普省、信德省）。

14. 焦特布尔角白蚁 *Angulitermes jodhpurensis* Roonwal and Verma, 1977

模式标本：正模（兵蚁）、副模（成虫、兵蚁、工蚁）保存在印度动物调查所，副模（成虫、兵蚁、工蚁）分别保存在美国自然历史博物馆、印度森林研究所和印度动物调查所沙漠分站。

模式产地：印度拉贾斯坦邦（Jodhpur）。

分布：东洋界的印度（拉贾斯坦邦）。

15. 克什米尔角白蚁 *Angulitermes kashmirensis* Roonwal and Chhotani, 1971

模式标本：正模（兵蚁）、副模（兵蚁、工蚁）保存在印度动物调查所，副模（工蚁）保存在印度森林研究所。

模式产地：克什米尔地区。

分布：东洋界的克什米尔地区。

16. 喀拉拉角白蚁 *Angulitermes keralai* Verma, 1984

模式标本：正模（兵蚁）、副模（兵蚁、工蚁）保存在印度动物调查所，副模（兵蚁）保存在印度森林研究所。

模式产地：印度喀拉拉邦（Kondazhi）。

分布：东洋界的印度（喀拉拉邦）。

17. 长额角白蚁 *Angulitermes longifrons* Maiti, 1983

模式标本：正模（兵蚁）、副模（兵蚁、工蚁）保存在印度动物调查所，副模（兵蚁、工蚁）保存在印度森林研究所。

模式产地：印度西孟加拉邦（Gidhni）。

分布：东洋界的印度（西孟加拉邦）。

18. 米什拉角白蚁 *Angulitermes mishrai* Sen-Sarma and Thakur, 1975

模式标本：选模（兵蚁）、副选模（兵蚁、工蚁）保存在印度森林研究所。

模式产地：印度特里普拉邦（Ambasa）。

分布：东洋界的印度（特里普拉邦）。

19. 尼泊尔角白蚁 *Angulitermes nepalensis* Mukherjee and Maiti, 2008

模式标本：正模（兵蚁）、副模（兵蚁）保存在印度动物调查所。

模式产地：尼泊尔。

分布：东洋界的尼泊尔。

20. 尼罗角白蚁 *Angulitermes nilensis* Harris, 1962

模式标本：正模（雌成虫）、副模（成虫、兵蚁、工蚁）保存在英国自然历史博物馆，副模（兵蚁、工蚁）保存在美国自然历史博物馆。

模式产地：苏丹（Khartoum）。

分布：非洲界的厄立特里亚、埃塞俄比亚、肯尼亚、塞内加尔、苏丹、坦桑尼亚。

21. 迟钝角白蚁 *Angulitermes obtusus* (Holmgren and Holmgren, 1917)

曾称为：迟钝奇异白蚁（奇异白蚁亚属）*Mirotermes* (*Mirotermes*) *obtusus* Holmgren and

Holmgren, 1917。

模式标本：选模（兵蚁）、副选模（兵蚁、工蚁、若蚁）保存在印度动物调查所，副选模（兵蚁、工蚁、若蚁）保存在美国自然历史博物馆。

模式产地：印度卡纳塔克邦（Bellary）。

分布：东洋界的印度（卡纳塔克邦）。

22. 帕安角白蚁 *Angulitermes paanensis* Krishna, 1965

模式标本：正模（兵蚁）、副模（工蚁）保存在美国自然历史博物馆。

模式产地：缅甸克伦邦（Pa-an）。

分布：东洋界的缅甸（克伦邦）。

23. 旁遮普角白蚁 *Angulitermes punjabensis* Akhtar, 1974

模式标本：正模（兵蚁）、副模（工蚁）保存在巴基斯坦旁遮普大学动物学系。

模式产地：巴基斯坦旁遮普省。

分布：东洋界的巴基斯坦（旁遮普省）。

24. 方头角白蚁 *Angulitermes quadriceps* Harris, 1964

模式标本：正模（兵蚁）、副模（工蚁）保存在英国自然历史博物馆。

模式产地：以色列（Sdom）。

分布：非洲界的也门；古北界的以色列、沙特阿拉伯。

25. 拉曼角白蚁 *Angulitermes ramanii* Bose and Das, 1982

模式标本：正模（兵蚁）、副模（兵蚁）保存在印度动物调查所。

模式产地：印度奥里萨邦（Barkuda Island）。

分布：东洋界的印度（奥里萨邦）。

26. 拉托拉角白蚁 *Angulitermes rathorai* Kumar and Thakur, 2010

模式标本：正模（兵蚁）、副模（兵蚁、工蚁）保存在印度森林研究所。

模式产地：印度哈里亚纳邦。

分布：东洋界的印度（哈里亚纳邦）。

27. 高鼻角白蚁 *Angulitermes resimus* Krishna, 1965

模式标本：正模（兵蚁）、副模（兵蚁、工蚁）保存在美国自然历史博物馆。

模式产地：缅甸眉苗。

分布：东洋界的缅甸（眉苗）。

28. 蒂拉克角白蚁 *Angulitermes tilaki* Roonwal and Chhotani, 1971

种名释义：种名来自模式标本采集人 R. Tilak 的姓。

模式标本：正模（兵蚁）、副模（兵蚁、工蚁）保存在印度动物调查所，副模（兵蚁、工蚁）保存在印度森林研究所。

模式产地：克什米尔地区。

分布：东洋界的克什米尔地区。

29. 伪残角白蚁 *Angulitermes truncatus* Sjöstedt, 1926

模式标本：全模（成虫、兵蚁、工蚁）保存在英国自然历史博物馆，全模（兵蚁、工蚁）分别保存在瑞典自然历史博物馆和美国自然历史博物馆。

模式产地：加纳（Accra）。

分布：非洲界的加纳、肯尼亚、尼日利亚、塞内加尔、坦桑尼亚、乌干达、赞比亚；古北界的沙特阿拉伯。

（四）后肠白蚁属 *Apsenterotermes* Miller, 1991

模式种：粗短后肠白蚁 *Apsenterotermes improcerus* Miller, 1991。

种类：5种。

分布：澳洲界。

1. 散乱后肠白蚁 *Apsenterotermes aspersus* Miller, 1991

模式标本：正模（兵蚁）、副模（兵蚁、工蚁）保存在澳大利亚国家昆虫馆。

模式产地：澳大利亚西澳大利亚州。

分布：澳洲界的澳大利亚（昆士兰州、西澳大利亚州）。

生物学：它通常生活于土壤中的蚁道内。

2. 长弯后肠白蚁 *Apsenterotermes declinatus* Miller, 1991

模式标本：正模（兵蚁）、副模（蚁后、兵蚁、工蚁）保存在澳大利亚国家昆虫馆。

模式产地：澳大利亚昆士兰州（Edungalba）。

分布：澳洲界的澳大利亚（昆士兰州）。

生物学：它寄居于全黑镰白蚁的蚁垄里，也栖息于土壤中的蚁道内。

3. 粗短后肠白蚁 *Apsenterotermes improcerus* Miller, 1991

模式标本：正模（兵蚁）、副模（兵蚁、工蚁）保存在澳大利亚国家昆虫馆，副模（兵蚁、工蚁）分别保存在美国自然历史博物馆和英国自然历史博物馆。

模式产地：澳大利亚北领地（Jim Jim Gorge）。

分布：澳洲界的澳大利亚（北领地、昆士兰州）。

生物学：它生活在雨林中的土壤蚁道内或落叶层里。

4. 虹翅后肠白蚁 *Apsenterotermes iridipennis* (Gay, 1956)

模式标本：正模（雌成虫）、副模（成虫、兵蚁、工蚁、若蚁）保存在澳大利亚国家昆虫馆，副模（成虫、兵蚁、工蚁）保存在美国自然历史博物馆，副模（成虫、兵蚁）保存在南非国家昆虫馆。

模式产地：澳大利亚西澳大利亚州。

分布：澳洲界的澳大利亚（西澳大利亚州）。

5. 细管后肠白蚁 *Apsenterotermes stenopronos* Miller, 1991

模式标本：正模（兵蚁）、副模（工蚁）保存在澳大利亚国家昆虫馆。

模式产地：澳大利亚西澳大利亚州（Pindar 小镇）。

分布：澳洲界的澳大利亚（西澳大利亚州）。
生物学：它通常生活在土壤中的蚁道内。

（五）扭白蚁属 *Capritermes* Wasmann, 1897

属名释义：拉丁语 capra 意为“山羊”，指此属兵蚁的上颚形状如山羊角的形状。
中文名称：我国学者早期曾称之为“曲颚螱属”“歪嘴白蚁属”“扭颚白蚁属”“歪白蚁属”。
模式种：山羊角扭白蚁 *Capritermes capricornis* (Wasmann, 1893)。
种类：1 种。
分布：非洲界。

1. 山羊角扭白蚁 *Capritermes capricornis* (Wasmann, 1893)

曾称为：山羊角真白蚁 *Eutermes capricornis* Wasmann, 1893。
模式标本：全模（成虫、兵蚁、工蚁）保存在荷兰马斯特里赫特自然历史博物馆，全模（成虫、兵蚁、工蚁、若蚁）保存在美国自然历史博物馆。
模式产地：马达加斯加（Andrangoloaka）。
分布：非洲界的马达加斯加。

（六）腔白蚁属 *Cavitermes* Emerson, 1925

属名释义：此属兵蚁前头有一凹陷，从侧面观，似一空腔。
模式种：肉瘤腔白蚁 *Cavitermes tuberosus* (Emerson, 1925)。
种类：5 种。
分布：新热带界。

1. 帕尔马腔白蚁 *Cavitermes parmae* Mathews, 1977

模式标本：正模（兵蚁）保存在巴西圣保罗大学动物学博物馆，副模（蚁后、兵蚁）保存在英国自然历史博物馆，副模（兵蚁、工蚁）保存在美国自然历史博物馆。
模式产地：巴西马托格罗索州（Xavantina）。
分布：新热带界的巴西（中部）。

2. 小腔腔白蚁 *Cavitermes parvicavus* Mathews, 1977

模式标本：正模（兵蚁）、副模（成虫、兵蚁、工蚁）保存在巴西圣保罗大学动物学博物馆，副模（兵蚁、工蚁）分别保存在英国自然历史博物馆和美国自然历史博物馆。
模式产地：巴西马托格罗索州（Serra do Ronchador）。
分布：新热带界的巴西。

3. 罗森腔白蚁 *Cavitermes rozeni* Krishna, 2003

模式标本：正模（兵蚁）、副模（兵蚁、工蚁）保存在美国自然历史博物馆。
模式产地：巴西亚马孙州（Manaus）。
分布：新热带界的巴西。

4. 简灰腔白蚁 *Cavitermes simplicinervis* (Hagen, 1858)

曾称为：简灰白蚁（真白蚁亚属）*Termes* (*Eutermes*) *simplicinervis* Hagen, 1858。

模式标本：正模（雄成虫）保存在哈佛大学比较动物学博物馆。

模式产地：巴西（Pará）。

分布：新热带界的巴西（Pará）。

5. 肉瘤腔白蚁 *Cavitermes tuberosus* (Emerson, 1925)

种名释义：兵蚁头部两侧顶点部位有肉瘤（结节）。

曾称为：肉瘤奇异白蚁（腔白蚁亚属）*Mirotermes* (*Cavitermes*) *tuberosus* Emerson, 1925。

模式标本：正模（兵蚁）、副模（蚁后、兵蚁、工蚁、若蚁）保存在美国自然历史博物馆，副模（兵蚁、工蚁）分别保存在美国国家博物馆和荷兰马斯特里赫特自然历史博物馆，副模（兵蚁、工蚁、若蚁）保存在印度森林研究所。

模式产地：圭亚那（Barakara）。

分布：新热带界的巴西（亚马孙雨林）、法属圭亚那、圭亚那、特立尼达和多巴哥、委内瑞拉。

（七）头白蚁属 *Cephalotermes* Silvestri, 1912

异名：直角白蚁属 *Rectangulotermes* Holmgren, 1912。

模式种：直角头白蚁 *Cephalotermes rectangularis* (Sjöstedt, 1899)。

种类：1 种。

分布：非洲界。

1. 直角头白蚁 *Cephalotermes rectangularis* (Sjöstedt, 1899)

曾称为：直角真白蚁 *Eutermes rectangularis* Sjöstedt, 1899。

模式标本：全模（兵蚁、工蚁）分别保存在德国格赖夫斯瓦尔德州博物馆、瑞典自然历史博物馆和美国自然历史博物馆。

模式产地：喀麦隆（Mungo Fluss）。

分布：非洲界的贝宁、喀麦隆、刚果共和国、刚果民主共和国、加蓬、科特迪瓦、尼日利亚、圣多美和普林西比。

生物学：它属于食木白蚁，更喜食高度腐烂的木材。它生活在热带雨林里。它的蚁垄常傍树干或大原木建造，也有不依靠树木建造的。蚁垄外层有 5cm 厚（或更厚）。垄外层非常坚硬，深棕色。脱翅成虫虽短，但成熟的蚁后可发育到 5cm 长。

危害性：它没有危害性。

（八）角扭白蚁属 *Cornicapritermes* Emerson, 1950

模式种：尖锐角扭白蚁 *Cornicapritermes mucronatus* Emerson, 1950。

种类：1 种。

分布：新热带界。

1. 尖锐角扭白蚁 *Cornicapritermes mucronatus* Emerson, 1950

模式标本：正模（兵蚁）、副模（兵蚁、工蚁、若蚁）保存在美国自然历史博物馆。

模式产地：圭亚那（Penal Settlement）。

分布：新热带界的巴西（亚马孙雨林）、法属圭亚那、圭亚那。

生物学：兵蚁额腺呈圆锥状向前凸出（形状如角），上颚呈不对称扭曲。

（九）响白蚁属 *Crepititermes* Emerson, 1925

中文名称：我国学者曾称之为“裂声白蚁属”。

模式种：多疣响白蚁 *Crepititermes verruculosus* (Emerson, 1925)。

种类：1 种。

分布：新热带界。

1. 多疣响白蚁 *Crepititermes verruculosus* (Emerson, 1925)

曾称为：多疣奇异白蚁（响白蚁亚属）*Mirotermes* (*Crepititermes*) *verruculosus* Emerson, 1925。

模式标本：正模（蚁后）、副模（成虫、兵蚁、工蚁）保存在美国自然历史博物馆，副模（兵蚁、工蚁）保存在印度森林研究所，副模（兵蚁）保存在荷兰马斯特里赫特自然历史博物馆。

模式产地：圭亚那（Kartabo）。

分布：新热带界的巴西、法属圭亚那、圭亚那、特立尼达和多巴哥。

（十）脊突白蚁属 *Cristatitermes* Miller, 1991

模式种：颏突脊突白蚁 *Cristatitermes carinatus* Miller, 1991。

种类：6 种。

分布：澳洲界。

1. 沙栖脊突白蚁 *Cristatitermes arenicola* Miller, 1991

模式标本：正模（兵蚁）、副模（兵蚁、工蚁）保存在澳大利亚国家昆虫馆，副模（兵蚁、工蚁）分别保存在美国自然历史博物馆和英国自然历史博物馆。

模式产地：澳大利亚西澳大利亚州（Mileura Station）。

分布：澳洲界的澳大利亚（北领地、昆士兰州、西澳大利亚州）。

生物学：它分布在多沙的土壤内，栖息在土壤中的蚁道内或其他白蚁的蚁垄内。

2. 巴雷特脊突白蚁 *Cristatitermes barretti* Miller, 1991

种名释义：种名来自 R. A. Barrett 先生的姓。

模式标本：正模（兵蚁）、副模（兵蚁、工蚁）保存在澳大利亚国家昆虫馆，副模（兵蚁、工蚁）保存在英国自然历史博物馆。

模式产地：澳大利亚西澳大利亚州。

分布：澳洲界的澳大利亚（西澳大利亚州）。

生物学：它栖息于短刀乳白蚁蚁垄中，也可栖息于活的桉树、地上的原木内。

3. 颏突脊突白蚁 *Cristatitermes carinatus* Miller, 1991

模式标本：正模（雌成虫）、副模（蚁后、蚁王、成虫、兵蚁、工蚁、若蚁）保存在澳大利亚国家昆虫馆，副模（兵蚁、工蚁）分别保存在美国自然历史博物馆和英国自然历史博物馆。

模式产地：澳大利亚北领地（Berrimah）。

分布：澳洲界的澳大利亚（北领地）。

生物学：它栖息于土壤中的蚁道内、树的基部、其他白蚁的蚁垄内（含废弃的蚁垄）。蚁巢由一系列不规则的腔室组成，腔室之间有非常狭窄的蚁道相连。

4. 弗洛格特脊突白蚁 *Cristatitermes froggatti* (Hill, 1915)

种名释义：种名来自澳大利亚白蚁分类事业开拓者 W. W. Froggatt 教授的姓。

模式标本：选模（蚁后）、副选模（兵蚁、工蚁）保存在澳大利亚维多利亚博物馆，副选模（兵蚁、工蚁）保存在美国自然历史博物馆。

模式产地：澳大利亚北领地达尔文市。

分布：澳洲界的澳大利亚（北领地、昆士兰州、西澳大利亚州）。

生物学：它栖息于土壤中的蚁道内、其他白蚁的蚁垄内（含废弃的蚁垄）。

5. 松球脊突白蚁 *Cristatitermes pineaformis* Miller, 1991

模式标本：正模（兵）、副模（蚁后、兵蚁、工蚁）保存在澳大利亚国家昆虫馆，副模（兵蚁、工蚁）分别保存在美国自然历史博物馆和英国自然历史博物馆。

模式产地：澳大利亚北领地（Jabiru 以西 48.5km）

分布：澳洲界的澳大利亚（北领地、西澳大利亚州）。

生物学：它可栖息于土壤中的蚁道内、其他白蚁的蚁垄内（含废弃的蚁垄），可在地面筑 20cm 高的小尖顶蚁垄，可在水牛粪堆中筑巢，也可在沙石洞穴地面上建造不规则的小巢。群体中常有补充型蚁后。

6. 毛头脊突白蚁 *Cristatitermes tutulatus* Miller, 1991

模式标本：正模（兵）、副模（蚁后、兵蚁、工蚁、若蚁）保存在澳大利亚国家昆虫馆，副模（兵蚁、工蚁）分别保存在美国自然历史博物馆和英国自然历史博物馆。

模式产地：澳大利亚北领地（Gunn Point）。

分布：澳洲界的澳大利亚（北领地）。

生物学：它栖息在其他白蚁废弃的蚁垄内。蚁巢由一系列不规则的小腔室组成，腔室之间有非常狭窄的蚁道相连。

（十一）圆筒白蚁属 *Cylindrotermes* Holmgren, 1906

模式种：努登舍尔德圆筒白蚁 *Cylindrotermes nordenskioldi* Holmgren, 1906。

种类：8 种。

分布：新热带界。

危害性：有危害甘蔗、桉树的报道。

1. 短毛圆筒白蚁 *Cylindrotermes brevipilosus* Snyder, 1926

模式标本：正模（兵蚁）、副模（工蚁）保存在美国国家博物馆。

模式产地：玻利维亚（Ivon）。

分布：新热带界的玻利维亚、巴西。

2. 骨痂圆筒白蚁 *Cylindrotermes caata* Da Rocha and Cancello, 2007

模式标本：正模（兵蚁）、副模（兵蚁、工蚁）保存在巴西圣保罗大学动物学博物馆。

模式产地：巴西圣保罗。

分布：新热带界的巴西（圣保罗）。

3. 卡皮沙巴圆筒白蚁 *Cylindrotermes capixaba* Da Rocha and Cancello, 2007

模式标本：正模（兵蚁）、副模（兵蚁、工蚁）保存在巴西圣保罗大学动物学博物馆。

模式产地：巴西（Espírito Santo）。

分布：新热带界的巴西（Espírito Santo）。

4. 凸缘圆筒白蚁 *Cylindrotermes flangiatus* Mathews, 1977

模式标本：正模（雌成虫）、副模（兵蚁、工蚁）保存在巴西圣保罗大学动物学博物馆，副模（成虫、工蚁）分别保存在英国自然历史博物馆和美国自然历史博物馆。

模式产地：巴西马托格罗索州。

分布：新热带界的巴西（亚马孙雨林、马托格罗索州）。

5. 长颚圆筒白蚁 *Cylindrotermes macrognathus* Snyder, 1929

模式标本：正模（兵蚁）、副模（兵蚁、工蚁）保存在美国国家博物馆，副模（兵蚁、工蚁）分别保存在美国自然历史博物馆和印度森林研究所。

模式产地：巴拿马运河区域（Barro Colorade Island）。

分布：新热带界的哥斯达黎加、巴拿马。

6. 努登舍尔德圆筒白蚁 *Cylindrotermes nordenskioldi* Holmgren, 1906

模式标本：全模（兵蚁、工蚁）分别保存在瑞典自然历史博物馆和美国自然历史博物馆。

模式产地：玻利维亚（Caupolican）。

分布：新热带界的玻利维亚。

7. 小颚圆筒白蚁 *Cylindrotermes parvignathus* Emerson, 1949

模式标本：正模（兵蚁）、副模（蚁后、成虫、兵蚁、工蚁）保存在美国自然历史博物馆，副模（成虫、兵蚁、工蚁、若蚁）保存在印度森林研究所，副模（兵蚁、工蚁）保存在印度动物调查所。

模式产地：圭亚那（Kartabo）。

分布：新热带界的巴西、法属圭亚那、圭亚那。

8. 萨皮兰加圆筒白蚁 *Cylindrotermes sapiranga* Da Rocha and Cancello, 2007

模式标本：正模（兵蚁）、副模（兵蚁、工蚁）保存在巴西圣保罗大学动物学博物馆。

模式产地：巴西巴伊州（Sapiranga 生态保护区）。

分布：新热带界的巴西（巴伊州、Paraíba、Pernambuco、Sergipe）。

（十二）齿尖白蚁属 *Dentispicotermes* Emerson, 1949

异名：钉白蚁属 *Spicotermes* Emerson, 1950。
模式种：球头齿尖白蚁 *Dentispicotermes globicephalus* (Silvestri, 1901)。
种类：5 种。
分布：新热带界。

1. 短脊齿尖白蚁 *Dentispicotermes brevicarinatus* (Emerson, 1950)

曾称为：短脊钉白蚁 *Spicotermes brevicarinatus* Emerson, 1950。
模式标本：正模（兵蚁）、副模（蚁后、兵蚁、工蚁）保存在美国自然历史博物馆，副模（兵蚁、工蚁）分别保存在美国国家博物馆、印度森林研究所和印度动物调查所，副模（兵蚁）保存在南非国家昆虫馆。
模式产地：圭亚那。
分布：新热带界的法属圭亚那、圭亚那。

2. 邻近齿尖白蚁 *Dentispicotermes conjunctus* Araujo, 1969

模式标本：正模（兵蚁）、副模（兵蚁、工蚁）保存在巴西圣保罗大学动物学博物馆。
模式产地：巴西（Minas Gerais）。
分布：新热带界的巴西（东南部）。

3. 库皮珀安加齿尖白蚁 *Dentispicotermes cupiporanga* Bandeira and Cancello, 1992

模式标本：正模（兵蚁）、副模（兵蚁、工蚁）保存在巴西亚马孙探索国家研究所，副模（兵蚁、工蚁）分别保存在巴西圣保罗大学动物学博物馆和巴西贝伦自然历史博物馆。
模式产地：巴西（Roraima）。
分布：新热带界的巴西（Amapa、亚马孙雨林、Roraima）。

4. 球头齿尖白蚁 *Dentispicotermes globicephalus* (Silvestri, 1901)

曾称为：球头扭白蚁 *Capritermes globicephalus* Silvestri, 1901。
模式标本：选模（兵蚁、工蚁）保存在意大利农业昆虫研究所，副选模（兵蚁、工蚁）保存在美国自然历史博物馆。
模式产地：巴西马托格罗索州。
分布：新热带界的巴西（戈亚斯州、马托格罗索州）。

5. 沼泽齿尖白蚁 *Dentispicotermes pantanalis* Mathews, 1977

模式标本：正模（兵蚁）、副模（兵蚁、工蚁）保存在巴西圣保罗大学动物学博物馆，副模（兵蚁、工蚁）分别保存在英国自然历史博物馆和美国自然历史博物馆。
模式产地：巴西马托格罗索州。
分布：新热带界的巴西。

（十三）突扭白蚁属 *Dicuspiditermes* Krishna, 1965

中文名称：我国学者曾称之为“叉白蚁属”。
模式种：迟钝突扭白蚁 *Dicuspiditermes obtusus* (Silvestri, 1923)。

种类：20 种。

分布：东洋界。

生物学：它属于食土白蚁。

危害性：除赫特森突扭白蚁外，一般没有危害性。

1. 阿坚柯维尔突扭白蚁 *Dicuspiditermes achankovili* Verma, 1985

模式标本：正模（兵蚁）保存在印度动物调查所，副模（兵蚁）保存在印度森林研究所。

模式产地：印度喀拉拉邦（Achankovil）。

分布：东洋界的印度（喀拉拉邦、泰米尔纳德邦）。

2. 鲍斯突扭白蚁 *Dicuspiditermes boseae* Chhotani, 1997

种名释义：种名来自定名人的夫人、印度白蚁分类学家 G. Bose 教授的姓。

模式标本：正模（兵蚁）、副模（兵蚁、工蚁）保存在印度动物调查所。

模式产地：印度泰米尔纳德邦。

分布：东洋界的印度（泰米尔纳德邦）。

3. 尖齿突扭白蚁 *Dicuspiditermes cacuminatus* Krishna, 2001

模式标本：正模（兵蚁）、副模（蚁王、蚁后、兵蚁、工蚁、若蚁）保存在美国自然历史博物馆。

模式产地：马来西亚（Malaya）。

分布：东洋界的马来西亚（大陆）。

4. 小角突扭白蚁 *Dicuspiditermes cornutella* (Silvestri, 1922)

曾称为：长吻扭白蚁小角亚种 *Capritermes longirostris cornutella* Silvestri, 1922。

模式标本：全模（兵蚁、工蚁）分别保存在意大利农业昆虫研究所和美国自然历史博物馆。

模式产地：印度马哈拉施特拉邦。

分布：东洋界的印度（马哈拉施特拉邦）。

5. 小囟突扭白蚁 *Dicuspiditermes fontanellus* Thakur and Chatterjee, 1971

模式标本：正模（兵蚁）、副模（工蚁）保存在印度森林研究所，副模（兵蚁、工蚁）分别保存在印度动物调查所和美国自然历史博物馆。

模式产地：印度果阿邦。

分布：东洋界的印度（果阿邦）。

6. 裂开突扭白蚁 *Dicuspiditermes fssifex* Krishna, 2001

模式标本：正模（兵蚁）、副模（蚁王、蚁后、成虫、兵蚁、工蚁、若蚁）保存在美国自然历史博物馆。

模式产地：马来西亚大陆。

分布：东洋界的印度尼西亚（苏门答腊）、马来西亚（大陆）、新加坡。

7. 格雷夫利突扭白蚁 *Dicuspiditermes gravelyi* (Silvestri, 1922)

曾称为：格雷夫利扭白蚁 *Capritermes gravelyi* Silvestri, 1922。

模式标本：全模（兵蚁、工蚁）分别保存在意大利农业昆虫研究所和美国自然历史博物馆。

模式产地：印度马哈拉施特拉邦（Satara District）。

分布：东洋界的印度（卡纳塔克邦、马哈拉施特拉邦、喀拉拉邦）。

8. 赫特森突扭白蚁 *Dicuspiditermes hutsoni* (Kemner, 1926)

曾称为：赫特森扭白蚁 *Capritermes hutsoni* Kemner, 1926。

模式标本：全模（兵蚁、工蚁）分别保存在英国自然历史博物馆、美国自然历史博物馆和瑞典隆德大学动物研究所。

模式产地：斯里兰卡（Pelmadulla）。

分布：东洋界的斯里兰卡。

危害性：它危害茶树。

9. 栖息突扭白蚁 *Dicuspiditermes incola* (Wasmann, 1893)

曾称为：栖息真白蚁 *Eutermes incola* Wasmann, 1893。

异名：长角扭白蚁 *Capritermes longicornis* Wasmann, 1902、伯南突扭白蚁 *Dicuspiditermes pername* Thakur and Chatterjee, 1971。

模式标本：正模（雌成虫）保存在荷兰马斯特里赫特自然历史博物馆。

模式产地：斯里兰卡科伦坡。

分布：东洋界的印度（比哈尔邦、果阿邦、古吉拉特邦、卡纳塔克邦、喀拉拉邦、中央邦、马哈拉施特拉邦、泰米尔纳德邦、西孟加拉邦）、斯里兰卡。

10. 基斯特纳突扭白蚁 *Dicuspiditermes kistneri* Krishna, 2001

模式标本：正模（兵蚁）、副模（蚁后、成虫、兵蚁、工蚁）保存在美国自然历史博物馆。

模式产地：马来西亚（Selangor）。

分布：东洋界的马来西亚（大陆）、新加坡。

11. 明亮突扭白蚁 *Dicuspiditermes laetus* (Silvestri, 1914)

曾称为：明亮扭白蚁 *Capritermes laetus* Silvestri, 1914。

异名：加思韦特扭白蚁 *Capritermes garthwaitei* Gardner, 1945、龙头突扭白蚁 *Dicuspiditermes garthwaitei* Ahmad, 1965、东方突扭白蚁 *Dicuspiditermes orientalis* Harris, 1968、特里普拉突扭白蚁 *Dicuspiditermes tripurensis* Sen-Sarma and Thakur, 1979。

模式标本：正模（兵蚁）保存在意大利农业昆虫研究所。

模式产地：缅甸。

分布：东洋界的孟加拉国、印度（特里普拉邦）、柬埔寨、中国（云南、海南）、马来西亚（大陆）、缅甸、泰国、越南；古北界的中国（甘肃、西藏）。

生物学：它栖居在土中或腐朽的树干内。

12. 玛堪突扭白蚁 *Dicuspiditermes makhamensis* Ahmad, 1965

模式标本：正模（兵蚁）、副模（成虫、兵蚁、工蚁）保存在巴基斯坦旁遮普大学动物学系，副模（蚁后、兵蚁、工蚁）保存在美国自然历史博物馆。

模式产地：泰国（Makham）。

分布：东洋界的泰国。

13. 小突扭白蚁 *Dicuspiditermes minutus* Akhtar and Riaz, 1992

模式标本：正模（兵蚁）、副模（兵蚁、工蚁）保存在巴基斯坦旁遮普大学动物学系。

模式产地：马来西亚大陆（Kluang Forest）。

分布：东洋界的文莱、印度尼西亚（加里曼丹）、马来西亚（大陆、沙巴）、新加坡。

14. 树荫突扭白蚁 *Dicuspiditermes nemorosus* (Haviland, 1898)

曾称为：树荫白蚁 *Termes nemorosus* Haviland, 1898。

异名：中型扭白蚁 *Capritermes medius* Holmgren, 1913、小型扭白蚁 *Capritermes minor* Holmgren, 1913、似玛堪突扭白蚁 *Dicuspiditermes paramakhamensis* Thapa, 1982。

模式标本：选模（兵蚁）、副选模（成虫、兵蚁、工蚁）保存在英国剑桥大学动物学博物馆，副选模（成虫、兵蚁、工蚁）分别保存在美国自然历史博物馆和印度森林研究所。

模式产地：马来西亚砂拉越。

分布：东洋界的印度尼西亚（加里曼丹、苏门答腊）、马来西亚（大陆、沙巴、砂拉越）、新加坡。

生物学：它筑蚁垄。

15. 迟钝突扭白蚁 *Dicuspiditermes obtusus* (Silvestri, 1923)

曾称为：迟钝扭白蚁 *Capritermes obtusus* Silvestri, 1923。

异名：迟钝扭白蚁缩短亚种 *Capritermes obtusus abbreviatus* Silvestri, 1923。

模式标本：选模（兵蚁）、副选模（成虫、工蚁）保存在印度动物调查所，副选模（成虫、兵蚁、工蚁）分别保存在美国自然历史博物馆、印度森林研究所和意大利农业昆虫研究所。

模式产地：印度奥里萨邦（Barkuda Island）。

分布：东洋界的印度（卡纳塔克邦、中央邦、奥里萨邦）。

16. 旁遮普突扭白蚁 *Dicuspiditermes punjabensis* (Holmgren and Holmgren, 1917)

曾称为：旁遮普扭白蚁 *Capritermes punjabensis* Holmgren and Holmgren, 1917。

模式标本：全模（成虫）分别保存在瑞典自然历史博物馆和美国自然历史博物馆。

模式产地：巴基斯坦（Lyallpur）。

分布：东洋界的巴基斯坦。

17. 罗思突扭白蚁 *Dicuspiditermes rothi* (Holmgren, 1913)

曾称为：树荫扭白蚁罗思亚种 *Capritermes nemorosus rothi* Holmgren, 1913。

模式标本：选模（兵蚁、工蚁）保存在瑞典动物研究所，副选模（兵蚁、工蚁）保存在美国自然历史博物馆。

模式产地：马来西亚婆罗洲（Mt. Lambir）。

分布：东洋界的马来西亚（砂拉越）。

18. 桑特斯基突扭白蚁 *Dicuspiditermes santschii* (Silvestri, 1922)

曾称为：桑特斯基扭白蚁 *Capritermes santschii* Silvestri, 1922。

异名：巴东扭白蚁 *Capritermes padangensis* Kemner, 1930。

模式标本：选模（兵蚁）、副选模（成虫、兵蚁、工蚁）保存在意大利农业昆虫研究所，副选模（成虫、兵蚁、工蚁）保存在美国自然历史博物馆。

模式产地：印度尼西亚苏门答腊（Padang-Pandjang）。

分布：东洋界的印度尼西亚（加里曼丹、苏门答腊）、马来西亚（沙巴）。

19. 西西尔突扭白蚁 *Dicuspiditermes sisiri* Chhotani, 1997

种名释义：种名来自模式标本采集者 Sisir Kumar Bhattacharyya 博士的名字。

模式标本：正模（兵蚁）、副模（兵蚁、工蚁）保存在印度动物调查所。

模式产地：印度喀拉拉邦（Silent Valley）。

分布：东洋界的印度（喀拉拉邦）。

20. 刺胫突扭白蚁 *Dicuspiditermes spinitibialis* Krishna, 2001

模式标本：正模（兵蚁）、副模（成虫、兵蚁、工蚁）保存在美国自然历史博物馆。

模式产地：泰国（Tung Sa-Lang Luang）。

分布：东洋界的泰国。

（十四）双戟白蚁属 *Dihoplotermes* Araujo, 1961

模式种：非凡双戟白蚁 *Dihoplotermes inusitatus* Araujo, 1961。

种类：2 种。

分布：新热带界。

生物学：此属兵蚁分大、小二型。

1. 非凡双戟白蚁 *Dihoplotermes inusitatus* Araujo, 1961

模式标本：正模（大兵蚁）、副模（成虫、大兵蚁、小兵蚁、工蚁、若蚁）保存在巴西圣保罗大学动物学博物馆。

模式产地：巴西圣保罗。

分布：新热带界的巴西、阿根廷（Corrientes、Chaco、福莫萨、Santiago del Estero）。

2. 公牛双戟白蚁 *Dihoplotermes taurus* Azevedo, Dambros & Morais, 2019

模式标本：正模（兵蚁）、副模（兵蚁、工蚁）保存在巴西亚马孙探索国家研究所。

模式产地：巴西（亚马孙雨林）。

分布：新热带界的巴西（亚马孙雨林）。

（十五）迪维努白蚁属 *Divinotermes* Carrijo and Cancello, 2011

属名释义：属名来自巴西著名白蚁学家 Divino Brandão 的名字。

模式种：异颚迪维努白蚁 *Divinotermes allognathus* (Mathews, 1977)。

种类：3 种。

分布：新热带界。

1. 异颚迪维努白蚁 *Divinotermes allognathus* (Mathews, 1977)

曾称为：异颚针刺白蚁 *Spinitermes allognathus* Mathews, 1977。

模式标本：正模（兵蚁）、副模（兵蚁、工蚁）保存在圣保罗大学动物学博物馆，副模（兵蚁、工蚁）分别保存在英国自然历史博物馆和美国自然历史博物馆。

模式产地：巴西马托格罗索州（Serra do Ronchador）。

分布：新热带界的巴西（马托格罗索州）。

2. 具指迪维努白蚁 *Divinotermes digitatus* Carrrijo and Cancello, 2011

模式标本：正模（兵蚁）、副模（兵蚁、工蚁）保存在圣保罗大学动物学博物馆。

模式产地：巴西戈亚斯州。

分布：新热带界的巴西（戈亚斯州）。

3. 小瘤迪维努白蚁 *Divinotermes tuberculatus* Carrijo and Cancello, 2011

模式标本：正模（兵蚁）、副模（兵蚁、工蚁）保存在圣保罗大学动物学博物馆。

模式产地：巴西（Rondônia）。

分布：新热带界的巴西（Rondônia）。

（十六）镰白蚁属 *Drepanotermes* Silvestri, 1909

模式种：全黑镰白蚁 *Drepanotermes perniger* (Froggatt, 1898)。

种类：24 种。

分布：澳洲界。

1. 细长镰白蚁 *Drepanotermes acicularis* Watson and Perry, 1981

模式标本：正模（兵蚁）、副模（兵蚁、工蚁）保存在澳大利亚国家昆虫馆，副模（兵蚁、工蚁）保存在美国自然历史博物馆。

模式产地：澳大利亚西澳大利亚州（Dalgety Downs Station）。

分布：澳洲界的澳大利亚（西澳大利亚州）。

2. 巴雷特镰白蚁 *Drepanotermes barretti* Watson and Perry, 1981

模式标本：正模（兵蚁）、副模（兵蚁、工蚁）保存在澳大利亚国家昆虫馆，副模（兵蚁、工蚁）保存在美国自然历史博物馆。

模式产地：澳大利亚西澳大利亚州。

分布：澳洲界的澳大利亚（西澳大利亚州）。

3. 基齿镰白蚁 *Drepanotermes basidens* Watson and Perry, 1981

模式标本：正模（兵蚁）、副模（兵蚁、工蚁）保存在澳大利亚国家昆虫馆，副模（兵蚁、工蚁）保存在美国自然历史博物馆。

模式产地：澳大利亚西澳大利亚州（Carnarvon 东南 16km 处）。

分布：澳洲界的澳大利亚（西澳大利亚州）。

4. 勇士镰白蚁 *Drepanotermes bellator* Watson and Perry, 1981

模式标本：正模（兵蚁）、副模（成虫、兵蚁、工蚁、若蚁）保存在澳大利亚国家昆虫馆，副模（兵蚁、工蚁）保存在美国自然历史博物馆。

模式产地：澳大利亚北领地（Alice Springs 以东 11km 处）。

分布：澳洲界的澳大利亚（新南威尔士州、北领地、昆士兰州、南澳大利亚州）。

5. 短小镰白蚁 *Drepanotermes brevis* Watson and Perry, 1981

模式标本：正模（兵蚁）、副模（兵蚁、工蚁）保存在澳大利亚国家昆虫馆，副模（兵蚁、工蚁）保存在美国自然历史博物馆。

模式产地：澳大利亚西澳大利亚州。

分布：澳洲界的澳大利亚（西澳大利亚州）。

6. 卡拉比镰白蚁 *Drepanotermes calabyi* Watson and Perry, 1981

模式标本：正模（兵蚁）、副模（兵蚁、工蚁）保存在澳大利亚国家昆虫馆，副模（兵蚁、工蚁）保存在美国自然历史博物馆。

模式产地：澳大利亚北领地（Balmoral 农庄以西 8km 处）。

分布：澳洲界的澳大利亚（北领地、西澳大利亚州）。

7. 克拉克镰白蚁 *Drepanotermes clarki* (Hill, 1935)

曾称为：克拉克弓钩白蚁 *Hamitermes clarki* Hill, 1935。

模式标本：正模（兵蚁）、副模（兵蚁）保存在澳大利亚国家昆虫馆，副模（兵蚁）保存在美国自然历史博物馆。

模式产地：澳大利亚西澳大利亚州（Eradu）。

分布：澳洲界的澳大利亚（西澳大利亚州）。

8. 小柱镰白蚁 *Drepanotermes columellaris* Watson and Perry, 1981

模式标本：正模（兵蚁）、副模（兵蚁、工蚁、若蚁）保存在澳大利亚国家昆虫馆，副模（兵蚁、工蚁）保存在美国自然历史博物馆。

模式产地：澳大利亚西澳大利亚州（Kumarina 西南 24km 处）。

分布：澳洲界的澳大利亚（西澳大利亚州）。

9. 乌黑镰白蚁 *Drepanotermes corax* Watson and Perry, 1981

模式标本：正模（兵蚁）、副模（兵蚁、工蚁）保存在澳大利亚国家昆虫馆，副模（兵蚁、工蚁）保存在美国自然历史博物馆。

模式产地：澳大利亚西澳大利亚州（Roeburne）。

分布：澳洲界的澳大利亚（西澳大利亚州）。

10. 厚齿镰白蚁 *Drepanotermes crassidens* Watson and Perry, 1981

模式标本：正模（兵蚁）、副模（兵蚁、工蚁）保存在澳大利亚国家昆虫馆，副模（兵蚁、工蚁）保存在美国自然历史博物馆。

模式产地：澳大利亚西澳大利亚州（Eurardy Station）。

分布：澳洲界的澳大利亚（西澳大利亚州）。

11. 戴利镰白蚁 *Drepanotermes daliensis* Hill, 1922

模式标本：选模（兵蚁）、副选模（兵蚁、工蚁）保存在南澳大利亚博物馆，副模（兵蚁、工蚁）分别保存在澳大利亚国家昆虫馆和澳大利亚维多利亚博物馆。

模式产地：澳大利亚北领地（Daly River 上游）。

分布：澳洲界的澳大利亚（北领地、昆士兰州、西澳大利亚州）。

12. 狄波拉镰白蚁 *Drepanotermes dibolia* Watson and Perry, 1981

模式标本：正模（兵蚁）、副模（兵蚁、工蚁）保存在澳大利亚国家昆虫馆，副模（兵蚁、工蚁）保存在美国自然历史博物馆。

模式产地：澳大利亚西澳大利亚州（Barrow Island）。

分布：澳洲界的澳大利亚（西澳大利亚州）。

13. 多色镰白蚁 *Drepanotermes diversicolor* Watson and Perry, 1981

模式标本：正模（兵蚁）、副模（成虫、兵蚁、工蚁）保存在澳大利亚国家昆虫馆，副模（兵蚁、工蚁）保存在美国自然历史博物馆。

模式产地：澳大利亚西澳大利亚州（Mileura Station）。

分布：澳洲界的澳大利亚（新南威尔士州、北领地、昆士兰州、南澳大利亚州、西澳大利亚州）。

14. 盖伊镰白蚁 *Drepanotermes gayi* Watson and Perry, 1981

种名释义：种名来自澳大利亚白蚁分类学家 E. J. Gay 的姓。

模式标本：正模（兵蚁）、副模（兵蚁、工蚁）保存在澳大利亚国家昆虫馆，副模（兵蚁、工蚁）保存在美国自然历史博物馆。

模式产地：澳大利亚西澳大利亚州（Wongan Hill 镇以东 2km 处）。

分布：澳洲界的澳大利亚（西澳大利亚州）。

15. 小钩镰白蚁 *Drepanotermes hamulus* Watson and Perry, 1981

模式标本：正模（兵蚁）、副模（兵蚁、工蚁）保存在澳大利亚国家昆虫馆，副模（兵蚁、工蚁）保存在美国自然历史博物馆。

模式产地：澳大利亚西澳大利亚州（Cuee 以南 11km 处）。

分布：澳洲界的澳大利亚（西澳大利亚州）。

16. 希尔镰白蚁 *Drepanotermes hilli* Watson and Perry, 1981

模式标本：正模（兵蚁）、副模（兵蚁、工蚁）保存在澳大利亚国家昆虫馆，副模（兵蚁、工蚁）保存在美国自然历史博物馆。

模式产地：澳大利亚西澳大利亚州（Kirkalocka Station 农庄以南 8km 处）。

分布：澳洲界的澳大利亚（西澳大利亚州）。

17. 入侵镰白蚁 *Drepanotermes invasor* Watson and Perry, 1981

模式标本：正模（兵蚁）、副模（蚁王、蚁后、兵蚁、工蚁）保存在澳大利亚国家昆虫馆，副模（兵蚁、工蚁）保存在美国自然历史博物馆。

模式产地：澳大利亚北领地（Kayherine 西北 6km 处）。

分布：澳洲界的澳大利亚（北领地、昆士兰州、格鲁特岛）。

18. 巨大镰白蚁 *Drepanotermes magnifcus* (Mjöberg, 1920)

曾称为：巨大真白蚁 *Eutermes magnifcus* Mjöberg, 1920。

模式标本：正模（成虫）保存地不详。

模式产地：澳大利亚西澳大利亚州（Kimberley District）。

分布：澳洲界的澳大利亚（西澳大利亚州）。

19. 奇异镰白蚁 *Drepanotermes paradoxus* Watson and Perry, 1981

模式标本：正模（兵蚁）、副模（兵蚁、工蚁）保存在澳大利亚国家昆虫馆，副模（兵蚁、工蚁）保存在美国自然历史博物馆。

模式产地：澳大利亚西澳大利亚州（Roebourne 东南 16km 处）。

分布：澳洲界的澳大利亚（西澳大利亚州）。

20. 全黑镰白蚁 *Drepanotermes perniger* (Froggatt, 1898)

曾称为：全黑白蚁 *Termes perniger* Froggatt, 1898。

异名：红头弓钩白蚁暗色亚种 *Hamitermes rubriceps opacus* Hill, 1942（裸记名称）。

模式标本：正模（兵蚁）、副模（兵蚁、工蚁）保存在澳大利亚国家昆虫馆，副模（兵蚁、工蚁）分别保存在美国自然历史博物馆和澳大利亚维多利亚博物馆。

模式产地：澳大利亚西澳大利亚州（Kalgoorlie）。

分布：澳洲界的澳大利亚（新南威尔士州、北领地、昆士兰州、南澳大利亚州、维多利亚州、西澳大利亚州）。

生物学：它筑蚁垄。

21. 凤凰镰白蚁 *Drepanotermes phoenix* Watson and Perry, 1981

模式标本：正模（兵蚁）、副模（成虫、兵蚁、工蚁）保存在澳大利亚国家昆虫馆，副模（兵蚁、工蚁）保存在美国自然历史博物馆。

模式产地：澳大利亚西澳大利亚州（Hedland 机场附近）。

分布：澳洲界的澳大利亚（西澳大利亚州）。

22. 红头镰白蚁 *Drepanotermes rubriceps* (Froggatt, 1898)

曾称为：红头白蚁 *Termes rubriceps* Froggatt, 1898。

异名：西尔韦斯特里镰白蚁 *Drepanotermes silvestrii* Hill, 1922。

模式标本：新模（雄成虫）保存在澳大利亚国家昆虫馆。

模式产地：澳大利亚北领地（Alice Springs 附近）。

分布：澳洲界的澳大利亚（北领地、昆士兰州、南澳大利亚州、西澳大利亚州）。

生物学：它食草或食残渣。这种白蚁在海滨地区筑地下巢，而在干燥的地区，则筑蚁垄，蚁垄无固定的形状，有时高度可达 3m。

危害性：在澳大利亚干燥区域，它是一种牧草害虫。

23. 北方镰白蚁 *Drepanotermes septentrionalis* Hill, 1922

模式标本：选模（兵蚁）、副选模（成虫、兵蚁、工蚁、若蚁）保存在美国自然历史博物馆，副选模（兵蚁、工蚁）保存在美国国家博物馆，副选模（雌成虫、兵蚁、工蚁、若蚁）保存在澳大利亚国家昆虫馆。

模式产地：澳大利亚北领地达尔文市。

分布：澳洲界的澳大利亚（北领地）。

24. 塔明镰白蚁 *Drepanotermes tamminensis* (Hill, 1929)

曾称为：塔明弓钩白蚁（镰白蚁亚属）*Hamitermes* (*Drepanotermes*) *tamminensis* Hill, 1929。

模式标本：选模（兵蚁）、副选模（成虫、兵蚁、工蚁）保存在美国自然历史博物馆，副选模（成虫、兵蚁、工蚁）分别保存在美国国家博物馆和澳大利亚国家昆虫馆。

模式产地：澳大利亚西澳大利亚州（Tammin）。

分布：澳洲界的澳大利亚（西澳大利亚州）。

（十七）瘤突白蚁属 *Ekphysotermes* Gay, 1971

属名释义：此属白蚁前足有牙状瘤突。

模式种：卡尔古利瘤突白蚁 *Ekphysotermes kalgoorliensis* (Hill, 1942)。

种类：5 种。

分布：澳洲界。

1. 贾穆瘤突白蚁 *Ekphysotermes jarmuranus* (Hill, 1929)

曾称为：贾穆奇异白蚁 *Mirotermes jarmuranus* Hill, 1929。

异名：贾穆奇异白蚁（奇异白蚁亚属）*Mirotermes* (*Mirotermes*) *jarmuranus* Hill, 1942、贾穆白蚁 *Termes jarmuranus* Snyder, 1949。

模式标本：正模（雌成虫）保存在澳大利亚维多利亚博物馆。

模式产地：澳大利亚西澳大利亚州（Broome 东南 208km 处）。

分布：澳洲界的澳大利亚（新南威尔士州、北领地、南澳大利亚州、西澳大利亚州）。

2. 卡尔古利瘤突白蚁 *Ekphysotermes kalgoorliensis* (Hill, 1942)

曾称为：卡尔古利奇异白蚁（奇异白蚁亚属）*Mirotermes* (*Mirotermes*) *kalgoorliensis* Hill, 1942。

模式标本：正模（雄成虫）、副模（成虫）保存在澳大利亚国家昆虫馆，副模（成虫）保存在美国自然历史博物馆。

模式产地：澳大利亚西澳大利亚州（Kalgoorlie）。

分布：澳洲界的澳大利亚（新南威尔士州、北领地、西澳大利亚州）。

生物学：它主要生活在短刀乳白蚁或镰白蚁属白蚁蚁垄里，也有生活于土壤中的蚁道中、树桩的老树根中或树桩周围。据观察，它的分飞主要发生在 1 月上旬暴雨后。

3. 眼显瘤突白蚁 *Ekphysotermes ocellaris* (Mjöberg, 1920)

曾称为：眼显真白蚁 *Eutermes ocellaris* Mjöberg, 1920。

模式标本：选模（雄成虫）保存在瑞典自然历史博物馆，副选模（雄成虫）保存在美国自然历史博物馆。

模式产地：澳大利亚西澳大利亚州（Kimberley）。

分布：澳洲界的澳大利亚（北领地、西澳大利亚州）。

4. 脱皮瘤突白蚁 *Ekphysotermes pelatus* (Hill, 1942)

曾称为：脱皮奇异白蚁（奇异白蚁亚属）*Mirotermes* (*Mirotermes*) *pelatus* Hill, 1942。

异名：脱皮白蚁 *Termes pelatus* (Hill, 1942)。

模式标本：正模（雄成虫）、副模（成虫）保存在澳大利亚国家昆虫馆，副模（成虫）分别保存在美国自然历史博物馆和美国国家博物馆。

模式产地：澳大利亚昆士兰州（Cunnamulla 附近）。

分布：澳洲界的澳大利亚（昆士兰州）。

5. 可爱瘤突白蚁 *Ekphysotermes percomis* (Hill, 1942)

曾称为：可爱奇异白蚁（奇异白蚁亚属）*Mirotermes* (*Mirotermes*) *percomis* Hill, 1942。

异名：可爱白蚁 *Termes percomis* (Hill, 1949)。

模式标本：正模（雌成虫）、副模（成虫）保存在澳大利亚国家昆虫馆，副模（成虫）保存在美国自然历史博物馆。

模式产地：澳大利亚昆士兰州（Cunnamulla 附近）。

分布：澳洲界的澳大利亚（新南威尔士州、昆士兰州、南澳大利亚州）。

（十八）棒颚白蚁属 *Ephelotermes* Miller, 1991

属名释义：此属兵蚁具有棒状上颚。

模式种：黑垄棒颚白蚁 *Ephelotermes melachoma* Miller, 1991。

种类：6 种。

分布：澳洲界、巴布亚界。

1. 清楚棒颚白蚁 *Ephelotermes argutus* (Hill, 1929)

曾称为：清楚奇异白蚁 *Mirotermes argutus* Hill, 1929。

模式标本：选模（兵蚁）、副选模（工蚁）保存在澳大利亚维多利亚博物馆。

模式产地：澳大利亚维多利亚州（Kewell）。

分布：澳洲界的澳大利亚（新南威尔士州、北领地、昆士兰州、南澳大利亚州、维多利亚州、西澳大利亚州）。

生物学：它常被发现于地下蚁道内，蚁道与地下或地上的死木材相连接，它通常取食腐烂木材的外层。它偶尔也自建象巢一样的聚集体（黑色、易碎、厚约 7.5cm），其中或边上有被蛀的木材。也有它寄居于其他白蚁蚁垄的报道，主要是乳白蚁蚁垄的外层。群体内可产生补充型繁殖蚁。

2. 奇尔棒颚白蚁 *Ephelotermes cheeli* (Mjöberg, 1920)

曾称为：奇尔奇异白蚁 *Mirotermes cheeli* Mjöberg, 1920。

异名：艾伦奇异白蚁 *Mirotermes alleni* Mjöberg, 1920、班克斯奇异白蚁 *Mirotermes banksiensis* Hill, 1927。

模式标本：选模（兵蚁）、副选模（蚁后、兵蚁、工蚁、若蚁）保存在瑞典自然历史博物馆，副选模（蚁后、兵蚁、工蚁）保存在美国自然历史博物馆，副选模（兵蚁、工蚁）保存在美国国家博物馆。

模式产地：澳大利亚昆士兰州（Cape York）。

分布：澳洲界的澳大利亚（昆士兰州）；巴布亚界的巴布亚新几内亚。

生物学：它取食腐烂的木材或腐殖质。

危害性：在澳大利亚，它危害甘蔗。

3. 黑垄棒颚白蚁 *Ephelotermes melachoma* Miller, 1991

模式标本：正模（兵蚁）、副模（成虫、兵蚁、工蚁）保存在澳大利亚国家昆虫馆，副模（成虫、兵蚁、工蚁）分别保存在英国自然历史博物馆和美国自然历史博物馆。

模式产地：澳大利亚北领地。

分布：澳洲界的澳大利亚（北领地、昆士兰州、西澳大利亚州、格鲁特岛）。

生物学：它建造显眼的黑色或灰色土垄，通常在树的基部建垄。

4. 深颏棒颚白蚁 *Ephelotermes paleatus* Miller, 1991

模式标本：正模（兵蚁）、副模（成虫、兵蚁、工蚁）保存在澳大利亚国家昆虫馆，副模（成虫、兵蚁、工蚁）分别保存在英国自然历史博物馆和美国自然历史博物馆。

模式产地：澳大利亚昆士兰州（Weipa）。

分布：澳洲界的澳大利亚（昆士兰州）；巴布亚界的巴布亚新几内亚。

生物学：它通常在树基部建不规则的小型蚁巢，也可栖息于土壤中的蚁道内或其他白蚁蚁垄内。

5. 相似棒颚白蚁 *Ephelotermes persimilis* (Gay, 1971)

曾称为：相似白蚁 *Termes persimilis* Gay, 1971。

模式标本：正模（雌成虫）、副模（成虫、兵蚁、工蚁）保存在澳大利亚国家昆虫馆，副模（成虫、兵蚁、工蚁）保存在美国自然历史博物馆。

模式产地：澳大利亚西澳大利亚州（Babakin 东北 5km 处）。

分布：澳洲界的澳大利亚（西澳大利亚州）。

生物学：它取食木材，可在地下蚁道中找到它，也可在原木下或原木中找到它，在桉树、金合欢树等树木的树桩中也能找到它。它偶尔在乳白蚁蚁垄的外层中筑巢和蚁道系统。3—4 月，有翅成虫在成熟群体中出现；晴天下午 5 点左右分飞。

6. 泰勒棒颚白蚁 *Ephelotermes taylori* (Hill, 1915)

曾称为：泰勒扭白蚁 *Capritermes taylori* Hill, 1915。

模式标本：选模（兵蚁）保存在澳大利亚维多利亚博物馆，副选模（补充型蚁后、蚁王、工蚁）保存在澳大利亚国家昆虫馆，副选模（蚁后、蚁王、兵蚁、工蚁、若蚁）保存在美国自然历史博物馆。

模式产地：澳大利亚北领地（Koolpinyah）。

分布：澳洲界的澳大利亚（北领地）。

生物学：它建造黑色的小型土垄，或栖息于其他白蚁正在使用或废弃的蚁垄里。

（十九）漠白蚁属 *Eremotermes* Silvestri, 1911

中文名称：我国学者曾称之为“独白蚁属”。

异名：伪奇异白蚁属 *Pseudomirotermes* Holmgren, 1912。

模式种：指示漠白蚁 *Eremotermes indicatus* Silvestri, 1911。

种类：10 种。

分布：东洋界、古北界、非洲界。

生物学：它生活于半干旱和亚沙漠环境，关于它的生物学知识仍缺乏，只知侏儒漠白蚁生活于尼日利亚的方白蚁蚁垄的微小蚁道中，还生活于苏丹的玉米、花生的根部。

1. 短窄漠白蚁 *Eremotermes arctus* Spaeth, 1964

模式标本：正模（成虫）、副模（成虫）保存在美国自然历史博物馆，副模（成虫）保存在南非国家昆虫馆。

模式产地：以色列（Beror Hayil）。

分布：古北界的以色列。

2. 德拉敦漠白蚁 *Eremotermes dehraduni* Roonwal and Sen-Sarma, 1960

模式标本：正模（兵蚁）、副模（兵蚁、工蚁）保存在印度森林研究所，副模（兵蚁、工蚁）分别保存在美国自然历史博物馆、印度动物调查所和印度农业研究所昆虫分部。

模式产地：印度北阿坎德邦的德拉敦以西 19km 处。

分布：东洋界的印度（古吉拉特邦、北阿坎德邦）。

3. 弗莱彻漠白蚁 *Eremotermes fletcheri* Holmgren and Holmgren, 1917

异名：马利克漠白蚁 *Eremotermes maliki* Ahmad, 1955。

模式标本：选模（兵蚁）、副选模（成虫、兵蚁、工蚁）保存在印度森林研究所，副选模（成虫、兵蚁、工蚁）分别保存在美国自然历史博物馆、德国汉堡动物学博物馆、意大利农业昆虫研究所、印度动物调查所和印度农业研究所昆虫分部。

模式产地：印度泰米尔纳德邦（Coimbatore）。

分布：东洋界的印度（古吉拉特邦、拉贾斯坦邦、泰米尔纳德邦）、巴基斯坦。

4. 指示漠白蚁 *Eremotermes indicatus* Silvestri, 1911

模式标本：全模（兵蚁、工蚁）分别保存在意大利农业昆虫研究所和瑞典动物研究所。

模式产地：突尼斯（Kairouan）。

分布：古北界的突尼斯、利比亚。

5. 马德拉斯漠白蚁 *Eremotermes madrasicus* Roonwal and Sen-Sarma, 1960

模式标本：正模（兵蚁）、副模（兵蚁、工蚁）保存在印度森林研究所，副模（兵蚁、工蚁）分别保存在美国自然历史博物馆、印度动物调查所和印度农业研究所昆虫分部。

模式产地：印度泰米尔纳德邦（Madars）。

分布：东洋界的印度（泰米尔纳德邦）。

6. 侏儒漠白蚁 *Eremotermes nanus* Harris, 1960

模式标本：正模（兵蚁）、副模（工蚁）保存在英国自然历史博物馆。

模式产地：苏丹（Shambat）。

分布：非洲界的尼日利亚、苏丹、也门。

危害性：在苏丹，它危害花生。

7. 新奇异漠白蚁 *Eremotermes neoparadoxalis* Ahmad, 1955

模式标本：正模（兵蚁）、副模（兵蚁、工蚁）保存在巴基斯坦旁遮普大学动物学系，副模（兵蚁）保存在美国自然历史博物馆。

模式产地：巴基斯坦信德省（Shahdpur）。

分布：东洋界的印度（德里、古吉拉特邦、拉贾斯坦邦）、巴基斯坦（信德省）。

生物学：它的工蚁分大、小二型。

8. 奇异漠白蚁 *Eremotermes paradoxalis* Holmgren, 1912

模式标本：全模（兵蚁、工蚁、若蚁）分别保存在瑞典动物研究所和美国自然历史博物馆，全模（工蚁、若蚁）保存在印度森林研究所，全模（工蚁）保存在印度动物调查所。

模式产地：印度卡纳塔克邦（Bangalore）。

分布：东洋界的印度（安得拉邦、比哈尔邦、德里、古吉拉特邦、卡纳塔克邦、中央邦、旁遮普邦、拉贾斯坦邦、泰米尔纳德邦）、巴基斯坦（信德省、开伯尔-普赫图赫瓦省、旁遮普省）。

生物学：它的工蚁分大、小二型。它在石头下土壤中筑巢，主要啃食草根和其他植物。3—9 月的夜间分飞，在地上筑分飞孔。在巴基斯坦，某年 7 月 22 日大雨后曾分飞。

危害性：这种白蚁在印度和巴基斯坦非常常见。在印度，它危害甘蔗、草地和果树。在巴基斯坦，它啃食草根，对甘蔗的危害不严重。

9. 女神漠白蚁 *Eremotermes sanyuktae* Thakur, 1989

模式标本：正模（兵蚁）、副模（兵蚁、工蚁）保存在印度动物调查所，副模（兵蚁、工蚁）保存在印度动物调查所沙漠分站。

模式产地：印度古吉拉特邦（Surat District）。

分布：东洋界的印度（古吉拉特邦）。

10. 塞内加尔漠白蚁 *Eremotermes senegalensis* Mampouya, Fleck, and Nel, 1997

模式标本：正模（兵蚁）、副模（成虫、兵蚁、工蚁）保存在法国自然历史博物馆。

模式产地：塞内加尔（Richard-Toll）。

分布：非洲界的塞内加尔。

（二十）剪白蚁属 *Forficulitermes* Emerson, 1960

属名释义：兵蚁上颚比较直且细长，形似剪刀。

模式种：扁额剪白蚁 *Forfculitermes planifrons* Emerson, 1960。

种类：1 种。

分布：非洲界。

1. 扁额剪白蚁 *Forfculitermes planifrons* Emerson, 1960

模式标本：正模（兵蚁）、副模（工蚁）保存在美国自然历史博物馆。

模式产地：刚果民主共和国（Sona Mpangu）。

分布：非洲界的刚果民主共和国。

生物学：它生活在森林中或开阔地中，寄居在三脉白蚁属白蚁或方白蚁属白蚁的蚁垄中，它有时与其他白蚁一起寄居。

危害性：无危害性。

（二十一）膝白蚁属 *Genuotermes* Emerson, 1950

模式种：具脊膝白蚁 *Genuotermes spinifer* Emerson, 1950。

种类：1 种。

分布：新热带界。

1. 具脊膝白蚁 *Genuotermes spinifer* Emerson, 1950

模式标本：正模（兵蚁）保存在美国自然历史博物馆。

模式产地：巴西马托格罗索州。

分布：新热带界的巴西（马托格罗索州）。

生物学：它生活在土壤中扩散的蚁道内，有的寄居在其他白蚁（如纤毛厚唇白蚁、成堆角象白蚁和西尔韦斯特里角象白蚁）蚁垄内。它通过蚁道取食腐殖质。

（二十二）球白蚁属 *Globitermes* Holmgren, 1912

中文名称：我国学者早期曾称之为“黄蜸属”。

模式种：球形球白蚁球形亚种 *Globitermes globosus globosus* (Haviland, 1898)。

种类：7 种。

分布：东洋界。

生物学：它体色较深，露天觅食。

1. 短角球白蚁 *Globitermes brachycerastes* Han, 1987

模式标本：正模（兵蚁）保存在中国科学院上海昆虫研究所。

模式产地：中国云南省景洪市。

分布：东洋界的中国（云南）。

2. 球形球白蚁 *Globitermes globosus* (Haviland, 1898)

亚种：1）球形球白蚁稍圆亚种 *Globitermes globosus depilis* (Holmgren, 1913)

曾称为：球形弓钩白蚁（球白蚁亚属）稍圆亚种 *Hamitermes* (*Globitermes*) *globosus depilis* Holmgren, 1913。

模式标本：全模（成虫、兵蚁、工蚁）分别保存在瑞典动物研究所、美国自然历史博物馆和印度森林研究所。

模式产地：马来西亚婆罗洲（Mt. Lambir）。

分布：东洋界的马来西亚（砂拉越）。

2）球形球白蚁球形亚种 *Globitermes globosus globosus* (Haviland, 1898)

曾称为：球形白蚁 *Termes globosus* Haviland, 1898。

模式标本：全模（成虫、兵蚁、工蚁）分别保存在英国剑桥大学动物学博物馆和美国自然历史博物馆。

模式产地：马来西亚婆罗洲（Mt. Lambir）。

分布：东洋界的印度尼西亚（加里曼丹、苏门答腊）、马来西亚（大陆、沙巴、砂拉越）。

危害性：在马来西亚，它危害油椰子树。

3. 勐腊球白蚁 *Globitermes menglaensis* Huang and Zhu, 1990

模式标本：正模（兵蚁）、副模（兵蚁、工蚁）保存在中国科学院昆明动物研究所。

模式产地：中国云南省勐腊县。

分布：东洋界的中国（云南）。

4. 勐捧球白蚁 *Globitermes mengpengensis* Zhu and Huang, 1990

模式标本：正模（兵蚁）、副模（兵蚁、工蚁）保存在中国科学院昆明动物研究所。

模式产地：中国云南省勐腊县勐捧丘陵。

分布：东洋界的中国（云南）。

5. 小球白蚁 *Globitermes minor* Han, 1987

模式标本：正模（兵蚁）、副模（成虫、工蚁）保存在中国科学院上海昆虫研究所。

模式产地：中国云南省景洪市大勐龙。

分布：东洋界的中国（云南）。

6. 黄球白蚁 *Globitermes sulphureus* (Haviland, 1898)

曾称为：硫磺色白蚁 *Termes sulphureus* Haviland, 1898。

异名：安南白蚁 *Termes annamensis* Desneux, 1904、莽撞球白蚁 *Globitermes audax* Silvestri, 1914、伯曼弓白蚁（球白蚁亚属）*Amitermes* (*Globitermes*) *birmanicus* Snyder, 1934。

模式标本：全模（成虫、兵蚁、工蚁）保存在英国剑桥大学动物学博物馆，全模（兵蚁、工蚁、若蚁）保存在美国自然历史博物馆，全模（兵蚁、工蚁）保存在印度森林研究所。

模式产地：马来西亚（Selangor）。

分布：东洋界的中国（云南）、印度尼西亚、柬埔寨、马来西亚（大陆）、缅甸、泰国、越南。

生物学：它取食树枝的枯死部分。兵蚁受惊扰时，头前部即流出鲜黄色的分泌物。它筑子弹头形蚁垄，较大的蚁垄高约 1.2m、直径 0.9m。垄分 4 层：最外层为薄土层；其内为厚土层，十分坚硬；再向内是许多黑色的薄片疏松交叠；最内心是一堆栗壳形的黄色松软结构。蚁垄地下部分高约为 30cm。

危害性：在马来西亚和泰国，它危害油椰子树、林木和房屋木构件。

7. 瓦达球白蚁 *Globitermes vadaensis* Kemner, 1934

模式标本：全模（兵蚁、工蚁）分别保存在美国自然历史博物馆和瑞典隆德大学动物研究所。

模式产地：印度尼西亚爪哇（Vada）。

分布：东洋界的印度尼西亚（爪哇）。

（二十三）颚钩白蚁属 *Gnathamitermes* Light, 1932

中文名称：我国学者曾称之为“颚白蚁属”“颚弓白蚁属”。

模式种：扭曲颚钩白蚁 *Gnathamitermes perplexus* (Banks, 1920)。

种类：4 种。

分布：新北界、新热带界。

1. 大颚钩白蚁 *Gnathamitermes grandis* (Light, 1930)

曾称为：大弓白蚁 *Amitermes grandis* Light, 1930。

模式标本：全模（兵蚁、工蚁）分别保存在美国国家博物馆和美国自然历史博物馆。

模式产地：墨西哥（Guadalajara）。

分布：新热带界的墨西哥。

2. 黑头颚钩白蚁 *Gnathamitermes nigriceps* (Light, 1930)

曾称为：黑头弓白蚁 *Amitermes nigriceps* Light, 1930。

模式标本：全模（兵蚁、工蚁）分别保存在美国国家博物馆和美国自然历史博物馆。

模式产地：墨西哥（Jala）。

分布：新热带界的墨西哥。

3. 扭曲颚钩白蚁 *Gnathamitermes perplexus* (Banks, 1920)

曾称为：扭曲弓白蚁 *Amitermes perplexus* Banks, 1920。

异名：混杂弓白蚁 *Amitermes confusus* Banks, 1920、尖颚弓白蚁（颚钩白蚁亚属）*Amitermes* (*Gnathamitermes*) *acrognathus* Light, 1932、锐利弓白蚁（颚钩白蚁亚属）*Amitermes* (*Gnathamitermes*) *acutus* Light, 1932、棕色弓白蚁（颚钩白蚁亚属）*Amitermes* (*Gnathamitermes*) *fuscus* Light, 1932、烟熏弓白蚁（颚钩白蚁亚属）*Amitermes* (*Gnathamitermes*) *infumatus* Light, 1932、大眼弓白蚁（颚钩白蚁亚属）*Amitermes* (*Gnathamitermes*) *magnoculus* Light, 1932。

模式标本：正模（有翅成虫）保存在美国国家博物馆，副模（成虫）保存在美国自然历史博物馆。

模式产地：美国得克萨斯州（Victoria）。

分布：新北界的美国（亚利桑那州、加利福尼亚州、内华达州、得克萨斯州）；新热带界的墨西哥。

4. 管形颚钩白蚁 *Gnathamitermes tubiformans* (Buckley, 1862)

曾称为：管形白蚁 *Termes tubiformans* Buckley, 1862。

模式标本：全模（兵蚁、工蚁）保存地不详。

模式产地：美国得克萨斯州（Lapasas、San Saba）。

分布：新北界的美国（亚利桑那州、新墨西哥州、俄克拉何马州、得克萨斯州）；新热带界的墨西哥。

（二十四）络白蚁属 *Hapsidotermes* Miller, 1991

模式种：梅登络白蚁 *Hapsidotermes maideni* (Mjöberg, 1920)。
种类：5 种。
分布：澳洲界。

1. 哈里斯洛白蚁 *Hapsidotermes harrisi* (Mjöberg, 1920)

曾称为：哈里斯奇异白蚁 *Mirotermes harrisi* Mjöberg, 1920。
异名：阿利克奇异白蚁 *Mirotermes alicensis* Mjöberg, 1920。
模式标本：选模（兵蚁）、副选模（成虫、兵蚁、工蚁）瑞典自然历史博物馆，副选模（兵蚁、工蚁）保存在美国自然历史博物馆。
模式产地：澳大利亚昆士兰州（Ravenshoe）。
分布：澳洲界的澳大利亚（首都地区、新南威尔士州、北领地、昆士兰州、南澳大利亚州、维多利亚州、西澳大利亚州）。
生物学：它栖息在土壤中的蚁道里或其他白蚁的蚁垄里。

2. 小唇洛白蚁 *Hapsidotermes labellus* Miller, 1991

模式标本：正模（兵蚁）、副模（兵蚁、工蚁）保存在澳大利亚国家昆虫馆，副模（兵蚁、工蚁）保存在英国自然历史博物馆。
模式产地：澳大利亚西澳大利亚州（Mitchell 高原）。
分布：澳洲界的澳大利亚（北领地、西澳大利亚州）。
生物学：它栖息在土壤中的蚁道里。

3. 长颚络白蚁 *Hapsidotermes longius* Miller, 1991

模式标本：正模（兵蚁）、副模（成虫、兵蚁、工蚁）保存在澳大利亚国家昆虫馆，副模（成虫、兵蚁、工蚁）分别保存在美国自然历史博物馆和英国自然历史博物馆。
模式产地：澳大利亚北领地（Kakadu 国家公园）。
分布：澳洲界的澳大利亚（北领地）。
生物学：它栖息在其他白蚁的蚁垄里（含废弃的蚁垄）。

4. 梅登络白蚁 *Hapsidotermes maideni* (Mjöberg, 1920)

曾称为：梅登奇异白蚁 *Mirotermes maideni* Mjöberg, 1920。
模式标本：选模（兵蚁）、副选模（兵蚁、工蚁）保存在瑞典自然历史博物馆，副选模（兵蚁、工蚁）保存在美国自然历史博物馆。
模式产地：澳大利亚昆士兰州（Cooktown）。
分布：澳洲界的澳大利亚（昆士兰州）。
生物学：它栖息在土壤中的蚁道内、原木下、其他白蚁的蚁垄内。曾发现一个黑色、非常坚硬的小巢，它长、宽、高分别为 40cm、30cm、10cm，稍微凸出于地表，内有配对的繁殖蚁。

5. 孤儿络白蚁 *Hapsidotermes orbus* (Hill, 1927)

曾称为：孤儿奇异白蚁 *Mirotermes orbus* Hill, 1927。

模式标本：选模（雌成虫）、副选模（兵蚁、工蚁）保存在澳大利亚维多利亚博物馆，副选模（成虫、兵蚁、工蚁）保存在美国自然历史博物馆。

模式产地：澳大利亚北领地（Stapleton）。

分布：澳洲界的澳大利亚（北领地）。

生物学：它主要栖息在其他白蚁的蚁垄里，很少自建黑色的土垄。

（二十五）西澳白蚁属 *Hesperotermes* Gay, 1971

模式种：罕见西澳白蚁 *Hesperotermes infrequens* (Hill, 1927)。

种类：1 种。

分布：澳洲界。

1. 罕见西澳白蚁 ***Hesperotermes infrequens*** **(Hill, 1927)**

曾称为：罕见奇异白蚁 *Mirotermes infrequens* Hill, 1927。

模式标本：选模（雌成虫）、副选模（雄成虫、兵蚁、工蚁）保存在澳大利亚维多利亚博物馆，副选模（蚁后、兵蚁、工蚁）保存在美国自然历史博物馆，副选模（工蚁）保存在美国国家博物馆。

模式产地：澳大利亚西澳大利亚州（Wungong）。

分布：澳洲界的澳大利亚（西澳大利亚州）。

生物学：在澳大利亚的西澳大利亚州西南角，这种白蚁非常常见。在沙土中狭窄、易碎的蚁道中可采集到它，在沙土中由坚硬、棕色木屑材料做成的小腔室中也可采集到它。许多群体生活于被埋原木下的土壤里，可以修建蚁道进入原木中或树桩中。它取食腐烂的木材。它偶尔也在乳白蚁蚁垄或相会弓白蚁蚁垄里筑巢。3—4 月，成熟群体中有有翅成虫，分飞发生在雨后中午天空阴暗时。群体可产生具翅补充型繁殖蚁。

（二十六）平白蚁属 *Homallotermes* John, 1925

异名：小扭白蚁属 *Microcapritermes* Mathur and Thapa, 1962

模式种：具孔平白蚁 *Homallotermes foraminifer* (Haviland, 1898)。

种类：4 种。

分布：东洋界。

生物学：它是食土白蚁。

1. 埃莉诺平白蚁 ***Homallotermes eleanorae*** **Emerson, 1972**

种名释义：种名来自定名人再婚夫人 Eleanor Fish Emerson 的名字。

模式标本：正模（兵蚁）、副模（成虫、兵蚁、工蚁）保存在美国自然历史博物馆，副模（成虫、兵蚁、工蚁）保存在英国剑桥大学动物学博物馆，副模（兵蚁、工蚁）分别保存在美国国家博物馆、英国自然历史博物馆和印度动物调查所。

模式产地：马来西亚砂拉越。

分布：东洋界的文莱、印度尼西亚（加里曼丹、苏门答腊）、马来西亚（大陆、沙巴、砂拉越）。

2. 微小平白蚁 *Homallotermes exiguus* Krishna, 1972

模式标本：正模（兵蚁）、副模（成虫、兵蚁、工蚁）保存在美国自然历史博物馆，副模（兵蚁、工蚁）分别保存在美国国家博物馆、印度动物调查所和英国自然历史博物馆。

模式产地：马来西亚砂拉越。

分布：东洋界的印度尼西亚（加里曼丹、苏门答腊）、马来西亚（沙巴、砂拉越）。

3. 具孔平白蚁 *Homallotermes foraminifer* (Haviland, 1898)

曾称为：具孔白蚁 *Termes foraminifer* Haviland, 1898。

异名：槟城扭白蚁（扭白蚁亚属）*Capritermes* (*Capritermes*) *penangi* Holmgren, 1914。

模式标本：选模（兵蚁）、副选模（成虫、兵蚁、工蚁）保存在英国剑桥大学动物学博物馆，副选模（成虫、兵蚁、工蚁、若蚁）保存在美国自然历史博物馆。

模式产地：马来西亚（Perak）。

分布：东洋界的印度尼西亚（加里曼丹、苏门答腊）、马来西亚（大陆、沙巴、砂拉越）。

生物学：它筑蚁垄。

4. 多毛平白蚁 *Homallotermes pilosus* (Mathur and Thapa, 1962)

曾称为：多毛小扭白蚁 *Microcapritermes pilosus* Mathur and Thapa, 1962。

模式标本：正模（兵蚁）、副模（兵蚁、工蚁）保存在印度森林研究所，副模（兵蚁）保存在美国自然历史博物馆。

模式产地：印度泰米尔纳德邦（Madars）。

分布：东洋界的印度（喀拉拉邦、泰米尔纳德邦）。

（二十七）武白蚁属 *Hoplotermes* Light, 1933

模式种：广泛武白蚁 *Hoplotermes amplus* Light, 1933。

种类：1 种。

分布：新热带界。

1. 广泛武白蚁 *Hoplotermes amplus* Light, 1933

模式标本：选模（兵蚁）保存在美国国家博物馆，副选模（兵蚁、工蚁）保存在美国自然历史博物馆，副选模（工蚁）分别保存在印度森林研究所和印度动物调查所。

模式产地：墨西哥（Jala）。

分布：新北界的墨西哥；新热带界的哥斯达黎加、危地马拉、墨西哥、尼加拉瓜。

生物学：它栖息在石块下、牛粪下。它在尼加拉瓜分布广泛。

（二十八）子民白蚁属 *Incolitermes* Gay, 1966

模式种：侏儒子民白蚁 *Incolitermes pumilus* (Hill, 1942)。

种类：1 种。

分布：澳洲界。

1. 侏儒子民白蚁 *Incolitermes pumilus* (Hill, 1942)

曾称为：侏儒弓钩白蚁（无钩白蚁亚属）*Hamitermes* (*Ahamitermes*) *pumilus* Hill, 1942。

模式标本：正模（兵蚁）、副模（兵蚁、工蚁）保存在澳大利亚国家昆虫馆。
模式产地：澳大利亚新南威尔士州（Unumgar Forest）。
分布：澳洲界的澳大利亚（新南威尔士州、昆士兰州、西澳大利亚州）。

（二十九）印扭白蚁属 *Indocapritermes* Chhotani, 1997

模式种：阿伦印扭白蚁 *Indocapritermes aruni* Chhotani, 1997。
种类：1 种。
分布：东洋界。

1. 阿伦印扭白蚁 *Indocapritermes aruni* Chhotani, 1997

种名释义：种名来自专绘白蚁标本图形的印度画家 Arun K. Ghosh 先生的名字。
模式标本：正模（兵蚁）、副模（兵蚁、工蚁）保存在印度动物调查所。
模式产地：印度喀拉拉邦（Silent Valley）。
分布：东洋界的印度（喀拉拉邦）。
生物学：它是食土白蚁。

（三十）客白蚁属 *Inquilinitermes* Mathews, 1977

属名释义：此属白蚁寄居在其他白蚁巢内。
模式种：窃贼客白蚁 *Inquilinitermes fur* (Silvestri, 1901)。
种类：3 种。
分布：新热带界。
生物学：它寄居在其他白蚁巢内。

1. 窃贼客白蚁 *Inquilinitermes fur* (Silvestri, 1901)

曾称为：窃贼扭白蚁 *Capritermes fur* Silvestri, 1901。
模式标本：全模（成虫、兵蚁、工蚁、若蚁）分别保存在意大利农业昆虫研究所和美国自然历史博物馆。
模式产地：巴西马托格罗索州。
分布：新热带界的巴西。

2. 旅居客白蚁 *Inquilinitermes inquilinus* (Emerson, 1925)

曾称为：旅居奇异白蚁（奇异白蚁亚属）*Mirotermes* (*Mirotermes*) *inquilinus* Emerson, 1925。
模式标本：正模（成虫）、副模（成虫、兵蚁、工蚁、若蚁）保存在美国自然历史博物馆，副模（成虫）保存在荷兰马斯特里赫特自然历史博物馆。
模式产地：圭亚那（Kartabo）。
分布：新热带界的巴西（亚马孙雨林）、圭亚那。
生物学：它总是寄居在凹额缩白蚁巢内。

3. 小角客白蚁 *Inquilinitermes microcerus* (Silvestri, 1901)

曾称为：窃贼扭白蚁小角亚种 *Capritermes fur microcerus* Silvestri, 1901。

模式标本：全模（成虫、兵蚁、工蚁、若蚁）分别保存在意大利农业昆虫研究所和美国自然历史博物馆。

模式产地：巴西马托格罗索州。

分布：新热带界的巴西。

（三十一）闯白蚁属 *Invasitermes* Miller, 1984

模式种：非武闯白蚁 *Invasitermes inermis* Miller, 1984。

种类：2 种。

分布：澳洲界。

生物学：它没有兵蚁品级，属食土白蚁，可能也能吃蚁垄上的材料。

1. 非武闯白蚁 *Invasitermes inermis* Miller, 1984

模式标本：正模（雌成虫）、副模（成虫）保存在澳大利亚国家昆虫馆。

模式产地：澳大利亚北领地（Brocks Creek）。

分布：澳洲界的澳大利亚（北领地、昆士兰州）。

生物学：它常寄居在劳拉弓白蚁的蚁垄上。它的群体较大，在蚁垄中所占的比例也较高，甚至能超过原来的筑垄白蚁所占比例。它的蚁道较粗。

2. 候补闯白蚁 *Invasitermes insitivus* (Hill, 1929)

曾称为：候补奇异白蚁 *Mirotermes insitivus* Hill, 1929。

模式标本：正模（雄成虫）、副模（成虫、工蚁）保存在澳大利亚维多利亚博物馆，副模（成虫、工蚁）保存在美国自然历史博物馆，副模（成虫）保存在美国国家博物馆。

模式产地：澳大利亚昆士兰州（Townsville）。

分布：澳洲界的澳大利亚（昆士兰州）。

生物学：它常寄居在劳拉弓白蚁的蚁垄上，也能寄居在巨大象白蚁的蚁垄上。

（三十二）凯姆勒白蚁属 *Kemneritermes* Ahmad and Akhtar, 1981

属名释义：属名来自瑞典白蚁分类学家 N. V. Kemner 的姓。

中文名称：我国学者曾称之为“科门勒白蚁属”。

模式种：砂拉越凯姆勒白蚁 *Kemneritermes sarawakensis* Ahmad and Akhtar, 1981。

种类：1 种。

分布：东洋界。

1. 砂拉越凯姆勒白蚁 *Kemneritermes sarawakensis* Ahmad and Akhtar, 1981

模式标本：正模（兵蚁）、副模（兵蚁）保存在巴基斯坦旁遮普大学动物学系。

模式产地：马来西亚砂拉越。

分布：东洋界的印度尼西亚（加里曼丹、苏门答腊）、马来西亚（沙巴、砂拉越）。

*****边头凯姆勒白蚁 *Kemneritermes marginiceps* (Salick and Tho, 1984)（裸记名称）**

曾称为：边头前扭白蚁 *Procapritermes marginiceps* Salick and Tho, 1984（裸记名称）。

分布：东洋界的马来西亚（大陆）。

（三十三）克里希纳扭白蚁属 *Krishnacapritermes* Chhotani, 1997

模式种：迈蒂克里希纳扭白蚁 *Krishnacapritermes maitii* Chhotani, 1997。
种类：4种。
分布：东洋界。
生物学：它是食土白蚁。

1. 迪内尚克里希纳扭白蚁 *Krishnacapritermes dineshan* Amina and Rajmohana, 2019

种名释义：种名来自标本采集人 K. A. Dineshan 的姓。
模式标本：正模（兵蚁）保存地不详。
模式产地：印度喀拉拉邦（Western Ghats）。
分布：东洋界的印度（喀拉拉邦）。

2. 迈蒂克里希纳扭白蚁 *Krishnacapritermes maitii* Chhotani, 1997

种名释义：种名来自印度白蚁分类学家 P. K. Maiti 博士的姓。
模式标本：正模（兵蚁）、副模（成虫、兵蚁、工蚁）保存在印度动物调查所。
模式产地：印度泰米尔纳德邦（Pumbarai）。
分布：东洋界的印度（泰米尔纳德邦）。

3. 马尼坎丹克里希纳扭白蚁 *Krishnacapritermes manikandan* Amina and Rajmohana, 2019

种名释义：种名来自标本采集人 Manikandan Nair 的名字。
模式标本：正模（兵蚁）保存地不详。
模式产地：印度喀拉拉邦（Western Ghats）。
分布：东洋界的印度（喀拉拉邦）。

4. 塔库尔克里希纳扭白蚁 *Krishnacapritermes thakuri* Chhotani, 1997

种名释义：种名来自印度白蚁分类学家 M. L. Thakur 博士的姓。
异名：特拉凡科近扭白蚁 *Pericapritermes travancorensis* Mathew and Ipe, 2018。
模式标本：正模（兵蚁）、副模（兵蚁、工蚁）保存在印度动物调查所。
模式产地：印度喀拉拉邦（Silent Valley）。
分布：东洋界的印度（喀拉拉邦）。

（三十四）唇扭白蚁属 *Labiocapritermes* Krishna, 1968

模式种：扭曲唇扭白蚁 *Labiocapritermes distortus* (Silvestri, 1922)。
种类：1种。
分布：东洋界。
生物学：它是食土白蚁。

1. 扭曲唇扭白蚁 *Labiocapritermes distortus* (Silvestri, 1922)

曾称为：扭曲扭白蚁 *Capritermes distortus* Silvestri, 1922。
异名：维斯里近扭白蚁 *Pericapritermes vythirii* Verma, 1983。

模式标本：全模（成虫、兵蚁、工蚁）保存在意大利农业昆虫研究所，全模（成虫、工蚁）保存在美国自然历史博物馆。

模式产地：印度喀拉拉邦（Mt. Kavalai）。

分布：东洋界的印度（卡纳塔克邦、喀拉拉邦、泰米尔纳德邦）。

（三十五）小脊突白蚁属 *Lophotermes* Miller, 1991

模式种：梳状小脊突白蚁 *Lophotermes pectinatus* Miller, 1991。

种类：9 种。

分布：澳洲界、巴布亚界。

1. 钩状小脊突白蚁 *Lophotermes aduncus* Miller, 1991

模式标本：正模（兵蚁）、副模（成虫、兵蚁、工蚁）保存在澳大利亚国家昆虫馆，副模（成虫、兵蚁、工蚁）分别保存在美国自然历史博物馆和英国自然历史博物馆。

模式产地：澳大利亚昆士兰州（Weipa）。

分布：澳洲界的澳大利亚（昆士兰州）；巴布亚界的巴布亚新几内亚。

生物学：它生活在其他白蚁所筑的蚁垄里（含废弃的蚁垄）。

2. 短头小脊突白蚁 *Lophotermes brevicephalus* Miller, 1991

模式标本：正模（兵蚁）、副模（蚁后、成虫、兵蚁、工蚁）保存在澳大利亚国家昆虫馆，副模（成虫、兵蚁、工蚁）分别保存在美国自然历史博物馆和英国自然历史博物馆。

模式产地：澳大利亚昆士兰州（Weipa）。

分布：澳洲界的澳大利亚（昆士兰州）；巴布亚界的巴布亚新几内亚。

生物学：它可栖息在土壤中的蚁道内，或栖息在其他白蚁所筑的蚁垄里（如短刀乳白蚁的蚁垄等）。

3. 多毛小脊突白蚁 *Lophotermes crinitus* Miller, 1991

模式标本：正模（兵蚁）、副模（工蚁）保存在澳大利亚国家昆虫馆。

模式产地：澳大利亚昆士兰州。

分布：澳洲界的澳大利亚（昆士兰州）。

生物学：它生活于稠密的雨林中，栖息于土壤中的蚁道内。它是食土白蚁。

4. 细颚小脊突白蚁 *Lophotermes leptognathus* Miller, 1991

模式标本：正模（兵蚁）、副模（成虫、兵蚁、工蚁）保存在澳大利亚国家昆虫馆，副模（成虫、兵蚁、工蚁）分别保存在美国自然历史博物馆和英国自然历史博物馆。

模式产地：澳大利亚北领地。

分布：澳洲界的澳大利亚（北领地、昆士兰州、西澳大利亚州）。

生物学：它寄居在劳拉弓白蚁和三齿稃草象白蚁所筑的蚁垄内（含废弃的蚁垄）。

5. 小角小脊突白蚁 *Lophotermes parvicornis* Miller, 1991

模式标本：正模（兵蚁）、副模（蚁王、蚁后、兵蚁、工蚁）保存在澳大利亚国家昆虫馆，副模（兵蚁、工蚁）分别保存在美国自然历史博物馆和英国自然历史博物馆。

模式产地：澳大利亚昆士兰州（Innot Hot Springs）。

分布：澳洲界的澳大利亚（昆士兰州）。

生物学：它寄居在其他白蚁所筑的蚁垄内（含废弃的蚁垄）。曾在三齿稃草象白蚁的大型蚁垄的中心发现了它的蚁王和膨腹的蚁后。

6. 梳状小脊突白蚁 *Lophotermes pectinatus* Miller, 1991

种名释义：种名来自白蚁的肠道结构形态。

模式标本：正模（兵蚁）、副模（成虫、兵蚁、工蚁）保存在澳大利亚国家昆虫馆，副模（成虫、兵蚁、工蚁）分别保存在美国自然历史博物馆和英国自然历史博物馆。

模式产地：澳大利亚昆士兰州（Weipa）。

分布：澳洲界的澳大利亚（昆士兰州）。

生物学：它在树基边筑不规则的土垄，也栖息于土壤中的蚁道内，或寄居于其他白蚁所筑的蚁垄内。

7. 极小小脊突白蚁 *Lophotermes pusillus* Miller, 1991

模式标本：正模（兵蚁）、副模（兵蚁、工蚁）保存在澳大利亚国家昆虫馆。

模式产地：澳大利亚西澳大利亚州（West Angelas）。

分布：澳洲界的澳大利亚（西澳大利亚州）。

8. 方形小脊突白蚁 *Lophotermes quadratus* (Hill, 1927)

曾称为：方形奇异白蚁 *Mirotermes quadrates* Hill, 1927。

模式标本：正模（兵蚁）保存在澳大利亚维多利亚博物馆。

模式产地：澳大利亚北领地（Stapleton）。

分布：澳洲界的澳大利亚（北领地）。

生物学：它寄居在其他白蚁所筑的蚁垄内（含废弃的蚁垄），也可在地表下筑扁平的、黑色土巢。

9. 北方小脊突白蚁 *Lophotermes septentrionalis* (Hill, 1927)

曾称为：北方奇异白蚁 *Mirotermes septentrionalis* Hill, 1927。

模式标本：正模（兵蚁）、副模（兵蚁、工蚁）保存在澳大利亚维多利亚博物馆，副模（兵蚁）保存在美国自然历史博物馆。

模式产地：澳大利亚北领地达尔文市。

分布：澳洲界的澳大利亚（北领地）。

生物学：它通常生活在短刀乳白蚁蚁垄的黏土层中，在其他白蚁废弃的蚁垄中也可发现它。极少数情况下，它也可建造小型的黑色土垄。

（三十六）长颚白蚁属 *Macrognathotermes* Miller, 1991

模式种：游荡长颚白蚁 *Macrognathotermes errator* Miller, 1991。

种类：4 种。

分布：澳洲界和巴布亚界。

1. 布鲁姆长颚白蚁 *Macrognathotermes broomensis* (Mjöberg, 1920)

曾称为：布鲁姆奇异白蚁 *Mirotermes broomensis* Mjöberg, 1920。

模式标本：选模（兵蚁）、副选模（兵蚁、工蚁）保存在美国自然历史博物馆。

模式产地：澳大利亚西澳大利亚州（Broome）。

分布：澳洲界的澳大利亚（西澳大利亚州）。

生物学：它栖息在三齿稃草象白蚁的蚁垄里（含废弃的蚁垄）。

2. 游荡长颚白蚁 *Macrognathotermes errator* Miller, 1991

模式标本：正模（兵蚁）、副模（成虫、兵蚁、工蚁）保存在澳大利亚国家昆虫馆，副模（成虫、兵蚁、工蚁）分别保存在美国自然历史博物馆和英国自然历史博物馆。

模式产地：澳大利亚北领地（Milingimbi）。

分布：澳洲界的澳大利亚（北领地、昆士兰州、巴瑟斯特岛）；巴布亚界的巴布亚新几内亚。

生物学：它大多栖息在其他白蚁的蚁垄里（含废弃的蚁垄），偶尔也有利用别的蚁垄的材料进行再加工，自建黑色的土垄。

3. 极长长颚白蚁 *Macrognathotermes prolatus* Miller, 1991

种名释义：这种白蚁兵蚁的上颚非常长。

模式标本：正模（兵蚁）、副模（兵蚁、工蚁）保存在澳大利亚国家昆虫馆，副模（兵蚁、工蚁）分别保存在美国自然历史博物馆和英国自然历史博物馆。

模式产地：澳大利亚北领地、格鲁特岛。

分布：澳洲界的澳大利亚（北领地、西澳大利亚州、格鲁特岛）。

生物学：它栖息在三齿稃草象白蚁的蚁垄里。

4. 森特长颚白蚁 *Macrognathotermes sunteri* (Hill, 1927)

曾称为：森特奇异白蚁 *Mirotermes sunteri* Hill, 1927。

模式标本：选模（雄成虫）、副选模（成虫、兵蚁、工蚁）保存在澳大利亚维多利亚博物馆，副选模（蚁后、成虫、兵蚁、工蚁）保存在美国自然历史博物馆，副选模（成虫、兵蚁、工蚁）保存在美国国家博物馆。

模式产地：澳大利亚北领地达尔文市。

分布：澳洲界的澳大利亚（北领地）。

生物学：它通常栖息在其他白蚁的蚁垄里（含废弃的蚁垄），也常在别的蚁垄（如短刀乳白蚁的蚁垄）上或附近，自建典型的圆顶形黑垄。它也在树基边、原木上或树桩上筑巢。

危害性：曾有它对木材危害的记录，但由于这种白蚁取食土壤或其他白蚁的垄土，所以有人认为它是在其他白蚁对木材进行危害后才危害木材的。

（三十七）锯白蚁属 *Microcerotermes* Silvestri, 1901

属名释义：中文“锯白蚁属”源于该属白蚁兵蚁上颚内缘呈锯齿状。

异名：驼白蚁属 *Gibbotermes* Cachan, 1951。

模式种：斯特伦基锯白蚁 *Microcerotermes strunckii* (Sörensen, 1884)。

种类：147种。

分布：东洋界、非洲界、澳洲界、新北界、新热带界、古北界、巴布亚界。

生物学：它生活于热带地区。大多数种类筑地下巢，但分布于澳洲的特纳锯白蚁、锯锯白蚁这两种白蚁，既可筑小型地上蚁垄，也可筑地下巢，还可筑树栖巢，甚至可以在木桩顶部筑巢。它的蚁巢外壁相当薄，且易碎。方白蚁属和刻痕白蚁属蚁垄的一部分，常被锯白蚁改造成卵圆形的小巢，供自己使用。有的锯白蚁栖息在大白蚁属、土白蚁属、伪刺白蚁属白蚁的垄壁或上层部分。森林和潮湿的林地中生活的锯白蚁可筑树栖巢。本属白蚁主要由食木白蚁组成。

危害性：它危害多种农作物和林木，还能危害房屋建筑。有的种类危害风化的、腐烂的、与地接触的木材，如木桩、木杆、木篱笆。已报道的锯白蚁危害农作物对象包括可可树、茶树、椰子树、枣椰树、甘蔗、果树、棉花、花生、玉米。

1. 粗鲁锯白蚁 *Microcerotermes acerbus* (Sjöstedt, 1911)

曾称为：粗鲁真白蚁 *Eutermes acerbus* Sjöstedt, 1911。

模式标本：正模（兵蚁）保存在瑞典自然历史博物馆，副模（工蚁）保存在美国自然历史博物馆。

模式产地：塞拉利昂。

分布：非洲界的塞拉利昂。

2. 阿尔哥亚湾锯白蚁 *Microcerotermes algoasinensis* Fuller, 1925

模式标本：选模（兵蚁）、副选模（成虫、兵蚁）保存在南非国家昆虫馆，副选模（成虫、兵蚁、工蚁、若蚁）保存在美国自然历史博物馆。

模式产地：南非开普省（Algoa Bay）。

分布：非洲界的南非。

3. 安汶锯白蚁 *Microcerotermes amboinensis* Kemner, 1931

模式标本：全模（成虫、兵蚁、工蚁）保存在瑞典隆德大学动物研究所，全模（蚁后、成虫、兵蚁、工蚁）保存在美国自然历史博物馆。

模式产地：印度尼西亚（Amboina）。

分布：巴布亚界的印度尼西亚（马鲁古）。

4. 安嫩代尔锯白蚁 *Microcerotermes annandalei* Silvestri, 1923

种名释义：种名来自印度一博物馆馆长的姓。我国学者曾称之为“南亚锯白蚁”。

模式标本：选模（兵蚁）、副选模（成虫、工蚁）保存在印度动物调查所，副选模（成虫、兵蚁、工蚁）分别保存在意大利农业昆虫研究所和美国自然历史博物馆。

模式产地：印度奥里萨邦（Barkuda）。

分布：东洋界的印度（比哈尔邦、哈里亚纳邦、那加兰邦、奥里萨邦、拉贾斯坦邦、特里普拉邦）。

危害性：它危害甘蔗、椰子树、多种林木和房屋建筑。

5. 阳光锯白蚁 *Microcerotermes apricitatis* Fuller, 1925

模式标本：选模（雌成虫）、副选模（成虫）保存在南非国家昆虫馆，副选模（成虫）

保存在美国自然历史博物馆。

模式产地：南非比勒陀利亚（Sunnyside）。

分布：非洲界的南非。

6. 树栖锯白蚁 *Microcerotermes arboreus* Emerson, 1925

模式标本：正模（成虫）、副模（蚁后、成虫、兵蚁、工蚁、若蚁）保存在美国自然历史博物馆。

模式产地：圭亚那（Kartabo）。

分布：新热带界的玻利维亚、巴西、开曼群岛、法属圭亚那、圭亚那、加勒比海（伊斯帕尼奥拉岛）、洪都拉斯、尼加拉瓜、巴拿马、波多黎各、特立尼达和多巴哥、委内瑞拉。

生物学：它筑树栖巢。

危害性：在巴西、圭亚那、特立尼达和多巴哥，它危害房屋木构件和果树。

7. 俾路支锯白蚁 *Microcerotermes baluchistanicus* Ahmad, 1955

模式标本：正模（兵蚁）、副模（成虫、兵蚁、工蚁）保存在巴基斯坦旁遮普大学动物学系，副模（兵蚁、工蚁、若蚁）保存在美国自然历史博物馆。

模式产地：巴基斯坦俾路支省。

分布：东洋界的印度（拉贾斯坦邦）、巴基斯坦（旁遮普省、信德省）；古北界的巴基斯坦（俾路支省）。

生物学：它是土栖种类，也在树木的死亡部分中筑巢。在树死亡部分中，它筑纵向、狭窄的蚁道，内部充满木屑材料。它的群体中可产生补充型繁殖蚁。

危害性：在巴基斯坦，它蛀食杏树、桑树，但危害不严重，还蛀食金合欢树、印度黄檀、杨树等树木。它危害房屋木构件。

8. 巴伯顿锯白蚁 *Microcerotermes barbertoni* Fuller, 1925

模式标本：选模（兵蚁）、副选模（兵蚁、工蚁）保存在南非国家昆虫馆，副选模（兵蚁、工蚁）保存在美国自然历史博物馆。

模式产地：南非德兰士瓦省（Barberton）。

分布：非洲界的南非。

9. 比森锯白蚁 *Microcerotermes beesoni* Snyder, 1933

异名：钱皮恩锯白蚁 *Microcerotermes championi* Snyder, 1933、具矛锯白蚁 *Microcerotermes lanceolatus* Mathur and Thapa, 1965。

模式标本：选模（成虫）、副选模（成虫）保存在印度森林研究所，副选模（成虫）分别保存在美国自然历史博物馆、英国自然历史博物馆和美国国家博物馆。

模式产地：印度北阿坎德邦（Haldwani）。

分布：东洋界的孟加拉国、不丹、巴基斯坦、印度（阿萨姆邦、德里、古吉拉特邦、哈里亚纳邦、喀拉拉邦、中央邦、奥里萨邦、旁遮普邦、锡金邦、北阿坎德邦、北方邦、西孟加拉邦）。

生物学：它栖息在原木内、原木下、树皮下以及土壤内。蚁巢由木屑材料组成，部分埋在土壤中，巢呈球形或圆锥形。它对温度、湿度变动的适应能力强，适于实验室培养和测试。

每年5—7月分飞。也有报道，它筑巢于死树桩、石头下、胖身土白蚁蚁垄内和土壤内。

危害性：在印度，它危害甘蔗、活树、树根，啃食许多种树木的死树桩，也危害房屋木构件。

10. 贝奎特锯白蚁 *Microcerotermes bequaertianus* (Sjöstedt, 1913)

曾称为：贝奎特真白蚁（锯白蚁亚属）*Eutermes* (*Microcerotermes*) *bequaertianus* Sjöstedt, 1913。

模式标本：全模（兵蚁、工蚁）分别保存在瑞典自然历史博物馆、美国自然历史博物馆和比利时非洲中心皇家博物馆。

模式产地：刚果民主共和国（Limumbashi）。

分布：非洲界的刚果民主共和国、科特迪瓦。

11. 比罗锯白蚁 *Microcerotermes biroi* (Desneux, 1905)

曾称为：比罗白蚁（真白蚁亚属）*Termes* (*Eutermes*) *biroi* Desneux, 1905。

模式标本：选模（兵蚁）、副选模（成虫、兵蚁、工蚁）保存在匈牙利自然科学博物馆，副选模（成虫、兵蚁、工蚁）分别保存在美国自然历史博物馆和比利时皇家自然科学研究所。

模式产地：巴布亚新几内亚（Kranket Island）。

分布：澳洲界的澳大利亚（昆士兰州）；巴布亚界的印度尼西亚（Irian Jaya）、巴布亚新几内亚（新不列颠、新爱尔兰岛）、萨摩亚、所罗门群岛、汤加。

生物学：它在树上筑树栖巢。

危害性：在所罗门群岛，它危害椰子树。

12. 比斯瓦那塔锯白蚁 *Microcerotermes biswanathae* Maiti and Chakraborty, 1994

模式标本：正模（兵蚁）、副模（兵蚁、工蚁）保存在印度动物调查所。

模式产地：印度安达曼群岛。

分布：东洋界的印度（安达曼群岛）。

生物学：它的工蚁分大、小二型。

13. 北部锯白蚁 *Microcerotermes boreus* Hill, 1927

模式标本：选模（兵蚁）、副选模（成虫、兵蚁、工蚁）保存在澳大利亚维多利亚博物馆，副选模（成虫、兵蚁）保存在澳大利亚国家昆虫馆，副选模（成虫、兵蚁、工蚁、若蚁）保存在美国自然历史博物馆。

模式产地：澳大利亚北领地梅尔维尔岛。

分布：澳洲界的澳大利亚（北领地、西澳大利亚州）。

14. 布永锯白蚁 *Microcerotermes bouilloni* Roisin and Pasteels, 2000

模式标本：正模（兵蚁）、副模（成虫、兵蚁、工蚁）保存在比利时皇家自然科学研究所，副模（成虫、兵蚁、工蚁）保存在澳大利亚国家昆虫馆。

模式产地：巴布亚新几内亚。

分布：澳洲界的澳大利亚（昆士兰州）；巴布亚界的巴布亚新几内亚。

15. 布维尔锯白蚁 *Microcerotermes bouvieri* (Desneux, 1904)

曾称为：布维尔白蚁 *Termes bouvieri* Desneux, 1904。

模式标本：全模（成虫、兵蚁、工蚁）保存在法国自然历史博物馆，全模（成虫）保存在美国自然历史博物馆。

模式产地：哥伦比亚（Mariquita）。

分布：新热带界的哥伦比亚、墨西哥（可疑）。

16. 短颚锯白蚁 *Microcerotermes brachygnathus* Silvestri, 1914

模式标本：全模（兵蚁、工蚁）分别保存在意大利农业昆虫研究所和美国自然历史博物馆。

模式产地：几内亚（Kindia）。

分布：非洲界的几内亚、南非、坦桑尼亚、赞比亚、津巴布韦。

17. 狭小锯白蚁 *Microcerotermes brevior* (Desneux, 1905)

曾称为：比罗白蚁狭小亚种 *Termes biroi brevior* Desneux, 1905。

模式标本：选模（兵蚁）、副选模（成虫、兵蚁、工蚁）保存在匈牙利自然科学博物馆，副选模（成虫、兵蚁、工蚁）保存在比利时皇家自然科学研究所。

模式产地：巴布亚新几内亚。

分布：巴布亚界的巴布亚新几内亚。

18. 比特铁克锯白蚁 *Microcerotermes buettikeri* Chhotani and Bose, 1979

模式标本：正模（成虫）、副模（成虫、兵蚁、工蚁）保存在瑞士自然历史博物馆，副模（成虫、兵蚁、工蚁）保存在印度动物调查所。

模式产地：沙特阿拉伯（Wadi Tumair）。

分布：非洲界的也门；古北界的伊朗、沙特阿拉伯。

19. 布格尼恩锯白蚁 *Microcerotermes bugnioni* Holmgren, 1911

中文名称：我国学者曾称之为“小锯白蚁”。

种名释义：种名来自研究斯里兰卡白蚁的 E. Bugnion 的姓。

模式标本：全模（兵蚁、工蚁）保存在瑞典动物研究所。

模式产地：斯里兰卡（Seenigoda Estate）。

分布：东洋界的斯里兰卡。

生物学：它的体形较小，栖息于树皮下、地上的原木下、椰子树中空的树干内。它也在地下筑巢，蚁巢为直径 20～30cm 的球形结构，具有许多小孔。群体中多蚁后，曾在雷德曼土白蚁的蚁垄中发现它的一个群体中有 1 王 4 后。

危害性：它危害椰子树树皮。

20. 卡占锯白蚁 *Microcerotermes cachani* Eggleton, 2003

异名：小型驼白蚁 *Gibbotermes minor* Cachan, 1951。

模式标本：全模（兵蚁、工蚁）分别保存在美国自然历史博物馆和比利时非洲中心皇家博物馆。

模式产地：马达加斯加。

分布：非洲界的马达加斯加。

21. 卡梅伦锯白蚁 *Microcerotermes cameroni* Snyder, 1934

模式标本：全模（成虫、兵蚁、工蚁）分别保存在英国自然历史博物馆、美国自然历史博物馆和美国国家博物馆，全模（成虫、兵蚁）保存在印度森林研究所。

模式产地：印度泰米尔纳德邦（Madars）。

分布：东洋界的印度（安得拉邦、达曼、古吉拉特邦、卡纳塔克邦、喀拉拉邦、中央邦、锡金邦、泰米尔纳德邦、西孟加拉邦）。

危害性：它危害房屋木构件。

22. 凿洞锯白蚁 *Microcerotermes cavus* Hill, 1942

模式标本：正模（兵蚁）、副模（兵蚁、工蚁）保存在澳大利亚国家昆虫馆，副模（兵蚁、工蚁、若蚁）保存在美国自然历史博物馆。

模式产地：澳大利亚维多利亚州（Lake Boga）。

分布：澳洲界的澳大利亚（新南威尔士州、昆士兰州、南澳大利亚州、维多利亚州、西澳大利亚州）。

23. 西里伯斯锯白蚁 *Microcerotermes celebensis* Kemner, 1934

模式标本：全模（成虫、兵蚁、工蚁）分别保存在瑞典隆德大学动物研究所和美国自然历史博物馆，全模（成虫、工蚁）保存在印度森林研究所。

模式产地：印度尼西亚苏拉威西。

分布：印度尼西亚（苏拉威西）。

24. 乔德里锯白蚁 *Microcerotermes chaudhryi* Akhtar, 1974

种名释义：种名来自巴基斯坦白蚁研究者 M. I. Chaudhry 的姓。

模式标本：正模（兵蚁）、副模（兵蚁、工蚁）保存在巴基斯坦旁遮普大学动物学系，副模（兵蚁、工蚁）分别保存在英国自然历史博物馆、巴基斯坦森林研究所和美国密西西比港湾森林试验站。

模式产地：巴基斯坦开伯尔-普赫图赫瓦省（Hangu）。

分布：东洋界的巴基斯坦（开伯尔-普赫图赫瓦省）；古北界的伊朗、巴基斯坦（俾路支省）。

25. 乔塔里锯白蚁 *Microcerotermes chhotanii* Ghayourfar, 1998

模式标本：正模（兵蚁、工蚁）、副模（兵蚁、工蚁）保存在伊朗植物害虫及疾病研究所昆虫分类研究部昆虫博物馆。

模式产地：伊朗（Kermanshah）。

分布：古北界的伊朗。

26. 乔安锯白蚁 *Microcerotermes choanensis* Fuller, 1925

模式标本：选模（兵蚁）、副选模（成虫、兵蚁、工蚁）保存在南非国家昆虫馆，副选模（成虫、兵蚁、工蚁）保存在美国自然历史博物馆。

模式产地：南非比勒陀利亚（Daspoort）。

分布：非洲界的南非。

27. 柯林斯锯白蚁 *Microcerotermes collinsi* Fuller, 1925

模式标本：选模（兵蚁）、副选模（成虫、兵蚁）保存在南非国家昆虫馆。

模式产地：南非祖鲁兰。

分布：非洲界的南非。

28. 大锯白蚁 *Microcerotermes crassus* Snyder, 1934

异名：缅甸锯白蚁 *Microcerotermes burmanicus* Ahmad, 1947。

模式标本：全模（兵蚁、工蚁）分别保存在英国自然历史博物馆、美国自然历史博物馆、美国国家博物馆和印度森林研究所。

模式产地：缅甸（Meitkyina）。

分布：东洋界的孟加拉国、中国（云南、海南）、印度（曼尼普尔邦、特里普拉邦）、马来西亚（大陆）、缅甸、泰国、越南。

生物学：它栖居土中，筑小型土垄。土垄十分坚硬，内部呈多孔状。

危害性：它主要危害房屋建筑，特别是沿海地带和乡村的房屋，同时也会对房屋周围的树木造成一定危害。

29. 铜头锯白蚁 *Microcerotermes cupreiceps* Roisin and Pasteels, 2000

模式标本：正模（兵蚁）、副模（成虫、兵蚁、工蚁）保存在比利时皇家自然科学研究所。

模式产地：巴布亚新几内亚。

分布：巴布亚界的巴布亚新几内亚。

30. 筒头锯白蚁 *Microcerotermes cylindriceps* Wasmann, 1902

模式标本：选模（兵蚁）、副选模（兵蚁、工蚁）保存在荷兰马斯特里赫特自然历史博物馆。

模式产地：斯里兰卡（Pankulam）。

分布：东洋界的斯里兰卡。

31. 达梅尔曼锯白蚁 *Microcerotermes dammermani* Roonwal and Maiti, 1966

模式标本：正模（兵蚁）、副模（兵蚁、工蚁）保存在印度动物调查所，副模（兵蚁、工蚁）分别保存在美国自然历史博物馆、印度森林研究所和印度尼西亚茂物动物学博物馆。

模式产地：印度尼西亚（Riouw Archipelago）。

分布：东洋界的印度尼西亚（苏门答腊）。

32. 丹尼尔锯白蚁 *Microcerotermes danieli* Roonwal and Bose, 1964

种名释义：种名来自标本采集人 A. Daniel 博士的姓。

模式标本：正模（兵蚁）、副模（兵蚁、工蚁）保存在印度动物调查所，副模（兵蚁、工蚁）分别保存在美国自然历史博物馆和印度森林研究所。

模式产地：印度安达曼群岛。

分布：东洋界的印度（安达曼群岛、尼科巴群岛）。

危害性：它危害椰子树树皮，但危害不严重。它还危害房屋木构件。

33. 达什利布龙锯白蚁 *Microcerotermes dashlibronensis* Ghayourfar, 2005

模式标本：正模（兵蚁）、副模（工蚁）保存在伊朗植物害虫及疾病研究所昆虫分类研究部昆虫博物馆。

模式产地：伊朗（Dashlibron）。

分布：古北界的伊朗。

34. 软角锯白蚁 *Microcerotermes debilicornis* Holmgren, 1913

模式标本：全模（兵蚁、工蚁）分别保存在瑞典哥德堡自然历史博物馆和美国自然历史博物馆。

模式产地：南非祖鲁兰。

分布：非洲界的南非。

35. 德波锯白蚁 *Microcerotermes depokensis* Kemner, 1932

模式标本：全模（成虫、兵蚁、工蚁）分别保存在瑞典隆德大学动物研究所和美国自然历史博物馆，全模（成虫、工蚁）保存在印度森林研究所。

模式产地：印度尼西亚爪哇（Depok）。

分布：东洋界的印度尼西亚（爪哇）。

36. 遥远锯白蚁 *Microcerotermes distans* (Haviland, 1898)

中文名称：我国学者曾称之为“镰锯白蚁”。

曾称为：遥远白蚁 *Termes distans* Haviland, 1898。

模式标本：全模（成虫、兵蚁、工蚁）分别保存在英国剑桥大学动物学博物馆和美国自然历史博物馆，全模（兵蚁、工蚁）保存在印度森林研究所。

模式产地：印度尼西亚苏拉威西。

分布：东洋界的印度尼西亚（苏拉威西）、马来西亚（可疑）、泰国、菲律宾（可疑）。

危害性：它危害甘蔗、椰子树、多种林木和房屋建筑。

37. 易识锯白蚁 *Microcerotermes distinctus* Silvestri, 1909

模式标本：选模（兵蚁）、副选模（工蚁）保存在德国汉堡动物学博物馆。

模式产地：澳大利亚西澳大利亚州（Coolgardie）。

分布：澳洲界的澳大利亚（新南威尔士州、北领地、昆士兰州、南澳大利亚州、维多利亚州、西澳大利亚州、格鲁特岛）。

38. 不同锯白蚁 *Microcerotermes diversus* Silvestri, 1920

中文名称：我国学者曾称之为“中东锯白蚁”。

模式标本：全模（成虫、兵蚁、工蚁）分别保存在意大利农业昆虫研究所和美国自然历史博物馆。

模式产地：伊拉克（Al Amarah）。

分布：非洲界的也门；古北界的伊朗、伊拉克、科威特、阿曼、沙特阿拉伯。

危害性：在以色列、沙特阿拉伯、伊拉克和伊朗，不同锯白蚁是有名的害虫，它危害建筑木结构，也危害枣椰树、棉花、番石榴、柑橘和林木。

39. 长头锯白蚁 *Microcerotermes dolichocephalicus* Gao and Lam, 1992

模式标本：正模（兵蚁、成虫）、副模（成虫、兵蚁）保存在中国科学院上海昆虫研究所，副模（成虫、兵蚁）保存在南京市白蚁防治研究所。

模式产地：中国广西壮族自治区容县。

分布：东洋界的中国（广西）。

40. 狭颚锯白蚁 *Microcerotermes dolichognathus* Silvestri, 1912

模式标本：全模（兵蚁、工蚁）分别保存在意大利农业昆虫研究所和美国自然历史博物馆。

模式产地：几内亚比绍（Rio Cassine）。

分布：非洲界的喀麦隆、刚果民主共和国、几内亚比绍、尼日利亚、圣多美、塞拉利昂。

41. 杜马斯锯白蚁 *Microcerotermes dumasensis* Thakur, 1989

模式标本：正模（兵蚁）、副模（兵蚁、工蚁）保存在印度动物调查所，副模（兵蚁、工蚁）分别保存在印度森林研究所和印度动物调查所沙漠分站。

模式产地：印度古吉拉特邦（Dumas 海岸）。

分布：东洋界的印度（古吉拉特邦）。

42. 杜米萨锯白蚁 *Microcerotermes dumisae* Fuller, 1925

模式标本：选模（兵蚁）、副选模（成虫、工蚁）保存在南非国家昆虫馆，副选模（成虫、工蚁）保存在美国自然历史博物馆。

模式产地：南非纳塔尔省（Illovo Lagoon）。

分布：非洲界的南非。

43. 含糊锯白蚁 *Microcerotermes duplex* (Desneux, 1904)

曾称为：含糊白蚁（真白蚁亚属）*Termes* (*Eutermes*) *duplex* Desneux, 1904。

异名：可疑白蚁 *Termes dubius* Haviland, 1898。

模式标本：全模（成虫、兵蚁、工蚁）分别保存在英国剑桥大学动物学博物馆和美国自然历史博物馆。

模式产地：马来西亚砂拉越。

分布：东洋界的印度尼西亚（加里曼丹）、马来西亚（大陆、沙巴、砂拉越）。

44. 德班锯白蚁 *Microcerotermes durbanensis* Fuller, 1925

模式标本：选模（兵蚁）、副选模（成虫、兵蚁）保存在南非国家昆虫馆，副选模（成虫、工蚁）保存在美国自然历史博物馆。

模式产地：南非纳塔尔省（Durban）。

分布：非洲界的南非。

45. 缺齿锯白蚁 *Microcerotermes edentatus* Wasmann, 1911

异名：完整真白蚁 *Eutermes intactus* Sjöstedt, 1911（裸记名称）。

模式标本：全模（兵蚁、工蚁）分别保存在荷兰马斯特里赫特自然历史博物馆和美国自然历史博物馆。

模式产地：刚果民主共和国（Sankuru）。

分布：非洲界的安哥拉、喀麦隆、刚果民主共和国、加纳、科特迪瓦、利比里亚、尼日利亚、坦桑尼亚、乌干达。

危害性：在科特迪瓦，它危害可可树。

46. 苗条锯白蚁 *Microcerotermes elegans* Sjöstedt, 1925

模式标本：全模（兵蚁）分别保存在比利时非洲中心皇家博物馆和瑞典自然历史博物馆。

模式产地：刚果民主共和国（Kananga）。

分布：非洲界的刚果民主共和国。

*****细长锯白蚁 *Microcerotermes elongatus* Sjöstedt, 1926（裸记名称）**

分布：非洲界的刚果共和国（可能是刚果民主共和国）。

47. 真颚锯白蚁 *Microcerotermes eugnathus* Silvestri, 1911

模式标本：全模（成虫、兵蚁、工蚁）分别保存在意大利农业昆虫研究所和美国自然历史博物馆。

模式产地：突尼斯（Cherri-Cherra）。

分布：古北界的埃及、突尼斯。

48. 微小锯白蚁 *Microcerotermes exiguus* (Hagen, 1858)

曾称为：微小白蚁（真白蚁亚属）*Termes* (*Eutermes*) *exiguous* Hagen, 1858。

异名：农场白蚁 *Termes corticicola* Hagen, 1858（裸记名称）。

模式标本：全模（成虫、兵蚁）保存在哈佛大学比较动物学博物馆。

模式产地：巴西（Pará）。

分布：新热带界的巴西（亚马孙雨林）、哥伦比亚、危地马拉、尼加拉瓜、巴拿马、特立尼达和多巴哥、委内瑞拉。

生物学：它在地上筑巢。

危害性：在委内瑞拉、巴西、哥伦比亚、尼加拉瓜、特立尼达和多巴哥，它危害甘蔗和房屋木构件。

49. 弗莱彻锯白蚁 *Microcerotermes fletcheri* Holmgren and Holmgren, 1917

模式标本：全模（兵蚁、工蚁）分别保存在意大利农业昆虫研究所和瑞典动物研究所。

模式产地：印度卡纳塔克邦（Mysore）。

分布：东洋界的印度（卡纳塔克邦、喀拉拉邦、泰米尔纳德邦、北方邦）。

危害性：它危害果树和房屋木构件。

50. 弗莱锯白蚁 *Microcerotermes flyensis* Roisin and Pasteels, 2000

模式标本：正模（兵蚁）、副模（成虫、兵蚁、工蚁）保存在比利时皇家自然科学研究所。

模式产地：巴布亚新几内亚西部省。

分布：巴布亚界的巴布亚新几内亚。

51. 棕胫锯白蚁 *Microcerotermes fuscotibialis* (Sjöstedt, 1896)

亚种：1）棕胫锯白蚁棕胫亚种 *Microcerotermes fuscotibialis fuscotibialis* (Sjöstedt, 1896)

曾称为：棕胫真白蚁 *Eutermes fuscotibialis* Sjöstedt, 1896。

模式标本：全模（成虫、兵蚁、工蚁）分别保存在瑞典自然历史博物馆和美国自然历史博物馆，全模（成虫）保存在德国汉堡动物学博物馆。

模式产地：喀麦隆（Bonge）

分布：非洲界的安哥拉、喀麦隆、刚果民主共和国、加蓬、加纳、几内亚、科特迪瓦、尼日利亚、塞内加尔、塞拉利昂。

2）棕胫锯白蚁利比里亚亚种 *Microcerotermes fuscotibialis libericus* Rosen, 1912

曾称为：利比里亚锯白蚁 *Microcerotermes libericus* Rosen, 1912。

模式标本：全模（兵蚁）分别保存在德国巴伐利亚州动物学博物馆、美国自然历史博物馆和荷兰马斯特里赫特自然历史博物馆。

模式产地：利比里亚。

分布：非洲界的几内亚、利比里亚。

3）棕胫锯白蚁强壮亚种 *Microcerotermes fuscotibialis validior* Silvestri, 1914

模式标本：全模（兵蚁、工蚁）分别保存在意大利农业昆虫研究所和美国自然历史博物馆。

模式产地：几内亚（Mamou）。

分布：非洲界的几内亚。

危害性：它危害热带非洲的棉花和玉米等农作物。

52. 加布里埃利斯锯白蚁 *Microcerotermes gabrielis* Weidner, 1955

模式标本：选模（成虫）、副选模（成虫、兵蚁、工蚁）保存在德国汉堡动物学博物馆，副选模（成虫、兵蚁、工蚁）保存在美国自然历史博物馆。

模式产地：伊拉克（Tauq am Tschai）。

分布：古北界的阿富汗、伊朗、伊拉克、沙特阿拉伯。

53. 加内什锯白蚁 *Microcerotermes ganeshi* Bose, 1984

模式标本：正模（兵蚁）、副模（兵蚁、工蚁）保存在印度动物调查所。

模式产地：印度泰米尔纳德邦（Salem）。

分布：东洋界的印度（泰米尔纳德邦）。

生物学：它的工蚁分大、小二型。

54. 细瘦锯白蚁 *Microcerotermes gracilis* Light, 1933

模式标本：全模（兵蚁、工蚁）保存在美国自然历史博物馆，全模（工蚁）分别保存在印度动物调查所和印度森林研究所。

模式产地：墨西哥（Colima）。

分布：新热带界从墨西哥到哥斯达黎加。

55. 格林锯白蚁 *Microcerotermes greeni* Holmgren, 1913

种名释义：种名来自早期研究斯里兰卡白蚁的 E. E. Green 的姓。

模式标本：全模（兵蚁、工蚁）分别保存在瑞典动物研究所和美国自然历史博物馆，全模（工蚁）保存在印度森林研究所。

模式产地：斯里兰卡（Ambalangoda）。

分布：东洋界的斯里兰卡。

危害性：它危害茶树。

56. 具钩锯白蚁 *Microcerotermes hamatus* (Holmgren, 1913)

曾称为：祖鲁真白蚁具钩亚种 *Eutermes zuluensis hamatus* Holmgren, 1913。

模式标本：全模（兵蚁、工蚁）分别保存在瑞典动物研究所和瑞典哥德堡自然历史博物馆。

模式产地：南非祖鲁兰（Somkele）。

分布：非洲界的刚果民主共和国、南非。

57. 哈维兰锯白蚁 *Microcerotermes havilandi* Holmgren, 1913

模式标本：全模（兵蚁、工蚁）分别保存在瑞典动物研究所和美国自然历史博物馆，全模（工蚁）保存在印度森林研究所。

模式产地：马来西亚砂拉越。

分布：东洋界的印度尼西亚（苏门答腊）、马来西亚（大陆、砂拉越）。

58. 埃姆锯白蚁 *Microcerotermes heimi* Wasmann, 1902

模式标本：选模（兵蚁）、副选模（成虫）保存在荷兰马斯特里赫特自然历史博物馆，副选模（成虫、兵蚁、工蚁）保存在美国自然历史博物馆，副选模（成虫、兵蚁）保存在意大利农业昆虫研究所。

模式产地：印度卡纳塔克邦（Ahmednagar District）。

分布：东洋界的巴基斯坦、斯里兰卡（可疑）、印度（阿萨姆邦、古吉拉特邦、卡纳塔克邦、喀拉拉邦、马哈拉施特拉邦、拉贾斯坦邦）。

生物学：它生活在森林中，栖息于死树桩内、树皮下。

危害性：在巴基斯坦，它危害房屋木构件。

59. 海帕恩锯白蚁 *Microcerotermes hypaenicus* Fuller, 1925

模式标本：选模（雄成虫）、副选模（成虫、兵蚁）保存在南非国家昆虫馆，副选模（成虫）保存在美国自然历史博物馆。

模式产地：南非纳塔尔省（Mbazwane Swamp）。

分布：非洲界的南非。

60. 伊拉拉佐纳图斯锯白蚁 *Microcerotermes ilalazonatus* Fuller, 1925

模式标本：选模（雄成虫）、副选模（成虫、兵蚁）保存在南非国家昆虫馆，副选模（成虫、兵蚁、工蚁）保存在美国自然历史博物馆。

模式产地：南非纳塔尔省。

分布：非洲界的南非。

61. 易动锯白蚁 *Microcerotermes implacidus* Hill, 1942

模式标本：正模（兵蚁）、副模（成虫、兵蚁、工蚁）保存在澳大利亚国家昆虫馆，副模（成虫、兵蚁、工蚁）保存在美国自然历史博物馆。

模式产地：澳大利亚新南威尔士州。

分布：澳洲界的澳大利亚（新南威尔士州、北领地、昆士兰州、维多利亚州）。

62. 模糊锯白蚁 *Microcerotermes indistinctus* Mathews, 1977

模式标本：正模（兵蚁）、副模（成虫、兵蚁、工蚁）保存在巴西圣保罗大学动物学博物馆，副模（成虫、兵蚁、工蚁）分别保存在英国自然历史博物馆和美国自然历史博物馆。

模式产地：巴西马托格罗索州（Serra do Ronchador）。

分布：新热带界的巴西（马托格罗索州）。

63. 岛屿锯白蚁 *Microcerotermes insularis* Maiti and Chakraborty, 1994

模式标本：正模（兵蚁）、副模（兵蚁、工蚁）保存在印度动物调查所。

模式产地：印度安达曼群岛。

分布：东洋界的印度（安达曼群岛）。

64. 库德雷穆克锯白蚁 *Microcerotermes kudremukhae* Chhotani, 1997

模式标本：正模（兵蚁）、副模（工蚁）保存在印度动物调查所。

模式产地：印度卡纳塔克邦（Kudremukh）。

分布：东洋界的印度（卡纳塔克邦）。

生物学：它的工蚁分大、小二型。

65. 夸祖鲁锯白蚁 *Microcerotermes kwazulu* Fuller, 1925

模式标本：选模（兵蚁）、副选模（成虫、兵蚁）保存在南非国家昆虫馆，副选模（成虫、兵蚁、工蚁）保存在美国自然历史博物馆。

模式产地：南非纳塔尔省。

分布：非洲界的南非。

66. 角唇锯白蚁 *Microcerotermes labioangulatus* Sen-Sarma and Thakur, 1975

种名释义：这种白蚁兵蚁上唇为五边形，其前外侧角呈角状。

模式标本：选模（兵蚁）、副选模（兵蚁、工蚁）保存在印度森林研究所，副选模（兵蚁、工蚁）保存在印度动物调查所。

模式产地：印度特里普拉邦。

分布：东洋界的印度（安得拉邦、那加兰邦、特里普拉邦、北方邦）。

危害性：它危害房屋木构件。

67. 拉合尔锯白蚁 *Microcerotermes lahorensis* Akhtar, 1974

模式标本：正模（兵蚁）、副模（工蚁）保存在巴基斯坦旁遮普大学动物学系。

模式产地：巴基斯坦（Lahore）。

分布：东洋界的巴基斯坦（旁遮普省）。

68. 侧移锯白蚁 *Microcerotermes lateralis* (Walker, 1853)

曾称为：侧移白蚁 *Termes lateralis* Walker, 1853。

模式标本：正模（成虫）保存在英国自然历史博物馆。

模式产地：塞拉利昂。

分布：非洲界的塞拉利昂。

69. 宽头锯白蚁 *Microcerotermes laticeps* Holmgren, 1913

曾称为：祖鲁锯白蚁宽头亚种 *Microcerotermes zuluensis laticeps* Holmgren, 1913。

模式标本：全模（兵蚁、工蚁）保存在瑞典哥德堡自然历史博物馆，全模（兵蚁）保存在瑞典自然历史博物馆。

模式产地：南非纳塔尔省（Estcourt）。

分布：非洲界的南非。

70. 拉克西米锯白蚁 *Microcerotermes laxmi* Roonwal and Bose, 1964

曾称为：细颚锯白蚁拉克西米亚种 *Microcerotermes tenuignathus laxmi* Roonwal and Bose, 1964。

模式标本：正模（兵蚁）、副模（工蚁）保存在印度动物调查所。

模式产地：印度拉贾斯坦邦（Bikaner District）。

分布：东洋界的印度（拉贾斯坦邦）。

71. 莉锯白蚁 *Microcerotermes leai* Hill, 1927

模式标本：选模（兵蚁）、副选模（成虫、工蚁）保存在南澳大利亚博物馆，副选模（成虫、兵蚁、工蚁）分别保存在美国自然历史博物馆和澳大利亚维多利亚博物馆。

模式产地：澳大利亚南澳大利亚州（Ooldea）。

分布：澳洲界的澳大利亚（北领地、南澳大利亚州）。

72. 林波波锯白蚁 *Microcerotermes limpopoensis* Fuller, 1925

模式标本：选模（雄成虫）、副选模（成虫、工蚁）保存在南非国家昆虫馆，副选模（成虫、工蚁）保存在美国自然历史博物馆。

模式产地：南非。

分布：非洲界的南非。

73. 头长锯白蚁 *Microcerotermes longiceps* Cachan, 1949

异名：长头驼白蚁 *Gibbotermes longiceps* Cachan, 1951、波利昂锯白蚁 *Microcerotermes pauliani* Krishna, 2013。

模式标本：全模（成虫、兵蚁、工蚁）保存在比利时非洲中心皇家博物馆。

模式产地：马达加斯加。

分布：非洲界的马达加斯加。

74. 长颚锯白蚁 *Microcerotermes longignathus* Ahmad, 1955

中文名称：我国学者曾称之为“弯颚锯白蚁”。

模式标本：正模（兵蚁）、副模（兵蚁）保存在巴基斯坦旁遮普大学动物学系，副模（兵蚁、工蚁）保存在美国自然历史博物馆。

模式产地：巴基斯坦俾路支省。

分布：东洋界的巴基斯坦（信德省）；古北界的巴基斯坦（俾路支省）。

危害性：它危害甘蔗、椰子树、杏树等多种林木和房屋建筑，但危害不严重。

75. 长腭锯白蚁 *Microcerotermes longimalatus* Sjöstedt, 1925

模式标本：全模（兵蚁）分别保存在瑞典自然历史博物馆和比利时非洲中心皇家博物馆，全模（成虫、兵蚁、工蚁）保存在美国自然历史博物馆。

模式产地：刚果民主共和国（Kananga）。

分布：非洲界的刚果民主共和国。

76. 洛斯巴尼奥斯锯白蚁 *Microcerotermes losbanosensis* Oshima, 1914

模式标本：全模（兵蚁、工蚁）保存在美国自然历史博物馆。

模式产地：菲律宾吕宋（Los-Banos）。

分布：东洋界的菲律宾（吕宋）。

危害性：它危害椰子树、甘蔗和房屋木构件。

77. 卢路亚锯白蚁 *Microcerotermes luluai* Roisin and Pasteels, 2000

模式标本：正模（兵蚁）、副模（成虫、兵蚁、工蚁）保存在比利时皇家自然科学研究所。

模式产地：巴布亚新几内亚。

分布：巴布亚界的巴布亚新几内亚。

78. 马卡古锯白蚁 *Microcerotermes macacoensis* Sjöstedt, 1925

模式标本：全模（兵蚁）分别保存在比利时非洲中心皇家博物馆和瑞典自然历史博物馆。

模式产地：刚果民主共和国（Luebo）。

分布：非洲界的刚果民主共和国。

79. 马都拉锯白蚁 *Microcerotermes madurae* Kemner, 1934

模式标本：全模（兵蚁、工蚁）分别保存在瑞典隆德大学动物研究所和美国自然历史博物馆，全模（工蚁）保存在印度森林研究所。

模式产地：印度尼西亚爪哇（Madura）。

分布：东洋界的印度尼西亚（爪哇）。

80. 大型锯白蚁 *Microcerotermes major* (Cachan, 1951)

曾称为：大型驼白蚁 *Gibbotermes major* Cachan, 1951。

模式标本：全模（兵蚁、工蚁）分别保存在比利时非洲中心皇家博物馆和美国自然历史博物馆。

模式产地：马达加斯加。

分布：非洲界的马达加斯加。

81. 马利克锯白蚁 *Microcerotermes maliki* Akhtar, 1974

模式标本：正模（兵蚁）、副模（兵蚁、工蚁）保存在巴基斯坦旁遮普大学动物学系，副模（兵蚁、工蚁）分别保存在巴基斯坦森林研究所、美国密西西比港湾森林试验站和英国自然历史博物馆。

模式产地：巴基斯坦（Peshawar）。

分布：东洋界的巴基斯坦。

82. 马姆斯伯里锯白蚁 *Microcerotermes malmesburyi* Fuller, 1925

模式标本：选模（蚁王）、副选模（蚁后、兵蚁、工蚁）保存在南非国家昆虫馆，副选模（蚁后、工蚁）保存在美国自然历史博物馆。

模式产地：南非开普省（Malmesbury）。

分布：非洲界的南非。

83. 具颚锯白蚁 *Microcerotermes mandibularis* (Cachan, 1951)

曾称为：具颚驼白蚁 *Gibbotermes mandibularis* Cachan, 1951。

模式标本：全模（兵蚁）分别保存在比利时非洲中心皇家博物馆、美国自然历史博物馆和南非国家昆虫馆。

模式产地：马达加斯加。

分布：非洲界的马达加斯加。

84. 曼志库尔锯白蚁 *Microcerotermes manjikuli* Sen-Sarma, 1966

模式标本：正模（兵蚁）、副模（兵蚁）保存在印度森林研究所。

模式产地：泰国（Pathaloong）。

分布：东洋界的泰国。

85. 海角锯白蚁 *Microcerotermes marilimbus* Ping and Xu, 1984

模式标本：正模（兵蚁、蚁后）、副模（兵蚁、工蚁）保存在广东省科学院动物研究所。

模式产地：中国海南省万宁县。

分布：东洋界的中国（海南）。

生物学：它的兵蚁分大、小二型。它建造近人高的塔状垄，或在树干上建球状巢。

危害性：它危害青梅树等林木和茅草房木柱。

86. 马赛亚特锯白蚁 *Microcerotermes masaiaticus* Harris, 1954

模式标本：正模（雌成虫）、副模（成虫、兵蚁）保存在英国自然历史博物馆，副模（成虫、兵蚁）保存在美国自然历史博物馆，副模（兵蚁）保存在南非国家昆虫馆。

模式产地：肯尼亚（Rift Valley）。

分布：非洲界的肯尼亚、坦桑尼亚。

危害性：在肯尼亚，它危害林木。

87. 小型锯白蚁 *Microcerotermes minor* Holmgren, 1914

曾称为：埃姆锯白蚁小型亚种 *Microcerotermes heimi minor* Holmgren, 1914。

模式标本：全模（兵蚁、工蚁）保存在瑞典动物研究所。

模式产地：斯里兰卡（Maha Iluppalama）。

分布：东洋界的印度（安得拉邦、卡纳塔克邦、喀拉拉邦、泰米尔纳德邦）、斯里兰卡。

危害性：在印度，它危害林木和房屋木构件。

88. 小泰锯白蚁 *Microcerotermes minutus* Ahmad, 1965

中文名称：我国学者习惯称其为“小泰锯白蚁”，其拉丁语义为“小锯白蚁”。

模式标本：正模（兵蚁）、副模（成虫、工蚁）保存在巴基斯坦旁遮普大学动物学系，副模（成虫）保存在美国自然历史博物馆。

模式产地：泰国（Wang Nok An）。

分布：东洋界的中国（香港）、泰国。

89. 姆兹立卡兹锯白蚁 *Microcerotermes mzilikazi* Fuller, 1925

种名释义：种名来自南非曾经的国王 Mzilikazi（1790—1868）的姓。

模式标本：选模（雄成虫）、副选模（兵蚁、成虫）保存在南非国家昆虫馆，副选模（成虫）保存在美国自然历史博物馆。

模式产地：南非比勒陀利亚（Sunnyside）。

分布：非洲界的南非。

90. 短小锯白蚁 *Microcerotermes nanulus* Sjöstedt, 1925

模式标本：全模（兵蚁）分别保存在法国自然历史博物馆和瑞典自然历史博物馆，全模（兵蚁、工蚁）保存在美国自然历史博物馆。

模式产地：贝宁（Agouagou）。

分布：非洲界的贝宁、科特迪瓦。

91. 侏儒锯白蚁 *Microcerotermes nanus* (Hill, 1915)

曾称为：侏儒白蚁 *Termes nana* Hill, 1915。

模式标本：选模（兵蚁）、副选模（兵蚁、工蚁）保存在澳大利亚维多利亚博物馆，副选模（兵蚁、工蚁）保存在美国自然历史博物馆。

模式产地：澳大利亚北领地达尔文市。

分布：澳洲界的澳大利亚（北领地、昆士兰州、西澳大利亚州）。

92. 树林锯白蚁 *Microcerotermes nemoralis* Harris, 1954

模式标本：正模（雌成虫）、副模（成虫、兵蚁、工蚁）保存在英国自然历史博物馆，副模（成虫、兵蚁、工蚁）保存在美国自然历史博物馆，副模（成虫、兵蚁）保存在南非国家昆虫馆。

模式产地：坦桑尼亚（Kasulu）。

分布：非洲界的坦桑尼亚、赞比亚。

93. 强健锯白蚁 *Microcerotermes nervosus* Hill, 1927

模式标本：选模（成虫）、副选模（成虫、兵蚁、工蚁）保存在澳大利亚维多利亚博物馆，副选模（成虫、兵蚁）分别保存在澳大利亚国家昆虫馆和美国国家博物馆，副选模（成虫、兵蚁、工蚁、若蚁）保存在美国自然历史博物馆。

模式产地：澳大利亚北领地达尔文市。

分布：澳洲界的澳大利亚（北领地、昆士兰州、西澳大利亚州）。

生物学：它建造蚁垄。

94. 纽曼锯白蚁 *Microcerotermes newmani* Hill, 1927

模式标本：选模（雌成虫）、副选模（雄成虫、兵蚁）保存在澳大利亚维多利亚博物馆，副选模（蚁后、蚁王、成虫、工蚁、兵蚁、若蚁）保存在美国自然历史博物馆，副选模（成虫、工蚁）分别保存在澳大利亚国家昆虫馆和美国国家博物馆。

模式产地：澳大利亚西澳大利亚州（Mundaring）。

分布：澳洲界的澳大利亚（南澳大利亚州、西澳大利亚州）。

95. 尼科巴锯白蚁 *Microcerotermes nicobarensis* Roonwal and Bose, 1970

模式标本：正模（兵蚁）、副模（成虫、兵蚁、工蚁）保存在印度动物调查所，副模（成虫、工蚁）分别保存在印度森林研究所和美国自然历史博物馆。

模式产地：印度尼科巴群岛。

分布：东洋界的印度（安达曼群岛、尼科巴群岛）。

生物学：它的工蚁分大、小二型。

危害性：它危害椰子树树皮，但危害不严重。

96. 新喀里多尼亚锯白蚁 *Microcerotermes novaecaledoniae* Holmgren and Holmgren, 1915

模式标本：全模（兵蚁、工蚁）分别保存在瑞士自然历史博物馆和美国自然历史博物馆。

模式产地：新喀里多尼亚。

分布：巴布亚界的新喀里多尼亚。

97. 巴基斯坦锯白蚁 *Microcerotermes pakistanicus* Akhtar, 1974

模式标本：正模（兵蚁）、副模（兵蚁、工蚁）保存在巴基斯坦旁遮普大学动物学系，副模（兵蚁、工蚁）分别保存在巴基斯坦森林研究所、美国密西西比港湾森林试验站、美国自然历史博物馆和英国自然历史博物馆。

模式产地：巴基斯坦开伯尔-普赫图赫瓦省。

分布：东洋界的巴基斯坦（开伯尔-普赫图赫瓦省）、印度（喀拉拉邦）、马来西亚（大陆）；古北界的伊朗。

98. 古北锯白蚁 *Microcerotermes palaearcticus* (Sjöstedt, 1904)

曾称为：古北真白蚁 *Eutermes palaearcticus* Sjöstedt, 1904。

模式标本：全模（兵蚁、工蚁）保存在法国自然历史博物馆，全模（工蚁）分别保存在瑞典自然历史博物馆和美国自然历史博物馆。

模式产地：阿尔及利亚（Laghouat）。

分布：古北界的阿尔及利亚、摩洛哥、突尼斯。

99. 巴勒斯坦锯白蚁 *Microcerotermes palestinensis* Spaeth, 1964

模式标本：正模（兵蚁）、副模（成虫、兵蚁、工蚁）保存在美国自然历史博物馆，副模（兵蚁、工蚁）保存在英国自然历史博物馆，副模（工蚁）分别保存在美国国家博物馆、德国汉堡动物学博物馆和巴基斯坦旁遮普大学动物学系。

模式产地：以色列（Wadi Abyad）。

分布：东洋界的印度（古吉拉特邦、拉贾斯坦邦）；古北界的以色列。

危害性：在以色列，它危害房屋木构件。

100. 巴布亚锯白蚁 *Microcerotermes papuanus* Holmgren, 1911

模式标本：选模（兵蚁）、副选模（成虫、工蚁）保存在德国柏林冯博大学自然博物馆，副选模（成虫、兵蚁、工蚁）保存在美国自然历史博物馆，副选模（工蚁）保存在美国国家博物馆。

模式产地：巴布亚新几内亚（Tami）。

分布：巴布亚界的巴布亚新几内亚。

101. 似西里伯斯锯白蚁 *Microcerotermes paracelebensis* Ahmad, 1965

模式标本：正模（兵蚁）、副模（成虫、兵蚁、工蚁）保存在巴基斯坦旁遮普大学动物学系，副模（成虫、兵蚁、工蚁）保存在美国自然历史博物馆。

模式产地：泰国（Ka-chong）。

分布：东洋界的马来西亚（大陆）、泰国。

102. 小头锯白蚁 *Microcerotermes parviceps* Mjöberg, 1920

异名：锯白蚁 *Termes serratus* Froggatt, 1898、迅速锯白蚁 *Microcerotermes fugax* Hill, 1927、短剑锯白蚁 *Microcerotermes gladius* Hill, 1927、贫乏锯白蚁 *Microcerotermes mendicus* Hill, 1927。

模式标本：选模（兵蚁）、副选模（成虫、兵蚁、工蚁）保存在瑞典自然历史博物馆，副选模（成虫、兵蚁、工蚁）保存在美国自然历史博物馆。

模式产地：澳大利亚昆士兰州（Colosseum）。

分布：澳洲界的澳大利亚（新南威尔士州、北领地、昆士兰州、南澳大利亚州、西澳大利亚州）。

危害性：它危害甘蔗。

103. 幼小锯白蚁 *Microcerotermes parvulus* (Sjöstedt, 1911)

曾称为：幼小真白蚁 *Eutermes parvulus* Sjöstedt, 1911。

模式标本：全模（成虫、兵蚁、工蚁）分别保存在瑞典自然历史博物馆和美国自然历史博物馆，全模（兵蚁）保存在南非国家昆虫馆。

模式产地：刚果民主共和国（Mukimbungu）。

分布：非洲界的乍得、刚果共和国、刚果民主共和国、埃塞俄比亚、加纳、几内亚、科特迪瓦、尼日利亚、也门、塞内加尔、坦桑尼亚；古北界的阿曼、沙特阿拉伯。

危害性：在坦桑尼亚，它危害田间农作物。

104. 小锯白蚁 *Microcerotermes parvus* (Haviland, 1898)

曾称为：微小白蚁 *Termes parvus* Haviland, 1898。

异名：纤细白蚁 *Termes subtilior* Van Boven, 1969（裸记名称）。

模式标本：全模（成虫、兵蚁、工蚁）分别保存在英国剑桥大学动物学博物馆和瑞典自然历史博物馆，全模（蚁后、成虫、兵蚁、工蚁）保存在美国自然历史博物馆，全模（成虫、兵蚁）保存在荷兰马斯特里赫特自然历史博物馆。

模式产地：南非纳塔尔省。

分布：非洲界的安哥拉、喀麦隆、刚果共和国、刚果民主共和国、厄立特里亚、埃塞俄比亚、加蓬、加纳、科特迪瓦、肯尼亚、尼日利亚、塞内加尔、南非、苏丹、坦桑尼亚、乌干达。

危害性：在刚果共和国、刚果民主共和国和东非，它危害可可树。

105. 近缘锯白蚁 *Microcerotermes peraffinis* Silvestri, 1909

模式标本：全模（成虫、兵蚁、工蚁）保存在意大利农业昆虫研究所，全模（成虫、工蚁）保存在美国自然历史博物馆。

模式产地：萨摩亚（Ninafoon）。

分布：巴布亚界的萨摩亚。

106. 微锯白蚁 *Microcerotermes periminutus* Ping and Xu, 1984

模式标本：正模（兵蚁）、副模（兵蚁、工蚁）保存在广东省科学院动物研究所。

模式产地：中国海南省琼中县。

分布：东洋界的中国（海南）。

生物学：它在地下建造小型硬壳巢。

107. 菲律宾锯白蚁 *Microcerotermes philippinensis* Ahmad, 1947

模式标本：正模（兵蚁）、副模（兵蚁、工蚁、若蚁）保存在美国自然历史博物馆，副模（兵蚁、工蚁、若蚁）分别保存在巴基斯坦旁遮普大学动物学系、印度森林研究所和印度动物调查所。

模式产地：菲律宾（Leyte）。

分布：东洋界的菲律宾（Leyte）。

108. 毛头锯白蚁 *Microcerotermes piliceps* Snyder, 1925

异名：弗洛格特锯白蚁 *Microcerotermes froggatti* Hill, 1927、*Microcerotermes umbritarsus* Hill, 1927。

模式标本：全模（兵蚁、工蚁）分别保存在哈佛大学比较动物学博物馆、美国自然历史博物馆和美国国家博物馆。

模式产地：所罗门群岛。

分布：巴布亚界的巴布亚新几内亚、所罗门群岛。

109. 庞德文尼锯白蚁 *Microcerotermes pondweniensis* Fuller, 1925

模式标本：选模（兵蚁）、副选模（成虫、兵蚁、工蚁）保存在南非国家昆虫馆，副选模（成虫、兵蚁、工蚁）保存在美国自然历史博物馆。

模式产地：南非纳塔尔省（Pondweni）。

分布：非洲界的南非。

110. 似钱皮恩锯白蚁 *Microcerotermes prochampioni* Akhtar, 1974

模式标本：正模（兵蚁）、副模（兵蚁、工蚁）保存在巴基斯坦旁遮普大学动物学系，副模（兵蚁、工蚁）分别保存在巴基斯坦森林研究所、英国自然历史博物馆和美国密西西比港湾森林试验站。

模式产地：巴基斯坦（Hyderabad）。

分布：东洋界的巴基斯坦（信德省）。

111. 行进锯白蚁 *Microcerotermes progrediens* Silvestri, 1914

曾称为：短颚锯白蚁行进亚种 *Microcerotermes brachygnathus progrediens* Silvestri, 1914。

模式标本：全模（兵蚁、工蚁）保存在意大利农业昆虫研究所。

模式产地：尼日利亚（Olokemeji）。

分布：非洲界的安哥拉、喀麦隆、刚果民主共和国、加蓬、科特迪瓦、尼日利亚。

112. 近邻锯白蚁 *Microcerotermes propinquus* Wasmann, 1910

模式标本：全模（成虫、工蚁）保存在荷兰马斯特里赫特自然历史博物馆，全模（成虫、工蚁、若蚁）保存在美国自然历史博物馆。

模式产地：马达加斯加（Europa Island）。

分布：非洲界的马达加斯加（Europa Island）。

113. 喜沙锯白蚁 *Microcerotermes psammophilus* Fuller, 1925

模式标本：选模（兵蚁）、副选模（成虫）保存在南非国家昆虫馆，副选模（成虫、兵蚁）保存在美国自然历史博物馆。

模式产地：南非祖鲁兰。

分布：非洲界的南非。

114. 拉贾锯白蚁 *Microcerotermes raja* Roonwal and Bose, 1964

曾称为：钱皮恩锯白蚁拉贾亚种 *Microcerotermes championi raja* Roonwal and Bose, 1964。

模式标本：正模（兵蚁）、副模（工蚁）保存在印度动物调查所。

模式产地：印度拉贾斯坦邦。

分布：东洋界的印度（拉贾斯坦邦）。

危害性：它危害房屋木构件。

115. 拉姆班锯白蚁 *Microcerotermes rambanensis* Chatterjee and Thakur, 1964

模式标本：正模（兵蚁）、副模（兵蚁、工蚁）保存在印度森林研究所。

模式产地：克什米尔地区。

分布：东洋界的克什米尔地区。

危害性：它危害房屋木构件。

116. 天涯锯白蚁 *Microcerotermes remotus* Ping and Xu, 1984

模式标本：正模（兵蚁）、副模（成虫、兵蚁、工蚁、蚁后）保存在广东省科学院动物研究所。

模式产地：中国海南省三亚市。

分布：东洋界的中国（海南）。

生物学：它在地面建造球状巢，直径可大至 1m 以上。

危害性：它常蛀蚀树头，也可危害居室、仓库的木材，对电杆木、铁路枕木和栅栏等也有危害。

117. 抵抗锯白蚁 *Microcerotermes repugnans* Hill, 1927

模式标本：选模（兵蚁）、副选模（兵蚁、工蚁）保存在澳大利亚维多利亚博物馆，副选模（兵蚁、工蚁）分别保存在美国国家博物馆和美国自然历史博物馆。

模式产地：巴布亚新几内亚。

分布：澳洲界的澳大利亚（昆士兰州）；巴布亚界的巴布亚新几内亚。

118. 菱巢锯白蚁 *Microcerotermes rhombinidus* Ping and Xu, 1984

模式标本：正模（兵蚁）、副模（成虫、兵蚁、工蚁）保存在广东省科学院动物研究所。

模式产地：中国广东省广州市。

分布：东洋界的中国（广东、广西、海南）。

生物学：它在草根下建造小型黑褐色菱角状或各种圆形的硬壳巢，直径 3～6cm。

119. 塞巴锯白蚁 *Microcerotermes sabaeus* (Harris, 1957)

种名释义：种名 Saba 取自阿拉伯南部一古国——塞巴（今为也门）。

曾称为：塞巴漠白蚁 *Eremotermes sabaeus* Harris, 1957。

模式标本：正模（兵蚁）、副模（工蚁）保存在英国自然历史博物馆。

模式产地：也门（Beihan）。

分布：非洲界的也门；古北界的沙特阿拉伯。

危害性：在沙特阿拉伯南部，它危害房屋木构件。

120. 沙巴锯白蚁 *Microcerotermes sabahensis* Thapa, 1982

模式标本：正模（兵蚁）、副模（成虫、兵蚁、工蚁）保存在印度森林研究所。

模式产地：马来西亚沙巴。

分布：东洋界的马来西亚（沙巴）。

121. 萨卡拉哈锯白蚁 *Microcerotermes sakarahensis* (Cachan, 1951)

曾称为：萨卡拉哈驼白蚁 *Gibbotermes sakarahensis* Cachan, 1951。

模式标本：全模（兵蚁、工蚁）分别保存在比利时非洲中心皇家博物馆和美国自然历史博物馆。

模式产地：马达加斯加（Sakaraha）。

分布：非洲界的马达加斯加。

122. 瑟盖瑟尔锯白蚁 *Microcerotermes sakesarensis* Ahmad, 1955

模式标本：正模（兵蚁）、副模（兵蚁、工蚁）保存在巴基斯坦旁遮普大学动物学系，副模（兵蚁）保存在美国自然历史博物馆。

模式产地：巴基斯坦旁遮普省（Sakesar）。

分布：东洋界的巴基斯坦（旁遮普省、开伯尔-普赫图赫瓦省）、印度（古吉拉特邦、中央邦、拉贾斯坦邦）。

123. 圣卢西亚湖锯白蚁 *Microcerotermes sanctaeluciae* Fuller, 1925

模式标本：选模（兵蚁）、副选模（成虫、兵蚁）保存在南非国家昆虫馆，副选模（兵蚁）保存在美国自然历史博物馆。

模式产地：南非纳塔尔省（Lake St. Lucia 北端）。

分布：非洲界的南非。

124. 萨拉万锯白蚁 *Microcerotermes saravanensis* Ghayourfar, 2005

模式标本：正模（兵蚁）、副模（兵蚁、工蚁）保存在伊朗植物害虫及疾病研究所昆虫分类研究部昆虫博物馆。

模式产地：伊朗（Saravan）。

分布：古北界的伊朗。

125. 切割锯白蚁 *Microcerotermes secernens* Schmitz, 1917

模式标本：全模（兵蚁、工蚁）分别保存在美国自然历史博物馆和美国国家博物馆。

模式产地：刚果民主共和国（Kisangani）。

分布：非洲界的刚果民主共和国。

126. 北方锯白蚁 *Microcerotermes septentrionalis* Light, 1933

模式标本：全模（兵蚁、工蚁）保存在美国自然历史博物馆，全模（兵蚁）保存在美国国家博物馆。

模式产地：墨西哥（Colima）。

分布：新热带界从墨西哥到哥斯达黎加。

127. 锯锯白蚁 *Microcerotermes serratus* (Haviland, 1898)

曾称为：锯白蚁 *Termes serratus* Haviland, 1898。

异名：锯白蚁（真白蚁亚属）*Termes* (*Eutermes*) *serrula* Desneux, 1904。

模式标本：全模（成虫、兵蚁、工蚁）分别保存在英国剑桥大学动物学博物馆和美国自然历史博物馆。

模式产地：马来西亚砂拉越。

分布：东洋界的印度尼西亚（加里曼丹）、马来西亚（大陆、沙巴、砂拉越）、泰国。

128. 沙赫鲁德锯白蚁 *Microcerotermes shahroudiensis* Ghayourfar, 2005

模式标本：正模（兵蚁、工蚁）、副模（兵蚁、工蚁）保存在伊朗植物害虫及疾病研究所昆虫分类研究部昆虫博物馆。

模式产地：伊朗（Shahroud、Ghaderabad）。

分布：古北界的伊朗。

129. 西科拉锯白蚁 *Microcerotermes sikorae* (Wasmann, 1893)

曾称为：西科拉真白蚁 *Eutermes sikorae* Wasmann, 1893。

模式标本：全模（成虫、兵蚁、工蚁）保存在荷兰马斯特里赫特自然历史博物馆，全模（蚁后、成虫、兵蚁、工蚁）保存在美国自然历史博物馆。

模式产地：马达加斯加（Andrangoloaka）。

分布：非洲界的马达加斯加。

130. 西尔韦斯特里锯白蚁 *Microcerotermes silvestrianus* Emerson, 1928

模式标本：正模（兵蚁）、副模（工蚁）保存在美国自然历史博物馆。

模式产地：刚果民主共和国。

分布：非洲界的刚果民主共和国。

131. 锡斯坦锯白蚁 *Microcerotermes sistaniensis* Ghayourfar and Akhtar, 2005

模式标本：正模（成虫、兵蚁）、副模（成虫、兵蚁）保存在伊朗植物害虫及疾病研究所昆虫分类研究部昆虫博物馆。

模式产地：伊朗（Sistan）。

分布：古北界的伊朗。

132. 坚硬锯白蚁 *Microcerotermes solidus* Silvestri, 1912

曾称为：微小锯白蚁坚硬亚种 *Microcerotermes parvus solidus* Silvestri, 1912。

模式标本：全模（兵蚁）分别保存在意大利农业昆虫研究所和意大利自然历史博物馆。

模式产地：几内亚比绍（Bolamo）。

分布：非洲界的安哥拉、喀麦隆、刚果民主共和国、加纳、几内亚、几内亚比绍、科特迪瓦、尼日利亚、塞内加尔。

危害性：在加纳，它危害可可树。

133. 斯特伦基锯白蚁 *Microcerotermes strunckii* (Sörensen, 1884)

曾称为：斯特伦基白蚁 *Termes strunckii* Sörensen, 1884。

模式标本：全模（成虫、兵蚁、工蚁）保存在哈佛大学比较动物学博物馆。

模式产地：阿根廷。

分布：新热带界的阿根廷（Chaco、Corrientes、福莫萨）、巴西、墨西哥（可疑）。

危害性：在巴西和阿根廷，它危害甘蔗，也可对房屋木构件和果树造成轻微危害。

134. 稍全锯白蚁 *Microcerotermes subinteger* (Cachan, 1949)

曾称为：稍全方白蚁 *Cubitermes subinteger* Cachan, 1949。

异名：稍全驼白蚁 *Gibbotermes subinteger* Cachan, 1951。

模式标本：全模（兵蚁）保存在比利时非洲中心皇家博物馆。

模式产地：马达加斯加。

分布：非洲界的马达加斯加。

135. 瘦长锯白蚁 *Microcerotermes subtilis* (Wasmann, 1897)

曾称为：瘦长白蚁 *Termes subtilis* Wasmann, 1897。

模式标本：全模（兵蚁、工蚁、若蚁）保存在荷兰马斯特里赫特自然历史博物馆，全模（成虫翅、兵蚁、工蚁）保存在美国自然历史博物馆，全模（兵蚁、工蚁）保存在瑞典自然历史博物馆。

模式产地：马达加斯加（Majunga）、塞舌尔（Aldabra Island）。

分布：非洲界的科摩罗、欧罗巴岛、格罗里奥岛、马达加斯加、留尼旺、塞舌尔。

危害性：在塞舌尔，它危害椰子树和房屋木构件。

136. 泰勒锯白蚁 *Microcerotermes taylori* Hill, 1927

模式标本：选模（兵蚁）、副选模（成虫、兵蚁、工蚁、若蚁）保存在澳大利亚维多利亚博物馆，副选模（成虫、兵蚁、工蚁、若蚁）保存在美国自然历史博物馆，副选模（兵蚁、工蚁）保存在美国国家博物馆。

模式产地：澳大利亚昆士兰州（Meringa）。

分布：澳洲界的澳大利亚（北领地、昆士兰州）；巴布亚界的巴布亚新几内亚。

137. 细颚锯白蚁 *Microcerotermes tenuignathus* Holmgren, 1913

模式标本：全模（兵蚁、工蚁）保存在瑞典动物研究所。

模式产地：印度古吉拉特邦（Vadtal）。

分布：东洋界的印度（德里、古吉拉特邦、马哈拉施特拉邦、旁遮普邦、拉贾斯坦邦）、巴基斯坦（旁遮普省、信德省、开伯尔-普赫图赫瓦省）；古北界的巴基斯坦（俾路支省）。

生物学：它是土栖白蚁，在原木下筑地下巢。

危害性：它危害房屋木构件。曾有它危害图书馆图书的报道。它的危害性不大。

138. 可可锯白蚁 *Microcerotermes theobromae* (Desneux, 1906)

种名释义：*Theobroma* 为可可属属名。

曾称为：可可白蚁 *Termes theobromae* Desneux, 1906。

模式标本：全模（兵蚁、工蚁）分别保存在法国自然历史博物馆、美国自然历史博物馆和荷兰马斯特里赫特自然历史博物馆。

模式产地：圣多美和普林西比（Porto Alegre）。

分布：非洲界的安诺本岛、圣多美和普林西比。

危害性：在圣多美，它危害可可树。

139. 沃姆巴德锯白蚁 *Microcerotermes thermarum* Fuller, 1925

种名释义：模式标本采集于南非的 Warmbad（Warmbath），其意为“澡堂”，而拉丁种名意为“澡堂”，所以按其发现地的英文名直译成“沃姆巴德”。

模式标本：选模（兵蚁）、副选模（工蚁）保存在南非国家昆虫馆，副选模（工蚁）保存在美国自然历史博物馆。

模式产地：南非德南士瓦省（Warmbad）。

分布：新北界的南非。

140. 经过锯白蚁 *Microcerotermes transiens* Rosen, 1912

模式标本：全模（兵蚁）分别保存在德国巴伐利亚州动物学博物馆和美国自然历史博物馆。

模式产地：利比里亚。

分布：非洲界的喀麦隆、利比里亚。

141. 土库曼锯白蚁 *Microcerotermes turkmenicus* Luppova, 1976

模式标本：正模（成虫）、副模（成虫、兵蚁、工蚁）保存在俄罗斯科学院动物学研究所，副模（成虫、兵蚁、工蚁）保存在土库曼斯坦科学院动物学研究所。

模式产地：土库曼斯坦。

分布：古北界的土库曼斯坦。

142. 特纳锯白蚁 *Microcerotermes turneri* (Froggatt, 1898)

曾称为：特纳白蚁 *Termes turneri* Froggatt, 1898。

异名：忽视锯白蚁 *Microcerotermes neglectus* Rosen, 1912、虚脱锯白蚁 *Microcerotermes excisus* Mjöberg, 1920。

模式标本：选模（雌成虫）、副选模（兵蚁、工蚁）保存在澳大利亚国家昆虫馆，副选模（兵蚁、工蚁）保存在澳大利亚维多利亚博物馆，副选模（成虫、兵蚁、工蚁）分别保存在美国自然历史博物馆和美国国家博物馆。

模式产地：澳大利亚昆士兰州（Mackay）。

分布：澳洲界的澳大利亚（新南威尔士州、昆士兰州）。

危害性：它危害房屋木构件。

143. 钩颚锯白蚁 *Microcerotermes uncatus* Krishna, 1965

模式标本：正模（兵蚁）、副模（兵蚁、工蚁）保存在美国自然历史博物馆。

模式产地：缅甸眉苗。

分布：东洋界的缅甸。

144. 单齿锯白蚁 *Microcerotermes unidentatus* Cachan, 1949

模式标本：全模（兵蚁、工蚁）保存在比利时非洲中心皇家博物馆，全模（兵蚁、工蚁、若蚁）保存在美国自然历史博物馆。

模式产地：马达加斯加。

分布：非洲界的马达加斯加。

145 . 瓦拉明锯白蚁 *Microcerotermes varaminicus* Ghayourfar, 1999

模式标本：正模（兵蚁、工蚁）、副模（兵蚁、工蚁）保存在伊朗植物害虫及疾病研究所昆虫分类研究部昆虫博物馆。

模式产地：伊朗（Varamine）。

分布：古北界的伊朗。

146. 祖鲁锯白蚁 *Microcerotermes zuluensis* Holmgren, 1913

亚种：1）祖鲁锯白蚁红头亚种 *Microcerotermes zuluensis rubriceps* Holmgren, 1913

模式标本：全模（兵蚁、工蚁）保存在瑞典哥德堡自然历史博物馆。

模式产地：南非祖鲁兰。

分布：非洲界的南非。

2）祖鲁锯白蚁祖鲁亚种 *Microcerotermes zuluensis zuluensis* Holmgren, 1913

曾称为：祖鲁锯白蚁 *Microcerotermes zuluensis* Holmgren, 1913。

异名：祖鲁锯白蚁大型亚种 *Microcerotermes zuluensis grandis* Holmgren, 1913。

模式标本：全模（成虫、兵蚁、工蚁）分别保存在瑞典自然历史博物馆和美国自然历史博物馆，全模（成虫）分别保存在美国国家博物馆和南非国家昆虫馆。

模式产地：南非祖鲁兰。

分布：非洲界的安哥拉、刚果民主共和国、肯尼亚、塞内加尔、索马里、南非、坦桑尼亚。

147. 似祖鲁锯白蚁 *Microcerotermes zuluoides* Fuller, 1925

模式标本：全模（兵蚁、工蚁）保存地不详，可能丢失。

模式产地：南非。

分布：非洲界的南非。

（三十八）瘤白蚁属 *Mirocapritermes* Holmgren, 1914

属名释义：属名的拉丁语意为“奇扭白蚁属”，中文属名“瘤白蚁属”源于该属兵蚁头部有大型的峰状额突（将囟遮盖）。

模式种：连接瘤白蚁 *Mirocapritermes connectens* Holmgren, 1914。

种类：8 种。

分布：东洋界。

1. 凹瘤白蚁 *Mirocapritermes concaveus* Ahmad, 1965

模式标本：正模（兵蚁）、副模（兵蚁、工蚁）保存在巴基斯坦旁遮普大学动物学系，副模（兵蚁、工蚁）保存在美国自然历史博物馆。

模式产地：泰国（Khao Yai）。

分布：东洋界的泰国。

2. 连接瘤白蚁 *Mirocapritermes connectens* Holmgren, 1914

模式标本：全模（兵蚁、工蚁）保存在美国自然历史博物馆，全模（工蚁）保存在印度森林研究所。

模式产地：印度尼西亚苏门答腊（Tandjong Slamat）。

分布：东洋界的印度尼西亚（加里曼丹、苏门答腊）、马来西亚（大陆、沙巴、砂拉越）、泰国。

生物学：它生活在草地。

3. 云南瘤白蚁 *Mirocapritermes hsuchiafui* Yu and Ping, 1966

种名释义：种名来自广东省科学院动物研究所采集白蚁标本人的名字，曾称为“家福瘤白蚁”。

模式标本：正模（兵蚁）、副模（兵蚁、工蚁）保存在华南亚热带作物科学研究所。

模式产地：中国云南省德宏州盈江县。

分布：东洋界的中国（云南）。

4. 江城瘤白蚁 *Mirocapritermes jiangchengensis* Yang, Zhu, and Huang, 1995

模式标本：正模（兵蚁）、副模（兵蚁、工蚁）保存在中国科学院昆明动物研究所。

模式产地：中国云南省普洱市江城县康平镇。

分布：东洋界的中国（云南）。

5. 宽颚瘤白蚁 *Mirocapritermes latignathus* Ahmad, 1965

模式标本：正模（兵蚁）、副模（工蚁）保存在巴基斯坦旁遮普大学动物学系，副模（兵蚁）保存在美国自然历史博物馆。

模式产地：泰国（Ka-chong）。

分布：东洋界的马来西亚（大陆）、泰国。

6. 普鲁瘤白蚁 *Mirocapritermes prewensis* Ahmad, 1965

模式标本：正模（兵蚁）、副模（兵蚁、工蚁）保存在巴基斯坦旁遮普大学动物学系，副模（兵蚁、工蚁）保存在美国自然历史博物馆。

模式产地：泰国（Prew）。

分布：东洋界的泰国。

7. 斯奈德瘤白蚁 *Mirocapritermes snyderi* Akhtar, 1975

模式标本：正模（兵蚁）保存在巴基斯坦旁遮普大学动物学系。

模式产地：孟加拉国（Ukhia）。

分布：东洋界的孟加拉国。

8. 瓦莱里瘤白蚁 *Mirocapritermes valeriae* Krishna, 1965

种名释义：种名来自定名人夫人 Valerie Krishna 的名字。

模式标本：正模（兵蚁）、副模（兵蚁、工蚁）保存在美国自然历史博物馆。

模式产地：缅甸眉苗。

分布：东洋界的缅甸（眉苗）。

（三十九）新扭白蚁属 *Neocapritermes* Holmgren, 1912

中文名称：我国学者曾称之为“新歪嘴白蚁属”。

模式种：发黑新扭白蚁 *Neocapritermes opacus* (Hagen, 1858)。

种类：17 种。

分布：新热带界。

生物学：它以土栖为主。在巴西的亚马孙，新扭白蚁靠着树基筑沙质巢；在巴西的 Minas Gerais，它可在腐烂的原木中或原木下筑巢。新扭白蚁也可以在高海拔的潮湿草原筑巢。它可栖息于石头下或寄居于其他白蚁的蚁垄，但巴西新扭白蚁是特例，它可独立建地上巢或树栖巢。

1. 窄头新扭白蚁 *Neocapritermes angusticeps* (Emerson, 1925)

曾称为：窄头扭白蚁（新扭白蚁亚属）*Capritermes* (*Neocapritermes*) *angusticeps* Emerson, 1925。

模式标本：正模（兵蚁）、副模（成虫、兵蚁、工蚁）保存在美国自然历史博物馆，副模（成虫、兵蚁、工蚁）保存在荷兰马斯特里赫特自然历史博物馆，副模（成虫）保存在哈佛大学比较动物学博物馆。

模式产地：圭亚那（Kartabo）。

分布：新热带界的巴西、法属圭亚那、圭亚那、苏里南、特立尼达和多巴哥、委内瑞拉。

生物学：它生活在原始森林中，但在次生林或牧场也能采集到它。它栖息于倒地原木中或原木下面，也可在其他白蚁放弃的蚁垄中发现它。它主要取食地面上的腐烂木材。

2. 阿拉瓜亚新扭白蚁 *Neocapritermes araguaia* Krishna and Araujo, 1968

模式标本：正模（兵蚁）保存在美国自然历史博物馆，副模（兵蚁）保存在巴西圣保罗大学动物学博物馆。

模式产地：巴西（Araguaia River 附近）。

分布：新热带界的巴西、法属圭亚那。

生物学：它生活在原始森林和次生林中，寄居于角象白蚁属白蚁的蚁垄上，或在地面上腐烂的原木中。

3. 博德金新扭白蚁 *Neocapritermes bodkini* (Silvestri, 1923)

种名释义：种名来自模式标本采集人 G. E. Bodkin 的姓。

曾称为：博德金扭白蚁 *Capritermes bodkini* Silvestri, 1923。

异名：博德金扭白蚁温和亚种 *Capritermes bodkini modestior* Silvestri, 1923。

模式标本：选模（兵蚁）、副选模（兵蚁）保存在意大利农业昆虫研究所，副选模（兵蚁）分别保存在美国自然历史博物馆和南非国家昆虫馆。

模式产地：圭亚那（Tumatumari）。

分布：新热带界的巴西（Belém）、圭亚那。

生物学：它生活在原始森林中，模式标本采集于活树的树皮下。

4. 巴西新扭白蚁 *Neocapritermes braziliensis* (Snyder, 1926)

曾称为：巴西扭白蚁（新扭白蚁亚属）*Capritermes* (*Neocapritermes*) *braziliensis* Snyder, 1926。

模式标本：正模（兵蚁）、副模（兵蚁、工蚁）保存在美国国家博物馆。

模式产地：巴西（Rio Mautania）。

分布：新热带界的巴西、委内瑞拉。

生物学：它生活在原始森林中，但也能在次生林中发现它。它自建暗色的土垄，大多在空地上，有时在树基处。在地上的腐烂原木中也能发现它。

5. 中部新扭白蚁 *Neocapritermes centralis* (Snyder, 1932)

曾称为：中部扭白蚁（新扭白蚁亚属）*Capritermes* (*Neocapritermes*) *centralis* Snyder, 1932。

模式标本：选模（兵蚁）、副选模（兵蚁、工蚁）保存在美国国家博物馆，副选模（兵蚁、工蚁）保存在美国自然历史博物馆。

模式产地：哥斯达黎加（Santa Clara）

分布：新热带界的哥斯达黎加、巴拿马。

6. 圭亚那新扭白蚁 *Neocapritermes guyana* Krishna and Araujo, 1968

模式标本：正模（兵蚁）、副模（兵蚁、工蚁）保存在美国自然历史博物馆，副模（兵蚁、工蚁）保存在巴西圣保罗大学动物学博物馆。

模式产地：圭亚那。

分布：新热带界的巴西、圭亚那。

生物学：它栖息在原始森林中的倒地原木下，只发现几个工蚁和兵蚁。

7. 长背新扭白蚁 *Neocapritermes longinotus* (Snyder, 1926)

曾称为：长背扭白蚁（新扭白蚁亚属）*Capritermes* (*Neocapritermes*) *longinotus* Snyder, 1926。

模式标本：选模（兵蚁）、副选模（兵蚁）保存在美国国家博物馆，副选模（兵蚁）保存在美国自然历史博物馆。

模式产地：哥伦比亚（Rio Frío）。

分布：新热带界的哥伦比亚、法属圭亚那。

8. 小型新扭白蚁 *Neocapritermes mirim* Bandeira and Cancello, 1992

种名释义：种名来自巴西图皮语，意为“小型”。

模式标本：正模（兵蚁）、副模（兵蚁、工蚁）保存在巴西亚马孙探索国家研究所，副模（兵蚁、工蚁）保存在巴西圣保罗大学动物学博物馆。

模式产地：巴西（Roraima）。

分布：新热带界的巴西。

9. 发黑新扭白蚁 *Neocapritermes opacus* (Hagen, 1858)

曾称为：发黑白蚁（真白蚁亚属）*Termes* (*Eutermes*) *opacus* Hagen, 1858。

异名：突出白蚁 *Termes saliens* Müller, 1873、拉库斯桑克特白蚁 *Termes lacussancti* Sörensen, 1884、奥白蚁 *Termes orensis* Sörensen, 1884、奇异白蚁（扭白蚁亚属）*Termes* (*Capritermes*) *paradoxus* Wasmann, 1897、陌生扭白蚁 *Capritermes alienus* Rosen, 1912、平行扭白蚁（新扭白蚁亚属）*Capritermes* (*Neocapritermes*) *parallelus* Snyder, 1926。

模式标本：选模（成虫）、副选模（成虫）保存在哈佛大学比较动物学博物馆。

模式产地：巴西（Congonhas）。

分布：新热带界的阿根廷（Chaco、Corrientes、福莫萨、Misiones）、玻利维亚、巴西、厄瓜多尔、巴拉圭、秘鲁。

生物学：它广泛分布于巴西。它主要生活在原始森林和次生林中，常被蚂蚁取食，其兵蚁通过上颚的闭合也能将蚂蚁扔到 20cm 外的地方。它筑地下巢，无定形的王室，蚁道在地面下 10～25cm。它取食干木材，然后运到倒地树干内进行破碎。

危害性：它危害林木，可对桉树造成严重危害。

10. 微型新扭白蚁 *Neocapritermes parvus* (Silvestri, 1901)

曾称为：发黑扭白蚁微型亚种 *Capritermes opacus parvus* Silvestri, 1901。

模式标本：选模（兵蚁）、副选模（兵蚁、工蚁、若蚁）保存在意大利农业昆虫研究所，副选模（兵蚁、工蚁、若蚁）保存在美国自然历史博物馆，副选模（兵蚁）保存在巴西圣保罗大学动物学博物馆。

模式产地：巴西马托格罗索州。

分布：新热带界的巴拉圭、巴西。

危害性：它严重危害甘蔗。

11. 侏儒新扭白蚁 *Neocapritermes pumilis* Constantino, 1991

模式标本：正模（兵蚁）、副模（兵蚁、工蚁）保存在巴西贝伦自然历史博物馆。

模式产地：巴西（Pará）。

分布：新热带界的巴西、法属圭亚那。

生物学：它栖息于原始森林倒地原木下面。

12. 鼹鼠新扭白蚁 *Neocapritermes talpa* (Holmgren, 1906)

曾用名：鼹鼠扭白蚁 *Capritermes talpa* Holmgren, 1906。

异名：霍普金斯新扭白蚁 *Neocapritermes hopkinsi* Snyder, 1924。

模式标本：全模（兵蚁、工蚁）分别保存在瑞典自然历史博物馆和美国自然历史博物馆。

模式产地：秘鲁（Carabaya）。

分布：新热带界的玻利维亚、巴西、哥伦比亚、法属圭亚那、秘鲁。

生物学：它生活在原始森林中，主要在松软的土壤中挖掘蚁道。兵蚁的上颚除用于防御外，也可用于挖掘。它的地下蚁道呈扩散状。它在倒地原木下觅食。

13. 似鼹鼠新扭白蚁 *Neocapritermes talpoides* Krishna and Araujo, 1968

模式标本：正模（兵蚁）、副模（兵蚁）保存在美国自然历史博物馆，副模（兵蚁）保存在巴西圣保罗大学动物学博物馆。

模式产地：厄瓜多尔。

分布：新热带界的巴西、厄瓜多尔。

14. 塔拉夸新扭白蚁 *Neocapritermes taracua* Krishna and Araujo, 1968

模式标本：正模（兵蚁）、副模（蚁后、工蚁、兵蚁）保存在美国自然历史博物馆，副模（兵蚁）保存在巴西圣保罗大学动物学博物馆。

模式产地：巴西亚马孙流域（Taracuá）。

分布：新热带界的巴西、法属圭亚那。

生物学：它生活在原始森林中，但在次生林和牧场中也能发现它。在倒地腐烂的原木内或下面可找到它。偶尔在角象白蚁属白蚁废弃的地上蚁垄内也能找到它。有时候，它在倒地腐烂的原木内或下面，建造土质的结构，这一结构具有腔室，腔室内表面光滑。有文献记载，它防御外敌时可自爆。

15. 独角新扭白蚁 *Neocapritermes unicornis* Constantino, 1991

模式标本：正模（兵蚁）、副模（兵蚁、工蚁）保存在巴西贝伦自然历史博物馆。

模式产地：巴西（Amapá）。

分布：新热带界的巴西。

生物学：它栖息在原始森林中相当健康的地上树木里。

16. 乌蒂亚里蒂新扭白蚁 *Neocapritermes utiariti* Krishna and Araujo, 1968

模式标本：正模（兵蚁）、副模（工蚁、兵蚁）保存在巴西圣保罗大学动物学博物馆，副模（兵蚁、工蚁）保存在美国自然历史博物馆。

模式产地：巴西马托格罗索州（Utiariti）。

分布：新热带界的巴西。

生物学：它生活在原始森林中。在倒地腐烂的原木内或下面可找到它，在其他白蚁所建的蚁垄内也能找到它。它是本属白蚁中体形最大的白蚁。

17. 密毛新扭白蚁 *Neocapritermes villosus* (Holmgren, 1906)

曾称为：发黑扭白蚁密毛亚种 *Capritermes opacus villosus* Holmgren, 1906。

模式标本：选模（兵蚁）保存在瑞典自然历史博物馆，副选模（兵蚁、工蚁）保存在美国自然历史博物馆。

模式产地：秘鲁（Carabaya）。

分布：新热带界的巴西、厄瓜多尔、秘鲁。

生物学：它生活在原始雨林中，栖息在倒地原木下或岩石下，在多石的地形或树根交错的地方，其他白蚁难以生存，而密毛新扭白蚁可以生存。它的兵蚁上颚除了用于防御外，还可用于跳跃和挖掘，尤其是在坚硬的土壤和根丛中，它的上颚起到撬棍和剪刀的作用。它的种群数量小，兵蚁总是走在队伍的前列。

（四十）倒钩白蚁属 *Onkotermites* Constantino, Liotta, and Giacosa, 2002

模式种：短角倒钩白蚁 *Onkotermes brevicorniger* (Silvestri, 1901)。

种类：2 种。

分布：新热带界。

1. 短角倒钩白蚁 *Onkotermes brevicorniger* (Silvestri, 1901)

曾称为：短角弓白蚁 *Amitermes brevicorniger* Silvestri, 1901。

模式标本：全模（兵蚁）保存在意大利农业昆虫研究所，全模（兵蚁、工蚁、若蚁）保存在美国自然历史博物馆，全模（工蚁、若蚁）保存在印度森林研究所，全模（兵蚁、工蚁）保存在意大利自然历史博物馆。

模式产地：阿根廷。

分布：新热带界的阿根廷（Catamarca、Chubut、Córdoba、福莫萨、La Pampa、Neuquen、Rio Negro、San Luis、Santiago del Estero、Tucumán）、巴西（马托格罗索州）、智利。

生物学：它生活在干旱或半干旱地区，筑地下巢，取食土壤中残留的植物、腐烂的木材，可能直接取食有机质丰富的土壤。它是阿根廷干旱地区生物群落中常见和重要的土壤物种，可在多种环境中觅食，如牛马粪下、石头下、接近地面的土壤中、腐烂的木材中、城市活树的烂树皮下等。外出觅食的群体中，兵蚁极少。

2. 瘤额倒钩白蚁 *Onkotermes corochus* Fontes and Torales, 2008

种名释义：种名来自当地印第安语，意指兵蚁额部有瘤状凸起。

模式标本：正模（兵蚁）、副模（工蚁）保存在圣保罗大学白蚁学家 L. R. Fontes 教授处，副模（兵蚁、工蚁）保存在阿根廷东北国立大学。

模式产地：阿根廷（Chaco）。

分布：新热带界的阿根廷（Chaco）。

生物学：它取食土壤中的有机物，或直接取食有机物丰富的土壤。可以在牛粪下、土壤下 5cm 处的扩散的蚁道中找到它。它的蚁巢情况不明，但可能是地下巢。

（四十一）东扭白蚁属 *Oriencapritermes* Ahmad and Akhtar, 1981

模式种：居銮东扭白蚁 *Oriencapritermes kluangensis* Ahmad and Akhtar, 1981。

种类：1 种。

分布：东洋界。

1. 居銮东扭白蚁 *Oriencapritermes kluangensis* Ahmad and Akhtar, 1981

模式标本：正模（兵蚁）、副模（兵蚁、工蚁）保存在巴基斯坦旁遮普大学动物学系。

模式产地：马来西亚砂拉越（Kluang Forest）。

分布：东洋界的印度尼西亚（加里曼丹）、马来西亚（砂拉越）。

生物学：它属于食土白蚁。

（四十二）东方白蚁属 *Orientotermes* Ahmad, 1976

模式种：埃默森东方白蚁 *Orientotermes emersoni* Ahmad, 1976。

种类：1 种。

分布：东洋界。

1. 埃默森东方白蚁 *Orientotermes emersoni* Ahmad, 1976

模式标本：正模（成虫）、副模（蚁后、成虫、工蚁）保存在旁遮普大学动物学系。

模式产地：马来西亚砂拉越。

分布：东洋界的文莱、马来西亚（砂拉越）。

生物学：它没有兵蚁品级，它是东洋界 2 种无兵蚁的白蚁种类之一。

（四十三）直颚白蚁属 *Orthognathotermes* Holmgren, 1910

模式种：大头直颚白蚁 *Orthognathotermes macrocephalus* (Holmgren, 1906)。

种类：15 种。

分布：新热带界。

生物学：它生活在不同的植被中，包括巴西的热带森林中。它通过蚁道取食腐殖质。兵蚁具有机械和化学防御两种防御方式，但 Mill 于 1984 年曾报道，有的兵蚁具有自爆防御的能力。

1. 具钩直颚白蚁 *Orthognathotermes aduncus* Emerson, 1949

模式标本：全模（蚁王、成虫、兵蚁、工蚁、若蚁）保存在美国自然历史博物馆，全模（成虫、兵蚁、工蚁）保存在印度森林研究所。

模式产地：圭亚那（Kartabo）。

分布：新热带界的巴西、圭亚那。

生物学：在巴西，它生活在亚马孙森林中。

*****阿劳若直颚白蚁 *Orthognathotermes araujoi* Mathur and Thapa, 1962（裸记名称）**

分布：新热带界的巴西（圣保罗）。

2. 短毛直颚白蚁 *Orthognathotermes brevipilosus* Snyder, 1926

模式标本：正模（兵蚁）、副模（兵蚁、工蚁）保存在美国国家博物馆，副模（兵蚁、工蚁）分别保存在美国自然历史博物馆和印度森林研究所。

模式产地：玻利维亚（Rosario）。

分布：新热带界的玻利维亚。

3. 驼背直颚白蚁 *Orthognathotermes gibberorum* Mathews, 1977

模式标本：正模（兵蚁）、副模（兵蚁、工蚁）保存在巴西圣保罗大学动物学博物馆，副模（兵蚁、工蚁）分别保存在美国自然历史博物馆和英国自然历史博物馆。

模式产地：巴西马托格罗索州（Serra do Ronchador）。

分布：新热带界的巴西。

生物学：它分布在巴西从塞拉多大草原到亚马孙森林的过渡地带。它筑低矮蚁垄，垄外表有一层松散的土壤。蚁道规则，质地相一致。垄向下延伸几厘米，与周围土壤易区分。垄曾有一记录，其高、长、宽分别为 15.0cm、35.9cm、40.4cm。

4. 希伯直颚白蚁 *Orthognathotermes heberi* Raw and Egler, 1985

模式标本：新模（兵蚁）、副模（兵蚁）保存在巴西圣保罗大学动物学博物馆，副模（兵蚁）分别保存在英国自然历史博物馆、美国国家博物馆、哈佛大学比较动物学博物馆、英国牛津大学昆虫学系和巴西巴拉那联邦大学动物学系。

模式产地：巴西。

分布：新热带界的巴西。

生物学：它生活于开阔的地形，如牧场、热带高草草原。它可寄居在其他白蚁的巢中，也可自己筑巢。自筑的巢用软土建成，属低矮的蚁垄，向地下延伸几厘米。

5. 小直颚白蚁 *Orthognathotermes humilis* Constantino, 1991

模式标本：正模（兵蚁）、副模（兵蚁、工蚁）保存在巴西贝伦自然历史博物馆，副模（兵蚁、工蚁）保存在巴西圣保罗大学动物学博物馆。

模式产地：巴西亚马孙雨林。

分布：新热带界的巴西（亚马孙雨林）。

生物学：它生活在亚马孙森林或森林中的稀树草原。

6. 醒目直颚白蚁 *Orthognathotermes insignis* Araujo, 1977

模式标本：正模（成虫）、副模（成虫、兵蚁、工蚁）保存在巴西圣保罗大学动物学博物馆。

模式产地：巴西圣保罗。

分布：新热带界的巴西。

生物学：它生活于开阔的地形，可筑与希伯直颚白蚁类似的蚁巢。

7. 长刀直颚白蚁 *Orthognathotermes longilamina* Da Rocha and Cancello, 2009

模式标本：正模（兵蚁）、副模（兵蚁）保存在巴西圣保罗大学动物学博物馆。

模式产地：巴西（Espírito Santo）。

分布：新热带界的巴西（巴伊州、里约热内卢、Espírito Santo、Minas Gerais、Paraíba、Pernambuco、Piauí、Tocantins）。

生物学：它生活于开阔地的地形（如牧场、塞拉多大草原、浅色旱热落叶矮灌木林）或封闭的森林地形（如 Atlantic Forest）中。

8. 大头直颚白蚁 *Orthognathotermes macrocephalus* (Holmgren, 1906)

曾称为：大头奇异白蚁 *Mirotermes macrocephalus* Holmgren, 1906。

模式标本：全模（兵蚁、工蚁）分别保存在瑞典自然历史博物馆和美国自然历史博物馆。

模式产地：玻利维亚（Mojos）。

分布：新热带界的玻利维亚。

9. 小兵直颚白蚁 *Orthognathotermes mirim* Da Rocha and Cancello, 2009

种名释义：种名来自巴西图皮语，意指兵蚁体形小。

模式标本：正模（兵蚁）、副模（成虫、兵蚁）保存在巴西圣保罗大学动物学博物馆。

模式产地：巴西（Minas Gerais）。

分布：新热带界的巴西（Distrito Federal、戈亚斯州、Minas Gerais、圣保罗）。

生物学：它生活在开阔的地形。

10. 无巢直颚白蚁 *Orthognathotermes okeyma* Da Rocha and Cancello, 2009

种名释义：种名来自巴西图皮语，意为“无家的”，指这种白蚁寄居在其他白蚁巢内。

模式标本：正模（兵蚁）、副模（成虫、兵蚁）保存在巴西圣保罗大学动物学博物馆。

模式产地：巴西戈亚斯州。

分布：新热带界的巴西（戈亚斯州、南马托格罗索州）。

生物学：它生活在开阔的地形。

11. 直颚直颚白蚁 *Orthognathotermes orthognathus* (Silvestri, 1903)

曾称为：直颚扭白蚁 *Capritermes orthognathus* Silvestri, 1903。

模式标本：全模（兵蚁、工蚁）分别保存在意大利农业昆虫研究所和美国自然历史博物馆。

模式产地：巴西、巴拉圭。

分布：新热带界的巴西、巴拉圭。

生物学：它生活在塞拉多大草原。

12. 多毛直颚白蚁 *Orthognathotermes pilosus* Da Rocha and Cancello, 2009

模式标本：正模（兵蚁）、副模（兵蚁）保存在巴西圣保罗大学动物学博物馆。

模式产地：巴西马托格罗索州。

分布：新热带界的巴西（马托格罗索州）。

生物学：它生活在开阔的地形。

13. 大眼直颚白蚁 *Orthognathotermes tubesauassu* Da Rocha and Cancello, 2009

种名释义：种名来自巴西图皮语，意指有翅成虫的眼大。

模式标本：正模（兵蚁）、副模（成虫、兵蚁）保存在巴西圣保罗大学动物学博物馆。

模式产地：巴西巴伊州。

分布：新热带界的巴西（巴伊州、里约热内卢、Minas Gerais、Paraíba）。

生物学：它生活在雨林、季节性半落叶森林、塞拉多大草原、浅色旱热落叶矮灌木林中。

14. 钩颚直颚白蚁 *Orthognathotermes uncimandibularis* Da Rocha and Cancello, 2009

模式标本：正模（兵蚁）、副模（兵蚁）保存在巴西圣保罗大学动物学博物馆。

模式产地：巴西亚马孙雨林。

分布：新热带界的巴西（亚马孙雨林）。

生物学：它生活在亚马孙森林中。

15. 惠勒直颚白蚁 *Orthognathotermes wheeleri* Snyder, 1923

模式标本：正模（兵蚁）、副模（兵蚁、工蚁）保存在美国国家博物馆，副模（兵蚁、工蚁）保存在美国自然历史博物馆。

模式产地：巴拿马运河区域（Barro Colorade Island）。

分布：新热带界的巴拿马。

生物学：它是此属白蚁中分布最北的种类。

（四十四）棕榈白蚁属 *Palmitermes* Hellemans, Bourguignon, Kyjakova, Hanus, and Roisin, 2017

属名释义：模式种的标本发现于有尖刺的棕榈树上。

模式种：骗子棕榈白蚁 *Palmitermes impostor* Hellemans, Bourguignon, Kyjakova, Hanus, and Roisin, 2017。

种类：1 种。

分布：新热带界。

1. 骗子棕榈白蚁 *Palmitermes impostor* Hellemans, Bourguignon, Kyjakova, Hanus, and Roisin, 2017

种名释义：在室外采集时，这种白蚁易与肉瘤腔白蚁、祸根白蚁相混淆（使识别者被骗）。

模式标本：正模（兵蚁）、副模（工蚁、兵蚁、有翅成虫）保存在比利时皇家自然科学研究所。

模式产地：法属圭亚那。

分布：新热带界的法属圭亚那。

生物学：它筑地上巢或地下巢。它取食腐殖质，成熟群体 1—3 月分飞。3—6 月，在群体中可观察到成千上万的 5 龄若蚁。

（四十五）旁扭白蚁属 *Paracapritermes* Hill, 1942

模式种：第一旁扭白蚁 *Paracapritermes primus* (Hill, 1942)。
种类：4 种。
分布：澳洲界。

1. 克雷珀林旁扭白蚁 *Paracapritermes kraepelinii* (Silvestri, 1909)

曾称为：克雷珀林奇异白蚁 *Mirotermes kraepelinii* Silvestri, 1909。
异名：西部旁扭白蚁 *Paracapritermes hesperus* Gay, 1956。
模式标本：选模（兵蚁）、副选模（工蚁）保存在德国汉堡动物学博物馆。
模式产地：澳大利亚西澳大利亚州（Mundaring）。
分布：澳洲界的澳大利亚（西澳大利亚州）。

生物学：它属于食木白蚁，主要取食边材、原木或树桩的腐烂部分、加工成型木材的风化部分。在土壤中或石头下蚁道内可以采集到它，但它更习惯于栖息在原木中或原木下，或其他白蚁的蚁垄中。约一半的标本采自相会弓白蚁遗弃的或部分遗弃的蚁垄中，有一些采自短刀乳白蚁的外层黏土垄壁中。有时克雷珀林旁扭白蚁与其他白蚁一起寄居在相会弓白蚁的蚁垄里。

2. 第一旁扭白蚁 *Paracapritermes primus* (Hill, 1942)

曾称为：第一奇异白蚁（旁扭白蚁亚属）*Mirotermes* (*Paracapritermes*) *primus* Hill, 1942。

模式标本：正模（兵蚁）、副模（雄成虫、雌补充型蚁后、兵蚁、工蚁）保存在澳大利亚国家昆虫馆，副模（雌成虫、兵蚁、工蚁）保存在美国自然历史博物馆，副模（成虫、兵蚁、工蚁、若蚁）保存在印度森林研究所。

模式产地：澳大利亚昆士兰州（Mt. Molloy）。
分布：澳洲界的澳大利亚。
生物学：它生活在桉树林或雨林的边缘，可从与地接触的原木或树枝中采集到它。

3. 细长旁扭白蚁 *Paracapritermes prolixus* Miller, 1991

模式标本：正模（兵蚁）、副模（兵蚁、工蚁）保存在澳大利亚国家昆虫馆，副模（兵蚁、工蚁）保存在美国自然历史博物馆。

模式产地：澳大利亚昆士兰州。
分布：澳洲界的澳大利亚（昆士兰州）。
生物学：它生活在桉树林或雨林的边缘，可从地面上的死树的边材或树桩中采集到它。

4. 第二旁扭白蚁 *Paracapritermes secundus* Miller, 1991

模式标本：正模（兵蚁）、副模（成虫、兵蚁、工蚁、若蚁）保存在澳大利亚国家昆虫馆，副模（成虫、兵蚁、工蚁）保存在美国自然历史博物馆，副模（成虫、兵蚁、工蚁、若蚁）保存在英国自然历史博物馆。

模式产地：澳大利亚昆士兰州。
分布：澳洲界的澳大利亚（昆士兰州）。
生物学：它生活在稠密的雨林中。在地下建紧凑的木质巢，其顶点凸出于地面的枯枝落叶层。有些巢内没有繁殖蚁、蚁卵、幼蚁，可能是副巢。曾发现一巢内有 23 个补充型膨腹蚁后和 3 个蚁王。

（四十六）近扭白蚁属 *Pericapritermes* Silvestri, 1914

模式种：催促近扭白蚁 *Pericapritermes urgens* Silvestri, 1914。

种类：42 种。

分布：东洋界、古北界、非洲界、巴布亚界。

生物学：在土壤取样坑中发现过它，它应属食土白蚁。它寄居在其他属白蚁的蚁垄里，只有定名近扭白蚁曾被报道能自建近圆锥形的蚁垄，但这种白蚁也能寄居在别的蚁垄里。此属白蚁的分布可从非洲界延伸到东洋界，在东洋界的雨林和稀树草原上可以找到它。在同一栖息地，有时可以发现几种不同大小的近扭白蚁，有时在同一蚁垄上也能发现几种近扭白蚁。

危害性：除新渡户近扭白蚁外，它一般没有危害性。

1. 定名近扭白蚁 *Pericapritermes appellans* Silvestri, 1914

模式标本：全模（蚁后、兵蚁、工蚁）保存在意大利农业昆虫研究所，全模（兵蚁、工蚁）保存在美国自然历史博物馆，全模（兵蚁）保存在南非国家昆虫馆。

模式产地：加纳（Mamou）。

分布：非洲界的加纳、几内亚、科特迪瓦、尼日利亚、塞拉利昂。

2. 阿萨姆近扭白蚁 *Pericapritermes assamensis* (Mathur and Thapa, 1965)

曾称为：阿萨姆扭白蚁 *Capritermes assamensis* Mathur and Thapa, 1965。

模式标本：正模（兵蚁）、副模（兵蚁、工蚁）保存在印度森林研究所，副模（兵蚁、工蚁）保存在美国自然历史博物馆。

模式产地：印度阿萨姆邦。

分布：东洋界的印度（阿萨姆邦、曼尼普尔邦、锡金邦、西孟加拉邦）。

3. 背崩近扭白蚁 *Pericapritermes beibengensis* Huang and Han, 1987

模式标本：正模（兵蚁）、副模（兵蚁、工蚁）保存在中国科学院动物研究所。

模式产地：中国西藏自治区墨脱县。

分布：古北界的中国（西藏）。

4. 短颚近扭白蚁 *Pericapritermes brachygnathus* (John, 1925)

曾称为：短颚扭白蚁 *Capritermes brachygnathus* John, 1925。

模式标本：全模（兵蚁、工蚁）分别保存在英国自然历史博物馆、美国自然历史博物馆和俄罗斯科学院动物学研究所。

模式产地：印度尼西亚苏门答腊、马来西亚。

分布：东洋界的印度尼西亚（苏门答腊）、马来西亚（大陆）。

5. 比特恩佐格近扭白蚁 *Pericapritermes buitenzorgi* (Holmgren, 1914)

曾称为：比特恩佐格扭白蚁（扭白蚁亚属）*Capritermes* (*Capritermes*) *buitenzorgi*

Holmgren, 1914。

异名：临近扭白蚁（扭白蚁亚属）*Capritermes* (*Capritermes*) *approximatus* Holmgren, 1914。

模式标本：全模（兵蚁、工蚁）保存在美国自然历史博物馆。

模式产地：印度尼西亚爪哇、苏门答腊。

分布：东洋界的印度尼西亚（爪哇、苏门答腊）、马来西亚（大陆）。

6. 锡兰近扭白蚁 *Pericapritermes ceylonicus* (Holmgren, 1911)

曾称为：锡兰扭白蚁 *Capritermes ceylonicus* Holmgren, 1911。

异名：较小真白蚁 *Eutermes perparvus* Holmgren, 1911、区别扭白蚁 *Capritermes distinctus* Holmgren, 1913。

模式标本：全模（成虫、兵蚁、工蚁）保存在瑞典动物研究所，全模（蚁后、兵蚁、工蚁）保存在美国自然历史博物馆，全模（兵蚁、工蚁）分别保存在美国国家博物馆、德国汉堡动物学博物馆和印度森林研究所。

模式产地：斯里兰卡（Peradeniya）。

分布：东洋界的斯里兰卡。

7. 隐颚近扭白蚁 *Pericapritermes chiasognathus* (Sjöstedt, 1904)

曾称为：隐颚真白蚁 *Eutermes chiasognathus* Sjöstedt, 1904。

异名：弯曲扭白蚁 *Capritermes tortuosus* Wasmann, 1902（裸记名称）、心形近扭白蚁 *Pericapritermes cordatus* Sjöstedt, 1924。

模式标本：全模（兵蚁、工蚁）分别保存在德国柏林冯博大学自然博物馆、瑞典自然历史博物馆和美国自然历史博物馆。

模式产地：喀麦隆（Lolodor）。

分布：非洲界的安哥拉、喀麦隆、刚果共和国、刚果民主共和国、加蓬、尼日利亚。

8. 德埃吉近扭白蚁 *Pericapritermes desaegeri* Harris, 1963

模式标本：正模（兵蚁）、副模（兵蚁）保存在比利时非洲中心皇家博物馆，副模（兵蚁、工蚁）保存在英国自然历史博物馆。

模式产地：刚果民主共和国。

分布：非洲界的刚果民主共和国。

9. 长头近扭白蚁 *Pericapritermes dolichocephalus* (John, 1925)

曾称为：长头扭白蚁 *Capritermes dolichocephalus* John, 1925。

模式标本：全模（兵蚁、工蚁）保存在英国自然历史博物馆，全模（兵蚁、工蚁、若蚁）保存在美国自然历史博物馆。

模式产地：印度尼西亚、马来西亚。

分布：东洋界的印度尼西亚（加里曼丹、苏门答腊）、马来西亚（大陆、沙巴、砂拉越）。

10. 栖丛近扭白蚁 *Pericapritermes dumicola* Harris, 1954

模式标本：正模（兵蚁）、副模（兵蚁、工蚁、若蚁）保存在英国自然历史博物馆，副模（兵蚁、工蚁）保存在美国自然历史博物馆，副模（兵蚁）保存在南非国家昆虫馆。

模式产地：坦桑尼亚（Tanga）。

分布：非洲界的肯尼亚、坦桑尼亚。

11. 德拉敦近扭白蚁 *Pericapritermes dunensis* (Roonwal and Sen-Sarma, 1960)

曾称为：德拉敦扭白蚁 *Capritermes dunensis* Roonwal and Sen-Sarma, 1960。

模式标本：正模（兵蚁）、副模（兵蚁、工蚁）保存在印度森林研究所，副模（兵蚁、工蚁）保存在印度动物调查所，副模（兵蚁）保存在美国自然历史博物馆。

模式产地：印度北阿坎德邦德拉敦。

分布：东洋界的不丹、印度（梅加拉亚邦、北阿坎德邦、北方邦、西孟加拉邦）、中国。

12. 杜尔加近扭白蚁 *Pericapritermes durga* (Roonwal and Chhotani, 1962)

曾称为：宽颚扭白蚁杜尔加亚种 *Capritermes latignathus durga* Roonwal and Chhotani, 1962。

模式标本：正模（兵蚁）、副模（兵蚁、工蚁）保存在印度动物调查所，副模（兵蚁、工蚁）分别保存在印度森林研究所和美国自然历史博物馆。

模式产地：印度梅加拉亚邦。

分布：东洋界的不丹、印度（曼尼普尔邦、梅加拉亚邦、特里普拉邦）、中国。

13. 灰胫近扭白蚁 *Pericapritermes fuscotibialis* (Light, 1931)

曾称为：灰胫扭白蚁 *Capritermes fuscotibialis* Light, 1931。

模式标本：正模（雄成虫）保存在美国自然历史博物馆。

模式产地：中国香港。

分布：东洋界的中国（香港）。

14. 格洛弗近扭白蚁 *Pericapritermes gloveri* Harris, 1951

模式标本：全模（蚁后、兵蚁、成虫）保存在英国自然历史博物馆，全模（兵蚁、工蚁、雄成虫）保存在美国自然历史博物馆，全模（兵蚁）保存在南非国家昆虫馆。

模式产地：坦桑尼亚、赞比亚。

分布：非洲界的坦桑尼亚、赞比亚。

15. 古田近扭白蚁 *Pericapritermes gutianensis* Li and Ma, 1983

模式标本：正模（兵蚁）、副模（成虫、兵蚁）保存在广东省科学院动物研究所。

模式产地：中国福建省宁德市古田县。

分布：东洋界的中国（福建、浙江金华）。

16. 合浦近扭白蚁 *Pericapritermes hepuensis* Gao and Yang, 1990

模式标本：正模（兵蚁）、副模（成虫、兵蚁）保存在中国科学院上海昆虫研究所，副模（兵蚁、工蚁）保存在南京市白蚁防治研究所。

模式产地：中国广西壮族自治区合浦县。

分布：东洋界的中国（广西）。

17. 异背近扭白蚁 *Pericapritermes heteronotus* Silvestri, 1914

模式标本：全模（蚁后、兵蚁、工蚁）保存在意大利农业昆虫研究所，全模（兵蚁、工蚁、若蚁）保存在美国自然历史博物馆。

模式产地：几内亚（Kindia）。

分布：非洲界的刚果民主共和国、几内亚、尼日利亚、塞拉利昂。

18. 多毛近扭白蚁 *Pericapritermes latignathus* (Holmgren, 1914)

中文名称：拉丁语意为"宽颚近扭白蚁"，中国学者习惯称之为"多毛近扭白蚁"。

曾称为：宽颚扭白蚁（扭白蚁亚属）*Capritermes* (*Capritermes*) *latignathus* Holmgren, 1914。

模式标本：全模（兵蚁、工蚁）保存在美国自然历史博物馆。

模式产地：印度尼西亚爪哇。

分布：东洋界的孟加拉国、柬埔寨、中国（福建、广东、云南）、印度尼西亚（爪哇、加里曼丹、苏门答腊）、马来西亚（沙巴）、泰国、越南。

19. 马查多近扭白蚁 *Pericapritermes machadoi* Noirot, 1955

模式标本：正模（兵蚁）保存在法国（可能在法国自然历史博物馆）。

模式产地：安哥拉（Hoque）。

分布：非洲界的安哥拉。

20. 非凡近扭白蚁 *Pericapritermes magnifcus* (Silvestri, 1912)

曾称为：非凡扭白蚁 *Capritermes magnifcus* Silvestri, 1912。

模式标本：全模（兵蚁、工蚁）分别保存在意大利农业昆虫研究所和美国自然历史博物馆。

模式产地：刚果共和国布拉柴维尔。

分布：非洲界的喀麦隆、刚果共和国、加蓬。

21. 丈量近扭白蚁 *Pericapritermes metatus* Silvestri, 1914

曾称为：定名近扭白蚁丈量亚种 *Pericapritermes appellans metata* Silvestri, 1914。

模式标本：全模（蚁后、兵蚁、工蚁）保存在意大利农业昆虫研究所，全模（蚁后、成虫、兵蚁、工蚁）保存在美国自然历史博物馆。

模式产地：几内亚。

分布：非洲界的几内亚。

22. 最小近扭白蚁 *Pericapritermes minimus* Weidner, 1956

异名：大颚近扭白蚁 *Pericapritermes amplignathus* Harris, 1956。

模式标本：正模（兵蚁）、副模（兵蚁）保存在比利时非洲中心皇家博物馆。

模式产地：安哥拉敦多。

分布：非洲界的安哥拉、喀麦隆、刚果民主共和国。

23. 莫迪利亚尼近扭白蚁 *Pericapritermes modiglianii* (Silvestri, 1922)

曾称为：莫迪利亚尼扭白蚁 *Capritermes modiglianii* Silvestri, 1922。

模式标本：全模（兵蚁、工蚁）保存在意大利农业昆虫研究所。

模式产地：印度尼西亚苏门答腊。

分布：东洋界的印度尼西亚（苏门答腊）。

24. 莫尔近扭白蚁 *Pericapritermes mohri* (Kemner, 1934)

曾称为：莫尔扭白蚁 *Capritermes mohri* Kemner, 1934。

模式标本：全模（成虫、兵蚁、工蚁）分别保存在瑞典隆德大学动物研究所和美国自然历史博物馆，全模（兵蚁、工蚁、若蚁）保存在印度森林研究所，全模（成虫）保存在美国国家博物馆。

模式产地：印度尼西亚爪哇。

分布：东洋界的印度尼西亚（爪哇、加里曼丹、苏门答腊）、马来西亚（大陆、沙巴、砂拉越）。

25. 尼日利亚近扭白蚁 *Pericapritermes nigerianus* Silvestri, 1914

曾称为：催促近扭白蚁尼日利亚亚种 *Pericapritermes urgens nigeriana* Silvestri, 1914。

异名：埃默森近扭白蚁 *Pericapritermes emersoni* Krishna, 1968。

模式标本：全模（兵蚁、工蚁）分别保存在意大利农业昆虫研究所和美国自然历史博物馆。

模式产地：尼日利亚。

分布：非洲界的喀麦隆、冈比亚、加纳、尼日利亚。

26. 新渡户近扭白蚁 *Pericapritermes nitobei* (Shiraki, 1909)

曾称为：新渡户真白蚁 *Eutermes nitobei* Shiraki, 1909。

异名：瓦塔斯扭白蚁（扭白蚁亚属）*Capritermes* (*Capritermes*) *watasei* Holmgren, 1912（裸记名称）、具沟扭白蚁 *Capritermes sulcatus* Holmgren, 1912、扬子江扭白蚁 *Capritermes jangtsekiangensis* Kemner, 1925、左斜歪白蚁 *Capritermes laevulobliquus* Zhu and Chen, 1983。

模式标本：全模（兵蚁）保存地不详。

模式产地：中国台湾省。

分布：东洋界的中国（福建、广东、广西、贵州、海南、香港、湖北、湖南、江苏、江西、四川、云南、浙江、台湾）、印度尼西亚（加里曼丹、苏门答腊）、日本（琉球群岛）、马来西亚（大陆、沙巴、砂拉越）、泰国、越南；古北界的中国（安徽、河南）。

生物学：它生活于土中。蚁巢为以蚁道相互联通的许多小土腔。王室也是一个土腔，约位于土腔团的中央。工蚁取食腐朽的树桩、烂草等。

危害性：在中国，它可危害甘蔗和谷类植物。

27. 帕埃特近扭白蚁 *Pericapritermes paetensis* (Oshima, 1920)

曾称为：帕埃特扭白蚁 *Capritermes paetensis* Oshima, 1920。

模式标本：全模（兵蚁、工蚁）分别保存在美国自然历史博物馆和印度森林研究所。

模式产地：菲律宾吕宋（Paete）。

分布：东洋界的菲律宾（吕宋）。

28. 灰足近扭白蚁 *Pericapritermes pallidipes* (Sjöstedt, 1898)

曾称为：灰足真白蚁 *Eutermes pallidipes* Sjöstedt, 1898。

模式标本：全模（成虫）分别保存在德国冯博大学自然博物馆和瑞典自然历史博物馆。
模式产地：喀麦隆（Kribi）。
分布：非洲界的喀麦隆、塞拉利昂。

29. 巴布亚近扭白蚁 *Pericapritermes papuanus* Bourguignon and Roisin, 2008

模式标本：正模（兵蚁）、副模（成虫、兵蚁、工蚁）保存在比利时皇家自然科学研究所，副模（成虫、兵蚁、工蚁）保存在美国自然历史博物馆。
模式产地：巴布亚新几内亚（Wipim）。
分布：巴布亚界的巴布亚新几内亚。

30. 小型近扭白蚁 *Pericapritermes parvus* Bourguignon and Roisin, 2008

模式标本：正模（兵蚁）、副模（成虫、兵蚁、工蚁）保存在印度尼西亚茂物动物学博物馆，副模（成虫、兵蚁、工蚁）分别保存在美国自然历史博物馆和比利时皇家自然科学研究所，副模（兵蚁、工蚁）保存在澳大利亚国家昆虫馆。
模式产地：印度尼西亚（Irian Jaya）。
分布：巴布亚界的印度尼西亚（Irian Jaya）、巴布亚新几内亚。

31. 毛多近扭白蚁 *Pericapritermes pilosus* Bourguignon and Roisin, 2008

模式标本：正模（兵蚁）、副模（兵蚁、工蚁）保存在比利时皇家自然科学研究所，副模（兵蚁、工蚁）保存在美国自然历史博物馆。
模式产地：巴布亚新几内亚（Southern Highlands）。
分布：巴布亚界的巴布亚新几内亚。

32. 平扁近扭白蚁 *Pericapritermes planiusculus* Ping and Xu, 1988

模式标本：正模（兵蚁）、副模（兵蚁、工蚁）保存在广东省科学院动物研究所，副模（兵蚁、工蚁）保存在贵州省林业研究所。
模式产地：中国贵州省从江县。
分布：东洋界的中国（贵州）。

33. 舒尔茨近扭白蚁 *Pericapritermes schultzei* (Holmgren, 1911)

曾称为：舒尔茨扭白蚁 *Capritermes schultzei* Holmgren, 1911。
模式标本：全模（兵蚁、工蚁）保存在德国柏林冯博大学自然博物馆。
模式产地：巴布亚新几内亚（Sepik）。
分布：澳洲界的澳大利亚（昆士兰州）（可疑）；巴布亚界的巴布亚新几内亚。

34. 三宝近扭白蚁 *Pericapritermes semarangi* (Holmgren, 1913)

曾称为：三宝扭白蚁 *Capritermes semarangi* Holmgren, 1913。
异名：爪哇扭白蚁 *Capritermes javanicus* Holmgren, 1913、苏门答腊扭白蚁 *Capritermes sumatrensis* John, 1925。
模式标本：全模（成虫、兵蚁、工蚁）分别保存在瑞典动物研究所、美国自然历史博物馆、英国自然历史博物馆、印度森林研究所和俄罗斯科学院动物学研究所。
模式产地：印度尼西亚爪哇（Semarang）。

分布：东洋界的孟加拉国、文莱、中国（广东、海南、云南）、印度尼西亚（爪哇、加里曼丹、苏门答腊）、马来西亚（大陆、沙巴）、缅甸、泰国。

35. 西尔韦斯特里近扭白蚁 *Pericapritermes silvestrianus* (Emerson, 1928)

曾称为：西尔韦斯特里扭白蚁（近扭白蚁亚属）*Capritermes* (*Pericapritermes*) *silvestrianus* Emerson, 1928。

模式标本：全模（成虫）分别保存在德国巴伐利亚州动物学博物馆、美国自然历史博物馆、荷兰马斯特里赫特自然历史博物馆和印度森林研究所。

模式产地：利比里亚（Cape Mesurado）。

分布：非洲界的利比里亚。

36. 美丽近扭白蚁 *Pericapritermes speciosus* (Haviland, 1898)

曾称为：美丽白蚁 *Termes speciosus* Haviland, 1898。

异名：似美丽近扭白蚁 *Pericapritermes paraspeciosus* Thapa, 1982。

模式标本：全模（成虫、兵蚁、工蚁）保存在英国剑桥大学动物学博物馆，全模（兵蚁、工蚁）保存在美国自然历史博物馆，全模（工蚁）保存在印度森林研究所。

模式产地：马来西亚砂拉越。

分布：东洋界的印度尼西亚（加里曼丹、苏门答腊）、马来西亚（大陆、沙巴、砂拉越）。

37. 大近扭白蚁 *Pericapritermes tetraphilus* (Silvestri, 1922)

中文名称：拉丁语意为“四叶近扭白蚁”，中国学者称之为“大近扭白蚁”。

曾称为：四叶扭白蚁 *Capritermes tetraphilus* Silvestri, 1922。

异名：东方扭白蚁 *Capritermes orientalis* Mathur and Sen-Sarma, 1961。

模式标本：全模（兵蚁、工蚁）分别保存在意大利农业昆虫研究所和美国自然历史博物馆。

模式产地：孟加拉国（Chittagong）。

分布：东洋界的孟加拉国、中国（福建、广东、广西、江西、云南、浙江）、印度（阿萨姆邦、中央邦、曼尼普尔邦、锡金邦、西孟加拉邦）、缅甸。

生物学：它栖居于土中或枯树根中，常与土白蚁属、华扭白蚁属白蚁杂居。在树根中土白蚁的蛀蚀孔道内曾发现它。

38. 托普斯利普近扭白蚁 *Pericapritermes topslipensis* Thakur, 1976

模式标本：正模（兵蚁）、副模（兵蚁、工蚁）保存在印度森林研究所，副模（兵蚁、工蚁）保存在印度动物调查所。

模式产地：印度泰米尔纳德邦（Topslip）。

分布：东洋界的印度（卡纳塔克邦、泰米尔纳德邦）。

39. 催促近扭白蚁 *Pericapritermes urgens* Silvestri, 1914

亚种：1）催促近扭白蚁邻近亚种 *Pericapritermes urgens confnis* Silvestri, 1914

模式标本：全模（兵蚁、工蚁）分别保存在瑞典自然历史博物馆、美国自然历史博物馆和意大利农业昆虫研究所。

模式产地：几内亚。

分布：非洲界的几内亚。

2）催促近扭白蚁催促亚种 *Pericapritermes urgens urgens* Silvestri, 1914

曾称为：催促近扭白蚁 *Pericapritermes urgens* Silvestri, 1914。

模式标本：全模（蚁后、兵蚁、工蚁）保存在意大利农业昆虫研究所，全模（成虫）分别保存在美国自然历史博物馆和瑞典自然历史博物馆。

模式产地：喀麦隆、加纳、几内亚。

分布：非洲界的喀麦隆、冈比亚、加纳、几内亚、科特迪瓦、尼日利亚、塞内加尔。

40. 维尔马近扭白蚁 *Pericapritermes vermi* Kumar and Thakur, 2011

种名释义：种名来自印度白蚁专家 S. C. Verma 博士的姓。

模式标本：正模（兵蚁、工蚁）、副模（兵蚁、工蚁）保存在印度森林研究所。

模式产地：印度哈里亚纳邦、Yamunanagar。

分布：东洋界的印度。

41. 五指山近扭白蚁 *Pericapritermes wuzhishanensis* (Li, 1982)

曾称为：五指山扭白蚁 *Capritermes wuzhishanensis* Li, 1982。

模式标本：正模（兵蚁）、副模（成虫、兵蚁）保存在广东省科学院动物研究所。

模式产地：中国海南省五指山。

分布：东洋界的中国（海南）。

42. 宜宾近扭白蚁 *Pericapritermes yibinensis* Tan, Yan, and Peng, 2013

模式标本：正模（兵蚁）、副模（兵蚁、工蚁、成虫）保存在成都市白蚁防治研究所。

模式产地：中国四川省宜宾市。

分布：东洋界的中国（四川）。

（四十七）平扭白蚁属 *Planicapritermes* Emerson, 1949

模式种：平头平扭白蚁 *Planicapritermes planiceps* (Emerson, 1925)。

种类：2 种。

分布：新热带界。

1. 长唇平扭白蚁 *Planicapritermes longilabrum* Constantino, 1998

模式标本：正模（兵蚁）、副模（兵蚁）保存在巴西亚马孙探索国家研究所，副模（兵蚁）保存在巴西圣保罗大学动物学博物馆。

模式产地：巴西亚马孙雨林。

分布：新热带界的巴西。

2. 平头平扭白蚁 *Planicapritermes planiceps* (Emerson, 1925)

曾称为：平头扭白蚁（新扭白蚁亚属）*Capritermes* (*Neocapritermes*) *planiceps* Emerson, 1925。

模式标本：正模（兵蚁）、副模（兵蚁、工蚁）保存在美国自然历史博物馆，副模（兵蚁、工蚁）分别保存在印度森林研究所和荷兰马斯特里赫特自然历史博物馆。

模式产地：圭亚那（Kartabo）。

分布：新热带界的玻利维亚、巴西（亚马孙雨林）、法属圭亚那、圭亚那。

（四十八）前扭白蚁属 *Procapritermes* Holmgren, 1912

中文名称：我国学者早期曾称之为“原歪白蚁属”。

异名：马扭白蚁 *Malaysiocapritermes* Ahmad and Akhtar, 1981。

模式种：具毛前扭白蚁 *Procapritermes setiger* (Haviland, 1898)。

种类：13 种。

分布：东洋界。

生物学：它都是食土白蚁。

1. 地蛛前扭白蚁 *Procapritermes atypus* Holmgren, 1912

种名释义：*Atypus* 是地蛛属属名。

模式标本：全模（兵蚁）分别保存在瑞典动物研究所和美国自然历史博物馆。

模式产地：马来西亚砂拉越。

分布：东洋界的印度尼西亚（加里曼丹、苏门答腊）、马来西亚（沙巴、砂拉越）。

2. 戴克夏娜前扭白蚁 *Procapritermes dakshinae* (Chhotani and Ferry, 1995)

曾称为：戴克夏娜马扭白蚁 *Malaysiocapritermes dakshinae* Chhotani and Ferry, 1995。

模式标本：正模（兵蚁）、副模（兵蚁、工蚁）保存在印度动物调查所。

模式产地：印度喀拉拉邦。

分布：东洋界的印度（喀拉拉邦）。

3. 霍姆格伦前扭白蚁 *Procapritermes holmgreni* Akhtar, 1975

异名：霍姆格伦马扭白蚁 *Malaysiocapritermes holmgreni* (Akhtar,1981)。

模式标本：正模（兵蚁）、副模（成虫、兵蚁、工蚁）保存在巴基斯坦旁遮普大学动物学系，副模（成虫、兵蚁、工蚁）分别保存在美国国家博物馆、英国自然历史博物馆和巴基斯坦森林研究所。

模式产地：孟加拉国（Dariadighi Forest）。

分布：东洋界的孟加拉国、印度（梅加拉亚邦）、中国。

4. 华南前扭白蚁 *Procapritermes huananensis* (Yu and Ping, 1966)

曾称为：华南平白蚁 *Homallotermes huananensis* Yu and Ping, 1966。

异名：华南马扭白蚁 *Malaysiocapritermes huananensis* (Yu and Ping, 1966)。

模式标本：正模（兵蚁）保存在华南亚热带作物科学研究所。

模式产地：中国海南（琼中、儋州）、云南（盈江）、广西（凭祥）。

分布：东洋界的中国（海南、广西、云南）。

5. 喀拉拉前扭白蚁 *Procapritermes keralai* (Chhotani and Ferry, 1995)

曾称为：喀拉拉马扭白蚁 *Malaysiocapritermes keralai* Chhotani and Ferry, 1995。

模式标本：正模（兵蚁）、副模（工蚁）保存在印度动物调查所。

模式产地：印度喀拉拉邦。

分布：东洋界的印度（喀拉拉邦）。

6. 长颚前扭白蚁 *Procapritermes longignathus* Ahmad, 1965

模式标本：正模（兵蚁）、副模（工蚁）保存在巴基斯坦旁遮普大学动物学系。

模式产地：泰国（Tung Sa-Lang Luang）。

分布：东洋界的泰国。

7. 马丁前扭白蚁 *Procapritermes martyni* Thapa, 1982

模式标本：正模（兵蚁）、副模（工蚁）保存在印度森林研究所。

模式产地：马来西亚沙巴（Sandakan）。

分布：东洋界的马来西亚（沙巴）。

8. 小前扭白蚁 *Procapritermes minutus* (Haviland, 1898)

曾称为：小白蚁 *Termes minutes* Haviland, 1898。

模式标本：全模（兵蚁、工蚁）分别保存在英国剑桥大学动物学博物馆和美国自然历史博物馆，全模（工蚁）保存在印度森林研究所。

模式产地：马来西亚砂拉越。

分布：东洋界的印度尼西亚（加里曼丹、苏门答腊）、马来西亚（大陆、沙巴、砂拉越）。

9. 新具毛前扭白蚁 *Procapritermes neosetiger* Thapa, 1982

模式标本：正模（兵蚁）、副模（工蚁）保存在印度森林研究所。

模式产地：马来西亚沙巴（Sandakan）。

分布：东洋界的印度尼西亚（加里曼丹）、马来西亚（沙巴）。

10. 似具毛前扭白蚁 *Procapritermes prosetiger* Ahmad, 1965

模式标本：正模（兵蚁）、副模（兵蚁、工蚁）保存在巴基斯坦旁遮普大学动物学系，副模（兵蚁、工蚁）保存在美国自然历史博物馆。

模式产地：泰国（Ka-chong）。

分布：东洋界的印度尼西亚（加里曼丹）、马来西亚（沙巴）、泰国。

11. 山打根前扭白蚁 *Procapritermes sandakanensis* Thapa, 1982

模式标本：正模（兵蚁）、副模（工蚁）保存在印度森林研究所。

模式产地：马来西亚沙巴（Sandakan）。

分布：东洋界的马来西亚（沙巴）。

12. 具毛前扭白蚁 *Procapritermes setiger* (Haviland, 1898)

曾称为：具毛白蚁 *Termes setiger* Haviland, 1898。

模式标本：全模（成虫、兵蚁、工蚁、若蚁）分别保存在英国剑桥大学动物学博物馆和美国自然历史博物馆，全模（兵蚁、工蚁、若蚁）保存在印度森林研究所。

模式产地：马来西亚砂拉越。

分布：东洋界的马来西亚（大陆、沙巴、砂拉越）、印度尼西亚（苏门答腊）。

13. 章凤前扭白蚁 *Procapritermes zhangfengensis* (Yang, Zhu, and Huang, 1995)

曾称为：章凤马扭白蚁 *Malaysiocapritermes zhangfengensis* Yang, Zhu, and Huang, 1995。

模式标本：正模（兵蚁）、副模（工蚁）保存在中国科学院昆明动物研究所。

模式产地：中国云南省德宏州陇川县章凤镇。

分布：东洋界的中国（云南）。

（四十九）前钩白蚁属 *Prohamitermes* Holmgren, 1912

模式种：奇异前钩白蚁 *Prohamitermes mirabilis* (Haviland, 1898)。

种类：2 种。

分布：东洋界。

1. 霍斯前钩白蚁 *Prohamitermes hosei* (Desneux, 1906)

亚种：1）霍斯前钩白蚁霍斯亚种 *Prohamitermes hosei hosei* (Desneux, 1906)

曾称为：霍斯白蚁 *Termes hosei* Desneux, 1906。

模式标本：全模（成虫、兵蚁、工蚁）保存在比利时皇家自然科学研究所，全模（成虫、兵蚁）保存在美国自然历史博物馆。

模式产地：马来西亚砂拉越。

分布：东洋界的印度尼西亚（加里曼丹）、马来西亚（砂拉越）。

2）霍斯前钩白蚁小型亚种 *Prohamitermes hosei minor* Thapa, 1982

模式标本：正模（兵蚁）、副模（兵蚁、工蚁）保存在印度森林研究所。

模式产地：马来西亚沙巴（Keningau）。

分布：东洋界的马来西亚（沙巴）。

2. 奇异前钩白蚁 *Prohamitermes mirabilis* (Haviland, 1898)

曾称为：奇异白蚁 *Termes mirabilis* Haviland, 1898。

模式标本：全模（成虫、兵蚁、工蚁）分别保存在英国剑桥大学动物学博物馆和英国自然历史博物馆，全模（蚁后、成虫、兵蚁、工蚁）保存在美国自然历史博物馆，全模（工蚁）保存在印度森林研究所，全模（兵蚁、工蚁）保存在德国巴伐利亚州动物学博物馆。

模式产地：新加坡、马来西亚砂拉越。

分布：东洋界的印度尼西亚（加里曼丹、苏门答腊）、马来西亚（大陆、沙巴、砂拉越）、新加坡。

（五十）前奇白蚁属 *Promirotermes* Silvestri, 1914

模式种：霍姆格伦前奇白蚁霍姆格伦亚种 *Promirotermes holmgreni holmgreni* (Silvestri, 1912)。

种类：10 种。

分布：非洲界。

生物学：它生活于相对干燥的稀树草原和雨林。它是一类典型的非洲白蚁，寄居于其他属白蚁的蚁垄里，这些白蚁包括大白蚁属、土白蚁属、方白蚁属、弓白蚁属和三脉白蚁属白蚁。它是食土白蚁，在牛科动物的粪便下、死亡的直立树的树根（正在腐烂）处觅食。

危害性：它没有危害性。

1. 贝专纳前奇白蚁 *Promirotermes bechuana* (Fuller, 1922)

种名释义：贝专纳人，也称为茨瓦纳人，生活于非洲南部。

曾称为：贝专纳弓钩白蚁 *Hamitermes bechuana* Fuller, 1922。

模式标本：选模（雌成虫）、副选模（成虫、工蚁）保存在南非国家昆虫馆，副选模（成虫、工蚁）分别保存在美国自然历史博物馆和印度森林研究所。

模式产地：南非（Greefdale）。

分布：非洲界的南非。

2. 勇猛前奇白蚁 *Promirotermes bellicosi* (Wasmann, 1912)

曾称为：勇猛奇异白蚁 *Mirotermes bellicosi* Wasmann, 1912。

模式标本：全模（兵蚁、工蚁）保存在荷兰马斯特里赫特自然历史博物馆。

模式产地：坦桑尼亚（Moschi）。

分布：非洲界的肯尼亚、坦桑尼亚。

3. 杜米萨前奇白蚁 *Promirotermes dumisae* (Fuller, 1925)

曾称为：杜米萨奇异白蚁（奇异白蚁亚属）*Mirotermes* (*Mirotermes*) *dumisae* Fuller, 1925。

模式标本：选模（兵蚁）、副选模（成虫、兵蚁、工蚁）保存在南非国家昆虫馆，副选模（成虫、兵蚁、工蚁）保存在美国自然历史博物馆。

模式产地：南非纳塔尔省（Dumisa）。

分布：非洲界的南非。

4. 细足前奇白蚁 *Promirotermes gracilipes* Schmitz, 1917

模式标本：全模（成虫、兵蚁、工蚁）分别保存在美国自然历史博物馆、南非国家昆虫馆和印度森林研究所。

模式产地：刚果民主共和国（Kisangani）。

分布：非洲界的刚果民主共和国、肯尼亚、乌干达。

5. 霍姆格伦前奇白蚁 *Promirotermes holmgreni* (Silvestri, 1912)

亚种：1）霍姆格伦前奇白蚁霍姆格伦亚种 *Promirotermes holmgreni holmgreni* (Silvestri, 1912)

曾称为：霍姆格伦奇异白蚁 *Mirotermes holmgreni* Silvestri, 1912。

异名：细足前奇白蚁小型亚种 *Promirotermes gracilipes minor* Sjöstedt, 1926。

模式标本：全模（成虫、兵蚁、工蚁）分别保存在意大利农业昆虫研究所和美国自然历史博物馆，全模（成虫、兵蚁）保存在意大利自然历史博物馆。

模式产地：几内亚比绍（Bolama）。

分布：非洲界的加纳、几内亚比绍、科特迪瓦、尼日利亚、塞内加尔。

2）霍姆格伦前奇白蚁低矮亚种 *Promirotermes holmgreni infera* Silvestri, 1914

模式标本：全模（兵蚁、工蚁）分别保存在意大利农业昆虫研究所和美国自然历史博物馆。

模式产地：塞内加尔（Thies）。

分布：非洲界的塞内加尔、尼日利亚。

6. 马萨前奇白蚁 *Promirotermes massaicus* (Sjöstedt, 1907)

曾称为：马萨真白蚁 *Eutermes massaicus* Sjöstedt, 1907。

模式标本：全模（成虫、兵蚁、工蚁）保存在瑞典自然历史博物馆，全模（成虫、兵蚁）分别保存美国自然历史博物馆和意大利农业昆虫研究所。

模式产地：坦桑尼亚（Kilimanjaro）。

分布：非洲界的肯尼亚、坦桑尼亚、乌干达、赞比亚。

7. 直头前奇白蚁 *Promirotermes orthoceps* (Emerson, 1928)

曾称为：直头奇异白蚁（前奇白蚁亚属）*Mirotermes* (*Promirotermes*) *orthoceps* Emerson, 1928。

模式标本：正模（兵蚁）保存地不详，副模（兵蚁、工蚁）分别保存在美国自然历史博物馆和印度森林研究所，副模（兵蚁）保存在南非国家昆虫馆。

模式产地：刚果民主共和国（Banana）。

分布：非洲界的刚果民主共和国。

8. 短小前奇白蚁 *Promirotermes pygmaeus* Harris, 1963

模式标本：正模（雄性有翅成虫）保存在比利时非洲中心皇家博物馆，副模（兵蚁、工蚁）保存在英国自然历史博物馆。

模式产地：刚果民主共和国（Garamba）。

分布：非洲界的刚果民主共和国、马拉维、乌干达。

9. 常见前奇白蚁 *Promirotermes redundans* Silvestri, 1914

曾称为：霍姆格伦前奇白蚁常见亚种 *Promirotermes holmgreni redundans* Silvestri, 1914。

模式标本：全模（兵蚁、工蚁）分别保存在美国自然历史博物馆和意大利农业昆虫研究所。

模式产地：几内亚（Mamou）。

分布：非洲界的冈比亚、加纳、几内亚、尼日利亚、塞内加尔。

10. 圆额前奇白蚁 *Promirotermes rotundifrons* (Silvestri, 1908)

曾称为：圆额奇异白蚁 *Mirotermes rotundifrons* Silvestri, 1908。

模式标本：全模（兵蚁、工蚁）保存在美国自然历史博物馆，全模（兵蚁、工蚁、成虫）保存在意大利农业昆虫研究所。

模式产地：博茨瓦纳（Kalahari）。

分布：非洲界的博茨瓦纳、南非。

（五十一）始扭白蚁属 *Protocapritermes* Holmgren, 1912

模式种：波颚始扭白蚁 *Protocapritermes krisiformis* (Froggatt, 1898)。

种类：2 种。
分布：澳洲界、巴布亚界。

1. 波颚始扭白蚁 *Protocapritermes krisiformis* (Froggatt, 1898)

种名释义："kris" 为马来西亚（或印度尼西亚）的波状刃短剑，此处指兵蚁上颚的形态。

曾称为：波颚白蚁 *Termes krisiformis* Froggatt, 1898。

模式标本：选模（兵蚁）、副选模（工蚁）保存在澳大利亚国家昆虫馆，副选模（兵蚁、工蚁）分别保存在美国自然历史博物馆和澳大利亚维多利亚博物馆。

模式产地：澳大利亚新南威尔士州（Sutherland）。

分布：澳洲界的澳大利亚（新南威尔士州）。

生物学：它筑深色（几乎是黑色）蚁垄，垄高只有 6～10cm。它生活在落叶林中，常与别的蚁垄相伴，如破坏象白蚁的蚁垄。群体内可以产生成蚁型补充繁殖蚁。

危害性：它只蛀蚀土壤中腐烂的木材，不危害树木或室内木结构。

2. 齿颚始扭白蚁 *Protocapritermes odontomachus* (Desneux, 1905)

曾称为：齿颚白蚁（真白蚁亚属）*Termes* (*Eutermes*) *odontomachus* Desneux, 1905。

模式标本：全模（成虫、兵蚁、工蚁）分别保存在美国自然历史博物馆和意大利农业昆虫研究所。

模式产地：巴布亚新几亚（Sattelberg）。

分布：巴布亚界的巴布亚新几亚、所罗门群岛。

（五十二）始钩白蚁属 *Protohamitermes* Holmgren, 1912

模式种：球头始钩白蚁 *Protohamitermes globiceps* Holmgren, 1912。
种类：1 种。
分布：东洋界。

1. 球头始钩白蚁 *Protohamitermes globiceps* Holmgren, 1912

模式标本：全模（成虫、工蚁）分别保存在瑞典动物研究所和美国自然历史博物馆，全模（成虫）保存在美国国家博物馆，全模（工蚁）保存在南非国家昆虫馆，全模（成虫、工蚁、若蚁）保存在印度森林研究所。

模式产地：马来西亚砂拉越。

分布：东洋界的文莱、印度尼西亚（加里曼丹）、马来西亚（大陆、沙巴、砂拉越）。

生物学：它主要分布在马来西亚砂拉越的热带雨林中，群体中无兵蚁品级，是东洋界 2 种无兵蚁品级的白蚁种类之一。

（五十三）伪钩白蚁属 *Pseudhamitermes* Noirot, 1966

模式种：高棉伪钩白蚁 *Pseudhamitermes khmerensis* Noirot, 1966。
种类：2 种。
分布：东洋界。

1. 高棉伪钩白蚁 *Pseudhamitermes khmerensis* Noirot, 1966

种名释义：柬埔寨旧称高棉。

模式标本：正模（大兵蚁）、副模（大兵蚁、小兵蚁、工蚁）保存在法国巴黎大学生物进化实验室，副模（大兵蚁、工蚁）保存在美国自然历史博物馆。

模式产地：柬埔寨。

分布：东洋界的柬埔寨。

生物学：它的兵蚁分大、小二型。

2. 长颚伪钩白蚁 *Pseudhamitermes longignathus* (Ahmad, 1965)

曾称为：长颚弓白蚁 *Amitermes longignathus* Ahmad, 1965。

模式标本：正模（兵蚁）、副模（兵蚁）保存在巴基斯坦旁遮普大学动物学系，副模（兵蚁）保存在美国自然历史博物馆。

模式产地：泰国（Huay Yang）。

分布：东洋界的泰国。

（五十四）钩扭白蚁属 *Pseudocapritermes* Kemner, 1934

属名释义：该属的拉丁语意为“伪扭白蚁属”。中国学者习惯称之为“钩扭白蚁属”。

异名：基扭白蚁属 *Coxocapritermes* Ahmad and Akhtar, 1981

模式种：森林钩扭白蚁 *Pseudocapritermes silvaticus* Kemner, 1934。

种类：18 种。

分布：东洋界。

生物学：它都是食土白蚁。

1. 细颚钩扭白蚁 *Pseudocapritermes angustignathus* (Holmgren, 1914)

曾称为：细颚扭白蚁（扭白蚁亚属）*Capritermes* (*Capritermes*) *angustignathus* Holmgren, 1914。

模式标本：全模（成虫、兵蚁、工蚁）保存在美国自然历史博物馆。

模式产地：马来西亚（Straits Settlements）。

分布：东洋界的马来西亚（大陆）。

2. 不丹钩扭白蚁 *Pseudocapritermes bhutanensis* (Roonwal and Chhotani, 1977)

曾称为：不丹前扭白蚁 *Procapritermes bhutanensis* Roonwal and Chhotani, 1977。

模式标本：正模（兵蚁）保存在瑞士自然历史博物馆。

模式产地：不丹（Thimpu）。

分布：东洋界的不丹（Thimphu）。

3. 弗莱彻钩扭白蚁 *Pseudocapritermes fletcheri* (Holmgren and Holmgren, 1917)

曾称为：弗莱彻扭白蚁 *Capritermes fletcheri* Holmgren and Holmgren, 1917。

异名：小囟钩扭白蚁 *Pseudocapritermes fontanellus* Mathur and Thapa, 1961、果阿钩扭白蚁 *Pseudocapritermes goanicus* Thakur and Chatterjee, 1969、鲁恩沃钩扭白蚁 *Pseudocapritermes roonwali* Verma, 1985。

模式标本：选模（兵蚁）、副选模（兵蚁、工蚁）保存在印度动物调查所，副选模（兵蚁、工蚁）分别保存在美国自然历史博物馆、德国汉堡动物学博物馆、瑞典自然历史博物馆、印度森林研究所和意大利农业昆虫研究所，副选模（工蚁）保存在印度农业研究所昆虫学分部。

模式产地：印度泰米尔纳德邦（Mt. Anamalai）。

分布：东洋界的印度（果阿邦、卡纳塔克邦、喀拉拉邦、泰米尔纳德邦）。

危害性：它危害茶树。

4. 江城钩扭白蚁 *Pseudocapritermes jiangchengensis* Yang, Zhu, and Huang, 1992

模式标本：正模（兵蚁）、副模（兵蚁、工蚁）保存在中国科学院昆明动物研究所，副模（兵蚁、工蚁）保存在中国科学院动物研究所。

模式产地：中国云南省普洱市江城县。

分布：东洋界的中国（云南）。

5. 卡蒂克钩扭白蚁 *Pseudocapritermes karticki* Bose, 1997

模式标本：正模（兵蚁）、副模（兵蚁、工蚁）保存在印度动物调查所。

模式产地：印度梅加拉亚邦（Mawphlong）。

分布：东洋界的印度（梅加拉亚邦）。

6. 凯姆勒钩扭白蚁 *Pseudocapritermes kemneri* Akhtar and Afzal, 1989

模式标本：正模（兵蚁）、副模（兵蚁、工蚁）保存在巴基斯坦旁遮普大学动物学系。

模式产地：马来西亚（Quoin Hill）。

分布：东洋界的马来西亚（大陆）。

7. 大钩扭白蚁 *Pseudocapritermes largus* Li and Huang, 1986

模式标本：正模（兵蚁）、副模（兵蚁、工蚁）保存在广东省科学院动物研究所。

模式产地：中国福建省梅花山。

分布：东洋界的中国（福建梅花山和鼓山、广东英德、浙江富阳）。

8. 大头钩扭白蚁 *Pseudocapritermes megacephalus* Akhtar and Afzal, 1989

模式标本：正模（兵蚁）、副模（兵蚁、工蚁）保存在巴基斯坦旁遮普大学动物学系。

模式产地：马来西亚（Matang）。

分布：东洋界的马来西亚（大陆）。

9. 小钩扭白蚁 *Pseudocapritermes minutus* (Tsai and Chen, 1963)

曾称为：小歪白蚁 *Capritermes minutus* Tsai and Chen, 1963。

异名：细小前扭白蚁 *Procapritermes parvulus* Krishna, 1968。

模式标本：正模（兵蚁）、副模（兵蚁、工蚁）保存在中国科学院动物研究所。

模式产地：中国云南省红河州金平县。

分布：东洋界的中国（福建、广西、海南、云南）。

生物学：标本采集于横倒在地面上的腐朽树干中。

10. 东方钩扭白蚁 *Pseudocapritermes orientalis* (Ahmad and Akhtar, 1981)

曾称为：东方基扭白蚁 *Coxocapritermes orientalis* Ahmad and Akhtar, 1981。

模式标本：正模（兵蚁）、副模（兵蚁）保存在巴基斯坦旁遮普大学动物学系。

模式产地：马来西亚（Kluang Forest）。

分布：东洋界的印度尼西亚（加里曼丹、苏门答腊）、马来西亚（大陆、沙巴、砂拉越）。

11. 似森林钩扭白蚁 *Pseudocapritermes parasilvaticus* Ahmad, 1965

模式标本：正模（兵蚁）、副模（成虫、兵蚁、工蚁）保存在巴基斯坦旁遮普大学动物学系，副模（成虫、兵蚁、工蚁）保存在美国自然历史博物馆。

模式产地：泰国（Tung Sa-Lang Luang）。

分布：东洋界的印度尼西亚（苏门答腊）、泰国。

12. 平颏钩扭白蚁 *Pseudocapritermes planimentus* Yang, Zhu, and Huang, 1992

模式标本：正模（兵蚁）、副模（兵蚁、工蚁）保存在中国科学院昆明动物研究所，副模（兵蚁、工蚁）保存在中国科学院动物研究所。

模式产地：中国云南省红河州建水县。

分布：东洋界的中国（云南）。

13. 近森林钩扭白蚁 *Pseudocapritermes prosilvaticus* Akhtar and Afzal, 198

模式标本：正模（兵蚁）、副模（兵蚁、工蚁）保存在巴基斯坦旁遮普大学动物学系。

模式产地：马来西亚（Quoin Hill）。

分布：东洋界的马来西亚（大陆）。

14. 隆额钩扭白蚁 *Pseudocapritermes pseudolaetus* (Tsai and Chen, 1963)

曾称为：隆额歪白蚁 *Capritermes pseudolaetus* Tsai and Chen, 1963。

模式标本：正模（兵蚁）、副模（兵蚁、工蚁）保存在中国科学院动物研究所。

模式产地：中国云南省红河州金平县。

分布：东洋界的中国（云南）。

生物学：它栖居土中，群体中个体数量极少。

15. 森林钩扭白蚁 *Pseudocapritermes silvaticus* Kemner, 1934

模式标本：全模（成虫、兵蚁、工蚁）保存在瑞典隆德大学动物研究所，全模（兵蚁、工蚁）保存在美国自然历史博物馆。

模式产地：印度尼西亚爪哇（Depok）。

分布：东洋界的印度尼西亚（爪哇、加里曼丹）、马来西亚（砂拉越）。

16. 中华钩扭白蚁 *Pseudocapritermes sinensis* Ping and Xu, 1986

模式标本：正模（兵蚁、成虫）、副模（成虫、兵蚁、工蚁）保存在广东省科学院动物研究所。

模式产地：中国云南省勐腊县。

分布：东洋界的中国（广东、广西、贵州、海南、湖南、江西、云南）。

17. 圆囟钩扭白蚁 *Pseudocapritermes sowerbyi* (Light, 1924)

种名释义：种名来自标本采集者 A. de C. Sowerby 的姓，他当时是 *The China Journal of Science and Arts* 杂志的编辑。种名拉丁语意为“索尔比钩扭白蚁”。中国学者因其工蚁的囟呈球面状隆起，而称其为“圆囟钩扭白蚁”。

曾称为：索尔比扭白蚁 *Capritermes sowerbyi* Light, 1924。

模式标本：全模（蚁后、兵蚁、工蚁、若蚁）保存在美国自然历史博物馆，全模（工蚁）分别保存在美国国家博物馆和印度森林研究所。

模式产地：中国福建省福州市晋安区鼓岭。

分布：东洋界的中国（福建、广东、广西、海南、香港、澳门）。

生物学：它栖居于土中或腐朽的树干、树根内，时常与其他种类白蚁杂居在同一处。

18. 铁卡达钩扭白蚁 *Pseudocapritermes tikadari* Roonwal and Chhotani, 1962

异名：扁平钩扭白蚁 *Pseudocapritermes planus* Mathur and Thapa, 1965。

模式标本：正模（兵蚁）、副模（兵蚁、工蚁）保存在印度动物调查所。

模式产地：印度阿萨姆邦（Cherrapunji）。

分布：东洋界的不丹、印度（阿萨姆邦、曼尼普尔邦、梅加拉亚邦）、中国。

（五十五）相似白蚁属 *Quasitermes* Emerson, 1950

中文名称：此属曾被称为“准扭白蚁属”。

模式种：山羊相似白蚁 *Quasitermes caprinus* Emerson, 1950。

种类：1 种。

分布：非洲界。

生物学：它的兵蚁额腺向前凸出，但不是非常尖。

1. 切割相似白蚁 *Quasitermes incisus* (Cachan, 1949)

曾称为：切割奇异白蚁 *Mirotermes incises* Cachan, 1949。

异名：山羊相似白蚁 *Quasitermes caprinus* Emerson, 1950（指其兵蚁上颚类似山羊角）。

模式标本：全模（兵蚁）分别保存在南非国家昆虫馆和比利时非洲中心皇家博物馆，全模（兵蚁、工蚁、若蚁）保存在印度森林研究所。

模式产地：马达加斯加。

分布：非洲界的马达加斯加。

（五十六）石白蚁属 *Saxatilitermes* Miller, 1991

模式种：石栖石白蚁 *Saxatilitermes saxatilis* Miller, 1991。

种类：1 种。

分布：澳洲界。

1. 石栖石白蚁 *Saxatilitermes saxatilis* Miller, 1991

模式标本：正模（兵蚁）、副模（蚁后、兵蚁、工蚁）保存在澳大利亚国家昆虫馆，副模（兵蚁、工蚁）分别保存在美国自然历史博物馆和英国自然历史博物馆。

模式产地：澳大利亚北领地（Jim Jim Gorge）。
分布：澳洲界的澳大利亚（北领地）。
生物学：它生活于沙石悬崖中，蚁巢由岩石间的土质蚁道组成。

（五十七）华扭白蚁属 *Sinocapritermes* Ping and Xu, 1986

模式种：中华华扭白蚁 *Sinocapritermes sinensis* Ping and Xu, 1986。
种类：16 种。
分布：东洋界。
生物学：它一般穴居于地下或倒木、树洞中，取食腐殖质、草根、烂树等。

1. 白翅华扭白蚁 *Sinocapritermes albipennis* (Tsai and Chen, 1963)

曾称为：白翅前扭白蚁 *Procapritermes albipennis* Tsai and Chen, 1963。
模式标本：正模（兵蚁）、副模（成虫、兵蚁、工蚁）保存在中国科学院动物研究所，副模（成虫、兵蚁、工蚁）保存在美国自然历史博物馆。
模式产地：中国云南省金平县长坡头。
分布：东洋界的中国（广西、湖南、云南）。
生物学：它栖居于草皮下的土中。蚁巢结构简单，由许多小土腔和蚁路组成。

2. 闽华扭白蚁 *Sinocapritermes fujianensis* Ping and Xu, 1986

模式标本：正模（兵蚁）、副模（兵蚁、工蚁）保存在广东省科学院动物研究所。
模式产地：中国福建省建瓯市。
分布：东洋界的中国（福建、广东、广西）。

3. 桂华扭白蚁 *Sinocapritermes guangxiensis* Ping and Xu, 1986

模式标本：正模（兵蚁）、副模（兵蚁、工蚁）保存在广东省科学院动物研究所。
模式产地：中国广西壮族自治区金秀县大瑶山。
分布：东洋界的中国（福建、广西、贵州）。

4. 大华扭白蚁 *Sinocapritermes magnus* Ping and Xu, 1986

模式标本：正模（兵蚁）、副模（兵蚁、工蚁）保存在广东省科学院动物研究所。
模式产地：中国重庆市。
分布：东洋界的中国（广西、贵州、湖北、江西、重庆）。

5. 台湾华扭白蚁 *Sinocapritermes mushae* (Oshima and Maki, 1919)

曾称为：雾社前扭白蚁 *Procapritermes mushae* Oshima and Maki, 1919。
模式标本：全模（兵蚁、工蚁）保存地不详。
模式产地：中国台湾省南投县莲花乡。
分布：东洋界的中国（台湾、福建、广东、广西、海南、湖北、湖南、江西、四川、重庆、云南、浙江）。
生物学：它栖居土中，取食腐木及腐草烂叶。
危害性：在中国台湾省，它危害谷类植物。

6. 小华扭白蚁 *Sinocapritermes parvulus* (Yu and Ping, 1966)

曾称为：小前扭白蚁 *Procapritermes parvulus* Yu and Ping, 1966（当初称小原扭白蚁）。

模式标本：正模（兵蚁）保存在华南亚热带作物科学研究所。

模式产地：中国海南省三亚市。

分布：东洋界的中国（海南）。

7. 平额华扭白蚁 *Sinocapritermes planifrons* Ping and Xu, 1986

模式标本：正模（兵蚁）、副模（兵蚁、工蚁）保存在广东省科学院动物研究所。

模式产地：中国云南省景洪市。

分布：东洋界的中国（云南）。

8. 草地华扭白蚁 *Sinocapritermes pratensis* Ping and Xu, 1993

模式标本：正模（兵蚁）、副模（兵蚁、工蚁）保存在广东省科学院动物研究所。

模式产地：中国广东省始兴县车八岭。

分布：东洋界的中国（广东）。

9. 中华华扭白蚁 *Sinocapritermes sinensis* Ping and Xu, 1986

中文名称：定名原文称为“华扭白蚁”，建议称为“中华华扭白蚁”更妥当。

模式标本：正模（兵蚁）、副模（兵蚁、工蚁）保存在广东省科学院动物研究所。

模式产地：中国云南省腾冲县。

分布：东洋界的中国（云南）。

10. 中国华扭白蚁 *Sinocapritermes sinicus* (Li and Xiao, 1989)

曾称为：中国马扭白蚁 *Malaysiocapritermes sinicus* Li and Xiao, 1989。

模式标本：正模（兵蚁）、副模（兵蚁、工蚁）保存在广东省科学院动物研究所。

模式产地：中国广西壮族自治区贺州滑水冲自然保护区。

分布：东洋界的中国（福建、广西）。

11. 松桃华扭白蚁 *Sinocapritermes songtaoensis* He, 1993

模式标本：正模（兵蚁）、副模（兵蚁、工蚁）保存在中国科学院上海昆虫研究所。

模式产地：中国贵州省松桃县。

分布：东洋界的中国（贵州）。

12. 天目华扭白蚁 *Sinocapritermes tianmuensis* Gao, 1989

模式标本：正模（兵蚁）、副模（成虫、兵蚁、工蚁）保存在中国科学院上海昆虫研究所，副模（成虫、兵蚁、工蚁）保存在南京市白蚁防治研究所。

模式产地：中国浙江省天目山自然保护区。

分布：东洋界的中国（浙江）。

13. 川华扭白蚁 *Sinocapritermes vicinus* (Xia, Gao, Pan, and Tang, 1983)

曾称为：川原歪白蚁 *Procapritermes vicinus* Xia, Gao, Pan, and Tang, 1983。

模式标本：正模（成虫）、副模（成虫、兵蚁、工蚁）保存在中国科学院上海昆虫研究所，副模（成虫、兵蚁、工蚁）分别保存在南京市白蚁防治研究所和四川省林业研究所。

模式产地：中国四川省宜宾市。

分布：东洋界的中国（四川、重庆）。

14. 夏氏华扭白蚁 *Sinocapritermes xiai* Gao and Lam, 1990

模式标本：正模（兵蚁）、副模（兵蚁、工蚁）保存在中国科学院上海昆虫研究所。

模式产地：中国广西壮族自治区容县。

分布：东洋界的中国（广西）。

15. 秀山华扭白蚁 *Sinocapritermes xiushanensis* He, 1993

模式标本：正模（兵蚁）、副模（兵蚁、工蚁）保存在中国科学院上海昆虫研究所。

模式产地：中国重庆市秀山县。

分布：东洋界的中国（重庆）。

16. 滇华扭白蚁 *Sinocapritermes yunnanensis* Ping and Xu, 1986

模式标本：正模（兵蚁）、副模（兵蚁、工蚁）保存在广东省科学院动物研究所。

模式产地：中国云南省景洪市。

分布：东洋界的中国（云南）。

（五十八）针刺白蚁属 *Spinitermes* Wasmann, 1897

模式种：三针针刺白蚁 *Spinitermes trispinosus* (Hagen, 1858)。

种类：5 种。

分布：新热带界。

1. 短角针刺白蚁 *Spinitermes brevicornutus* (Desneux, 1904)

曾称为：短角白蚁（真白蚁亚属）*Termes* (*Eutermes*) *brevicornutus* Desneux, 1904。

异名：短角针刺白蚁 *Spinitermes brevicornis* Silvestri, 1901。

模式标本：全模（成虫、兵蚁、工蚁）分别保存在意大利农业昆虫研究所和美国自然历史博物馆，全模（成虫）保存在美国国家博物馆。

模式产地：巴西马托格罗索州（Cuyaba）。

分布：新热带界的阿根廷（Corrientes）、玻利维亚、巴西、巴拉圭。

生物学：它栖息于土壤中的蚁道内，也可在角象白蚁属、戟白蚁属白蚁的蚁垄内寄居。

2. 长头针刺白蚁 *Spinitermes longiceps* Constantino, 1991

模式标本：正模（兵蚁）、副模（成虫、兵蚁、工蚁）保存在巴西贝伦自然历史博物馆，副模（成虫、兵蚁、工蚁）保存在巴西圣保罗大学动物学博物馆。

模式产地：巴西亚马孙雨林。

分布：新热带界的巴西（亚马孙雨林）。

3. 黑嘴针刺白蚁 *Spinitermes nigrostomus* Holmgren, 1906

异名：细瘦针刺白蚁 *Spinitermes gracilis* Holmgren, 1906。

模式标本：全模（兵蚁、工蚁）分别保存在瑞典自然历史博物馆和美国自然历史博

物馆。

模式产地：玻利维亚（Mojos）。

分布：新热带界的玻利维亚、巴西、圭亚那、秘鲁、苏里南。

4. 粗壮针刺白蚁 *Spinitermes robustus* (Snyder, 1926)

曾称为：粗壮奇异白蚁（针刺白蚁亚属）*Mirotermes* (*Spinitermes*) *robustus* Snyder, 1926。

模式标本：正模（兵蚁）、副模（工蚁）保存在美国国家博物馆，副模（兵蚁）保存在美国自然历史博物馆。

模式产地：玻利维亚（Ixiamas）。

分布：新热带界的玻利维亚、巴西（戈亚斯州、马托格罗索州）。

5. 三针针刺白蚁 *Spinitermes trispinosus* (Hagen, 1858)

曾称为：三针白蚁（真白蚁亚属）*Termes* (*Eutermes*) *trispinosus* Hagen, 1858。

模式标本：全模（兵蚁）保存在哈佛大学比较动物学博物馆。

模式产地：巴西（Santarém）。

分布：新热带界的巴西、法属圭亚那。

（五十九）聚扭白蚁属 *Syncapritermes* Ahmad and Aktar, 1981

模式种：格林聚扭白蚁 *Syncapritermes greeni* (John, 1925)。

种类：1 种。

分布：东洋界。

1. 格林聚扭白蚁 *Syncapritermes greeni* (John, 1925)

曾称为：格林扭白蚁 *Capritermes greeni* John, 1925。

模式标本：全模（成虫、兵蚁、工蚁）保存在英国自然历史博物馆，全模（兵蚁、工蚁）保存在美国自然历史博物馆。

模式产地：马来西亚。

分布：东洋界的印度尼西亚（加里曼丹）、马来西亚（大陆）。

（六十）同钩白蚁属 *Synhamitermes* Holmgren, 1912

模式种：方头同钩白蚁 *Synhamitermes quadriceps* (Wasmann, 1902)。

种类：4 种。

分布：东洋界。

生物学：只分布在印度、斯里兰卡和孟加拉国。

1. 锡兰同钩白蚁 *Synhamitermes ceylonicus* (Holmgren, 1913)

曾称为：锡兰弓钩白蚁（同钩白蚁亚属）*Hamitermes* (*Synhamitermes*) *ceylonicus* Holmgren, 1913。

模式标本：全模（兵蚁、工蚁）保存在瑞典动物研究所。

模式产地：斯里兰卡。

分布：东洋界的斯里兰卡。

2. 科伦坡同钩白蚁 *Synhamitermes colombensis* Roonwal and Sen-Sarma, 1960

模式标本：正模（兵蚁）、副模（工蚁）保存在印度森林研究所，副模（兵蚁、工蚁头部）分别保存在印度动物调查所，副模（兵蚁头部）保存在美国自然历史博物馆。

模式产地：斯里兰卡科伦坡。

分布：东洋界的斯里兰卡。

3. 角唇同钩白蚁 *Synhamitermes labioangulatus* Thakur, 1989

模式标本：正模（兵蚁）、副模（工蚁、兵蚁）保存在印度动物调查所，副模（兵蚁、工蚁）分别保存在印度森林研究所和印度动物调查所沙漠分站。

模式产地：印度古吉拉特邦。

分布：东洋界的印度（古吉拉特邦）。

4. 方头同钩白蚁 *Synhamitermes quadriceps* (Wasmann, 1902)

种名释义：兵蚁头部略呈方形。

曾称为：方头弓白蚁 *Amitermes quadriceps* Wasmann, 1902。

模式标本：选模（兵蚁）、副选模（兵蚁、工蚁、若蚁）保存在荷兰马斯特里赫特自然历史博物馆，副选模（兵蚁）保存在美国自然历史博物馆，副选模（工蚁）保存在印度森林研究所。

模式产地：印度马哈拉施特拉邦（Khandala）。

分布：东洋界的孟加拉国、印度（阿萨姆邦、达曼、果阿邦、古吉拉特邦、卡纳塔克邦、喀拉拉邦、中央邦、马哈拉施特拉邦、拉贾斯坦邦、特里普拉邦、西孟加拉邦）。

（六十一）白蚁属 *Termes* Linnaeus, 1758

异名：奇异白蚁属 *Mirotermes* Wasmann, 1897。

模式种：祸根白蚁 *Termes fatalis* Linnaeus, 1758。

种类：24 种。

分布：东洋界、新热带界、古北界、非洲界。

生物学：此属白蚁属于热带白蚁。非洲热带地区以及阿拉伯半岛的部分地区的白蚁属白蚁自己筑巢，通常为森林中树根旁的小蚁垄，也有在中空的树干中筑巢的，还有在棕榈树树桩里或树桩旁筑巢的。

危害性：它危害土壤中正在腐烂或已经风化的木材，对室内木构件危害不严重。有几种白蚁危害巴西、澳大利亚、圭亚那的甘蔗。

1. 阿马拉利白蚁 *Termes amaralii* (Seabra, 1919)

曾称为：阿马拉利奇异白蚁 *Mirotermes amaralii* Seabra, 1919。

模式标本：全模（成虫、兵蚁、工蚁）保存在葡萄牙科英布拉大学动物学系。

模式产地：圣多美（Bindá）。

分布：非洲界的圣多美和普林西比。

2. 艾尔白蚁 *Termes ayri* Bandeira and Cancello, 1992

模式标本：正模（兵蚁）、副模（兵蚁、工蚁）保存在巴西亚马孙探索国家研究所，副模（兵蚁、工蚁）分别保存在巴西贝伦自然历史博物馆和巴西圣保罗大学动物学博物馆。

模式产地：巴西（Roraima）。

分布：新热带界的巴西。

3. 巴舍尔白蚁 *Termes baculi* (Sjöstedt, 1900)

曾称为：巴舍尔真白蚁 *Eutermes baculi* Sjöstedt, 1900。

模式标本：全模（兵蚁、工蚁）分别保存在瑞典自然历史博物馆和美国自然历史博物馆。

模式产地：喀麦隆（Ekundu）。

分布：非洲界的喀麦隆、刚果民主共和国、加蓬、几内亚、科特迪瓦、尼日利亚、苏丹。

4. 似巴舍尔白蚁 *Termes baculiformis* (Holmgren, 1909)

曾称为：似巴舍尔奇异白蚁 *Mirotermes baculiformis* Holmgren, 1909。

模式标本：全模（成虫、兵蚁、工蚁）保存在瑞典动物研究所，全模（兵蚁、工蚁）保存在美国自然历史博物馆。

模式产地：马达加斯加。

分布：非洲界的马达加斯加。

5. 玻利维亚白蚁 *Termes bolivianus* (Snyder, 1926)

曾称为：玻利维亚奇异白蚁（奇异白蚁亚属）*Mirotermes* (*Mirotermes*) *bolivianus* Snyder, 1926。

模式标本：正模（兵蚁）、副模（兵蚁、工蚁）保存在美国国家博物馆，副模（兵蚁、工蚁）保存在美国自然历史博物馆。

模式产地：玻利维亚（Ivon）。

分布：新热带界的玻利维亚、巴西。

6. 博尔顿白蚁 *Termes boultoni* Coaton and Sheasby, 1978

异名：喀拉哈里白蚁 *Termes kalaharicus* Irish, 1985（裸记名称）。

模式标本：正模（成虫、兵蚁）、副模（成虫、兵蚁、工蚁）保存在南非国家昆虫馆。

模式产地：纳米比亚。

分布：非洲界的纳米比亚、津巴布韦。

7. 短角白蚁 *Termes brevicornis* Haviland, 1898

模式标本：全模（成虫、兵蚁、工蚁、若蚁）保存在英国剑桥大学动物学博物馆，全模（兵蚁、工蚁、若蚁）保存在美国自然历史博物馆。

模式产地：马来西亚砂拉越。

分布：东洋界的马来西亚（砂拉越）。

8. 好望角白蚁 *Termes capensis* (Silvestri, 1914)

曾称为：好望角奇异白蚁 *Mirotermes capensis* Silvestri, 1914。

异名：威尼弗雷达白蚁 *Termes winifredae* Snyder, 1949。

模式标本：全模（兵蚁、工蚁）保存在意大利农业昆虫研究所。

模式产地：南非（Stellenbosch）。

分布：非洲界的南非。

9. 友好白蚁 *Termes comis* Haviland, 1898

异名：婆罗白蚁 *Termes borneensis* Thapa, 1982、加隆邦白蚁 *Termes kalumpangensis* Thapa, 1982。

模式标本：全模（成虫、兵蚁、工蚁）分别保存在英国剑桥大学动物学博物馆、美国自然历史博物馆和美国国家博物馆，全模（成虫、兵蚁、工蚁、若蚁）保存在印度森林研究所。

模式产地：新加坡、马来西亚砂拉越。

分布：东洋界的印度尼西亚（加里曼丹、苏门答腊）、马来西亚（大陆、沙巴、砂拉越）、新加坡、泰国、越南。

10. 祸根白蚁 *Termes fatalis* Linnaeus, 1758

曾称为：祸根白蚁 *Termes fatale* Linnaeus, 1758。

异名：破坏白蚁 *Termes destructor* De Geer, 1778、尖鼻奇异白蚁（奇异白蚁亚属）*Mirotermes* (*Mirotermes*) *acutinasus* Emerson, 1925。

模式标本：新模（兵蚁）保存在美国自然历史博物馆。

模式产地：圭亚那（Kartabo）。

分布：新热带界的巴西、法属圭亚那、圭亚那、特立尼达和多巴哥。

生物学：它筑树栖巢。

危害性：它危害甘蔗和果树。

11. 伊斯帕尼奥拉白蚁 *Termes hispaniolae* (Banks, 1918)

曾称为：伊斯帕尼奥拉奇异白蚁 *Mirotermes hispaniolae* Banks, 1918。

模式标本：全模（成虫、兵蚁）保存在美国自然历史博物馆，全模（兵蚁）保存在哈佛大学比较动物学博物馆。

模式产地：巴拿马、海地。

分布：新热带界的巴西、古巴、圭亚那、海地、牙买加、墨西哥（可疑）、尼加拉瓜、巴拿马、波多黎各、特立尼达和多巴哥、美属维尔京群岛。

生物学：它在树杈上筑黑色木屑巢。

12. 宿主白蚁 *Termes hospes* (Sjöstedt, 1900)

曾称为：宿主真白蚁 *Eutermes hospes* Sjöstedt, 1900。

异名：隐蔽奇异白蚁 *Mirotermes obtectus* Silvestri, 1914、兰奇异白蚁（奇异白蚁亚属）*Mirotermes* (*Mirotermes*) *langi* Emerson, 1928。

模式标本：全模（兵蚁）分别保存在瑞典自然历史博物馆和美国自然历史博物馆。

模式产地：喀麦隆（Bonge）。

分布：非洲界的喀麦隆、刚果共和国、刚果民主共和国、加蓬、加纳、几内亚、科特迪瓦、肯尼亚、尼日利亚、塞内加尔、乌干达。

13. 怀阳白蚁 *Termes huayangensis* Ahmad, 1965

模式标本：正模（兵蚁）、副模（成虫、工蚁）保存在巴基斯坦旁遮普大学动物学系，副模（成虫、工蚁）保存在美国自然历史博物馆。

模式产地：泰国（Huay Yang）。

分布：东洋界的泰国。

14. 宽角白蚁 *Termes laticornis* Haviland, 1898

模式标本：全模（兵蚁、工蚁）保存在英国剑桥大学动物学博物馆，全模（蚁后、兵蚁、工蚁）保存在美国自然历史博物馆，全模（工蚁）保存在印度森林研究所。

模式产地：马来西亚砂拉越。

分布：东洋界的印度尼西亚（加里曼丹、苏门答腊）、马来西亚（大陆、砂拉越）、越南。

15. 较大白蚁 *Termes major* Morimoto, 1973

模式标本：正模（兵蚁）、副模（兵蚁、工蚁）保存在日本九州大学昆虫实验室。

模式产地：泰国（Khao Chong）。

分布：东洋界的泰国。

16. 钳白蚁 *Termes marjoriae* (Snyder, 1934)

种名释义：种名来自 Marjorie Edar Benjamin 的名字，拉丁语意为“马乔里白蚁”。该白蚁兵蚁的上颚细长如钳且对称，所以中国学者一直称其为“钳白蚁”。

曾称为：马乔里奇异白蚁（奇异白蚁亚属）*Mirotermes* (*Mirotermes*) *marjoriae* Snyder, 1934。

模式标本：全模（成虫、兵蚁、工蚁）分别保存在美国国家博物馆和英国自然历史博物馆，全模（成虫、兵蚁）保存在印度森林研究所，全模（兵蚁）保存在美国自然历史博物馆。

模式产地：缅甸（Selen）。

分布：东洋界的中国（云南）、缅甸（Selen）。

生物学：它筑土质多孔蚁巢，平贴在树干基部靠近地面的部分。蚁巢直径可达 33cm 以上。工蚁不蛀蚀树干，可能以腐烂有机质为食。

17. 中推白蚁 *Termes medioculatus* Emerson, 1949

模式标本：全模（蚁王、蚁后、成虫、兵蚁、工蚁）分别保存在美国自然历史博物馆和荷兰马斯特里赫特自然历史博物馆，全模（成虫、兵蚁、工蚁）保存在印度森林研究所。

模式产地：圭亚那（Kartabo）。

分布：新热带界的巴西、圭亚那。

18. 梅林达白蚁 *Termes melindae* Harris, 1960

模式标本：正模（兵蚁）、副模（兵蚁、工蚁）保存在英国自然历史博物馆。

模式产地：伯利兹。

分布：新热带界的伯利兹、开曼群岛。

19. 黑色白蚁 *Termes nigritus* (Silvestri, 1901)

曾称为：跳跃扭白蚁黑色亚种 *Capritermes saltans nigritus* Silvestri, 1901。

模式标本：全模（成虫）分别保存在意大利农业昆虫研究所、意大利自然历史博物馆和美国自然历史博物馆。

模式产地：巴西马托格罗索州。

分布：新热带界的阿根廷（Chaco、Corrientes、福莫萨）、巴西（马托格罗索州、圣保罗州）、巴拉圭。

危害性：在圭亚那，它危害甘蔗。

20. 巴拿马白蚁 *Termes panamaensis* (Snyder, 1923)

曾称为：巴拿马奇异白蚁 *Mirotermes panamaensis* Snyder, 1923。

模式标本：正模（兵蚁）、副模（兵蚁、工蚁）保存在美国国家博物馆，副模（兵蚁、工蚁、若蚁）保存在美国自然历史博物馆。

模式产地：巴拿马运河区域（Barro Colorade Island）。

分布：新热带界的哥伦比亚、哥斯达黎加、危地马拉、特立尼达和多巴哥、墨西哥、尼加拉瓜、巴拿马、美属维尔京群岛（St. Croix）。

生物学：它在树杈上筑黑色木屑巢。

21. 邻近白蚁 *Termes propinquus* (Holmgren, 1914)

曾称为：邻近奇异白蚁（奇异白蚁亚属）*Mirotermes* (*Mirotermes*) *propinquus* Holmgren, 1914。

模式标本：全模（兵蚁、工蚁）分别保存在美国自然历史博物馆和美国国家博物馆，全模（兵蚁、工蚁、若蚁）保存在印度森林研究所。

模式产地：印度尼西亚苏门答腊。

分布：东洋界的印度尼西亚（加里曼丹、苏门答腊）、马来西亚（大陆、沙巴）、泰国。

22. 里奥格兰德白蚁 *Termes riograndensis* Jhering [Ihering], 1887

异名：乌拉圭白蚁 *Termes uruguayensis* Berg, 1880（裸记名称）、跳跃白蚁 *Termes saltans* Snyder, 1949、跳跃奇异白蚁 *Mirotermes saltans* Wasmann, 1897。

模式标本：全模（兵蚁）保存在哈佛大学比较动物学博物馆。

模式产地：巴西（Rio Grande）。

分布：新热带界的阿根廷（Misiones、Corrientes、Chaco）、巴西、乌拉圭、巴拉圭。

生物学：它筑蚁垄。

危害性：在巴西，它危害甘蔗。

23. 尖鼻白蚁 *Termes rostratus* Haviland, 1898

模式标本：全模（成虫、兵蚁、工蚁）分别保存在英国剑桥大学动物学博物馆和美国自然历史博物馆，全模（兵蚁、工蚁）分别保存在美国国家博物馆和印度森林研究所。

模式产地：马来西亚砂拉越、新加坡。

分布：东洋界的印度尼西亚（加里曼丹、苏门答腊）、马来西亚（大陆、砂拉越）、新加坡。

24. 明亮白蚁 *Termes splendens* (Sjöstedt, 1926)

曾称为：明亮奇异白蚁 *Mirotermes splendens* Sjöstedt, 1926。

模式标本：全模（兵蚁、工蚁）分别保存在英国自然历史博物馆、瑞典自然历史博物馆、美国自然历史博物馆和意大利农业昆虫研究所。

模式产地：加纳（Kedje Keta）。

分布：非洲界的加纳。

（六十二）菱角白蚁属 *Trapellitermes* Sands, 1995

模式种：弯颚菱角白蚁 *Trapellitermes loxomastax* Sands, 1995。

种类：1 种。

分布：非洲界。

1. 弯颚菱角白蚁 ***Trapellitermes loxomastax*** Sands, 1995

模式标本：正模（兵蚁）、副模（兵蚁、工蚁）保存在英国自然历史博物馆。

模式产地：冈比亚。

分布：非洲界的冈比亚、加纳。

生物学：它寄居于大白蚁属、方白蚁属白蚁蚁垄，工、兵蚁肠道内充满泥土，应是食土白蚁。

危害性：它没有危害性。

（六十三）小瘤白蚁属 *Tuberculitermes* Holmgren, 1912

模式种：噪犀鸟小瘤白蚁 *Tuberculitermes bycanistes* (Sjöstedt, 1905)。

种类：3 种。

分布：非洲界。

生物学：此属白蚁寄居于其他属白蚁的蚁垄里，如方白蚁属（生活于雨林和稀树草原中）和三脉白蚁属白蚁（生活于稀树草原中）。它属于食土白蚁。

危害性：它没有危害性。

1. 噪犀鸟小瘤白蚁 ***Tuberculitermes bycanistes*** (Sjöstedt, 1905)

种名释义：*Bycanistes* 为噪犀鸟属属名。

曾称为：噪犀鸟真白蚁 *Eutermes bycanistes* Sjöstedt, 1905。

模式标本：全模（兵蚁）分别保存在德国格赖夫斯瓦尔德州博物馆、瑞典自然历史博物馆和美国自然历史博物馆。

模式产地：喀麦隆（River Mungo）。

分布：非洲界的安哥拉、喀麦隆、刚果共和国、刚果民主共和国、加蓬、尼日利亚、塞内加尔。

2. 弯曲小瘤白蚁 ***Tuberculitermes flexuosus*** Roy-Noël, 1969

模式标本：正模（兵蚁）保存在达喀尔大学动物学实验室，副模（兵蚁）保存在美国自然历史博物馆，副模（兵蚁、工蚁）保存在塞内加尔非洲基础研究所。

模式产地：塞内加尔。

分布：非洲界的塞内加尔。

3. 几内亚小瘤白蚁 *Tuberculitermes guineensis* Silvestri, 1914

曾称为：噪犀鸟小瘤白蚁几内亚亚种 *Tuberculitermes bycanistes guineensis* Silvestri, 1914。

模式标本：全模（蚁后、兵蚁、工蚁、若蚁）保存在意大利农业昆虫研究所，全模（兵蚁、工蚁、若蚁）保存在美国自然历史博物馆，全模（工蚁、若蚁）保存在印度森林研究所。

模式产地：几内亚。

分布：非洲界的加纳、几内亚、尼日利亚、苏丹。

（六十四）木堆白蚁属 *Xylochomitermes* Miller, 1991

模式种：梅尔维尔木堆白蚁 *Xylochomitermes melvillensis* (Hill, 1915)。

种类：6 种。

分布：澳洲界。

1. 无刺木堆白蚁 *Xylochomitermes aspinosus* Miller, 1991

模式标本：正模（兵蚁）、副模（兵蚁、工蚁）保存在澳大利亚国家昆虫馆，副模（兵蚁、工蚁）分别保存在英国自然历史博物馆和美国自然历史博物馆。

模式产地：澳大利亚西澳大利亚州（Kununurra）。

分布：澳洲界的澳大利亚（西澳大利亚州）。

生物学：它取食部分腐烂的木材。在土壤中的蚁道中或原木下，偶尔也能见到这种白蚁。

2. 梅尔维尔木堆白蚁 *Xylochomitermes melvillensis* (Hill, 1915)

曾称为：梅尔维尔扭白蚁 *Capritermes melvillensis* Hill, 1915。

模式标本：正模（兵蚁）、副模（兵蚁、工蚁）保存在澳大利亚维多利亚博物馆，副模（兵蚁、工蚁）保存在美国自然历史博物馆。

模式产地：澳大利亚北领地梅尔维尔岛。

分布：澳洲界的澳大利亚（北领地）。

生物学：它筑明显的黑色蚁垄，蚁垄筑在树基或树桩基部，外有易碎的木质外层。它主要取食正在腐烂的木材。

危害性：它可以危害外表比较健康的木材。

3. 西部木堆白蚁 *Xylochomitermes occidualis* (Gay, 1971)

曾称为：西部白蚁 *Termes occidualis* Gay, 1971。

模式标本：正模（雌成虫）、副模（成虫、兵蚁、工蚁）保存在澳大利亚国家昆虫馆，副模（成虫、兵蚁、工蚁）保存在美国自然历史博物馆。

模式产地：澳大利亚西澳大利亚州（Rudgyard）。

分布：澳洲界的澳大利亚（西澳大利亚州）。

生物学：它取食风化的或腐烂的木材。它广泛分布于西澳大利亚州的西南部，尤其在南部高降水地区最为常见。在原木下或倒地木材下的土壤中蚁道内可以发现它，也可在其他白蚁（尤其是相会弓白蚁）蚁垄中发现它，有时它还与其他白蚁一起寄居在其他蚁垄上。

在高降水量的西南部，西部木堆白蚁可自建小型蚁垄，它通常为黑色圆顶冢形，2.5～15cm高，直径最大 30cm，地下部分直径可达 15～20cm。有时候，这种黑色易碎蚁垄材料外有一层薄薄的灰黏土层。1—5 月，成熟群体中可见有翅成虫。具翅补充型繁殖蚁也偶有发现。

4. 点囟木堆白蚁 *Xylochomitermes punctillus* Miller, 1991

模式标本：正模（兵蚁）、副模（成虫、兵蚁、工蚁）保存在澳大利亚国家昆虫馆，副模（成虫、兵蚁、工蚁）分别保存在美国自然历史博物馆和英国自然历史博物馆。

模式产地：澳大利亚昆士兰州（Weipa）。

分布：澳洲界的澳大利亚（昆士兰州）。

生物学：它取食死亡的树木和正在腐烂的木材，也取食树皮。它的蚁巢和蚁道系统具有典型的木质质地，通常为棕色或红色。

5. 缩小木堆白蚁 *Xylochomitermes reductus* (Gay, 1971)

曾称为：缩小白蚁 *Termes reductus* Gay, 1971。

模式标本：正模（雌成虫）、副模（成虫、兵蚁、工蚁、若蚁）保存在澳大利亚国家昆虫馆，副模（成虫、兵蚁、工蚁）保存在美国自然历史博物馆。

模式产地：澳大利亚西澳大利亚州。

分布：澳洲界的澳大利亚（西澳大利亚州）。

生物学：大多数情况下，它分布于筑垄白蚁的垄壁中，这些筑垄白蚁是相会弓白蚁、短刀乳白蚁、深棕乳白蚁。少数情况下，它生活在地下的蚁道内。成熟群体中 2—7 月会有有翅成虫，它们白天分飞。群体中会产生大量具翅补充型繁殖蚁。

6. 粗毛木堆白蚁 *Xylochomitermes tomentosus* (Gay, 1971)

曾称为：粗毛白蚁 *Termes tomentosus* Gay, 1971。

模式标本：正模（雌成虫）、副模（成虫、兵蚁、工蚁、若蚁）保存在澳大利亚国家昆虫馆，副模（成虫、兵蚁、工蚁）保存在美国自然历史博物馆。

模式产地：澳大利亚西澳大利亚州。

分布：澳洲界的澳大利亚（西澳大利亚州）。

生物学：它大多栖息于土壤中的蚁道内或腔室内，也栖息于土壤中的原木、树枝、木杆、轨道枕木内部或下面。在相会弓白蚁和深棕乳白蚁蚁垄外层也曾发现过它。它取食各种桉树的边材和腐烂的木材。

五、圆球白蚁亚科 Sphaerotermitinae Engel and Krishna, 2004

模式属：圆球白蚁属 *Sphaerotermes* Holmgren, 1912。

种类：1 属 1 种。

分布：非洲界。

（一）圆球白蚁属 *Sphaerotermes* Holmgren, 1912

模式种：圆胸圆球白蚁 *Sphaerotermes sphaerothorax* (Sjöstedt, 1911)。

种类：1 种。

分布：非洲界。

1. 圆胸圆球白蚁 *Sphaerotermes sphaerothorax* (Sjöstedt, 1911)

曾称为：圆胸真白蚁 *Eutermes sphaerothorax* Sjöstedt, 1911。

模式标本：全模（兵蚁、工蚁）分别保存在瑞典自然历史博物馆和美国自然历史博物馆，全模（兵蚁）保存在南非国家昆虫馆。

模式产地：刚果民主共和国（Mukimbungu）。

分布：非洲界的安哥拉、喀麦隆、中非共和国、刚果民主共和国、刚果共和国、加蓬、几内亚、尼日利亚。

生物学：它生活在从塞拉利昂到乌干达、刚果的雨林中，取食林地上正在腐烂的木屑，取食时筑地下蚁道。它在地下筑巢，卵形腔室内径可达 0.5m。巢最外层有几英寸厚。它有菌室，但从来没有发现培养出蚁巢伞属真菌。

危害性：它没有危害性。

六、大白蚁亚科 Macrotermitinae Kemner, 1934

异名：刺白蚁亚科 Acanthotermitinae Sjöstedt, 1926、土白蚁族 Odontotermitini Weidner, 1956、土白蚁亚科 Odontotermitinae Grassé, 1945（裸记名称）。

模式属：大白蚁属 *Macrotermes* Holmgren, 1909。

种类：12 属 371 种。

分布：非洲界、东洋界、古北界、巴布亚界。

生物学：它培养真菌，利用真菌帮助分解所觅取的食物。食物类型多样，有木材、草、树叶、有蹄类粪便等。它属于食木和食枯枝落叶类白蚁（wood feeder/litter feeder）。筑巢类型多样，有的筑地下巢，有的筑蚁垄（甚至可以非常高大）。

危害性：有些种类危害水利工程，如黑翅土白蚁、黄翅大白蚁和海南土白蚁；有些种类危害农林植物。

（一）刺白蚁属 *Acanthotermes* Sjöstedt, 1900

模式种：刺胸刺白蚁 *Acanthotermes acanthothorax* (Sjöstedt, 1898)。

种类：1 种。

分布：非洲界（赤道附近）。

1. 刺胸刺白蚁 *Acanthotermes acanthothorax* (Sjöstedt, 1898)

种名释义：兵蚁前胸背板前沿如两枚向前的刺。

曾称为：刺胸白蚁 *Termes acanthothorax* Sjöstedt, 1898。

模式标本：全模（大兵蚁、小兵蚁、工蚁）分别保存在瑞典自然历史博物馆、意大利农业昆虫研究所、美国自然历史博物馆、德国汉堡动物学博物馆和荷兰马斯特里赫特自然历史博物馆。

模式产地：喀麦隆（Ekundu、Kitta）。

分布：非洲界的喀麦隆、中非共和国、刚果共和国、刚果民主共和国、赤道几内亚（费尔南多波岛）、加蓬、几内亚比绍、科特迪瓦、尼日利亚、卢旺达。

生物学：它栖息于雨林中（西非和中非）以及热带稀树草原上。它取食雨林中地面上的枯枝落叶。它通常在地下筑巢，偶尔也筑无固定形状的低矮蚁垄。巢由若干扩散的菌室组成，菌室内有海绵状的菌圃，菌圃较大。菌室之间有狭窄的通道相连接。王室周围包裹着菌室，菌圃弯曲和折叠较少。有时与其他白蚁巢相伴。兵蚁分大、小二型。它的食物主要是木屑，也消化有蹄类的粪便。在地面上腐烂潮湿木材中也可发现它。

危害性：它对农作物有轻度危害。

*****康拉德刺白蚁 *Acanthotermes conradti* Van Boven, 1969（裸记名称）**

分布：非洲界的喀麦隆。

（二）奇齿白蚁属 *Allodontermes* Silvestri, 1912

模式种：舒尔茨奇齿白蚁 *Allodontermes schultzei* (Silvestri, 1908)。

种类：3 种。

分布：非洲界。

1. 罗得西亚奇齿白蚁 *Allodontermes rhodesiensis* (Sjöstedt, 1914)

曾称为：罗得西亚白蚁（奇齿白蚁亚属）*Termes* (*Allodontermes*) *rhodesiensis* Sjöstedt, 1914。

异名：舒尔茨奇齿白蚁东部亚种 *Allodontermes schultzei orientalis* Fuller, 1922、饥饿白蚁（前白蚁亚属）*Termes* (*Protermes*) *esuriens* Sjöstedt, 1924、自由白蚁 *Termes liber* Van Boven, 1969（裸记名称）。

模式标本：全模（兵蚁、工蚁）分别保存在意大利农业昆虫研究所、英国家自然历史博物馆和瑞典自然历史博物馆，全模（兵蚁）保存在美国自然历史博物馆。

模式产地：津巴布韦。

分布：非洲界的莫桑比克、纳米比亚、南非、赞比亚、津巴布韦、斯威士兰。

2. 舒尔茨奇齿白蚁 *Allodontermes schultzei* (Silvestri, 1908)

曾称为：舒尔茨白蚁 *Termes schultzei* Silvestri, 1908。

模式标本：全模（成虫、兵蚁、工蚁）分别保存在意大利农业昆虫研究所和美国自然历史博物馆，全模（兵蚁）保存在南非国家昆虫馆。

模式产地：博茨瓦纳（Severelela）。

分布：非洲界的博茨瓦纳、纳米比亚、南非、斯威士兰、赞比亚、津巴布韦。

危害性：在南非，它危害房屋木构件。

3. 执着奇齿白蚁 *Allodontermes tenax* (Silvestri, 1912)

曾称为：执着白蚁（奇齿白蚁亚属）*Termes* (*Allodontermes*) *tenax* Silvestri, 1912。

异名：因芬迪布勒白蚁 *Termes infundibuli* Sjöstedt, 1913、莫罗戈罗奇齿白蚁 *Allodontermes morogorensis* Harris, 1936。

模式标本：全模（兵蚁、工蚁）分别保存在意大利农业昆虫研究所和瑞典自然历史博物馆，全模（兵蚁）保存在美国自然历史博物馆。

模式产地：赞比亚（Luapula）。

分布：非洲界的刚果民主共和国、肯尼亚、马拉维、坦桑尼亚、莫桑比克、赞比亚、津巴布韦。

危害性：在坦桑尼亚，它危害椰子树和田间农作物。

（三）钩白蚁属 *Ancistrotermes* Silvestri, 1912

模式种：十字钩白蚁十字亚种 *Ancistrotermes crucifer crucifer* (Sjöstedt, 1897)。

种类：16 种。

分布：非洲界、东洋界。

生物学：此属白蚁工蚁、兵蚁均为大、小二型。它筑完全地下巢，分散的菌室通过蚁道相连。当巢筑在其他白蚁（如大白蚁属或方白蚁属白蚁）巢下时，巢就显得紧凑。在西非、东非、中非的稀树草原林地中，方白蚁属白蚁的蚁垄极多，其下常有钩白蚁属白蚁的巢，它还常与一种或几种小白蚁属白蚁的巢相伴。

危害性：它对橡胶树、甘蔗、棉花、花生和其他田间农作物可造成明显的危害。

1. 凹胸钩白蚁 *Ancistrotermes cavithorax* (Sjöstedt, 1899)

曾称为：凹胸白蚁 *Termes cavithorax* Sjöstedt, 1899。

异名：大齿钩白蚁 *Ancistrotermes amphidon* Sjöstedt, 1926。

模式标本：全模（大兵蚁、小兵蚁、工蚁）分别保存在德国格赖夫斯瓦尔德州博物馆、美国自然历史博物馆和瑞典自然历史博物馆。

模式产地：喀麦隆（Victoria）。

分布：非洲界的喀麦隆、中非共和国、刚果民主共和国、加纳、几内亚、科特迪瓦、尼日利亚、塞内加尔、塞拉利昂、乌干达。

生物学：它取食死木材，通常为倒地的原木和与地接触的木材。它分布于西非海滨森林内的空地上、热带稀树草原混杂林地、几内亚林地的北界。它筑地下巢，巢室为卵圆形，巢室之间有不同长度的蚁道相连。许多巢建在大白蚁属、三脉白蚁属、方白蚁属和胸白蚁属的蚁垄垄壁里。它偶尔也在中空的棕榈树树干内筑巢。

危害性：在西非（从塞拉利昂到喀麦隆），它危害果树、林木和房屋木构件。它在树皮上筑泥线、泥被，幼树会由于它的环切而死，尤其是人工种植的桉树。

2. 厚头钩白蚁 *Ancistrotermes crassiceps* Zhu and Wang, 1991

模式标本：正模（大兵蚁）、副模（兵蚁、工蚁）保存在中国科学院昆明动物研究所。

模式产地：中国云南省景洪市。

分布：东洋界的中国（云南）。

3. 十字钩白蚁 *Ancistrotermes crucifer* (Sjöstedt, 1897)

亚种：1）十字钩白蚁十字亚种 *Ancistrotermes crucifer crucifer* (Sjöstedt, 1897)

曾称为：十字白蚁 *Termes crucifer* Sjöstedt, 1897。

异名：喀麦隆小白蚁 *Microtermes camerunensis* Holmgren, 1913。

模式标本：全模（成虫）分别保存在瑞典自然历史博物馆和美国自然历史博物馆。

模式产地：喀麦隆（Abo）、塞拉利昂。

分布：非洲界的安哥拉、喀麦隆、刚果民主共和国、埃塞俄比亚、冈比亚、加纳、几内亚、科特迪瓦、尼日利亚、塞内加尔、塞拉利昂、多哥。

2）十字钩白蚁相异亚种 *Ancistrotermes crucifer diversana* Silvestri, 1914

模式标本：全模（成虫、大兵蚁、小兵蚁、工蚁）保存在意大利农业昆虫研究所，全模（大兵蚁、小兵蚁、工蚁）保存在美国自然历史博物馆，全模（大兵蚁、工蚁）保存在美国国家博物馆。

模式产地：几内亚。

分布：非洲界的几内亚。

生物学：它生活在热带稀树草原上和林地中。工蚁在死树桩或活树树干上筑泥线，以寻找死木材。它筑地下巢，巢室为球形，直径约为 7.5cm，巢室之间有蚁道相连。许多巢建在大白蚁属、三脉白蚁属、方白蚁属和胸白蚁属的蚁垄垄壁里。

危害性：它常危害经济作物，尤其是花生和桉树幼苗。在加纳，它危害石梓属幼树和柚木。在冈比亚和尼日利亚，它危害花生和其他田间农作物。

4. 小头钩白蚁 *Ancistrotermes dimorphus* (Tsai and Chen, 1963)

种名释义：拉丁语意为“二型钩白蚁”。我国学者习惯称之为“小头钩白蚁”。

曾称为：小头蛮白蚁 *Microtermes dimorphus* Tsai and Chen, 1963（拉丁语意为“二型小白蚁”）。

模式标本：正模（兵蚁）、副模（成虫、兵蚁、工蚁）保存在中国科学院动物研究所，副模（大兵蚁、小兵蚁）保存在美国自然历史博物馆。

模式产地：中国云南省金平县。

分布：东洋界的中国（广西、云南）。

生物学：它生活在土中，筑分散的菌圃。蚁巢一般在地下，也可在土垄大白蚁或云南土白蚁垄壁内，但蚁巢之间并不相通。菌圃如茶杯口或碗口大小，其正面波纹呈波浪式或螺旋式。它取食杂食、树皮、甘蔗、板栗、椰苗，以及接触地面的枝干、木柱、枯竹。

5. 可疑钩白蚁 *Ancistrotermes dubius* Sjöstedt, 1926

模式标本：全模（成虫）分别保存在比利时非洲中心皇家博物馆、瑞典自然历史博物馆和美国自然历史博物馆。

模式产地：刚果民主共和国（Mauda）。

分布：非洲界的刚果民主共和国。

6. 赤道钩白蚁 *Ancistrotermes equatorius* Harris, 1966

模式标本：正模（大兵蚁）、副模（兵蚁、工蚁）保存在英国自然历史博物馆。

模式产地：乌干达（Karamoja District）。

分布：非洲界的尼日利亚、乌干达。

生物学：方白蚁属白蚁蚁垄里有它的蚁巢。

危害性：在乌干达，它危害田间农作物。

7. 橄榄坝钩白蚁 *Ancistrotermes ganlanbaensis* Zhu and Huang, 1991

模式标本：正模（大兵蚁）、副模（兵蚁、工蚁）保存在中国科学院昆明动物研究所。

模式产地：中国云南省景洪市橄榄坝。

分布：东洋界的中国（云南）。

8. 几内亚钩白蚁 *Ancistrotermes guineensis* (Silvestri, 1912)

曾称为：十字白蚁（钩白蚁亚属）几内亚亚种 *Termes* (*Ancistrotermes*) *crucifer guineensis* Silvestri, 1912。

模式标本：全模（大兵蚁、小兵蚁、工蚁）分别保存在意大利农业昆虫研究所和美国自然历史博物馆。

模式产地：几内亚比绍（Rio Cassine）。

分布：非洲界的喀麦隆、冈比亚、加纳、几内亚、几内亚比绍、科特迪瓦、尼日利亚、塞内加尔。

生物学：它生活于林地、比较开阔的草地、稠密的森林以及海滨稀树草原与森林的嵌合处。在死木材上常能发现它的工蚁和兵蚁。它的有些巢位于其他白蚁蚁垄下面。

危害性：在尼日利亚，它危害橡胶树和甘蔗。

9. 河口钩白蚁 *Ancistrotermes hekouensis* Zhu and Wang, 1991

模式标本：正模（兵蚁）、副模（兵蚁、工蚁）保存在中国科学院昆明动物研究所。

模式产地：中国云南省河口县。

分布：东洋界的中国（云南）。

10. 宽背钩白蚁 *Ancistrotermes latinotus* (Holmgren, 1912)

曾称为：宽背小白蚁 *Microtermes latinotus* Holmgren, 1912。

异名：莱邦博钩白蚁 *Ancistrotermes lebomboensis* Fuller, 1922。

模式标本：全模（成虫、兵蚁）分别保存在瑞典动物研究所和意大利农业昆虫研究所。

模式产地：刚果民主共和国（Katanga）。

分布：非洲界的安哥拉、中非共和国、刚果民主共和国、埃塞俄比亚、肯尼亚、马拉维、莫桑比克、南非、斯威士兰、坦桑尼亚、乌干达、赞比亚、津巴布韦。

生物学：它主要分布于赤道以南的林地中。蚁巢系统松散，菌室直径 5～7.5cm。它在地下筑巢，也可在林地中的大白蚁属、伪刺白蚁属白蚁蚁垄和开阔草地上的方白蚁属、三脉白蚁属、刻痕白蚁属白蚁垄壁中发现它。它取食倒地的原木和树枝，也在树干上筑泥线，取食死木材。兵蚁有股臭味。

危害性：在赞比亚、津巴布韦、坦桑尼亚和中非共和国，它危害花生、甘蔗、棉花等田间农作物。它危害短木桩、围栏、木杆，也危害桉树苗、茶树。

11. 孟连钩白蚁 *Ancistrotermes menglianensis* Zhu and Wang, 1991

模式标本：正模（兵蚁）、副模（兵蚁、工蚁）保存在中国科学院昆明动物研究所。

模式产地：中国云南省孟连县。

分布：东洋界的中国（云南）。

12. 小齿钩白蚁 *Ancistrotermes microdens* Harris, 1966

模式标本：正模（大兵蚁）、副模（大兵蚁、小兵蚁）保存在英国自然历史博物馆。

模式产地：肯尼亚（Kisumu）。

分布：非洲界的肯尼亚、乌干达。

13. 巴基斯坦钩白蚁 *Ancistrotermes pakistanicus* (Ahmad, 1955)

曾称为：巴基斯坦小白蚁 *Microtermes pakistanicus* Ahmad, 1955。

异名：苍白白蚁 *Termes pallidus* Haviland, 1898、乌姆萨小白蚁 *Microtermes umsae* Roonwal and Chhotani, 1962。

模式标本：正模（兵蚁）、副模（兵蚁、工蚁）保存在巴基斯坦旁遮普大学动物学系，副模（兵蚁、工蚁）保存在美国自然历史博物馆。

模式产地：孟加拉国（Chittagong Hill）。

分布：东洋界的孟加拉国、印度（阿萨姆邦、梅加拉亚邦、米佐拉姆邦、那加兰邦、特里普拉邦、西孟加拉邦）、印度尼西亚（爪哇、加里曼丹）、马来西亚（大陆）、缅甸、泰国、新加坡、越南、中国。

危害性：在马来西亚和孟加拉国，它危害茶树和房屋木构件。

14. 迂回钩白蚁 *Ancistrotermes periphrasis* Sjöstedt, 1924

模式标本：全模（小兵蚁、工蚁）分别保存在瑞典自然历史博物馆和美国自然历史博物馆。

模式产地：苏丹。

分布：非洲界的刚果民主共和国、埃塞俄比亚、加纳、苏丹。

15. 沃斯曼钩白蚁 *Ancistrotermes wasmanni* Snyder and Emerson, 1949

异名：凹胸白蚁 *Termes cavithorax* Wasmann, 1911。

模式标本：选模（大兵蚁）、副选模（大兵蚁、小兵蚁、工蚁）保存在荷兰马斯特里赫特自然历史博物馆，副选模（大兵蚁、小兵蚁、工蚁）保存在美国自然历史博物馆。

模式产地：刚果民主共和国（Sankuru）。

分布：非洲界的刚果民主共和国。

16. 夏氏钩白蚁 *Ancistrotermes xiai* Zhu and Huang, 1991

模式标本：正模（大兵蚁）、副模（兵蚁、工蚁）保存在中国科学院昆明动物研究所。

模式产地：中国云南省勐腊县。

分布：东洋界的中国（云南）。

（四）左转白蚁属 *Euscaiotermes* Silvestri, 1923

模式种：第一左转白蚁 *Euscaiotermes primus* (Silvestri, 1923)。

种类：1 种。

分布：东洋界。

1. 第一左转白蚁 *Euscaiotermes primus* (Silvestri, 1923)

曾称为：第一土白蚁（左转白蚁亚属）*Odontotermes* (*Euscaiotermes*) *primus* Silvestri, 1923。
模式标本：选模（兵蚁）、副选模（工蚁）保存在意大利农业昆虫研究所。
模式产地：印度奥里萨邦。
分布：东洋界的印度（奥里萨邦）。

（五）地白蚁属 *Hypotermes* Holmgren, 1913

异名：氙白蚁属 *Xenotermes* Holmgren, 1912、壤白蚁属 *Parahypotermes* Zhu et al., 1990。
模式种：曼允地白蚁 *Hypotermes manyunensis* (Zhu and Huang, 1990)。
种类：13 种。
分布：东洋界。

1. 坝湾地白蚁 *Hypotermes bawanensis* Zhu and Wang, 1990

模式标本：正模（兵蚁）、副模（兵蚁、工蚁）保存在中国科学院昆明动物研究所。
模式产地：中国云南省保山市坝湾。
分布：东洋界的中国（海南、云南）。

2. 玛堪地白蚁 *Hypotermes makhamensis* Ahmad, 1965

模式标本：正模（兵蚁）、副模（成虫、兵蚁、工蚁）保存在巴基斯坦旁遮普大学动物学系，副模（蚁后、兵蚁、工蚁）保存在美国自然历史博物馆。
模式产地：泰国（Makham）。
分布：东洋界的柬埔寨、泰国、越南。

3. 曼允地白蚁 *Hypotermes manyunensis* (Zhu and Huang, 1990)

曾称为：曼允壤白蚁 *Parahypotermes manyunensis* Zhu and Huang, 1990。
模式标本：正模（兵蚁）、副模（兵蚁、工蚁）保存在中国科学院昆明动物研究所。
模式产地：中国云南省盈江曼允。
分布：东洋界的中国（云南）。

4. 梅子地白蚁 *Hypotermes meiziensis* Huang and Zhu, 1990

模式标本：正模（兵蚁）、副模（兵蚁、工蚁）保存在中国科学院昆明动物研究所。
模式产地：中国云南省保山市梅子村。
分布：东洋界的中国（云南）。

5. 孟定地白蚁 *Hypotermes mengdingensis* Zhu and Huang, 1990

模式标本：正模（兵蚁）、副模（兵蚁、工蚁）保存在中国科学院昆明动物研究所。
模式产地：中国云南省耿马县孟定。
分布：东洋界的中国（云南）。

6. 暗头地白蚁 *Hypotermes obscuriceps* (Wasmann, 1902)

曾称为：暗头白蚁 *Termes obscuriceps* Wasmann, 1902。
异名：马歇尔土白蚁（地白蚁亚属）*Odontotermes* (*Hypotermes*) *marshalli* Kemner, 1926。

模式标本：选模（兵蚁）、副选模（兵蚁、工蚁）保存在荷兰马斯特里赫特自然历史博物馆，副选模（兵蚁、工蚁）保存在美国自然历史博物馆。

模式产地：斯里兰卡（Trincomali）。

分布：东洋界的印度（曼尼普尔邦、梅加拉亚邦、米佐拉姆邦、泰米尔纳德邦、特里普拉邦、西孟加拉邦、锡金邦）、斯里兰卡。

生物学：工蚁分大、小二型。它筑垄。

危害性：在斯里兰卡，它危害茶树，但危害不严重。它还危害房屋木构件。

7. 瑞丽地白蚁 *Hypotermes ruiliensis* (Zhu and Wang, 1990)

曾称为：瑞丽壤白蚁 *Parahypotermes ruiliensis* Zhu and Wang, 1990。

模式标本：正模（兵蚁）、副模（兵蚁、工蚁）保存在中国科学院昆明动物研究所。

模式产地：中国云南省德宏州瑞丽市。

分布：东洋界的中国（云南）。

8. 暗齿地白蚁 *Hypotermes sumatrensis* (Holmgren, 1914)

中文名称：拉丁语意为“苏门答腊地白蚁”，我国学者称之为“暗齿地白蚁”。

曾称为：苏门答腊土白蚁（地白蚁亚属）*Odontotermes* (*Hypotermes*) *sumatrensis* Holmgren, 1914（我国学者曾称之为“暗齿土白蚁”）。

模式标本：全模（兵蚁、工蚁）分别保存在美国自然历史博物馆和印度森林研究所。

模式产地：印度尼西亚苏门答腊。

分布：东洋界的中国（广西、云南）、印度尼西亚（苏门答腊）。

9. 畹町地白蚁 *Hypotermes wandingensis* Zhu and Huang, 1990

模式标本：正模（兵蚁）、副模（兵蚁、工蚁）保存在中国科学院昆明动物研究所。

模式产地：中国云南省德宏州瑞丽市畹町镇。

分布：东洋界的中国（云南）。

10. 瓦窑地白蚁 *Hypotermes wayaoensis* Zhu and Wang, 1990

模式标本：正模（兵蚁）、副模（兵蚁、工蚁）保存在中国科学院昆明动物研究所。

模式产地：中国云南省保山市瓦窑镇。

分布：东洋界的中国（云南）。

11. 威尼弗雷德地白蚁 *Hypotermes winifredi* (Ahmad, 1953)

曾称为：威尼弗雷德土白蚁（地白蚁亚属）*Odontotermes* (*Hypotermes*) *winifredi* Ahmad, 1953。

模式标本：选模（兵蚁）、副选模（成虫、兵蚁）保存在科伦坡博物馆，副选模（兵蚁）分别保存在印度森林研究所和美国自然历史博物馆。

模式产地：斯里兰卡科伦坡。

分布：东洋界的斯里兰卡。

12. 氙地白蚁 *Hypotermes xenotermitis* (Wasmann, 1896)

曾称为：氙白蚁 *Termes xenotermitis* Wasmann, 1896。

异名：农普瑞昂地白蚁 *Hypotermes nongpriangi* Roonwal and Sen-Sarma, 1956。

模式标本：选模（兵蚁）、副选模（工蚁、兵蚁）保存在荷兰马斯特里赫特自然历史博物馆，副选模（蚁后、兵蚁）保存在美国自然历史博物馆，副选模（蚁后）保存在意大利自然历史博物馆。

模式产地：缅甸（Palon）

分布：东洋界的孟加拉国、不丹、印度（阿萨姆邦、曼尼普尔邦、梅加拉亚邦、那加兰邦、特里普拉邦、西孟加拉邦）、印度尼西亚（加里曼丹）、马来西亚（大陆、沙巴）、缅甸、泰国、中国。

危害性：在缅甸，它危害林木。

13. 盈江地白蚁 *Hypotermes yingjiangensis* (Huang and Zhu, 1990)

曾称为：盈江壤白蚁 *Parahypotermes yingjiangensis* Huang and Zhu, 1990。

模式标本：正模（兵蚁）、副模（兵蚁、工蚁）保存在中国科学院昆明动物研究所。

模式产地：中国云南省盈江县曼允。

分布：东洋界的中国（云南）。

（六）大白蚁属 *Macrotermes* Holmgren, 1909

异名：颚白蚁属 *Gnathotermes* Holmgren, 1912、冢白蚁属 *Tumulitermes* Sjöstedt, 1924、勇猛白蚁属 *Bellicositermes* Emerson, 1925、广白蚁属 *Amplitermes* Sjöstedt, 1926、*Hepilitermes* Sjöstedt, 1926。

模式种：利勒伯格大白蚁 *Macrotermes lilljeborgi* (Sjöstedt, 1896)。

种类：57 种。

分布：非洲界、东洋界、古北界。

生物学：在非洲，它栖息于从雨林到邻近沙漠的半干旱地带；在亚洲，它的分布受到温度和降水量的限制。非洲的一些种类可以建造相当高大的蚁垄，如中非的镰刀大白蚁、西非的勇猛大白蚁。复杂的蚁垄结构可以使蚁垄保持接近 30℃的温度。有些森林中生活的种类可以筑完全在地下的蚁巢。此属白蚁食物种类较多，有的是食木屑的，也有的是食草的，还有的取食树叶。不少种类巢内有专门的腔室贮藏没加工的食物。

危害性：有几种大白蚁是田间农作物和幼树的害虫，危害对象有玉米、甘蔗、旱地稻、可可树、椰子树、桉树等。大白蚁很少进入室内危害木结构，但在种群密度大的情况下，也可以进入室内危害。黄翅大白蚁危害土质堤坝。

1. 隆头大白蚁 *Macrotermes acrocephalus* Ping, 1985

模式标本：正模（兵蚁）、副模（兵蚁）保存在广东省科学院动物研究所。

模式产地：中国云南省德宏州瑞丽市。

分布：东洋界的中国（云南）。

2. 阿哈默德大白蚁 *Macrotermes ahmadi* Tho, 1975

模式标本：正模（大兵蚁）、副模（兵蚁、工蚁）保存在英国自然历史博物馆，副模（兵蚁、工蚁）分别保存在美国自然历史博物馆和马来西亚森林研究所。

模式产地：马来西亚（Pahang）。

分布：东洋界的印度尼西亚（苏门答腊）、马来西亚（大陆）。

3. 阿利姆大白蚁 *Macrotermes aleemi* Akhtar, 1975

模式标本：正模（大兵蚁）、副模（大兵蚁、小兵蚁、工蚁）保存在巴基斯坦旁遮普大学动物学系，副模（大兵蚁、小兵蚁、工蚁）分别保存在巴基斯坦森林研究所、美国国家博物馆和英国自然历史博物馆。

模式产地：孟加拉国（Ukhia）。

分布：东洋界的孟加拉国、中国。

4. 体大大白蚁 *Macrotermes amplus* (Sjöstedt, 1899)

曾称为：体大白蚁 *Termes amplus* Sjöstedt, 1899。

异名：加蓬白蚁 *Termes gabonensis* Sjöstedt, 1900、加蓬大白蚁（大白蚁亚属）*Macrotermes* (*Macrotermes*) *gabonensis* (Sjöstedt, 1899)、米勒白蚁 *Termes muelleri* Sjöstedt, 1898。

模式标本：全模（大兵蚁）分别保存在比利时皇家自然科学研究所和瑞典自然历史博物馆。

模式产地：刚果民主共和国（Umangi）。

分布：非洲界的安哥拉、喀麦隆、中非共和国、刚果共和国、刚果民主共和国、加蓬、苏丹。

生物学：它的兵蚁分大、小二型。它在森林中常见。它的蚁垄高大，顶部有乳头状结构，巢中无王室，也无膨腹的蚁后。

5. 土垄大白蚁 *Macrotermes annandalei* (Silvestri, 1914)

种名释义：种名来自印度一博物馆馆长的姓。因这种白蚁在地上筑明显土垄，我国学者曾称之为“土垅大白蚁”，由于“垅”是“垄”的异体字，所以现用中文名称为“土垄大白蚁”。

曾称为：安嫩代尔白蚁 *Termes annandalei* Silvestri, 1914。

模式标本：选模（大兵蚁）、副选模（大兵蚁、小兵蚁、工蚁）保存在印度动物调查所，副选模（大兵蚁、小兵蚁、工蚁）分别保存在意大利农业昆虫研究所和美国自然历史博物馆。

模式产地：缅甸（Moulmein）。

分布：东洋界的中国（广东、广西、云南）、印度（曼尼普尔邦、梅加拉亚邦）、缅甸、泰国、越南。

生物学：它的兵蚁、工蚁都分为二型。它在地面上筑土垄，部分延伸至地下。垄呈坟墓状，高度可达 1m 左右，底径可达 2m。垄内有巨大的巢腔，腔内充满泥骨架。王室位于泥骨架内。垄内常有植物碎片。工蚁取食杂草、靠近地面开始腐朽的树干木材、鲜活植物的嫩根与幼芽。工蚁一般外出时筑泥线，有时阴天列队露天觅食。

危害性：它主要取食杂草，所以危害性不大，但有时在新开垦地区危害林木及经济作物的幼根、嫩芽。

6. 黄翅大白蚁 *Macrotermes barneyi* Light, 1924

种名释义：种名来自模式标本的采集人 Barney 教授的姓，采集地为香港大学，拉丁语意为“巴尼大白蚁”，我国学者早期曾称之为“巴氏大螱”。因这种白蚁有翅成虫的翅为黄色，我国学者习惯称这种白蚁为“黄翅大白蚁”。定名人 S. F. Light 当时在厦门大学动物实验室工作。

模式标本：全模（大兵蚁、小兵蚁、工蚁）保存在美国自然历史博物馆，全模（成虫、大兵蚁、小兵蚁、工蚁）保存在美国国家博物馆。

模式产地：中国香港的香港大学、福建福州鼓岭和厦门港。

分布：东洋界的中国（福建、广东、广西、贵州、海南、香港、湖北、湖南、江苏、江西、四川、云南、浙江）、越南；古北界的中国（安徽、河南）。

生物学：它的兵蚁、工蚁都分为二型。它在地面下筑巢。工蚁一般外出时筑泥线，有时阴天列队露天觅食。

危害性：它危害林木（如龙眼树、桉树、橡胶树、杨梅树等）、农作物（如甘蔗），蛀蚀埋地电缆等通信设备，有时也破坏房屋的木构件。它可在江河水库的堤坝内营巢栖居，对中国堤坝的危害性仅次于黑翅土白蚁。

7. 保佛大白蚁 *Macrotermes beaufortensis* Thapa, 1982

模式标本：正模（兵蚁）、副模（兵蚁、工蚁）保存在印度森林研究所。

模式产地：马来西亚沙巴（Beaufort）。

分布：东洋界的马来西亚（沙巴）。

8. 勇猛大白蚁 *Macrotermes bellicosus* (Smeathman, 1781)

中文名称：我国学者曾称之为“非洲大白蚁”“比尔考斯大白蚁”。

曾称为：勇猛白蚁 *Termes bellicosus* Smeathman, 1781。

异名：尼日利亚白蚁 *Termes nigeriensis* Sjöstedt, 1911、炭头白蚁 *Termes carboniceps* Sjöstedt, 1924、凸勇猛白蚁 *Bellicositermes convexus* Grassé, 1937、勇猛白蚁赞比西亚种 *Termes bellicosus zambesiana* Van Boven, 1969（裸记名称）、勇猛大白蚁（勇猛白蚁亚属）*Macrotermes* (*Bellicositermes*) *bellicosus* (Smeathman,1784)。

模式标本：新模（大兵蚁）、副新模（成虫）保存在英国自然历史博物馆。

模式产地：塞拉利昂（Njala）。

分布：非洲界的安哥拉、喀麦隆、中非共和国、刚果共和国、刚果民主共和国、厄立特里亚、埃塞俄比亚、加纳、几内亚、几内亚比绍、科特迪瓦、肯尼亚、利比里亚、马拉维、毛里塔尼亚、莫桑比克、尼日尔、尼日利亚、塞内加尔、塞拉利昂、索马里、苏丹、坦桑尼亚、多哥、乌干达、也门。

生物学：它的工蚁、兵蚁都分为大、小二型。它能建筑大白蚁属中最复杂的蚁垄。它主要生活在稀树草原上。

危害性：在西非和苏丹，它危害花生、甘蔗、谷类植物、果树、林木和房屋木构件。

9. 炭色大白蚁 *Macrotermes carbonarius* (Hagen, 1858)

曾称为：炭色白蚁（白蚁亚属）*Termes* (*Termes*) *carbonarius* Hagen, 1858。

模式标本：全模（成虫、兵蚁）分别保存在德国柏林冯博大学自然博物馆、哈佛大学比较动物学博物馆和奥地利自然历史博物馆。

模式产地：马来西亚。

分布：东洋界的柬埔寨、印度尼西亚（加里曼丹、Riouw Archipelago）、马来西亚（大陆、砂拉越）、泰国、新加坡、越南。

危害性：在马来西亚，它危害椰子树。

10. 蔡格洛姆大白蚁 *Macrotermes chaiglomi* Ahmad, 1965

模式标本：正模（大兵蚁）、副模（大兵蚁、小兵蚁、工蚁）保存在巴基斯坦旁遮普大学动物学系，副模（大兵蚁、小兵蚁、工蚁）保存在美国自然历史博物馆。

模式产地：泰国（曼谷）。

分布：东洋界的泰国。

11. 车八岭大白蚁 *Macrotermes chebalingensis* Ping and Xu, 1993

模式标本：正模（大兵蚁）、副模（兵蚁、工蚁）保存在广东省科学院动物研究所。

模式产地：中国广东省始兴县车八岭自然保护区。

分布：东洋界的中国（广东）。

12. 周氏大白蚁 *Macrotermes choui* Ping, 1985

模式标本：正模（大兵蚁）、副模（兵蚁）保存在广东省科学院动物研究所。

模式产地：中国云南省盈江县。

分布：东洋界的中国（云南）。

13. 缢颏大白蚁 *Macrotermes constrictus* Ping and Li, 1985

中文名称："缢"意为"上吊"；"隘"意为"狭窄"。"隘颏"似乎更妥。

模式标本：正模（大兵蚁）、副模（兵蚁）保存在广东省科学院动物研究所。

模式产地：中国四川省德昌县。

分布：东洋界的中国（四川）。

14. 震撼大白蚁 *Macrotermes convulsionarius* (König, 1779)

曾称为：震撼白蚁 *Termes convulsionarii* König, 1779。

异名：埃斯特白蚁 *Termes estherae* Desneux, 1908。

模式标本：全模（工蚁）保存地不详。

模式产地：印度泰米尔纳德邦（Tanjore）。

分布：东洋界的印度（安得拉邦、卡纳塔克邦、喀拉拉邦、马哈拉施特拉邦、奥里萨邦、泰米尔纳德邦、西孟加拉邦）、斯里兰卡。

生物学：它的兵蚁、工蚁都分大、小二型。它于地下筑巢。其群体活动范围广，活动半径可达 100m 或更多。它的菌圃小（直径 5cm），似人耳。工蚁、兵蚁列队露天觅食，当遇到干扰时，兵蚁抬高身体，用上颚敲打干树叶，发出奇异的声音。7 月夜晚雨后发生分飞。

危害性：它在印度南部常见，对甘蔗有轻微的危害，还危害房屋木构件。

15. 箕头大白蚁 *Macrotermes declivatus* Zhu, 1995

模式标本：正模（大兵蚁）、副模（大兵蚁、小兵蚁、工蚁）保存在广东省科学院动物研究所。

模式产地：中国云南省景谷县。

分布：东洋界的中国（云南）。

16. 细齿大白蚁 *Macrotermes denticulatus* Li and Ping, 1983

模式标本：正模（大兵蚁）、副模（兵蚁、工蚁）保存在广东省科学院动物研究所。

模式产地：中国云南省景洪市。

分布：东洋界的中国（广西、广东、贵州、海南、四川、云南）。

17. 镰刀大白蚁 *Macrotermes falciger* (Gerstäcker, 1891)

曾称为：镰刀白蚁 *Termes falciger* Gerstäcker, 1891。

异名：歌利亚白蚁 *Termes goliath* Sjöstedt, 1899、米歇尔白蚁 *Termes michelli* Rosen, 1912、斯沃齐亚白蚁 *Termes swaziae* Fuller, 1915、乌苏图大白蚁 *Macrotermes usutu* Fuller, 1922、基邦奥托冢白蚁 *Tumulitermes kibonotensis* Sjöstedt, 1924。

模式标本：全模（兵蚁、工蚁）保存在德国汉堡动物学博物馆。

模式产地：坦桑尼亚（Mbusini）。

分布：非洲界的贝宁、中非共和国、刚果民主共和国、加纳、几内亚、肯尼亚、马拉维、莫桑比克、南非、斯威士兰、坦桑尼亚、乌干达、赞比亚、津巴布韦。

生物学：它筑垄。兵蚁分大、小二型。它主要生活在林地中，有时露天觅食（甚至在大白天），对湿度要求较高，不能太干，也不能太涝。

危害性：在南非和赞比亚，它危害田间农作物和房屋木构件。

18. 暗黄大白蚁 *Macrotermes gilvus* (Hagen, 1858)

曾称为：暗黄白蚁（白蚁亚属）*Termes* (*Termes*) *gilvus* Hagen, 1858。

异名：阿扎瑞尔白蚁 *Termes azarelii* Wasmann, 1896、马来西亚白蚁 *Termes malayanus* Haviland, 1898、吕宋白蚁（大白蚁亚属）*Termes* (*Macrotermes*) *luzonensis* Oshima, 1914、马尼拉白蚁（大白蚁亚属）*Termes* (*Macrotermes*) *manilanus* Oshima, 1914、菲律宾白蚁（大白蚁亚属）*Termes* (*Macrotermes*) *philippinae* Oshima, 1914、科普兰白蚁（白蚁亚属）*Termes* (*Termes*) *copelandi* Oshima, 1914、暗黄大白蚁巴东亚种 *Macrotermes gilvus padangensis* Kemner, 1930、暗黄大白蚁婆罗亚种 *Macrotermes gilvus borneensis* Kemner, 1933、暗黄大白蚁窄头亚种 *Macrotermes gilvus angusticeps* Kemner, 1934、暗黄大白蚁卡尔斯霍芬亚种 *Macrotermes gilvus kalshoveni* Kemner, 1934、暗黄大白蚁宽背亚种 *Macrotermes gilvus latinotum* Kemner, 1934、暗黄大白蚁马都拉亚种 *Macrotermes gilvus madurensis* Kemner, 1934。

模式标本：选模（成虫）、副选模（成虫、大兵蚁、小兵蚁）保存在比利时皇家自然科学研究所，副选模（成虫、大兵蚁、小兵蚁）分别保存在奥地利自然历史博物馆、德国柏林冯博大学自然博物馆和哈佛大学比较动物学博物馆。

模式产地：印度尼西亚爪哇。

分布：东洋界的柬埔寨、东帝汶、印度（西孟加拉邦）、印度尼西亚（爪哇、加里曼丹、苏门答腊、苏拉威西）、马来西亚（大陆、沙巴、砂拉越）、缅甸、菲律宾（吕宋、巴拉望、班乃）、新加坡、泰国、越南。

生物学：工蚁、兵蚁都分为大、小二型。它筑圆顶形蚁垄，内有许多小腔室。

危害性：在马来西亚、菲律宾和印度尼西亚，它是危害较严重的害虫，危害甘蔗等作物以及橡胶树、椰子树等树木，还能危害纸张、衣服以及房屋木构件。

19. 可爱大白蚁 *Macrotermes gratus* (Sjöstedt, 1900)

曾称为：可爱白蚁 *Termes gratus* Sjöstedt, 1900。

模式标本：全模（成虫）分别保存在德国柏林冯博大学自然博物馆和瑞典自然历史博物馆。

模式产地：多哥（Misahöhe）。

分布：非洲界的多哥。

20. 广西大白蚁 *Macrotermes guangxiensis* Han, 1986

模式标本：正模（兵蚁）保存在中国科学院上海昆虫研究所。

模式产地：中国广西壮族自治区南宁市。

分布：东洋界的中国（广西）。

21. 海南大白蚁 *Macrotermes hainanensis* Li and Ping, 1983

模式标本：正模（大兵蚁）、副模（兵蚁、工蚁）保存在广东省科学院动物研究所。

模式产地：中国海南省五指山。

分布：东洋界的中国（海南）。

22. 优势大白蚁 *Macrotermes herus* (Sjöstedt, 1914)

曾称为：优势白蚁 *Termes herus* Sjöstedt, 1914。

模式标本：选模（雌成虫）、副选模（成虫）保存在瑞典自然历史博物馆，副选模（雌成虫）保存在美国自然历史博物馆。

模式产地：埃塞俄比亚（Dire-Daauna）。

分布：非洲界的埃塞俄比亚、几内亚、肯尼亚、尼日利亚、索马里、苏丹、坦桑尼亚（Pemba Island）。

生物学：它的兵蚁分大、小二型。

23. 和平大白蚁 *Macrotermes hopini* Roonwal and Sen-Sarma, 1956

模式标本：正模（大兵蚁）、副模（大兵蚁、工蚁）保存在印度动物调查所，副模（大兵蚁、工蚁）分别保存在印度森林研究所和美国自然历史博物馆。

模式产地：缅甸（Hopin）。

分布：东洋界的缅甸、印度（曼尼普尔邦、特里普拉邦）。

生物学：它的兵蚁和工蚁均是二型。

24. 凹缘大白蚁 *Macrotermes incisus* He and Qiu, 1990

模式标本：正模（兵蚁）、副模（兵蚁、工蚁）保存在中国科学院上海昆虫研究所。

模式产地：中国贵州省荔波县。

分布：东洋界的中国（贵州）。

25. 伊图里大白蚁 *Macrotermes ituriensis* Sjöstedt, 1924

模式标本：正模（成虫）保存在瑞典自然历史博物馆（可能已丢失）。

模式产地：刚果民主共和国（Ituri）。

分布：非洲界的刚果民主共和国。

26. 象牙海岸大白蚁 *Macrotermes ivorensis* Grassé and Noirot, 1951

模式标本：全模（大兵蚁、小兵蚁、工蚁）分别保存在美国自然历史博物馆和法国促进科学动物学实验室。

模式产地：科特迪瓦。

分布：非洲界的几内亚、科特迪瓦、尼日利亚、塞拉利昂。

生物学：它的兵蚁分大、小二型。它属于森林种类，巢中有明显的王室。

*****尖峰岭大白蚁 *Macrotermes jianfenglingensis* Ping and Xu, 1995 （裸记名称）**

分布：东洋界的中国（海南）。

27. 景洪大白蚁 *Macrotermes jinghongensis* Ping and Li, 1985

模式标本：正模（大兵蚁）、副模（兵蚁）保存在广东省科学院动物研究所。

模式产地：中国云南省景洪市。

分布：东洋界的中国（云南）。

28. 哈贾瑞大白蚁 *Macrotermes khajuriai* Roonwal and Chhotani, 1962

种名释义：种名来自印度动物调查所的部门负责人 H. Khajuria 博士的姓。

模式标本：正模（大兵蚁）、副模（大兵蚁、小兵蚁、工蚁）保存在印度动物调查研究所，副模（大兵蚁、小兵蚁、工蚁）保存在美国自然历史博物馆。

模式产地：印度阿萨姆邦。

分布：东洋界的印度（阿萨姆邦、梅加拉亚邦、米佐拉姆邦、特里普拉邦、西孟加拉邦）、中国。

危害性：在印度，它危害房屋木构件。

29. 宽颚大白蚁 *Macrotermes latignathus* Thapa, 1982

模式标本：正模（大兵蚁）、副模（兵蚁、工蚁）保存在印度森林研究所。

模式产地：马来西亚沙巴。

分布：东洋界的马来西亚（沙巴）。

30. 利勒伯格大白蚁 *Macrotermes lilljeborgi* (Sjöstedt, 1896)

曾称为：利勒伯格白蚁 *Termes lilljeborgi* Sjöstedt, 1896。

模式标本：全模（大兵蚁、小兵蚁、工蚁）保存在瑞典自然历史博物馆，全模（大兵蚁、小兵蚁）分别保存在美国自然历史博物馆、英国自然历史博物馆、南非国家昆虫馆、比利时皇家自然科学研究所和荷兰马斯特里赫特自然历史博物馆。

模式产地：喀麦隆（Kitta）。

分布：非洲界的刚果民主共和国、喀麦隆、尼日利亚。

生物学：它的兵蚁分大、小二型。

31. 长头大白蚁 *Macrotermes longiceps* Li and Ping, 1983

模式标本：正模（大兵蚁）、副模（兵蚁、工蚁）保存在广东省科学院动物研究所。

模式产地：中国海南省吊罗山。

分布：东洋界的中国（海南、广东、广西、贵州、香港）。

32. 长颏大白蚁 *Macrotermes longimentis* Zhu and Luo, 1987

模式标本：正模（大兵蚁）保存在广东省科学院动物研究所，副模（成虫、兵蚁、工蚁）保存在广西北海市白蚁防治管理所。

模式产地：中国广西壮族自治区北海市。

分布：东洋界的中国（广西）。

33. 罗坑大白蚁 *Macrotermes luokengensis* Lin and Shi, 1982

模式标本：正模（大兵蚁）、副模（兵蚁、成虫）保存在广东省科学院动物研究所。

模式产地：中国广东省电白县。

分布：东洋界的中国（广东、浙江）。

34. 湄索德大白蚁 *Macrotermes maesodensis* Ahmad, 1965

模式标本：正模（大兵蚁）、副模（大兵蚁、小兵蚁、工蚁）保存在巴基斯坦旁遮普大学动物学系，副模（大兵蚁、小兵蚁、工蚁）保存在美国自然历史博物馆。

模式产地：泰国（Mae Sod）。

分布：东洋界的泰国、越南。

35. 马六甲大白蚁 *Macrotermes malaccensis* (Haviland, 1898)

曾称为：马六甲白蚁 *Termes malaccensis* Haviland, 1898。

异名：奥里维尔颚白蚁 *Gnathotermes aurivillii* Holmgren, 1912、哈维兰颚白蚁 *Gnathotermes havilandi* Holmgren, 1912。

模式标本：全模（兵蚁、工蚁）保存在英国剑桥大学动物学博物馆。

模式产地：马来西亚（Malacca）。

分布：东洋界的柬埔寨、印度尼西亚（Billiton and Banka Islands、加里曼丹、苏门答腊）、马来西亚（大陆、沙巴、砂拉越）、新加坡、泰国、越南。

36. 梅多大白蚁 *Macrotermes meidoensis* Huang and Han, 1988

中文名称：模式标本采集于西藏的墨脱县（Medog）。在墨脱地名中没有发现称为“梅多”的地名，因此认为中文名称“墨脱大白蚁”似乎更妥。

异名：墨脱大白蚁 *Macrotermes medogensis* Han, 1988。

模式标本：正模（大兵蚁）、副模（兵蚁、工蚁）保存在中国科学院动物研究所。

模式产地：中国西藏自治区墨脱县。

分布：古北界的中国（西藏）。

37. 勐龙大白蚁 *Macrotermes menglongensis* Han, 1986

模式标本：正模（兵蚁）保存在中国科学院上海昆虫研究所。

模式产地：中国云南省景洪市大勐龙。

分布：东洋界的中国（云南）。

38. 米夏埃尔森大白蚁 *Macrotermes michaelseni* (Sjöstedt, 1914)

曾称为：米夏埃尔森白蚁（白蚁亚属）*Termes* (*Termes*) *michaelseni* Sjöstedt, 1914。

异名：勇猛白蚁（白蚁亚属）莫桑比克亚种 *Termes* (*Termes*) *bellicosus mossambica* Hagen, 1858、勇猛大白蚁丘嫩亚种 *Macrotermes bellicosus kunenensis* Fuller, 1922、勇猛大白蚁林波波亚种 *Macrotermes bellicosus limpopoensis* Fuller, 1922、勇猛大白蚁汤加亚种 *Macrotermes bellicosus tonga* Fuller, 1927。

模式标本：选模（雄成虫）、副选模（兵蚁、工蚁、蚁王）保存在德国汉堡动物学博物馆，副选模（成虫、兵蚁、工蚁）分别保存在瑞典自然历史博物馆和美国自然历史博物馆。

模式产地：纳米比亚（Okahandja）。

分布：非洲界的安哥拉、博茨瓦纳、肯尼亚、马拉维、莫桑比克、纳米比亚、南非、斯威士兰、坦桑尼亚、赞比亚、津巴布韦。

生物学；它筑垄。其兵蚁分大、小二型。

*****南宁大白蚁 *Macrotermes nanningensis* Jiang, Huang and Lin, 1993（裸记名称）**

分布：东洋界的中国（广西）。

39. 纳塔尔大白蚁 *Macrotermes natalensis* (Haviland, 1898)

曾称为：纳塔尔白蚁 *Termes natalensis* Haviland, 1898。

异名：纳塔尔大白蚁中间亚种 *Macrotermes natalensis intermedius* Fuller, 1922、纳塔尔大白蚁德南士瓦亚种 *Macrotermes natalensis transvaalensis* Fuller, 1922、纳塔尔大白蚁德班亚种 *Macrotermes natalensis durbanensis* Fuller, 1927。

模式标本：选模（雌成虫）、副选模（大兵蚁）保存在英国剑桥大学动物学博物馆，副选模（大兵蚁、小兵蚁、成虫、工蚁）分别保存在美国自然历史博物馆和美国国家博物馆，副选模（兵蚁、工蚁）保存在印度森林研究所，副选模（蚁后、成虫）保存在荷兰马斯特里赫特自然历史博物馆。

模式产地：南非纳塔尔省（Estcourt）。

分布：非洲界的安哥拉、乍得、中非共和国、刚果共和国、刚果民主共和国、厄立特里亚、加纳、几内亚、几内亚比绍、科特迪瓦、肯尼亚、利比里亚、马达加斯加、马拉维、莫桑比克、纳米比亚、尼日利亚、塞内加尔、南非、苏丹、坦桑尼亚、多哥、乌干达、赞比亚、津巴布韦。

生物学：它通常筑圆锥形蚁垄，也有大的蚁垄呈坟形。兵蚁分大、小二型。这种白蚁可以适应干燥、寒冷的气候。分飞发生在 11 月的下半月，天黑后有翅成虫就分飞。小型垄中约有 5000 只白蚁；中型垄中约有 45000 只白蚁；大型垄中约有 200000 只白蚁。

危害性：在中非、南非、乌干达和苏丹，它危害咖啡树、花生、林木和房屋木构件。

40. 黑色大白蚁 *Macrotermes niger* (Sjöstedt, 1898)

曾称为：黑色白蚁 *Termes niger* Sjöstedt, 1898。

模式标本：全模（成虫）保存在瑞典自然历史博物馆。

模式产地：喀麦隆。

分布：非洲界的喀麦隆。

41. 闻名大白蚁 *Macrotermes nobilis* (Sjöstedt, 1900)

曾称为：闻名白蚁 *Termes nobilis* Sjöstedt, 1900。

异名：美丽白蚁 *Termes speciosus* Sjöstedt, 1899、美丽大白蚁 *Macrotermes speciosus* Sjöstedt, 1926。

模式标本：全模（大兵蚁、小兵蚁、工蚁）分别保存在德国柏林冯博大学自然博物馆和瑞典自然历史博物馆。

模式产地：喀麦隆（Johann-Albrechtshöhe）。

分布：非洲界的喀麦隆、刚果共和国、刚果民主共和国、加蓬。

生物学：它的兵蚁分大、小二型。它栖息于森林中。它的蚁垄低矮、圆顶形，高约 50cm，直径可达 2m。巢中无专门王室，蚁王难以捉到。

42. 直颚大白蚁 *Macrotermes orthognathus* Ping and Xu, 1985

模式标本：正模（大兵蚁）、副模（兵蚁）保存在广东省科学院动物研究所。

模式产地：中国贵州省兴义县。

分布：东洋界的中国（广西、贵州）。

43. 近三型大白蚁 *Macrotermes peritrimorphus* Li and Xiao, 1989

模式标本：正模（兵蚁）、副模（兵蚁）保存在广东省科学院动物研究所。

模式产地：中国广西壮族自治区贺州滑水冲自然保护区。

分布：东洋界的中国（广西）。

44. 平头大白蚁 *Macrotermes planicapitatus* Gao and Lau, 1996

模式标本：正模（兵蚁）、副模（兵蚁、工蚁）保存在中国科学院上海昆虫研究所，副模（兵蚁、工蚁）保存在南京市白蚁防治研究所。

模式产地：中国香港新界。

分布：东洋界的中国（香港）。

45. 似保佛大白蚁 *Macrotermes probeaufortensis* Thapa, 1982

模式标本：正模（大兵蚁）、副模（兵蚁、工蚁）保存在印度森林研究所。

模式产地：马来西亚沙巴。

分布：东洋界的马来西亚（沙巴）。

46. 勒努大白蚁 *Macrotermes renouxi* Rouland, 1993

模式标本：全模（蚁王、蚁后、兵蚁、工蚁）保存在法国自然历史博物馆。

模式产地：刚果共和国马永贝。

分布：非洲界的刚果共和国。

47. 细锯齿大白蚁 *Macrotermes serrulatus* Snyder, 1934

曾称为：细锯齿大白蚁（大白蚁亚属）*Macrotermes* (*Macrotermes*) *serrulatus* Snyder, 1934。

模式标本：全模（大兵蚁、小兵蚁、工蚁）分别保存在英国自然历史博物馆、美国国家博物馆和印度森林研究所。

模式产地：缅甸（Mogok）。

分布：东洋界的孟加拉国、印度（梅加拉亚邦）、缅甸。

48. 新加坡大白蚁 *Macrotermes singaporensis* (Oshima, 1913)

曾称为：新加坡白蚁（大白蚁亚属）*Termes* (*Macrotermes*) *singaporensis* Oshima, 1913。

模式标本：全模（成虫、大兵蚁、小兵蚁、工蚁）保存地不详。

模式产地：新加坡。

分布：东洋界的新加坡。

49. 近明大白蚁 *Macrotermes subhyalinus* (Rambur, 1842)

曾称为：近明白蚁 *Termes subhyalinus* Rambur, 1842。

异名：勇猛白蚁圣西巴瑞塔亚种 *Termes bellicosus sansibarita* Wasmann, 1897、冢栖白蚁 *Termes tumulicola* Sjöstedt, 1899、让内尔勇猛白蚁 *Bellicositermes jeanneli* Grassé, 1937、勇猛勇猛白蚁国王亚种 *Bellicositermes bellicosus rex* Grassé and Noirot, 1961。

模式标本：新模（雄成虫）保存在比利时皇家自然科学研究所。

模式产地：塞内加尔。

分布：非洲界的安哥拉、贝宁、布隆迪、中非共和国、乍得、刚果民主共和国、埃塞俄比亚、冈比亚、加纳、几内亚、几内亚比绍、科特迪瓦、肯尼亚、利比里亚、马拉维、马里、莫桑比克、纳米比亚、尼日利亚、卢旺达、塞内加尔、塞拉利昂、索马里、苏丹、坦桑尼亚、多哥、乌干达、也门、赞比亚、津巴布韦；古北界的阿曼、沙特阿拉伯。

生物学：它的兵蚁分大、小二型。它筑蚁垄。有翅成虫一般在夜间分飞，通常在雨后2天、月亮出来20min后分飞。

危害性：在西非、东非、中非、苏丹，它危害可可树、花生、椰子树、甘蔗、果树、谷类植物、林木和房屋木构件。

*****似梯头大白蚁 *Macrotermes subtrapezoides* Ping and Xu, 1995（裸记名称）**

分布：东洋界的中国（海南）。

50. 梯头大白蚁 *Macrotermes trapezoides* Ping and Xu, 1985

模式标本：正模（大兵蚁）、副模（兵蚁）保存在广东省科学院动物研究所。

模式产地：中国海南省三亚市。

分布：东洋界的中国（海南、广西、广东）。

51. 三型大白蚁 *Macrotermes trimorphus* Li and Ping, 1983

模式标本：正模（大兵蚁）、副模（兵蚁、工蚁）保存在广东省科学院动物研究所。

模式产地：中国广西壮族自治区龙州县。

分布：东洋界的中国（广东、广西）。

52. 乌库兹大白蚁 *Macrotermes ukuzii* Fuller, 1922

异名：小白蚁（白蚁亚属）*Termes* (*Termes*) *pavus* Holmgren, 1913。

模式标本：选模（大兵蚁）保存在南非国家昆虫馆，副选模（大兵蚁、小兵蚁、工蚁）分别保存在英国自然历史博物馆和美国自然历史博物馆。

模式产地：南非祖鲁兰（Ukuzi River 边）。

分布：非洲界的南非、斯威士兰、坦桑尼亚、津巴布韦。

生物学：它筑垄。兵蚁分大、小二型。分飞发生在 11 月中旬的夜间。

53. 维卡斯普里大白蚁 *Macrotermes vikaspurensis* Thakur, Kumar, and Tyagi, 2011

模式标本：正模（大兵蚁）、副模（大兵蚁、小兵蚁、工蚁）保存在印度森林研究所。

模式产地：印度北阿坎德邦（Vikas Puri）。

分布：东洋界的印度。

54. 明翼大白蚁 *Macrotermes vitrialatus* (Sjöstedt, 1899)

曾称为：明翼白蚁 *Termes vitrialatus* Sjöstedt, 1899。

异名：国王白蚁 *Termes imperator* Sjöstedt, 1913、沃特伯格白蚁 *Termes waterbergi* Fuller, 1915、斯考特登大白蚁 *Macrotermes schoutedeni* Sjöstedt, 1924、莫桑比克广白蚁 *Amplitermes mozambicanus* Sjöstedt, 1926、安哥拉大白蚁 *Macrotermes angolensis* Noirot, 1955。

模式标本：选模（雄成虫）保存在德国汉堡动物学博物馆，副选模（蚁后）分别保存在瑞典自然历史博物馆和比利时皇家自然科学研究所。

模式产地：刚果民主共和国。

分布：非洲界的安哥拉、刚果共和国、刚果民主共和国、马拉维、莫桑比克、纳米比亚、南非、坦桑尼亚、赞比亚、津巴布韦。

生物学：它的兵蚁分大、小二型。它筑蚁垄，蚁垄土壤松软；也筑地下巢。它不在森林里栖息，但工蚁也将树叶切成碎片。它于白天觅食。雨季并不分飞，有翅成虫天一黑就分飞。

55. 云南大白蚁 *Macrotermes yunnanensis* Han, 1986

模式标本：正模（兵蚁）保存在中国科学院上海昆虫研究所。

模式产地：中国云南省景洪市大勐龙。

分布：东洋界的中国（云南）。

56. 浙江大白蚁 *Macrotermes zhejiangensis* Ping and Dong, 1994

模式标本：正模（大兵蚁）、副模（兵蚁、工蚁）保存在广东省科学院动物研究所，副模（兵蚁、工蚁）保存在衢州市白蚁防治研究所。

模式产地：中国浙江省衢州市。

分布：东洋界的中国（浙江）。

57. 朱氏大白蚁 *Macrotermes zhui* Krishna, 2013

种名释义：原名“宽胸大白蚁 *Macrotermes latinotus* Zhu and Luo, 1985”，由于种名已被“暗黄大白蚁宽背亚种 *Macrotermes gilvus latinotus* Kemner, 1934”占用，Krishna 于 2013 年将其改名。

模式标本：正模（大兵蚁）保存在广东省科学院动物研究所，副模（兵蚁）保存在广西北海市白蚁防治管理所。

模式产地：中国广西壮族自治区南宁市。

分布：东洋界的中国（广西）。

（七）大前白蚁属 *Megaprotermes* Ruelle, 1978

模式种：吉法德大前白蚁 *Megaprotermes giffardii* (Silvestri, 1914)。
种类：1 种。
分布：非洲界。

1. 吉法德大前白蚁 *Megaprotermes giffardii* (Silvestri, 1914)

曾称为：吉法德奇齿白蚁 *Allodontermes giffardii* Silvestri, 1914。

模式标本：全模（兵蚁、工蚁）分别保存在意大利农业昆虫研究所和美国自然历史博物馆。

模式产地：尼日利亚（Ibaddan）。

分布：非洲界的中非共和国、刚果民主共和国、冈比亚、加纳、科特迪瓦、尼日利亚、塞内加尔。

生物学：它生活于深邃的森林、各种林地中和热带稀树草原上。它筑地下巢，蚁巢由分散的、孤立的腔室组成，腔室之间有狭窄的蚁道相联通。在腐烂的树枝中、死亡的树木里、方白蚁属白蚁蚁垄或前白蚁属白蚁蚁垄下的土壤中能发现它。分飞发生在雨后的早晨，雌性有翅成虫并不飞翔，只爬到草的茎上。

危害性：在塞拉利昂，它危害房屋木构件。

（八）小白蚁属 *Microtermes* Wasmann, 1902

中文名称：我国学者早期曾称之为“蛮白蚁属”。
异名：小齿白蚁属 *Microdontermes* Sarwar, 1940（裸记名称）。
模式种：可疑小白蚁 *Microtermes incertus* (Hagen, 1853)。
种类：69 种。
分布：非洲界、东洋界、古北界。

生物学：它体形相对较小。非洲界和东洋界的小白蚁属白蚁的巢完全在地下，菌室在土壤中向四周分散，各菌室间由狭窄的蚁道相联通，但当它把巢筑在食土白蚁（如方白蚁属白蚁）巢下或大白蚁属白蚁巢内时，其巢腔就紧紧地挤在一起。干旱地区有些种类将巢建得非常深，离地面可达几米。小白蚁属白蚁的有翅成虫在第一次分飞落地后，可以再次起飞，这种现象只存在于极少数的属中。

危害性：许多小白蚁属白蚁是重要的农业害虫，其危害对象包括小麦、埃塞俄比亚画眉草、玉米、花生、棉花、甘蔗、茶树、可可树、种植的树苗（如桉树）等。

1. 埃塞俄比亚小白蚁 *Microtermes aethiopicus* Barnett, Cowie and Wood, 1988

模式标本：正模（兵蚁）、副模（兵蚁、工蚁）保存在英国自然历史博物馆。
模式产地：埃塞俄比亚（Sodo）。
分布：非洲界的埃塞俄比亚。

2. 白背小白蚁 *Microtermes albinotus* Holmgren, 1913

模式标本：全模（成虫）保存地不详。
模式产地：非洲（未说明确切位置）。

分布：非洲界（未说明确切位置）。

3. 部白小白蚁 *Microtermes albopartitus* (Sjöstedt, 1911)

曾称为：部白白蚁 *Termes albopartitus* Sjöstedt, 1911。

异名：长头小白蚁 *Microtermes longiceps* Holmgren, 1913。

模式标本：选模（兵蚁）保存在英国自然历史博物馆，副选模（成虫、兵蚁、工蚁）分别保存在美国自然历史博物馆和瑞典自然历史博物馆。

模式产地：津巴布韦（Harare）。

分布：非洲界的喀麦隆（可疑）、刚果民主共和国、马拉维、南非、坦桑尼亚、赞比亚、津巴布韦。

危害性：在坦桑尼亚，它危害田间农作物。

4. 阿留奥德小白蚁 *Microtermes alluaudanus* (Sjöstedt, 1915)

种名释义：种名来自法国昆虫学家 C. A. Alluaud 的姓。

曾称为：阿留奥德白蚁（小白蚁亚属）*Termes* (*Microtermes*) *alluaudanus* Sjöstedt, 1915。

模式标本：全模（成虫、兵蚁）分别保存在瑞典自然历史博物馆和美国自然历史博物馆，副模（成虫）保存在南非国家昆虫馆。

模式产地：肯尼亚。

分布：非洲界的喀麦隆（可疑）、肯尼亚、马拉维、坦桑尼亚。

5. 林鸮小白蚁 *Microtermes aluco* (Sjöstedt, 1904)

种名释义：*Aluco* 是林鸮属属名。

曾称为：林鸮真白蚁 *Eutermes aluco* Sjöstedt, 1904。

异名：苏丹钩白蚁 *Ancistrotermes sudanensis* Sjöstedt, 1924。

模式标本：全模（成虫）分别保存在法国自然历史博物馆、瑞典自然历史博物馆和美国自然历史博物馆。

模式产地：马里（Sikasso）。

分布：非洲界的喀麦隆、刚果民主共和国、加纳、马里、尼日利亚、苏丹。

危害性：在加纳和西非，它危害田间农作物和房屋木构件。

6. 巴吉勒小白蚁 *Microtermes baginei* Bacchus, 1997

模式标本：正模（成虫、兵蚁、工蚁）、副模（成虫、兵蚁）保存在肯尼亚国家博物馆，副模（成虫、兵蚁、工蚁）保存在英国自然历史博物馆。

模式产地：肯尼亚（Masai Mara）。

分布：非洲界的肯尼亚。

7. 珀勒德布尔小白蚁 *Microtermes bharatpurensis* Rathore, 1989

模式标本：正模（兵蚁）、副模（兵蚁、工蚁）保存在印度动物调查所，副模（兵蚁、工蚁）保存在印度动物调查所沙漠分站。

模式产地：印度拉贾斯坦邦（Bhartpur）。

分布：东洋界的印度（拉贾斯坦邦）。

8. 布维尔小白蚁 *Microtermes bouvieri* (Sjöstedt, 1926)

曾称为：布维尔三脉白蚁 *Trinervitermes bouvieri* Sjöstedt, 1926。

模式标本：全模（成虫）分别保存在瑞典自然历史博物馆和法国自然历史博物馆。

模式产地：刚果民主共和国（Maniema、Kindu）。

分布：非洲界的刚果民主共和国。

*****卡灿小白蚁 *Microtermes cachani* Mathur and Thapa, 1962（裸记名称）**

分布：非洲界的马达加斯加。

9. 无毛小白蚁 *Microtermes calvus* Emerson, 1928

种名释义：兵蚁头部几乎无毛，只有头顶有1或2根刚毛。

模式标本：正模（兵蚁）、副模（兵蚁、工蚁）保存在美国自然历史博物馆，副模（兵蚁、工蚁）保存在印度森林研究所。

模式产地：刚果民主共和国（St. Gabriel）。

分布：非洲界的刚果民主共和国。

10. 切贝伦小白蚁 *Microtermes cheberensis* Bacchus, 1997

模式标本：正模（兵蚁）、副模（兵蚁、工蚁）保存在英国自然历史博物馆，副模（兵蚁、工蚁）保存在肯尼亚国家博物馆。

模式产地：肯尼亚（Cheberen）。

分布：非洲界的肯尼亚。

11. 乔马小白蚁 *Microtermes chomaensis* Bacchus, 1997

模式标本：正模（兵蚁）、副模（兵蚁、工蚁）保存在英国自然历史博物馆。

模式产地：赞比亚（Choma）。

分布：非洲界的赞比亚。

*****肖帕德小白蚁 *Microtermes chopardi* Grassé, 1945（裸记名称）**

分布：非洲界的科特迪瓦。

12. 刚果小白蚁 *Microtermes congoensis* (Sjöstedt, 1911)

亚种：1）刚果小白蚁捕获亚种 *Microtermes congoensis comprehensa* Silvestri, 1914

模式标本：全模（兵蚁、工蚁）分别保存在意大利农业昆虫研究所和美国自然历史博物馆。

模式产地：几内亚（Kindia）。

分布：非洲界的几内亚。

2）刚果小白蚁刚果亚种 *Microtermes congoensis congoensis* (Sjöstedt, 1911)

曾称为：刚果白蚁 *Termes congoensis* Sjöstedt, 1911。

模式标本：全模（成虫、兵蚁、工蚁）分别保存在瑞典自然历史博物馆、美国自然历史博物馆和南非国家昆虫馆。

模式产地：刚果民主共和国（Mukimbungu）。

分布：非洲界的安哥拉、刚果民主共和国、尼日利亚。

13. 达林顿小白蚁 *Microtermes darlingtonae* Bacchus, 1997

模式标本：正模（兵蚁）、副模（兵蚁、工蚁）保存在肯尼亚国家博物馆，副模（兵蚁、工蚁）保存在英国自然历史博物馆。

模式产地：肯尼亚（Thika）。

分布：非洲界的肯尼亚。

*****代奥里小白蚁 *Microtermes deoriensis* Roy, 2005（裸记名称）**

分布：东洋界的印度。

14. 矮小小白蚁 *Microtermes depauperata* Silvestri, 1914

曾称为：近明小白蚁矮小亚种 *Microtermes subhyalinus depauperata* Silvestri, 1914。

模式标本：正模（兵蚁）保存在意大利农业昆虫研究所。

模式产地：喀麦隆（Victoria）。

分布：非洲界的喀麦隆。

15. 撕裂小白蚁 *Microtermes divellens* (Sjöstedt, 1904)

曾称为：撕裂真白蚁 *Eutermes divellens* Sjöstedt, 1904。

模式标本：选模（成虫）、副选模（成虫）保存在瑞典自然历史博物馆，副选模（成虫）分别保存在德国汉堡动物学博物馆和美国自然历史博物馆。

模式产地：马达加斯加（Nossi Bé）。

分布：非洲界的马达加斯加。

16. 疑问小白蚁 *Microtermes dubius* Fuller, 1922

模式标本：选模（雄成虫）、副选模（成虫、工蚁）保存在南非国家昆虫馆，副选模（成虫、工蚁）保存在美国自然历史博物馆。

模式产地：纳米比亚（Dornveld）。

分布：非洲界的纳米比亚。

17. 埃德温小白蚁 *Microtermes edwini* Bacchus, 1997

模式标本：正模（兵蚁）、副模（兵蚁、工蚁）保存在肯尼亚国家博物馆，副模（兵蚁、工蚁）保存在英国自然历史博物馆。

模式产地：肯尼亚（Sotil、Kisabei）。

分布：非洲界的肯尼亚。

18. 苍白小白蚁 *Microtermes etiolatus* Fuller, 1922

模式标本：选模（雌成虫）、副选模（成虫、兵蚁、工蚁）保存在南非国家昆虫馆。

模式产地：莫桑比克。

分布：非洲界的莫桑比克、南非、赞比亚。

19. 菲氏小白蚁 *Microtermes feae* Silvestri, 1912

种名释义：种名来自白蚁标本采集人 L. Fea 的姓。

模式标本：全模（成虫、兵蚁、工蚁）保存在意大利农业昆虫研究所，全模（成虫）

保存在美国自然历史博物馆。

模式产地：赤道几内亚（Bioko Island）。

分布：非洲界的喀麦隆、赤道几内亚。

生物学：它的兵蚁分大、小二型。它栖息于森林里正在腐烂的木材中。

20. 格拉塞小白蚁 *Microtermes grassei* Ghidini, 1955

模式标本：全模（兵蚁、工蚁）保存在法国促进科学动物学实验室。

模式产地：科特迪瓦（Akakro）。

分布：非洲界的科特迪瓦、塞内加尔。

21. 哈维兰小白蚁 *Microtermes havilandi* Holmgren, 1913

异名：哈维兰小白蚁中间亚种 *Microtermes havilandi intermedius* Fuller, 1922。

模式标本：全模（成虫、兵蚁）分别保存在瑞典自然历史博物馆和英国剑桥大学动物学博物馆，全模（成虫、兵蚁、工蚁）保存在美国自然历史博物馆，全模（兵蚁、工蚁、若蚁）保存在荷兰马斯特里赫特自然历史博物馆。

模式产地：南非祖鲁兰。

分布：非洲界的南非。

危害性：它危害房屋木构件。

22. 霍兰德小白蚁 *Microtermes hollandei* Grassé, 1937

模式标本：全模（兵蚁、工蚁）保存在法国促进科学动物学实验室。

模式产地：塞内加尔达喀尔。

分布：非洲界的科特迪瓦、塞内加尔。

23. 英帕尔小白蚁 *Microtermes imphalensis* Roonwal and Chhotani, 1962

模式标本：正模（成虫）、副模（成虫）保存在印度动物调查所，副模（成虫）分别保存在印度森林研究所、美国自然历史博物馆和印度农业研究所昆虫学分部。

模式产地：印度（Imphal Valley）。

分布：东洋界的印度（曼尼普尔邦）、中国。

生物学：它的工蚁分大、小二型。

24. 似可疑小白蚁 *Microtermes incertoides* Holmgren, 1913

模式标本：全模（兵蚁、工蚁）保存在瑞典动物研究所。

模式产地：印度马哈拉施特拉邦（Wallon）。

分布：东洋界的印度（安得拉邦、达曼、古吉拉特邦、卡纳塔克邦、中央邦、马哈拉施特拉邦、泰米尔纳德邦、北方邦）、巴基斯坦。

生物学：它的工蚁分大、小二型。

危害性：在印度，它危害房屋木构件。

25. 可疑小白蚁 *Microtermes incertus* (Hagen, 1853)

曾称为：可疑白蚁 *Termes incertus* Hagen, 1853。

模式标本：正模（蚁后）保存在德国柏林冯博大学自然博物馆。

模式产地：莫桑比克（Tette）。

分布：非洲界的莫桑比克。

26. 未料小白蚁 *Microtermes insperatus* Kemner, 1934

模式标本：全模（成虫、兵蚁、工蚁）分别保存在瑞典隆德大学动物研究所和美国自然历史博物馆。

模式产地：印度尼西亚爪哇。

分布：东洋界的印度尼西亚（爪哇、Panaitan Island）、马来西亚（大陆）、新加坡。

危害性：在东南亚，它主要危害城市房屋建筑木构件，发生频率较高，但危害程度低于暗黄大白蚁、曲颚乳白蚁、格斯特乳白蚁等种类。

27. 雅克布森小白蚁 *Microtermes jacobsoni* Holmgren, 1913

模式标本：全模（成虫、兵蚁、工蚁）分别保存在瑞典动物研究所、美国自然历史博物馆、瑞典自然历史博物馆和荷兰国家自然历史博物馆，全模（成虫、工蚁）保存在印度森林研究所。

模式产地：印度尼西亚爪哇。

分布：东洋界的印度尼西亚（爪哇、苏门答腊）、马来西亚（大陆）。

危害性：在印度尼西亚，它危害咖啡树。

28. 凯罗娜小白蚁 *Microtermes kairoonae* Bacchus, 1997

模式标本：正模（兵蚁）、副模（兵蚁、工蚁）保存在肯尼亚国家博物馆，副模（兵蚁、工蚁）保存在英国自然历史博物馆。

模式产地：肯尼亚（Kisumu、Chulaimbo）。

分布：非洲界的肯尼亚。

29. 开赛小白蚁 *Microtermes kasaiensis* (Sjöstedt, 1913)

曾称为：开赛真白蚁 *Eutermes kasaiensis* Sjöstedt, 1913。

模式标本：全模（兵蚁、工蚁）保存在比利时非洲中心皇家博物馆，全模（蚁后、兵蚁、工蚁）保存在瑞典自然历史博物馆，全模（兵蚁、工蚁、若蚁）保存在美国自然历史博物馆。

模式产地：刚果民主共和国（Kasaï）。

分布：非洲界的刚果民主共和国、肯尼亚、马拉维、乌干达。

30. 考登小白蚁 *Microtermes kauderni* Holmgren, 1909

异名：马达加斯加小白蚁 *Microtermes madagascariensis* Holmgren, 1913、费内里夫真白蚁 *Eutermes fenerivensis* Sjöstedt, 1914。

模式标本：选模（兵蚁），副选模（兵蚁、工蚁）保存在瑞典自然历史博物馆，副选模（兵蚁、工蚁）保存在美国自然历史博物馆，副选模（兵蚁）保存在美国国家博物馆。

模式产地：马达加斯加。

分布：非洲界的马达加斯加。

31. 可爱小白蚁 *Microtermes lepidus* Sjöstedt, 1924

模式标本：全模（兵蚁、工蚁）分别保存在瑞典自然历史博物馆和美国自然历史博

物馆。

模式产地：塞内加尔达喀尔。

分布：非洲界的尼日利亚、塞内加尔。

危害性：在尼日利亚，它危害花生。

32. 洛根小白蚁 *Microtermes logani* Bacchus, 1997

模式标本：正模（兵蚁）、副模（兵蚁、工蚁）保存在英国自然历史博物馆。

模式产地：马拉维（Zomba）。

分布：非洲界的马拉维。

33. 洛科里小白蚁 *Microtermes lokoriensis* Bacchus, 1997

模式标本：正模（兵蚁）、副模（兵蚁、工蚁）保存在肯尼亚国家博物馆，副模（兵蚁、工蚁）保存在英国自然历史博物馆。

模式产地：肯尼亚（Lokori）。

分布：非洲界的肯尼亚。

34. 劳恩斯伯里小白蚁 *Microtermes lounsburyi* Fuller, 1922

异名：乌姆福洛奇小白蚁 *Microtermes umfolozii* Fuller, 1922。

模式标本：选模（雄成虫）、副选模（成虫、兵蚁、工蚁）保存在南非国家昆虫馆，副选模（成虫、工蚁）保存在美国自然历史博物馆。

模式产地：南非德兰士瓦省。

分布：非洲界的马拉维、南非、赞比亚、津巴布韦。

35. 橘黄小白蚁 *Microtermes luteus* Harris, 1954

模式标本：正模（兵蚁）、副模（兵蚁、工蚁）保存在英国自然历史博物馆，副模（兵蚁）保存在南非国家昆虫馆。

模式产地：坦桑尼亚（Tanga）。

分布：非洲界的肯尼亚、马拉维、坦桑尼亚、赞比亚。

36. 大背小白蚁 *Microtermes macronotus* Holmgren, 1913

模式标本：全模（雌成虫）保存在美国自然历史博物馆。

模式产地：斯里兰卡。

分布：东洋界的斯里兰卡。

37. 大单眼小白蚁 *Microtermes magnocellus* (Sjöstedt, 1915)

曾称为：大单眼白蚁（小白蚁亚属）*Termes* (*Microtermes*) *magnocellus* Sjöstedt, 1915。

模式标本：全模（成虫）分别保存在瑞典自然历史博物馆和美国自然历史博物馆。

模式产地：坦桑尼亚（Tanga）。

分布：非洲界的埃塞俄比亚、坦桑尼亚、马拉维、赞比亚。

38. 大眼小白蚁 *Microtermes magnoculus* Krishna, 2013

异名：索马里小白蚁 *Microtermes somaliensis* Sjöstedt, 1927。

模式标本：全模（成虫、兵蚁、工蚁）分别保存在瑞典自然历史博物馆和意大利自然历史博物馆，全模（成虫、兵蚁、工蚁、若蚁）保存在美国自然历史博物馆。

模式产地：索马里。

分布：非洲界的索马里。

39. 曼庄小白蚁 *Microtermes mangzhuangensis* Huang and Zhu, 1991

模式标本：正模（兵蚁）、副模（兵蚁）保存在中国科学院昆明动物研究所。

模式产地：中国云南省勐腊县曼庄。

分布：东洋界的中国（云南）。

40. 玛丽亚小白蚁 *Microtermes mariae* Bacchus, 1997

模式标本：正模（兵蚁）、副模（成虫、兵蚁、工蚁）保存在肯尼亚国家博物馆，副模（成虫、兵蚁、工蚁）保存在英国自然历史博物馆。

模式产地：肯尼亚（Masai Mara）。

分布：非洲界的肯尼亚。

41. 勐仑小白蚁 *Microtermes menglunensis* Zhu and Huang, 1991

模式标本：正模（兵蚁）、副模（兵蚁、工蚁）保存在中国科学院昆明动物研究所。

模式产地：中国云南省勐腊县勐仑。

分布：东洋界的中国（云南）。

42. 勐捧小白蚁 *Microtermes mengpengensis* Zhu and Huang, 1991

模式标本：正模（兵蚁）、副模（兵蚁、工蚁）保存在中国科学院昆明动物研究所。

模式产地：中国云南省勐腊县勐捧。

分布：东洋界的中国（云南）。

43. 小胸小白蚁 *Microtermes microthorax* Holmgren, 1913

模式标本：全模（品级不详）保存地不详。

模式产地：非洲。

分布：非洲界（未说明明确位置）。

44. 莫凯特兹小白蚁 *Microtermes mokeetsei* Fuller, 1922

模式标本：选模（雌成虫）、副选模（成虫、兵蚁）保存在南非国家昆虫馆，副选模（成虫）保存在美国自然历史博物馆。

模式产地：南非德兰士瓦省（Mokeetse）。

分布：非洲界的南非。

*****穆卡小白蚁 *Microtermes mukarensis* Sarwar, 1940（裸记名称）**

曾称为：穆卡小白蚁（小齿白蚁亚属）*Microtermes* (*Microdontermes*) *mukarensis* Sarwar, 1940（裸记名称）。

分布：东洋界的印度（旁遮普邦）。

45. 穆利小白蚁 *Microtermes mulii* Bacchus, 1997

模式标本：正模（兵蚁）、副模（成虫、兵蚁、工蚁）保存在肯尼亚国家博物馆，副模

（成虫、兵蚁、工蚁）保存在英国自然历史博物馆。

模式产地：肯尼亚（Kajiado）。

分布：非洲界的肯尼亚。

46. 食菌小白蚁 *Microtermes mycophagus* (Desneux, 1906)

曾称为：食菌白蚁 *Termes mycophagus* Desneux, 1906。

模式标本：全模（成虫、兵蚁、工蚁）分别保存在瑞典动物研究所、比利时皇家自然科学研究所和美国自然历史博物馆。

模式产地：巴基斯坦信德省卡拉奇。

分布：东洋界的印度（德里、古吉拉特邦、哈里亚纳邦、旁遮普邦、拉贾斯坦邦）、巴基斯坦（旁遮普省、信德省）；古北界的巴基斯坦（俾路支省）、伊朗。

生物学：它的工蚁分大、小二型。它是土栖种类，群体小，栖息于石头下、原木下、牛粪下。巢具有小的菌室，小菌室通过蚁道相联通。它于7—8月分飞。

危害性：它分布于干燥和半干燥的印度西北部和巴基斯坦。它是一种重要害虫。它危害印度和巴基斯坦的果树，如芒果树、杏树和桃树，也危害巴基斯坦的棉花、蔬菜、苗圃、甘蔗、蓖麻。在金合欢等树的树干和树桩上也能发现它。它还危害房屋木构件。

47. 内志小白蚁 *Microtermes najdensis* Harris, 1964

模式标本：正模（兵蚁）、副模（兵蚁、工蚁）保存在英国自然历史博物馆。

模式产地：沙特阿拉伯（Riyadh）。

分布：非洲界的也门、苏丹；古北界的沙特阿拉伯。

危害性：在也门和苏丹，它危害田间农作物。

48. 内格豪尔小白蚁 *Microtermes neghelliensis* Ghidini, 1937

曾称为：近明小白蚁内格豪尔亚种 *Microtermes subhyalinus neghelliensis* Ghidini, 1937。

模式标本：全模（兵蚁）保存地不详。

模式产地：埃塞俄比亚（Galla-Borana）。

分布：非洲界的埃塞俄比亚。

49. 奥贝斯小白蚁 *Microtermes obesi* Holmgren, 1912

异名：阿兰德小白蚁 *Microtermes anandi* Holmgren, 1913、阿兰德小白蚁弯颚亚种 *Microtermes anandi curvignathus* Holmgren, 1913。

模式标本：全模（成虫）分别保存在瑞典动物研究所、印度森林研究所、美国自然历史博物馆、美国国家博物馆和印度农业研究所昆虫学分部。

模式产地：印度马哈拉施特拉邦（Khandala）。

分布：东洋界的孟加拉国、不丹、柬埔寨、印度（安得拉邦、阿萨姆邦、比哈尔邦、德里、古吉拉特邦、哈里亚纳邦、喜马偕尔邦、古吉拉特邦、卡纳塔克邦、喀拉拉邦、中央邦、马哈拉施特拉邦、梅加拉亚邦、那加兰邦、奥里萨邦、旁遮普邦、拉贾斯坦邦、锡金邦、泰米尔纳德邦、特里普拉邦、北方邦、西孟加拉邦）、克什米尔地区、马来西亚（大陆）、缅甸、巴基斯坦（除俾路支省外）、斯里兰卡、泰国、越南；古北界的伊朗、巴基斯坦（俾路支省）。

生物学：它是印度、巴基斯坦、孟加拉国非常常见的白蚁。群体内白蚁数量少。它属于土栖白蚁，在土壤中筑巢（薄的、狭窄的隧道和小的腔室）或在其他白蚁（如胖身土白蚁、雷德曼土白蚁、微齿土白蚁）蚁垄中筑巢。巢由小的圆形菌室组成。菌室所含的菌圃较小，为圆形结构，且相当易碎。在印度北方，它4—8月分飞。

危害性：在印度和巴基斯坦，它是一种可产生严重危害的害虫。它危害小麦和玉米等谷类植物、茶树、果树、棉花、蔬菜、花卉、观赏植物、黄麻纤维等，可对小麦种子、开花植物的种子和甘蔗造成严重损失。它也吃金合欢等树木的树枝和树干。它还可对房屋木构件造成相当大的危害。

50. 西部小白蚁 *Microtermes occidentalis* Fuller, 1922

曾称为：哈维兰小白蚁西部亚种 *Microtermes havilandi occidentalis* Fuller, 1922。

模式标本：选模（雄成虫）、副选模（成虫）保存在南非国家昆虫馆，副选模（雄成虫）保存在美国自然历史博物馆。

模式产地：南非（Graspan）。

分布：非洲界的南非。

51. 奥斯本小白蚁 *Microtermes osborni* Emerson, 1928

模式标本：正模（兵蚁）、副模（蚁后、蚁王、成虫、兵蚁、工蚁）保存在美国自然历史博物馆，副模（成虫、兵蚁、工蚁）保存在印度森林研究所，副模（成虫、兵蚁）保存在南非国家昆虫馆。

模式产地：刚果民主共和国（St. Gabriele）。

分布：非洲界的安哥拉、刚果民主共和国、埃塞俄比亚。

52. 白腹小白蚁 *Microtermes pallidiventris* Harris, 1953

模式标本：正模（雌成虫）保存在英国自然历史博物馆，副模（成虫）分别保存在美国自然历史博物馆和比利时非洲中心皇家博物馆。

模式产地：刚果民主共和国（Lubumbashi）。

分布：非洲界的刚果民主共和国。

53. 帕梅拉小白蚁 *Microtermes pamelae* Bacchus, 1997

模式标本：正模（兵蚁）、副模（成虫、兵蚁、工蚁）保存在英国自然历史博物馆。

模式产地：赞比亚北方省（Mbala）。

分布：非洲界的赞比亚。

54. 问题小白蚁 *Microtermes problematicus* Grassé, 1937

模式标本：全模（成虫、工蚁）保存在法国促进科学动物学实验室，全模（雄成虫、若蚁）保存在美国自然历史博物馆。

模式产地：塞内加尔（Rufisque）。

分布：非洲界的塞内加尔。

55. 极小小白蚁 *Microtermes pusillus* Silvestri, 1914

曾称为：菲氏小白蚁极小亚种 *Microtermes feae pusillus* Silvestri, 1914。

模式标本：全模（兵蚁、工蚁）保存在意大利农业昆虫研究所。

模式产地：喀麦隆（Victoria）。

分布：非洲界的喀麦隆。

生物学：它生活于干燥、多岩石、开阔的热带稀树草原上，在木材中筑巢，可延伸到周围土壤下。

56. 雷登小白蚁 *Microtermes redenianus* (Sjöstedt, 1904)

曾称为：雷登白蚁 *Termes redenianus* Sjöstedt, 1904。

异名：乌桑巴拉小白蚁 *Microtermes usambaricus* Sjöstedt, 1926。

模式标本：选模（兵蚁）、副选模（大兵蚁、小兵蚁、成虫、工蚁）保存在美国自然历史博物馆，副选模（大兵蚁、小兵蚁、成虫、工蚁）分别保存在美国国家博物馆和瑞典自然历史博物馆，副选模（兵蚁、成虫、工蚁）保存在印度森林研究所，副选模（成虫、兵蚁）保存在南非国家昆虫馆。

模式产地：坦桑尼亚（Tanga）。

分布：非洲界的乍得、刚果民主共和国、肯尼亚、马拉维、坦桑尼亚。

危害性：在坦桑尼亚，它危害田间农作物和房屋木构件。

57. 萨卡拉瓦小白蚁 *Microtermes sakalava* Cachan, 1949

模式标本：全模（兵蚁、工蚁）分别保存在比利时非洲中心皇家博物馆和美国自然历史博物馆。

模式产地：马达加斯加。

分布：非洲界的马达加斯加。

58. 信德小白蚁 *Microtermes sindensis* (Desneux, 1906)

曾称为：信德白蚁 *Termes sindensis* Desneux, 1906。

模式标本：全模（成虫）分别保存在比利时皇家自然科学研究所和美国自然历史博物馆。

模式产地：巴基斯坦信德省卡拉奇。

分布：东洋界的巴基斯坦。

59. 舍斯泰特小白蚁 *Microtermes sjöstedti* Emerson, 1928

模式标本：正模（兵蚁）、副模（兵蚁、工蚁）保存在美国自然历史博物馆，副模（兵蚁、工蚁）保存在美国国家博物馆，副模（兵蚁）保存在南非国家昆虫馆，

模式产地：刚果民主共和国（Kisangani）。

分布：非洲界的刚果民主共和国。

60. 索马里小白蚁 *Microtermes somaliensis* (Sjöstedt, 1912)

曾称为：索马里真白蚁 *Eutermes somaliensis* Sjöstedt, 1912。

模式标本：全模（成虫）分别保存在瑞典自然历史博物馆、意大利自然历史博物馆和美国自然历史博物馆。

模式产地：索马里（Bardera）。

分布：非洲界的索马里。

61. 近明小白蚁 *Microtermes subhyalinus* Silvestri, 1914

模式标本：全模（成虫、兵蚁、工蚁）分别保存在意大利农业昆虫研究所和美国自然历史博物馆。

模式产地：几内亚（Kindia、Camayenne）。

分布：非洲界的科特迪瓦、几内亚、尼日利亚、也门；古北界的沙特阿拉伯。

危害性：它危害甘蔗。

62. 胸突小白蚁 *Microtermes thoracalis* Sjöstedt, 1926

模式标本：全模（成虫、兵蚁、工蚁）保存在英国自然历史博物馆和美国自然历史博物馆，全模（成虫）保存在印度森林研究所。

模式产地：苏丹（Wad Medani）。

分布：非洲界的科特迪瓦、苏丹。

危害性：在苏丹，它危害花生和其他田间农作物。

63. 图莫迪小白蚁 *Microtermes toumodiensis* Grassé, 1937

模式标本：全模（成虫、兵蚁、工蚁）保存在法国促进科学动物学实验室，全模（兵蚁、工蚁）保存在美国自然历史博物馆。

模式产地：科特迪瓦（Toumodi）。

分布：非洲界的科特迪瓦、塞内加尔。

生物学：它的工蚁、兵蚁都分为大、小二型。

64. 特雷高小白蚁 *Microtermes tragardhi* (Sjöstedt, 1904)

曾称为：特雷高白蚁 *Termes tragardhi* Sjöstedt, 1904。

模式标本：全模（成虫、兵蚁、工蚁、若蚁）保存在瑞典自然历史博物馆，全模（成虫、工蚁、若蚁）保存在美国自然历史博物馆。

模式产地：苏丹（Kaka）。

分布：非洲界的埃塞俄比亚、苏丹、乌干达。

危害性：在苏丹，它危害甘蔗和房屋木构件。

65. 察沃小白蚁 *Microtermes tsavoensis* Bacchus, 1997

模式标本：正模（兵蚁）、副模（兵蚁、工蚁）保存在肯尼亚国家博物馆，副模（兵蚁、工蚁）保存在英国自然历史博物馆。

模式产地：肯尼亚（Maktau、Tsavo Park）。

分布：非洲界的肯尼亚。

66. 单色小白蚁 *Microtermes unicolor* Snyder, 1933

异名：柔毛小白蚁 *Microtermes pubescens* Snyder, 1933。

模式标本：全模（雄成虫）保存在英国自然历史博物馆，全模（雌成虫）保存在美国国家博物馆。

模式产地：印度北阿坎德邦德拉敦。

分布：东洋界的孟加拉国、印度（古吉拉特邦、哈里亚纳邦、喜马偕尔邦、喀拉拉邦、中央邦、旁遮普邦、拉贾斯坦邦、北阿坎德邦、北方邦）、巴基斯坦、克什米尔地区。

生物学：它的巢体及筑巢行为类似奥贝斯小白蚁。在4—8月雨后的晚上，有翅成虫进行分飞。

危害性：它在印度北部、巴基斯坦和孟加拉国非常常见。在巴基斯坦和印度，它危害甘蔗的根和茎，也危害辣椒，啃食金合欢树、榕树等树木的树桩、树枝和树干，还危害房屋木构件。

67. 乌彭巴小白蚁 *Microtermes upembae* Harris, 1958

模式标本：正模（雌成虫）、副模（雄成虫）保存在比利时非洲中心皇家博物馆，副模（成虫）保存在英国自然历史博物馆。

模式产地：刚果民主共和国（Upemba国家公园）。

分布：非洲界的刚果民主共和国。

68. 瓦斯查嘎小白蚁 *Microtermes vadschaggae* (Sjöstedt, 1907)

曾称为：瓦斯查嘎白蚁 *Termes vadschaggae* Sjöstedt, 1907。

模式标本：全模（成虫、兵蚁、工蚁）分别保存在瑞典自然历史博物馆和美国自然历史博物馆，全模（成虫、兵蚁）分别保存在南非国家昆虫馆和意大利自然历史博物馆。

模式产地：坦桑尼亚。

分布：非洲界的埃塞俄比亚、肯尼亚、马拉维、塞内加尔、坦桑尼亚。

危害性：在坦桑尼亚，它危害谷类植物和田间农作物。

69. 也门小白蚁 *Microtermes yemenensis* Wood, Lamb and Bednarzik, 1986

模式标本：正模（雌成虫）、副模（成虫、兵蚁、工蚁）保存在英国自然历史博物馆。

模式产地：也门（Sana'a）。

分布：非洲界的也门；古北界的沙特阿拉伯。

（九）土白蚁属 *Odontotermes* Holmgren, 1910

属名释义：拉丁语意为“齿白蚁属”，意指该属兵蚁左上颚内缘有1枚大的尖齿。我国学者习惯称之为“土白蚁属”，还曾称之为“黑翅螱属”。

异名：圆形白蚁属 *Cyclotermes* Holmgren, 1910、小寡脉白蚁属 *Termitogetonella* Oshima, 1920。

模式种：常见土白蚁 *Odontotermes vulgaris* (Haviland, 1898)。

种类：196种。

分布：非洲界、东洋界、古北界、巴布亚界。

生物学：它主要取食含木质纤维的植物碎屑。它有时取食有蹄类的粪便，有时在蚁路的掩盖下取食树皮。与大白蚁属白蚁类似，它可筑各种类型的巢。有的种类只筑地下巢，如栗色土白蚁、诺拉土白蚁。小贫土白蚁在西非筑又矮又宽的蚁垄。似砖土白蚁则在东非空旷的草原上筑又矮又宽的蚁垄。马格达莱娜土白蚁则能在西非建高达3～4m的蚁垄。

危害性：许多种类是农作物害虫，危害对象为水稻、花生、棉花、甘蔗、玉米、茶树、椰子树、枣椰树、油椰树、果树、种植的树木及其幼苗。黑翅土白蚁是重要的水利工程害虫，可严重危害土质堤坝。

1. 尖齿土白蚁 *Odontotermes acutidens* Grassé, 1947

曾称为：苏丹土白蚁尖齿亚种 *Odontotermes sudanensis acutidens* Grassé, 1947。

模式标本：全模（兵蚁）保存在法国促进科学动物学实验室。

模式产地：科特迪瓦（Kouibli）。

分布：非洲界的加纳、几内亚、科特迪瓦。

2. 亚当布尔土白蚁 *Odontotermes adampurensis* Akhtar, 1975

模式标本：正模（兵蚁）、副模（兵蚁、工蚁）保存在巴基斯坦旁遮普大学动物学系，副模（兵蚁、工蚁）分别保存在美国自然历史博物馆、美国国家博物馆、英国自然历史博物馆和巴基斯坦森林研究所。

模式产地：孟加拉国（Adampur）。

分布：东洋界的孟加拉国、印度（阿萨姆邦、梅加拉亚邦、特里普拉邦）、中国。

3. 快捷土白蚁 *Odontotermes agilis* (Sjöstedt, 1904)

曾称为：快捷白蚁 *Termes agilis* Sjöstedt, 1904。

模式标本：全模（成虫）分别保存在法国自然历史博物馆和瑞典自然历史博物馆。

模式产地：利比里亚（Monrovia）。

分布：非洲界的利比里亚。

4. 阿肯土白蚁 *Odontotermes akengeensis* (Emerson, 1928)

曾称为：阿肯白蚁（白蚁亚属）*Termes* (*Termes*) *akengeensis* Emerson, 1928。

模式标本：正模（兵蚁）、副模（兵蚁、工蚁）保存在美国自然历史博物馆。

模式产地：刚果民主共和国（Akenge）。

分布：非洲界的刚果民主共和国。

5. 阿马尼（甲）土白蚁 *Odontotermes amanicus* Sjöstedt, 1925

种名释义：模式标本采集于坦桑尼亚的阿马尼（Amani）。

模式标本：全模（兵蚁）分别保存在瑞典自然历史博物馆和美国自然历史博物馆。

模式产地：坦桑尼亚（Amani）。

分布：非洲界的肯尼亚、坦桑尼亚。

6. 阿马尼（乙）土白蚁 *Odontotermes amaniensis* Sjöstedt, 1924

种名释义：模式标本采集于坦桑尼亚的阿马尼。

模式标本：全模（兵蚁）分别保存在瑞典自然历史博物馆和美国自然历史博物馆。

模式产地：坦桑尼亚（Amani）。

分布：非洲界的坦桑尼亚。

7. 安纳马赖土白蚁 *Odontotermes anamallensis* Holmgren and Holmgren, 1917

曾称为：安纳马赖土白蚁（土白蚁亚属）*Odontotermes* (*Odontotermes*) *anamallensis*

Holmgren and Holmgren, 1917。

模式标本：全模（兵蚁、工蚁）分别保存在瑞典动物研究所和美国自然历史博物馆。

模式产地：印度泰米尔纳德邦（Anamalai Hill）。

分布：东洋界的印度（安得拉邦、古吉拉特邦、卡纳塔克邦、喀拉拉邦、中央邦、泰米尔纳德邦）。

危害性：它危害房屋木结构。

8. 裂头土白蚁 *Odontotermes anceps* (Sjöstedt, 1911)

种名释义：种名拉丁语意为“双头土白蚁”，实为头有裂纹，看似双头。

曾称为：裂头白蚁 *Termes anceps* Sjöstedt, 1911。

模式标本：全模（兵蚁、工蚁）分别保存在瑞典自然历史博物馆和美国自然历史博物馆。

模式产地：埃塞俄比亚。

分布：非洲界的埃塞俄比亚、肯尼亚、坦桑尼亚。

9. 细窄土白蚁 *Odontotermes angustatus* (Rambur, 1842)

曾称为：细窄白蚁 *Termes angustatus* Rambur, 1842。

异名：南非白蚁 *Termes caffer* Hagen, 1858（裸记名称）。

模式标本：全模（成虫）分别保存在比利时皇家自然科学研究所和哈佛大学比较动物学博物馆。

模式产地：南非（Port Elizabeth）。

分布：非洲界的南非。

10. 细颚土白蚁 *Odontotermes angustignathus* Tsai and Chen, 1963

模式标本：正模（兵蚁）、副模（兵蚁、工蚁）保存在中国科学院动物研究所，副模（兵蚁、工蚁）保存在美国自然历史博物馆。

模式产地：中国云南省金平县和西双版纳、海南。

分布：东洋界的中国（广东、海南、云南）、越南。

生物学：它栖居土中，蚁巢为完全地下式。它常取食树木、木柱靠近地面的部分。

11. 窄翅土白蚁 *Odontotermes angustipennis* (Sjöstedt, 1900)

曾称为：窄翅白蚁 *Termes angustipennis* Sjöstedt, 1900。

模式标本：全模（成虫）分别保存在瑞典自然历史博物馆和比利时皇家自然科学研究所，全模（雄成虫）保存在美国自然历史博物馆。

模式产地：刚果民主共和国金沙萨。

分布：非洲界的刚果民主共和国。

12. 环角土白蚁 *Odontotermes annulicornis* Xia and Fan, 1982

模式标本：正模（兵蚁）、副模（兵蚁、工蚁）保存在中国科学院上海昆虫研究所。

模式产地：中国云南省景洪市大勐龙。

分布：东洋界的中国（云南）。

13. 阿波罗土白蚁 *Odontotermes apollo* (Sjöstedt, 1905)

曾称为：阿波罗白蚁 *Termes Apollo* Sjöstedt, 1905。

模式标本：全模（雌成虫）保存在英国自然历史博物馆。

模式产地：肯尼亚（Eburru）。

分布：非洲界的肯尼亚、坦桑尼亚。

14. 河边土白蚁 *Odontotermes aquaticus* (Sjöstedt, 1897)

曾称为：河边白蚁 *Termes aquaticus* Sjöstedt, 1897。

模式标本：全模（成虫）分别保存在德国格赖夫斯瓦尔德州博物馆、瑞典自然历史博物馆和美国自然历史博物馆。

模式产地：喀麦隆（Mungo River）。

分布：非洲界的喀麦隆、多哥。

15. 阿斯穆斯土白蚁 *Odontotermes assmuthi* Holmgren, 1913

曾称为：阿斯穆斯土白蚁（土白蚁亚属）*Odontotermes* (*Odontotermes*) *assmuthi* Holmgren, 1913。

模式标本：选模（兵蚁）、副选模（工蚁）保存在瑞典动物研究所，副选模（兵蚁、工蚁）保存在美国自然历史博物馆。

模式产地：印度马哈拉施特拉邦（Borivali Jungle）。

分布：东洋界的孟加拉国、巴基斯坦、印度（阿萨姆邦、比哈尔邦、古吉拉特邦、卡纳塔克邦、喀拉拉邦、中央邦、马哈拉施特拉邦、曼尼普尔邦、奥里萨邦、旁遮普邦、泰米尔纳德邦、西孟加拉邦、北方邦）、克什米尔地区。

生物学：它的工蚁分二型。它一般于地下筑巢，修狭窄的蚁道通向较远的地方。它觅食时有泥线。它可在胖身土白蚁蚁垄基部筑蚁道或小腔室。分飞通常发生在大雨后的晴朗下午，在有的地方，它任意时间都可能分飞。分飞开始于 4 月。在印度的一些邦，它也筑蚁垄，垄形类似胖身土白蚁的支墩形。

危害性：在印度，它严重危害甘蔗。它还危害芒果树的树皮、路边倒地的芒果树树干。

16. 黎明土白蚁 *Odontotermes aurora* (Sjöstedt, 1904)

曾称为：黎明白蚁 *Termes aurora* Sjöstedt, 1904。

模式标本：全模（成虫）分别保存在法国自然历史博物馆、瑞典自然历史博物馆和美国自然历史博物馆。

模式产地：坦桑尼亚（Zanzibar）。

分布：非洲界的坦桑尼亚。

17. 栗色土白蚁 *Odontotermes badius* Haviland, 1898

亚种：1）栗色土白蚁栗色亚种 *Odontotermes badius badius* (Haviland, 1898)

曾称为：栗色白蚁 *Termes badius* Haviland, 1898。

模式标本：全模（成虫、兵蚁、工蚁）保存在英国剑桥大学动物学博物馆，全模（兵蚁、工蚁）分别保存在美国自然历史博物馆、瑞典自然历史博物馆、荷兰马斯特里赫特自然历史博物馆和南非国家昆虫馆。

模式产地：南非纳塔尔省（Durban）。

分布：非洲界的安哥拉、博茨瓦纳、喀麦隆、刚果民主共和国、埃塞俄比亚、肯尼亚、马拉维、纳米比亚、索马里、南非、斯威士兰、坦桑尼亚、乌干达。

2）栗色土白蚁海滨亚种 *Odontotermes badius littoralis* (Fuller, 1922)

曾称为：栗色白蚁（土白蚁亚属）海滨亚种 *Termes* (*Odontotermes*) *badius littoralis* Fuller, 1922。

模式标本：选模（雌成虫）、副选模（成虫）保存在南非国家昆虫馆。

模式产地：南非纳塔尔省（Durban）。

分布：非洲界的南非。

危害性：在安哥拉、肯尼亚、中非共和国、索马里、乌干达、埃塞俄比亚、南非、坦桑尼亚和纳米比亚，它危害花生、甘蔗等农作物和房屋木构件。

18. 贝拉胡尼斯土白蚁 *Odontotermes bellahunisensis* Holmgren and Holmgren, 1917

曾称为：贝拉胡尼斯土白蚁（圆形白蚁亚属）*Odontotermes* (*Cyclotermes*) *bellahunisensis* Holmgren and Holmgren, 1917。

模式标本：选模（兵蚁）、副选模（成虫、兵蚁、工蚁）保存在印度动物调查所，副选模（成虫、兵蚁、工蚁）分别保存在美国自然历史博物馆和瑞典隆德大学动物研究所，副选模（兵蚁、工蚁）保存在德国汉堡动物学博物馆，副选模（工蚁）保存在印度森林研究所。

模式产地：印度卡纳塔克邦（Bellahunisi）。

分布：东洋界的印度（安得拉邦、阿萨姆邦、比哈尔邦、古吉拉特邦、哈里亚纳邦、卡纳塔克邦、喀拉拉邦、马哈拉施特拉邦、奥里萨邦、旁遮普邦、拉贾斯坦邦、泰米尔纳德邦、北方邦、西孟加拉邦）。

生物学：它的工蚁分大、小二型。

危害性：它危害椰子树和房屋木构件。

19. 贝奎特土白蚁 *Odontotermes bequaerti* (Emerson, 1928)

种名释义：种名来自研究刚果和喀麦隆白蚁的 J. Bequaert 博士的姓。

曾称为：贝奎特白蚁（白蚁亚属）*Termes* (*Termes*) *bequaerti* Emerson, 1928。

模式标本：正模（兵蚁）保存在比利时非洲中心皇家博物馆，副模（兵蚁、工蚁）保存在美国自然历史博物馆，副模（兵蚁）保存在南非国家昆虫馆。

模式产地：刚果民主共和国（Thysville）。

分布：非洲界的刚果民主共和国。

20. 巴格瓦蒂土白蚁 *Odontotermes bhagwatii* Chatterjee and Thakur, 1967

模式标本：正模（兵蚁）、副模（兵蚁、工蚁）保存在印度森林研究所，副模（兵蚁、工蚁）分别保存在印度动物调查所和美国自然历史博物馆。

模式产地：印度旁遮普邦（Pathankot）。

分布：东洋界的印度（德里、古吉拉特邦、哈里亚纳邦、卡纳塔克邦、中央邦、旁遮普邦、北阿坎德邦、北方邦）、克什米尔地区。

生物学：它的工蚁分大、小二型。

危害性：它危害房屋木构件。

21. 比利顿土白蚁 *Odontotermes billitoni* Holmgren, 1913

曾称为：比利顿土白蚁（土白蚁亚属）*Odontotermes* (*Odontotermes*) *billitoni* Holmgren, 1913。

异名：爪哇土白蚁（土白蚁亚属）茂物亚种 *Odontotermes* (*Odontotermes*) *javanicus buitenzorghi* Holmgren, 1913、巽他土白蚁（土白蚁亚属）*Odontotermes* (*Odontotermes*) *sundaicus* Kemner, 1934、巽他土白蚁（土白蚁亚属）饥饿亚种 *Odontotermes* (*Odontotermes*) *sundaicus esuriens* Kemner, 1934。

模式标本：全模（兵蚁、工蚁）保存在瑞典动物研究所。

模式产地：印度尼西亚（Billiton）。

分布：东洋界的印度尼西亚（爪哇、加里曼丹、苏门答腊）、马来西亚（大陆）。

22. 博顿土白蚁 *Odontotermes boetonensis* Kemner, 1934

曾称为：博顿土白蚁（土白蚁亚属）*Odontotermes* (*Odontotermes*) *boetonensis* Kemner, 1934。

模式标本：全模（兵蚁、工蚁）分别保存在瑞典隆德大学动物研究所和美国自然历史博物馆。

模式产地：印度尼西亚（Boeton Island）。

分布：东洋界印度尼西亚（苏拉威西）。

23. 茂物土白蚁 *Odontotermes bogoriensis* (Kemner, 1932)

曾称为：茂物白蚁 *Termes bogoriensis* Kemner, 1932。

模式标本：全模（成虫、兵蚁、工蚁）分别保存在瑞典隆德大学动物研究所和美国自然历史博物馆。全模（兵蚁、工蚁）保存在印度森林研究所。

模式产地：印度尼西亚爪哇茂物。

分布：东洋界的印度尼西亚（爪哇）。

24. 博马土白蚁 *Odontotermes bomaensis* Sjöstedt, 1924

模式标本：全模（兵蚁、工蚁）分别保存在瑞典自然历史博物馆、比利时非洲中心皇家博物馆和美国自然历史博物馆。

模式产地：刚果民主共和国（Boma）。

分布：非洲界的刚果民主共和国。

25. 博拉娜土白蚁 *Odontotermes boranicus* (Ghidini, 1937)

曾称为：博拉娜白蚁 *Termes boranicus* Ghidini, 1937。

模式标本：全模（兵蚁、工蚁）保存在意大利自然历史博物馆。

模式产地：埃塞俄比亚（Galla-Borana、Neghelli）。

分布：非洲界的埃塞俄比亚、肯尼亚、坦桑尼亚。

26. 博泰戈土白蚁 *Odontotermes bottegoanus* (Sjöstedt, 1912)

曾称为：博泰戈白蚁 *Termes bottegoanus* Sjöstedt, 1912。

模式标本：全模（成虫、工蚁）分别保存在意大利自然历史博物馆、瑞典自然历史博物馆和美国自然历史博物馆。

模式产地：埃塞俄比亚（Dai Badditu a Dimé）。

分布：非洲界的埃塞俄比亚。

27. 博韦土白蚁 *Odontotermes boveni* Thakur, 1981

模式标本：正模（兵蚁）、副模（兵蚁、工蚁）保存在印度森林研究所，副模（兵蚁、工蚁）保存在印度动物调查所。

模式产地：印度北阿坎德邦（Garhwal）。

分布：东洋界的印度（中央邦、锡金邦、西孟加拉邦、北阿坎德邦、北方邦）、尼泊尔。

28. 棕色土白蚁 *Odontotermes brunneus* (Hagen, 1858)

曾称为：棕色白蚁（白蚁亚属）*Termes* (*Termes*) *brunneus* Hagen, 1858。

异名：马萨德土白蚁 *Odontotermes mathadi* Roonwal and Chhotani, 1964。

模式标本：全模（成虫）分别保存在德国柏林冯博大学自然博物馆和哈佛大学比较动物学博物馆。

模式产地：印度西孟加拉邦。

分布：东洋界的印度（安得拉邦、比哈尔邦、古吉拉特邦、哈里亚纳邦、卡纳塔克邦、喀拉拉邦、马哈拉施特拉邦、奥里萨邦、拉贾斯坦邦、泰米尔纳德邦、北方邦、西孟加拉邦）。

生物学：它的工蚁分大、小二型。它可筑 5 种类型的蚁垄。它也栖息在牛粪下的土壤中、树皮下、枯树叶下。

危害性：它广泛分布于印度的南部。它危害花生、玉米；在印度安得拉邦，它危害房屋木结构。

29. 巴克霍尔兹土白蚁 *Odontotermes buchholzi* (Sjöstedt, 1897)

曾称为：巴克霍尔兹白蚁 *Termes buchholzi* Sjöstedt, 1897。

模式标本：全模（成虫）分别保存在德国格赖夫斯瓦尔德州博物馆和德国柏林冯博大学自然博物馆。

模式产地：喀麦隆、赤道几内亚、加蓬。

分布：非洲界的喀麦隆、刚果民主共和国、赤道几内亚、加蓬、利比里亚。

30. 巴特土白蚁 *Odontotermes butteli* Holmgren, 1914

曾称为：巴特土白蚁（土白蚁亚属）*Odontotermes* (*Odontotermes*) *butteli* Holmgren, 1914。

模式标本：全模（兵蚁、工蚁）保存在美国自然历史博物馆，全模（工蚁）保存在印度森林研究所。

模式产地：印度尼西亚、马来西亚。

分布：东洋界的印度尼西亚（苏门答腊）、马来西亚（大陆）。

31. 卡夫拉尼亚土白蚁 *Odontotermes caffrariae* (Sjöstedt, 1897)

曾称为：卡夫拉尼亚白蚁 *Termes caffrariae* Sjöstedt, 1897。

模式标本：全模（成虫）保存在瑞典自然历史博物馆。
模式产地：南非纳塔尔省。
分布：非洲界的南非、坦桑尼亚。

32. 好望角土白蚁 *Odontotermes capensis* (De Geer, 1778)

曾称为：好望角白蚁 *Termes capensis* De Geer, 1778。
模式标本：正模（成虫）保存在瑞典自然历史博物馆。
模式产地：南非（Cape of Good Hope）。
分布：非洲界的南非。

33. 西里伯斯土白蚁 *Odontotermes celebensis* Holmgren, 1913

曾称为：多产土白蚁（土白蚁亚属）西里伯斯亚种 *Odontotermes* (*Odontotermes*) *dives celebensis* Holmgren, 1913。
异名：霍姆格伦土白蚁（土白蚁亚属）*Odontotermes* (*Odontotermes*) *holmgreni* Snyder, 1949。
模式标本：全模（成虫、兵蚁、工蚁）保存在英国剑桥大学动物学博物馆，全模（雌成虫、兵蚁、工蚁）保存在美国自然历史博物馆。
模式产地：印度尼西亚苏拉威西岛。
分布：东洋界的印度尼西亚（苏拉威西）。

34. 锡兰土白蚁 *Odontotermes ceylonicus* (Wasmann, 1902)

曾称为：锡兰白蚁 *Termes ceylonicus* Wasmann, 1902。
异名：梅杜尔土白蚁 *Odontotermes meturensis* Roonwal and Chhotani, 1959。
模式标本：选模（兵蚁）、副选模（兵蚁、工蚁）保存在荷兰马斯特里赫特自然历史博物馆，副选模（兵蚁、工蚁）保存在意大利农业昆虫研究所和美国自然历史博物馆。
模式产地：斯里兰卡（Nalanda）。
分布：东洋界的斯里兰卡、印度（卡纳塔克邦、喀拉拉邦、泰米尔纳德邦）。
生物学：它的工蚁分大、小二型。它在地下筑巢。
危害性：它危害生病或快死亡树木的树根。在斯里兰卡，它是茶树、甘蔗的害虫，也是危害房屋的重要害虫。

35. 希卡帕土白蚁 *Odontotermes chicapanensis* Weidner, 1956

曾称为：希卡帕土白蚁（土白蚁亚属）*Odontotermes* (*Odontotermes*) *chicapanensis* Weidner, 1956。
模式标本：正模（兵蚁）保存在比利时非洲中心皇家博物馆，副模（兵蚁）分别保存在德国汉堡动物学博物馆和美国自然历史博物馆。
模式产地：安哥拉（Chicapa）。
分布：非洲界的安哥拉。

36. 无产土白蚁 *Odontotermes classicus* (Sjöstedt, 1912)

曾称为：无产白蚁 *Termes classicus* Sjöstedt, 1912。

模式标本：全模（成虫、兵蚁、工蚁）分别保存在意大利自然历史博物馆和瑞典自然历史博物馆，全模（成虫、兵蚁）保存在美国自然历史博物馆。

模式产地：厄立特里亚（Bogos）。

分布：非洲界的厄立特里亚、埃塞俄比亚、索马里、苏丹。

危害性：在索马里，它危害椰子树和甘蔗。

*****科顿土白蚁 *Odontotermes coatoni* Mathur and Thapa, 1962（裸记名称）**

分布：非洲界的刚果民主共和国。

37. 锥颚土白蚁 *Odontotermes conignathus* Xia and Fan, 1982

模式标本：正模（兵蚁）、副模（兵蚁、工蚁）保存在中国科学院上海昆虫研究所。

模式产地：中国云南省景洪市。

分布：东洋界的中国（云南）。

38. 栽培土白蚁 *Odontotermes culturarum* Sjöstedt, 1924

模式标本：全模（兵蚁、工蚁）保存在瑞典自然历史博物馆，全模（兵蚁）保存在美国自然历史博物馆。

模式产地：坦桑尼亚（Myombo）。

分布：非洲界的刚果民主共和国、肯尼亚、坦桑尼亚、乌干达。

39. 齿小土白蚁 *Odontotermes denticulatus* Holmgren, 1913

曾称为：齿小土白蚁（圆形白蚁亚属）*Odontotermes* (*Cyclotermes*) *denticulatus* Holmgren, 1913。

模式标本：全模（兵蚁、工蚁）分别保存在瑞典动物研究所、英国剑桥大学动物学博物馆和美国自然历史博物馆。

模式产地：新加坡、马来西亚砂拉越。

分布：东洋界的印度尼西亚（加里曼丹、苏门答腊）、马来西亚（大陆、沙巴、砂拉越）、新加坡。

40. 黛安娜土白蚁 *Odontotermes diana* (Sjöstedt, 1911)

曾称为：黛安娜白蚁 *Termes diana* Sjöstedt, 1911。

模式标本：全模（成虫）分别保存在瑞典自然历史博物馆和美国自然历史博物馆。

模式产地：刚果民主共和国（Mukimbungu）。

分布：非洲界的刚果民主共和国。

41. 双工土白蚁 *Odontotermes dimorphus* Li and Xiao, 1989

种名释义：拉丁语意为“二型土白蚁”，指其有大、小二型工蚁。

模式标本：正模（兵蚁）、副模（兵蚁）保存在广东省科学院动物研究所。

模式产地：中国广西壮族自治区贺州滑水冲自然保护区。

分布：东洋界的中国（广西）。

42. 遥远土白蚁 *Odontotermes distans* Holmgren and Holmgren, 1917

曾称为：遥远土白蚁（圆形白蚁亚属）*Odontotermes* (*Cyclotermes*) *distans* Holmgren and

Holmgren, 1917。

异名：阿尔莫拉土白蚁 *Odontotermes almorensis* Snyder, 1933、小齿土白蚁 *Odontotermes microdens* Silvestri, 1914。

模式标本：选模（成虫）、副选模（成虫）保存在印度农业研究所昆虫学分部，副选模（成虫）保存在瑞典动物研究所，副选模（雄成虫）保存在美国自然历史博物馆。

模式产地：印度泰米尔纳德邦（Shevaroy Rocks）。

分布：东洋界的印度（阿萨姆邦、古吉拉特邦、拉贾斯坦邦、泰米尔纳德邦、北方邦、西孟加拉邦）、克什米尔地区、尼泊尔、巴基斯坦、孟加拉国、不丹、缅甸。

生物学：它取食原木、树桩、树皮、木碎屑（如掉地树枝、细枝、树皮屑、干叶、牛粪等），偶尔取食边材。它可分布在海拔 2000m 以上的地区，是培菌白蚁中分布较高的种类。它主要修筑地下蚁巢，偶尔可筑圆顶形蚁垄。有许多种白蚁与它生活在一起。

危害性：它是印度最常见和主要的危害木材的白蚁。它危害旧房子、牛室、木柱，但危害程度不重，还危害林木，还是木豆 *Cajanus cajan* 的重要害虫。

43. 多产土白蚁 *Odontotermes dives* (Hagen, 1858)

曾称为：多产白蚁（白蚁亚属）*Termes* (*Termes*) *dives* Hagen, 1858。

异名：中齿土白蚁 *Odontotermes mediodentatus* Oshima, 1920、第博小寡脉白蚁 *Termitogetonella tibiaoensis* Oshima, 1920。

模式标本：全模（成虫、兵蚁）保存在奥地利自然历史博物馆。

模式产地：菲律宾马尼拉。

分布：东洋界的印度尼西亚（爪哇、苏拉威西、苏门答腊）、马来西亚（大陆）、菲律宾；巴布亚界的印度尼西亚（Molucca Islands）。

44. 达扎丕土白蚁 *Odontotermes djampeensis* Kemner, 1934

曾称为：达扎丕土白蚁（土白蚁亚属）*Odontotermes* (*Odontotermes*) *djampeensis* Kemner, 1934。

模式标本：全模（兵蚁、工蚁）保存在瑞典隆德大学动物研究所。

模式产地：印度尼西亚（Djampea Island）。

分布：东洋界的印度尼西亚（苏拉威西）、泰国。

*****家栖土白蚁 *Odontotermes domesticus* Sarwar, 1940（裸记名称）**

分布：东洋界的印度、巴基斯坦。

45. 埃本土白蚁 *Odontotermes ebeni* (Sjöstedt, 1912)

曾称为：埃本白蚁 *Termes ebeni* Sjöstedt, 1912。

模式标本：全模（成虫）分别保存在意大利自然历史博物馆和瑞典自然历史博物馆，全模（雄成虫）保存在美国自然历史博物馆。

模式产地：埃塞俄比亚、索马里。

分布：非洲界的埃塞俄比亚、索马里。

46. 卓越土白蚁 *Odontotermes egregius* Sjöstedt, 1925

模式标本：全模（成虫）分别保存在瑞典自然历史博物馆和美国自然历史博物馆。

模式产地：肯尼亚。
分布：非洲界的肯尼亚。

47. 埃尔贡土白蚁 *Odontotermes elgonensis* (Sjöstedt, 1926)

曾称为：埃尔贡白蚁 *Termes elgonensis* Sjöstedt, 1926。
模式标本：全模（成虫）分别保存在瑞典自然历史博物馆和美国自然历史博物馆。
模式产地：肯尼亚（Mt. Elgon）。
分布：非洲界的肯尼亚。

48. 缺齿土白蚁 *Odontotermes erodens* (Sjöstedt, 1904)

曾称为：缺齿白蚁 *Termes erodens* Sjöstedt, 1904。
模式标本：全模（成虫）分别保存在法国自然历史博物馆、瑞典自然历史博物馆、美国自然历史博物馆和荷兰马斯特里赫特自然历史博物馆。
模式产地：红海海滨。
分布：非洲界的红海海岸（东北非）。

49. 游荡土白蚁 *Odontotermes erraticus* Grassé, 1947

曾称为：游荡土白蚁（圆形白蚁亚属）*Odontotermes* (*Cyclotermes*) *erraticus* Grassé, 1947。
模式标本：全模（兵蚁、工蚁）分别保存在法国促进科学动物学实验室、南非国家昆虫馆和美国自然历史博物馆。
模式产地：尼日尔（Irroualem）。
分布：非洲界的尼日尔。

50. 埃舍里希土白蚁 *Odontotermes escherichi* (Holmgren, 1911)

种名释义：种名来自早期研究斯里兰卡白蚁的专家 K. Escherich 的姓。
曾称为：埃舍里希白蚁 *Termes escherichi* Holmgren, 1911。
模式标本：全模（兵蚁、工蚁）分别保存在瑞典动物研究所和美国自然历史博物馆，全模（兵蚁）保存在美国国家博物馆。
模式产地：斯里兰卡（Hantana）。
分布：东洋界的印度（卡纳塔克邦、喀拉拉邦）、斯里兰卡。
生物学：它的体形较小。它栖息在死树干内和正在腐烂的原木下。

*****弯钩土白蚁 *Odontotermes falcatus* Mathur and Thapa, 1962（裸记名称）**
分布：非洲界的南非。

51. 欺诈土白蚁 *Odontotermes fallax* Sjöstedt, 1924

模式标本：全模（兵蚁、工蚁）分别保存在瑞典自然历史博物馆和美国自然历史博物馆。
模式产地：坦桑尼亚（Mt. Meru）。
分布：非洲界的坦桑尼亚。

52. 菲氏土白蚁 *Odontotermes feae* (Wasmann, 1896)

中文名称：种名来自模式标本的采集人 L. Fea 的姓，我国学者曾称之为“南亚土白蚁”。

曾称为：菲氏白蚁 *Termes feae* Wasmann, 1896。

异名：印度土白蚁 *Odontotermes indicus* Thakur, 1981。

模式标本：选模（兵蚁）、副选模（工蚁）保存在荷兰马斯特里赫特自然历史博物馆，副选模（兵蚁）保存在美国自然历史博物馆。

模式产地：缅甸（Carin Chebà）。

分布：东洋界的孟加拉国、不丹、印度（安得拉邦、阿萨姆邦、比哈尔邦、达曼、果阿邦、古吉拉特邦、哈里亚纳邦、喜马偕尔邦、卡纳塔克邦、喀拉拉邦、中央邦、马哈拉施特拉邦、曼尼普尔邦、梅加拉亚邦、米佐拉姆邦、那加兰邦、奥里萨邦、旁遮普邦、拉贾斯坦邦、泰米尔纳德邦、特里普拉邦、北方邦、西孟加拉邦）、缅甸、尼泊尔、斯里兰卡、泰国、越南、中国。

生物学：它的工蚁分大、小二型。它喜爱潮湿地区，一般建地下巢，偶尔也筑垄。在印度，它 6—11 月分飞。

危害性：在印度、孟加拉国和缅甸，它是重要的经济昆虫。它危害房屋木结构、牛室、木柱，也危害许多农作物、果园、森林树木以及影响茶树、桉树的种植。

53. 似菲氏土白蚁 *Odontotermes feaeoides* Holmgren and Holmgren, 1917

曾称为：似菲氏土白蚁（土白蚁亚属）*Odontotermes* (*Odontotermes*) *feaeoides* Holmgren and Holmgren, 1917。

模式标本：选模（兵蚁）、副选模（工蚁）保存在瑞典动物研究所，副选模（兵蚁、工蚁）保存在美国自然历史博物馆。

模式产地：印度卡纳塔克邦（Coorg）。

分布：东洋界的印度（卡纳塔克邦）。

54. 纤齿土白蚁 *Odontotermes fidens* (Sjöstedt, 1904)

曾称为：纤齿白蚁 *Termes fidens* Sjöstedt, 1904。

模式标本：全模（兵蚁、工蚁）分别保存在瑞典自然历史博物馆和美国自然历史博物馆。

模式产地：加纳（Accra）、加蓬（Ogowe）。

分布：非洲界的喀麦隆、刚果民主共和国、加蓬、加纳、尼日利亚。

55. 红额土白蚁 *Odontotermes flammifrons* (Sjöstedt, 1926)

曾称为：红额白蚁 *Termes flammifrons* Sjöstedt, 1926。

模式标本：全模（兵蚁、工蚁）分别保存在比利时非洲中心皇家博物馆和瑞典自然历史博物馆，全模（兵蚁）分别保存在美国自然历史博物馆和德国汉堡动物学博物馆。

模式产地：刚果民主共和国（Abimva）。

分布：非洲界的刚果民主共和国、马拉维、苏丹、赞比亚。

56. 福克土白蚁 *Odontotermes fockianus* (Sjöstedt, 1914)

曾称为：福克白蚁（土白蚁亚属）*Termes* (*Odontotermes*) *fockianus* Sjöstedt, 1914。

模式标本：全模（兵蚁、工蚁）分别保存在德国汉堡动物学博物馆和瑞典自然历史博物馆，全模（兵蚁）保存在美国自然历史博物馆。

模式产地：纳米比亚（Okahandja）。

分布：非洲界的纳米比亚。

57. 黑翅土白蚁 *Odontotermes formosanus* (Shiraki, 1909)

种名释义：模式标本采集于中国台湾省（拉丁名为 Formosa），其拉丁语意为“台湾齿白蚁”。中国学者因其有翅成虫的翅为黑色，称其为“黑翅土白蚁”。早期，我国学者还曾称之为“黑翅大白蚁”“台湾黑翅螱”。

曾称为：台湾白蚁 *Termes formosana* Shiraki, 1909。

异名：囟土白蚁 *Odontotermes fontanellus* Kemner, 1925、台湾土白蚁 *Odontotermes formosanus* Holmgren, 1912、中华土白蚁（圆形白蚁亚属）*Odontotermes* (*Cyclotermes*) *sinensis* Holmgren, 1913、黔阳土白蚁 *Odontotermes qianyangensis* Lin, 1981、洛阳土白蚁 *Odontotermes luoyangensis* Wang and Li, 1984、紫阳土白蚁 *Odontotermes ziyangensis* Zhang and Xing, 1992。

模式标本：全模（成虫）保存地不详。

模式产地：中国台湾省。

分布：东洋界的中国（福建、广东、广西、贵州、海南、香港、湖北、湖南、江苏、江西、四川、重庆、云南、浙江、台湾）、日本（琉球群岛）、缅甸、泰国、越南；古北界的中国（安徽、甘肃、河南、陕西、山东）。

生物学：它在林地、堤坝筑地下巢。有的群体内个体数多，巢较大、较深，觅食距离较大。

危害性：它危害多种农林作物（如甘蔗、茶树、谷类植物）、果树和林木，并严重危害堤防水库，是中国危害堤坝最严重的白蚁。它偶尔也进入室内危害木构件、家具和图书。

58. 凹额土白蚁 *Odontotermes foveafrons* Xia and Fan, 1982

模式标本：正模（兵蚁）、副模（兵蚁、工蚁）保存在中国科学院上海昆虫研究所。

模式产地：中国云南省杨武（注：该省多个县有杨武镇，定名原文中没有明确）。

分布：东洋界的中国（云南）。

59. 富勒土白蚁 *Odontotermes fulleri* (Emerson, 1928)

种名释义：种名来自白蚁分类学家 C. Fuller 的姓。

曾称为：富勒白蚁（白蚁亚属）*Termes* (*Termes*) *fulleri* Emerson, 1928。

模式标本：正模（兵蚁）、副模（兵蚁、工蚁）保存在美国自然历史博物馆，副模（兵蚁、工蚁）分别保存在印度森林研究所和印度动物调查所，副模（兵蚁）保存在南非国家昆虫馆。

模式产地：刚果民主共和国（Niangara）。

分布：非洲界的中非共和国、刚果民主共和国、肯尼亚、乌干达。

60. 富阳土白蚁 *Odontotermes fuyangensis* Gao and Zhu, 1986

模式标本：正模（兵蚁）、副模（兵蚁、工蚁）保存在中国科学院上海昆虫研究所，副模（兵蚁、工蚁）保存在南京市白蚁防治研究所。

模式产地：中国浙江省杭州市富阳区。

分布：东洋界的中国（浙江、福建）。

61. 加帕蒂土白蚁 *Odontotermes ganpati* Bose, 1997

种名释义：种名来自模式标本的采集人 Shri Ganpat Singh Roonwal 的名字。

模式标本：正模（兵蚁）、副模（兵蚁）保存在印度动物调查所。

模式产地：印度阿萨姆邦（Mesamari Tea Estate）

分布：东洋界的印度（阿萨姆邦）。

62. 加兰巴土白蚁 *Odontotermes garambae* Harris, 1963

模式标本：正模（雌有翅成虫）保存在比利时非洲中心皇家博物馆，副模（成虫、兵蚁、工蚁）保存在英国自然历史博物馆。

模式产地：刚果民主共和国（Garamba）。

分布：非洲界的刚果民主共和国。

*****巨大土白蚁 *Odontotermes giganticus* Sarwar, 1940（裸记名称）**

分布：东洋界的印度。

63. 吉里土白蚁 *Odontotermes giriensis* Roonwal and Chhotani, 1962

中文名称：中国学者曾称之为“吉陵土白蚁”，似乎不妥。

模式标本：正模（兵蚁）、副模（工蚁）保存在印度动物调查所，副模（兵蚁、工蚁）分别保存在印度森林研究所和美国自然历史博物馆。

模式产地：印度阿萨姆邦（Rongrengiri）。

分布：东洋界的孟加拉国、不丹、印度（阿萨姆邦、德里、古吉拉特邦、哈里亚纳邦、曼尼普尔邦、梅加拉亚邦、奥里萨邦、旁遮普邦、拉贾斯坦邦、锡金邦、特里普拉邦、北方邦）、克什米尔地区；古北界的中国（西藏）。

生物学：它的工蚁分大、小二型。

64. 吉尔纳尔土白蚁 *Odontotermes girnarensis* Thakur, 1989

模式标本：正模（兵蚁）、副模（兵蚁、工蚁）保存在印度动物调查所，副模（兵蚁、工蚁）分别保存在印度森林研究所和印度动物调查所沙漠分站。

模式产地：印度古吉拉特邦（Girnar Hills）。

分布：东洋界的印度（古吉拉特邦）。

65. 栖球土白蚁 *Odontotermes globicola* (Wasmann, 1902)

曾称为：栖球小白蚁 *Microtermes globicola* Wasmann, 1902。

异名：德拉敦白蚁（白蚁亚属）*Termes* (*Termes*) *dehraduni* Snyder, 1933、鲁恩沃土白蚁 *Odontotermes roonwali* Bose, 1975。

模式标本：选模（兵蚁）、副选模（工蚁）保存在荷兰马斯特里赫特自然历史博物馆。

模式产地：斯里兰卡（Anurhadhapura）。

分布：东洋界的印度（德里、卡纳塔克邦、喀拉拉邦、那加兰邦、拉贾斯坦邦、泰米尔纳德邦、北方邦）、巴基斯坦、克什米尔地区、斯里兰卡。

生物学：它的体形较小。工蚁分大、小二型。在花盆下、原木下可发现它。它在筑垄白蚁的垄壁内筑巢，巢由小球形菌圃组成。

66. 大头土白蚁 *Odontotermes grandiceps* Holmgren, 1913

曾称为：大头土白蚁（土白蚁亚属）*Odontotermes* (*Odontotermes*) *grandiceps* Holmgren, 1913。

模式标本：全模（成虫、兵蚁、工蚁）分别保存在瑞典动物研究所、瑞典自然历史博物馆、美国自然历史博物馆和美国国家博物馆。

模式产地：印度尼西亚爪哇（Nongkodjadar）。

分布：东洋界的印度尼西亚（爪哇、苏门答腊）、马来西亚（大陆、沙巴）。

67. 格拉塞土白蚁 *Odontotermes grassei* Snyder and Emerson, 1949

曾称为：格拉塞土白蚁（土白蚁亚属）*Odontotermes* (*Odontotermes*) *grassei* Snyder and Emerson, 1949。

模式标本：全模（成虫）分别保存在法国自然历史博物馆和瑞典自然历史博物馆。

模式产地：科特迪瓦。

分布：非洲界的科特迪瓦。

68. 粗颚土白蚁 *Odontotermes gravelyi* Silvestri, 1914

种名释义：它的拉丁语意为“格雷夫利土白蚁”，中国学者习惯称之为“粗颚土白蚁”。

模式标本：选模（兵蚁）、副选模（兵蚁、工蚁）保存在印度动物调查所，副选模（兵蚁、工蚁）保存在印度森林研究所，副选模（兵蚁）保存在美国自然历史博物馆。

模式产地：缅甸（Mt. Dawna 东边）。

分布：东洋界的中国（云南）、缅甸、越南。

生物学：它的蚁巢一般位于草皮下的土中，为地下式，偶尔也位于灶旁的土墙内。蚁巢由许多分散的菌圃腔及菌圃组成。工蚁能蛀蚀树干、木柱的靠近地面部分。

69. 贵州土白蚁 *Odontotermes guizhouensis* Ping and Xu, 1988

模式标本：正模（兵蚁）、副模（兵蚁、工蚁）保存在广东省科学院动物研究所，副模（兵蚁、工蚁）保存在贵州省林业研究所。

模式产地：中国贵州省盘县。

分布：东洋界的中国（贵州、浙江）。

70. 古普塔土白蚁 *Odontotermes guptai* Roonwal and Bose, 1961

曾称为：贝拉胡尼斯土白蚁古普塔亚种 *Odontotermes bellahunisensis guptai* Roonwal and Bose, 1961。

异名：洛坎兰土白蚁 *Odontotermes lokanandi* Chatterjee and Thakur, 1967。

模式标本：选模（兵蚁）、副选模（兵蚁、工蚁）保存在印度动物调查所，副选模（兵蚁、工蚁）分别保存在印度森林研究所和美国自然历史博物馆。

模式产地：印度拉贾斯坦邦（Nagaur District）。

分布：东洋界的孟加拉国、印度（阿萨姆邦、比哈尔邦、哈里亚纳邦、喜马偕尔邦、古吉拉特邦、喀拉拉邦、马哈拉施特拉邦、中央邦、奥里萨邦、旁遮普邦、拉贾斯坦邦、北方邦）、巴基斯坦、克什米尔地区。

生物学：它生活在地下，栖息于土壤内、原木内、牛粪下。

危害性：在印度，它危害房屋木构件。

71. 古达斯普尔土白蚁 *Odontotermes gurdaspurensis* Holmgren and Holmgren, 1917

曾称为：胖身土白蚁（圆形白蚁亚属）古达斯普尔亚种 *Odontotermes* (*Cyclotermes*) *obesus gurdaspurensis* Holmgren and Holmgren, 1917。

模式标本：选模（兵蚁）、副选模（成虫、兵蚁、工蚁）保存在印度农业研究所昆虫学分部，副选模（成虫、兵蚁、工蚁）分别保存在英国剑桥大学动物学博物馆、美国自然历史博物馆和美国国家博物馆，副选模（兵蚁、工蚁）保存在印度森林研究所。

模式产地：印度旁遮普邦（Gurdaspur）。

分布：东洋界的印度（古吉拉特邦、喜马偕尔邦、中央邦、马哈拉施特拉邦、旁遮普邦、哈里亚纳邦、拉贾斯坦邦、北阿坎德邦、北方邦、西孟加拉邦）、巴基斯坦、克什米尔地区。

生物学：它的工蚁分大、小二型。它筑地下巢，巢复杂。它在地面上筑分飞孔，7—8月雨后上午9点左右分飞。

危害性：它广泛分布于印度北部和西部、巴基斯坦。在印度的拉贾斯坦邦，它危害小麦和玉米。它也危害一些树木（如金合欢树）的树桩、树干、树皮、细枝。它还危害印度的房屋木构件。

72. 哈根土白蚁 *Odontotermes hageni* Holmgren, 1913

曾称为：哈根土白蚁（圆形白蚁亚属）*Odontotermes* (*Cyclotermes*) *hageni* Holmgren, 1913。

模式标本：全模（成虫）保存在瑞典自然历史博物馆。

模式产地：印度尼西亚婆罗洲。

分布：东洋界的印度尼西亚（加里曼丹）、马来西亚（砂拉越）。

73. 海南土白蚁 *Odontotermes hainanensis* (Light, 1924)

中文名称：我国学者曾称之为“海南黑翅蜇”。

曾称为：海南白蚁 *Termes hainanensis* Light, 1924。

模式标本：全模（兵蚁、工蚁）分别保存在美国自然历史博物馆和印度森林研究所。

模式产地：中国海南省琼海市嘉积。

分布：东洋界的柬埔寨、中国（福建、广东、广西、海南、云南）、缅甸、泰国、越南；古北界的中国（安徽）。

生物学：它的工蚁分大、小二型。它完全在地下筑巢。巢没有大型的主巢腔结构，白蚁分散在菌圃中。王室结构简单。

危害性：在中国，它危害木柱、甘蔗、橡胶树、荔枝树、油桐、田间农作物、林木等，也危害堤坝。

*****哈里斯土白蚁 *Odontotermes harrisi* Mathur and Thapa, 1962（裸记名称）**

分布：非洲界的肯尼亚。

74. 霍拉土白蚁 *Odontotermes horai* Roonwal and Chhotani, 1962

模式标本：正模（兵蚁）、副模（兵蚁、工蚁）保存在印度动物调查所，副模（兵蚁、工蚁）保存在美国自然历史博物馆。

模式产地：印度阿萨姆邦（Khasi Hills）。

分布：东洋界的印度（古吉拉特邦、哈里亚纳邦、中央邦、梅加拉亚邦、那加兰邦、锡金邦、北方邦、西孟加拉邦）、尼泊尔、巴基斯坦、中国。

危害性：在印度，它危害房屋的木构件。

75. 霍恩土白蚁 *Odontotermes horni* (Wasmann, 1902)

曾称为：霍恩白蚁 *Termes horni* Wasmann, 1902。

异名：佩勒代尼耶白蚁 *Termes peradeniyae* Holmgren, 1911、霍恩土白蚁赫特森亚种 *Odontotermes horni hutsoni* Kemner, 1926、霍恩土白蚁小型亚种 *Odontotermes horni minor* Kemner, 1926。

模式标本：选模（兵蚁）、副选模（兵蚁、工蚁）保存在荷兰马斯特里赫特自然历史博物馆，副选模（兵蚁、工蚁）保存在美国自然历史博物馆。

模式产地：斯里兰卡（Nalanda）。

分布：东洋界的不丹、柬埔寨、印度（阿萨姆邦、安得拉邦、卡纳塔克邦、喀拉拉邦、中央邦、曼尼普尔邦、梅加拉亚邦、奥里萨邦、锡金邦、泰米尔纳德邦、特里普拉邦、西孟加拉邦）、斯里兰卡、越南。

生物学：它的工蚁分大、小二型。它在地下筑巢，巢体中副巢多。在柬埔寨，它筑圆顶形蚁垄，高度可达 1m，底部直径可达 1.2m。10、12、1 月分飞，分飞时地面有分飞孔。在斯里兰卡，它栖息于正在腐烂的树木下和土壤上的牛粪下。

危害性：它广泛分布于印度、斯里兰卡、柬埔寨和越南。在斯里兰卡，它是茶树、甘蔗、果树和椰子树的害虫，还危害房屋木构件。在印度，它危害芒果树，也蛀食倒地的树木以及活树的树皮。

76. 切穴土白蚁 *Odontotermes incisus* Holmgren, 1913

曾称为：切穴土白蚁（圆形白蚁亚属）*Odontotermes* (*Cyclotermes*) *incisus* Holmgren, 1913。

模式标本：全模（成虫）保存在奥地利自然历史博物馆。

模式产地：印度尼西亚苏门答腊（Deli）。

分布：东洋界的印度尼西亚（苏门答腊）。

77. 因德拉普拉土白蚁 *Odontotermes indrapurensis* Holmgren, 1913

曾称为：因德拉普拉土白蚁（土白蚁亚属）*Odontotermes* (*Odontotermes*) *indrapurensis* Holmgren, 1913。

模式标本：选模（成虫）保存在德国汉堡动物学博物馆，副选模（成虫）分别保存在瑞典动物研究所和美国自然历史博物馆。

模式产地：印度尼西亚苏门答腊（Indrapura）。

分布：东洋界的印度尼西亚（苏门答腊）。

78. 中间土白蚁 *Odontotermes interveniens* Sjöstedt, 1924

模式标本：全模（兵蚁、工蚁）分别保存在瑞典自然历史博物馆和美国自然历史博物馆。

模式产地：纳米比亚（Okahandia）。
分布：非洲界的安哥拉、纳米比亚。

79. 愤怒土白蚁 *Odontotermes iratus* (Sjöstedt, 1926)

曾称为：愤怒白蚁 *Termes iratus* Sjöstedt, 1926。
模式标本：全模（成虫）保存在瑞典自然历史博物馆和法国自然历史博物馆。
模式产地：加蓬（Lam Barénè）。
分布：非洲界的加蓬。

80. 爪哇土白蚁 *Odontotermes javanicus* Holmgren, 1912

亚种：1）爪哇土白蚁爪哇亚种 *Odontotermes javanicus javanicus* Holmgren, 1912
曾称为：爪哇土白蚁（土白蚁亚属）*Odontotermes* (*Odontotermes*) *javanicus* Holmgren, 1912。
模式标本：全模（成虫、兵蚁、工蚁）分别保存在瑞典动物研究所、瑞典自然历史博物馆和美国自然历史博物馆，全模（蚁王、兵蚁、工蚁）保存在德国汉堡动物学博物馆。
模式产地：印度尼西亚爪哇（Salak、茂物）。
分布：东洋界的印度尼西亚（爪哇、苏门答腊）、马来西亚（大陆、沙巴）、泰国。
2）爪哇土白蚁尼曼亚种 *Odontotermes javanicus nymanni* Holmgren, 1913
曾称为：爪哇土白蚁（土白蚁亚属）尼曼亚种 *Odontotermes* (*Odontotermes*) *javanicus nymanni* Holmgren, 1913。
模式标本：全模（成虫）分别保存在瑞典动物研究所和瑞典自然历史博物馆。
模式产地：印度尼西亚爪哇。
分布：东洋界的印度尼西亚（爪哇）。
危害性：在马来西亚，它危害茶树。

81. 卡普尔土白蚁 *Odontotermes kapuri* Roonwal and Chhotani, 1962

模式标本：正模（兵蚁）、副模（兵蚁、工蚁）保存在印度动物调查所。
模式产地：印度梅加拉亚邦（Cherrapunji）。
分布：东洋界的不丹、印度（曼尼普尔邦、梅加拉亚邦、特里普拉邦、西孟加拉邦）。
危害性：在印度，它危害房屋木构件。

82. 卡拉瓦土白蚁 *Odontotermes karawajevi* John, 1925

曾称为：卡拉瓦土白蚁（土白蚁亚属）*Odontotermes* (*Odontotermes*) *karawajevi* John, 1925。
模式标本：全模（兵蚁、工蚁）分别保存在俄罗斯科学院动物学研究所、英国自然历史博物馆和美国自然历史博物馆。
模式产地：印度尼西亚爪哇（Depok）。
分布：东洋界的印度尼西亚（爪哇）。

83. 卡尼土白蚁 *Odontotermes karnyi* Kemner, 1934

曾称为：卡尼土白蚁（土白蚁亚属）*Odontotermes* (*Odontotermes*) *karnyi* Kemner, 1934。

模式标本：全模（兵蚁、工蚁）分别保存在瑞典隆德大学动物研究所和美国自然历史博物馆。

模式产地：印度尼西亚爪哇茂物。

分布：东洋界的印度尼西亚（爪哇）。

84. 甲洞土白蚁 *Odontotermes kepongensis* Manzoor and Akhtar, 2005

模式标本：正模（兵蚁）、副模（兵蚁、工蚁）保存在巴基斯坦旁遮大学动物学系。

模式产地：马来西亚（Kepong）。

分布：东洋界的马来西亚（大陆）。

85. 基巴拉土白蚁 *Odontotermes kibarensis* (Fuller, 1923)

曾称为：基巴拉白蚁（土白蚁亚属）*Termes* (*Odontotermes*) *kibarensis* Fuller, 1923。

异名：乌干达土白蚁 *Odontotermes ugandanicus* Sjöstedt, 1924。

模式标本：全模（兵蚁）分别保存在英国自然历史博物馆、南非国家昆虫馆和美国自然历史博物馆。

模式产地：乌干达（Kibara）。

分布：非洲界的安哥拉、肯尼亚、苏丹、坦桑尼亚、乌干达。

危害性：在乌干达，它危害房屋木构件。

*****柯比土白蚁 *Odontotermes kirbyi* Mathur and Thapa, 1962（裸记名称）**

分布：非洲界的坦桑尼亚。

86. 基斯特纳土白蚁 *Odontotermes kistneri* Manzoor and Akhtar, 2005

模式标本：正模（兵蚁）、副模（兵蚁、工蚁）保存在巴基斯坦旁遮大学动物学系。

模式产地：马来西亚大陆（Terrenganu）。

分布：东洋界的马来西亚（大陆）。

87. 柯尼希土白蚁 *Odontotermes koenigi* (Desneux, 1906)

种名释义：种名来自早期在印度研究白蚁的丹麦医生 J. G. König 的姓。

曾称为：柯尼希白蚁 *Termes koenigi* Desneux, 1906。

模式标本：选模（成虫）保存在奥地利自然历史博物馆。

模式产地：斯里兰卡。

分布：东洋界的斯里兰卡。

88. 库尔坎土白蚁 *Odontotermes kulkarni* Roonwal and Chhotani, 1959

模式标本：选模（兵蚁）、副选模（兵蚁、工蚁）保存在印度动物调查所。

模式产地：印度卡纳塔克邦（Bijapur）。

分布：东洋界的印度（卡纳塔克邦）。

生物学：它的工蚁分大、小二型。

89. 湖泊土白蚁 *Odontotermes lacustris* Harris, 1960

模式标本：正模（雌成虫）、副模（成虫、兵蚁）保存在英国自然历史博物馆，副模（兵蚁）保存在南非国家昆虫馆。

模式产地：赞比亚（Abercorn）。

分布：非洲界的马拉维、赞比亚。

90. 似砖土白蚁 *Odontotermes latericius* (Haviland, 1898)

亚种：1）似砖土白蚁似砖亚种 *Odontotermes latericius latericius* (Haviland, 1898)

曾称为：似砖白蚁 *Termes latericius* Haviland, 1898。

模式标本：全模（成虫、兵蚁、工蚁）分别保存在英国剑桥大学动物学博物馆、美国自然历史博物馆和南非国家昆虫馆，全模（蚁后、蚁王、兵蚁、工蚁）保存在荷兰马斯特里赫特自然历史博物馆。

模式产地：南非纳塔尔省（Estcourt District）。

分布：非洲界的安哥拉、博茨瓦纳、刚果民主共和国、肯尼亚、马拉维、莫桑比克、纳米比亚、塞内加尔、南非、苏丹、坦桑尼亚、多哥、乌干达、津巴布韦、赞比亚。

2）似砖土白蚁中型亚种 *Odontotermes latericius media* (Wasmann, 1912)

曾称为：似砖白蚁中型亚种 *Termes latericius media* Wasmann, 1912。

模式标本：全模（兵蚁、工蚁）保存在荷兰马斯特里赫特自然历史博物馆。

模式产地：苏丹（Mongalla）。

分布：非洲界的苏丹。

危害性：在东非、中非、南非以及莫桑比克，它危害花生等田间农作物、果树、林木和房屋木构件。

91. 宽翅土白蚁 *Odontotermes latialatus* (Sjöstedt, 1897)

曾称为：宽翅白蚁 *Termes latialatus* Sjöstedt, 1897。

模式标本：全模（成虫）分别保存在德国汉堡动物学博物馆、瑞典自然历史博物馆、美国自然历史博物馆和意大利农业昆虫研究所。

模式产地：刚果民主共和国。

分布：非洲界的刚果民主共和国。

92. 宽颏土白蚁 *Odontotermes latigula* (Snyder, 1934)

曾称为：宽颏白蚁（圆形白蚁亚属）*Termes* (*Cyclotermes*) *latigula* Snyder, 1934。

模式标本：全模（兵蚁）分别保存在英国自然历史博物馆、美国国家博物馆和印度森林研究所。

模式产地：印度安达曼群岛。

分布：东洋界的印度（安达曼群岛、尼科巴群岛）。

危害性：它危害果树。

93. 似宽颏土白蚁 *Odontotermes latiguloides* Roonwal and Verma, 1973

模式标本：正模（兵蚁）、副模（兵蚁、工蚁）保存在印度动物调查所，副模（兵蚁、工蚁）分别保存在印度森林研究所和印度动物调查所沙漠分站。

模式产地：印度拉贾斯坦邦（Bhilwara District）。

分布：东洋界的印度（古吉拉特邦、哈里亚纳邦、卡纳塔克邦、旁遮普邦、拉贾斯坦邦）。

94. 最宽土白蚁 *Odontotermes latissimus* (Kemner, 1930)

曾称为：最宽白蚁 *Termes latissimus* Kemner, 1930。

模式标本：全模（成虫）保存在瑞典动物研究所，全模（雄成虫）保存在美国自然历史博物馆。

模式产地：印度尼西亚苏门答腊（Fort de Kock）。

分布：东洋界的印度尼西亚（苏门答腊）。

95. 雅致土白蚁 *Odontotermes lautus* (Sjöstedt, 1924)

曾称为：雅致白蚁 *Termes lautus* Sjöstedt, 1924。

模式标本：全模（成虫）分别保存在瑞典自然历史博物馆和美国自然历史博物馆。

模式产地：南非比勒陀利亚。

分布：非洲界的南非。

96. 叶整土白蚁 *Odontotermes lobintactus* (Sjöstedt, 1926)

曾称为：叶整白蚁 *Termes lobintactus* Sjöstedt, 1926。

模式标本：全模（兵蚁、工蚁）保存在瑞典自然历史博物馆，全模（工蚁）保存在美国自然历史博物馆。

模式产地：刚果民主共和国（Mukimbungu）。

分布：非洲界的刚果民主共和国。

97. 长颚土白蚁 *Odontotermes longignathus* Holmgren, 1914

曾称为：长颚土白蚁（土白蚁亚属）*Odontotermes* (*Odontotermes*) *longignathus* Holmgren, 1914。

模式标本：全模（兵蚁、工蚁、若蚁）分别保存在美国自然历史博物馆和印度森林研究所，全模（兵蚁）保存在美国国家博物馆。

模式产地：马来西亚（Taiping）。

分布：东洋界的马来西亚（大陆）、泰国。

危害性：在马来西亚，它危害茶树。

98. 长颏土白蚁 *Odontotermes longigula* Roy-Noel, 1969

模式标本：正模（兵蚁）保存在塞内加尔非洲基础研究所，副模（兵蚁、工蚁）保存在美国自然历史博物馆。

模式产地：塞内加尔（Niokolo-Kobo）。

分布：非洲界的塞内加尔。

99. 龙州土白蚁 *Odontotermes longzhouensis* Lin, 1981

异名：上林土白蚁 *Odontotermes shanglinensis* Li, 1986。

模式标本：正模（兵蚁）、副模（兵蚁、工蚁）保存在广东省科学院动物研究所。

模式产地：中国广西壮族自治区龙州县。

分布：东洋界的中国（贵州、广西、香港）。

100. 湄索德土白蚁 *Odontotermes maesodensis* Ahmad, 1965

模式标本：正模（兵蚁）、副模（兵蚁、工蚁）保存在巴基斯坦旁遮普大学动物学系，副模（成虫、兵蚁、工蚁）保存在美国自然历史博物馆。

模式产地：泰国（Mae Sod 以东 20km 处）。

分布：东洋界的泰国、越南。

101. 马格达莱娜土白蚁 *Odontotermes magdalenae* Grassé and Noirot, 1950

模式标本：全模（成虫、兵蚁、工蚁）分别保存在法国巴黎大学生物进化实验室和美国自然历史博物馆，全模（兵蚁、工蚁）保存在印度森林研究所，全模（兵蚁）保存在南非国家昆虫馆。

模式产地：乍得（Télémé）。

分布：非洲界的喀麦隆、中非共和国、乍得、几内亚、尼日利亚、苏丹。

102. 望加锡土白蚁 *Odontotermes makassarensis* Kemner, 1934

模式标本：全模（成虫、兵蚁、工蚁）分别保存在瑞典隆德大学动物研究所和美国自然历史博物馆。

模式产地：印度尼西亚（Makassar）。

分布：东洋界的印度尼西亚（Bali、苏拉威西）。

103. 马拉巴尔土白蚁 *Odontotermes malabaricus* Holmgren and Holmgren, 1917

曾称为：马拉巴尔土白蚁（土白蚁亚属）*Odontotermes* (*Odontotermes*) *malabaricus* Holmgren and Holmgren, 1917。

模式标本：全模（兵蚁、工蚁）分别保存在瑞典动物研究所、印度农业研究所昆虫学分部、美国自然历史博物馆和德国汉堡动物学博物馆。

模式产地：印度喀拉拉邦（Malabar）、泰米尔纳德邦（Mt. Shevaroy）。

分布：东洋界的印度（古吉拉特邦、卡纳塔克邦、喀拉拉邦、中央邦、旁遮普邦、泰米尔纳德邦、北方邦）。

危害性：它危害房屋木构件。

104. 马六甲土白蚁 *Odontotermes malaccensis* Holmgren, 1914

曾称为：马六甲土白蚁（土白蚁亚属）*Odontotermes* (*Odontotermes*) *malaccensis* Holmgren, 1914。

模式标本：全模（兵蚁、工蚁）分别保存在美国自然历史博物馆、瑞典动物研究所和印度森林研究所。

模式产地：马来西亚马六甲（Mt. Maxwell）。

分布：东洋界的马来西亚（大陆）。

105. 可恨土白蚁 *Odontotermes maledictus* (Ghidini, 1941)

曾称为：可恨白蚁（圆形白蚁亚属）*Termes* (*Cyclotermes*) *maledictus* Ghidini, 1941。

模式标本：全模（兵蚁、工蚁）分别保存在意大利自然历史博物馆和美国自然历史博物馆。

模式产地：埃塞俄比亚。

分布：非洲界的埃塞俄比亚。

106. 马雷拉土白蚁 *Odontotermes malelaensis* (Emerson, 1928)

曾称为：马雷拉白蚁（白蚁亚属）*Termes* (*Termes*) *malelaensis* Emerson, 1928。

模式标本：正模（兵蚁）、副模（兵蚁、工蚁）保存在美国自然历史博物馆，副模（兵蚁、工蚁）保存在印度森林研究所，副模（工蚁）保存南非国家昆虫馆。

模式产地：刚果民主共和国（Malela）。

分布：非洲界的刚果民主共和国。

107. 马利克土白蚁 *Odontotermes maliki* Akhtar, 1975

模式标本：正模（兵蚁）、副模（兵蚁、工蚁）保存在巴基斯坦旁遮普大学动物学系，副模（兵蚁、工蚁）分别保存在巴基斯坦森林研究所、美国国家博物馆、英国自然历史博物馆和美国自然历史博物馆。

模式产地：孟加拉国（Adampur）。

分布：东洋界的孟加拉国（Adampur）。

*****马钱德土白蚁 *Odontotermes marchandi* Mathur and Thapa, 1962（裸记名称）**

分布：非洲界的刚果民主共和国。

*****海角土白蚁 *Odontotermes marilimbus* Ping and Xu, 1995（裸记名称）**

分布：东洋界的中国（海南）。

108. 马登土白蚁 *Odontotermes matangensis* Manzoor and Akhtar, 2005

模式标本：正模（兵蚁）、副模（兵蚁、工蚁）保存在巴基斯坦旁遮普大学动物学系。

模式产地：马来西亚砂拉越。

分布：东洋界的马来西亚（砂拉越）。

109. 最大土白蚁 *Odontotermes maximus* (Kemner, 1930)

曾称为：最大白蚁 *Termes maximus* Kemner, 1930。

模式标本：全模（兵蚁）分别保存在瑞典动物研究所和美国自然历史博物馆。

模式产地：印度尼西亚苏门答腊（Fort de Kock）。

分布：东洋界的印度尼西亚（苏门答腊）。

110. 温和土白蚁 *Odontotermes mediocris* (Sjöstedt, 1911)

曾称为：温和白蚁 *Termes mediocris* Sjöstedt, 1911。

模式标本：正模（兵蚁、工蚁）保存在瑞典自然历史博物馆。

模式产地：埃塞俄比亚（Diré Daoua）。

分布：非洲界的埃塞俄比亚、肯尼亚、马拉维、坦桑尼亚。

111. 万鸦东土白蚁 *Odontotermes menadoensis* Kemner, 1934

曾称为：万鸦东土白蚁（土白蚁亚属）*Odontotermes* (*Odontotermes*) *menadoensis* Kemner, 1934。

异名：西里伯斯土白蚁 *Odontotermes celebensis* Oshima, 1914。

模式标本：全模（兵蚁、工蚁）保存地不详。

模式产地：印度尼西亚苏拉威西（Menado、Maros、Talisay Island）。

分布：东洋界的印度尼西亚（苏拉威西）。

112. 南方土白蚁 *Odontotermes meridionalis* Gao and Yang, 1987

模式标本：正模（兵蚁）、副模（兵蚁、工蚁）保存在中国科学院上海昆虫研究所，副模（兵蚁、工蚁）保存在南京市白蚁防治研究所。

模式产地：中国广西壮族自治区上林县。

分布：东洋界的中国（广西）。

113. 小齿土白蚁 *Odontotermes microdentatus* Roonwal and Sen-Sarma, 1960

模式标本：正模（兵蚁）、副模（成虫、兵蚁、工蚁）保存在印度森林研究所，副模（成虫、兵蚁、工蚁）保存在印度动物调查所，副模（兵蚁、工蚁）保存在美国自然历史博物馆。

模式产地：印度北阿坎德邦德拉敦。

分布：东洋界的印度（安得拉邦、比哈尔邦、古吉拉特邦、哈里亚纳邦、喜马偕尔邦、卡纳塔克邦、中央邦、奥里萨邦、旁遮普邦、北阿坎德邦、北方邦）、克什米尔地区。

生物学：它筑圆顶形蚁垄。它的垄高 28～100cm，周长 4.5～6.3m。它蛀食倒地原木。它取食时筑泥线。

危害性：它危害林木和房屋木构件。

114. 小眼土白蚁 *Odontotermes microps* (Sjöstedt, 1899)

曾称为：小眼白蚁 *Termes microps* Sjöstedt, 1899。

模式标本：全模（成虫）分别保存在德国汉堡动物学博物馆和瑞典自然历史博物馆，全模（雌成虫）保存在美国自然历史博物馆。

模式产地：坦桑尼亚（Tanga）。

分布：非洲界的坦桑尼亚。

115. 小土白蚁 *Odontotermes minutus* Amir, 1975

异名：马瑟土白蚁 *Odontotermes mathuri* Thapa, 1982。

模式标本：正模（兵蚁）、副模（兵蚁）保存在印度尼西亚茂物动物学博物馆。

模式产地：印度尼西亚苏门答腊（Lampung）。

分布：东洋界的印度尼西亚（爪哇、加里曼丹、苏门答腊）、马来西亚（沙巴）。

116. 米尔甘杰土白蚁 *Odontotermes mirganjensis* Holmgren and Holmgren, 1917

曾称为：米尔甘杰土白蚁（土白蚁亚属）*Odontotermes* (*Odontotermes*) *mirganjensis* Holmgren and Holmgren, 1917。

模式标本：全模（兵蚁、工蚁）分别保存在瑞典动物研究所和美国自然历史博物馆。

模式产地：米尔甘杰（Mirganj，但印度和孟加拉国均有此地名）。

分布：印度的有关书籍中认为它分布于印度比哈尔邦的米尔甘杰，但 Krishna 在他 2013 年的巨著中认为可疑。

117. 莫汉德土白蚁 *Odontotermes mohandi* Verma and Purohit, 1993

模式标本：正模（兵蚁）保存在印度动物调查所北方地区分站。

模式产地：印度北阿坎德邦（Mohand Forest）。

分布：东洋界的印度（北阿坎德邦）。

118. 单齿土白蚁 *Odontotermes monodon* Gerstäcker, 1891

亚种：1）单齿土白蚁健壮亚种 *Odontotermes monodon lujanus* (Wasmann, 1902)

曾称为：单齿白蚁健壮亚种 *Termes monodon lujanus* Wasmann, 1902。

模式标本：全模（兵蚁、工蚁）分别保存在荷兰马斯特里赫特自然历史博物馆和美国自然历史博物馆，全模（兵蚁）保存在南非国家昆虫馆。

模式产地：莫桑比克（Morumballe）。

分布：非洲界的莫桑比克。

2）单齿土白蚁单齿亚种 *Odontotermes monodon monodon* (Gerstäcker, 1891)

曾称为：单齿白蚁 *Termes monodon* Gerstäcker, 1891。

模式标本：全模（兵蚁、工蚁）分别保存在德国汉堡动物学博物馆和美国自然历史博物馆，全模（兵蚁）分别保存在意大利农业昆虫研究所、比利时皇家自然科学研究所和美国国家博物馆。

模式产地：莫桑比克（Quilimane、Kikengo）。

分布：非洲界的刚果民主共和国、肯尼亚、马拉维、莫桑比克、南非、坦桑尼亚、乌干达。

119. 高山土白蚁 *Odontotermes montanus* Harris, 1960

模式标本：正模（兵蚁）、副模（兵蚁）保存在英国自然历史博物馆，副模（兵蚁）保存在南非国家昆虫馆。

模式产地：肯尼亚。

分布：非洲界的埃塞俄比亚、肯尼亚。

120. 穆金本古土白蚁 *Odontotermes mukimbunginis* Sjöstedt, 1924

模式标本：全模（兵蚁、工蚁）分别保存在瑞典自然历史博物馆、美国自然历史博物馆、意大利农业昆虫研究所和南非国家昆虫馆。

模式产地：刚果民主共和国（Mukimbungu）。

分布：非洲界的刚果民主共和国。

生物学：它的兵蚁分大、小二型。

121. 新齿小土白蚁 *Odontotermes neodenticulatus* Thapa, 1982

模式标本：正模（兵蚁）、副模（兵蚁、工蚁）保存在印度森林研究所。

模式产地：马来西亚沙巴（Keningau District）。

分布：东洋界的印度尼西亚（加里曼丹）、马来西亚（沙巴）。

122. 尼罗土白蚁 *Odontotermes nilensis* Emerson, 1949

曾称为：尼罗土白蚁（土白蚁亚属）*Odontotermes* (*Odontotermes*) *nilensis* Emerson, 1949。

异名：近缘白蚁 *Termes affinis* Trägårdh, 1904。

模式标本：全模（兵蚁、工蚁、若蚁）分别保存在瑞典自然历史博物馆、美国自然历史博物馆和南非国家昆虫馆。

模式产地：苏丹（Kaka）。

分布：非洲界的刚果民主共和国、塞内加尔、苏丹。

危害性：在苏丹和塞内加尔，它危害花生和其他田间农作物、果树和房屋木构件。

123. 诺拉土白蚁 *Odontotermes nolaensis* Sjöstedt, 1924

模式标本：全模（兵蚁）分别保存在瑞典自然历史博物馆和美国自然历史博物馆。

模式产地：中非共和国（Nola）。

分布：非洲界的安哥拉、中非共和国、喀麦隆、乍得、刚果民主共和国、肯尼亚、塞内加尔、乌干达。

124. 胖身土白蚁 *Odontotermes obesus* (Rambur, 1842)

种名释义：种名的拉丁语意为"侵蚀"，中国学者习惯称之为"胖身土白蚁"。

曾称为：侵蚀白蚁 *Termes obesus* Rambur, 1842。

异名：祸根白蚁 *Termes fatalis* König, 1779、孟加拉土白蚁（圆形白蚁亚属）*Odontotermes* (*Cyclotermes*) *bengalensis* Holmgren, 1912（裸记名称）、阿萨姆土白蚁（圆形白蚁亚属）*Odontotermes* (*Cyclotermes*) *assamensis* Holmgren, 1913、班加罗尔土白蚁（圆形白蚁亚属）*Odontotermes* (*Cyclotermes*) *bangalorensis* Holmgren, 1913、黄点土白蚁（圆形白蚁亚属）*Odontotermes* (*Cyclotermes*) *flavomaculatus* Holmgren and Holmgren, 1917、胖身土白蚁（圆形白蚁亚属）眼显亚种 *Odontotermes* (*Cyclotermes*) *obesus oculatus* Silvestri, 1923、奥里萨白蚁（圆形白蚁亚属）*Termes* (*Cyclotermes*) *orissae* Snyder, 1934（模式标本采集于印度奥里萨邦 Orissa）、胖身白蚁阿斯穆斯亚种 *Termes obesus assmuthi* Van Boven, 1969（裸记名称）。（注：中国曾称之为阿萨姆土白蚁 *Odontotermes assamensis* Holmgren, 1913。）

模式标本：全模（成虫）保存在英国牛津大学昆虫学系。

模式产地：印度孟买。

分布：东洋界的孟加拉国、不丹、中国（广西）、印度（安得拉邦、阿萨姆邦、比哈尔邦、德里、古吉拉特邦、哈里亚纳邦、喜马偕尔邦、卡纳塔克邦、喀拉拉邦、中央邦、马哈拉施特拉邦、曼尼普尔邦、梅加拉亚邦、奥里萨邦、旁遮普邦、拉贾斯坦邦、泰米尔纳德邦、特里普拉邦、北阿坎德邦、北方邦、西孟加拉邦）、缅甸、巴基斯坦、克什米尔地区；古北界的中国（西藏）。

生物学：它在印度次大陆广泛分布（高海拔区域除外）。在印度次大陆，它主要筑垄。蚁垄有 5 种类型，如圆顶形（大部分巢在地下）、教堂式等。它的接近圆柱形的蚁垄高度可接近 3m。它的工蚁分大、小二型。王室中通常为一王一后，也有多对王后的报道。它危害树木时，工蚁筑泥线。分飞发生在大雨开始后的黄昏时分，一直持续至夜晚。在不筑垄的月份，垄中兵蚁、工蚁、若蚁的比例为 7.7∶49.0∶43.3；在筑垄的月份，垄中兵蚁、工蚁、若蚁的比例为 5.5∶66.5∶28.0。

危害性：在印度和巴基斯坦，它严重危害甘蔗、棉花、小麦、蓖麻、茶树、椰子树、果树、纤维作物、草、房屋木结构。它能危害各种与土壤接触的木材，如火车枕木、倒地原木、树桩、柴火、活树树皮。它也危害各种活树，如桉树、芒果树等。

125. 矩形土白蚁 *Odontotermes oblongatus* Holmgren, 1913

曾称为：矩形土白蚁（土白蚁亚属）*Odontotermes* (*Odontotermes*) *oblongatus* Holmgren, 1913。

模式标本：选模（兵蚁、工蚁）保存在英国剑桥大学动物学博物馆，副选模（兵蚁、工蚁）分别保存在瑞典动物研究所和美国自然历史博物馆，副选模（工蚁）保存在印度森林研究所。

模式产地：新加坡。

分布：东洋界的印度尼西亚（苏门答腊）、马来西亚（大陆、沙巴）、新加坡、泰国。

126. 奥卡汉贾土白蚁 *Odontotermes okahandjae* (Fuller, 1922)

曾称为：奥卡汉贾白蚁（土白蚁亚属）*Termes* (*Odontotermes*) *okahandjae* Fuller, 1922。

模式标本：选模（大兵蚁）、副选模（大兵蚁、小兵蚁）保存在南非国家昆虫馆，副选模（大兵蚁）保存在美国自然历史博物馆。

模式产地：纳米比亚（Okahandja）。

分布：非洲界的纳米比亚。

127. 显形土白蚁 *Odontotermes ostentans* (Silvestri, 1912)

曾称为：显形白蚁 *Termes ostentans* Silvestri, 1912。

模式标本：全模（成虫、兵蚁、工蚁）分别保存在意大利自然历史博物馆和美国自然历史博物馆。

模式产地：圣多美和普林西比（圣多美岛）。

分布：非洲界的圣多美和普林西比。

128. 帕姆奎斯特土白蚁 *Odontotermes palmquisti* (Sjöstedt, 1907)

曾称为：帕姆奎斯特白蚁 *Termes palmquisti* Sjöstedt, 1907。

模式标本：全模（成虫）分别保存在瑞典自然历史博物馆、德国汉堡动物学博物馆、南非国家昆虫馆和荷兰马斯特里赫特自然历史博物馆。

模式产地：坦桑尼亚（Kilimanjaro）。

分布：非洲界的肯尼亚、马拉维、坦桑尼亚。

129. 似齿小土白蚁 *Odontotermes paradenticulatus* Ahmad, 1947

曾称为：似齿小土白蚁（圆形白蚁亚属）*Odontotermes* (*Cyclotermes*) *paradenticulatus* Ahmad, 1947。

模式标本：正模（兵蚁）、副模（兵蚁、工蚁、若蚁）保存在美国自然历史博物馆，副模（兵蚁、工蚁、若蚁）保存在印度森林研究所，副模（兵蚁、工蚁）分别保存在瑞典动物研究所、巴基斯坦旁遮普大学动物学系和美国国家博物馆。

模式产地：菲律宾（Leyte）

分布：东洋界的菲律宾（Leyte）。

130. 近宽颏土白蚁 *Odontotermes paralatigula* Chatterjee and Sen-Sarma, 1962

模式标本：正模（兵蚁）、副模（兵蚁）保存在印度森林研究所，副模（兵蚁）分别保存在印度农业研究所昆虫学分部和美国自然历史博物馆。

模式产地：缅甸。

分布：东洋界的印度（安达曼群岛、曼尼普尔邦）、缅甸。

131. 近似宽颏土白蚁 *Odontotermes paralatiguloides* Thakur, 1989

模式标本：正模（兵蚁）、副模（兵蚁、工蚁）保存在印度动物调查所，副模（兵蚁、工蚁）分别保存在印度森林研究所和印度动物调查所沙漠分站。

模式产地：印度古吉拉特邦（Vijarkhi 村）。

分布：东洋界的印度（古吉拉特邦）。

132. 平行土白蚁 *Odontotermes parallelus* Li, 1986

模式标本：正模（兵蚁）、副模（兵蚁）保存在广东省科学院动物研究所。

模式产地：中国广东省惠州市惠阳区。

分布：东洋界的中国（广东、广西、海南、香港、四川）。

133. 似矩形土白蚁 *Odontotermes paraoblongatus* Ahmad, 1965

模式标本：正模（兵蚁）、副模（兵蚁、工蚁）保存在巴基斯坦旁遮普大学动物学系，副模（兵蚁、工蚁）保存在美国自然历史博物馆。

模式产地：泰国（Muaek Lek）。

分布：东洋界的泰国。

134. 微齿土白蚁 *Odontotermes parvidens* Holmgren and Holmgren, 1917

曾称为：微齿土白蚁（土白蚁亚属）*Odontotermes* (*Odontotermes*) *parvidens* Holmgren and Holmgren, 1917。

异名：小齿土白蚁 *Odontotermes microdens* Silvestri, 1914（裸记名称）、阿尔莫拉白蚁（圆形白蚁亚属）*Termes* (*Cyclotermes*) *almorensis* Snyder, 1933。

模式标本：全模（兵蚁、工蚁）分别保存在瑞典动物研究所、美国自然历史博物馆、德国汉堡动物学博物馆和印度动物调查所。

模式产地：印度。

分布：东洋界的孟加拉国、不丹、印度（阿萨姆邦、哈里亚纳邦、喜马偕尔邦、卡纳塔克邦、曼尼普尔邦、旁遮普邦、拉贾斯坦邦、锡金邦、北阿坎德邦、北方邦、西孟加拉邦）、缅甸、巴基斯坦、克什米尔地区。

生物学：它的工蚁分大、小二型。它不筑垄，筑地下巢，它的群体通常较大。巢由含菌圃的腔室组成。

危害性：它广泛分布于印度的东部和北部、孟加拉国、巴基斯坦。在巴基斯坦，它可分布在海拔 1500m 的区域。在印度、缅甸和巴基斯坦，它危害林木、果树、茶树和田间农作物。在印度阿萨姆邦，它曾危害茶树，也是树豆 *Cajanus cajan* 的害虫，可将其根吃光。它还吃活树的树皮，可致柚木树死亡。

135. 伯伯土白蚁 *Odontotermes patruus* (Sjöstedt, 1913)

曾称为：伯伯白蚁（土白蚁亚属）*Termes* (*Odontotermes*) *patruus* Sjöstedt, 1913。

模式标本：全模（兵蚁、工蚁）分别保存在比利时非洲中心皇家博物馆和瑞典自然历史博物馆，全模（兵蚁）分别保存在美国自然历史博物馆和南非国家昆虫馆。

模式产地：刚果民主共和国（Katanga）。

分布：非洲的刚果民主共和国、肯尼亚、卢旺达、乌干达。

136. 小贫土白蚁 *Odontotermes pauperans* (Silvestri, 1912)

曾称为：小贫白蚁 *Termes pauperans* Silvestri, 1912。

模式标本：全模（成虫、兵蚁、工蚁）保存在意大利农业昆虫研究所，全模（兵蚁、工蚁）保存在美国自然历史博物馆。

模式产地：几内亚比绍（Bissau）。

分布：非洲界的加纳、几内亚、几内亚比绍、科特迪瓦、尼日利亚、塞内加尔。

危害性：在西非（从塞内加尔到尼日利亚），它危害房屋木构件。

137. 白沙瓦土白蚁 *Odontotermes peshawarensis* Akhtar, 1974

模式标本：正模（兵蚁）、副模（兵蚁、工蚁）保存在巴基斯坦旁遮普大学动物学系，副模（兵蚁、工蚁）保存在美国自然历史博物馆、英国自然历史博物馆、巴基斯坦森林研究所和美国密西西比港湾森林试验站。

模式产地：巴基斯坦（Peshawar 13km 外）。

分布：东洋界的巴基斯坦。

138. 扁头土白蚁 *Odontotermes planiceps* Sjöstedt, 1924

模式标本：全模（兵蚁、工蚁）分别保存在瑞典自然历史博物馆和美国自然历史博物馆。

模式产地：刚果民主共和国（Kisantu）。

分布：非洲界的安哥拉、刚果民主共和国。

139. 首要土白蚁 *Odontotermes praevalens* (John, 1926)

曾称为：首要白蚁（土白蚁亚属）*Termes* (*Odontotermes*) *praevalens* John, 1926。

异名：粗壮土白蚁（土白蚁亚属）*Odontotermes* (*Odontotermes*) *robustus* John, 1925。

模式标本：全模（兵蚁、工蚁）分别保存在英国自然历史博物馆和美国自然历史博物馆。

模式产地：马来西亚（Johore）。

分布：东洋界的马来西亚（大陆）。

140. 初始土白蚁 *Odontotermes preliminaris* (Holmgren, 1911)

曾称为：初始白蚁 *Termes preliminaris* Holmgren, 1911。

模式标本：全模（成虫）分别保存在瑞典动物研究所、美国自然历史博物馆和美国国家博物馆。

模式产地：斯里兰卡（Peradeniya）。

分布：东洋界的斯里兰卡。

141. 比勒陀利亚土白蚁 *Odontotermes pretoriensis* Sjöstedt, 1924

模式标本：全模（成虫）分别保存在瑞典自然历史博物馆和美国自然历史博物馆。

模式产地：南非比勒陀利亚。

分布：非洲界的南非。

142. 普鲁土白蚁 *Odontotermes prewensis* Manzoor and Akhtar, 2005

模式标本：正模（兵蚁）、副模（兵蚁、工蚁）保存在巴基斯坦旁遮普大学动物学系。

模式产地：泰国（Prew）。

分布：东洋界的泰国。

143. 似多产土白蚁 *Odontotermes prodives* Thapa, 1982

模式标本：正模（兵蚁）、副模（兵蚁、工蚁）保存在印度森林研究所。

模式产地：马来西亚沙巴（Beaufort）。

分布：东洋界的马来西亚（沙巴）、泰国。

144. 前菲氏土白蚁 *Odontotermes profeae* Akhtar, 1975

模式标本：正模（兵蚁）、副模（兵蚁、工蚁）保存在巴基斯坦旁遮普大学动物学系，副模（兵蚁、工蚁）分别保存在美国自然历史博物馆、英国自然历史博物馆、美国国家博物馆和巴基斯坦森林研究所。

模式产地：孟加拉国（Singra）。

分布：东洋界的孟加拉国、印度（曼尼普尔邦、那加兰邦）。

145. 原黑翅土白蚁 *Odontotermes proformosanus* Ahmad, 1965

模式标本：正模（兵蚁）、副模（雄成虫、兵蚁、工蚁）保存在巴基斯坦旁遮普大学动物学系，副模（蚁后、兵蚁、工蚁）保存在美国自然历史博物馆。

模式产地：泰国（Ka-chong）。

分布：东洋界的孟加拉国、柬埔寨、泰国、中国（海南）。

146. 前宽颏土白蚁 *Odontotermes prolatigula* Bose, 1997

模式标本：正模（兵蚁）、副模（兵蚁、工蚁）保存在印度动物调查所。

模式产地：中国。

分布：东洋界的中国。

147. 最新土白蚁 *Odontotermes proximus* Holmgren, 1914

曾称为：最新土白蚁（土白蚁亚属）*Odontotermes* (*Odontotermes*) *proximus* Holmgren, 1914。

模式标本：全模（成虫）保存地不详。

模式产地：马来西亚（Mt. Maxwell）。

分布：东洋界的马来西亚（大陆）。

148. 浦江土白蚁 *Odontotermes pujiangensis* Fan, 1988

模式标本：正模（兵蚁）、副模（兵蚁、工蚁）保存在中国科学院上海昆虫研究所。

模式产地：中国浙江省金华市浦江县。

分布：东洋界的中国（香港、江苏、浙江、福建）。

149. 梨头土白蚁 *Odontotermes pyriceps* Fan, 1985

模式标本：正模（兵蚁、成虫）、副模（成虫、兵蚁、工蚁）保存在中国科学院上海昆虫研究所。

模式产地：中国海南省海口市。

分布：东洋界的中国（海南）。

150. 五齿土白蚁 *Odontotermes quinquedentatus* Ping and Xu, 1988

模式标本：正模（兵蚁）、副模（兵蚁、工蚁）保存在广东省科学院动物研究所，副模（兵蚁、工蚁）保存在贵州省林业研究所。

模式产地：中国贵州省兴义县。

分布：东洋界的中国（贵州）。

151. 支脉土白蚁 *Odontotermes ramulosus* (Sjöstedt, 1904)

曾称为：支脉白蚁 *Termes ramulosus* Sjöstedt, 1904。

模式标本：正模（成虫）保存在法国自然历史博物馆。

模式产地：坦桑尼亚（Kondoa）。

分布：非洲界的坦桑尼亚。

152. 似直角土白蚁 *Odontotermes rectanguloides* Sjöstedt, 1924

模式标本：全模（兵蚁）分别保存在瑞典自然博物馆和美国自然历史博物馆。

模式产地：刚果民主共和国。

分布：非洲界的安哥拉、刚果民主共和国、埃塞俄比亚、科特迪瓦、肯尼亚、坦桑尼亚、乌干达。

153. 雷德曼土白蚁 *Odontotermes redemanni* (Wasmann, 1893)

曾称为：雷德曼白蚁 *Termes redemanni* Wasmann, 1893。

模式标本：选模（兵蚁）、副选模（成虫、兵蚁、工蚁）保存在荷兰马斯特里赫特自然历史博物馆，副选模（成虫、兵蚁、工蚁）保存在意大利农业昆虫研究所，副选模（雌成虫、兵蚁、工蚁）保存在美国自然历史博物馆。

模式产地：斯里兰卡科伦坡。

分布：东洋界的孟加拉国、斯里兰卡、印度（安得拉邦、比哈尔邦、古吉拉特邦、哈里亚纳邦、喜马偕尔邦、卡纳塔克邦、喀拉拉邦、中央邦、马哈拉施特拉邦、奥里萨邦、旁遮普邦、拉贾斯坦邦、泰米尔纳德邦、特里普拉邦、北阿坎德邦、北方邦、西孟加拉邦）、克什米尔地区。

生物学：它的工蚁分大、小二型。它是筑垄白蚁，垄较大，呈圆顶形到圆锥形，垄内具有许多菌室，有一个具有大菌圃的中央菌室。蚁巢延伸到地下 1.3m。王室通常在中央菌室附近，很少发现高于地面。王室直径 7～12cm，高 2～2.5cm。王室内通常有一个膨腹的蚁后和一个蚁王，有时可发现多个蚁后。在印度东部，它 9 月分飞；在斯里兰卡，它 11—12 月分飞。它在斯里兰卡常见，也广泛分布于印度的南部和东部。

危害性：在斯里兰卡，它是一种重要的害虫，危害茶树、橡胶树以及椰子树的种苗、甘蔗、小麦。在印度，它危害芒果树、许多树（如金合欢）的原木、树干、树桩，以及房屋木结构。

154. 雷霍博特土白蚁 *Odontotermes rehobothensis* (Sjöstedt, 1914)

曾称为：雷霍博特白蚁（土白蚁亚属）*Termes* (*Odontotermes*) *rehobothensis* Sjöstedt, 1914。

模式标本：选模（成虫）保存在德国汉堡动物学博物馆，副选模（成虫）保存在瑞典自然历史博物馆。

模式产地：纳米比亚（Rehoboth）。

分布：非洲界的纳米比亚。

*****天涯土白蚁 *Odontotermes remotus* Ping and Xu, 1995（裸记名称）**

分布：东洋界的中国（海南）。

155. 粗壮土白蚁 *Odontotermes robustus* Sjöstedt, 1924

模式标本：全模（兵蚁、工蚁）分别保存在德国汉堡动物学博物馆、美国自然历史博物馆和南非国家昆虫馆。

模式产地：刚果共和国布拉柴维尔。

分布：非洲界的刚果共和国。

156. 罗思柴尔德土白蚁 *Odontotermes rothschildianus* (Sjöstedt, 1911)

曾称为：罗思柴尔德白蚁 *Termes rothschildianus* Sjöstedt, 1911。

模式标本：正模（成虫）保存在法国自然历史博物馆。

模式产地：埃塞俄比亚（Addis）。

分布：非洲界的埃塞俄比亚。

157. 糙额土白蚁 *Odontotermes salebrifrons* (Sjöstedt, 1904)

曾称为：糙额白蚁 *Termes salebrifrons* Sjöstedt, 1904。

模式标本：正模（雌成虫）保存在法国自然历史博物馆。

模式产地：索马里（Djibouti）。

分布：非洲界的索马里。

158. 砂拉越土白蚁 *Odontotermes sarawakensis* Holmgren, 1913

曾称为：砂拉越土白蚁（圆形白蚁亚属）*Odontotermes* (*Cyclotermes*) *sarawakensis* Holmgren, 1913。

模式标本：全模（兵蚁、工蚁）分别保存在瑞典动物研究所、英国剑桥大学动物学博物馆和美国自然历史博物馆。

模式产地：马来西亚砂拉越。

分布：东洋界的印度尼西亚（加里曼丹、苏门答腊）、马来西亚（大陆、沙巴、砂拉越）、泰国。

159. 萨桑吉尔土白蚁 *Odontotermes sasangirensis* Thakur, 1989

模式标本：正模（兵蚁）、副模（兵蚁、工蚁）保存在印度动物调查所，副模（兵蚁、工蚁）分别保存在印度森林研究所和印度动物调查所沙漠分站。

模式产地：印度古吉拉特邦（Sasan Gir Forest）。

分布：东洋界的印度（古吉拉特邦）。

160. 施米茨土白蚁 *Odontotermes schmitzi* (Emerson, 1928)

种名释义：种名来自荷兰学者 F. H. Schmitz 的姓。

曾称为：施米茨白蚁（白蚁亚属）*Termes* (*Termes*) *schmitzi* Emerson, 1928。

模式标本：正模（成虫）、副模（成虫、兵蚁、工蚁）保存在美国自然历史博物馆，副模（成虫、兵蚁、工蚁）保存在印度森林研究所，副模（成虫、兵蚁）保存在南非国家昆虫馆。

模式产地：刚果民主共和国（Kisangani）。

分布：非洲界的刚果民主共和国、苏丹。

161. 探索土白蚁 *Odontotermes scrutor* (Sjöstedt, 1907)

曾称为：探索白蚁 *Termes scrutor* Sjöstedt, 1907。

模式标本：全模（成虫、兵蚁、工蚁）分别保存在瑞典自然历史博物馆和美国自然历史博物馆。

模式产地：刚果民主共和国（Mukimbungu）。

分布：非洲界的刚果民主共和国。

162. 鞍胸土白蚁 *Odontotermes sellathorax* Xia and Fan, 1982

模式标本：正模（兵蚁）保存在中国科学院上海昆虫研究所。

模式产地：中国重庆市璧山区。

分布：东洋界的中国（重庆）。

*****塞内加尔土白蚁 *Odontotermes senegalensis* Mathur and Thapa, 1962（裸记名称）**

分布：非洲界的塞内加尔。

163. 始兴土白蚁 *Odontotermes shixingensis* Ping and Xu, 1993

模式标本：正模（兵蚁）、副模（兵蚁、工蚁）保存在广东省科学院动物研究所。

模式产地：中国广东省始兴县车八岭自然保护区。

分布：东洋界的中国（广东）。

164. 锡金土白蚁 *Odontotermes sikkimensis* Thakur and Rathore, 1986

模式标本：正模（兵蚁）、副模（兵蚁、工蚁）保存在印度动物调查所，副模（兵蚁、工蚁）保存在印度森林研究所。

模式产地：印度锡金邦（Namchi）。

分布：东洋界的印度（锡金邦）

165. 锡拉姆土白蚁 *Odontotermes silamensis* Thapa, 1982

模式标本：正模（兵蚁）、副模（工蚁）保存在印度森林研究所。

模式产地：马来西亚沙巴（Silam）。

分布：东洋界的马来西亚（沙巴）。

166. 森林土白蚁 *Odontotermes silvaticus* Harris, 1956

模式标本：正模（兵蚁）保存在丹麦大学动物学博物馆，副模（兵蚁、工蚁）分别保存在美国自然历史博物馆、英国自然历史博物馆和南非国家昆虫馆。

模式产地：喀麦隆（Nyong 森林保护区）。

分布：非洲界的喀麦隆。

167. 西尔韦斯特里土白蚁 *Odontotermes silvestrii* Sjöstedt, 1925

模式标本：全模（成虫）分别保存在瑞典自然历史博物馆和美国自然历史博物馆。

模式产地：刚果民主共和国（Uélé）。

分布：非洲界的刚果民主共和国。

168. 林地土白蚁 *Odontotermes silvicolus* Roy-Noel, 1969

模式标本：正模（兵蚁）、副模（兵蚁、工蚁）保存在塞内加尔非洲基础研究所，副模（兵蚁）保存在美国自然历史博物馆。

模式产地：塞内加尔（Nikokol-Koba）

分布：非洲界的塞内加尔。

169. 锡马卢土白蚁 *Odontotermes simalurensis* Oshima, 1923

模式标本：全模（兵蚁、工蚁）分别保存在荷兰国家自然历史博物馆和美国自然历史博物馆。

模式产地：印度尼西亚苏门答腊（Simeulue）。

分布：东洋界的印度尼西亚（苏门答腊）。

170. 简齿土白蚁 *Odontotermes simplicidens* (Sjöstedt, 1899)

曾称为：简齿白蚁 *Termes simplicidens* Sjöstedt, 1899。

模式标本：全模（兵蚁、工蚁）分别保存在荷兰马斯特里赫特自然历史博物馆和瑞典自然历史博物馆，全模（兵蚁）分别保存在美国自然历史博物馆和德国汉堡动物学博物馆。

模式产地：喀麦隆（Ekundu）。

分布：非洲界的喀麦隆、加蓬。

171. 锡纳邦土白蚁 *Odontotermes sinabangensis* Kemner, 1934

模式标本：全模（兵蚁、工蚁）分别保存在荷兰国家自然历史博物馆和美国自然历史博物馆。

模式产地：印度尼西亚苏门答腊（Sinabang）。

分布：东洋界的印度尼西亚（苏门答腊）。

172. 辛格斯特土白蚁 *Odontotermes singsiti* Bose, 1997

种名释义：种名来自标本采集人 S. Singsit 的姓。

模式标本：正模（兵蚁）、副模（兵蚁、工蚁）保存在印度动物调查所。

模式产地：印度曼尼普尔邦。

分布：东洋界的印度（曼尼普尔邦）。

生物学：它的工蚁分大、小二型。

173. 舍斯泰特土白蚁 *Odontotermes sjöstedti* (Emerson, 1928)

亚种：1）舍斯泰特土白蚁埃文斯亚种 *Odontotermes sjöstedti evansi* (Emerson, 1928)

曾称为：舍斯泰特白蚁（白蚁亚属）埃文斯亚种 *Termes* (*Termes*) *sjöstedti evansi* Emerson, 1928。

模式标本：正模（兵蚁）、副模（兵蚁、工蚁）保存在美国自然历史博物馆，副模（兵蚁、工蚁）分别保存在印度森林研究所和南非国家昆虫馆。

模式产地：喀麦隆（Senegambina）。

分布：非洲界的喀麦隆。

2）舍斯泰特土白蚁舍斯泰特亚种 *Odontotermes sjöstedti sjöstedti* (Emerson, 1928)

曾称为：舍斯泰特白蚁（白蚁亚属）*Termes* (*Termes*) *sjöstedti* Emerson, 1928。

异名：刚果土白蚁 *Odontotermes congoensis* Sjöstedt, 1924。

模式标本：全模（兵蚁、工蚁）分别保存在瑞典自然历史博物馆和美国自然历史博物馆。

模式产地：刚果民主共和国（Ganda Sundi）。

分布：非洲界的刚果民主共和国。

174. 斯米瑟曼土白蚁 *Odontotermes smeathmani* (Fuller, 1924)

种名释义：种名来自英国博物学家 H. Smeathman 的姓。

曾称为：斯米瑟曼白蚁 *Termes smeathmani* Fuller, 1924。

异名：破坏白蚁 *Termes destructor* Smeathman, 1781、科尔多凡白蚁 *Termes cordofanus* Hagen, 1858（裸记名称）。

模式标本：全模（成虫）保存地不详。

模式产地：塞拉利昂。

分布：非洲界的刚果民主共和国、厄立特里亚、埃塞俄比亚、科特迪瓦、尼日利亚、塞内加尔、塞拉利昂、南非、苏丹。

危害性：在尼日利亚和苏丹，它危害油椰子树和甘蔗。

175. 斯奈德土白蚁 *Odontotermes snyderi* (Emerson, 1928)

曾称为：斯奈德白蚁（白蚁亚属）*Termes* (*Termes*) *snyderi* Emerson, 1928。

模式标本：正模（兵蚁）、副模（兵蚁、工蚁）保存在美国自然历史博物馆。

模式产地：刚果民主共和国金沙萨。

分布：非洲界的刚果民主共和国。

176. 索马里土白蚁 *Odontotermes somaliensis* (Sjöstedt, 1927)

曾称为：索马里白蚁 *Termes somaliensis* Sjöstedt, 1927。

模式标本：全模（兵蚁）分别保存在瑞典自然历史博物馆和美国自然历史博物馆。

模式产地：索马里（Abruzzi）。

分布：非洲界的埃塞俄比亚、索马里。

177. 斯坦利维尔土白蚁 *Odontotermes stanleyvillensis* (Emerson, 1928)

曾称为：斯坦利维尔白蚁（白蚁亚属）*Termes* (*Termes*) *stanleyvillensis* Emerson, 1928。

模式标本：正模（兵蚁）、副模（工蚁）保存在美国自然历史博物馆。

模式产地：刚果民主共和国（Stanleyville）。

分布：非洲界的刚果民主共和国。

178. 食粪土白蚁 *Odontotermes stercorivorus* (Sjöstedt, 1907)

曾称为：食粪白蚁 *Termes stercorivorus* Sjöstedt, 1907。

模式标本：全模（兵蚁、工蚁）分别保存在瑞典自然历史博物馆和美国自然历史博物馆，全模（兵蚁）保存在南非国家昆虫馆。

模式产地：坦桑尼亚（Kilimanjaro）。

分布：非洲界的肯尼亚、坦桑尼亚。

*****小细颚土白蚁 *Odontotermes subangustignathus* Ping and Xu, 1995（裸记名称）**

分布：东洋界的中国。

179. 苏丹土白蚁 *Odontotermes sudanensis* Sjöstedt, 1924

模式标本：全模（兵蚁）分别保存在瑞典自然历史博物馆和美国自然历史博物馆。

模式产地：苏丹（Wad Medani）。

分布：非洲界的加纳、几内亚、科特迪瓦、尼日利亚、塞内加尔、苏丹。

180. 来兴土白蚁 *Odontotermes takensis* Ahmad, 1965

模式标本：正模（兵蚁）、副模（兵蚁、工蚁）保存在巴基斯坦旁遮普大学动物学系，副模（兵蚁、工蚁）保存在美国自然历史博物馆。

模式产地：泰国（Tak）。

分布：东洋界的泰国。

181. 坦噶土白蚁 *Odontotermes tanganicus* Sjöstedt, 1924

模式标本：全模（兵蚁）分别保存在瑞典自然历史博物馆、美国自然历史博物馆和南非国家昆虫馆。

模式产地：坦桑尼亚（Tanga）。

分布：非洲界的肯尼亚、马拉维、坦桑尼亚。

182. 塔普拉班土白蚁 *Odontotermes taprobanes* (Walker, 1853)

曾称为：塔普拉班白蚁 *Termes taprobanes* Walker, 1853。

模式标本：选模（成虫）保存在英国自然历史博物馆，副选模（雄成虫）保存在美国自然历史博物馆。

模式产地：斯里兰卡。

分布：东洋界的斯里兰卡。

危害性：在斯里兰卡，它危害甘蔗。

183. 地栖土白蚁 *Odontotermes terricola* (Sjöstedt, 1902)

曾称为：地栖白蚁 *Termes terricola* Sjöstedt, 1902。

模式标本：全模（兵蚁）分别保存在瑞典自然历史博物馆、美国自然历史博物馆和德国柏林冯博大学自然博物馆。

模式产地：喀麦隆（Johann-Albrechtshöhe）。

分布：非洲界的喀麦隆、刚果民主共和国、加蓬、坦桑尼亚。

184. 特雷高土白蚁 *Odontotermes tragardhi* Holmgren, 1913。

模式标本：全模（大兵蚁、小兵蚁、工蚁）保存在瑞典自然历史博物馆，全模（成虫、兵蚁、工蚁）保存在美国自然历史博物馆，全模（兵蚁）保存在南非国家昆虫馆，全模（兵蚁、工蚁）保存在德国汉堡动物学博物馆。

模式产地：南非纳塔尔省。

分布：非洲界的南非。

185. 德兰士瓦土白蚁 *Odontotermes transvaalensis* (Sjöstedt, 1902)

曾称为：德兰士瓦白蚁 *Termes transvaalensis* Sjöstedt, 1902。

异名：栖管白蚁 *Termes tubicola* Wasmann, 1902（裸记名称）。

模式标本：全模（成虫）分别保存在瑞典自然历史博物馆和德国冯博大学自然博物馆。

模式产地：南非德兰士瓦省（Mphome）。

分布：非洲界的博茨瓦纳、埃塞俄比亚、肯尼亚、南非、坦桑尼亚、乌干达、津巴布韦。

危害性：在南非和津巴布韦，它危害咖啡树和房屋木构件。

186. 瓦伊什诺土白蚁 *Odontotermes vaishno* Bose, 1975

模式标本：正模（兵蚁）、副模（兵蚁、工蚁）保存在印度动物调查所，副模（兵蚁、工蚁）保存在美国自然历史博物馆。

模式产地：印度喀拉拉邦（Malabar）。

分布：东洋界的印度（卡纳塔克邦、喀拉拉邦）。

生物学：它的工蚁分大、小二型。

187. 常见土白蚁 *Odontotermes vulgaris* (Haviland, 1898)

曾称为：常见白蚁 *Termes vulgaris* Haviland, 1898。

异名：常见白蚁（白蚁亚属）小型亚种 *Termes* (*Termes*) *vulgaris minor* Fuller, 1922。

模式标本：全模（成虫、兵蚁、工蚁）分别保存在英国剑桥大学动物学博物馆、瑞典自然历史博物馆和美国自然历史博物馆，全模（蚁王）保存在荷兰马斯特里赫特自然历史博物馆，全模（兵蚁、工蚁）保存在印度森林研究所，全模（兵蚁）保存在南非国家昆虫馆。

模式产地：南非纳塔尔省。

分布：非洲界的安哥拉、纳米比亚、南非、斯威士兰、津巴布韦。

危害性：在塞内加尔，它危害花生。

188. 瓦隆土白蚁 *Odontotermes wallonensis* (Wasmann, 1902)

曾称为：胖身白蚁瓦隆亚种 *Termes obesus wallonensis* Wasmann, 1902。

异名：棕色土白蚁库什瓦哈亚种 *Odontotermes brunneus kushwahai* Roonwal and Bose,

1964。

模式标本：选模（雌成虫）保存在瑞典自然历史博物馆，副选模（成虫、兵蚁、工蚁）保存在荷兰马斯特里赫特自然历史博物馆，副选模（成虫、兵蚁、工蚁、若蚁）保存在美国自然历史博物馆，副选模（兵蚁、工蚁）保存在印度森林研究所。

模式产地：印度马哈拉施特拉邦（Wallon）。

分布：东洋界的印度（安得拉邦、比哈尔邦、德里、古吉拉特邦、哈里亚纳邦、卡纳塔克邦、喀拉拉邦、中央邦、马哈拉施特拉邦、奥里萨邦、拉贾斯坦邦、泰米尔纳德邦、北阿坎德邦、北方邦）。

生物学：它的工蚁分大、小二型。它筑蚁垄，垄有许多对外开口的烟囱。蚁巢中的王室远高于地面。它的群体中的蚁后可能多于 1 个。它在树上觅食时筑泥线。

危害性：它在印度非常常见。它危害许多农作物（如甘蔗、玉米、花生、大豆、向日葵）、活树（林木和果树）和房屋木构件。

*****威尼弗雷德土白蚁 *Odontotermes winifredae* Mathur and Thapa, 1962（裸记名称）**

分布：非洲界的刚果民主共和国。

189. 五指山土白蚁 *Odontotermes wuzhishanensis* Li, 1986

模式标本：正模（兵蚁）、副模（兵蚁）保存在广东省科学院动物研究所。

模式产地：中国海南省。

分布：东洋界的中国（海南）。

190. 亚德维土白蚁 *Odontotermes yadevi* Thakur, 1981

模式标本：正模（兵蚁）、副模（兵蚁、工蚁）保存在印度森林研究所，副模（兵蚁、工蚁）保存在印度动物调查所。

模式产地：印度卡纳塔克邦（Siddapur）。

分布：东洋界的印度（卡纳塔克邦、喀拉拉邦）。

191. 姚氏土白蚁 *Odontotermes yaoi* Huang and Li, 1988

模式标本：正模（兵蚁）、副模（兵蚁、工蚁）保存在中国科学院动物研究所。

模式产地：中国福建省龙溪县。

分布：东洋界的中国（福建）。

192. 亚让土白蚁 *Odontotermes yarangensis* Tsai and Huang, 1981

模式标本：正模（兵蚁）、副模（兵蚁、工蚁）保存在中国科学院动物研究所。

模式产地：中国西藏自治区墨脱县。

分布：古北界的中国（西藏）。

193. 云南土白蚁 *Odontotermes yunnanensis* Tsai and Chen, 1963

中文名称：我国学者早期曾称之为“土垄黑翅蛋”。

曾称为：云南土白蚁（土白蚁亚属）*Odontotermes* (*Odontotermes*) *yunnanensis* Tsai and Chen, 1963。

模式标本：正模（兵蚁）、副模（兵蚁、工蚁）保存在中国科学院动物研究所，副模（兵蚁、工蚁）保存在美国自然历史博物馆。

模式产地：中国云南省普洱市。

分布：东洋界的中国（云南）、越南。

生物学：它筑蚁垄，蚁垄的高度和直径都可达 2m 以上，外形与坟墓相似。王室约在与地面高度相当之处，只是在土层中的一个扁形裂隙，内可有二后或三后。兵蚁受惊时能由囟部喷出白色额腺分泌物。工蚁能取食树干、木柱等靠近地面的部分。垄壁中常有其他白蚁寄居。

危害性：它危害堤坝。

194. 赞比西土白蚁 *Odontotermes zambesiensis* (Sjöstedt, 1914)

曾称为：赞比西白蚁（土白蚁亚属）*Termes* (*Odontotermes*) *zambesiensis* Sjöstedt, 1914。

模式标本：全模（兵蚁、工蚁）分别保存在英国自然历史博物馆和瑞典自然历史博物馆，全模（工蚁）保存在美国自然历史博物馆。

模式产地：莫桑比克（Zambesi）。

分布：非洲界的肯尼亚、马拉维、莫桑比克、坦桑尼亚。

危害性：在坦桑尼亚，它危害田间农作物。

195. 祖鲁纳塔尔土白蚁 *Odontotermes zulunatalensis* Sjöstedt, 1924

模式标本：全模（兵蚁、工蚁）分别保存在美国自然历史博物馆和瑞典自然历史博物馆，全模（兵蚁）保存在南非国家博物馆。

模式产地：南非祖鲁兰。

分布：非洲界的南非。

196. 遵义土白蚁 *Odontotermes zunyiensis* Li and Ping, 1982

模式标本：正模（兵蚁）、副模（兵蚁）保存在广东省科学院动物研究所。

模式产地：中国贵州省遵义市。

分布：东洋界的中国（福建、广东、广西、贵州、香港、湖北、湖南、江苏、江西、四川）；古北界的中国（安徽）。

（十）前白蚁属 *Protermes* Holmgren, 1910

种类：5 种。

模式种：前爬前白蚁 *Protermes prorepens* (Sjöstedt, 1907)。

分布：非洲界。

生物学：前爬前白蚁修筑紧凑的地下蚁巢，其最上层菌室离地面只有 6～7cm，偶尔也筑蚁垄。其余种类可修筑高 1m、直径 1m 的蚁垄。

危害性：无危害性记录。

1. 毛头前白蚁 *Protermes hirticeps* Sjöstedt, 1924

种名释义：兵蚁头部长满刚毛。

模式标本：全模（兵蚁、工蚁）分别保存在瑞典自然历史博物馆和美国自然历史博

物馆。

模式产地：刚果民主共和国（Mukimbungu）。

分布：非洲界的刚果民主共和国、尼日利亚、乌干达。

生物学：它栖息于菜地地面下 3cm。菌圃腔高约 17cm，直径约 10cm。

2. 最小前白蚁 *Protermes minimus* Ruelle, 1971

模式标本：正模（兵蚁）、副模（兵蚁、工蚁）保存在刚果民主共和国鲁汶大学，副模（兵蚁、工蚁）分别保存在美国自然历史博物馆和南非国家昆虫馆。

模式产地：刚果民主共和国。

分布：非洲界的安哥拉、刚果民主共和国、几内亚、尼日利亚、赞比亚。

3. 小前白蚁 *Protermes minutus* (Grassé, 1937)

曾称为：小白蚁 *Termes minutes* Grassé, 1937。

模式标本：全模（兵蚁、工蚁）分别保存在法国促进科学动物学实验室和美国自然历史博物馆。

模式产地：科特迪瓦（Bingerville、Abidjan）。

分布：非洲界的安哥拉、刚果民主共和国、加蓬、几内亚、科特迪瓦、尼日利亚、塞拉利昂、赞比亚。

4. 穆维盖拉前白蚁 *Protermes mwekerae* Ruelle, 1971

模式标本：正模（兵蚁）、副模（兵蚁、工蚁）保存在南非国家昆虫馆，副模（兵蚁、工蚁）分别保存在英国自然历史博物馆和美国自然历史博物馆。

模式产地：赞比亚（Mwekera 森林保护区）。

分布：非洲界的安哥拉、赞比亚。

5. 前爬前白蚁 *Protermes prorepens* (Sjöstedt, 1907)

曾称为：前爬真白蚁 *Eutermes prorepens* Sjöstedt, 1907。

模式标本：全模（兵蚁、工蚁）分别保存在瑞典自然历史博物馆和美国自然历史博物馆。

模式产地：刚果民主共和国（Mukimbungu）。

分布：非洲界的安哥拉、喀麦隆、中非共和国、刚果民主共和国、加蓬、科特迪瓦、塞拉利昂。

（十一）伪刺白蚁属 *Pseudacanthotermes* Sjöstedt, 1924

模式种：好斗伪刺白蚁好斗亚种 *Pseudacanthotermes militaris militaris* (Hagen, 1858)。

种类：6 种。

分布：非洲界。

生物学：属内各种白蚁筑巢行为变化较大，甚至种内筑巢行为变化也较大。有些白蚁可以在特定土壤上修筑较大的蚁垄，而有的白蚁则完全在其他白蚁巢下筑巢。它的菌圃结构简单。

危害性：它危害桉树幼苗、可可树、甘蔗等田间农作物。它还对刚移植的幼树有危害。

1. 短头伪刺白蚁 *Pseudacanthotermes curticeps* Sjöstedt, 1924

模式标本：全模（兵蚁）保存在瑞典自然历史博物馆。

模式产地：刚果民主共和国（Tshela）。

分布：非洲界的刚果民主共和国。

2. 大头伪刺白蚁 *Pseudacanthotermes grandiceps* (Sjöstedt, 1915)

曾称为：大头刺白蚁 *Acanthotermes grandiceps* Sjöstedt, 1915。

模式标本：全模（兵蚁、工蚁）保存在瑞典自然历史博物馆。

模式产地：肯尼亚（Kimusu）。

分布：非洲界的肯尼亚、坦桑尼亚、乌干达。

3. 哈里斯伪刺白蚁 *Pseudacanthotermes harrisensis* Weidner, 1962

模式标本：正模（大兵蚁）、副模（大兵蚁、小兵蚁、工蚁）保存在德国汉堡动物学博物馆，副模（大兵蚁、小兵蚁、工蚁）分别保存在美国自然历史博物馆和英国自然历史博物馆。

模式产地：苏丹（Tozi Resarch Farm）。

分布：非洲界的苏丹。

4. 好斗伪刺白蚁 *Pseudacanthotermes militaris* Hagen, 1858

亚种：1）好斗伪刺白蚁宽头亚种 *Pseudacanthotermes militaris laticeps* (Sjöstedt, 1905)

曾称为：宽头刺白蚁 *Acanthotermes laticeps* Sjöstedt, 1905。

模式标本：全模（大兵蚁）保存在英国自然历史博物馆，全模（兵蚁）保存在瑞典自然历史博物馆。

模式产地：塞拉利昂。

分布：非洲界的贝宁、几内亚、塞拉利昂、坦桑尼亚。

2）好斗伪刺白蚁好斗亚种 *Pseudacanthotermes militaris militaris* (Hagen, 1858)

曾称为：好斗白蚁（白蚁亚属）*Termes* (*Termes*) *militaris* Hagen, 1858。

异名：好斗刺白蚁小型亚种 *Acanthotermes militaris minor* Sjöstedt, 1913。

模式标本：全模（成虫）分别保存在英国自然历史博物馆和哈佛大学比较动物学博物馆。

模式产地：不详。

分布：非洲界的安哥拉、贝宁、喀麦隆、中非共和国、刚果民主共和国、赤道几内亚（Bioka）、埃塞俄比亚、加蓬、加纳、几内亚、科特迪瓦、肯尼亚、马拉维、尼日利亚、塞拉利昂、南非、坦桑尼亚、多哥、乌干达、赞比亚、津巴布韦。

生物学：它的兵蚁分大、小二型。它可在地面上建相当大的蚁垄，蚁巢可延伸到地面下。

危害性：在尼日利亚、马拉维、肯尼亚和坦桑尼亚，它危害咖啡树、可可树、林木和甘蔗等田间农作物。

5. 柏油伪刺白蚁 *Pseudacanthotermes piceus* (Sjöstedt, 1911)

曾称为：柏油刺白蚁 *Acanthotermes piceus* Sjöstedt, 1911。

模式标本：全模（成虫）分别保存在瑞典自然历史博物馆和美国自然历史博物馆。

模式产地：津巴布韦（Harare）。

分布：非洲界的乌干达、津巴布韦。

6. 具刺伪刺白蚁 *Pseudacanthotermes spiniger* (Sjöstedt, 1900)

曾称为：具刺白蚁（刺白蚁亚属）*Termes* (*Acanthotermes*) *spiniger* Sjöstedt, 1900。

异名：具刺刺白蚁卢哈亚种 *Acanthotermes spiniger lujae* Wasmann, 1904、具刺刺白蚁科尔亚种 *Acanthotermes spiniger kohli* Wasmann, 1911、具刺伪刺白蚁梅奈亚种 *Pseudacanthotermes spiniger maynei* Sjöstedt, 1926、昂斯戈德伪刺白蚁 *Pseudacanthotermes unsgaardi* Sjöstedt, 1926。

模式标本：全模（兵蚁、工蚁）分别保存在比利时皇家自然科学研究所和瑞典自然历史博物馆，全模（大兵蚁、工蚁）保存在美国自然历史博物馆。

模式产地：刚果民主共和国（Umangi）。

分布：非洲界的安哥拉、喀麦隆、中非共和国、刚果共和国、刚果民主共和国、加纳、几内亚、科特迪瓦、肯尼亚、尼日利亚、苏丹、坦桑尼亚、乌干达、赞比亚。

生物学：它的兵蚁分大、小二型。兵蚁前胸背板前沿特化成 2 枚向前的刺，前沿与侧沿之间的角度较尖锐。它的蚁巢大，当地居民捕这种白蚁作为食物。

危害性：在赞比亚，它危害田间农作物。

（十二）聚刺白蚁属 *Synacanthotermes* Holmgren, 1910

模式种：异齿聚刺白蚁 *Synacanthotermes heterodon* (Sjöstedt, 1899)。

种类：3 种。

分布：非洲界。

生物学：它筑地下巢。巢由若干扩散的菌室组成，菌室内有海绵状的菌圃，菌室之间有狭窄的通道相连接。它的食物主要是木屑，也消化有蹄类的粪便。在野外，兵蚁可向前向后快速奔跑。

危害性：它没有危害性。

1. 异齿聚刺白蚁 *Synacanthotermes heterodon* (Sjöstedt, 1899)

曾称为：异齿真白蚁 *Eutermes heterodon* Sjöstedt, 1899。

模式标本：全模（兵蚁、工蚁、若蚁）分别保存在瑞典自然历史博物馆、美国自然历史博物馆和德国汉堡动物学博物馆，全模（兵蚁）保存在南非国家昆虫馆。

模式产地：喀麦隆（N’dian）。

分布：非洲界的喀麦隆、中非共和国、刚果民主共和国。

2. 三裂聚刺白蚁 *Synacanthotermes trilobatus* Sjöstedt, 1926

曾称为：异齿聚刺白蚁三裂亚种 *Synacanthotermes heterodon trilobata* Sjöstedt, 1926。

异名：安哥拉聚刺白蚁 *Synacanthotermes angolensis* Weidner, 1956。

模式标本：全模（兵蚁、工蚁）分别保存在比利时非洲中心皇家博物馆和瑞典自然历史博物馆，全模（兵蚁）分别保存在美国自然历史博物馆、南非国家昆虫馆和德国汉堡动物学博物馆。

模式产地：刚果民主共和国（Kananga）。

分布：非洲界的安哥拉、刚果民主共和国、马拉维、赞比亚。

3. 桑给巴尔聚刺白蚁 *Synacanthotermes zanzibarensis* (Sjöstedt, 1915)

曾称为：桑给巴尔白蚁（聚刺白蚁亚属）*Termes* (*Synacanthotermes*) *zanzibarensis* Sjöstedt, 1915。

模式标本：正模（兵蚁）保存在法国自然历史博物馆。

模式产地：坦桑尼亚（Zanzibar Island）。

分布：非洲界的埃塞俄比亚、肯尼亚、坦桑尼亚。

七、聚白蚁亚科 Syntermitinae Engel and Krishna, 2004

异名：角象白蚁亚科 Cornitermitinae Ensaf et al., 2004（裸记名称）。

模式属：聚白蚁属 *Syntermes* Holmgren, 1909。

种类：18 属 104 种。

分布：新热带界。

（一）漏斗白蚁属 *Acangaobitermes* Rocha, Cancello and Cuezzo, 2011

属名释义：属名来自巴西图皮语，意为“漏斗”，指其兵蚁头部形如漏斗。

模式种：克里希纳漏斗白蚁 *Acangaobitermes krishnai* Rocha, Cancello and Cuezzo, 2011。

种类：1 种。

分布：新热带界。

1. 克里希纳漏斗白蚁 *Acangaobitermes krishnai* Rocha, Cancello and Cuezzo, 2011

模式标本：正模（兵蚁）、副模（兵蚁、工蚁）保存巴西圣保罗大学动物学博物馆。

模式产地：巴西戈亚斯州。

分布：新热带界的巴西（戈亚斯州、Minas Gerais、Rondônia）。

生物学：它生活于开阔地，如塞拉多大草原、原始森林与牧场的交界处，或者生活于拥有耐旱植被和花岗岩岩层的高海拔地区。所有的标本均采自土壤中或成堆角象白蚁、真弓颚西尔韦斯特里白蚁的蚁垄中。

危害性：它没有危害性。

（二）戟白蚁属 *Armitermes* Wasmann, 1897

中文名称：我国学者曾称之为“和谐白蚁属”“臂白蚁属”。

模式种：具戟戟白蚁 *Armitermes armiger* (Motschulsky, 1855)。

种类：4 种。

分布：新热带界。

1. 具戟戟白蚁 *Armitermes armiger* (Motschulsky, 1855)

曾称为：具戟白蚁 *Termes armigera* Motschulsky, 1855。

模式标本：全模（兵蚁）保存在英国剑桥大学动物学博物馆。

模式产地：巴拿马（Obispo）。

分布：新热带界的巴拿马。

2. 双齿戟白蚁 *Armitermes bidentatus* Rocha and Cancello, 2012

模式标本：正模（成虫）、副模（兵蚁、工蚁）保存巴西圣保罗大学动物学博物馆。

模式产地：巴西戈亚斯州、马托格罗索州。

分布：新热带界的巴西（戈亚斯州、马托格罗索州）。

生物学：它生活在成堆角象白蚁的蚁垄中。

*****具镰戟白蚁 *Armitermes falcifer* Van Boven, 1969（裸记名称）**

分布：新热带界的法属圭亚那。

3. 海尔戟白蚁 *Armitermes heyeri* Wasmann, 1915

异名：霍姆格伦戟白蚁（戟白蚁亚属）*Armitermes* (*Armitermes*) *holmgreni* Snyder, 1926。

模式标本：全模（蚁后、蚁王、兵蚁、工蚁、若蚁）保存在荷兰马斯特里赫特自然历史博物馆，全模（蚁后、兵蚁、工蚁）保存在美国自然历史博物馆。

模式产地：巴西圣保罗（Santos）。

分布：新热带界的玻利维亚、巴西、哥伦比亚、法属圭亚那、圭亚那、特立尼达和多巴哥。

4. 刺背戟白蚁 *Armitermes spininotus* Rocha and Cancello, 2012

模式标本：正模（兵蚁）、副模（兵蚁、工蚁）保存在巴西圣保罗大学动物学博物馆。

模式产地：巴西（戈亚斯州、Minas Gerais）。

分布：新热带界的巴西（戈亚斯州、Minas Gerais）。

生物学：在废弃的前角白蚁属白蚁蚁巢内发现了它。

（三）弃白蚁属 *Cahuallitermes* Constantino, 1994

模式种：具钩弃白蚁 *Cahuallitermes aduncus* Constantino, 1994。

种类：2 种。

分布：新热带界。

1. 具钩弃白蚁 *Cahuallitermes aduncus* Constantino, 1994

模式标本：正模（兵蚁）、副模（兵蚁）保存在美国自然历史博物馆。

模式产地：墨西哥（Chiapas）。

分布：新热带界的墨西哥（Chiapas）。

2. 中间弃白蚁 *Cahuallitermes intermedius* (Snyder, 1922)

曾称为：中间戟白蚁 *Armitermes intermedius* Snyder, 1922。

模式标本：正模（兵蚁）、副模（兵蚁、工蚁）保存在美国国家博物馆，副模（兵蚁、工蚁）保存在美国自然历史博物馆。

模式产地：洪都拉斯（Ceiba）。

分布：新热带界的伯利兹、洪都拉斯、墨西哥。

（四）角象白蚁属 *Cornitermes* Wasmann, 1897

模式种：成堆角象白蚁 *Cornitermes cumulans* (Kollar, 1832)。

种类：14 种。

分布：新热带界。

异名：管白蚁属 *Tubulitermes* Holmgren, 1912（裸记名称）。

生物学：它的上唇呈尖角状，额腺呈管状凸起，但凸起程度不如象白蚁属白蚁。它生活在热带森林和热带稀树草原，但成堆角象白蚁是个例外。

1. 尖颚角象白蚁 *Cornitermes acignathus* Silvestri, 1901

模式标本：全模（兵蚁、工蚁）分别保存在意大利农业昆虫研究所和美国自然历史博物馆。

模式产地：厄瓜多尔（Guayaquil）。

分布：新热带界的哥伦比亚、厄瓜多尔。

***奥图奥里角象白蚁 *Cornitermes autuorii* Silvestri, 1946（裸记名称）

分布：新热带界的巴西。

2. 贝奎特角象白蚁 *Cornitermes bequaerti* Emerson, 1952

种名释义：种名来自 J. Bequaert 博士的姓。

模式标本：正模（兵蚁）、副模（兵蚁、工蚁）保存在美国国家博物馆，副模（兵蚁、工蚁）保存在美国自然历史博物馆，副模（兵蚁）分别保存在哈佛大学比较动物学博物馆和南非国家昆虫馆。

模式产地：巴西圣保罗（Tatuí）。

分布：新热带界的巴西（巴伊州、戈亚斯州、马托格罗索州、Minas Gerais、Piauí、圣保罗、Tocantins）。

生物学：它可自筑蚁垄。

危害性：它危害牧草和林木。

3. 玻利维亚角象白蚁 *Cornitermes bolivianus* Snyder, 1926

曾称为：玻利维亚角象白蚁（角象白蚁亚属）*Cornitermes* (*Cornitermes*) *bolivianus* Snyder, 1926。

模式标本：正模（有翅成虫）、副模（成虫、兵蚁、工蚁）保存在美国国家博物馆，副模（成虫、兵蚁、工蚁）保存在美国自然历史博物馆。

模式产地：玻利维亚（Lago Rogagua）。

分布：新热带界的玻利维亚。

4. 成堆角象白蚁 *Cornitermes cumulans* (Kollar, 1832)

曾称为：成堆白蚁 *Termes cumulans* Kollar, 1832。

异名：美洲白蚁 *Termes americana* Rengger, 1835、可疑白蚁 *Termes dubius* Rambur, 1842、相似白蚁（白蚁亚属）*Termes* (*Termes*) *similis* Hagen, 1858、克里斯蒂尔森白蚁 *Termes christiersoni* Sörensen, 1884、相似角象白蚁 *Cornitermes similis* (Hagen,1858)。

模式标本：全模（成虫）分别保存在奥地利自然历史博物馆、美国自然历史博物馆和哈佛大学比较动物学博物馆。

模式产地：巴西圣保罗（Ypanema）。

分布：新热带界的阿根廷（Chaco、Corrientes、福莫萨、Misiones）、巴西、巴拉圭。

生物学：它筑近圆锥形蚁垄，垄高可达 2m，底部直径可达 1m，地下部分深达 40cm。垄呈棕色，外表坚硬。垄内部分两层：外层土中有小的、不规则的蚁道；中间部分为黑色，内有薄壁、非线型的大蚁道。干燥的草呈碎屑状贮存在中间部分。

危害性：它危害咖啡树、林木和田间农作物，可严重危害牧草、甘蔗和桉树。

5. 弯钩角象白蚁 *Cornitermes falcatus* Emerson, 1952

模式标本：正模（兵蚁）保存在美国自然历史博物馆。

模式产地：巴西亚马孙雨林（Santa Amélia）。

分布：新热带界的巴西（亚马孙雨林）。

6. 切割角象白蚁 *Cornitermes incisus* Emerson, 1952

模式标本：正模（兵蚁）、副模（兵蚁）保存在美国自然历史博物馆。

模式产地：巴西亚马孙雨林（Santa Amélia）。

分布：新热带界的巴西（亚马孙雨林）。

*****拉戈亚湾角象白蚁 *Cornitermes lagoasinus* Silvestri, 1947（裸记名称）**

分布：新热带界的巴西（Minas Gerais）。

7. 卵形角象白蚁 *Cornitermes ovatus* Emerson, 1952

模式标本：正模（兵蚁）、副模（兵蚁）保存在美国自然历史博物馆，副模（兵蚁）保存在美国国家博物馆。

模式产地：巴西亚马孙雨林。

分布：新热带界的巴西（亚马孙雨林）。

危害性：它危害甘蔗。

8. 多毛角象白蚁 *Cornitermes pilosus* Holmgren, 1906

模式标本：全模（兵蚁、工蚁）分别保存在瑞典自然历史博物馆、美国自然历史博物馆和哈佛大学比较动物学博物馆。

模式产地：秘鲁（Chaquimayo）。

分布：新热带界的巴西、秘鲁。

9. 好斗角象白蚁 *Cornitermes pugnax* Emerson, 1925

曾称为：好斗角象白蚁（角象白蚁亚属）*Cornitermes* (*Cornitermes*) *pugnax* Emerson,

1925。

模式标本：正模（兵蚁）、副模（蚁后、蚁王、成虫、工蚁、兵蚁）保存在美国自然历史博物馆。

模式产地：圭亚那（Kartabo）。

分布：新热带界的玻利维亚、巴西（亚马孙雨林）、哥伦比亚、法属圭亚那、圭亚那。

10. 西尔韦斯特里角象白蚁 *Cornitermes silvestrii* Emerson, 1949

模式标本：选模（兵蚁）、副选模（蚁后、蚁王、兵蚁、工蚁）保存在美国自然历史博物馆。

模式产地：巴西马托格罗索州。

分布：新热带界的玻利维亚和巴西。

生物学：它的蚁垄呈不规则的圆锥形，高约 1m，底部直径约 1m。

危害性：它可严重危害甘蔗和牧草。

11. 斯奈德角象白蚁 *Cornitermes snyderi* Emerson, 1952

模式标本：正模（兵蚁）、副模（成虫、兵蚁、工蚁）保存在美国自然历史博物馆，副模（蚁后、兵蚁、工蚁）保存在美国国家博物馆，副模（蚁后）保存在哈佛大学比较动物学博物馆。

模式产地：玻利维亚（Rosario）。

分布：新热带界的玻利维亚、巴西（戈亚斯州、Minas Gerais、Pará）。

生物学：它可自筑蚁垄。

12. 密毛角象白蚁 *Cornitermes villosus* Emerson, 1952

模式标本：正模（兵蚁）、副模（兵蚁、工蚁）保存在美国自然历史博物馆。

模式产地：巴西圣保罗（Guaraní）。

分布：新热带界的巴西（戈亚斯州、南马托格罗索州、Minas Gerais、圣保罗）。

13. 沃克角象白蚁 *Cornitermes walkeri* Snyder, 1929

曾称为：尖颚角象白蚁（角象白蚁亚属）沃克亚种 *Cornitermes* (*Cornitermes*) *acignathus walkeri* Snyder, 1929。

异名：方头角象白蚁 *Cornitermes cubiceps* Wasmann, 1897、尖颚角象白蚁（角象白蚁亚属）哥斯达黎加亚种 *Cornitermes* (*Cornitermes*) *acignathus costaricensis* Snyder, 1929。

模式标本：正模（兵蚁）、副模（兵蚁、工蚁）保存在美国国家博物馆，副模（兵蚁、工蚁）保存在美国自然历史博物馆。

模式产地：巴拿马（Rio Tapia）。

分布：新热带界的哥伦比亚、哥斯达黎加、巴拿马。

14. 韦伯角象白蚁 *Cornitermes weberi* Emerson, 1952

种名释义：种名来自美国 N. A. Weber 博士的姓，他主要研究非洲和美洲的蚂蚁。

模式标本：正模（兵蚁）、副模（兵蚁、若蚁）保存在美国自然历史博物馆，副模（兵蚁）保存在美国国家博物馆。

模式产地：圭亚那（Oronoque River）。
分布：新热带界的巴西（Pará）、法属圭亚那、圭亚那。

（五）曲白蚁属 *Curvitermes* Holmgren, 1912

模式种：齿颚曲白蚁 *Curvitermes odontognathus* (Silvestri, 1901)。
种类：2 种。
分布：新热带界。
生物学：它属食土白蚁，寄居在其他白蚁蚁垄上。
危害性：它没有危害性。

1. 小型曲白蚁 *Curvitermes minor* (Silvestri, 1901)

曾称为：齿颚戟白蚁小型亚种 *Armitermes odontognathus minor* Silvestri, 1901。
异名：平眼曲白蚁 *Curvitermes planioculus* Mathews, 1977。
模式标本：全模（兵蚁、工蚁）分别保存在意大利农业昆虫研究所和美国自然历史博物馆。
模式产地：巴西马托格罗索州（Cuiabá）。
分布：新热带界的巴西（亚马孙雨林、戈亚斯州、马托格罗索州）。

2. 齿颚曲白蚁 *Curvitermes odontognathus* (Silvestri, 1901)

曾称为：齿颚戟白蚁 *Armitermes odontognathus* Silvestri, 1901。
模式标本：全模（兵蚁、工蚁）分别保存在意大利农业昆虫研究所和美国自然历史博物馆。
模式产地：巴西马托格罗索州（Cuiabá）。
分布：新热带界的玻利维亚、巴西。

（六）壶头白蚁属 *Cyrilliotermes* Fontes, 1985

模式种：缩鼻壶头白蚁 *Cyrilliotermes strictinasus* (Mathews, 1977)。
种类：4 种。
分布：新热带界。
生物学：它的体形中等大小，栖息于其他白蚁修筑的蚁垄内，取食土壤或蚁垄中的有机残渣。
危害性：它没有危害性。

1. 角头壶头白蚁 *Cyrilliotermes angulariceps* (Mathews, 1977)

曾称为：角头曲白蚁 *Curvitermes angulariceps* Mathews, 1977。
异名：酒瓶壶头白蚁 *Cyrilliotermes cashassa* Fontes, 1985、月亮壶头白蚁 *Cyrilliotermes jaci* Fontes, 1985。
模式标本：正模（成虫）保存在巴西圣保罗大学动物学博物馆，副模（成虫、工蚁、兵蚁）分别保存在美国自然历史博物馆和英国自然历史博物馆。
模式产地：巴西马托格罗索州（Serra do Ronchador）。

分布：新热带界的巴西（Amapá、亚马孙州、马托格罗索州、Pará、Rondônia）、法属圭亚那、苏里南。

2. 短齿壶头白蚁 *Cyrilliotermes brevidens* Constantino and Carvalho, 2012

模式标本：正模（兵蚁）、副模（兵蚁、工蚁）保存在巴西巴西利亚大学动物学系。

模式产地：巴西（Minas Gerais、Lagoa Santa）。

分布：新热带界的巴西（Minas Gerais、Goías）。

3. 粗鼻壶头白蚁 *Cyrilliotermes crassinasus* Constantino and Carvalho, 2012

模式标本：正模（兵蚁）、副模（兵蚁、工蚁）保存在美国自然历史博物馆。

模式产地：巴西圣保罗（Guatapará）。

分布：新热带界的巴西（圣保罗）。

4. 缩鼻壶头白蚁 *Cyrilliotermes strictinasus* (Mathews, 1977)

曾称为：缩鼻曲白蚁 *Curvitermes strictinasus* Mathews, 1977。

异名：小针曲白蚁 *Curvitermes aciculatus* Mathur and Thapa, 1962（裸记名称）、白蚁壶头白蚁 *Cyrilliotermes cupim* Fontes, 1985。

模式标本：正模（兵蚁）、副模（成虫、兵蚁、工蚁）保存在巴西圣保罗大学动物学博物馆，副模（成虫、兵蚁、工蚁）分别保存在英国自然历史博物馆和美国自然历史博物馆。

模式产地：巴西马托格罗索州（Serra do Ronchador）。

分布：新热带界的巴西（亚马孙州、马托格罗索州、Minas Gerias、Rondônia、圣保罗、Tocantins）。

（七）生白蚁属 *Embiratermes* Fontes, 1985

模式种：喜庆生白蚁 *Embiratermes festivellus* (Silvestri, 1901)。

种类：14 种。

分布：新热带界。

生物学：此属不少种类是从戟白蚁属中划分出来的。生白蚁属白蚁运动缓慢，与戟白蚁属白蚁形成对照。当生白蚁属白蚁蚁巢遭受破坏时，兵蚁不离开蚁巢，而戟白蚁属兵蚁则出巢以寻找或等待进攻之敌。此属大多数种类寄居在其他白蚁所建的蚁垄里。

危害性：它危害桉树。

1. 本杰明生白蚁 *Embiratermes benjamini* (Snyder, 1926)

种名释义：种名来自美国总统、科学家 Benjamin Franklin 的名字。

曾称为：本杰明戟白蚁（戟白蚁亚属）*Armitermes* (*Armitermes*) *benjamini* Snyder, 1926。

模式标本：正模（兵蚁）保存在美国国家博物馆。

模式产地：玻利维亚（Cachuela Esperanza）。

分布：新热带界的玻利维亚、委内瑞拉。

2. 短鼻生白蚁 *Embiratermes brevinasus* (Emerson and Banks, 1957)

曾称为：短鼻戟白蚁 *Armitermes brevinasus* Emerson and Banks, 1957。

模式标本：正模（兵蚁）、副模（兵蚁、工蚁）保存在美国自然历史博物馆，副模（兵蚁、工蚁）分别保存在印度森林研究所和荷兰马斯特里赫特自然历史博物馆，副模（兵蚁）保存在南非国家昆虫馆。

模式产地：圭亚那（Mt. Acary、Itabu Creek）。

分布：新热带界的法属圭亚那、圭亚那。

3. 查格雷斯生白蚁 *Embiratermes chagresi* (Snyder, 1925)

曾称为：查格雷斯戟白蚁（戟白蚁亚属）*Armitermes* (*Armitermes*) *chagresi* Snyder, 1925。

模式标本：正模（兵蚁）、副模（兵蚁、工蚁）保存在美国国家博物馆，副模（兵蚁、工蚁）保存在美国自然历史博物馆，副模（兵蚁）分别保存在印度森林研究所和南非国家昆虫馆。

模式产地：巴拿马运河区域（Barro Colorade Island）。

分布：新热带界的哥斯达黎加、尼加拉瓜、巴拿马。

生物学：它栖息于石块下、木材下。

4. 喜庆生白蚁 Embiratermes festivellus (Silvestri, 1901)

曾称为：喜庆戟白蚁 *Armitermes festivellus* Silvestri, 1901。

模式标本：全模（成虫、兵蚁、工蚁）分别保存在意大利农业昆虫研究所和美国自然历史博物馆。

模式产地：巴西马托格罗索州（Cuiabá）。

分布：新热带界的巴西。

生物学：它生活在原始雨林中，栖息于土壤中的蚁道内，也常在斯奈德角象白蚁、贝奎特角象白蚁和幼态生白蚁的蚁垄中寄居。它也在一些废弃的蚁垄中栖居。

5. 异型生白蚁 *Embiratermes heterotypus* (Silvestri, 1901)

曾称为：异型戟白蚁 *Armitermes heterotypus* Silvestri, 1901。

异名：小齿戟白蚁 *Armitermes parvidens* Emerson and Banks, 1957、大头戟白蚁 *Armitermes capito* Van Boven, 1969。

模式标本：全模（兵蚁、工蚁）分别保存在意大利农业昆虫研究所和美国自然历史博物馆。

模式产地：巴拉圭（Tucurú-Pucú）。

分布：新热带界的阿根廷（Misiones）、巴西（里约热内卢、圣保罗）、巴拉圭。

6. 宽恕生白蚁 *Embiratermes ignotus* Constantino, 1991

模式标本：正模（兵蚁）、副模（工蚁）保存在巴西贝伦自然历史博物馆。

模式产地：巴西亚马孙雨林（Japurá River）。

分布：新热带界的巴西（亚马孙雨林）。

7. 宽齿生白蚁 *Embiratermes latidens* (Emerson and Banks, 1957)

曾称为：宽齿戟白蚁 *Armitermes latidens* Emerson and Banks, 1957。

模式标本：正模（兵蚁）、副模（兵蚁）保存在美国自然历史博物馆。

模式产地：巴西亚马孙雨林（Rio Autaz）。

分布：新热带界的巴西（亚马孙雨林）。

8. 幼态生白蚁 *Embiratermes neotenicus* (Holmgren, 1906)

曾称为：幼态戟白蚁 *Armitermes neotenicus* Holmgren, 1906。

异名：尖利戟白蚁（戟白蚁亚属）*Armitermes* (*Armitermes*) *percutiens* Emerson, 1925。

模式标本：全模（成虫、兵蚁、工蚁）保存在瑞典自然历史博物馆，全模（蚁后、兵蚁、工蚁）保存在美国自然历史博物馆，全模（蚁后、工蚁）保存在美国国家博物馆。

模式产地：玻利维亚、秘鲁。

分布：新热带界的玻利维亚、巴西（亚马孙雨林）、法属圭亚那、圭亚那、秘鲁、苏里南、委内瑞拉。

生物学：它可筑垄，是亚马孙森林中最常见白蚁。

9. 小嘴生白蚁 *Embiratermes parvirostris* Constantino, 1992

模式标本：正模（兵蚁）、副模（兵蚁、工蚁）保存在巴西贝伦自然历史博物馆。

模式产地：巴西（Amapá）。

分布：新热带界的巴西（Amapá）。

生物学：它生活在干燥森林中，寄居于响白蚁属白蚁、窄头新扭白蚁的蚁垄里。

10. 粗壮生白蚁 *Embiratermes robustus* Constantino, 1992

模式标本：正模（兵蚁）、副模（兵蚁、工蚁）保存在巴西贝伦自然历史博物馆。

模式产地：巴西（Amapá）。

分布：新热带界的巴西（Amapá）、法属圭亚那。

生物学：它生活在原始雨林中，在树的基部筑地上土垄，垄表面有松散的土壤。

11. 西尔韦斯特里生白蚁 *Embiratermes silvestrii* (Emerson, 1949)

曾称为：西尔韦斯特里戟白蚁 *Armitermes silvestrii* Emerson, 1949。

模式标本：选模（兵蚁）、副选模（兵蚁、工蚁）保存在美国自然历史博物馆，副选模（兵蚁、工蚁）保存在意大利农业昆虫研究所。

模式产地：巴西马托格罗索州（Coxipò）。

分布：新热带界的巴西（Distrito Federal、马托格罗索州）。

12. 斯奈德生白蚁 *Embiratermes snyderi* (Emerson and Banks, 1957)

曾称为：斯奈德戟白蚁 *Armitermes snyderi* Emerson and Banks, 1957。

模式标本：正模（兵蚁）、副模（兵蚁、工蚁）保存在美国自然历史博物馆。

模式产地：圭亚那（Oko River）。

分布：新热带界的圭亚那。

13. 密实生白蚁 *Embiratermes spissus* (Emerson and Banks, 1957)

曾称为：密实戟白蚁 *Armitermes spissus* Emerson and Banks, 1957。

模式标本：正模（兵蚁）、副模（工蚁）保存在美国自然历史博物馆，副模（兵蚁、工蚁）保存在意大利农业昆虫研究所。

模式产地：圭亚那（Mt. Acary、Itabu River）。
分布：新热带界的圭亚那。

14. 安弟斯生白蚁 *Embiratermes transandinus* (Araujo, 1977)

曾称为：安弟斯戟白蚁 *Armitermes transandinus* Araujo, 1977。
模式标本：正模（兵蚁）、副模（兵蚁、工蚁、若蚁）保存在巴西圣保罗大学动物学博物馆，副模（兵蚁、工蚁、若蚁）保存在美国自然历史博物馆。
模式产地：厄瓜多尔（Centro Científico Rio Palenque）。
分布：新热带界的厄瓜多尔。

（八）地球白蚁属 *Ibitermes* Fontes, 1985

模式种：长毛地球白蚁 *Ibitermes curupira* Fontes, 1985。
种类：3 种。
分布：新热带界。
生物学：它取食腐殖质。
危害性：它没有危害性。

1. 长毛地球白蚁 *Ibitermes curupira* Fontes, 1985

模式标本：正模（兵蚁）、副模（兵蚁）保存在巴西圣保罗大学动物学博物馆。
模式产地：巴西（Minas Gerais）
分布：新热带界的巴西（Minas Gerais）。
生物学：它栖息于火炬松林地。

2. 高唇基地球白蚁 *Ibitermes inflatus* Vasconcellos, 2002

种名释义：工蚁和兵蚁的后唇基过高地隆起。
模式标本：正模（兵蚁）保存在巴西圣保罗大学动物学博物馆，副模（兵蚁、工蚁）保存在巴西帕拉伊巴联邦大学。
模式产地：巴西（Paraíba）。
分布：新热带界的巴西。
生物学：它生活在森林土壤中，栖息于扩散的蚁道内。蚁道离地面 5～40cm，直径 1cm。

3. 土地地球白蚁 *Ibitermes tellustris* Constantino, 1990

模式标本：正模（兵蚁）、副模（兵蚁、工蚁）保存在巴西贝伦自然历史博物馆。
模式产地：巴西亚马孙雨林（Maraã）。
分布：新热带界的巴西（亚马孙雨林）。
生物学：它栖息在亚马孙原始雨林中。

（九）厚唇白蚁属 *Labiotermes* Holmgren, 1912

属名释义：此属白蚁兵蚁的上唇增大。
异名：近角白蚁属 *Paracornitermes* Emerson, 1949。

模式种：细唇厚唇白蚁 *Labiotermes labralis* (Holmgren, 1906)。

种类：10 种。

分布：新热带界。

生物学：它是仅分布在南美洲的体形较大的食土白蚁，生活在热带稀树草原和森林中，大多是地下白蚁，很难发现和采集到它。但细唇厚唇白蚁是例外，有时它建显眼的树栖巢，在亚马孙雨林的某些地方可达到相当高的密度。

1. 短唇厚唇白蚁 *Labiotermes brevilabius* Emerson and Banks, 1965

模式标本：正模（兵蚁）、副模（成虫、兵蚁、工蚁、若蚁）保存在美国自然历史博物馆，副模（兵蚁、工蚁）保存在印度森林研究所。

模式产地：巴西圣保罗（Novo Horizonte）。

分布：新热带界的巴西。

生物学：它筑独特结构的沙质巢。

2. 埃默森厚唇白蚁 *Labiotermes emersoni* (Araujo, 1954)

曾称为：埃默森近角白蚁 *Paracornitermes emersoni* Araujo, 1954。

模式标本：正模（兵蚁）、副模（兵蚁、工蚁、若蚁）保存在巴西圣保罗大学动物学博物馆，副模（兵蚁、工蚁、若蚁）保存在美国自然历史博物馆，副模（兵蚁）保存在南非国家昆虫馆。

模式产地：巴西圣保罗。

分布：新热带界的阿根廷、玻利维亚（可疑）、巴西、巴拉圭。

3. 大厚唇白蚁 *Labiotermes guasu* Constantino and Acioli, 2006

模式标本：正模（兵蚁）、副模（兵蚁、工蚁）保存在巴西巴西利亚大学动物学系，副模（兵蚁、工蚁）分别保存在巴西圣保罗大学动物学博物馆和巴西贝伦自然历史博物馆。

模式产地：巴西亚马孙州。

分布：新热带界的巴西、秘鲁。

生物学：它生活在亚马孙雨林中。

4. 细唇厚唇白蚁 *Labiotermes labralis* (Holmgren, 1906)

曾称为：细唇角象白蚁 *Cornitermes labralis* Holmgren, 1906。

异名：细唇厚唇白蚁北部亚种 *Labiotermes labralis boreus* Emerson, 1949、细唇厚唇白蚁中部亚种 *Labiotermes labralis centralis* Mathur and Thapa, 1962。

模式标本：选模（兵蚁）、副选模（成虫、兵蚁、工蚁、若蚁）保存在瑞典自然历史博物馆，副选模（成虫、兵蚁、工蚁、若蚁）保存在美国自然历史博物馆。

模式产地：秘鲁（Chaquimayo）。

分布：新热带界的玻利维亚、巴西（亚马孙雨林、Pará）、哥伦比亚、厄瓜多尔、法属圭亚那、圭亚那、秘鲁、特立尼达和多巴哥、委内瑞拉。

生物学：它生活在热带雨林中。它筑地上巢，巢位于树基或树桩旁，喜潮湿环境。它取食土壤中的有机物或腐殖质。在巢中央附近，蚁后占有一个较硬的部分作为王室，王室不大。它的工蚁、兵蚁移动速度较慢。有时，它建树栖巢。

5. 宽头厚唇白蚁 *Labiotermes laticephalus* (Silvestri, 1901)

曾称为：宽头角象白蚁 *Cornitermes laticephalus* Silvestri, 1901。

模式标本：全模（兵蚁、工蚁）分别保存在意大利农业昆虫研究所、美国自然历史博物馆和意大利自然历史博物馆。

模式产地：巴西马托格罗索州。

分布：新热带界的阿根廷（Chaco、福莫萨）、巴西。

6. 纤毛厚唇白蚁 *Labiotermes leptothrix* Mathews, 1977

种名释义：*Leptothrix* 是纤毛菌属属名。

异名：刚毛厚唇白蚁 *Labiotermes pellisetaceus* Mathews, 1977。

模式标本：正模（成虫）、副模（成虫、兵蚁、工蚁）保存在巴西圣保罗大学动物学博物馆，副模（成虫、兵蚁、工蚁）分别保存在英国自然历史博物馆和美国自然历史博物馆。

模式产地：巴西马托格罗索州（Serra do Ronchador）。

分布：新热带界的巴西（戈亚斯州、马托格罗索州）。

7. 长唇厚唇白蚁 *Labiotermes longilabius* (Silvestri, 1901)

曾称为：长唇角象白蚁 *Cornitermes longilabius* Silvestri, 1901。

模式标本：全模（成虫、兵蚁、工蚁）分别保存在意大利农业昆虫研究所和意大利自然历史博物馆，全模（雌成虫、兵蚁、工蚁）保存在美国自然历史博物馆。

模式产地：巴西马托格罗索州（Cuiabá）。

分布：新热带界的巴西（戈亚斯州、马托格罗索州）、巴拉圭。

生物学：它筑地下巢。

8. 山神厚唇白蚁 *Labiotermes oreadicus* Constantino, 2006

模式标本：正模（兵蚁）、副模（工蚁）保存在巴西巴西利亚大学动物学系。

模式产地：巴西戈亚斯州。

分布：新热带界的巴西。

9. 直头厚唇白蚁 *Labiotermes orthocephalus* (Silvestri, 1901)

曾称为：直头角象白蚁 *Cornitermes orthocephalus* Silvestri, 1901。

异名：多毛近角白蚁 *Paracornitermes hirsutus* Araujo, 1954、卡波拉近角白蚁 *Paracornitermes caapora* Bandeira and Cancello, 1992。

模式标本：全模（兵蚁、工蚁）分别保存在意大利农业昆虫研究所、意大利自然历史博物馆和美国自然历史博物馆，全模（工蚁）分别保存在美国国家博物馆和印度森林研究所。

模式产地：巴西马托格罗索州。

分布：新热带界的巴西。

10. 毛头厚唇白蚁 *Labiotermes pelliceus* Emerson and Banks, 1965

模式标本：正模（兵蚁）、副模（兵蚁、工蚁）保存在美国自然历史博物馆。

模式产地：圭亚那（Mt. Acary）。

分布：新热带界的巴西、圭亚那。

生物学：它栖息在高地雨林中。

（十）马库希白蚁属 *Macuxitermes* Cancello and Bandeira, 1992

模式种：三角马库希白蚁 *Macuxitermes triceratops* Cancello and Bandeira, 1992。
种类：2 种。
分布：新热带界。
生物学：兵蚁二型或单型。

1. 哥伦比亚马库希白蚁 *Macuxitermes colombicus* Postle and Scheffrahn, 2016

模式标本：正模（兵蚁）、副模（兵蚁、工蚁）保存在佛罗里达大学研究与教育中心。
模式产地：哥伦比亚。
分布：新热带界的哥伦比亚。
生物学：它是食土白蚁。

2. 三角马库希白蚁 *Macuxitermes triceratops* Cancello and Bandeira, 1992

种名释义：*Triceratops* 为三角龙属属名，拉丁语意为“三角脸”。
模式标本：正模（大兵蚁）、副模（大兵蚁、工蚁）保存在巴西亚马孙探索国家研究所，副模（小兵蚁、工蚁）保存在巴西圣保罗大学动物学博物馆。
模式产地：巴西（Roraima）。
分布：新热带界的巴西（Roraima Territory）。

（十一）红懒白蚁属 *Mapinguaritermes* Rocha and Cancello, 2012

属名释义：属名来自故事中的挖地红毛树懒，它生活于亚马孙雨林，而本属的大部分标本采自那里。
模式种：秘鲁红懒白蚁 *Mapinguaritermes peruanus* (Holmgren, 1906)。
种类：2 种。
分布：新热带界。

1. 大齿红懒白蚁 *Mapinguaritermes grandidens* (Emerson, 1925)

曾称为：大齿戟白蚁 *Armitermes grandidens* Emerson, 1925。
模式标本：正模（兵蚁）、副模（兵蚁、工蚁）保存在美国自然历史博物馆，副模（兵蚁、工蚁）保存在巴西圣保罗大学动物学博物馆。
模式产地：圭亚那（Kartabo）。
分布：新热带界的圭亚那（Kartabo）。
生物学：没有它筑巢的记录，它栖息于土壤中、枯枝落叶中或交错的树根中。

2. 秘鲁红懒白蚁 *Mapinguaritermes peruanus* (Holmgren, 1906)

曾称为：秘鲁戟白蚁 *Armitermes peruanus* Holmgren, 1906。
模式标本：全模（兵蚁、工蚁）分别保存在瑞典自然历史博物馆、哈佛大学比较动物学博物馆、美国自然历史博物馆和美国国家博物馆。

模式产地：秘鲁（Carabaya）。
分布：新热带界的巴西、秘鲁。
生物学：没有它筑巢的记录，它栖息于土壤中或扩散的蚁道内。

（十二）努瓦罗白蚁属 *Noirotitermes* Cancello and Myles, 2000

属名释义：属名来自法国白蚁学家 C. Noirot 的姓。
模式种：努瓦罗努瓦罗白蚁 *Noirotitermes noiroti* Cancello and Myles, 2000。
种类：1 种。
分布：新热带界。

1. 努瓦罗努瓦罗白蚁 *Noirotitermes noiroti* Cancello and Myles, 2000

模式标本：正模（兵蚁）、副模（兵蚁、工蚁）保存在巴西圣保罗大学动物学博物馆。
模式产地：巴西（Piauí）。
分布：新热带界的巴西（戈亚斯州、Piauí）。

（十三）近曲白蚁属 *Paracurvitermes* Constantino and Carvalho, 2011

模式种：曼近曲白蚁 *Paracurvitermes manni* (Snyder, 1926)。
种类：1 种。
分布：新热带界。

1. 曼近曲白蚁 *Paracurvitermes manni* (Snyder, 1926)

曾称为：曼戟白蚁（戟白蚁亚属）*Armitermes* (*Armitermes*) *manni* Snyder, 1926。
异名：突齿曲白蚁 *Curvitermes projectidens* Mathews, 1977。
模式标本：正模（兵蚁）、副模（兵蚁、工蚁）保存在美国国家博物馆，副模（兵蚁、工蚁）保存在美国自然历史博物馆。
模式产地：玻利维亚（Cachuela Esperanza）。
分布：新热带界的玻利维亚、巴西。

（十四）前角白蚁属 *Procornitermes* Emerson, 1949

异名：三尖白蚁属 *Triacitermes* Emerson, 1949。
模式种：具沟前角白蚁 *Procornitermes striatus* (Hagen, 1858)。
种类：5 种。
分布：新热带界。
生物学：它生活于南美洲亚马孙雨林的南部区域。

1. 阿劳若前角白蚁 *Procornitermes araujoi* Emerson, 1952

异名：相似白蚁 *Termes similis* Hagen, 1858。
模式标本：正模（兵蚁）、副模（成虫、兵蚁、工蚁、若蚁）保存在美国自然历史博物馆，副模（蚁后、兵蚁、工蚁）保存在哈佛大学比较动物学博物馆，副模（成虫、兵蚁、工蚁）保存在美国国家博物馆，副模（成虫、兵蚁、工蚁、若蚁）保存在印度森林研究所，副模（兵蚁、工蚁、若蚁）保存在印度动物调查所。

模式产地：巴西圣保罗。

分布：新热带界的巴西。

生物学：它筑中型、圆形垄，垄筑在比较干燥的土壤上。垄外层为一层蓬松的薄土层。垄易碎，很少向地下延伸。杂色的蚁道由黑色的土壤和各色颗粒组成。垄曾有一记录，其高、长、宽分别为28.8cm、69.5cm、60cm。

危害性：它可严重危害桉树和水稻。

2. 莱佩斯前角白蚁 *Procornitermes lespesii* (Müller, 1873)

曾称为：莱佩斯白蚁 *Termes lespesii* Müller, 1873。

异名：米勒白蚁 *Termes muelleri* Jhering [Ihering], 1887、拥角角象白蚁 *Cornitermes cornutus* Holmgren, 1906。

模式标本：全模（成虫、兵蚁、工蚁）分别保存在美国自然历史博物馆、瑞典动物研究所、巴西圣保罗大学动物学博物馆和德国巴伐利亚州动物学博物馆。

模式产地：巴西圣卡塔琳娜州（Itajai）。

分布：新热带界的玻利维亚、巴西。

生物学：它的巢与具沟前角白蚁的巢类似。

3. 罗曼前角白蚁 *Procornitermes romani* Emerson, 1952

种名释义：种名来自瑞典膜翅目昆虫专家A. Roman博士的姓，他曾前往亚马孙探险，并采集了白蚁标本。

模式标本：正模（兵蚁）、副模（兵蚁、工蚁、若蚁）保存在美国自然历史博物馆，副模（兵蚁、工蚁）保存在瑞典自然历史博物馆。

模式产地：巴西巴伊州（Itaité）。

分布：新热带界的巴西（巴伊州）。

生物学：它生活于密林的死树中。

4. 具沟前角白蚁 *Procornitermes striatus* (Hagen, 1858)

曾称为：具沟白蚁（白蚁亚属）*Termes* (*Termes*) *striatus* Hagen, 1858。

模式标本：全模（成虫）分别保存在德国柏林冯博大学自然博物馆和哈佛大学比较动物学博物馆。

模式产地：巴西。

分布：新热带界的阿根廷（Chaco、Corrientes、Córdoba、福莫萨、La Rioja、Salta、Santiago del Estero、Tucuman）、巴西（南部）、巴拉圭、乌拉圭。

生物学：它筑地下巢，巢高10cm，巢直径约6cm。

危害性：在阿根廷、巴西、巴拉圭和乌拉圭，它危害咖啡树、甘蔗、菠萝、谷类植物（如水稻）、果树和林木（如桉树）。

5. 三尖唇前角白蚁 *Procornitermes triacifer* (Silvestri, 1901)

曾称为：三尖唇角象白蚁 *Cornitermes triacifer* Silvestri, 1901。

模式标本：全模（兵蚁、工蚁）分别保存在意大利农业昆虫研究所和美国自然历史博物馆。

模式产地：巴西南马托格罗索州（Corumbá）。

分布：新热带界的阿根廷（Chaco、福莫萨、Jujuy、Salta、Santiago del Estero、Tucuman）、玻利维亚、巴西。

危害性：它可严重危害甘蔗、水稻、咖啡树、桉树、玉米。

（十五）喙白蚁属 *Rhynchotermes* Holmgren, 1912

模式种：巨鼻喙白蚁 *Rhynchotermes nasutissimus* (Silvestri, 1901)。

种类：7 种。

分布：新热带界。

危害性：它危害桉树。

1. 亚马孙喙白蚁 *Rhynchotermes amazonensis* Constantini and Cancello, 2016

模式标本：正模（小兵蚁）、副模（大兵蚁、小兵蚁、工蚁）保存在巴西圣保罗大学动物学博物馆。

模式产地：巴西（Rondônia）。

分布：新热带界的巴西（Rondônia、亚马孙州）。

生物学：它的兵蚁分大、小二型。它栖息于树根旁、废弃的蚁巢中、土中树根丛中、小溪旁的土壤中。

2. 葱鼻喙白蚁 *Rhynchotermes bulbinasus* Scheffrahn, 2010

模式标本：正模（大兵蚁）、副模（大兵蚁、小兵蚁、工蚁）保存在佛罗里达大学研究与教育中心，副模（兵蚁、工蚁）分别保存在佛罗里达州节肢动物标本馆和哥伦比亚洪堡研究所节肢动物标本馆。

模式产地：哥伦比亚（Departamento de Sucre）。

分布：新热带界的哥伦比亚。

生物学：它的兵蚁分大、小二型。它筑地上巢，有时依靠树而建，巢的土质非常硬。它也可利用福雷尔弓白蚁的废弃巢。它可栖息于牧场的石头下，以取食牛粪。

3. 黑白喙白蚁 *Rhynchotermes diphyes* Mathews, 1977

异名：多兵喙白蚁 *Rhynchotermes diversimilies* Mathews, 1977、涅克托比乌斯喙白蚁 *Rhynchotermes nyctobius* Mathews, 1977、塞拉多喙白蚁 *Rhynchotermes cerradoensis* Mathews, 1977。

模式标本：正模（大兵蚁）、副模（大兵蚁、小兵蚁、工蚁）保存在巴西圣保罗大学动物学博物馆，副模（大兵蚁、小兵蚁、工蚁）分别保存在美国自然历史博物馆和英国自然历史博物馆。

模式产地：巴西马托格罗索州（Serra do Ronchador）。

分布：新热带界的巴西（马托格罗索州）。

生物学：它的兵蚁分大、小二型。它占领废弃的蚁巢，取食香蕉的茎和牛的粪便。

4. 马特拉加喙白蚁 *Rhynchotermes matraga* Constantini and Cancello, 2016

种名释义：种名来自 A. Matraga 的姓，A. Matraga 是 J. G. Rosa 创作的虚构人物。

模式标本：正模（兵蚁）、副模（兵蚁、工蚁）保存在巴西圣保罗大学动物学博物馆。

模式产地：巴西（Minas Gerais）。

分布：新热带界的巴西（Minas Gerais）。

生物学：它的兵蚁单型。

5. 巨鼻喙白蚁 *Rhynchotermes nasutissimus* (Silvestri, 1901)

曾称为：巨鼻戟白蚁 *Armitermes nasutissimus* Silvestri, 1901。

异名：瓜拉尼喙白蚁 *Rhynchotermes guarany* Cancello, 1997。

模式标本：全模（成虫、工蚁）保存在意大利农业昆虫研究所，全模（成虫、兵蚁、工蚁）保存在美国自然历史博物馆。

模式产地：巴西、巴拉圭。

分布：新热带界的阿根廷（福莫萨、Tucuman、Santiago del Estero、Pará）、玻利维亚、巴西、巴拉圭、秘鲁。

生物学：它的兵蚁单型。它筑地下巢，或占领废弃的蚁巢，或寄居在阿劳若前角白蚁、成堆角象白蚁、惠勒聚白蚁、侏儒聚白蚁巢中。它傍晚在地上觅食。

6. 全武喙白蚁 *Rhynchotermes perarmatus* (Snyder, 1925)

曾称为：全武戟白蚁（喙白蚁亚属）*Armitermes* (*Rhynchotermes*) *perarmatus* Snyder, 1925。

异名：大型戟白蚁（喙白蚁亚属）*Armitermes* (*Rhynchotermes*) *major* Snyder, 1925。

模式标本：正模（兵蚁）、副模（兵蚁、工蚁）保存在美国国家博物馆，副模（兵蚁、工蚁）分别保存在美国自然历史博物馆、德国汉堡动物学博物馆和印度森林研究所。

模式产地：巴拿马（Rio Chinilla）。

分布：新热带界的伯利兹、哥斯达黎加、厄瓜多尔、危地马拉、巴拿马。

生物学：它栖息于正在腐烂的树皮下。它晚间觅食，觅食时兵蚁在两侧形成保卫屏障，工蚁在队伍中间。

7. 皮奥伊喙白蚁 *Rhynchotermes piauy* Cancello, 1997

模式标本：正模（兵蚁）、副模（兵蚁、工蚁）保存在巴西圣保罗大学动物学博物馆。

模式产地：巴西（Piauí）。

分布：新热带界的巴西（Piauí）。

生物学：正在腐烂的树皮下、原木中、土壤中、枯枝落叶下可采集到它。其巢筑在枯枝落叶层下面。

（十六）西尔韦斯特里白蚁属 *Silvestritermes* Rocha and Cancello, 2012

属名释义：属名来自意大利昆虫学家 F. Silvestri 的姓。

模式种：真弓颚西尔韦斯特里白蚁 *Silvestritermes euamignathus* (Silvestri, 1901)。

种类：7 种。

分布：新热带界。

1. 阿尔米尔萨特尔西尔韦斯特里白蚁 *Silvestritermes almirsateri* Rocha and Canncello, 2012

种名释义：种名来自巴西男歌手、词作者 Almir Sater 的名字，他的歌描绘了世界上最大的湿地生态系统——潘塔纳尔湿地生态系统。

模式标本：正模（兵蚁）、副模（兵蚁、工蚁）保存在巴西圣保罗大学动物学博物馆。

模式产地：巴西马托格罗索州。

分布：新热带界的巴西（马托格罗索州）。

生物学：它栖息在蚁垄中或树干中。

2. 精灵西尔韦斯里白蚁 *Silvestritermes duende* Rocha and Cancello, 2012

种名释义：种名来自葡萄牙语，意为“精灵”。

模式标本：正模（兵蚁）、副模（兵蚁、工蚁）保存在巴西圣保罗大学动物学博物馆。

模式产地：巴西（Pará）。

分布：新热带界的巴西（Pará）。

生物学：它生活在原始雨林中。

3. 真弓颚西尔韦斯特里白蚁 *Silvestritermes euamignathus* (Silvestri, 1901)

曾称为：真弓颚戟白蚁 *Armitermes euamignathus* Silvestri, 1901。

异名：真弓颚白蚁（真白蚁亚属）*Termes* (*Eutermes*) *euamignathus* Desneux, 1904、塞拉多戟白蚁 *Armitermes cerradoensis* Mathews, 1977。

模式标本：全模（成虫、兵蚁、工蚁、若蚁）分别保存在意大利农业昆虫研究所和美国自然历史博物馆，全模（成虫、兵蚁、工蚁）保存在美国国家博物馆。

模式产地：巴西马托格罗索州、巴拉圭（Asunción）。

分布：新热带界的玻利维亚、巴西（戈亚斯州、马托格罗索州、Minas Gerais、Pará、圣保罗）、巴拉圭。

生物学：它可以自建巢（蚁垄），也可“改造”其他白蚁放弃的巢。蚁垄的形状一般为尖圆顶形。垄外壳非常坚硬，内部由不规则的腔室组成，腔室之间由非常细的蚁道相联通。它也可在裸露的岩石上筑巢，与土壤不接触。它甚至能简单地利用间隙筑巢。分飞季节，它在垄表面筑几厘米高的塔台，供有翅成虫分飞用。垄曾有一记录，其高、长、宽分别为26.7cm、59.5cm、52.8cm。

危害性：它危害林木（如桉树等）。

4. 标记西尔韦斯特里白蚁 *Silvestritermes gnomus* (Constantino, 1991)

曾称为：标记戟白蚁 *Armitermes gnomus* Constantino, 1991。

模式标本：正模（兵蚁）、副模（成虫、兵蚁、工蚁）保存在巴西贝伦自然历史博物馆，副模（有翅成虫、兵蚁、工蚁）保存在巴西圣保罗大学动物学博物馆。

模式产地：巴西（Japura 河下游）。

分布：新热带界的巴西（亚马孙雨林、Maraã）。

生物学：它栖息于腐烂的木材中。

5. 霍姆格伦西尔韦斯特里白蚁 *Silvestritermes holmgreni* (Snder, 1926)

曾称为：霍姆格伦戟白蚁 *Armitermes holmgren* Snyder, 1926。

异名：白带戟白蚁（戟白蚁亚属）*Armitermes* (*Armitermes*) *albidus* Emerson, 1925。

模式标本：正模（膨腹蚁后、成虫、兵蚁、工蚁）保存在美国国家博物馆。

模式产地：玻利维亚（Ivon）

分布：新热带界的玻利维亚（Ivon）。

6. 莱恩西尔韦斯特里白蚁 *Silvestritermes lanei* (Canter, 1968)

曾称为：莱恩戟白蚁 *Armitermes lanei* Canter, 1968。

模式标本：正模（兵蚁）、副模（兵蚁、工蚁）保存在巴西圣保罗大学动物学博物馆，副模（兵蚁、工蚁）保存在美国自然历史博物馆。

模式产地：巴西南马托格罗索州。

分布：新热带界的巴西（南马托格罗索州、圣保罗）。

生物学：它生活在沙地，它的巢小（长为 6cm、宽为 5cm）、呈心形，巢位于地下 30cm 处的根丛中。

7. 最小西尔韦斯特里白蚁 *Silvestritermes minutus* (Emerson, 1925)

曾称为：最小戟白蚁 *Armitermes minutus* Emerson, 1925。

异名：最小戟白蚁（戟白蚁亚属）*Armitermes* (*Armitermes*) *minutes* Emerson, 1925。

模式标本：正模（兵蚁）、副模（蚁后、蚁王、兵蚁、工蚁、若蚁）保存在美国自然历史博物馆，副模（兵蚁、工蚁）保存在荷兰马斯特里赫特自然历史博物馆。

模式产地：圭亚那（Kartabo）。

分布：新热带界的巴西、法属圭亚那、圭亚那。

生物学：它筑蚁垄或建树栖巢（离地 50cm）。

（十七）聚白蚁属 *Syntermes* Holmgren, 1909

模式种：可怕聚白蚁 *Syntermes dirus* (Burmeister, 1839)。

种类：23 种。

分布：新热带界。

生物学：它生活在南美洲的热带稀树草原和雨林中。它通常在地下筑巢，但有的种类可在地上筑巢，如多刺聚白蚁。查基马约聚白蚁在秘鲁可筑相当大的蚁垄。有的白蚁可能不筑巢，如受惊聚白蚁。所有的聚白蚁都收集树叶，将枯树叶、草片切成一定大小，运回巢中。多刺聚白蚁在蚁垄中有专门腔室贮存直径 1cm 的叶片。兵蚁具有非常强壮的上颚，除用上颚进行机械防御外，还可用额腺进行化学防御。

危害性：部分种类危害甘蔗、桉树、水稻、牧草。

1. 胸刺聚白蚁 *Syntermes aculeosus* Emerson, 1945

模式标本：正模（兵蚁）、副模（大工蚁）保存在美国自然历史博物馆。

模式产地：圭亚那（Orinoque River）。

分布：新热带界的巴西、哥伦比亚、圭亚那、苏里南、委内瑞拉。

2. 倒钩聚白蚁 *Syntermes barbatus* Constantino, 1995

模式标本：正模（兵蚁）、副模（兵蚁、工蚁）保存在巴西贝伦自然历史博物馆。

模式产地：巴西（Brasília）。

分布：新热带界的巴西（Brasília）。

3. 玻利维亚聚白蚁 *Syntermes bolivianus* Holmgren, 1911

模式标本：选模（兵蚁）、副选模（兵蚁、工蚁）保存在美国自然历史博物馆。

模式产地：玻利维亚。

分布：新热带界的阿根廷（Santiago del Estero、Tucumán）、玻利维亚。

4. 短颚聚白蚁 *Syntermes brevimalatus* Emerson, 1945

模式标本：正模（兵蚁）、副模（兵蚁、工蚁）保存在美国自然历史博物馆，副模（兵蚁、工蚁）保存在美国国家博物馆，副模（工蚁）保存在印度森林研究所。

模式产地：圭亚那（Orinoque River）。

分布：新热带界的巴西、圭亚那。

5. 无毛聚白蚁 *Syntermes calvus* Emerson, 1945

模式标本：正模（兵蚁）、副模（兵蚁、工蚁）保存在美国自然历史博物馆，副模（兵蚁、工蚁）保存在印度森林研究所。

模式产地：圭亚那（Kartabo）。

分布：新热带界的巴西（亚马孙雨林）、法属圭亚那、圭亚那。

6. 塞阿腊聚白蚁 *Syntermes cearensis* Constantino, 1995

模式标本：正模（兵蚁）、副模（成虫、兵蚁、工蚁）保存在圣保罗大学动物学博物馆。

模式产地：巴西（Ceará）。

分布：新热带界的巴西（Ceará、Rio Grande do Norte）。

7. 查基马约聚白蚁 *Syntermes chaquimayensis* (Holmgren, 1906)

曾称为：查基马约白蚁 *Termes chaquimayensis* Holmgren, 1906。

模式标本：选模（兵蚁）、副选模（兵蚁）保存在美国自然历史博物馆。

模式产地：秘鲁（Llinquipata）。

分布：新热带界的玻利维亚、巴西、哥伦比亚、厄瓜多尔、秘鲁。

8. 厚唇聚白蚁 *Syntermes crassilabrum* Constantino, 1995

模式标本：正模（兵蚁）保存在巴西亚马孙探索国家研究所，副模（兵蚁、工蚁）保存在巴西贝伦自然历史博物馆。

模式产地：巴西亚马孙雨林（Manaus）。

分布：新热带界的巴西（亚马孙雨林）。

9. 可怕聚白蚁 *Syntermes dirus* (Burmeister, 1839)

曾称为：可怕白蚁 *Termes dirus* Burmeister, 1839。

异名：暗色白蚁 *Termes obscurum* Blanchard, 1840、头显白蚁 *Termes cephalotes* Rambur, 1842、可疑白蚁 *Termes dubius* Rambur, 1842、哈根聚白蚁 *Syntermes haheni* Holmgren, 1911。

模式标本：选模（雌成虫）、副选模（成虫）保存在德国柏林冯博大学自然博物馆，副选模（成虫）分别保存在美国自然历史博物馆和美国国家博物馆，副选模（成虫、兵蚁）

保存在哈佛大学比较动物学博物馆。

模式产地：巴西里约州。

分布：新热带界的巴西。

生物学：它筑低矮的圆顶形蚁垄，垄的大部分位于地面下，常可达地下 1.5m 深处。蚁道粗，呈扩散形，内常有贮存的草料。曾有一记录，该蚁垄高、长、宽分别为 51.9cm、173.0cm、150.7cm。

10. 大聚白蚁 *Syntermes grandis* (Rambur, 1842)

曾称为：大白蚁 *Termes grandis* Rambur, 1842。

异名：黑色白蚁 *Termes fuscum* Latreille, 1804、可怕聚白蚁哈根亚种 *Syntermes dirus hageni* Holmgren, 1911、莱特聚白蚁 *Syntermes lighti* Emerson, 1945。

模式标本：正模（成虫）保存在比利时皇家自然科学研究所。

模式产地：法属圭亚那（Cayenne）。

分布：新热带界的玻利维亚、巴西、法属圭亚那、圭亚那、苏里南、委内瑞拉。

危害性：在玻利维亚、巴西和圭亚那，它危害甘蔗。

11. 隐蔽聚白蚁 *Syntermes insidians* Silvestri, 1945

模式标本：选模（兵蚁）、副选模（工蚁）保存在意大利农业昆虫研究所，副选模（兵蚁、工蚁）保存在美国自然历史博物馆。

模式产地：巴西圣保罗（Pitangueira）。

分布：新热带界的巴西。

危害性：它危害桉树。

12. 长头聚白蚁 *Syntermes longiceps* Constantino, 1995

模式标本：正模（兵蚁）、副模（兵蚁、工蚁）保存在巴西圣保罗大学动物学博物馆，副模（成虫、兵蚁、工蚁）保存在巴西亚马孙探索国家研究所，副模（成虫、兵蚁）保存在英国自然历史博物馆，副模（兵蚁、工蚁）保存在巴西贝伦自然历史博物馆。

模式产地：巴西（Roraima）。

分布：新热带界的巴西（亚马孙雨林）。

13. 大眼聚白蚁 *Syntermes magnoculus* Snyder, 1924

模式标本：正模（成虫）、副模（兵蚁）保存在哈佛大学比较动物学博物馆，副模（雄成虫）保存在美国国家博物馆。

模式产地：巴西马托格罗索州（Chapada dos Guimarães）。

分布：新热带界的巴西。

14. 讨厌聚白蚁 *Syntermes molestus* (Burmeister, 1839)

曾称为：讨厌白蚁 *Termes molestus* Burmeister, 1839。

异名：巴西聚白蚁 *Syntermes brasiliensis* Holmgren, 1911。

模式标本：选模（雌成虫）、副选模（雌成虫）保存在德国柏林冯博大学自然博物馆。

模式产地：巴西巴伊州。

分布：新热带界的阿根廷、玻利维亚、巴西、哥伦比亚、巴拉圭、委内瑞拉。
危害性：在巴西，它危害甘蔗、谷物等田间农作物和林木。

15. 侏儒聚白蚁 *Syntermes nanus* Constantino, 1995

模式标本：正模（兵蚁）、副模（兵蚁、工蚁）保存在巴西圣保罗大学动物学博物馆，副模（兵蚁、工蚁）分别保存在美国自然历史博物馆、巴西贝伦自然历史博物馆和丹麦哥本哈根大学动物学博物馆，副模（成虫、兵蚁、工蚁）保存在英国自然历史博物馆。
模式产地：巴西圣保罗（Pirassununga）。
分布：新热带界的阿根廷（福莫萨以及西北部诸省）、巴西、巴拉圭。
危害性：它危害甘蔗、谷物等田间农作物及林木。

16. 迟钝聚白蚁 *Syntermes obtusus* Holmgren, 1911

异名：西尔韦斯特里聚白蚁 *Syntermes silvestrii* Holmgren, 1911。
模式标本：选模（雄成虫）、副选模（工蚁）保存在美国自然历史博物馆。
模式产地：巴拉圭（Villa Rica）。
分布：新热带界的阿根廷（Corrientes、Entre Ríos、Misiones）、玻利维亚、巴西、巴拉圭。
生物学：它可筑地上蚁垄。
危害性：它危害牧草。

17. 平行聚白蚁 *Syntermes parallelus* Silvestri, 1923

种名释义：它的兵蚁头两侧几乎平行。
异名：哥伦比亚聚白蚁 *Syntermes colombianus* Snyder, 1924。
模式标本：选模（兵蚁）、副选模（工蚁）保存在美国自然历史博物馆。
模式产地：圭亚那（Canister Falls）。
分布：新热带界的巴西、哥伦比亚、圭亚那、委内瑞拉。

18. 秘鲁聚白蚁 *Syntermes peruanus* Holmgren, 1911

异名：莱特聚白蚁 *Syntermes lighti* Emerson, 1945。
模式标本：正模（兵蚁）、副模（成虫、工蚁）保存在美国自然历史博物馆，副模（兵蚁、工蚁）保存在荷兰马斯特里赫特自然历史博物馆。
模式产地：玻利维亚（La Paz、Mojos）。
分布：新热带界的玻利维亚、秘鲁。

19. 优越聚白蚁 *Syntermes praecellens* Silvestri, 1945

模式标本：选模（兵蚁）、副选模（成虫、兵蚁、工蚁）保存在意大利农业昆虫研究所，副选模（兵蚁、工蚁、若蚁）保存在美国自然历史博物馆。
模式产地：巴西圣保罗。
分布：新热带界的巴西。

20. 多刺聚白蚁 *Syntermes spinosus* (Latreille, 1804)

曾称为：多刺白蚁 *Termes spinosum* Latreille, 1804。

异名：棱纹白蚁 *Termes costatus* Rambur, 1842、第十白蚁 *Termes decumanus* Erichson, 1848、埃默森聚白蚁 *Syntermes emersoni* Snyder, 1924、斯奈德聚白蚁 *Syntermes snyderi* Snyder, 1924、查基马约聚白蚁小鼻亚种 *Syntermes chaquimayensis parvinasus* Emerson, 1945、坚硬聚白蚁 *Syntermes solidus* Emerson, 1945、粗壮聚白蚁 *Syntermes robustus* Constantino, 1991。

模式标本：正模（兵蚁）保存在比利时皇家自然科学研究所。

模式产地：不详。

分布：新热带界的巴西、哥伦比亚、法属圭亚那、圭亚那、苏里南。

21. 长颚聚白蚁 *Syntermes tanygnathus* Constantino, 1995

种名释义：*Tanygnathus* 是鹦鹉科下的 1 个属名，其拉丁语意为“长颚”，此种白蚁曾被称为“鹦鹉聚白蚁”，作者认为称“长颚聚白蚁”更妥些。

模式标本：正模（兵蚁）、副模（兵蚁）保存在巴西贝伦自然历史博物馆，副模（成虫、兵蚁、工蚁）保存在英国自然历史博物馆，副模（兵蚁、工蚁）保存在美国国家博物馆，副模（兵蚁）保存在法国自然历史博物馆。

模式产地：巴西亚马孙雨林。

分布：新热带界的巴西（亚马孙雨林）、哥伦比亚。

22. 受惊聚白蚁 *Syntermes territus* Emerson, 1924

模式标本：选模（兵蚁）、副选模（成虫、兵蚁、工蚁）保存在美国自然历史博物馆，副模（兵蚁、工蚁）保存在印度森林研究所，副模（成虫）保存在荷兰马斯特里赫特自然历史博物馆。

模式产地：圭亚那（Kartabo）。

分布：新热带界的巴西、圭亚那。

23. 惠勒聚白蚁 *Syntermes wheeleri* Emerson, 1945

种名释义：种名来自著名蚂蚁研究专家 W. M. Wheeler 的姓。

模式标本：正模（兵蚁）保存在哈佛大学比较动物学博物馆，副模（兵蚁、工蚁）保存在美国自然历史博物馆，副模（兵蚁、工蚁、若蚁）保存在印度森林研究所。

模式产地：巴西（Rio）。

分布：新热带界的巴西。

危害性：它危害牧草。

可疑种类：努瓦罗聚白蚁 *Syntermes noiroti* Grassé and Noirot, 1949

模式标本采集地为南美洲，分布地不详。

（十八）弯钩白蚁属 *Uncitermes* Rocha and Cancello, 2012

模式种：蒂范弯钩白蚁 *Uncitermes teevani* (Emerson, 1925)。

种类：2 种。

分布：新热带界。

1. 阿尔梅里弯钩白蚁 *Uncitermes almeriae* Carrijo, 2016

种名释义：种名来自定名人 T. F. Carrijo 的母亲 Almeri Fernnandes Sousa 的名字。

模式标本：正模（兵蚁）、副模（兵蚁、工蚁）保存在巴西圣保罗大学动物学博物馆，副模（兵蚁、工蚁）保存在佛罗里达大学研究与教育中心。

模式产地：厄瓜多尔（Orellana）

分布：新热带界的厄瓜多尔（Orellana）。

2. 蒂范弯钩白蚁 *Uncitermes teevani* (Emerson, 1925)

名称：种名来自标本采集人 J. Tee-Van 先生的姓。

曾称为：蒂范戟白蚁 *Armitermes teevani* Emerson, 1925。

异名：蒂范戟白蚁（戟白蚁亚属）*Armitermes* (*Armitermes*) *teevani* Emerson, 1925。

模式标本：正模（成虫）、副模（成虫、兵蚁、工蚁）保存在美国自然历史博物馆，副模（兵蚁、工蚁）保存在荷兰马斯特里赫特自然历史博物馆。

模式产地：圭亚那（Kartabo）。

分布：新热带界的玻利维亚、巴西（亚马孙雨林、Pará）、法属圭亚那、圭亚那（Kartabo）、厄瓜多尔。

生物学：它栖息在腐烂的木材中、枯枝落叶中、土壤中、干燥的棕榈树叶柄和根丛中。它可在土壤与枯枝落叶接触面中觅食。曾在法属圭亚那发现这种白蚁的巢，巢位于死树干里（中空的圆柱形部分），有 1m 长，王室附着在木材上。

八、象白蚁亚科 Nasutitermitinae Hare, 1937

中文名称：我国学者早期曾称之为“尖头蜚亚科”。

模式属：象白蚁属 *Nasutitermes* Dudley，1890。

种类：81 属 599 种。

分布：澳洲界、新北界、非洲界、新热带界、东洋界、古北界、巴布亚界。

（一）针白蚁属 *Aciculitermes* Emerson, 1960

模式种：针状针白蚁 *Aciculitermes aciculatus* (Haviland, 1898)。

种类：2 种。

分布：东洋界。

1. 针状针白蚁 *Aciculitermes aciculatus* (Haviland, 1898)

曾称为：针状白蚁 *Termes aciculatus* Haviland, 1898。

异名：针状真白蚁（锥白蚁亚属）*Eutermes* (*Subulitermes*) *aciculatus* Holmgren, 1912、针状锥白蚁 *Subulitermes aciculatus* Kemner, 1931。

模式标本：全模（兵蚁、工蚁）分别保存在英国剑桥大学动物学博物馆、美国自然历史博物馆和印度森林研究所。

模式产地：马来西亚砂拉越。

分布：东洋界的马来西亚（砂拉越）、印度尼西亚（苏门答腊）、新加坡。

2. 眉妙针白蚁 *Aciculitermes maymyoensis* Krishna, 1965

模式标本：正模（兵蚁）、副模（兵蚁、工蚁）保存在美国自然历史博物馆。

模式产地：缅甸眉妙。

分布：东洋界的缅甸、泰国。

（二）非锥白蚁属 *Afrosubulitermes* Emerson, 1960

模式种：刚果非锥白蚁 *Afrosubulitermes congoensis* Emerson, 1960。

种类：1 种。

分布：非洲界。

1. 刚果非锥白蚁 *Afrosubulitermes congoensis* Emerson, 1960

模式标本：正模（兵蚁）、副模（兵蚁、工蚁、若蚁）保存在美国自然历史博物馆，副模（兵蚁、工蚁）分别保存在荷兰马斯特里赫特自然历史博物馆和德国汉堡动物学博物馆，副模（兵蚁）保存在南非国家昆虫馆。

模式产地：刚果民主共和国（Kisangani）。

分布：非洲界的安哥拉、喀麦隆、刚果民主共和国、刚果共和国、加纳、科特迪瓦、尼日利亚、乌干达。

生物学：它生活于雨林中，自己不筑巢，而栖息于其他白蚁的蚁垄里，这些白蚁包括方白蚁属、胸白蚁属、前方白蚁属白蚁。当象白蚁、锯白蚁在树枝上所筑的木屑巢中白蚁死亡后，这些巢掉到地面上，刚果非锥白蚁可取食这些巢体。它的工蚁肠道内充满泥土，它应属于食土白蚁，但其工蚁上颚的形态似乎说明它可以取食柔软的腐殖质。

危害性：它没有危害性。

（三）无颚白蚁属 *Agnathotermes* Snyder, 1926

模式种：光秃无颚白蚁 *Agnathotermes glaber* (Snyder, 1926)。

种类：2 种。

分布：新热带界。

生物学：它属于食土白蚁，体形较小，工蚁二型。

1. 粗鼻无颚白蚁 *Agnathotermes crassinasus* Constantino, 1990

模式标本：正模（兵蚁）、副模（兵蚁）保存在巴西贝伦自然历史博物馆。

模式产地：巴西亚马孙雨林（Maraã）。

分布：新热带界的巴西。

生物学：模式标本采集于一废弃的树栖白蚁巢中。

2. 光秃无颚白蚁 *Agnathotermes glaber* (Snyder, 1926)

曾称为：光秃象白蚁（无颚白蚁亚属）*Nasutitermes* (*Agnathotermes*) *glaber* Snyder, 1926。

模式标本：正模（兵蚁）、副模（兵蚁）保存在美国国家博物馆，副模（兵蚁）保存在美国自然历史博物馆。

模式产地：玻利维亚（Cachuela Esperanza）。

分布：新热带界的玻利维亚、巴西（亚马孙雨林、戈亚斯州、马托格罗索州、Minas Gerais、Pará）。

（四）钝颚白蚁属 *Ahmaditermes* Akhtar, 1975

属名释义：我国学者曾称之为“钝象白蚁属”“无钩白蚁属”。因该属兵蚁上颚没有端刺，我国白蚁学者现称此属为“钝颚白蚁属”。其属名拉丁文来自巴基斯坦白蚁学家 M. Ahmad 的姓。

模式种：梨头钝颚白蚁 *Ahmaditermes pyricephalus* Akhtar, 1975。

种类：19 种。

分布：东洋界、古北界。

1. 周氏钝颚白蚁 *Ahmaditermes choui* Ping and Tong, 1989

模式标本：正模（兵蚁）、副模（兵蚁、工蚁）保存在广东省科学院动物研究所。

模式产地：中国香港。

分布：东洋界的中国（香港）。

2. 粗鼻钝颚白蚁 *Ahmaditermes crassinasus* Li, 1985

模式标本：正模（大兵蚁）、副模（兵蚁、工蚁）保存在广东省科学院动物研究所。

模式产地：中国海南省。

分布：东洋界的中国（海南）。

3. 角头钝颚白蚁 *Ahmaditermes deltocephalus* (Tsai and Chen, 1963)

曾称为：角头象白蚁 *Nasutitermes deltocephalus* Tsai and Chen, 1963。

模式标本：正模（兵蚁）、副模（成虫、兵蚁）保存在中国科学院动物研究所，副模（成虫、兵蚁、工蚁）保存在美国自然历史博物馆。

模式产地：中国云南省金平县。

分布：东洋界的中国（福建、广东、广西、海南、云南、浙江）、泰国。

生物学：它生活在朽树干中。

4. 渡口钝颚白蚁 *Ahmaditermes dukouensis* Gao and Deng, 1987

模式标本：正模（兵蚁）、副模（工蚁、兵蚁）保存在中国科学院上海昆虫研究所，副模（成虫、兵蚁）保存在南京市白蚁防治研究所。

模式产地：中国四川省攀枝花市。

分布：东洋界的中国（四川）。

5. 埃默森钝颚白蚁 *Ahmaditermes emersoni* (Maiti, 1977)

曾称为：埃默森瓢白蚁 *Bulbitermes emersoni* Roonwal and Chhotani, 1977。

模式标本：正模（兵蚁）、副模（成虫、兵蚁）保存在印度动物调查所，副模（成虫、兵蚁）保存在印度森林研究所。

模式产地：印度西孟加拉邦。

分布：东洋界的不丹、印度（西孟加拉邦）、中国。

6. 凹额钝颚白蚁 *Ahmaditermes foveafrons* Gao, 1988

模式标本：正模（兵蚁）、副模（工蚁、兵蚁）保存在中国科学院上海昆虫研究所，副模（成虫、兵蚁）保存在南京市白蚁防治研究所。

模式产地：中国浙江省天目山。

分布：东洋界的中国（浙江）。

7 贵州钝颚白蚁 *Ahmaditermes guizhouensis* Li and Ping, 1982

模式标本：正模（成虫）、副模（成虫、兵蚁）保存在广东省科学院动物研究所。

模式产地：中国贵州省册亨县伟南。

分布：东洋界的中国（广西、贵州）。

*****尖峰岭钝颚白蚁 *Ahmaditermes jianfenglingensis* Ping and Xu, 1995（裸记名称）**

中文名称：当时称“尖峰岭钝象白蚁”。

分布：东洋界的中国（海南）。

8. 宽头钝颚白蚁 *Ahmaditermes laticephalus* (Ahmad, 1965)

曾称为：宽头瓢白蚁 *Bulbitermes laticephalus* Ahmad, 1965。

模式标本：正模（兵蚁）、副模（成虫、兵蚁、工蚁）保存在巴基斯坦旁遮普大学动物学系，副模（成虫、兵蚁、工蚁）保存在美国自然历史博物馆。

模式产地：泰国（Tung Sa-Lang Luang）。

分布：东洋界的中国（广西）、泰国、越南。

9. 黎平钝颚白蚁 *Ahmaditermes lipingensis* Ping and Xu, 1988

模式标本：正模（兵蚁）、副模（兵蚁、工蚁）保存在广东省科学院动物研究所，副模（兵蚁、工蚁）保存在贵州省林业研究所。

模式产地：中国贵州省黎平县。

分布：东洋界的中国（广西、贵州）。

*****巴基斯坦钝颚白蚁 *Ahmaditermes pakistanicus* Chaudhry, Ahmad, Malik, Akhtar, and Arshad, 1972（裸记名称）**

分布：东洋界的孟加拉国。

10. 近丘额钝颚白蚁 *Ahmaditermes perisinuosus* Li and Xiao, 1989

模式标本：正模（兵蚁）、副模（成虫、兵蚁）保存在广东省科学院动物研究所。

模式产地：中国广西壮族自治区贺州滑水冲自然保护区。

分布：东洋界的中国（广西）。

11. 屏南钝颚白蚁 *Ahmaditermes pingnanensis* (Li, 1979)

曾称为：屏南象白蚁 *Nasutitermes pingnanensis* Li, 1979。

模式标本：正模（兵蚁）、副模（成虫、兵蚁、工蚁）保存在浙江大学植物保护系。

模式产地：中国浙江省龙泉市屏南乡。

分布：东洋界的中国（浙江）。

12. 梨头钝颚白蚁 *Ahmaditermes pyricephalus* Akhtar, 1975

模式标本：正模（兵蚁）、副模（兵蚁、工蚁）保存在巴基斯坦旁遮普大学动物学系，副模（兵蚁、工蚁）分别保存在英国自然历史博物馆、美国自然历史博物馆、美国国家博物馆和巴基斯坦森林研究所。

模式产地：孟加拉国（Adampur）。

分布：东洋界的孟加拉国（Adampur）、中国（湖南、云南）。

生物学：它的兵蚁分为大、小二型。

13. 四川钝颚白蚁 *Ahmaditermes sichuanensis* Xia, Gao, Pan, and Tang, 1983

模式标本：正模（兵蚁）、副模（兵蚁、若蚁）保存在中国科学院上海昆虫研究所，副模（兵蚁、若蚁）分别保存在南京市白蚁防治研究所和四川省林业研究所。

模式产地：中国四川省泸州市合江县。

分布：东洋界的中国（四川）。

14. 锡金钝颚白蚁 *Ahmaditermes sikkimensis* Mukherjee and Maiti, 2008

模式标本：正模（兵蚁）、副模（工蚁）保存在印度动物调查所。

模式产地：印度锡金邦。

分布：东洋界的印度（锡金邦）。

15. 中国钝颚白蚁 *Ahmaditermes sinensis* Tsai and Huang, 1979

模式标本：正模（兵蚁）、副模（兵蚁、工蚁）保存在中国科学院动物研究所。

模式产地：中国西藏自治区墨脱县。

分布：古北界的中国（西藏）。

16. 丘额钝颚白蚁 *Ahmaditermes sinuosus* (Tsai and Chen, 1963)

曾称为：丘额象白蚁 *Nasutitermes sinuosus* Tsai and Chen, 1963。

模式标本：正模（兵蚁）、副模（兵蚁、工蚁）保存在中国科学院动物研究所。

模式产地：中国云南省金平县。

分布：东洋界的中国（福建、广东、广西、江西、重庆、云南）。

生物学：它栖居于山坡地下孔道内以及倒木、腐木、空心树根内。

*****小角头钝颚白蚁 *Ahmaditermes subdeltocephalus* Ping and Xu, 1995（裸记名称）**

中文名称：当时称为“小角头钝象白蚁”。

分布：东洋界的中国（海南）。

17. 天目钝颚白蚁 *Ahmaditermes tianmuensis* Gao, 1988

模式标本：正模（兵蚁）、副模（兵蚁、工蚁）保存在中国科学院上海昆虫研究所，副模（兵蚁、工蚁）保存在南京市白蚁防治研究所。

模式产地：中国浙江省天目山。

分布：东洋界的中国（浙江）。

18. 天童钝颚白蚁 *Ahmaditermes tiantongensis* Ping and Xin, 1993

模式标本：正模（兵蚁）、副模（兵蚁、工蚁）保存在广东省科学院动物研究所。

模式产地：中国浙江省宁波市天童山。
分布：东洋界的中国（浙江）。

19. 祥云钝颚白蚁 *Ahmaditermes xiangyunensis* Gao and Gong, 1989

模式标本：正模（兵蚁）、副模（兵蚁）保存在中国科学院上海昆虫研究所，副模（兵蚁）保存在南京市白蚁防治研究所。
模式产地：中国云南省祥云县。
分布：东洋界的中国（云南）。

（五）细颈白蚁属 *Ampoulitermes* Mathur and Thapa, 1962

模式种：维纳德细颈白蚁 *Ampoulitermes wynaadensis* Mathur and Thapa, 1962。
种类：1 种。
分布：东洋界。

1. 维纳德细颈白蚁 *Ampoulitermes wynaadensis* Mathur and Thapa, 1962

模式标本：正模（兵蚁）、副模（兵蚁、工蚁）保存在印度森林研究所，副模（兵蚁、工蚁）保存在美国自然历史博物馆。
模式产地：印度喀拉拉邦（Wynaad）。
分布：东洋界的印度（喀拉拉邦）。
生物学：模式标本采集于常绿林中的一根掉到地上的树枝。

（六）棱角白蚁属 *Angularitermes* Emerson, 1925

属名释义：此属白蚁成虫头部呈现明显的棱角形（尖角形）特征。
异名：*Tintermes* Araujo, 1970。
模式种：巨鼻棱角白蚁 *Angularitermes nasutissimus* (Emerson, 1925)。
种类：6 种。
分布：新热带界。
生物学：它是体形较小、行动缓慢的食土白蚁。
危害性：它没有危害性。

1. 大唇棱角白蚁 *Angularitermes clypeatus* Mathews, 1977

模式标本：正模（兵蚁）保存在巴西圣保罗大学动物学博物馆，副模（兵蚁、工蚁）分别保存在美国自然历史博物馆和英国自然历史博物馆。
模式产地：巴西马托格罗索州（Serra do Rancador）。
分布：新热带界的巴西。
生物学：栖息于西尔韦斯特里角象白蚁的蚁垄里。

2. 锥鼻棱角白蚁 *Angularitermes coninasus* Carrijo, Rocha, Cuezzo, and Cancello, 2011

模式标本：正模（兵蚁）、副模（兵蚁、工蚁）保存在巴西圣保罗大学动物学博物馆，副模（兵蚁、工蚁）保存在巴西贝伦自然历史博物馆。

模式产地：巴西。

分布：新热带界的巴西。

生物学：它生活在原始雨林中，筑圆顶形地上蚁垄，高约 29cm，基部宽约 55cm。蚁垄表面覆盖着松软的土壤，蚁垄周围有少许枯枝落叶和细枝。

3. 巨鼻棱角白蚁 *Angularitermes nasutissimus* (Emerson, 1925)

曾称为：巨鼻象白蚁（棱角白蚁亚属）*Nasutitermes* (*Angularitermes*) *nasutissimus* Emerson, 1925。

模式标本：正模（兵蚁）、副模（蚁后、蚁王、兵蚁、工蚁、若蚁）保存在美国自然历史博物馆，副模（兵蚁、工蚁、若蚁）保存在印度森林研究所，副模（兵蚁）分别保存在南非国家昆虫馆和荷兰马斯特里赫特自然历史博物馆。

模式产地：圭亚那（Kartabo）。

分布：新热带界的圭亚那、特立尼达和多巴哥。

4. 俄瑞斯忒斯棱角白蚁 *Angularitermes orestes* (Araujo, 1970)

种名释义：种名来自希腊传说，Orestes 是 Agamemnon 之子。

曾称为：*Tintermes orestes* Araujo, 1970。

模式标本：正模（兵蚁）、副模（兵蚁、工蚁）保存在巴西圣保罗大学动物学博物馆，副模（兵蚁、工蚁）保存在美国自然历史博物馆。

模式产地：巴西（Minas Gerais）。

分布：新热带界的巴西。

生物学：它寄居于真弓颚西尔韦斯特里白蚁、幼态生白蚁的蚁垄里。

5. 松果棱角白蚁 *Angularitermes pinocchio* Cancello and Brandão, 1996

模式标本：正模（兵蚁）、副模（兵蚁、工蚁）保存在巴西圣保罗大学动物学博物馆。

模式产地：巴西戈亚斯州。

分布：新热带界的巴西。

生物学：它生活于巴西的 Cerrado 地区和 Atlantic 森林，栖息于西尔韦斯特里角象白蚁的蚁垄里。

6. 毛鼻棱角白蚁 *Angularitermes tiguassu* Cancello and Brandão, 1996

模式标本：正模（兵蚁）、副模（兵蚁、工蚁）保存在巴西圣保罗大学动物学博物馆。

模式产地：巴西戈亚斯州。

分布：新热带界的巴西。

生物学：它生活在半落叶热带森林的土壤中，或栖息在成堆角象白蚁的蚁垄里。

（七）魔白蚁属 *Anhangatermes* Constantino, 1990

模式种：麦克阿瑟魔白蚁 *Anhangatermes macarthuri* Constantino, 1990。

种类：5 种。

分布：新热带界（只分布于巴西）。

生物学：它是体形较小的食土白蚁。

危害性：它没有危害性。

1. 魔鬼魔白蚁 *Anhangatermes anhanguera* Oliveira and Cunha,2014

种名释义：种名来自巴西图皮语，意为“老魔鬼”，它也是 Bartolomeu Bueno da Silva（于 1722 年发现了巴西）的绰号。

模式标本：正模（兵蚁）、副模（兵蚁、工蚁）保存在巴西利亚大学动物学系，副模（兵蚁、工蚁）保存在戈亚斯州立大学。

模式产地：巴西戈亚斯州。

分布：新热带界的巴西。

生物学：它生活在林廊中和稀树草原上。

2. 宽头魔白蚁 *Anhangatermes eurycephalus* Oliveira and Constantino, 2014

模式标本：正模（兵蚁）、副模（兵蚁、工蚁）保存在巴西利亚大学动物学系。

模式产地：巴西亚马孙州。

分布：新热带界的巴西。

生物学：它生活在原始雨林中。

3. 茹鲁埃纳魔白蚁 *Anhangatermes juruena* Oliveira and Constantino, 2014

模式标本：正模（兵蚁）、副模（兵蚁、工蚁）保存在巴西利亚大学动物学系。

模式产地：巴西马托格罗索州（Juruena）。

分布：新热带界的巴西。

生物学：它生活在柚木林中厚厚的枯枝落叶层的上层土壤中。

4. 麦克阿瑟魔白蚁 *Anhangatermes macarthuri* Constantino, 1990

种名释义：种名来自课题资助资金会（John D. and Catherine T. MacArthur）的名称。

模式标本：正模（兵蚁）保存在巴西贝伦自然历史博物馆，副模（兵蚁、工蚁）保存在巴西圣保罗大学动物学博物馆。

模式产地：巴西（Amapá）。

分布：新热带界的巴西。

生物学：它生活在原始雨林中，栖息于倒地腐烂的原木下。它食土或食腐质；它可能是地栖白蚁，工蚁和兵蚁行动迟缓；未发现它的蚁巢结构。

5. 多毛魔白蚁 *Anhangatermes pilosus* Oliveira and Constantino, 2014

模式标本：正模（兵蚁）、副模（兵蚁、工蚁）保存在巴西利亚大学动物学系。

模式产地：巴西马托格罗索州。

分布：新热带界的巴西。

生物学：它生活在有树、灌木、小山丘的稀树草原的山丘地之上层土壤中。

（八）安的列斯白蚁属 *Antillitermes* Roisin, Scheffrahn, and Křeček, 1996

模式种：细瘦安的列斯白蚁 *Antillitermes subtilis* (Scheffrahn and Křeček, 1993)。

种类：1 种。

分布：新热带界。

1. 细瘦安的列斯白蚁 *Antillitermes subtilis* (Scheffrahn and Křeček, 1993)

曾称为：细瘦微白蚁 *Parvitermes subtilis* Scheffrahn and Křeček, 1993。

模式标本：正模（兵蚁）保存在美国国家博物馆，副模（兵蚁、工蚁）保存在美国自然历史博物馆。

模式产地：多米尼加共和国（Caracoles）。

分布：新热带界的古巴、多米尼加共和国。

生物学：它的体形较小。它的兵蚁单型。

（九）阿劳若白蚁属 *Araujotermes* Fontes, 1982

异名：西尔韦斯特里白蚁属 *Silvestritermes* Emerson, 1955。

模式种：凯萨拉阿劳若白蚁 *Araujotermes caissara* Fontes, 1982。

种类：4 种。

分布：新热带界。

生物学：它是体形较小的食土白蚁。

危害性：它没有危害性。

1. 凯萨拉阿劳若白蚁 *Araujotermes caissara* Fontes, 1982

种名释义：种名来自巴西本地语言，指圣保罗等地海滨居民。

模式标本：正模（兵蚁）、副模（成虫、兵蚁、工蚁）保存在巴西圣保罗大学动物学博物馆。

模式产地：巴西（Santa Catarína）。

分布：新热带界的巴西。

2. 侏儒阿劳若白蚁 *Araujotermes nanus* Constantino, 1991

模式标本：正模（兵蚁）保存在巴西贝伦自然历史博物馆，副模（成虫、兵蚁、工蚁）保存在巴西圣保罗大学动物学博物馆。

模式产地：巴西（Japurá 河下游）。

分布：新热带界的巴西。

3. 长毛阿劳若白蚁 *Araujotermes parvellus* (Silvestri, 1923)

曾称为：长毛真白蚁 *Eutermes parvellus* Silvestri, 1923。

模式标本：全模（成虫、兵蚁、工蚁）分别保存在意大利农业昆虫研究所和美国自然历史博物馆。

模式产地：圭亚那（Kartabo）。

分布：新热带界的巴西（亚马孙雨林）、法属圭亚那、圭亚那、特立尼达和多巴哥。

4. 策特克阿劳若白蚁 *Araujotermes zeteki* (Snyder, 1924)

种名释义：种名来自 J. Zetek 的姓。

曾称为：策特克象白蚁（锥白蚁亚属）*Nasutitermes* (*Subulitermes*) *zeteki* Snyder, 1924。

模式标本：正模（兵蚁）、副模（兵蚁、工蚁）保存在美国国家博物馆，副模（兵蚁、工蚁）分别保存在美国自然历史博物馆和印度森林研究所。

模式产地：巴拿马（Summit）。

分布：新热带界的巴拿马。

生物学：它生活在腐烂的木材中，可能能取食腐烂的木材。

（十）弧白蚁属 *Arcotermes* Fan, 1983

模式种：管鼻弧白蚁 *Arcotermes tubus* Fan, 1983。

种类：1 种。

分布：东洋界。

1. 管鼻弧白蚁 *Arcotermes tubus* Fan, 1983

模式标本：正模（兵蚁）保存在中国科学院上海昆虫研究所。

模式产地：中国江西省。

分布：东洋界的中国（江西、浙江）。

（十一）阿特拉斯白蚁属 *Atlantitermes* Fontes, 1979

中文名称：此属曾被误称为“非洲白蚁属”。

模式种：好斗阿特拉斯白蚁 *Atlantitermes guarinim* Fontes, 1979。

种类：8 种。

分布：新热带界。

生物学：它是体形较小的食土白蚁。

危害性：它没有危害性。

1. 好斗阿特拉斯白蚁 *Atlantitermes guarinim* Fontes, 1979

种名释义：种名来自巴西图皮语，意为“好斗”。

模式标本：正模（兵蚁）、副模（成虫、兵蚁、工蚁、若蚁）保存在巴西圣保罗大学动物学博物馆。

模式产地：巴西圣保罗（Itanhaém）。

分布：新热带界的巴西（圣保罗）。

2. 具锯阿特拉斯白蚁 *Atlantitermes ibitiriguara* Fontes, 1979

种名释义：种名来自巴西图皮语。

模式标本：正模（兵蚁）、副模（成虫、兵蚁、工蚁、若蚁）保存在巴西圣保罗大学动物学博物馆。

模式产地：巴西圣保罗（Alto da Serra）。

分布：新热带界的巴西（圣保罗）。

3. 柯比阿特拉斯白蚁 *Atlantitermes kirbyi* (Snyder, 1926)

曾称为：柯比象白蚁（锥白蚁亚属）*Nasutitermes* (*Subulitermes*) *kirbyi* Snyder, 1926。

模式标本：选模（兵蚁）、副选模（兵蚁、工蚁）保存在美国国家博物馆，副选模（兵蚁、工蚁）分别保存在美国自然历史博物馆和耶鲁大学皮博迪博物馆。

模式产地：巴拿马运河区域（Barro Colorade Island）。

分布：新热带界的尼加拉瓜、巴拿马。

生物学：它栖息在地上的死木材中。

4. 巨眼阿特拉斯白蚁 *Atlantitermes oculatissimus* (Emerson, 1925)

曾称为：巨眼象白蚁（锥白蚁亚属）*Nasutitermes* (*Subulitermes*) *oculatissimus* Emerson, 1925。

模式标本：正模（成虫）、副模（成虫、兵蚁、工蚁）保存在美国自然历史博物馆。

模式产地：圭亚那（Kartabo）。

分布：新热带界的巴西（亚马孙雨林）、法属圭亚那、圭亚那。

5. 奥斯本阿特拉斯白蚁 *Atlantitermes osborni* (Emerson, 1925)

曾称为：奥斯本象白蚁（锥白蚁亚属）*Nasutitermes* (*Subulitermes*) *osborni* Emerson, 1925。

模式标本：正模（蚁后）、副模（兵蚁、工蚁）保存在美国自然历史博物馆，副模（兵蚁、工蚁）保存在印度森林研究所。

模式产地：圭亚那（Kartabo）。

分布：新热带界的巴西（亚马孙雨林、Minas Gerais、Pará）、圭亚那。

6. 少毛阿特拉斯白蚁 *Atlantitermes raripilus* (Emerson, 1925)

曾称为：少毛象白蚁（锥白蚁亚属）*Nasutitermes* (*Subulitermes*) *raripilus* Emerson, 1925。

模式标本：正模（蚁后）、副模（兵蚁、工蚁）保存在美国自然历史博物馆，副模（兵蚁、工蚁、若蚁）保存在印度森林研究所，副模（兵蚁）保存在荷兰马斯特里赫特自然历史博物馆。

模式产地：圭亚那（Kartabo）。

分布：新热带界的巴西（亚马孙雨林）、圭亚那。

7. 斯奈德阿特拉斯白蚁 *Atlantitermes snyderi* (Emerson, 1925)

曾称为：斯奈德象白蚁（锥白蚁亚属）*Nasutitermes* (*Subulitermes*) *snyderi* Emerson, 1925。

模式标本：正模（成虫）、副模（成虫、兵蚁、工蚁）保存在美国自然历史博物馆，副模（兵蚁、工蚁、成虫）保存在印度森林研究所，副模（兵蚁）保存在荷兰马斯特里赫特自然历史博物馆。

模式产地：圭亚那（Kartabo）。

分布：新热带界的巴西（亚马孙雨林）、法属圭亚那、圭亚那、特立尼达和多巴哥。

8. 喜粪阿特拉斯白蚁 *Atlantitermes stercophilus* Constantino and DeSouza, 1997

模式标本：正模（兵蚁）、副模（兵蚁、工蚁）保存在巴西圣保罗大学动物学博物馆。

模式产地：巴西（Minas Gerais）。

分布：新热带界的巴西（Minas Gerais）。

（十二）澳大利亚白蚁属 *Australitermes* Emerson, 1960

模式种：清晰澳大利亚白蚁 *Australitermes dilucidus* (Hill, 1942)。

种类：3 种。

分布：澳洲界。

1. 清晰澳大利亚白蚁 *Australitermes dilucidus* (Hill, 1942)

曾称为：清晰真白蚁 *Eutermes dilucidus* Hill, 1942。

异名：清晰锥白蚁 *Subulitermes dilucidus* Snyder, 1949。

模式标本：正模（雌成虫）、副模（蚁王、蚁后、成虫、兵蚁、工蚁）保存在澳大利亚国家昆虫馆，副模（蚁王、蚁后、兵蚁）保存在美国自然历史博物馆，副模（成虫、兵蚁）保存在南非国家昆虫馆。

模式产地：澳大利亚昆士兰州（Doongul Forest）。

分布：澳洲界的澳大利亚（昆士兰州）。

2. 易辨澳大利亚白蚁 *Australitermes insignitus* (Hill, 1942)

曾称为：易辩奇异白蚁（奇异白蚁亚属）*Mirotermes* (*Mirotermes*) *insignitus* Hill, 1942。

模式标本：正模（雄成虫）、副模（成虫）保存在澳大利亚国家昆虫馆，副模（成虫）分别保存在美国自然历史博物馆和美国国家博物馆。

模式产地：澳大利亚北领地（Wauchope Creek）。

分布：澳洲界的澳大利亚（北领地、南澳大利亚州）。

3. 极轻澳大利亚白蚁 *Australitermes perlevis* (Hill, 1942)

曾称为：极轻真白蚁 *Eutermes perlevis* Hill, 1942。

异名：极轻锥白蚁 *Subulitermes perlevis* Snyder, 1949、极轻大锥白蚁 *Macrosubulitermes perlevis* Emerson, 1960。

模式标本：正模（兵蚁）、副模（兵蚁）保存在澳大利亚国家昆虫馆，副模（兵蚁）分别保存在美国自然历史博物馆和南非国家昆虫馆。

模式产地：澳大利亚北领地。

分布：澳洲界的澳大利亚（北领地、昆士兰州）。

生物学：它生活在土壤中的蚁道内或其他白蚁的蚁垄中。它的蚁道由一系列小室组成，小室由漏斗形的进出管相连接，小室壁不光滑，铺有细小的鹅卵石。它取食土壤或它所栖息蚁垄的物质。

（十三）颈细白蚁属 *Baucaliotermes* Sands, 1965

模式种：海恩斯颈细白蚁 *Baucaliotermes hainesi* (Fuller, 1922)。

种类：1 种。

分布：非洲界。

1. 海恩斯颈细白蚁 *Baucaliotermes hainesi* (Fuller, 1922)

曾称为：海恩斯锥白蚁 *Subulitermes hainesi* Fuller, 1922。

异名：海恩斯三脉白蚁 *Trinervitermes hainesi* (Fuller) Emerson, 1960。

模式标本：选模（兵蚁）、副选模（兵蚁、工蚁）保存在南非国家昆虫馆，副选模（兵蚁）分别保存在英国自然历史博物馆和美国自然历史博物馆。

模式产地：南非开普省。

分布：非洲界的纳米比亚、南非。

生物学：它是一种食草白蚁，夜里从觅食孔里出来，四处收集地表的草屑、落叶、树皮、正在腐烂的木材、食草动物的粪便。它将不多的食物以碎屑的形式贮存在地下巢中。

危害性：它没有危害性。

（十四）瓢白蚁属 *Bulbitermes* Emerson, 1949

中文名称：我国学者曾称之为“球白蚁属”“球根白蚁属”。

模式种：紧缩瓢白蚁 *Bulbitermes constrictus* (Haviland, 1898)。

种类：33 种。

分布：东洋界。

1. 婆罗瓢白蚁 *Bulbitermes borneensis* (Haviland, 1898)

曾称为：婆罗白蚁 *Termes borneensis* Haviland, 1898。

模式标本：全模（成虫、兵蚁、工蚁）保存在英国剑桥大学动物学博物馆，全模（兵蚁、工蚁）保存在美国自然历史博物馆。

模式产地：马来西亚砂拉越。

分布：东洋界的印度尼西亚（苏门答腊）、马来西亚（沙巴、砂拉越）。

2. 短角瓢白蚁 *Bulbitermes brevicornis* (Light and Wilson, 1936)

曾称为：短角象白蚁（象白蚁亚属）*Nasutitermes* (*Nasutitermes*) *brevicornis* Light and Wilson, 1936。

模式标本：正模（兵蚁）保存在美国国家博物馆，副模（兵蚁、工蚁、若蚁）保存在美国自然历史博物馆。

模式产地：菲律宾棉兰老岛（Cotabato）。

分布：东洋界的菲律宾（棉兰老岛）。

3. 瓢头瓢白蚁 *Bulbitermes bulbiceps* Maiti and Saha, 2000

模式标本：正模（兵蚁）、副模（兵蚁、工蚁）保存在印度动物调查所，副模（兵蚁、工蚁）保存在印度森林研究所。

模式产地：印度阿萨姆邦（Jorhat District）。

分布：东洋界的印度（阿萨姆邦）。

4. 布桑加瓢白蚁 *Bulbitermes busuangae* (Light and Wilson, 1936)

曾称为：布桑加象白蚁（象白蚁亚属）*Nasutitermes* (*Nasutitermes*) *busuangae* Light and Wilson, 1936。

模式标本：正模（兵蚁）保存在美国国家博物馆，副模（兵蚁、工蚁）保存在美国自然历史博物馆。

模式产地：菲律宾（Busuanga）。

分布：东洋界的菲律宾（巴拉望）。

5. 缩头瓢白蚁 *Bulbitermes constricticeps* (Light and Wilson, 1936)

曾称为：缩头象白蚁（象白蚁亚属）*Nasutitermes* (*Nasutitermes*) *constricticeps* Light and Wilson, 1936。

模式标本：正模（兵蚁）保存在美国国家博物馆，副模（兵蚁、工蚁、若蚁）保存在美国自然历史博物馆。

模式产地：菲律宾棉兰老岛。

分布：东洋界的菲律宾（棉兰老岛）。

6. 类紧缩瓢白蚁 *Bulbitermes constrictiformis* (Holmgren, 1914)

曾称为：类紧缩真白蚁（真白蚁亚属）*Eutermes* (*Eutermes*) *constrictiformis* Holmgren, 1914。

异名：宽鼻真白蚁（真白蚁亚属）*Eutermes* (*Eutermes*) *latinasus* Holmgren, 1914。

模式标本：全模（成虫、兵蚁、工蚁）保存在美国自然历史博物馆，全模（兵蚁、工蚁）保存在印度森林研究所。

模式产地：马来西亚（Taiping）、印度尼西亚苏门答腊。

分布：东洋界的印度尼西亚（苏门答腊）、马来西亚（大陆、沙巴）。

7. 似紧缩瓢白蚁 *Bulbitermes constrictoides* (Holmgren, 1913)

曾称为：似紧缩真白蚁（真白蚁亚属）*Eutermes* (*Eutermes*) *constrictoides* Holmgren, 1913。

模式标本：全模（兵蚁、工蚁）分别保存在美国国家博物馆、美国自然历史博物馆和印度森林研究所。

模式产地：马来西亚马六甲。

分布：东洋界的印度尼西亚（爪哇、苏门答腊）、马来西亚（大陆）。

8. 紧缩瓢白蚁 *Bulbitermes constrictus* (Haviland, 1898)

曾称为：紧缩白蚁 *Termes constrictus* Haviland, 1898。

模式标本：全模（成虫、兵蚁、工蚁）保存在英国剑桥大学动物学博物馆，全模（兵蚁、工蚁）保存在美国自然历史博物馆。

模式产地：马来西亚砂拉越。

分布：东洋界的印度尼西亚（加里曼丹、苏门答腊）、马来西亚（沙巴、砂拉越）。

9. 榴莲岛瓢白蚁 *Bulbitermes durianensis* Roonwal and Maiti, 1966

模式标本：正模（兵蚁）、副模（成虫、兵蚁、工蚁）保存在印度动物调查所，副模（兵蚁、工蚁）分别保存在美国自然历史博物馆、印度森林研究所、印度农业研究所昆虫学分部和印度尼西亚茂物动物学博物馆。

模式产地：印度尼西亚（Durian）。

分布：东洋界的印度尼西亚（榴莲岛）。

10. 黄色瓢白蚁 *Bulbitermes flavicans* (Holmgren, 1913)

曾称为：黄色真白蚁（真白蚁亚属）*Eutermes* (*Eutermes*) *flavicans* Holmgren, 1913。

模式标本：全模（兵蚁、工蚁）分别保存在瑞典动物研究所、美国自然历史博物馆和英国剑桥大学动物学博物馆。

模式产地：马来西亚砂拉越。

分布：东洋界的印度尼西亚（加里曼丹、苏门答腊）、马来西亚（大陆、沙巴、砂拉越）。

11. 栗色瓢白蚁 *Bulbitermes fulvus* (Tsai and Chen, 1963)

曾称为：栗色象白蚁 *Nasutitermes fulvus* Tsai and Chen, 1963。

模式标本：正模（兵蚁）、副模（兵蚁、工蚁、若蚁）保存在中国科学院动物研究所，副模（兵蚁、工蚁、若蚁）保存在美国自然历史博物馆。

模式产地：中国云南省金平县。

分布：东洋界的中国（云南）。

生物学：它栖居地下，蛀蚀树根。

12. 格德瓢白蚁 *Bulbitermes gedeensis* (Kemner, 1934)

曾称为：格德真白蚁 *Eutermes gedeensis* Kemner, 1934。

模式标本：全模（兵蚁、工蚁）分别保存在瑞典隆德大学动物研究所、美国自然历史博物馆和印度森林研究所。

模式产地：印度尼西亚爪哇（Tjibodas）。

分布：东洋界的印度尼西亚（爪哇）。

13. 常见瓢白蚁 *Bulbitermes germanus* (Haviland, 1898)

曾称为：常见白蚁 *Termes germanus* Haviland, 1898。

模式标本：全模（成虫、兵蚁、工蚁）分别保存在英国剑桥大学动物学博物馆和美国自然历史博物馆，全模（工蚁）保存在印度森林研究所。

模式产地：新加坡。

分布：东洋界的马来西亚（大陆）、新加坡、泰国。

14. 柔佛瓢白蚁 *Bulbitermes johorensis* Akhtar and Pervez, 1986

模式标本：正模（兵蚁）、副模（兵蚁）保存在巴基斯坦旁遮普大学动物学系。

模式产地：马来西亚柔佛州。

分布：东洋界的马来西亚（大陆）。

15. 克雷珀林瓢白蚁 *Bulbitermes kraepelini* (Holmgren, 1913)

曾称为：克雷珀林真白蚁（真白蚁亚属）*Eutermes* (*Eutermes*) *kraepelini* Holmgren, 1913。

模式标本：全模（兵蚁、工蚁）分别保存在瑞典动物研究所、德国汉堡动物学博物馆和美国自然历史博物馆。

模式产地：新加坡。

分布：东洋界的印度尼西亚（苏门答腊）、新加坡。

16. 拉克什曼瓢白蚁 *Bulbitermes lakshmani* Roonwal and Maiti, 1966

模式标本：正模（兵蚁）、副模（兵蚁、工蚁）保存在印度动物调查所，副模（兵蚁、工蚁）分别保存在美国自然历史博物馆、印度森林研究所和印度尼西亚茂物动物学博物馆。

模式产地：印度尼西亚（Peutjang Island）。

分布：东洋界的印度尼西亚（爪哇）。

17. 马里维勒瓢白蚁 *Bulbitermes mariveles* (Light and Wilson, 1936)

曾称为：马里维勒锥白蚁 *Subulitermes mariveles* Light and Wilson, 1936。

模式标本：正模（成虫）、副模（兵蚁、工蚁）保存在美国国家博物馆，副模（成虫、兵蚁、工蚁）分别保存在美国自然历史博物馆和印度森林研究所，副模（兵蚁、工蚁）保存在瑞典动物研究所，副模（兵蚁）保存在南非国家昆虫馆。

模式产地：菲律宾吕宋（Mt. Mariveles）。

分布：东洋界的菲律宾（吕宋）。

18. 麦格雷戈瓢白蚁 *Bulbitermes mcgregori* (Oshima, 1916)

曾称为：麦格雷戈真白蚁（锡兰白蚁亚属）*Eutermes* (*Ceylonitermes*) *mcgregori* Oshima, 1916。

模式标本：全模（成虫、兵蚁、工蚁）保存地不详。

模式产地：菲律宾吕宋（Laguna）。

分布：东洋界的菲律宾（吕宋）。

19. 大鼻瓢白蚁 *Bulbitermes nasutus* (Holmgren, 1914)

曾称为：大鼻真白蚁（真白蚁亚属）*Eutermes* (*Eutermes*) *nasutus* Holmgren, 1914。

模式标本：全模（兵蚁、工蚁、若蚁）保存在美国自然历史博物馆，全模（工蚁、若蚁）保存在印度森林研究所。

模式产地：印度尼西亚苏门答腊（Bandar Baroe）。

分布：东洋界的印度尼西亚（苏门答腊）。

20. 似极小瓢白蚁 *Bulbitermes parapusillus* Ahmad, 1965

模式标本：正模（兵蚁）、副模（成虫、兵蚁、工蚁）保存在巴基斯坦旁遮普大学动物学系，副模（成虫、兵蚁、工蚁）保存在美国自然历史博物馆。

模式产地：泰国（Prew）。

分布：东洋界的孟加拉国、印度（梅加拉亚邦）、马来西亚（大陆）、泰国。

21. 近极小瓢白蚁 *Bulbitermes perpusillus* (John, 1925)

曾称为：极小真白蚁（真白蚁亚属）近极小亚种 *Eutermes* (*Eutermes*) *pusillus perpusillus* John, 1925。

模式标本：全模（兵蚁）分别保存在英国自然历史博物馆和美国自然历史博物馆。

模式产地：新加坡。

分布：东洋界的马来西亚（大陆）、新加坡。

22. 普拉巴瓢白蚁 *Bulbitermes prabhae* Krishna, 1965

种名释义：种名来自帮助定名人采集白蚁标本的 Prabha Prakash 博士的名字。

异名：马堪瓢白蚁 *Bulbitermes makhamensis* Ahmad, 1965。

模式标本：正模（兵蚁）、副模（兵蚁、工蚁）保存在美国自然历史博物馆。

模式产地：缅甸眉苗。

分布：东洋界的缅甸、泰国、越南。

23. 似大鼻瓢白蚁 *Bulbitermes pronasutus* Akhtar and Pervez, 1986

模式标本：正模（兵蚁）、副模（兵蚁）保存在巴基斯坦旁遮普大学动物学系。

模式产地：马来西亚（Tarenganu）。

分布：东洋界的马来西亚（大陆）。

24. 似罗莎瓢白蚁 *Bulbitermes prorosae* Akhtar and Pervez, 1986

模式标本：正模（兵蚁）、副模（兵蚁）保存在巴基斯坦旁遮普大学动物学系。

模式产地：印度尼西亚苏拉威西（Paku）。

分布：东洋界的印度尼西亚（苏拉威西）。

25. 极小瓢白蚁 *Bulbitermes pusillus* (Holmgren, 1914)

曾称为：极小真白蚁（真白蚁亚属）*Eutermes* (*Eutermes*) *pusillus* Holmgren, 1914。

异名：新极小瓢白蚁 *Bulbitermes neopusillus* Snyder and Emerson, 1949。

模式标本：全模（兵蚁、工蚁）分别保存在美国自然历史博物馆和印度森林研究所。

模式产地：印度尼西亚爪哇（茂物、Tjiogrek）。

分布：东洋界的印度尼西亚（加里曼丹、爪哇、Mentawai Islands、苏门答腊）、马来西亚（大陆）。

26. 梨形瓢白蚁 *Bulbitermes pyriformis* Akhtar, 1975

模式标本：正模（兵蚁）、副模（兵蚁、工蚁）保存在巴基斯坦旁遮普大学动物学系，副模（兵蚁、工蚁）分别保存在巴基斯坦森林研究所、美国国家博物馆、美国自然历史博物馆和英国自然历史博物馆。

模式产地：孟加拉国（Adampur）。

分布：东洋界的孟加拉国。

27. 罗莎瓢白蚁 *Bulbitermes rosae* (Kemner, 1934)

曾称为：罗莎真白蚁 *Eutermes rosae* Kemner, 1934。

模式标本：全模（兵蚁、工蚁）分别保存在瑞典隆德大学动物研究所、美国自然历史博物馆和印度森林研究所。

模式产地：印度尼西亚爪哇。

分布：东洋界的印度尼西亚（爪哇）。

28. 萨拉山瓢白蚁 *Bulbitermes salakensis* (Kemner, 1934)

曾称为：萨拉山真白蚁 *Eutermes salakensis* Kemner, 1934。

模式标本：全模（成虫、兵蚁、工蚁）分别保存在瑞典隆德大学动物研究所和美国自然历史博物馆，全模（兵蚁）保存在印度森林研究所。

模式产地：印度尼西亚爪哇（Depok）。

分布：东洋界的印度尼西亚（爪哇）。

29. 砂拉越瓢白蚁 *Bulbitermes sarawakensis* (Haviland, 1898)

曾称为：砂拉越白蚁 *Termes sarawakensis* Haviland, 1898。

模式标本：全模（成虫、兵蚁、工蚁）保存在英国剑桥大学动物学博物馆，全模（蚁王、兵蚁、工蚁）保存在美国自然历史博物馆，全模（兵蚁、工蚁）分别保存在印度森林研究所和印度动物调查所。

模式产地：马来西亚砂拉越。

分布：东洋界的印度尼西亚（苏门答腊）、马来西亚（大陆、沙巴、砂拉越）。

生物学：它生活于热带雨林中，筑树栖巢，通过蚁道觅食。兵蚁单型，工蚁二型。

30. 新加坡瓢白蚁 *Bulbitermes singaporiensis* (Haviland, 1898)

曾称为：新加坡白蚁 *Termes singaporiensis* Haviland, 1898。

模式标本：全模（成虫、兵蚁、工蚁）分别保存在英国剑桥大学动物学博物馆和美国自然历史博物馆，全模（成虫、若蚁、工蚁）保存在印度森林研究所。

模式产地：新加坡。

分布：东洋界的印度尼西亚（加里曼丹、苏门答腊）、马来西亚（大陆）、新加坡。

31. 似锥瓢白蚁 *Bulbitermes subulatus* (Holmgren, 1914)

曾称为：似锥真白蚁（真白蚁亚属）*Eutermes* (*Eutermes*) *subulatus* Holmgren, 1914。

模式标本：全模（兵蚁、工蚁）保存在美国自然历史博物馆，全模（兵蚁）保存在印度森林研究所。

模式产地：印度尼西亚苏门答腊（Bandar Baroe）。

分布：东洋界的印度尼西亚（苏门答腊）。

32. 乌马斯乌马斯瓢白蚁 *Bulbitermes umasumasensis* Thapa, 1982

模式标本：正模（兵蚁）、副模（兵蚁、工蚁）保存在印度森林研究所。

模式产地：马来西亚沙巴（Umas Umas）。

分布：东洋界的马来西亚（沙巴）。

33. 相似瓢白蚁 *Bulbitermes vicinus* (Kemner, 1934)

曾称为：相似真白蚁 *Eutermes vicinus* Kemner, 1934。

模式标本：全模（成虫、兵蚁、工蚁）保存在瑞典隆德大学动物研究所。

模式产地：印度尼西亚爪哇（Depok）。

分布：东洋界的印度尼西亚（爪哇）。

（十五）林白蚁属 *Caetetermes* Fontes, 1981

模式种：塔夸拉林白蚁 *Caetetermes taquarussu* Fontes, 1981。

种类：1 种。

分布：新热带界。

1. 塔夸拉林白蚁 *Caetetermes taquarussu* Fontes, 1981

模式标本：正模（兵蚁）、副模（兵蚁、工蚁）保存在英国自然历史博物馆，副模（兵蚁、工蚁）保存在巴西圣保罗大学动物学博物馆。

模式产地：厄瓜多尔（Morona Santiago）。

分布：新热带界的巴西（亚马孙雨林）、厄瓜多尔、法属圭亚那、圭亚那、苏里南。
生物学：它生活在常绿热带雨林中，食木。工蚁分大、小二型。

（十六）加勒比白蚁属 *Caribitermes* Roisin, Scheffrahn, and Křeček, 1996

模式种：异色加勒比白蚁 *Caribitermes discolor* (Banks, 1919)。
种类：1 种。
分布：新热带界。

1. 异色加勒比白蚁 *Caribitermes discolor* (Banks, 1919)

曾称为：异色缩白蚁 *Constrictotermes discolor* Banks, 1919。
模式标本：全模（兵蚁、工蚁、若蚁）分别保存在美国自然历史博物馆和哈佛大学比较动物学博物馆，全模（兵蚁、工蚁）保存在美国国家博物馆。
模式产地：波多黎各。
分布：新热带界的古巴、多米尼加共和国、海地、牙买加、波多黎各。
生物学：它的兵蚁单型，体形小。从工蚁上颚形态判断，它应属于食木白蚁。

（十七）小锡兰白蚁属 *Ceylonitermellus* Emerson, 1960

模式种：汉塔娜小锡兰白蚁 *Ceylonitermellus hantanae* (Holmgren, 1911)。
种类：2 种。
分布：东洋界（主要分布在斯里兰卡，但据印度学者报道，喀拉拉邦有分布，没有指明种类）。
生物学：它是真正的食土白蚁，取食腐殖质下的土壤矿化颗粒。它生活于森林内部，不生活在人类栖息的地方或人类开发的土地中。
危害性：它没有危害性。

1. 汉塔娜小锡兰白蚁 *Ceylonitermellus hantanae* (Holmgren, 1911)

曾称为：汉塔娜真白蚁 *Eutermes hantanae* Holmgren, 1911。
异名：汉塔娜锥白蚁 *Subulitermes hantanae* Snyder, 1949。
模式标本：全模（兵蚁、工蚁）分别保存在瑞典动物研究所、意大利农业昆虫研究所和美国自然历史博物馆。
模式产地：斯里兰卡（Hantana 山区）。
分布：东洋界的斯里兰卡。

2. 科图瓦小锡兰白蚁 *Ceylonitermellus kotuae* (Bugnion, 1914)

曾称为：科图瓦真白蚁 *Eutermes kotuae* Bugnion, 1914。
异名：科图瓦锥白蚁 *Subulitermes kotuae* Snyder, 1949。
模式标本：全模（成虫、兵蚁、工蚁）保存地不详。
模式产地：斯里兰卡（Kotua）。
分布：东洋界的斯里兰卡。

（十八）锡兰白蚁属 *Ceylonitermes* Holmgren, 1912

模式种：埃舍里希锡兰白蚁 *Ceylonitermes escherichi* (Holmgren, 1911)。
种类：3 种。
分布：东洋界。

1. 埃舍里希锡兰白蚁 *Ceylonitermes escherichi* (Holmgren, 1911)

曾称为：埃舍里希真白蚁 *Eutermes escherichi* Holmgren, 1911。
模式标本：全模（兵蚁、工蚁）分别保存在美国自然历史博物馆、美国国家博物馆和瑞典动物研究所。
模式产地：斯里兰卡（Peradeniya）。
分布：东洋界的斯里兰卡。

2. 印度锡兰白蚁 *Ceylonitermes indicola* Thakur, 1976

模式标本：正模（兵蚁）、副模（兵蚁、工蚁）保存在印度森林研究所。
模式产地：印度喀拉拉邦（Nilambur）。
分布：东洋界的印度（喀拉拉邦）、印度尼西亚（苏门答腊）和斯里兰卡。

3. 保洛斯锡兰白蚁 *Ceylonitermes paulosus* Ipe and Mathew, 2019

种名释义：种名来自印度柯钦科技大学生物技术系神经科学中心主任、已故杰出生物学家 C. S. Paulose 教授的姓。
模式标本：正模（兵蚁）、副模（兵蚁、工蚁）保存在印度喀拉拉邦 CMS 学院。
模式产地：印度喀拉拉邦。
分布：东洋界的印度（喀拉拉邦）。

（十九）缩狭白蚁属 *Coarctotermes* Holmgren, 1912

异名：*Toliaratermes* Eggleton and Davies, 2003（裸记名称）。
模式种：漏壶缩狭白蚁 *Coarctotermes clepsydra* (Sjöstedt, 1904)。
种类：4 种。
分布：非洲界。

1. 贝哈拉缩狭白蚁 *Coarctotermes beharaensis* Cachan, 1949

模式标本：全模（兵蚁、工蚁）分别保存在比利时非洲中心皇家博物馆和美国自然历史博物馆。
模式产地：马达加斯加（Behara）。
分布：非洲界的马达加斯加。

2. 漏壶缩狭白蚁 *Coarctotermes clepsydra* (Sjöstedt, 1904)

曾称为：漏壶真白蚁 *Eutermes clepsydra* Sjöstedt, 1904。
模式标本：全模（兵蚁、工蚁）分别保存在法国自然历史博物馆、瑞典自然历史博物馆和美国自然历史博物馆，全模（兵蚁）保存在南非国家昆虫馆。
模式产地：马达加斯加（Fianarantsoa）。

分布：非洲界的马达加斯加。

3. 纳索诺夫缩狭白蚁 *Coarctotermes nasonovi* (Czerwinski, 1901)

曾称为：纳索诺夫真白蚁 *Eutermes nasonovi* Czerwinski, 1901。

模式标本：全模（成虫、兵蚁、工蚁）保存地不详。

模式产地：马达加斯加。

分布：非洲界的马达加斯加。

4. 波利昂缩狭白蚁 *Coarctotermes pauliani* Cachan, 1949

模式标本：全模（兵蚁、工蚁）分别保存在比利时非洲中心皇家博物馆和美国自然历史博物馆，全模（大兵蚁、小兵蚁）保存在南非国家昆虫馆。

模式产地：马达加斯加。

分布：非洲界的马达加斯加。

（二十）凸鼻白蚁属 *Coatitermes* Fontes, 1982

模式种：克利夫兰凸鼻白蚁 *Coatitermes clevelandi* (Snyder, 1926)。

种类：4 种。

分布：新热带界。

生物学：它是体形较小的食土白蚁。

1. 克利夫兰凸鼻白蚁 *Coatitermes clevelandi* (Snyder, 1926)

种名释义：种名来自白蚁肠道原生动物研究专家 L. R. Cleveland 的姓。

曾称为：克利夫兰象白蚁（凸白蚁亚属）*Nasutitermes* (*Convexitermes*) *clevelandi* Snyder, 1926。

模式标本：全模（兵蚁、工蚁）分别保存在耶鲁大学皮博迪博物馆和美国自然历史博物馆。

模式产地：巴拿马运河区域（Barro Colorade Island）。

分布：新热带界的巴西（亚马孙雨林）、巴拿马。

2. 卡尔塔波凸鼻白蚁 *Coatitermes kartaboensis* (Emerson, 1925)

曾称为：卡尔塔波象白蚁（凸白蚁亚属）*Nasutitermes* (*Convexitermes*) *kartaboensis* Emerson, 1925。

模式标本：正模（成虫）、副模（成虫、兵蚁、工蚁）保存在美国自然历史博物馆，副模（成虫、兵蚁、工蚁）保存在印度森林研究所。

模式产地：圭亚那（Kartabo）。

分布：新热带界的巴西（亚马孙雨林）、法属圭亚那、圭亚那。

3. 马扎鲁尼凸鼻白蚁 *Coatitermes mazaruniensis* (Emerson, 1925)

曾称为：马扎鲁尼象白蚁（凸白蚁亚属）*Nasutitermes* (*Convexitermes*) *mazaruniensis* Emerson, 1925。

模式标本：正模（成虫）、副模（蚁后、蚁王、成虫、兵蚁、工蚁）保存在美国自然历史博物馆，副模（成虫、兵蚁、工蚁）保存在印度森林研究所，副模（兵蚁）保存在荷兰马斯特里赫特自然历史博物馆。

模式产地：圭亚那（Kartabo）。

分布：新热带界的圭亚那。

4. 苍白凸鼻白蚁 *Coatitermes pallidus* (Snyder, 1926)

曾称为：苍白象白蚁（凸白蚁亚属）*Nasutitermes* (*Convexitermes*) *pallidus* Snyder, 1926。

模式标本：正模（兵蚁）、副模（兵蚁、工蚁）保存在美国国家博物馆，副模（兵蚁、工蚁）保存在美国自然历史博物馆。

模式产地：玻利维亚（Ivon）。

分布：新热带界的玻利维亚。

（二十一）箭猪白蚁属 *Coendutermes* Fontes, 1985

模式种：纤维箭猪白蚁 *Coendutermes tucum* Fontes, 1985。

种类：1 种。

分布：新热带界。

1. 纤维箭猪白蚁 *Coendutermes tucum* Fontes, 1985

种名释义：种名来自巴西图皮语，tucum 意为“纤维”。

模式标本：正模（兵蚁）、副模（兵蚁、工蚁）保存在巴西圣保罗动物学博物馆，副模（兵蚁、工蚁）保存在英国自然历史博物馆。

模式产地：巴西马托格罗索州。

分布：新热带界的巴西（马托格罗索州）、苏里南。

（二十二）缩白蚁属 *Constrictotermes* Holmgren, 1910

属名释义：此属兵蚁头部收缩。我国学者曾称之为“建白蚁属”“缚白蚁属”，应是误称。

模式种：弯肠缩白蚁 *Constrictotermes cyphergaster* (Silvestri, 1901)。

种类：6 种。

分布：新热带界。

1. 可可缩白蚁 *Constrictotermes cacaoensis* Ensaf, Nel, and Betsch, 2002

模式标本：正模（兵蚁）、副模（工蚁）保存在法国自然历史博物馆。

模式产地：法属圭亚那（Mt. Guadelope）。

分布：新热带界的法属圭亚那。

2. 凹额缩白蚁 *Constrictotermes cavifrons* (Holmgren, 1910)

曾称为：凹额真白蚁（缩白蚁亚属）*Eutermes* (*Constrictotermes*) *cavifrons* Holmgren, 1910。

模式标本：全模（兵蚁、工蚁）分别保存在瑞典自然历史博物馆和美国自然历史博物馆。

模式产地：苏里南。

分布：新热带界的玻利维亚、巴西（亚马孙雨林）、法属圭亚那、圭亚那、秘鲁、苏里南、委内瑞拉。

3. 弯肠缩白蚁 *Constrictotermes cyphergaster* (Silvestri, 1901)

曾称为：弯肠真白蚁 *Eutermes cyphergaster* Silvestri, 1901。

异名：莱因哈德白蚁 *Termes reinhardi* Sörensen, 1884（裸记名称）。

模式标本：全模（成虫、兵蚁、工蚁）分别保存在意大利农业昆虫研究所、美国自然历史博物馆和美国国家博物馆，全模（成虫、兵蚁、工蚁、若蚁）保存在印度森林研究所。

模式产地：巴西马托格罗索州。

分布：新热带界的阿根廷（Chaco、福莫萨、Salta）、玻利维亚、巴西（马托格罗索州、戈亚斯州）、巴拉圭。

生物学：它筑树栖巢。

4. 关塔那摩缩白蚁 *Constrictotermes guantanamensis* Křeček, Scheffrahn, and Roisin, 1996

模式标本：正模（兵蚁）保存在美国国家博物馆，副模（兵蚁）分别保存在美国自然历史博物馆、佛罗里达州节肢动物标本馆和古巴科学院生态系统研究所。

模式产地：古巴（Guantanamo）。

分布：新热带界的古巴。

5. 宽背缩白蚁 *Constrictotermes latinotus* (Holmgren, 1910)

曾称为：宽背真白蚁（缩白蚁亚属）*Eutermes* (*Constrictotermes*) *latinotus* Holmgren, 1910。

模式标本：全模（蚁后、工蚁）保存在德国柏林冯博大学自然博物馆，全模（工蚁）保存在美国自然历史博物馆。

模式产地：厄瓜多尔。

分布：新热带界的哥伦比亚、厄瓜多尔。

*****小头缩白蚁 *Constrictotermes parviceps* Mathur and Thapa, 1962（裸记名称）**

分布：新热带界的巴西（Pernambuco）。

6. 红色缩白蚁 *Constrictotermes rupestris* Constantino, 1997

模式标本：正模（兵蚁）、副模（成虫、兵蚁、工蚁）保存在圣保罗大学动物学博物馆。

模式产地：巴西戈亚斯州（Serra da Mesa）。

分布：新热带界的巴西（戈亚斯州）。

（二十三）凸白蚁属 *Convexitermes* Holmgren, 1910

模式种：凸额凸白蚁 *Convexitermes convexifrons* (Holmgren, 1906)。

种类：2 种。

分布：新热带界。

生物学：它是体形较小的食土白蚁。

1. 凸额凸白蚁 *Convexitermes convexifrons* (Holmgren, 1906)

曾称为：凸额真白蚁 *Eutermes convexifrons* Holmgren, 1906。

模式标本：全模（成虫、兵蚁、工蚁）分别保存在瑞典自然历史博物馆和美国自然历史博物馆，全模（兵蚁、工蚁）保存在美国国家博物馆，全模（工蚁）保存在印度森林研究所。

模式产地：秘鲁（Chaquimayo）。

分布：新热带界的巴西、哥伦比亚、秘鲁。

危害性：在巴西和秘鲁，它可对房屋建筑造成轻微的危害。

2. 曼凸白蚁 *Convexitermes manni* (Emerson, 1925)

种名释义：种名来自美国国家博物馆 W. M. Mann 的姓。

曾称为：曼象白蚁（凸白蚁亚属）*Nasutitermes* (*Convexitermes*) *manni* Emerson, 1925。

模式标本：正模（兵蚁）、副模（成虫、兵蚁、工蚁）保存在美国自然历史博物馆，副模（成虫、兵蚁、工蚁）保存在印度森林研究所，副模（成虫、兵蚁）分别保存在荷兰马斯特里赫特自然历史博物馆和南非国家昆虫馆。

模式产地：圭亚那（Kartabo）。

分布：新热带界的巴西、法属圭亚那、圭亚那、特立尼达和多巴哥。

生物学：它在死树干内筑巢，尤其是在潮湿和腐烂的位置。它可能能取食腐烂的木材。

（二十四）利颚白蚁属 *Cortaritermes* Mathews, 1977

模式种：西尔韦斯特里利颚白蚁 *Cortaritermes silvestrii* (Holmgren, 1910)。

种类：5 种。

分布：新热带界。

1. 栗头利颚白蚁 *Cortaritermes fulviceps* (Silvestri, 1901)

曾称为：沙栖真白蚁栗头亚种 *Eutermes arenarius fulviceps* Silvestri, 1901。

异名：巴西真白蚁（真白蚁亚属）*Eutermes* (*Eutermes*) *brasiliensis* Holmgren, 1910、埃伦里德尔真白蚁 *Eutermes ellenriederi* Rosen, 1912。

模式标本：全模（成虫、兵蚁、工蚁、若蚁）分别保存在意大利农业昆虫研究所和美国自然历史博物馆。

模式产地：阿根廷、巴拉圭、乌拉圭。

分布：新热带界的阿根廷（Buenos Aires、Chaco、Córdoba、Corrientes、El Carmen、Entre Ríos、福莫萨、Misiones、San Luis、Santiago del Estero）、巴西、巴拉圭、乌拉圭。

生物学：它可筑地上蚁垄。

危害性：它危害房屋木构件。

2. 中间利颚白蚁 *Cortaritermes intermedius* (Banks, 1919)

曾称为：中间象白蚁 *Nasutitermes intermedius* Banks, 1919。

模式标本：全模（兵蚁、工蚁、若蚁）分别保存在哈佛大学比较动物学博物馆和美国自然历史博物馆。

模式产地：特立尼达和多巴哥。

分布：新热带界的法属圭亚那、苏里南、哥伦比亚、特立尼达和多巴哥、委内瑞拉。

3. 毛头利颚白蚁 *Cortaritermes piliceps* (Holmgren, 1910)

曾称为：毛头真白蚁（真白蚁亚属）*Eutermes* (*Eutermes*) *piliceps* Holmgren, 1910、毛头象白蚁 *Nasutitermes piliceps* (Holmgren, 1910)。

模式标本：全模（兵蚁、工蚁）分别保存在德国汉堡动物学博物馆和美国自然历史博物馆，全模（兵蚁）保存在美国国家博物馆。

模式产地：巴拉圭（Estancia Postillon）。

分布：新热带界的巴拉圭。

4. 里兹尼利颚白蚁 *Cortaritermes rizzinii* (Araujo, 1971)

曾称为：里兹尼象白蚁 *Nasutitermes rizzinii* Araujo, 1971。

模式标本：正模（兵蚁）、副模（兵蚁、工蚁）保存在巴西圣保罗大学动物学博物馆。

模式产地：巴西（Minas Gerais）。

分布：新热带界的巴西（Minas Gerais）。

5. 西尔韦斯特里利颚白蚁 *Cortaritermes silvestrii* (Holmgren, 1910)

曾称为：西尔韦斯特里真白蚁（真白蚁亚属）*Eutermes* (*Eutermes*) *silvestrii* Holmgren, 1910。

模式标本：全模（成虫、兵蚁、工蚁）保存在意大利农业昆虫研究所，全模（成虫、兵蚁）保存在美国自然历史博物馆。

模式产地：阿根廷（Corrientes）、巴拉圭。

分布：新热带界的阿根廷（Corrientes）、巴西、巴拉圭。

生物学：它筑柔软的、低矮圆垄，蚁道大且不规则，垄常傍草丛而建，向地下延伸几厘米。垄曾有一记录，其高、长、宽分别为15.8cm、24.8cm、20.5cm。

（二十五）葫白蚁属 *Cucurbitermes* Li and Ping, 1985

模式种：英德葫白蚁 *Cucurbitermes yingdeensis* Li and Ping, 1985。

种类：3 种。

分布：东洋界。

1. 小葫白蚁 *Cucurbitermes parviceps* Xu and Dong, 1994

模式标本：正模（兵蚁）、副模（兵蚁、工蚁）保存在广东省科学院动物研究所，副模（兵蚁、工蚁）保存在浙江省衢州市白蚁防治研究所。

模式产地：中国浙江省衢州市开化县。

分布：东洋界的中国（浙江）。

2. 中华葫白蚁 *Cucurbitermes sinensis* Li and Ping, 1985

模式标本：正模（大兵蚁）、副模（蚁王、蚁后、兵蚁、工蚁）保存在广东省科学院动物研究所。

模式产地：中国广西壮族自治区龙胜县花坪林场。
分布：东洋界的中国（福建、广西、贵州、江西）。

3. 英德葫白蚁 *Cucurbitermes yingdeensis* Li and Ping, 1985

模式标本：正模（兵蚁）、副模（蚁王、蚁后、兵蚁、工蚁）保存在广东省科学院动物研究所。
模式产地：中国广东省清远市英德市。
分布：东洋界的中国（广东、湖南、江西）。

（二十六）巨鼻白蚁属 *Cyranotermes* Araujo, 1970

模式种：多毛巨鼻白蚁 *Cyranotermes timuassu* Araujo, 1970。
种类：4 种。
分布：新热带界。
生物学：它是体形较小的食土白蚁。

1. 卡埃特巨鼻白蚁 *Cyranotermes caete* Cancello, 1987

种名释义：Caete 为葡萄牙语，为巴西一个自治市的市名。
模式标本：正模（兵蚁）、副模（兵蚁、工蚁）保存在巴西圣保罗大学动物学博物馆。
模式产地：巴西（Pará）。
分布：新热带界的巴西（Pará）、法属圭亚那。

2. 无毛巨鼻白蚁 *Cyranotermes glaber* Constantino, 1990

模式标本：正模（兵蚁）、副模（兵蚁、工蚁）保存在巴西贝伦自然历史博物馆。
模式产地：巴西（Amapá）。
分布：新热带界的巴西（Amapá）。

3. 卡日普纳巨鼻白蚁 *Cyranotermes karipuna* Rocha, Carrijo, and Cancello, 2012

模式标本：正模（兵蚁）、副模（兵蚁、成虫）保存在巴西圣保罗大学动物学博物馆。
模式产地：巴西（Rondônia）。
分布：新热带界的巴西（Rondônia）。

4. 多毛巨鼻白蚁 *Cyranotermes timuassu* Araujo, 1970

模式标本：正模（兵蚁）、副模（兵蚁）保存在巴西圣保罗大学动物学博物馆，副模（兵蚁）保存在美国自然历史博物馆。
模式产地：巴西（Minas Gerais）。
分布：新热带界的巴西。

（二十七）歧白蚁属 *Diversitermes* Holmgren, 1912

模式种：多兵歧白蚁 *Diversitermes diversimiles* (Silvestri, 1901)。
种类：3 种。
分布：新热带界。

生物学：它生活在森林和稀树草原上。兵蚁二型或三型。它露天觅食，主要取食正在腐烂的木材和地面上的枯枝落叶。它不建巢，在扩散的蚁道或其他白蚁巢（主要是角象白蚁属白蚁巢）中可发现它。

1. 栗头歧白蚁 *Diversitermes castaniceps* (Holmgren, 1910)

曾称为：栗头真白蚁（缩白蚁亚属）*Eutermes* (*Constrictotermes*) *castaniceps* Holmgren, 1910。

异名：栗头真白蚁（歧白蚁亚属）*Eutermes* (*Diversitermes*) *castaniceps* Holmgren, 1912、栗头象白蚁（歧白蚁亚属）*Nasutitermes* (*Diversitermes*) *castaniceps* Hare, 1931、栗头歧白蚁 *Diversitermes castaniceps* Snyder, 1949、栗头歧白蚁 *Diversitermes castaneiceps* Araujo, 1977、栗头歧白蚁 *Diversitermes castaniceps* Krishna et al., 2013、艾德曼歧白蚁 *Diversitermes eidmanni* Roonwal, Chhotani, and Verma, 1981。

模式标本：全模（成虫、兵蚁、工蚁）分别保存在德国柏林冯博大学自然博物馆和美国自然历史博物馆。

模式产地：巴西圣卡塔琳娜州（Blumenau）。

分布：新热带界的玻利维亚、巴西、巴拉圭。

2. 多兵歧白蚁 *Diversitermes diversimiles* (Silvestri, 1901)

曾称为：多兵真白蚁 *Eutermes diversimiles* Silvestri, 1901。

异名：多兵白蚁（真白蚁亚属）*Termes* (*Eutermes*) *diversimiles* Desneux,1904、多兵真白蚁（缩白蚁亚属）*Eutermes* (*Constrictotermes*) *diversimiles* Holmgren,1910、多兵真白蚁（歧白蚁亚属）*Eutermes* (*Diversitermes*) *diversimilis* Holmgren,1912、多兵象白蚁（歧白蚁亚属）*Nasutitermes* (*Diversitermes*) *diversimiles* Snyder,1926、多兵歧白蚁 *Diversitermes diversimilis* Snyder,1949、斯特列利尼科夫象白蚁 *Nasutitermes strelnicovi* Snyder,1949、多兵歧白蚁 *Diversitermes diversimiles* Mathews,1977、斯特列利尼科夫真白蚁（缩白蚁亚属）*Eutermes* (*Constrictotermes*) *strelnicovi* John, 1920。

模式标本：全模（成虫、兵蚁、工蚁）分别保存在意大利农业昆虫研究所和美国自然历史博物馆。

模式产地：巴拉圭（Paraguarí）。

分布：新热带界的阿根廷（Misiones、福莫萨、Corrientes、Chaco、Santiago del Estero）、玻利维亚、巴西、法属圭亚那、巴拉圭。

生物学：它的兵蚁分大、中、小三型。

3. 长筒鼻歧白蚁 *Diversitermes tiapuan* Oliveira and Constantino, 2016

种名释义：种名来自当地土语，意为“鼻”，指这种白蚁具有长长的、圆筒形的鼻。

模式标本：正模（大兵蚁）、副模（成虫、兵蚁、工蚁）保存在巴西巴西利亚大学，副模（成虫、兵蚁、工蚁）保存在巴西圣保罗大学动物学博物馆，副模（兵蚁、工蚁）分别保存在巴西米纳斯吉拉斯联邦大学、美国自然历史博物馆和巴西贝伦自然历史博物馆。

模式产地：巴西（戈亚斯州、Catalão、Fazenda São Cipriano）。

分布：新热带界的巴西（戈亚斯州、Catalão、Fazenda São Cipriano）。

生物学：它的兵蚁分为三型。它不建巢，在扩散的蚁道或其他白蚁巢（主要是角象白蚁属白蚁巢）中可发现它。

（二十八）木象白蚁属 *Diwaitermes* Roisin and Pasteels, 1996

模式种：凯恩希拉木象白蚁 *Diwaitermes kanehirai* (Oshima, 1914)。

种类：3 种。

分布：澳洲界、巴布亚界。

1. 锥栗木象白蚁 *Diwaitermes castanopsis* Roisin and Pasteels, 1996

种名释义：*Castanopsis* 是锥栗属属名。

模式标本：正模（兵蚁）、副模（兵蚁、工蚁）保存在比利时皇家自然科学研究所，副模（兵蚁、工蚁）分别保存在澳大利亚国家昆虫馆和美国自然历史博物馆。

模式产地：巴布亚新几内亚（Manki Ridge）。

分布：巴布亚界的巴布亚新几内亚。

2. 福阿木象白蚁 *Diwaitermes foi* Roisin and Pasteels, 1996

种名释义：Foi people 是巴布亚新几内亚当地人。

模式标本：正模（兵蚁）、副模（兵蚁、工蚁）保存在比利时皇家自然科学研究所。

模式产地：巴布亚新几内亚（Lake Kutubu）。

分布：巴布亚界的巴布亚新几内亚。

3. 凯恩希拉木象白蚁 *Diwaitermes kanehirai* (Oshima, 1914)

曾称为：凯恩希拉真白蚁（锥白蚁亚属）*Eutermes* (*Subulitermes*) *kanehirae* Oshima, 1914。

异名：东方象白蚁（锥白蚁亚属）*Nasutitermes* (*Subulitermes*) *orientis* Snyder, 1925、东方象白蚁（锥白蚁亚属）图拉吉亚种 *Nasutitermes* (*Subulitermes*) *orientis tulagiensis* Snyder, 1925、圣克鲁斯象白蚁（锥白蚁亚属）*Nasutitermes* (*Subulitermes*) *sanctaecrucis* Snyder, 1925、卡维恩真白蚁 *Eutermes kaewiengensis* Hill, 1927、红鼻真白蚁 *Eutermes rufrostris* Hill, 1927、第十一锥白蚁 *Subulitermes undecimus* Kemner, 1931、第十一象白蚁 *Nasuitermes undecimus* Emerson, 1960。

模式标本：全模（兵蚁、工蚁）保存在美国自然历史博物馆。

模式产地：印度尼西亚（Dobo）。

分布：澳洲界的澳大利亚（昆士兰州）；巴布亚界的印度尼西亚（阿鲁群岛、马鲁古）、巴布亚新几内亚（新不列颠、新爱尔兰岛）、所罗门群岛（Santa Cruz、Malayta Island、Tulagi Island）、瓦努阿图。

（二十九）埃莉诺白蚁属 *Eleanoritermes* Ahmad, 1968

属名释义：属名来自定名人的导师 A. E. Emerson 教授的夫人的姓。

模式种：婆罗埃莉诺白蚁 *Eleanoritermes borneensis* Ahmad, 1968。

种类：1 种。

分布：东洋界。

1. 婆罗埃莉诺白蚁 *Eleanoritermes borneensis* Ahmad, 1968

模式标本：正模（兵蚁）、副模（兵蚁、工蚁）保存在巴基斯坦旁遮普大学动物学系，副模（兵蚁、工蚁）保存在美国自然历史博物馆。

模式产地：马来西亚（Matang）。

分布：东洋界的马来西亚（大陆、砂拉越）。

（三十）埃默森白蚁属 *Emersonitermes* Mathur and Sen-Sarma, 1959

属名释义：属名来自美国白蚁学家 A. E. Emerson 教授的姓。

模式种：卡迪埃默森白蚁 *Emersonitermes thekadensis* Mathur and Sen-Sarma, 1959。

种类：1 种。

分布：东洋界。

1. 卡迪埃默森白蚁 *Emersonitermes thekadensis* Mathur and Sen-Sarma, 1959

模式标本：正模（兵蚁）、副模（兵蚁、工蚁）保存在印度森林研究所，副模（兵蚁、工蚁）保存在德国汉堡动物学博物馆，副模（工蚁）保存在美国自然历史博物馆。

模式产地：印度喀拉拉邦（Travancore）。

分布：东洋界的印度（卡纳塔克邦、喀拉拉邦）。

（三十一）针筒白蚁属 *Enetotermes* Sands, 1995

模式种：似陀针筒白蚁 *Enetotermes bembicoides* Sands, 1995。

种类：1 种。

分布：非洲界。

1. 似陀针筒白蚁 *Enetotermes bembicoides* Sands, 1995

模式标本：正模（雌成虫）、副模（成虫、兵蚁、工蚁）保存在英国自然历史博物馆。

模式产地：赞比亚（Lusaka）。

分布：非洲界的赞比亚。

生物学：它是食土白蚁。它采集于稀树草原林地中的一个老旧的、阴暗的大白蚁蚁垄上。它在 18：30—19：15 进行分飞。

危害性：它没有危害性。

（三十二）无名白蚁属 *Ereymatermes* Constantino, 1991

模式种：圆头无名白蚁 *Ereymatermes rotundiceps* Constantino, 1991。

种类：3 种。

分布：新热带界。

生物学：它是食土白蚁。

1. 巴拿马无名白蚁 *Ereymatermes panamensis* Roisin, 1995

模式标本：正模（兵蚁）、副模（兵蚁、工蚁）保存在比利时皇家自然科学研究所。

模式产地：巴拿马运河区域（Barro Colorade Island）。
分布：新热带界的巴拿马。
生物学：它生活在林地上的死木材中或棕榈树树桩中。

2. 短小无名白蚁 *Ereymatermes piquira* Cancello and Cuezzo, 2007

种名释义：种名来自巴西图皮语，意为“短小”。
模式标本：正模（兵蚁）、副模（兵蚁、工蚁）保存在巴西圣保罗大学动物学博物馆。
模式产地：巴西巴伊州（Ilhéus）。
分布：新热带界的巴西（巴伊州）。
生物学：它不是严格意义上的食土白蚁。工蚁分二型。

3. 圆头无名白蚁 *Ereymatermes rotundiceps* Constantino, 1991

模式标本：正模（兵蚁）、副模（成虫、兵蚁、工蚁）保存在巴西贝伦自然历史博物馆，副模（成虫、兵蚁、工蚁）保存在巴西圣保罗大学动物学博物馆。
模式产地：巴西（Amazoniá）。
分布：新热带界的巴西（亚马孙雨林）、哥伦比亚。

（三十三）小真白蚁属 *Eutermellus* Silvestri, 1912

模式种：收敛小真白蚁 *Eutermellus convergens* Silvestri, 1912。
种类：5 种。
分布：非洲界。
生物学：它生活在森林中和稀树草原上，自己不筑巢，而栖息于其他白蚁蚁垄中，这些筑垄白蚁包括方白蚁属、胸白蚁属、前方白蚁属白蚁。当象白蚁、锯白蚁在树枝上所筑的木屑巢中白蚁死亡后，这些巢体掉到地面，小真白蚁可取食巢体。小真白蚁工蚁肠道内充满泥土，它应属于食土白蚁，但其工蚁上颚的形态似乎说明它可以取食柔软的腐殖质。
危害性：它没有危害性。

1. 陡峭小真白蚁 *Eutermellus abruptus* Sands, 1965

模式标本：正模（蚁后）、副模（兵蚁、工蚁、若蚁）保存在美国自然历史博物馆，副模（兵蚁、工蚁）保存在英国自然历史博物馆，副模（兵蚁）保存在南非国家昆虫馆。
模式产地：刚果民主共和国（Njili）。
分布：非洲界的刚果民主共和国。

2. 鹰鼻小真白蚁 *Eutermellus aquilinus* Sands, 1965

模式标本：正模（雌成虫）、副模（成虫、兵蚁、工蚁）保存在英国自然历史博物馆，副模（雄成虫、兵蚁、工蚁）保存在美国自然历史博物馆。
模式产地：加纳。
分布：非洲界的加纳、几内亚、科特迪瓦、尼日利亚。

3. 两段小真白蚁 *Eutermellus bipartitus* (Sjöstedt, 1911)

曾称为：两段真白蚁 *Eutermes bipartitus* Sjöstedt, 1911。

模式标本：全模（成虫、兵蚁、工蚁）保存在瑞典自然历史博物馆，全模（雄成虫、兵蚁、工蚁）保存在美国自然历史博物馆，全模（兵蚁）保存在南非国家昆虫馆。

模式产地：刚果民主共和国（Mukimbungu）。

分布：非洲界的安哥拉、刚果民主共和国、加纳、赤道几内亚（费尔南多波岛）。

4. 收敛小真白蚁 *Eutermellus convergens* Silvestri, 1912

模式标本：全模（成虫、兵蚁、工蚁）分别保存在意大利农业昆虫研究所和美国自然历史博物馆。

模式产地：赤道几内亚费尔南多波岛。

分布：非洲界的喀麦隆、刚果民主共和国、赤道几内亚（费尔南多波岛）、加蓬、加纳、科特迪瓦、尼日利亚。

生物学：它栖息在森林中，主要在西非的雨林中。

5. 波纹小真白蚁 *Eutermellus undulans* Sands, 1965

模式标本：正模（雌成虫）、副模（雄成虫、兵蚁、工蚁）保存在英国自然历史博物馆，副模（兵蚁、工蚁）保存在美国自然历史博物馆。

模式产地：加纳。

分布：非洲界的冈比亚、加纳、几内亚、尼日利亚。

生物学：它生活在热带稀树草原的林地中。

（三十四）富勒白蚁属 *Fulleritermes* Coaton, 1962

属名释义：属名来自白蚁分类学家 C. Fuller 的姓。

模式种：收缩富勒白蚁 *Fulleritermes contractus* (Sjöstedt, 1913)。

种类：4 种。

分布：非洲界。

生物学：它寄居在其他白蚁蚁垄里或蚁垄上，但有报道称，收缩富勒白蚁、阴暗富勒白蚁能在树干下面独立建巢。科顿富勒白蚁能将其他白蚁的蚁垄转变成自己的蚁垄，其他同属白蚁也有这个能力。蚁巢内贮存植物残渣。在稀树草原的岩石下、死亡原木下都曾发现此属所有种类的蚁巢。

危害性：它没有危害性。

1. 科顿富勒白蚁 *Fulleritermes coatoni* Sands, 1965

模式标本：正模（雌成虫）、副模（雄成虫、大兵蚁、小兵蚁、工蚁）保存在南非国家昆虫馆，副模（大兵蚁、小兵蚁、工蚁）保存在英国自然历史博物馆，副模（大兵蚁、小兵蚁、工蚁、若蚁）保存在美国自然历史博物馆。

模式产地：南非德兰士瓦省（Sibasa）。

分布：非洲界的南非、津巴布韦。

生物学：它生活于相对干燥的林地和有树的干草原，栖息在其他属白蚁所筑的蚁垄上。

2. 收缩富勒白蚁 *Fulleritermes contractus* (Sjöstedt, 1913)

曾称为：收缩真白蚁 *Eutermes contractus* Sjöstedt, 1913。

异名：棕色缩狭白蚁 *Coarctotermes brunneus* Noirot, 1955。

模式标本：选模（蚁后）、副选模（兵蚁、工蚁）保存在比利时非洲中心皇家博物馆，副选模（蚁后、兵蚁、工蚁、若蚁）保存在瑞典自然历史博物馆，副选模（兵蚁、工蚁、若蚁）保存在美国自然历史博物馆，副选模（兵蚁）分别保存在英国自然历史博物馆和南非国家昆虫馆。

模式产地：刚果民主共和国（Katang）。

分布：非洲界的安哥拉、刚果民主共和国、纳米比亚、南非、赞比亚、津巴布韦。

生物学：它生活在热带稀树草原上，主要寄居在其他白蚁的蚁垄上，偶尔也自己建造小蚁垄，还能在树枝端筑树栖巢。

3. 马利富勒白蚁 *Fulleritermes mallyi* (Fuller, 1922)

曾称为：马利薄嘴白蚁 *Tenuirostritermes mallyi* Fuller, 1922。

模式标本：选模（雄成虫）、副选模（成虫、兵蚁、工蚁、若蚁）保存在南非国家昆虫馆，副选模（成虫、兵蚁、工蚁、若蚁）保存在美国自然历史博物馆。

模式产地：南非开普省（Malmesbury）。

分布：非洲界的南非。

生物学：它栖息于石头下或其他白蚁（如长矛弓白蚁）的蚁垄里。

4. 阴暗富勒白蚁 *Fulleritermes tenebricus* (Silvestri, 1914)

曾称为：阴暗真白蚁 *Eutermes tenebricus* Silvestri, 1914。

异名：近棕象白蚁（缩狭白蚁亚属）*Nasutitermes* (*Coarctotermes*) *suffuscus* Emerson, 1928。

模式标本：全模（蚁后、兵蚁、工蚁、若蚁）保存在意大利农业昆虫研究所，全模（兵蚁、工蚁、若蚁）保存在美国自然历史博物馆。

模式产地：几内亚（Kakoulima）。

分布：非洲界的中非共和国、刚果民主共和国、加纳、冈比亚、几内亚、科特迪瓦、尼日利亚、塞内加尔、苏丹。

生物学：它生活在热带稀树草原，通常寄居在其他白蚁（如三脉白蚁属、大白蚁属、方白蚁属白蚁）的蚁垄里，有时候自建小型硬土垄。

（三十五）高跷白蚁属 *Grallatotermes* Homlgren, 1912

异名：非洲高跷白蚁属 *Afrograllatotermes* Sen-Sarma, 1966、印度高跷白蚁属 *Indograllatotermes* Sen-Sarma, 1966、菲律宾高跷白蚁属 *Philippinitermes* Sen-Sarma, 1966。

模式种：高跷高跷白蚁 *Grallatotermes grallator* (Desneux, 1905)。

种类：7 种。

分布：东洋界、巴布亚界、非洲界。

生物学：它的足细长，体色较深，国外称之为黑白蚁（black termite）。大多数种类露天列队觅食，取食树干上附生的地衣、蓝绿藻等。

危害性：它没有危害性。

1. 奇异高跷白蚁 *Grallatotermes admirabilus* Light, 1930

模式标本：全模（成虫、兵蚁、工蚁、若蚁）分别保存在美国自然历史博物馆和印度森林研究所，全模（兵蚁、工蚁）保存在印度动物调查所，全模（兵蚁）保存在南非国家昆虫馆。

模式产地：菲律宾（Negros）。

分布：东洋界的菲律宾（棉兰老岛）。

生物学：它的兵蚁单型，胸、足亮黄色，其他部分为黑色至黑褐色；它的工蚁分大、小二型。它在树干筑大型木屑巢。尽管它体色深、足长、体表高度几丁质化，但没有它露天觅食的报道。

2. 非洲高跷白蚁 *Grallatotermes africanus* Harris, 1954

异名：亨辛真白蚁 *Eutermes hensingi* Van Boven, 1969（裸记名称）。

模式标本：正模（雌成虫）、副模（成虫、兵蚁、工蚁）保存在英国自然历史博物馆，副模（成虫、兵蚁、工蚁）分别保存在美国自然历史博物馆和南非国家昆虫馆。

模式产地：坦桑尼亚（Tanga District）。

分布：非洲界的肯尼亚、莫桑比克、坦桑尼亚。

3. 高跷高跷白蚁 *Grallatotermes grallator* (Desneux, 1905)

曾称为：高跷白蚁（真白蚁亚属）*Termes* (*Eutermes*) *grallator* Desneux, 1905。

模式标本：选模（兵蚁）、副选模（兵蚁、工蚁）保存在比利时皇家自然科学研究所，副选模（兵蚁、工蚁）保存在美国自然历史博物馆。

模式产地：巴布亚新几内亚（Graget Island）。

分布：巴布亚界的巴布亚新几内亚。

4. 似高跷高跷白蚁 *Grallatotermes grallatoriformis* (Holmgren and Holmgren, 1917)

曾称为：似高跷真白蚁（高跷白蚁亚属）*Eutermes* (*Grallatotermes*) *grallatoriformis* Holmgren and Holmgren, 1917。

模式标本：全模（兵蚁、工蚁）分别保存在瑞典动物研究所、美国自然历史博物馆和德国汉堡动物学博物馆。

模式产地：印度卡纳塔克邦、泰米尔纳德邦。

分布：东洋界的印度（卡纳塔克邦、泰米尔纳德邦）。

5. 黑色高跷白蚁 *Grallatotermes niger* Chatterjee and Thapa, 1964

模式标本：正模（兵蚁）、副模（兵蚁、工蚁）保存在印度森林研究所，副模（兵蚁、工蚁）分别保存在印度动物调查所和美国自然历史博物馆。

模式产地：印度泰米尔纳德邦。

分布：东洋界的印度（泰米尔纳德邦、喀拉拉邦）。

6. 华丽高跷白蚁 *Grallatotermes splendidus* Light and Wilson, 1936

模式标本：正模（兵蚁）保存在美国国家博物馆，副模（兵蚁、工蚁）分别保存在美国自然历史博物馆、印度森林研究所和印度动物调查所，副模（兵蚁）保存在南非国家昆虫馆。

模式产地：菲律宾吕宋。

分布：东洋界的菲律宾（吕宋）。

7. 韦耶高跷白蚁 *Grallatotermes weyeri* Kemner, 1931

模式标本：全模（成虫、兵蚁、工蚁）保存在瑞典隆德大学动物研究所，全模（兵蚁、工蚁）保存在美国自然历史博物馆。

模式产地：印度尼西亚（Ambon、Saparua Islands）。

分布：东洋界的印度尼西亚（马鲁古、Saparua Islands）。

（三十六）多毛白蚁属 *Hirtitermes* Holmgren, 1912

模式种：毛腹多毛白蚁 *Hirtitermes hirtiventris* (Holmgren, 1912)。

种类：3 种。

分布：东洋界。

1. 布拉巴宗多毛白蚁 *Hirtitermes brabazoni* Gathorne-Hardy, 2001

模式标本：正模（兵蚁）、副模（兵蚁、工蚁）保存在印度尼西亚茂物动物学博物馆，副模（兵蚁、工蚁）保存在英国自然历史博物馆。

模式产地：印度尼西亚苏拉威西（Dumoga-Bone National Park）。

分布：东洋界的印度尼西亚（加里曼丹、苏拉威西）。

2. 毛腹多毛白蚁 *Hirtitermes hirtiventris* (Holmgren, 1912)

曾称为：毛腹真白蚁（多毛白蚁亚属）*Eutermes* (*Hirtitermes*) *hirtiventris* Holmgren, 1912。

模式标本：全模（兵蚁、工蚁）分别保存在瑞典动物研究所和美国自然历史博物馆。

模式产地：马来西亚砂拉越。

分布：东洋界的印度尼西亚（苏门答腊）、马来西亚（大陆、砂拉越）。

3. 刺头多毛白蚁 *Hirtitermes spinocephalus* (Oshima, 1914)

曾称为：刺头真白蚁（多毛白蚁亚属）*Eutermes* (*Hirtitermes*) *spinocephalus* Oshima, 1914。

模式标本：全模（兵蚁、工蚁）保存在美国自然历史博物馆，全模（兵蚁）分别保存在瑞典自然历史博物馆和印度森林研究所。

模式产地：印度尼西亚（Tarakan Island）。

分布：东洋界的印度尼西亚（加里曼丹、Tarakan Island）、马来西亚（大陆、沙巴）。

（三十七）须白蚁属 *Hospitalitermes* Holmgren, 1912

属名释义：hospit 的拉丁语意为“来访者”。此属白蚁将巢筑在其他白蚁（主要是白蚁属 *Termes* 白蚁）巢内，拉丁属名与此有关。此属白蚁露天觅食，体色为黑色，国内学者曾称之为“黑螱属”。现在的中文属名来自音译。

模式种：寄宿须白蚁寄宿亚种 *Hospitalitermes hospitalis hospitalis* (Haviland, 1898)。

种类：37 种。

分布：东洋界、巴布亚界。

生物学：它露天列队觅食，主要取食雨林中树干和树冠上的地衣，将食物做成食物球，运回巢中。它通常将巢筑在其他白蚁（主要是白蚁属白蚁）的巢内，也有种类将巢筑在死树树干内或根部。

1. 朝比奈须白蚁 *Hospitalitermes asahinai* Morimoto, 1973

模式标本：正模（兵蚁）、副模（兵蚁、工蚁）保存在日本九州大学昆虫实验室。

模式产地：泰国（Khao Chong）。

分布：东洋界的泰国。

2. 阿特兰须白蚁 *Hospitalitermes ataramensis* Prashad and Sen-Sarma, 1960

模式标本：正模（兵蚁）、副模（兵蚁、工蚁）保存在印度森林研究所，副模（兵蚁、工蚁）保存在美国自然历史博物馆，副模（兵蚁）保存在印度动物调查所。

模式产地：缅甸（Ataram）。

分布：东洋界的柬埔寨、印度（特里普拉邦）、缅甸、泰国、越南。

3. 双色须白蚁 *Hospitalitermes bicolor* (Haviland, 1898)

曾称为：双色白蚁 *Termes bicolor* Haviland, 1898。

模式标本：全模（兵蚁、工蚁）保存在英国剑桥大学动物学博物馆，全模（兵蚁）保存在美国自然历史博物馆。

模式产地：新加坡（Pulo Brani）。

分布：东洋界的印度尼西亚（爪哇、苏门答腊）、马来西亚（大陆）、新加坡、泰国。

4. 缅甸须白蚁 *Hospitalitermes birmanicus* (Snyder, 1934)

曾称为：缅甸象白蚁（须白蚁亚属）*Nasutitermes* (*Hospitalitermes*) *birmanicus* Snyder, 1934。

模式标本：选模（兵蚁）、副选模（兵蚁）保存在印度森林研究所，副选模（兵蚁）分别保存在英国自然历史博物馆、美国自然历史博物馆和美国国家博物馆。

模式产地：缅甸（Hsipaw）。

分布：东洋界的缅甸、泰国。

危害性：在缅甸，它危害林木。

5. 布莱尔须白蚁 *Hospitalitermes blairi* Roonwal and Sen-Sarma, 1956

模式标本：正模（兵蚁）、副模（兵蚁、工蚁）保存在印度动物调查所，副模（兵蚁、工蚁）分别保存在印度森林研究所和美国自然历史博物馆。

模式产地：印度安达曼群岛（Port Blair）。

分布：东洋界的印度（安达曼群岛、尼科巴群岛）。

6. 短鼻须白蚁 *Hospitalitermes brevirostratus* Prashad and Sen-Sarma, 1960

模式标本：正模（兵蚁）、副模（兵蚁）保存在印度森林研究所，副模（兵蚁）保存在美国自然历史博物馆。

模式产地：缅甸眉苗。

分布：东洋界的缅甸。

7. 巴特须白蚁 *Hospitalitermes butteli* (Holmgren, 1914)

曾称为：巴特真白蚁（须白蚁亚属）*Eutermes* (*Hospitalitermes*) *butteli* Holmgren, 1914。

模式标本：全模（兵蚁、工蚁、若蚁）分别保存在美国自然历史博物馆和印度森林研究所，全模（兵蚁、工蚁）分别保存在美国国家博物馆和印度动物调查所，全模（兵蚁）保存在哈佛大学比较动物学博物馆。

模式产地：印度尼西亚苏门答腊（Bandar Baroe）。

分布：东洋界的印度尼西亚（苏门答腊）。

8. 大勐龙须白蚁 *Hospitalitermes damenglongensis* He and Gao, 1984

模式标本：正模（兵蚁）、副模（兵蚁、工蚁）保存在中国科学院上海昆虫研究所，副模（兵蚁、工蚁）保存在南京市白蚁防治研究所。

模式产地：中国云南省景洪市大勐龙。

分布：东洋界的中国（云南）。

9. 日常须白蚁 *Hospitalitermes diurnus* Kemner, 1934

模式标本：全模（成虫、兵蚁、工蚁）保存在瑞典隆德大学动物研究所，全模（兵蚁、工蚁）保存在美国自然历史博物馆。

模式产地：印度尼西亚爪哇。

分布：东洋界的印度尼西亚（爪哇）。

10. 铁锈须白蚁 *Hospitalitermes ferrugineus* (John, 1925)

曾称为：铁锈真白蚁（须白蚁亚属）*Eutermes* (*Hospitalitermes*) *ferrugineus* John, 1925。

模式标本：全模（兵蚁、工蚁）分别保存在英国自然历史博物馆和美国自然历史博物馆，全模（工蚁）保存在印度森林研究所。

模式产地：印度尼西亚苏门答腊（Siak）。

分布：东洋界的印度尼西亚（苏门答腊、爪哇）。

11. 黄腹须白蚁 *Hospitalitermes flaviventris* (Wasmann, 1902)

曾称为：黄腹真白蚁 *Eutermes flaviventris* Wasmann, 1902。

模式标本：全模（兵蚁、工蚁）分别保存在荷兰马斯特里赫特自然历史博物馆、美国自然历史博物馆和印度森林研究所。

模式产地：马来西亚（Berhentian Tingi）。

分布：东洋界的印度尼西亚（苏门答腊）、马来西亚（大陆、砂拉越）。

12. 黄触角须白蚁 *Hospitalitermes flavoantennaris* Oshima, 1923

模式标本：全模（兵蚁、工蚁）分别保存在荷兰国家自然历史博物馆和美国自然历史博物馆。

模式产地：印度尼西亚苏门答腊（Sinabang）。

分布：东洋界的印度尼西亚（苏门答腊）。

13. 格拉塞须白蚁 *Hospitalitermes grassii* Ghidini, 1937

模式标本：全模（兵蚁、工蚁）保存在意大利自然历史博物馆。

模式产地：印度尼西亚苏门答腊（Fort de Kock）。

分布：东洋界的印度尼西亚（苏门答腊）。

14. 寄宿须白蚁 *Hospitalitermes hospitalis* (Haviland, 1898)

亚种：1）寄宿须白蚁寄宿亚种 *Hospitalitermes hospitalis hospitalis* (Haviland, 1898)

曾称为：寄宿白蚁 *Termes hospitalis* Haviland, 1898。

模式标本：全模（成虫、兵蚁、工蚁）分别保存英国剑桥大学动物学博物馆和美国自然历史博物馆，全模（兵蚁、工蚁）保存在印度森林研究所，全模（兵蚁）保存在南非国家昆虫馆。

模式产地：新加坡、马来西亚砂拉越。

分布：东洋界的文莱、印度尼西亚（加里曼丹、苏门答腊）、马来西亚（大陆、砂拉越）、新加坡。

2）寄宿须白蚁似寄宿亚种 *Hospitalitermes hospitalis hospitaloides* (Holmgren, 1913)

曾称为：寄宿真白蚁（须白蚁亚属）似寄宿亚种 *Eutermes* (*Hospitalitermes*) *hospitalis hospitaloides* Holmgren, 1913。

模式标本：全模（成虫、兵蚁、工蚁）分别保存在瑞典动物研究所和美国自然历史博物馆。

模式产地：马来西亚砂拉越。

分布：东洋界的马来西亚（砂拉越）。

15. 伊里安查亚须白蚁 *Hospitalitermes irianensis* Roonwal and Maiti, 1966

模式标本：正模（兵蚁）、副模（兵蚁、工蚁）保存在印度动物调查所，副模（兵蚁、工蚁）分别保存在印度森林研究所、美国自然历史博物馆和印度尼西亚茂物动物学博物馆。

模式产地：印度尼西亚伊里安查亚省。

分布：东洋界的印度尼西亚（伊里安查亚省）。

16. 爪哇须白蚁 *Hospitalitermes javanicus* Akhtar and Akbar, 1986

模式标本：正模（兵蚁）、副模（兵蚁）保存在巴基斯坦旁遮普大学动物学系。

模式产地：印度尼西亚爪哇。

分布：东洋界的印度尼西亚（爪哇）。

17. 杰普森须白蚁 *Hospitalitermes jepsoni* (Snyder, 1934)

曾称为：杰普森象白蚁（须白蚁亚属）*Nasutitermes* (*Hospitalitermes*) *jepsoni* Snyder, 1934。

模式标本：选模（兵蚁）、副选模（兵蚁）保存在印度森林研究所，副选模（兵蚁、工蚁）分别保存在英国自然历史博物馆、美国自然历史博物馆和美国国家博物馆，副选模（兵蚁）保存在印度动物调查所。

模式产地：缅甸（River Pyinmana）。

分布：东洋界的孟加拉国、柬埔寨、印度（阿萨姆邦）、缅甸、泰国。

18. 景洪须白蚁 *Hospitalitermes jinghongensis* He and Gao, 1984

模式标本：正模（兵蚁）、副模（兵蚁、工蚁）保存在中国科学院上海昆虫研究所。

模式产地：中国云南省景洪市。

分布：东洋界的中国（云南）。

19. 卡尔须白蚁 *Hospitalitermes kali* Maiti and Chakraborty, 1994

种名释义：种名来自标本采集人的姓。

模式标本：正模（兵蚁）、副模（兵蚁、工蚁）保存在印度动物调查所，副模（兵蚁、工蚁）保存在印度森林研究所。

模式产地：印度尼科巴群岛（Nancowry）。

分布：东洋界的印度（尼科巴群岛）。

20. 克里希纳须白蚁 *Hospitalitermes krishnai* Syaukani, Tompson, and Yamane, 2011

模式标本：正模（兵蚁）、副模（兵蚁、工蚁）保存在印度尼西亚芝庇依茂物动物学博物馆，副模（兵蚁、工蚁）分别保存在英国自然历史博物馆、美国自然历史博物馆和印度尼西亚亚齐大学。

模式产地：印度尼西亚苏门答腊。

分布：东洋界的印度尼西亚（苏门答腊）。

生物学：它的工蚁分为明显的大、小二型。它露天列队觅食。

21. 蓝头须白蚁 *Hospitalitermes lividiceps* (Holmgren, 1913)

曾称为：蓝头真白蚁（须白蚁亚属）*Eutermes* (*Hospitalitermes*) *lividiceps* Holmgren, 1913。

模式标本：选模（兵蚁）保存在德国汉堡大学动物学博物馆，副选模（兵蚁）保存在瑞典动物研究所。

模式产地：印度尼西亚加里曼丹。

分布：东洋界的印度尼西亚（加里曼丹）。

22. 马德拉斯须白蚁 *Hospitalitermes madrasi* (Snyder, 1934)

曾称为：马德拉斯象白蚁（须白蚁亚属）*Nasutitermes* (*Hospitalitermes*) *madrasi* Snyder, 1934。

模式标本：选模（兵蚁）、副选模（兵蚁、工蚁、若蚁）保存在印度森林研究所，副选模（兵蚁、工蚁）分别保存在英国自然历史博物馆、美国自然历史博物馆和美国国家博物馆，副选模（兵蚁）保存在印度动物调查所。

模式产地：印度泰米尔纳德邦（North Vellore）。

分布：东洋界的印度（泰米尔纳德邦）。

23. 大须白蚁 *Hospitalitermes majusculus* He and Gao, 1984

模式标本：正模（兵蚁）、副模（兵蚁、工蚁）保存在中国科学院上海昆虫研究所。

模式产地：中国云南省景洪市大勐龙。

分布：东洋界的中国（云南）。

24. 中黄须白蚁 *Hospitalitermes medioflavus* (Holmgren, 1913)

曾称为：寄宿真白蚁（须白蚁亚属）中黄亚种 *Eutermes* (*Hospitalitermes*) *hospitalis medioflavus* Holmgren, 1913。

模式标本：全模（兵蚁、工蚁）分别保存在瑞典动物研究所、英国剑桥大学动物学博物馆和美国自然历史博物馆。

模式产地：新加坡。

分布：东洋界的印度尼西亚（苏门答腊）、马来西亚（大陆、沙巴）、新加坡、泰国。

生物学：它的工蚁分明显的大、中、小三型。它露天列队觅食。

25. 摩鹿加须白蚁 *Hospitalitermes moluccanus* Ahmad, 1947

模式标本：正模（兵蚁）、副模（兵蚁、工蚁）保存在美国自然历史博物馆，副模（兵蚁、工蚁）分别保存在印度森林研究所、印度动物调查所和巴基斯坦旁遮普大学动物学系。

模式产地：印度尼西亚马鲁古。

分布：巴布亚界的印度尼西亚（马鲁古）。

26. 独角须白蚁 *Hospitalitermes monoceros* (König, 1779)

曾称为：独角白蚁暗黑亚种 *Termes monoceros atrum* König, 1779。

模式标本：全模（兵蚁）保存地不详。

模式产地：斯里兰卡。

分布：东洋界的斯里兰卡。

生物学：它只分布在斯里兰卡海拔 600m 以下区域。

危害性：它是茶树害虫。

27. 阴凉须白蚁 *Hospitalitermes nemorosus* Ghidini, 1937

模式标本：全模（兵蚁、工蚁）分别保存在意大利自然历史博物馆、美国自然历史博物馆和荷兰马斯特里赫特自然历史博物馆。

模式产地：印度尼西亚苏门答腊（Batang Palupulz）。

分布：东洋界的印度尼西亚（苏门答腊）。

28. 尼科巴须白蚁 *Hospitalitermes nicobarensis* Maiti and Chakraborty, 1994

模式标本：正模（兵蚁）、副模（兵蚁、工蚁）保存在印度动物调查所，副模（兵蚁、工蚁）保存在印度森林研究所。

模式产地：印度大尼科巴岛。

分布：东洋界的印度（尼科巴群岛）。

29. 黑触角须白蚁 *Hospitalitermes nigriantennalis* Syaukani and Thompson, 2016

模式标本：正模（兵蚁）保存在印度尼西亚茂物动物学博物馆。

模式产地：印度尼西亚婆罗洲（Pararawen 自然保护区）。

分布：东洋界的印度尼西亚（加里曼丹）。

生物学：它的工蚁分大、小二型。它露天列队觅食，以落地树叶为主食。它可在直立死亡树木的根部筑巢。

30. 巴布亚须白蚁 *Hospitalitermes papuanus* Ahmad, 1947

模式标本：正模（兵蚁）、副模（兵蚁、工蚁）保存在美国自然历史博物馆，副模（兵蚁、工蚁）分别保存在美国国家博物馆和巴基斯坦旁遮普大学动物学系，副模（兵蚁）保存在印度森林研究所。

模式产地：巴布亚新几内亚（Strickland River）。

分布：巴布亚界的巴布亚新几内亚。

31. 似施密德须白蚁 *Hospitalitermes paraschmidti* Akhtar and Akbar, 1986

模式标本：正模（兵蚁）、副模（兵蚁）保存在巴基斯坦旁遮普大学动物学系。

模式产地：马来西亚（Gunong Arong 森林保护区）。

分布：东洋界的马来西亚（大陆）。

32. 似黄腹须白蚁 *Hospitalitermes proflaviventris* Akhtar and Akbar, 1986

模式标本：正模（兵蚁）、副模（兵蚁）保存在巴基斯坦旁遮普大学动物学系。

模式产地：马来西亚（Wellesley）。

分布：东洋界的马来西亚（大陆）。

33. 红色须白蚁 *Hospitalitermes rufus* (Haviland, 1898)

曾称为：红色白蚁 *Termes rufus* Haviland, 1898。

异名：红色真白蚁（须白蚁亚属）*Eutermes* (*Hospitalitermes*) *rufus* John, 1925。

模式标本：全模（兵蚁、工蚁）分别保存在英国剑桥大学动物学博物馆、美国自然历史博物馆和印度森林研究所。

模式产地：马来西亚（Perak）。

分布：东洋界的印度尼西亚（爪哇、苏拉威西、苏门答腊）、马来西亚（大陆、沙巴、砂拉越）。

34. 施密德须白蚁 *Hospitalitermes schmidti* Ahmad, 1947

模式标本：正模（兵蚁）、副模（兵蚁）保存在美国自然历史博物馆，副模（兵蚁、工蚁）分别保存在巴基斯坦旁遮普大学动物学系、印度森林研究所和印度动物调查所。

模式产地：印度尼西亚苏拉威西（Lembeh Island）。

分布：东洋界的印度尼西亚（苏拉威西）。

35. 清木须白蚁 *Hospitalitermes seikii* Syaukani, 2013

种名释义：种名来自日本鹿儿岛大学研究白蚁的 Seiki Yamane 的名字。

模式标本：正模（兵蚁）、副模（兵蚁、工蚁）保存在印度尼西亚茂物动物学博物馆，副模（兵蚁、工蚁）分别保存在英国自然历史博物馆、美国自然历史博物馆、印度尼西亚亚齐大学和日本北九州人类历史和自然历史博物馆。

模式产地：印度尼西亚苏门答腊（Padang）。

分布：东洋界的印度尼西亚（苏门答腊）。

生物学：它在林中列队露天觅食。

36. 夏普须白蚁 *Hospitalitermes sharpi* (Holmgren, 1913)

曾称为：赭色真白蚁（须白蚁亚属）夏普亚种 *Eutermes* (*Hospitalitermes*) *umbrinus sharpi* Holmgren, 1913。

模式标本：全模（兵蚁、工蚁）分别保存在瑞典动物研究所和美国自然历史博物馆。

模式产地：马来西亚、新加坡。

分布：东洋界的印度尼西亚（爪哇、苏门答腊）、马来西亚、新加坡。

37. 赭色须白蚁 *Hospitalitermes umbrinus* (Haviland, 1898)

曾称为：赭色白蚁 *Termes umbrinus* Haviland, 1898。

模式标本：全模（成虫、兵蚁、工蚁）分别保存在英国剑桥大学动物学博物馆、荷兰马斯特里赫特自然历史博物馆和美国自然历史博物馆，全模（工蚁）保存在印度森林研究所。

模式产地：马来西亚砂拉越。

分布：东洋界的印度尼西亚（苏门答腊）、马来西亚（大陆、砂拉越）。

（三十八）考登白蚁属 *Kaudernitermes* Sands and Lamb, 1975

属名释义：属名来自马达加斯加探险家 W. Kaudern 的姓。

模式种：考登考登白蚁 *Kaudernitermes kaudernianus* (Sjöstedt, 1914)。

种类：4 种。

分布：非洲界。

生物学：它的兵蚁单型，工蚁二型。兵蚁有“缩头”现象。

1. 考登考登白蚁 *Kaudernitermes kaudernianus* (Sjöstedt, 1914)

曾称为：考登真白蚁 *Eutermes kaudernianus* Sjöstedt, 1914。

模式标本：选模（兵蚁）、副选模（兵蚁、工蚁、若蚁）保存在瑞典自然历史博物馆，副选模（兵蚁、工蚁、若蚁）保存在美国自然历史博物馆。

模式产地：马达加斯加（Ste. Marie de Marovoay）。

分布：非洲界的马达加斯加。

2. 宽头考登白蚁 *Kaudernitermes laticeps* (Wasmann, 1897)

曾称为：宽头真白蚁 *Eutermes laticeps* Wasmann, 1897。

异名：具沟真白蚁 *Eutermes canaliculatus* Wasmann, 1897、温和真白蚁 *Eutermes mitis* Sjöstedt, 1902。

模式标本：全模（兵蚁、工蚁、若蚁）保存在荷兰马斯特里赫特自然历史博物馆，全模（兵蚁、工蚁）分别保存在美国自然历史博物馆、美国国家博物馆和瑞典自然历史博物馆。

模式产地：马达加斯加（Nossi Bé）。

分布：非洲界的马达加斯加。

危害性：它危害椰子树。

3. 黑色考登白蚁 *Kaudernitermes nigritus* (Wasmann, 1897)

曾称为：黑色真白蚁 *Eutermes nigrita* Wasmann, 1897。

异名：黑色真白蚁直鼻亚种 *Eutermes nigrita rectirostris* Wasmann, 1910。

模式标本：全模（兵蚁、工蚁）保存在荷兰马斯特里赫特自然历史博物馆和瑞典自然历史博物馆，全模（兵蚁）保存在美国自然历史博物馆。

模式产地：马达加斯加（Fenerive）。

分布：非洲界的马达加斯加、塞舌尔。

危害性：在马达加斯加，它危害椰子树。

4. 凹胸考登白蚁 *Kaudernitermes salebrithorax* (Sjöstedt, 1904)

曾称为：凹胸真白蚁 *Eutermes salebrithorax* Sjöstedt, 1904。

模式标本：全模（成虫、兵蚁）分别保存在法国自然历史博物馆、美国自然历史博物馆和瑞典自然历史博物馆，全模（成虫、兵蚁、工蚁）保存在德国汉堡动物学博物馆。

模式产地：马达加斯加（Taolanaro）、塞舌尔（Insel Silhouette）。

分布：非洲界的马达加斯加、塞舌尔。

（三十九）怒白蚁属 *Lacessititermes* Holmgren, 1912

异名：泰白蚁属 *Tailanditermes* Sen-Sarma, 1966。

中文名称：我国学者曾称之为“拉瑟什特白蚁属”“拉切氏白蚁属”。

模式种：紧张怒白蚁 *Lacessititermes lacessitus* (Haviland, 1898)。

种类：20 种。

分布：东洋界。

生物学：该属白蚁露天觅食，对刺激敏感（易发怒）。

1. 白足怒白蚁 *Lacessititermes albipes* (Haviland, 1898)

曾称为：白足白蚁 *Termes albipes* Haviland, 1898。

模式标本：全模（成虫、兵蚁、工蚁）保存在英国剑桥大学动物学博物馆，全模（成虫、兵蚁）保存在美国自然历史博物馆。

模式产地：马来西亚砂拉越。

分布：东洋界的印度尼西亚（爪哇）、马来西亚（砂拉越）。

生物学：它的兵蚁分为二型，足及触角为灰白色。

2. 暗黑怒白蚁 *Lacessititermes atrior* (Holmgren, 1912)

曾称为：暗黑真白蚁（怒白蚁亚属）*Eutermes* (*Lacessititermes*) *atrior* Holmgren, 1912。

模式标本：全模（成虫、兵蚁、工蚁）分别保存在瑞典动物研究所、美国自然历史博物馆和英国剑桥大学动物学博物馆，全模（工蚁）保存在印度森林研究所。

模式产地：新加坡（Bukit Timah）、印度尼西亚爪哇。

分布：东洋界的马来西亚（大陆、砂拉越）、印度尼西亚（爪哇）、新加坡。

3. 荷兰怒白蚁 *Lacessititermes batavus* Kemner, 1934

种名释义：种名为荷兰的旧称。

模式标本：全模（成虫、兵蚁、工蚁）保存在瑞典隆德大学动物研究所，全模（成虫、兵蚁、工蚁、若蚁）保存在美国自然历史博物馆，全模（蚁后、兵蚁、工蚁、若蚁）保存在印度森林研究所。

模式产地：印度尼西亚爪哇。

分布：东洋界的印度尼西亚（爪哇）。

4. 短节怒白蚁 *Lacessititermes breviarticulatus* (Holmgren, 1913)

曾称为：短节真白蚁（怒白蚁亚属）*Eutermes* (*Lacessititermes*) *breviarticulatus* Holmgren,

1913。

模式标本：全模（成虫、兵蚁）分别保存在瑞典动物研究所和英国剑桥大学动物学博物馆，全模（兵蚁）分别保存在美国自然历史博物馆、美国国家博物馆和印度森林研究所。

模式产地：马来西亚砂拉越。

分布：东洋界的马来西亚（砂拉越）。

5. 驼身怒白蚁 *Lacessititermes cuphus* (Bathellier, 1927)

曾称为：驼身真白蚁（怒白蚁亚属）*Eutermes* (*Lacessititermes*) *cuphus* Bathellier, 1927。

模式标本：全模（兵蚁、工蚁）分别保存在意大利农业昆虫研究所、美国自然历史博物馆和荷兰马斯特里赫特自然历史博物馆。

模式产地：越南（Nhatrang、Cana）。

分布：东洋界的越南。

6. 细角怒白蚁 *Lacessititermes flicornis* (Haviland, 1898)

曾称为：细角白蚁 *Termes flicornis* Haviland, 1898。

模式标本：全模（成虫、兵蚁、工蚁）分别保存在英国剑桥大学动物学博物馆和美国自然历史博物馆。

模式产地：马来西亚砂拉越。

分布：东洋界的马来西亚（砂拉越）。

7. 霍姆格伦怒白蚁 *Lacessititermes holmgreni* Light and Wilson, 1936

模式标本：正模（成虫）保存在美国国家博物馆，副模（成虫、兵蚁、工蚁）保存在美国自然历史博物馆，副模（工蚁）保存在印度森林研究所。

模式产地：菲律宾棉兰老岛。

分布：东洋界的菲律宾（棉兰老岛）。

8. 雅各布森怒白蚁 *Lacessititermes jacobsoni* Kemner, 1930

模式标本：全模（成虫、兵蚁、工蚁）保存在瑞典隆德大学动物研究所，全模（兵蚁、工蚁）分别保存在美国自然历史博物馆和美国国家博物馆，全模（成虫、兵蚁）保存在南非国家昆虫馆。

模式产地：印度尼西亚苏门答腊（Fort de Kock）。

分布：东洋界的印度尼西亚（苏门答腊）。

9. 戈拉皮斯怒白蚁 *Lacessititermes kolapisensis* Thapa, 1982

模式标本：正模（兵蚁）、副模（兵蚁、工蚁）保存在印度森林研究所。

模式产地：马来西亚沙巴（Kolapis Forest）。

分布：东洋界的马来西亚（沙巴）。

10. 耕地怒白蚁 *Lacessititermes laborator* (Haviland, 1898)

曾称为：耕地白蚁 *Termes laborator* Haviland, 1898。

模式标本：全模（成虫、兵蚁、工蚁）保存在英国剑桥大学动物学博物馆，全模（兵蚁、工蚁）保存在美国自然历史博物馆。

模式产地：马来西亚马六甲。

分布：东洋界的印度尼西亚（苏门答腊）、马来西亚（大陆）。

11. 似紧张怒白蚁 *Lacessititermes lacessitiformis* (Holmgren, 1913)

曾称为：似紧张真白蚁（怒白蚁亚属）*Eutermes* (*Lacessititermes*) *lacessitiformis* Holmgren, 1913。

模式标本：全模（成虫、兵蚁、工蚁）分别保存在瑞典动物研究所、英国剑桥大学动物学博物馆和美国自然历史博物馆，全模（兵蚁、工蚁）分别保存在美国国家博物馆和印度森林研究所。

模式产地：马来西亚砂拉越。

分布：东洋界的马来西亚（砂拉越）。

12. 紧张怒白蚁 *Lacessititermes lacessitus* (Haviland, 1898)

曾称为：紧张白蚁 *Termes lacessitus* Haviland, 1898。

模式标本：全模（成虫、兵蚁、工蚁）保存在英国剑桥大学动物学博物馆，全模（成虫、工蚁、若蚁）保存在美国自然历史博物馆，全模（兵蚁、工蚁）保存在法国自然历史博物馆。

模式产地：新加坡。

分布：东洋界的马来西亚（大陆）、新加坡。

13. 长鼻怒白蚁 *Lacessititermes longinasus* Syaukani, 2008

模式标本：正模（兵蚁）保存在印度尼西亚茂物动物学博物馆，副模（兵蚁、工蚁）分别保存在英国自然历史博物馆、美国自然历史博物馆、日本北九州自然历史和人类历史博物馆和印度尼西亚亚齐大学。

模式产地：印度尼西亚苏门答腊。

分布：东洋界的印度尼西亚（苏门答腊）。

14. 巴拉望怒白蚁 *Lacessititermes palawanensis* Light, 1930

模式标本：全模（蚁后、兵蚁、工蚁、若蚁）保存在美国自然历史博物馆，全模（兵蚁、工蚁）保存在分别保存在美国国家博物馆和哈佛大学比较动物学博物馆，全模（兵蚁、工蚁、若蚁）保存在印度森林研究所。

模式产地：菲律宾巴拉望。

分布：东洋界的菲律宾（巴拉望）。

生物学：它的兵蚁为单型，工蚁分大、小二型。它的体型较大，体色暗，足长，体表高度几丁质化，上述特征与白天露天觅食相适应。它的巢小且轻，为木屑巢，筑于灌木丛或藤条中。

15. 具毛怒白蚁 *Lacessititermes piliferus* (Holmgren, 1913)

曾称为：具毛真白蚁（怒白蚁亚属）*Eutermes* (*Lacessititermes*) *piliferus* Holmgren, 1913。

模式标本：全模（兵蚁、工蚁）保存在瑞典动物研究所，全模（兵蚁）保存在美国自然历史博物馆。

模式产地：马来西亚砂拉越。

分布：东洋界的马来西亚（砂拉越）。

16. 兰森埃特怒白蚁 *Lacessititermes ransoneti* (Holmgren, 1913)

曾称为：兰森埃特真白蚁（怒白蚁亚属）*Eutermes* (*Lacessititermes*) *ransoneti* Holmgren, 1913。

模式标本：全模（成虫、兵蚁、工蚁、若蚁）分别保存在瑞典动物研究所、奥地利自然历史博物馆和美国自然历史博物馆，全模（工蚁）保存在印度森林研究所。

模式产地：新加坡。

分布：东洋界的马来西亚（大陆）、新加坡。

17. 萨赖怒白蚁 *Lacessititermes saraiensis* (Oshima, 1916)

曾称为：萨赖真白蚁（须白蚁亚属）*Eutermes* (*Hospitalitermes*) *saraiensis* Oshima, 1916。

异名：吕宋真白蚁（须白蚁亚属）*Eutermes* (*Hospitalitermes*) *luzonensis* Oshima, 1917、吕宋须白蚁 *Hospitalitermes luzonensis* (Oshima,1917)。

模式标本：全模（兵蚁、工蚁）保存地不详。

模式产地：菲律宾吕宋（Sarai）。

分布：东洋界的中国（云南）、印度尼西亚（爪哇）、菲律宾（吕宋）。

18. 肮脏怒白蚁 *Lacessititermes sordidus* (Haviland, 1898)

曾称为：肮脏白蚁 *Termes sordidus* Haviland, 1898。

模式标本：全模（成虫、兵蚁、工蚁）分别是保存在英国剑桥大学动物学博物馆和美国自然历史博物馆，全模（兵蚁）保存在美国国家博物馆，全模（兵蚁、工蚁）保存在印度森林研究所。

模式产地：马来西亚砂拉越。

分布：东洋界的印度尼西亚（苏门答腊）、马来西亚（砂拉越）。

19. 泰国怒白蚁 *Lacessititermes thailandicus* (Sen-Sarma, 1966)

曾称为：泰国泰白蚁 *Thailanditermes thailandicus* Sen-Sarma, 1966。

模式标本：正模（兵蚁）、副模（成虫、兵蚁、工蚁）保存在印度森林研究所。

模式产地：泰国（Chanthaburi）。

分布：东洋界的泰国。

20. 山根怒白蚁 *Lacessititermes yamanei* Syaukani, 2016

种名释义：种名来自日本鹿儿岛大学研究白蚁的 S. Yamane 的姓。

模式标本：正模（兵蚁）、副模（兵蚁、工蚁）保存在印度尼西亚茂物动物学博物馆，副模（兵蚁、工蚁）分别保存在英国自然历史博物馆、美国自然历史博物馆、印度尼西亚亚齐大学和日本北九州人类历史和自然历史博物馆。

模式产地：印度尼西亚西苏门答腊（Air Sirah）。

分布：东洋界的印度尼西亚（苏门答腊）。

（四十）薄喙白蚁属 *Leptomyxotermes* Sands, 1965

模式种：多利亚薄喙白蚁 *Leptomyxotermes doriae* (Silvestri, 1912)。

种类：1 种。

分布：非洲界。

1. 多利亚薄喙白蚁 *Leptomyxotermes doriae* (Silvestri, 1912)

曾称为：多利亚真白蚁 *Eutermes doriae* Silvestri, 1912。

模式标本：全模（兵蚁、工蚁、若蚁）分别保存在意大利农业昆虫研究所和美国自然历史博物馆。

模式产地：赤道几内亚费尔南多波岛。

分布：非洲界的喀麦隆、刚果民主共和国、赤道几内亚（费尔南多波岛）、加蓬、加纳、几内亚、科特迪瓦、尼日利亚、塞内加尔、塞拉利昂。

生物学：它生活在西非和刚果民主共和国的雨林中，它取食相当腐烂的木材，并在其内挖掘腔室供自己栖息，也在死亡的原木或别的蚁垄里栖息。

危害性：它没有危害性。

（四十一）白脸白蚁属 *Leucopitermes* Emerson, 1960

中文名称：我国学者曾称之为“白脉白蚁属”，应是误译。

模式种：白脸白脸白蚁 *Leucopitermes leucops* (Holmgren, 1914)。

种类：4 种。

分布：东洋界。

1. 似白脸白脸白蚁 *Leucopitermes leucopiformis* Akhtar and Pervez, 1986

模式标本：正模（兵蚁）、副模（兵蚁、工蚁）保存在巴基斯坦旁遮普大学动物学系。

模式产地：马来西亚。

分布：东洋界的马来西亚（大陆）。

2. 白脸白脸白蚁 *Leucopitermes leucops* (Holmgren, 1914)

曾称为：白脸真白蚁（锥白蚁亚属）*Eutermes* (*Subulitermes*) *leucops* Holmgren, 1914。

异名：小爪哇锥白蚁 *Subulitermes javanellus* Kemner, 1934、白脸锥白蚁 *Subulitermes leucops* Snyder, 1949。

模式标本：全模（兵蚁、工蚁）保存在美国自然历史博物馆。

模式产地：印度尼西亚苏门答腊。

分布：东洋界的印度尼西亚（爪哇、加里曼丹、苏门答腊）、马来西亚（大陆、沙巴、砂拉越）。

3. 近白脸白脸白蚁 *Leucopitermes paraleucops* Morimoto, 1976

模式标本：正模（兵蚁）、副模（兵蚁、工蚁）保存在日本九州大学昆虫学实验室。

模式产地：马来西亚（Pasoh 森林保护区）。

分布：东洋界的马来西亚（大陆）。

4. 索白脸白蚁 *Leucopitermes thoi* Gathorne-Hardy, 2004

模式标本：正模（兵蚁）、副模（兵蚁、工蚁）保存在印度尼西亚茂物动物学博物馆，副模（兵蚁、工蚁）保存在英国自然历史博物馆。

模式产地：印度尼西亚苏门答腊。

分布：东洋界的印度尼西亚（苏门答腊）、马来西亚（大陆）。

（四十二）长足白蚁属 *Longipeditermes* Holmgren, 1912

模式种：长足长足白蚁 *Longipeditermes longipes* (Haviland, 1898)。

种类：2 种。

分布：东洋界。

生物学：它的足细长，露天觅食。

1. 基斯特纳长足白蚁 *Longipeditermes kistneri* Akhtar and Ahmad, 1985

模式标本：正模（大兵蚁）、副模（大兵蚁、小兵蚁）保存在巴基斯坦旁遮普大学动物学系。

模式产地：印度尼西亚爪哇（Lengkong 森林保护区）。

分布：东洋界的印度尼西亚（爪哇、苏门答腊）。

生物学：只分布在海拔大于 1000m 的森林。

2. 长足长足白蚁 *Longipeditermes longipes* (Haviland, 1898)

曾称为：长足白蚁 *Termes longipes* Haviland, 1898。

异名：具颚长足白蚁 *Longipeditermes mandibulatus* Thapa, 1982。

模式标本：全模（成虫、大兵蚁、小兵蚁、工蚁）保存在英国剑桥大学动物学博物馆，全模（大兵蚁、小兵蚁）保存在美国自然历史博物馆。

模式产地：马来西亚大陆及砂拉越。

分布：东洋界的文莱、印度尼西亚（加里曼丹、苏门答腊）、马来西亚（大陆、沙巴、砂拉越）、泰国。

生物学：它的工蚁为单型，兵蚁分为二型。它取食落叶层中的碎屑，工蚁将采集的食物做成食物球，兵蚁在觅食队伍两侧警戒。它喜分布于低海拔森林和沼泽林中。

（四十三）大锥白蚁属 *Macrosubulitermes* Emerson, 1960

模式种：格里夫斯大锥白蚁 *Macrosubulitermes greavesi* (Hill, 1942)。

种类：1 种。

分布：澳洲界。

1. 格里夫斯大锥白蚁 *Macrosubulitermes greavesi* (Hill, 1942)

曾称为：格里夫斯真白蚁 *Eutermes greavesi* Hill, 1942。

异名：格里夫斯锥白蚁 *Subulitermes greavesi* Snyder, 1949。

模式标本：正模（雌成虫）、副模（成虫）保存在澳大利亚国家昆虫馆，副模（成虫）分别保存在美国自然历史博物馆、印度森林研究所、德国汉堡动物学博物馆和荷兰马斯特里赫特自然历史博物馆。

模式产地：澳大利亚昆士兰州（Gadgarra）。

分布：澳洲界的澳大利亚（昆士兰州）。

生物学：它是食土白蚁。

（四十四）马尔加什白蚁属 *Malagasitermes* Emerson, 1960

模式种：米约马尔加什白蚁 *Malagasitermes milloti* (Cachan, 1949)。

种类：1 种。

分布：非洲界。

1. 米约马尔加什白蚁 *Malagasitermes milloti* (Cachan, 1949)

曾称为：米约真白蚁 *Eutermes milloti* Cachan, 1949。

模式标本：全模（兵蚁、工蚁）分别保存在比利时非洲中心皇家博物馆和美国自然历史博物馆。

模式产地：马达加斯加。

分布：非洲界的马达加斯加。

（四十五）马来白蚁属 *Malaysiotermes* Ahmad, 1968

异名：似针白蚁属 *Aciculioiditermes* Ahmad, 1968、前针白蚁属 *Proaciculitermes* Ahmad, 1968。

模式种：刺头马来白蚁 *Malaysiotermes spinocephalus* Ahmad, 1968。

种类：2 种。

分布：东洋界。

1. 霍姆格伦马来白蚁 *Malaysiotermes holmgreni* (Ahmad, 1968)

曾称为：霍姆格伦似针白蚁 *Aciculioiditermes holmgreni* Ahmad, 1968。

异名：小齿似针白蚁 *Aciculioiditermes denticulatus* Ahmad, 1968、砂拉越似针白蚁 *Aciculioiditermes sarawakensis* Ahmad, 1968。

模式标本：正模（兵蚁）、副模（成虫、兵蚁、工蚁）保存在巴基斯坦旁遮普大学动物学系，副模（兵蚁、工蚁）保存在美国自然历史博物馆。

模式产地：马来西亚砂拉越。

分布：东洋界的印度尼西亚（加里曼丹）、马来西亚（大陆、砂拉越）。

2. 刺头马来白蚁 *Malaysiotermes spinocephalus* Ahmad, 1968

异名：洛前针白蚁 *Proaciculitermes lowi* Ahmad, 1968、马来西亚前针白蚁 *Proaciculitermes malayanus* Ahmad, 1968、东方前针白蚁 *Proaciculitermes orientalis* Ahmad, 1968、沙巴前针白蚁 *Proaciculitermes sabahensis* Ahmad, 1968、沙巴马来白蚁 *Malaysiotermes sabahensis* Gathorne-Hardy et al., 2001。

模式标本：正模（兵蚁）、副模（兵蚁、工蚁）保存在巴基斯坦旁遮普大学动物学系，副模（兵蚁、工蚁）保存在美国自然历史博物馆。

模式产地：马来西亚（Sungei Lalang）。

分布：东洋界的印度尼西亚（加里曼丹、苏门答腊）、马来西亚（大陆、沙巴、砂拉越）。

（四十六）仿白蚁属 *Mimeutermes* Silvestri, 1914

中文名称：我国学者曾称之为“米谬白蚁属”，显然是根据读音来称呼的。

模式种：吉法德仿白蚁 *Mimeutermes giffardii* Silvestri, 1914。

种类：6 种。

分布：非洲界。

生物学：它生活在雨林和稀树草原，自己不筑巢，而栖息于其他白蚁的蚁垄中，那些筑垄白蚁包括雨林中的方白蚁属、胸白蚁属、前方白蚁属白蚁，以及稀树草原的方白蚁属、大白蚁属白蚁。当象白蚁、锯白蚁在树枝上所筑的木屑巢中的白蚁死亡后，这些巢掉到地面，仿白蚁可取食巢体。它的工蚁肠道内充满泥土，故它应是食土白蚁。

危害性：它没有危害性。

1. 宾厄姆仿白蚁 *Mimeutermes binghami* Sands, 1968

模式标本：正模（雌成虫）、副模（成虫、兵蚁）保存在英国自然历史博物馆。

模式产地：赞比亚（Lusaka）。

分布：非洲界的肯尼亚、赞比亚。

2. 大唇仿白蚁 *Mimeutermes clypeatus* Sands, 1968

模式标本：正模（雌成虫）、副模（雄成虫）保存在英国自然历史博物馆。

模式产地：津巴布韦（Matopos Research Station）。

分布：非洲界的津巴布韦。

3. 无齿仿白蚁 *Mimeutermes edentatus* Sands, 1956

模式标本：正模（雌成虫）、副模（工蚁）保存在英国自然历史博物馆。

模式产地：加纳（Accra）。

分布：非洲界的加纳、几内亚、尼日利亚。

生物学：它生活在热带稀树草原上。它可寄居于其他白蚁的蚁垄中，也可栖息于热带稀树草原的阴凉地方。

4. 吉法德仿白蚁 *Mimeutermes giffardii* Silvestri, 1914

模式标本：全模（成虫、兵蚁、工蚁）保存在意大利农业昆虫研究所，全模（兵蚁、工蚁、若蚁）保存在美国自然历史博物馆。

模式产地：加纳（Aburi）、几内亚（Camayenne）。

分布：非洲界的加纳、几内亚、科特迪瓦。

生物学：它生活在雨林中。它可寄居于其他白蚁的蚁垄中。

5. 稍大仿白蚁 *Mimeutermes majusculus* Sands, 1965

模式标本：正模（雄成虫）、副模（雄成虫）保存在英国自然历史博物馆。

模式产地：坦桑尼亚（Mbeya）。

分布：非洲界的坦桑尼亚。

6. 吻长仿白蚁 *Mimeutermes sorex* Silvestri, 1914

种名释义：*Sorex* 为鼩鼱属属名，这类动物的特点是吻长。

模式标本：全模（兵蚁、工蚁、若蚁）保存在意大利农业昆虫研究所，全模（兵蚁、工蚁）保存在美国自然历史博物馆，全模（工蚁）保存在印度森林研究所。

模式产地：几内亚（Mamou）。

分布：非洲界的加纳、几内亚、科特迪瓦、尼日利亚。

生物学：它生活在热带稀树草原上，已适应在河边与林廊栖息。它可寄居于其他白蚁的蚁垄中。

（四十七）米勒白蚁属 *Muelleritermes* Oliveira, Rocha, and Cancello, 2015

属名释义：属名来自德国生物学家 F. Müller 的姓，他曾在巴西研究 Atlantic 森林中的白蚁。

模式种：弗里茨米勒白蚁 *Muelleritermes fritzi* Oliveira, Rocha, and Cancello, 2015。

种类：2 种。

分布：新热带界。

生物学：它的兵蚁分三型，工蚁分二型，生活于巴西 Atlantic 森林中。

1. 弗里茨米勒白蚁 *Muelleritermes fritzi* Oliveira, Rocha, and Cancello, 2015

种名释义：种名来自德国生物学家 Fritz Müller 的名字。

模式标本：正模（大兵蚁）、副模（成虫、大兵蚁、中兵蚁、小兵蚁、大工蚁、小工蚁）保存在巴西圣保罗大学动物学博物馆。

模式产地：巴西圣保罗州。

分布：新热带界的巴西（Atlantic Forest）。

2. 球头米勒白蚁 *Muelleritermes globiceps* Oliveira, Rocha, and Cancello, 2015

模式标本：正模（大兵蚁）、副模（大兵蚁、中兵蚁、小兵蚁、大工蚁、小工蚁）保存在巴西圣保罗大学动物学博物馆。

模式产地：巴西（Espírito Santo）。

分布：新热带界的巴西（Atlantic Forest）。

（四十八）鸟嘴白蚁属 *Mycterotermes* Sands, 1965

模式种：饼头鸟嘴白蚁 *Mycterotermes meringocephalus* Sands, 1965。

种类：1 种。

分布：非洲界、古北界。

1. 饼头鸟嘴白蚁 *Mycterotermes meringocephalus* Sands, 1965

模式标本：正模（大兵蚁）、副模（小兵蚁）保存在英国自然历史博物馆。

模式产地：也门（Burum）。

分布：非洲界的也门；古北界的阿曼。

生物学：它分布于阿拉伯半岛的南部边界，它的生活方式类似于沙特三脉白蚁和阿拉伯三脉白蚁。它晚间从觅食孔中出来收集草屑。这种白蚁种群密度不大，很难采集。

危害性：它没有危害性。

（四十九）棘象白蚁属 *Nasopilotermes* Gao, Lam, and Owen, 1992

属名释义：何秀松教授于 1987 年将之定名为棘白蚁属 *Pilotermes*，由于 *Pilotermes* 属名早已被占用，高道蓉、Lam 和 Owen 于 1992 年将拉丁学名更改为 *Nasopilotermes*。

异名：*Nasutilotermes* Hua, 2000（裸记名称）。

模式种：江西棘象白蚁 *Nasopilotermes jiangxiensis* (He, 1988)。

种类：1 种。

分布：东洋界。

生物学：它的兵蚁分大、小二型。

1. 江西棘象白蚁 *Nasopilotermes jiangxiensis* (He, 1988)

曾称为：江西棘白蚁 *Pilotermes jiangxiensis* He, 1988。

模式标本：正模（兵蚁）、副模（兵蚁、工蚁）保存在中国科学院上海昆虫研究所。

模式产地：中国江西省九连山。

分布：东洋界的中国（江西）。

（五十）象白蚁属 *Nasutitermes* Dudley, 1890

属名释义：由于该属兵蚁上颚退化，头壳却极度向前延长，形成长鼻，所以中国学者称这类白蚁为“象白蚁属”白蚁，而其拉丁语意为“鼻白蚁属”，国外常称此属白蚁为“尖头白蚁”。

异名：兵鼻白蚁属 *Milesnasitermes* Dudley, 1890、歧颚白蚁属 *Havilanditermes* Light, 1930、弗莱彻白蚁属 *Fletcheritermes* Sen-Sarma, 1965、鸡骨常山白蚁属 *Alstonitermes* Thakur, 1976、奇象白蚁属 *Mironasutitermes* Gao and He, 1990、真白蚁属 *Eutermes* Holmgren, 1909（部分）。

模式种：具角象白蚁 *Nasutitermes corniger* (Motschulsky, 1855)。

种类：242 种。

分布：非洲界、澳洲界、新北界、新热带界、东洋界、古北界、巴布亚界。

生物学：此属是种类最多的属之一，属内白蚁的形态、取食特性、建巢特点等变化较大。多数种类取食木材；一些象白蚁食草。大多数种类体色较深，尤其是头壳。它以化学防御为主，有的兵蚁有多型。有的种类筑蚁垄，如破坏象白蚁、三齿稃草象白蚁（蚁垄相当高大）等；有的种类筑树栖巢，如稍重象白蚁、沃克象白蚁等；绝大多数种类筑地下巢。不少种类露天活动。

危害性：有的种类危害健康的木材，如破坏象白蚁；有的种类危害风化的或腐烂的木材。象白蚁属白蚁可对椰子树、甘蔗、果树以及其他成熟的树木造成危害，其中对椰子树的危害较轻，对甘蔗、果树和成材树木危害较重。

1. 阿卡胡特拉象白蚁 *Nasutitermes acajutlae* (Holmgren, 1910)

种名释义：种名来自标本采集地（圣萨尔瓦多的阿卡胡特拉）。

曾称为：阿卡胡特拉真白蚁（真白蚁亚属）*Eutermes* (*Eutermes*) *acajutlae* Holmgren, 1910。

异名：克雷莉娜象白蚁 *Nasutitermes creolina* Banks, 1919。

模式标本：选模（兵蚁）、副选模（成虫、工蚁）保存在美国自然历史博物馆，副选模（成虫）保存在德国汉堡动物学博物馆。

模式产地：美属维尔京群岛（St. Thomas）。

分布：新热带界的安提瓜和巴布达、巴巴多斯、法属圭亚那、圭亚那、蒙特塞拉特、波多黎各、特立尼达和多巴哥、英属维尔京群岛、美属维尔京群岛。

生物学：它筑较大的树栖巢，巢的高度可达 2m，周长可达 1m。

2. 头大象白蚁 *Nasutitermes acangussu* Bandeira and Fontes, 1979

模式标本：正模（兵蚁）、副模（兵蚁）保存在巴西圣保罗大学动物学博物馆。

模式产地：巴西亚马孙雨林（Silves）。

分布：新热带界的巴西、法属圭亚那。

危害性：在巴西，它危害房屋木构件。

3. 尖锐象白蚁 *Nasutitermes acutus* (Holmgren, 1913)

曾称为：尖锐真白蚁（真白蚁亚属）*Eutermes* (*Eutermes*) *acutus* Holmgren, 1913。

异名：茂物真白蚁（真白蚁亚属）*Eutermes* (*Eutermes*) *buitenzorgi* Holmgren, 1914、帕贾兰真白蚁（真白蚁亚属）*Eutermes* (*Eutermes*) *pengarensis* Oshima, 1914。

模式标本：全模（成虫）分别保存在瑞典动物研究所和美国自然历史博物馆。

模式产地：印度尼西亚爪哇（Wonosobo）。

分布：东洋界的印度尼西亚（爪哇、Lombok Island、Panaitan Island、苏门答腊）、马来西亚（大陆）。

4. 弯曲象白蚁 *Nasutitermes aduncus* Snyder, 1926

曾称为：弯曲象白蚁（象白蚁亚属）*Nasutitermes* (*Nasutitermes*) *aduncus* Snyder, 1926。

模式标本：正模（兵蚁）、副模（兵蚁、工蚁）保存在美国国家博物馆，副模（兵蚁、工蚁）保存在美国自然历史博物馆。

模式产地：玻利维亚（Rurrenabaque）。

分布：新热带界的巴西（亚马孙雨林）、玻利维亚。

5. 高地象白蚁 *Nasutitermes alticola* (Holmgren, 1913)

曾称为：高地真白蚁（真白蚁亚属）*Eutermes* (*Eutermes*) *alticola* Holmgren, 1913。

模式标本：全模（成虫、兵蚁）保存地不详。

模式产地：马来西亚。

分布：东洋界的马来西亚（大陆）。

6. 安汶象白蚁 *Nasutitermes amboinensis* (Kemner, 1931)

曾称为：安汶真白蚁 *Eutermes amboinensis* Kemner, 1931。

模式标本：全模（成虫、兵蚁、工蚁）保存在瑞典隆德大学动物研究所，全模（雄成虫、兵蚁、工蚁）保存在美国自然历史博物馆，全模（兵蚁、工蚁）保存在美国国家博物馆。

模式产地：印度尼西亚（Amboina）。

分布：巴布亚界的印度尼西亚（马鲁古）。

7. 安纳马莱象白蚁 *Nasutitermes anamalaiensis* Snyder, 1933

曾称为：安纳马莱象白蚁（圆白蚁亚属）*Nasutitermes* (*Rotunditermes*) *anamalaiensis* Snyder, 1933。

异名：发黄鸡骨常山白蚁 *Alstonitermes flavescens* Thakur, 1976。

模式标本：选模（兵蚁）、副选模（兵蚁）保存在印度森林研究所，副选模（兵蚁）分别保存在英国自然历史博物馆、美国自然历史博物馆和美国国家博物馆。

模式产地：印度泰米尔纳德邦（Anamalai Hills）。

分布：东洋界的印度（安得拉邦、卡纳塔克邦、喀拉拉邦、泰米尔纳德邦）。

危害性：它危害房屋木构件。

8. 安吉象白蚁 *Nasutitermes anjiensis* Gao and Guo, 1995

模式标本：正模（兵蚁）、副模（兵蚁）保存在中国科学院上海昆虫研究所，副模（兵蚁）保存在南京市白蚁防治研究所。

模式产地：中国浙江省湖州市安吉县龙王山。

分布：东洋界的中国（浙江）。

9. 阿诺尼象白蚁 *Nasutitermes anoniensis* Akhtar, 1975

异名：巴基斯坦象白蚁 *Nasutitermes pakistanicus* Chaudhry et al., 1972（裸记名称）。

模式标本：正模（兵蚁）、副模（兵蚁、工蚁）保存在巴基斯坦旁遮普大学动物学系，副模（兵蚁、工蚁）分别保存在巴基斯坦森林研究所、美国自然历史博物馆、美国国家博物馆和英国自然历史博物馆。

模式产地：孟加拉国（Anoni）。

分布：东洋界的孟加拉国（Anoni）。

10. 鹰喙象白蚁 *Nasutitermes aquilinus* (Holmgren, 1910)

曾称为：鹰喙真白蚁（真白蚁亚属）*Eutermes* (*Eutermes*) *aquilinus* Holmgren, 1910。

异名：鹰喙真白蚁（真白蚁亚属）直额亚种 *Eutermes* (*Eutermes*) *aquilinus rectifrons* Holmgren, 1910。

模式标本：全模（成虫、兵蚁、工蚁）分别保存在德国汉堡动物学博物馆、德国柏林冯博大学自然博物馆、美国自然历史博物馆和美国国家博物馆。

模式产地：巴西圣卡塔琳娜州。

分布：新热带界的阿根廷（Chaco、Corrientes、福莫萨、Misiones）、巴西（Minas Gerais、Paraná、Rio Grande do Sol、圣卡塔琳娜州、圣保罗）、巴拉圭。

危害性：它可对房屋建筑造成轻微的危害，也危害林木（如桉树）。

11. 阿劳诺象白蚁 *Nasutitermes araujoi* Roonwal and Rathore, 1976

模式标本：正模（兵蚁）、副模（兵蚁、工蚁、若蚁）保存在印度动物调查所，副模（兵蚁、工蚁、若蚁）分别保存在印度森林研究所和巴西圣保罗大学动物学博物馆。

模式产地：巴西（Pará）。

分布：新热带界的巴西（Pará）。

12. 树生象白蚁 *Nasutitermes arborum* (Smeathman, 1781)

曾称为：树生白蚁 *Termes arborum* Smeathman, 1781。

异名：斑腹真白蚁 *Eutermes maculiventris* Sjöstedt, 1904、暗黑真白蚁全暗亚种 *Eutermes infuscatus perfusca* Silvestri, 1914。

模式标本：新模（兵蚁）保存在英国自然历史博物馆。

模式产地：塞拉利昂（Njala）。

分布：非洲界的贝宁、喀麦隆、刚果民主共和国、刚果共和国、加蓬、冈比亚、加纳、几内亚、几内亚比绍、科特迪瓦、利比里亚、尼日利亚、塞内加尔、塞拉利昂、乌干达。

生物学：它筑树栖巢，巢深棕色或黑色，有蚁路通向各个方向，蚁路可以通向相当远的地方。

13. 沙地象白蚁 *Nasutitermes arenarius* (Hagen, 1858)

曾称为：沙地白蚁（真白蚁亚属）*Termes* (*Eutermes*) *arenarius* Hagen, 1858。

模式标本：全模（成虫、兵蚁、工蚁）保存在哈佛大学比较动物学博物馆。

模式产地：巴西（Pará）。

分布：新热带界的巴西（Pará）

14. 阿鲁象白蚁 *Nasutitermes aruensis* (John, 1925)

曾称为：阿鲁真白蚁（真白蚁亚属）*Eutermes* (*Eutermes*) *aruensis* John, 1925。

模式标本：全模（兵蚁、工蚁）分别保存在美国自然历史博物馆和俄罗斯科学院动物学研究所。

模式产地：印度尼西亚阿鲁群岛。

分布：巴布亚界的印度尼西亚（阿鲁群岛）。

15. 黑翅象白蚁 *Nasutitermes atripennis* (Haviland, 1898)

曾称为：黑翅白蚁 *Termes atripennis* Haviland, 1898。

异名：模糊真白蚁（真白蚁亚属）*Eutermes* (*Eutermes*) *duplex* Holmgren, 1914、锡纳邦多毛白蚁 *Hirtitermes sinabangensis* Oshima, 1923。

模式标本：全模（兵蚁、工蚁）分别保存在美国自然历史博物馆和英国剑桥大学动物学博物馆。

模式产地：马来西亚砂拉越。

分布：东洋界的印度尼西亚（加里曼丹、苏门答腊）、马来西亚（大陆、沙巴、砂拉越）、菲律宾。

16. 巴林他象白蚁 *Nasutitermes balingtauagensis* (Oshima, 1917)

曾称为：巴林他真白蚁（真白蚁亚属）*Eutermes* (*Eutermes*) *balingtauagensis* Oshima, 1917。

模式标本：全模（兵蚁、工蚁）保存地不详。

模式产地：菲律宾马尼拉（Balintauac）。

分布：东洋界的菲律宾（吕宋）。

17. 班克斯象白蚁 *Nasutitermes banksi* Emerson, 1925

曾称为：班克斯象白蚁（象白蚁亚属）*Nasutitermes* (*Nasutitermes*) *banksi* Emerson, 1925。

异名：霍姆格伦象白蚁 *Nasutitermes holmgreni* Banks, 1918、暗头象白蚁（凸白蚁亚属）*Nasutitermes* (*Convexitermes*) *pulliceps* Snyder, 1926。

模式标本：正模（兵蚁）、副模（兵蚁、工蚁）保存在美国国家博物馆，副模（兵蚁、工蚁）保存在美国自然历史博物馆。

模式产地：玻利维亚（Cachuela Esperanza）。

分布：新热带界的玻利维亚、巴西（亚马孙雨林）、法属圭亚那、圭亚那。

18. 版纳象白蚁 *Nasutitermes bannaensis* Li, 1986

模式标本：正模（兵蚁）、副模（兵蚁、工蚁）保存在广东省科学院动物研究所。

模式产地：中国云南省西双版纳。

分布：东洋界的中国（云南）。

19. 巴山象白蚁 *Nasutitermes bashanensis* Zhang, 1992

曾称为：巴山奇象白蚁 *Mironasutitermes bashanensis* Zhang, 1992。

模式标本：选模（兵蚁）、副选模（兵蚁、工蚁）保存在中国西北大学，副选模（兵蚁、工蚁）保存在中国科学院动物研究所。

模式产地：中国陕西省安康市镇坪县大巴山。

分布：东洋界的中国（陕西）。

20. 本杰明象白蚁 *Nasutitermes benjamini* Snyder, 1926

曾称为：本杰明象白蚁（象白蚁亚属）*Nasutitermes* (*Nasutitermes*) *benjamini* Snyder, 1926。

异名：岛生真白蚁（真白蚁亚属）*Eutermes* (*Eutermes*) *insularis* Sjöstedt, 1924。

模式标本：全模（兵蚁、工蚁）分别保存在法国自然历史博物馆、美国自然历史博物馆和美国国家博物馆。

模式产地：毛里求斯。

分布：非洲界的毛里求斯。

21. 鼻大象白蚁 *Nasutitermes bikpelanus* Roisin and Pasteels, 1996

种名释义：种名来自土语，意为“big nose”（大鼻）。由于象白蚁属已有大鼻象白蚁 *Nasutitermes grandinasus* 之名，所以称之为“鼻大象白蚁”。

模式标本：正模（兵蚁）、副模（成虫、兵蚁、工蚁）保存在比利时皇家自然科学研究所，副模（成虫、兵蚁、工蚁）保存在澳大利亚国家昆虫馆，副模（蚁后、成虫、兵蚁、工蚁、若蚁）保存在美国自然历史博物馆。

模式产地：巴布亚新几内亚。

分布：巴布亚界的巴布亚新几内亚。

22. 二价象白蚁 *Nasutitermes bivalens* (Holmgren, 1910)

曾称为：二价真白蚁（真白蚁亚属）*Eutermes* (*Eutermes*) *bivalens* Holmgren, 1910。

模式标本：全模（兵蚁、工蚁）分别保存在意大利农业昆虫研究所和美国自然历史博物馆。

模式产地：巴西马托格罗索州（Cuiabá）。

分布：新热带界的阿根廷、巴西（马托格罗索州）。

危害性：在巴西，它危害咖啡树。

23. 博恩象白蚁 *Nasutitermes boengiensis* (Kemner, 1934)

曾称为：博恩真白蚁 *Eutermes boengiensis* Kemner, 1934。

模式标本：全模（兵蚁、工蚁）保存在瑞典隆德大学动物研究所。

模式产地：印度尼西亚（Boeton Island）。

分布：东洋界的印度尼西亚（苏拉威西）。

24. 博顿象白蚁 *Nasutitermes boetoni* (Oshima, 1914)

曾称为：博顿真白蚁（冢白蚁亚属）*Eutermes* (*Tumulitermes*) *boetoni* Oshima, 1914。

模式标本：全模（兵蚁）分别保存在美国自然历史博物馆和印度森林研究所。

模式产地：印度尼西亚（Boeton Island）。

分布：东洋界的印度尼西亚（苏拉威西）。

25. 玻利瓦尔象白蚁 *Nasutitermes bolivari* (Snyder, 1959)

曾称为：玻利瓦尔快白蚁 *Velocitermes bolivari* Snyder, 1959。

模式标本：正模（大兵蚁）、副模（成虫、兵蚁）保存在美国国家博物馆，副模（成虫、兵蚁）保存在委内瑞拉中部大学，副模（兵蚁、工蚁）保存在美国自然历史博物馆。

模式产地：委内瑞拉（Bolivar）。

分布：新热带界的巴西、委内瑞拉。

26. 玻利维亚象白蚁 *Nasutitermes bolivianus* (Holmgren, 1910)

曾称为：玻利维亚真白蚁（真白蚁亚属）*Eutermes* (*Eutermes*) *bolivianus* Holmgren, 1910。

模式标本：全模（成虫、兵蚁、工蚁）保存在瑞典自然历史博物馆。

模式产地：玻利维亚（Mojos）。

分布：新热带界的玻利维亚。

27. 鼻短象白蚁 *Nasutitermes brachynasutus* Morimoto, 1973

模式标本：正模（雄成虫）、副模（成虫、兵蚁、工蚁）保存在日本九州大学昆虫学实验室。

模式产地：泰国（Khao Yai）。

分布：东洋界的泰国。

28. 小眼象白蚁 *Nasutitermes brevioculatus* (Holmgren, 1910)

曾称为：小眼真白蚁（真白蚁亚属）*Eutermes* (*Eutermes*) *brevioculatus* Holmgren, 1910。

模式标本：全模（成虫、兵蚁、工蚁）分别保存在意大利农业昆虫研究所和美国自然历史博物馆，全模（成虫）保存在德国汉堡动物学博物馆。

模式产地：巴西马托格罗索州（Cuiaba）、巴拉圭（Estancia Postillon）。

分布：新热带界的阿根廷（福莫萨）、玻利维亚、巴西（马托格罗索州、朗多尼亚）、巴拉圭。

危害性：在巴西、巴拉圭和玻利维亚，它危害甘蔗。

29. 短毛象白蚁 *Nasutitermes brevipilus* Emerson, 1925

曾称为：短毛象白蚁（象白蚁亚属）*Nasutitermes* (*Nasutitermes*) *brevipilus* Emerson, 1925。

模式标本：正模（成虫）、副模（成虫、兵蚁、工蚁）保存在美国自然历史博物馆，副模（成虫、兵蚁）保存在荷兰马斯特里赫特自然历史博物馆。

模式产地：圭亚那（Kartabo）。

分布：新热带界的法属圭亚那、圭亚那。

30. 短吻象白蚁 *Nasutitermes brevirostris* (Oshima, 1917)

曾称为：短吻真白蚁（高跷白蚁亚属）*Eutermes* (*Grallatotermes*) *brevirostris* Oshima, 1917。

模式标本：全模（兵蚁）保存在意大利农业昆虫研究所，全模（成虫）保存在美国自然历史博物馆。

模式产地：帕劳。

分布：巴布亚界的密克罗尼西亚（Caroline Islands）、马绍尔群岛、帕劳。

31. 棕色象白蚁 *Nasutitermes brunneus* Snyder, 1934

曾称为：棕色象白蚁（象白蚁亚属）*Nasutitermes* (*Nasutitermes*) *brunneus* Snyder, 1934。

模式标本：选模（成虫）、副选模（成虫、兵蚁、工蚁）保存在印度森林研究所，副选模（成虫、兵蚁、工蚁）保存在美国国家博物馆，副选模（成虫、兵蚁）分别保存在美国自然历史博物馆和印度动物调查所。

模式产地：印度泰米尔纳德邦（Anamali Hills）。

分布：东洋界的印度（卡纳塔克邦、喀拉拉邦、泰米尔纳德邦）。

危害性：它危害房屋木构件。

32. 葱头象白蚁 *Nasutitermes bulbiceps* (Holmgren, 1913)

曾称为：葱头真白蚁（真白蚁亚属）*Eutermes* (*Eutermes*) *bulbiceps* Holmgren, 1913。

模式标本：全模（兵蚁、工蚁）保存在美国自然历史博物馆。

模式产地：马来西亚雪兰莪州（Gap）。

分布：东洋界的马来西亚（大陆）。

33. 胖头象白蚁 *Nasutitermes bulbus* Tsai and Huang, 1979

模式标本：正模（兵蚁）、副模（兵蚁、工蚁）保存在中国科学院动物研究所。

模式产地：中国西藏自治区墨脱县西工湖。

分布：古北界的中国（西藏）。

34. 硬皮象白蚁 *Nasutitermes callimorphus* Mathews, 1977

异名：难鉴象白蚁 *Nasutitermes indistinctus* Mathews, 1977（裸记名称）。

模式标本：正模（兵蚁）、副模（兵蚁、工蚁）保存在巴西圣保罗大学动物学博物馆，副模（兵蚁、工蚁）分别保存在英国自然历史博物馆和美国自然历史博物馆。

模式产地：巴西马托格罗索州（Serra do Ronchador）。

分布：新热带界的巴西。

危害性：它危害房屋木构件。

35. 喀麦隆象白蚁 *Nasutitermes camerunensis* (Sjöstedt, 1899)

曾称为：喀麦隆真白蚁 *Eutermes camerunensis* Sjöstedt, 1899。

模式标本：正模（雄成虫）保存在德国汉堡动物学博物馆。

模式产地：喀麦隆。

分布：非洲界的喀麦隆、尼日利亚。

36. 卡那封象白蚁 *Nasutitermes carnarvonensis* (Hill, 1942)

曾称为：卡那封真白蚁 *Eutermes carnarvonensis* Hill, 1942。

模式标本：正模（雄成虫）、副模（成虫、兵蚁、工蚁）保存在澳大利亚国家昆虫馆，副模（成虫、兵蚁、工蚁）分别保存在瑞典自然历史博物馆和美国自然历史博物馆，副模（兵蚁、工蚁）保存在美国国家博物馆。

模式产地：澳大利亚西澳大利亚州（Carnarvon）。

分布：澳洲界的澳大利亚（西澳大利亚州）。

37. 栗色象白蚁 *Nasutitermes castaneus* (Oshima, 1920)

曾称为：栗色真白蚁（真白蚁亚属）*Eutermes* (*Eutermes*) *castaneus* Oshima, 1920。

模式标本：全模（兵蚁、工蚁）分别保存在美国自然历史博物馆和印度森林研究所。

模式产地：菲律宾吕宋、班乃。

分布：东洋界的菲律宾（吕宋、班乃）。

38. 西里伯斯象白蚁 *Nasutitermes celebensis* (Holmgren, 1913)

曾称为：西里伯斯真白蚁（真白蚁亚属）*Eutermes* (*Eutermes*) *celebensis* Holmgren, 1913。

模式标本：全模（成虫、兵蚁、工蚁）保存在瑞典动物研究所，全模（成虫、兵蚁、工蚁、若蚁）保存在美国自然历史博物馆。

模式产地：印度尼西亚苏拉威西岛。

分布：东洋界的印度尼西亚（苏拉威西）。

39. 中部象白蚁 *Nasutitermes centraliensis* (Hill, 1925)

曾称为：中部真白蚁 *Eutermes centraliensis* Hill, 1925。

模式标本：选模（兵蚁）、副选模（工蚁、若蚁）保存在澳大利亚维多利亚博物馆，副选模（工蚁）保存在美国自然历史博物馆。

模式产地：澳大利亚北领地。

分布：澳洲界的澳大利亚（新南威尔士州、北领地、昆士兰州、南澳大利亚州、西澳大利亚州）。

40. 锡兰象白蚁 *Nasutitermes ceylonicus* (Holmgren, 1911)

曾称为：锡兰真白蚁 *Eutermes ceylonicus* Holmgren, 1911。

模式标本：选模（兵蚁）、副选模（兵蚁、工蚁）保存在印度森林研究所，副选模（兵蚁、工蚁）分别保存在瑞典动物研究所、印度动物调查所、美国自然历史博物馆和美国国家博物馆。

模式产地：斯里兰卡（Peradeniya）。

分布：东洋界的斯里兰卡。

生物学：它的巢由暗灰色木屑组成，表面有大、小孔，使其表面看起来像海绵。它的巢有两种类型：一种为地上的多副巢型，另一种为地下型。地下型由一个主巢和一些腔室、蚁道组成。一旦蚁路或蚁巢被破坏，工蚁立即进行修复，兵蚁在侧护卫，兵蚁通过喷射额腺分泌物攻击前来捕食的蚂蚁。它的成熟群体在 11 月进行分飞。

危害性：它是斯里兰卡的常见种类。它危害椰子树的树皮，也危害茶树，但危害不严重。它还危害房屋木构件。

41. 长宁象白蚁 *Nasutitermes changningensis* (Gao, 1988)

曾称为：长宁奇象白蚁 *Mironasutitermes changningensis* Gao, 1988。

模式标本：选模（兵蚁）、副选模（兵蚁）保存在中国科学院上海昆虫研究所，副选模（兵蚁）保存在南京市白蚁防治研究所。

模式产地：中国四川省宜宾市长宁县。

分布：东洋界的中国（四川）。

42. 查普曼象白蚁 *Nasutitermes chapmani* Light and Wilson, 1936

曾称为：查普曼象白蚁（象白蚁亚属）*Nasutitermes* (*Nasutitermes*) *chapmani* Light and Wilson, 1936。

模式标本：正模（兵蚁）保存在美国国家博物馆，副模（成虫、兵蚁、工蚁、若蚁）保存在美国自然历史博物馆。

模式产地：菲律宾（Visayas）。

分布：东洋界的菲律宾（棉兰老岛）。

43. 查基马约象白蚁 *Nasutitermes chaquimayensis* (Holmgren, 1906)

曾称为：查基马约真白蚁 *Eutermes chaquimayensis* Holmgren, 1906。

异名：图伊切真白蚁（真白蚁亚属）*Eutermes* (*Eutermes*) *tuichensis* Holmgren, 1910。

模式标本：全模（成虫、兵蚁、工蚁）分别保存在瑞典自然历史博物馆和美国国家博物馆，全模（蚁后、成虫、兵蚁、工蚁）保存在美国自然历史博物馆。

模式产地：秘鲁（Chaquimayo、Llinquipata）、玻利维亚。

分布：新热带界的玻利维亚、巴西（亚马孙雨林）、巴拉圭、秘鲁。

44. 乞拉象白蚁 *Nasutitermes cherraensis* Roonwal and Chhotani, 1962

模式标本：正模（兵蚁）、副模（兵蚁、工蚁）保存在印度动物调查所，副模（兵蚁、工蚁）分别保存在印度森林研究所和美国自然历史博物馆。

模式产地：印度阿萨姆邦（Cherrapunji）。

分布：东洋界的印度（梅加拉亚邦）、中国。

生物学：它的兵蚁分大、小二型。

45. 乔塔里象白蚁 *Nasutitermes chhotanii* Bose, 1997

种名释义：种名来自定名人的丈夫、印度白蚁分类学家 O. B. Chhotani 的姓。

模式标本：正模（兵蚁）、副模（成虫、兵蚁、工蚁）保存在印度动物调查所。

模式产地：中国。

分布：东洋界的中国。

生物学：它的工蚁分大、小二型。

46. 周氏象白蚁 *Nasutitermes choui* Ping and Xu, 1989

模式标本：正模（兵蚁）、副模（兵蚁、工蚁）保存在广东省科学院动物研究所。

模式产地：中国香港。

分布：东洋界的中国（香港）。

47. 金纹象白蚁 *Nasutitermes chrysopleura* (Sjöstedt, 1897)

曾称为：金纹真白蚁 *Eutermes chrysopleura* Sjöstedt, 1897。

模式标本：全模（成虫）保存在德国格赖夫斯瓦尔德州博物馆，全模（雌成虫）保存在美国自然历史博物馆。

模式产地：喀麦隆（Victoria）。

分布：非洲界的喀麦隆。

48. 团结象白蚁 *Nasutitermes coalescens* (Mjöberg, 1920)

曾称为：团结真白蚁 *Eutermes coalescens* Mjöberg, 1920。

模式标本：选模（兵蚁）、副选模（兵蚁、工蚁）保存在瑞典自然历史博物馆，副选模（兵蚁、工蚁）分别保存在美国自然历史博物馆和美国国家博物馆。

模式产地：澳大利亚西澳大利亚州（Mundaring）。

分布：澳洲界的澳大利亚（西澳大利亚州）。

49. 科利马象白蚁 *Nasutitermes colimae* Light, 1933

模式标本：全模（成虫）分别保存在美国自然历史博物馆和美国国家博物馆。

模式产地：墨西哥（Colima）。

分布：新热带界的墨西哥（Colima）。

50. 圆头象白蚁 *Nasutitermes communis* Tsai and Chen, 1963

异名：曾通岐颚白蚁 *Havilanditermes communis* Li and Xiao, 1989、贺县象白蚁 *Nasutitermes hexianensis* Krishna, 2013

模式标本：正模（兵蚁）保存在中国科学院动物研究所。

模式产地：中国福建省南靖县。

分布：东洋界的中国（福建、广东、湖南、江西、广西）。

生物学：它蛀蚀树桩。

51. 科摩罗象白蚁 *Nasutitermes comorensis* (Wasmann, 1910)

曾称为：科摩罗真白蚁 *Eutermes comorensis* Wasmann, 1910。

模式标本：全模（兵蚁、工蚁）分别保存在荷兰马斯特里赫特自然历史博物馆和美国自然历史博物馆。

模式产地：科摩罗。

分布：非洲界的科摩罗。

52. 科姆斯托克象白蚁 *Nasutitermes comstockae* Emerson, 1925

种名释义：种名来自定名人的生物学老师 A. B. Comstock 教授的姓。

模式标本：正模（兵蚁）、副模（兵蚁、工蚁）保存在美国自然历史博物馆，副模（兵蚁、工蚁）保存在荷兰马斯特里赫特自然历史博物馆。

模式产地：圭亚那（Kartabo）。

分布：新热带界的法属圭亚那、圭亚那、巴西。

53. 具角象白蚁 *Nasutitermes corniger* (Motschulsky, 1855)

曾称为：具角白蚁 *Termes cornigera* Motschulsky, 1855。

异名：哥斯达黎加真白蚁（真白蚁亚属）*Eutermes* (*Eutermes*) *costaricensis* Holmgren, 1910、岛生真白蚁（真白蚁亚属）*Eutermes* (*Eutermes*) *insularis* Holmgren, 1910、岛生真白蚁（真白蚁亚属）昏暗亚种 *Eutermes* (*Eutermes*) *insularis obscurus* Holmgren, 1910、棱脊象白蚁 *Nasutitermes costalis* (Holmgren, 1910)、棱脊真白蚁（真白蚁亚属）*Eutermes* (*Eutermes*) *costalis* Holmgren, 1910、卡宴真白蚁（真白蚁亚属）*Eutermes* (*Eutermes*) *cayennae* Holmgren, 1910、卡宴真白蚁（真白蚁亚属）窄头亚种 *Eutermes* (*Eutermes*) *cayennae articeps* Holmgren, 1910、卡宴真白蚁（真白蚁亚属）短鼻亚种 *Eutermes* (*Eutermes*) *cayennae brevinasus* Holmgren, 1910、卡宴真白蚁（真白蚁亚属）蓝色亚种 *Eutermes* (*Eutermes*) *cayennae lividus* Holmgren, 1910、海地真白蚁（真白蚁亚属）*Eutermes* (*Eutermes*) *haitiensis* Holmgren, 1910、海地真白蚁（真白蚁亚属）白色亚种 *Eutermes* (*Eutermes*) *haitiensis albus* Holmgren, 1910、马提尼克真白蚁（真白蚁亚属）*Eutermes* (*Eutermes*) *martiniquensis* Holmgren, 1910、桑切斯真白蚁（真白蚁亚属）*Eutermes* (*Eutermes*) *sanchezi* Holmgren, 1910、圣卢西亚真白蚁（真白蚁亚属）*Eutermes* (*Eutermes*) *sanctaeluciae* Holmgren, 1910。

模式标本：全模（兵蚁）保存在哈佛大学比较动物学博物馆。

模式产地：巴拿马（Obispo）。

分布：新北界的美国（得克萨斯州、佛罗里达州）；新热带界的安提瓜和巴布达、阿根廷、巴巴多斯、伯利兹、玻利维亚、巴西、哥伦比亚、哥斯达黎加、厄瓜多尔、法属圭亚那、危地马拉、圭亚那、洪都拉斯、墨西哥、尼加拉瓜、巴拿马、委内瑞拉、背风群岛（可疑）、开曼群岛、古巴、多米尼克、格林纳达、瓜德罗普、加勒比海（伊斯帕尼奥拉岛）、多米尼加共和国、海地、古巴（青年岛）、牙买加、马提尼克、蒙特塞拉特、秘鲁、波多黎各、圣基茨和尼维斯、圣卢西亚、圣文森特和格林纳丁斯、苏里南、特立尼达和多巴哥、特克斯和凯科斯群岛、英属维尔京群岛（Guana、Tortola）、美属维尔京群岛（St. Croix）。

生物学：它筑树栖巢。

危害性：它是一种入侵白蚁。在巴拿马、危地马拉、巴西、西印度群岛、波多黎各和圭亚那，它可对房屋建筑造成严重的危害，也可危害椰子树、甘蔗、果树和林木。

54. 科尔波弱尔象白蚁 *Nasutitermes corporaali* (Wasmann, 1922)

曾称为：科尔波弱尔真白蚁 *Eutermes corporaali* Wasmann, 1922。

模式标本：全模（兵蚁）保存在荷兰马斯特里赫特自然历史博物馆。
模式产地：印度尼西亚爪哇（Preanger）。
分布：东洋界的印度尼西亚（爪哇）。

55. 科西波象白蚁 *Nasutitermes coxipoensis* (Holmgren, 1910)

曾称为：科西波真白蚁（真白蚁亚属）*Eutermes* (*Eutermes*) *coxipòensis* Holmgren, 1910。
模式标本：全模（成虫、兵蚁、工蚁）保存在意大利农业昆虫研究所，全模（兵蚁、工蚁）分别保证存在美国自然历史博物馆和美国国家博物馆。
模式产地：巴西马托格罗索州（Coxipò）。
分布：新热带界的阿根廷（Corrientes）、巴西（马托格罗索州、Minas Gerais、圣保罗州）。

56. 厚角象白蚁 *Nasutitermes crassicornis* (Holmgren and Holmgren, 1917)

曾称为：厚角真白蚁（真白蚁亚属）*Eutermes* (*Eutermes*) *crassicornis* Holmgren and Holmgren, 1917。
模式标本：选模（兵蚁）、副选模（兵蚁、工蚁、若蚁）保存在印度森林研究所，副选模（兵蚁、工蚁、若蚁）保存在美国自然历史博物馆，副选模（兵蚁、工蚁）分别保存在德国汉堡动物学博物馆和印度农业研究所昆虫学分部。
模式产地：印度卡纳塔克邦。
分布：东洋界的印度（卡纳塔克邦、泰米尔纳德邦）。
危害性：它危害房屋木构件。

57. 粗颚象白蚁 *Nasutitermes crassus* Snyder, 1926

曾称为：粗颚象白蚁（象白蚁亚属）*Nasutitermes* (*Nasutitermes*) *crassus* Snyder, 1926。
模式标本：正模（兵蚁）、副模（兵蚁、工蚁）保存在美国国家博物馆，副模（兵蚁、工蚁）保存在美国自然历史博物馆。
模式产地：玻利维亚（Rurrenabaque）。
分布：新热带界的玻利维亚。

58. 短鼻象白蚁 *Nasutitermes curtinasus* He, 1987

模式标本：正模（兵蚁）、副模（兵蚁、工蚁）保存在中国科学院上海昆虫研究所。
模式产地：中国江西省九连山。
分布：东洋界的中国（江西）。

59. 毛脸象白蚁 *Nasutitermes dasyopsis* Thorne, 1989

模式标本：正模（兵蚁）、副模（成虫、兵蚁、工蚁）保存在哈佛大学比较动物学博物馆，副模（成虫、兵蚁、工蚁）保存在美国自然历史博物馆。
模式产地：巴拿马（Cuayabo Grande）。
分布：新热带界的巴拿马。
生物学：它生活在海滨的森林中。它筑树栖巢，巢外表多凸起和不规则，巢内大致中间位置有王室。

60. 喜树象白蚁 *Nasutitermes dendrophilus* (Desneux, 1906)

曾称为：里珀特白蚁喜树亚种 *Termes rippertii dendrophilus* Desneux, 1906。

模式标本：全模（成虫、兵蚁、工蚁、若蚁）保存在德国冯博大学自然博物馆，全模（蚁后、成虫、兵蚁、工蚁、若蚁）保存在美国自然历史博物馆，全模（成虫、兵蚁、工蚁）保存在美国国家博物馆。

模式产地：厄瓜多尔（Rosario）。

分布：新热带界的厄瓜多尔。

61. 德沃瑞象白蚁 *Nasutitermes devrayi* Maiti and Chakraborty, 1994

种名释义：种名来自模式标本的采集人 M. K. Devray 的姓。

模式标本：正模（兵蚁）、副模（兵蚁、工蚁）保存在印度动物调查所，副模（兵蚁、工蚁）保存在印度森林研究所。

模式产地：印度大尼科巴岛。

分布：东洋界的印度（尼科巴群岛）。

62. 魔鬼象白蚁 *Nasutitermes diabolus* (Sjöstedt, 1907)

曾称为：魔鬼真白蚁 *Eutermes diabolus* Sjöstedt, 1907。

异名：颈链真白蚁（真白蚁亚属）*Eutermes* (*Eutermes*) *torquatus* Sjöstedt, 1924。

模式标本：全模（兵蚁、工蚁）分别保存在瑞典自然历史博物馆和美国自然历史博物馆，全模（兵蚁）保存在南非国家昆虫馆。

模式产地：刚果民主共和国（Mukimbungu）。

分布：非洲界的喀麦隆、刚果共和国、刚果民主共和国、加蓬、科特迪瓦、尼日利亚、乌干达。

生物学：它筑树栖木屑巢，大小如小孩的头。

63. 二型象白蚁 *Nasutitermes dimorphus* Ahmad, 1965

模式标本：正模（大兵蚁）、副模（大兵蚁、小兵蚁、工蚁）保存在巴基斯坦旁遮普大学动物学系，副模（大兵蚁、小兵蚁、工蚁）保存在美国自然历史博物馆。

模式产地：泰国（Kan Tang）。

分布：东洋界的马来西亚（大陆）、泰国。

64. 迪克逊象白蚁 *Nasutitermes dixoni* (Hill, 1932)

曾称为：迪克逊真白蚁 *Eutermes dixoni* Hill, 1932。

模式标本：选模（雄成虫）、副选模（成虫、兵蚁、工蚁）保存在澳大利亚国家昆虫馆，副选模（成虫、兵蚁、工蚁、若蚁）保存在美国自然历史博物馆。

模式产地：澳大利亚首都地区。

分布：澳洲界的澳大利亚（首都地区、新南威尔士州、维多利亚州）。

65. 多波象白蚁 *Nasutitermes dobonensis* (Oshima, 1914)

曾称为：多波真白蚁（真白蚁亚属）*Eutermes* (*Eutermes*) *dobonensis* Oshima, 1914。

模式标本：全模（兵蚁、工蚁）保存在美国自然历史博物馆。

模式产地：印度尼西亚（Dobo）。

分布：巴布亚界的印度尼西亚（马鲁古）。

66. 长鼻象白蚁 *Nasutitermes dolichorhinos* Ping and Xu, 1988

模式标本：正模（兵蚁）、副模（兵蚁、工蚁）保存在广东省科学院动物研究所，副模（兵蚁、工蚁）保存在贵州省林业研究所。

模式产地：中国贵州省锦屏县。

分布：东洋界的中国（广西、贵州）。

67. 香港象白蚁 *Nasutitermes dudgeoni* Gao and Lam, 1986

种名释义：种名来自香港大学动物学系 D. Dudgeon 博士的姓。其拉丁语意为“达吉恩象白蚁”，定名文章用英文发表，国内学者称这种白蚁为“香港象白蚁”。

模式标本：正模（兵蚁）、副模（兵蚁、工蚁）保存在南京市白蚁防治研究所。

模式产地：中国香港新界。

分布：东洋界的中国（香港）。

68. 德拉敦象白蚁 *Nasutitermes dunensis* Chatterjee and Thakur, 1969

异名：兰巴象白蚁 *Nasutitermes lambai* Verma and Thakur, 1978、古普塔象白蚁 *Nasutitermes guptai* Sen-Sarma and Thakur, 1980。

模式标本：正模（兵蚁）、副模（成虫、兵蚁、工蚁）保存在印度森林研究所，副模（成虫、兵蚁、工蚁）保存在印度动物调查所。

模式产地：印度北阿坎德邦德拉敦。

分布：东洋界的印度（北阿坎德邦）。

危害性：它危害房屋木构件。

69. 厄瓜多尔象白蚁 *Nasutitermes ecuadorianus* (Holmgren, 1910)

曾称为：秘鲁真白蚁（真白蚁亚属）厄瓜多尔亚种 *Eutermes* (*Eutermes*) *peruanus ecuadorianus* Holmgren, 1910。

模式标本：全模（成虫、兵蚁、工蚁）保存在德国汉堡动物学博物馆，全模（蚁后、蚁王、兵蚁、工蚁）保存在美国自然历史博物馆。

模式产地：厄瓜多尔（Babahoyo）。

分布：新热带界的巴西（亚马孙流域北部）、厄瓜多尔。

70. 埃尔哈特象白蚁 *Nasutitermes ehrhardti* (Holmgren, 1910)

曾称为：里珀特真白蚁（真白蚁亚属）埃尔哈特亚种 *Eutermes* (*Eutermes*) *ripperti ehrhardti* Holmgren, 1910。

模式标本：全模（成虫、兵蚁、工蚁）分别保存在德国柏林冯博大学自然博物馆、德国格赖夫斯瓦尔德州博物馆、美国自然历史博物馆和荷兰瓦肯堡沃斯曼博物馆，全模（兵蚁、工蚁）保存在德国汉堡动物学博物馆。

模式产地：巴西。

分布：新热带界的阿根廷（Misiones）、巴西。

71. 小雅象白蚁 *Nasutitermes elegantulus* (Sjöstedt, 1911)

曾称为：小雅真白蚁 *Eutermes elegantulus* Sjöstedt, 1911。

异名：大眼真白蚁 *Eutermes macrophthalmus* Silvestri, 1912、极小真白蚁（真白蚁亚属）*Eutermes* (*Eutermes*) *minusculus* Sjöstedt, 1924、科尔象白蚁（象白蚁亚属）*Nasutitermes* (*Nasutitermes*) *kohli* Emerson, 1928。

模式标本：全模（兵蚁、工蚁）分别保存在瑞典自然历史博物馆和美国自然历史博物馆。

模式产地：喀麦隆（Victoria）。

分布：非洲界的安哥拉、喀麦隆、刚果民主共和国、刚果共和国、加蓬、加纳、几内亚、尼日利亚、乌干达、普林西比。

生物学：它广泛分布于西非、刚果民主共和国、刚果共和国的森林中，它筑柔软的心形木屑巢，但在其他属白蚁的蚁巢、正在腐烂的原木、树上狭窄的蚁路中也常能发现它。

72. 埃默森象白蚁 *Nasutitermes emersoni* Snyder, 1934

曾称为：埃默森象白蚁（象白蚁亚属）*Nasutitermes* (*Nasutitermes*) *emersoni* Snyder, 1934。

模式标本：选模（兵蚁）、副选模（兵蚁、工蚁）保存在印度森林研究所，副选模（兵蚁、工蚁）保存在印度动物调查所、英国自然历史博物馆、美国自然历史博物馆和美国国家博物馆。

模式产地：孟加拉国（Sundarbans）。

分布：东洋界的印度（比哈尔邦、锡金邦、特里普拉邦）、孟加拉国。

危害性：在印度，它危害房屋木构件。

73. 埃夫拉塔象白蚁 *Nasutitermes ephratae* (Holmgren, 1910)

曾称为：埃夫拉塔真白蚁（真白蚁亚属）*Eutermes* (*Eutermes*) *ephratae* Holmgren, 1910。

异名：克林考斯特勒韦真白蚁（真白蚁亚属）*Eutermes* (*Eutermes*) *klinckowstroemi* Holmgren, 1910、克雷奥林纳象白蚁 *Nasutitermes creolina* Banks, 1919。

模式标本：全模（成虫、工蚁）保存在瑞典自然历史博物馆，全模（成虫）分别保存在美国自然历史博物馆和美国国家博物馆。

模式产地：苏里南（Ephrata）。

分布：新热带界的伯利兹、玻利维亚、巴西、哥伦比亚、哥斯达黎加、法属圭亚那、圭亚那、洪都拉斯、墨西哥、蒙特塞拉特、尼加拉瓜、巴拿马、苏里南、特立尼达和多巴哥、委内瑞拉、小安的列斯群岛。

生物学：它筑树栖巢。

危害性：在巴拿马、危地马拉和西印度群岛，它可对房屋建筑造成轻微的危害，也危害果树和椰子树。

74. 桉树象白蚁 *Nasutitermes eucalypti* (Mjöberg, 1920)

种名释义：*Eucalypti* 为桉树属属名。

曾称为：桉树真白蚁 *Eutermes eucalypti* Mjöberg, 1920。

异名：菲尔德真白蚁 *Eutermes feldi* Hill, 1923。

模式标本：选模（兵蚁）、副选模（兵蚁、工蚁）保存在瑞典自然历史博物馆，副选模

（兵蚁、工蚁）分别保存在美国自然历史博物馆和美国国家博物馆。

模式产地：澳大利亚西澳大利亚州（Kimberley District）。

分布：澳洲界的澳大利亚（北领地、昆士兰州、西澳大利亚州）。

75. 破坏象白蚁 *Nasutitermes exitiosus* (Hill, 1925)

曾称为：破坏真白蚁 *Eutermes exitiosus* Hill, 1925。

异名：澳大利亚白蚁 *Termes australis* Walker, 1853。

模式标本：选模（兵蚁）、副选模（成虫、兵蚁、工蚁）保存在澳大利亚维多利亚博物馆，副选模（成虫、兵蚁、工蚁、若蚁）保存在美国自然历史博物馆。

模式产地：澳大利亚西澳大利亚州（Ludlow）。

分布：澳洲界的澳大利亚（首都地区、新南威尔士州、昆士兰州、南澳大利亚州、维多利亚州、西澳大利亚州）。

生物学：它筑地上垄，但垄较小，一般高度为30～75cm，直径为30～120cm。但在澳大利亚的某些地区（如Riverina），它筑地下巢。有时它在房屋下筑巢，直到木地板蛀毁或蚁路被发现时，才会被发现。它喜吃树木的边材。

危害性：在澳大利亚，它可危害地下木材，也可危害房屋中正在使用的健康木材，但由于这种白蚁筑垄，危害易被发现，导致它易被消灭。它还严重危害木桥、木柱和木篱笆。松木对这种白蚁有抵抗力。

76. 法布里克象白蚁 *Nasutitermes fabricii* Krishna, 1965

模式标本：正模（兵蚁）、副模（工蚁）保存在丹麦哥本哈根大学动物学博物馆。

模式产地：印度小尼科巴岛。

分布：东洋界的印度（安达曼群岛、尼科巴群岛）。

77. 鹰鼻象白蚁 *Nasutitermes falciformis* Ping and Xu, 1988

模式标本：正模（兵蚁）、副模（兵蚁、工蚁）保存在广东省科学院动物研究所，副模（兵蚁、工蚁）保存在贵州省林业研究所。

模式产地：中国广西壮族自治区龙胜县。

分布：东洋界的中国（广西、贵州）。

78. 封开象白蚁 *Nasutitermes fengkaiensis* Li, 1986

模式标本：正模（兵蚁）、副模（兵蚁、工蚁）保存在广东省科学院动物研究所。

模式产地：中国广东省封开县。

分布：东洋界的中国（广西、广东）。

79. 费朗象白蚁 *Nasutitermes ferranti* (Wasmann, 1911)

曾称为：费朗真白蚁 *Eutermes ferranti* Wasmann, 1911。

模式标本：选模（兵蚁）、副选模（工蚁）保存在荷兰马斯特里赫特自然历史博物馆。

模式产地：刚果民主共和国（Sankuru）。

分布：非洲界的安哥拉、刚果共和国、刚果民主共和国、尼日利亚。

生物学：它分布虽广泛，但不易采集。它可寄居在探索土白蚁的蚁垄里，在树上的蚁路内也可找到它。

80. 费淘德象白蚁 *Nasutitermes feytaudi* (Holmgren, 1910)

曾称为：费淘德真白蚁（真白蚁亚属）*Eutermes* (*Eutermes*) *feytaudi* Holmgren, 1910。

模式标本：全模（成虫、兵蚁）保存在瑞典自然历史博物馆。

模式产地：巴西里约热内卢。

分布：新热带界的巴西（南部）。

81. 弗莱彻象白蚁 *Nasutitermes fletcheri* (Holmgren and Holmgren, 1917)

曾称为：弗莱彻真白蚁（真白蚁亚属）*Eutermes* (*Eutermes*) *fletcheri* Holmgren and Holmgren, 1917。

异名：塞勒姆弗莱彻白蚁 *Fletcheritermes salemensis* Sen-Sarma, 1965。

模式标本：选模（兵蚁）、副选模（兵蚁、工蚁、若蚁）保存在印度森林研究所，副选模（兵蚁、工蚁）分别保存在印度农业研究所昆虫学分部、美国自然历史博物馆、美国国家博物馆和德国汉堡动物学博物馆。

模式产地：印度泰米尔纳德邦（Shevaroy Hills）。

分布：东洋界的印度（奥里萨邦、泰米尔纳德邦）。

危害性：它危害房屋木构件。

82. 富勒象白蚁 *Nasutitermes fulleri* Emerson, 1928

曾称为：富勒象白蚁（象白蚁亚属）*Nasutitermes* (*Nasutitermes*) *fulleri* Emerson, 1928。

模式标本：正模（兵蚁）、副模（兵蚁、工蚁）保存在美国自然历史博物馆，副模（兵蚁）分别保存在英国自然历史博物馆和南非国家昆虫馆。

模式产地：刚果民主共和国（Kisangani）。

分布：非洲界的安哥拉、喀麦隆、中非共和国、刚果民主共和国、加蓬、几内亚、尼日利亚、乌干达、塞拉利昂。

生物学：它栖息在森林地面上的木碎屑中，在树上的小蚁路中也能发现它。曾发现它在一树栖巢中，但此巢不一定是它建的。

83. 烟色象白蚁 *Nasutitermes fumigatus* (Brauer, 1865)

曾称为：烟色真白蚁 *Eutermes fumigates* Brauer, 1865。

模式标本：选模（雌成虫）保存在奥地利自然历史博物馆，副选模（成虫、工蚁）保存在澳大利亚国家昆虫馆，副选模（成虫）保存在美国自然历史博物馆。

模式产地：澳大利亚新南威尔士州悉尼。

分布：澳洲界的澳大利亚（首都地区、新南威尔士州、昆士兰州、南澳大利亚州、维多利亚州、西澳大利亚州）。

84. 暗翅象白蚁 *Nasutitermes fuscipennis* (Haviland, 1898)

曾称为：暗翅白蚁 *Termes fuscipennis* Haviland, 1898。

模式标本：全模（成虫、兵蚁、工蚁）分别保存在英国剑桥大学动物学博物馆和美国自然历史博物馆。

模式产地：马来西亚砂拉越。

分布：东洋界的马来西亚（沙巴、砂拉越）、泰国。

85. 盖格象白蚁 *Nasutitermes gaigei* Emerson, 1925

种名释义：种名来自模式标本采集人 F. M. Gaige 博士的姓。

曾称为：盖格象白蚁（象白蚁亚属）*Nasutitermes* (*Nasutitermes*) *gaigei* Emerson, 1925。

模式标本：正模（成虫）、副模（蚁后、蚁王、成虫、兵蚁、工蚁）保存在美国自然历史博物馆。

模式产地：圭亚那（Kartabo）。

分布：新热带界的巴西（亚马孙雨林）、法属圭亚那、圭亚那、特立尼达和多巴哥。

86. 尖鼻象白蚁 *Nasutitermes gardneri* Snyder, 1933

种名释义：种名来自研究印度和缅甸白蚁的专家 J. C. M. Gardner 的姓。中国学者习惯称这种白蚁为“尖鼻象白蚁”。

曾称为：加德纳象白蚁（锥白蚁亚属）*Nasutitermes* (*Subulitermes*) *gardneri* Snyder, 1933。

模式标本：选模（兵蚁）、副选模（兵蚁、工蚁）保存在印度森林研究所，副选模（兵蚁、工蚁）分别保存在印度动物调查所、美国自然历史博物馆、英国自然历史博物馆和美国国家博物馆。

模式产地：印度西孟加拉邦（Rangirum）。

分布：东洋界的不丹、中国（贵州、湖南、云南、浙江）、印度（阿萨姆邦、曼尼普尔邦、西孟加拉邦）；古北界的中国（河南）。

生物学：它栖居于腐树。

危害性：在印度，它危害房屋木构件。

87. 若尖象白蚁 *Nasutitermes gardneriformis* Xia, Gao, Pan, and Tang, 1983

种名释义：拉丁语意为“似加德纳象白蚁”。因为其形态类似“尖鼻象白蚁 *Nasutitermes gardneri* Snyder, 1933”，所以中国学者称其为“若尖象白蚁”。

模式标本：正模（兵蚁）、副模（兵蚁、工蚁）保存在中国科学院上海昆虫研究所，副模（兵蚁、工蚁）分别保存在四川省林业研究所和南京市白蚁防治研究所。

模式产地：中国四川省叙永县。

分布：东洋界的中国（四川）。

88. 山地象白蚁 *Nasutitermes garoensis* Roonwal and Chhotani, 1962

种名释义：模式标本采集于印度阿萨姆邦的格拉奥山区。中国学者称之为“山地象白蚁”。

模式标本：正模（兵蚁）、副模（兵蚁、工蚁）保存在印度动物调查所，副模（兵蚁、工蚁）分别保存在印度森林研究所和美国自然历史博物馆。

模式产地：印度阿萨姆邦格拉奥山区（Rongrengiri）。

分布：东洋界的不丹、印度（阿萨姆邦、梅加拉亚邦、那加兰邦、西孟加拉邦）；古北界的中国（西藏）。

生物学：它的工蚁分大、小二型。

89. 光背象白蚁 *Nasutitermes glabritergus* Snyder and Emerson, 1949

模式标本：全模（兵蚁、工蚁）分别保存在美国国家博物馆和美国自然历史博物馆。

模式产地：哥斯达黎加（Colombiana）。

分布：新热带界的哥斯达黎加、厄瓜多尔、巴拿马。

90. 球头象白蚁 *Nasutitermes globiceps* (Holmgren, 1910)

曾称为：球头真白蚁（真白蚁亚属）*Eutermes* (*Eutermes*) *globiceps* Holmgren, 1910。

模式标本：全模（兵蚁、工蚁）分别保存在美国国家博物馆和奥地利自然历史博物馆。

模式产地：巴拉圭（San Bernardino）。

分布：新热带界的玻利维亚、巴西、巴拉圭。

危害性：在玻利维亚和巴拉圭，它危害甘蔗和房屋木构件。

91. 细嘴象白蚁 *Nasutitermes gracilirostris* (Desneux, 1905)

曾称为：细嘴白蚁（真白蚁亚属）*Termes* (*Eutermes*) *gracilirostris* Desneux, 1905。

模式标本：选模（兵蚁）、副选模（兵蚁、工蚁）保存在比利时皇家自然科学研究所，副选模（兵蚁）保存在美国自然历史博物馆。

模式产地：巴布亚新几内亚（Madang）。

分布：巴布亚界的巴布亚新几内亚。

92. 细瘦象白蚁 *Nasutitermes gracilis* (Oshima, 1916)

曾称为：细瘦真白蚁（真白蚁亚属）*Eutermes* (*Eutermes*) *gracilis* Oshima, 1916。

异名：小真白蚁 *Eutermes minutus* Oshima, 1917、库拉西真白蚁（圆白蚁亚属）*Eutermes* (*Rotunditermes*) *culasiensis* Oshima, 1920。

模式标本：全模（兵蚁、工蚁）保存地不详。

模式产地：菲律宾。

分布：东洋界的菲律宾（吕宋）、印度尼西亚（喀拉喀托）。

93. 大鼻象白蚁 *Nasutitermes grandinasus* Tsai and Chen, 1963

模式标本：正模（兵蚁）、副模（兵蚁、工蚁）保存在中国科学院动物研究所。

模式产地：中国福建省南平市的建瓯市。

分布：东洋界的中国（福建、广东、广西、海南、湖南、江西、浙江）。

生物学：它蛀食腐木。

94. 稍重象白蚁 *Nasutitermes graveolus* (Hill, 1925)

曾称为：稍重真白蚁 *Eutermes graveolus* Hill, 1925。

模式标本：选模（兵蚁）、副选模（成虫、兵蚁、工蚁、若蚁）保存在澳大利亚维多利亚博物馆，副选模（成虫、兵蚁、工蚁、若蚁）分别保存在澳大利亚国家昆虫馆和美国自然历史博物馆，副选模（成虫）保存在美国国家博物馆。

模式产地：澳大利亚北领地达尔文市。

分布：澳洲界的澳大利亚（北领地、昆士兰州、托雷斯海峡）；巴布亚界的巴布亚新几内亚。

生物学：它在热带雨林中筑树栖巢。

95. 圭亚那象白蚁 *Nasutitermes guayanae* (Holmgren, 1910)

曾称为：圭亚那真白蚁（真白蚁亚属）*Eutermes* (*Eutermes*) *guayanae* Holmgren, 1910。

异名：大真白蚁（真白蚁亚属）*Eutermes* (*Eutermes*) *grandis* Holmgren, 1910、圭亚那真白蚁（真白蚁亚属）哥伦比亚亚种 *Eutermes* (*Eutermes*) *guayanae columbicus* Holmgren, 1910。

模式标本：全模（兵蚁、工蚁）分别保存在德国柏林冯博大学自然博物馆、瑞典动物博物馆和德国汉堡动物学博物馆，全模（兵蚁）保存在美国自然历史博物馆。

模式产地：苏里南。

分布：新热带界的巴西、哥伦比亚、哥斯达黎加、法属圭亚那、圭亚那、巴拿马、秘鲁、苏里南、特立尼达和多巴哥、委内瑞拉。

危害性：在巴西、哥伦比亚、圭亚那、特立尼达和多巴哥、委内瑞拉，它危害房屋木构件。

96. 贵州象白蚁 *Nasutitermes guizhouensis* Ping and Xu, 1988

模式标本：正模（兵蚁）保存在广东省科学院动物研究所。

模式产地：中国贵州省丹寨县。

分布：东洋界的中国（贵州）。

97. 哈多象白蚁 *Nasutitermes haddoensis* Maiti and Chakraborty, 1994

模式标本：正模（兵蚁）、副模（兵蚁、工蚁）保存在印度动物调查所，副模（兵蚁、工蚁）保存在印度森林研究所。

模式产地：印度安达曼群岛（Haddo）。

分布：东洋界的印度（安达曼群岛）。

98. 哈维兰象白蚁 *Nasutitermes havilandi* (Desneux, 1904)

种名释义：种名来自英国白蚁分类学家 G. D. Haviland 的姓，中国学者曾称之为"哈氏象白蚁"。

曾称为：哈维兰白蚁 *Termes havilandi* Desneux, 1904。

异名：宽额白蚁 *Termes latifrons* Haviland, 1898。

模式标本：全模（成虫、兵蚁、工蚁）保存在英国剑桥大学动物学博物馆，全模（兵蚁、工蚁）保存在美国自然历史博物馆。

模式产地：马来西亚砂拉越。

分布：东洋界的印度尼西亚（苏门答腊）、马来西亚（大陆、沙巴、砂拉越）、新加坡、泰国。

危害性：在马来西亚，它危害房屋木构件。

99. 合江象白蚁 *Nasutitermes hejiangensis* Gao and Tian, 1990

模式标本：正模（兵蚁）、副模（兵蚁）保存在中国科学院上海昆虫研究所，副模（兵蚁）保存在南京市白蚁防治研究所。

模式产地：中国四川省合江县。

分布：东洋界的中国（四川）

100. 异齿象白蚁 *Nasutitermes heterodon* (Gao, 1988)

曾称为：异齿奇象白蚁 *Mironasutitermes heterodon* Gao, 1988。

模式标本：选模（兵蚁）、副选模（兵蚁）保存在中国科学院上海昆虫研究所，副选模（兵蚁）保存在南京市白蚁防治研究所。

模式产地：中国浙江省天目山。

分布：东洋界的中国（浙江）。

101. 毛头象白蚁 *Nasutitermes hirticeps* Sands, 1965

模式标本：正模（兵蚁）、副模（兵蚁、工蚁）保存在美国自然历史博物馆，副模（兵蚁、工蚁）保存在英国自然历史博物馆。

模式产地：圣多美和普林西比（Binda）。

分布：非洲界的圣多美和普林西比（圣多美岛）。

102. 霍恩象白蚁 *Nasutitermes horni* (Wasmann, 1902)

曾称为：愚蠢真白蚁霍恩亚种 *Eutermes inanis horni* Wasmann, 1902。

模式标本：选模（兵蚁）、副选模（兵蚁、工蚁）保存在荷兰马斯特里赫特自然历史博物馆，副选模（兵蚁、工蚁）保存在美国自然历史博物馆。

模式产地：斯里兰卡（Bandarawela）。

分布：东洋界的斯里兰卡。

危害性：它栖息在森林中和椰林中，它对树木危害不严重。

103. 黄山象白蚁 *Nasutitermes huangshanensis* (Gao and Chen, 1992)

曾称为：黄山奇象白蚁 *Mironasutitermes huangshanensis* Gao and Chen, 1992。

模式标本：正模（兵蚁）、副模（兵蚁）保存在中国科学院上海昆虫研究所，副模（兵蚁）保存在南京市白蚁防治研究所。

模式产地：中国安徽省黄山。

分布：东洋界的中国（安徽）。

104. 哈伯德象白蚁 *Nasutitermes hubbardi* Banks, 1919

模式标本：全模（兵蚁、工蚁）分别保存在哈佛大学比较动物学博物馆和美国自然历史博物馆。

模式产地：牙买加（Mandeville）、古巴（Caboda）。

分布：新热带界的古巴、多米尼加共和国、海地、牙买加。

105. 倾鼻象白蚁 *Nasutitermes inclinasus* Ping and Xu, 1988

模式标本：正模（兵蚁）、副模（兵蚁、工蚁）保存在广东省科学院动物研究所，副模（兵蚁、工蚁）保存在贵州省林业研究所。

模式产地：中国广西壮族自治区龙胜县。

分布：东洋界的中国（广东、广西、贵州）。

106. 印度象白蚁 *Nasutitermes indicola* (Holmgren and Holmgren, 1917)

曾称为：印度真白蚁（真白蚁亚属）*Eutermes* (*Eutermes*) *indicola* Holmgren and Holmgren, 1917。

异名：游行真白蚁（真白蚁亚属）*Eutermes* (*Eutermes*) *processionarius* Schmitz, 1924、游行象白蚁 *Nasutitermes processionarius* (Schmitz, 1924)、贝克尔象白蚁 *Nasutitermes beckeri* Prashad and Sen-Sarma, 1959。

模式标本：选模（兵蚁）、副选模（兵蚁、工蚁、若蚁）保存在印度森林研究所，副选模（兵蚁、工蚁、若蚁）保存在美国自然历史博物馆，副选模（兵蚁、工蚁）分别保存在印度动物调查所、印度农业研究所昆虫学分部、美国国家博物馆和德国汉堡动物学博物馆。

模式产地：印度泰米尔纳德邦（Anamali Hills）。

分布：东洋界的印度（卡纳塔克邦、喀拉拉邦、泰米尔纳德邦）。

生物学：它的工蚁分为大、小二型。

危害性：它危害房屋木构件。

107. 暗色象白蚁 *Nasutitermes infuscatus* (Sjöstedt, 1902)

曾称为：暗色真白蚁 *Eutermes infuscatus* Sjöstedt, 1902。

异名：乌萨巴拉真白蚁 *Eutermes usambarensis* Sjöstedt, 1904。

模式标本：选模（成虫）、副选模（兵蚁）保存在瑞典自然历史博物馆，副选模（成虫、兵蚁）保存在美国自然历史博物馆，副选模（成虫）分别保存在英国剑桥大学动物学博物馆和南非国家昆虫馆。

模式产地：马拉维（Zomba）。

分布：非洲界的刚果民主共和国、肯尼亚、马拉维、津巴布韦、坦桑尼亚（Mafa Island、Pemba Island）。

生物学：它基本上为森林和潮湿林地白蚁，常在树干上筑树栖巢。

108. 伊塔波库象白蚁 *Nasutitermes itapocuensis* (Holmgren, 1910)

曾称为：伊塔波库真白蚁（真白蚁亚属）*Eutermes* (*Eutermes*) *itapocuensis* Holmgren, 1910。

模式标本：全模（成虫、兵蚁、工蚁）分别保存在德国汉堡动物学博物馆、德国格赖夫斯瓦尔德州博物馆、美国自然历史博物馆和美国国家博物馆。

模式产地：巴西圣卡塔琳娜州（Itapocú）、圣保罗。

分布：新热带界的巴西（圣卡塔琳娜州、圣保罗）。

109. 雅克布森象白蚁 *Nasutitermes jacobsoni* Oshima, 1923

模式标本：全模（兵蚁、工蚁）分别保存在荷兰国家自然历史博物馆和美国自然历史博物馆。

模式产地：印度尼西亚苏门答腊（Sinabang）。

分布：东洋界的印度尼西亚（苏门答腊）。

110. 杰尔拜古里象白蚁 *Nasutitermes jalpaigurensis* Prashad and Sen-Sarma, 1959

模式标本：正模（兵蚁）、副模（兵蚁、工蚁）保存在印度森林研究所，副模（兵蚁、工蚁）分别保存在印度动物调查所和美国自然历史博物馆。

模式产地：印度西孟加拉邦（Jalpaiguri）。

分布：东洋界的孟加拉国、印度（米佐拉姆邦、锡金邦、特里普拉邦、西孟加拉邦）、中国。

危害性：在印度，它危害房屋木构件。

111. 哈拉瓜象白蚁 *Nasutitermes jaraguae* (Holmgren, 1910)

曾称为：哈拉瓜真白蚁（真白蚁亚属）*Eutermes* (*Eutermes*) *jaraguae* Holmgren, 1910。

异名：桔黄真白蚁（真白蚁亚属）*Eutermes* (*Eutermes*) *aurantiacus* Holmgren, 1910。

模式标本：全模（兵蚁、工蚁）分别保存在德国汉堡动物学博物馆、美国自然历史博物馆和美国国家博物馆。

模式产地：巴西圣卡塔琳娜州（Itapocú）。

分布：新热带界的巴西。

112. 爪哇象白蚁 *Nasutitermes javanicus* (Holmgren, 1913)

曾称为：爪哇真白蚁（真白蚁亚属）*Eutermes* (*Eutermes*) *javanicus* Holmgren, 1913。

模式标本：全模（兵蚁、工蚁）分别保存在瑞典动物研究所、美国自然历史博物馆和德国汉堡动物学博物馆。

模式产地：印度尼西亚爪哇（Tjompea）。

分布：东洋界的印度尼西亚（爪哇、苏门答腊）。

113. 江西象白蚁 *Nasutitermes jiangxiensis* (Fu and Xu, 1994)

曾称为：江西奇象白蚁 *Mironasutitermes jiangxiensis* Fu and Xu, 1994。

模式标本：正模（兵蚁）、副模（兵蚁、工蚁）保存在广东省科学院动物研究所。

模式产地：中国江西省境内的武夷山。

分布：东洋界的中国（江西）。

114. 柔佛象白蚁 *Nasutitermes johoricus* (John, 1925)

曾称为：柔佛真白蚁（真白蚁亚属）*Eutermes* (*Eutermes*) *johoricus* John, 1925。

模式标本：全模（兵蚁、工蚁）分别保存在英国自然历史博物馆和美国自然历史博物馆，全模（兵蚁）保存在印度森林研究所。

模式产地：马来西亚柔佛州（Segamat）。

分布：东洋界的马来西亚（大陆）、泰国。

115. 卡尔象白蚁 *Nasutitermes kali* Roonwal and Chhotani, 1962

种名释义：种名来自模式标本采集人 Kal 的姓。

模式标本：正模（兵蚁）、副模（兵蚁、工蚁）保存在印度动物调查所，副模（兵蚁、工蚁）分别保存在印度森林研究所和美国自然历史博物馆。

模式产地：印度阿萨姆邦、梅加拉亚邦。

分布：东洋界的印度（阿萨姆邦、梅加拉亚邦）。

生物学：它的工蚁分为大、小二型。

116. 凯姆勒象白蚁 *Nasutitermes kemneri* Snyder and Emerson, 1949

模式标本：全模（兵蚁、工蚁）分别保存在意大利农业昆虫研究所、美国自然历史博物馆和美国国家博物馆。

模式产地：巴西（Coxipò）。

分布：新热带界的巴西。

117. 肯帕象白蚁 *Nasutitermes kempae* Harris, 1954

模式标本：正模（兵蚁）、副模（兵蚁、工蚁）保存在英国自然历史博物馆。

模式产地：坦桑尼亚（Handeni District）。

分布：非洲界的肯尼亚、马拉维、莫桑比克、南非、坦桑尼亚。

118. 金伯利象白蚁 *Nasutitermes kimberleyensis* (Mjöberg, 1920)

曾称为：金伯利真白蚁 *Eutermes kimberleyensis* Mjöberg, 1920。

模式标本：选模（兵蚁）、副选模（兵蚁、工蚁）保存在瑞典自然历史博物馆，副选模（兵蚁、工蚁）保存在美国自然历史博物馆，副选模（兵蚁）保存在美国国家博物馆。

模式产地：澳大利亚西澳大利亚州。

分布：澳洲界的澳大利亚（西澳大利亚州）。

119. 木下象白蚁 *Nasutitermes kinoshitai* (Hozawa, 1915)

种名释义：种名来自 Kinoshita 先生的姓。

曾称为：木下真白蚁（真白蚁亚属）*Eutermes* (*Eutermes*) *kinoshitai* Hozawa, 1915。

模式标本：全模（成虫）分别保存在美国自然历史博物馆、瑞典动物研究所和印度森林研究所。

模式产地：中国台湾省桃园市角板山。

分布：东洋界的中国（台湾）。

120. 科伊阿瑞象白蚁 *Nasutitermes koiari* Roisin and Pasteels, 1996

种名释义：种名来自科伊阿瑞人（Koiari people）的称呼。

模式标本：正模（兵蚁）、副模（成虫、兵蚁、工蚁）保存在比利时皇家自然科学研究所，副模（成虫、兵蚁、工蚁）保存在澳大利亚国家昆虫馆，副模（兵蚁、工蚁、若蚁）保存在美国自然历史博物馆。

模式产地：巴布亚新几内亚中部省（Sirinumu Dam）。

分布：澳洲界的澳大利亚（昆士兰州）；巴布亚界的巴布亚新几内亚。

121. 克里希纳象白蚁 *Nasutitermes krishna* Roonwal and Bose, 1970

模式标本：正模（兵蚁）、副模（兵蚁、工蚁）保存在印度动物调查所，副模（兵蚁、工蚁）分别保存在印度森林研究所、印度农业研究所昆虫学分部和美国自然历史博物馆。

模式产地：印度安达曼群岛。

分布：东洋界的印度（安达曼群岛、尼科巴群岛）。

122. 湖泊象白蚁 *Nasutitermes lacustris* (Bugnion, 1912)

曾称为：湖泊真白蚁 *Eutermes lacustris* Bugnion, 1912。

异名：格林真白蚁（真白蚁亚属）*Eutermes* (*Eutermes*) *greeni* Holmgren, 1912（裸记名称）。

模式标本：全模（兵蚁、工蚁）保存在英国牛津大学昆虫学系。

模式产地：斯里兰卡（Ambalangoda）。

分布：东洋界的斯里兰卡。

生物学：它在森林树木的树枝内筑巢，也在橡胶树、腰果树、杜英树的树干内筑巢。

123. 宽额象白蚁 *Nasutitermes latifrons* (Sjöstedt, 1896)

曾称为：宽额真白蚁 *Eutermes latifrons* Sjöstedt, 1896。

异名：舍斯泰特真白蚁 *Eutermes sjöstedti* Wasmann, 1902、虔诚真白蚁 *Eutermes pius* Sjöstedt, 1911、弯曲真白蚁（真白蚁亚属）*Eutermes* (*Eutermes*) *incurvus* Sjöstedt, 1924、韦莱真白蚁（真白蚁亚属）*Eutermes* (*Eutermes*) *ueleensis* Sjöstedt, 1924、因多真白蚁 *Eutermes indoensis* Sjöstedt, 1925、驱逐真白蚁 *Eutermes expulsus* Sjöstedt, 1926。

模式标本：选模（雌成虫）、副选模（雄成虫）保存在瑞典自然历史博物馆，副选模（雄成虫）保存在美国自然历史博物馆。

模式产地：喀麦隆（Ekundu）。

分布：非洲界的安哥拉、喀麦隆、刚果民主共和国、刚果共和国、赤道几内亚、加蓬、加纳、几内亚、几内亚比绍、科特迪瓦、尼日利亚、圣多美和普林西比、塞拉利昂、苏丹、多哥、乌干达。

生物学：它是非洲分布最广泛、最常见的象白蚁属种类。它生活在西非和刚果的森林地区、河边林地、大多数森林的外围、热带稀树草原邻近的地区。它栖息于死亡的原木、中空或腐烂的树干中以及其他白蚁属（如方白蚁属、前方白蚁属、胸白蚁属、锯白蚁属）白蚁的蚁垄上。

124. 宽阔象白蚁 *Nasutitermes latus* Light and Wilson, 1936

曾称为：宽阔象白蚁（象白蚁亚属）*Nasutitermes* (*Nasutitermes*) *latus* Light and Wilson, 1936。

模式标本：正模（兵蚁）、副模（兵蚁、工蚁）保存在美国国家博物馆，副模（兵蚁、工蚁）分别保存在美国自然历史博物馆、印度森林研究所和印度动物调查所。

模式产地：菲律宾巴拉望。

分布：东洋界的菲律宾（巴拉望）。

125. 莱波斯象白蚁 *Nasutitermes leponcei* Roisin and Pasteels, 1996

种名释义：种名来自 M. Leponce 的姓。

模式标本：正模（兵蚁）、副模（成虫、兵蚁、工蚁）保存在比利时皇家自然科学研究所。

模式产地：巴布亚新几内亚西部省。

分布：巴布亚界的巴布亚新几内亚。

126. 青色象白蚁 *Nasutitermes lividus* (Burmeister, 1839)

曾称为：青色白蚁 *Termes lividus* Burmeister, 1839。

模式标本：全模（成虫）保存在哈佛大学比较动物学博物馆。

模式产地：多米尼加共和国（Santo Domingo）。

分布：新热带界的古巴、多米尼加共和国、海地。

127. 林奎帕塔象白蚁 *Nasutitermes llinquipatensis* (Holmgren, 1906)

曾称为：林奎帕塔真白蚁 *Eutermes llinquipatensis* Holmgren, 1906。

模式标本：全模（成虫、兵蚁、工蚁）分别保存在瑞典自然历史博物馆和美国自然历史博物馆。

模式产地：秘鲁（Llinquipata）。

分布：新热带界的巴西（Amapá）、秘鲁。

128. 显长象白蚁 *Nasutitermes longiarticulatus* (Holmgren, 1910)

曾称为：显长真白蚁（真白蚁亚属）*Eutermes* (*Eutermes*) *longiarticulatus* Holmgren, 1910。

模式标本：全模（兵蚁、工蚁）分别保存在意大利农业昆虫研究所和美国自然历史博物馆。

模式产地：巴西马托格罗索州。

分布：新热带界的巴西（马托格罗索州）。

129. 似鼻长象白蚁 *Nasutitermes longinasoides* Thapa, 1982

模式标本：正模（兵蚁）、副模（兵蚁、工蚁）保存在印度森林研究所。

模式产地：马来西亚沙巴（Balat）。

分布：东洋界的印度尼西亚（苏门答腊）、马来西亚（沙巴）。

130. 鼻长象白蚁 *Nasutitermes longinasus* (Holmgren, 1913)

曾称为：长鼻真白蚁（真白蚁亚属）*Eutermes* (*Eutermes*) *longinasus* Holmgren, 1913。

模式标本：全模（兵蚁、工蚁）分别保存在瑞典动物研究所、英国剑桥大学动物学博物馆、美国自然历史博物馆和美国国家博物馆。

模式产地：马来西亚砂拉越、马六甲。

分布：东洋界的印度尼西亚（加里曼丹、苏门答腊）、马来西亚（大陆、沙巴、砂拉越）、新加坡。

131. 长翅象白蚁 *Nasutitermes longipennis* (Hill, 1915)

曾称为：长翅真白蚁 *Eutermes longipennis* Hill, 1915。

异名：雅拉巴真白蚁 *Eutermes yarrabahensis* Mjöberg, 1920。

模式标本：选模（兵蚁）、副选模（成虫、兵蚁、工蚁）保存在美国自然历史博物馆，副选模（雄成虫、兵蚁、工蚁）保存在澳大利亚国家昆虫馆，副选模（成虫、兵蚁、工蚁）保存在澳大利亚维多利亚博物馆，副选模（兵蚁）保存在美国国家博物馆。

模式产地：澳大利亚北领地（Koolpinyah）。

分布：澳洲界的澳大利亚（北领地、昆士兰州、南澳大利亚州、西澳大利亚州、巴瑟斯特岛、格鲁特岛）。

危害性：它危害房屋木构件。

132. 喙长象白蚁 *Nasutitermes longirostratus* (Holmgren, 1906)

曾称为：喙长真白蚁 *Eutermes longirostratus* Holmgren, 1906。

模式标本：全模（兵蚁、工蚁）分别保存在瑞典自然历史博物馆和美国国家博物馆，全模（成虫、兵蚁、工蚁）保存在美国自然历史博物馆。

模式产地：玻利维亚（San Fermin）、秘鲁（Llinquipata、Chaquimayo）。

分布：新热带界的玻利维亚、巴西、秘鲁。

133. 长喙象白蚁 *Nasutitermes longirostris* (Holmgren, 1913)

亚种：1）长喙象白蚁长喙亚种 *Nasutitermes longirostris longirostris* (Holmgren, 1913)

曾称为：长喙真白蚁（真白蚁亚属）*Eutermes* (*Eutermes*) *longirostris* Holmgren, 1913。

模式标本：全模（兵蚁、工蚁）分别保存在瑞典动物研究所、美国自然历史博物馆和美国国家博物馆，全模（工蚁）保存在印度森林研究所。

模式产地：马来西亚砂拉越。

分布：东洋界的印度尼西亚（加里曼丹）、马来西亚（砂拉越）。

2）长喙象白蚁沙巴亚种 *Nasutitermes longirostris sabahicola* Engel and Krishna, 2013

异名：长喙象白蚁小型亚种 *Nasutitermes longirostris minor* Thapa, 1982。

模式标本：正模（兵蚁）、副模（兵蚁、工蚁）保存在印度森林研究所。

模式产地：马来西亚沙巴。

分布：东洋界的马来西亚（沙巴）。

134. 龙王山象白蚁 *Nasutitermes longwangshanensis* (Gao, 1988)

曾称为：龙王山奇象白蚁 *Mironasutitermes longwangshanensis* Gao, 1988。

模式标本：正模（兵蚁）、副模（兵蚁、工蚁）保存在中国科学院上海昆虫研究所，副模（兵蚁、工蚁）保存在南京市白蚁防治研究所。

模式产地：中国浙江省龙王山。

分布：东洋界的中国（浙江）。

135. 卢哈象白蚁 *Nasutitermes lujae* (Wasmann, 1911)

中文名称：中国学者曾称之为“流几象白蚁”，似乎不妥。

曾称为：卢哈真白蚁 *Eutermes lujae* Wasmann, 1911。

异名：埃昆都真白蚁 *Eutermes ekunduensis* Sjöstedt, 1911、攻击真白蚁（真白蚁亚属）*Eutermes* (*Eutermes*) *impetus* Sjöstedt, 1924、侏儒真白蚁（真白蚁亚属）*Eutermes* (*Eutermes*) *nanus* Sjöstedt, 1924、点腹真白蚁极小亚种 *Eutermes maculiventris pusilla* Sjöstedt, 1926、贝奎特象白蚁（象白蚁亚属）*Nasutitermes* (*Nasutitermes*) *bequaerti* Emerson, 1928、桑池象白蚁（象白蚁亚属）*Nasutitermes* (*Nasutitermes*) *santschii* Emerson, 1928。

模式标本：全模（蚁王、兵蚁、工蚁、若蚁）保存在荷兰马斯特里赫特自然历史博物馆，全模（兵蚁、工蚁）保存在美国自然历史博物馆。

模式产地：刚果民主共和国（Sankuru）。

分布：非洲界的安哥拉、喀麦隆、刚果民主共和国、加蓬、加纳、科特迪瓦、尼日利亚、乌干达。

生物学：它在森林中筑树栖巢，也可在灌木或藤上筑巢。它的巢形状多样，较小，常接近地面，偶有离地较高者。巢的内外均由棕色土壤建成。如果巢部分受损，很快就会被修复。

136. 吕宋象白蚁 *Nasutitermes luzonicus* (Oshima, 1914)

曾称为：吕宋真白蚁（高跷白蚁亚属）*Eutermes* (*Grallotermes*) *luzonicus* Oshima, 1914。

异名：万鸦东真白蚁（三脉白蚁亚属）*Eutermes* (*Trinervitermes*) *menadoensis* Oshima, 1914、马尼拉真白蚁（真白蚁亚属）*Eutermes* (*Eutermes*) *manilensis* Oshima, 1916、拉斯皮纳斯真白蚁（真白蚁亚属）*Eutermes* (*Eutermes*) *laspinasensis* Oshima, 1920。

模式标本：全模（兵蚁、工蚁）保存在美国自然历史博物馆。

模式产地：菲律宾吕宋（Los-Banos）。

分布：东洋界的马来西亚（沙巴）、菲律宾（吕宋）、印度尼西亚（苏拉威西、加里曼丹）。

危害性：在菲律宾，它危害椰子树。

137. 麻城象白蚁 *Nasutitermes machengensis* (Ping and Li, 1992)

曾称为：麻城奇象白蚁 *Mironasutitermes machengensis* Ping and Li, 1992。

模式标本：正模（大兵蚁）、副模（大兵蚁、中兵蚁、小兵蚁）保存在广东省科学院动物研究所，副模（大兵蚁、中兵蚁、小兵蚁）保存在宜昌市白蚁防治研究所。

模式产地：中国湖北省麻城市。

分布：东洋界的中国（广东、湖北、湖南）。

138. 大头象白蚁 *Nasutitermes macrocephalus* (Silvestri, 1903)

曾称为：里珀特真白蚁大头亚种 *Eutermes rippertii macrocephalus* Silvestri, 1903。

模式标本：全模（成虫、兵蚁、工蚁）保存在意大利农业昆虫研究所，全模（兵蚁、工蚁）保存在美国自然历史博物馆。

模式产地：阿根廷、巴拉圭。

分布：新热带界的阿根廷（Misiones）、巴西、巴拉圭。

139. 巨大象白蚁 *Nasutitermes magnus* (Froggatt, 1898)

曾称为：巨大真白蚁 *Eutermes magnus* Froggatt, 1898。

异名：弗农真白蚁 *Eutermes vernoni* Hill, 1922。

模式标本：选模（兵蚁）、副选模（成虫、兵蚁、工蚁）保存在美国自然历史博物馆，副选模（蚁后、雌成虫、兵蚁、工蚁）保存在澳大利亚国家昆虫馆。

模式产地：澳大利亚昆士兰州（Lolworth Station）。

分布：澳洲界的澳大利亚（新南威尔士州、北领地、昆士兰州、西澳大利亚州、Monte Bello Islands、托雷斯海峡）。

生物学：它筑蚁垄。

140. 马埃象白蚁 *Nasutitermes maheensis* (Holmgren, 1910)

曾称为：黑色真白蚁马希亚种 *Eutermes nigrita maheensis* Holmgren, 1910。

模式标本：全模（兵蚁、工蚁、若蚁）分别保存在瑞典动物研究所和美国自然历史博物馆。

模式产地：塞舌尔（Mahé、长岛）。

分布：非洲界的塞舌尔。

141. 大型象白蚁 *Nasutitermes major* (Holmgren, 1906)

曾称为：大型真白蚁 *Eutermes major* Holmgren, 1906。

模式标本：全模（兵蚁、工蚁）分别保存在瑞典自然历史博物馆、美国国家博物馆和美国自然历史博物馆。

模式产地：秘鲁（Chaquimayo）。

分布：新热带界的玻利维亚、巴西（亚马孙雨林）、秘鲁。

142. 望加锡象白蚁 *Nasutitermes makassarensis* (Kemner, 1934)

曾称为：望加锡真白蚁 *Eutermes makassarensis* Kemner, 1934。

模式标本：全模（兵蚁）分别保存在瑞典隆德大学动物研究所、美国自然历史博物馆和印度森林研究所。

模式产地：印度尼西亚望加锡。

分布：东洋界的印度尼西亚（苏拉威西）。

143. 莽山象白蚁 *Nasutitermes mangshanensis* Li, 1986

模式标本：正模（兵蚁）、副模（兵蚁、工蚁）保存在广东省科学院动物研究所。

模式产地：中国湖南省宜章县莽山。

分布：东洋界的中国（广东、湖南、云南）。

144. 马尼塞象白蚁 *Nasutitermes maniseri* (John, 1920)

曾称为：马尼塞真白蚁 *Eutermes maniseri* John, 1920。

模式标本：全模（兵蚁）分别保存在俄罗斯科学院动物学研究所和美国自然历史博物馆。

模式产地：巴西马托格罗索州（Nalique）。

分布：新热带界的巴西（马托格罗索州）。

145. 马登象白蚁 *Nasutitermes matangensis* (Haviland, 1898)

亚种：1）马登象白蚁圣诞岛亚种 *Nasutitermes matangensis christmasensis* Krishna, 2013

曾称为：似马登象白蚁圣诞岛亚种 *Nasutitermes matangensiformis christmasensis* Krishna, 2013。

异名：似马登真白蚁（真白蚁亚属）暗色亚种 *Eutermes* (*Eutermes*) *matangensiformis obscurus* Holmgren, 1913。

模式标本：全模（成虫、兵蚁、工蚁）保存在瑞典动物研究所，全模（兵蚁、工蚁）保存在美国自然历史博物馆。

模式产地：澳大利亚圣诞岛。

分布：东洋界的澳大利亚圣诞岛。

2）马登象白蚁似马登亚种 *Nasutitermes matangensis matangensioides* (Holmgren, 1913)

曾称为：马登真白蚁（真白蚁亚属）似马登亚种 *Eutermes* (*Eutermes*) *matangensis matangensioides* Holmgren, 1913。

模式标本：全模（成虫、兵蚁、工蚁）分别保存在瑞典动物研究所、美国自然历史博物馆和英国剑桥大学动物学博物馆。

模式产地：马来西亚砂拉越（Matang）、印度尼西亚喀拉喀托。

分布：东洋界的印度尼西亚（喀拉喀托）、马来西亚（砂拉越）、越南。

生物学：它的工蚁分大、小二型。

3）马登象白蚁马登亚种 *Nasutitermes matangensis matangensis* (Haviland, 1898)

曾称为：马登白蚁 *Termes matangensis* Haviland, 1898。

异名：似马登真白蚁（真白蚁亚属）*Eutermes* (*Eutermes*) *matangensiformis* Holmgren, 1913、任抹真白蚁 *Eutermes djemberensis* Kemner, 1934。

模式标本：全模（成虫、兵蚁、工蚁）分别保存在瑞典动物研究所、美国国家博物馆、美国自然历史博物馆和英国剑桥大学动物学博物馆，全模（成虫、兵蚁、工蚁、若蚁）保存在印度森林研究所。

模式产地：马来西亚砂拉越（Matang）。

分布：东洋界的孟加拉国、印度（安达曼群岛、喀拉拉邦、尼科巴群岛）、印度尼西亚（爪哇、加里曼丹、喀拉喀托、Lombok Island、苏拉威西、苏门答腊）、马来西亚（大陆、沙巴、砂拉越）、缅甸、泰国、越南、中国。

危害性：在越南，它危害房屋木构件。

4）马登象白蚁梨头亚种 *Nasutitermes matangensis pyricephalus* (Kemner, 1934)

曾称为：马登真白蚁梨头亚种 *Eutermes matangensis pyricephalus* Kemner, 1934。

模式标本：全模（成虫、兵蚁、工蚁）保存在瑞典隆德大学动物研究所，全模（兵蚁、工蚁）分别保存在美国自然历史博物馆和印度森林研究所。

模式产地：印度尼西亚爪哇。

分布：东洋界的印度尼西亚（爪哇）。

146. 毛里求斯象白蚁 *Nasutitermes mauritianus* (Wasmann, 1910)

曾称为：毛里求斯真白蚁 *Eutermes mauritianus* Wasmann, 1910。

异名：毛里求斯真白蚁小型亚种 *Eutermes mauritianus minor* Wasmann, 1910、弗尔特科真白蚁 *Eutermes voeltzkowi* Wasmann, 1911、弗尔特科象白蚁（象白蚁亚属）沃斯曼亚种 *Nasutitermes* (*Nasutitermes*) *voeltzkowi wasmanni* Emerson, 1928。

模式标本：全模（兵蚁、工蚁）分别保存在荷兰马斯特里赫特自然历史博物馆、美国自然历史博物馆和德国柏林冯博大学自然博物馆，全模（兵蚁）保存在美国国家博物馆。

模式产地：毛里求斯。

分布：非洲界的毛里求斯。

危害性：它危害房屋木构件。

147. 最大象白蚁 *Nasutitermes maximus* (Holmgren, 1910)

曾称为：最大真白蚁（真白蚁亚属）*Eutermes* (*Eutermes*) *maximus* Holmgren, 1910。

模式标本：全模（兵蚁）保存在瑞典自然历史博物馆，全模（兵蚁、工蚁）保存在美国自然历史博物馆。

模式产地：秘鲁（Chaquimayo）。

分布：新热带界的秘鲁。

148. 墨脱象白蚁 *Nasutitermes medoensis* Tsai and Huang, 1979

模式标本：正模（兵蚁）、副模（兵蚁、工蚁）保存在中国科学院动物研究所。

模式产地：中国西藏自治区墨脱县。

分布：古北界的中国（西藏）。

149. 迈纳特象白蚁 *Nasutitermes meinerti* (Wasmann, 1894)

曾称为：迈纳特真白蚁 *Eutermes meinerti* Wasmann, 1894。

模式标本：全模（工蚁）保存在荷兰马斯特里赫特自然历史博物馆。

模式产地：委内瑞拉（Las Trinchéras）。

分布：新热带界的委内瑞拉。

危害性：它危害榕树。

150. 南方象白蚁 *Nasutitermes meridianus* Light and Wilson, 1936

曾称为：南方象白蚁（象白蚁亚属）*Nasutitermes* (*Nasutitermes*) *meridianus* Light and Wilson, 1936。

模式标本：正模（成虫）保存在美国国家博物馆，副模（成虫、兵蚁、工蚁、若蚁）保存在美国自然历史博物馆。

模式产地：菲律宾棉兰老岛（Zamboanga）。

分布：东洋界的菲律宾（棉兰老岛）。

151. 棉兰老岛象白蚁 *Nasutitermes mindanensis* (Light and Wilson, 1936)

曾称为：棉兰老岛锥白蚁 *Subulitermes mindanensis* Light and Wilson, 1936。

模式标本：全模（成虫、兵蚁、工蚁）分别保存在美国自然历史博物馆、美国国家博物馆、印度森林研究所和印度动物调查所。

模式产地：菲律宾棉兰老岛（Cotabato）。

分布：东洋界的菲律宾（棉兰老岛）。

152. 最小象白蚁 *Nasutitermes minimus* (Holmgren, 1906)

曾称为：最小真白蚁 *Eutermes minimus* Holmgren, 1906。

模式标本：全模（成虫、兵蚁、工蚁）保存在瑞典自然历史博物馆，全模（蚁后、蚁王、兵蚁、工蚁）保存在美国自然历史博物馆。

模式产地：玻利维亚、秘鲁。

分布：新热带界的玻利维亚、秘鲁、巴西（亚马孙雨林）。

153. 小型象白蚁 *Nasutitermes minor* (Holmgren, 1906)

曾称为：小型真白蚁 *Eutermes minor* Holmgren, 1906。

模式标本：全模（兵蚁、工蚁）分别保存在瑞典自然历史博物馆、美国自然历史博物馆和美国国家博物馆。

模式产地：玻利维亚（Tuiche）。

分布：新热带界的玻利维亚。

154. 奇鼻象白蚁 *Nasutitermes mirabilis* Ping and Xu, 1988

模式标本：正模（兵蚁）、副模（兵蚁、工蚁）保存在广东省科学院动物研究所，副模（兵蚁、工蚁）保存在贵州省林业研究所。

模式产地：中国贵州省黎平县。

分布：东洋界的中国（广西、贵州、湖南）。

155. 莫霍斯象白蚁 *Nasutitermes mojosensis* (Holmgren, 1910)

曾称为：莫霍斯真白蚁（真白蚁亚属）*Eutermes* (*Eutermes*) *mojosensis* Holmgren, 1910。

模式标本：全模（成虫、兵蚁、工蚁）保存在瑞典自然历史博物馆，全模（兵蚁、工蚁）保存在美国自然历史博物馆。

模式产地：玻利维亚（Mojos）。

分布：新热带界的玻利维亚、秘鲁。

156. 柔软象白蚁 *Nasutitermes mollis* Light and Wilson, 1936

曾称为：柔软象白蚁（象白蚁亚属）*Nasutitermes* (*Nasutitermes*) *mollis* Light and Wilson, 1936。

模式标本：正模（兵蚁）保存在美国国家博物馆，副模（兵蚁、工蚁）分别保存在美国自然历史博物馆和印度森林研究所。

模式产地：菲律宾棉兰老岛（Cotabato）。

分布：东洋界的菲律宾（棉兰老岛）。

157. 大山象白蚁 *Nasutitermes montanae* (Holmgren, 1910)

曾称为：大山真白蚁（真白蚁亚属）*Eutermes* (*Eutermes*) *montanae* Holmgren, 1910。

模式标本：全模（成虫）保存在瑞典自然历史博物馆。

模式产地：苏里南（Montana）。

分布：新热带界的苏里南。

158. 拖延象白蚁 *Nasutitermes moratus* (Silvestri, 1914)

种名释义：《中国动物志 昆虫纲 第十七卷 等翅目》一书中称其为“印度象白蚁”，由于存在“印度象白蚁 *N. indicola*”，所以按其拉丁语意直译为“拖延象白蚁”。

曾称为：拖延真白蚁 *Eutermes moratus* Silvestri, 1914。

模式标本：选模（兵蚁）、副选模（兵蚁）保存在印度动物调查所，副选模（兵蚁）分别保存在美国自然历史博物馆和印度森林研究所。

模式产地：中国。

分布：中国。

生物学：它采集于断树桩中。

159. 易动象白蚁 *Nasutitermes motu* Roisin and Pasteels, 1996

模式标本：正模（兵蚁）、副模（成虫、兵蚁、工蚁）保存在比利时皇家自然科学研究所，副模（成虫、兵蚁、工蚁）保存在澳大利亚国家昆虫馆，副模（蚁后、成虫、兵蚁、工蚁、若蚁）保存在美国自然历史博物馆。

模式产地：巴布亚新几内亚中部省（Sirinumu Dam）。

分布：巴布亚界的巴布亚新几内亚。

160. 柑橘象白蚁 *Nasutitermes muli* Roisin and Pasteels, 1996

种名释义：*Muli* 是柑橘属属名，意指这种白蚁兵蚁具有较浓的柑橘味。

模式标本：正模（兵蚁）、副模（兵蚁、工蚁）保存在比利时皇家自然科学研究所。

模式产地：巴布亚新几内亚（Nomad River）。

分布：巴布亚界的巴布亚新几内亚。

161. 迈尔斯象白蚁 *Nasutitermes myersi* Snyder, 1933

曾称为：迈尔斯象白蚁（象白蚁亚属）*Nasutitermes* (*Nasutitermes*) *myersi* Snyder, 1933。

模式标本：全模（兵蚁、工蚁）分别保存在美国国家博物馆、美国自然历史博物馆和英国自然历史博物馆。

模式产地：巴西亚马孙雨林（Uraricuera）。

分布：新热带界的巴西（亚马孙雨林）。

162. 新鼻象白蚁 *Nasutitermes neonanus* (Cachan, 1949)

曾称为：新鼻真白蚁 *Eutermes neonanus* Cachan, 1949。

模式标本：全模（兵蚁、工蚁）分别保存在比利时非洲中心皇家博物馆和美国自然历史博物馆，全模（兵蚁）保存在南非国家昆虫馆。

模式产地：马达加斯加（Behara）。

分布：非洲界的马达加斯加。

163. 新微象白蚁 *Nasutitermes neoparvus* Thapa, 1982

模式标本：正模（兵蚁）、副模（兵蚁、工蚁）保存在印度森林研究所。

模式产地：马来西亚沙巴（Keningau District）。

分布：东洋界的文莱、印度尼西亚（加里曼丹、苏门答腊）、马来西亚（大陆、沙巴）。

164. 黑头象白蚁 *Nasutitermes nigriceps* (Haldeman, 1854)

曾称为：黑头白蚁 *Termes nigriceps* Haldeman, 1854。

异名：危地马拉真白蚁（真白蚁亚属）*Eutermes* (*Eutermes*) *guatemalae* Holmgren, 1910、太平洋真白蚁（真白蚁亚属）*Eutermes* (*Eutermes*) *pacifcus* Holmgren, 1910、毛额真白蚁（真白蚁亚属）*Eutermes* (*Eutermes*) *pilifrons* Holmgren, 1910。

模式标本：全模（兵蚁、工蚁）保存地不详。

模式产地：墨西哥（Western Mexico）。

分布：新热带界的安提瓜和巴布达、巴哈马、伯利兹、巴西、哥伦比亚、哥斯达黎加、荷属安的列斯（库拉索岛）、萨尔瓦多、法属圭亚那、危地马拉、圭亚那、洪都拉斯、牙买加、墨西哥、尼加拉瓜、巴拿马、秘鲁、波多黎各（Vieques）、特立尼达和多巴哥、美属维尔京群岛（St. Cruz、St. Tomas）、委内瑞拉。

生物学：它筑较大的树栖巢。大的巢高度可达 2m，周长可达 1m。

危害性：在墨西哥、危地马拉和牙买加，它对房屋建筑造成轻微的危害。

165. 努登舍尔德象白蚁 *Nasutitermes nordenskioldi* (Holmgren, 1910)

曾称为：努登舍尔德真白蚁（真白蚁亚属）*Eutermes* (*Eutermes*) *nordenskioldi* Holmgren, 1910。

模式标本：全模（兵蚁、工蚁）分别保存在法国自然历史博物馆和美国自然历史博物馆。

模式产地：玻利维亚、阿根廷。

分布：新热带界的玻利维亚、阿根廷（Chaco、福莫萨、Santiago del Estero）。

166. 新赫布里底象白蚁 *Nasutitermes novarumhebridarum* (Holmgren and Holmgren, 1915)

曾称为：新赫布里底真白蚁（真白蚁亚属）*Eutermes* (*Eutermes*) *novarumhebridarum* Holmgren and Holmgren, 1915。

异名：海洋象白蚁（高跷白蚁亚属）*Nasutitermes* (*Grallatotermes*) *oceanicum* Snyder, 1925、扬迪尼真白蚁 *Eutermes yandiniensis* Hill, 1927。

模式标本：选模（成虫）、副选模（成虫）保存在瑞士自然历史博物馆。

模式产地：瓦努阿图（Ambrym）。

分布：巴布亚界的巴布亚新几内亚（新不列颠、新爱尔兰岛）、新喀里多尼亚、所罗门群岛、瓦努阿图。

危害性：在所罗门群岛，它危害椰子树。

167. 昏暗象白蚁 *Nasutitermes obscurus* (Holmgren, 1906)

曾称为：昏暗真白蚁 *Eutermes obscures* Holmgren, 1906。

异名：莱特象白蚁 *Nasutitermes lighti* Snyder, 1949。

模式标本：全模（兵蚁、若蚁）保存在美国自然历史博物馆。

模式产地：秘鲁（Chaquimayo）。

分布：新热带界的秘鲁。

168. 钝颚象白蚁 *Nasutitermes obtusimandibulus* Li, 1986

模式标本：正模（大兵蚁）、副模（兵蚁、工蚁）保存在广东省科学院动物研究所。

模式产地：中国江西省景德镇市石塔林。

分布：东洋界的中国（江西）。

169. 八毛象白蚁 *Nasutitermes octopilis* Banks, 1918

种名释义：兵蚁头部只有 8 根刚毛。

模式标本：全模（兵蚁、工蚁、若蚁）分别保存在美国自然历史博物馆和哈佛大学比较动物学博物馆。

模式产地：圭亚那（Tukeit）。

分布：新热带界的巴西（亚马孙雨林）、法属圭亚那、圭亚那。

危害性：在巴西和圭亚那，它危害果树。

170. 眼显象白蚁 *Nasutitermes oculatus* (Holmgren, 1911)

曾称为：眼显真白蚁 *Eutermes oculatus* Holmgren, 1911。

异名：长角真白蚁 *Eutermes longicornis* Holmgren, 1913。

模式标本：全模（成虫）保存在奥地利自然历史博物馆。

模式产地：斯里兰卡（Peradeniya）。

分布：东洋界的斯里兰卡。

生物学：它在毛竹的主干内筑巢。

171. 臭味象白蚁 *Nasutitermes olidus* (Hill, 1926)

曾称为：臭味真白蚁 *Eutermes olidus* Hill, 1926。

模式标本：选模（兵蚁）、副选模（兵蚁、工蚁）保存在澳大利亚维多利亚博物馆，副选模（兵蚁、工蚁）保存在美国自然历史博物馆。

模式产地：斐济塔韦乌尼岛。

分布：巴布亚界的斐济。

172. 直鼻象白蚁 *Nasutitermes orthonasus* Tsai and Chen, 1963

模式标本：正模（兵蚁）、副模（大兵蚁、小兵蚁、工蚁）保存在中国科学院动物研究所，副模（大兵蚁、小兵蚁、工蚁）保存在美国自然历史博物馆。

模式产地：中国云南省金平县。

分布：东洋界的中国（福建、广东、广西、湖南、云南）。

生物学：它栖居在树桩及横倒于地面的树干内。

173. 大岛象白蚁 *Nasutitermes oshimai* Light and Wilson, 1936

曾称为：大岛象白蚁（象白蚁亚属）*Nasutitermes* (*Nasutitermes*) *oshimai* Light and Wilson, 1936。

模式标本：正模（兵蚁）保存在美国国家博物馆，副模（兵蚁、工蚁）保存在美国自然历史博物馆。

模式产地：菲律宾吕宋（Laguna）。

分布：东洋界的菲律宾（吕宋）。

174. 卵头象白蚁 *Nasutitermes ovatus* Fan, 1983

模式标本：正模（兵蚁）保存在中国科学院上海昆虫研究所。

模式产地：中国江西省信丰县。

分布：东洋界的中国（福建、广西、江西）、越南。

175. 椭圆翅象白蚁 *Nasutitermes ovipennis* (Haviland, 1898)

曾称为：椭圆翅白蚁 *Termes ovipennis* Haviland, 1898。

模式标本：全模（成虫、兵蚁、工蚁）保存在英国剑桥大学动物学博物馆，全模（雌成虫、兵蚁）保存在美国自然历史博物馆。

模式产地：马来西亚砂拉越。

分布：东洋界的马来西亚（大陆、沙巴、砂拉越）。

176. 帕劳象白蚁 *Nasutitermes palaoensis* (Oshima, 1942)

曾称为：帕劳真白蚁（真白蚁亚属）*Eutermes* (*Eutermes*) *palaoensis* Oshima, 1942。

模式标本：全模（兵蚁、工蚁）保存地不详。

模式产地：帕劳。

分布：巴布亚界的帕劳、密克罗尼西亚、加罗林群岛。

177. 班乃象白蚁 *Nasutitermes panayensis* (Oshima, 1920)

曾称为：班乃真白蚁（高跷白蚁亚属）*Eutermes* (*Grallatotermes*) *panayensis* Oshima, 1920。

模式标本：全模（兵蚁、工蚁）分别保存在美国自然历史博物馆和印度森林研究所。

模式产地：菲律宾班乃。

分布：东洋界的菲律宾（班乃）。

178. 小头象白蚁 *Nasutitermes parviceps* Ping and Xu, 1993

模式标本：正模（兵蚁）、副模（兵蚁、工蚁）保存在广东省科学院动物研究所。

模式产地：中国广东省始兴县车八岭。

分布：东洋界的中国（广东）。

179. 小象白蚁 *Nasutitermes parvonasutus* (Nawa, 1911)

种名释义：拉丁语意为“小鼻象白蚁”，中国学者习惯称之为“小象白蚁”。

曾称为：小鼻真白蚁 *Eutermes parvonasutus* Nawa, 1911。

异名：渡濑真白蚁（真白蚁亚属）*Eutermes* (*Eutermes*) *watasei* Holmgren, 1912。

模式标本：全模（成虫、兵蚁、工蚁）保存地不详。

模式产地：中国台湾省。

分布：东洋界的中国（福建、广东、广西、贵州、香港、湖南、江西、四川、云南、浙江、台湾）；古北界的中国（安徽）。

生物学：它蛀蚀树头朽木。

危害性：在台湾省，它危害甘蔗。

180. 微象白蚁 *Nasutitermes parvus* Light and Wilson, 1936

曾称为：微象白蚁（象白蚁亚属）*Nasutitermes* (*Nasutitermes*) *parvus* Light and Wilson, 1936。

模式标本：正模（兵蚁）保存在美国国家博物馆，副模（兵蚁、工蚁）保存在美国自然历史博物馆，副模（兵蚁、工蚁、若蚁）保存在印度森林研究所。

模式产地：菲律宾棉兰老岛（Jolo Island）。

分布：东洋界的菲律宾（棉兰老岛）。

181. 似微象白蚁 *Nasutitermes perparvus* Ahmad, 1965

模式标本：正模（兵蚁）、副模（兵蚁、工蚁）保存在巴基斯坦旁遮普大学动物学系，副模（兵蚁、工蚁）保存在美国自然历史博物馆。

模式产地：泰国（Wang Nok An.）。

分布：东洋界的马来西亚、泰国、越南。

182. 秘鲁象白蚁 *Nasutitermes peruanus* (Holmgren, 1910)

曾称为：秘鲁真白蚁（真白蚁亚属）*Eutermes* (*Eutermes*) *peruanus* Holmgren, 1910。

异名：坦博帕塔真白蚁（真白蚁亚属）*Eutermes* (*Eutermes*) *tambopatensis* Holmgren, 1910。

模式标本：全模（兵蚁、工蚁）分别保存在瑞典自然历史博物馆和美国自然历史博物馆。

模式产地：秘鲁（Chaquimmayo）。

分布：新热带界的玻利维亚、巴西（亚马孙雨林）、厄瓜多尔、秘鲁。

危害性：它危害果树。

183. 着色象白蚁 *Nasutitermes pictus* Light, 1933

模式标本：全模（成虫）保存在美国自然历史博物馆。

模式产地：墨西哥（Colima）。

分布：新热带界的墨西哥（Colima）。

184. 多毛象白蚁 *Nasutitermes pilosus* Snyder, 1926

曾称为：多毛象白蚁（象白蚁亚属）*Nasutitermes* (*Nasutitermes*) *pilosus* Snyder, 1926。

模式标本：正模（兵蚁）、副模（兵蚁、工蚁）保存在美国国家博物馆，副模（兵蚁、工蚁）保存在美国自然历史博物馆。

模式产地：玻利维亚（Cachuela Esperanza）。

分布：新热带界的玻利维亚、巴西（亚马孙雨林）。

185. 皮诺基奥象白蚁 *Nasutitermes pinocchio* Roisin and Pasteels, 1996

种名释义：种名来自《木偶奇遇记》中的童话人物 Pinocchino。

模式标本：正模（兵蚁）、副模（成虫、兵蚁、工蚁）保存在美国自然历史博物馆，副模（兵蚁、工蚁）分别保存在澳大利亚国家昆虫馆和比利时皇家自然科学研究所。

模式产地：巴布亚新几内亚。

分布：巴布亚界的巴布亚新几内亚。

186. 平圆象白蚁 *Nasutitermes planiusculus* Ping and Xu, 1988

模式标本：正模（兵蚁）、副模（兵蚁、工蚁）保存在广东省科学院动物研究所，副模（兵蚁、工蚁）保存在贵州省林业研究所。

模式产地：中国贵州省榕江县。

分布：东洋界的中国（广西、贵州）。

187. 多节象白蚁 *Nasutitermes pluriarticulatus* (Silvestri, 1901)

曾称为：沙地真白蚁多节亚种 *Eutermes arenarius pluriarticulatus* Silvestri, 1901。

模式标本：全模（成虫、兵蚁、工蚁）分别保存在意大利农业昆虫研究所、美国自然历史博物馆和美国国家博物馆。

模式产地：巴西马托格罗索州。

分布：新热带界的阿根廷、巴西（马托格罗索州）、乌拉圭。

188. 招雨象白蚁 *Nasutitermes pluvialis* (Mjöberg, 1920)

曾称为：招雨真白蚁 *Eutermes pluvialis* Mjöberg, 1920。

模式标本：选模（兵蚁）、副选模（成虫、兵蚁、工蚁）保存在瑞典自然历史博物馆，副选模（成虫、兵蚁、工蚁）分别保存在美国自然历史博物馆和美国国家博物馆。

模式产地：澳大利亚昆士兰州。

分布：澳洲界的澳大利亚（昆士兰州）。

189. 多后象白蚁 *Nasutitermes polygynus* Roisin and Pasteels, 1985

模式标本：正模（成虫）、副模（成虫、兵蚁、工蚁）保存在比利时皇家自然科学研究所。

模式产地：巴布亚新几内亚（Bogia District）。

分布：巴布亚界的巴布亚新几内亚。

190. 第一象白蚁 *Nasutitermes princeps* (Desneux, 1905)

曾称为：第一白蚁（真白蚁亚属）*Termes* (*Eutermes*) *princeps* Desneux, 1905。

模式标本：选模（兵蚁）、副选模（成虫、兵蚁、工蚁）保存在比利时皇家自然科学研究所，副选模（成虫、兵蚁、工蚁）分别保存在美国自然历史博物馆和匈牙利自然科学博物馆。

模式产地：巴布亚新几内亚（Madang）。

分布：澳洲界的澳大利亚（北领地、昆士兰州）；巴布亚界的印度尼西亚（阿鲁群岛）、巴布亚新几内亚。

191. 似黑翅象白蚁 *Nasutitermes proatripennis* (Ahmad, 1965)

曾称为：似黑翅歧颚白蚁 *Havilanditermes proatripennis* Ahmad, 1965。

模式标本：正模（兵蚁）、副模（成虫、兵蚁、工蚁、若蚁）保存在巴基斯坦旁遮普大学动物学系，副模（成虫、兵蚁、工蚁、若蚁）保存在美国自然历史博物馆。

模式产地：泰国（Ka-chong）。

分布：东洋界的马来西亚（大陆）、泰国。

192. 似暗翅象白蚁 *Nasutitermes profuscipennis* Akhtar, 1975

模式标本：正模（兵蚁）、副模（兵蚁、工蚁）保存在巴基斯坦旁遮普大学动物学系，副模（兵蚁、工蚁）分别保存在美国自然历史博物馆、英国自然历史博物馆、美国国家博物馆和巴基斯坦森林研究所。

模式产地：孟加拉国（Adampur）。

分布：东洋界的孟加拉国（Adampur）、泰国。

193. 喷射象白蚁 *Nasutitermes projectus* (Hill, 1942)

曾称为：喷射真白蚁 *Eutermes projectus* Hill, 1942。

模式标本：正模（兵蚁）、副模（兵蚁、工蚁）保存在澳大利亚国家昆虫馆，副模（兵蚁、工蚁）保存在美国自然历史博物馆。

模式产地：澳大利亚新南威尔士州（Euston）。

分布：澳洲界的澳大利亚（新南威尔士州、西澳大利亚州）。

194. 最新象白蚁 *Nasutitermes proximus* (Silvestri, 1901)

曾称为：沙地真白蚁最新亚种 *Eutermes arenarius proximus* Silvestri, 1901。

异名：似桔黄真白蚁（真白蚁亚属）*Eutermes* (*Eutermes*) *aurantiacoides* Holmgren, 1910。

模式标本：全模（成虫）保存在意大利农业昆虫研究所，全模（兵蚁、工蚁）分别保存在美国自然历史博物馆和美国国家博物馆。

模式产地：乌拉圭（La Sierra）。

分布：新热带界的巴西、乌拉圭。

195. 祁门象白蚁 *Nasutitermes qimenensis* (Gao and Chen, 1992)

曾称为：祁门奇象白蚁 *Mironasutitermes qimenensis* Gao and Chen, 1992。

模式标本：正模（兵蚁）、副模（兵蚁、工蚁）保存在中国科学院上海昆虫研究所，副模（兵蚁、工蚁）保存在南京市白蚁防治研究所。

模式产地：中国安徽省黄山市祁门县。

分布：古北界的中国（安徽）。

生物学：它的兵蚁分大、小二型。

危害性：它可在山区房屋的木地板下筑巢，危害木地板等木构件，也危害地上的木材。

196. 庆界象白蚁 *Nasutitermes qingjiensis* Li, 1979

模式标本：正模（兵蚁）、副模（兵蚁、工蚁）保存在浙江大学植物保护系。

模式产地：中国浙江省龙泉市瑞祥乡庆界村。

分布：东洋界的中国（浙江）。

197. 直角象白蚁 *Nasutitermes rectangularis* Thapa, 1982

模式标本：正模（兵蚁）、副模（兵蚁、工蚁）保存在印度森林研究所。

模式产地：马来西亚沙巴（Beaufort）。

分布：东洋界的马来西亚（沙巴）。

198. 规律象白蚁 *Nasutitermes regularis* (Haviland, 1898)

曾称为：规律白蚁 *Termes regularis* Haviland, 1898。

模式标本：全模（成虫、兵蚁、工蚁）保存在英国剑桥大学动物学博物馆，全模（成虫、兵蚁、工蚁、若蚁）保存在美国自然历史博物馆。

模式产地：马来西亚砂拉越。

分布：东洋界的马来西亚（大陆、沙巴、砂拉越）。

199. 红色象白蚁 *Nasutitermes retus* (Kemner, 1931)

曾称为：红色真白蚁 *Eutermes retus* Kemner, 1931。

模式标本：全模（兵蚁、工蚁）分别保存在瑞典隆德大学动物研究所和美国自然历史博物馆。

模式产地：印度尼西亚（Ambon）。

分布：巴布亚界的印度尼西亚（马鲁古）。

200. 里珀特象白蚁 *Nasutitermes rippertii* (Rambur, 1842)

曾称为：里珀特白蚁 *Termes rippertii* Rambur, 1842。

异名：巴哈马真白蚁（真白蚁亚属）*Eutermes* (*Eutermes*) *bahamensis* Holmgren, 1910、古巴真白蚁（真白蚁亚属）*Eutermes* (*Eutermes*) *cubanus* Holmgren, 1910。

模式标本：正模（成虫）保存在比利时皇家自然科学研究所。

模式产地：古巴哈瓦那。

分布：新热带界的巴哈马、大安的列斯群岛、古巴。

危害性：在巴哈马和古巴，它危害可可树、椰子树、甘蔗和房屋木构件。

201. 强壮象白蚁 *Nasutitermes roboratus* (Silvestri, 1914)

曾称为：强壮真白蚁 *Eutermes roboratus* Silvestri, 1914。

模式标本：选模（兵蚁）、副选模（兵蚁）保存在印度动物调查所，副选模（兵蚁）分别保存在美国自然历史博物馆、意大利农业昆虫研究所和荷兰马斯特里赫特自然历史博物馆。

模式产地：缅甸（Moulmein）。

分布：东洋界的缅甸。

202. 圆形象白蚁 *Nasutitermes rotundatus* (Holmgren, 1906)

曾称为：圆形真白蚁 *Eutermes rotundatus* Holmgren, 1906。

模式标本：全模（兵蚁、工蚁）分别保存在瑞典自然历史博物馆和美国自然历史博物馆。

模式产地：秘鲁（Carabaya、Llinquipata）。

分布：新热带界的阿根廷（Misiones）、玻利维亚、哥伦比亚、秘鲁。

203. 球形象白蚁 *Nasutitermes rotundus* Light and Wilson, 1936

曾称为：球形象白蚁（象白蚁亚属）*Nasutitermes* (*Nasutitermes*) *rotundus* Light and Wilson,1936。

模式标本：正模（兵蚁）保存在美国国家博物馆，副模（兵蚁、工蚁）保存在美国自然历史博物馆，副模（兵蚁）保存在印度森林研究所。

模式产地：菲律宾棉兰老岛（Cotabato Coast）。

分布：东洋界的菲律宾（棉兰老岛）。

204. 萨莱尔象白蚁 *Nasutitermes saleierensis* (Kemner, 1934)

曾称为：萨莱尔真白蚁 *Eutermes saleierensis* Kemner, 1934。

模式标本：全模（成虫、兵蚁、工蚁）保存在瑞典隆德大学动物研究所，全模（兵蚁、工蚁）分别保存在美国自然历史博物馆和印度森林研究所。

模式产地：印度尼西亚（Saleier Islands）。

分布：东洋界的印度尼西亚（爪哇、苏拉威西）。

205. 圣安娜象白蚁 *Nasutitermes sanctaeanae* (Holmgren, 1910)

曾称为：圣安娜真白蚁（真白蚁亚属）*Eutermes* (*Eutermes*) *sanctaeanae* Holmgren, 1910。

模式标本：全模（兵蚁、工蚁）分别保存在意大利农业昆虫研究所和美国自然历史博物馆。

模式产地：阿根廷（Sanctae-Ana）。

分布：新热带界的阿根廷（Corrientes、Misiones）。

206. 山打根象白蚁 *Nasutitermes sandakensis* (Oshima, 1914)

曾称为：山打根真白蚁（真白蚁亚属）*Eutermes* (*Eutermes*) *sandakensis* Oshima, 1914。

模式标本：全模（兵蚁、工蚁）保存在美国自然历史博物馆。

模式产地：马来西亚沙巴（Sandakan）。

分布：东洋界的马来西亚（沙巴）。

207. 斯考特登象白蚁 *Nasutitermes schoutedeni* (Sjöstedt, 1924)

曾称为：斯考特登真白蚁（真白蚁亚属）*Eutermes* (*Eutermes*) *schoutedeni* Sjöstedt, 1924。

异名：黑色真白蚁（真白蚁亚属）*Eutermes* (*Eutermes*) *aethiops* Sjöstedt, 1924、甜味真白蚁（真白蚁亚属）*Eutermes* (*Eutermes*) *dulcis* Sjöstedt, 1924、孔杜伊真白蚁（真白蚁亚属）*Eutermes* (*Eutermes*) *konduensis* Sjöstedt, 1924、腐烂真白蚁（真白蚁亚属）*Eutermes* (*Eutermes*) *putidus* Sjöstedt, 1924、蔡平象白蚁（象白蚁亚属）*Nasutitermes* (*Nasutitermes*) *chapini* Emerson, 1928。

模式标本：全模（兵蚁、工蚁）分别保存在瑞典自然历史博物馆和美国自然历史博物馆，全模（兵蚁）分别保存在美国国家博物馆和南非国家昆虫馆。

模式产地：刚果民主共和国（Basongo）。

分布：非洲界的安哥拉、喀麦隆、刚果民主共和国、刚果共和国、加蓬、科特迪瓦、尼日利亚、乌干达。

生物学：它筑树栖巢，巢呈球形，直径约 30cm。

208. 西格象白蚁 *Nasutitermes seghersi* Roisin and Pasteels, 1996

种名释义：种名来自 G. Segher 的姓。

亚种：1）西格象白蚁马兰干亚种 *Nasutitermes seghersi malangganus* Roisin and Pasteels, 1996

模式标本：正模（兵蚁）、副模（兵蚁、工蚁）保存在比利时皇家自然科学研究所。

模式产地：巴布亚新几内亚（新爱尔兰岛）。

分布：巴布亚界的巴布亚新几内亚（新爱尔兰岛）。

2）西格象白蚁西格亚种 *Nasutitermes seghersi seghersi* Roison and Pasteels, 1996

曾称为：西格象白蚁 *Nasutitermes seghersi* Roisin and Pasteels, 1996。

模式标本：正模（兵蚁）、副模（兵蚁、工蚁）保存在比利时皇家自然科学研究所。

模式产地：巴布亚新几内亚（Madang Province）。

分布：巴布亚界的巴布亚新几内亚。

209. 商城象白蚁 *Nasutitermes shangchengensis* Wang and Li, 1984

模式标本：全模（大兵蚁、小兵蚁、工蚁）保存在中国科学院上海昆虫研究所。

模式产地：中国河南省商城县。

分布：东洋界的中国（湖北）；古北界的中国（河南）。

210. 锡马卢象白蚁 *Nasutitermes simaluris* Oshima, 1923

模式标本：全模（兵蚁、工蚁）保存在荷兰国家自然历史博物馆，全模（兵蚁）保存在美国自然历史博物馆。

模式产地：印度尼西亚（锡默卢岛 Simeulue，而锡马卢 Simalur 是其旧称）。

分布：东洋界的印度尼西亚（苏门答腊）。

211. 相似象白蚁 *Nasutitermes similis* Emerson, 1935

曾称为：相似象白蚁（象白蚁亚属）*Nasutitermes* (*Nasutitermes*) *similis* Emerson, 1935。

模式标本：全模（蚁后、蚁王、成虫、兵蚁、工蚁、若蚁）保存在美国自然历史博物馆，全模（兵蚁、工蚁）保存在美国国家博物馆。

模式产地：圭亚那（Kartabo）。

分布：新热带界的巴西（亚马孙雨林）、法属圭亚那、圭亚那。

212. 模仿象白蚁 *Nasutitermes simulans* Light and Wilson, 1936

曾称为：模仿象白蚁（象白蚁亚属）*Nasutitermes* (*Nasutitermes*) *simulans* Light and Wilson, 1936。

模式标本：正模（兵蚁）保存在美国国家博物馆，副模（兵蚁、工蚁、若蚁）保存在美国自然历史博物馆。

模式产地：菲律宾棉兰老岛（Cotabato）。

分布：东洋界的菲律宾（棉兰老岛）。

213. 中华象白蚁 *Nasutitermes sinensis* Gao and Tian, 1990

模式标本：正模（兵蚁）、副模（兵蚁）保存在中国科学院上海昆虫研究所，副模（兵蚁）保存在南京市白蚁防治研究所。

模式产地：中国四川省合江县。

分布：东洋界的中国（四川）。

214. 史密斯象白蚁 *Nasutitermes smithi* (Hill, 1942)

曾称为：斯密斯真白蚁 *Eutermes smithi* Hill, 1942。

模式标本：正模（兵蚁）、副模（成虫、兵蚁、工蚁）保存在澳大利亚维多利亚博物馆，副模（成虫、兵蚁、工蚁、若蚁）保存在美国自然历史博物馆。

模式产地：澳大利亚北领地（Johnston’s Lagoon）。

分布：澳洲界的澳大利亚（北领地、昆士兰州、西澳大利亚州）。

*****球体象白蚁 *Nasutitermes sphaericus* Gonçalves and Silva, 1962（裸记名称）**

分布：新热带界的巴西。

215. 缩头象白蚁 *Nasutitermes stricticeps* Mathews, 1977

模式标本：正模（兵蚁）、副模（兵蚁、工蚁）保存在巴西圣保罗大学动物学博物馆，副模（兵蚁、工蚁）分别保存在美国自然历史博物馆和英国自然历史博物馆。

模式产地：巴西马托格罗索州（Serra do Ronchador）。
分布：新热带界的巴西（亚马孙雨林）。

*****小平头象白蚁 *Nasutitermes subplanus* Ping and Xu, 1995**（裸记名称）
分布：东洋界的中国。

216. 亚藏象白蚁 *Nasutitermes subtibetanus* Tsai and Huang, 1979
模式标本：正模（兵蚁）、副模（兵蚁、工蚁）保存在中国科学院动物研究所。
模式产地：中国西藏自治区墨脱县亚藏。
分布：古北界的中国（西藏）。

217. 亚径象白蚁 *Nasutitermes subtibialis* Fan, 1983
模式标本：正模（兵蚁）保存在中国科学院上海昆虫研究所。
模式产地：中国江西省信丰县。
分布：东洋界的中国（江西）。

218. 苏克纳象白蚁 *Nasutitermes suknensis* Prashad and Sen-Sarma, 1959
模式标本：正模（兵蚁）、副模（兵蚁）保存在印度森林研究所。
模式产地：印度西孟加拉邦（Sukna）。
分布：东洋界的印度（西孟加拉邦）。

219. 苏里南象白蚁 *Nasutitermes surinamensis* (Holmgren, 1910)
曾称为：苏里南真白蚁（真白蚁亚属）*Eutermes* (*Eutermes*) *surinamensis* Holmgren, 1910。
模式标本：全模（兵蚁、工蚁）分别保存在瑞典自然历史博物馆、法国自然历史博物馆和美国自然历史博物馆。
模式产地：法属圭亚那、苏里南（Ephrata）。
分布：新热带界的玻利维亚、巴西（亚马孙雨林）、法属圭亚那、圭亚那、苏里南、委内瑞拉。
危害性：在巴西的亚马孙、圭亚那，它危害果树、甘蔗、玉米以及房屋木构件。

220. 高砂象白蚁 *Nasutitermes takasagoensis* (Nawa, 1911)
种名释义：takasago 拉丁语意为地名“高砂”。我国学者习惯称这种白蚁为“高山象白蚁”，这应是误译，实际上这种白蚁在台湾的分布海拔并不高。
异名：啄木鸟头真白蚁（真白蚁亚属）*Eutermes* (*Eutermes*) *piciceps* Holmgren, 1912。
模式标本：全模（成虫、兵蚁、工蚁）保存地不详。
模式产地：琉球群岛。
分布：东洋界的中国（台湾、云南）、日本（琉球群岛）、澳大利亚（圣诞岛）。
生物学：它在树枝干上筑球状巢。

221. 坦登象白蚁 *Nasutitermes tandoni* Bose, 1997
种名释义：种名来自模式标本的采集人 S. K. Tandon 博士的姓。
模式标本：正模（兵蚁）、副模（兵蚁、工蚁）保存在印度动物调查所。

模式产地：中国。

分布：东洋界的中国。

生物学：它的工蚁分为大、小二型。

222. 塔塔恩达象白蚁 *Nasutitermes tatarendae* (Holmgren, 1910)

曾称为：塔塔恩达真白蚁（真白蚁亚属）*Eutermes* (*Eutermes*) *tatarendae* Holmgren, 1910。

模式标本：全模（兵蚁、工蚁）分别保存在瑞典自然历史博物馆和美国自然历史博物馆。

模式产地：玻利维亚（Tatarenda）。

分布：新热带界的阿根廷、玻利维亚、巴西（亚马孙雨林）。

223. 泰勒象白蚁 *Nasutitermes taylori* Light and Wilson, 1936

曾称为：泰勒象白蚁（象白蚁亚属）*Nasutitermes* (*Nasutitermes*) *taylori* Light and Wilson, 1936。

模式标本：正模（成虫）、副模（成虫、兵蚁、工蚁、若蚁）保存在美国自然历史博物馆。

模式产地：菲律宾棉兰老岛（Cotabato）。

分布：东洋界的菲律宾（棉兰老岛）。

224. 塔诺象白蚁 *Nasutitermes thanensis* Prashad and Sen-Sarma, 1959

模式标本：正模（兵蚁）、副模（兵蚁、工蚁）保存在印度森林研究所，副模（兵蚁、工蚁）保存在印度动物调查所。

模式产地：印度北阿坎德邦德拉敦（Thano）。

分布：东洋界的印度（北阿坎德邦）。

危害性：它危害房屋木构件。

225. 天目象白蚁 *Nasutitermes tianmuensis* (Gao, 1988)

曾称为：天目奇象白蚁 *Mironasutitermes tianmuensis* Gao, 1988。

模式标本：选模（兵蚁）、副选模（兵蚁）保存在中国科学院上海昆虫研究所，副选模（兵蚁）保存在南京市白蚁防治研究所。

模式产地：中国浙江省天目山。

分布：东洋界的中国（浙江）。

226. 天童象白蚁 *Nasutitermes tiantongensis* Zhou and Xu, 1993

模式标本：正模（兵蚁）、副模（兵蚁、工蚁）保存在广东省科学院动物研究所。

模式产地：中国浙江省宁波市天童山。

分布：东洋界的中国（浙江）。

227. 西藏象白蚁 *Nasutitermes tibetanus* Tsai and Huang, 1979

模式标本：正模（兵蚁）、副模（兵蚁、工蚁）保存在中国科学院动物研究所。

模式产地：中国西藏自治区墨脱县背崩。

分布：古北界的中国（西藏）。

228. 帝汶象白蚁 *Nasutitermes timoriensis* (Holmgren, 1913)

曾称为：帝汶真白蚁（真白蚁亚属）*Eutermes* (*Eutermes*) *timoriensis* Holmgren, 1913。

模式标本：全模（兵蚁、工蚁）保存在瑞典动物研究所，全模（兵蚁）分别保存在美国国家博物馆、美国自然历史博物馆和印度森林研究所。

模式产地：印度尼西亚（Timor）。

分布：东洋界的印度尼西亚（West Timor）。

229. 蒂普阿尼象白蚁 *Nasutitermes tipuanicus* (Holmgren, 1910)

曾称为：蒂普阿尼真白蚁（真白蚁亚属）*Eutermes* (*Eutermes*) *tipuanicus* Holmgren, 1910。

模式标本：全模（兵蚁、工蚁）保存在德国汉堡动物学博物馆。

模式产地：玻利维亚（Tipuani）。

分布：新热带界的玻利维亚。

230. 托里斯象白蚁 *Nasutitermes torresi* (Hill, 1942)

曾称为：托里斯真白蚁 *Eutermes torresi* Hill, 1942。

模式标本：正模（兵蚁）、副模（成虫、兵蚁、工蚁）保存在澳大利亚国家博物馆，副模（成虫、兵蚁、工蚁）保存在澳大利亚维多利亚博物馆，副模（成虫、兵蚁、工蚁、若蚁）保存在美国自然历史博物馆，副模（成虫）保存在美国国家博物馆。

模式产地：澳大利亚昆士兰州（Thursday Island）。

分布：澳洲界的澳大利亚（北领地、昆士兰州）；巴布亚界的巴布亚新几内亚。

231. 十三节象白蚁 *Nasutitermes tredecimarticulatus* (Holmgren, 1910)

曾称为：十三节真白蚁（真白蚁亚属）*Eutermes* (*Eutermes*) *tredecimarticulatus* Holmgren, 1910。

模式标本：全模（成虫、兵蚁、工蚁）保存在德国柏林冯博大学自然博物馆，全模（兵蚁、工蚁）保存在美国自然历史博物馆。

模式产地：厄瓜多尔。

分布：新热带界的巴西（亚马孙雨林）、厄瓜多尔。

232. 特里洛克象白蚁 *Nasutitermes triloki* Bose, 1980

模式标本：正模（兵蚁）、副模（兵蚁、工蚁）保存在印度动物调查所，副模（兵蚁）保存在印度森林研究所。

模式产地：印度安达曼群岛的南安达曼岛。

分布：东洋界的印度（安达曼群岛）。

233. 三齿稃草象白蚁 *Nasutitermes triodiae* (Froggatt, 1898)

种名释义：*Triodia* 为三齿稃草属属名。

曾称为：三齿稃草真白蚁 *Eutermes triodiae* Froggatt, 1898。

异名：梨形真白蚁 *Eutermes pyriformis* Froggatt, 1898、深黑真白蚁 *Eutermes nigerrimus* Mjöberg, 1920、深黑真白蚁昆士兰亚种 *Eutermes nigerrimus queenslandicus* Mjöberg, 1920、帕默斯顿真白蚁 *Eutermes palmerstoni* Hill, 1922。

模式标本：选模（兵蚁）、副选模（兵蚁、工蚁）保存在澳大利亚国家昆虫馆，副选模（兵蚁、工蚁）保存在美国自然历史博物馆。

模式产地：澳大利亚西澳大利亚州。

分布：澳洲界的澳大利亚（北领地、昆士兰州、西澳大利亚州）；巴布亚界的巴布亚新几内亚。

生物学：它筑高大蚁垄。

234. 蔡氏象白蚁 *Nasutitermes tsaii* Huang and Han, 1987

模式标本：正模（兵蚁）、副模（兵蚁、工蚁）保存在中国科学院动物研究所。

模式产地：中国西藏自治区墨脱县。

分布：古北界的中国（西藏）。

235. 通沙朗象白蚁 *Nasutitermes tungsalangensis* Ahmad, 1965

模式标本：正模（兵蚁）、副模（成虫、兵蚁、工蚁）保存在巴基斯坦旁遮普大学动物学系，副模（兵蚁、工蚁）保存在美国自然历史博物馆。

模式产地：泰国（Tung Sa-Lang）。

分布：东洋界的马来西亚（大陆）、泰国。

236. 浪头象白蚁 *Nasutitermes unduliceps* Mathews, 1977

模式标本：正模（兵蚁）、副模（成虫、兵蚁、工蚁）保存在巴西圣保罗大学动物学博物馆，副模（兵蚁、工蚁）保存在美国自然历史博物馆。

模式产地：巴西马托格罗索州（Serra do Ronchador）。

分布：新热带界的巴西（马托格罗索州）。

237. 瓦东象白蚁 *Nasutitermes vadoni* Cachan, 1951

模式标本：全模（兵蚁、工蚁）分别保存在比利时非洲中心皇家博物馆和美国自然历史博物馆，全模（兵蚁）保存在南非国家昆虫馆。

模式产地：马达加斯加（Ambodivoahangy、Maroantsetra）。

分布：非洲界的马达加斯加。

238. 山谷象白蚁 *Nasutitermes vallis* Tsai and Huang, 1979

曾称为：乞拉象白蚁山谷亚种 *Nasutitermes cherraensis vallis* Tsai and Huang, 1979

模式标本：正模（大兵蚁）、副模（兵蚁、工蚁）保存在中国科学院动物研究所。

模式产地：中国西藏自治区墨脱县。

分布：古北界的中国（西藏）。

239. 维什鲁象白蚁 *Nasutitermes vishnu* Bose, 1984

种名释义：种名来自 L. Vishnu 的姓。

模式标本：正模（兵蚁）、副模（兵蚁、工蚁）保存在印度动物调查所。

模式产地：印度卡纳塔克邦（Coorg）。

分布：东洋界的印度（卡纳塔克邦）。

生物学：它的工蚁分大、小二型。

240. 沃克象白蚁 *Nasutitermes walkeri* (Hill, 1942)

曾称为：沃克真白蚁 *Eutermes walkeri* Hill, 1942。

模式标本：正模（兵蚁）、副模（成虫、兵蚁、工蚁）保存在澳大利亚国家昆虫馆，副模（成虫、兵蚁、工蚁）保存在美国自然历史博物馆。

模式产地：澳大利亚新南威尔士州悉尼。

分布：澳洲界的澳大利亚（新南威尔士州、昆士兰州）、新西兰（传入）。

生物学：它在树的主干、树杈、大树枝上筑树栖巢，巢外表松软、易碎。树栖巢与根球中的群体有相连接的通道，通道可在树内或树外表（后者占大多数），树干上的蚁路为深棕色至黑色。巢较大，群体数量较多。地下通道从根球部分发散，有的蚁路在地面上，有的蚁路在地表土壤中。翠鸟、长尾吸蜜鹦鹉、蜥蜴使用这些树栖巢作为临时居住点。

危害性：在澳大利亚，它危害房屋木构件。它取食风化的或腐烂的木材，尤其是那些与地接触的木材。当环境潮湿、通风差时，它也可危害没腐烂的木材。

241. 惠勒象白蚁 *Nasutitermes wheeleri* Emerson, 1925

模式标本：正模（兵蚁）、副模（若蚁、兵蚁、工蚁）保存在美国自然历史博物馆，副模（兵蚁）保存在荷兰马斯特里赫特自然历史博物馆。

模式产地：圭亚那（Kartabo）。

分布：新热带界的巴西（亚马孙雨林）、圭亚那。

242. 兴山象白蚁 *Nasutitermes xingshanensis* (Ping and Yin, 1992)

曾称为：兴山奇象白蚁 *Mironasutitermes xingshanensis* Ping and Yin, 1992

模式标本：正模（大兵蚁）、副模（大兵蚁、中兵蚁、小兵蚁）保存在广东省科学院动物研究所，副模（大兵蚁、中兵蚁、小兵蚁）保存在宜昌市白蚁防治研究所。

模式产地：中国湖北省兴山县。

分布：东洋界的中国（湖北）。

（五十一）凋落白蚁属 *Ngauratermes* Constantino and Acioli, 2009

中文名称：程冬保、杨兆芬（2014）曾称之为“枯枝落叶白蚁属”。

模式种：小凋落白蚁 *Ngauratermes arue* Constantino and Acioli, 2009。

种类：1 种。

分布：新热带界。

1. 小凋落白蚁 *Ngauratermes arue* Constantino and Acioli, 2009

种名释义：种名来自 Ticuna 语，“arü”意为“小”。

模式标本：正模（大兵蚁）保存在巴西利亚大学动物学系，副模（大兵蚁、小兵蚁、工蚁）保存在巴西圣保罗大学动物学博物馆，副模（兵蚁、工蚁）保存在巴西亚马孙探索国家研究所。

模式产地：巴西亚马孙州（Benjamin）。

分布：新热带界的巴西（亚马孙雨林）。

生物学：它生活在原始雨林中。兵蚁分大、小二型，工蚁也分大、小二型，但有一型稀少。它在地面的枯枝落叶层中觅食。

危害性：它没有危害性。

（五十二）新几内亚白蚁属 *Niuginitermes* Roisin and Pasteels, 1996

模式种：瓦里拉塔新几内亚白蚁 *Niuginitermes variratae* Roisin and Pasteels, 1996。

种类：2 种。

分布：巴布亚界。

1. 小新几内亚白蚁 *Niuginitermes liklik* Roisin and Pasteels, 1996

种名释义：种名来自当地土语，意为“小”。

模式标本：正模（兵蚁）、副模（成虫、兵蚁、工蚁）保存在比利时皇家自然科学研究所，副模（成虫、兵蚁、工蚁）保存在澳大利亚国家昆虫馆。

模式产地：巴布亚新几内亚西部省（Morehead）。

分布：巴布亚界的巴布亚新几内亚。

2. 瓦里拉塔新几内亚白蚁 *Niuginitermes variratae* Roisin and Pasteels, 1996

模式标本：正模（兵蚁）、副模（成虫、兵蚁、工蚁）保存在比利时皇家自然科学研究所。

模式产地：巴布亚新几内亚中部省（Varirata 国家公园）。

分布：巴布亚界的巴布亚新几内亚。

（五十三）钝白蚁属 *Obtusitermes* Snyder, 1924

模式种：巴拿马钝白蚁 *Obtusitermes panamae* (Snyder, 1925)。

种类：3 种。

分布：新热带界（中美洲的南部、南美洲的北部）。

生物学：它生活在森林地面的枯枝落叶层中。

危害性：它没有危害性。

1. 酒神钝白蚁 *Obtusitermes bacchanalis* (Mathews, 1977)

曾称为：酒神微白蚁 *Parvitermes bacchanalis* Mathews, 1977。

模式标本：正模（兵蚁）、副模（兵蚁、工蚁）保存在巴西圣保罗大学动物学博物馆，副模（兵蚁、工蚁）分别保存在英国自然历史博物馆和美国自然历史博物馆。

模式产地：巴西马托格罗索州（Serra do Ronchador）。

分布：新热带界的巴西。

2. 漂亮钝白蚁 *Obtusitermes formosulus* Cuezzo and Cancello, 2009

异名：短毛钝白蚁 *Obtusitermes brevipilosus* Mathur and Thapa, 1962。

模式标本：正模（小兵蚁）、副模（大兵蚁、小兵蚁、工蚁）保存在巴西圣保罗大学动物学博物馆，副模（大兵蚁、小兵蚁、工蚁）保存在美国国家博物馆。

模式产地：委内瑞拉。

分布：新热带界的特立尼达和多巴哥、委内瑞拉。

生物学：它的兵蚁分二型，工蚁分三型。

3. 巴拿马钝白蚁 *Obtusitermes panamae* (Snyder, 1925)

曾称为：巴拿马象白蚁（钝白蚁亚属）*Nasutitermes* (*Obtusitermes*) *panamae* Snyder, 1925。

异名：二型象白蚁（钝白蚁亚属）*Nasutitermes* (*Obtusitermes*) *biforma* Snyder, 1924。

模式标本：正模（兵蚁）、副模（兵蚁、工蚁）保存在美国国家博物馆，副模（兵蚁、工蚁）保存在美国自然历史博物馆。

模式产地：巴拿马（Quipo）。

分布：新热带界的哥伦比亚、巴拿马。

（五十四）西部白蚁属 *Occasitermes* Holmgren, 1912

模式种：西部西部白蚁 *Occasitermes occasus* (Silvestri, 1909)。

中文名称：我国学者曾称之为“偶见白蚁属”。

种类：2 种。

分布：澳洲界。

1. 西部西部白蚁 *Occasitermes occasus* (Silvestri, 1909)

曾称为：西部真白蚁 *Eutermes occasus* Silvestri, 1909。

模式标本：选模（兵蚁）、副选模（兵蚁、工蚁）保存在德国汉堡动物学博物馆，副选模（兵蚁、工蚁）保存在美国自然历史博物馆。

模式产地：澳大利亚西澳大利亚州（Collie）。

分布：澳洲界的澳大利亚（南澳大利亚州、西澳大利亚州）。

生物学：它主要取食开始腐烂的木材，尤其是边材、死树、倒地树，也危害硬质木材和软质木材。它常在原木下，在已死的直立山茂樫和刺叶树下也常能发现它。较大的群体生活在相会弓白蚁、短刀乳白蚁和白蚁属种类的蚁垄中。每个月均能在成熟群体中发现有翅成虫，分飞发生在每年的 10—12 月。有翅成虫在下午较晚时分飞，飞到黄昏。

2. 沃森西部白蚁 *Occasitermes watsoni* Gay, 1974

模式标本：正模（兵蚁）、副模（成虫、兵蚁、工蚁、若蚁）保存在澳大利亚国家昆虫馆。

模式产地：澳大利亚新南威尔士州。

分布：澳洲界的澳大利亚（新南威尔士州）。

生物学：它生活在桉树林中，栖息于土壤下蚁道系统中，或在倒地树木的树皮中，或在风化的木材中。常与烟色象白蚁相伴。它的分飞发生在仲夏，且在大白天分飞。

（五十五）隐白蚁属 *Occultitermes* Emerson, 1960

模式种：隐藏隐白蚁 *Occultitermes occultus* (Hill, 1927)。

种类：2 种。

分布：澳洲界。

1. 干燥隐白蚁 *Occultitermes aridus* Gay, 1977

模式标本：正模（兵蚁）、副模（成虫、兵蚁、工蚁）保存在澳大利亚国家昆虫馆。

模式产地：澳大利亚西澳大利亚州（Carnarvon）。

分布：澳洲界的澳大利亚（北领地、昆士兰州、西澳大利亚州）。

2. 隐藏隐白蚁 *Occultitermes occultus* (Hill, 1927)

曾称为：隐藏奇异白蚁 *Mirotermes occultus* Hill, 1927。

异名：隐藏真白蚁 *Eutermes occultus* Hill, 1942、隐藏锥白蚁 *Subulitermes occultus* Snyder, 1949。

模式标本：选模（雌成虫）、副选模（雄成虫）保存在澳大利亚维多利亚博物馆，副选模（成虫）分别保存在澳大利亚国家昆虫馆和美国自然历史博物馆。

模式产地：澳大利亚北领地（Koolpinyah）。

分布：澳洲界的澳大利亚（北领地、昆士兰州、西澳大利亚州）。

生物学：它的兵蚁分大、小二型。

（五十六）东锥白蚁属 *Oriensubulitermes* Emerson, 1960

模式种：缺齿东锥白蚁 *Oriensubulitermes inanis* (Haviland, 1898)。

种类：2 种。

分布：东洋界。

1. 缺齿东锥白蚁 *Oriensubulitermes inanis* (Haviland, 1898)

曾称为：缺齿白蚁 *Termes inanis* Haviland, 1898。

异名：似缺齿真白蚁（锥白蚁亚属）*Eutermes* (*Subulitermes*) *inaniformis* Holmgren, 1912、缺齿锥白蚁 *Subulitermes inanis* Snyder, 1949。

模式标本：全模（兵蚁、工蚁）保存在英国剑桥大学动物学博物馆，全模（兵蚁）保存美国自然历史博物馆。

模式产地：马来西亚（Perak）。

分布：东洋界的印度尼西亚（加里曼丹、苏门答腊）、马来西亚（大陆、沙巴、砂拉越）、新加坡。

2. 凯姆勒东锥白蚁 *Oriensubulitermes kemneri* Ahmad, 1968

模式标本：正模（兵蚁）、副模（兵蚁、工蚁）保存在巴基斯坦旁遮普大学动物学系，副模（兵蚁、工蚁）保存在美国自然历史博物馆。

模式产地：马来西亚砂拉越。

分布：东洋界的马来西亚（砂拉越）。

（五十七）近凸白蚁属 *Paraconvexitermes* Cancello and Noirot, 2003

模式种：黑角近凸白蚁 *Paraconvexitermes nigricornis* (Holmgren, 1906)。

种类：3 种。

分布：新热带界。

生物学：它是体形较小的食土白蚁。

1. 圆头近凸白蚁 *Paraconvexitermes acangapua* Cancello and Noirot, 2003

模式标本：正模（兵蚁）、副模（兵蚁、工蚁、若蚁型补充蚁后）保存在巴西圣保罗大学动物学博物馆。

模式产地：巴西（Pará）。

分布：新热带界的巴西。

生物学：它的巢筑在地上腐烂的原木内（巢位于中部，此处相当潮湿），可能这种白蚁能取食腐烂的木材。

2. 细长近凸白蚁 *Paraconvexitermes junceus* (Emerson, 1949)

曾称为：黑角凸白蚁细长亚种 *Convexitermes nigricornis junceus* Emerson, 1949。

模式标本：正模（兵蚁）、副模（兵蚁、工蚁、蚁王、蚁后）保存在美国自然历史博物馆，副模（兵蚁、工蚁）保存在印度森林研究所。

模式产地：圭亚那（Kartabo）。

分布：新热带界的圭亚那。

3. 黑角近凸白蚁 *Paraconvexitermes nigricornis* (Holmgren, 1906)

曾称为：黑角真白蚁 *Eutermes nigricornis* Holmgren, 1906。

异名：黑角凸白蚁 *Convexitermes nigricornis* (Holmgren, 1906)。

模式标本：全模（兵蚁、工蚁）分别保存在瑞典自然历史博物馆和美国自然历史博物馆。

模式产地：秘鲁（Chaquimayo）。

分布：新热带界的巴西（亚马孙雨林）、秘鲁。

*****近锥白蚁属 *Parasubulitermes* Emerson, 1955（裸记名称）**

分布：新热带界。

（五十八）微白蚁属 *Parvitermes* Emerson, 1949

异名：陆白蚁属 *Terrenitermes* Spaeth, 1967。

模式种：布鲁克斯微白蚁 *Parvitermes brooksi* (Snyder, 1925)。

种类：12 种。

分布：新热带界。

生物学：在中美洲，微白蚁取食木材表面物质，只危害木材与地面接触部分。它建狭窄的觅食通道通向地上取食点。它在岩石、原木下的土壤中筑巢。在西印度群岛，在中空的草本植物的木质茎中可发现微白蚁（如布鲁克斯微白蚁、沃尔科特微白蚁）。

危害性：在多米尼加共和国干燥的陆地上，微黄微白蚁可危害木质栅栏的桩，雨后取食成串的干草。灰头微白蚁危害海地的甘蔗苗。

1. 类似微白蚁 *Parvitermes aequalis* (Snyder, 1924)

曾称为：类似象白蚁（钝白蚁亚属）*Nasutitermes* (*Obtusitermes*) *aequalis* Snyder, 1924。

模式标本：正模（兵蚁）、副模（兵蚁、工蚁）保存在美国国家博物馆，副模（兵蚁、工蚁）保存在美国自然历史博物馆，副模（工蚁）保存在印度森林研究所。

模式产地：古巴（Camagüey）。

分布：新热带界的古巴。

2. 安的列斯微白蚁 *Parvitermes antillarum* (Holmgren, 1910)

曾称为：安的列斯真白蚁（缩白蚁亚属）*Eutermes* (*Constrictotermes*) *antillarum* Holmgren, 1910。

模式标本：全模（成虫、兵蚁、工蚁）保存在法国自然历史博物馆，全模（成虫、工蚁）保存在美国自然历史博物馆。

模式产地：多米尼加共和国（Santo Domingo）。

分布：新热带界的多米尼加共和国、海地。

危害性：在多米尼加共和国，它危害甘蔗。

3. 布鲁克斯微白蚁 *Parvitermes brooksi* (Snyder, 1925)

曾称为：布鲁克斯象白蚁（薄嘴白蚁亚属）*Nasutitermes* (*Tenuirostritermes*) *brooksi* Snyder, 1925。

模式标本：正模（兵蚁）保存在哈佛大学比较动物学博物馆，副模（兵蚁、工蚁）分别保存在美国自然历史博物馆和美国国家博物馆。

模式产地：古巴（Cienfugos）。

分布：新热带界的巴哈马、古巴。

4. 柯林斯微白蚁 *Parvitermes collinsae* Scheffrahn and Roisin, 1995

种名释义：种名来自哈佛大学 M. S. Collins 教授的姓。

模式标本：正模（小兵蚁）、副模（大兵蚁、工蚁）保存在美国国家博物馆。

模式产地：多米尼加共和国（Barahona）。

分布：新热带界的多米尼加共和国。

生物学：它的兵蚁分大、小二型。它取食反刍动物的粪便和纤维素材料。

5. 多米尼加微白蚁 *Parvitermes dominicanae* Scheffrahn, Roisin, and Su, 1998

模式标本：正模（大兵蚁）、副模（小兵蚁、成虫、工蚁）保存在美国国家博物馆，副模（成虫、兵蚁、工蚁）分别保存在美国自然历史博物馆和佛罗里达州节肢动物标本馆。

模式产地：多米尼加共和国（Distrito Nacional Province）。

分布：新热带界的多米尼加共和国。

6. 微黄微白蚁 *Parvitermes flaveolus* (Banks, 1919)

曾称为：微黄缩白蚁 *Constrictotermes flaveolus* Banks, 1919。

模式标本：全模（兵蚁、工蚁、若蚁）分别保存在哈佛大学比较动物学博物馆和美国自然历史博物馆。

模式产地：海地。

分布：新热带界的多米尼加共和国、海地。

7. 中美洲微白蚁 *Parvitermes mesoamericanus* Scheffrahn, 2016

模式标本：正模（兵蚁）、副模（兵蚁、工蚁）保存在佛罗里达大学研究与教育中心。

模式产地：洪都拉斯（S. Pinalillo）。

分布：新热带界的危地马拉、洪都拉斯、尼加拉瓜。

8. 墨西哥微白蚁 *Parvitermes mexicanus* (Light, 1933)

曾称为：墨西哥象白蚁 *Nasutitermes mexicanus* Light, 1933、墨西哥象白蚁（锥白蚁亚属）*Nasutitermes* (*Subulitermes*) *mexicanus* Light, 1933。

模式标本：全模（兵蚁）分别保存在美国国家博物馆和加利福尼亚州科学院，全模（兵蚁、工蚁）保存在美国自然历史博物馆。

模式产地：墨西哥（Colima）。

分布：新热带界的墨西哥。

危害性：它危害房屋木构件。

9. 灰头微白蚁 *Parvitermes pallidiceps* (Banks, 1919)

曾称为：灰头缩白蚁 *Constrictotermes pallidiceps* Banks, 1919。

模式标本：全模（兵蚁、工蚁、若蚁）分别保存在哈佛大学比较动物学博物馆和美国自然历史博物馆。

模式产地：海地。

分布：新热带界的多米尼加共和国、海地。

生物学：它的兵蚁分大、小二型。它取食反刍动物的粪便和纤维素材料，晚上露天取食草。

危害性：在海地，它危害甘蔗苗。

10. 图森特微白蚁 *Parvitermes toussainti* (Banks, 1919)

曾称为：图森特缩白蚁 *Constrictotemes toussainti* Banks, 1919。

模式标本：选模（小兵蚁）、副选模（大兵蚁、工蚁）保存在哈佛大学比较动物学博物馆，副选模（大兵蚁、小兵蚁、工蚁）分别保存在美国自然历史博物馆。

模式产地：海地（Milot）。

分布：新热带界的多米尼加共和国、海地。

11. 沃尔科特微白蚁 *Parvitermes wolcotti* (Snyder, 1924)

曾称为：沃尔科特象白蚁（薄嘴白蚁亚属）*Nasutermes* (*Tenuirostritermes*) *wolcotti* Snyder, 1924。

模式标本：正模（兵蚁）、副模（兵蚁、工蚁）保存在美国国家博物馆，副模（兵蚁、工蚁）保存在美国自然历史博物馆。

模式产地：波多黎各（Boquerón）。

分布：新热带界的波多黎各、英属维尔京群岛、美属维尔京群岛。

生物学：它的兵蚁分大、小二型。

12. 尤卡坦微白蚁 *Parvitermes yucatanus* Scheffrahn, 2016

种名释义：种名来自分布地尤卡坦半岛（Yucatan Peninsula）。

模式标本：正模（兵蚁）、副模（兵蚁、工蚁）保存在佛罗里达大学研究与教育中心。
模式产地：墨西哥（Punta Sam）。
分布：新热带界的伯利兹、墨西哥、危地马拉。

（五十九）近针白蚁属 *Periaciculitermes* Li, 1986

模式种：勐仑近针白蚁 *Periaciculitermes menglunensis* Li, 1986。
种类：1 种。
分布：东洋界。

1. 勐仑近针白蚁 *Periaciculitermes menglunensis* Li, 1986

模式标本：正模（兵蚁）、副模（兵蚁、工蚁）保存在广东省科学院动物研究所。
模式产地：中国云南省勐腊县小勐龙。
分布：东洋界的中国（云南）。

（六十）近瓢白蚁属 *Peribulbitermes* Li, 1985

模式种：鼎湖近瓢白蚁 *Peribulbitermes dinghuensis* Li, 1985。
种类：3 种。
分布：东洋界。

1. 鼎湖近瓢白蚁 *Peribulbitermes dinghuensis* Li, 1985

模式标本：正模（兵蚁）、副模（兵蚁、工蚁）保存在广东省科学院动物研究所。
模式产地：中国广东省肇庆鼎湖山。
分布：东洋界的中国（广东）。

2. 景洪近瓢白蚁 *Peribulbitermes jinghongensis* Li, 1985

模式标本：正模（兵蚁）、副模（兵蚁、工蚁）保存在广东省科学院动物研究所。
模式产地：中国云南省景洪市。
分布：东洋界的中国（云南）。

3. 黄色近瓢白蚁 *Peribulbitermes parafulvus* (Tsai and Chen, 1963)

曾称为：黄色象白蚁 *Nasutitermes parafulvus* Tsai and Chen, 1963。
模式标本：正模（兵蚁）、副模（兵蚁、工蚁）保存在中国科学院动物研究所，副模（兵蚁、工蚁）保存在美国自然历史博物馆。
模式产地：中国云南省金平县。
分布：东洋界的中国（云南）。
生物学：它蛀蚀树桩及横卧地面的树干。

（六十一）后锥白蚁属 *Postsubulitermes* Emerson, 1960

模式种：微缩后锥白蚁 *Postsubulitermes parviconstrictus* Emerson, 1960。
种类：1 种。

分布：非洲界。

1. 微缩后锥白蚁 *Postsubulitermes parviconstrictus* Emerson, 1960

异名：非洲后锥白蚁 *Postsubulitermes africanus* Noirot and Noirot-Timothée, 1969。

模式标本：正模（兵蚁）、副模（蚁后、兵蚁、工蚁、若蚁）保存在美国自然历史博物馆，副模（兵蚁、工蚁、若蚁）保存在荷兰马斯特里赫特自然历史博物馆，副模（兵蚁、工蚁）保存在德国汉堡动物学博物馆，副模（兵蚁）保存在南非国家昆虫馆。

模式产地：刚果民主共和国（Yangambi）。

分布：非洲界的喀麦隆、刚果民主共和国、加蓬。

生物学：它生活在雨林中，自己不筑巢，而栖息于其他白蚁蚁垄中，那些筑垄白蚁包括方白蚁属、胸白蚁属、前方白蚁属白蚁。当象白蚁、锯白蚁在树枝上所筑的木屑巢中的白蚁死亡后，这些巢掉到地面，它可取食巢体。在土壤采样坑中也曾发现它。它的工蚁肠道内充满泥土，它应是食土白蚁。

危害性：它没有危害性。

（六十二）锥形白蚁属 *Rhadinotermes* Sands, 1965

模式种：压缩锥形白蚁 *Rhadinotermes coarctatus* (Sjöstedt, 1902)。

种类：1 种。

分布：非洲界。

1. 压缩锥形白蚁 *Rhadinotermes coarctatus* (Sjöstedt, 1902)

曾称为：压缩真白蚁 *Eutermes coarctatus* Sjöstedt, 1902。

模式标本：全模（兵蚁、工蚁）分别保存在英国剑桥大学动物学博物馆、瑞典自然历史博物馆和美国自然历史博物馆，全模（兵蚁）保存在美国国家博物馆。

模式产地：马拉维（Zomba）。

分布：非洲界刚果民主共和国、马拉维、纳米比亚、南非、斯威士兰、坦桑尼亚、赞比亚、津巴布韦。

生物学：它生活于非洲东部、中部和南部的稀树草原上，在其他白蚁（包括方白蚁属、三脉白蚁属、大白蚁属白蚁）蚁垄上或内筑巢，也可栖息于石头下，偶尔自建小型蚁垄。它的蚁巢有多个副巢，且腔室较小。它是食草白蚁，列队露天觅食，兵蚁在队列两侧。觅食时间自午后至傍晚。觅回的植物残渣贮存在蚁巢中。

危害性：它没有危害性。

（六十三）鲁恩沃白蚁属 *Roonwalitermes* Bose, 1997

模式种：沃德瓦鲁恩沃白蚁 *Roonwalitermes wadhwai* Bose, 1997。

种类：1 种。

分布：东洋界。

1. 沃德瓦鲁恩沃白蚁 *Roonwalitermes wadhwai* Bose, 1997

模式标本：正模（兵蚁）、副模（兵蚁、工蚁）保存在印度动物调查所。

模式产地：印度梅加拉亚邦（Mawphlong）。
分布：东洋界的印度（梅加拉亚邦）。
生物学：它的兵蚁分大、小二型，工蚁为单型。

（六十四）圆白蚁属 *Rotunditermes* Holmgren, 1910

模式种：圆头圆白蚁 *Rotunditermes rotundiceps* (Holmgren, 1906)。
种类：2 种。
分布：新热带界。

1. 布拉干提纳圆白蚁 *Rotunditermes bragantinus* (Roonwal and Rathore, 1976)

曾称为：布拉干提纳象白蚁 *Nasutitermes bragantinus* Roonwal and Rathore, 1976。
模式标本：正模（兵蚁）、副模（兵蚁）保存在印度动物调查所，副模（兵蚁）保存在巴西圣保罗大学动物学博物馆。
模式产地：巴西（Regiao Bragantina）。
分布：新热带界的巴西。

2. 圆头圆白蚁 *Rotunditermes rotundiceps* (Holmgren, 1906)

曾称为：圆头真白蚁 *Eutermes rotundiceps* Holmgren, 1906。
模式标本：全模（成虫、兵蚁、工蚁）保存在瑞典自然历史博物馆，全模（蚁后、成虫、兵蚁、工蚁）保存在美国自然历史博物馆，全模（兵蚁、工蚁、若蚁）保存在印度森林研究所。
模式产地：秘鲁（Chaquimayo）。
分布：新热带界的巴西（亚马孙雨林）、秘鲁。

（六十五）胖白蚁属 *Rounditermes* Ensaf, Ponchel, and Nel, 2003

模式种：德尚布尔胖白蚁 *Rounditermes dechambrei* Ensaf, Ponchel, and Nel, 2003。
种类：1 种。
分布：新热带界。

1. 德尚布尔胖白蚁 *Rounditermes dechambrei* Ensaf, Ponchel, and Nel, 2003

模式标本：正模（兵蚁）、副模（兵蚁、工蚁）保存在法国自然历史博物馆。
模式产地：法属圭亚那。
分布：新热带界的法属圭亚那。

（六十六）沙巴白蚁属 *Sabahitermes* Thapa, 1997

模式种：马拉昆沙巴白蚁 *Sabahitermes malakuni* Thapa, 1997。
种类：2 种。
分布：东洋界。
异名：喙鼻白蚁属 *Snootitermes* Gathorne-Hardy, 2001。

1. 洛塞沙巴白蚁 *Sabahitermes leuserensis* (Gathorne-Hardy, 2001)

曾称为：洛塞喙鼻白蚁 *Snootitermes leuserensis* Gathorne-Hardy, 2001。

模式标本：正模（兵蚁）、副模（成虫、兵蚁、工蚁）保存在印度尼西亚茂物动物学博物馆，副模（兵蚁、工蚁）分别保存在英国自然历史博物馆和印度尼西亚亚齐大学。

模式产地：印度尼西亚苏门答腊（Aceh Tenggara）。

分布：东洋界的印度尼西亚（苏门答腊）、马来西亚（大陆）。

2. 马拉昆沙巴白蚁 *Sabahitermes malakuni* Thapa, 1997

模式标本：正模（兵蚁）、副模（成虫、兵蚁、工蚁）保存在马来西亚森林研究中心，副模（成虫、兵蚁、工蚁）保存在印度森林研究所。

模式产地：马来西亚沙巴。

分布：东洋界的马来西亚（沙巴）。

（六十七）桑兹白蚁属 *Sandsitermes* Cuezzo, Cancello, and Carrijo, 2017

属名释义：属名来自英国白蚁分类学家 W. A. Sands 的姓。

模式种：粗壮桑兹白蚁 *Sandsitermes robustus* (Holmgren, 1906)。

种类：1 种。

分布：新热带界。

1. 粗壮桑兹白蚁 *Sandsitermes robustus* (Holmgren, 1906)

曾称为：粗壮真白蚁 *Eutermes robustus* Holmgren, 1906。

异名：粗壮象白蚁 *Nasutitermes robustus* (Holmgren, 1906)。

模式标本：全模（兵蚁、工蚁）分别保存在瑞典自然历史博物馆、美国自然历史博物馆和美国国家博物馆。

模式产地：秘鲁（Chaquimayo、Llinquipata）。

分布：新热带界的秘鲁。

（六十八）华象白蚁属 *Sinonasutitermes* Li and Ping, 1986

模式种：二型华象白蚁 *Sinonasutitermes dimorphus* Li and Ping, 1986。

种类：11 种。

分布：东洋界。

1. 奇异华象白蚁 *Sinonasutitermes admirabilis* Ping and Xu, 1991

模式标本：正模（兵蚁）、副模（兵蚁、工蚁）保存在广东省科学院动物研究所。

模式产地：中国海南省五指山市通什镇。

分布：东洋界的中国（海南）。

生物学：它的兵蚁分大、中、小三型。

2. 二型华象白蚁 *Sinonasutitermes dimorphus* Li and Ping, 1986

模式标本：正模（大兵蚁）、副模（成虫、兵蚁、工蚁）保存在广东省科学院动物研究所。

模式产地：中国广东省南雄市帽子峰。

分布：东洋界的中国（福建、广东、广西）。

生物学：它的兵蚁分大、小二型。

3. 翘鼻华象白蚁 *Sinonasutitermes erectinasus* (Tsai and Chen, 1963)

曾称为：翘鼻象白蚁 *Nasutitermes erectinasus* Tsai and Chen, 1963。

模式标本：正模（大兵蚁）、副模（成虫、兵蚁、工蚁）保存在中国科学院动物研究所。

模式产地：中国海南省乐会县。

分布：东洋界的中国（广东、广西、海南、湖南、江西）。

生物学：它的兵蚁分大、小二型，工蚁分大、小二型。

4. 广西华象白蚁 *Sinonasutitermes guangxiensis* Ping and Huang, 1991

模式标本：正模（兵蚁）、副模（兵蚁、工蚁）保存在广东省科学院动物研究所。

模式产地：中国广西壮族自治区柳州市。

分布：东洋界的中国（广西）。

生物学：它的兵蚁分大、小二型。

5. 海南华象白蚁 *Sinonasutitermes hainanensis* Li and Ping, 1986

模式标本：正模（大兵蚁）、副模（兵蚁、工蚁）保存在广东省科学院动物研究所。

模式产地：中国海南省吊罗山。

分布：东洋界的中国（海南）。

生物学：它的兵蚁分大、小二型。

6. 居中华象白蚁 *Sinonasutitermes mediocris* Ping and Xu, 1991

模式标本：正模（兵蚁）、副模（兵蚁、工蚁）保存在广东省科学院动物研究所。

模式产地：中国广西壮族自治区的龙胜花坪（注：来自原文）。

分布：东洋界的中国（福建、广东）（注：来自原文，与模式产地明显矛盾）。

生物学：它的兵蚁分大、小二型。

7. 平鼻华象白蚁 *Sinonasutitermes planinasus* Ping and Xu, 1991

模式标本：正模（兵蚁）、副模（兵蚁、工蚁）保存在广东省科学院动物研究所。

模式产地：中国海南省万宁市。

分布：东洋界的中国（海南）。

生物学：它的兵蚁分大、小二型。

8. 扁头华象白蚁 *Sinonasutitermes platycephalus* (Ping and Xu, 1988)

曾称为：扁头象白蚁 *Nasutitermes platycephalus* Ping and Xu, 1988。

模式标本：正模（兵蚁）、副模（兵蚁、工蚁）保存在广东省科学院动物研究所，副模（兵蚁、工蚁）保存在贵州省林业研究所。

模式产地：中国贵州省黎平县。

分布：东洋界的中国（广东、广西、贵州）。

生物学：它的兵蚁分大、小二型。

9. 三型华象白蚁 *Sinonasutitermes trimorphus* Li and Ping, 1986

模式标本：正模（大兵蚁）、副模（兵蚁、工蚁）保存在广东省科学院动物研究所。

模式产地：中国广东省南雄市帽子峰。

分布：东洋界的中国（广东）。

生物学：它的兵蚁分大、中、小三型。

10. 夏氏华象白蚁 *Sinonasutitermes xiai* Ping and Xu, 1991

模式标本：正模（兵蚁）、副模（成虫、兵蚁、工蚁）保存在广东省科学院动物研究所。

模式产地：中国江西省婺源县。

分布：东洋界的中国（浙江、福建、江西）。

生物学：它的兵蚁分大、小二型。

11. 尤氏华象白蚁 *Sinonasutitermes yui* Ping and Xu, 1991

模式标本：正模（兵蚁）、副模（成虫、兵蚁、工蚁）保存在广东省科学院动物研究所。

模式产地：中国海南省白沙县。

分布：东洋界的中国（海南）。

生物学：它的兵蚁分大、中、小三型。

（六十九）鼻大白蚁属 *Sinqasapatermes* Cuezzo and Nickle, 2011

属名释义：属名来自美洲土著语，意为“鼻大”，指此属兵蚁具有大鼻子。

模式种：森林鼻大白蚁 *Sinqasapatermes sachae* Cuezzo and Nickle, 2011。

种类：1 种。

分布：新热带界。

1. 森林鼻大白蚁 *Sinqasapatermes sachae* Cuezzo and Nickle, 2011

模式标本：正模（兵蚁）、副模（兵蚁、工蚁）保存在秘鲁的 Universidad Nacional Mayor de San Marcos 自然历史博物馆，副模（兵蚁、工蚁）分别保存在巴西圣保罗大学动物学博物馆和美国国家博物馆。

模式产地：秘鲁（Lereto）。

分布：新热带界的秘鲁。

生物学：它生活在雨林中。它的兵蚁单型。它采集于树上一狭窄蚁道内，蚁道外有地衣覆盖。

危害性：它没有危害性。

（七十）匙白蚁属 *Spatulitermes* Coaton, 1971

模式种：库林匙白蚁 *Spatulitermes coolingi* Coaton, 1971。

种类：1 种。

分布：非洲界。

1. 库林匙白蚁 *Spatulitermes coolingi* Coaton, 1971

模式标本：正模（兵蚁）、副模（成虫、兵蚁、工蚁）保存在南非国家昆虫馆，副模（成虫、兵蚁、工蚁）分别保存在英国自然历史博物馆和美国自然历史博物馆。

模式产地：纳米比亚。

分布：非洲界的纳米比亚、赞比亚。

生物学：它生活在稀树草原的林地中，栖息于死亡的原木下或直立树的死树根上。它不筑明显的蚁垄，曾在风化的刻痕白蚁属、叉白蚁属白蚁蚁垄里发现它。

危害性：它没有危害性。

（七十一）似锥白蚁属 *Subulioiditermes* Ahmad, 1968

模式种：似锥似锥白蚁 *Subulioiditermes subulioides* Ahmad, 1968。

种类：3 种。

分布：东洋界。

1. 婆罗似锥白蚁 *Subulioiditermes borneensis* (Ahmad, 1968)

曾称为：婆罗东锥白蚁 *Oriensubulitermes borneensis* Ahmad, 1968。

模式标本：正模（兵蚁）、副模（兵蚁、工蚁）保存在巴基斯坦旁遮普大学动物学系，副模（兵蚁、工蚁）保存在美国自然历史博物馆。

模式产地：马来西亚婆罗洲（Sabal Tapang）。

分布：东洋界的马来西亚（大陆、砂拉越）。

2. 埃默森似锥白蚁 *Subulioiditermes emersoni* Ahmad, 1968

模式标本：正模（兵蚁）、副模（若蚁、工蚁）保存在美国自然历史博物馆。

模式产地：马来西亚砂拉越。

分布：东洋界的马来西亚（砂拉越）。

3. 似锥似锥白蚁 *Subulioiditermes subulioides* Ahmad, 1968

异名：大型似锥白蚁 *Subulioiditermes major* Thapa, 1982。

模式标本：正模（兵蚁）、副模（兵蚁、工蚁）保存在巴基斯坦旁遮普大学动物学系，副模（兵蚁、工蚁）保存在美国自然历史博物馆。

模式产地：马来西亚（Fraser Hills）。

分布：东洋界的印度尼西亚（苏门答腊）、马来西亚（大陆、沙巴、砂拉越）。

（七十二）锥白蚁属 *Subulitermes* Holmgren, 1910

中文名称：我国学者曾称之为“钻白蚁属”。

模式种：体小锥白蚁 *Subulitermes microsoma* (Silvestri, 1903)。

种类：6 种。

分布：新热带界。

生物学：它是体形较小的食土白蚁。

危害性：它危害桉树。

*****尖角锥白蚁 *Subulitermes angularis* Mathur and Thapa, 1962（裸记名称）**

分布：新热带界的巴西（圣保罗）。

1. 窄头锥白蚁 *Subulitermes angusticeps* (Snyder, 1926)

曾称为：窄头象白蚁（锥白蚁亚属）*Nasutitermes* (*Subulitermes*) *angusticeps* Snyder, 1926。

模式标本：正模（兵蚁）、副模（兵蚁、工蚁）保存在美国国家博物馆，副模（兵蚁、工蚁）保存在美国自然历史博物馆。

模式产地：玻利维亚（Espía）。

分布：新热带界的玻利维亚。

2. 贝利锥白蚁 *Subulitermes baileyi* (Emerson, 1925)

种名释义：种名来自 I. W. Bailey 博士的姓。

曾称为：贝利象白蚁（锥白蚁亚属）*Nasutitermes* (*Subulitermes*) *baileyi* Emerson, 1925。

模式标本：正模（有翅成虫）、副模（蚁后、蚁王、成虫、兵蚁、工蚁）保存在美国自然历史博物馆，副模（兵蚁、若蚁）保存在荷兰马斯特里赫特自然历史博物馆，副模（成虫、兵蚁、工蚁）保存在印度森林研究所，副模（兵蚁、工蚁）保存在印度动物调查所。

模式产地：圭亚那（Kartabo）。

分布：新热带界的巴西（亚马孙雨林、Pará）、法属圭亚那、圭亚那、特立尼达和多巴哥。

3. 缩头锥白蚁 *Subulitermes constricticeps* Constantino, 1991

模式标本：正模（兵蚁）、副模（兵蚁、工蚁）保存在巴西贝伦自然历史博物馆。

模式产地：巴西亚马孙雨林（Japurá River）。

分布：新热带界的巴西亚马孙雨林、法属圭亚那。

生物学：它寄居在其他白蚁（如巴西新扭白蚁）的巢中。

4. 丹尼斯锥白蚁 *Subulitermes denisae* Roisin, 1995

模式标本：正模（兵蚁）、副模（兵蚁、工蚁）保存在比利时皇家自然科学研究所，副模（兵蚁、工蚁）分别保存在美国国家博物馆和巴拿马大学。

模式产地：巴拿马。

分布：新热带界的哥斯达黎加、巴拿马。

生物学：它生活在腐烂的木材中。

*****长背锥白蚁 *Subulitermes longinotus* Mathur and Thapa, 1962（裸记名称）**

分布：新热带界的特立尼达和多巴哥。

*****大单眼锥白蚁 *Subulitermes magnocellatus* Mathur and Thapa, 1962（裸记名称）**

分布：新热带界的巴西（里约热内卢）。

5. 体小锥白蚁 *Subulitermes microsoma* (Silvestri, 1903)

曾称为：体小真白蚁 *Eutermes microsoma* Silvestri, 1903。

异名：斯特列利尼科夫真白蚁（缩白蚁亚属）*Eutermes* (*Constrictotermes*) *strelnicovi* John, 1920。

模式标本：全模（成虫、兵蚁、工蚁、若蚁）保存在意大利农业昆虫研究所，全模（成虫、兵蚁、工蚁）分别保存在美国自然历史博物馆和印度森林研究所。

模式产地：阿根廷、巴西、巴拉圭。

分布：新热带界的阿根廷（Corrientes、Misiones）、玻利维亚、巴西、巴拉圭、秘鲁。

6. 汤普森锥白蚁 *Subulitermes thompsonae* (Emerson, 1925)

曾称为：汤普森象白蚁（锥白蚁亚属）*Nasutitermes* (*Subulitermes*) *thompsonae* Emerson, 1925。

异名：地栖真白蚁（锥白蚁亚属）*Eutermes* (*Subulitermes*) *incola* Holmgren, 1910。

模式标本：全模（兵蚁）保存地不详。

模式产地：秘鲁（Chiquimayo）。

分布：新热带界的秘鲁。

（七十三）慢白蚁属 *Tarditermes* Emerson, 1960

属名释义：此属白蚁行动缓慢。

模式种：反色慢白蚁 *Tarditermes contracolor* Emerson, 1960。

种类：1 种。

分布：非洲界。

1. 反色慢白蚁 *Tarditermes contracolor* Emerson, 1960

模式标本：正模（兵蚁）、副模（成虫、兵蚁、工蚁）保存在美国自然历史博物馆，副模（成虫、兵蚁、工蚁）分别保存在英国自然历史博物馆、德国汉堡动物学博物馆和荷兰马斯特里赫特自然历史博物馆，副模（成虫、兵蚁）保存在南非国家昆虫馆。

模式产地：刚果民主共和国（Pygmy Camp）。

分布：非洲界的刚果民主共和国。

生物学：它生活在雨林地带，自己不筑巢，栖息于其他白蚁（如方白蚁属白蚁）蚁巢或蚁垄里。它的肠道里充满泥土，它应是食土白蚁。

危害性：它没有危害性。

（七十四）薄嘴白蚁属 *Tenuirostritermes* Holmgren, 1912

中文名称：我国学者曾称之为“细嘴白蚁属”“瘦口白蚁属”“细喙白蚁属”。

模式种：薄嘴薄嘴白蚁 *Tenuirostritermes tenuirostris* (Desneux, 1904)。

种类：5 种。

分布：新热带界、新北界。

生物学：它的兵蚁单型、缩头。它露天觅食，主要取食地面上的枯枝落叶。

1. 布瑞西亚薄嘴白蚁 *Tenuirostritermes briciae* (Snyder, 1922)

曾称为：布瑞西亚缩白蚁（薄嘴白蚁亚属）*Constrictotermes* (*Tenuirostritermes*) *briciae* Snyder, 1922。

模式标本：正模（兵蚁）、副模（兵蚁、工蚁）保存在美国国家博物馆，副模（兵蚁、工蚁）保存在美国自然历史博物馆。

模式产地：洪都拉斯（Lombardia）。

分布：新热带界的洪都拉斯、墨西哥、尼加拉瓜。

生物学：它栖息于石块下、牛粪下，在尼加拉瓜西部为常见种类。

2. 灰白薄嘴白蚁 *Tenuirostritermes cinereus* (Buckley, 1862)

曾称为：灰白白蚁（真白蚁亚属）*Termes* (*Eutermes*) *cinereus* Buckley, 1862。

模式标本：全模（兵蚁、工蚁）保存地不详。

模式产地：美国得克萨斯州（San Saba、Llano）。

分布：新北界的美国（得克萨斯州）、墨西哥。

3. 切割薄嘴白蚁 *Tenuirostritermes incisus* (Snyder, 1922)

曾称为：切割缩白蚁（薄嘴白蚁亚属）*Constrictotermes* (*Tenuirostritermes*) *incisus* Snyder, 1922。

模式标本：正模（兵蚁）、副模（兵蚁、工蚁）保存在美国国家博物馆，副模（兵蚁、工蚁）保存在美国自然历史博物馆。

模式产地：洪都拉斯（San Pedro）。

分布：新热带界的洪都拉斯、墨西哥、尼加拉瓜。

生物学：它栖息于石块下，在尼加拉瓜东部为常见种类。

危害性：它危害栅栏桩。

*****西弗斯薄嘴白蚁 *Tenuirostritermes seeversi* Mathur and Thapa, 1962（裸记名称）**

分布：新热带界的墨西哥。

4. 活跃薄嘴白蚁 *Tenuirostritermes strenuus* (Hagen, 1860)

曾称为：活跃白蚁 *Termes strenuous* Hagen, 1860。

模式标本：选模（雌成虫）、副选模（成虫）保存在比利时皇家自然科学研究所，副选模（成虫）保存在哈佛大学比较动物学博物馆，副选模（雌成虫）保存在美国自然历史博物馆。

模式产地：墨西哥（Veracruz）。

分布：新热带界的墨西哥（Veracruz）。

5. 薄嘴薄嘴白蚁 *Tenuirostritermes tenuirostris* (Desneux, 1904)

曾称为：薄嘴白蚁 *Termes tenuirostris* Desneux, 1904。

模式标本：全模（兵蚁、工蚁）分别保存在法国自然历史博物馆和美国自然历史博物馆。

模式产地：墨西哥。

分布：新北界的美国（亚利桑那州、得克萨斯州）；新热带界的墨西哥。

（七十五）暗鼻白蚁属 *Tiunatermes* Carrijo, Cuezzo,and Santos, 2015

属名释义：属名来自巴西图皮语，意为“暗鼻”。

模式种：马里乌赞暗鼻白蚁 *Tiunatermes mariuzani* Carrijo, Cuezzo,and Santos, 2015。

种类：1 种。
分布：新热带界。

1. 马里乌赞暗鼻白蚁 *Tiunatermes mariuzani* Carrijo, Cuezzo,and Santos, 2015

种名释义：种名来自第一定名人的父亲 Mariuzan Carrijo de Sousa 的名字。
模式标本：正模（兵蚁）、副模（兵蚁、工蚁）保存在巴西圣保罗大学动物学博物馆。
模式产地：巴西（Tocantins）。
分布：新热带界的巴西（Tocantins）。
生物学：它的工蚁和兵蚁模式标本采集于一个 15cm 高的蚁垄内，没有发现繁殖蚁，不能确定这一蚁垄是否是被弃用的。这种白蚁尽管足较长，但移动速度很慢。

（七十六）三角白蚁属 *Triangularitermes* Mathews, 1977

模式种：三角头三角白蚁 *Triangularitermes triangulariceps* Mathews, 1977。
种类：1 种。
分布：新热带界。

1. 三角头三角白蚁 *Triangularitermes triangulariceps* Mathews, 1977

模式标本：正模（兵蚁）、副模（兵蚁、工蚁）保存在巴西圣保罗大学动物学博物馆，副模（兵蚁、工蚁）分别保存在美国自然历史博物馆和英国自然历史博物馆。
模式产地：巴西马托格罗索州（Serra do Ronchador）。
分布：新热带界的巴西（马托格罗索州、Pará）。

（七十七）三脉白蚁属 *Trinervitermes* Holmgren, 1912

模式种：三脉三脉白蚁 *Trinervitermes trinervius* (Rambur, 1842)。
种类：21 种。
分布：非洲界、东洋界、古北界。
生物学：它的兵蚁分大、小二型，工蚁单型。它主要生活在非洲热带地区的稀树草原，分布于雨林的边缘到干燥地带长草的地方。在茂盛的草原上，它能建许多小圆顶形蚁垄（可达 1m 高和 1m 宽），但也有些种类建完全地下巢，如沙特三脉白蚁。它晚上从觅食孔出来收集被风吹来的麻秆碎屑，太阳出来后就收工。三脉白蚁有多个副巢，有的有 5～6 个蚁垄（当作副巢）。有的三脉白蚁是真正的食草白蚁，晚间以列队的形式外出觅食，兵蚁也出来警戒，工蚁可爬到 2～3m 高的草上，切断草，使草落到地下，再将草带回蚁垄，贮存在蚁垄上层的腔室中。还有类食草三脉白蚁晚间只在地上吃草（矮草），不将大量的草带回巢中，所以它的蚁垄常是空的。三脉白蚁吃草的声音人耳可以听见，土狼可以用此声音来确定三脉白蚁的位置，对三脉白蚁进行捕食，这些被捕食的白蚁主要是不贮草的三脉白蚁，最典型的代表是贝顿三脉白蚁。有些三脉白蚁自己不筑巢，而与其他白蚁共用蚁垄。有些种类的三脉白蚁生活在东洋界和古北界。
危害性：三脉白蚁危害印度的棉花幼苗，危害印度和塞内加尔的花生。食草的三脉白蚁还危害甘蔗、旱地稻、小麦等农作物。似三脉三脉白蚁在南非是重要的牧场害虫。

1. 阿拉伯三脉白蚁 *Trinervitermes arabiae* Harris, 1957

模式标本：正模（大兵蚁）、副模（大兵蚁、小兵蚁、工蚁）保存在英国自然历史博物馆，副模（大兵蚁、小兵蚁、工蚁）保存在美国自然历史博物馆。

模式产地：也门（Dhala）。

分布：非洲界的也门；古北界的沙特阿拉伯。

2. 贝顿三脉白蚁 *Trinervitermes bettonianus* (Sjöstedt, 1905)

曾称为：贝顿真白蚁 *Eutermes bettonianus* Sjöstedt, 1905。

异名：西格尔真白蚁 *Eutermes segelli* Sjöstedt, 1907、红头真白蚁（三脉白蚁亚属）*Eutermes* (*Trinervitermes*) *ruficeps* Holmgren, 1913、粗鼻真白蚁 *Eutermes crassinasus* Sjöstedt, 1914。

模式标本：选模（雄成虫）保存在英国自然历史博物馆，副选模（成虫）保存在瑞典自然历史博物馆。

模式产地：肯尼亚（Athi River）。

分布：非洲界的刚果民主共和国、肯尼亚、马拉维、莫桑比克、坦桑尼亚、乌干达、津巴布韦、赞比亚。

生物学：它的兵蚁分大、小二型。它生活在多石、干燥的稀树草原。它通常筑独立的小垄，少数垄与大白蚁亚科白蚁的大垄密切相关，极少数蚁垄在地面上无明显结构。

3. 二型三脉白蚁 *Trinervitermes biformis* (Wasmann, 1902)

曾称为：二型真白蚁 *Eutermes biformis* Wasmann, 1902。

异名：埃姆真白蚁 *Eutermes heimi* Wasmann, 1902、长背象白蚁（三脉白蚁亚属）*Nasutitermes* (*Trinervitermes*) *longinotus* Snyder, 1934。

模式标本：选模（兵蚁）、副选模（成虫、兵蚁、工蚁）保存在荷兰马斯特里赫特自然历史博物馆，副选模（成虫、兵蚁、工蚁）保存在美国自然历史博物馆，副选模（兵蚁、工蚁）保存在美国国家博物馆。

模式产地：斯里兰卡（Bandarawella）。

分布：东洋界的印度（安得拉邦、比哈尔邦、德里、哈里亚纳邦、古吉拉特邦、卡纳塔克邦、喀拉拉邦、中央邦、马哈拉施特拉邦、奥里萨邦、旁遮普邦、拉贾斯坦邦、泰米尔纳德邦、北方邦、西孟加拉邦）、巴基斯坦、斯里兰卡、克什米尔地区。

生物学：它的兵蚁分大、小二型。日落前露天觅食。觅食时队列中工蚁成千上万，兵蚁则占领有利地形进行警戒。它通常筑地下巢，巢中有专门腔室，如抚育室、贮藏室。在印度南部多草的区域，它筑小型圆顶形的蚁垄，垄高 8～30cm。在印度，它 6—7 月分飞；在斯里兰卡，它 11 月分飞。

危害性：它广泛分布于印度，是一种危害严重的害虫。它危害小麦、蔬菜、甘蔗、花生、棉花、果树。它也是草场中最常见的害虫。它危害大戟属植物干燥的根，也啃食金合欢树的树桩。在巴基斯坦，它危害花生、甘蔗、果树、林木、牧草和谷类植物。

4. 不同三脉白蚁 *Trinervitermes dispar* (Sjöstedt, 1902)

曾称为：不同真白蚁 *Eutermes dispar* Sjöstedt, 1902。

异名：成对真白蚁 *Eutermes gemellus* Sjöstedt, 1902、库洛真白蚁 *Eutermes kulloensis* Sjöstedt, 1912、埃里斯阿真白蚁（三脉白蚁亚属）*Eutermes* (*Trinervitermes*) *erythreae* Holmgren, 1913、加丹加真白蚁 *Eutermes katangensis* Sjöstedt, 1913、赫鲁特方丹真白蚁 *Eutermes grootfonteinsis* Sjöstedt, 1914、乌姆津杜兹三脉白蚁 *Trinervitermes umzinduzii* Fuller, 1922、埃尔德雷三脉白蚁 *Trinervitermes eldirensis* Ghidini, 1941。

模式标本：全模（大兵蚁、小兵蚁、工蚁）分别保存在瑞典自然历史博物馆和美国自然历史博物馆。

模式产地：马拉维（Zomba）。

分布：非洲界的刚果民主共和国、厄立特里亚、埃塞俄比亚、肯尼亚、马拉维、纳米比亚、南非、斯威士兰、坦桑尼亚、乌干达、赞比亚、津巴布韦。

生物学：它筑垄。它的兵蚁分大、小二型。它生活在热带稀树草原和有树的干草原。

5. 分离三脉白蚁 *Trinervitermes disparatus* (Bathellier, 1927)

曾称为：分离真白蚁（三脉白蚁亚属）*Eutermes* (*Trinervitermes*) *disparatus* Bathellier, 1927。

模式标本：全模（大兵蚁、小兵蚁、工蚁）分别保存在意大利农业昆虫研究所和美国自然历史博物馆。

模式产地：越南（Cauda）。

分布：东洋界的越南。

6. 弗莱彻三脉白蚁 *Trinervitermes fletcheri* Chatterjee and Thakur, 1965

模式标本：正模（兵蚁）、副模（大兵蚁、小兵蚁、工蚁）保存在印度森林研究所，副模（大兵蚁、小兵蚁、工蚁）分别保存在印度动物研究所和美国自然历史博物馆。

模式产地：印度泰米尔纳德邦（Coimbatore）。

分布：东洋界的印度（古吉拉特邦、泰米尔纳德邦）。

7. 成对三脉白蚁 *Trinervitermes geminatus* (Wasmann, 1897)

曾称为：成对真白蚁 *Eutermes geminatus* Wasmann, 1897。

异名：粗大真白蚁（三脉白蚁亚属）*Eutermes* (*Trinervitermes*) *grossus* Sjöstedt, 1924、埃贝纳三脉白蚁 *Trinervitermes ebenerianus* Sjöstedt, 1926、伊巴丹三脉白蚁 *Trinervitermes ibidanicus* Sjöstedt, 1926。

模式标本：选模（大兵蚁）、副选模（大兵蚁、小兵蚁、工蚁）保存在荷兰马斯特里赫特自然历史博物馆，副选模（大兵蚁、小兵蚁、工蚁）分别保存在美国自然历史博物馆和瑞典自然历史博物馆。

模式产地：加纳。

分布：非洲界的布基纳法索、刚果民主共和国、埃塞俄比亚、加纳、科特迪瓦、马里、毛里塔尼亚、尼日利亚、塞内加尔、塞拉利昂、苏丹、乌干达。

生物学：它是食草白蚁，工蚁、兵蚁都分为大、小二型。筑高度从 0.1m 左右到 0.6～0.9m（直径为 0.6～0.9m）的蚁垄。

危害性：在尼日利亚，它危害花生、牧草和谷类植物。

8. 常见三脉白蚁 *Trinervitermes gratiosus* (Sjöstedt, 1924)

曾称为：常见真白蚁（三脉白蚁亚属）*Eutermes* (*Trinervitermes*) *gratiosus* Sjöstedt, 1924。

异名：深灰真白蚁（三脉白蚁亚属）*Eutermes* (*Trinervitermes*) *carbo* Sjöstedt, 1924。

模式标本：全模（成虫、大兵蚁、小兵蚁、工蚁）分别保存在比利时非洲中心皇家博物馆、瑞典自然历史博物馆和美国自然历史博物馆。

模式产地：刚果民主共和国（Luluabourg）。

分布：非洲界的安哥拉、布隆迪、刚果民主共和国、肯尼亚、卢旺达、坦桑尼亚、乌干达、赞比亚。

生物学：它的兵蚁分大、小二型。它喜欢在相对干燥的地区生活。

9. 印度三脉白蚁 *Trinervitermes indicus* (Snyder, 1934)

曾称为：印度象白蚁（三脉白蚁亚属）*Nasutitermes* (*Trinervitermes*) *indicus* Snyder, 1934。

模式标本：选模（兵蚁）、副选模（大兵蚁、小兵蚁）保存在印度森林研究所，副选模（大兵蚁、小兵蚁）分别保存在英国自然历史博物馆、美国自然历史博物馆和美国国家博物馆，副选模（大兵蚁）保存在印度动物调查所。

模式产地：印度北方邦。

分布：东洋界的印度（北方邦）。

10. 黑鼻三脉白蚁 *Trinervitermes nigrirostris* Mathur and Sen-Sarma, 1959

模式标本：正模（兵蚁）、副模（成虫、大兵蚁、小兵蚁、工蚁）保存在印度森林研究所，副模（成虫、大兵蚁、小兵蚁、工蚁）保存在德国汉堡动物学博物馆，副模（大兵蚁、工蚁）保存在美国自然历史博物馆。

模式产地：印度泰米尔纳德邦（Mandapam）。

分布：东洋界的印度（卡纳塔克邦、泰米尔纳德邦）。

11. 西部三脉白蚁 *Trinervitermes occidentalis* (Sjöstedt, 1904)

曾称为：西部真白蚁 *Eutermes occidentalis* Sjöstedt, 1904。

异名：天竺葵三脉白蚁 *Trinervitermes auriterrae* Sjöstedt, 1926、毛德三脉白蚁 *Trinervitermes maudanicus* Sjöstedt, 1926、贝顿象白蚁（三脉白蚁亚属）皱头亚种 *Nasutitermes* (*Trinervitermes*) *bettonianus sulciceps* Emerson, 1928、卢茨象白蚁（三脉白蚁亚属）*Nasutitermes* (*Trinervitermes*) *lutzi* Emerson, 1928。

模式标本：全模（成虫）分别保存在德国汉堡动物学博物馆、瑞典自然历史博物馆和美国自然历史博物馆。

模式产地：几内亚比绍。

分布：非洲界的中非共和国、刚果民主共和国、埃塞俄比亚、加纳、几内亚比绍、科特迪瓦、尼日利亚、塞拉利昂、乌干达。

生物学：它的兵蚁分大、小二型。它生活在热带稀树草原上，栖息于方白蚁属白蚁的蚁垄中。它取食木质材料、草、叶。

12. 根三脉白蚁 *Trinervitermes oeconomus* (Trägårdh, 1904)

曾称为：根真白蚁 *Eutermes oeconomus* Trägårdh, 1904。

异名：移动真白蚁 *Eutermes mobilis* Sjöstedt, 1904、乍得真白蚁 *Eutermes tchadensis* Sjöstedt, 1911、舒博兹真白蚁 *Eutermes schubotzianus* Sjöstedt, 1914。

模式标本：全模（大兵蚁、小兵蚁、工蚁）分别保存在瑞典自然历史博物馆和美国自然历史博物馆。

模式产地：苏丹（Kaka）。

分布：非洲界的贝宁、中非共和国、乍得、刚果民主共和国、埃塞俄比亚、加纳、科特迪瓦、马里、尼日利亚、塞内加尔、苏丹、乌干达、利比亚（可疑）。

生物学：它的兵蚁分大、小二型。它在阴暗处或遮蔽处自建矮、宽的蚁垄，也常寄居在大白蚁亚科白蚁的蚁垄上。

13. 狂猛三脉白蚁 *Trinervitermes rabidus* (Hagen, 1859)

种名释义：曾长期拼写为 *Trinervitermes rubidus*。Krishna 等（2013）认为，这是不正确的拼写。

曾称为：狂猛白蚁 *Termes rabidus* Hagen, 1859。

模式标本：全模（大兵蚁）分别保存在美国自然历史博物馆、印度森林研究所和比利时皇家自然科学研究所，全模（大兵蚁、小兵蚁、工蚁）保存在哈佛大学比较动物学博物馆。

模式产地：斯里兰卡科伦坡。

分布：东洋界的印度（泰米尔纳德邦）、斯里兰卡。

生物学：它的兵蚁分大、小二型。

危害性：在印度，它危害果树、谷类植物和田间其他农作物。

14. 蔓菁三脉白蚁 *Trinervitermes rapulum* (Sjöstedt, 1904)

曾称为：蔓菁真白蚁 *Eutermes rapulum* Sjöstedt, 1904。

异名：不同真白蚁（三脉白蚁亚属）似不同亚种 *Eutermes* (*Trinervitermes*) *dispar disparioides* Holmgren, 1913、不同真白蚁（三脉白蚁亚属）祖鲁亚种 *Eutermes* (*Trinervitermes*) *dispar zuluensis* Holmgren, 1913、比勒陀尼亚三脉白蚁 *Trinervitermes pretoriensis* Fuller, 1922。

模式标本：全模（大兵蚁、小兵蚁、工蚁）分别保存在德国柏林冯博大学自然博物馆、瑞典自然历史博物馆、美国自然历史博物馆和德国汉堡动物学博物馆。

模式产地：坦桑尼亚（Tanga）。

分布：非洲界的埃塞俄比亚、马拉维、南非、坦桑尼亚、津巴布韦。

生物学：它的分布限于非洲东海岸，喜在较干燥的区域栖息，在海岸边潮湿的稀树草原上也能发现它。它的兵蚁分大、小二型。它取食木质材料。

15. 罗得西亚三脉白蚁 *Trinervitermes rhodesiensis* (Sjöstedt, 1911)

曾称为：罗得西亚真白蚁 *Eutermes rhodesiensis* Sjöstedt, 1911。

异名：蠢笨真白蚁 *Eutermes brutus* Sjöstedt, 1911、喀拉哈里真白蚁（三脉白蚁亚属）*Eutermes* (*Trinervitermes*) *kalaharicus* Holmgren, 1913、罗森真白蚁（三脉白蚁亚属）*Eutermes* (*Trinervitermes*) *roseni* Holmgren, 1913、农夫真白蚁 *Eutermes agricola* Sjöstedt, 1913、刺毛黄耆真白蚁 *Eutermes rufonasalis* Sjöstedt, 1913、阿巴萨斯三脉白蚁 *Trinervitermes abassas*

Fuller, 1922、沃姆巴德三脉白蚁 *Trinervitermes thermarum* Fuller, 1922、双码真白蚁（三脉白蚁亚属）*Eutermes* (*Trinervitermes*) *diplacodes* Sjöstedt, 1924、卢贝齐真白蚁（三脉白蚁亚属）*Eutermes* (*Trinervitermes*) *loubetsiensis* Sjöstedt, 1924、雇佣真白蚁（三脉白蚁亚属）*Eutermes* (*Trinervitermes*) *muneris* Sjöstedt, 1924。

模式标本：选模（兵蚁）保存在英国自然历史博物馆，副选模（大兵蚁、工蚁）保存在美国自然历史博物馆，副选模（兵蚁）保存在南非国家昆虫馆。

模式产地：津巴布韦（Harare）。

分布：非洲界的安哥拉、博茨瓦纳、中非共和国（可疑）、刚果民主共和国、刚果共和国、纳米比亚、南非、坦桑尼亚、赞比亚、津巴布韦。

生物学：它的兵蚁分大、小二型。它筑垄。

16. 沙特三脉白蚁 *Trinervitermes saudiensis* Sands, 1965

模式标本：正模（雄成虫）、副模（雌、雄成虫）保存在英国自然历史博物馆，副模（雄成虫）保存在美国自然历史博物馆。

模式产地：沙特阿拉伯（Jiddah）。

分布：非洲界的也门；古北界的沙特阿拉伯。

17. 森萨尔马三脉白蚁 *Trinervitermes sensarmai* Bose, 1984

模式标本：正模（兵蚁）、副模（兵蚁、工蚁）保存在印度动物调查所。

模式产地：印度安得拉邦。

分布：东洋界的印度（安得拉邦）。

18. 苏丹三脉白蚁 *Trinervitermes sudanicus* (Sjöstedt, 1904)

种名释义：模式标本产地为马里，其旧称为法属苏丹（French Sudan）。

曾称为：苏丹真白蚁 *Eutermes sudanicus* Sjöstedt, 1904。

模式标本：全模（成虫）分别保存在法国自然历史博物馆、瑞典自然历史博物馆和美国自然历史博物馆。

模式产地：马里。

分布：非洲界的马里。

19. 多哥兰三脉白蚁 *Trinervitermes togoensis* (Sjöstedt, 1899)

曾称为：多哥兰真白蚁 *Eutermes togoensis* Sjöstedt, 1899。

异名：陆生真白蚁 *Eutermes terricola* Trägårdh, 1904、陆生白蚁（真白蚁亚属）*Termes* (*Eutermes*) *terrestris* Desneux, 1904、焦虑真白蚁 *Eutermes suspensus* Silvestri, 1914、尼日尔三脉白蚁 *Trinervitermes nigeriensis* Sjöstedt, 1926。

模式标本：选模（雌成虫）保存在德国汉堡动物学博物馆，副选模（雌成虫）保存在瑞典自然历史博物馆，副选模（成虫）保存在德国柏林冯博大学自然博物馆。

模式产地：加纳（Togoland）。

分布：非洲界的贝宁、布基纳法索、厄立特里亚、埃塞俄比亚、加纳、几内亚、马里、尼日利亚、塞内加尔、塞拉利昂、苏丹、乌干达。

生物学：它的兵蚁分为大、小二型。它很少建垄，常寄居在三脉白蚁属、方白蚁属、胸白蚁属、大白蚁属、土白蚁属、伪刺白蚁属白蚁的蚁垄内。

20. 三脉三脉白蚁 *Trinervitermes trinervius* (Rambur, 1842)

曾称为：三脉白蚁 *Termes trinervius* Rambur, 1842。

异名：霍姆格伦真白蚁 *Eutermes holmgreni* Rosen, 1912、波塞尔真白蚁 *Eutermes posselensis* Sjöstedt, 1914、深灰三脉白蚁 *Trinervitermes carbonarius* Sjöstedt, 1926。

模式标本：正模（无头成虫）保存在比利时皇家自然科学研究所。

模式产地：塞内加尔。

分布：非洲界的中非共和国、乍得、刚果民主共和国、冈比亚、加纳、几内亚、几内亚比绍、科特迪瓦、利比里亚、尼日利亚、塞内加尔、南非。

生物学：它生活在热带稀树草原上。它筑垄。它的兵蚁分大、小二型。

21. 似三脉三脉白蚁 *Trinervitermes trinervoides* (Sjöstedt, 1911)

曾称为：似三脉真白蚁 *Eutermes trinervoides* Sjöstedt, 1911。

异名：金头真白蚁（三脉白蚁亚属）*Eutermes* (*Trinervitermes*) *auriceps* Holmgren, 1913、球头真白蚁（三脉白蚁亚属）*Eutermes* (*Trinervitermes*) *bulbiceps* Holmgren, 1913、可疑真白蚁（三脉白蚁亚属）*Eutermes* (*Trinervitermes*) *dubius* Holmgren, 1913、近三脉真白蚁（三脉白蚁亚属）*Eutermes* (*Trinervitermes*) *trinerviformis* Holmgren, 1913、亨切尔真白蚁 *Eutermes hentschelianus* Sjöstedt, 1914、黑色三脉白蚁 *Trinervitermes fuscus* Fuller, 1922、成对三脉白蚁汤姆森亚种 *Trinervitermes gemellus thomseni* Fuller, 1922、哈维兰三脉白蚁 *Trinervitermes havilandi* Fuller, 1922、库鲁曼三脉白蚁 *Trinervitermes kurumanensis* Fuller, 1922、食草真白蚁（三脉白蚁亚属）*Eutermes* (*Trinervitermes*) *messor* Sjöstedt, 1924、希尔三脉白蚁 *Trinervitermes hilli* Snyder, 1949。

模式标本：全模（成虫、大兵蚁、小兵蚁、工蚁）分别保存在美国自然历史博物馆和瑞典自然历史博物馆，全模（大兵蚁）保存在南非国家昆虫馆。

模式产地：南非开普省（Laingsburg）。

分布：非洲界的刚果民主共和国、莱索托、莫桑比克、纳米比亚、南非、斯威士兰、津巴布韦。

生物学：它的兵蚁分大、小二型。所筑的蚁垄形态不一，有直径 180cm 的半球形蚁垄，也有 180cm 高的圆柱形蚁垄。它是食草白蚁，蚁垄内有贮存的草料。

危害性：在南非，它危害牧草。

（七十八）冢白蚁属 *Tumulitermes* Holmgren, 1912

模式种：土垄冢白蚁 *Tumulitermes tumuli* (Froggatt, 1898)。

种类：17 种。

分布：澳洲界、巴布亚界。

生物学：此属白蚁兵蚁有“缩头”现象，有的种类兵蚁有二型。大多数种类筑地下巢，有几种白蚁筑蚁垄。

1. 蜂头冢白蚁 *Tumulitermes apiocephalus* (Silvestri, 1909)

曾称为：蜂头真白蚁 *Eutermes apiocephalus* Silvestri, 1909。

异名：奥高真白蚁（冢白蚁亚属）*Eutermes* (*Tumulitermes*) *aagaardi* Mjöberg, 1920。

模式标本：选模（兵蚁）、副选模（兵蚁、工蚁、若蚁）保存在德国汉堡动物学博物馆。

模式产地：澳大利亚西澳大利亚州。

分布：澳洲界的澳大利亚（首都地区、新南威尔士州、北领地、昆士兰州、南澳大利亚州、维多利亚州、西澳大利亚州）。

2. 长毛冢白蚁 *Tumulitermes comatus* (Hill, 1942)

曾称为：长毛真白蚁 *Eutermes comatus* Hill, 1942。

模式标本：正模（兵蚁）、副模（兵蚁、工蚁）保存在澳大利亚国家昆虫馆，副模（兵蚁、工蚁）保存在美国自然历史博物馆。

模式产地：澳大利亚昆士兰州（Magnetic Island）。

分布：澳洲界的澳大利亚（新南威尔士州、北领地、昆士兰州、西澳大利亚州）。

3. 缩短冢白蚁 *Tumulitermes curtus* (Hill, 1942)

曾称为：缩短真白蚁 *Eutermes curtus* Hill, 1942。

模式标本：正模（兵蚁）、副模（兵蚁、工蚁）保存在澳大利亚国家昆虫馆，副模（兵蚁、工蚁）保存在美国自然历史博物馆。

模式产地：澳大利亚昆士兰州（Mareeba）。

分布：澳洲界的澳大利亚（昆士兰州）。

4. 多尔比冢白蚁 *Tumulitermes dalbiensis* (Hill, 1942)

曾称为：多尔比真白蚁 *Eutermes dalbiensis* Hill, 1942。

模式标本：正模（兵蚁）、副模（兵蚁、工蚁）保存在澳大利亚国家昆虫馆，副模（兵蚁、工蚁）分别保存在美国自然历史博物馆和美国国家博物馆。

模式产地：澳大利亚昆士兰州（Dalby）。

分布：澳洲界的澳大利亚（新南威尔士州、北领地、昆士兰州、南澳大利亚州、西澳大利亚州）。

5. 甘蔗冢白蚁 *Tumulitermes hastilis* (Froggatt, 1898)

曾称为：甘蔗真白蚁 *Eutermes hastilis* Froggatt, 1898。

模式标本：选模（雄成虫）、副选模（成虫、兵蚁、工蚁）保存在美国自然历史博物馆。

模式产地：澳大利亚昆士兰州（Mackay）。

分布：澳洲界的澳大利亚（北领地、昆士兰州、南澳大利亚州、西澳大利亚州、巴瑟斯特岛）。

6. 克肖冢白蚁 *Tumulitermes kershawi* (Hill, 1942)

曾称为：克肖真白蚁 *Eutermes kershawi* Hill, 1942。

模式标本：正模（兵蚁）、副模（兵蚁、工蚁）保存在澳大利亚维多利亚博物馆，副模（兵蚁、工蚁）保存在美国自然历史博物馆。

模式产地：澳大利亚西澳大利亚州（Forrest）。

分布：澳洲界的澳大利亚（新南威尔士州、昆士兰州、西澳大利亚州）。

7. 凋零冢白蚁 *Tumulitermes marcidus* (Hill, 1942)

曾称为：凋零真白蚁 *Eutermes marcidus* Hill, 1942。

模式标本：正模（兵蚁）、副模（蚁后、兵蚁、工蚁、若蚁）保存在澳大利亚国家昆虫馆，副模（兵蚁、工蚁、若蚁）保存在美国自然历史博物馆，副模（兵蚁、工蚁）保存在美国国家博物馆。

模式产地：澳大利亚托雷斯海峡。

分布：澳洲界的澳大利亚（昆士兰州）；巴布亚界的巴布亚新几内亚。

8. 马里巴冢白蚁 *Tumulitermes mareebensis* (Hill, 1922)

曾称为：马里巴真白蚁 *Eutermes mareebensis* Hill, 1922。

模式标本：选模（大兵蚁）、副选模（兵蚁、工蚁）保存在澳大利亚维多利亚博物馆，副选模（兵蚁、工蚁）保存在美国自然历史博物馆，副选模（兵蚁）保存在南非国家昆虫馆。

模式产地：澳大利亚昆士兰州（Mareeba）。

分布：澳洲界的澳大利亚（昆士兰州）。

9. 尼科尔斯冢白蚁 *Tumulitermes nichollsi* (Hill, 1942)

曾称为：尼科尔斯真白蚁 *Eutermes nichollsi* Hill, 1942。

模式标本：正模（兵蚁）、副模（兵蚁、工蚁）保存在澳大利亚国家昆虫馆，副模（兵蚁、工蚁）分别保存在美国自然历史博物馆和美国国家博物馆。

模式产地：澳大利亚西澳大利亚州（Yalgoo）。

分布：澳洲界的澳大利亚（西澳大利亚州）。

10. 挖掘冢白蚁 *Tumulitermes pastinator* (Hill, 1915)

曾称为：挖掘真白蚁 *Eutermes pastinator* Hill, 1915。

异名：提尔真白蚁 *Eutermes tyriei* Mjöberg, 1920、部落真白蚁 *Eutermes tribulis* Hill, 1923。

模式标本：选模（兵蚁）、副选模（成虫、兵蚁、工蚁）保存在澳大利亚维多利亚博物馆，副选模（蚁后、成虫、兵蚁、工蚁）保存在美国自然历史博物馆，副选模（成虫、兵蚁、工蚁）保存在印度森林研究所。

模式产地：澳大利亚北领地。

分布：澳洲界的澳大利亚（北领地、昆士兰州、西澳大利亚州）。

11. 锐利冢白蚁 *Tumulitermes peracutus* (Hill, 1925)

曾称为：锐利真白蚁 *Eutermes peracutus* Hill, 1925。

模式标本：选模（大兵蚁）、副选模（小兵蚁、工蚁）保存在澳大利亚维多利亚博物馆，副选模（若蚁、兵蚁、工蚁）保存在美国自然历史博物馆。

模式产地：澳大利亚西澳大利亚州（Beverley）。

分布：澳洲界的澳大利亚（新南威尔士州、西澳大利亚州）。

12. 修长冢白蚁 *Tumulitermes petilus* (Hill, 1942)

曾称为：修长真白蚁 *Eutermes petilus* Hill, 1942。

模式标本：正模（大兵蚁）、副模（兵蚁、工蚁）保存在澳大利亚国家昆虫馆，副模（兵蚁、工蚁）保存在美国自然历史博物馆。

模式产地：澳大利亚西澳大利亚州（Tammin）。

分布：澳洲界的澳大利亚（南澳大利亚州、西澳大利亚州）。

13. 普雷勒冢白蚁 *Tumulitermes pulleinei* (Mjöberg, 1920)

曾称为：普雷勒真白蚁（三脉白蚁亚属）*Eutermes* (*Trinervitermes*) *pulleinei* Mjöberg, 1920。

模式标本：选模（大兵蚁）、副选模（小兵蚁、工蚁）保存在瑞典自然历史博物馆，副选模（大兵蚁、小兵蚁、工蚁）分别保存在美国自然历史博物馆和美国国家博物馆。

模式产地：澳大利亚昆士兰州（Ravenshoe）。

分布：澳洲界的澳大利亚（昆士兰州）。

14. 无毛冢白蚁 *Tumulitermes recalvus* (Hill, 1942)

曾称为：无毛真白蚁 *Eutermes recalvus* Hill, 1942。

模式标本：正模（兵蚁）、副模（大兵蚁、小兵蚁、工蚁）保存在澳大利亚国家昆虫馆，副模（大兵蚁、小兵蚁、工蚁）分别保存在澳大利亚维多利亚博物馆和美国自然历史博物馆。

模式产地：澳大利亚昆士兰州（Homestead）。

分布：澳洲界的澳大利亚（新南威尔士州、北领地、昆士兰州、南澳大利亚州、西澳大利亚州）。

15. 稍暗冢白蚁 *Tumulitermes subaquilus* (Hill, 1942)

曾称为：稍暗真白蚁 *Eutermes subaquilus* Hill, 1942。

模式标本：模（兵蚁）、副模（兵蚁、工蚁、若蚁）保存在澳大利亚国家昆虫馆，副模（兵蚁、工蚁）保存在美国自然历史博物馆。

模式产地：澳大利亚西澳大利亚州（Narrogin）。

分布：澳洲界的澳大利亚（西澳大利亚州）。

16. 土垄冢白蚁 *Tumulitermes tumuli* (Froggatt, 1898)

曾称为：土垄真白蚁 *Eutermes tumuli* Froggatt, 1898。

模式标本：选模（大兵蚁）、副选模（大兵蚁、小兵蚁、工蚁、若蚁）保存在澳大利亚国家昆虫馆，副选模（大兵蚁、小兵蚁、工蚁）分别保存在澳大利亚维多利亚博物馆和美国自然历史博物馆。

模式产地：澳大利亚西澳大利亚州（Kalgoorlie）。

分布：澳洲界的澳大利亚（北领地、昆士兰州、南澳大利亚州、西澳大利亚州）。

17. 西澳冢白蚁 *Tumulitermes westraliensis* (Hill, 1921)

曾称为：西澳真白蚁 *Eutermes westraliensis* Hill, 1921。

模式标本：选模（兵蚁）、副选模（兵蚁、工蚁）保存在澳大利亚维多利亚博物馆，副选模（兵蚁、工蚁）分别保存在美国自然历史博物馆和荷兰马斯特里赫特自然历史博物馆。

模式产地：澳大利亚西澳大利亚州（种名取自 west Australia 的部分字母）。
分布：澳洲界的澳大利亚（西澳大利亚州）。

（七十九）快白蚁属 *Velocitermes* Holmgren, 1912

异名：单型白蚁属 *Uniformitermes* Snyder, 1925。
模式种：异翅快白蚁 *Velocitermes heteropterus* (Silvestri, 1901)。
种类：11 种。
分布：新热带界。
生物学：大多数种类兵蚁分为二型或三型，兵蚁有“缩头”现象。它露天觅食，主要取食地面的枯枝落叶。

1. 怀疑快白蚁 *Velocitermes aporeticus* (Mathews, 1977)

曾称为：怀疑歧白蚁 *Diversitermes aporeticus* Mathews, 1977。
异名：可疑歧白蚁 *Diversitermes dubius* Mathews, 1977。
模式标本：正模（小兵蚁）、副模（大兵蚁、小兵蚁、工蚁）保存在巴西圣保罗大学动物学博物馆，副模（中兵蚁、小兵蚁、工蚁）分别保存在英国自然历史博物馆和美国自然历史博物馆。
模式产地：巴西马托格罗索州（Serra do Ronchador）。
分布：新热带界的巴西（亚马孙雨林）。

2. 巴罗科罗拉多快白蚁 *Velocitermes barrocoloradensis* (Snyder, 1925)

曾称为：巴罗科罗拉多象白蚁（单型白蚁亚属）*Nasutitermes* (*Uniformitermes*) *barrocoloradensis* Snyder, 1925。
模式标本：正模（大兵蚁）、副模（大兵蚁、小兵蚁、工蚁）保存在美国国家博物馆，副模（大兵蚁、小兵蚁）保存在美国自然历史博物馆。
模式产地：巴拿马运河区域（Barro Colorade Island）。
分布：新热带界的巴拿马。

3. 毕比快白蚁 *Velocitermes beebei* (Emerson, 1925)

种名释义：种名来自纽约动物学会热带研究站站长 W. Beebe 先生的姓。
曾称为：毕比象白蚁（快白蚁亚属）*Nasutitermes* (*Velocitermes*) *beebei* Emerson, 1925。
模式标本：正模（大兵蚁）、副模（成虫、大兵蚁、小兵蚁、工蚁、若蚁）保存在美国自然历史博物馆，副模（兵蚁）保存在荷兰马斯特里赫特自然历史博物馆，副模（大兵蚁、小兵蚁）保存在南非国家昆虫馆。
模式产地：圭亚那（Kartabo）。
分布：新热带界的法属圭亚那、圭亚那。
生物学：它的兵蚁分大、小二型。

4. 贝奇快白蚁 *Velocitermes betschi* Ensaf and Nel, 2002

模式标本：正模（兵蚁）、副模（兵蚁、工蚁）保存在法国自然历史博物馆。
模式产地：法属圭亚那（Cacao）。

分布：新热带界的法属圭亚那。

5. 光背快白蚁 *Velocitermes glabrinotus* Mathews, 1977

模式标本：正模（兵蚁）、副模（大兵蚁、工蚁）保存在巴西圣保罗大学动物学博物馆，副模（大兵蚁、工蚁）保存在美国自然历史博物馆。

模式产地：巴西马托格罗索州（Serra do Ronchador）。

分布：新热带界的巴西（戈亚斯州、马托格罗索州）。

危害性：它危害林木、大豆、木薯。

6. 异翅快白蚁 *Velocitermes heteropterus* (Silvestri, 1901)

曾称为：异翅真白蚁 *Eutermes heteropterus* Silvestri, 1901。

异名：尼达姆歧白蚁 *Diversitermes needhami* Roonwal, Chhotani, and Verma, 1981。

模式标本：全模（成虫、大兵蚁、小兵蚁、工蚁）分别保存在意大利农业昆虫研究所和美国自然历史博物馆。

模式产地：巴西（Cuiaba）。

分布：新热带界的阿根廷（Corrientes、Misiones）、巴西、巴拉圭。

7. 宽头快白蚁 *Velocitermes laticephalus* (Snyder, 1926)

曾称为：宽头象白蚁（薄嘴白蚁亚属）*Nasutitermes* (*Tenuirostritermes*) *laticephalus* Snyder, 1926。

异名：黑头歧白蚁 *Diversitermes melanocephalus* Snyder, 1949、黑头快白蚁 *Velocitermes melanocephalus* Mathews, 1977。

模式标本：正模（兵蚁）、副模（兵蚁、工蚁）保存在美国国家博物馆，副模（兵蚁、工蚁）保存在美国自然历史博物馆。

模式产地：玻利维亚（Covendo）。

分布：新热带界的玻利维亚。

8. 黑头快白蚁 *Velocitermes melanocephalus* (Snyder, 1926)

曾称为：黑头象白蚁（歧白蚁亚属）*Nasutitermes* (*Diversitermes*) *melanocephalus* Snyder, 1926。

模式标本：正模（蚁后）、副模（兵蚁、工蚁）保存在美国国家博物馆，副模（兵蚁、工蚁）保存在美国自然历史博物馆，副模（兵蚁、工蚁、若蚁）保存在印度森林研究所。

模式产地：玻利维亚（Rosario）。

分布：新热带界的玻利维亚。

9. 少毛快白蚁 *Velocitermes paucipilis* Mathews, 1977

模式标本：正模（大兵蚁）、副模（大兵蚁、中兵蚁、小兵蚁、工蚁）保存在巴西圣保罗大学动物学博物馆，副模（大兵蚁、中兵蚁、小兵蚁、工蚁）分别保存在英国自然历史博物馆和美国自然历史博物馆。

模式产地：巴西马托格罗索州（Serra do Ronchador）。

分布：新热带界的巴西（马托格罗索州）、委内瑞拉。

生物学：它筑金字塔形蚁垄，蚁垄非常松软、易碎，通常在草丛周围建造，地下部分只有几厘米。垄内有大量切断的植物材料。曾有一垄的高、长、宽分别为31.2cm、27.3cm、22.6cm。

10. 单型快白蚁 *Velocitermes uniformis* (Snyder, 1926)

曾称为：单型象白蚁（快白蚁亚属）*Nasutitermes* (*Velocitermes*) *uniformis* Snyder, 1926。

异名：单型歧白蚁 *Diversitermes uniformis* Snyder, 1949、单型快白蚁 *Velocitermes uniformis* Mathews, 1977。

模式标本：正模（成虫）、副模（成虫、兵蚁、工蚁）保存在美国国家博物馆，副模（成虫、兵蚁）保存在美国自然历史博物馆。

模式产地：玻利维亚（Rosario）。

分布：新热带界的玻利维亚。

11. 快速快白蚁 *Velocitermes velox* (Holmgren, 1906)

曾称为：快速真白蚁 *Eutermes velox* Holmgren, 1906。

异名：快速真白蚁（快白蚁亚属）*Eutermes* (*Velocitermes*) *velox* Holmgren, 1912、快速象白蚁（歧白蚁亚属）*Nasutitermes* (*Diversitermes*) *velox* Hare, 1937、快速歧白蚁 *Diversitermes velox* Snyder, 1949、快速快白蚁 *Velocitermes velox* Mathews,1977。

模式标本：全模（兵蚁、工蚁）分别保存在瑞典自然历史博物馆和美国自然历史博物馆。

模式产地：玻利维亚（Mojos）。

分布：新热带界的玻利维亚、巴西、秘鲁。

（八十）疣白蚁属 *Verrucositermes* Emerson, 1960

模式种：多疣疣白蚁 *Verrucositermes tuberosus* Emerson, 1960。

种类：2种。

分布：非洲界。

生物学：此属白蚁兵蚁头部长满小疣粒。它生活在雨林中，自己不筑巢，而栖息于其他白蚁蚁垄中，那些筑垄白蚁包括方白蚁属、胸白蚁属、前方白蚁属白蚁。当象白蚁、锯白蚁在树枝上所筑的木屑巢中的白蚁死亡后，这些巢掉到地面，疣白蚁可取食这些巢体。在土壤采样坑中也曾发现它。疣白蚁工蚁肠道内充满泥土，它应是食土白蚁，但其工蚁上颚的形态似乎说明它可以取食柔软的腐殖质。

危害性：它没有危害性。

1. 多毛疣白蚁 *Verrucositermes hirtus* Deligne, 1983

模式标本：正模（兵蚁）、副模（兵蚁、工蚁）保存在比利时非洲中心皇家博物馆。

模式产地：喀麦隆（Lomé）。

分布：非洲界的喀麦隆。

2. 多疣疣白蚁 *Verrucositermes tuberosus* Emerson, 1960

模式标本：正模（兵蚁）、副模（蚁王、兵蚁、工蚁、若蚁）保存在美国自然历史博物馆，副模（兵蚁、工蚁）分别保存在德国汉堡动物学博物馆、英国自然历史博物馆和荷兰马斯特里赫特自然历史博物馆，副模（兵蚁）保存在南非国家昆虫馆。

模式产地：刚果民主共和国（Kalina Point）。

分布：非洲界的喀麦隆、刚果民主共和国、加蓬。

（八十一）夏氏白蚁属 *Xiaitermes* Gao and He, 1994

模式种：鄞县夏氏白蚁 *Xiaitermes yinxianensis* Gao and He, 1994。

种类：2 种。

分布：东洋界。

1. 天台夏氏白蚁 *Xiaitermes tiantaiensis* Gao and He, 1994

模式标本：正模（兵蚁）保存在中国科学院上海昆虫研究所，副模（兵蚁、工蚁）保存在南京市白蚁防治研究所。

模式产地：中国浙江省台州市天台县。

分布：东洋界的中国（浙江）。

2. 鄞县夏氏白蚁 *Xiaitermes yinxianensis* Gao and He, 1994

模式标本：正模（兵蚁）保存在中国科学院上海昆虫研究所，副模（兵蚁、工蚁）保存在南京市白蚁防治研究所。

模式产地：中国浙江省宁波市鄞州区。

分布：东洋界的中国（浙江）。

第三章 白蚁化石种类名录

第一节 克拉图澳白蚁科

Cratomastotermitidae Engel, Grimaldi, and Krishna, 2009

模式属：克拉图澳白蚁属 *Cratomastotermes* Bechly, 2007。

种类：1 属 1 种。

分布：新热带界。

一、克拉图澳白蚁属 *Cratomastotermes* Bechly, 2007

模式种：沃尔夫施文林格克拉图澳白蚁 *Cratomastotermes wolfschwenningeri* Bechly, 2007。

种类：1 种。

分布：新热带界。

1. 沃尔夫施文林格克拉图澳白蚁 *Cratomastotermes wolfschwenningeri* Bechly, 2007

模式标本：正模（成虫）、副模（成虫）保存在德国斯图加特州自然历史博物馆。

模式产地：巴西（Ceará）。

分布：新热带界的巴西（Ceará）。

地质年代：中生代白垩纪的阿普特阶。

第二节 澳白蚁科 Mastotermitidae Desneux, 1904

模式属：澳白蚁属 *Mastotermes* Froggatt, 1897。

种类：9 属 27 种。

分布：澳洲界、新北界、古北界、东洋界、新热带界。

一、蠊白蚁属 *Blattotermes* Riek, 1952

模式种：新陌蠊白蚁 *Blattotermes neoxenus* Riek, 1952。

种类：3 种。

分布：澳洲界、新北界、古北界。

1. 马赛螈白蚁 *Blattotermes massiliensis* Nel, 1986

种名释义：种名来自法国地名马赛（其拉丁语为 Massilia）。
模式标本：正模（成虫）保存在法国自然历史博物馆。
模式产地：法国（Aix-en-Provence）。
分布：古北界的法国。
地质年代：新生代古近纪的渐新世。

2. 新陌螈白蚁 *Blattotermes neoxenus* Riek, 1952

模式标本：正模（成虫）保存在澳大利亚昆士兰大学地质系。
模式产地：澳大利亚昆士兰州（Dinmore）。
分布：澳洲界的澳大利亚（昆士兰州）。
地质年代：新生代古近纪的始新世。

3. 惠勒螈白蚁 *Blattotermes wheeleri* (Collins, 1925)

曾称为：惠勒澳白蚁 *Mastotermes wheeleri* Collins, 1925。
模式标本：正模（成虫）保存在美国国家博物馆。
模式产地：美国田纳西州（Hardeman）。
分布：新北界的美国（田纳西州）。
地质年代：新生代古近纪的始新世。

二、狱犬白蚁属 *Garmitermes* Engel, Grimaldi, and Krishna, 2007

属名释义：属名来自北欧神话，它指一种凶猛、巨大的地狱三头犬。
模式种：琥珀狱犬白蚁 *Garmitermes succineus* Engel, Grimaldi, and Krishna, 2007。
种类：1 种。
分布：古北界。

1. 琥珀狱犬白蚁 *Garmitermes succineus* Engel, Grimaldi, and Krishna, 2007

模式标本：正模（成虫）（琥珀）保存在美国自然历史博物馆。
模式产地：波罗的海。
分布：古北界的波兰。
地质年代：新生代古近纪始新世的鲁帝特阶。

三、帅白蚁属 *Idanotermes* Engel, 2008

模式种：独眼帅白蚁 *Idanotermes desioculus* Engel, 2008。
种类：1 种。
分布：古北界。

1. 独眼帅白蚁 *Idanotermes desioculus* Engel, 2008

模式标本：正模（成虫）（琥珀）保存在美国堪萨斯大学自然历史博物馆。
模式产地：波罗的海。
分布：古北界的波兰。

地质年代：新生代古近纪始新世的鲁帝特阶。

四、可汗白蚁属 *Khanitermes* Engel, Grimaldi, and Krishna, 2007

属名释义：属名来自蒙古国国王 Genghis Khan（1162—1227），他于 1206 年统一了蒙古各部落。

模式种：尖翅可汗白蚁 *Khanitermes acutipennis* (Ponomarenko, 1988)。

种类：1 种。

分布：东洋界。

1. 尖翅可汗白蚁 ***Khanitermes acutipennis*** **(Ponomarenko, 1988)**

曾称为：尖翅烈白蚁 *Valditermes acutipennis* Ponomarenko, 1988。

模式标本：正模（成虫）保存地不详。

模式产地：蒙古（Bayan Khongor Aimak）。

分布：东洋界的蒙古。

地质年代：中生代白垩纪的阿普特阶。

五、澳白蚁属 *Mastotermes* Froggatt, 1897

异名：上新白蚁属 *Pliotermes* Pongrácz, 1917。

模式种：达尔文澳白蚁 *Mastotermes darwiniensis* Froggatt, 1897。

种类：14 种。

分布：非洲界、新热带界、古北界。

1. 埃塞俄比亚澳白蚁 ***Mastotermes aethiopicus*** **Engel, Currano, and Jacob, 2015**

模式标本：正模（成虫后翅）（页岩）保存在埃塞俄比亚国家博物馆。

模式产地：埃塞俄比亚。

分布：非洲界的埃塞俄比亚。

地质年代：新生代新近纪的中新世。

2. 英吉利澳白蚁 ***Mastotermes anglicus*** **Rosen, 1913**

异名：巴瑟澳白蚁 *Mastotermes batheri* Rosen, 1913。

模式标本：选模（成虫的翅）、副选模（成虫的翅）保存在英国自然历史博物馆。

模式产地：英国英格兰。

分布：古北界的英国（英格兰）。

地质年代：新生代古近纪的渐新世。

3. 伯思茅斯澳白蚁 ***Mastotermes bournemouthensis*** **Rosen, 1913**

模式标本：全模（成虫的翅）保存在英国自然历史博物馆。

模式产地：英国英格兰伯思茅斯。

分布：古北界的英国（英格兰）。

地质年代：新生代古近纪的始新世。

4. 克罗地亚澳白蚁 *Mastotermes croaticus* Rosen, 1913

异名：匈牙利上新白蚁 *Pliotermes hungaricus* Pongrácz, 1917。

模式标本：正模（成虫的翅）保存地不详。

模式产地：克罗地亚（Raddoboj）。

分布：古北界的克罗地亚。

地质年代：新生代新近纪的中新世。

5. 多米尼加琥珀澳白蚁 *Mastotermes electrodominicus* Krishna and Grimaldi, 1991

模式标本：正模（雄成虫）、副模（成虫、若蚁）（琥珀）保存在美国自然历史博物馆。

模式产地：多米尼加共和国。

分布：新热带界的多米尼加共和国。

地质年代：新生代新近纪的中新世。

6. 墨西哥琥珀澳白蚁 *Mastotermes electromexicus* Krishna and Emerson, 1983

模式标本：正模（兵蚁碎片）、副模（成虫、若蚁）（琥珀）保存在美国加利福尼亚大学伯克利分校古生物学博物馆。

模式产地：墨西哥（Chiapas）。

分布：新热带界的墨西哥。

地质年代：新生代新近纪的中新世。

7. 高卢澳白蚁 *Mastotermes gallica* Nel, 1986

模式标本：正模（成虫）保存在法国自然历史博物馆。

模式产地：法国（Aix-en-Provence）。

分布：古北界的法国。

地质年代：新生代古近纪的渐新世。

8. 海丁格尔澳白蚁 *Mastotermes haidingeri* (Heer, 1849)

曾称为：海丁格尔白蚁（似白蚁亚属）*Termes* (*Termopsis*) *haidingeri* Heer, 1849。

异名：年长澳白蚁 *Mastotermes vetustus* Pongrácz, 1928。

模式标本：正模（成虫及翅）保存在奥地利自然历史博物馆。

模式产地：克罗地亚（Radoboj）。

分布：古北界的克罗地亚、法国。

地质年代：新生代新近纪的中新世。

9. 赫尔澳白蚁 *Mastotermes heerii* (Göppert, 1855)

种名释义：种名来自欧洲白蚁学家 O. Heer 的姓。

曾称为：赫尔似白蚁 *Termopsis heerii* Göppert, 1855（当时拼写为 *Termopsis Heeriana*）。

模式标本：正模（成虫）保存地不详。

模式产地：德国（Schlesien）。

分布：古北界的德国。

地质年代：新生代古近纪的渐新世。

10. 克里希纳澳白蚁 *Mastotermes krishnorum* Wappler and Engel, 2006

模式标本：正模（成虫）、副模（成虫）保存在德国美因茨自然历史博物馆。

模式产地：德国（Eckfeld Maar）。

分布：古北界的德国。

地质年代：新生代古近纪始新世的鲁帝特阶。

11. 小型澳白蚁 *Mastotermes minor* Pongrácz, 1928

模式标本：正模（成虫的翅）保存在奥地利维也纳联邦地质。

模式产地：克罗地亚（Radoboj）。

分布：古北界的克罗地亚。

地质年代：新生代新近纪的中新世。

12. 微型澳白蚁 *Mastotermes minutus* Nel and Bourguet, 2006

模式标本：正模（成虫）、副模（半个后翅）保存在法国自然历史博物馆。

模式产地：法国。

分布：古北界的法国。

地质年代：新生代古近纪的始新世。

13. 皮卡德澳白蚁 *Mastotermes picardi* Nel and Paicheler, 1993

模式标本：正模（成虫）保存在法国自然历史博物馆。

模式产地：法国（Bouches-du-Rhone）。

分布：古北界的法国。

地质年代：新生代古近纪的渐新世。

14. 萨尔特澳白蚁 *Mastotermes sarthensis* Schlüter, 1989

模式标本：正模（成虫）保存在德国柏林自由大学古生物学研究所。

模式产地：法国（Sarthe）。

分布：古北界的法国。

地质年代：中生代白垩纪的赛诺曼阶。

六、中新白蚁属 *Miotermes* Rosen, 1913

属名释义：属名来自标本的地质年代中新世（Miocene）。

模式种：高大中新白蚁 *Miotermes procerus* (Heer, 1849)。

种类：4 种。

分布：古北界。

1. 非凡中新白蚁 *Miotermes insignis* (Heer, 1849)

曾称为：非凡白蚁（似白蚁亚属）*Termes* (*Termopsis*) *insignis* Heer, 1849。

模式标本：正模（成虫）保存地不详。

模式产地：德国（Baden）。

分布：古北界的德国。

地质年代：新生代新近纪的中新世。

2. 高大中新白蚁 *Miotermes procerus* (Heer, 1849)

曾称为：高大白蚁（似白蚁亚属）*Termes* (*Termopsis*) *procerus* Heer, 1849。
模式标本：正模（成虫）保存地不详。
模式产地：克罗地亚（Radoboj）。
分布：古北界的克罗地亚。
地质年代：新生代新近纪的中新世。

3. 兰特克中新白蚁 *Miotermes randeckensis* Rosen, 1913

模式标本：正模（成虫的翅）保存在德国斯图加特州自然历史博物馆。
模式产地：德国（Randeck）。
分布：古北界的德国。
地质年代：新生代新近纪的中新世。

4. 醒目中新白蚁 *Miotermes spectabilis* (Heer, 1849)

曾称为：醒目白蚁（似白蚁亚属）*Termes* (*Termopsis*) *spectabilis* Heer, 1849。
模式标本：正模（成虫）保存地不详。
模式产地：德国（Baden）。
分布：古北界的德国。
地质年代：新生代新近纪的中新世。

七、裂头白蚁属 *Spargotermes* Emerson, 1965

模式种：科斯塔利马裂头白蚁 *Spargotermes costalimai* Emerson, 1965。
种类：1 种。
分布：新热带界。

1. 科斯塔利马裂头白蚁 *Spargotermes costalimai* Emerson, 1965

种名释义：种名来自南美白蚁学家 A. da Costa Lima 的姓。
模式标本：正模（成虫）（页岩）保存在巴西里约热内卢地质矿产分部。
模式产地：巴西（Minas Gerais）。
分布：新热带界的巴西。
地质年代：新生代古近纪的始新世。

八、烈白蚁属 *Valditermes* Jarzembowski, 1981

模式种：布雷南烈白蚁 *Valditermes brenanae* Jarzembowski, 1981。
种类：1 种。
分布：古北界。

1. 布雷南烈白蚁 *Valditermes brenanae* Jarzembowski, 1981

种名释义：种名来自定名人夫人的姓（Brenan）。

模式标本：正模（成虫前翅）、副模（成虫的前翅和后翅）保存在英国自然历史博物馆。
模式产地：英国英格兰。
分布：古北界的英国（英格兰）。
地质年代：中生代的早白垩纪。

九、德澳白蚁属 *Mastotermites* Armbruster, 1941

模式种：斯图加特德澳白蚁 *Mastotermites stuttgartensis* Armbruster, 1941。
种类：1 种。
分布：古北界。

1. 斯图加特德澳白蚁 *Mastotermites stuttgartensis* Armbruster, 1941

种名释义：种名来自标本的发现地德国的斯图加特。
模式标本：正模（成虫）保存在德国斯图加特州自然历史博物馆。
模式产地：德国（Randeck）。
分布：古北界的德国（斯图加特）。
地质年代：新生代新近纪的中新世。

第三节 元白蚁科 Termopsidae Holmgren, 1911

模式属：似白蚁属 *Termopsis* Heer, 1849。
种类：1 属 5 种。
分布：古北界。

一、似白蚁属 *Termopsis* Heer, 1849

异名：*Xestotermopsis* Rosen, 1913。
模式种：布雷门似白蚁 *Termopsis bremii* Heer, 1849。
种类：5 种。
分布：古北界。

1. 布雷门似白蚁 *Termopsis bremii* Heer, 1849

曾称为：布雷门白蚁（似白蚁亚属）*Termes* (*Termopsis*) *bremii* Heer, 1849。

异名：粒颈白蚁 *Termes granulicollis* Pictet, 1854、皮克泰白蚁 *Termes pictetii* Pictet, 1854、脱落白蚁（似白蚁亚属）*Termes* (*Termopsis*) *deciduus* Pictet-Baraban and Hagen, 1856、细角白蚁（似白蚁亚属）*Termes* (*Termopsis*) *gracilicornis* Pictet-Baraban and Hagen, 1856。

模式标本：正模（成虫）（琥珀）保存地不详。
模式产地：波罗的海。
分布：古北界的波兰。
地质年代：新生代古近纪的始新世。

2. 细翅似白蚁 *Termopsis gracilipennis* Téobald, 1937

模式标本：正模（成虫）、副模（成虫）保存在瑞士自然历史博物馆。
模式产地：法国（Kleinkembs）。
分布：古北界的法德边界。
地质年代：新生代古近纪的渐新世。

3. 马拉什似白蚁 *Termopsis mallaszi* Pongrácz, 1928

模式标本：正模（成虫的翅）保存在罗马尼亚德瓦博物馆。
模式产地：匈牙利（Kom、Hunyad、Piski、Tompa）。
分布：古北界的匈牙利。
地质年代：新生代新近纪的中新世。

4. 特兰西瓦尼亚似白蚁 *Termopsis transsylvanica* Pongrácz, 1928

种名释义：种名来自地名的拉丁语 Transsylvanica，其原属匈牙利，16 世纪并入奥斯曼帝国，17 世纪归还匈牙利，1918 年并入罗马尼亚。

模式标本：正模（成虫）保存在罗马尼亚德瓦博物馆。
模式产地：匈牙利（Kom、Hunyad、Piski、Tompa）。
分布：古北界的匈牙利。
地质年代：新生代新近纪的中新世。

5. 乌卡皮马斯似白蚁 *Termopsis ukapirmasi* Engel, Grimaldi, and Krishna, 2007

种名释义：种名来自古普鲁士神话中创造世界的神 Ukapimas 的名字。
模式标本：正模（成虫）、副模（成虫）（琥珀）保存在美国自然历史博物馆。
模式产地：波罗的海。
分布：古北界的波兰。
地质年代：新生代古近纪始新世的鲁帝特阶。

第四节 木白蚁科 Kalotermitinae Froggatt, 1897

模式属：木白蚁属 *Kalotermes* Hagen，1853。
种类：21 属 39 种。
分布：新热带界、非洲界、古北界、东洋界、澳洲界、新北界。

一、距白蚁属 *Calcaritermes* Snyder, 1925

模式种：悬垂距白蚁 *Calcaritermes imminens* (Snyder, 1925)。
种类：1 种。
分布：新热带界。

1. 古老距白蚁 *Calcaritermes vetus* Emerson, 1969

模式标本：正模（雌成虫）、副模（雄成虫）保存在加利福尼亚大学伯克利分校古生物学博物馆。

模式产地：墨西哥（Chiapas）。

分布：新热带界的墨西哥。

地质年代：新生代新近纪的中新世。

二、克拉图木白蚁属 *Cratokalotermes* Bechly, 2007

模式种：桑通克拉图木白蚁 *Cratokalotermes santanensis* Bechly, 2007。

种类：1 种。

分布：新热带界。

1. 桑通克拉图木白蚁 *Cratokalotermes santanensis* Bechly, 2007

模式标本：正模（成虫）保存在德国斯图加特州自然历史博物馆。

模式产地：巴西（Southern Ceará）。

分布：新热带界的巴西。

地质年代：中生代白垩纪的阿普特阶。

三、堆砂白蚁属 *Cryptotermes* Banks, 1906

模式种：凹额堆砂白蚁 *Cryptotermes cavifrons* Banks, 1906。

种类：2 种。

分布：新热带界、新北界。

***巴索尔堆砂白蚁 *Cryptotermes batheri* (Rosen, 1913)（裸记名称）

曾称为：巴索尔木白蚁（堆砂白蚁亚属）*Calotermes* (*Cryptotermes*) *batheri* Rosen, 1913（裸记名称）。

品级：成虫。

分布：非洲界的东非。

地质年代：新生代第四纪的更新世。

1. 琥珀堆砂白蚁 *Cryptotermes glaesarius* Engel and Krishna, 2007

模式标本：正模（成虫）、副模（成虫）（琥珀）保存在美国自然历史博物馆。

模式产地：多米尼加共和国。

分布：新热带界的多米尼加共和国。

地质年代：新生代新近纪中新世的布尔迪加尔阶。

2. 里希科夫堆砂白蚁 *Cryptotermes ryshkoffi* Pierce, 1958

模式标本：正模（成虫）保存在美国加利福尼亚州洛杉矶县博物馆。

模式产地：美国加利福尼亚州（San Bernardino）。

分布：新北界的美国（加利福尼亚州）。

地质年代：新生代新近纪的中新世。

四、巢迹白蚁属 *Cycalichnus* Genise, 1995

模式种：加西亚巢迹白蚁 *Cycalichnus garciorum* Genise, 1995。
种类：1 种。
分布：新热带界。

1. 加西亚巢迹白蚁 *Cycalichnus garciorum* Genise, 1995

模式标本：正模（在苏铁树干内的巢，遗迹化石）保存在阿根廷自然科学博物馆。
模式产地：阿根廷（Patagonia、Rio Negros）。
分布：新热带界的阿根廷。
地质年代：中生代的白垩纪。

五、琥珀白蚁属 *Electrotermes* Rosen, 1913

模式种：近缘琥珀白蚁 *Electrotermes affinis* (Hagen, 1856)。
种类：3 种。
分布：古北界。

1. 近缘琥珀白蚁 *Electrotermes affinis* (Hagen, 1856)

曾称为：近缘白蚁 *Termes affinis* Hagen, 1856。
异名：昏暗白蚁 *Termes obscurus* Pictet, 1854（裸记名称）。
模式标本：新模（成虫）（琥珀）保存在哈佛大学比较动物学博物馆。
模式产地：波罗的海。
分布：古北界的波兰。
地质年代：新生代古近纪的始新世。

2. 弗莱克琥珀白蚁 *Electrotermes flecki* Nel and Bourguet, 2006

种名释义：种名来自定名人的同事、法国自然历史博物馆的 G. Fleck 博士的姓。
模式标本：正模（成虫）、副模（成虫）保存在法国自然历史博物馆。
模式产地：法国。
分布：古北界的法国（Farm Le Quesnoy）。
地质年代：新生代古近纪的始新世。

3. 吉拉德琥珀白蚁 *Electrotermes girardi* (Giebel, 1856)

曾称为：吉拉德白蚁（似白蚁亚属）*Termes* (*Termopsis*) *girardi* Giebel, 1856。
模式标本：正模（成虫）保存地不详。
模式产地：俄罗斯。
分布：古北界的俄罗斯。
地质年代：新生代古近纪的始新世。

六、始新白蚁属 *Eotermes* Statz, 1939

属名释义：属名来自地质年代始新世（Eocene）。

模式种：古老始新白蚁 *Eotermes grandaeva* Statz, 1939。
种类：1 种。
分布：古北界。

1. 古老始新白蚁 *Eotermes grandaeva* Statz, 1939

模式标本：选模（成虫）、副选模（成虫）保存在美国加利福尼亚州洛杉矶县博物馆。
模式产地：德国（Siebengebirge、Rott）。
分布：古北界的德国。
地质年代：新生代古近纪的渐新世。

七、树白蚁属 *Glyptotermes* Froggatt, 1897

模式种：具瘤树白蚁 *Glyptotermes tuberculatus* Froggatt, 1897。
种类：4 种。
分布：新热带界、非洲界、古北界。

1. 格里马尔迪树白蚁 *Glyptotermes grimaldii* Engel and Krishna, 2007

种名释义：种名来自古昆虫学家 D. A. Grimaldi 博士的姓。
模式标本：正模（成虫）（琥珀）保存在美国自然历史博物馆。
模式产地：多米尼加共和国。
分布：新热带界的多米尼加共和国。
地质年代：新生代新近纪中新世的布尔迪加尔阶。

2. 古自由树白蚁 *Glyptotermes paleoliberatus* Engel and Krishna, 2007

种名释义：种名指这种白蚁类似现生种自由树白蚁。
模式标本：正模（成虫）、副模（成虫）（琥珀）保存在美国自然历史博物馆。
模式产地：多米尼加共和国。
分布：新热带界的多米尼加共和国。
地质年代：新生代新近纪中新世的布尔迪加尔阶。

3. 很小树白蚁 *Glyptotermes pusillus* (Heer, 1849)

曾称为：很小白蚁（真白蚁亚属）*Termes* (*Eutermes*) *pusillus* Heer, 1849。
异名：透明白蚁（真白蚁亚属）*Termes* (*Eutermes*) *diaphanus* Giebel, 1856、间断白蚁（真白蚁亚属）*Termes* (*Eutermes*) *punctatus* Giebel, 1856。
模式标本：正模（成虫）（琥珀）保存在奥地利自然历史博物馆。
模式产地：不详。
分布：非洲界的坦桑尼亚。
地质年代：新生代第四纪的更新世。

4. 山东树白蚁 *Glyptotermes shandongianus* (Zhang, 1989)

曾称为：山东木白蚁 *Kalotermes shandongianus* Zhang, 1989。
模式标本：正模（成虫）保存在山东省自然历史博物馆。

模式产地：中国山东省临朐县山旺村。
分布：古北界的中国（山东）。
地质年代：新生代新近纪的中新世。

八、胡格诺白蚁属 *Huguenotermes* Engel and Nel, 2015

属名释义：属名来自 Huguenot，它是法国新教徒组织，于 17 世纪晚期逃离法国。
模式种：塞普提马尼亚胡格诺白蚁 *Huguenotermes septimaniensis* Engel and Nel, 2015。
种类：1 种。
分布：古北界。

1. 塞普提马尼亚胡格诺白蚁 *Huguenotermes septimaniensis* Engel and Nel, 2015

种名释义：种名来自古罗马的省名 Septimania。
模式标本：正模（成虫的后翅）保存在法国自然历史博物馆。
模式产地：法国（Languedoc-Roussillon）。
分布：古北界的法国。
地质年代：新生代古近纪的始新世晚期。

九、楹白蚁属 *Incisitermes* Krishna, 1961

模式种：施瓦茨楹白蚁 *Incisitermes schwarzi* (Banks, 1919)。
种类：2 种。
分布：新热带界。

1. 克里希纳楹白蚁 *Incisitermes krishnai* Emerson, 1969

模式标本：正模（成虫）、副模（成虫）（琥珀）保存在美国加利福尼亚大学伯克利分校古生物学博物馆。
模式产地：墨西哥（Chiapas）。
分布：新热带界的墨西哥。
地质年代：新生代新近纪的中新世。

2. 灭亡楹白蚁 *Incisitermes peritus* Engel and Krishna, 2007

模式标本：正模（成虫）、副模（成虫）（琥珀）保存在美国自然历史博物馆。
模式产地：多米尼加共和国。
分布：新热带界的多米尼加共和国。
地质年代：新生代新近纪中新世的布尔迪加尔阶。

十、克钦白蚁属 *Kachinitermes* Engel, Grimaldi, and Krishna, 2007

属名释义：属名来自缅甸地名克钦邦（Kachin）。
模式种：悲伤克钦白蚁 *Kachinitermes tristis* (Cockerell, 1917)。
种类：1 种。
分布：东洋界。

1. 悲伤克钦白蚁 *Kachinitermes tristis* (Cockerell, 1917)

曾称为：悲伤草白蚁 *Hodotermes tristis* Cockerell, 1917。
模式标本：正模（成虫）（琥珀）保存在英国自然历史博物馆。
模式产地：缅甸（Maingkwan 附近）。
分布：东洋界的缅甸。
地质年代：中生代白垩纪的阿尔布阶。

十一、似克钦白蚁属 *Kachinitermopsis* Engel and Delclòs, 2010

模式种：缅甸似克钦白蚁 *Kachinitermopsis burmensis* (Poinar, 2009)。
种类：1 种。
分布：东洋界。

1. 缅甸似克钦白蚁 *Kachinitermopsis burmensis* (Poinar, 2009)

曾称为：缅甸木白蚁 *Kalotermes burmensis* Poinar, 2009。
模式标本：正模（成虫）保存在俄勒冈州立大学。
模式产地：缅甸克钦邦（Hukawng Valley）。
分布：东洋界的缅甸。
地质年代：中生代的早白垩纪。

十二、木白蚁属 *Kalotermes* Hagen, 1853

模式种：黄颈木白蚁 *Kalotermes flavicollis* (Fabricius, 1793)。
种类：7 种。
分布：古北界。

*****博斯尼亚斯克木白蚁 *Kalotermes bosniaskii* Handlirsch, 1908（裸记名称）**

曾称为：博斯尼亚斯克木白蚁 *Calotermes bosniaskii* Handlirsch, 1908（裸记名称）。
分布：古北界的意大利。
地质年代：新生代新近纪中新世的梅辛阶。

1. 破裂木白蚁 *Kalotermes disruptus* (Cockerell, 1917)

曾称为：*Sisyra disrupta* Cockerell, 1917。
模式标本：正模（成虫）保存在英国自然历史博物馆。
模式产地：英国（Isle of Wight）。
分布：古北界的英国（英格兰）。
地质年代：新生代古近纪始新世的普利亚本阶。

2. 掘木白蚁 *Kalotermes fossus* Zhang, Sun, and Zhang, 1994

模式标本：正模（成虫）保存在山东省自然历史博物馆。
模式产地：中国山东省临朐县山旺村。
分布：古北界的中国（山东）。
地质年代：新生代新近纪的中新世。

3. 黑木白蚁 *Kalotermes nigellus* Zhang, Sun, and Zhang, 1994

模式标本：正模（成虫）保存在山东省自然历史博物馆。
模式产地：中国山东省临朐县山旺村。
分布：古北界的中国（山东）。
地质年代：新生代新近纪的中新世。

4. 奋木白蚁 *Kalotermes nisus* Zhang, Sun, and Zhang, 1994

模式标本：正模（成虫）保存在山东省自然历史博物馆。
模式产地：中国山东省临朐县山旺村。
分布：古北界的中国（山东）。
地质年代：新生代新近纪的中新世。

5. 恩因根木白蚁 *Kalotermes oeningensis* Rosen, 1913

曾称为：恩因根木白蚁 *Calotermes oeningensis* Rosen, 1913。
模式标本：正模（成虫的翅）保存地不详。
模式产地：德国（Oeningen）。
分布：古北界的德国。
地质年代：新生代新近纪的中新世。

6. 皮亚琴蒂尼木白蚁 *Kalotermes piacentinii* (Piton and Téobald, 1937)

曾称为：皮亚琴蒂尼似白蚁 *Termopsis piacentinii* Piton and Téobald, 1937。
模式标本：正模（成虫）保存在法国自然历史博物馆。
模式产地：法国（Puy-de-Dôme、Menat）。
分布：古北界的法国。
地质年代：新生代古近纪的始新世。

7. 雷纳努斯木白蚁 *Kalotermes rhenanus* Hagen, 1863

曾称为：雷纳努斯木白蚁 *Calotermes rhenanus* Hagen, 1863。
模式标本：正模（成虫）保存在英国自然历史博物馆。
模式产地：德国（Rott-am-Siebengebirge）。
分布：古北界的德国。
地质年代：新生代古近纪的渐新世。

十三、新白蚁属 *Neotermes* Holmgren, 1911

模式种：栗色新白蚁 *Neotermes castaneus* (Burmeister, 1839)。
种类：1 种。
分布：古北界。

1. 格拉塞新白蚁 *Neotermes grassei* Piton, 1940

模式标本：正模（成虫的翅）保存在法国自然历史博物馆。
模式产地：法国（Puy-de-Dôme、Menat）。

分布：古北界的法国。
地质年代：新生代古近纪的始新世。

十四、渐新木白蚁属 *Oligokalotermes* Nel, 1987

模式种：费希尔渐新木白蚁 *Oligokalotermes fischeri* Nel, 1987。
种类：1 种。
分布：古北界。

1. 费希尔渐新木白蚁 *Oligokalotermes fischeri* Nel, 1987

模式标本：正模（成虫）、副模（成虫）保存在法国自然历史博物馆。
模式产地：法国（Aix-en-Provence、Bouches-du-Rhône）。
分布：古北界的法国。
地质年代：新生代古近纪的渐新世。

十五、奥塔戈白蚁属 *Otagotermes* Engel and Kaulfuss, 2017

属名释义：属名来自标本的发现地奥塔戈（Otago）。
模式种：新西兰奥塔戈白蚁 *Otagotermes novazealandicus* Engel and Kaulfuss, 2017。
种类：1 种。
分布：澳洲界。

1. 新西兰奥塔戈白蚁 *Otagotermes novazealandicus* Engel and Kaulfuss, 2017

种名释义：种名来自标本分布国国名新西兰。
模式标本：正模（成虫的前翅）保存在新西兰奥塔戈大学地质系。
模式产地：新西兰奥塔戈（Middlemarch）。
分布：澳洲界的新西兰。
地质年代：新生代新近纪的中新世。

十六、前琥珀白蚁属 *Proelectrotermes* Rosen, 1913

异名：新白蚁化石属 *Neotermites* Armbruster, 1941。
模式种：贝伦特前琥珀白蚁 *Proelectrotermes berendtii* (Pictet, 1856)。
种类：5 种。
分布：新北界、东洋界、古北界。

1. 贝伦特前琥珀白蚁 *Proelectrotermes berendtii* (Pictet, 1856)

曾称为：贝伦特白蚁 *Termes berendtii* Pictet, 1856。
异名：葛丹白蚁（木白蚁亚属）*Termes* (*Kalotermes*) *gedanensis* Pictet-Baraban and Hagen, 1856（裸记名称）。
模式标本：新模（成虫）（琥珀）保存在芝加哥自然历史博物馆。
模式产地：波罗的海。

分布：古北界的波兰。
地质年代：新生代古近纪的始新世。

2. 矿井前琥珀白蚁 *Proelectrotermes fodinae* (Scudder, 1883)

曾称为：矿井正白蚁 *Parotermes fodinae* Scudder, 1883。
模式标本：选模（成虫）、副选模（成虫）保存在哈佛大学比较动物学博物馆。
模式产地：美国科罗拉多州（Florissant）。
分布：新北界的美国（科罗拉多州）。
地质年代：新生代古近纪的渐新世。

3. 霍姆格伦前琥珀白蚁 *Proelectrotermes holmgreni* Engel, Grimaldi, and Krishna, 2007

模式标本：正模（前翅和后足）（琥珀）保存在美国自然历史博物馆。
模式产地：缅甸克钦邦（Tanai 村）。
分布：东洋界的缅甸。
地质年代：中生代白垩纪的阿尔布阶。

4. 罗森前琥珀白蚁 *Proelectrotermes roseni* (Armbruster, 1941)

曾称为：罗森木白蚁（新白蚁化石亚属）*Calotermes* (*Neotermites*) *roseni* Armbruster, 1941。
异名：弗里希木白蚁（新白蚁化石亚属）*Calotermes* (*Neotermites*) *frischi* Armbruster, 1941。
模式标本：正模（成虫）（琥珀）保存在斯图加特州自然历史博物馆。
模式产地：德国（Wurttemburg）。
分布：古北界的德国。
地质年代：新生代新近纪的中新世。

5. 斯温霍前琥珀白蚁 *Proelectrotermes swinhoei* (Cockerell, 1916)

曾称为：斯温霍似白蚁 *Termopsis swinhoei* Cockerell, 1916。
模式标本：正模（成虫）（琥珀）保存英国自然历史博物馆。
模式产地：缅甸（Maingkwan 附近）。
分布：东洋界的缅甸。
地质年代：中生代的白垩纪。

十七、前木白蚁属 *Prokalotermes* Emerson, 1933

模式种：哈根前木白蚁 *Prokalotermes hagenii* (Scudder, 1883)。
种类：2 种。
分布：新北界。

1. 奥尔德前木白蚁 *Prokalotermes alderensis* Lewis, 1977

模式标本：正模（成虫）保存在明尼苏达州圣克劳德州立大学生物系。
模式产地：美国蒙大拿州（Madison）。
分布：新北界的美国（蒙大拿州）
地质年代：新生代古近纪的渐新世。

2. 哈根前木白蚁 *Prokalotermes hagenii* (Scudder, 1883)

曾称为：哈根正白蚁 *Parotermes hagenii* Scudder, 1883。
模式标本：选模（成虫）、副选模（成虫）保存在哈佛大学比较动物学博物馆。
模式产地：美国科罗拉多州（Florissant）。
分布：新北界的美国（科罗拉多州）。
地质年代：新生代古近纪的渐新世。

十八、似翅白蚁属 *Pterotermopsis* Engel and Kaulfuss, 2017

模式种：富尔登似翅白蚁 *Pterotermopsis fouldenica* Engel and Kaulfuss, 2017。
种类：1 种。
分布：澳洲界。

1. 富尔登似翅白蚁 *Pterotermopsis fouldenica* Engel and Kaulfuss, 2017

模式标本：正模（成虫的前翅）保存在新西兰奥塔戈大学地质系。
模式产地：新西兰奥塔戈（Foulden Maar）。
分布：澳洲界的新西兰。
地质年代：新生代新近纪的中新世。

十九、泰里白蚁属 *Taieritermes* Engel and Kaulfuss, 2017

属名释义：属名来自标本发现地附近的 Taieri 河谷。
模式种：克里希纳泰里白蚁 *Taieritermes krishnai* Engel and Kaulfuss, 2017。
种类：1 种。
分布：澳洲界。

1. 克里希纳泰里白蚁 *Taieritermes krishnai* Engel and Kaulfuss, 2017

模式标本：正模（成虫的前翅）保存在新西兰奥塔戈大学地质系。
模式产地：新西兰奥塔戈（Foulden Maar）。
分布：澳洲界的新西兰。
地质年代：新生代新近纪的中新世。

二十、怀皮亚塔白蚁属 *Waipiatatermes* Engel and Kaulfuss, 2017

属名释义：属名来自标本发现地所在的火山名。
模式种：化石怀皮亚塔白蚁 *Waipiatatermes matatoka* Engel and Kaulfuss, 2017。
种类：1 种。
分布：澳洲界。

1. 化石怀皮亚塔白蚁 *Waipiatatermes matatoka* Engel and Kaulfuss, 2017

种名释义：种名来自毛利语，意为“化石”。
模式标本：正模（成虫的前翅）保存在新西兰奥塔戈大学地质系。
模式产地：新西兰奥塔戈（Foulden Maar）。

分布：澳洲界的新西兰。
地质年代：新生代新近纪的中新世。

二十一、刻白蚁属 *Glyptotermites* Armbruster, 1941

模式种：阿斯穆斯刻白蚁 *Glyptotermites assmuthi* Armbruster, 1941。
种类：1 种。
分布：古北界。

1. 阿斯穆斯刻白蚁 *Glyptotermites assmuthi* Armbruster, 1941

曾称为：阿斯穆斯木白蚁（刻白蚁亚属）*Calotermes* (*Glyptotermites*) *assmuthi* Armbruster, 1941。
模式标本：正模（成虫）保存在德国斯图加特州自然历史博物馆。
模式产地：德国（Württemburg）。
分布：古北界的德国。
地质年代：新生代新近纪的中新世。

第五节 古白蚁科

Archotermopsidae Engel, Grimaldi, and Krishna, 2009

模式属：古白蚁属 *Archotermopsis* Desneux, 1904。
种类：4 属 4 种。
分布：古北界、新北界。

一、古白蚁属 *Archotermopsis* Desneux, 1904

模式种：罗夫顿古白蚁 *Archotermopsis wroughtoni* (Desneux, 1904)。
种类：1 种。
分布：古北界。

1. 特恩奎斯特古白蚁 *Archotermopsis tornquisti* Rosen, 1913

模式标本：全模（成虫）保存地不详（原保存在德国慕尼黑，第二次世界大战中被破坏）。
模式产地：波兰（East Prussia）。
分布：古北界的波兰。
地质年代：新生代古近纪的始新世。

二、原白蚁属 *Hodotermopsis* Holmgren, 1911

模式种：山林原白蚁 *Hodotermopsis sjöstedti* Holmgren, 1911。
种类：1 种。

分布：古北界。

1. 岩手原白蚁 *Hodotermopsis iwatensis* Fujiyama, 1983

模式标本：正模（成虫）保存在日本岩手县博物馆。
模式产地：日本岩手县。
分布：古北界的日本。
地质年代：新生代新近纪的中新世。

三、正白蚁属 *Parotermes* Scudder, 1883

模式种：非凡正白蚁 *Parotermes insignis* Scudder, 1883。
种类：1 种。
分布：新北界。

1. 非凡正白蚁 *Parotermes insignis* Scudder, 1883

模式标本：全模（成虫）保存在哈佛大学比较动物学博物馆。
模式产地：美国科罗拉多州（Florissant）。
分布：新北界的美国（科罗拉多州）。
地质年代：新生代新近纪的中新世。

四、动白蚁属 *Zootermopsis* Emerson, 1933

模式种：狭颈动白蚁 *Zootermopsis angusticollis* (Hagen, 1858)。
种类：1 种。
分布：新北界。

1. 科罗拉多动白蚁 *Zootermopsis coloradensis* (Scudder, 1883)

曾称为：科罗拉多草白蚁 *Hodotermes coloradensis* Scudder, 1883。
异名：斯卡德正白蚁 *Parotermes scudderi* Cockerell, 1913。
模式标本：全模（成虫）保存在哈佛大学比较动物学博物馆。
模式产地：美国科罗拉多州（Florissant）。
分布：新北界的美国（科罗拉多州）。
地质年代：新生代古近纪的渐新世。

第六节 胄白蚁科 Stolotermitidae Holmgren, 1910

模式属：胄白蚁属 *Stolotermes* Hagen, 1858。
种类：2 属 3 种。
分布：澳洲界、古北界、非洲界。

一、奇勒加白蚁属 *Chilgatermes* Engel, Pan, and Jacobs,2013

模式种：迪亚吗特奇勒加白蚁 *Chilgatermes diamatensis* Engel, Pan, and Jacobs,2013。

种类：1 种。
分布：非洲界。

1. 迪亚吗特奇勒加白蚁 *Chilgatermes diamatensis* Engel, Pan, and Jacobs,2013

种名释义：种名来自标本发现地古代王国名 Diamat（公元前 700—公元前 400）。
模式标本：正模（成虫的前翅）保存在埃塞俄比亚国家博物馆。
模式产地：埃塞俄比亚。
分布：非洲界的埃塞俄比亚。
地质年代：新生代古近纪渐新世的夏特阶。

二、胄白蚁属 *Stolotermes* Hagen, 1858

模式种：棕角胄白蚁 *Stolotermes brunneicornis* (Hagen, 1858)。
种类：2 种。
分布：澳洲界、古北界。

1. 天野胄白蚁 *Stolotermes amanoi* Fujiyama, 1983

模式标本：正模（成虫）保存在日本国家科学博物馆。
模式产地：日本宫城县（Akiiu、Anadozawa）。
分布：古北界的日本。
地质年代：新生代新近纪的中新世。

2. 库佩胄白蚁 *Stolotermes kupe* Kaulfuss, Harris, and Lee, 2010

种名释义：种名来自 Kupe 的姓，他于公元 950 年第一个到新西兰旅游。
模式标本：正模（成虫的前翅）保存在奥塔戈大学地质系。
模式产地：新西兰奥塔戈。
分布：澳洲界的新西兰。
地质年代：新生代新近纪的中新世。

第七节 古鼻白蚁科

Archeorhinotermitidae Krishna and Grimaldi, 2003

模式属：古鼻白蚁属 *Archeorhinotermes* Krishna and Grimaldi, 2003。
种类：1 属 1 种。
分布：东洋界。

一、古鼻白蚁属 *Archeorhinotermes* Krishna and Grimaldi, 2003

模式种：罗斯古鼻白蚁 *Archeorhinotermes rossi* Krishna and Grimaldi, 2003。
种类：1 种。
分布：东洋界。

1. 罗斯古鼻白蚁 *Archeorhinotermes rossi* Krishna and Grimaldi, 2003

种名释义：种名来自英国的缅甸琥珀研究权威 A. Ross 的姓。
模式标本：正模（成虫）保存在英国自然历史博物馆。
模式产地：缅甸（Hukang 山谷）。
分布：东洋界的缅甸。
地质年代：中生代白蚁垩的赛诺曼阶。

第八节 鼻白蚁科 Rhinotermitidae Froggatt, 1897

模式属：鼻白蚁属 *Rhinotermes* Hagen，1858。
种类：7 属 22 种。
分布：新热带界、古北界、新北界、东洋界。

一、乳白蚁属 *Coptotermes* Wasmann, 1896

模式种：格斯特乳白蚁 *Coptotermes gestroi* (Wasmann, 1896)。
种类：4 种。
分布：新热带界。

1. 多毛乳白蚁 *Coptotermes hirsutus* Krishna and Grimaldi, 2009

模式标本：正模（成虫）、副模（成虫）（琥珀）保存在美国自然历史博物馆。
模式产地：多米尼加共和国。
分布：新热带界的多米尼加共和国。
地质年代：新生代新近纪的中新世。

2. 古多米尼加乳白蚁 *Coptotermes paleodominicanus* Krishna and Grimaldi, 2009

模式标本：正模（成虫）、副模（成虫）（琥珀）保存在美国自然历史博物馆。
模式产地：多米尼加共和国。
分布：新热带界的多米尼加共和国。
地质年代：新生代新近纪的中新世。

3. 古老乳白蚁 *Coptotermes priscus* Emerson, 1971

模式标本：正模（成虫的翅）、副模（成虫的翅）（琥珀）保存在美国自然历史博物馆。
模式产地：多米尼加共和国（Cuidad Truijillo）。
分布：新热带界的多米尼加共和国。
地质年代：新生代新近纪的中新世。

4. 琥珀乳白蚁 *Coptotermes sucineus* Emerson, 1971

模式标本：正模（雄成虫）、副模（成虫的翅和碎片）（琥珀）保存在美国加利福尼亚大学伯克利分校古生物学博物馆。
模式产地：墨西哥（Chiapas）。

分布：新热带界的墨西哥。
地质年代：新生代新近纪的中新世。

二、异白蚁属 *Heterotermes* Froggatt, 1897

模式种：宽头异白蚁 *Heterotermes platycephalus* Froggatt, 1897。
种类：2 种。
分布：古北界、新热带界。

1. 始新异白蚁 *Heterotermes eocenicus* Engel, 2008

种名释义：种名来自标本的地质年代始新世（Eocene）。
模式标本：正模（成虫）（琥珀）保存在堪萨斯大学自然历史博物馆。
模式产地：波罗的海。
分布：古北界的波兰。
地质年代：新生代古近纪始新世的鲁帝特阶。

2. 年幼异白蚁 *Heterotermes primaevus* Snyder, 1960

模式标本：正模（成虫）、副模（成虫）（琥珀）保存在美国加利福尼亚大学伯克利分校古生物学博物馆。
模式产地：墨西哥（Chiapas）。
分布：新热带界的墨西哥。
地质年代：新生代新近纪的中新世。

三、散白蚁属 *Reticulitermes* Holmgren, 1913

模式种：北美散白蚁 *Reticulitermes flavipes* (Kollar, 1837)。
种类：9 种。
分布：古北界、新北界。

1. 古老散白蚁 *Reticulitermes antiquus* (Germar, 1813)

曾称为：*Hemerobites antiques* Germar, 1813。
异名：化石白蚁 *Termes fossile* Ouchakoff, 1838、*Maresa plebeja* Giebel, 1856、悲伤白蚁（真白蚁亚属）*Termes* (*Eutermes*) *moestus* Giebel, 1856、细瘦白蚁 *Termes gracilis* Pictet-Baraban and Hagen, 1856。
模式标本：正模（成虫）保存在德国哈勒大学地质与古生物学研究所。
模式产地：俄罗斯（Samland Peninsula）。
分布：古北界的俄罗斯。
地质年代：新生代古近纪的始新世。

2. 克瑞德散白蚁 *Reticulitermes creedei* Snyder, 1938

模式标本：正模（成虫）保存在哈佛大学比较动物学博物馆。
模式产地：美国科罗拉多州克瑞德镇。
分布：新北界的美国（科罗拉多州）。

地质年代：新生代古近纪的渐新世。

3. 多夫弗莱恩散白蚁 *Reticulitermes dofleini* (Armbruster, 1941)

曾称为：多夫弗莱恩白白蚁 *Leucotermes dofleini* Armbruster, 1941。
模式标本：正模（成虫）保存在德国斯图加特自然历史博物馆。
模式产地：德国（Randeck）。
分布：古北界的德国。
地质年代：新生代新近纪的中新世。

4. 沟渠散白蚁 *Reticulitermes fossarum* (Scudder, 1883)

曾称为：沟渠真白蚁 *Eutermes fossarum* Scudder, 1883。
异名：米迪真白蚁 *Eutermes meadii* Scudder, 1883。
模式标本：选模（成虫）、副选模（成虫）保存在哈佛大学比较动物学博物馆。
模式产地：美国科罗拉多州（Florissant）。
分布：新北界的美国（科罗拉多州）。
地质年代：新生代古近纪的渐新世。

5. 哈通散白蚁 *Reticulitermes hartungi* (Heer, 1858)

曾称为：哈通白蚁 *Termes hartungi* Heer, 1858。
模式标本：选模（成虫）保存在苏黎世技术研究所。
模式产地：德国（Oeningen）。
分布：古北界的德国。
地质年代：新生代新近纪的中新世。

6. 霍姆格伦散白蚁 *Reticulitermes holmgreni* (Statz, 1939)

异名：烧焦白蚁 *Termes adustus* Statz, 1939、黑色白蚁 *Termes aethiops* Statz, 1939、不可分白蚁 *Termes atomus* Statz, 1939、讨喜白蚁 *Termes blandus* Statz, 1939、整齐白蚁 *Termes concinnus* Statz, 1939、缩短白蚁 *Termes contractulus* Statz, 1939。
模式标本：正模（成虫）保存在加利福尼亚州洛杉矶县博物馆。
模式产地：德国（Rott）。
分布：古北界的德国。
地质年代：新生代古近纪的渐新世。

7. 劳拉散白蚁 *Reticulitermes laurae* Pierce, 1958

异名：黑胫散白蚁犹豫亚种 *Reticulitermes tibialis dubitans* Pierce, 1958。
模式标本：正模（成虫）保存在加利福尼亚州洛杉矶县博物馆。
模式产地：美国加利福尼亚州（San Bernardino）。
分布：新北界的美国（加利福尼亚州）。
地质年代：新生代新近纪的中新世。

8. 最小散白蚁 *Reticulitermes minimus* Snyder, 1928

异名：波鲁斯白白蚁（散白蚁亚属）*Leucotermes* (*Reticulitermes*) *borussicus* Rosen, 1913（裸记名称）。

模式标本：正模（成虫）（琥珀）保存在美国国家博物馆。
模式产地：波罗的海。
分布：古北界的波兰。
地质年代：新生代古近纪的始新世。

9. 上新散白蚁 *Reticulitermes pliozaenicus* Weidner, 1971

种名释义：种名来自标本的地质年代上新世（Pliocene）。
模式标本：正模（成虫）、副模（成虫）保存在德国哥廷根大学地质与古生物学研究所。
模式产地：德国（Willershausen）。
分布：古北界的德国。
地质年代：新生代新近纪的上新世。

四、地狱白蚁属 *Zophotermes* Engel, 2011

模式种：阿肖克地狱白蚁 *Zophotermes ashoki* Engel and Singh, 2011。
种类：1 种。
分布：东洋界。

1. 阿肖克地狱白蚁 *Zophotermes ashoki* Engel and Singh, 2011

种名释义：种名来自印度古生物学家 Ashok Sahni 博士的名字。
模式标本：正模（成虫）保存在印度勒克瑙巴伯勒萨尼古生物学研究所。
模式产地：印度古吉拉特邦（Tadkeshwar 褐煤矿）。
分布：东洋界的印度（古吉拉特邦）。
地质年代：新生代古近纪的始新世。

五、狭鼻白蚁属 *Dolichorhinotermes* Snyder and Emerson, 1949

模式种：长唇狭鼻白蚁 *Dolichorhinotermes longilabius* Emerson, 1925。
种类：2 种。
分布：新热带界。

1. 已故狭鼻白蚁 *Dolichorhinotermes apopnus* Engel and Krishna, 2007

模式标本：正模（成虫）保存在美国自然历史博物馆。
模式产地：墨西哥（Chiapas）。
分布：新热带界的墨西哥。
地质年代：新生代新近纪的中新世。

2. 多米尼加狭鼻白蚁 *Dolichorhinotermes dominicanus* Schlemmermeyer and Cancello, 2000

模式标本：正模（成虫）保存在西班牙巴塞罗那科学博物馆。
模式产地：多米尼加共和国。
分布：新热带界的多米尼加共和国。
地质年代：新生代新近纪的中新世。

六、鼻白蚁属 *Rhinotermes* Hagen, 1858

模式种：大鼻鼻白蚁 *Rhinotermes nasutus* (Perty, 1833)。
种类：1 种。
分布：古北界。

1. 中新鼻白蚁 *Rhinotermes miocenicus* Nel and Paicheler, 1993

种名释义：种名来自标本的地质年代中新世（Miocene）。
模式标本：正模（成虫）保存在意大利阿尔巴城市博物馆。
模式产地：意大利（Alba）。
分布：古北界的意大利。
地质年代：新生代新近纪中新世的梅辛阶。

七、似鼻白蚁属 *Rhinotermites* Armbruster, 1941

模式种：齐尔聪似鼻白蚁 *Rhinotermites dzierzoni* Armbruster, 1941。
种类：3 种。
分布：古北界。

1. 齐尔聪似鼻白蚁 *Rhinotermites dzierzoni* Armbruster, 1941

模式标本：全模（成虫）保存在德国斯图加特州自然历史博物馆。
模式产地：德国（Randeck）。
分布：古北界的德国。
地质年代：新生代新近纪的中新世。

2. 库恩似鼻白蚁 *Rhinotermites kuehni* Armbruster, 1941

模式标本：正模（成虫）保存在德国斯图加特州自然历史博物馆。
模式产地：德国（Randeck）。
分布：古北界的德国。
地质年代：新生代新近纪的中新世。

3. 沃斯曼似鼻白蚁 *Rhinotermites wasmanni* Armbruster, 1941

模式标本：全模（成虫）保存在德国斯图加特州自然历史博物馆。
模式产地：德国（Randeck）。
分布：古北界的德国。
地质年代：新生代新近纪的中新世。

第九节 杆白蚁科

Stylotermitidae Holmgren and Holmgren, 1917

模式属：杆白蚁属 *Stylotermes* Holmgren and Holmgren, 1917。

种类：2 属 6 种。
分布：新北界、古北界、东洋界。

一、近杆白蚁属 *Parastylotermes* Snyder and Emerson, 1949

模式种：华盛顿近杆白蚁 *Parastylotermes washingtonensis* (Snyder, 1931)。
种类：5 种。
分布：新北界、古北界、东洋界。

1. 卡利科近杆白蚁 *Parastylotermes calico* Pierce, 1958

模式标本：正模（成虫）保存在加利福尼亚州洛杉矶县博物馆。
模式产地：美国加利福尼亚州（Mt. Calico）。
分布：新北界的美国（加利福尼亚州）。
地质年代：新生代新近纪的中新世。

2. 弗雷泽近杆白蚁 *Parastylotermes frazieri* Snyder, 1955

模式标本：正模（成虫的翅）保存在美国国家博物馆。
模式产地：美国加利福尼亚州（Ventura）。
分布：新北界的美国（加利福尼亚州）。
地质年代：新生代新近纪的中新世。

3. 克里希纳近杆白蚁 *Parastylotermes krishnai* Engel and Grimaldi, 2011

模式标本：正模（成虫）保存在印度勒克瑙巴伯勒萨尼古生物学研究所。
模式产地：印度古吉拉特邦（Tadkeshwar 褐煤矿）。
分布：东洋界的印度（古吉拉特邦）。
地质年代：新生代古近纪的始新世。

4. 粗壮近杆白蚁 *Parastylotermes robustus* (Rosen, 1913)

曾称为：粗壮白白蚁（散白蚁亚属）*Leucotermes* (*Reticulitermes*) *robustus* Rosen, 1913。
模式标本：选模（成虫）、副选模（成虫）保存在美国自然历史博物馆。
模式产地：波兰（East Prussia）。
分布：古北界的波兰。
地质年代：新生代古近纪的始新世。

5. 华盛顿近杆白蚁 *Parastylotermes washingtonensis* (Snyder, 1931)

曾称为：华盛顿杆白蚁 *Stylotermes washingtonensis* Snyder, 1931。
模式标本：正模（成虫翅）保存在哈佛大学比较动物学博物馆。
模式产地：美国华盛顿州。
分布：新北界的美国（华盛顿州）。
地质年代：新生代新近纪的中新世。

二、前杆白蚁属 *Prostylotermes* Engel and Grimaldi, 2011

模式种：真腊前杆白蚁 *Prostylotermes kamboja* Engel and Grimaldi, 2011。
种类：1 种。
分布：东洋界。

1. 真腊前杆白蚁 *Prostylotermes kamboja* Engel and Grimaldi, 2011

种名释义：种名来自柬埔寨的古称真腊（Kamboja）。
模式标本：正模（成虫）（琥珀）保存在印度勒克瑙巴伯勒萨尼古生物学研究所。
模式产地：印度古吉拉特邦（Tadkeshwar 褐煤矿）。
分布：东洋界的印度（古吉拉特邦）。
地质年代：新生代古近纪的始新世。

第十节 白蚁科 Termitidae Latreille, 1802

模式属：白蚁属 *Termes* Linnaeus，1758。
种类：15 属 51 种。
分布：古北界、新热带界、新北界、东洋界、非洲界。

一、大白蚁属 *Macrotermes* Holmgren, 1909

模式种：利勒伯格大白蚁 *Macrotermes lilljeborgi* (Sjöstedt, 1896)。
种类：2 种。
分布：古北界。

1. 古老大白蚁 *Macrotermes pristinus* (Charpentier, 1843)

曾称为：古老白蚁 *Termes pristinus* Charpentier, 1843。
模式标本：全模（成虫）保存地不详。
模式产地：克罗地亚（Radoboj）。
分布：古北界的克罗地亚。
地质年代：新生代新近纪的中新世。

2. 舒斯勒大白蚁 *Macrotermes scheuthlei* (Armbruster, 1941)

曾称为：舒斯勒白蚁 *Termes scheuthlei* Armbruster, 1941。
模式标本：全模（成虫）保存在德国斯图加特州自然历史博物馆。
模式产地：德国（Randeck）。
分布：古北界的法国、德国。
地质年代：新生代新近纪的中新世。

二、解甲白蚁属 *Anoplotermes* Müller, 1873

模式种：太平洋解甲白蚁 *Anoplotermes pacifcus* Müller, 1873。

种类：8 种。
分布：新热带界。

1. 伊斯帕尼奥拉解甲白蚁 *Anoplotermes bohio* Krishna and Grimaldi, 2009

种名释义：Bohio 在 Taino 语中意思为“伊斯帕尼奥拉”。
模式标本：正模（成虫）（琥珀）保存在美国自然历史博物馆。
模式产地：多米尼加共和国。
分布：新热带界的多米尼加共和国。
地质年代：新生代新近纪的中新世。

2. 首领解甲白蚁 *Anoplotermes cacique* Krishna and Grimaldi, 2009

种名释义：种名在 Taino 语中意思为“首领”。
模式标本：正模（成虫）（琥珀）保存在美国自然历史博物馆。
模式产地：多米尼加共和国。
分布：新热带界的多米尼加共和国。
地质年代：新生代新近纪的中新世。

3. 凶猛解甲白蚁 *Anoplotermes carib* Krishna and Grimaldi, 2009

模式标本：正模（成虫）（琥珀）保存在美国自然历史博物馆。
模式产地：多米尼加共和国。
分布：新热带界的多米尼加共和国。
地质年代：新生代新近纪的中新世。

4. 夜神解甲白蚁 *Anoplotermes maboya* Krishna and Grimaldi, 2009

种名释义：种名在 Taino 语中意思为“夜间的神灵”，它破坏农作物。
模式标本：正模（成虫）（琥珀）保存在美国自然历史博物馆。
模式产地：多米尼加共和国。
分布：新热带界的多米尼加共和国。
地质年代：新生代新近纪的中新世。

5. 劳者解甲白蚁 *Anoplotermes naboria* Krishna and Grimaldi, 2009

种名释义：种名在 Taino 语中意思为“劳动者”。
模式标本：正模（成虫）（琥珀）保存在美国自然历史博物馆。
模式产地：多米尼加共和国。
分布：新热带界的多米尼加共和国。
地质年代：新生代新近纪的中新世。

6. 贵人解甲白蚁 *Anoplotermes nitanio* Krishna and Grimaldi, 2009

种名释义：种名在 Taino 语中意思为“贵人”或“副首领”。
模式标本：正模（成虫）（琥珀）保存在美国自然历史博物馆。
模式产地：多米尼加共和国。
分布：新热带界的多米尼加共和国。

地质年代：新生代新近纪的中新世。

7. 地母解甲白蚁 *Anoplotermes quisqueya* Krishna and Grimaldi, 2009

种名释义：种名在 Taino 语中意思为“地球之母”。
模式标本：正模（成虫）、副模（成虫）（琥珀）保存在美国自然历史博物馆。
模式产地：多米尼加共和国。
分布：新热带界的多米尼加共和国。
地质年代：新生代新近纪的中新世。

8. 泰诺解甲白蚁 *Anoplotermes taino* Krishna and Grimaldi, 2009

种名释义：Taino 指大安的列斯群岛土著人。
模式标本：正模（成虫）（琥珀）保存在美国自然历史博物馆。
模式产地：多米尼加共和国。
分布：新热带界的多米尼加共和国。
地质年代：新生代新近纪的中新世。

三、阿特拉斯白蚁属 *Atlantitermes* Fontes, 1979

模式种：好斗阿特拉斯白蚁 *Atlantitermes guarinim* Fontes, 1979。
种类：3 种。
分布：新热带界。

1. 安的列斯阿特拉斯白蚁 *Atlantitermes antillea* Krishna and Grimaldi, 2009

模式标本：正模（成虫）（琥珀）保存在美国自然历史博物馆。
模式产地：多米尼加共和国。
分布：新热带界的多米尼加共和国。
地质年代：新生代新近纪的中新世。

2. 加勒比阿特拉斯白蚁 *Atlantitermes caribea* Krishna and Grimaldi, 2009

模式标本：正模（成虫）（琥珀）保存在美国自然历史博物馆。
模式产地：多米尼加共和国。
分布：新热带界的多米尼加共和国。
地质年代：新生代新近纪的中新世。

3. 大眼阿特拉斯白蚁 *Atlantitermes magnoculus* Krishna and Grimaldi, 2009

模式标本：正模（成虫）（琥珀）保存在美国自然历史博物馆。
模式产地：多米尼加共和国。
分布：新热带界的多米尼加共和国。
地质年代：新生代新近纪的中新世。

四、加勒比白蚁属 *Caribitermes* Roisin, Scheffrahn, and Křeček, 1996

模式种：异色加勒比白蚁 *Caribitermes discolor* (Banks, 1919)。

种类：1 种。
分布：新热带界。

1. 伊斯帕尼奥拉加勒比白蚁 *Caribitermes hispaniola* Krishna and Grimaldi, 2009

模式标本：正模（兵蚁）、副模（兵蚁）（琥珀）保存在美国自然历史博物馆。
模式产地：多米尼加共和国。
分布：新热带界的多米尼加共和国。
地质年代：新生代新近纪的中新世。

五、缩白蚁属 *Constrictotermes* Holmgren, 1910

模式种：弯肠缩白蚁 *Constrictotermes cyphergaster* (Silvestri, 1901)。
种类：1 种。
分布：新热带界。

1. 琥珀缩头缩白蚁 *Constrictotermes electroconstrictus* Krishna, 1996

模式标本：正模（兵蚁）、副模（兵蚁）（琥珀）保存在美国自然历史博物馆。
模式产地：多米尼加共和国。
分布：新热带界的多米尼加共和国。
地质年代：新生代新近纪的中新世。

六、象白蚁属 *Nasutitermes* Dudley, 1890

模式种：具角象白蚁 *Nasutitermes corniger* (Motschulsky, 1855)。
种类：9 种。
分布：新热带界。

1. 扩眼象白蚁 *Nasutitermes amplioculatus* Krishna and Grimaldi, 2009

模式标本：正模（成虫）（琥珀）保存在美国自然历史博物馆。
模式产地：多米尼加共和国。
分布：新热带界的多米尼加共和国。
地质年代：新生代新近纪的中新世。

2. 具毛象白蚁 *Nasutitermes crinitus* Krishna and Grimaldi, 2013

异名：毛多象白蚁 *Nasutitermes pilosus* Krishna and Grimaldi, 2009。
模式标本：正模（成虫）（琥珀）保存在美国自然历史博物馆。
模式产地：多米尼加共和国。
分布：新热带界的多米尼加共和国。
地质年代：新生代新近纪的中新世。

3. 琥珀象白蚁 *Nasutitermes electrinus* Krishna, 1996

模式标本：正模（成虫）、副模（成虫）（琥珀）保存在美国加利福尼亚大学伯克利分校古生物学博物馆。

模式产地：墨西哥（Chiapas）。
分布：新热带界的墨西哥。
地质年代：新生代新近纪的中新世。

4. 琥珀鼻象白蚁 *Nasutitermes electronasutus* Krishna, 1996

模式标本：正模（兵蚁）、副模（兵蚁）（琥珀）保存在美国自然历史博物馆。
模式产地：多米尼加共和国。
分布：新热带界的多米尼加共和国。
地质年代：新生代新近纪的中新世。

5. 凹刻象白蚁 *Nasutitermes incisus* Krishna and Grimaldi, 2009

模式标本：正模（成虫）（琥珀）保存在美国自然历史博物馆。
模式产地：多米尼加共和国。
分布：新热带界的多米尼加共和国。
地质年代：新生代新近纪的中新世。

6. 大眼象白蚁 *Nasutitermes magnocellus* Krishna and Grimaldi, 2009

模式标本：正模（成虫）（琥珀）保存在美国自然历史博物馆。
模式产地：多米尼加共和国。
分布：新热带界的多米尼加共和国。
地质年代：新生代新近纪的中新世。

7. 中眼象白蚁 *Nasutitermes medioculatus* Krishna and Grimaldi, 2009

模式标本：正模（成虫）（琥珀）保存在美国自然历史博物馆。
模式产地：多米尼加共和国。
分布：新热带界的多米尼加共和国。
地质年代：新生代新近纪的中新世。

8. 圆头象白蚁 *Nasutitermes rotundicephalus* Krishna and Grimaldi, 2009

模式标本：正模（兵蚁）（琥珀）保存在美国自然历史博物馆。
模式产地：多米尼加共和国。
分布：新热带界的多米尼加共和国。
地质年代：新生代新近纪的中新世。

9. 部裸象白蚁 *Nasutitermes seminudus* Krishna and Grimaldi, 2009

模式标本：正模（成虫）（琥珀）保存在美国自然历史博物馆。
模式产地：多米尼加共和国。
分布：新热带界的多米尼加共和国。
地质年代：新生代新近纪的中新世。

七、微白蚁属 *Parvitermes* Emerson, 1949

模式种：布鲁克斯微白蚁 *Parvitermes brooksi* (Snyder, 1925)。

种类：1 种。
分布：新热带界。

1. 长鼻微白蚁 *Parvitermes longinasus* Krishna and Grimaldi, 2009

模式标本：正模（兵蚁）（琥珀）保存在美国自然历史博物馆。
模式产地：多米尼加共和国。
分布：新热带界的多米尼加共和国。
地质年代：新生代新近纪的中新世。

八、锥白蚁属 *Subulitermes* Holmgren, 1910

模式种：体小锥白蚁 *Subulitermes microsoma* (Silvestri, 1903)。
种类：2 种。
分布：新热带界。

1. 伊斯帕尼奥拉锥白蚁 *Subulitermes hispaniola* Krishna and Grimaldi, 2009

模式标本：正模（成虫）（琥珀）保存在美国自然历史博物馆。
模式产地：多米尼加共和国。
分布：新热带界的多米尼加共和国。
地质年代：新生代新近纪的中新世。

2. 岛生锥白蚁 *Subulitermes insularis* Krishna and Grimaldi, 2009

模式标本：正模（成虫）（琥珀）保存在美国自然历史博物馆。
模式产地：多米尼加共和国。
分布：新热带界的多米尼加共和国。
地质年代：新生代新近纪的中新世。

九、快白蚁属 *Velocitermes* Holmgren, 1912

模式种：异翅快白蚁 *Velocitermes heteropterus* (Silvestri, 1901)。
种类：1 种。
分布：新热带界。

1. 球头快白蚁 *Velocitermes bulbus* Krishna and Grimaldi, 2009

模式标本：正模（兵蚁）（琥珀）保存在美国自然历史博物馆。
模式产地：多米尼加共和国。
分布：新热带界的多米尼加共和国。
地质年代：新生代新近纪的中新世。

十、弓白蚁属 *Amitermes* Silvestri, 1901

模式种：弓颚弓白蚁 *Amitermes amifer* Silvestri, 1901。
种类：1 种。

分布：新热带界。

1. 淡黄弓白蚁 *Amitermes lucidus* Krishna and Grimaldi, 2009

模式标本：正模（成虫）（琥珀）保存在美国自然历史博物馆。
模式产地：多米尼加共和国。
分布：新热带界的多米尼加共和国。
地质年代：新生代新近纪的中新世。

十一、颚钩白蚁属 *Gnathamitermes* Light, 1932

模式种：扭曲颚钩白蚁 Gnathamitermes perplexus (Banks, 1920)。
种类：1 种。
分布：新北界。

1. 劳斯颚钩白蚁 *Gnathamitermes rousei* Pierce, 1958

曾称为：大眼颚钩白蚁劳斯亚种 *Gnathamitermes magnoculus rousei* Pierce, 1958。
模式标本：正模（成虫）保存在美国加利福尼亚州洛杉矶县博物馆。
模式产地：美国加利福尼亚州（San Bernardino）。
分布：新北界的美国（加利福尼亚州）。
地质年代：新生代新近纪的中新世。

十二、锯白蚁属 *Microcerotermes* Silvestri, 1901

模式种：斯特伦基锯白蚁 *Microcerotermes strunckii* (Sörensen, 1884)。
种类：2 种。
分布：新热带界。

1. 岛栖锯白蚁 *Microcerotermes insulans* Krishna and Grimaldi, 2009

模式标本：正模（成虫）（琥珀）保存在美国自然历史博物馆。
模式产地：多米尼加共和国。
分布：新热带界的多米尼加共和国。
地质年代：新生代新近纪的中新世。

*****宽背锯白蚁 *Microcerotermes latinotus* Rosen, 1913（裸记名称）**

品级：成虫。
分布：非洲界的坦桑尼亚。
地质年代：新生代第四纪的更新世。

2. 刚毛锯白蚁 *Microcerotermes setosus* Krishna and Grimaldi, 2009

模式标本：正模（成虫）（琥珀）保存在美国自然历史博物馆。
模式产地：多米尼加共和国。
分布：新热带界的多米尼加共和国。
地质年代：新生代新近纪的中新世。

十三、渺白蚁属 *Nanotermes* Engel and Grimaldi, 2011

模式种：艾萨克渺白蚁 *Nanotermes isaacae* Engel and Grimaldi, 2011。
种类：1 种。
分布：东洋界。

1. 艾萨克渺白蚁 *Nanotermes isaacae* Engel and Grimaldi, 2011

种名释义：种名来自研究琥珀化石的 C. Isaac 女士的姓。
模式标本：正模（成虫）保存在印度勒克瑙巴伯勒萨尼古生物学研究所。
模式产地：印度古吉拉特邦（Tadkeshwar 褐煤矿）。
分布：东洋界的印度（古吉拉特邦）
地质年代：新生代古近纪的始新世。

十四、白蚁属 *Termes* Linnaeus, 1758

模式种：祸根白蚁 *Termes fatalis* Linnaeus, 1758。
种类：2 种。
分布：古北界和新热带界。

1. 第一白蚁 *Termes primitivus* Krishna and Grimaldi, 2009

模式标本：正模（成虫）、副模（成虫）（琥珀）保存在美国自然历史博物馆。
模式产地：多米尼加共和国。
分布：新热带界的多米尼加共和国。
地质年代：新生代新近纪的中新世。

2. 西尔乌圭白蚁 *Termes siruguei* Nel, 1984

模式标本：正模（成虫）保存在法国普罗旺斯地区艾克斯自然历史博物馆。
模式产地：法国（Aix-en-Provence）。
分布：古北界的法国。
地质年代：新生代古近纪的渐新世。

十五、后白蚁属 *Metatermites* Armbruster, 1941

模式种：斯特茨后白蚁 *Metatermites statzi* Armbruster, 1941。
种类：1 种。
分布：古北界。

1. 斯特茨后白蚁 *Metatermites statzi* Armbruster, 1941

模式标本：正模（成虫）保存在德国斯图加特州自然历史博物馆。
模式产地：德国（Randeck）。
分布：古北界的德国。
地质年代：新生代新近纪的中新世。

十六、分类地位未定的化石种类

1. 克罗地亚白蚁（真白蚁亚属）*Termes* (*Eutermes*) *croaticus* Heer, 1849

模式标本：正模（成虫）保存地不详。
模式产地：克罗地亚（Radoboj）。
分布：古北界的克罗地亚。
地质年代：新生代新近纪的中新世。

2. 昏暗白蚁（真白蚁亚属）*Termes* (*Eutermes*) *obscurus* Heer, 1849

模式标本：正模（成虫）保存地不详。
模式产地：克罗地亚（Radoboj）。
分布：古北界的克罗地亚。
地质年代：新生代新近纪的中新世。

*****巨大白蚁 *Termes giganteus* Hagen, 1855（裸记名称）**

品级：成虫。
分布：古北界的克罗地亚。
地质年代：新生代新近纪的中新世。

3. 布赫白蚁 *Termes buchii* Heer, 1865

模式标本：正模（成虫）保存地不详。
模式产地：德国（Oeningen）。
分布：古北界的德国。
地质年代：新生代新近纪的中新世。

4. 弗拉斯真白蚁 *Eutermes fraasi* Rosen, 1913

模式标本：正模（成虫的翅）保存在德国斯图加特州自然历史博物馆。
模式产地：德国（Randeck）。
分布：古北界的德国。
地质年代：新生代新近纪的中新世。

5. 树脂奇异白蚁 *Mirotermes resinatus* Rosen, 1913

模式标本：全模（成虫）（柯巴脂）保存地不详。
模式产地：东非。
分布：非洲界的东非。
地质年代：新生代第四纪的更新世。

6. 友好白蚁（白蚁亚属）*Termes* (*Termes*) *amicus* Rosen, 1913

模式标本：全模（兵蚁、工蚁）（柯巴脂）保存地不详。
模式产地：东非。
分布：非洲界的东非。
地质年代：新生代第四纪的更新世。

7. 尼克尔真白蚁 *Eutermes nickeli* Armbruster, 1941

模式标本：全模（成虫）保存在德国斯图加特州自然历史博物馆。

模式产地：德国（Randeck）。

分布：古北界的德国。

地质年代：新生代新近纪的中新世。

8. 扎赫特莱宾真白蚁 *Eutermes sachtlebini* Armbruster, 1941

模式标本：全模（成虫）保存在德国斯图加特州自然历史博物馆。

模式产地：德国（Randeck）。

分布：古北界的德国。

地质年代：新生代新近纪的中新世。

9. 德拉巴泰白蚁 *Termes drabatyi* Armbruster, 1941

模式标本：全模（成虫）保存在德国斯图加特州自然历史博物馆。

模式产地：德国（Randeck）。

分布：古北界的德国。

地质年代：新生代新近纪的中新世。

10. 豪夫白蚁 *Termes hauf* Armbruster, 1941

模式标本：正模（成虫）保存在德国斯图加特州自然历史博物馆。

模式产地：德国（Randeck）。

分布：古北界的德国。

地质年代：新生代新近纪的中新世。

11. 科尔施埃夫斯克白蚁 *Termes korschefskyi* Armbruster, 1941

模式标本：正模（成虫）保存在德国斯图加特州自然历史博物馆。

模式产地：德国（Randeck）。

分布：古北界的德国。

地质年代：新生代新近纪的中新世。

12. 谢尔白蚁 *Termes scheeri* Armbruster, 1941

模式标本：正模（成虫）、副模（成虫）保存在德国斯图加特州自然历史博物馆。

模式产地：德国（Randeck）。

分布：古北界的德国。

地质年代：新生代新近纪的中新世。

13. 施莱普白蚁 *Termes schleipi* Armbruster, 1941

模式标本：正模（成虫）保存在德国斯图加特州自然历史博物馆。

模式产地：德国（Randeck）。

分布：古北界的德国。

地质年代：新生代新近纪的中新世。

14. 施蒂茨白蚁 *Termes stitzi* Armbruster, 1941

模式标本：正模（成虫）保存在德国斯图加特州自然历史博物馆。

模式产地：德国（Randeck）。

分布：古北界的德国。

地质年代：新生代新近纪的中新世。

15. 魏斯曼白蚁 *Termes weismanni* Armbruster, 1941

模式标本：正模（成虫）保存在德国斯图加特州自然历史博物馆。

模式产地：德国（Randeck）。

分布：古北界的德国。

地质年代：新生代新近纪的中新世。

第十一节 分类地位未定的属

种类：32 属 47 种。

分布：新热带界、古北界、新北界、东洋界、

一、阿尤鲁奥卡白蚁属 *Aiuruocatermes* Martins-Neto and Pesenti, 2006

属名释义：属名来自标本发现地阿尤鲁奥卡盆地（Aiuruoca Basin）。

模式种：皮奥韦扎纳阿尤鲁奥卡白蚁 *Aiuruocatermes piovezanae* Martins-Neto and Pesenti, 2006。

种类：1 种。

分布：新热带界。

1. 皮奥韦扎纳阿尤鲁奥卡白蚁 *Aiuruocatermes piovezanae* Martins-Neto and Pesenti, 2006

模式标本：正模（成虫）保存在巴西瓜鲁柳斯大学古生物学博物馆。

模式产地：巴西（Minas Gerais）。

分布：新热带界的巴西。

地质年代：新生代古近纪的渐新世。

二、阿拉贡白蚁属 *Aragonitermes* Engel and Delclòs, 2010

属名释义：属名来自西班牙的阿拉贡（Aragon）自治区。

模式种：特鲁埃尔阿拉贡白蚁 *Aragonitermes teruelensis* Engel and Delclòs, 2010。

种类：1 种。

分布：古北界。

1. 特鲁埃尔阿拉贡白蚁 *Aragonitermes teruelensis* Engel and Delclòs, 2010

种名释义：种名来自标本发现地特鲁埃尔省（Teruel Province）。

模式标本：正模（成虫的前翅）保存在西班牙特鲁埃尔省恐龙-古生物学联合基金会。
模式产地：西班牙特鲁埃尔省（San Just）。
分布：古北界的西班牙。
地质年代：中生代白垩纪的阿尔布阶。

三、阿达白蚁属 *Ardatermes* Kaddumi, 2005

模式种：胡达卢德阿达白蚁 *Ardatermes hudaludi* Kaddumi, 2005。
种类：1 种。
分布：古北界。

1. 胡达卢德阿达白蚁 *Ardatermes hudaludi* Kaddumi, 2005

模式标本：正模（成虫）保存在约丹扎尔卡河自然历史博物馆。
模式产地：约丹扎尔卡河盆地。
分布：古北界的约旦。
地质年代：中生代早白垩纪。

四、亚白蚁属 *Asiatermes* Ren, 1995

属名释义：属名来自标本分布的洲（亚洲）。
模式种：网脉亚白蚁 *Asiatermes reticulatus* Ren, 1995。
种类：1 种。
分布：古北界。

1. 网脉亚白蚁 *Asiatermes reticulatus* Ren, 1995

模式标本：正模（成虫的前翅）（页岩）保存在中国地质博物馆。
模式产地：中国的北京西山崇青水库。
分布：古北界的中国（北京）。
地质年代：中生代白垩纪的早白垩世。

五、拜萨白蚁属 *Baissatermes* Engel, Grimaldi, and Krishna, 2007

属名释义：属名来自俄罗斯的地名拜萨（Baissa）。
模式种：石拜萨白蚁 *Baissatermes lapideus* Engel, Grimaldi, and Krishna, 2007。
种类：1 种。
分布：古北界。

1. 石拜萨白蚁 *Baissatermes lapideus* Engel, Grimaldi, and Krishna, 2007

模式标本：正模（成虫）（页岩）保存在俄罗斯莫斯科古生物研究所。
模式产地：俄罗斯（Baissa：Transbaikallia）。
分布：古北界的俄罗斯。
地质年代：中生代白垩纪的贝利阿斯阶。

六、坎塔布里白蚁属 *Cantabritermes* Engel and Delclòs, 2010

属名释义：属名来自西班牙北部的坎塔布里（Cantabri）部落。
模式种：简单坎塔布里白蚁 *Cantabritermes simplex* Engel and Delclòs, 2010。
种类：1 种。
分布：古北界。

1. 简单坎塔布里白蚁 *Cantabritermes simplex* Engel and Delclòs, 2010
模式标本：正模（成虫的前翅）保存在西班牙阿拉瓦省自然历史博物馆。
模式产地：西班牙（Burgos）。
分布：古北界的西班牙。
地质年代：中生代白垩纪的阿尔布阶。

七、脊白蚁属 *Carinatermes* Krishna and Grimaldi, 2000

模式种：纳西门本脊白蚁 *Carinatermes nascimbeni* Krishna and Grimaldi, 2000。
种类：1 种。
分布：新北界。

1. 纳西门本脊白蚁 *Carinatermes nascimbeni* Krishna and Grimaldi, 2000
模式标本：正模（成虫）（琥珀）保存在美国自然历史博物馆。
模式产地：美国新泽西州（Sayreville）。
分布：新北界的美国（新泽西州）。
地质年代：中生代白垩纪的土仑阶。

八、白垩鼻白蚁属 *Cretarhinotermes* Bechly, 2007

模式种：新奥林达白垩鼻白蚁 *Cretarhinotermes novaolindense* Bechly, 2007。
种类：1 种。
分布：新热带界。

1. 新奥林达白垩鼻白蚁 *Cretarhinotermes novaolindense* Bechly, 2007
模式标本：正模（成虫）保存在德国斯图加特州自然历史博物馆。
模式产地：巴西（Nova Olinda）。
分布：新热带界的巴西（Ceará）。
地质年代：中生代白垩纪的阿普特阶。

九、白垩白蚁属 *Cretatermes* Emerson, 1968

模式种：卡彭特白垩白蚁 *Cretatermes carpenteri* Emerson, 1968。
种类：1 种。
分布：新北界。

1. 卡彭特白垩白蚁 *Cretatermes carpenteri* Emerson, 1968

模式标本：正模（成虫的翅）保存在美国新泽西州普林斯顿大学。

模式产地：加拿大（Labrador）。

分布：新北界的加拿大。

地质年代：中生代白垩纪的赛诺曼阶。

十、达摩白蚁属 *Dharmatermes* Engel, Grimaldi, and Krishna, 2007

模式种：地狱达摩白蚁 *Dharmatermes avernalis* Engel, Grimaldi, and Krishna, 2007。

种类：1 种。

分布：东洋界。

1. 地狱达摩白蚁 *Dharmatermes avernalis* Engel, Grimaldi, and Krishna, 2007

模式标本：正模（成虫）（琥珀）保存在美国自然历史博物馆。

模式产地：缅甸克钦邦（Tanai 村）。

分布：东洋界的缅甸。

地质年代：中生代白垩纪的阿尔布阶。

十一、法兰西白蚁属 *Francotermes* Weidner and Riou, 1986

模式种：圣博济耶法兰西白蚁 *Francotermes bauzilensis* Weidner and Riou, 1986。

种类：1 种。

分布：古北界。

1. 圣博济耶法兰西白蚁 *Francotermes bauzilensis* Weidner and Riou, 1986

种名释义：种名来自标本发现地地名法国的 Saint Bauzile。

模式标本：正模（成虫的前翅）、副模（成虫的翅）保存在法国第戎地球科学研究所史前实验室。

模式产地：法国（Ardèche）。

分布：古北界的法国。

地质年代：新生代新近纪的中新世。

十二、庞白蚁属 *Ginormotermes* Engel, Barden, and Grimaldi, 2016

曾称为：*Gigantotermes* Engel, Barden, and Grimaldi, 2016，后来定名者发现此属名已被 Haase 于 1890 年命名了 *Giantotermes excelsus*，于是定名人于 2016 年将属名改为 *Ginormotermes*，它由 gigantic 和 enormous 两个英文单词合拼而成。

模式种：王者庞白蚁 *Ginormotermes rex* Engel, Barden, and Grimaldi, 2016。

种类：1 种。

分布：东洋界。

1. 王者庞白蚁 *Ginormotermes rex* Engel, Barden, and Grimaldi, 2016

种名释义：种名的拉丁语意为“王者、统治者”。

模式标本：正模（兵蚁）（琥珀）保存在美国自然历史博物馆。
模式产地：缅甸的北部。
分布：东洋界的缅甸。
地质年代：中生代的白垩纪早期。

十三、巨白蚁属 *Gyatermes* Engel and Gross, 2009

模式种：施蒂里亚巨白蚁 *Gyatermes styriensis* Engel and Gross, 2009。
种类：2 种。
分布：古北界。

1. 施蒂里亚巨白蚁 *Gyatermes styriensis* Engel and Gross, 2009

模式标本：正模（成虫的前翅）保存在奥地利格拉茨陆地博物馆动物学部。
模式产地：奥地利（Styrian Basin）。
分布：古北界的奥地利。
地质年代：新生代新近纪的中新世。

2. 长野巨白蚁 *Gyatermes naganoensis* Engel and Tanaka, 2015

模式标本：正模（成虫的前翅）保存地不详。
模式产地：日本长野。
分布：古北界的日本。
地质年代：新生代新近纪的中新世。

十四、华夏白蚁属 *Huaxiatermes* Ren, 1995

属名释义：华夏是中国的古称。
模式种：黄氏华夏白蚁 *Huaxiatermes huangi* Ren, 1995。
种类：1 种。
分布：古北界。

1. 黄氏华夏白蚁 *Huaxiatermes huangi* Ren, 1995

种名释义：种名来自中国白蚁学家黄复生教授的姓。
模式标本：正模（成虫前翅）（页岩）保存在中国地质博物馆。
模式产地：中国北京市西山崇青水库。
分布：古北界的中国（北京）。
地质年代：中生代白垩纪的早白垩世。

十五、蓟白蚁属 *Jitermes* Ren, 1995

属名释义：化石产地北京古称蓟城。
模式种：蔡氏蓟白蚁 *Jitermes tsaii* Ren, 1995。
种类：2 种。
分布：古北界。

1. 蔡氏蓟白蚁 *Jitermes tsaii* Ren, 1995

种名释义：种名来自昆虫学家蔡邦华教授的姓。
模式标本：正模（成虫的前翅）（页岩）保存在中国地质博物馆。
模式产地：中国北京市西山崇青水库。
分布：古北界的中国（北京）。
地质年代：中生代白垩纪早期。

2. 夏庄蓟白蚁 *Jitermes xiazhuangensis* Zhang, 2002

模式标本：正模（成虫带左前、后翅）（虫体不全）保存在中国地质博物馆。
模式产地：中国北京市夏庄。
分布：古北界的中国（北京）。
地质年代：中生代白垩纪早期。

十六、克里希纳白蚁属 *Krishnatermes* Engel, Barden, and Grimaldi, 2016

模式种：勇士克里希纳白蚁 *Krishnatermes yoddha* Engel, Barden, and Grimaldi, 2016。
种类：1 种。
分布：东洋界。

1. 勇士克里希纳白蚁 *Krishnatermes yoddha* Engel, Barden, and Grimaldi, 2016

模式标本：正模（成虫）、副模（兵蚁、工蚁）（琥珀）保存在美国自然历史博物馆。
模式产地：缅甸克钦邦。
分布：东洋界的缅甸。
地质年代：中生代的白垩纪早期。

十七、黎巴嫩白蚁属 *Lebanotermes* Engel, Azar, and Nel, 2011

模式种：韦尔茨黎巴嫩白蚁 *Lebanotermes veltzae* Engel, Azar, and Nel, 2011。
种类：1 种。
分布：古北界。

1. 韦尔茨黎巴嫩白蚁 *Lebanotermes veltzae* Engel, Azar, and Nel, 2011

种名释义：种名来自定名人的同事 I. Veltz 博士的姓。
模式标本：正模（成虫）（琥珀）保存在法国自然历史博物馆。
模式产地：黎巴嫩（Mount Lebanon District）。
分布：古北界的黎巴嫩。
地质年代：中生代白垩纪的阿普特阶。

十八、鲁帝特白蚁属 *Lutetiatermes* Schlüter, 1989

属名释义：鲁帝特为法国巴黎的旧称。
模式种：古老鲁帝特白蚁 *Lutetiatermes priscus* Schlüter, 1989。

种类：1 种。
分布：古北界。

1. 古老鲁帝特白蚁 *Lutetiatermes priscus* Schlüter, 1989

模式标本：正模（成虫）（琥珀）保存在德国自由大学古生物学研究所。
模式产地：法国（Ecommoy）。
分布：古北界的法国。
地质年代：中生代白垩纪的赛诺曼阶。

十九、马瑞康尼白蚁属 *Mariconitermes* Fontes and Vulcano, 1998

模式种：塔利赛马瑞康尼白蚁 *Mariconitermes talicei* Fontes and Vulcano, 1998。
种类：1 种。
分布：新热带界。

1. 塔利赛马瑞康尼白蚁 *Mariconitermes talicei* Fontes and Vulcano, 1998

种名释义：种名来自巴西白蚁学家 R. V. Talice 博士的姓。
模式标本：正模（脱翅成虫）、副模（脱翅成虫）由巴西圣保罗的 M. A. Vulcano 私人收藏。
模式产地：巴西（Ceara State）。
分布：新热带界的巴西。
地质年代：中生代白垩纪的阿普特阶。

二十、梅亚白蚁属 *Meiatermes* Lacasa-Ruiz and Martínez-Delclòs, 1986

模式种：贝尔特兰梅亚白蚁 *Meiatermes bertrani* Lacasa-Ruiz and Martínez-Delclòs, 1986。
种类：3 种。
分布：新热带界、古北界。

1. 阿拉里皮梅亚白蚁 *Meiatermes araripena* Krishna, 1990

异名：佩雷拉白垩白蚁 *Cretatermes pereirai* Fontes and Vulcano, 1998。
模式标本：正模（成虫）、副模（成虫）保存在巴西圣保罗大学动物学博物馆。
模式产地：巴西阿拉里皮高原。
分布：新热带界的巴西。
地质年代：中生代白垩纪的阿普特阶。

2. 贝尔特兰梅亚白蚁 *Meiatermes bertrani* Lacasa-Ruiz and Martínez-Delclòs, 1986

模式标本：正模（成虫）、副模（成虫）保存在西班牙莱里达研究所。
模式产地：西班牙（Lleida）。
分布：古北界的西班牙。
地质年代：中生代白垩纪的贝利阿斯阶和凡兰吟阶。

3. 先知梅亚白蚁 *Meiatermes hariolus* Grimaldi, 2008

模式标本：正模（成虫）保存在美国自然历史博物馆，副模（成虫）保存在德国斯图加特州自然历史博物馆。

模式产地：巴西（Araripe）。

分布：新热带界的巴西。

地质年代：中生代白垩纪的阿普特阶。

二十一、麦尔库特白蚁属 *Melquartitermes* Engel, Grimaldi, and Krishna, 2007

模式种：没药麦尔库特白蚁 *Melquartitermes myrrheus* Engel, Grimaldi, and Krishna, 2007。

种类：1 种。

分布：古北界。

1. 没药麦尔库特白蚁 *Melquartitermes myrrheus* Engel, Grimaldi, and Krishna, 2007

种名释义：种名来自没药的英文名 myrrh，它可作香料和药材。

模式标本：正模（成虫）（琥珀）保存在美国自然历史博物馆。

模式产地：黎巴嫩。

分布：古北界的黎巴嫩。

地质年代：中生代的白垩纪早期。

二十二、中生白蚁属 *Mesotermopsis* Engel and Ren, 2003

异名：中生白蚁属 *Mesotermes* Ren, 1995。

模式种：不全中生白蚁 *Mesotermopsis incompleta* (Ren, 1995)。

种类：2 种。

分布：古北界。

1. 不全中生白蚁 *Mesotermopsis incompleta* (Ren, 1995)

曾称为：不全中生白蚁 *Mesotermes incompletes* Ren, 1995。

模式标本：正模（不完全的前翅）（页岩）保存在中国地质博物馆。

模式产地：中国北京市西山崇青水库。

分布：古北界的中国（北京）。

地质年代：中生代白垩纪的早白垩世。

2. 宽中生白蚁 *Mesotermopsis lata* (Ren, 1995)

曾称为：宽中生白蚁 *Mesotermes latus* Ren, 1995。

模式标本：正模（成虫的前翅）（页岩）保存在中国地质博物馆。

模式产地：中国北京市西山崇青水库。

分布：古北界的中国（北京）。

地质年代：中生代白垩纪的早白垩世。

二十三、莫拉扎白蚁属 *Morazatermes* Engel and Delclòs, 2010

属名释义：属名来自模式标本发现地附近的 Moraza 村庄。
模式种：克里希纳莫拉扎白蚁 *Morazatermes krishnai* Engel and Delclòs, 2010。
种类：1 种。
分布：古北界。

1. 克里希纳莫拉扎白蚁 *Morazatermes krishnai* Engel and Delclòs, 2010

模式标本：正模（成虫）、副模（前翅、后翅）保存在西班牙阿拉瓦省自然历史博物馆。
模式产地：西班牙的北部（Burgos）。
分布：古北界的西班牙。
地质年代：中生代白垩纪的阿尔布阶。

二十四、蟑白蚁属 *Mylacrotermes* Engel, Grimaldi, and Krishna, 2007

模式种：心形蟑白蚁 *Mylacrotermes cordatus* Engel, Grimaldi, and Krishna, 2007。
种类：1 种。
分布：东洋界。

1. 心形蟑白蚁 *Mylacrotermes cordatus* Engel, Grimaldi, and Krishna, 2007

模式标本：正模（成虫）（琥珀）保存在堪萨斯大学斯诺博物馆。
模式产地：缅甸克钦邦（Tanai 村）。
分布：东洋界的缅甸。
地质年代：中生代白垩纪的阿尔布阶。

二十五、古似白蚁属 *Paleotermopsis* Nel and Paicheler, 1993

模式种：渐新古似白蚁 *Paleotermopsis oligocenicus* Nel and Paicheler, 1993。
种类：1 种。
分布：古北界。

1. 渐新古似白蚁 *Paleotermopsis oligocenicus* Nel and Paicheler, 1993

种名释义：种名来自化石的地质年代渐新世（Oligocene）。
模式标本：正模（成虫）保存在法国自然历史博物馆。
模式产地：法国（Aix-en-Provence）。
分布：古北界的法国。
地质年代：新生代古近纪的渐新世。

二十六、圣东尼白蚁属 *Santonitermes* Engel, Nel, and Perrichot, 2011

属名释义：曾称为“桑通白蚁属”，这种译法不妥。圣东尼人（Santons）是法国的古老部落的原住民，他们居住在圣东尼（Saintonge）。
模式种：克洛伊圣东尼白蚁 *Santonitermes chloeae* Engel, Nel, and Perrichot, 2011。

种类：1 种。
分布：古北界。

1. 克洛伊圣东尼白蚁 *Santonitermes chloeae* Engel, Nel, and Perrichot, 2011

种名释义：种名来自琥珀收藏家 Eric Dépré 第一个女儿 Chloé Dépré 的名字。
模式标本：正模（成虫）（琥珀）保存在法国雷恩大学地学系。
模式产地：法国（Charente-Maritime）。
分布：古北界的法国。
地质年代：中生代白垩纪的早阿尔布阶到晚赛诺曼阶。

二十七、西格里乌斯白蚁属 *Syagriotermes* Engel, Nel, and Perrichot, 2011

属名释义：程冬保、杨兆芬（2014）曾称之为“西阿格里乌斯白蚁属”，现译法似乎更妥。Syagrius 是罗马最后一任皇帝（430—486）。
模式种：萨洛米西格里乌斯白蚁 *Syagriotermes salomeae* Engel, Nel, and Perrichot, 2011。
种类：1 种。
分布：古北界。

1. 萨洛米西格里乌斯白蚁 *Syagriotermes salomeae* Engel, Nel, and Perrichot, 2011

种名释义：种名来自琥珀收藏家 Eric Dépré 第二个女儿 Salomé Dépré 的名字。
模式标本：正模（成虫）（琥珀）保存在法国雷恩大学地学系。
模式产地：法国（Charente-Maritime）。
分布：古北界的法国。
地质年代：中生代白垩纪的阿尔布阶。

二十八、长头白蚁属 *Tanytermes* Engel, Grimaldi, and Krishna, 2007

模式种：阿奴律陀长头白蚁 *Tanytermes anawrahtai* Engel, Grimaldi, and Krishna, 2007。
种类：1 种。
分布：东洋界。

1. 阿奴律陀长头白蚁 *Tanytermes anawrahtai* Engel, Grimaldi, and Krishna, 2007

种名释义：阿奴律陀（Anawrahta，1044—1077）是缅甸第一任国王。
模式标本：正模（成虫）（琥珀）保存在美国自然历史博物馆。
模式产地：缅甸克钦邦（Tanai 村）。
分布：东洋界的缅甸。
地质年代：中生代白垩纪的阿尔布阶。

二十九、天使白蚁属 *Termitotron* Engel, 2014

模式种：旺代天使白蚁 *Termitotron vendeense* Engel, 2014。
种类：1 种。
分布：古北界。

1. 旺代天使白蚁 *Termitotron vendeense* Engel, 2014

种名释义：种名来自标本的发现地。

模式标本：正模（有翅成虫）（琥珀）保存在法国雷恩大学地学系博物馆。

模式产地：法国（Vendée）。

分布：古北界的法国（西北部）。

地质年代：中生代的白垩纪晚期。

三十、厄尔默白蚁属 *Ulmeriella* Meunier, 1920

属名释义：定名人 F. Meunier 当年以为此类化石属于毛翅目 Trichoptera，就用毛翅目研究的权威 G. Ulmer 博士的姓命名了此属。

异名：开白蚁属 *Diatermes* Martynov, 1929。

模式种：鲍克霍恩厄尔默白蚁 *Ulmeriella bauckhorni* Meunier, 1920。

种类：11 种。

分布：新北界、古北界。

1. 艾克斯厄尔默白蚁 *Ulmeriella aquisextana* Nel, 1986

模式标本：正模（成虫的翅）保存在法国自然历史博物馆。

模式产地：法国普罗旺斯地区艾克斯。

分布：古北界的法国。

地质年代：新生代古近纪的渐新世。

2. 鲍克霍恩厄尔默白蚁 *Ulmeriella bauckhorni* Meunier, 1920

异名：罗特木白蚁 *Calotermes rottensis* Statz, 1930、智慧木白蚁 *Calotermes sophiae* Statz, 1930。

模式标本：正模（成虫的翅）保存地不详。

模式产地：德国（Rott-am-Siebengbirge）。

分布：古北界的捷克共和国、德国。

地质年代：新生代新近纪的中新世和古近纪的渐新世。

3. 科克雷尔厄尔默白蚁 *Ulmeriella cockerelli* Martynov, 1929

异名：西伯利亚开白蚁 *Diatermes sibiricus* Martynov, 1929。

模式标本：正模（成虫的前翅）保存在莫斯科古生物学研究所。

模式产地：俄罗斯西伯利亚（Mt. Ashutas）。

分布：古北界的俄罗斯。

地质年代：新生代古近纪的渐新世。

4. 拉塔厄尔默白蚁 *Ulmeriella latahensis* Snyder, 1949

模式标本：正模（成虫的翅）保存在美国国家博物馆。

模式产地：美国华盛顿州（Latah）。

分布：新北界的美国（华盛顿州）。

地质年代：新生代新近纪的中新世。

5. 马丁诺夫厄尔默白蚁 *Ulmeriella martynovi* Zeuner, 1938

模式标本：正模（成虫）、副模（成虫）保存在德国美因茨自然历史博物馆。
模式产地：德国（Mainz 附近）。
分布：古北界的法国、德国。
地质年代：新生代新近纪的中新世。

6. 上新厄尔默白蚁 *Ulmeriella pliocenica* Nel, 1987

种名释义：种名来自标本的地质年代上新世（Pliocene）。
模式标本：正模（成虫）保存在法国自然历史博物馆。
模式产地：法国（Ardèche）。
分布：古北界的法国。
地质年代：新生代新近纪的中新世、上新世。

7. 鲁比厄尔默白蚁 *Ulmeriella rubiensis* Lewis, 1973

模式标本：正模（成虫的后翅）保存在美国自然历史博物馆。
模式产地：美国蒙大拿州（Ruby River Basin）。
分布：新北界的美国（蒙大拿州）。
地质年代：新生代古近纪的渐新世。

8. 雳石厄尔默白蚁 *Ulmeriella shizukuishiensis* Fujiyama, 1983

模式标本：正模（成虫的后翅）保存在日本国家科学博物馆（自然历史）。
模式产地：日本岩手县（Shizukuishi）。
分布：古北界的日本。
地质年代：新生代新近纪的中新世。

9. 斯特劳斯厄尔默白蚁 *Ulmeriella straussi* Weidner, 1971

模式标本：正模（成虫的前翅）保存在德国哥廷根大学地质与古生物学研究所。
模式产地：德国（Willershausen）。
分布：古北界的德国。
地质年代：新生代新近纪的上新世。

10. 植村厄尔默白蚁 *Ulmeriella uemurai* Fujiyama, 1983

模式标本：正模（成虫的前翅）、副模（成虫的后翅）保存在日本国家科学博物馆（自然历史）。

模式产地：日本秋田县（Miyata）。
分布：古北界的日本。
地质年代：新生代新近纪的中新世。

11. 威勒沙乌森厄尔默白蚁 *Ulmeriella willershausensis* Weidner, 1967

模式标本：正模（成虫的前翅）、副模（成虫的前翅和后翅）保存在德国哥廷根大学地质与古生物学研究所。

模式产地：德国（Willershausen）。

分布：古北界的德国。
地质年代：新生代新近纪的上新世。

三十一、燕京白蚁属 *Yanjingtermes* Ren, 1995

属名释义：标本发现地北京古称燕京。
模式种：硕燕京白蚁 *Yanjingtermes giganteus* Ren, 1995。
种类：1 种。
分布：古北界。

1. 硕燕京白蚁 *Yanjingtermes giganteus* Ren, 1995

模式标本：正模（成虫的前翅）（页岩）保存在中国地质博物馆。
模式产地：中国北京市西山崇青水库。
分布：古北界的中国（北京）。
地质年代：中新代的白垩纪早期。

三十二、永定白蚁属 *Yongdingia* Ren, 1995

属名释义：化石产地位于古老的永定河畔。
模式种：美丽永定白蚁 *Yongdingia opipara* Ren, 1995。
种类：1 种。
分布：古北界。

1. 美丽永定白蚁 *Yongdingia opipara* Ren, 1995

模式标本：正模（成虫的前翅）（页岩）保存在中国地质博物馆。
模式产地：中国北京市西山崇青水库。
分布：古北界的中国（北京）。
地质年代：中新代的白垩纪早期。

第十二节 名称不确定的属

种类：4 属 4 种。
分布：新热带界、古北界。

一、阿拉里皮白蚁属 *Araripetermes* Martins-Neto, Ribeiro-Júnior, and Prezoto, 2006

属名释义：属名来自标本发现地地名阿拉里皮盆地（Araripe Basin）。
模式种：土著阿拉里皮白蚁 *Araripetermes nativus* Martins-Neto, Ribeiro-Júnior, and Prezoto, 2006。
种类：1 种。
分布：新热带界。

1. 土著阿拉里皮白蚁 *Araripetermes nativus* Martins-Neto, Ribeiro-Júnior, and Prezoto, 2006

模式标本：正模（成虫）保存在巴西古节肢动物学会。

模式产地：巴西（Ceará）。

分布：新热带界的巴西。

地质年代：中生代白垩纪的阿普特阶。

二、卡廷加白蚁属 *Caatingatermes* Martins-Neto, Ribeiro-Júnior, and Prezoto, 2006

属名释义：属名来自生态单位，即卡廷加群落。

模式种：大头卡廷加白蚁 *Caatingatermes megacephalus* Martins-Neto, Ribeiro-Júnior, and Prezoto, 2006。

种类：1 种。

分布：新热带界。

1. 大头卡廷加白蚁 *Caatingatermes megacephalus* Martins-Neto, Ribeiro-Júnior, and Prezoto, 2006

模式标本：正模（成虫）保存在巴西古节肢动物学会。

模式产地：巴西（Ceará）。

分布：新热带界的巴西。

地质年代：中生代白垩纪的阿普特阶。

三、巴西东北白蚁属 *Nordestinatermes* Martins-Neto, Ribeiro-Júnior, and Prezoto, 2006

属名释义：属名来自标本的发现地位置（巴西东北部）。

模式种：蚕食巴西东北白蚁 *Nordestinatermes obesus* Martins-Neto, Ribeiro-Júnior and Prezoto, 2006。

种类：1 种。

分布：新热带界。

1. 蚕食巴西东北白蚁 *Nordestinatermes obesus* Martins-Neto, Ribeiro-Júnior and Prezoto, 2006

模式标本：正模（成虫）保存在巴西古节肢动物学会。

模式产地：巴西（Ceará）。

分布：新热带界的巴西（Ceará）。

地质年代：中生代白垩纪的阿普特阶。

四、真白蚁属 *Eutermes* Heer, 1849

模式种：虚弱真白蚁 *Eutermes debilis* (Heer, 1849)。

种类：1 种。
分布：古北界。

1. 虚弱真白蚁 *Eutermes debilis* (Heer, 1849)

曾称为：虚弱白蚁（真白蚁亚属）*Termes* (*Eutermes*) *debilis* Heer, 1849。
模式标本：正模（成虫）（琥珀）保存地不详。
模式产地：波罗的海。
分布：古北界的波罗的海。
地质年代：新生代古近纪的始新世。

第十三节 克劳斯白蚁科（遗迹化石）

Krausichnidae Genise, 2004

模式属：克劳斯白蚁属 *Krausichnus* Genise and Bown, 1994。
种类：5 属 10 种。
分布：古北界、新热带界、非洲界。

一、弗利格尔白蚁属 *Fleaglellius* Genise and Bown, 1994

属名释义：属名来自 J. Fleagle 博士的姓。
属式种：塔巢弗利格尔白蚁 *Fleaglellius pagodus* Genise and Bown, 1994。
种类：1 种。
分布：古北界。

1. 塔巢弗利格尔白蚁 *Fleaglellius pagodus* Genise and Bown, 1994

模式标本：正模（巢遗迹化石）保存在埃及开罗地质博物馆。
模式产地：埃及（Jebel Formation、Fayum Depression）。
分布：古北界的埃及。
地质年代：新生代古近纪的始新世到渐新世。

二、克劳斯白蚁属 *Krausichnus* Genise and Bown, 1994

模式种：顶形克劳斯白蚁 *Krausichnus trompitus* Genise and Bown, 1994。
种类：2 种。
分布：古北界。

1. 高巢克劳斯白蚁 *Krausichnus altus* Genise and Bown, 1994

模式标本：正模（巢遗迹化石）保存在埃及开罗地质博物馆。
模式产地：埃及（Jebel Qatrani Formation、Fayum Depression）。
分布：古北界的埃及。
地质年代：新生代古近纪的始新世到渐新世。

2. 顶形克劳斯白蚁 *Krausichnus trompitus* Genise and Bown, 1994

模式标本：正模（巢遗迹化石）保存在埃及开罗地质博物馆。

模式产地：埃及（Qasr el Sagha Formation、Jebel Qatrani Formmation）。

分布：古北界的埃及。

地质年代：新生代古近纪的始新世到渐新世。

三、垄迹白蚁属 *Tacuruichnus* Genise, 1997

属名释义：属名来自 tacuru 和 ichnus，前者为瓜拉尼人对“蚁垄”的称谓，后者为“遗迹”之意。

模式种：法里纳垄迹白蚁 *Tacuruichnus farinai* Genise, 1997。

种类：1 种。

分布：新热带界。

1. 法里纳垄迹白蚁 *Tacuruichnus farinai* Genise, 1997

种名释义：种名来自发现巢迹化石的昆虫学家 J. L. Farina 的姓。

模式标本：正模（巢遗迹化石）保存在阿根廷自然科学博物馆。

模式产地：阿根廷（Buenos Aires Province）。

分布：新热带界的阿根廷。

地质年代：新生代新近纪的上新世。

四、蚁迹白蚁属 *Termitichnus* Bown, 1982

模式种：卡特兰尼蚁迹白蚁 *Termitichnus qatranii* Bown, 1982。

种类：4 种。

分布：非洲界、古北界。

1. 纳米比亚蚁迹白蚁 *Termitichnus namibiensis* Miller and Mason, 2000

模式标本：正模（巢遗迹化石）保存在南非博物馆。

模式产地：南非（Namaqualand）。

分布：非洲界的南非。

地质年代：新生代第四纪的更新世。

2. 卡特兰尼蚁迹白蚁 *Termitichnus qatranii* Bown, 1982

模式标本：正模（巢遗迹化石）保存在埃及开罗地质博物馆。

模式产地：埃及西部沙漠。

分布：古北界的埃及。

地质年代：新生代古近纪的始新世/渐新世以及新近纪的中新世。

3. 施耐德蚁迹白蚁 *Termitichnus schneideri* Duringer, Schuster, Genise, Mackaye, Vignaud, and Brunet,2007

种名释义：种名来自 J. Schneider 博士的姓。

模式标本：正模（巢遗迹化石）、副模（巢遗迹化石）保存在乍得国家支持研究中心。

模式产地：乍得（Erg of Djurab）。
分布：非洲界的乍得。
地质年代：新生代新近纪的上中新世到下上新世。

4. 简形蚁迹白蚁 *Termitichnus simplicidens* Genise and Bown, 1994

模式标本：正模（巢遗迹化石）保存在埃及开罗地质博物馆。
模式产地：埃及（Fayum Depression、Jebel Qatrani Formation）。
分布：古北界的埃及。
地质年代：新生代古近纪的始新世至渐新世。

五、冯德拉白蚁属 *Vondrichnus* Genise and Bown, 1994

属名释义：属名来自 C. F. Vondra 博士的姓。
模式种：卵形冯德拉白蚁 *Vondrichnus obovatus* Genise and Bown, 1994。
种类：2 种。
分布：古北界、非洲界。

1. 扁球冯德拉白蚁 *Vondrichnus planoglobus* Duringer, Schuster, Genise, Mackaye, Vignaud, and Brunet, 2007

模式标本：正模（巢遗迹化石）保存在乍得国家支持研究中心。
模式产地：乍得（Erg of Djurab）。
分布：非洲界的乍得。
地质年代：新生代新近纪的上中新世到下上新世。

2. 卵形冯德拉白蚁 *Vondrichnus obovatus* Genise and Bown, 1994

模式标本：正模（巢遗迹化石）保存在埃及开罗地质博物馆。
模式产地：埃及东北部（Jebel Qatrani Formation）。
分布：古北界的埃及。
地质年代：新生代古近纪的始新世到渐新世。

参考文献

陈镈尧, 施凤英, 王可华, 1992. 六种白蚁消化系统解剖比较研究. 白蚁科技, 9(2): 7-13.

陈亭旭, 刘广宇, 金道超, 等, 2015. 新渡户近扭白蚁 *Pericapritermes nitobei* (Shiraki)的重新描述（昆虫纲, 蜚蠊目, 白蚁科）. 山地农业生物学报, 34(5): 46-49, 55.

程冬保, 杨兆芬, 2014. 白蚁学. 北京: 科学出版社.

黄复生, 朱世模, 平正明, 等, 2000. 中国动物志 昆虫纲 第二十七卷 等翅目. 北京: 科学出版社.

柯云玲, 吴文静, 刘广宇, 等, 2016. 台湾乳白蚁与赭黄乳白蚁的异名关系——基于形态与分子特征的分析（等翅目: 鼻白蚁科）. 环境昆虫学报, 38: 341-347.

柯云玲, 杨悦屏, 张世军, 等, 2015. 全球入侵白蚁及中国的白蚁入侵问题. 环境昆虫学报, 37(1): 139-154.

李志强, 肖维良, 钟俊鸿, 等, 2009. 鼻白蚁科系统发育研究述评. 环境昆虫学报, 31(2): 275-279.

《世界姓名译名手册》编译组, 1989. 世界姓名译名手册. 北京: 化学工业出版社.

谭速进, 彭晓涛, 2009. 四川新白蚁属一新种记述（等翅目, 木白蚁科）. 动物分类学报, 34: 587-589.

谭速进, 严少辉, 彭晓涛, 2013. 近扭白蚁属一新种记述（等翅目, 白蚁科）. *Acta Zootaxonomica Sinica*, 38(1): 119-123.

文俊, 郑乐怡, 2007. 国际动物命名法规. 北京: 科学出版社.

谢大任, 1988. 拉丁语汉语词典. 北京: 商务印书馆.

谢强, 卜文俊, 2010. 进化生物学. 北京: 高等教育出版社.

谢强, 卜文俊, 于昕, 等, 2012. 现代动物分类学导论. 北京: 科学出版社.

新华通讯社译名资料组, 1989. 英语姓名译名手册. 北京: 商务印书馆.

邢连喜, 胡萃, 程家安, 1999. 四种白蚁的线粒体DNA限制性片段长度多态性研究. 昆虫分类学报, 21(3): 181-185.

邢连喜, 苏晓红, 阴灵芳, 等, 2001. 5种白蚁基因组DNA随机扩增多态性研究. 西北大学学报（自然科学版）, 31(5): 445-447, 460.

杨兆芬, 武廷章, 黄凤丽, 等, 1993. 圆唇散白蚁与五种蜚蠊酯酶同工酶的比较研究. 白蚁科技, 10(3): 10-14.

张方耀, 李参, 唐觉, 1992. 浙江省九科白蚁的酯酶同工酶的比较研究. 白蚁科技, 9(1): 7-11.

张方耀, 唐觉, 李参, 1994. 七种白蚁消化道解剖形态的比较研究. 昆虫知识, 31(5): 300-308.

张昀, 1998. 生物进化. 北京: 北京大学出版社.

张贞华, 唐奇峰, 1985. 浙江五种白蚁的聚丙烯酰胺凝胶电泳分析. 杭州师范学报（自然科学版）, 1: 36-40.

赵鹏飞, 席玉强, 肖元玺, 等, 2016. 三种白蚁的头胸部及消化道结构特征比较. 应用昆虫学报, 53(6): 1379-1386.

赵铁桥, 1995. 系统生物学的概念和方法. 北京: 科学出版社.

郑乐怡, 1987. 动物分类原理与方法. 北京: 高等教育出版社.

中国大百科全书出版社, 1984. 世界地名录. 北京. 上海: 中国大百科全书出版社.

中国地名委员会, 1983. 外国地名译名手册. 北京: 商务印书馆.

中国地质调查局、地质出版社, 2008. 简明英汉地质词典. 北京: 地质出版社.

中国科学院动物研究所业务处, 1983. 拉英汉昆虫名称. 北京: 科学出版社.

周长发, 杨光, 2011. 物种的存在与定义. 北京: 科学出版社.

C. 耶格, 1979. 生物名称和生物学术语的词源. 北京: 科学出版社.

E. 麦尔, E. G. 林斯利, R. L. 乌辛格, 1965. 动物分类学的方法和原理. 郑作新译. 北京: 科学出版社.

AcioliA N S, Constantino R, 2015. A taxonomic revision of the neotropical termite genus *Ruptitermes* (Isoptera, Termitidae, Apicotermitinae). *Zootaxa*, 4032: 451-492.

Ahmad M, Akhtar M S, 2002. Catalogue of the termites (Isoptera) of the oriental region. *Pakistan Journal of Zoology* (Supplement), (2): 1-86.

Austin J W, Szalanski A L, Scheffrahn R H, et al, 2005. Genetic evidence for the synonymy of two *Reticulitermes* species: *Reticulitermes flavipes* and *Reticulitermes santonensis*. *Annals of the Entomological Society of America*, 98(3): 395-401.

Bahder B W, 2009. Taxonomy of the soldierless termites (Isoptera: Termitidae: Apicotermitinae) of the Dominican Republic based on morphological characters and genetic analysis of mtDNA and nuclear DNA. A thesis presented to the graduate school of the University of Florida in partial fulfillment of the requirements for the degree of master of Science, University of Florida: 95.

Baumann J, Ferragut F, 2019. Description and observations on morphology and biology of *Imparipes clementis* sp. nov., a new termite associated scutacarid mite species (Acari, Heterostigmatina: Scutacaridae; Insecta, Isoptera: Rhinotermitidae). *Systematic and Applied Acarology*, 24: 303-323.

Beccaloni G, Eggleton P, 2013. Order Blattodea//Zhang ZQ. Animal Biodiversity: An Outline of Higher-level Classification and Survey of Taxonomic Richness (Addenda 2013). *Zootaxa*, 3703: 46-48.

Bedo D G, 1987. Undifferentiated sex chromosomes in *Mastotermes darwiniensis* Froggatt (Isoptera: Mastotermitidae) and the evolution of eusociality in termites. *Genome*, 29(1): 76-79.

Benkert J M, 1930. Chromosome number of the male of the first form reproductive caste of *Reticulitermes flavipes* Kollar. *Proceedings of the Pennsylvania Academy of Sciences*, 4: 1-3.

Bignell D E, Roisin Y, Lo N, 2010. Biology of Termites: A Modern Synthesis. Berlin: Springer.

Bitsch C, Noirot C, 2002. Gut characters and phylogeny of the higher termites (Isoptera:

Termitidae). A cladistic analysis. *Annales-Societe Entomologique de France*, 38(3): 201-210.

Blomquist G J, Howard R W, McDaniel C A, 1979a. Biosynthesis of the cuticular hydrocarbons of the termite *Zootermopsis angusticollis* (Hagen) incorporation of propionate into dimethylalkanes. *Insect Biochemistry*, 9(4): 371-374.

Blomquist G J, Howard R W, McDaniel C A, 1979b. Structures of the cuticular hydrocarbons of the termite *Zootermopsis angusticollis* (Hagen). *Insect Biochemistry*, 9(4) : 365-370.

Bourguignon T, Scheffrahn R H, Nagy Z T, et al, 2016. Towards a revision of the neotropical soldierless termites (Isoptera: Termitidae): redescription of the genus *Grigiotermes* Mathews and description of five new genera. *Zoological Journal of the Linnean Society*, 176: 15-35.

Cancello E M, Cuezzo C, 2007. A new species of *Ereymatermes* Constantino (Isoptera, Termitidae, Nasutitermitinae) from the northeastern Atlantic Forest, Brazil. *Papeis Avulsos de Zoologia* (*Sao Paulo*), 47(23): 283-288.

Caron E, Bortoluzzi S, Rosa C S, 2018. Two new species of obligatory termitophilous rove beetles from Brazil (Coleoptera: Staphylinidae: Termitomorpha Wasmann). *Zootaxa*, 4413: 566-578.

Carrijo T F, Constantini J P, ScheffrrahnR H, 2016. *Uncitermes almeriae*, a new termite species from Amazonia (Isoptera, Termitidae, Syntermitinae). *ZooKeys*, 595: 1-6.

Carrijo T F, Cuezzo C, Santos R G, 2015. *Tiunatermes mariuzanni* gen. nov. et sp. nov., a new nasute termite from the Brazilian savannnah (Isoptera: Termitidae). *Austral Entomology*, 54(4): 358-365.

Carrijo T F, Scheffrahn R H, Krecek J, 2015. *Compositermes bani* sp. n. (Isoptera, Termitidae, Apicotermitinae), a new species of soldierless termite from Bolivia. *Zootaxa*, 3941(2): 294-298.

Castro D, Scheffrahn R H, Carrijo T F, 2018. *Echinotermes biriba*, a new genus and species of soldierless termite from the Colombian and Peruvian Amazon (Termitidae, Apicotermitinae). *ZooKeys*, 748: 21-30.

Chhotani O B, 1997. Fauna of India-Isoptera (Termites) Vol. II. the Publication Division by the Director, Zoological Survey of India, Calcutta.

Chiu C I, Yang M M, Li H F, 2016. Redescription of the soil-feeding termite *Sinocapritermes mushae* (Isoptera: Termitidae: Termitinae): The first step of genus revision. *Annals of the Entomological Society of America*, 109(1): 158-167.

Chouvenc T, Li H F, Austin J, et al, 2015. Revisiting *Coptotermes* (Isoptera: Rhinotermitidae): a global taxonomic road map for species validity and distribution of an economically important subterranean termite genus. *Systematic Entomology*, 41(2): 299-306.

Chuah C H, 2005. Interspecific variation in defense secretions of Malaysian termites from the genus *Bulbitermes*. *Journal of Chemical Ecology*, 31 (4): 819-827.

Clément J L, Bagnères A G, Uva P, et al, 2001. Biosystematics of *Reticulitermes* termites in Europe: morphological, chemical and molecular data. *Insectes Sociaux*, 48: 202-215.

Comstock J H, Bostford C A, Herrick G W, 1985. A manual for the study of insects. *Nature*, 52:

337-338.

Constantini J P, Cancello E M, 2016. A taxonomic revision of the neotropical termite genus *Rhynchotermes* (Isoptera, Termitidae, Syntermitinae). *Zootaxa*, 4109(5): 501-522.

Constantini J P, Carrijo T F, Palma-onetto V, et al, 2018. *Tonsuritermes*, a new soldierless termite genus and two new species from South America (Blattaria: Isoptera: Termitidae: Apicotermitinae). *Zootaxa*, 4531(3): 383-394.

Constantino R, 1991. *Ereymatermes rotundiceps*, new genus and species of termite from the Amazon Basin (Isoptera, Termitidae, Nasutitermitinae). *Goeldiana Zoologia*, 8: 1-11.

Constantino R, 2002. The pest termites of South America: taxonomy, distribution and status. *Journal of Applied Entomology*, 126: 355-365.

Constantino R, Carvalho SHC, 2012. A taxonomic revision of the Neotropical termite genus *Cyrilliotermes Fontes* (Isoptera, Termitidae, Syntermitinae). *Zootaxa*, 3186: 25-41.

Copren K A, Nelson L J, Vargo E L, et al, 2005. Phylogenetic analyses of mtDNA sequences corroborate taxonomic designations based on cuticular hydrocarbons in subterranean termites. *Molecular Phylogenetics and Evolution*, 35(3) : 689-700.

Cracraft C, 1983. Species concepts and speciation analysis. *Ornithology*, 1: 159-187.

Cracraft J, 1989. Speciation and its ontology: the empirical consequences of alternataive species concepts for understanding patterns and processes of differentiation//Otte D, Endler J A. Speciation and its consequences. Sunderland: Sinauer Associates, 28-59.

Cuezzo C, Cancello E M, Carrijo T F, 2017. *Sandsitermes* gen. nov., a new nasute termite genus from South America (Isoptera, Termitidae, Nasutitermitinae). *Zootaxa*, 4221(5): 562-574.

Cuezzo C, Carrijo T F, Cancello E M, 2015. Transfer of two species from *Nasutitermes* Dudley to *Cortaritermes* Mathews (Isoptera: Termitidae: Nasutitermitinae). *Austral Entomology*, 54(2): 172-179.

de Azevedo R A, Dambros C D S, de Morals J W, 2019. A new termite species of the genus *Dihoplotermes* Araujo (Blattaria, Isoptera, Termitidae) from the Brazilian Amazonian rainforest. *Acta Amazonica*, 49: 17-23.

de Queiroz K, Donoghue M J, 1988. Phylogenetic systematics and the species problem. *Cladistics*, 4: 317-338.

Donovan S E, Jones D T, Sands W A, et al, 2000. The morphological phylogenetics of termites (Isoptera). *Biological Journal of the Linnean Society*, 70(3): 467-513.

Donovan S, Eggleton P, Bignell D, 2001. Gut content analysis and a new feeding group classification of termites. *Ecological Entomology*, 26(4): 356-366.

Eggleton P, Tayasu I, 2001. Feeding groups, lifetypes and the global ecology of termites. *Ecological Research*, 16(5): 941-960.

Emerson A E, 1955. Geographical origins and dispersions of termite genera. *Fieldiana: Zoology*, 37: 465-521.

Emerson A E, 1965. A review of the Mastotermitidae (Isoptera), including a new fossil genus from Brazil. *American Museum Novitates*, 2236: 1-46.

Emerson A E, 1968a. Cretaceous insects from Labrador 3. A new genus and species of termite (Isoptera: Hodotermitidae). *Psyche (Cambridge)*, 74 (4): 276-289.

Emerson A E, 1968b. A revision of the fossil genus *Ulmeriella* (Isoptera, Hodotermitidae, Hodotermitinae). *American Museum Novitates*, 2332: 1-22.

Engel M S, 2014. A termite (Isoptera) in late cretaceous amber from Vendée, northwestern France. *Paleontological Contributions*, 10E: 20-24.

Engel M S, Barden P M, Grimaaldi D A, 2016. A replacement name for the Cretaceous termite genus *Gigantotermes* (Isoptera). *Novitates Paleoentomologicae*, 14: 1-2.

Engel M S, Currano E D, Jacobs B F, 2015. The first mastotermitid termite from Africa (Isoptera: Mastotermitidae): a new species of *Mastotermes* from the early Miocene of Ethiopia. *Journal of paleontology*, 89(6): 1038-1042.

Engel M S, Delclós X, 2010. Primitive termites in cretaceous amber from Spain and Canada (Isoptera). *Journal of the Kansas Entomological Society*, 83(2), 111-128.

Engel M S, Grimaldi D A, Krishna K, 2009. Termites (Isoptera): their phylogeny, classification, and rise to Ecological Dominance. *American Museum Novitates*, 3650: 1-27.

Engel M S, Kaulfuss U, 2017. Diverse, primitive termites (Isoptera: Kalotermitidae, incertae sedis) from the early Miocene of New Zealand. *Austral Entomology*, 56: 94-103.

Engel M S, Nel A, 2015. A new fossil drywood termite species from the Late Eocene of France allied to *Cryptotermes* and *Procryptotermes* (Isoptera: Kalotermitidae). *Novitates Paleoentomologicae*, 11: 1-7.

Engel M S, Nel A, Azar D, et al, 2011. New, primitive termites (Isoptera) from Early Cretaceous amber of France and Lebanon. *Palaeodiversity*, 4: 39-49.

Engel M S, Pan A D, Jacobs B F, 2013. A termite from the Late Oligocene of northern Ethiopia. *Acta Palaeontologica Polonica*, 58 (2): 331-334.

Engel M S, Tanaka T, 2015. A giant termite of the genus *Gyatermes* from the Late Miocene of Nagano Prefecture, Japan (Isoptera). *Novitates Paleoentomologicae*, 10: 1-10.

Ermilov S G, Frolov A V, 2019. Contribution to the knowledge of the oribatid mite genus *Eremella* (Acari, Oribatida, Eremellidae). *Acarologia*, 59 (2): 214-226.

Evangelista D A, Wipfler B, Bethoux O, et al, 2019. An integrative phylogenomic approach illuminates the evolutionary history of cockroaches and termites (Blattodea). *Proceedings of the Royal Society B-Biological Sciences*, 286(1985): 1-9.

Garcia J, Maekawa K, Constantino R, et al, 2006. Analysis of the genetic diversity of *Nasutitermes coxipensis* (Isoptera: Termitidae) in natural fragments of Brazilian Cerrado using AFLP markers. *Sociobiology*, 48(1): 267-279.

Garcia J, Maekawa K, Miura T, et al, 2002. Population structure and genetic diversity in insular populations of *Nasutitermes takasagoensis* (Isoptera: Termitidae) analyzed by AFLP markers (ecology). *Zoological Science*, 19(10): 1141.

Ghesini S, Marini M, 2012. New data on *Reticulitermes urbis* and *Reticulitermes lucifugus* in Italy: are they both native species? *Bulletin of Insectology*, 65(2): 301-310.

Ghesini S, Marini M, 2013. A dark-necked drywood termite (Isoptera: Kalotermitidae) in Italicus sp. nov. *Florida Entomologist*, 96: 200-211.

Ghesini S, Marini M, 2015. Molecular characterization and phylogeny of *Kalotermes* populations from the Levant, and description of *Kalotermes phoeniciae* sp. nov. *Bulletin of Entomological Research*, 105: 285-293.

Godoy M C, Laffont E R, Coronel J M, 2015. Bioecological traits, abundance patterns and distribution extension of the soldierless neotropical termite *Compositermes vindai* Scheffrahn, 2013 (Isoptera: Termitidae: Apicotermitinae). *Biodiversity and Natural History*, 1: 26-34.

Grassé P P, 1949. Ordre des isopteres ou termites//Grassé P P. Traite de Zoologie, 9: 408-544. Paris: Masson et Cie, 1117.

Grassé P P, 1982. Termitologia. Anatomie–physiologie–biologie–systematique des termites. Vol. 1, anatomie, physiologie, reproduction. Paris: Masson, 676.

Grassé P P, 1984. Termitologia. Anatomie–physiologie–biologie–systematique des termites. Vol. 2, fondation des societes, construction. Paris: Masson, 613.

Grassé P P, 1985. Termitologia. Anatomie–physiologie–biologie–systematique des termites. Vol. 3, comportement, socialite, ecologie, evolution, systematique. Paris: Masson, 715.

Grassé P P, Noirot C, 1954. *Apicotermes arquieri* (Isoptère): ses constructions, sa biologie. Considérations générales sur la sous-famille Apicotermitinae nov. *Annales de Sciences Naturelles, Zoologie*, 16: 345-388.

Haverty M I, 1988. Cuticular hydrocarbons of damp termites. *Zootermopsis* intra- and intercolony variation and potential as taxonomic characters. *Journal of Chemical Ecology*, 14: 1035-1058.

Haverty M I, 1997. Cuticular hydrocarbons of *Reticulitermes* (Isoptera: Rhinotermitidae) from northern California indicate undescribed species. *Comparative Biochemisry and Physiology*. B, 118(4): 869-880.

Haverty M I, Woodrow RJ, Nelson LJ. et al, 2005. Identification of termite species by the hydrocarbons in their feces. *Journal of Chemical Ecology*, 31(9): 2119-2151.

Hellemans S, Bourguignon T, Kyjakova P, et al, 2017. Mitochondrial and chemical proofiles reveal a new genus and species of neotropical termite with snapping soldiers, *Palmitermes impostor* (Termitidae: Termitinae). *Invertebrate Systematics*, 31: 394-405.

Hemachandra I I, Edirisinhe J P, Karunaratne W A I P, et al, 2012. Anannotated checklist of termites (Isoptera) of Sri Lanka. National Science Foundation 47/5, Maitland Place Colombo 07 Sri Lanka.

Howard R W, McDaniel C A, Blomquist G J, 1978. Cuticular hydrocarbons of the eastern subterranean termite, *Reticulitermes flavipes* (Kollar) (Isoptera: Rhinotermitidae). *Journal of Chemical Ecology*, 4(2): 233-245.

Howard RW, McDaniel CA, Nelson DR, et al, 1982. Cuticular hydrocarbons of *Reticulitermes virginicus* (Banks) and their role as potential species- and caste-recognition cues. *Journal of Chemical Ecology*, 8(9): 1227-1239.

Inward D J G, Beccaloni G, P Eggleton, 2007. Death of an order: a comprehensive molecular phylogentic study confirms that termites are ensocial cockroaches. *Biology Letter*, 3(3): 331-335.

Ipe C, Mathew J, 2019. New species of termite *Ceylonitermes paulosus* sp. nov. (Blattodea: Isoptera: Termitidae: Nasutitermitinae) from Kerala, India. *Journal of Insect Biodiversity*, 11(1): 24-30.

Ke Y L, WuW J, Zhang S J, et al, 2017. Morphological and genetic evidence for the synonymy of *Reticulitermes* species: *Reticulitermes dichrous* and *Reticulitermes guangzhouensis* (Isoptera: Rhinotermitidae). *Florida Entomologist*, 100: 101-108.

Khaustov A A, Hugo-Coetzee E A, Ermilov S G, et al, 2019. A new genus and species of the family Microdispidae (Acari: Heterostigmata) associated with *Trinervitermes trinervoides* (Sjöstedt) (Isoptera: Termitidae) from South Africa. *Zootaxa*, 4647: 104-114.

Krishna K, 1970. Taxonomy, phylogeny, and distribution of termites//Krishna K, Weesner F M. Biology of termites (Vol. II). New York: Academic Press, 127-152.

Krishna K, Grimaldi D A, Krishna V, et al, 2013. Treatise on the Isoptera of the world. *Bulletin of the American Museum of Natural History*, 377: 1-2705.

Lee T R C, Evans T A, CameronS L, et al, 2017. A review of the status of *Coptotermes* (Isoptera: Rhinotermitidae) species in Australia with the description of two new small termite species from northern and eastern Australia. *Invertebrate Systematica*, 31: 180-190.

Legendre F, Whiting M F, Bordereau C, et al, 2008. The phylogeny of termite (Dictyoptera: Isoptera) based on mitochondrial and nuclear markers: implications for the evolution of the worker and pseudergate castes, and foraging behaviors. *Molecular Phylogenetics and Evolution*, 48: 615-627.

Leniaud L, Dedeine F, Pichon A, et al, 2010. Geographical distribution, genetic diversity and social organization of a new European termite, *Reticulitermes urbis* (Isoptera: Rhinotermitidae). *Biological Invasions*, 12(5): 1389-1402.

Li Z Q, Zhong J H, Xiao W L, 2012. A new synonymy of *Coptotermes formosanus* (Isoptera: Rhinotermitidae). *Sociobiology*, 59: 1223-1227.

Liang W R, Wu C C, Li H F, 2017. Discovery of a cryptic termite genus, *Stylotermes* (Isoptera: Stylotermitidae), in Taiwan, with the description of a new species. *Annals of the Entomological Society of America*, 110(4): 360-373.

Lo N, Eggleton P, 2011. Termite phylogenetics and co-cladogenesis with symbionts//Bignell D E, Roisin Y, Lo N. Biology of termites: a modern synthesis. Dordrecht: Springer, 27-50.

Lo N, Engel M S, Cameron S, et al, 2007. Save Isoptera: A comment on Inward et al. *Biology Letters*, 3: 562-563.

Lo N, Luykx P, Santoni R, et al, 2006. Molecular phylogeny of *Cryptocercus* wood-roaches based on mitochondrial COII and 16S sequences, and chromosome numbers in Palearctic representatives. *Zoological Science*, 23(4): 393-398.

Luchetti A, Marini M, Mantovani B, 2007. Filling the European gap: Biosystematics of the eusocial system *Reticulitermes* (Isoptera, Rhinotermitidae) in the Balkanic Peninsula and

Aegean area. *Molecular Phylogenetics & Evolution*, 45(1): 377-383.

Luchetti A, Trenta M, Mantovani B, et al, 2004. Taxonomy and phylogeny of north mediterranean *Reticulitermes* termites (Isoptera, Rhinotermitidae): a new insight. *Insectes Sociaux*, 51(2): 117-122.

Luykx P, 1990. A cytogenetic survey of 25 species of lower termites from Australia. *Genome*, 33(1): 80-88.

Luykx P, Syren R M, 1979. The cytogenetics of *Incisitermes schwarzi* and other Florida termites. *Sociobiology*, 4: 191-209.

Mahapatro G K, Sreedevi K, Kumar S, 2015. Krishna Kumar (1928–2014). *Current Science*, 108(12): 2277-2278.

Marini M, Mantovani B, 2002. Molecular relationships among European samples of *Reticulitermes* (Isoptera, Rhinotermitidae). *Molecular Phylogenetics & Evolution*, 22(3): 454-459.

Marten A, Kaib M, Brandl R, 2009. Cuticular hydrocarbon phenotypes do not indicate cryptic species in fungus-growing termites (Isoptera: Macrotermitinae). *Journal of Chemical Ecology*, 35(5): 572-579.

Mathew J, Ipe C, 2018. New species of termite *Pericapritermes travancorensis* sp. nov. (Isoptera: Termitidae: Termitinae) from India. *Journal of Threatened Taxa*, 10(11): 12582-12588.

Mayr E, 1942. Systematics and the origin of species. New York: Columbia University Press.

Moore B P, 1969. Biochemical studies in termites//Krishna K, Weesner F M. Biology of Termites (Vol. 1). New York: Academic Press, 407-432.

Nixon K C, Wheeler Q D, 1990. An amplification of the phylogenetic species concept. *Cladistics*, 6: 211-233.

Noirot C, 2001. The gut of termites (Isoptera). Comparative anatomy, systematics, phylogeny. II. Higher termites (Termitidae). *Annales Societe Entomologique de France*, 37(4): 431-471.

Oliveira D E, Constantino R, 2016. A taxonomic revision of the neotropical termite genus *Diversitermes* (Isoptera: Termitidae: Nasutitermitinae). *Zootaxa*, 4158(2): 221-245.

Oliveira D E, Rocha M R, Cancello E M, 2015. *Muelleritermes*: A new termite genus with two species from the Brazilian Atlantic Forest (Isoptera: Termitidae: Nasutitermitinae). *Zootaxa*, 4012(2): 258-270.

Oliverira D E, CunhaH F, Constantino R, 2014. A taxonomic revision of the soil-feeding termite genus *Anhangatermes* (Isoptera: Termitidae: Nasutitermitinae). *Zootaxa*, 3869(5): 523-536.

Pardeshhi M K, Kumar D, Bhattacharyya A K, 2010. Termites (Insecta: Isoptera) fauna of some agricultural crops of Vadodara, Gujarat (India). *Records of the Zoological Survey of India*, 110(Part-1): 47-59.

Pinzón Florian O P, Scheffrahn R H, Carrijo T F, 2019. *Aparatermes thornatus* (Isoptera: Termmitidae: Apicotermitinae), a new species of soldierless termite from northern Amazonia. *Florida Entomologist*, 102(1): 141-146.

Poovoli A, Keloth R, 2016a. Feeding group diversity of termites (Isoptera: Insecta) in Kerala.

Journal of Entomology and Zoology Studies, 4(4): 114-116.

Poovoli A, Keloth R, 2016b. *Glyptotermes chiraharitae* n. sp., a new dampwood termite species (Isoptera: Kalotermitidae) from India. *Zoosystema*, 38(3): 309-316.

Quintana A, Reinhard J, Faure A, et al, 2003. Interspecific variation in terpenoid composition of defensive secretions of European *Reticulitermes* termites. *Journal of Chemical Ecology*, 29(3): 639-652.

Rocha M M, 2013. Redescription of the enigmatic genus *Genuotermes* Emerson (Isoptera, Termitidae, Termitinae). *ZooKeys*, 340: 107-117.

Rocha M M, Cancello E M, Carrijo T F, 2012. Neotropical termites: revision of *Armitermes* Wasmann (Isoptera, Termitidae, Syntermitinae) and phylogeny of the Syntermitinae. *Systematic Entomology*, 37(4): 793-827.

Rocha M M, Cuezzo C, 2019. Gut anatomy of the worker caste of neotropical genera *Cylindrotermes* Holmgren and *Hoplotermes* Light (Infraorder Isoptera, Termitidae). *Revista Brasileira De Entomologia*, 63: 268-274.

Roisin Y, Scheffrahn R H, Křeček J, 1996. Generic revision of the smaller nasute termites of the Greater Antilles (Isoptera, Termitidae, Nasutitermitinae). *Annals of the Entomological Society of America*, 89(6): 775-787.

Roonwal M L, 1969. Measurement of termites (Isoptera) for taxonomic purposes. *Journal of the Zoological Society of India*, 21: 9-66.

Roonwal M L, 1975. On a new phylogenetically significant ratio (width/length) in termite eggs (Isoptera). *Zoologischer Anzeiger*, 195 (1-2): 43-50.

Roonwal M L, Chhotani O B, 1989. Fauna of India-Isoptera (Termites) Vol. I, the Publication Division by the Director, Zoological Survey of India, Calcutta.

Roonwal M L, Rathore N S, 1979. Egg-wall sculpturing and micropylar apparatus in some termites and their evolution in the Isoptera. *Journal of the Zoological Society of India*, 27(1-2): 1-17.

Sands W A, 1972. The Soldierless Termites of Africa (Isoptera: Termitidae). *Bulletin of the British Museum (Natural History) Entomology*, Supplement18: 1-244.

Sands W A, 1995. New genera and species of soil feeding termites (Isoptera: Termitidae) from African savannas. *Journal of Natural History*, 29(6): 1483-1515.

Scheffrahn R H, 2010. An extraordinary new termite (Isoptera: Termitidae: Syntermitinae: *Rhynchotermes*) from the pasturelands of northern Colombia. *Zootaxa*, 2387: 63-68.

Scheffrahn R H, 2013. *Compositermes vindai* (Isoptera, Termitidae: Apicotermitinae), a new genus and species of soldierless termite from the Neotropics. *Zootaxa*, 3652(3): 381-391.

Scheffrahn R H, 2016. *Parvitermes* (Isoptera, Termitidae, Nasutitermitinae) in Central America: two new termite species and reassignment of *Nasutitermes mexicanus*. *ZooKeys*, 617: 47-63.

Scheffrahn R H, 2018a. A new *Cryptotermes* (Blattodea (Isoptera) : Kalotermitidae) from Honduras and known distribution of New World *Cryptotermes* species. *Florida Entomologist*, 101(4): 657-662.

Scheffrahn R H, 2018b. *Neotermes costaseca*: a new termite from the coastal desert of Peru and the redescription of *N. chilensis* (Isoptera, Kalotermitidae). *ZooKeys*, 811: 81-90.

Scheffrahn R H, Bourguignon T, Akama P D, et al, 2018. *Roisinitermes ebogoennsis* gen. & sp. n., an outstanding drywood termite with snapping soldiers from Cameroon (Isoptera, Kalotermitidae). *ZooKeys*, 787: 91-105.

Scheffrahn R H, Carrijo T F, Postle A C, et al, 2017. *Disjunctitermes insularis*, a new soldierless termite genus and species (Isoptera, Termitidae, Apicotermitinae) from Guadeloupe and Peru. *ZooKeys*, 665: 71-84.

Scheffrahn R H, Postle A, 2013. New termite species and newly recorded genus for Australia: *Marginitermes absitus*(Isoptera: Kalotermitidae). *Australian Journal of Entomology*, 52: 199-205.

Scheffrahn R H, Roisin Y, 2018. *Anenteotermes cherubimi* sp. n., a tiny dehiscent termite from Central Africa (Termitidae: Apicotermitinae). *ZooKeys*, 793: 53-62.

Scheffrahn RH, Roisin Y, 1995. Antillean Nasutitermitinae (Isoptera: Termitidae): *Parvitermes collinsae*, a new subterranean termite from Hispaniola and redescription of *P. pallidiceps* and *P. wolcotti*. *Florida Entomologist*, 78(4): 585-600.

Schrffrahn R H, 2014. *Incisitermes nishimurai*, a new drywood termite species (Isoptera: Kalotermitidae) from the highlands of Central America. *Zootaxa*, 3878(5): 471-478.

Schrffrahn R H, Krecek J, 2015. Redescription and reclassification of the African termite, *Forficulitermes planifrons* (Isoptera, Termitidae, Termitinae). *Zootaxa*, 3946(4): 591-594.

Scicchitano V V, Dedeine F, Mantovani B, et al, 2018. Molecular systematics, biogeography, and colony fusion in the European dry-wood termites *Kalotermes* spp. (Blattodea, Termitoidae, Kalotermitidae). *Bulletin of Entomological Research*, 108: 523-531.

Sengupta R, Rajmohana K, Poovoli A, et al, 2019. Revalidation of the presence of *Glyptotermes brevicaudatus* (Haviland) and *Glyptotermes caudomunitus* Kemner in India (Isoptera: Kalotermitidae). *Oriental Insects*, 53: 588-598.

Serrao Acioli A N, Constantino R, 2015. A taxonomic revision of the neotropical termite genus *Ruptitermes* (Isoptera, Termitidae, Apicotermitinae). *Zootaxa*, 4032(5): 451-492.

Simpson G G, 1951. The species concept. *Evolution*, 5(4): 285-298.

Snyder T E, 1949. Catalog of the termites (Isoptera) of the World. *Smithsonian Miscellaneous Collections*, 12: 1-490.

Su N Y, Ye W, Ripa R, et al, 2006. Identification of Chilean *Reticulitermes* (Isoptera: Rhinotermitidae) inferred from three mitochondrial gene DNA sequences and soldier morphology. *Annals of the Entomological Society of America*, 99 (2): 352-363.

Syaukani S, Thompson G J, Yamasaki T, et al, 2019. Taxonomy of the genus *Longipeditermes* Holmgren (Termitidae, Nasutitermitinae) from the Greater Sundas, Southeast Asia. *Zoosystematics and Evolution*, 95: 309-318.

Szalanski A L, Austin J W, Owens C B, 2003. Identification of *Reticulitermes* spp. (Isoptera : Rhinotermitidae) from south central United States by PCR-RFLP. *Journal of Economic*

Entomology, 96(5): 1514-1519.

Taerum S J, De Martini F, Liebig J, et al, 2018. Incomplete co-cladogenesis between *Zootermopsis* termites and their associated protists. *Environmental Entomology*, 47: 184-195.

Taiti S, 2018. A new termitophilous species of Armadillidae from South Africa (Isopoda: Oniscidea). *Onychium*, 14: 9-15.

Takematsu Y, Yamaoka R, 1997. Taxonomy of *Glyptotermes* (Isoptera, Kalotermitidae) in Japan with reference to cuticular hydrocarbon analysis as chemotaxonomic characters. *Esakia*, 37: 1-14.

Thakur R K, Kumar S, Tyagi V, 2011. *Macrotermes vikaspurensis*, (Isoptera: Termitidae: Macrotermitinae)—a new species from India. *Journal of Experimental Zoology, India*, 14(2): 667-672.

Thompson G J, Lenz M, Crozier R H, 2000. Microsatellites in the subterranean, mound-building termite *Coptotermes lacteus* (Isoptera: Rhinotermitidae). *Molecular Ecology*, 9(11): 1932-1934.

Uva P, Clément J L, Austin J W, et al, 2004. Origin of a new *Reticulitermes* termite (Isoptera, Rhinotermitidae) inferred from mitochondrial and nuclear DNA data. *Molecular Phylogenetics and Evolution*, 30(2): 344 -353.

Vargo E L, Henderson G, 2000. Identification of polymorphic microsatellite loci in the formosan subterranean termite *Coptotermes formosanus* Shiraki. *Molecular Ecology*, 9(11): 1935-1938.

Vargo E L, Hussender C, Grace J K, 2003. Colony and population genetic structure of the Formosan subterranean termite, *Coptotermes formosanus*, in Japan. *Molecular Ecology*, 12(10): 2599-2608.

Vidyashree A S, Kalleshwaraswamy C M, Swamy H M M, et al, 2018. Morphological, molecular identification and phylogenetic analysis of termites from western Ghats of Karnataka, India. *Journal of Asia-Pacific Entomology*, 21: 140-149.

Vincke P P, Tilquin J P, 1978. A sex-linked ring quadrivalent in Termitidae (Isoptera). *Chromosoma*, 67(2): 151-156.

Wiley E O, 1978. The evolutionary species concept reconsidered. *Systematic Zoology*, 27: 17-26.

Wiley E O, Mayden R L, 1985. Species and speciation in phylogenetic systematics, with examples from the North American fish fauna. *Annals of the Missouri Botanical Garden*, 72: 596-635.

Yashiro T, Mitaka Y, Nozaki T, et al, 2018. Chemical and molecular identification of the invasive termite *Zootermopsis nevadensis* (Isoptera: Archotermopsidae) in Japan. *Applied Entomology and Zoology*, 53: 215-221.

Yashiro T, Takematsu Y, Ogawa N, et al, 2019. Taxonomic assessment of the termite genus *Neotermes* (Isoptera: Kalotermitidae) in the Ryukyu-Taiwan Island arc, with description of a new species. *Zootaxa*, 4604(3): 549-61.

Yeap B K, Ahmad S O, Lee C Y, 2011. Genetic analysis of population structure of *Coptotermes gestroi*. *Environmental Entomology*, 40(2): 470-476.

Yeap B K, Othman A S, Lee C Y, 2009. Identification of polymorphic microsatellite markers for the Asian subterranean termite *Coptotermes gestroi* (Wasmann) (Blattodea: Rhinotermitidae). *Molecular Ecology*, 1-7.

Zilberman B, Casari S A, 2018. New species of *Corotoca* Schiodte, 1853 from South America and description of first instar larva. *Zootaxa*, 4527: 521-540.

附 录

附录一 白蚁标本的采集、制作、保存与寄送

一、白蚁标本的采集

（一）白蚁标本概况

昆虫标本主要包括昆虫虫体标本和其他相关标本。昆虫虫体标本是指将昆虫虫体经过针插（浸液）、整姿、干燥、防腐和保存等程序，使其可长期保存，并供展览或科研所用。昆虫其他相关标本是指为展示昆虫生长、发育、繁殖或死亡等生命活动，将与之相关的生物或物体按照昆虫标本制作的一般程序进行处理，与昆虫标本配合使用而制作的标本。在展览或研究一种昆虫时，为全方面探索该种昆虫的生命活动，不仅需要该种昆虫的虫体标本，而且要关注与其生命活动相关的生物与环境物质。因此，收集一种昆虫的标本时，昆虫虫体标本和相关标本均在收集之列。

白蚁是营群体生活的社会性昆虫，同种白蚁的标本具有多种不同形态，因此，在收集白蚁标本时，需同时收集不同品级不同形态的标本，其中，有翅成虫和兵蚁标本是白蚁分类的主要依据。①繁殖型。由于来源的不同和形态的差异，又分为 3 个品级，分别是长翅型繁殖蚁、短翅型繁殖蚁和无翅型繁殖蚁。长翅型繁殖蚁即原始繁殖蚁，包括原始蚁王和蚁后。大多数白蚁的群体均有这一品级。原始繁殖蚁的体色较深，体壁较硬，有发达的复眼和单眼各 1 对，中胸和后胸有残存的翅鳞，生殖系统最发达。通常 1 个群体内只有 1 对原始蚁王和蚁后，但在某些种类中，也有 2 对及以上的，有时还有一王多后的现象。短翅型繁殖蚁为补充型繁殖蚁，往往是在原始繁殖蚁死后，由巢内具有翅芽的幼期有翅成虫直接发育成为补充型蚁王和蚁后。短翅型繁殖蚁的体色较淡，体壁柔软，有复眼，中胸和后胸具有类似若虫的短小翅芽，但无基缝，这点可与原始繁殖蚁相区别。无翅型繁殖蚁是根据整个巢群发展需要而产生的，来源于不具翅芽的幼蚁，且比短翅型繁殖蚁更少见，只存在于某些原始的种类中。无翅型繁殖蚁的体色浅淡，往往为淡黄色或者乳白色，体壁比短翅型繁殖蚁更柔软，无复眼，中胸和后胸无翅芽。②非繁殖型。主要包括工蚁（拟工蚁）和兵蚁。多数类群都具有工蚁，但比较原始的类群缺乏真正的工蚁品级，其职责由拟工蚁完成。兵蚁在整个巢群中的数量少于工蚁，但多于繁殖型个体。大多数白蚁种类均有兵蚁这一品级，但是也有少数种类缺少兵蚁品级。兵蚁头部和胸部形态常发生剧烈变化。在某些类群中，兵蚁还有大、小二型或大、中、小三型。除了工蚁（拟工蚁）和兵蚁，巢内还常有大量的若蚁、幼蚁和卵。若蚁是白蚁群体发展到一定阶段时由幼蚁发育而来的，具有外生翅芽的一类未成熟个体。幼蚁是指孵化后 1 龄或 2 龄的低龄白蚁个体。

（二）白蚁标本的采集

1. 采集原则

①全面采集：尽量采集一整套标本，包括蚁王、蚁后、有翅成虫、兵蚁、工蚁、若蚁、幼蚁、卵，并且有翅成虫、兵蚁、工蚁的数量尽量多，若样本数量多，兵蚁应采集10头以上，以便后期进行标本鉴定和分类学研究。②标本完整：尽量使采集到的白蚁标本保持完整，尤其是触角、足等易于损坏的器官。③准确记载：所有标本一概要有准确的采集记录。

2. 采集工具

①捕虫网：用于捕捉白蚁有翅成虫。②剥皮网：在剥开朽烂树皮或白蚁在树干表皮形成的泥被，采集朽木中或泥被下的白蚁时，用以接住易于掉下的白蚁。③吸虫管：用以吸取树皮内、朽木缝隙等处的白蚁个体，为便于将白蚁转移至便于保存的标本管内，可由管口塞入沾有乙醚等麻醉剂的小棉花球，将白蚁熏倒后再倒出。④镊子：有直头、弯头和扁头等式样，扁头镊子宜挟取白蚁成虫标本，不易造成翅的损伤。⑤排刷：用以将附着在被害物表面较大数量的白蚁刷落进采集容器内。⑥指形管和小瓶：用以存放采集到的虫体标本，可根据虫体大小和采集数量，选用不同尺寸的指形管。⑦摺刀和小斧头：用以劈开有白蚁蛀蚀的木材或剥开树皮。⑧采集袋：用以存放指形管、镊子、手铲、标签纸、铅笔、记录本等采集用具。

3. 采集时间

尽量选择白蚁活动旺盛的季节进行采集。若需要采集繁殖蚁，可根据不同种类的分飞时间，选择分飞盛期采集。

4. 采集方法

①地表特征挖掘采集法：根据地表白蚁活动泥被、泥线、分飞孔、共生真菌等确定白蚁危害地点或蚁巢位置，对白蚁进行挖掘采集。②引诱采集法：利用引诱坑、引诱包、引诱堆、引诱桩对白蚁进行诱集，或在白蚁分飞季节利用灯光对有翅成虫进行诱集。③网捕法：在白蚁分飞季节扫网捕捉有翅成虫。④从白蚁危害物中采集：遭白蚁危害的家具、房屋木结构、树木、图书、档案等物品中，常有白蚁的工蚁和兵蚁品级，有的数量还相当多。从这些危害物中采集白蚁标本也是白蚁标本采集非常重要的途径。

5. 采集信息的记录

应准确记录标本的相关信息：①采集日期（年、月、日）；②采集地点（包括采集地点行政性地名、经纬度、山峰和河流等特殊地标名、海拔高度等）；③采集人；④采集环境（环境植被类型、气候条件、取食植物种类等）；⑤样品编号（所有采集样品应有唯一的样品编号）。

记录方式：可采用纸笔、数码相机和录像机记录。

6. 临时保存方法

白蚁虫体体壁柔软，体形较小，通常采用液浸法保存。具体做法是先将采集到的工蚁、兵蚁、雌雄成虫等一整套标本（可能还包含很多杂物）以无水乙醇或95%乙醇浸泡在带盖塑料指形管中，采集结束或一周后更换乙醇，清除杂物，后期根据用途确定更换乙醇的浓度。对于需要保存活体或者暂时不能浸泡处理的标本，可将采集地的泥土和朽木杂草等放置于标本盒底部，采集的活体白蚁标本放置于标本盒中。

二、白蚁标本的制作

白蚁标本通常制作成浸渍标本。白蚁标本的制作应遵循以下原则。①标本完整：制作过程中应保持标本完整、无损坏。②形态正确：制作过程中应保持标本的位置、形态、分布正确。③长久保存：标本制作方法应有利于长期保存。④信息准确：制作完成后粘贴记录准确的标本信息标签。⑤特征明显：制作过程中白蚁标本的特征应明晰可见。

（一）浸渍标本

1. 适用范围

白蚁虫体的各品级标本。

2. 浸渍液的配制

采用浸渍法制作标本，浸渍液的种类、组分及浓度对标本保存的质量及可保存的时间影响显著。采用乙醇保存液时，根据标本用途不同，可分别选择无水乙醇（分子生物学研究）和 75%乙醇（形态学研究）作为永久保存液。以 75%乙醇保存时，可加入 0.5%～1.0%甘油保持虫体柔软，减缓乙醇挥发。采用冰醋酸、福尔马林、乙醇混合保存液时，各成分配比如下：福尔马林（40%甲醛）12ml、95%乙醇 30ml、冰醋酸 2ml、蒸馏水 60ml。

3. 制作步骤及要求

白蚁标本采集后，先清理虫体表皮所沾杂物，然后将其放入玻璃管内，再浸泡于无水乙醇中，48h 后更换相同浓度乙醇。若浸泡于 75%乙醇中，可同时在玻璃瓶内滴加少量甘油以避免乙醇挥发，然后封闭玻璃管。浸渍标本最好置于-20℃冰箱长期保存，并定期检查乙醇颜色和挥发情况，如颜色变黄或液体减少，应及时补充。此外，可将直接盛放白蚁的小玻璃管放置于大玻璃管内，大玻璃管内灌注相同浓度的乙醇，大玻璃管内乙醇液面要没过小玻璃管的盖子，然后在大玻璃管内滴加一定量的甘油，防止乙醇挥发。禁止随意晃动放置标本的玻璃管，防止因碰撞而伤及标本。

（二）干燥标本

1. 适用范围

体形较大的白蚁无翅和有翅成虫。

2. 标本制作工具

制作工具主要有昆虫针、三级台、展翅板、整姿台、标签、还软器、毛刷和切刀。毛刷用于清除标本表面的泥土等杂物。切刀用于将标本从其他物体上切割下来或剖开蚁巢。

3. 标本制作步骤

标本采集后长时间放置会变硬，必须将标本还软后再进行制作。将虫体连同三角纸包一起放入还软器的有孔洞的玻璃板上，用盖密闭，盖的周围涂上凡士林，以防漏气。一般夏季3～5天，冬季1周以上即可还软。制作针插干燥标本时，可先将针尖放入三级板的第一级孔中，将针下压，然后移至第二级、第三级，逐渐下压，最后倒置，把针头插入第一级孔中，用镊子压住腹面，使背面与三级台紧贴，使虫的背面与针头间的距离保持8mm，以便标本制作完成，放入盒后，各虫体背面处于同一水平。若为有翅成虫，则针插后还需移入展翅板，使腹部在两板之中，两对翅恰好平铺板上，针固定在沟槽中的软木上进行展翅。将插好昆虫针的白蚁标本插入整姿台；虫体腹面和三对足贴在板上，然后将触角、足整理为自然状态，触角若过长，可沿身体曲绕，各部分用大头针固定，待标本干燥后再取下大头针，将标本移入标本盒中。经展翅、整姿、干燥，下板后的标本旁还需插上注明采集信息的标签。

三、白蚁标本的保存

白蚁标本的保存应遵循以下原则。①完整性：标本保存过程中，要保持其完整性，不得损坏。②准确性：标本保存时需有准确的采集信息等有关资料。③有序性：标本保存时，需要为其准备方便查找且唯一的代码，便于标本调出。④安全性：标本保存时，要注意防水、防火、防盗。

白蚁标本保存场地的基本要求如下。①保存场地专用：白蚁标本需要分门别类分别保存。②保存场地建设：白蚁标本保存场地需要进行专门建设；场地墙壁、地板、天花板需要进行防水处理；不设窗口，通风由专设的通风设施完成；需要安装具有防盗和防火的门，外层防盗、内层防火，并配备灭火器和消防栓等设施。③保存场地环境控制：温湿度对白蚁标本保存期限影响显著，保存场地需配备空调和除湿器进行温湿度控制；光照对白蚁标本能否长期保持本色具有重要影响，保存场地应对光照强度进行控制，在存取标本时应快速操作，尽量缩短标本暴露在光照下的时间。

四、白蚁标本的寄送

白蚁标本的寄送应遵循以下原则。①标本完整：标本寄送过程中保持白蚁标本的完整性。②形态不变：标本寄送过程中保持白蚁的位置和形态不发生变化。

白蚁标本寄送的包装要求如下。①初采或已干燥的标本：有翅成虫必须使用三角纸包包好，在木盒内排成方形；木盒底部先垫棉花，再撒些樟脑粉，将标本排在上面，排满一层后，铺一层透明纸，纸上再铺一层棉花，然后放标本，以放满木盒为止，最上一层塞紧棉花，再加一层吸水纸防潮，最后紧盖木盒；盒子上注明“昆虫标本，小心轻放”字样；如果是展翅标本，先放在小纸盒内，必须用棉花做填充物，避免标本受震动。②针插干燥标本：包装前，先把标本插在底部钉有软木板的纸盒里；两虫体之间不可过于接近，若体躯较大，应在体旁加两枚针作支柱，盒四角插木馏油纸卷防霉；将纸盒置于木盒中，纸盒的上下及四周应填满棉花，不使其受震；微小或珍贵标本，应先将标本插在指形管的木塞上，再将木塞插到指形管内塞紧，指形管底预先放些樟脑粉以防虫蛀，其上放些棉花塞紧；最后用木盒包装，指形管的上下及四周都要塞紧填充物。③浸渍标本：先将玻璃管的软木塞塞紧，以不渗漏为宜，若用橡皮塞更佳；玻璃管用蜡或火棉胶封固，以废纸或旧棉花包好；最后用木盒包装，指形管的上下及四周都要塞紧填充物以避免碰撞。

附录二 白蚁分类体系表

科名	亚科	属名	备注
克拉图澳白蚁科 Cratomastotermitidae		克拉图澳白蚁属 *Cratomastotermes*	F1
澳白蚁科 Mastotermitidae		蠊白蚁属 *Blattotermes*	F3
		狱犬白蚁属 *Garmitermes*	F1
		帅白蚁属 *Idanotermes*	F1
		可汗白蚁属 *Khanitermes*	F1
		澳白蚁属 *Mastotermes*	L1，F14
		中新白蚁属 *Miotermes*	F4
		裂头白蚁属 *Spargotermes*	F1
		烈白蚁属 *Valditermes*	F1
		德澳白蚁属 *Mastotermites*	F1
元白蚁科 Termopsidae		似白蚁属 *Termopsis*	F5
木白蚁科 Kalotermitidae		奇白蚁属 *Allotermes*	L3
		双角白蚁属 *Bicornitermes*	L4
		双裂白蚁属 *Bifiditermes*	L12
		距白蚁属 *Calcaritermes*	L12，F1
		角木白蚁属 *Ceratokalotermes*	L1
		毛白蚁属 *Comatermes*	L1
		克拉图木白蚁属 *Cratokalotermes*	F1
		堆砂白蚁属 *Cryptotermes*	L71，F2
		巢迹白蚁属 *Cycalichnus*	F1
		琥珀白蚁属 *Electrotermes*	F3
		始新白蚁属 *Eotermes*	F1
		上木白蚁属 *Epicalotermes*	L6
		真砂白蚁属 *Eucryptotermes*	L2
		树白蚁属 *Glyptotermes*	L128，F4
		刻白蚁属 *Glyptotermites*	F1
		胡格诺白蚁属 *Huguenotermes*	F1
		楹白蚁属 *Incisitermes*	L30，F2
		克钦白蚁属 *Kachinitermes*	F1
		似克钦白蚁属 *Kachinitermopsis*	F1
		木白蚁属 *Kalotermes*	L21，F7

（续表）

科名	亚科	属名	备注
木白蚁科 Kalotermitidae		头长白蚁属 *Longicaputermes*	L1
		边白蚁属 *Marginitermes*	L3
		新白蚁属 *Neotermes*	L119，F1
		渐新木白蚁属 *Oligokalotermes*	F1
		奥塔戈白蚁属 *Otagotermes*	F1
		近新白蚁属 *Paraneotermes*	L1
		后琥珀白蚁属 *Postelectrotermes*	L15
		前砂白蚁属 *Procryptotermes*	L14
		前琥珀白蚁属 *Proelectrotermes*	F5
		前木白蚁属 *Prokalotermes*	F2
		前新白蚁属 *Proneotermes*	L3
		翅白蚁属 *Pterotermes*	L1
		似翅白蚁属 *Pterotermopsis*	F1
		罗伊辛白蚁属 *Roisinitermes*	L1
		皱白蚁属 *Rugitermes*	L13
		泰里白蚁属 *Taieritermes*	F1
		牛白蚁属 *Tauritermes*	L3
		怀皮亚塔白蚁属 *Waipiatatermes*	F1
古白蚁科 Archotermopsidae		古白蚁属 *Archotermopsis*	L2，F1
		原白蚁属 *Hodotermopsis*	L1，F1
		动白蚁属 *Zootermopsis*	L3，F1
		正白蚁属 *Parotermes*	F1
胄白蚁科 Stolotermitidae	洞白蚁亚科 Porotermitinae	洞白蚁属 *Porotermes*	L3
	胄白蚁亚科 Stolotermitidae	胄白蚁属 *Stolotermes*	L7，F2
		奇勒加白蚁属 *Chilgatermes*	F1
草白蚁科 Hodotermitidae		无刺白蚁属 *Anacanthotermes*	L16
		草白蚁属 *Hodotermes*	L2
		小草白蚁属 *Microhodotermes*	L3
古鼻白蚁科 Archeorhinotermitidae		古鼻白蚁属 *Archeorhinotermes*	F1
鼻白蚁科 Rhinotermitidae	乳白蚁亚科 Coptotermitinae	乳白蚁属 *Coptotermes*	L63，F4
	异白蚁亚科 Heterotermitinae	异白蚁属 *Heterotermes*	L30，F2
		散白蚁属 *Reticulitermes*	L140，F9

（续表）

科名	亚科	属名	备注
鼻白蚁科 Rhinotermitidae	沙白蚁亚科 Psammotermitinae	沙白蚁属 *Psammotermes*	L6
	寡脉白蚁亚科 Termitogetoninae	寡脉白蚁属 *Termitogeton*	L2
	鼻白蚁亚科 Rhinotermitinae	尖鼻白蚁属 *Acorhinotermes*	L1
		狭鼻白蚁属 *Dolichorhinotermes*	L7，F2
		大鼻白蚁属 *Macrorhinotermes*	L1
		棒鼻白蚁属 *Parrhinotermes*	L13
		鼻白蚁属 *Rhinotermes*	L4，F1
		长鼻白蚁属 *Schedorhinotermes*	L34
	原鼻白蚁亚科 Prorhinotermitinae	原鼻白蚁属 *Prorhinotermes*	L9
		地狱白蚁属 *Zophotermes*	F1
		似鼻白蚁属 *Rhinotermites*	F3
杆白蚁科 Stylotermitidae		近杆白蚁属 *Parastylotermes*	F5
		前杆白蚁属 *Prostylotermes*	F1
		杆白蚁属 *Stylotermes*	L45
齿白蚁科 Serritermitidae		舌白蚁属 *Glossotermes*	L2
		齿白蚁属 *Serritermes*	L1
白蚁科 Termitidae	尖白蚁亚科 Apicotermitinae	顺白蚁属 *Acholotermes*	L5
		虚白蚁属 *Acidnotermes*	L1
		尖齿白蚁属 *Acutidentitermes*	L1
		和白蚁属 *Adaiphrotermes*	L3
		谐白蚁属 *Aderitotermes*	L2
		弱白蚁属 *Adynatotermes*	L1
		雅白蚁属 *Aganotermes*	L1
		异颚白蚁属 *Allognathotermes*	L3
		逃白蚁属 *Alyscotermes*	L2
		软白蚁属 *Amalotermes*	L1
		善白蚁属 *Amicotermes*	L12
		大褪白蚁属 *Amplucrutermes*	L1
		无戟白蚁属 *Anaorotermes*	L1
		无甲白蚁属 *Anenteotermes*	L11
		解甲白蚁属 *Anoplotermes*	L23，F8
		疲白蚁属 *Apagotermes*	L1

（续表）

科名	亚科	属名	备注
白蚁科 Termitidae	尖白蚁亚科 Apicotermitinae	弯肠白蚁属 *Aparatermes*	L4
		尖白蚁属 *Apicotermes*	L13
		无剑白蚁属 *Asagarotermes*	L1
		无利器白蚁属 *Astalotermes*	L17
		无刃白蚁属 *Astratotermes*	L6
		无锐白蚁属 *Ateuchotermes*	L8
		肠刺白蚁属 *Compositermes*	L2
		基白蚁属 *Coxotermes*	L1
		间断白蚁属 *Djsjunctitermes*	L1
		双齿白蚁属 *Duplidentitermes*	L3
		象牙白蚁属 *Eburnitermes*	L1
		多刺白蚁属 *Echinotermes*	L1
		亮白蚁属 *Euhamitermes*	L24
		宽白蚁属 *Eurytermes*	L6
		坚白蚁属 *Firmitermes*	L1
		灰白蚁属 *Grigiotermes*	L1
		埃姆白蚁属 *Heimitermes*	L2
		锐颚白蚁属 *Hoplognathotermes*	L3
		腐殖白蚁属 *Humutermes*	L2
		海德瑞克白蚁属 *Hydrecotermes*	L2
		印白蚁属 *Indotermes*	L10
		岗白蚁属 *Jugositermes*	L1
		钳白蚁属 *Labidotermes*	L1
		长工白蚁属 *Longustitermes*	L1
		剑白蚁属 *Machadotermes*	L3
		帕塔瓦白蚁属 *Patawatermes*	L2
		锐白蚁属 *Phoxotermes*	L1
		突吻白蚁属 *Rostrotermes*	L1
		变红白蚁属 *Rubeotermes*	L1
		腹爆白蚁属 *Ruptitermes*	L13
		洁白蚁属 *Skatitermes*	L2
		稀白蚁属 *Speculitermes*	L12
		足白蚁属 *Tetimatermes*	L1
		奇囟白蚁属 *Tonsuritermes*	L2
		发白蚁属 *Trichotermes*	L3

（续表）

科名	亚科	属名	备注
白蚁科 Termitidae	方白蚁亚科 Cubitermitinae	无毛白蚁属 *Apilitermes*	L1
		基齿白蚁属 *Basidentitermes*	L8
		铲白蚁属 *Batillitermes*	L2
		刻痕白蚁属 *Crenetermes*	L5
		方白蚁属 *Cubitermes*	L65
		真唇白蚁属 *Euchilotermes*	L4
		峰白蚁属 *Fastigitermes*	L1
		叉白蚁属 *Furculitermes*	L8
		鳞白蚁属 *Lepidotermes*	L9
		大颚白蚁属 *Megagnathotermes*	L2
		锐尖白蚁属 *Mucrotermes*	L2
		净白蚁属 *Nitiditermes*	L1
		节白蚁属 *Noditermes*	L7
		奥卡万戈白蚁属 *Okavangotermes*	L2
		蛇白蚁属 *Ophiotermes*	L7
		直白蚁属 *Orthotermes*	L2
		奥万博兰白蚁属 *Ovambotermes*	L1
		棘白蚁属 *Pilotermes*	L1
		象鼻白蚁属 *Proboscitermes*	L2
		前方白蚁属 *Procubitermes*	L9
		前峰白蚁属 *Profastigitermes*	L1
		胸白蚁属 *Thoracotermes*	L4
		爪白蚁属 *Unguitermes*	L7
		独角白蚁属 *Unicornitermes*	L1
	孔白蚁亚科 Foraminitermitinae	孔白蚁属 *Foraminitermes*	L6
		唇白蚁属 *Labritermes*	L3
		伪小白蚁属 *Pseudomicrotermes*	L1
	白蚁亚科 Termitinae	无钩白蚁属 *Ahamitermes*	L3
		弓白蚁属 *Amitermes*	L111，F1
		角白蚁属 *Angulitermes*	L29
		后肠白蚁属 *Apsenterotermes*	L5
		扭白蚁属 *Capritermes*	L1
		腔白蚁属 *Cavitermes*	L5
		头白蚁属 *Cephalotermes*	L1
		角扭白蚁属 *Cornicapritermes*	L1

（续表）

科名	亚科	属名	备注
白蚁科 Termitidae	白蚁亚科 Termitinae	响白蚁属 *Crepititermes*	L1
		脊突白蚁属 *Cristatitermes*	L6
		圆筒白蚁属 *Cylindrotermes*	L8
		齿尖白蚁属 *Dentispicotermes*	L5
		突扭白蚁属 *Dicuspiditermes*	L20
		双戟白蚁属 *Dihoplotermes*	L2
		迪维努白蚁属 *Divinotermes*	L3
		镰白蚁属 *Drepanotermes*	L24
		瘤突白蚁属 *Ekphysotermes*	L5
		棒颚白蚁属 *Ephelotermes*	L6
		漠白蚁属 *Eremotermes*	L10
		剪白蚁属 *Forficulitermes*	L1
		膝白蚁属 *Genuotermes*	L1
		球白蚁属 *Globitermes*	L7
		颚钩白蚁属 *Gnathamitermes*	L4，F1
		络白蚁属 *Hapsidotermes*	L5
		西澳白蚁属 *Hesperotermes*	L1
		平白蚁属 *Homallotermes*	L4
		武白蚁属 *Hoplotermes*	L1
		子民白蚁属 *Incolitermes*	L1
		印扭白蚁属 *Indocapritermes*	L1
		客白蚁属 *Inquilinitermes*	L3
		闯白蚁属 *Invasitermes*	L2
		凯姆勒白蚁属 *Kemneritermes*	L1
		克里希纳扭白蚁属 *Krishnacapritermes*	L4
		唇扭白蚁属 *Labiocapritermes*	L1
		小脊突白蚁属 *Lophotermes*	L9
		长颚白蚁属 *Macrognathotermes*	L4
		后白蚁属 *Metatermites*	F1
		锯白蚁属 *Microcerotermes*	L147，F2
		瘤白蚁属 *Mirocapritermes*	L8
		渺白蚁属 *Nanotermes*	F1
		新扭白蚁属 *Neocapritermes*	L17
		倒钩白蚁属 *Onkotermites*	L2
		东扭白蚁属 *Oriencapritermes*	L1

（续表）

科名	亚科	属名	备注
白蚁科 Termitidae	白蚁亚科 Termitinae	东方白蚁属 *Orientotermes*	L1
		直颚白蚁属 *Orthognathotermes*	L15
		棕榈白蚁属 *Palmitermes*	L1
		旁扭白蚁属 *Paracapritermes*	L4
		近扭白蚁属 *Pericapritermes*	L42
		平扭白蚁属 *Planicapritermes*	L2
		前扭白蚁属 *Procapritermes*	L13
		前钩白蚁属 *Prohamitermes*	L2
		前奇白蚁属 *Promirotermes*	L10
		始扭白蚁属 *Protocapritermes*	L2
		始钩白蚁属 *Protohamitermes*	L1
		伪钩白蚁属 *Pseudhamitermes*	L2
		钩扭白蚁属 *Pseudocapritermes*	L18
		相似白蚁属 *Quasitermes*	L1
		石白蚁属 *Saxatilitermes*	L1
		华扭白蚁属 *Sinocapritermes*	L16
		针刺白蚁属 *Spinitermes*	L5
		聚扭白蚁属 *Syncapritermes*	L1
		同钩白蚁属 *Synhamitermes*	L4
		白蚁属 *Termes*	L24，F2
		菱角白蚁属 *Trapellitermes*	L1
		小瘤白蚁属 *Tuberculitermes*	L3
		木堆白蚁属 *Xylochomitermes*	L6
	圆球白蚁亚科 Sphaerotermitinae	圆球白蚁属 *Sphaerotermes*	L1
	大白蚁亚科 Macrotermitinae	刺白蚁属 *Acanthotermes*	L1
		奇齿白蚁属 *Allodontermes*	L3
		钩白蚁属 *Ancistrotermes*	L16
		左转白蚁属 *Euscaiotermes*	L1
		地白蚁属 *Hypotermes*	L13
		大白蚁属 *Macrotermes*	L57，F2
		大前白蚁属 *Megaprotermes*	L1
		小白蚁属 *Microtermes*	L69
		土白蚁属 *Odontotermes*	L196
		前白蚁属 *Protermes*	L5

（续表）

科名	亚科	属名	备注
白蚁科 Termitidae	大白蚁亚科 Macrotermitinae	伪刺白蚁属 *Pseudacanthotermes*	L6
		聚刺白蚁属 *Synacanthotermes*	L3
	聚白蚁亚科 Syntermitinae	漏斗白蚁属 *Acangaobitermes*	L1
		戟白蚁属 *Armitermes*	L4
		奔白蚁属 *Cahuallitermes*	L2
		角象白蚁属 *Cornitermes*	L14
		曲白蚁属 *Curvitermes*	L2
		壶头白蚁属 *Cyrilliotermes*	L4
		生白蚁属 *Embiratermes*	L14
		地球白蚁属 *Ibitermes*	L3
		厚唇白蚁属 *Labiotermes*	L10
		马库希白蚁属 *Macuxitermes*	L2
		红懒白蚁属 *Mapinguaritermes*	L2
		努瓦罗白蚁属 *Noirotitermes*	L1
		近曲白蚁属 *Paracurvitermes*	L1
		前角白蚁属 *Procornitermes*	L5
		喙白蚁属 *Rhynchotermes*	L7
		西尔韦斯特里白蚁属 *Silvesttritermes*	L7
		聚白蚁属 *Syntermes*	L23
		弯钩白蚁属 *Uncitermes*	L2
	象白蚁亚科 Nasutitermitinae	针白蚁属 *Aciculitermes*	L2
		非锥白蚁属 *Afrosubulitermes*	L1
		无颚白蚁属 *Agnathotermes*	L2
		钝颚白蚁属 *Ahmaditermes*	L19
		细颈白蚁属 *Ampoulitermes*	L1
		棱角白蚁属 *Angularitermes*	L6
		魔白蚁属 *Anhangatermes*	L5
		安地列斯白蚁属 *Antillitermes*	L1
		阿劳若白蚁属 *Araujotermes*	L4
		弧白蚁属 *Arcotermes*	L1
		阿特拉斯白蚁属 *Atlantitermes*	L8，F3
		澳大利亚白蚁属 *Australitermes*	L3
		颈细白蚁属 *Baucaliotermes*	L1
		瓢白蚁属 *Bulbitermes*	L33
		颈细白蚁属 *Baucaliotermes*	L1

（续表）

科名	亚科	属名	备注
白蚁科 Termitidae	象白蚁亚科 Nasutitermitinae	瓢白蚁属 *Bulbitermes*	L33
		林白蚁属 *Caetetermes*	L1，F1
		加勒比白蚁属 *Caribitermes*	L1
		小锡兰白蚁属 *Ceylonitermellus*	L2
		锡兰白蚁属 *Ceylonitermes*	L3
		缩狭白蚁属 *Coarctotermes*	L4
		凸鼻白蚁属 *Coatitermes*	L4
		箭猪白蚁属 *Coendutermes*	L1
		缩白蚁属 *Constrictotermes*	L6，F1
		凸白蚁属 *Convexitermes*	L2
		利颚白蚁属 *Cortaritermes*	L5
		葫白蚁属 *Cucurbitermes*	L3
		巨鼻白蚁属 *Cyranotermes*	L4
		歧白蚁属 *Diversitermes*	L3
		木象白蚁属 *Diwaitermes*	L3
		埃莉诺白蚁属 *Eleanoritermes*	L1
		爱默森白蚁属 *Emersonitermes*	L1
		针筒白蚁属 *Enetotermes*	L1
		无名白蚁属 *Ereymatermes*	L3
		小真白蚁属 *Eutermellus*	L5
		富勒白蚁属 *Fulleritermes*	L4
		高跷白蚁属 *Grallatotermes*	L7
		多毛白蚁属 *Hirtitermes*	L3
		须白蚁属 *Hospitalitermes*	L37
		考登白蚁属 *Kaudernitermes*	L4
		怒白蚁属 *Lacessititermes*	L20
		薄喙白蚁属 *Leptomyxotermes*	L1
		白脸白蚁属 *Leucopitermes*	L4
		长足白蚁属 *Longipeditermes*	L2
		大锥白蚁属 *Macrosubulitermes*	L1
		马尔加什白蚁属 *Malagasitermes*	L1
		马来白蚁属 *Malaysiotermes*	L2
		仿白蚁属 *Mimeutermes*	L6
		米勒白蚁属 *Muelleritermes*	L2
		鸟嘴白蚁属 *Mycterotermes*	L1

（续表）

科名	亚科	属名	备注
白蚁科 Termitidae	象白蚁亚科 Nasutitermitinae	棘象白蚁属 *Nasopilotermes*	L1
		象白蚁属 *Nasutitermes*	L242，F9
		凋落白蚁属 *Ngauratermes*	L1
		新几内亚白蚁属 *Niuginitermes*	L2
		钝白蚁属 *Obtusitermes*	L3
		西部白蚁属 *Occasitermes*	L2
		隐白蚁属 *Occultitermes*	L2
		东锥白蚁属 *Oriensubulitermes*	L2
		近凸白蚁属 *Paraconvexitermes*	L3
		微白蚁属 *Parvitermes*	L12，F1
		近针白蚁属 *Periaciculitermes*	L1
		近瓢白蚁属 *Peribulbitermes*	L3
		后锥白蚁属 *Postsubulitermes*	L1
		锥形白蚁属 *Rhadinotermes*	L1
		鲁恩沃白蚁属 *Roonwalitermes*	L1
		圆白蚁属 *Rotunditermes*	L2
		胖白蚁属 *Rounditermes*	L1
		沙巴白蚁属 *Sabahitermes*	L2
		桑兹白蚁属 *Sandsitermes*	L1
		华象白蚁属 *Sinonasutitermes*	L11
		鼻大白蚁属 *Sinqasapatermes*	L1
		匙白蚁属 *Spatulitermes*	L1
		似锥白蚁属 *Subulioiditermes*	L3
		锥白蚁属 *Subulitermes*	L6，F2
		慢白蚁属 *Tarditermes*	L1
		薄嘴白蚁属 *Tenuirostritermes*	L5
		暗鼻白蚁属 *Tiunatermes*	L1
		三角白蚁属 *Triangularitermes*	L1
		三脉白蚁属 *Trinervitermes*	L21
		冢白蚁属 *Tumulitermes*	L17
		快白蚁属 *Velocitermes*	L11，F1
		疣白蚁属 *Verrucositermes*	L2
		夏氏白蚁属 *Xiaitermes*	L2
分类地位未定的属		阿尤鲁奥卡白蚁属 *Aiuruocatermes*	F1
		阿拉贡白蚁属 *Aragontermes*	F1

（续表）

科名	亚科	属名	备注
分类地位未定的属		阿达白蚁属 *Ardatermes*	F1
		亚白蚁属 *Asiatermes*	F1
		拜萨白蚁属 *Baissatermes*	F1
		坎塔布里白蚁属 *Cantabritermes*	F1
		脊白蚁属 *Carinatermes*	F1
		白垩鼻白蚁属 *Cretorhinotermes*	F1
		白垩白蚁属 *Cretatermes*	F1
		达摩白蚁属 *Dharmatermes*	F1
		法兰西白蚁属 *Francotermes*	F1
		庞白蚁属 *Ginormotermes*	F1
		巨白蚁属 *Gyatermes*	F2
		华夏白蚁属 *Huaxiatermes*	F1
		蓟白蚁属 *Jitermes*	F2
		克里希纳白蚁属 *Krishnatermes*	F1
		黎巴嫩白蚁属 *Lebanotermes*	F1
		鲁帝特白蚁属 *Lutetiatermes*	F1
		马瑞康尼白蚁属 *Mariconitermes*	F1
		梅亚白蚁属 *Meiatermes*	F3
		麦尔库特白蚁属 *Melquartitermes*	F1
		中生白蚁属 *Mesotermopsis*	F2
		莫拉扎白蚁属 *Morazatermes*	F1
		蟑白蚁属 *Mylacrotermes*	F1
		古似白蚁属 *Paleotermopsis*	F1
		圣东尼白蚁属 *Santonitermes*	F1
		西格里乌斯白蚁属 *Syagriotermes*	F1
		长头白蚁属 *Tanytermes*	F1
		天使白蚁属 *Termitotron*	F1
		厄尔默白蚁属 *Ulmeriella*	F11
		燕京白蚁属 *Yanjingtermes*	F1
		永定白蚁属 *Yongdingia*	F1
名称不确定的属		阿拉里皮白蚁属 *Araripetermes*	F1
		卡廷加白蚁属 *Caatingatermes*	F1
		巴西东北白蚁属 *Nordestinatermes*	F1
		真白蚁属 *Eutermes*	F1

注：表中备注栏，L 代表现生种，F 代表化石种，字母后数字均为种类数。

附录三 白蚁科、属、种数量统计表

科	亚科	属数	现生种数	化石种数	合计种数
克拉图澳白蚁科		1		1	1
澳白蚁科		9	1	27	28
元白蚁科		1		5	5
木白蚁科		38	466	38	504
古白蚁科		4	6	4	10
胄白蚁科		3	10	3	13
草白蚁科		3	21		21
古鼻白蚁科		1		1	1
鼻白蚁科		14	309	22	331
杆白蚁科		3	45	6	51
齿白蚁科		2	3		3
白蚁科	尖白蚁亚科	51	223	8	231
	方白蚁亚科	24	152		152
	孔白蚁亚科	3	10		10
	白蚁亚科	66	645	8	653
	圆球白蚁亚科	1	1		1
	大白蚁亚科	12	371	2	373
	聚白蚁亚科	18	104		104
	象白蚁亚科	81	601	18	619
	没分类化石			15	15
分类地位没定的属		32		47	47
名称不确定的属		4		4	4
合计		371	2968	209	3177

附录四 白蚁相关目名、科名、亚科名拉中对照表

序号	拉丁学名	中文名称及备注
1	Acanthotermitinae	刺白蚁亚科（大白蚁亚科 Macrotermitinae 的异名）
2	Amitermitidae	弓白蚁科（未被采用）
3	Amitermitinae	弓白蚁亚科（白蚁亚科 Termitinae 的异名）
4	Apicotermitinae	尖白蚁亚科
5	Archeorhinotermitidae	古鼻白蚁科（化石）
6	Archeorhinotermitinae	古鼻白蚁亚科（化石）
7	Archotermopsidae	古白蚁科
8	Arrhinotermitinae	近鼻白蚁亚科（乳白蚁亚科 Coptotermitinae 的异名）
9	Blattaria	蜚蠊目
10	Caatingatermitinae	卡廷加白蚁亚科（化石）
11	Calotermitidae	木白蚁科（现用 Kalotermitidae）
12	Calotermitinae	木白蚁亚科（现用 Kalotermitinae）
13	Calotermitini	木白蚁族
14	Capritermitini	扭白蚁族（白蚁亚科 Termitinae 的异名）
15	Carinatermitinae	脊白蚁亚科（化石）
16	Coptotermitinae	乳白蚁亚科
17	Cornitermitinae	角象白蚁亚科（聚白蚁亚科 Syntermitinae 的异名）
18	Cratomastotermitidae	克拉图澳白蚁科（化石）
19	Cretatermitinae	白垩白蚁亚科（化石）
20	Cubitermitinae	方白蚁亚科
21	Cubitermitini	方白蚁族（白蚁亚科 Termitinae 的异名）
22	Electrotermitinae	琥珀白蚁亚科（化石）（木白蚁科 Kalotermitidae 的异名）
23	Euisoptera	真等翅目
24	Eutermitinae	真白蚁亚科（化石）
25	Foraminitermitinae	孔白蚁亚科
26	Glossotermitinae	舌白蚁亚科（齿白蚁科 Serritermitidae 的异名）
27	Glyptotermitinae	树白蚁亚科（木白蚁科 Kalotermitidae 的异名）
28	Heterotermitinae	异白蚁亚科
29	Hodotermitidae	草白蚁科
30	Hodotermitini	草白蚁族
31	Indotermitidae	印白蚁科（尖白蚁亚科 Apicotermitinae 的异名）
32	Isoptera	等翅目

（续表）

序号	拉丁学名	中文名称及备注
33	Kalotermitidae	木白蚁科
34	Kalotermitinae	木白蚁亚科
35	Krausichnidae	克劳斯白蚁科（遗迹化石）
36	Leucotermitinae	白白蚁亚科（异白蚁亚科 Heterotermitinae 的异名）
37	Lutetiatermitinae	鲁帝特白蚁亚科（化石）
38	Macrotermitidae	大白蚁科（未被采用）
39	Macrotermitinae	大白蚁亚科
40	Mastotermitidae	澳白蚁科
41	Mastotermitinae	澳白蚁亚科
42	Mastotermitoidea	澳白蚁超科
43	Mesotermitidae	中白蚁科（相当于现在的鼻白蚁科）
44	Metatermitidae	后白蚁科（相当于现在的白蚁科）
45	Microcerotermitinae	锯白蚁亚科（白蚁亚科 Termitinae 的异名）
46	Miotermitinae	中新白蚁亚科（化石）（澳白蚁亚科 Mastotermitinae 异名）
47	Mirocapritermitinae	奇扭白蚁亚科（白蚁亚科 Termitinae 的异名）
48	Mirotermitini	奇白蚁族（白蚁亚科 Termitinae 的异名）
49	Nasutitermitinae	象白蚁亚科
50	Odontotermitinae	土白蚁亚科（大白蚁亚科 Macrotermitinae 的异名）
51	Odontotermitini	土白蚁族（大白蚁亚科 Macrotermitinae 的异名）
52	Pliotermitinae	上新白蚁亚科（化石）（澳白蚁亚科 Mastotermitinae 异名）
53	Porotermitinae	洞白蚁亚科
54	Prorhinotermitinae	原鼻白蚁亚科
55	Protermitidae	前白蚁科（相当于草白蚁科、原白蚁科、木白蚁科）
56	Psammotermitinae	沙白蚁亚科
57	Pseudomicrotermitinae	伪小白蚁亚科（孔白蚁亚科 Foraminitermitinae 的异名）
58	Reticulitermatidae	散白蚁科（异白蚁亚科 Heterotermitinae 的异名）
59	Rhinotermitidae	鼻白蚁科
60	Rhinotermitinae	鼻白蚁亚科
61	Rhinotermitini	鼻白蚁族
62	Serritermitidae	齿白蚁科
63	Sphaerotermitinae	圆球白蚁亚科
64	Stolotermitidae	胄白蚁科
65	Stolotermitinae	胄白蚁亚科
66	Stylotermitidae	杆白蚁科
67	Syntermitinae	聚白蚁亚科

（续表）

序号	拉丁学名	中文名称及备注
68	Termitidae	白蚁科
69	Termitidea	白蚁次目
70	Termitinae	白蚁亚科
71	Termitini	白蚁族
72	Termitodea	白蚁亚目
73	Termitogetoninae	寡脉白蚁亚科
74	Termitoidae	白蚁领科
75	Termitoidea	白蚁总科
76	Termopsidae	元白蚁科（化石）
77	Termopsinae	元白蚁亚科（化石，2009 年后）、原白蚁亚科（2009 年前）
78	Uralotermitidae	乌拉尔白蚁科（后来发现不是白蚁）

附录五 白蚁相关属名、亚属名拉中对照表

序号	拉丁学名	中文名称及备注
1	*Acangaobitermes*	漏斗白蚁属
2	*Acanthotermes*	刺白蚁属
3	*Acholotermes*	顺白蚁属
4	*Aciculioiditermes*	似针白蚁属（马来白蚁属 *Malaysiotermes* 的异名）
5	*Aciculitermes*	针白蚁属
6	*Acidnotermes*	虚白蚁属
7	*Acorhinotermes*	尖鼻白蚁属
8	*Acutidentitermes*	尖齿白蚁属
9	*Adaiphrotermes*	和白蚁属
10	*Aderitotermes*	谐白蚁属
11	*Adynatotermes*	弱白蚁属
12	*Afrograllototermes*	非洲高跷白蚁属（高跷白蚁属 *Grallatotermes* 的异名）
13	*Afrosubulitermes*	非锥白蚁属
14	*Aganotermes*	雅白蚁属
15	*Agnathotermes*	无颚白蚁属
16	*Ahamitermes*	无钩白蚁属
17	*Ahmaditermes*	钝颚白蚁属
18	*Aiuruocatatermes*	阿尤鲁奥卡白蚁属（化石属名）
19	*Allodontermes*	奇齿白蚁属
20	*Allognathotermes*	异颚白蚁属
21	*Allotermes*	奇白蚁属
22	*Alstonitermes*	鸡骨常山白蚁属（象白蚁属 *Nasutitermes* 的异名）
23	*Alyscotermes*	逃白蚁属
24	*Amalotermes*	软白蚁属
25	*Amicotermes*	善白蚁属
26	*Amitermes*	弓白蚁属
27	*Amphidotermes*	双白蚁属（弓白蚁 *Amitermes* 的异名）
28	*Amplitermes*	广白蚁属（大白蚁属 *Macrotermes* 的异名）
29	*Ampoulitermes*	细颈白蚁属
30	*Amplucrutermes*	大腿白蚁属
31	*Anacanthotermes*	无刺白蚁属
32	*Anaorotermes*	无戟白蚁属

（续表）

序号	拉丁学名	中文名称及备注
33	*Ancistrotermes*	钩白蚁属
34	*Anenteotermes*	无甲白蚁属
35	*Angularitermes*	棱角白蚁属
36	*Angulitermes*	角白蚁属
37	*Anhangatermes*	魔白蚁属
38	*Anoplotermes*	解甲白蚁属
39	*Antillitermes*	安的列斯白蚁属
40	*Apagotermes*	疲白蚁属
41	*Aparatermes*	弯肠白蚁属
42	*Apicotermes*	尖白蚁属
43	*Apilitermes*	无毛白蚁属
44	*Apsenterotermes*	后肠白蚁属
45	*Aragotermes*	阿拉贡白蚁属（化石属名）
46	*Araripetermes*	阿拉里皮白蚁属（化石属名）
47	*Araujotermes*	阿劳若白蚁属
48	*Archeorhinotermes*	古鼻白蚁属（化石属名）
49	*Architermes*	拱形白蚁属（化石属名，后来发现不是白蚁）
50	*Archotermopsis*	古白蚁属
51	*Arcotermes*	弧白蚁属
52	*Ardatermes*	阿达白蚁属（化石属名）
53	*Armitermes*	戟白蚁属
54	*Arrhinotermes*	近鼻白蚁属（原鼻白蚁属和乳白蚁属的异名）
55	*Asagarotermes*	无剑白蚁属
56	*Asiatermes*	亚白蚁属（化石属名）
57	*Astalotermes*	无利器白蚁属
58	*Astratotermes*	无刃白蚁属
59	*Ateuchotermes*	无锐白蚁属
60	*Atlantitermes*	阿特拉斯白蚁属
61	*Australitermes*	澳大利亚白蚁属
62	*Baissatermes*	拜萨白蚁属（化石属名）
63	*Basidentitermes*	基齿白蚁属
64	*Batillitermes*	铲白蚁属
65	*Baucaliotermes*	细颈白蚁属
66	*Beesonitermes*	比森白蚁属（宽白蚁属 *Eurytermes* 的异名）
67	*Bellicositermes*	勇猛白蚁属（大白蚁属 *Macrotermes* 的异名）

（续表）

序号	拉丁学名	中文名称及备注
68	*Bicornitermes*	双角白蚁属
69	*Bifiditermes*	双裂白蚁属
70	*Blattotermes*	蠊白蚁属
71	*Bulbitermes*	瓢白蚁属
72	*Caatingatermes*	卡廷加白蚁属（化石属名）
73	*Caetetermes*	林白蚁属
74	*Cahuallitermes*	弃白蚁属
75	*Calcaritermes*	距白蚁属
76	*Calotermes*	木白蚁属（现写为 *Kalotermes*）
77	*Cantabritermes*	坎塔布里白蚁属（化石属名）
78	*Capritermes*	扭白蚁属
79	*Caribitermes*	加勒比白蚁属
80	*Carinatermes*	脊白蚁属（化石属名）
81	*Carinotermes*	龙头白蚁属（堆砂白蚁属 *Cryptotermes* 的异名）
82	*Cavitermes*	腔白蚁属
83	*Cephalotermes*	头白蚁属
84	*Ceratokalotermes*	角木白蚁属
85	*Ceratotermes*	角白蚁属（孔白蚁属 *Foraminitermes* 的异名）
86	*Ceylonitermellus*	小锡兰白蚁属
87	*Ceylonitermes*	锡兰白蚁属
88	*Chilgatermes*	奇勒加白蚁属（化石属名）
89	*Clathrotermes*	网构白蚁属（化石属名，后来发现不是白蚁）
90	*Coarctotermes*	缩狭白蚁属
91	*Coatitermes*	凸鼻白蚁属
92	*Coendutermes*	箭猪白蚁属
93	*Comatermes*	毛白蚁属
94	*Compositermes*	肠刺白蚁属
95	*Constrictotermes*	缩白蚁属
96	*Convexitermes*	凸白蚁属
97	*Coptotermes*	乳白蚁属
98	*Cornicapritermes*	角扭白蚁属
99	*Cornitermes*	角象白蚁属
100	*Cortaritermes*	利颚白蚁属
101	*Coxocapritermes*	基扭白蚁属（钩扭白蚁属 *Pseudocapritermes* 的异名）
102	*Coxotermes*	基白蚁属

（续表）

序号	拉丁学名	中文名称及备注
103	*Cratokalotermes*	克拉图木白蚁属（化石属名）
104	*Cratomastotermes*	克拉图澳白蚁属（化石属名）
105	*Crenetermes*	刻痕白蚁属
106	*Crepititermes*	响白蚁属
107	*Cretatermes*	白垩白蚁属（化石属名）
108	*Cretarhinotermes*	白垩鼻白蚁属（化石属名）
109	*Cristatitermes*	脊突白蚁属
110	*Crypotermes*	堆砂白蚁属
111	*Cubitermes*	方白蚁属
112	*Cucurbitermes*	葫白蚁属
113	*Curvitermes*	曲白蚁属
114	*Cycalichnus*	巢迹白蚁属（化石属名）
115	*Cyclotermes*	圆形白蚁属（土白蚁属 *Odontotermes* 的异名）
116	*Cylindrotermes*	圆筒白蚁属
117	*Cyranotermes*	巨鼻白蚁属
118	*Cyrilliotermes*	壶头白蚁属
119	*Dentispicotermes*	齿尖白蚁属
120	*Dentitermes*	颚齿白蚁属（弓白蚁属 *Amitermes* 的异名）
121	*Dharmatermes*	达摩白蚁属（化石属名）
122	*Diatermes*	开白蚁属（化石属名，厄尔默白蚁属 *Ulmeriella* 的异名）
123	*Dicuspiditermes*	突扭白蚁属
124	*Dihoplotermes*	双戟白蚁属
125	*Disjunctitermes*	间断白蚁属
126	*Diversitermes*	歧白蚁属
127	*Divinotermes*	迪维努白蚁属
128	*Diwaitermes*	木象白蚁属
129	*Dolichorhinotermes*	狭鼻白蚁属
130	*Doonitermes*	杜恩白蚁属（印白蚁属 *Indotermes* 的异名）
131	*Drepanotermes*	镰白蚁属
132	*Duplidentitermes*	双齿白蚁属
133	*Eburnitermes*	象牙白蚁属
134	*Echinotermes*	多刺白蚁属
135	*Ekphysotermes*	瘤突白蚁属
136	*Eleanoritermes*	埃莉诺白蚁属
137	*Electrotermes*	琥珀白蚁属（化石属名）

（续表）

序号	拉丁学名	中文名称及备注
138	*Embiratermes*	生白蚁属
139	*Emersonitermes*	埃默森白蚁属
140	*Enetotermes*	针筒白蚁属
141	*Eotermes*	始新白蚁属（化石属名）
142	*Ephelotermes*	棒颚白蚁属
143	*Epicalotermes*	上木白蚁属
144	*Eremotermes*	漠白蚁属
145	*Ereymatermes*	无名白蚁属
146	*Euchilotermes*	真唇白蚁属
147	*Eucrypotermes*	真砂白蚁属
148	*Euhamitermes*	亮白蚁属
149	*Eurytermes*	宽白蚁属
150	*Euscaiotermes*	左转白蚁属
151	*Eutermellus*	小真白蚁属
152	*Eutermes*	真白蚁属（象白蚁属 *Nasutitermes* 的异名）
153	*Eutermopsis*	（白蚁属 *Termes* 的异名）
154	*Fastigitermes*	峰白蚁属
155	*Firmitermes*	坚白蚁属
156	*Fleaglellius*	弗利格尔白蚁属（化石属名）
157	*Fletcheritermes*	弗莱彻白蚁属（象白蚁属 *Nasutitermes* 的异名）
158	*Foraminitermes*	孔白蚁属
159	*Forficulitermes*	剪白蚁属
160	*Francotermes*	法兰西白蚁属（化石属名）
161	*Frontotermes*	隆额散白蚁亚属（散白蚁属 *Reticulitermes* 的异名）
162	*Fulleritermes*	富勒白蚁属
163	*Furculitermes*	叉白蚁属
164	*Garmitermes*	狱犬白蚁属（化石属名）
165	*Genuotermes*	膝白蚁属
166	*Gibbotermes*	驼白蚁属（锯白蚁属 *Microcerotermes* 的异名）
167	*Gigantotermes*	吉甘特白蚁属（已证实不是白蚁，是草蜻蛉）
168	*Ginormotermes*	庞白蚁属（化石属名）
169	*Globitermes*	球白蚁属
170	*Glossotermes*	舌白蚁属
171	*Glyptotermes*	树白蚁属
172	*Glyptotermites*	刻白蚁属（化石属名）

（续表）

序号	拉丁学名	中文名称及备注
173	*Gnathamitermes*	颚钩白蚁属（化石属名）
174	*Gnathotermes*	颚白蚁属（大白蚁属 *Macrotermes* 的异名）
175	*Grallatotermes*	高跷白蚁属
176	*Grigiotermes*	灰白蚁属
177	*Gyatermes*	巨白蚁属（化石属名）
178	*Hamitermes*	弓钩白蚁属（弓白蚁属 *Amitermes* 的异名）
179	*Hapsidotermes*	络白蚁属
180	*Havilanditermes*	歧颚白蚁属（象白蚁属 *Nasutitermes* 的异名）
181	*Hebeitermes*	河北白蚁属（化石属名，现认为不是白蚁，而是蟑螂）
182	*Heimitermes*	埃姆白蚁属
183	*Hemerobites*	（散白蚁属 *Reticulitermes* 的遗失名）
184	*Hepilitermes*	（大白蚁属 *Macrotermes* 的异名）
185	*Hesperotermes*	西澳白蚁属
186	*Heterotermes*	异白蚁属
187	*Hirtitermes*	多毛白蚁属
188	*Hodotermes*	草白蚁属
189	*Hodotermopsis*	原白蚁属
190	*Homallotermes*	平白蚁属
191	*Hoplognathotermes*	锐颚白蚁属
192	*Hoplotermes*	武白蚁属
193	*Hospitalitermes*	须白蚁属
194	*Huaxiatermes*	华夏白蚁属（化石属名）
195	*Huguenotermes*	胡格诺白蚁属（化石属名）
196	*Humutermes*	腐殖白蚁属
197	*Hydercotermes*	海德瑞克白蚁属
198	*Hypotermes*	地白蚁属
199	*Ibitermes*	地球白蚁属
200	*Idanotermes*	帅白蚁属（化石属名）
201	*Idomastermes*	幼澳白蚁属（不是白蚁，已移出澳白蚁科）
202	*Incisitermes*	楹白蚁属
203	*Incolitermes*	子民白蚁属
204	*Indograllototermes*	印度高跷白蚁属（高跷白蚁属 *Grallatotermes* 的异名）
205	*Indocapritermes*	印扭白蚁属
206	*Indotermes*	印白蚁属
207	*Inquilinitermes*	客白蚁属

（续表）

序号	拉丁学名	中文名称及备注
208	*Invasitermes*	闯白蚁属
209	*Isognathotermes*	等颚白蚁属（方白蚁属 *Cubitermes* 的异名）
210	*Jitermes*	蓟白蚁属（化石属名）
211	*Jugositermes*	岗白蚁属
212	*Kachinitermes*	克钦白蚁属（化石属名）
213	*Kachinitermopsis*	似克钦白蚁属（化石属名）
214	*Kaktotermes*	仙人掌白蚁属（裸记名称）
215	*Kalotermes*	木白蚁属
216	*Kaudernitermes*	考登白蚁属
217	*Kemneritermes*	凯姆勒白蚁属
218	*Khanitermes*	可汗白蚁属（化石属名）
219	*Krausichnus*	克劳斯白蚁属（化石属名）
220	*Krishnacapritermes*	克里希纳扭白蚁属
221	*Krishnatermes*	克里希纳白蚁属（化石属名）
222	*Labidotermes*	钳白蚁属
223	*Labiocapritermes*	唇扭白蚁属
224	*Labiotermes*	厚唇白蚁属
225	*Labritermes*	唇白蚁属
226	*Lacessititermes*	怒白蚁属
227	*Latisubulitermes*	宽锥白蚁属（裸记名称）
228	*Lebanotermes*	黎巴嫩白蚁属（化石属名）
229	*Lepidotermes*	鳞白蚁属
230	*Leptomyxotermes*	薄喙白蚁属
231	*Leucopitermes*	白脸白蚁属
232	*Leucotermes*	白白蚁属（异白蚁属 *Heterotermes* 的异名）
233	*Lobitermes*	叶白蚁属（树白蚁属 *Glyptotermes* 的异名）
234	*Longicaputermes*	头长白蚁属
235	*Longipeditermes*	长足白蚁属
236	*Longustitermes*	长工白蚁属
237	*Lophotermes*	小脊突白蚁属
238	*Lutetiatermes*	鲁帝特白蚁属（化石属名）
239	*Machadotermes*	剑白蚁属
240	*Macrognathotermes*	长颚白蚁属
241	*Macrohodotermes*	大草白蚁属（草白蚁属 *Hodotermes* 的异名）
242	*Macrorhinotermes*	大鼻白蚁属

（续表）

序号	拉丁学名	中文名称及备注
243	*Macrosubulitermes*	大锥白蚁属
244	*Macrotermes*	大白蚁属
245	*Macuxitermes*	马库希白蚁属
246	*Malagasiotermes*	马尔加什白蚁属
247	*Malaysiocapritermes*	马扭白蚁属（前扭白蚁属 *Procapritermmes* 的异名）
248	*Malaysiotermes*	马来白蚁属
249	*Mapinguaritermes*	红懒白蚁属
250	*Maresa*	（散白蚁属 *Reticulitermes* 的异名）
251	*Marginitermes*	边白蚁属
252	*Mariconitermes*	马瑞康尼白蚁属（化石属名）
253	*Masrichnus*	埃及白蚁属（化石属名，后来发现不是白蚁）
254	*Mastotermes*	澳白蚁属
255	*Mastotermites*	德澳白蚁属（化石属名）
256	*Megagnathotermes*	大颚白蚁属
257	*Megaprotermes*	大前白蚁属
258	*Meiatermes*	梅亚白蚁属（化石属名）
259	*Melquartitermes*	麦尔库特白蚁属（化石属名）
260	*Mesotermes*	中生白蚁属（化石属名，原定名有误，已被草蜻蛉化石占用）
261	*Mesotermopsis*	中生白蚁属（化石属名）
262	*Metaneotermes*	次新白蚁属（皱白蚁属 *Rugitermes* 的异名）
263	*Metatermites*	后白蚁属（化石属名）
264	*Microcapritermes*	小扭白蚁属（平白蚁属 *Homallotermes* 的异名）
265	*Microdontermes*	小齿白蚁属（小白蚁属 *Microtermes* 的异名）
266	*Microcerotermes*	锯白蚁属
267	*Microfavichnus*	小圃白蚁属（化石属名）
268	*Microhodotermes*	小草白蚁属
269	*Microtermes*	小白蚁属
270	*Milesnasitermes*	鼻兵白蚁属（象白蚁属 *Nasutitermes* 的异名）
271	*Mimeutermes*	仿白蚁属
272	*Miotermes*	中新白蚁属（化石属名）
273	*Mirocapritermes*	瘤白蚁属
274	*Mironasutitermes*	奇象白蚁属（象白蚁属 *Nasutitermes* 的异名）
275	*Mirotermes*	奇异白蚁属（白蚁属 *Termes* 的异名）
276	*Mixotermes*	（化石属名，后来发现不是白蚁）
277	*Monodontermes*	单齿白蚁属（弓白蚁属 *Amitermes* 的异名）

（续表）

序号	拉丁学名	中文名称及备注
278	*Morazatermes*	莫拉扎白蚁属（化石属名）
279	*Mucrotermes*	锐尖白蚁属
280	*Mycterotermes*	鸟嘴白蚁属
281	*Mulleritermes*	米勒白蚁属
282	*Mylacrotermes*	蟑白蚁属（化石属名）
283	*Nanotermes*	渺白蚁属（化石属名）
284	*Nasopilotermes*	棘象白蚁属
285	*Nasutitermes*	象白蚁属
286	*Neocapritermes*	新扭白蚁属
287	*Neotermes*	新白蚁属
288	*Neotermites*	新白蚁化石属（化石，前琥珀白蚁属 *Proelectrotermes* 的异名）
289	*Ngauratermes*	凋落白蚁属（曾称“枯枝落叶白蚁属”）
290	*Nitiditermes*	净白蚁属
291	*Niuginitermes*	新几内亚白蚁属
292	*Noditermes*	节白蚁属
293	*Noirotitermes*	努瓦罗白蚁属
294	*Nordestinatermes*	巴西东北白蚁属（化石属名）
295	*Nosytermes*	（裸记名称）
296	*Obtusitermes*	钝白蚁属
297	*Occasitermes*	西部白蚁属
298	*Occultitermes*	隐白蚁属
299	*Odontotermes*	土白蚁属
300	*Okavangotermes*	奥卡万戈白蚁属
301	*Oligocrinitermes*	寡毛乳白蚁亚属（乳白蚁属 *Coptotermes* 的异名）
302	*Oligokalotermes*	渐新木白蚁属（化石属名）
303	*Onkotermites*	倒钩白蚁属
304	*Operculitermes*	盖白蚁属（杆白蚁属 *Stylotermes* 的异名）
305	*Ophiotermes*	蛇白蚁属
306	*Oriencapritermes*	东扭白蚁属
307	*Oriensubulitermes*	东锥白蚁属
308	*Orientotermes*	东方白蚁属
309	*Orthognathotermes*	直颚白蚁属
310	*Orthotermes*	直白蚁属
311	*Otagotermes*	奥塔戈白蚁属（化石属名）
312	*Ovambotermes*	奥万博兰白蚁属

（续表）

序号	拉丁学名	中文名称及备注
313	*Paleotermopsis*	古似白蚁属（化石属名）
314	*Palmitermes*	棕榈白蚁属
315	*Paracapritermes*	旁扭白蚁属
316	*Paraconvexitermes*	近凸白蚁属
317	*Paracornitermes*	近角白蚁属（厚唇白蚁属 *Labiotermes* 的异名）
318	*Paracurvitermes*	近曲白蚁属
319	*Parahypotermes*	壤白蚁属（地白蚁属 *Hypotermes* 的异名）
320	*Paraneotermes*	近新白蚁属
321	*Parastylotermes*	近杆白蚁属（化石属名）
322	*Parasubulitermes*	近锥白蚁属（裸记名称）
323	*Paratermes*	近白蚁属（原鼻白蚁属 *Prorhinotermes* 的异名）
324	*Parotermes*	正白蚁属（化石属名）
325	*Parrhinotermes*	棒鼻白蚁属
326	*Parvitermes*	微白蚁属
327	*Patawatermes*	帕塔瓦白蚁属
328	*Periaciculitermes*	近针白蚁属
329	*Peribulbitermes*	近瓢白蚁属
330	*Pericapritermes*	近扭白蚁属
331	*Permotermopsis*	二叠似白蚁属（化石属名，后来发现不是白蚁）
332	*Philippinitermes*	菲律宾高跷白蚁属（高跷白蚁属 *Grallatotermes* 的异名）
333	*Phoxotermes*	锐白蚁属
334	*Pilotermes*	棘白蚁属
335	*Planicapritermes*	平扭白蚁属
336	*Planifrontotermes*	平额散白蚁亚属（散白蚁属 *Reticulitermes* 的异名）
337	*Planitermes*	扁白蚁属（洞白蚁属 *Porotermes* 的异名）
338	*Planocryptotermes*	扁砂白蚁属（堆砂白蚁属 *Cryptotermes* 的异名）
339	*Pliotermes*	上新白蚁属（化石属名，澳白蚁属 *Mastotermes* 的异名）
340	*Polycrinitermes*	多毛乳白蚁亚属（乳白蚁属 *Coptotermes* 的异名）
341	*Porotermes*	洞白蚁属
342	*Postelectrotermes*	后琥珀白蚁属
343	*Postsubulitermes*	后锥白蚁属
344	*Proaciculitermes*	前针白蚁属（马来白蚁属 *Malaysiotermes* 的异名）
345	*Proboscitermes*	象鼻白蚁属
346	*Procapritermes*	前扭白蚁属
347	*Procoptotermes*	前乳白蚁属（原鼻白蚁属 *Prorhinotermes* 的异名）

（续表）

序号	拉丁学名	中文名称及备注
348	*Procornitermes*	前角白蚁属
349	*Procryptotermes*	前砂白蚁属
350	*Procubitermes*	前方白蚁属
351	*Proelectrotermes*	前琥珀白蚁属（化石属名）
352	*Profastigitermes*	前峰白蚁属
353	*Proglyptotermes*	前树白蚁属（木白蚁属 *Kalotermes* 的异名）
354	*Prohamitermes*	前钩白蚁属
355	*Prokalotermes*	前木白蚁属（化石属名）
356	*Proleucotermes*	前白白蚁属（沙白蚁属 *Psammootermes* 的异名）
357	*Promirotermes*	前奇白蚁属
358	*Proneotermes*	前新白蚁属
359	*Prorhinotermes*	原鼻白蚁属
360	*Prostylotermes*	前杆白蚁属（化石属名）
361	*Protermes*	前白蚁属
362	*Protocapritermes*	始扭白蚁属
363	*Protohamitermes*	始钩白蚁属
364	*Psalidotermes*	剪白蚁属（异白蚁属 *Heterotermes* 的异名）
365	*Psammotermes*	沙白蚁属
366	*Pseudacanthotermes*	伪刺白蚁属
367	*Pseudhamitermes*	伪钩白蚁属
368	*Pseudocapritermes*	钩扭白蚁属
369	*Pseudomicrotermes*	伪小白蚁属
370	*Pseudomirotermes*	伪奇异白蚁属（漠白蚁属 *Eremotermes* 的异名）
371	*Pterotermes*	翅白蚁属
372	*Pterotermopsis*	似翅白蚁属（化石属名）
373	*Pugnitermes*	拳白蚁属（埃姆白蚁属 *Heimitermes* 的异名）
374	*Quasitermes*	相似白蚁属
375	*Rectangulotermes*	直角白蚁属（头白蚁属 *Cephalotermes* 的异名）
376	*Reticulitermes*	散白蚁属
377	*Rhadinotermes*	锥形白蚁属
378	*Rhinotermes*	鼻白蚁属
379	*Rhinotermites*	似鼻白蚁属（化石属名）
380	*Rhynchotermes*	喙白蚁属
381	*Roonwalitermes*	鲁恩沃白蚁属
382	*Roisinitermes*	罗伊辛白蚁属

（续表）

序号	拉丁学名	中文名称及备注
383	*Rostrotermes*	突吻白蚁属
384	*Rotunditermes*	圆白蚁属
385	*Rounditermes*	胖白蚁属
386	*Rubeotermes*	变红白蚁属
387	*Rugitermes*	皱白蚁属
388	*Ruptitermes*	腹爆白蚁属
389	*Sabahitermes*	沙巴白蚁属
390	*Sandsitermes*	桑兹白蚁属
391	*Santonitermes*	圣东尼白蚁属（化石属名）
392	*Sarvaritermes*	（杆白蚁属 *Stylotermes* 的异名）
393	*Saxatilitermes*	石白蚁属
394	*Schedorhinotermes*	长鼻白蚁属
395	*Serritermes*	齿白蚁属
396	*Silvestritermes*	西尔韦斯特里白蚁属
397	*Sinocapritermes*	华扭白蚁属
398	*Sinonasutitermes*	华象白蚁属
399	*Sinotermes*	华白蚁属（印白蚁属 *Indotermes* 的异名）
400	*Singasapatermes*	鼻大白蚁属
401	*Skatitermes*	洁白蚁属
402	*Snootitermes*	喙鼻白蚁属（沙巴白蚁属 *Sabahitermes* 的异名）
403	*Spargotermes*	裂头白蚁属（化石属名）
404	*Spatulitermes*	匙白蚁属
405	*Speculitermes*	稀白蚁属
406	*Sphaerotermes*	圆球白蚁属
407	*Spicotermes*	钉白蚁属（齿尖白蚁属 *Dentispicotermes* 的异名）
408	*Spinitermes*	针刺白蚁属
409	*Stolotermes*	胄白蚁属
410	*Stylotermes*	杆白蚁属
411	*Subulioiditermes*	似锥白蚁属
412	*Subulitermes*	锥白蚁属
413	*Sulcitermes*	沟白蚁属（刻痕白蚁属 *Crenetermes* 的异名）
414	*Syagriotermes*	西格里乌斯白蚁属（化石属名）
415	*Synacanthotermes*	聚刺白蚁属
416	*Syncapritermes*	聚扭白蚁属
417	*Synhamitermes*	同钩白蚁属

（续表）

序号	拉丁学名	中文名称及备注
418	*Syntermes*	聚白蚁属
419	*Tacuruichnus*	垄迹白蚁属（化石属名）
420	*Taieritermes*	泰里白蚁属（化石属名）
421	*Tanytermes*	长头白蚁属（化石属名）
422	*Tarditermes*	慢白蚁属
423	*Tauritermes*	牛白蚁属
424	*Tenuirostritermes*	薄嘴白蚁属
425	*Termes*	白蚁属
426	*Termitichnus*	蚁迹白蚁属（化石属名）
427	*Termitogeton*	寡脉白蚁属
428	*Termitogetonella*	小寡脉白蚁属（土白蚁属和原鼻白蚁属的异名）
429	*Termitotron*	天使白蚁属（化石属名）
430	*Termopsis*	似白蚁属（化石属名）
431	*Terrenitermes*	陆白蚁属（微白蚁属 *Parvitermes* 的异名）
432	*Tetimatermes*	足白蚁属
433	*Thailanditermes*	泰白蚁属（怒白蚁 *Lacessitermes* 的异名）
434	*Thoracotermes*	胸白蚁属
435	*Tintermes*	（棱角白蚁属 *Angularitermes* 的异名）
436	*Tiunatermes*	暗鼻白蚁属
437	*Toliaratermes*	（缩狭白蚁属 *Coarctotermes* 的异名）
438	*Tonsuritermes*	奇囟白蚁属
439	*Trapellitermes*	菱角白蚁属
440	*Triacitermes*	三尖白蚁属（前角白蚁属 *Procornitermes* 的异名）
441	*Triangularitermes*	三角白蚁属
442	*Trichotermes*	发白蚁属
443	*Trinervitermes*	三脉白蚁属
444	*Tsaitermes*	蔡白蚁属（散白蚁属 *Reticulitermes* 的异名）
445	*Tuberculitermes*	小瘤白蚁属
446	*Tubulitermes*	管白蚁属（角象白蚁属 *Cornitermes* 的异名）
447	*Tumulitermes*	冢白蚁属
448	*Ulmeriella*	厄尔默白蚁属（化石属名）
449	*Uncitermes*	弯钩白蚁属
450	*Unguitermes*	爪白蚁属
451	*Unicornitermes*	独角白蚁属
452	*Uniformitermes*	单型白蚁属（快白蚁属 *Velocitermes* 的异名）

（续表）

序号	拉丁学名	中文名称及备注
453	*Uralotermes*	乌拉尔白蚁属（化石属名，现在认为它不是白蚁）
454	*Valditermes*	烈白蚁属（化石属名）
455	*Vastitermes*	破坏白蚁属（乳白蚁属 *Coptotermes* 的异名）
456	*Velocitermes*	快白蚁属
457	*Verrucositermes*	疣白蚁属
458	*Vondrichnus*	冯德拉白蚁属（化石属名）
459	*Waipiatatermes*	怀皮亚塔白蚁属（化石属名）
460	*Xenotermes*	氙白蚁属（地白蚁属 *Hypotermes* 的异名）
461	*Xestotermopsis*	（化石属名，似白蚁属 *Termopsis* 的异名）
462	*Xiaitermes*	夏氏白蚁属
463	*Xylochomitermes*	木堆白蚁属
465	*Yangjingtermes*	燕京白蚁属（化石属名）
466	*Yongdingia*	永定白蚁属（化石属名）
467	*Zootermopsis*	动白蚁属
468	*Zophotermes*	地狱白蚁属（化石属名）

附录六 白蚁现生种有效种名拉中对照表

序号	拉丁学名	中文名称
1	*Acangaobitermes krishnai*	克里希纳漏斗白蚁
2	*Acanthotermes acanthothorax*	刺胸刺白蚁
3	*Acholotermes chirotus*	短小顺白蚁
4	*Acholotermes epius*	椭囟顺白蚁
5	*Acholotermes imbellis*	和平顺白蚁
6	*Acholotermes socialis*	社会顺白蚁
7	*Acholotermes tithasus*	体大顺白蚁
8	*Aciculitermes aciculatus*	针状针白蚁
9	*Aciculitermes maymyoensis*	眉妙针白蚁
10	*Acidnotermes praus*	短肠虚白蚁
11	*Acorhinotermes subfusciceps*	棕头尖鼻白蚁
12	*Acutidentitermes osborni*	奥斯本尖齿白蚁
13	*Adaiphrotermes choanensis*	乔安和白蚁
14	*Adaiphrotermes cuniculator*	灵动和白蚁
15	*Adaiphrotermes scapheutes*	中凹和白蚁
16	*Aderitotermes cavator*	中空谐白蚁
17	*Aderitotermes fossor*	挖掘谐白蚁
18	*Adynatotermes moretelae*	莫特拉弱白蚁
19	*Afrosubulitermes congoensis*	刚果非锥白蚁
20	*Aganotermes oryctes*	挖者雅白蚁
21	*Agnathotermes crassinasus*	粗鼻无颚白蚁
22	*Agnathotermes glaber*	光秃无颚白蚁
23	*Ahamitermes hillii*	希尔无钩白蚁
24	*Ahamitermes inclusus*	栖垄无钩白蚁
25	*Ahamitermes nidicola*	栖巢无钩白蚁
26	*Ahmaditermes choui*	周氏钝颚白蚁
27	*Ahmaditermes crassinasus*	粗鼻钝颚白蚁
28	*Ahmaditermes deltocephalus*	角头钝颚白蚁
29	*Ahmaditermes dukouensis*	渡口钝颚白蚁
30	*Ahmaditermes emersoni*	埃默森钝颚白蚁
31	*Ahmaditermes foveafrons*	凹额钝颚白蚁
32	*Ahmaditermes guizhouensis*	贵州钝颚白蚁

（续表）

序号	拉丁学名	中文名称
33	*Ahmaditermes laticephalus*	宽头钝颚白蚁
34	*Ahmaditermes lipingensis*	黎平钝颚白蚁
35	*Ahmaditermes perisinuosus*	近丘额钝颚白蚁
36	*Ahmaditermes pingnanensis*	屏南钝颚白蚁
37	*Ahmaditermes pyricephalus*	梨头钝颚白蚁
38	*Ahmaditermes sichuanensis*	四川钝颚白蚁
39	*Ahmaditermes sikkimensis*	锡金钝颚白蚁
40	*Ahmaditermes sinensis*	中国钝颚白蚁
41	*Ahmaditermes sinuosus*	丘额钝颚白蚁
42	*Ahmaditermes tianmuensis*	天目钝颚白蚁
43	*Ahmaditermes tiantongensis*	天童钝颚白蚁
44	*Ahmaditermes xiangyunensis*	祥云钝颚白蚁
45	*Allodontermes rhodesiensis*	罗得西亚奇齿白蚁
46	*Allodontermes schultzei*	舒尔茨奇齿白蚁
47	*Allodontermes tenax*	执着奇齿白蚁
48	*Allognathotermes aburiensis*	阿布里异颚白蚁
49	*Allognathotermes hypogeus*	地下异颚白蚁
50	*Allognathotermes ivorensis*	象牙海岸异颚白蚁
51	*Allotermes denticulatus*	小齿奇白蚁
52	*Allotermes papillifer*	乳突奇白蚁
53	*Allotermes paradoxus*	奇异奇白蚁
54	*Alyscotermes kilimandjaricus*	乞力马扎罗逃白蚁
55	*Alyscotermes trestus*	懦夫逃白蚁
56	*Amalotermes phaeocephalus*	暗头软白蚁
57	*Amicotermes autothysius*	自爆善白蚁
58	*Amicotermes camerunensis*	喀麦隆善白蚁
59	*Amicotermes congoensis*	刚果善白蚁
60	*Amicotermes cristatus*	冠毛善白蚁
61	*Amicotermes dibogi*	迪博格善白蚁
62	*Amicotermes galenus*	盖伦善白蚁
63	*Amicotermes gasteruptus*	腰肠善白蚁
64	*Amicotermes ivorensis*	象牙海岸善白蚁
65	*Amicotermes mayombei*	马永贝善白蚁
66	*Amicotermes mbalmayoensis*	姆巴尔马约善白蚁
67	*Amicotermes multispinus*	多刺善白蚁

（续表）

序号	拉丁学名	中文名称
68	*Amicotermes spiculatus*	具针善白蚁
69	*Amitermes abruptus*	陡额弓白蚁
70	*Amitermes accinctus*	锋颚弓白蚁
71	*Amitermes acinacifer*	短刀弓白蚁
72	*Amitermes aduncus*	钩颚弓白蚁
73	*Amitermes agrilus*	野外弓白蚁
74	*Amitermes amicki*	阿米克弓白蚁
75	*Amitermes amifer*	弓颚弓白蚁
76	*Amitermes aporema*	阿波雷马弓白蚁
77	*Amitermes arboreus*	树栖弓白蚁
78	*Amitermes arcuatus*	弧颚弓白蚁
79	*Amitermes baluchistanicus*	俾路支弓白蚁
80	*Amitermes basidens*	基齿弓白蚁
81	*Amitermes beaumonti*	博蒙特弓白蚁
82	*Amitermes belli*	贝尔弓白蚁
83	*Amitermes boreus*	北方弓白蚁
84	*Amitermes braunsi*	布劳恩斯弓白蚁
85	*Amitermes calabyi*	卡拉比弓白蚁
86	*Amitermes capito*	大头弓白蚁
87	*Amitermes coachellae*	科切拉弓白蚁
88	*Amitermes colonus*	小山弓白蚁
89	*Amitermes conformis*	相似弓白蚁
90	*Amitermes corpulentus*	肥胖弓白蚁
91	*Amitermes cryptodon*	隐齿弓白蚁
92	*Amitermes darwini*	达尔文弓白蚁
93	*Amitermes dentatus*	具齿弓白蚁
94	*Amitermes dentosus*	多齿弓白蚁
95	*Amitermes deplanatus*	变平弓白蚁
96	*Amitermes desertorum*	遗弃弓白蚁
97	*Amitermes emersoni*	埃默森弓白蚁
98	*Amitermes ensifer*	剑颚弓白蚁
99	*Amitermes eucalypti*	尤卡尔普特弓白蚁
100	*Amitermes evuncifer*	完胜弓白蚁
101	*Amitermes excellens*	优秀弓白蚁
102	*Amitermes exilis*	纤细弓白蚁

（续表）

序号	拉丁学名	中文名称
103	*Amitermes falcatus*	镰颚弓白蚁
104	*Amitermes floridensis*	佛罗里达弓白蚁
105	*Amitermes foreli*	福雷尔弓白蚁
106	*Amitermes frmus*	坚颚弓白蚁
107	*Amitermes gallagheri*	加拉格尔弓白蚁
108	*Amitermes germanus*	芽弓白蚁
109	*Amitermes gestroanus*	客栖弓白蚁
110	*Amitermes gracilis*	细瘦弓白蚁
111	*Amitermes guineensis*	几内亚弓白蚁
112	*Amitermes hartmeyeri*	哈特迈耶弓白蚁
113	*Amitermes hastatus*	长矛弓白蚁
114	*Amitermes herbertensis*	赫伯特弓白蚁
115	*Amitermes heteraspis*	火罐弓白蚁
116	*Amitermes heterognathus*	异颚弓白蚁
117	*Amitermes importunus*	粗鲁弓白蚁
118	*Amitermes innoxius*	无害弓白蚁
119	*Amitermes inops*	无助弓白蚁
120	*Amitermes insolitus*	异常弓白蚁
121	*Amitermes inspissatus*	粗颚弓白蚁
122	*Amitermes iranicus*	伊朗弓白蚁
123	*Amitermes kharrazii*	哈尔拉兹弓白蚁
124	*Amitermes lanceolatus*	具矛弓白蚁
125	*Amitermes latidens*	宽齿弓白蚁
126	*Amitermes lativentris*	宽腹弓白蚁
127	*Amitermes laurensis*	劳拉弓白蚁
128	*Amitermes leptognathus*	细颚弓白蚁
129	*Amitermes loennbergianus*	伦伯格弓白蚁
130	*Amitermes lunae*	卢纳弓白蚁
131	*Amitermes meridionalis*	南方弓白蚁
132	*Amitermes messinae*	墨西拿弓白蚁
133	*Amitermes minimus*	最小弓白蚁
134	*Amitermes mitchelli*	米切尔弓白蚁
135	*Amitermes modicus*	中等弓白蚁
136	*Amitermes neogermanus*	新芽弓白蚁
137	*Amitermes nordestinus*	东北弓白蚁

（续表）

序号	拉丁学名	中文名称
138	*Amitermes obeuntis*	相会弓白蚁
139	*Amitermes obtusidens*	钝齿弓白蚁
140	*Amitermes pallidiceps*	灰头弓白蚁
141	*Amitermes pallidus*	苍白弓白蚁
142	*Amitermes pandus*	弯曲弓白蚁
143	*Amitermes papuanus*	巴布亚弓白蚁
144	*Amitermes paradentatus*	似具齿弓白蚁
145	*Amitermes parallelus*	平行弓白蚁
146	*Amitermes paravilis*	似讨厌弓白蚁
147	*Amitermes parvidens*	小齿弓白蚁
148	*Amitermes parvulus*	幼小弓白蚁
149	*Amitermes parvus*	微小弓白蚁
150	*Amitermes paucinervius*	寡脉弓白蚁
151	*Amitermes pavidus*	胆小弓白蚁
152	*Amitermes perarmatus*	全武弓白蚁
153	*Amitermes perelegans*	真帅弓白蚁
154	*Amitermes perryi*	佩里弓白蚁
155	*Amitermes procerus*	长颚弓白蚁
156	*Amitermes quadratus*	方头弓白蚁
157	*Amitermes ravus*	茶色弓白蚁
158	*Amitermes rotundus*	圆腹弓白蚁
159	*Amitermes sciangallorum*	夏安盖洛姆弓白蚁
160	*Amitermes scopulus*	峭壁弓白蚁
161	*Amitermes seminotus*	知半弓白蚁
162	*Amitermes silvestrianus*	西尔韦斯特里弓白蚁
163	*Amitermes snyderi*	斯奈德弓白蚁
164	*Amitermes socotrensis*	索科特拉弓白蚁
165	*Amitermes somaliensis*	索马里弓白蚁
166	*Amitermes spinifer*	具刺弓白蚁
167	*Amitermes stephensoni*	斯蒂芬森弓白蚁
168	*Amitermes subtilis*	微型弓白蚁
169	*Amitermes truncatidens*	畸齿弓白蚁
170	*Amitermes uncinatus*	钩刺弓白蚁
171	*Amitermes unidentatus*	单齿弓白蚁
172	*Amitermes vicinus*	近邻弓白蚁

（续表）

序号	拉丁学名	中文名称
173	*Amitermes vilis*	讨厌弓白蚁
174	*Amitermes viriosus*	强壮弓白蚁
175	*Amitermes vitiosus*	凶残弓白蚁
176	*Amitermes westraliensis*	西澳弓白蚁
177	*Amitermes wheeleri*	惠勒弓白蚁
178	*Amitermes xylophagus*	食木弓白蚁
179	*Amitermes yasujensis*	亚苏季弓白蚁
180	*Amplucrutermes infltus*	椭圆大腿白蚁
181	*Ampoulitermes wynaadensis*	维纳德细颈白蚁
182	*Anacanthotermes ahngerianus*	安格无刺白蚁
183	*Anacanthotermes baeckmannianus*	贝克曼无刺白蚁
184	*Anacanthotermes baluchistanicus*	俾路支无刺白蚁
185	*Anacanthotermes esmailii*	艾斯梅尔无刺白蚁
186	*Anacanthotermes gurganiensis*	戈尔甘无刺白蚁
187	*Anacanthotermes iranicus*	伊朗无刺白蚁
188	*Anacanthotermes macrocephalus*	大头无刺白蚁
189	*Anacanthotermes murgabicus*	穆尔加布无刺白蚁
190	*Anacanthotermes ochraceus*	黄赭无刺白蚁
191	*Anacanthotermes saudiensis*	沙特无刺白蚁
192	*Anacanthotermes sawensis*	塞瓦无刺白蚁
193	*Anacanthotermes septentrionalis*	北方无刺白蚁
194	*Anacanthotermes turkestanicus*	土耳其斯坦无刺白蚁
195	*Anacanthotermes ubachi*	乌巴齐无刺白蚁
196	*Anacanthotermes vagans*	游荡无刺白蚁
197	*Anacanthotermes viarum*	小径无刺白蚁
198	*Anaorotermes echinocolon*	海胆肠无戟白蚁
199	*Ancistrotermes cavithorax*	凹胸钩白蚁
200	*Ancistrotermes crassiceps*	厚头钩白蚁
201	*Ancistrotermes crucifer*	十字钩白蚁
202	*Ancistrotermes dimorphus*	小头钩白蚁
203	*Ancistrotermes dubius*	可疑钩白蚁
204	*Ancistrotermes equatorius*	赤道钩白蚁
205	*Ancistrotermes ganlanbaensis*	橄榄坝钩白蚁
206	*Ancistrotermes guineensis*	几内亚钩白蚁
207	*Ancistrotermes hekouensis*	河口钩白蚁

（续表）

序号	拉丁学名	中文名称
208	*Ancistrotermes latinotus*	宽背钩白蚁
209	*Ancistrotermes menglianensis*	孟连钩白蚁
210	*Ancistrotermes microdens*	小齿钩白蚁
211	*Ancistrotermes pakistanicus*	巴基斯坦钩白蚁
212	*Ancistrotermes periphrasis*	迂回钩白蚁
213	*Ancistrotermes wasmanni*	沃斯曼钩白蚁
214	*Ancistrotermes xiai*	夏氏钩白蚁
215	*Anenteotermes amachetus*	无刀无甲白蚁
216	*Anenteotermes ateuchestes*	无锐无甲白蚁
217	*Anenteotermes cherubimi*	小天使无甲白蚁
218	*Anenteotermes cicur*	温顺无甲白蚁
219	*Anenteotermes cnaphorus*	笨神无甲白蚁
220	*Anenteotermes disluctans*	不斗无甲白蚁
221	*Anenteotermes hemerus*	肱骨无甲白蚁
222	*Anenteotermes improcinctus*	无备无甲白蚁
223	*Anenteotermes improelatans*	不变无甲白蚁
224	*Anenteotermes nanus*	侏儒无甲白蚁
225	*Anenteotermes polyscolus*	多魁无甲白蚁
226	*Angularitermes clypeatus*	大唇棱角白蚁
227	*Angularitermes coninasus*	锥鼻棱角白蚁
228	*Angularitermes nasutissimus*	巨鼻棱角白蚁
229	*Angularitermes orestes*	俄瑞斯忒斯棱角白蚁
230	*Angularitermes pinocchio*	松果棱角白蚁
231	*Angularitermes tiguassu*	毛鼻棱角白蚁
232	*Angulitermes acutus*	锋利角白蚁
233	*Angulitermes akhorisainensis*	艾豪瑞赛恩角白蚁
234	*Angulitermes arabiae*	阿拉伯角白蚁
235	*Angulitermes asirensis*	阿西尔角白蚁
236	*Angulitermes bhagsunagensis*	珀格苏纳格角白蚁
237	*Angulitermes braunsi*	布劳恩斯角白蚁
238	*Angulitermes ceylonicus*	锡兰角白蚁
239	*Angulitermes dehraensis*	德拉敦角白蚁
240	*Angulitermes elsenburgi*	埃尔森伯格角白蚁
241	*Angulitermes emersoni*	埃默森角白蚁
242	*Angulitermes fletcheri*	弗莱彻角白蚁

（续表）

序号	拉丁学名	中文名称
243	*Angulitermes frontalis*	显额角白蚁
244	*Angulitermes hussaini*	侯赛因角白蚁
245	*Angulitermes jodhpurensis*	焦特布尔角白蚁
246	*Angulitermes kashmirensis*	克什米尔角白蚁
247	*Angulitermes keralai*	喀拉拉角白蚁
248	*Angulitermes longifrons*	长额角白蚁
249	*Angulitermes mishrai*	米什拉角白蚁
250	*Angulitermes nepalensis*	尼泊尔角白蚁
251	*Angulitermes nilensis*	尼罗角白蚁
252	*Angulitermes obtusus*	迟钝角白蚁
253	*Angulitermes paanensis*	帕安角白蚁
254	*Angulitermes punjabensis*	旁遮普角白蚁
255	*Angulitermes quadriceps*	方头角白蚁
256	*Angulitermes ramanii*	拉曼角白蚁
257	*Angulitermes rathorai*	拉托拉角白蚁
258	*Angulitermes resimus*	高鼻角白蚁
259	*Angulitermes tilaki*	蒂拉克角白蚁
260	*Angulitermes truncatus*	伤残角白蚁
261	*Anhangatermes anhanguera*	魔鬼魔白蚁
262	*Anhangatermes eurycephalus*	宽头魔白蚁
263	*Anhangatermes juruena*	茹鲁埃纳魔白蚁
264	*Anhangatermes macarthuri*	麦克阿瑟魔白蚁
265	*Anhangatermes pilosus*	多毛魔白蚁
266	*Anoplotermes ater*	暗黑解甲白蚁
267	*Anoplotermes bahamensis*	巴哈马解甲白蚁
268	*Anoplotermes banksi*	班克斯解甲白蚁
269	*Anoplotermes bolivianus*	玻利维亚解甲白蚁
270	*Anoplotermes brucei*	布鲁斯解甲白蚁
271	*Anoplotermes burmeisteri*	伯迈斯特解甲白蚁
272	*Anoplotermes distans*	遥远解甲白蚁
273	*Anoplotermes fumosus*	烟色解甲白蚁
274	*Anoplotermes gracilis*	细瘦解甲白蚁
275	*Anoplotermes grandifrons*	大额解甲白蚁
276	*Anoplotermes hondurensis*	洪都拉斯解甲白蚁
277	*Anoplotermes howardi*	霍华德解甲白蚁

（续表）

序号	拉丁学名	中文名称
278	*Anoplotermes inopinatus*	意外解甲白蚁
279	*Anoplotermes janus*	门神解甲白蚁
280	*Anoplotermes meridianus*	南方解甲白蚁
281	*Anoplotermes pacifcus*	太平洋解甲白蚁
282	*Anoplotermes parvus*	小解甲白蚁
283	*Anoplotermes punctatus*	具点解甲白蚁
284	*Anoplotermes pyriformis*	梨形解甲白蚁
285	*Anoplotermes rotundus*	球形解甲白蚁
286	*Anoplotermes schwarzi*	施瓦茨解甲白蚁
287	*Anoplotermes subterraneus*	地下解甲白蚁
288	*Anoplotermes tenebrosus*	黑暗解甲白蚁
289	*Antillitermes subtilis*	细瘦安的列斯白蚁
290	*Apagotermes stolidus*	愚蠢疲白蚁
291	*Aparatermes abbreviatus*	缩短弯肠白蚁
292	*Aparatermes cingulatus*	环带弯肠白蚁
293	*Aparatermes silvestrii*	西尔韦斯特里弯肠白蚁
294	*Aparatermes thornatus*	刺棘弯肠白蚁
295	*Apicotermes angustatus*	狭窄尖白蚁
296	*Apicotermes arquieri*	阿奎尔尖白蚁
297	*Apicotermes desneuxi*	德纳尖白蚁
298	*Apicotermes emersoni*	埃默森尖白蚁
299	*Apicotermes goesswaldi*	格斯瓦尔德尖白蚁
300	*Apicotermes gurgulifex*	喉头尖白蚁
301	*Apicotermes holmgreni*	霍姆格伦尖白蚁
302	*Apicotermes kisantuensis*	基桑图尖白蚁
303	*Apicotermes lamani*	拉曼尖白蚁
304	*Apicotermes occultus*	隐蔽尖白蚁
305	*Apicotermes porifex*	具孔尖白蚁
306	*Apicotermes rimulifex*	裂缝尖白蚁
307	*Apicotermes tragardhi*	特雷高尖白蚁
308	*Apilitermes longiceps*	长头无毛白蚁
309	*Apsenterotermes aspersus*	散乱后肠白蚁
310	*Apsenterotermes declinatus*	长弯后肠白蚁
311	*Apsenterotermes improcerus*	粗短后肠白蚁
312	*Apsenterotermes iridipennis*	虹翅后肠白蚁

（续表）

序号	拉丁学名	中文名称
313	*Apsenterotermes stenopronos*	细管后肠白蚁
314	*Araujotermes caissara*	凯萨拉阿劳若白蚁
315	*Araujotermes nanus*	侏儒阿劳若白蚁
316	*Araujotermes parvellus*	长毛阿劳若白蚁
317	*Araujotermes zeteki*	策特克阿劳若白蚁
318	*Archotermopsis kuznetsovi*	库兹涅佐夫古白蚁
319	*Archotermopsis wroughtoni*	罗夫顿古白蚁
320	*Arcotermes tubus*	管鼻弧白蚁
321	*Armitermes armiger*	具戟戟白蚁
322	*Armitermes bidentatus*	双齿戟白蚁
323	*Armitermes heyeri*	海尔戟白蚁
324	*Armitermes spininotus*	刺背戟白蚁
325	*Asagarotermes coronatus*	冠毛无剑白蚁
326	*Astalotermes acholus*	阿彻鲁斯无利器白蚁
327	*Astalotermes aganus*	温柔无利器白蚁
328	*Astalotermes amicus*	仁爱无利器白蚁
329	*Astalotermes benignus*	仁慈无利器白蚁
330	*Astalotermes brevior*	短小无利器白蚁
331	*Astalotermes comis*	友好无利器白蚁
332	*Astalotermes concilians*	团结无利器白蚁
333	*Astalotermes empodius*	棘头无利器白蚁
334	*Astalotermes eumenus*	蜾蠃无利器白蚁
335	*Astalotermes hapalus*	哈帕勒斯无利器白蚁
336	*Astalotermes ignavus*	懒惰无利器白蚁
337	*Astalotermes impedians*	慢行无利器白蚁
338	*Astalotermes irrixosus*	和平无利器白蚁
339	*Astalotermes mitis*	温和无利器白蚁
340	*Astalotermes murcus*	懦弱无利器白蚁
341	*Astalotermes obstructus*	阻碍无利器白蚁
342	*Astalotermes quietus*	宁静无利器白蚁
343	*Astratotermes aneristus*	赞比亚无刃白蚁
344	*Astratotermes apocnetus*	小囟无刃白蚁
345	*Astratotermes hilarus*	高兴无刃白蚁
346	*Astratotermes mansuetus*	驯服无刃白蚁
347	*Astratotermes pacatus*	平静无刃白蚁

（续表）

序号	拉丁学名	中文名称
348	*Astratotermes prosenus*	大型无刃白蚁
349	*Ateuchotermes ctenopher*	梳肠无锐白蚁
350	*Ateuchotermes muricatus*	胆怯无锐白蚁
351	*Ateuchotermes pectinatus*	梳痕无锐白蚁
352	*Ateuchotermes rastratus*	耙痕无锐白蚁
353	*Ateuchotermes retifaciens*	刚果无锐白蚁
354	*Ateuchotermes sentosus*	多刺无锐白蚁
355	*Ateuchotermes spinulatus*	小刺无锐白蚁
356	*Ateuchotermes tranquillus*	宁静无锐白蚁
357	*Atlantitermes guarinim*	好斗阿特拉斯白蚁
358	*Atlantitermes ibitiriguara*	具锯阿特拉斯白蚁
359	*Atlantitermes kirbyi*	柯比阿特拉斯白蚁
360	*Atlantitermes oculatissimus*	巨眼阿特拉斯白蚁
361	*Atlantitermes osborni*	奥斯本阿特拉斯白蚁
362	*Atlantitermes raripilus*	少毛阿特拉斯白蚁
363	*Atlantitermes snyderi*	斯奈德阿特拉斯白蚁
364	*Atlantitermes stercophilus*	喜粪阿特拉斯白蚁
365	*Australitermes dilucidus*	清晰澳大利亚白蚁
366	*Australitermes insignitus*	易辨澳大利亚白蚁
367	*Australitermes perlevis*	极轻澳大利亚白蚁
368	*Basidentitermes amicus*	友善基齿白蚁
369	*Basidentitermes aurivillii*	奥里维尔基齿白蚁
370	*Basidentitermes demoulini*	德穆兰基齿白蚁
371	*Basidentitermes diversifrons*	裂额基齿白蚁
372	*Basidentitermes mactus*	荣耀基齿白蚁
373	*Basidentitermes malelaensis*	马雷拉基齿白蚁
374	*Basidentitermes potens*	强壮基齿白蚁
375	*Basidentitermes trilobatus*	三裂基齿白蚁
376	*Batillitermes clypeatus*	大唇铲白蚁
377	*Batillitermes monachus*	僧侣铲白蚁
378	*Baucaliotermes hainesi*	海恩斯颈细白蚁
379	*Bicornitermes bicornis*	双角双角白蚁
380	*Bicornitermes emersoni*	埃默森双角白蚁
381	*Bicornitermes exsertifrons*	突额双角白蚁
382	*Bicornitermes spinicollis*	刺颈双角白蚁

（续表）

序号	拉丁学名	中文名称
383	*Bifiditermes angulatus*	角状双裂白蚁
384	*Bifiditermes beesoni*	比森双裂白蚁
385	*Bifiditermes durbanensis*	德班双裂白蚁
386	*Bifiditermes improbus*	不诚双裂白蚁
387	*Bifiditermes indicus*	印度双裂白蚁
388	*Bifiditermes jeannelanus*	让内尔双裂白蚁
389	*Bifiditermes madagascariensis*	马达加斯加双裂白蚁
390	*Bifiditermes mutubae*	榕树双裂白蚁
391	*Bifiditermes pintoi*	平托双裂白蚁
392	*Bifiditermes rogierae*	罗吉尔双裂白蚁
393	*Bifiditermes sibayiensis*	斯巴艺双裂白蚁
394	*Bifiditermes sylvaticus*	森林双裂白蚁
395	*Bulbitermes borneensis*	婆罗瓢白蚁
396	*Bulbitermes brevicornis*	短角瓢白蚁
397	*Bulbitermes bulbiceps*	瓢头瓢白蚁
398	*Bulbitermes busuangae*	布桑加瓢白蚁
399	*Bulbitermes constricticeps*	缩头瓢白蚁
400	*Bulbitermes constrictiformis*	类紧缩瓢白蚁
401	*Bulbitermes constrictoides*	似紧缩瓢白蚁
402	*Bulbitermes constrictus*	紧缩瓢白蚁
403	*Bulbitermes durianensis*	榴莲岛瓢白蚁
404	*Bulbitermes flavicans*	黄色瓢白蚁
405	*Bulbitermes fulvus*	栗色瓢白蚁
406	*Bulbitermes gedeensis*	格德瓢白蚁
407	*Bulbitermes germanus*	常见瓢白蚁
408	*Bulbitermes johorensis*	柔佛瓢白蚁
409	*Bulbitermes kraepelini*	克雷珀林瓢白蚁
410	*Bulbitermes lakshmani*	拉克什曼瓢白蚁
411	*Bulbitermes mariveles*	马里维勒瓢白蚁
412	*Bulbitermes mcgregori*	麦格雷戈瓢白蚁
413	*Bulbitermes nasutus*	大鼻瓢白蚁
414	*Bulbitermes parapusillus*	似极小瓢白蚁
415	*Bulbitermes perpusillus*	近极小瓢白蚁
416	*Bulbitermes prabhae*	普拉巴瓢白蚁
417	*Bulbitermes pronasutus*	似大鼻瓢白蚁

（续表）

序号	拉丁学名	中文名称
418	*Bulbitermes prorosae*	似罗莎瓢白蚁
419	*Bulbitermes pusillus*	极小瓢白蚁
420	*Bulbitermes pyriformis*	梨形瓢白蚁
421	*Bulbitermes rosae*	罗莎瓢白蚁
422	*Bulbitermes salakensis*	萨拉山瓢白蚁
423	*Bulbitermes sarawakensis*	砂拉越瓢白蚁
424	*Bulbitermes singaporiensis*	新加坡瓢白蚁
425	*Bulbitermes subulatus*	似锥瓢白蚁
426	*Bulbitermes umasumasensis*	乌马斯乌马斯瓢白蚁
427	*Bulbitermes vicinus*	相似瓢白蚁
428	*Caetetermes taquarussu*	塔夸拉林白蚁
429	*Cahuallitermes aduncus*	具钩弃白蚁
430	*Cahuallitermes intermedius*	中间弃白蚁
431	*Calcaritermes brevicollis*	短颈距白蚁
432	*Calcaritermes colei*	科尔距白蚁
433	*Calcaritermes emarginicollis*	刻颈距白蚁
434	*Calcaritermes guatemalae*	危地马拉距白蚁
435	*Calcaritermes imminens*	悬垂距白蚁
436	*Calcaritermes krishnai*	克里希纳距白蚁
437	*Calcaritermes nearcticus*	新北距白蚁
438	*Calcaritermes nigriceps*	黑头距白蚁
439	*Calcaritermes parvinotus*	小背距白蚁
440	*Calcaritermes rioensis*	里约距白蚁
441	*Calcaritermes snyderi*	斯奈德距白蚁
442	*Calcaritermes temnocephalus*	切头距白蚁
443	*Capritermes capricornis*	山羊角扭白蚁
444	*Caribitermes discolor*	异色加勒比白蚁
445	*Cavitermes parmae*	帕尔马腔白蚁
446	*Cavitermes parvicavus*	小腔腔白蚁
447	*Cavitermes rozeni*	罗森腔白蚁
448	*Cavitermes simplicinervis*	简灰腔白蚁
449	*Cavitermes tuberosus*	肉瘤腔白蚁
450	*Cephalotermes rectangularis*	直角头白蚁
451	*Ceratokalotermes spoliator*	掠夺角木白蚁
452	*Ceylonitermellus hantanae*	汉塔娜小锡兰白蚁

（续表）

序号	拉丁学名	中文名称
453	*Ceylonitermellus kotuae*	科图瓦小锡兰白蚁
454	*Ceylonitermes escherichi*	埃舍里希锡兰白蚁
455	*Ceylonitermes indicola*	印度锡兰白蚁
456	*Ceylonitermes paulosus*	保洛斯锡兰白蚁
457	*Coarctotermes beharaensis*	贝哈拉缩狭白蚁
458	*Coarctotermes clepsydra*	漏壶缩狭白蚁
459	*Coarctotermes nasonovi*	纳索诺夫缩狭白蚁
460	*Coarctotermes pauliani*	波利昂缩狭白蚁
461	*Coatitermes clevelandi*	克利夫兰凸鼻白蚁
462	*Coatitermes kartaboensis*	卡尔塔波凸鼻白蚁
463	*Coatitermes mazaruniensis*	马扎鲁尼凸鼻白蚁
464	*Coatitermes pallidus*	苍白凸鼻白蚁
465	*Coendutermes tucum*	纤维箭猪白蚁
466	*Comatermes perfectus*	完美毛白蚁
467	*Compositermes bani*	班恩肠刺白蚁
468	*Compositermes vindai*	文达肠刺白蚁
469	*Constrictotermes cacaoensis*	可可缩白蚁
470	*Constrictotermes cavifrons*	凹额缩白蚁
471	*Constrictotermes cyphergaster*	弯肠缩白蚁
472	*Constrictotermes guantanamensis*	关塔那摩缩白蚁
473	*Constrictotermes latinotus*	宽背缩白蚁
474	*Constrictotermes rupestris*	红色缩白蚁
475	*Convexitermes convexifrons*	凸额凸白蚁
476	*Convexitermes manni*	曼凸白蚁
477	*Coptotermes acinaciformis*	短刀乳白蚁
478	*Coptotermes amanii*	阿马尼乳白蚁
479	*Coptotermes amboinensis*	安汶乳白蚁
480	*Coptotermes bannaensis*	版纳乳白蚁
481	*Coptotermes beckeri*	贝克乳白蚁
482	*Coptotermes bentongensis*	文冬乳白蚁
483	*Coptotermes boetonensis*	博顿乳白蚁
484	*Coptotermes brunneus*	深棕乳白蚁
485	*Coptotermes ceylonicus*	锡兰乳白蚁
486	*Coptotermes changtaiensis*	长泰乳白蚁
487	*Coptotermes chaoxianensis*	巢县乳白蚁

（续表）

序号	拉丁学名	中文名称
488	*Coptotermes cochlearus*	匙颏乳白蚁
489	*Coptotermes cooloola*	库鲁拉乳白蚁
490	*Coptotermes crassus*	厚重乳白蚁
491	*Coptotermes curvignathus*	曲颚乳白蚁
492	*Coptotermes cyclocoryphus*	圆头乳白蚁
493	*Coptotermes dimorphus*	二型乳白蚁
494	*Coptotermes dobonicus*	多波乳白蚁
495	*Coptotermes dreghorni*	雷德霍恩乳白蚁
496	*Coptotermes elisae*	端明乳白蚁
497	*Coptotermes emersoni*	埃默森乳白蚁
498	*Coptotermes formosanus*	台湾乳白蚁
499	*Coptotermes frenchi*	弗伦奇乳白蚁
500	*Coptotermes fumipennis*	烟翅乳白蚁
501	*Coptotermes gambrinus*	甘布里努斯乳白蚁
502	*Coptotermes gaurii*	高瑞乳白蚁
503	*Coptotermes gestroi*	格斯特乳白蚁
504	*Coptotermes grandiceps*	庞头乳白蚁
505	*Coptotermes grandis*	大头乳白蚁
506	*Coptotermes guangdongensis*	广东乳白蚁
507	*Coptotermes gulangyuensis*	鼓浪屿乳白蚁
508	*Coptotermes hainanensis*	海南乳白蚁
509	*Coptotermes heimi*	埃姆乳白蚁
510	*Coptotermes hekouensis*	河口乳白蚁
511	*Coptotermes intermedius*	中间乳白蚁
512	*Coptotermes kalshoveni*	卡尔斯霍芬乳白蚁
513	*Coptotermes kishori*	基绍乳白蚁
514	*Coptotermes lacteus*	乳色乳白蚁
515	*Coptotermes longignathus*	长颚乳白蚁
516	*Coptotermes longistriatus*	长带乳白蚁
517	*Coptotermes mauricianus*	毛里求斯乳白蚁
518	*Coptotermes melanoistriatus*	黑带乳白蚁
519	*Coptotermes menadoae*	万鸦东乳白蚁
520	*Coptotermes michaelseni*	米夏埃尔森乳白蚁
521	*Coptotermes minutissimus*	最小乳白蚁
522	*Coptotermes monosetosus*	单毛乳白蚁

（续表）

序号	拉丁学名	中文名称
523	*Coptotermes nanus*	侏儒乳白蚁
524	*Coptotermes niger*	黑色乳白蚁
525	*Coptotermes oshimai*	大岛乳白蚁
526	*Coptotermes pamuae*	帕穆亚乳白蚁
527	*Coptotermes paradoxus*	奇异乳白蚁
528	*Coptotermes peregrinator*	陌生乳白蚁
529	*Coptotermes premrasmii*	普雷姆阿斯米乳白蚁
530	*Coptotermes remotus*	远方乳白蚁
531	*Coptotermes sepangensis*	塞庞乳白蚁
532	*Coptotermes shanghaiensis*	上海乳白蚁
533	*Coptotermes silvaticus*	森林乳白蚁
534	*Coptotermes sinabangensis*	锡纳邦乳白蚁
535	*Coptotermes sjöstedti*	舍斯泰特乳白蚁
536	*Coptotermes testaceus*	厚壳乳白蚁
537	*Coptotermes travians*	南亚乳白蚁
538	*Coptotermes truncatus*	伤残乳白蚁
539	*Coptotermes varicapitatus*	异头乳白蚁
540	*Cornicapritermes mucronatus*	尖锐角扭白蚁
541	*Cornitermes acignathus*	尖颚角象白蚁
542	*Cornitermes bequaerti*	贝奎特角象白蚁
543	*Cornitermes bolivianus*	玻利维亚角象白蚁
544	*Cornitermes cumulans*	成堆角象白蚁
545	*Cornitermes falcatus*	弯钩角象白蚁
546	*Cornitermes incisus*	切割角象白蚁
547	*Cornitermes ovatus*	卵形角象白蚁
548	*Cornitermes pilosus*	多毛角象白蚁
549	*Cornitermes pugnax*	好斗角象白蚁
550	*Cornitermes silvestrii*	西尔韦斯特里角象白蚁
551	*Cornitermes snyderi*	斯奈德角象白蚁
552	*Cornitermes villosus*	密毛角象白蚁
553	*Cornitermes walkeri*	沃克角象白蚁
554	*Cornitermes weberi*	韦伯角象白蚁
555	*Cortaritermes fulviceps*	栗头利颚白蚁
556	*Cortaritermes intermedius*	中间利颚白蚁
557	*Cortaritermes piliceps*	毛头利颚白蚁

（续表）

序号	拉丁学名	中文名称
558	*Cortaritermes rizzinii*	里兹尼利颚白蚁
559	*Cortaritermes silvestrii*	西尔韦斯特里利颚白蚁
560	*Coxotermes boukokoensis*	布科科基白蚁
561	*Crenetermes albotarsalis*	白跗刻痕白蚁
562	*Crenetermes elongatus*	细长刻痕白蚁
563	*Crenetermes fruitus*	可爱刻痕白蚁
564	*Crenetermes mandibulatus*	大颚刻痕白蚁
565	*Crenetermes mixtus*	混杂刻痕白蚁
566	*Crepititermes verruculosus*	多疣响白蚁
567	*Cristatitermes arenicola*	沙栖脊突白蚁
568	*Cristatitermes barretti*	巴雷特脊突白蚁
569	*Cristatitermes carinatus*	颏突脊突白蚁
570	*Cristatitermes froggatti*	弗洛格特脊突白蚁
571	*Cristatitermes pineaformis*	松球脊突白蚁
572	*Cristatitermes tutulatus*	毛头脊突白蚁
573	*Cryptotermes abruptus*	陡额堆砂白蚁
574	*Cryptotermes aequacornis*	等角堆砂白蚁
575	*Cryptotermes albipes*	白足堆砂白蚁
576	*Cryptotermes angustinotus*	狭背堆砂白蚁
577	*Cryptotermes austrinus*	澳大利亚堆砂白蚁
578	*Cryptotermes bengalensis*	孟加拉堆砂白蚁
579	*Cryptotermes bracketti*	布拉克特堆砂白蚁
580	*Cryptotermes brevis*	麻头堆砂白蚁
581	*Cryptotermes canalensis*	卡纳拉堆砂白蚁
582	*Cryptotermes cavifrons*	凹额堆砂白蚁
583	*Cryptotermes ceylonicus*	锡兰堆砂白蚁
584	*Cryptotermes chacoensis*	查科堆砂白蚁
585	*Cryptotermes chasei*	蔡斯堆砂白蚁
586	*Cryptotermes colombiannus*	哥伦比亚堆砂白蚁
587	*Cryptotermes contognathus*	短颚堆砂白蚁
588	*Cryptotermes crassicornis*	粗角堆砂白蚁
589	*Cryptotermes cristatus*	高额堆砂白蚁
590	*Cryptotermes cryptognathus*	隐颚堆砂白蚁
591	*Cryptotermes cubicoceps*	方头堆砂白蚁
592	*Cryptotermes cylindroceps*	筒头堆砂白蚁

（续表）

序号	拉丁学名	中文名称
593	*Cryptotermes cymatofrons*	波额堆砂白蚁
594	*Cryptotermes cynocephalus*	犬头堆砂白蚁
595	*Cryptotermes darlingtonae*	达林顿堆砂白蚁
596	*Cryptotermes darwini*	达尔文堆砂白蚁
597	*Cryptotermes daulti*	道尔特堆砂白蚁
598	*Cryptotermes declivis*	铲头堆砂白蚁
599	*Cryptotermes dolei*	多尔堆砂白蚁
600	*Cryptotermes domesticus*	截头堆砂白蚁
601	*Cryptotermes dudleyi*	长颚堆砂白蚁
602	*Cryptotermes fatulus*	简单堆砂白蚁
603	*Cryptotermes garifunae*	加利福纳堆砂白蚁
604	*Cryptotermes gearyi*	吉尔里堆砂白蚁
605	*Cryptotermes hainanensis*	海南堆砂白蚁
606	*Cryptotermes havilandi*	叶额堆砂白蚁
607	*Cryptotermes hemicyclius*	半圆堆砂白蚁
608	*Cryptotermes hilli*	希尔堆砂白蚁
609	*Cryptotermes juliani*	胡利安堆砂白蚁
610	*Cryptotermes karachiensis*	卡拉奇堆砂白蚁
611	*Cryptotermes kirbyi*	柯比堆砂白蚁
612	*Cryptotermes kororensis*	科罗尔堆砂白蚁
613	*Cryptotermes longicollis*	长颈堆砂白蚁
614	*Cryptotermes luodianis*	罗甸堆砂白蚁
615	*Cryptotermes mangoldi*	曼戈尔德堆砂白蚁
616	*Cryptotermes merwei*	默维堆砂白蚁
617	*Cryptotermes naudei*	诺代堆砂白蚁
618	*Cryptotermes nitens*	光亮堆砂白蚁
619	*Cryptotermes nitidus*	亮头堆砂白蚁
620	*Cryptotermes pallidus*	苍白堆砂白蚁
621	*Cryptotermes papulosus*	丘翅堆砂白蚁
622	*Cryptotermes parvifrons*	小额堆砂白蚁
623	*Cryptotermes penaoru*	佩奥鲁堆砂白蚁
624	*Cryptotermes perforans*	穿孔堆砂白蚁
625	*Cryptotermes pingyangensis*	平阳堆砂白蚁
626	*Cryptotermes primus*	第一堆砂白蚁
627	*Cryptotermes pyrodomus*	锅房堆砂白蚁

（续表）

序号	拉丁学名	中文名称
628	*Cryptotermes queenslandis*	昆士兰堆砂白蚁
629	*Cryptotermes rhicnocephalus*	喙头堆砂白蚁
630	*Cryptotermes riverinae*	里弗赖纳堆砂白蚁
631	*Cryptotermes roonwali*	鲁恩沃堆砂白蚁
632	*Cryptotermes rotundiceps*	圆头堆砂白蚁
633	*Cryptotermes secundus*	第二堆砂白蚁
634	*Cryptotermes silvestrii*	西尔韦斯特里堆砂白蚁
635	*Cryptotermes simulatus*	似昆士兰堆砂白蚁
636	*Cryptotermes spathifrons*	剑额堆砂白蚁
637	*Cryptotermes sukauensis*	苏高堆砂白蚁
638	*Cryptotermes sumatrensis*	苏门答腊堆砂白蚁
639	*Cryptotermes thailandis*	泰国堆砂白蚁
640	*Cryptotermes tropicalis*	热带堆砂白蚁
641	*Cryptotermes undulans*	纹头堆砂白蚁
642	*Cryptotermes venezolanus*	委内瑞拉堆砂白蚁
643	*Cryptotermes verruculosus*	多疣堆砂白蚁
644	*Cubitermes aemulus*	竞争方白蚁
645	*Cubitermes anatruncatus*	近残废方白蚁
646	*Cubitermes atrox*	凶猛方白蚁
647	*Cubitermes banksi*	班克斯方白蚁
648	*Cubitermes bilobatodes*	似双裂方白蚁
649	*Cubitermes bilobatus*	双裂方白蚁
650	*Cubitermes breviceps*	短头方白蚁
651	*Cubitermes bugeserae*	布格塞拉方白蚁
652	*Cubitermes bulbifrons*	球额方白蚁
653	*Cubitermes caesareus*	凯撒方白蚁
654	*Cubitermes comstocki*	科姆斯托克方白蚁
655	*Cubitermes congoensis*	刚果方白蚁
656	*Cubitermes conjenii*	康杰尼方白蚁
657	*Cubitermes curtatus*	剪短方白蚁
658	*Cubitermes duplex*	成双方白蚁
659	*Cubitermes exiguus*	短小方白蚁
660	*Cubitermes falcifer*	具镰方白蚁
661	*Cubitermes finitimus*	边界方白蚁
662	*Cubitermes fulvus*	暗黄方白蚁

（续表）

序号	拉丁学名	中文名称
663	*Cubitermes fungifaber*	菌丝方白蚁
664	*Cubitermes gaigei*	盖杰方白蚁
665	*Cubitermes gibbifrons*	弯额方白蚁
666	*Cubitermes glebae*	产孢方白蚁
667	*Cubitermes hamatus*	具钩方白蚁
668	*Cubitermes inclitus*	闻名方白蚁
669	*Cubitermes intercalatus*	夹层方白蚁
670	*Cubitermes latens*	潜藏方白蚁
671	*Cubitermes loubetsiensis*	卢贝齐方白蚁
672	*Cubitermes microduplex*	小双方白蚁
673	*Cubitermes minitabundus*	威胁方白蚁
674	*Cubitermes modestior*	平静方白蚁
675	*Cubitermes montanus*	高山方白蚁
676	*Cubitermes muneris*	受雇方白蚁
677	*Cubitermes niokoloensis*	尼奥科洛方白蚁
678	*Cubitermes oblectatus*	快乐方白蚁
679	*Cubitermes oculatus*	眼显方白蚁
680	*Cubitermes orthognathus*	直颚方白蚁
681	*Cubitermes pallidiceps*	白头方白蚁
682	*Cubitermes planifrons*	平额方白蚁
683	*Cubitermes pretorianus*	比勒陀利亚方白蚁
684	*Cubitermes proximatus*	临近方白蚁
685	*Cubitermes sanctaeluciae*	圣卢西亚方白蚁
686	*Cubitermes sankurensis*	桑库鲁方白蚁
687	*Cubitermes schereri*	谢勒方白蚁
688	*Cubitermes schmidti*	施密德方白蚁
689	*Cubitermes severus*	恶劣方白蚁
690	*Cubitermes sierraleonicus*	塞拉利昂方白蚁
691	*Cubitermes silvestrii*	西尔韦斯特里方白蚁
692	*Cubitermes speciosus*	美丽方白蚁
693	*Cubitermes subarquatus*	稍拱方白蚁
694	*Cubitermes subcrenulatus*	似钝齿方白蚁
695	*Cubitermes sulcifrons*	皱额方白蚁
696	*Cubitermes tenuiceps*	细头方白蚁
697	*Cubitermes testaceus*	厚壳方白蚁

（续表）

序号	拉丁学名	中文名称
698	*Cubitermes transvaalensis*	德兰士瓦方白蚁
699	*Cubitermes truncatoides*	似伤残方白蚁
700	*Cubitermes truncatus*	伤残方白蚁
701	*Cubitermes ugandensis*	乌干达方白蚁
702	*Cubitermes umbratus*	阴暗方白蚁
703	*Cubitermes undulatus*	波颚方白蚁
704	*Cubitermes weissi*	韦斯方白蚁
705	*Cubitermes zavattarii*	扎瓦塔里方白蚁
706	*Cubitermes zenkeri*	岑克尔方白蚁
707	*Cubitermes zulucola*	祖鲁兰方白蚁
708	*Cubitermes zuluensis*	祖鲁方白蚁
709	*Cucurbitermes parviceps*	小葫白蚁
710	*Cucurbitermes sinensis*	中华葫白蚁
711	*Cucurbitermes yingdeensis*	英德葫白蚁
712	*Curvitermes minor*	小型曲白蚁
713	*Curvitermes odontognathus*	齿颚曲白蚁
714	*Cylindrotermes brevipilosus*	短毛圆筒白蚁
715	*Cylindrotermes caata*	骨痂圆筒白蚁
716	*Cylindrotermes capixaba*	卡皮沙巴圆筒白蚁
717	*Cylindrotermes flangiatus*	凸缘圆筒白蚁
718	*Cylindrotermes macrognathus*	长颚圆筒白蚁
719	*Cylindrotermes nordenskioldi*	努登舍尔德圆筒白蚁
720	*Cylindrotermes parvignathus*	小颚圆筒白蚁
721	*Cylindrotermes sapiranga*	萨皮兰加圆筒白蚁
722	*Cyranotermes caete*	卡埃特巨鼻白蚁
723	*Cyranotermes glaber*	无毛巨鼻白蚁
724	*Cyranotermes karipuna*	卡日普纳巨鼻白蚁
725	*Cyranotermes timuassu*	多毛巨鼻白蚁
726	*Cyrilliotermes angulariceps*	角头壶头白蚁
727	*Cyrilliotermes brevidens*	短齿壶头白蚁
728	*Cyrilliotermes crassinasus*	粗鼻壶头白蚁
729	*Cyrilliotermes strictinasus*	缩鼻壶头白蚁
730	*Dentispicotermes brevicarinatus*	短脊齿尖白蚁
731	*Dentispicotermes conjunctus*	邻近齿尖白蚁
732	*Dentispicotermes cupiporanga*	库皮珀安加齿尖白蚁

（续表）

序号	拉丁学名	中文名称
733	*Dentispicotermes globicephalus*	球头齿尖白蚁
734	*Dentispicotermes pantanalis*	沼泽齿尖白蚁
735	*Dicuspiditermes achankovili*	阿坚柯维尔突扭白蚁
736	*Dicuspiditermes boseae*	鲍斯突扭白蚁
737	*Dicuspiditermes cacuminatus*	尖齿突扭白蚁
738	*Dicuspiditermes cornutella*	小角突扭白蚁
739	*Dicuspiditermes fontanellus*	小囟突扭白蚁
740	*Dicuspiditermes fssifex*	裂开突扭白蚁
741	*Dicuspiditermes gravelyi*	格雷夫利突扭白蚁
742	*Dicuspiditermes hutsoni*	赫特森突扭白蚁
743	*Dicuspiditermes incola*	栖息突扭白蚁
744	*Dicuspiditermes kistneri*	基斯特纳突扭白蚁
745	*Dicuspiditermes laetus*	明亮突扭白蚁
746	*Dicuspiditermes makhamensis*	玛堪突扭白蚁
747	*Dicuspiditermes minutus*	小突扭白蚁
748	*Dicuspiditermes nemorosus*	树荫突扭白蚁
749	*Dicuspiditermes obtusus*	迟钝突扭白蚁
750	*Dicuspiditermes punjabensis*	旁遮普突扭白蚁
751	*Dicuspiditermes rothi*	罗思突扭白蚁
752	*Dicuspiditermes santschii*	桑特斯基突扭白蚁
753	*Dicuspiditermes sisiri*	西西尔突扭白蚁
754	*Dicuspiditermes spinitibialis*	刺胫突扭白蚁
755	*Dihoplotermes inusitatus*	非凡双戟白蚁
756	*Dihoplotermes taurus*	公牛双戟白蚁
757	*Disjunctitermes insularis*	岛生间断白蚁
758	*Diversitermes castaniceps*	栗头歧白蚁
759	*Diversitermes diversimiles*	多兵歧白蚁
760	*Diversitermes tiapuan*	长筒鼻歧白蚁
761	*Divinotermes allognathus*	异颚迪维努白蚁
762	*Divinotermes digitatus*	具指迪维努白蚁
763	*Divinotermes tuberculatus*	小瘤迪维努白蚁
764	*Diwaitermes castanopsis*	锥栗木象白蚁
765	*Diwaitermes foi*	福阿木象白蚁
766	*Diwaitermes kanehirai*	凯恩希拉木象白蚁
767	*Dolichorhinotermes japuraensis*	雅普拉狭鼻白蚁

（续表）

序号	拉丁学名	中文名称
768	*Dolichorhinotermes lanciarius*	矛唇狭鼻白蚁
769	*Dolichorhinotermes latilabrum*	宽唇狭鼻白蚁
770	*Dolichorhinotermes longidens*	长齿狭鼻白蚁
771	*Dolichorhinotermes longilabius*	长唇狭鼻白蚁
772	*Dolichorhinotermes neli*	内尔狭鼻白蚁
773	*Dolichorhinotermes tenebrosus*	暗色狭鼻白蚁
774	*Drepanotermes acicularis*	细长镰白蚁
775	*Drepanotermes barretti*	巴雷特镰白蚁
776	*Drepanotermes basidens*	基齿镰白蚁
777	*Drepanotermes bellator*	勇士镰白蚁
778	*Drepanotermes brevis*	短小镰白蚁
779	*Drepanotermes calabyi*	卡拉比镰白蚁
780	*Drepanotermes clarki*	克拉克镰白蚁
781	*Drepanotermes columellaris*	小柱镰白蚁
782	*Drepanotermes corax*	乌黑镰白蚁
783	*Drepanotermes crassidens*	厚齿镰白蚁
784	*Drepanotermes daliensis*	戴利镰白蚁
785	*Drepanotermes dibolia*	狄波拉镰白蚁
786	*Drepanotermes diversicolor*	多色镰白蚁
787	*Drepanotermes gayi*	盖伊镰白蚁
788	*Drepanotermes hamulus*	小钩镰白蚁
789	*Drepanotermes hilli*	希尔镰白蚁
790	*Drepanotermes invasor*	入侵镰白蚁
791	*Drepanotermes magnifcus*	巨大镰白蚁
792	*Drepanotermes paradoxus*	奇异镰白蚁
793	*Drepanotermes perniger*	全黑镰白蚁
794	*Drepanotermes phoenix*	凤凰镰白蚁
795	*Drepanotermes rubriceps*	红头镰白蚁
796	*Drepanotermes septentrionalis*	北方镰白蚁
797	*Drepanotermes tamminensis*	塔明镰白蚁
798	*Duplidentitermes furcatidens*	叉齿双齿白蚁
799	*Duplidentitermes jurioni*	朱里翁双齿白蚁
800	*Duplidentitermes latimentonis*	宽颏双齿白蚁
801	*Eburnitermes grassei*	格拉塞象牙白蚁
802	*Echinotermes biriba*	比里巴多刺白蚁

（续表）

序号	拉丁学名	中文名称
803	*Ekphysotermes jarmuranus*	贾穆瘤突白蚁
804	*Ekphysotermes kalgoorliensis*	卡尔古利瘤突白蚁
805	*Ekphysotermes ocellaris*	眼显瘤突白蚁
806	*Ekphysotermes pelatus*	脱皮瘤突白蚁
807	*Ekphysotermes percomis*	可爱瘤突白蚁
808	*Eleanoritermes borneensis*	婆罗埃莉诺白蚁
809	*Embiratermes benjamini*	本杰明生白蚁
810	*Embiratermes brevinasus*	短鼻生白蚁
811	*Embiratermes chagresi*	查格雷斯生白蚁
812	*Embiratermes festivellus*	喜庆生白蚁
813	*Embiratermes heterotypus*	异型生白蚁
814	*Embiratermes ignotus*	宽恕生白蚁
815	*Embiratermes latidens*	宽齿生白蚁
816	*Embiratermes neotenicus*	幼态生白蚁
817	*Embiratermes parvirostris*	小嘴生白蚁
818	*Embiratermes robustus*	粗壮生白蚁
819	*Embiratermes silvestrii*	西尔韦斯特里生白蚁
820	*Embiratermes snyderi*	斯奈德生白蚁
821	*Embiratermes spissus*	密实生白蚁
822	*Embiratermes transandinus*	安弟斯生白蚁
823	*Emersonitermes thekadensis*	卡迪埃默森白蚁
824	*Enetotermes bembicoides*	似陀针筒白蚁
825	*Ephelotermes argutus*	清楚棒颚白蚁
826	*Ephelotermes cheeli*	奇尔棒颚白蚁
827	*Ephelotermes melachoma*	黑垄棒颚白蚁
828	*Ephelotermes paleatus*	深颏棒颚白蚁
829	*Ephelotermes persimilis*	相似棒颚白蚁
830	*Ephelotermes taylori*	泰勒棒颚白蚁
831	*Epicalotermes aethiopicus*	埃塞俄比亚上木白蚁
832	*Epicalotermes kempae*	肯帕上木白蚁
833	*Epicalotermes mkuzii*	摩库兹上木白蚁
834	*Epicalotermes munroi*	芒罗上木白蚁
835	*Epicalotermes pakistanicus*	巴基斯坦上木白蚁
836	*Epicalotermes planifrons*	扁额上木白蚁
837	*Eremotermes arctus*	短窄漠白蚁

（续表）

序号	拉丁学名	中文名称
838	*Eremotermes dehraduni*	德拉敦漠白蚁
839	*Eremotermes fletcheri*	弗莱彻漠白蚁
840	*Eremotermes indicatus*	指示漠白蚁
841	*Eremotermes madrasicus*	马德拉斯漠白蚁
842	*Eremotermes nanus*	侏儒漠白蚁
843	*Eremotermes neoparadoxalis*	新奇异漠白蚁
844	*Eremotermes paradoxalis*	奇异漠白蚁
845	*Eremotermes sanyuktae*	女神漠白蚁
846	*Eremotermes senegalensis*	塞内加尔漠白蚁
847	*Ereymatermes panamensis*	巴拿马无名白蚁
848	*Ereymatermes piquira*	短小无名白蚁
849	*Ereymatermes rotundiceps*	圆头无名白蚁
850	*Euchilotermes acutidens*	尖齿真唇白蚁
851	*Euchilotermes quadriceps*	方头真唇白蚁
852	*Euchilotermes tensus*	拉长真唇白蚁
853	*Euchilotermes umbraticola*	隐蔽真唇白蚁
854	*Eucryptotermes breviceps*	短头真砂白蚁
855	*Eucryptotermes hagenii*	哈根真砂白蚁
856	*Euhamitermes aruna*	阿鲁纳亮白蚁
857	*Euhamitermes bidentatus*	双齿亮白蚁
858	*Euhamitermes chhotanii*	乔塔里亮白蚁
859	*Euhamitermes concavigulus*	匙颏亮白蚁
860	*Euhamitermes daweishanensis*	大围亮白蚁
861	*Euhamitermes dentatus*	具齿亮白蚁
862	*Euhamitermes guizhouensis*	贵州亮白蚁
863	*Euhamitermes hamatus*	多毛亮白蚁
864	*Euhamitermes indicus*	印度亮白蚁
865	*Euhamitermes kanhaensis*	甘哈亮白蚁
866	*Euhamitermes karnatakensis*	卡纳塔克亮白蚁
867	*Euhamitermes lighti*	莱特亮白蚁
868	*Euhamitermes melanocephalus*	黑头亮白蚁
869	*Euhamitermes mengdingensis*	孟定亮白蚁
870	*Euhamitermes microcephalus*	小头亮白蚁
871	*Euhamitermes quadratceps*	方头亮白蚁
872	*Euhamitermes retusus*	凹唇亮白蚁

（续表）

序号	拉丁学名	中文名称
873	*Euhamitermes shillongensis*	西隆亮白蚁
874	*Euhamitermes urbanii*	乌尔巴尼亮白蚁
875	*Euhamitermes wittmeri*	威特默亮白蚁
876	*Euhamitermes yui*	尤氏亮白蚁
877	*Euhamitermes yunnanensis*	云南亮白蚁
878	*Euhamitermes yuntaishanensis*	云台山亮白蚁
879	*Euhamitermes zhejianensis*	浙江亮白蚁
880	*Eurytermes assmuthi*	阿斯穆斯宽白蚁
881	*Eurytermes boveni*	博文宽白蚁
882	*Eurytermes buddha*	大佛宽白蚁
883	*Eurytermes ceylonicus*	锡兰宽白蚁
884	*Eurytermes mohana*	莫罕娜宽白蚁
885	*Eurytermes topslipensis*	托普斯利普宽白蚁
886	*Euscaiotermes primus*	第一左转白蚁
887	*Eutermellus abruptus*	陡峭小真白蚁
888	*Eutermellus aquilinus*	鹰鼻小真白蚁
889	*Eutermellus bipartitus*	两段小真白蚁
890	*Eutermellus convergens*	收敛小真白蚁
891	*Eutermellus undulans*	波纹小真白蚁
892	*Fastigitermes jucundus*	可爱峰白蚁
893	*Firmitermes abyssinicus*	阿比西尼亚坚白蚁
894	*Foraminitermes coatoni*	科顿孔白蚁
895	*Foraminitermes corniferus*	具角孔白蚁
896	*Foraminitermes harrisi*	哈里斯孔白蚁
897	*Foraminitermes rhinoceros*	犀牛孔白蚁
898	*Foraminitermes tubifrons*	瘤额孔白蚁
899	*Foraminitermes valens*	强健孔白蚁
900	*Forficulitermes planifrons*	扁额剪白蚁
901	*Fulleritermes coatoni*	科顿富勒白蚁
902	*Fulleritermes contractus*	收缩富勒白蚁
903	*Fulleritermes mallyi*	马利富勒白蚁
904	*Fulleritermes tenebricus*	阴暗富勒白蚁
905	*Furculitermes brevilabius*	短唇叉白蚁
906	*Furculitermes brevimalatus*	短颚叉白蚁
907	*Furculitermes cubitalis*	急弯叉白蚁

（续表）

序号	拉丁学名	中文名称
908	*Furculitermes hendrickxi*	亨德里克斯叉白蚁
909	*Furculitermes longilabius*	长唇叉白蚁
910	*Furculitermes parviceps*	小头叉白蚁
911	*Furculitermes soyeri*	索耶叉白蚁
912	*Furculitermes winifredae*	威尼弗雷德叉白蚁
913	*Genuotermes spinifer*	具脊膝白蚁
914	*Globitermes brachycerastes*	短角球白蚁
915	*Globitermes globosus*	球形球白蚁
916	*Globitermes menglaensis*	勐腊球白蚁
917	*Globitermes mengpengensis*	勐捧球白蚁
918	*Globitermes minor*	小球白蚁
919	*Globitermes sulphureus*	黄球白蚁
920	*Globitermes vadaensis*	瓦达球白蚁
921	*Glossotermes oculatus*	眼显舌白蚁
922	*Glossotermes sulcatus*	具纹舌白蚁
923	*Glyptotermes adamsoni*	亚当森树白蚁
924	*Glyptotermes almorensis*	阿尔莫拉树白蚁
925	*Glyptotermes amplus*	大型树白蚁
926	*Glyptotermes angustithorax*	狭胸树白蚁
927	*Glyptotermes angustus*	变狭树白蚁
928	*Glyptotermes arshadi*	阿沙德树白蚁
929	*Glyptotermes asperatus*	粗糙树白蚁
930	*Glyptotermes baliochilus*	花唇树白蚁
931	*Glyptotermes barretti*	巴雷特树白蚁
932	*Glyptotermes besarensis*	贝萨树白蚁
933	*Glyptotermes bilobatus*	双裂树白蚁
934	*Glyptotermes bimaculifrons*	双斑树白蚁
935	*Glyptotermes borneensis*	婆罗树白蚁
936	*Glyptotermes brachythorax*	短胸树白蚁
937	*Glyptotermes brevicaudatus*	短尾树白蚁
938	*Glyptotermes brevicornis*	短角树白蚁
939	*Glyptotermes buttelreepeni*	巴特里彭树白蚁
940	*Glyptotermes canellae*	卡内尔树白蚁
941	*Glyptotermes caudomunitus*	具尾树白蚁
942	*Glyptotermes ceylonicus*	锡兰树白蚁

（续表）

序号	拉丁学名	中文名称
943	*Glyptotermes chapmani*	查普曼树白蚁
944	*Glyptotermes chatterjii*	查特杰树白蚁
945	*Glyptotermes chinpingensis*	金平树白蚁
946	*Glyptotermes chiraharitae*	常绿树白蚁
947	*Glyptotermes concavifrons*	凹额树白蚁
948	*Glyptotermes contracticornis*	缩角树白蚁
949	*Glyptotermes coorgensis*	古尔格树白蚁
950	*Glyptotermes curticeps*	短头树白蚁
951	*Glyptotermes daiyunensis*	戴云树白蚁
952	*Glyptotermes daweishanensis*	大围山树白蚁
953	*Glyptotermes dentatus*	具齿树白蚁
954	*Glyptotermes dilatatus*	延伸树白蚁
955	*Glyptotermes emei*	峨嵋树白蚁
956	*Glyptotermes eucalypti*	桉树树白蚁
957	*Glyptotermes euryceps*	宽头树白蚁
958	*Glyptotermes ficus*	榕树白蚁
959	*Glyptotermes fnniganensis*	菲尼根树白蚁
960	*Glyptotermes franciae*	弗朗西亚树白蚁
961	*Glyptotermes fujianensis*	福建树白蚁
962	*Glyptotermes fuscus*	黑树白蚁
963	*Glyptotermes guamensis*	关岛树白蚁
964	*Glyptotermes guianensis*	圭亚那树白蚁
965	*Glyptotermes guizhouensis*	贵州树白蚁
966	*Glyptotermes hejiangensis*	合江树白蚁
967	*Glyptotermes hendrickxi*	亨德里克斯树白蚁
968	*Glyptotermes hesperus*	川西树白蚁
969	*Glyptotermes hospitalis*	客居树白蚁
970	*Glyptotermes ignotus*	忽视树白蚁
971	*Glyptotermes insulanus*	岛栖树白蚁
972	*Glyptotermes iridipennis*	虹翅树白蚁
973	*Glyptotermes jinyunensis*	缙云树白蚁
974	*Glyptotermes jurioni*	朱里翁树白蚁
975	*Glyptotermes kachongensis*	卡冲树白蚁
976	*Glyptotermes kawandae*	卡旺达树白蚁
977	*Glyptotermes kirbyi*	柯比树白蚁

（续表）

序号	拉丁学名	中文名称
978	*Glyptotermes kunakensis*	库纳克树白蚁
979	*Glyptotermes laticaudomunitus*	宽尾树白蚁
980	*Glyptotermes latignathus*	阔颚树白蚁
981	*Glyptotermes latithorax*	宽胸树白蚁
982	*Glyptotermes liangshanensis*	凉山树白蚁
983	*Glyptotermes liberatus*	自由树白蚁
984	*Glyptotermes lighti*	莱特树白蚁
985	*Glyptotermes limulingensis*	黎母岭树白蚁
986	*Glyptotermes longipennis*	长翅树白蚁
987	*Glyptotermes longnanensis*	陇南树白蚁
988	*Glyptotermes longuisculus*	稍长树白蚁
989	*Glyptotermes luteus*	蜡黄树白蚁
990	*Glyptotermes maculifrons*	麻额树白蚁
991	*Glyptotermes magnioculus*	大眼树白蚁
992	*Glyptotermes magsaysayi*	麦格塞塞树白蚁
993	*Glyptotermes mandibulicinus*	翘颚树白蚁
994	*Glyptotermes marlatti*	马拉特树白蚁
995	*Glyptotermes minutus*	较小树白蚁
996	*Glyptotermes montanus*	高山树白蚁
997	*Glyptotermes nadaensis*	那大树白蚁
998	*Glyptotermes nakajimai*	中岛树白蚁
999	*Glyptotermes neoborneensis*	新婆罗树白蚁
1000	*Glyptotermes nevermani*	内韦曼树白蚁
1001	*Glyptotermes nicobarensis*	尼科巴树白蚁
1002	*Glyptotermes niger*	黑色树白蚁
1003	*Glyptotermes nissanensis*	尼桑树白蚁
1004	*Glyptotermes orthognathus*	直颚树白蚁
1005	*Glyptotermes palauensis*	帕劳树白蚁
1006	*Glyptotermes panaitanensis*	巴拉依丹树白蚁
1007	*Glyptotermes paracaudomunitus*	似具尾树白蚁
1008	*Glyptotermes paratuberculatus*	似具瘤树白蚁
1009	*Glyptotermes parki*	帕克树白蚁
1010	*Glyptotermes parvoculatus*	小眼树白蚁
1011	*Glyptotermes parvulus*	细小树白蚁
1012	*Glyptotermes parvus*	小树白蚁

（续表）

序号	拉丁学名	中文名称
1013	*Glyptotermes pellucidus*	清晰树白蚁
1014	*Glyptotermes perparvus*	极小树白蚁
1015	*Glyptotermes pinangae*	槟榔树白蚁
1016	*Glyptotermes planus*	平扁树白蚁
1017	*Glyptotermes posticus*	后部树白蚁
1018	*Glyptotermes pubescens*	柔毛树白蚁
1019	*Glyptotermes reticulatus*	似网树白蚁
1020	*Glyptotermes rotundifrons*	圆额树白蚁
1021	*Glyptotermes satsumensis*	赤树白蚁
1022	*Glyptotermes schmidti*	施密德树白蚁
1023	*Glyptotermes scotti*	斯科特树白蚁
1024	*Glyptotermes seeversi*	西弗斯树白蚁
1025	*Glyptotermes sensarmai*	森萨尔马树白蚁
1026	*Glyptotermes sepilokensis*	西比洛克树白蚁
1027	*Glyptotermes shaanxiensis*	陕西树白蚁
1028	*Glyptotermes sicki*	西克树白蚁
1029	*Glyptotermes simaoensis*	思茅树白蚁
1030	*Glyptotermes sinomalatus*	弯翅树白蚁
1031	*Glyptotermes succineus*	琥珀树白蚁
1032	*Glyptotermes suturis*	缝合树白蚁
1033	*Glyptotermes taruni*	塔鲁恩树白蚁
1034	*Glyptotermes taveuniensis*	塔韦乌尼树白蚁
1035	*Glyptotermes teknafensis*	代格纳夫树白蚁
1036	*Glyptotermes thailandis*	泰国树白蚁
1037	*Glyptotermes tikaderi*	铁卡德树白蚁
1038	*Glyptotermes tripurensis*	特里普拉树白蚁
1039	*Glyptotermes truncatus*	伤残树白蚁
1040	*Glyptotermes tsaii*	蔡氏树白蚁
1041	*Glyptotermes tuberculatus*	具瘤树白蚁
1042	*Glyptotermes tuberifer*	具疣树白蚁
1043	*Glyptotermes ueleensis*	韦莱树白蚁
1044	*Glyptotermes ukhiaensis*	乌吉亚树白蚁
1045	*Glyptotermes verrucosus*	疣多树白蚁
1046	*Glyptotermes xantholabrum*	黄唇树白蚁
1047	*Glyptotermes xiamenensis*	厦门树白蚁

（续表）

序号	拉丁学名	中文名称
1048	*Glyptotermes yingdeensis*	英德树白蚁
1049	*Glyptotermes yui*	尤氏树白蚁
1050	*Glyptotermes zhaoi*	赵氏树白蚁
1051	*Gnathamitermes grandis*	大颚钩白蚁
1052	*Gnathamitermes nigriceps*	黑头颚钩白蚁
1053	*Gnathamitermes perplexus*	扭曲颚钩白蚁
1054	*Gnathamitermes tubiformans*	管形颚钩白蚁
1055	*Grallatotermes admirabilus*	奇异高跷白蚁
1056	*Grallatotermes africanus*	非洲高跷白蚁
1057	*Grallatotermes grallator*	高跷高跷白蚁
1058	*Grallatotermes grallatoriformis*	似高跷高跷白蚁
1059	*Grallatotermes niger*	黑色高跷白蚁
1060	*Grallatotermes splendidus*	华丽高跷白蚁
1061	*Grallatotermes weyeri*	韦耶高跷白蚁
1062	*Grigiotermes hageni*	哈根灰白蚁
1063	*Hapsidotermes harrisi*	哈里斯洛白蚁
1064	*Hapsidotermes labellus*	小唇洛白蚁
1065	*Hapsidotermes longius*	长颚络白蚁
1066	*Hapsidotermes maideni*	梅登络白蚁
1067	*Hapsidotermes orbus*	孤儿络白蚁
1068	*Heimitermes laticeps*	宽头埃姆白蚁
1069	*Heimitermes moorei*	摩尔埃姆白蚁
1070	*Hesperotermes infrequens*	罕见西澳白蚁
1071	*Heterotermes aethiopicus*	埃塞俄比亚异白蚁
1072	*Heterotermes assu*	大异白蚁
1073	*Heterotermes aureus*	金黄异白蚁
1074	*Heterotermes balwanti*	巴尔万特异白蚁
1075	*Heterotermes brevicatena*	短链异白蚁
1076	*Heterotermes cardini*	卡丁异白蚁
1077	*Heterotermes ceylonicus*	锡兰异白蚁
1078	*Heterotermes convexinotatus*	凸背异白蚁
1079	*Heterotermes crinitus*	密毛异白蚁
1080	*Heterotermes ferox*	好斗异白蚁
1081	*Heterotermes gertrudae*	格特鲁德异白蚁
1082	*Heterotermes indicola*	印度异白蚁

（续表）

序号	拉丁学名	中文名称
1083	*Heterotermes intermedius*	中间异白蚁
1084	*Heterotermes longicatena*	长链异白蚁
1085	*Heterotermes longiceps*	长头异白蚁
1086	*Heterotermes maculatus*	斑点异白蚁
1087	*Heterotermes malabaricus*	马拉巴尔异白蚁
1088	*Heterotermes occiduus*	西部异白蚁
1089	*Heterotermes omanae*	阿曼异白蚁
1090	*Heterotermes pamatatensis*	帕马塔塔异白蚁
1091	*Heterotermes paradoxus*	奇异异白蚁
1092	*Heterotermes perfidus*	危险异白蚁
1093	*Heterotermes philippinensis*	菲律宾异白蚁
1094	*Heterotermes platycephalus*	宽头异白蚁
1095	*Heterotermes sulcatus*	具沟异白蚁
1096	*Heterotermes tenuior*	细长异白蚁
1097	*Heterotermes tenuis*	细瘦异白蚁
1098	*Heterotermes vagus*	游荡异白蚁
1099	*Heterotermes validus*	健壮异白蚁
1100	*Heterotermes wittmeri*	威特默异白蚁
1101	*Hirtitermes brabazoni*	布拉巴宗多毛白蚁
1102	*Hirtitermes hirtiventris*	毛腹多毛白蚁
1103	*Hirtitermes spinocephalus*	刺头多毛白蚁
1104	*Hodotermes erithreensis*	厄立特里亚草白蚁
1105	*Hodotermes mossambicus*	莫桑比克草白蚁
1106	*Hodotermopsis sjöstedti*	山林原白蚁
1107	*Homallotermes eleanorae*	埃莉诺平白蚁
1108	*Homallotermes exiguus*	微小平白蚁
1109	*Homallotermes foraminifer*	具孔平白蚁
1110	*Homallotermes pilosus*	多毛平白蚁
1111	*Hoplognathotermes angolensis*	安哥拉锐颚白蚁
1112	*Hoplognathotermes submissus*	地下锐颚白蚁
1113	*Hoplognathotermes subterraneus*	土栖锐颚白蚁
1114	*Hoplotermes amplus*	广泛武白蚁
1115	*Hospitalitermes asahinai*	朝比奈须白蚁
1116	*Hospitalitermes ataramensis*	阿特兰须白蚁
1117	*Hospitalitermes bicolor*	双色须白蚁

（续表）

序号	拉丁学名	中文名称
1118	*Hospitalitermes birmanicus*	缅甸须白蚁
1119	*Hospitalitermes blairi*	布莱尔须白蚁
1120	*Hospitalitermes brevirostratus*	短鼻须白蚁
1121	*Hospitalitermes butteli*	巴特须白蚁
1122	*Hospitalitermes damenglongensis*	大勐龙须白蚁
1123	*Hospitalitermes diurnus*	日常须白蚁
1124	*Hospitalitermes ferrugineus*	铁锈须白蚁
1125	*Hospitalitermes flaviventris*	黄腹须白蚁
1126	*Hospitalitermes flavoantennaris*	黄触角须白蚁
1127	*Hospitalitermes grassii*	格拉塞须白蚁
1128	*Hospitalitermes hospitalis*	寄宿须白蚁
1129	*Hospitalitermes irianensis*	伊里安查亚须白蚁
1130	*Hospitalitermes javanicus*	爪哇须白蚁
1131	*Hospitalitermes jepsoni*	杰普森须白蚁
1132	*Hospitalitermes jinghongensis*	景洪须白蚁
1133	*Hospitalitermes kali*	卡尔须白蚁
1134	*Hospitalitermes krishnai*	克里希纳须白蚁
1135	*Hospitalitermes lividiceps*	蓝头须白蚁
1136	*Hospitalitermes madrasi*	马德拉斯须白蚁
1137	*Hospitalitermes majusculus*	大须白蚁
1138	*Hospitalitermes medioflavus*	中黄须白蚁
1139	*Hospitalitermes moluccanus*	摩鹿加须白蚁
1140	*Hospitalitermes monoceros*	独角须白蚁
1141	*Hospitalitermes nemorosus*	阴凉须白蚁
1142	*Hospitalitermes nicobarensis*	尼科巴须白蚁
1143	*Hospitalitermes nigriantennalis*	黑触角须白蚁
1144	*Hospitalitermes papuanus*	巴布亚须白蚁
1145	*Hospitalitermes paraschmidti*	似施密德须白蚁
1146	*Hospitalitermes proflaviventris*	似黄腹须白蚁
1147	*Hospitalitermes rufus*	红色须白蚁
1148	*Hospitalitermes schmidti*	施密德须白蚁
1149	*Hospitalitermes seikii*	清木须白蚁
1150	*Hospitalitermes sharpi*	夏普须白蚁
1151	*Hospitalitermes umbrinus*	赭色须白蚁
1152	*Humutermes krishnai*	克里希纳腐殖白蚁

（续表）

序号	拉丁学名	中文名称
1153	*Humutermes noiroti*	努瓦罗腐殖白蚁
1154	*Hydrecotermes arienesho*	惊人海德瑞克白蚁
1155	*Hydrecotermes kawaii*	可爱海德瑞克白蚁
1156	*Hypotermes bawanensis*	坝湾地白蚁
1157	*Hypotermes makhamensis*	玛堪地白蚁
1158	*Hypotermes manyunensis*	曼允地白蚁
1159	*Hypotermes meiziensis*	梅子地白蚁
1160	*Hypotermes mengdingensis*	孟定地白蚁
1161	*Hypotermes obscuriceps*	暗头地白蚁
1162	*Hypotermes ruiliensis*	瑞丽地白蚁
1163	*Hypotermes sumatrensis*	暗齿地白蚁
1164	*Hypotermes wandingensis*	畹町地白蚁
1165	*Hypotermes wayaoensis*	瓦窑地白蚁
1166	*Hypotermes winifredi*	威尼弗雷德地白蚁
1167	*Hypotermes xenotermitis*	氙地白蚁
1168	*Hypotermes yingjiangensis*	盈江地白蚁
1169	*Ibitermes curupira*	长毛地球白蚁
1170	*Ibitermes inflatus*	高唇基地球白蚁
1171	*Ibitermes tellustris*	土地地球白蚁
1172	*Incisitermes banksi*	班克斯楹白蚁
1173	*Incisitermes barretti*	巴雷特楹白蚁
1174	*Incisitermes bequaerti*	贝奎特楹白蚁
1175	*Incisitermes didwanaensis*	迪德瓦纳楹白蚁
1176	*Incisitermes emersoni*	埃默森楹白蚁
1177	*Incisitermes fruticavus*	蛀果楹白蚁
1178	*Incisitermes furvus*	暗黑楹白蚁
1179	*Incisitermes galapagoensis*	加拉帕戈斯楹白蚁
1180	*Incisitermes immigrans*	移境楹白蚁
1181	*Incisitermes inamurai*	稻村楹白蚁
1182	*Incisitermes incisus*	切割楹白蚁
1183	*Incisitermes laterangularis*	侧角楹白蚁
1184	*Incisitermes marginipennis*	缘翅楹白蚁
1185	*Incisitermes marianus*	马里亚纳楹白蚁
1186	*Incisitermes mcgregori*	麦格雷戈楹白蚁
1187	*Incisitermes milleri*	米勒楹白蚁

（续表）

序号	拉丁学名	中文名称
1188	*Incisitermes minor*	小楹白蚁
1189	*Incisitermes nigritus*	黑色楹白蚁
1190	*Incisitermes nishimurai*	西村楹白蚁
1191	*Incisitermes pacifcus*	太平洋楹白蚁
1192	*Incisitermes platycephalus*	宽头楹白蚁
1193	*Incisitermes repandus*	转变楹白蚁
1194	*Incisitermes rhyzophorae*	红树楹白蚁
1195	*Incisitermes schwarzi*	施瓦茨楹白蚁
1196	*Incisitermes seeversi*	西弗斯楹白蚁
1197	*Incisitermes semilunaris*	半月楹白蚁
1198	*Incisitermes snyderi*	斯奈德楹白蚁
1199	*Incisitermes solidus*	坚硬楹白蚁
1200	*Incisitermes tabogae*	塔沃加楹白蚁
1201	*Incisitermes taylori*	泰勒楹白蚁
1202	*Incolitermes pumilus*	侏儒子民白蚁
1203	*Indocapritermes aruni*	阿伦印扭白蚁
1204	*Indotermes arshadi*	阿沙德印白蚁
1205	*Indotermes capillosus*	多毛印白蚁
1206	*Indotermes hainanensis*	海南印白蚁
1207	*Indotermes isodentatus*	等齿印白蚁
1208	*Indotermes luxiensis*	潞西印白蚁
1209	*Indotermes maymensis*	眉妙印白蚁
1210	*Indotermes menggarensis*	勐戛印白蚁
1211	*Indotermes rongrensis*	龙格伦吉里印白蚁
1212	*Indotermes thailandis*	泰国印白蚁
1213	*Indotermes yunnanensis*	云南印白蚁
1214	*Inquilinitermes fur*	窃贼客白蚁
1215	*Inquilinitermes inquilinus*	旅居客白蚁
1216	*Inquilinitermes microcerus*	小角客白蚁
1217	*Invasitermes inermis*	非武闯白蚁
1218	*Invasitermes insitivus*	候补闯白蚁
1219	*Jugositermes tuberculatus*	具瘤岗白蚁
1220	*Kalotermes aemulus*	竞争木白蚁
1221	*Kalotermes approximatus*	临近木白蚁
1222	*Kalotermes atratus*	黑色木白蚁

（续表）

序号	拉丁学名	中文名称
1223	*Kalotermes banksiae*	山龙眼木白蚁
1224	*Kalotermes brouni*	布龙木白蚁
1225	*Kalotermes capicola*	开普敦木白蚁
1226	*Kalotermes cognatus*	共生木白蚁
1227	*Kalotermes convexus*	凸木白蚁
1228	*Kalotermes dispar*	不同木白蚁
1229	*Kalotermes flavicollis*	黄颈木白蚁
1230	*Kalotermes gracilignathus*	细颚木白蚁
1231	*Kalotermes hilli*	希尔木白蚁
1232	*Kalotermes isaloensis*	伊萨卢木白蚁
1233	*Kalotermes italicus*	意大利木白蚁
1234	*Kalotermes jepsoni*	杰普森木白蚁
1235	*Kalotermes monticola*	山栖木白蚁
1236	*Kalotermes pallidinotum*	白背木白蚁
1237	*Kalotermes phoeniciae*	腓尼基木白蚁
1238	*Kalotermes rufnotum*	红背木白蚁
1239	*Kalotermes serrulatus*	细锯齿木白蚁
1240	*Kalotermes umtatae*	乌姆塔塔木白蚁
1241	*Kaudernitermes kaudernianus*	考登考登白蚁
1242	*Kaudernitermes laticeps*	宽头考登白蚁
1243	*Kaudernitermes nigritus*	黑色考登白蚁
1244	*Kaudernitermes salebrithorax*	凹胸考登白蚁
1245	*Kemneritermes sarawakensis*	砂拉越凯姆勒白蚁
1246	*Krishnacapritermes dineshan*	迪内尚克里希纳扭白蚁
1247	*Krishnacapritermes maitii*	迈蒂克里希纳扭白蚁
1248	*Krishnacapritermes manikandan*	马尼坎丹克里希纳扭白蚁
1249	*Krishnacapritermes thakuri*	塔库尔克里希纳扭白蚁
1250	*Labidotermes celisi*	塞利斯钳白蚁
1251	*Labiocapritermes distortus*	扭曲唇扭白蚁
1252	*Labiotermes brevilabius*	短唇厚唇白蚁
1253	*Labiotermes emersoni*	埃默森厚唇白蚁
1254	*Labiotermes guasu*	大厚唇白蚁
1255	*Labiotermes labralis*	细唇厚唇白蚁
1256	*Labiotermes laticephalus*	宽头厚唇白蚁
1257	*Labiotermes leptothrix*	纤毛厚唇白蚁

（续表）

序号	拉丁学名	中文名称
1258	*Labiotermes longilabius*	长唇厚唇白蚁
1259	*Labiotermes oreadicus*	山神厚唇白蚁
1260	*Labiotermes orthocephalus*	直头厚唇白蚁
1261	*Labiotermes pelliceus*	毛头厚唇白蚁
1262	*Labritermes buttelreepeni*	巴特里彭唇白蚁
1263	*Labritermes emersoni*	埃默森唇白蚁
1264	*Labritermes kistneri*	基斯特纳唇白蚁
1265	*Lacessititermes albipes*	白足怒白蚁
1266	*Lacessititermes atrior*	暗黑怒白蚁
1267	*Lacessititermes batavus*	荷兰怒白蚁
1268	*Lacessititermes breviarticulatus*	短节怒白蚁
1269	*Lacessititermes cuphus*	驼身怒白蚁
1270	*Lacessititermes flicornis*	细角怒白蚁
1271	*Lacessititermes holmgreni*	霍姆格伦怒白蚁
1272	*Lacessititermes jacobsoni*	雅各布森怒白蚁
1273	*Lacessititermes kolapisensis*	戈拉皮斯怒白蚁
1274	*Lacessititermes laborator*	耕地怒白蚁
1275	*Lacessititermes lacessitiformis*	似紧张怒白蚁
1276	*Lacessititermes lacessitus*	紧张怒白蚁
1277	*Lacessititermes longinasus*	长鼻怒白蚁
1278	*Lacessititermes palawanensis*	巴拉望怒白蚁
1279	*Lacessititermes piliferus*	具毛怒白蚁
1280	*Lacessititermes ransoneti*	兰森埃特怒白蚁
1281	*Lacessititermes saraiensis*	萨赖怒白蚁
1282	*Lacessititermes sordidus*	肮脏怒白蚁
1283	*Lacessititermes thailandicus*	泰国怒白蚁
1284	*Lacessititermes yamanei*	山根怒白蚁
1285	*Lepidotermes amydrus*	幽暗鳞白蚁
1286	*Lepidotermes goliathi*	戈利亚特鳞白蚁
1287	*Lepidotermes lounsburyi*	劳恩斯伯里鳞白蚁
1288	*Lepidotermes mtwalumi*	姆图瓦卢米鳞白蚁
1289	*Lepidotermes planifacies*	扁形鳞白蚁
1290	*Lepidotermes pretoriensis*	比勒陀利亚鳞白蚁
1291	*Lepidotermes scalenus*	斜角肌鳞白蚁
1292	*Lepidotermes simplex*	简单鳞白蚁

（续表）

序号	拉丁学名	中文名称
1293	*Lepidotermes vastus*	空闲鳞白蚁
1294	*Leptomyxotermes doriae*	多利亚薄喙白蚁
1295	*Leucopitermes leucopiformis*	似白脸白脸白蚁
1296	*Leucopitermes leucops*	白脸白脸白蚁
1297	*Leucopitermes paraleucops*	近白脸白脸白蚁
1298	*Leucopitermes thoi*	索白脸白蚁
1299	*Longicaputermes sinaicus*	西奈头长白蚁
1300	*Longipeditermes kistneri*	基斯特纳长足白蚁
1301	*Longipeditermes longipes*	长足长足白蚁
1302	*Longustitermes manni*	曼长工白蚁
1303	*Lophotermes aduncus*	钩状小脊突白蚁
1304	*Lophotermes brevicephalus*	短头小脊突白蚁
1305	*Lophotermes crinitus*	多毛小脊突白蚁
1306	*Lophotermes leptognathus*	细颚小脊突白蚁
1307	*Lophotermes parvicornis*	小角小脊突白蚁
1308	*Lophotermes pectinatus*	梳状小脊突白蚁
1309	*Lophotermes pusillus*	极小小脊突白蚁
1310	*Lophotermes quadratus*	方形小脊突白蚁
1311	*Lophotermes septentrionalis*	北方小脊突白蚁
1312	*Machadotermes inflatus*	过高剑白蚁
1313	*Machadotermes latus*	宽剑白蚁
1314	*Machadotermes rigidus*	强直剑白蚁
1315	*Macrognathotermes broomensis*	布鲁姆长颚白蚁
1316	*Macrognathotermes errator*	游荡长颚白蚁
1317	*Macrognathotermes prolatus*	极长长颚白蚁
1318	*Macrognathotermes sunteri*	森特长颚白蚁
1319	*Macrorhinotermes maximus*	最大大鼻白蚁
1320	*Macrosubulitermes greavesi*	格里夫斯大锥白蚁
1321	*Macrotermes acrocephalus*	隆头大白蚁
1322	*Macrotermes ahmadi*	阿哈默德大白蚁
1323	*Macrotermes aleemi*	阿利姆大白蚁
1324	*Macrotermes amplus*	体大大白蚁
1325	*Macrotermes annandalei*	土垄大白蚁
1326	*Macrotermes barneyi*	黄翅大白蚁
1327	*Macrotermes beaufortensis*	保佛大白蚁

（续表）

序号	拉丁学名	中文名称
1328	*Macrotermes bellicosus*	勇猛大白蚁
1329	*Macrotermes carbonarius*	炭色大白蚁
1330	*Macrotermes chaiglomi*	蔡格洛姆大白蚁
1331	*Macrotermes chebalingensis*	车八岭大白蚁
1332	*Macrotermes choui*	周氏大白蚁
1333	*Macrotermes constrictus*	缢颏大白蚁
1334	*Macrotermes convulsionarius*	震撼大白蚁
1335	*Macrotermes declivatus*	箕头大白蚁
1336	*Macrotermes denticulatus*	细齿大白蚁
1337	*Macrotermes falciger*	镰刀大白蚁
1338	*Macrotermes gilvus*	暗黄大白蚁
1339	*Macrotermes gratus*	可爱大白蚁
1340	*Macrotermes guangxiensis*	广西大白蚁
1341	*Macrotermes hainanensis*	海南大白蚁
1342	*Macrotermes herus*	优势大白蚁
1343	*Macrotermes hopini*	和平大白蚁
1344	*Macrotermes incisus*	凹缘大白蚁
1345	*Macrotermes ituriensis*	伊图里大白蚁
1346	*Macrotermes ivorensis*	象牙海岸大白蚁
1347	*Macrotermes jinghongensis*	景洪大白蚁
1348	*Macrotermes khajuriai*	哈贾瑞大白蚁
1349	*Macrotermes latignathus*	宽颚大白蚁
1350	*Macrotermes lilljeborgi*	利勒伯格大白蚁
1351	*Macrotermes longiceps*	长头大白蚁
1352	*Macrotermes longimentis*	长颏大白蚁
1353	*Macrotermes luokengensis*	罗坑大白蚁
1354	*Macrotermes maesodensis*	湄索德大白蚁
1355	*Macrotermes malaccensis*	马六甲大白蚁
1356	*Macrotermes meidoensis*	梅多大白蚁
1357	*Macrotermes menglongensis*	勐龙大白蚁
1358	*Macrotermes michaelseni*	米夏埃尔森大白蚁
1359	*Macrotermes natalensis*	纳塔尔大白蚁
1360	*Macrotermes niger*	黑色大白蚁
1361	*Macrotermes nobilis*	闻名大白蚁
1362	*Macrotermes orthognathus*	直颚大白蚁

（续表）

序号	拉丁学名	中文名称
1363	*Macrotermes peritrimorphus*	近三型大白蚁
1364	*Macrotermes planicapitatus*	平头大白蚁
1365	*Macrotermes probeaufortensis*	似保佛大白蚁
1366	*Macrotermes renouxi*	勒努大白蚁
1367	*Macrotermes serrulatus*	细锯齿大白蚁
1368	*Macrotermes singaporensis*	新加坡大白蚁
1369	*Macrotermes subhyalinus*	近明大白蚁
1370	*Macrotermes trapezoides*	梯头大白蚁
1371	*Macrotermes trimorphus*	三型大白蚁
1372	*Macrotermes ukuzii*	乌库兹大白蚁
1373	*Macrotermes vikaspurensis*	维卡斯普里大白蚁
1374	*Macrotermes vitrialatus*	明翼大白蚁
1375	*Macrotermes yunnanensis*	云南大白蚁
1376	*Macrotermes zhejiangensis*	浙江大白蚁
1377	*Macrotermes zhui*	朱氏大白蚁
1378	*Macuxitermes colombicus*	哥伦比亚马库希白蚁
1379	*Macuxitermes triceratops*	三角马库希白蚁
1380	*Malagasitermes milloti*	米约马尔加什白蚁
1381	*Malaysiotermes holmgreni*	霍姆格伦马来白蚁
1382	*Malaysiotermes spinocephalus*	刺头马来白蚁
1383	*Mapinguaritermes grandidens*	大齿红懒白蚁
1384	*Mapinguaritermes peruanus*	秘鲁红懒白蚁
1385	*Marginitermes absitus*	遥远边白蚁
1386	*Marginitermes cactiphagus*	食刺边白蚁
1387	*Marginitermes hubbardi*	哈伯德边白蚁
1388	*Mastotermes darwiniensis*	达尔文澳白蚁
1389	*Megagnathotermes katangensis*	加丹加大颚白蚁
1390	*Megagnathotermes notandus*	标记大颚白蚁
1391	*Megaprotermes giffardii*	吉法德大前白蚁
1392	*Microcerotermes acerbus*	粗鲁锯白蚁
1393	*Microcerotermes algoasinensis*	阿尔哥亚湾锯白蚁
1394	*Microcerotermes amboinensis*	安汶锯白蚁
1395	*Microcerotermes annandalei*	安嫩代尔锯白蚁
1396	*Microcerotermes apricitatis*	阳光锯白蚁
1397	*Microcerotermes arboreus*	树栖锯白蚁

（续表）

序号	拉丁学名	中文名称
1398	*Microcerotermes baluchistanicus*	俾路支锯白蚁
1399	*Microcerotermes barbertoni*	巴伯顿锯白蚁
1400	*Microcerotermes beesoni*	比森锯白蚁
1401	*Microcerotermes bequaertianus*	贝奎特锯白蚁
1402	*Microcerotermes biroi*	比罗锯白蚁
1403	*Microcerotermes biswanathae*	比斯瓦那塔锯白蚁
1404	*Microcerotermes boreus*	北部锯白蚁
1405	*Microcerotermes bouilloni*	布永锯白蚁
1406	*Microcerotermes bouvieri*	布维尔锯白蚁
1407	*Microcerotermes brachygnathus*	短颚锯白蚁
1408	*Microcerotermes brevior*	狭小锯白蚁
1409	*Microcerotermes buettikeri*	比特铁克锯白蚁
1410	*Microcerotermes bugnioni*	布格尼恩锯白蚁
1411	*Microcerotermes cachani*	卡占锯白蚁
1412	*Microcerotermes cameroni*	卡梅伦锯白蚁
1413	*Microcerotermes cavus*	凿洞锯白蚁
1414	*Microcerotermes celebensis*	西里伯斯锯白蚁
1415	*Microcerotermes chaudhryi*	乔德里锯白蚁
1416	*Microcerotermes chhotanii*	乔塔里锯白蚁
1417	*Microcerotermes choanensis*	乔安锯白蚁
1418	*Microcerotermes collinsi*	柯林斯锯白蚁
1419	*Microcerotermes crassus*	大锯白蚁
1420	*Microcerotermes cupreiceps*	铜头锯白蚁
1421	*Microcerotermes cylindriceps*	筒头锯白蚁
1422	*Microcerotermes dammermani*	达梅尔曼锯白蚁
1423	*Microcerotermes danieli*	丹尼尔锯白蚁
1424	*Microcerotermes dashlibronensis*	达什利布龙锯白蚁
1425	*Microcerotermes debilicornis*	软角锯白蚁
1426	*Microcerotermes depokensis*	德波锯白蚁
1427	*Microcerotermes distans*	遥远锯白蚁
1428	*Microcerotermes distinctus*	易识锯白蚁
1429	*Microcerotermes diversus*	不同锯白蚁
1430	*Microcerotermes dolichocephalicus*	长头锯白蚁
1431	*Microcerotermes dolichognathus*	狭颚锯白蚁
1432	*Microcerotermes dumasensis*	杜马斯锯白蚁

（续表）

序号	拉丁学名	中文名称
1433	*Microcerotermes dumisae*	杜米萨锯白蚁
1434	*Microcerotermes duplex*	含糊锯白蚁
1435	*Microcerotermes durbanensis*	德班锯白蚁
1436	*Microcerotermes edentatus*	缺齿锯白蚁
1437	*Microcerotermes elegans*	苗条锯白蚁
1438	*Microcerotermes eugnathus*	真颚锯白蚁
1439	*Microcerotermes exiguus*	微小锯白蚁
1440	*Microcerotermes fletcheri*	弗莱彻锯白蚁
1441	*Microcerotermes flyensis*	弗莱锯白蚁
1442	*Microcerotermes fuscotibialis*	棕胫锯白蚁
1443	*Microcerotermes gabrielis*	加布里埃利斯锯白蚁
1444	*Microcerotermes ganeshi*	加内什锯白蚁
1445	*Microcerotermes gracilis*	细瘦锯白蚁
1446	*Microcerotermes greeni*	格林锯白蚁
1447	*Microcerotermes hamatus*	具钩锯白蚁
1448	*Microcerotermes havilandi*	哈维兰锯白蚁
1449	*Microcerotermes heimi*	埃姆锯白蚁
1450	*Microcerotermes hypaenicus*	海帕恩锯白蚁
1451	*Microcerotermes ilalazonatus*	伊拉拉佐纳图斯锯白蚁
1452	*Microcerotermes implacidus*	易动锯白蚁
1453	*Microcerotermes indistinctus*	模糊锯白蚁
1454	*Microcerotermes insularis*	岛屿锯白蚁
1455	*Microcerotermes kudremukhae*	库德雷穆克锯白蚁
1456	*Microcerotermes kwazulu*	夸祖鲁锯白蚁
1457	*Microcerotermes labioangulatus*	角唇锯白蚁
1458	*Microcerotermes lahorensis*	拉合尔锯白蚁
1459	*Microcerotermes lateralis*	侧移锯白蚁
1460	*Microcerotermes laticeps*	宽头锯白蚁
1461	*Microcerotermes laxmi*	拉克西米锯白蚁
1462	*Microcerotermes leai*	莉锯白蚁
1463	*Microcerotermes limpopoensis*	林波波锯白蚁
1464	*Microcerotermes longiceps*	头长锯白蚁
1465	*Microcerotermes longignathus*	长颚锯白蚁
1466	*Microcerotermes longimalatus*	长腭锯白蚁
1467	*Microcerotermes losbanosensis*	洛斯巴尼奥斯锯白蚁

（续表）

序号	拉丁学名	中文名称
1468	*Microcerotermes luluai*	卢路亚锯白蚁
1469	*Microcerotermes macacoensis*	马卡古锯白蚁
1470	*Microcerotermes madurae*	马都拉锯白蚁
1471	*Microcerotermes major*	大型锯白蚁
1472	*Microcerotermes maliki*	马利克锯白蚁
1473	*Microcerotermes malmesburyi*	马姆斯伯里锯白蚁
1474	*Microcerotermes mandibularis*	具颚锯白蚁
1475	*Microcerotermes manjikuli*	曼志库尔锯白蚁
1476	*Microcerotermes marilimbus*	海角锯白蚁
1477	*Microcerotermes masaiaticus*	马赛亚特锯白蚁
1478	*Microcerotermes minor*	小型锯白蚁
1479	*Microcerotermes minutus*	小泰锯白蚁
1480	*Microcerotermes mzilikazi*	姆兹立卡兹锯白蚁
1481	*Microcerotermes nanulus*	短小锯白蚁
1482	*Microcerotermes nanus*	侏儒锯白蚁
1483	*Microcerotermes nemoralis*	树林锯白蚁
1484	*Microcerotermes nervosus*	强健锯白蚁
1485	*Microcerotermes newmani*	纽曼锯白蚁
1486	*Microcerotermes nicobarensis*	尼科巴锯白蚁
1487	*Microcerotermes novaecaledoniae*	新喀里多尼亚锯白蚁
1488	*Microcerotermes pakistanicus*	巴基斯坦锯白蚁
1489	*Microcerotermes palaearcticus*	古北锯白蚁
1490	*Microcerotermes palestinensis*	巴勒斯坦锯白蚁
1491	*Microcerotermes papuanus*	巴布亚锯白蚁
1492	*Microcerotermes paracelebensis*	似西里伯斯锯白蚁
1493	*Microcerotermes parviceps*	小头锯白蚁
1494	*Microcerotermes parvulus*	幼小锯白蚁
1495	*Microcerotermes parvus*	小锯白蚁
1496	*Microcerotermes peraffinis*	近缘锯白蚁
1497	*Microcerotermes periminutus*	微锯白蚁
1498	*Microcerotermes philippinensis*	菲律宾锯白蚁
1499	*Microcerotermes piliceps*	毛头锯白蚁
1500	*Microcerotermes pondweniensis*	庞德文尼锯白蚁
1501	*Microcerotermes prochampioni*	似钱皮恩锯白蚁
1502	*Microcerotermes progrediens*	行进锯白蚁

（续表）

序号	拉丁学名	中文名称
1503	*Microcerotermes propinquus*	近邻锯白蚁
1504	*Microcerotermes psammophilus*	喜沙锯白蚁
1505	*Microcerotermes raja*	拉贾锯白蚁
1506	*Microcerotermes rambanensis*	拉姆班锯白蚁
1507	*Microcerotermes remotus*	天涯锯白蚁
1508	*Microcerotermes repugnans*	抵抗锯白蚁
1509	*Microcerotermes rhombinidus*	菱巢锯白蚁
1510	*Microcerotermes sabaeus*	塞巴锯白蚁
1511	*Microcerotermes sabahensis*	沙巴锯白蚁
1512	*Microcerotermes sakarahensis*	萨卡拉哈锯白蚁
1513	*Microcerotermes sakesarensis*	瑟盖瑟尔锯白蚁
1514	*Microcerotermes sanctaeluciae*	圣卢西亚湖锯白蚁
1515	*Microcerotermes saravanensis*	萨拉万锯白蚁
1516	*Microcerotermes secernens*	切割锯白蚁
1517	*Microcerotermes septentrionalis*	北方锯白蚁
1518	*Microcerotermes serratus*	锯锯白蚁
1519	*Microcerotermes shahroudiensis*	沙赫鲁德锯白蚁
1520	*Microcerotermes sikorae*	西科拉锯白蚁
1521	*Microcerotermes silvestrianus*	西尔韦斯特里锯白蚁
1522	*Microcerotermes sistaniensis*	锡斯坦锯白蚁
1523	*Microcerotermes solidus*	坚硬锯白蚁
1524	*Microcerotermes strunckii*	斯特伦基锯白蚁
1525	*Microcerotermes subinteger*	稍全锯白蚁
1526	*Microcerotermes subtilis*	瘦长锯白蚁
1527	*Microcerotermes taylori*	泰勒锯白蚁
1528	*Microcerotermes tenuignathus*	细颚锯白蚁
1529	*Microcerotermes theobromae*	可可锯白蚁
1530	*Microcerotermes thermarum*	沃姆巴德锯白蚁
1531	*Microcerotermes transiens*	经过锯白蚁
1532	*Microcerotermes turkmenicus*	土库曼锯白蚁
1533	*Microcerotermes turneri*	特纳锯白蚁
1534	*Microcerotermes uncatus*	钩颚锯白蚁
1535	*Microcerotermes unidentatus*	单齿锯白蚁
1536	*Microcerotermes varaminicus*	瓦拉明锯白蚁
1537	*Microcerotermes zuluensis*	祖鲁锯白蚁

（续表）

序号	拉丁学名	中文名称
1538	*Microcerotermes zuluoides*	似祖鲁锯白蚁
1539	*Microhodotermes maroccanus*	摩洛哥小草白蚁
1540	*Microhodotermes viator*	旅游小草白蚁
1541	*Microhodotermes wasmanni*	沃斯曼小草白蚁
1542	*Microtermes aethiopicus*	埃塞俄比亚小白蚁
1543	*Microtermes albinotus*	白背小白蚁
1544	*Microtermes albopartitus*	部白小白蚁
1545	*Microtermes alluaudanus*	阿留奥德小白蚁
1546	*Microtermes aluco*	林鸮小白蚁
1547	*Microtermes baginei*	巴吉勒小白蚁
1548	*Microtermes bharatpurensis*	珀勒德布尔小白蚁
1549	*Microtermes bouvieri*	布维尔小白蚁
1550	*Microtermes calvus*	无毛小白蚁
1551	*Microtermes cheberensis*	切贝伦小白蚁
1552	*Microtermes chomaensis*	乔马小白蚁
1553	*Microtermes congoensis*	刚果小白蚁
1554	*Microtermes darlingtonae*	达林顿小白蚁
1555	*Microtermes depauperata*	矮小小白蚁
1556	*Microtermes divellens*	撕裂小白蚁
1557	*Microtermes dubius*	疑问小白蚁
1558	*Microtermes edwini*	埃德温小白蚁
1559	*Microtermes etiolatus*	苍白小白蚁
1560	*Microtermes feae*	菲氏小白蚁
1561	*Microtermes grassei*	格拉塞小白蚁
1562	*Microtermes havilandi*	哈维兰小白蚁
1563	*Microtermes hollandei*	霍兰德小白蚁
1564	*Microtermes imphalensis*	英帕尔小白蚁
1565	*Microtermes incertoides*	似可疑小白蚁
1566	*Microtermes incertus*	可疑小白蚁
1567	*Microtermes insperatus*	未料小白蚁
1568	*Microtermes jacobsoni*	雅克布森小白蚁
1569	*Microtermes kairoonae*	凯罗娜小白蚁
1570	*Microtermes kasaiensis*	开赛小白蚁
1571	*Microtermes kauderni*	考登小白蚁
1572	*Microtermes lepidus*	可爱小白蚁

（续表）

序号	拉丁学名	中文名称
1573	*Microtermes logani*	洛根小白蚁
1574	*Microtermes lokoriensis*	洛科里小白蚁
1575	*Microtermes lounsburyi*	劳恩斯伯里小白蚁
1576	*Microtermes luteus*	橘黄小白蚁
1577	*Microtermes macronotus*	大背小白蚁
1578	*Microtermes magnocellus*	大单眼小白蚁
1579	*Microtermes magnoculus*	大眼小白蚁
1580	*Microtermes mangzhuangensis*	曼庄小白蚁
1581	*Microtermes mariae*	玛丽亚小白蚁
1582	*Microtermes menglunensis*	勐仑小白蚁
1583	*Microtermes mengpengensis*	勐捧小白蚁
1584	*Microtermes microthorax*	小胸小白蚁
1585	*Microtermes mokeetsei*	莫凯特兹小白蚁
1586	*Microtermes mulii*	穆利小白蚁
1587	*Microtermes mycophagus*	食菌小白蚁
1588	*Microtermes najdensis*	内志小白蚁
1589	*Microtermes neghelliensis*	内格豪尔小白蚁
1590	*Microtermes obesi*	奥贝斯小白蚁
1591	*Microtermes occidentalis*	西部小白蚁
1592	*Microtermes osborni*	奥斯本小白蚁
1593	*Microtermes pallidiventris*	白腹小白蚁
1594	*Microtermes pamelae*	帕梅拉小白蚁
1595	*Microtermes problematicus*	问题小白蚁
1596	*Microtermes pusillus*	极小小白蚁
1597	*Microtermes redenianus*	雷登小白蚁
1598	*Microtermes sakalava*	萨卡拉瓦小白蚁
1599	*Microtermes sindensis*	信德小白蚁
1600	*Microtermes sjöstedti*	舍斯泰特小白蚁
1601	*Microtermes somaliensis*	索马里小白蚁
1602	*Microtermes subhyalinus*	近明小白蚁
1603	*Microtermes thoracalis*	胸突小白蚁
1604	*Microtermes toumodiensis*	图莫迪小白蚁
1605	*Microtermes tragardhi*	特雷高小白蚁
1606	*Microtermes tsavoensis*	察沃小白蚁
1607	*Microtermes unicolor*	单色小白蚁

（续表）

序号	拉丁学名	中文名称
1608	*Microtermes upembae*	乌彭巴小白蚁
1609	*Microtermes vadschaggae*	瓦斯查嘎小白蚁
1610	*Microtermes yemenensis*	也门小白蚁
1611	*Mimeutermes binghami*	宾厄姆仿白蚁
1612	*Mimeutermes clypeatus*	大唇仿白蚁
1613	*Mimeutermes edentatus*	无齿仿白蚁
1614	*Mimeutermes giffardii*	吉法德仿白蚁
1615	*Mimeutermes majusculus*	稍大仿白蚁
1616	*Mimeutermes sorex*	吻长仿白蚁
1617	*Mirocapritermes concaveus*	凹瘤白蚁
1618	*Mirocapritermes connectens*	连接瘤白蚁
1619	*Mirocapritermes hsuchiafui*	云南瘤白蚁
1620	*Mirocapritermes jiangchengensis*	江城瘤白蚁
1621	*Mirocapritermes latignathus*	宽颚瘤白蚁
1622	*Mirocapritermes prewensis*	普鲁瘤白蚁
1623	*Mirocapritermes snyderi*	斯奈德瘤白蚁
1624	*Mirocapritermes valeriae*	瓦莱里瘤白蚁
1625	*Mucrotermes heterochilus*	异唇锐尖白蚁
1626	*Mucrotermes osborni*	奥斯本锐尖白蚁
1627	*Muelleritermes fritzi*	弗里茨米勒白蚁
1628	*Muelleritermes globiceps*	球头米勒白蚁
1629	*Mycterotermes meringocephalus*	饼头鸟嘴白蚁
1630	*Nasopilotermes jiangxiensis*	江西棘象白蚁
1631	*Nasutitermes acajutlae*	阿卡胡特拉象白蚁
1632	*Nasutitermes acangussu*	头大象白蚁
1633	*Nasutitermes acutus*	尖锐象白蚁
1634	*Nasutitermes aduncus*	弯曲象白蚁
1635	*Nasutitermes alticola*	高地象白蚁
1636	*Nasutitermes amboinensis*	安汶象白蚁
1637	*Nasutitermes anamalaiensis*	安纳马莱象白蚁
1638	*Nasutitermes anjiensis*	安吉象白蚁
1639	*Nasutitermes anoniensis*	阿诺尼象白蚁
1640	*Nasutitermes aquilinus*	鹰喙象白蚁
1641	*Nasutitermes araujoi*	阿劳诺象白蚁
1642	*Nasutitermes arborum*	树生象白蚁

（续表）

序号	拉丁学名	中文名称
1643	*Nasutitermes arenarius*	沙地象白蚁
1644	*Nasutitermes aruensis*	阿鲁象白蚁
1645	*Nasutitermes atripennis*	黑翅象白蚁
1646	*Nasutitermes balingtauagensis*	巴林他象白蚁
1647	*Nasutitermes banksi*	班克斯象白蚁
1648	*Nasutitermes bannaensis*	版纳象白蚁
1649	*Nasutitermes bashanensis*	巴山象白蚁
1650	*Nasutitermes benjamini*	本杰明象白蚁
1651	*Nasutitermes bikpelanus*	鼻大象白蚁
1652	*Nasutitermes bivalens*	二价象白蚁
1653	*Nasutitermes boengiensis*	博恩象白蚁
1654	*Nasutitermes boetoni*	博顿象白蚁
1655	*Nasutitermes bolivari*	玻利瓦尔象白蚁
1656	*Nasutitermes bolivianus*	玻利维亚象白蚁
1657	*Nasutitermes brachynasutus*	鼻短象白蚁
1658	*Nasutitermes brevioculatus*	小眼象白蚁
1659	*Nasutitermes brevipilus*	短毛象白蚁
1660	*Nasutitermes brevirostris*	短吻象白蚁
1661	*Nasutitermes brunneus*	棕色象白蚁
1662	*Nasutitermes bulbiceps*	葱头象白蚁
1663	*Nasutitermes bulbus*	胖头象白蚁
1664	*Nasutitermes callimorphus*	硬皮象白蚁
1665	*Nasutitermes camerunensis*	喀麦隆象白蚁
1666	*Nasutitermes carnarvonensis*	卡那封象白蚁
1667	*Nasutitermes castaneus*	栗色象白蚁
1668	*Nasutitermes celebensis*	西里伯斯象白蚁
1669	*Nasutitermes centraliensis*	中部象白蚁
1670	*Nasutitermes ceylonicus*	锡兰象白蚁
1671	*Nasutitermes changningensis*	长宁象白蚁
1672	*Nasutitermes chapmani*	查普曼象白蚁
1673	*Nasutitermes chaquimayensis*	查基马约象白蚁
1674	*Nasutitermes cherraensis*	乞拉象白蚁
1675	*Nasutitermes chhotanii*	乔塔里象白蚁
1676	*Nasutitermes choui*	周氏象白蚁
1677	*Nasutitermes chrysopleura*	金纹象白蚁

（续表）

序号	拉丁学名	中文名称
1678	*Nasutitermes coalescens*	团结象白蚁
1679	*Nasutitermes colimae*	科利马象白蚁
1680	*Nasutitermes communis*	圆头象白蚁
1681	*Nasutitermes comorensis*	科摩罗象白蚁
1682	*Nasutitermes comstockae*	科姆斯托克象白蚁
1683	*Nasutitermes corniger*	具角象白蚁
1684	*Nasutitermes corporaali*	科尔波弱尔象白蚁
1685	*Nasutitermes coxipoensis*	科西波象白蚁
1686	*Nasutitermes crassicornis*	厚角象白蚁
1687	*Nasutitermes crassus*	粗颚象白蚁
1688	*Nasutitermes curtinasus*	短鼻象白蚁
1689	*Nasutitermes dasyopsis*	毛脸象白蚁
1690	*Nasutitermes dendrophilus*	喜树象白蚁
1691	*Nasutitermes devrayi*	德沃瑞象白蚁
1692	*Nasutitermes diabolus*	魔鬼象白蚁
1693	*Nasutitermes dimorphus*	二型象白蚁
1694	*Nasutitermes dixoni*	迪克逊象白蚁
1695	*Nasutitermes dobonensis*	多波象白蚁
1696	*Nasutitermes dolichorhinos*	长鼻象白蚁
1697	*Nasutitermes dudgeoni*	香港象白蚁
1698	*Nasutitermes dunensis*	德拉敦象白蚁
1699	*Nasutitermes ecuadorianus*	厄瓜多尔象白蚁
1700	*Nasutitermes ehrhardti*	埃尔哈特象白蚁
1701	*Nasutitermes elegantulus*	小雅象白蚁
1702	*Nasutitermes emersoni*	埃默森象白蚁
1703	*Nasutitermes ephratae*	埃夫拉塔象白蚁
1704	*Nasutitermes eucalypti*	桉树象白蚁
1705	*Nasutitermes exitiosus*	破坏象白蚁
1706	*Nasutitermes fabricii*	法布里克象白蚁
1707	*Nasutitermes falciformis*	鹰鼻象白蚁
1708	*Nasutitermes fengkaiensis*	封开象白蚁
1709	*Nasutitermes ferranti*	费朗象白蚁
1710	*Nasutitermes feytaudi*	费淘德象白蚁
1711	*Nasutitermes fletcheri*	弗莱彻象白蚁
1712	*Nasutitermes fulleri*	富勒象白蚁

（续表）

序号	拉丁学名	中文名称
1713	*Nasutitermes fumigatus*	烟色象白蚁
1714	*Nasutitermes fuscipennis*	暗翅象白蚁
1715	*Nasutitermes gaigei*	盖格象白蚁
1716	*Nasutitermes gardneri*	尖鼻象白蚁
1717	*Nasutitermes gardneriformis*	若尖象白蚁
1718	*Nasutitermes garoensis*	山地象白蚁
1719	*Nasutitermes glabritergus*	光背象白蚁
1720	*Nasutitermes globiceps*	球头象白蚁
1721	*Nasutitermes gracilirostris*	细嘴象白蚁
1722	*Nasutitermes gracilis*	细瘦象白蚁
1723	*Nasutitermes grandinasus*	大鼻象白蚁
1724	*Nasutitermes graveolus*	稍重象白蚁
1725	*Nasutitermes guayanae*	圭亚那象白蚁
1726	*Nasutitermes guizhouensis*	贵州象白蚁
1727	*Nasutitermes haddoensis*	哈多象白蚁
1728	*Nasutitermes havilandi*	哈维兰象白蚁
1729	*Nasutitermes hejiangensis*	合江象白蚁
1730	*Nasutitermes heterodon*	异齿象白蚁
1731	*Nasutitermes hirticeps*	毛头象白蚁
1732	*Nasutitermes horni*	霍恩象白蚁
1733	*Nasutitermes huangshanensis*	黄山象白蚁
1734	*Nasutitermes hubbardi*	哈伯德象白蚁
1735	*Nasutitermes inclinasus*	倾鼻象白蚁
1736	*Nasutitermes indicola*	印度象白蚁
1737	*Nasutitermes infuscatus*	暗色象白蚁
1738	*Nasutitermes itapocuensis*	伊塔波库象白蚁
1739	*Nasutitermes jacobsoni*	雅克布森象白蚁
1740	*Nasutitermes jalpaigurensis*	杰尔拜古里象白蚁
1741	*Nasutitermes jaraguae*	哈拉瓜象白蚁
1742	*Nasutitermes javanicus*	爪哇象白蚁
1743	*Nasutitermes jiangxiensis*	江西象白蚁
1744	*Nasutitermes johoricus*	柔佛象白蚁
1745	*Nasutitermes kali*	卡尔象白蚁
1746	*Nasutitermes kemneri*	凯姆勒象白蚁
1747	*Nasutitermes kempae*	肯帕象白蚁

（续表）

序号	拉丁学名	中文名称
1748	*Nasutitermes kimberleyensis*	金伯利象白蚁
1749	*Nasutitermes kinoshitai*	木下象白蚁
1750	*Nasutitermes koiari*	科伊阿瑞象白蚁
1751	*Nasutitermes krishna*	克里希纳象白蚁
1752	*Nasutitermes lacustris*	湖泊象白蚁
1753	*Nasutitermes latifrons*	宽额象白蚁
1754	*Nasutitermes latus*	宽阔象白蚁
1755	*Nasutitermes leponcei*	莱波斯象白蚁
1756	*Nasutitermes lividus*	青色象白蚁
1757	*Nasutitermes llinquipatensis*	林奎帕塔象白蚁
1758	*Nasutitermes longiarticulatus*	显长象白蚁
1759	*Nasutitermes longinasoides*	似鼻长象白蚁
1760	*Nasutitermes longinasus*	鼻长象白蚁
1761	*Nasutitermes longipennis*	长翅象白蚁
1762	*Nasutitermes longirostratus*	喙长象白蚁
1763	*Nasutitermes longirostris*	长喙象白蚁
1764	*Nasutitermes longwangshanensis*	龙王山象白蚁
1765	*Nasutitermes lujae*	卢哈象白蚁
1766	*Nasutitermes luzonicus*	吕宋象白蚁
1767	*Nasutitermes machengensis*	麻城象白蚁
1768	*Nasutitermes macrocephalus*	大头象白蚁
1769	*Nasutitermes magnus*	巨大象白蚁
1770	*Nasutitermes maheensis*	马埃象白蚁
1771	*Nasutitermes major*	大型象白蚁
1772	*Nasutitermes makassarensis*	望加锡象白蚁
1773	*Nasutitermes mangshanensis*	莽山象白蚁
1774	*Nasutitermes maniseri*	马尼塞象白蚁
1775	*Nasutitermes matangensis*	马登象白蚁
1776	*Nasutitermes mauritianus*	毛里求斯象白蚁
1777	*Nasutitermes maximus*	最大象白蚁
1778	*Nasutitermes medoensis*	墨脱象白蚁
1779	*Nasutitermes meinerti*	迈纳特象白蚁
1780	*Nasutitermes meridianus*	南方象白蚁
1781	*Nasutitermes mindanensis*	棉兰老岛象白蚁
1782	*Nasutitermes minimus*	最小象白蚁

（续表）

序号	拉丁学名	中文名称
1783	*Nasutitermes minor*	小型象白蚁
1784	*Nasutitermes mirabilis*	奇鼻象白蚁
1785	*Nasutitermes mojosensis*	莫霍斯象白蚁
1786	*Nasutitermes mollis*	柔软象白蚁
1787	*Nasutitermes montanae*	大山象白蚁
1788	*Nasutitermes moratus*	拖延象白蚁
1789	*Nasutitermes motu*	易动象白蚁
1790	*Nasutitermes muli*	柑橘象白蚁
1791	*Nasutitermes myersi*	迈尔斯象白蚁
1792	*Nasutitermes neonanus*	新鼻象白蚁
1793	*Nasutitermes neoparvus*	新微象白蚁
1794	*Nasutitermes nigriceps*	黑头象白蚁
1795	*Nasutitermes nordenskioldi*	努登舍尔德象白蚁
1796	*Nasutitermes novarumhebridarum*	新赫布里底象白蚁
1797	*Nasutitermes obscurus*	昏暗象白蚁
1798	*Nasutitermes obtusimandibulus*	钝颚象白蚁
1799	*Nasutitermes octopilis*	八毛象白蚁
1800	*Nasutitermes oculatus*	眼显象白蚁
1801	*Nasutitermes olidus*	臭味象白蚁
1802	*Nasutitermes orthonasus*	直鼻象白蚁
1803	*Nasutitermes oshimai*	大岛象白蚁
1804	*Nasutitermes ovatus*	卵头象白蚁
1805	*Nasutitermes ovipennis*	椭圆翅象白蚁
1806	*Nasutitermes palaoensis*	帕劳象白蚁
1807	*Nasutitermes panayensis*	班乃象白蚁
1808	*Nasutitermes parviceps*	小头象白蚁
1809	*Nasutitermes parvonasutus*	小象白蚁
1810	*Nasutitermes parvus*	微象白蚁
1811	*Nasutitermes perparvus*	似微象白蚁
1812	*Nasutitermes peruanus*	秘鲁象白蚁
1813	*Nasutitermes pictus*	着色象白蚁
1814	*Nasutitermes pilosus*	多毛象白蚁
1815	*Nasutitermes pinocchio*	皮诺基奥象白蚁
1816	*Nasutitermes planiusculus*	平圆象白蚁
1817	*Nasutitermes pluriarticulatus*	多节象白蚁

（续表）

序号	拉丁学名	中文名称
1818	*Nasutitermes pluvialis*	招雨象白蚁
1819	*Nasutitermes polygynus*	多后象白蚁
1820	*Nasutitermes princeps*	第一象白蚁
1821	*Nasutitermes proatripennis*	似黑翅象白蚁
1822	*Nasutitermes profuscipennis*	似暗翅象白蚁
1823	*Nasutitermes projectus*	喷射象白蚁
1824	*Nasutitermes proximus*	最新象白蚁
1825	*Nasutitermes qimenensis*	祁门象白蚁
1826	*Nasutitermes qingjiensis*	庆界象白蚁
1827	*Nasutitermes rectangularis*	直角象白蚁
1828	*Nasutitermes regularis*	规律象白蚁
1829	*Nasutitermes retus*	红色象白蚁
1830	*Nasutitermes rippertii*	里珀特象白蚁
1831	*Nasutitermes roboratus*	强壮象白蚁
1832	*Nasutitermes rotundatus*	圆形象白蚁
1833	*Nasutitermes rotundus*	球形象白蚁
1834	*Nasutitermes saleierensis*	萨莱尔象白蚁
1835	*Nasutitermes sanctaeanae*	圣安娜象白蚁
1836	*Nasutitermes sandakensis*	山打根象白蚁
1837	*Nasutitermes schoutedeni*	斯考特登象白蚁
1838	*Nasutitermes seghersi*	西格象白蚁
1839	*Nasutitermes shangchengensis*	商城象白蚁
1840	*Nasutitermes simaluris*	锡马卢象白蚁
1841	*Nasutitermes similis*	相似象白蚁
1842	*Nasutitermes simulans*	模仿象白蚁
1843	*Nasutitermes sinensis*	中华象白蚁
1844	*Nasutitermes smithi*	史密斯象白蚁
1845	*Nasutitermes stricticeps*	缩头象白蚁
1846	*Nasutitermes subtibetanus*	亚藏象白蚁
1847	*Nasutitermes subtibialis*	亚径象白蚁
1848	*Nasutitermes suknensis*	苏克纳象白蚁
1849	*Nasutitermes surinamensis*	苏里南象白蚁
1850	*Nasutitermes takasagoensis*	高砂象白蚁
1851	*Nasutitermes tandoni*	坦登象白蚁
1852	*Nasutitermes tatarendae*	塔塔恩达象白蚁

（续表）

序号	拉丁学名	中文名称
1853	*Nasutitermes taylori*	泰勒象白蚁
1854	*Nasutitermes thanensis*	塔诺象白蚁
1855	*Nasutitermes tianmuensis*	天目象白蚁
1856	*Nasutitermes tiantongensis*	天童象白蚁
1857	*Nasutitermes tibetanus*	西藏象白蚁
1858	*Nasutitermes timoriensis*	帝汶象白蚁
1859	*Nasutitermes tipuanicus*	蒂普阿尼象白蚁
1860	*Nasutitermes torresi*	托里斯象白蚁
1861	*Nasutitermes tredecimarticulatus*	十三节象白蚁
1862	*Nasutitermes triloki*	特里洛克象白蚁
1863	*Nasutitermes triodiae*	三齿稃草象白蚁
1864	*Nasutitermes tsaii*	蔡氏象白蚁
1865	*Nasutitermes tungsalangensis*	通沙朗象白蚁
1866	*Nasutitermes unduliceps*	浪头象白蚁
1867	*Nasutitermes vadoni*	瓦东象白蚁
1868	*Nasutitermes vallis*	山谷象白蚁
1869	*Nasutitermes vishnu*	维什鲁象白蚁
1870	*Nasutitermes walkeri*	沃克象白蚁
1871	*Nasutitermes wheeleri*	惠勒象白蚁
1872	*Nasutitermes xingshanensis*	兴山象白蚁
1873	*Neocapritermes angusticeps*	窄头新扭白蚁
1874	*Neocapritermes araguaia*	阿拉瓜亚新扭白蚁
1875	*Neocapritermes bodkini*	博德金新扭白蚁
1876	*Neocapritermes braziliensis*	巴西新扭白蚁
1877	*Neocapritermes centralis*	中部新扭白蚁
1878	*Neocapritermes guyana*	圭亚那新扭白蚁
1879	*Neocapritermes longinotus*	长背新扭白蚁
1880	*Neocapritermes mirim*	小型新扭白蚁
1881	*Neocapritermes opacus*	发黑新扭白蚁
1882	*Neocapritermes parvus*	微型新扭白蚁
1883	*Neocapritermes pumilis*	侏儒新扭白蚁
1884	*Neocapritermes talpa*	鼹鼠新扭白蚁
1885	*Neocapritermes talpoides*	似鼹鼠新扭白蚁
1886	*Neocapritermes taracua*	塔拉夸新扭白蚁
1887	*Neocapritermes unicornis*	独角新扭白蚁

（续表）

序号	拉丁学名	中文名称
1888	*Neocapritermes utiariti*	乌蒂亚里蒂新扭白蚁
1889	*Neocapritermes villosus*	密毛新扭白蚁
1890	*Neotermes aburiensis*	阿布里新白蚁
1891	*Neotermes acceptus*	宜人新白蚁
1892	*Neotermes adampurensis*	阿达姆普尔新白蚁
1893	*Neotermes agilis*	轻快新白蚁
1894	*Neotermes amplilabralis*	宽唇新白蚁
1895	*Neotermes andamanensis*	安达曼新白蚁
1896	*Neotermes angustigulus*	细颏新白蚁
1897	*Neotermes araguaensis*	阿拉瓜新白蚁
1898	*Neotermes aridus*	干新白蚁
1899	*Neotermes arthurimuelleri*	阿图尔米勒新白蚁
1900	*Neotermes artocarpi*	阿托卡尔佩新白蚁
1901	*Neotermes assamensis*	阿萨姆新白蚁
1902	*Neotermes assmuthi*	阿斯穆斯新白蚁
1903	*Neotermes binovatus*	双凹新白蚁
1904	*Neotermes blairi*	布莱尔新白蚁
1905	*Neotermes bosei*	鲍斯新白蚁
1906	*Neotermes brachynotum*	扁胸新白蚁
1907	*Neotermes brevinotus*	短背新白蚁
1908	*Neotermes buxensis*	布克萨新白蚁
1909	*Neotermes camerunensis*	喀麦隆新白蚁
1910	*Neotermes castaneus*	栗色新白蚁
1911	*Neotermes chilensis*	智利新白蚁
1912	*Neotermes collarti*	科勒特新白蚁
1913	*Neotermes connexus*	连接新白蚁
1914	*Neotermes costaseca*	干海岸新白蚁
1915	*Neotermes cryptops*	隐秘新白蚁
1916	*Neotermes cubanus*	古巴新白蚁
1917	*Neotermes dalbergiae*	黄檀新白蚁
1918	*Neotermes desneuxi*	德纳新白蚁
1919	*Neotermes dhirendrai*	迪伦德拉新白蚁
1920	*Neotermes dolichognathus*	长颚新白蚁
1921	*Neotermes dubiocalcaratus*	异距新白蚁
1922	*Neotermes eleanorae*	埃莉诺新白蚁

（续表）

序号	拉丁学名	中文名称
1923	*Neotermes erythraeus*	微红新白蚁
1924	*Neotermes europae*	欧罗巴新白蚁
1925	*Neotermes ferrugineus*	锈色新白蚁
1926	*Neotermes fletcheri*	弗莱彻新白蚁
1927	*Neotermes fovefrons*	洼额新白蚁
1928	*Neotermes frmus*	强壮新白蚁
1929	*Neotermes fujianensis*	福建新白蚁
1930	*Neotermes fulvescens*	金黄新白蚁
1931	*Neotermes gestri*	盖斯特新白蚁
1932	*Neotermes glabriusculus*	光滑新白蚁
1933	*Neotermes gnathoferrum*	铁颚新白蚁
1934	*Neotermes gracilidens*	细齿新白蚁
1935	*Neotermes grandis*	大新白蚁
1936	*Neotermes greeni*	格林新白蚁
1937	*Neotermes hirtellus*	粗毛新白蚁
1938	*Neotermes holmgreni*	霍姆格伦新白蚁
1939	*Neotermes humilis*	小新白蚁
1940	*Neotermes insularis*	岛生新白蚁
1941	*Neotermes intracaulis*	茎内新白蚁
1942	*Neotermes jouteli*	茹泰尔新白蚁
1943	*Neotermes kalimpongensis*	噶伦堡新白蚁
1944	*Neotermes kanehirai*	凯恩希拉新白蚁
1945	*Neotermes kartaboensis*	卡尔塔波新白蚁
1946	*Neotermes kemneri*	凯姆勒新白蚁
1947	*Neotermes keralai*	喀拉拉新白蚁
1948	*Neotermes ketelensis*	凯特拉新白蚁
1949	*Neotermes koshunensis*	恒春新白蚁
1950	*Neotermes krishnai*	克里希纳新白蚁
1951	*Neotermes lagunensis*	内湖新白蚁
1952	*Neotermes larseni*	拉森新白蚁
1953	*Neotermes laticollis*	宽颈新白蚁
1954	*Neotermes lepersonneae*	勒佩索纳新白蚁
1955	*Neotermes longiceps*	长头新白蚁
1956	*Neotermes longipennis*	长翅新白蚁
1957	*Neotermes luykxi*	卢伊克斯新白蚁

（续表）

序号	拉丁学名	中文名称
1958	*Neotermes magnoculus*	大眼新白蚁
1959	*Neotermes malatensis*	马拉蒂新白蚁
1960	*Neotermes mangiferae*	芒果新白蚁
1961	*Neotermes medius*	中部新白蚁
1962	*Neotermes megaoculatus*	巨眼新白蚁
1963	*Neotermes meruensis*	梅鲁新白蚁
1964	*Neotermes microculatus*	小眼新白蚁
1965	*Neotermes microphthalmus*	小眸新白蚁
1966	*Neotermes minutus*	微小新白蚁
1967	*Neotermes miracapitalis*	奇头新白蚁
1968	*Neotermes modestus*	适度新白蚁
1969	*Neotermes mona*	莫纳新白蚁
1970	*Neotermes nigeriensis*	尼日利亚新白蚁
1971	*Neotermes nilamburensis*	尼伦布尔新白蚁
1972	*Neotermes ovatus*	卵形新白蚁
1973	*Neotermes pallidicollis*	灰颈新白蚁
1974	*Neotermes papua*	巴布亚新白蚁
1975	*Neotermes paraensis*	帕拉新白蚁
1976	*Neotermes paratensis*	帕拉蒂新白蚁
1977	*Neotermes parviscutatus*	小盾新白蚁
1978	*Neotermes phragmosus*	护穴新白蚁
1979	*Neotermes pingshanensis*	屏山新白蚁
1980	*Neotermes platyfrons*	宽额新白蚁
1981	*Neotermes prosonneratiae*	前海桑新白蚁
1982	*Neotermes rainbowi*	雷恩鲍新白蚁
1983	*Neotermes rhizophorae*	红树新白蚁
1984	*Neotermes rouxi*	鲁新白蚁
1985	*Neotermes saleierensis*	萨莱尔新白蚁
1986	*Neotermes samoanus*	萨摩亚新白蚁
1987	*Neotermes sanctaecrucis*	圣克鲁斯新白蚁
1988	*Neotermes sarasini*	萨拉赞新白蚁
1989	*Neotermes schultzei*	舒尔茨新白蚁
1990	*Neotermes sen-sarmai*	森萨尔马新白蚁
1991	*Neotermes sepulvillus*	缺跗垫新白蚁
1992	*Neotermes setifer*	刚毛新白蚁

（续表）

序号	拉丁学名	中文名称
1993	*Neotermes shimogensis*	希莫加新白蚁
1994	*Neotermes sinensis*	中华新白蚁
1995	*Neotermes sjöstedti*	舍斯泰特新白蚁
1996	*Neotermes sonneratiae*	海桑新白蚁
1997	*Neotermes sphenocephalus*	楔头新白蚁
1998	*Neotermes sugioi*	杉尾新白蚁
1999	*Neotermes superans*	充裕新白蚁
2000	*Neotermes taishanensis*	台山新白蚁
2001	*Neotermes tectonae*	柚木新白蚁
2002	*Neotermes tuberogulus*	丘颏新白蚁
2003	*Neotermes undulatus*	波颚新白蚁
2004	*Neotermes venkateshwara*	文卡特斯沃拉新白蚁
2005	*Neotermes voeltzkowi*	弗尔特科新白蚁
2006	*Neotermes wagneri*	瓦格纳新白蚁
2007	*Neotermes yunnanensis*	云南新白蚁
2008	*Neotermes zanclus*	镰刀新白蚁
2009	*Neotermes zuluensis*	祖鲁新白蚁
2010	*Ngauratermes arue*	小凋落白蚁
2011	*Nitiditermes berghei*	伯格净白蚁
2012	*Niuginitermes liklik*	小新几内亚白蚁
2013	*Niuginitermes variratae*	瓦里拉塔新几内亚白蚁
2014	*Noditermes angolensis*	安哥拉节白蚁
2015	*Noditermes cristifrons*	毛额节白蚁
2016	*Noditermes festivus*	欢乐节白蚁
2017	*Noditermes indoensis*	因多节白蚁
2018	*Noditermes lamanianus*	拉曼节白蚁
2019	*Noditermes profestus*	工作日节白蚁
2020	*Noditermes wasambaricus*	瓦森巴拉节白蚁
2021	*Noirotitermes noiroti*	努瓦罗努瓦罗白蚁
2022	*Obtusitermes bacchanalis*	酒神钝白蚁
2023	*Obtusitermes formosulus*	漂亮钝白蚁
2024	*Obtusitermes panamae*	巴拿马钝白蚁
2025	*Occasitermes occasus*	西部西部白蚁
2026	*Occasitermes watsoni*	沃森西部白蚁
2027	*Occultitermes aridus*	干燥隐白蚁

（续表）

序号	拉丁学名	中文名称
2028	*Occultitermes occultus*	隐藏隐白蚁
2029	*Odontotermes acutidens*	尖齿土白蚁
2030	*Odontotermes adampurensis*	亚当布尔土白蚁
2031	*Odontotermes agilis*	快捷土白蚁
2032	*Odontotermes akengeensis*	阿肯土白蚁
2033	*Odontotermes amanicus*	阿马尼（甲）土白蚁
2034	*Odontotermes amaniensis*	阿马尼（乙）土白蚁
2035	*Odontotermes anamallensis*	安纳马赖土白蚁
2036	*Odontotermes anceps*	裂头土白蚁
2037	*Odontotermes angustatus*	细窄土白蚁
2038	*Odontotermes angustignathus*	细颚土白蚁
2039	*Odontotermes angustipennis*	窄翅土白蚁
2040	*Odontotermes annulicornis*	环角土白蚁
2041	*Odontotermes apollo*	阿波罗土白蚁
2042	*Odontotermes aquaticus*	河边土白蚁
2043	*Odontotermes assmuthi*	阿斯穆斯土白蚁
2044	*Odontotermes aurora*	黎明土白蚁
2045	*Odontotermes badius*	栗色土白蚁
2046	*Odontotermes bellahunisensis*	贝拉胡尼斯土白蚁
2047	*Odontotermes bequaerti*	贝奎特土白蚁
2048	*Odontotermes bhagwatii*	巴格瓦蒂土白蚁
2049	*Odontotermes billitoni*	比利顿土白蚁
2050	*Odontotermes boetonensis*	博顿土白蚁
2051	*Odontotermes bogoriensis*	茂物土白蚁
2052	*Odontotermes bomaensis*	博马土白蚁
2053	*Odontotermes boranicus*	博拉娜土白蚁
2054	*Odontotermes bottegoanus*	博泰戈土白蚁
2055	*Odontotermes boveni*	博韦土白蚁
2056	*Odontotermes brunneus*	棕色土白蚁
2057	*Odontotermes buchholzi*	巴克霍尔兹土白蚁
2058	*Odontotermes butteli*	巴特土白蚁
2059	*Odontotermes caffrariae*	卡夫拉尼亚土白蚁
2060	*Odontotermes capensis*	好望角土白蚁
2061	*Odontotermes celebensis*	西里伯斯土白蚁
2062	*Odontotermes ceylonicus*	锡兰土白蚁

（续表）

序号	拉丁学名	中文名称
2063	*Odontotermes chicapanensis*	希卡帕土白蚁
2064	*Odontotermes classicus*	无产土白蚁
2065	*Odontotermes conignathus*	锥颚土白蚁
2066	*Odontotermes culturarum*	栽培土白蚁
2067	*Odontotermes denticulatus*	齿小土白蚁
2068	*Odontotermes diana*	黛安娜土白蚁
2069	*Odontotermes dimorphus*	双工土白蚁
2070	*Odontotermes distans*	遥远土白蚁
2071	*Odontotermes dives*	多产土白蚁
2072	*Odontotermes djampeensis*	达扎丕土白蚁
2073	*Odontotermes ebeni*	埃本土白蚁
2074	*Odontotermes egregius*	卓越土白蚁
2075	*Odontotermes elgonensis*	埃尔贡土白蚁
2076	*Odontotermes erodens*	缺齿土白蚁
2077	*Odontotermes erraticus*	游荡土白蚁
2078	*Odontotermes escherichi*	埃舍里希土白蚁
2079	*Odontotermes fallax*	欺诈土白蚁
2080	*Odontotermes feae*	菲氏土白蚁
2081	*Odontotermes feaeoides*	似菲氏土白蚁
2082	*Odontotermes fidens*	纤齿土白蚁
2083	*Odontotermes flammifrons*	红额土白蚁
2084	*Odontotermes fockianus*	福克土白蚁
2085	*Odontotermes formosanus*	黑翅土白蚁
2086	*Odontotermes foveafrons*	凹额土白蚁
2087	*Odontotermes fulleri*	富勒土白蚁
2088	*Odontotermes fuyangensis*	富阳土白蚁
2089	*Odontotermes ganpati*	加帕蒂土白蚁
2090	*Odontotermes garambae*	加兰巴土白蚁
2091	*Odontotermes giriensis*	吉里土白蚁
2092	*Odontotermes girnarensis*	吉尔纳尔土白蚁
2093	*Odontotermes globicola*	栖球土白蚁
2094	*Odontotermes grandiceps*	大头土白蚁
2095	*Odontotermes grassei*	格拉塞土白蚁
2096	*Odontotermes gravelyi*	粗颚土白蚁
2097	*Odontotermes guizhouensis*	贵州土白蚁

（续表）

序号	拉丁学名	中文名称
2098	*Odontotermes guptai*	古普塔土白蚁
2099	*Odontotermes gurdaspurensis*	古达斯普尔土白蚁
2100	*Odontotermes hageni*	哈根土白蚁
2101	*Odontotermes hainanensis*	海南土白蚁
2102	*Odontotermes horai*	霍拉土白蚁
2103	*Odontotermes horni*	霍恩土白蚁
2104	*Odontotermes incisus*	切穴土白蚁
2105	*Odontotermes indrapurensis*	因德拉普拉土白蚁
2106	*Odontotermes interveniens*	中间土白蚁
2107	*Odontotermes iratus*	愤怒土白蚁
2108	*Odontotermes javanicus*	爪哇土白蚁
2109	*Odontotermes kapuri*	卡普尔土白蚁
2110	*Odontotermes karawajevi*	卡拉瓦土白蚁
2111	*Odontotermes karnyi*	卡尼土白蚁
2112	*Odontotermes kepongensis*	甲洞土白蚁
2113	*Odontotermes kibarensis*	基巴拉土白蚁
2114	*Odontotermes kistneri*	基斯特纳土白蚁
2115	*Odontotermes koenigi*	柯尼希土白蚁
2116	*Odontotermes kulkarni*	库尔坎土白蚁
2117	*Odontotermes lacustris*	湖泊土白蚁
2118	*Odontotermes latericius*	似砖土白蚁
2119	*Odontotermes latialatus*	宽翅土白蚁
2120	*Odontotermes latigula*	宽颏土白蚁
2121	*Odontotermes latiguloides*	似宽颏土白蚁
2122	*Odontotermes latissimus*	最宽土白蚁
2123	*Odontotermes lautus*	雅致土白蚁
2124	*Odontotermes lobintactus*	叶整土白蚁
2125	*Odontotermes longignathus*	长颚土白蚁
2126	*Odontotermes longigula*	长颏土白蚁
2127	*Odontotermes longzhouensis*	龙州土白蚁
2128	*Odontotermes maesodensis*	湄索德土白蚁
2129	*Odontotermes magdalenae*	马格达莱娜土白蚁
2130	*Odontotermes makassarensis*	望加锡土白蚁
2131	*Odontotermes malabaricus*	马拉巴尔土白蚁
2132	*Odontotermes malaccensis*	马六甲土白蚁

（续表）

序号	拉丁学名	中文名称
2133	*Odontotermes maledictus*	可恨土白蚁
2134	*Odontotermes malelaensis*	马雷拉土白蚁
2135	*Odontotermes maliki*	马利克土白蚁
2136	*Odontotermes matangensis*	马登土白蚁
2137	*Odontotermes maximus*	最大土白蚁
2138	*Odontotermes mediocris*	温和土白蚁
2139	*Odontotermes menadoensis*	万鸦东土白蚁
2140	*Odontotermes meridionalis*	南方土白蚁
2141	*Odontotermes microdentatus*	小齿土白蚁
2142	*Odontotermes microps*	小眼土白蚁
2143	*Odontotermes minutus*	小土白蚁
2144	*Odontotermes mirganjensis*	米尔甘杰土白蚁
2145	*Odontotermes mohandi*	莫汉德土白蚁
2146	*Odontotermes monodon*	单齿土白蚁
2147	*Odontotermes montanus*	高山土白蚁
2148	*Odontotermes mukimbunginis*	穆金本古土白蚁
2149	*Odontotermes neodenticulatus*	新齿小土白蚁
2150	*Odontotermes nilensis*	尼罗土白蚁
2151	*Odontotermes nolaensis*	诺拉土白蚁
2152	*Odontotermes obesus*	胖身土白蚁
2153	*Odontotermes oblongatus*	矩形土白蚁
2154	*Odontotermes okahandjae*	奥卡汉贾土白蚁
2155	*Odontotermes ostentans*	显形土白蚁
2156	*Odontotermes palmquisti*	帕姆奎斯特土白蚁
2157	*Odontotermes paradenticulatus*	似齿小土白蚁
2158	*Odontotermes paralatigula*	近宽颏土白蚁
2159	*Odontotermes paralatiguloides*	近似宽颏土白蚁
2160	*Odontotermes parallelus*	平行土白蚁
2161	*Odontotermes paraoblongatus*	似矩形土白蚁
2162	*Odontotermes parvidens*	微齿土白蚁
2163	*Odontotermes patruus*	伯伯土白蚁
2164	*Odontotermes pauperans*	小贫土白蚁
2165	*Odontotermes peshawarensis*	白沙瓦土白蚁
2166	*Odontotermes planiceps*	扁头土白蚁
2167	*Odontotermes praevalens*	首要土白蚁

（续表）

序号	拉丁学名	中文名称
2168	*Odontotermes preliminaris*	初始土白蚁
2169	*Odontotermes pretoriensis*	比勒陀利亚土白蚁
2170	*Odontotermes prewensis*	普鲁土白蚁
2171	*Odontotermes prodives*	似多产土白蚁
2172	*Odontotermes profeae*	前菲氏土白蚁
2173	*Odontotermes proformosanus*	原黑翅土白蚁
2174	*Odontotermes prolatigula*	前宽颏土白蚁
2175	*Odontotermes proximus*	最新土白蚁
2176	*Odontotermes pujiangensis*	浦江土白蚁
2177	*Odontotermes pyriceps*	梨头土白蚁
2178	*Odontotermes quinquedentatus*	五齿土白蚁
2179	*Odontotermes ramulosus*	支脉土白蚁
2180	*Odontotermes rectanguloides*	似直角土白蚁
2181	*Odontotermes redemanni*	雷德曼土白蚁
2182	*Odontotermes rehobothensis*	雷霍博特土白蚁
2183	*Odontotermes robustus*	粗壮土白蚁
2184	*Odontotermes rothschildianus*	罗思柴尔德土白蚁
2185	*Odontotermes salebrifrons*	糙额土白蚁
2186	*Odontotermes sarawakensis*	砂拉越土白蚁
2187	*Odontotermes sasangirensis*	萨桑吉尔土白蚁
2188	*Odontotermes schmitzi*	施米茨土白蚁
2189	*Odontotermes scrutor*	探索土白蚁
2190	*Odontotermes sellathorax*	鞍胸土白蚁
2191	*Odontotermes shixingensis*	始兴土白蚁
2192	*Odontotermes sikkimensis*	锡金土白蚁
2193	*Odontotermes silamensis*	锡拉姆土白蚁
2194	*Odontotermes silvaticus*	森林土白蚁
2195	*Odontotermes silvestrii*	西尔韦斯特里土白蚁
2196	*Odontotermes silvicolus*	林地土白蚁
2197	*Odontotermes simalurensis*	锡马卢土白蚁
2198	*Odontotermes simplicidens*	简齿土白蚁
2199	*Odontotermes sinabangensis*	锡纳邦土白蚁
2200	*Odontotermes singsiti*	辛格斯特土白蚁
2201	*Odontotermes sjöstedti*	舍斯泰特土白蚁
2202	*Odontotermes smeathmani*	斯米瑟曼土白蚁

（续表）

序号	拉丁学名	中文名称
2203	*Odontotermes snyderi*	斯奈德土白蚁
2204	*Odontotermes somaliensis*	索马里土白蚁
2205	*Odontotermes stanleyvillensis*	斯坦利维尔土白蚁
2206	*Odontotermes stercorivorus*	食粪土白蚁
2207	*Odontotermes sudanensis*	苏丹土白蚁
2208	*Odontotermes takensis*	来兴土白蚁
2209	*Odontotermes tanganicus*	坦噶土白蚁
2210	*Odontotermes taprobanes*	塔普拉班土白蚁
2211	*Odontotermes terricola*	地栖土白蚁
2212	*Odontotermes tragardhi*	特雷高土白蚁
2213	*Odontotermes transvaalensis*	德兰士瓦土白蚁
2214	*Odontotermes vaishno*	瓦伊什诺土白蚁
2215	*Odontotermes vulgaris*	常见土白蚁
2216	*Odontotermes wallonensis*	瓦隆土白蚁
2217	*Odontotermes wuzhishanensis*	五指山土白蚁
2218	*Odontotermes yadevi*	亚德维土白蚁
2219	*Odontotermes yaoi*	姚氏土白蚁
2220	*Odontotermes yarangensis*	亚让土白蚁
2221	*Odontotermes yunnanensis*	云南土白蚁
2222	*Odontotermes zambesiensis*	赞比西土白蚁
2223	*Odontotermes zulunatalensis*	祖鲁纳塔尔土白蚁
2224	*Odontotermes zunyiensis*	遵义土白蚁
2225	*Okavangotermes giessi*	吉斯奥卡万戈白蚁
2226	*Okavangotermes guineensis*	几内亚奥卡万戈白蚁
2227	*Onkotermes brevicorniger*	短角倒钩白蚁
2228	*Onkotermes corochus*	瘤额倒钩白蚁
2229	*Ophiotermes gracilis*	细瘦蛇白蚁
2230	*Ophiotermes grandilabius*	大唇蛇白蚁
2231	*Ophiotermes mandibularis*	显颚蛇白蚁
2232	*Ophiotermes mirandus*	惊奇蛇白蚁
2233	*Ophiotermes receptus*	接受蛇白蚁
2234	*Ophiotermes shabaensis*	沙巴蛇白蚁
2235	*Ophiotermes ugandaensis*	乌干达蛇白蚁
2236	*Oriencapritermes kluangensis*	居銮东扭白蚁
2237	*Oriensubulitermes inanis*	缺齿东锥白蚁

（续表）

序号	拉丁学名	中文名称
2238	*Oriensubulitermes kemneri*	凯姆勒东锥白蚁
2239	*Orientotermes emersoni*	埃默森东方白蚁
2240	*Orthognathotermes aduncus*	具钩直颚白蚁
2241	*Orthognathotermes brevipilosus*	短毛直颚白蚁
2242	*Orthognathotermes gibberorum*	驼背直颚白蚁
2243	*Orthognathotermes heberi*	希伯直颚白蚁
2244	*Orthognathotermes humilis*	小直颚白蚁
2245	*Orthognathotermes insignis*	醒目直颚白蚁
2246	*Orthognathotermes longilamina*	长刀直颚白蚁
2247	*Orthognathotermes macrocephalus*	大头直颚白蚁
2248	*Orthognathotermes mirim*	小兵直颚白蚁
2249	*Orthognathotermes okeyma*	无巢直颚白蚁
2250	*Orthognathotermes orthognathus*	直颚直颚白蚁
2251	*Orthognathotermes pilosus*	多毛直颚白蚁
2252	*Orthognathotermes tubesauassu*	大眼直颚白蚁
2253	*Orthognathotermes uncimandibularis*	钩颚直颚白蚁
2254	*Orthognathotermes wheeleri*	惠勒直颚白蚁
2255	*Orthotermes depressifrons*	陷额直白蚁
2256	*Orthotermes mansuetus*	顺从直白蚁
2257	*Ovambotermes sylvaticus*	林地奥万博兰白蚁
2258	*Palmitermes imposttor*	骗子棕榈白蚁
2259	*Paracapritermes kraepelinii*	克雷珀林旁扭白蚁
2260	*Paracapritermes primus*	第一旁扭白蚁
2261	*Paracapritermes prolixus*	细长旁扭白蚁
2262	*Paracapritermes secundus*	第二旁扭白蚁
2263	*Paraconvexitermes acangapua*	圆头近凸白蚁
2264	*Paraconvexitermes junceus*	细长近凸白蚁
2265	*Paraconvexitermes nigricornis*	黑角近凸白蚁
2266	*Paracurvitermes manni*	曼近曲白蚁
2267	*Paraneotermes simplicicornis*	简角近新白蚁
2268	*Parrhinotermes aequalis*	相等棒鼻白蚁
2269	*Parrhinotermes barbatus*	毛颏棒鼻白蚁
2270	*Parrhinotermes browni*	布朗棒鼻白蚁
2271	*Parrhinotermes buttelreepeni*	巴特里彭棒鼻白蚁
2272	*Parrhinotermes inaequalis*	不等棒鼻白蚁

（续表）

序号	拉丁学名	中文名称
2273	*Parrhinotermes khasii*	卡西棒鼻白蚁
2274	*Parrhinotermes microdentiformis*	小齿棒鼻白蚁
2275	*Parrhinotermes microdentiformisoides*	似小齿棒鼻白蚁
2276	*Parrhinotermes minor*	小棒鼻白蚁
2277	*Parrhinotermes pygmaeus*	侏儒棒鼻白蚁
2278	*Parrhinotermes queenslandicus*	昆士兰棒鼻白蚁
2279	*Parrhinotermes ruiliensis*	瑞丽棒鼻白蚁
2280	*Parrhinotermes shamimi*	沙明棒鼻白蚁
2281	*Parvitermes aequalis*	类似微白蚁
2282	*Parvitermes antillarum*	安的列斯微白蚁
2283	*Parvitermes brooksi*	布鲁克斯微白蚁
2284	*Parvitermes collinsae*	柯林斯微白蚁
2285	*Parvitermes dominicanae*	多米尼加微白蚁
2286	*Parvitermes flaveolus*	微黄微白蚁
2287	*Parvitermes mesoamericanus*	中美洲微白蚁
2288	*Parvitermes mexicanus*	墨西哥微白蚁
2289	*Parvitermes pallidiceps*	灰头微白蚁
2290	*Parvitermes toussainti*	图森特微白蚁
2291	*Parvitermes wolcotti*	沃尔科特微白蚁
2292	*Parvitermes yucatanus*	尤卡坦微白蚁
2293	*Patawatermes nigripunctatus*	黑点帕塔瓦白蚁
2294	*Patawatermes turricola*	土栖帕塔瓦白蚁
2295	*Periaciculitermes menglunensis*	勐仑近针白蚁
2296	*Peribulbitermes dinghuensis*	鼎湖近瓢白蚁
2297	*Peribulbitermes jinghongensis*	景洪近瓢白蚁
2298	*Peribulbitermes parafulvus*	黄色近瓢白蚁
2299	*Pericapritermes appellans*	定名近扭白蚁
2300	*Pericapritermes assamensis*	阿萨姆近扭白蚁
2301	*Pericapritermes beibengensis*	背崩近扭白蚁
2302	*Pericapritermes brachygnathus*	短颚近扭白蚁
2303	*Pericapritermes buitenzorgi*	比特恩佐格近扭白蚁
2304	*Pericapritermes ceylonicus*	锡兰近扭白蚁
2305	*Pericapritermes chiasognathus*	隐颚近扭白蚁
2306	*Pericapritermes desaegeri*	德埃吉近扭白蚁
2307	*Pericapritermes dolichocephalus*	长头近扭白蚁

（续表）

序号	拉丁学名	中文名称
2308	*Pericapritermes dumicola*	栖丛近扭白蚁
2309	*Pericapritermes dunensis*	德拉敦近扭白蚁
2310	*Pericapritermes durga*	杜尔加近扭白蚁
2311	*Pericapritermes fuscotibialis*	灰胫近扭白蚁
2312	*Pericapritermes gloveri*	格洛弗近扭白蚁
2313	*Pericapritermes gutianensis*	古田近扭白蚁
2314	*Pericapritermes hepuensis*	合浦近扭白蚁
2315	*Pericapritermes heteronotus*	异背近扭白蚁
2316	*Pericapritermes latignathus*	多毛近扭白蚁
2317	*Pericapritermes machadoi*	马查多近扭白蚁
2318	*Pericapritermes magnifcus*	非凡近扭白蚁
2319	*Pericapritermes metatus*	丈量近扭白蚁
2320	*Pericapritermes minimus*	最小近扭白蚁
2321	*Pericapritermes modiglianii*	莫迪利亚尼近扭白蚁
2322	*Pericapritermes mohri*	莫尔近扭白蚁
2323	*Pericapritermes nigerianus*	尼日利亚近扭白蚁
2324	*Pericapritermes nitobei*	新渡户近扭白蚁
2325	*Pericapritermes paetensis*	帕埃特近扭白蚁
2326	*Pericapritermes pallidipes*	灰足近扭白蚁
2327	*Pericapritermes papuanus*	巴布亚近扭白蚁
2328	*Pericapritermes parvus*	小型近扭白蚁
2329	*Pericapritermes pilosus*	毛多近扭白蚁
2330	*Pericapritermes planiusculus*	平扁近扭白蚁
2331	*Pericapritermes schultzei*	舒尔茨近扭白蚁
2332	*Pericapritermes semarangi*	三宝近扭白蚁
2333	*Pericapritermes silvestrianus*	西尔韦斯特里近扭白蚁
2334	*Pericapritermes speciosus*	美丽近扭白蚁
2335	*Pericapritermes tetraphilus*	大近扭白蚁
2336	*Pericapritermes topslipensis*	托普斯利普近扭白蚁
2337	*Pericapritermes urgens*	催促近扭白蚁
2338	*Pericapritermes vermi*	维尔马近扭白蚁
2339	*Pericapritermes wuzhishanensis*	五指山近扭白蚁
2340	*Pericapritermes yibinensis*	宜宾近扭白蚁
2341	*Phoxotermes cerberus*	三头犬锐白蚁
2342	*Pilotermes langi*	兰棘白蚁

（续表）

序号	拉丁学名	中文名称
2343	*Planicapritermes longilabrum*	长唇平扭白蚁
2344	*Planicapritermes planiceps*	平头平扭白蚁
2345	*Porotermes adamsoni*	亚当森洞白蚁
2346	*Porotermes planiceps*	扁头洞白蚁
2347	*Porotermes quadricollis*	方颈洞白蚁
2348	*Postelectrotermes amplus*	大后琥珀白蚁
2349	*Postelectrotermes bhimi*	比姆后琥珀白蚁
2350	*Postelectrotermes bidentatus*	二齿后琥珀白蚁
2351	*Postelectrotermes castaneiceps*	栗头后琥珀白蚁
2352	*Postelectrotermes howa*	合华后琥珀白蚁
2353	*Postelectrotermes longiceps*	长头后琥珀白蚁
2354	*Postelectrotermes longus*	长后琥珀白蚁
2355	*Postelectrotermes militaris*	好斗后琥珀白蚁
2356	*Postelectrotermes nayari*	纳亚尔后琥珀白蚁
2357	*Postelectrotermes pasniensis*	伯斯尼后琥珀白蚁
2358	*Postelectrotermes pishinensis*	比欣后琥珀白蚁
2359	*Postelectrotermes praecox*	早熟后琥珀白蚁
2360	*Postelectrotermes sordwanae*	索德瓦纳后琥珀白蚁
2361	*Postelectrotermes tongyaii*	同艾后琥珀白蚁
2362	*Postelectrotermes zabuliensis*	扎布尔后琥珀白蚁
2363	*Postsubulitermes parviconstrictus*	微缩后锥白蚁
2364	*Proboscitermes mcgrewi*	麦克格鲁象鼻白蚁
2365	*Proboscitermes tubuliferus*	具管象鼻白蚁
2366	*Procapritermes atypus*	地蛛前扭白蚁
2367	*Procapritermes dakshinae*	戴克夏娜前扭白蚁
2368	*Procapritermes holmgreni*	霍姆格伦前扭白蚁
2369	*Procapritermes huananensis*	华南前扭白蚁
2370	*Procapritermes keralai*	喀拉拉前扭白蚁
2371	*Procapritermes longignathus*	长颚前扭白蚁
2372	*Procapritermes martyni*	马丁前扭白蚁
2373	*Procapritermes minutus*	小前扭白蚁
2374	*Procapritermes neosetiger*	新具毛前扭白蚁
2375	*Procapritermes prosetiger*	似具毛前扭白蚁
2376	*Procapritermes sandakanensis*	山打根前扭白蚁
2377	*Procapritermes setiger*	具毛前扭白蚁

（续表）

序号	拉丁学名	中文名称
2378	*Procapritermes zhangfengensis*	章凤前扭白蚁
2379	*Procornitermes araujoi*	阿劳若前角白蚁
2380	*Procornitermes lespesii*	莱佩斯前角白蚁
2381	*Procornitermes romani*	罗曼前角白蚁
2382	*Procornitermes striatus*	具沟前角白蚁
2383	*Procornitermes triacifer*	三尖唇前角白蚁
2384	*Procryptotermes australiensis*	澳大利亚前砂白蚁
2385	*Procryptotermes corniceps*	角头前砂白蚁
2386	*Procryptotermes dhari*	达尔前砂白蚁
2387	*Procryptotermes dioscurae*	迪奥斯屈阿前砂白蚁
2388	*Procryptotermes edwardsi*	爱德华兹前砂白蚁
2389	*Procryptotermes falcifer*	具镰前砂白蚁
2390	*Procryptotermes fryeri*	弗赖尔前砂白蚁
2391	*Procryptotermes hesperus*	西部前砂白蚁
2392	*Procryptotermes hunsurensis*	洪苏尔前砂白蚁
2393	*Procryptotermes krishnai*	克里希纳前砂白蚁
2394	*Procryptotermes leewardensis*	背风群岛前砂白蚁
2395	*Procryptotermes rapae*	拉帕前砂白蚁
2396	*Procryptotermes speiseri*	斯派泽前砂白蚁
2397	*Procryptotermes valeriae*	瓦莱里前砂白蚁
2398	*Procubitermes aburiensis*	阿布里前方白蚁
2399	*Procubitermes arboricola*	树栖前方白蚁
2400	*Procubitermes curvatus*	弯曲前方白蚁
2401	*Procubitermes niapuensis*	尼亚普前方白蚁
2402	*Procubitermes sinuosus*	扭曲前方白蚁
2403	*Procubitermes sjöstedti*	舍斯泰特前方白蚁
2404	*Procubitermes ueleensis*	韦莱前方白蚁
2405	*Procubitermes undulans*	波纹前方白蚁
2406	*Procubitermes wasmanni*	沃斯曼前方白蚁
2407	*Profastigitermes putnami*	帕特南前峰白蚁
2408	*Prohamitermes hosei*	霍斯前钩白蚁
2409	*Prohamitermes mirabilis*	奇异前钩白蚁
2410	*Promirotermes bechuana*	贝专纳前奇白蚁
2411	*Promirotermes bellicosi*	勇猛前奇白蚁
2412	*Promirotermes dumisae*	杜米萨前奇白蚁

（续表）

序号	拉丁学名	中文名称
2413	*Promirotermes gracilipes*	细足前奇白蚁
2414	*Promirotermes holmgreni*	霍姆格伦前奇白蚁
2415	*Promirotermes massaicus*	马萨前奇白蚁
2416	*Promirotermes orthoceps*	直头前奇白蚁
2417	*Promirotermes pygmaeus*	短小前奇白蚁
2418	*Promirotermes redundans*	常见前奇白蚁
2419	*Promirotermes rotundifrons*	圆额前奇白蚁
2420	*Proneotermes latifrons*	宽额前新白蚁
2421	*Proneotermes macondianus*	马康多前新白蚁
2422	*Proneotermes perezi*	佩雷斯前新白蚁
2423	*Prorhinotermes canalifrons*	沟额原鼻白蚁
2424	*Prorhinotermes flavus*	黄色原鼻白蚁
2425	*Prorhinotermes inopinatus*	意外原鼻白蚁
2426	*Prorhinotermes molinoi*	莫利诺原鼻白蚁
2427	*Prorhinotermes oceanicus*	海洋原鼻白蚁
2428	*Prorhinotermes ponapensis*	波纳佩原鼻白蚁
2429	*Prorhinotermes rugifer*	具皱原鼻白蚁
2430	*Prorhinotermes simplex*	简单原鼻白蚁
2431	*Prorhinotermes spectabilis*	奇丽原鼻白蚁
2432	*Protermes hirticeps*	毛头前白蚁
2433	*Protermes minimus*	最小前白蚁
2434	*Protermes minutus*	小前白蚁
2435	*Protermes mwekerae*	穆维盖拉前白蚁
2436	*Protermes prorepens*	前爬前白蚁
2437	*Protocapritermes krisiformis*	波颚始扭白蚁
2438	*Protocapritermes odontomachus*	齿颚始扭白蚁
2439	*Protohamitermes globiceps*	球头始钩白蚁
2440	*Psammotermes allocerus*	奇白沙白蚁
2441	*Psammotermes hybostoma*	弯嘴沙白蚁
2442	*Psammotermes prohybostoma*	似弯嘴沙白蚁
2443	*Psammotermes rajasthanicus*	拉贾斯坦沙白蚁
2444	*Psammotermes senegalensis*	塞内加尔沙白蚁
2445	*Psammotermes voeltzkowi*	弗尔特科沙白蚁
2446	*Pseudacanthotermes curticeps*	短头伪刺白蚁
2447	*Pseudacanthotermes grandiceps*	大头伪刺白蚁

（续表）

序号	拉丁学名	中文名称
2448	*Pseudacanthotermes harrisensis*	哈里斯伪刺白蚁
2449	*Pseudacanthotermes militaris*	好斗伪刺白蚁
2450	*Pseudacanthotermes piceus*	柏油伪刺白蚁
2451	*Pseudacanthotermes spiniger*	具刺伪刺白蚁
2452	*Pseudhamitermes khmerensis*	高棉伪钩白蚁
2453	*Pseudhamitermes longignathus*	长颚伪钩白蚁
2454	*Pseudocapritermes angustignathus*	细颚钩扭白蚁
2455	*Pseudocapritermes bhutanensis*	不丹钩扭白蚁
2456	*Pseudocapritermes fletcheri*	弗莱彻钩扭白蚁
2457	*Pseudocapritermes jiangchengensis*	江城钩扭白蚁
2458	*Pseudocapritermes karticki*	卡蒂克钩扭白蚁
2459	*Pseudocapritermes kemneri*	凯姆勒钩扭白蚁
2460	*Pseudocapritermes largus*	大钩扭白蚁
2461	*Pseudocapritermes megacephalus*	大头钩扭白蚁
2462	*Pseudocapritermes minutus*	小钩扭白蚁
2463	*Pseudocapritermes orientalis*	东方钩扭白蚁
2464	*Pseudocapritermes parasilvaticus*	似森林钩扭白蚁
2465	*Pseudocapritermes planimentus*	平颏钩扭白蚁
2466	*Pseudocapritermes prosilvaticus*	近森林钩扭白蚁
2467	*Pseudocapritermes pseudolaetus*	隆额钩扭白蚁
2468	*Pseudocapritermes silvaticus*	森林钩扭白蚁
2469	*Pseudocapritermes sinensis*	中华钩扭白蚁
2470	*Pseudocapritermes sowerbyi*	圆囟钩扭白蚁
2471	*Pseudocapritermes tikadari*	铁卡达钩扭白蚁
2472	*Pseudomicrotermes alboniger*	白黑伪小白蚁
2473	*Pterotermes occidentis*	西部翅白蚁
2474	*Quasitermes incisus*	切割相似白蚁
2475	*Reticulitermes aculabialis*	尖唇散白蚁
2476	*Reticulitermes aegeus*	爱琴散白蚁
2477	*Reticulitermes affinis*	肖若散白蚁
2478	*Reticulitermes altus*	高山散白蚁
2479	*Reticulitermes amamianus*	奄美散白蚁
2480	*Reticulitermes ampliceps*	扩头散白蚁
2481	*Reticulitermes ancyleus*	钩颚散白蚁
2482	*Reticulitermes angustatus*	狭胸散白蚁

（续表）

序号	拉丁学名	中文名称
2483	*Reticulitermes angusticephalus*	窄头散白蚁
2484	*Reticulitermes arenincola*	沙栖散白蚁
2485	*Reticulitermes assamensis*	突额散白蚁
2486	*Reticulitermes aurantius*	橙黄散白蚁
2487	*Reticulitermes balkanensis*	巴尔干散白蚁
2488	*Reticulitermes banyulensis*	巴尼于勒散白蚁
2489	*Reticulitermes bicristatus*	双瘤散白蚁
2490	*Reticulitermes bitumulus*	双峰散白蚁
2491	*Reticulitermes brachygnathus*	短颚散白蚁
2492	*Reticulitermes brevicurvatus*	短弯颚散白蚁
2493	*Reticulitermes cancrifemuris*	蟹腿散白蚁
2494	*Reticulitermes castanus*	褐胸散白蚁
2495	*Reticulitermes chayuensis*	察隅散白蚁
2496	*Reticulitermes chinensis*	黑胸散白蚁
2497	*Reticulitermes choui*	周氏散白蚁
2498	*Reticulitermes chryseus*	金黄散白蚁
2499	*Reticulitermes citrinus*	柠黄散白蚁
2500	*Reticulitermes clypeatus*	大唇散白蚁
2501	*Reticulitermes coelceps*	凹头散白蚁
2502	*Reticulitermes conus*	锥颚散白蚁
2503	*Reticulitermes croceus*	深黄散白蚁
2504	*Reticulitermes curticeps*	短头散白蚁
2505	*Reticulitermes curvatus*	弯颚散白蚁
2506	*Reticulitermes cymbidii*	幽兰散白蚁
2507	*Reticulitermes dabieshanensis*	大别山散白蚁
2508	*Reticulitermes dantuensis*	丹徒散白蚁
2509	*Reticulitermes dayongensis*	大庸散白蚁
2510	*Reticulitermes dinghuensis*	鼎湖散白蚁
2511	*Reticulitermes emei*	峨嵋散白蚁
2512	*Reticulitermes fengduensis*	丰都散白蚁
2513	*Reticulitermes flaviceps*	黄胸散白蚁
2514	*Reticulitermes flavipes*	北美散白蚁
2515	*Reticulitermes fukienensis*	花胸散白蚁
2516	*Reticulitermes fulvimarginalis*	褐缘散白蚁
2517	*Reticulitermes ganga*	恒湖散白蚁

（续表）

序号	拉丁学名	中文名称
2518	*Reticulitermes gaoshi*	大囟散白蚁
2519	*Reticulitermes gaoyaoensis*	高要散白蚁
2520	*Reticulitermes grandis*	大头散白蚁
2521	*Reticulitermes grassei*	格拉塞散白蚁
2522	*Reticulitermes guangzhouensis*	广州散白蚁
2523	*Reticulitermes guilinensis*	桂林散白蚁
2524	*Reticulitermes guiyangensis*	贵阳散白蚁
2525	*Reticulitermes guizhouensis*	贵州散白蚁
2526	*Reticulitermes gulinensis*	古蔺散白蚁
2527	*Reticulitermes hageni*	哈根散白蚁
2528	*Reticulitermes hainanensis*	海南散白蚁
2529	*Reticulitermes hesperus*	西部散白蚁
2530	*Reticulitermes huangi*	黄氏散白蚁
2531	*Reticulitermes huapingensis*	花坪散白蚁
2532	*Reticulitermes hubeiensis*	湖北散白蚁
2533	*Reticulitermes hunanensis*	湖南散白蚁
2534	*Reticulitermes hypsofrons*	高额散白蚁
2535	*Reticulitermes jiangchengensis*	江城散白蚁
2536	*Reticulitermes kanmonensis*	关门散白蚁
2537	*Reticulitermes labralis*	圆唇散白蚁
2538	*Reticulitermes largus*	大型散白蚁
2539	*Reticulitermes latilabris*	宽唇散白蚁
2540	*Reticulitermes leiboensis*	雷波散白蚁
2541	*Reticulitermes leigongshanensis*	雷公山散白蚁
2542	*Reticulitermes leptogulus*	细颏散白蚁
2543	*Reticulitermes leptomandibularis*	细颚散白蚁
2544	*Reticulitermes levatoriceps*	隆头散白蚁
2545	*Reticulitermes lianchengensis*	连城散白蚁
2546	*Reticulitermes lii*	李氏散白蚁
2547	*Reticulitermes lingulatus*	舌唇散白蚁
2548	*Reticulitermes longicephalus*	长头散白蚁
2549	*Reticulitermes longigulus*	长颏散白蚁
2550	*Reticulitermes longipennis*	长翅散白蚁
2551	*Reticulitermes lucifugus*	暗黑散白蚁
2552	*Reticulitermes luofunicus*	罗浮散白蚁

（续表）

序号	拉丁学名	中文名称
2553	*Reticulitermes magdalenae*	马格达莱纳散白蚁
2554	*Reticulitermes majiangensis*	麻江散白蚁
2555	*Reticulitermes malletei*	马利特散白蚁
2556	*Reticulitermes mangshanensis*	莽山散白蚁
2557	*Reticulitermes maopingensis*	毛坪散白蚁
2558	*Reticulitermes microcephalus*	小头散白蚁
2559	*Reticulitermes minutus*	侏儒散白蚁
2560	*Reticulitermes mirogulus*	奇颏散白蚁
2561	*Reticulitermes mirus*	陌宽散白蚁
2562	*Reticulitermes miyatakei*	宫武散白蚁
2563	*Reticulitermes nanjiangensis*	南江散白蚁
2564	*Reticulitermes nelsonae*	纳尔逊散白蚁
2565	*Reticulitermes neochinensis*	新中华散白蚁
2566	*Reticulitermes okinawanus*	冲绳散白蚁
2567	*Reticulitermes oocephalus*	蛋头散白蚁
2568	*Reticulitermes oreophilus*	喜山散白蚁
2569	*Reticulitermes ovatilabrum*	卵唇散白蚁
2570	*Reticulitermes paralucifugus*	似暗散白蚁
2571	*Reticulitermes parvus*	小散白蚁
2572	*Reticulitermes perangustus*	狭颏散白蚁
2573	*Reticulitermes periflaviceps*	近黄胸散白蚁
2574	*Reticulitermes perilabralis*	近圆唇散白蚁
2575	*Reticulitermes perilucifugus*	近暗散白蚁
2576	*Reticulitermes pingjiangensis*	平江散白蚁
2577	*Reticulitermes planifrons*	平额散白蚁
2578	*Reticulitermes planimentus*	平颏散白蚁
2579	*Reticulitermes pseudaculabialis*	拟尖唇散白蚁
2580	*Reticulitermes qingdaoensis*	青岛散白蚁
2581	*Reticulitermes qingjiangensis*	清江散白蚁
2582	*Reticulitermes rectis*	直缘散白蚁
2583	*Reticulitermes saraswati*	萨拉斯瓦特散白蚁
2584	*Reticulitermes setosus*	刚毛散白蚁
2585	*Reticulitermes solidimandibulas*	粗颚散白蚁
2586	*Reticulitermes speratus*	栖北散白蚁
2587	*Reticulitermes subligulosus*	近舌唇散白蚁

（续表）

序号	拉丁学名	中文名称
2588	*Reticulitermes sublongicapitatus*	似长头散白蚁
2589	*Reticulitermes sylvestris*	林海散白蚁
2590	*Reticulitermes testudineus*	龟唇散白蚁
2591	*Reticulitermes tianpingshanensis*	天平山散白蚁
2592	*Reticulitermes tibetanus*	西藏散白蚁
2593	*Reticulitermes tibialis*	黑胫散白蚁
2594	*Reticulitermes tirapi*	特拉普散白蚁
2595	*Reticulitermes translucens*	端明散白蚁
2596	*Reticulitermes trichocephalus*	毛头散白蚁
2597	*Reticulitermes tricholabralis*	毛唇散白蚁
2598	*Reticulitermes trichothorax*	毛胸散白蚁
2599	*Reticulitermes tricolorus*	三色散白蚁
2600	*Reticulitermes urbis*	城市散白蚁
2601	*Reticulitermes virginicus*	弗吉尼亚散白蚁
2602	*Reticulitermes wugangensis*	武冈散白蚁
2603	*Reticulitermes wugongensis*	武宫散白蚁
2604	*Reticulitermes wuyishanensis*	武夷山散白蚁
2605	*Reticulitermes xingshanensis*	兴山散白蚁
2606	*Reticulitermes xingyiensis*	兴义散白蚁
2607	*Reticulitermes yaeyamanus*	八重山散白蚁
2608	*Reticulitermes yinae*	尹氏散白蚁
2609	*Reticulitermes yingdeensis*	英德散白蚁
2610	*Reticulitermes yizhangensis*	宜章散白蚁
2611	*Reticulitermes yongdingensis*	永定散白蚁
2612	*Reticulitermes yunsiensis*	云寺散白蚁
2613	*Reticulitermes zhaoi*	赵氏散白蚁
2614	*Rhadinotermes coarctatus*	压缩锥形白蚁
2615	*Rhinotermes hispidus*	多毛鼻白蚁
2616	*Rhinotermes manni*	曼鼻白蚁
2617	*Rhinotermes marginalis*	微小鼻白蚁
2618	*Rhinotermes nasutus*	大鼻鼻白蚁
2619	*Rhynchotermes amazonensis*	亚马孙喙白蚁
2620	*Rhynchotermes bulbinasus*	葱鼻喙白蚁
2621	*Rhynchotermes diphyes*	黑白喙白蚁
2622	*Rhynchotermes matraga*	马特拉加喙白蚁

（续表）

序号	拉丁学名	中文名称
2623	*Rhynchotermes nasutissimus*	巨鼻喙白蚁
2624	*Rhynchotermes perarmatus*	全武喙白蚁
2625	*Rhynchotermes piauy*	皮奥伊喙白蚁
2626	*Roisinitermes ebogoensis*	埃博戈罗伊辛白蚁
2627	*Roonwalitermes wadhwai*	沃德瓦鲁恩沃白蚁
2628	*Rostrotermes cornutus*	具角突吻白蚁
2629	*Rotunditermes bragantinus*	布拉干提纳圆白蚁
2630	*Rotunditermes rotundiceps*	圆头圆白蚁
2631	*Rounditermes dechambrei*	德尚布尔胖白蚁
2632	*Rubeotermes jheringi*	耶林变红白蚁
2633	*Rugitermes athertoni*	阿瑟顿皱白蚁
2634	*Rugitermes bicolor*	双色皱白蚁
2635	*Rugitermes costaricensis*	哥斯达黎加皱白蚁
2636	*Rugitermes flavicinctus*	金黄皱白蚁
2637	*Rugitermes kirbyi*	柯比皱白蚁
2638	*Rugitermes laticollis*	宽颈皱白蚁
2639	*Rugitermes magninotus*	大背皱白蚁
2640	*Rugitermes niger*	黑色皱白蚁
2641	*Rugitermes nodulosus*	结节皱白蚁
2642	*Rugitermes occidentalis*	西部皱白蚁
2643	*Rugitermes panamae*	巴拿马皱白蚁
2644	*Rugitermes rugosus*	皱纹皱白蚁
2645	*Rugitermes unicolor*	单色皱白蚁
2646	*Ruptitermes araujoi*	阿劳若腹爆白蚁
2647	*Ruptitermes arboreus*	树栖腹爆白蚁
2648	*Ruptitermes atyra*	硬毛腹爆白蚁
2649	*Ruptitermes bandeirai*	班德诺腹爆白蚁
2650	*Ruptitermes cangua*	圆头腹爆白蚁
2651	*Ruptitermes franciscoi*	弗朗西斯科腹爆白蚁
2652	*Ruptitermes kaapora*	林栖腹爆白蚁
2653	*Ruptitermes krishnai*	克里希纳腹爆白蚁
2654	*Ruptitermes maraca*	马拉卡腹爆白蚁
2655	*Ruptitermes piliceps*	毛头腹爆白蚁
2656	*Ruptitermes pitan*	红头腹爆白蚁
2657	*Ruptitermes reconditus*	隐匿腹爆白蚁

（续表）

序号	拉丁学名	中文名称
2658	*Ruptitermes xanthochiton*	黄袍腹爆白蚁
2659	*Sabahitermes leuserensis*	洛塞沙巴白蚁
2660	*Sabahitermes malakuni*	马拉昆沙巴白蚁
2661	*Sandsitermes robustus*	粗壮桑兹白蚁
2662	*Saxatilitermes saxatilis*	石栖石白蚁
2663	*Schedorhinotermes actuosus*	活跃长鼻白蚁
2664	*Schedorhinotermes bidentatus*	双齿长鼻白蚁
2665	*Schedorhinotermes brachyceps*	短头长鼻白蚁
2666	*Schedorhinotermes breinli*	布赖内尔长鼻白蚁
2667	*Schedorhinotermes brevialatus*	短翅长鼻白蚁
2668	*Schedorhinotermes butteli*	巴特尔长鼻白蚁
2669	*Schedorhinotermes derosus*	流浪长鼻白蚁
2670	*Schedorhinotermes eleanorae*	埃莉诺长鼻白蚁
2671	*Schedorhinotermes fortignathus*	强颚长鼻白蚁
2672	*Schedorhinotermes ganlanbaensis*	橄榄坝长鼻白蚁
2673	*Schedorhinotermes holmgreni*	霍姆格伦长鼻白蚁
2674	*Schedorhinotermes insolitus*	异盟长鼻白蚁
2675	*Schedorhinotermes intermedius*	中间长鼻白蚁
2676	*Schedorhinotermes lamanianus*	拉曼长鼻白蚁
2677	*Schedorhinotermes leopoldi*	利奥波德长鼻白蚁
2678	*Schedorhinotermes longirostris*	长喙长鼻白蚁
2679	*Schedorhinotermes magnus*	大长鼻白蚁
2680	*Schedorhinotermes makassarensis*	望加锡长鼻白蚁
2681	*Schedorhinotermes makilingensis*	马吉岭长鼻白蚁
2682	*Schedorhinotermes malaccensis*	马六甲长鼻白蚁
2683	*Schedorhinotermes medioobscurus*	中暗长鼻白蚁
2684	*Schedorhinotermes nancowriensis*	楠考里长鼻白蚁
2685	*Schedorhinotermes putorius*	臭鼬长鼻白蚁
2686	*Schedorhinotermes pyricephalus*	梨头长鼻白蚁
2687	*Schedorhinotermes rectangularis*	直角长鼻白蚁
2688	*Schedorhinotermes reticulatus*	网状长鼻白蚁
2689	*Schedorhinotermes robustior*	强壮长鼻白蚁
2690	*Schedorhinotermes sanctaecrucis*	圣克鲁斯长鼻白蚁
2691	*Schedorhinotermes seclusus*	隐遁长鼻白蚁
2692	*Schedorhinotermes solomonensis*	所罗门长鼻白蚁

（续表）

序号	拉丁学名	中文名称
2693	*Schedorhinotermes tenuis*	细瘦长鼻白蚁
2694	*Schedorhinotermes tiwarii*	蒂瓦里长鼻白蚁
2695	*Schedorhinotermes translucens*	透明长鼻白蚁
2696	*Schedorhinotermes umbraticus*	隐蔽长鼻白蚁
2697	*Serritermes serrifer*	锯齿白蚁
2698	*Silvestritermes almirsateri*	阿尔米尔萨特尔西尔韦斯特里白蚁
2699	*Silvestritermes duende*	精灵西尔韦斯里白蚁
2700	*Silvestritermes euamignathus*	真弓颚西尔韦斯特里白蚁
2701	*Silvestritermes gnomus*	标记西尔韦斯特里白蚁
2702	*Silvestritermes holmgreni*	霍姆格伦西尔韦斯特里白蚁
2703	*Silvestritermes lanei*	莱恩西尔韦斯特里白蚁
2704	*Silvestritermes minutus*	最小西尔韦斯特里白蚁
2705	*Sinocapritermes albipennis*	白翅华扭白蚁
2706	*Sinocapritermes fujianensis*	闽华扭白蚁
2707	*Sinocapritermes guangxiensis*	桂华扭白蚁
2708	*Sinocapritermes magnus*	大华扭白蚁
2709	*Sinocapritermes mushae*	台湾华扭白蚁
2710	*Sinocapritermes parvulus*	小华扭白蚁
2711	*Sinocapritermes planifrons*	平额华扭白蚁
2712	*Sinocapritermes pratensis*	草地华扭白蚁
2713	*Sinocapritermes sinensis*	中华华扭白蚁
2714	*Sinocapritermes sinicus*	中国华扭白蚁
2715	*Sinocapritermes songtaoensis*	松桃华扭白蚁
2716	*Sinocapritermes tianmuensis*	天目华扭白蚁
2717	*Sinocapritermes vicinus*	川华扭白蚁
2718	*Sinocapritermes xiai*	夏氏华扭白蚁
2719	*Sinocapritermes xiushanensis*	秀山华扭白蚁
2720	*Sinocapritermes yunnanensis*	滇华扭白蚁
2721	*Sinonasutitermes admirabilis*	奇异华象白蚁
2722	*Sinonasutitermes dimorphus*	二型华象白蚁
2723	*Sinonasutitermes erectinasus*	翘鼻华象白蚁
2724	*Sinonasutitermes guangxiensis*	广西华象白蚁
2725	*Sinonasutitermes hainanensis*	海南华象白蚁
2726	*Sinonasutitermes mediocris*	居中华象白蚁
2727	*Sinonasutitermes planinasus*	平鼻华象白蚁

（续表）

序号	拉丁学名	中文名称
2728	*Sinonasutitermes platycephalus*	扁头华象白蚁
2729	*Sinonasutitermes trimorphus*	三型华象白蚁
2730	*Sinonasutitermes xiai*	夏氏华象白蚁
2731	*Sinonasutitermes yui*	尤氏华象白蚁
2732	*Sinqasapatermes sachae*	森林鼻大白蚁
2733	*Skatitermes psammophilus*	喜沙洁白蚁
2734	*Skatitermes watti*	瓦特洁白蚁
2735	*Spatulitermes coolingi*	库林匙白蚁
2736	*Speculitermes angustigulus*	狭颏稀白蚁
2737	*Speculitermes chadaensis*	查达稀白蚁
2738	*Speculitermes cyclops*	巨人稀白蚁
2739	*Speculitermes deccanensis*	德干稀白蚁
2740	*Speculitermes dharwarensis*	塔尔瓦尔稀白蚁
2741	*Speculitermes emersoni*	埃默森稀白蚁
2742	*Speculitermes goesswaldi*	格斯瓦尔德稀白蚁
2743	*Speculitermes macrodentatus*	大齿稀白蚁
2744	*Speculitermes paivai*	派瓦稀白蚁
2745	*Speculitermes roonwali*	鲁恩沃稀白蚁
2746	*Speculitermes sinhalensis*	僧伽罗稀白蚁
2747	*Speculitermes triangularis*	三角稀白蚁
2748	*Sphaerotermes sphaerothorax*	圆胸圆球白蚁
2749	*Spinitermes brevicornutus*	短角针刺白蚁
2750	*Spinitermes longiceps*	长头针刺白蚁
2751	*Spinitermes nigrostomus*	黑嘴针刺白蚁
2752	*Spinitermes robustus*	粗壮针刺白蚁
2753	*Spinitermes trispinosus*	三针针刺白蚁
2754	*Stolotermes africanus*	非洲胄白蚁
2755	*Stolotermes australicus*	澳大利亚胄白蚁
2756	*Stolotermes brunneicornis*	棕角胄白蚁
2757	*Stolotermes inopinus*	未料胄白蚁
2758	*Stolotermes queenslandicus*	昆士兰胄白蚁
2759	*Stolotermes rufceps*	红头胄白蚁
2760	*Stolotermes victoriensis*	维多利亚胄白蚁
2761	*Stylotermes acrofrons*	丘额杆白蚁
2762	*Stylotermes ahmadi*	阿哈默德杆白蚁

（续表）

序号	拉丁学名	中文名称
2763	*Stylotermes alpinus*	高山杆白蚁
2764	*Stylotermes angustignathus*	细颚杆白蚁
2765	*Stylotermes beesoni*	比森杆白蚁
2766	*Stylotermes bengalensis*	西孟加拉杆白蚁
2767	*Stylotermes chakratensis*	杰格拉达杆白蚁
2768	*Stylotermes changtingensis*	长汀杆白蚁
2769	*Stylotermes chengduensis*	成都杆白蚁
2770	*Stylotermes chongqingensis*	重庆杆白蚁
2771	*Stylotermes choui*	周氏杆白蚁
2772	*Stylotermes crinis*	多毛杆白蚁
2773	*Stylotermes curvatus*	弯颚杆白蚁
2774	*Stylotermes dunensis*	德拉敦杆白蚁
2775	*Stylotermes faveolus*	凹胸杆白蚁
2776	*Stylotermes fletcheri*	弗莱彻杆白蚁
2777	*Stylotermes fontanellus*	长囟杆白蚁
2778	*Stylotermes guiyangensis*	贵阳杆白蚁
2779	*Stylotermes halumicus*	穿山甲杆白蚁
2780	*Stylotermes hanyuanicus*	汉源杆白蚁
2781	*Stylotermes inclinatus*	倾头杆白蚁
2782	*Stylotermes jinyunicus*	缙云杆白蚁
2783	*Stylotermes labralis*	圆唇杆白蚁
2784	*Stylotermes laticrus*	阔腿杆白蚁
2785	*Stylotermes latilabrum*	宽唇杆白蚁
2786	*Stylotermes latipedunculus*	阔颏杆白蚁
2787	*Stylotermes lianpingensis*	连平杆白蚁
2788	*Stylotermes longignathus*	长颚杆白蚁
2789	*Stylotermes mecocephalus*	长头杆白蚁
2790	*Stylotermes minutus*	侏儒杆白蚁
2791	*Stylotermes mirabilis*	颏奇杆白蚁
2792	*Stylotermes orthognathus*	直颚杆白蚁
2793	*Stylotermes parabengalensis*	似西孟加拉杆白蚁
2794	*Stylotermes planifrons*	平额杆白蚁
2795	*Stylotermes robustus*	宏壮杆白蚁
2796	*Stylotermes roonwali*	鲁恩沃杆白蚁
2797	*Stylotermes setosus*	刚毛杆白蚁

（续表）

序号	拉丁学名	中文名称
2798	*Stylotermes sinensis*	中华杆白蚁
2799	*Stylotermes sui*	苏氏杆白蚁
2800	*Stylotermes triplanus*	三平杆白蚁
2801	*Stylotermes tsaii*	蔡氏杆白蚁
2802	*Stylotermes undulatus*	波颚杆白蚁
2803	*Stylotermes valvules*	短盖杆白蚁
2804	*Stylotermes wuyinicus*	武夷杆白蚁
2805	*Stylotermes xichangensis*	西昌杆白蚁
2806	*Subulioiditermes borneensis*	婆罗似锥白蚁
2807	*Subulioiditermes emersoni*	埃默森似锥白蚁
2808	*Subulioiditermes subulioides*	似锥似锥白蚁
2809	*Subulitermes angusticeps*	窄头锥白蚁
2810	*Subulitermes baileyi*	贝利锥白蚁
2811	*Subulitermes constricticeps*	缩头锥白蚁
2812	*Subulitermes denisae*	丹尼斯锥白蚁
2813	*Subulitermes microsoma*	体小锥白蚁
2814	*Subulitermes thompsonae*	汤普森锥白蚁
2815	*Synacanthotermes heterodon*	异齿聚刺白蚁
2816	*Synacanthotermes trilobatus*	三裂聚刺白蚁
2817	*Synacanthotermes zanzibarensis*	桑给巴尔聚刺白蚁
2818	*Syncapritermes greeni*	格林聚扭白蚁
2819	*Synhamitermes ceylonicus*	锡兰同钩白蚁
2820	*Synhamitermes colombensis*	科伦坡同钩白蚁
2821	*Synhamitermes labioangulatus*	角唇同钩白蚁
2822	*Synhamitermes quadriceps*	方头同钩白蚁
2823	*Syntermes aculeosus*	胸刺聚白蚁
2824	*Syntermes barbatus*	倒钩聚白蚁
2825	*Syntermes bolivianus*	玻利维亚聚白蚁
2826	*Syntermes brevimalatus*	短颚聚白蚁
2827	*Syntermes calvus*	无毛聚白蚁
2828	*Syntermes cearensis*	塞阿腊聚白蚁
2829	*Syntermes chaquimayensis*	查基马约聚白蚁
2830	*Syntermes crassilabrum*	厚唇聚白蚁
2831	*Syntermes dirus*	可怕聚白蚁
2832	*Syntermes grandis*	大聚白蚁

（续表）

序号	拉丁学名	中文名称
2833	*Syntermes insidians*	隐蔽聚白蚁
2834	*Syntermes longiceps*	长头聚白蚁
2835	*Syntermes magnoculus*	大眼聚白蚁
2836	*Syntermes molestus*	讨厌聚白蚁
2837	*Syntermes nanus*	侏儒聚白蚁
2838	*Syntermes obtusus*	迟钝聚白蚁
2839	*Syntermes parallelus*	平行聚白蚁
2840	*Syntermes peruanus*	秘鲁聚白蚁
2841	*Syntermes praecellens*	优越聚白蚁
2842	*Syntermes spinosus*	多刺聚白蚁
2843	*Syntermes tanygnathus*	长颚聚白蚁
2844	*Syntermes territus*	受惊聚白蚁
2845	*Syntermes wheeleri*	惠勒聚白蚁
2846	*Tarditermes contracolor*	反色慢白蚁
2847	*Tauritermes taurocephalus*	牛头牛白蚁
2848	*Tauritermes triceromegas*	三混气牛白蚁
2849	*Tauritermes vitulus*	公犊牛白蚁
2850	*Tenuirostritermes briciae*	布瑞西亚薄嘴白蚁
2851	*Tenuirostritermes cinereus*	灰白薄嘴白蚁
2852	*Tenuirostritermes incisus*	切割薄嘴白蚁
2853	*Tenuirostritermes strenuus*	活跃薄嘴白蚁
2854	*Tenuirostritermes tenuirostris*	薄嘴薄嘴白蚁
2855	*Termes amaralii*	阿马拉利白蚁
2856	*Termes ayri*	艾尔白蚁
2857	*Termes baculi*	巴舍尔白蚁
2858	*Termes baculiformis*	似巴舍尔白蚁
2859	*Termes bolivianus*	玻利维亚白蚁
2860	*Termes boultoni*	博尔顿白蚁
2861	*Termes brevicornis*	短角白蚁
2862	*Termes capensis*	好望角白蚁
2863	*Termes comis*	友好白蚁
2864	*Termes fatalis*	祸根白蚁
2865	*Termes hispaniolae*	伊斯帕尼奥拉白蚁
2866	*Termes hospes*	宿主白蚁
2867	*Termes huayangensis*	怀阳白蚁

（续表）

序号	拉丁学名	中文名称
2868	*Termes laticornis*	宽角白蚁
2869	*Termes major*	较大白蚁
2870	*Termes marjoriae*	钳白蚁
2871	*Termes medioculatus*	中推白蚁
2872	*Termes melindae*	梅林达白蚁
2873	*Termes nigritus*	黑色白蚁
2874	*Termes panamaensis*	巴拿马白蚁
2875	*Termes propinquus*	邻近白蚁
2876	*Termes riograndensis*	里奥格兰德白蚁
2877	*Termes rostratus*	尖鼻白蚁
2878	*Termes splendens*	明亮白蚁
2879	*Termitogeton planus*	平坦寡脉白蚁
2880	*Termitogeton umbilicatus*	中凹寡脉白蚁
2881	*Tetimatermes oliveirae*	橄榄树足白蚁
2882	*Thoracotermes brevinotus*	短背胸白蚁
2883	*Thoracotermes grevillensis*	格瑞维勒胸白蚁
2884	*Thoracotermes lusingensis*	卢森加胸白蚁
2885	*Thoracotermes macrothorax*	大胸胸白蚁
2886	*Tiunatermes mariuzani*	马里乌赞暗鼻白蚁
2887	*Tonsuritermes mathewsi*	马修斯奇囟白蚁
2888	*Tonsuritermes tucki*	塔克奇囟白蚁
2889	*Trapellitermes loxomastax*	弯颚菱角白蚁
2890	*Triangularitermes triangulariceps*	三角头三角白蚁
2891	*Trichotermes ducis*	首领发白蚁
2892	*Trichotermes machadoi*	马查多发白蚁
2893	*Trichotermes villifrons*	毛额发白蚁
2894	*Trinervitermes arabiae*	阿拉伯三脉白蚁
2895	*Trinervitermes bettonianus*	贝顿三脉白蚁
2896	*Trinervitermes biformis*	二型三脉白蚁
2897	*Trinervitermes dispar*	不同三脉白蚁
2898	*Trinervitermes disparatus*	分离三脉白蚁
2899	*Trinervitermes fletcheri*	弗莱彻三脉白蚁
2900	*Trinervitermes geminatus*	成对三脉白蚁
2901	*Trinervitermes gratiosus*	常见三脉白蚁
2902	*Trinervitermes indicus*	印度三脉白蚁

（续表）

序号	拉丁学名	中文名称
2903	*Trinervitermes nigrirostris*	黑鼻三脉白蚁
2904	*Trinervitermes occidentalis*	西部三脉白蚁
2905	*Trinervitermes oeconomus*	根三脉白蚁
2906	*Trinervitermes rabidus*	狂猛三脉白蚁
2907	*Trinervitermes rapulum*	蔓菁三脉白蚁
2908	*Trinervitermes rhodesiensis*	罗得西亚三脉白蚁
2909	*Trinervitermes saudiensis*	沙特三脉白蚁
2910	*Trinervitermes sensarmai*	森萨尔马三脉白蚁
2911	*Trinervitermes sudanicus*	苏丹三脉白蚁
2912	*Trinervitermes togoensis*	多哥兰三脉白蚁
2913	*Trinervitermes trinervius*	三脉三脉白蚁
2914	*Trinervitermes trinervoides*	似三脉三脉白蚁
2915	*Tuberculitermes bycanistes*	噪犀鸟小瘤白蚁
2916	*Tuberculitermes flexuosus*	弯曲小瘤白蚁
2917	*Tuberculitermes guineensis*	几内亚小瘤白蚁
2918	*Tumulitermes apiocephalus*	蜂头冢白蚁
2919	*Tumulitermes comatus*	长毛冢白蚁
2920	*Tumulitermes curtus*	缩短冢白蚁
2921	*Tumulitermes dalbiensis*	多尔比冢白蚁
2922	*Tumulitermes hastilis*	甘蔗冢白蚁
2923	*Tumulitermes kershawi*	克肖冢白蚁
2924	*Tumulitermes marcidus*	凋零冢白蚁
2925	*Tumulitermes mareebensis*	马里巴冢白蚁
2926	*Tumulitermes nichollsi*	尼科尔斯冢白蚁
2927	*Tumulitermes pastinator*	挖掘冢白蚁
2928	*Tumulitermes peracutus*	锐利冢白蚁
2929	*Tumulitermes petilus*	修长冢白蚁
2930	*Tumulitermes pulleinei*	普雷勒冢白蚁
2931	*Tumulitermes recalvus*	无毛冢白蚁
2932	*Tumulitermes subaquilus*	稍暗冢白蚁
2933	*Tumulitermes tumuli*	土垄冢白蚁
2934	*Tumulitermes westraliensis*	西澳冢白蚁
2935	*Uncitermes almeriae*	阿尔梅里弯钩白蚁
2936	*Uncitermes teevani*	蒂范弯钩白蚁
2937	*Unguitermes acutifrons*	尖额爪白蚁

（续表）

序号	拉丁学名	中文名称
2938	*Unguitermes bidentatus*	双齿爪白蚁
2939	*Unguitermes bouilloni*	布永爪白蚁
2940	*Unguitermes magnus*	大爪白蚁
2941	*Unguitermes proclivifrons*	前斜额爪白蚁
2942	*Unguitermes trispinosus*	三针爪白蚁
2943	*Unguitermes unidentatus*	单齿爪白蚁
2944	*Unicornitermes gaerdesi*	盖尔德独角白蚁
2945	*Velocitermes aporeticus*	怀疑快白蚁
2946	*Velocitermes barrocoloradensis*	巴罗科罗拉多快白蚁
2947	*Velocitermes beebei*	毕比快白蚁
2948	*Velocitermes betschi*	贝奇快白蚁
2949	*Velocitermes glabrinotus*	光背快白蚁
2950	*Velocitermes heteropterus*	异翅快白蚁
2951	*Velocitermes laticephalus*	宽头快白蚁
2952	*Velocitermes melanocephalus*	黑头快白蚁
2953	*Velocitermes paucipilis*	少毛快白蚁
2954	*Velocitermes uniformis*	单型快白蚁
2955	*Velocitermes velox*	快速快白蚁
2956	*Verrucositermes hirtus*	多毛疣白蚁
2957	*Verrucositermes tuberosus*	多疣疣白蚁
2958	*Xiaitermes tiantaiensis*	天台夏氏白蚁
2959	*Xiaitermes yinxianensis*	鄞县夏氏白蚁
2960	*Xylochomitermes aspinosus*	无刺木堆白蚁
2961	*Xylochomitermes melvillensis*	梅尔维尔木堆白蚁
2962	*Xylochomitermes occidualis*	西部木堆白蚁
2963	*Xylochomitermes punctillus*	点囟木堆白蚁
2964	*Xylochomitermes reductus*	缩小木堆白蚁
2965	*Xylochomitermes tomentosus*	粗毛木堆白蚁
2966	*Zootermopsis angusticollis*	狭颈动白蚁
2967	*Zootermopsis laticeps*	宽头动白蚁
2968	*Zootermopsis nevadensis*	内华达动白蚁

附录七 白蚁化石种名拉中对照表

序号	拉丁学名	中文名称
1	*Aiuruocatermes piovezanae*	皮奥韦扎纳阿尤鲁奥卡白蚁
2	*Amitermes lucidus*	淡黄弓白蚁
3	*Anoplotermes bohio*	伊斯帕尼奥拉解甲白蚁
4	*Anoplotermes cacique*	首领解甲白蚁
5	*Anoplotermes carib*	凶猛解甲白蚁
6	*Anoplotermes maboya*	夜神解甲白蚁
7	*Anoplotermes naboria*	劳者解甲白蚁
8	*Anoplotermes nitanio*	贵人解甲白蚁
9	*Anoplotermes quisqueya*	地母解甲白蚁
10	*Anoplotermes taino*	泰诺解甲白蚁
11	*Aragonitermes teruelensis*	特鲁埃尔阿拉贡白蚁
12	*Araripetermes nativus*	土著阿拉里皮白蚁
13	*Archeorhinotermes rossi*	罗斯古鼻白蚁
14	*Archotermopsis tornquisti*	特恩奎斯特古白蚁
15	*Ardatermes hudaludi*	胡达卢德阿达白蚁
16	*Asiatermes reticulatus*	网脉亚白蚁
17	*Atlantitermes antillea*	安的列斯阿特拉斯白蚁
18	*Atlantitermes caribea*	加勒比阿特拉斯白蚁
19	*Atlantitermes magnoculus*	大眼阿特拉斯白蚁
20	*Baissatermes lapideus*	石拜萨白蚁
21	*Blattotermes massiliensis*	马赛蠊白蚁
22	*Blattotermes neoxenus*	新陌蠊白蚁
23	*Blattotermes wheeleri*	惠勒蠊白蚁
24	*Caatingatermes megacephalus*	大头卡廷加白蚁
25	*Calcaritermes vetus*	古老距白蚁
26	*Cantabritermes simplex*	简单坎塔布里白蚁
27	*Caribitermes hispaniola*	伊斯帕尼奥拉加勒比白蚁
28	*Carinatermes nascimbeni*	纳西门本脊白蚁
29	*Chilgatermes diamatensis*	迪亚吗特奇勒加白蚁
30	*Constrictotermes electroconstrictus*	琥珀缩头缩白蚁
31	*Coptotermes hirsutus*	多毛乳白蚁
32	*Coptotermes paleodominicanus*	古多米尼加乳白蚁
33	*Coptotermes priscus*	古老乳白蚁

（续表）

序号	拉丁学名	中文名称
34	*Coptotermes sucineus*	琥珀乳白蚁
35	*Cratokalotermes santanensis*	桑通克拉图木白蚁
36	*Cratomastotermes wolfschwenningeri*	沃尔夫施文林格克拉图澳白蚁
37	*Cretarhinotermes novaolindense*	新奥林达白垩鼻白蚁
38	*Cretatermes carpenteri*	卡彭特白垩白蚁
39	*Cryptotermes glaesarius*	琥珀堆砂白蚁
40	*Cryptotermes ryshkoffi*	里希科夫堆砂白蚁
41	*Dharmatermes avernalis*	地狱达摩白蚁
42	*Dolichorhinotermes apopnus*	已故狭鼻白蚁
43	*Dolichorhinotermes dominicanus*	多米尼加狭鼻白蚁
44	*Electrotermes affinis*	近缘琥珀白蚁
45	*Electrotermes flecki*	弗莱克琥珀白蚁
46	*Electrotermes girardi*	吉拉德琥珀白蚁
47	*Eotermes grandaeva*	古老始新白蚁
48	*Eutermes debilis*	虚弱真白蚁
49	*Eutermes fraasi*	弗拉斯真白蚁
50	*Eutermes nickeli*	尼克尔真白蚁
51	*Eutermes sachtlebini*	扎赫特莱宾真白蚁
52	*Francotermes bauzilensis*	圣博济耶法兰西白蚁
53	*Garmitermes succineus*	琥珀狱犬白蚁
54	*Ginormotermes rex*	王者庞白蚁
55	*Glyptotermes grimaldii*	格里马尔迪树白蚁
56	*Glyptotermes paleoliberatus*	古自由树白蚁
57	*Glyptotermes pusillus*	很小树白蚁
58	*Glyptotermes shandongianus*	山东树白蚁
59	*Glyptotermites assmuthi*	阿斯穆斯刻白蚁
60	*Gnathamitermes rousei*	劳斯颚钩白蚁
61	*Gyatermes naganoensis*	长野巨白蚁
62	*Gyatermes styriensis*	施蒂里亚巨白蚁
63	*Heterotermes eocenicus*	始新异白蚁
64	*Heterotermes primaevus*	年幼异白蚁
65	*Hodotermopsis iwatensis*	岩手原白蚁
66	*Huaxiatermes huangi*	黄氏华夏白蚁
67	*Huguenotermes septimaniensis*	塞普提马尼亚胡格诺白蚁
68	*Idanotermes desioculus*	独眼帅白蚁

（续表）

序号	拉丁学名	中文名称
69	*Incisitermes krishnai*	克里希纳楹白蚁
70	*Incisitermes peritus*	灭亡楹白蚁
71	*Jitermes tsaii*	蔡氏蓟白蚁
72	*Jitermes xiazhuangensis*	夏庄蓟白蚁
73	*Kachinitermes tristis*	悲伤克钦白蚁
74	*Kachinitermopsisburmensis*	缅甸似克钦白蚁
75	*Kalotermes disruptus*	破裂木白蚁
76	*Kalotermes fossus*	掘木白蚁
77	*Kalotermes nigellus*	黑木白蚁
78	*Kalotermes nisus*	奋木白蚁
79	*Kalotermes oeningensis*	恩因根木白蚁
80	*Kalotermes piacentinii*	皮亚琴蒂尼木白蚁
81	*Kalotermes rhenanus*	雷纳努斯木白蚁
82	*Khanitermes acutipennis*	尖翅可汗白蚁
83	*Krishnatermes yoddha*	勇士克里希纳白蚁
84	*Lebanotermes veltzae*	韦尔茨黎巴嫩白蚁
85	*Lutetiatermes priscus*	古老鲁帝特白蚁
86	*Macrotermes pristinus*	古老大白蚁
87	*Macrotermes scheuthlei*	舒斯勒大白蚁
88	*Mariconitermes talicei*	塔利赛马瑞康尼白蚁
89	*Mastotermes aethiopicus*	埃塞俄比亚澳白蚁
90	*Mastotermes anglicus*	英吉利澳白蚁
91	*Mastotermes bournemouthensis*	伯思茅斯澳白蚁
92	*Mastotermes croaticus*	克罗地亚澳白蚁
93	*Mastotermes electrodominicus*	多米尼加琥珀澳白蚁
94	*Mastotermes electromexicus*	墨西哥琥珀澳白蚁
95	*Mastotermes gallica*	高卢澳白蚁
96	*Mastotermes haidingeri*	海丁格尔澳白蚁
97	*Mastotermes heerii*	赫尔澳白蚁
98	*Mastotermes krishnorum*	克里希纳澳白蚁
99	*Mastotermes minor*	小型澳白蚁
100	*Mastotermes minutus*	微型澳白蚁
101	*Mastotermes picardi*	皮卡德澳白蚁
102	*Mastotermes sarthensis*	萨尔特澳白蚁
103	*Mastotermitesstuttgartensis*	斯图加特德澳白蚁

（续表）

序号	拉丁学名	中文名称
104	*Meiatermes araripena*	阿拉里皮梅亚白蚁
105	*Meiatermes bertrani*	贝尔特兰马瑞康尼白蚁
106	*Meiatermes hariolus*	先知马瑞康尼白蚁
107	*Melquartitermes myrrheus*	没药麦尔库特白蚁
108	*Mesotermopsis incompleta*	不全中生白蚁
109	*Mesotermopsis lata*	宽中生白蚁
110	*Metatermites statzi*	斯特茨后白蚁
111	*Microcerotermes insulans*	岛栖锯白蚁
112	*Microcerotermes setosus*	刚毛锯白蚁
113	*Miotermes insignis*	非凡中新白蚁
114	*Miotermes procerus*	高大中新白蚁
115	*Miotermes randeckensis*	兰特克中新白蚁
116	*Miotermes spectabilis*	醒目中新白蚁
117	*Mirotermes resinatus*	树脂奇异白蚁
118	*Morazatermes krishnai*	克里希纳莫拉扎白蚁
119	*Mylacrotermes cordatus*	心形蟑白蚁
120	*Nanotermes isaacae*	艾萨克渺白蚁
121	*Nasutitermes amplioculatus*	扩眼象白蚁
122	*Nasutitermes crinitus*	具毛象白蚁
123	*Nasutitermes electrinus*	琥珀象白蚁
124	*Nasutitermes electronasutus*	琥珀鼻象白蚁
125	*Nasutitermes incisus*	凹刻象白蚁
126	*Nasutitermes magnocellus*	大眼象白蚁
127	*Nasutitermes medioculatus*	中眼象白蚁
128	*Nasutitermes rotundicephalus*	圆头象白蚁
129	*Nasutitermes seminudus*	部裸象白蚁
130	*Neotermes grassei*	格拉塞新白蚁
131	*Nordestinatermes obesus*	蚕食巴西东北白蚁
132	*Oligokalotermes fischeri*	费希尔渐新木白蚁
133	*Otagotermes novazealandicus*	新西兰奥塔戈白蚁
134	*Paleotermopsisoligocenicus*	渐新古似白蚁
135	*Parastylotermes calico*	卡利科近杆白蚁
136	*Parastylotermes frazieri*	弗雷泽近杆白蚁
137	*Parastylotermes krishnai*	克里希纳近杆白蚁
138	*Parastylotermes robustus*	粗壮近杆白蚁

（续表）

序号	拉丁学名	中文名称
139	*Parastylotermes washingtonensis*	华盛顿近杆白蚁
140	*Parotermes insignis*	非凡正白蚁
141	*Parvitermes longinasus*	长鼻微白蚁
142	*Proelectrotermes berendtii*	贝伦特前琥珀白蚁
143	*Proelectrotermes fodinae*	矿井前琥珀白蚁
144	*Proelectrotermes holmgreni*	霍姆格伦前琥珀白蚁
145	*Proelectrotermes roseni*	罗森前琥珀白蚁
146	*Proelectrotermes swinhoei*	斯温霍前琥珀白蚁
147	*Prokalotermes alderensis*	奥尔德前木白蚁
148	*Prokalotermes hagenii*	哈根前木白蚁
149	*Prostylotermes kamboja*	真腊前杆白蚁
150	*Pterotermopsis fouldenica*	富尔登似翅白蚁
151	*Reticulitermes antiquus*	古老散白蚁
152	*Reticulitermes creedei*	克瑞德散白蚁
153	*Reticulitermes dofleini*	多夫弗莱恩散白蚁
154	*Reticulitermes fossarum*	沟渠散白蚁
155	*Reticulitermes hartungi*	哈通散白蚁
156	*Reticulitermes holmgreni*	霍姆格伦散白蚁
157	*Reticulitermes laurae*	劳拉散白蚁
158	*Reticulitermes minimus*	最小散白蚁
159	*Reticulitermes pliozaenicus*	上新散白蚁
160	*Rhinotermes miocenicus*	中新鼻白蚁
161	*Rhinotermites dzierzoni*	齐尔聪似鼻白蚁
162	*Rhinotermites kuehni*	库恩似鼻白蚁
163	*Rhinotermites wasmanni*	沃斯曼似鼻白蚁
164	*Santonitermes chloeae*	克洛伊圣东尼白蚁
165	*Spargotermes costalimai*	科斯塔利马裂头白蚁
166	*Stolotermes amanoi*	天野胄白蚁
167	*Stolotermes kupe*	库佩胄白蚁
168	*Subulitermes hispaniola*	伊斯帕尼奥拉锥白蚁
169	*Subulitermes insularis*	岛生锥白蚁
170	*Syagriotermes salomeae*	萨洛米西格里乌斯白蚁
171	*Taieritermes krishnai*	克里希纳泰里白蚁
172	*Tanytermes anawrahtai*	阿奴律陀长头白蚁
173	*Termes* (*Eutermes*) *croaticus*	克罗地亚白蚁（真白蚁亚属）

（续表）

序号	拉丁学名	中文名称
174	*Termes* (*Eutermes*) *obscurus*	昏暗白蚁（真白蚁亚属）
175	*Termes* (*Termes*) *amicus*	友好白蚁（白蚁亚属）
176	*Termes buchii*	布赫白蚁
177	*Termes drabatyi*	德拉巴泰白蚁
178	*Termes hauf*	豪夫白蚁
179	*Termes korschefskyi*	科尔施埃夫斯克白蚁
180	*Termes primitivus*	第一白蚁
181	*Termes scheeri*	谢尔白蚁
182	*Termes schleipi*	施莱普白蚁
183	*Termes siruguei*	西尔乌圭白蚁
184	*Termes stitzi*	施蒂茨白蚁
185	*Termes weismanni*	魏斯曼白蚁
186	*Termitotron vendeense*	旺代天使白蚁
187	*Termopsis bremii*	布雷门似白蚁
188	*Termopsis gracilipennis*	细翅似白蚁
189	*Termopsis mallaszi*	马拉什似白蚁
190	*Termopsis transsylvanica*	特兰西瓦尼亚似白蚁
191	*Termopsis ukapirmasi*	乌卡皮马斯似白蚁
192	*Ulmeriella aquisextana*	艾克斯厄尔默白蚁
193	*Ulmeriella bauckhorni*	鲍克霍恩厄尔默白蚁
194	*Ulmeriella cockerelli*	科克雷尔厄尔默白蚁
195	*Ulmeriella latahensis*	拉塔厄尔默白蚁
196	*Ulmeriella martynovi*	马丁诺夫厄尔默白蚁
197	*Ulmeriella pliocenica*	上新厄尔默白蚁
198	*Ulmeriella rubiensis*	鲁比厄尔默白蚁
199	*Ulmeriella shizukuishiensis*	雳石厄尔默白蚁
200	*Ulmeriella straussi*	斯特劳斯厄尔默白蚁
201	*Ulmeriella uemurai*	植村厄尔默白蚁
202	*Ulmeriella willershausensis*	威勒沙乌森厄尔默白蚁
203	*Valditermes brenanae*	布雷南烈白蚁
204	*Velocitermes bulbus*	球头快白蚁
205	*Waipiatatermes matatoka*	化石怀皮亚塔白蚁
206	*Yanjingtermes giganteus*	硕燕京白蚁
207	*Yongdingia opipara*	美丽永定白蚁
208	*Zootermopsis coloradensis*	科罗拉多动白蚁
209	*Zophotermes ashoki*	阿肖克地狱白蚁

附录八 世界入侵白蚁种类名录

一、澳白蚁科（1 种）

达尔文澳白蚁 *Mastotermes darwiniensis*

二、古白蚁科（2 种）

狭颈动白蚁 *Zootermopsis angusticollis*
内华达动白蚁 *Zootermopsis nevadensis*

三、胄白蚁科（1 种）

亚当森洞白蚁 *Porotermes adamsoni*

四、木白蚁科（9 种）

移境楹白蚁 *Incisitermes immigrans*
小楹白蚁 *Incisitermes minor*
麻头堆砂白蚁 *Cryptotermes brevis*
犬头堆砂白蚁 *Cryptotermes cynocephalus*
截头堆砂白蚁 *Cryptotermes domesticus*
长颚堆砂白蚁 *Cryptotermes dudleyi*
叶额堆砂白蚁 *Cryptotermes havilandi*
短角树白蚁 *Glyptotermes breviconis*
山龙眼木白蚁 *Kalotermes banksiae*

五、鼻白蚁科（13 种）

凸背异白蚁 *Heterotermes convexinotatus*
危险异白蚁 *Heterotermes perfidus*
菲律宾异白蚁 *Heterotermes philipinensis*
细瘦异白蚁 *Heteroterme stenuis*
异白蚁属一新种 *Heterotermes* n.sp.
北美散白蚁 *Reticalitermes flavipes*
格拉塞散白蚁 *Reticulitermes grassei*
短刀乳白蚁 *Coptotermes acinaciformis*
曲颚乳白蚁 *Coptotermes curvignathus*
台湾乳白蚁 *Coptotermes formosanus*
弗伦奇乳白蚁 *Coptotermes frenchi*
格斯特乳白蚁 *Coptotermes gestroi*
舍斯泰特乳白蚁 *Coptotermes sjöstedti*

六、白蚁科（2 种）

伊斯帕尼奥拉白蚁 *Termes hispaniolae*
具角象白蚁 *Nasutitermes corniger*

后 记

为使读者和国内白蚁防治同行了解世界白蚁的分类、分布、重要属的生物学特性、部分种类的危害情况以及白蚁化石情况，全国白蚁防治中心组织有关机构和专家对世界白蚁名录进行整理，并认真提炼，汇编成书。

本书编写过程中得到了浙江农林大学、广东省科学院动物研究所和安徽省马鞍山市白蚁防治研究所等单位的大力支持。

本书主要分为白蚁分类学概况、白蚁现生种类名录及简明生物学、白蚁化石种类名录3个章节及8个附录。具体分工如下：白蚁分类学概况由李志强、柯云玲编写；白蚁现生种类名录及简明生物学由程冬保、于保庭、曹婷婷、齐飞、厉嘉辉编写；白蚁化石种类名录由程冬保编写；附录一由张大羽、钱明辉编写；附录二至附录八由程冬保、曹建春编写。全书由李志强、胡寅统稿，宋晓钢、程冬保定稿。